Immunoassays

Arnold Maria Raem · Peter Rauch
(Hrsg.)

Immunoassays

ergänzende Methoden, Troubleshooting,
regulatorische Anforderungen

2. Auflage

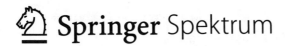 Springer Spektrum

Hrsg.
Arnold Maria Raem
Centrum für Nanotechnologie, Universität
Münster
Münster, Nordrhein-Westfalen, Deutschland

Peter Rauch
CANDOR Bioscience GmbH
Wangen im Allgäu, Deutschland

ISBN 978-3-662-62670-2   ISBN 978-3-662-62671-9   (eBook)
https://doi.org/10.1007/978-3-662-62671-9

Die Deutsche Nationalbibliothek verzeichnet diese Publikation in der Deutschen Nationalbibliografie; detaillierte bibliografische Daten sind im Internet über http://dnb.d-nb.de abrufbar.

Planung/Lektorat: Sarah Koch
Springer Spektrum ist ein Imprint der eingetragenen Gesellschaft Springer-Verlag GmbH, DE und ist ein Teil von Springer Nature.
Die Anschrift der Gesellschaft ist: Heidelberger Platz 3, 14197 Berlin, Germany

Geleitworte 1

In den letzten Jahrzehnten sind Messmethoden, die auf der spezifischen Erkennung von Analyten durch Bindungsproteine und Oligonucleotide beruhen, so wichtig geworden, dass eine solche Bindung als grundlegendes analytisches Prinzip angesehen werden kann, das den zugrunde liegenden Spektrophotometrien und Chromatographien gleichwertig ist. Messverfahren, bei denen Antikörper als spezifische Bindungsreagenzien verwendet werden, werden als Immunoassays bezeichnet, ebenso wie Assays, bei denen Antigene zur Messung spezifischer Antikörper verwendet werden. Immunoassays wurden zuerst auf Proteine und andere natürliche Antigene angewendet. Da jedoch Antikörper gegen alle Moleküle mit immunologisch charakteristischen Eigenschaften erzeugt werden können, werden sie jetzt zur Messung einer enormen Bandbreite von Steroiden, Arzneimitteln, Peptiden, Zuckern, Vitaminen, Molekülkomplexen, Viruspartikeln und Zellen verwendet. Immunoassays sind für Routinemessungen in allen Bereichen der angewandten Biologie und Chemie unerlässlich. Ohne Immunoassays (und deren effiziente Ausnutzung der engen und spezifischen Bindung von Antikörpern und Antigenen) wären diese Messungen viel komplexer oder sogar nicht praktikabel. Es wurden viele Bücher über Immunoassays veröffentlicht, aber dies ist möglicherweise das erste umfassende Handbuch für Immunoassays, das Fachleuten in den biologischen, chemischen, pharmazeutischen sowie medizinischen Wissenschaften bei der Entwicklung von Immunoassays für jeden geeigneten Analyten helfen soll. Alle Kapitel reichen von Überlegungen zum Assay-Design über die Vorbereitung von Komponenten bis hin zur Entwicklung von Assays und schließlich zu deren ordnungsgemäßem Betrieb. Wichtige Themen sind: die Immunglobuline, Antigen-Antikörper-Bindung, die breite Auswahl an Immunoassay-Designs und -Formaten. Testkomponenten, ihre Herstellung, Charakterisierung, Lagerung und kommerzielle Verfügbarkeit. Wichtig sind auch der Zusammenbau von Komponenten zu einem gültigen Assay und die Verwendung dieses Assays, um echte Ergebnisse zu erzielen. Die Optimierung ist weit gefasst, um die Beseitigung von Interferenzen und die Verbesserung der Genauigkeit sowie die Minimierung von Ungenauigkeits- und Nachweisgrenzen zu umfassen. Umfassende und gründliche Validierungsverfahren werden sowohl für quantitative als auch für qualitative Assays beschrieben. Auch die Verarbeitung von Immunoassay-Daten, die den Anforderungen gelegentlicher und regelmäßiger Benutzer von Immunoassays gerecht wird, ist eine sehr wichtige Komponente für jegliche Nutzung in Anwendung bzw. Auswertung von Assays. Ein Assay ist nur so gut wie seine Ergebnisse. Hierzu gehören natürlich alle Informationen und Verfahren, die zur Bewertung und Kontrolle des quantitativen Immunoassays unabhängig von seinen analytischen Zielen erforderlich sind. Es ist besonders für Entwickler von Assays für neue Analyten wichtig, mit einfachen Worten zu erklären, wie die Vergleichbarkeit der Ergebnisse überwacht werden kann, wenn ein Assay von anderen Laboratorien eingesetzt wird (externe Qualitätsbewertung). Auch völlig neue, ergänzende Labormethoden und Themenfelder sind umfangreich dargestellt. Der durchschnittliche Leser dieses Buches wird ein Entwickler bzw. Interessent von Immunoassays sein, evtl. ein Biowissenschaftler oder Chemiker, der ein Medikament, ein Hormon, ein Peptid, ein spezifisches Protein, einen Antikörper oder einen Krankheitserreger messen muss. Die Leser sind Benutzer oder Modifikator von Immunoassay-Kits oder Entwickler von Immunoassays mit kommerziellen Reagenzien, die möglicherweise auch einen Antikörper erzeugen oder eine Markierung oder ein Konjugat herstellen müssen. Zusammenfassend möchten sie ein umfassendes praktisches Nachschlagewerk oder eine Arbeitsanleitung über Immunoassays in einem Fach- wie auch Lehrbuch haben. Dies ist möglicherweise das einzige Fachbuch für Immunoassays in ihrem Regal. Spezialisierte Entwickler oder Benutzer von Immunoassays in klinischen oder anderen naturwissenschaftlichen Forschungslabors oder in kommerziellen Unternehmen möchten dieses Werk ebenfalls als Teil ihrer Kernsammlung von Büchern zur Immunoassaymethodik. Ich wünsche allen Interessenten viel Freude und Ideenreichtum bei ihrer Arbeit mit diesem fantastischen Fachbuch. Hoffentlich helfen die kombinierten Beiträge Analysten auf der ganzen Welt, bessere Immunoassays schneller und besser zu entwickeln. Insoweit wünsche ich diesem Fachbuch eine große Leserschaft und große Verbreitung in den Laboren auf der ganzen Welt …

Prof. Dr. med. Werner Schlake
Facharzt für Pathologie
Institut für Pathologie
Zytologie und Molekularpathologie, Münster

Geleitworte 2

Immunoassays ist die 2. Auflage eines erfolgreichen Lehrbuchs, das Naturwissenschaftlern, Medizinern, Produktmanagern und technischem Personal helfen soll, Immunoassays in vielen gängigen Formaten für die jeweils geeigneten Analyten zu entwickeln. Die Grundprinzipien, die Auswahl an Assaytypen und -formaten, Verfahren zur Gewinnung und Charakterisierung von Antikörpern sowie zur Herstellung von enzymatischen, fluoreszierenden und anderen Markierungen werden beschrieben. Festphasenreagenzien, Standards und Immunogene werden mit Verfahren zu ihrer Herstellung erklärt. Die meisten Komponenten sind jedoch im Handel erhältlich, und es werden umfangreiche Informationen hierzu gegeben. Es werden Ansätze zur Kombination der Reagenzien, zur Optimierung der Assays einschließlich der Beseitigung von Störeffekten und Interferenzen beschrieben, und es wird auf obligatorische Validierungsverfahren eingegangen. Manuelle und Computermethoden zur Berechnung von Konzentrationen werden erklärt. Da nur kontrollierbare Assays gültige Ergebnisse liefern, wird ein abgestufter und umfassender Ansatz für interne und externe Qualitätssicherungsmethoden beschrieben, einschließlich der Vorbereitung von Kontrollproben. Zudem beinhaltet das Buch Kapitel über die aktuell gültige In-vitro-Diagnostik-Verordnung (IVDR) und beschreibt die Vorgehensweise bei der Durchführung von klinischen Studien. Des Weiteren informiert das Lehrbuch über neue wichtige, ergänzende Methoden (CRISPR CAS, Organoid-Technologie) sowie rechtliche Rahmenbedingungen und „last but not least" das wichtige Themenfeld „BioBanking"!

Wir wünschen der 2. Neuauflage dieses so wertvollen Lehrbuchs einen großen Erfolg und eine interessierte Leserschaft!

Prof. Dr. med. Rüdiger Braun
FA für Labormedizin & Medizinische Mikrobiologie, MVZ Ludwigsburg
Univ.-Prof. Dr. med. Günther Winde
FA für Allgemein-, Viszeral- & Thoraxchirurgie, Klinikum Herford/RUB

Geleitworte 3

Die 2. Auflage der „Immunoassays" zeigt die große Vielfalt spannender Entwicklungen auf diesem Gebiet in jüngster Zeit. Sowohl neue Assaykonzepte als auch die Verfeinerungen der präparativen Ansätze und nicht zuletzt die Verfügbarkeit neuer physikalischer Analysenmethoden tragen zu immer empfindlicheren Assays mit einer rasch anwachsenden Anwendungsbreite bei, wie diese neue Ausgabe äußerst eindrucksvoll zeigt. Die spezifische molekulare Erkennung durch das „Schlüssel-Schloss"-Prinzip, das bereits 1894 von dem Chemiker Emil Fischer zunächst als hypothetisches Konzept vorgeschlagen wurde, hat sich seit der Entwicklung der Molekularbiologie in den 1940er- und 1950er-Jahren als ein zentrales Konzept für die Informationsübertragung und -Speicherung zwischen und in Molekülen in der Biologie herausgestellt. Immunoassays bauen als technische Anwendung auf diesem mächtigen Prinzip auf. Mit der Entwicklung superhochauflösender Abbildungstechniken in der optischen Mikroskopie und der elektronenmikroskopischen Tomographie können heute Funktionsprinzipien komplexer biologischer Strukturen, wie molekulare Motoren, Rezeptoren und intrazellulare Transportprozesse, quantitativ und auf molekularer Ebene analysiert werden. Die Ergebnisse aus diesen Bereichen werden auch zukünftig neue Impulse für die Weiterentwicklung von Immunoassays liefern. In der Nanotechnologie wurden in den letzten Jahren extrem leistungsfähige oberflächensensitive Rastersondentechniken entwickelt. Hierbei spielt die Rasterkraftmikroskopie eine wichtige Rolle für die Untersuchung biologischer Objekte, da hiermit neben der reinen Abbildung erstmals auch Bindungskräfte zwischen einzelnen Molekülen direkt messbar wurden. Dies und die raschen Fortschritte in der Oberflächenchemie, die unter anderem orthogonale Reaktionsverläufe und neue regioselektive Reaktionen erlauben, die in der Gas- oder Flüssigphase nicht möglich sind, lassen weitere spannende Anregungen für die Optimierung von Immunoassays erwarten, beispielsweise zur Immobilisierung von seltenen zirkulierenden Zellen im Blut, wie Tumorzellen. Die neue Auflage der „Immunoassays" zeigt in sehr eindrucksvoller Weise die fruchtbare Wechselwirkung von der Grundlagenforschung bis zur klinischen Anwendung. Daher ist es mir eine besondere Freude, dass die Koordinierung dieses einzigartigen Buches u. a. im Zentrum für Nanotechnologie (CeNTech) erfolgte, in dem die enge interdisziplinäre Zusammenarbeit

zwischen Grundlagenforschern aus den naturwissenschaftlichen Fächern, nano-
medizinischer Forschung und KMUs unter einem Dach betrieben wird.

Prof Dr. rer. nat. Harald Fuchs
Physikalisches Institut, Westfälische-Wilhelms-Universität Münster
Wissenschaftlicher Direktor des Centrums für Nanotechnologie (CeNTech)

Geleitworte 4

Der späteren Medizin-Nobelpreisträgerin Rosalyn Sussman Yalow (Nobelpreis 1977) und Solomon Berson wird die Entwicklung des ersten Immunoassays in den 1950er Jahren zugeschrieben. In den 1960ern wurde die Detektion revolutioniert, indem Enzyme direkt an Antikörper gekoppelt werden konnten. Ein weiterer Meilenstein war schließlich 1983 die Einführung der Chemilumineszenz durch Anthony Campbell, die Automatisierung von Immunoassays und hohe Messgenauigkeit ermöglichte. Heute werden allein in den USA etwa 20 Mrd US-$ Umsatz mit kommerziellen Immunoassays generiert. Dieser kurze historische Abriss verdeutlicht die Bedeutung von Immunoassays in Forschung und Routine und lässt erahnen, dass Immunoassays heute ein breites Spektrum in Bildgebung, Therapie und vor allem Diagnostik eingenommen haben.

Durch das vorliegende Werk „Immunoassays" in seiner 2. Auflage wird nicht nur diese Breite abgedeckt, sondern es geht darüber hinaus, indem auch Randbereiche, wie die digitale Droplet-PCR (ddPCR), die Isolation zirkulierender Tumorzellen mit einer am IMM (Fraunhofer Institut für Mikrotechnik und Mikrosysteme, Mainz) entwickelten Methode, die kurz vor der Markteinführung steht, vorgestellt werden, oder auf die neue IVDR (In-vitro-Diagnostik-Regulare der EU) EU IVDR 2017/746 eingegangen wird, die das Arbeiten in der Patientendiagnostik in den kommenden Jahren erheblich beeinflussen wird. Damit gelingt es „Immunoassays", einen großen Bogen zu spannen, der sowohl Anfänger (m/w) als auch Experten (m/w) anspricht und einschließt, sodass nach meinem Ermessen Immunoassays eine Rolle als Standardwerk im Sinne eines unverzichtbaren Referenzpunkts bei der Beschäftigung mit Immunoassays darstellen wird. Für die erfolgreiche Umsetzung dieser schwierigen Aufgabe beglückwünsche ich die beiden Herausgeber Arnold Maria Raem und Peter Rauch sowie den Springer Verlag mit allen an der Fertigstellung des Werks Beteiligten (m/w).

Prof. Dr. rer. nat. Andreas Jung
Leitung Molekulare Pathologie des
Pathologischen Instituts der
Ludwig-Maximilians-Universität München (LMU)

Geleitworte 5

Immunoassays spielen seit Jahrzehnten eine zentrale Rolle in der medizinischen Diagnostik, aber auch in der Grundlagenforschung. In dieser Zeit hat sich die Methodik immunologischer Verfahren beständig weiterentwickelt, was zu zahlreichen Verbesserungen und immer neuen Einsatzgebieten geführt hat. Man muss schon lange und intensiv suchen, um Publikationen in der medizinischen und biologischen Forschung zu finden, die ganz ohne den Einsatz von Antikörpern auskommen. Aktuell zeigen sich die Stärke und Versatilität von immunologischen Verfahren auch bei Nachweis und Bekämpfung von SARS-CoV-2. Beispiele sind der Nachweis von Antikörpern im Serum als Indikator einer überstandenen Infektion, der rasche Nachweis des Virus über Antigen-Schnelltests oder der therapeutische Einsatz von monoklonalen Antikörpern gegen SARS-CoV-2.

Nach einer äußerst erfolgreichen 1. Auflage bringt die aktualisierte und erweiterte Neuauflage von Immunoassays den Leser wieder auf den neuesten Stand. Neben vielen klassischen, aber weiterhin essenziellen Verfahren, wie dem Enzyme-linked Immunosorbent Assay (ELISA), Dot-Blot und Western-Blot, finden viele neue Methoden einen wohlverdienten Platz in der 2. Auflage. Beispiele sind hier jüngste Entwicklungen bei der Polymerase-Kettenreaktion (PCR), Durchflusszytometrie, Fluoreszenzmikroskopie oder auch 3D-Zell- und Organoidkulturen. Es steht somit außer Frage, dass auch die hervorragende Neuauflage als wertvolles Referenzwerk in Medizin, Industrie und akademischer Forschung große Verbreitung finden wird.

Prof. Dr. rer. nat. Ralf H. Adams
Geschäftsführender Direktor am
Max-Planck-Institut für molekulare Biomedizin, Münster
Abteilung Gewebebiologie und Morphogenese

Vorwort der Herausgeber zur 2. Auflage

Immunoassays mit ihren unterschiedlichsten Themenbereichen für die Laboranalytik im F&E- sowie im Routinelabor gehören zu den grundlegenden Methoden, deren Erkenntnisse sich ständig erweitern und die besonders im Zeitalter der Gen- und Biotechnologie einer stürmischen Entwicklung unterliegen. Quantität und Qualität laboranalytischer Methoden haben in den letzten Jahrzehnten einen enormen Zuwachs erfahren.

Heutzutage sollte sich die Entwicklung und Produktion von Imunoassays nicht nur mit den technischen Grundlagen eines Immunoassays beschäftigen, sondern auch mit den inzwischen sehr hohen regulatorischen Anforderungen. Kenntnisse der zugrunde liegenden Qualitätssysteme (z. B. DIN EN ISO 13485), der verschiedenen obligatorischen Richtlinien und Verordnungen in der in-vitro-Diagnostik (als Beispiel sei hier die neue IVD-Verordnung genannt), der Medizintechnik, der Pharmabranche und der Lebensmittelanalytik sowie Kenntnisse der Genehmigung und der Durchführung von klinischen Studien, Kenntnisse über Biobanking und Probentransport bis hin zu patentrechtlichen Fragen gehören heute zu den Anforderungen der Entwickler und Führungskräfte in der Industrie und in den universitären Forschungseinrichtungen. Zudem ist seit Jahren ein immer stärkeres Zusammenwachsen von antikörperbasierten Methoden mit Zellkultur- und molekulardiagnostischen Verfahren zu beobachten. In der vorliegenden 2. Auflage wollen wir als Herausgeber zusammen mit den Autorenteams in noch viel stärkerem Ausmaß auf diese neuen Anforderungen eingehen und haben daher das vorliegende Lehrbuch um diese Themengebiete erweitert. Somit findet der geneigte Leser nicht nur ein breites methodisches Spektrum vor, sondern auch einen Überblick über die nach unserer Meinung nach wichtigsten Regularien, in deren Umfeld sich heutzutage die technischen Teams aus Industrie und Forschung bewähren müssen.

Wir hoffen, zusammen mit unseren Mitautorinnen und Mitautoren, Interesse an einer umfangreichen, spannenden Laborarbeit und einer darüberhinausgehenden Fragestellung zu wecken und möchten mit diesem Buch einen praktischen Leitfaden im Dschungel der modernen Labordiagnostik vorlegen.

Münster
Wangen im Allgäu im Herbst 2022

Arnold Maria Raem
Peter Rauch

Inhaltsverzeichnis

Autorenverzeichnis

Dr. Kevin Achberger Institut für Neuroanatomie und Entwicklungsbiologie, Universität Tübingen
kevin.achberger@uni-tuebingen.de

Dr. Michael Adler Chimera Biotec GmbH, Dortmund
adler@chimera-biotec.com

Dr. Sabine Alebrand Fraunhofer Institut für Mikrotechnik und Mikrosysteme IMM, Mainz
sabine.alebrand@imm.fraunhofer.de

Lena Antkowiak Institut für Neuroanatomie und Entwicklungsbiologie, Universität Tübingen
lena.antkowiak@uni-tuebingen.de

Dr. Michael Baßler Fraunhofer Institut für Mikrotechnik und Mikrosysteme IMM, Mainz
michael.bassler@imm.fraunhofer.de

Prof. Dr. Frank Bier Universität Potsdam
frank.bier@uni-potsdam.de

PD Dr. Maria Gabriele Bixel Max-Planck-Institut für Molekulare Biomedizin, Münster
mgbixel@mpi-muenster.mpg.de

Dr. Verena Blättel-Born R-Biopharm AG, Darmstadt
v.blaettel@r-biopharm.de

Prof. Dr. Werner Böcker Institut für Hämatopathologie, Hamburg
boecker@me.com

Prof. Dr. IIgor B. Buchwalow Institut für Hämatopathologie, Hamburg
buchwalow@hotmail.de

Prof. Dr. Dr. Johannes. F. Buyel Universität für Bodenkultur, Wien (BOKU)
johannes.buyel@boku.ac.at

Peter Esser, Thomas Andersen, Vibeke Rowell Nunc A/S, Roskilde, Dänemark
vr@nunc.dk

Jenny Frank BiFlow Systems GmbH, Chemnitz
j.frank@biflow-systems.com

Dipl. Biol.Volker Franzen QIAGEN GmbH, Hilden
franzen.weseke@gmail.com

Dr. Christian Freese Fraunhofer Institut für Mikrotechnik und Mikrosysteme IMM,
Mainz
Christian.Freese@imm.fraunhofer.de

Anna Funk Sension GmbH, Augsburg
funk@sension.eu

Marco Gallus Klinik für Neurologie mit Institut für Translationale Neurologie, Universitätsklinikum Münster
marco.gallus@ukmuenster.de

Dr. Sabine Glöggler CANDOR Bioscience GmbH, Wangen
s.gloeggler@candor-bioscience.de

Dr. Claudia Goldman Sartorius Stedim Biotech GmbH, Göttingen
Claudia.Goldmann@SARTORIUS.com

Dr. Matthias Griessner Boehringer Ingelheim VRC GmbH & Co. KG, Hannover
matthias.griessner@boehringer-ingelheim.com

Prof. Dr. Rudolf Gruber Krankenhaus Barmherzige Brüder, Regensburg
rudolf.gruber@barmherzige-regensburg.de

Dr. Patrick Gürtler Bayerisches Landesamt für Gesundheit und Lebensmittelsicherheit
(LGL), Oberschleißheim
patrick.guertler@lgl.bayern.de

Dr. Lutz Haalck Miltenyi Biotec GmbH, Bergisch Gladbach
lutz.haalck@miltenyibiotec.de

Angela Haller CANDOR Bioscience GmbH, Wangen
a.haller@candor-bioscience.de

Gabriele Hartwig Sacura GmbH, Münster
gabriele.hartwig@sacura-cro.com

Manuel Hecht CANDOR Bioscience GmbH, Wangen
m.hecht@candor-bioscience.de

Dr. Thomas Hektor R-Biopharm AG, Darmstadt
t.hektor@r-biopharm.de

Dr. Matthias Herkert DRG Instruments GmbH, Marburg
herkert@drg-diagnostics.de

Dipl. Ing. Sven Hoffmann Entourage GmbH, München
sven.hoffmann@theentourage.de

Dr. Jörg-Michael Hollidt in.vent Diagnostica GmbH, Hennigsdorf bei Berlin
jm.hollidt@inventdiagnostica.de

Dr. Björn Kemper Biomedizinisches Technologiezentrum Münster
bkemper@uni-muenster.de

Dr. Valentin Kerkfeld Universitätsklinikum der HHU Düsseldorf
valentin.kerkfeld@googlemail.com

Dr. Göran Key Max-Planck-Inst. f. molekulare Biomedizin, Münster
g.key@mpi-muenster.mpg.de

Georg Klopfer HiSS Diagnostics GmbH, Freiburg i. Breisgau
g.klopfer@hiss-dx.de

Dipl. Ing. Thomas Klütz BioT'K Consulting GmbH, Lindau
thomas.kluetz@biotk-consulting.de

Prof. Dr. Thorsten Kuczius Institut für Hygiene, Westfälische Wilhelms-Universität und Universitätsklinikum Münster
tkuczius@uni-muenster.de

Dr. Markus Lacorn R-Biopharm AG, Darmstadt
m.lacorn@r-biopharm.de

Dipl.-Wirtsch.-Ing. Fridtjof Lechhart PolyAn GmbH, Berlin
f.lechhart@poly-an.de

Dr. Matthias Lehmann ASKA Biotech GmbH, Henningsdorf
m.lehmann@aska-biotech.de

Prof. Dr. Stefan Liebau Institut für Neuroanatomie und Entwicklungsbiologie, Universität Tübingen
stefan.liebau@uni-tuebingen.de

Dr. Thomas Liedtke Biomedizinisches Technologiezentrum Münster
Thomas.Liedtke@ukmuenster.de

Prof. Dr. Dr. Ulrich Meyer Kieferklinik Münster
praxis@mkg-muenster.de

Prof. Dr. rer. nat. Gabriele Multhoff Klinikum rechts der Isar der Technischen Universität München (TUM), Zentralinstitut für translationale Krebsforschung (TranslaTUM)
gabriele.multhoff@tum.de

Dr.-Ing. Jörg Nestler BiFlow Systems GmbH, Chemnitz
j.nestler@biflow-systems.com

Dr. Klaus Nettesheim NIKON GmbH, Düsseldorf
nettesheim.klaus@nikon.de

Patrick Opdensteinen Fraunhofer-Institut für Molekularbiologie und Angewandte
Ökologie, Aachen
patrick.opdensteinen@ime.fraunhofer.de

Dr. Malte Paulsen reNew, Novo Nordisk Foundation Center for Stem Cell Medicine,
University of Copenhagen, Dänemark
malte.paulsen@sund.ku.dk

Dr. Michelle Paulsen Universität Heidelberg
michelle.paulsen.phd@gmail.com

Dr. Sven Pecoraro Bayerisches Landesamt für Gesundheit und Lebensmittelsicherheit
(LGL), Oberschleißheim
sven.pecoraro@lgl.bayern.de

Dr. Enrico Pelz Institut für Pathologie Viersen, Viersen
e.pelz@pathologie-viersen.de

Dr. Tobias Polifke CANDOR Bioscience GmbH, Wangen
t.polifke@candor-bioscience.de

Dr. rer. nat. Tobias Pusterla BMG LABTECH GmbH, Ortenberg
Tobias.Pusterla@bmglabtech.com

Dr. Arnold Maria Raem arrows biomedical Deutschland GmbH, Münster
raem@arrows-biomedical.com

Dr. Peter Rauch CANDOR Bioscience GmbH, Wangen
p.rauch@candor-bioscience.de

Dietmar Rescheleit Sacura GmbH, Münster
dietmar.rescheleit@sacura-cro.com

Dr. Fabio Rizzo Center for Soft Nanoscience (SoN) WWU, Münster
fabio.rizzo@cnr.it

Dr. Diana Rueda-Ordonez EMBL Heidelberg
Diana.ordonez@embl.de

Dr. Claudia Rutz Core Facility Cell Engineering, Leibniz-Forschungsinstitut für
Molekulare Pharmakologie, Berlin
rutz@fmp-berlin.de

Dr. Peter Sander R-Biopharm AG, Darmstadt
p.sander@r-biopharm.de

Dr. Matthieu-P. Schapranow Potsdam und AG Gesundheit und Medizintechnik, Plattform Lernende Systeme, Hasso-Plattner-Institut für Digital Engineering gGmbH, Berlin
office@schappy.de

Dr. Uwe Schedler PolyAn GmbH, Berlin
u.schedler@poly-an.de

Dr. Peter Schneider Sension GmbH, Augsburg
schneider@sension.eu

Dr. Jürgen Schnekenburger Biomedizinisches Technologiezentrum Münster
schnekenburger@uni-muenster.de

Prof. Dr. Ralf Schülein Core Facility Cell Engineering, Leibniz-Forschungsinstitut für Molekulare Pharmakologie, Berlin
Schuelein@fmp-berlin.de

Katja Seewald 4TEEN4 Pharmaceuticals GmbH, Hennigsdorf

Dr. Martina Selig S & V Technologies GmbH, Hennigsdorf

Dr. Kateryna Shreder HiSS Diagnostics GmbH, Freiburg i. Breisgau
k.shreder@hiss-dx.de

Dr. Johanna Sonntag Boehringer Ingelheim VRC GmbH & Co. KG, Hannover
johanna.Sonntag@boehringer-ingelheim.com

Dr. Ullrich Stahlschmidt HiSS Diagnostics GmbH, Freiburg i. Breisgau
u.stahlschmidt@hiss-dx.de

PD Dr. Christian Stephan Kairos GmbH, Bochum
christian.stephan@kairos.de

Dr. Janis Stiefel Fraunhofer Institut für Mikrotechnik und Mikrosysteme IMM, Mainz
janis.stiefel@imm.fraunhofer.de

Prof. Dr. Dres. h.c. Joseph Straus Max-Planck-Institute for Innovation and Competition, München
j.straus@ip.mpg.de

Prof. h.c. Dr. Markus Tiemann Institut für Hämatopathologie, Hamburg
mtiemann@hp-hamburg.de

Dr. Nikolas Vogel Stratec Biomedical AG, Birkenfeld
n.vogel@stratec.com

Dr. Carina Vogt CANDOR Bioscience GmbH, Wangen
c.vogt@candor-bioscience.de

Dr. Ann-Cathrin Volz BMG LABTECH GmbH, Ortenberg
ann-cathrin.volz@bmglabtech.com

Caroline Werner Klinikum rechts der Isar der Technischen Universität München
(TUM), Zentralinstitut für translationale Krebsforschung (TranslaTUM)
c.werner@tum.de

Prof. Dr. Günther Winde Ruhr Universität Bochum, Medizin Campus OWL, Herford
guenther.winde@klinikum-herford.de

Einführung in Immunoassays

Arnold Maria Raem, Claudia Goldman, Fabio Rizzo, Uwe Schedler, Fridtjof Lechhart und Enrico Pelz

Die hohe Verbreitung von Immunoassays in der Labor- und der Alltagswelt ist durch zwei Eigenschaften begründet: Die in vielen Fällen relativ einfache und schnelle Durchführbarkeit der Assays sowie die Fähigkeit, die gesuchte Substanz aus einer Vielzahl unterschiedlicher Stoffe, die im millionenfachen Überschuss gegenüber der gesuchten Substanz vorliegen, nachzuweisen. Beide Eigenschaften beruhen auf den im Immunoassay eingesetzten Nachweismolekülen, den Antikörpern. Antikörper „erkennen" die zu analysierende Substanz, den Analyten, innerhalb einer heterogenen Gruppe von Molekülen. Dieses „Erkennen" erfolgt, wenn sich der Antikörper sehr nah an einen Teil des Analyten anlagern kann und diesen so reversibel, aber mit äußerst

A. M. Raem (✉)
arrows biomedical Deutschland GmbH, Münster, Deutschland
E-Mail: raem@arrows-biomedical.com

C. Goldman
Sartorius Stedim Biotech GmbH, Göttingen, Deutschland
E-Mail: Claudia.Goldmann@SARTORIUS.com

F. Rizzo
Center for Soft Nanoscience (SoN) WWU, Münster, Deutschland
E-Mail: fabio.rizzo@cnr.it

U. Schedler · F. Lechhart
PolyAn GmbH, Berlin, Deutschland
E-Mail: u.schedler@poly-an.de

F. Lechhart
E-Mail: f.lechhart@poly-an.de

E. Pelz
FA für Pathologie Institut für Pathologie, Viersen, Deutschland
E-Mail: Viersene.pelz@pathologie-viersen.de

© Springer-Verlag GmbH Deutschland, ein Teil von Springer Nature 2023
A. M. Raem und P. Rauch (Hrsg.), *Immunoassays*,
https://doi.org/10.1007/978-3-662-62671-9_1

niedriger Dissoziationskonstante, bindet. An einem anderen Teil des Antikörpers wurde chemisch eine Markierung gebunden, mit der der gebildete Komplex zwischen Antikörper und Analyt anschließend detektierbar und damit auswertbar gemacht wird. Diese Markierung können z. B. Enzyme sein, die ein Substrat zu einem Farbstoff umsetzen, oder Fluoreszenzfarbstoffe. Im Gegensatz dazu würde die klassische Analytik für das Finden und Detektieren einer Substanz zeitaufwendige Trennverfahren benötigen, um Stoffgemische aufgrund ihrer physikalischen oder chemischen Eigenschaften zu trennen. Zum Vergleich: Um die Autorin des Beitrags aus der gesamten Weltbevölkerung zu finden, würde bei einer klassischen Analyse die Bevölkerung nach Geschlecht unterteilt, um anschließend die weibliche Gruppe nach Größe, Haarfarbe, Gewicht, Nationalität etc. weiter zu unterteilen. Am Schluss würden die noch vorhandenen Personen fotografiert und die Autorin aufgrund eines Fotovergleichs identifiziert werden. Würde diese Suche wie bei einem „Immunoassay" mit Antikörpern durchgeführt werden, würde ein Assistent (der Antikörper) losgeschickt werden, dessen rechte Hand exakt in die rechte Hand der Autorin passen würde. Die Autorin würde aufgrund ihres Händeschüttelns identifiziert und „festgehalten" werden.

1.1 Biologische Grundlagen der Immunoassays

1.1.1 Grundlagen der Immunabwehr

Antikörper stellen bei den Wirbeltieren einen wichtigen Bestandteil des Immunsystems dar, mit denen sie sich vor eindringenden fremden Strukturen wie infektiösen Mikroben (Bakterien, Viren, Pilze, Parasiten) und deren Toxinen schützen. Das Immunsystem besteht aus einem komplexen Zusammenspiel zwischen einer Vielzahl von Zellen und Molekülen, die es dem Organismus ermöglichen, zwischen körpereigenen („selbst") und körperfremden („fremd") Substanzen zu unterscheiden sowie entartete Körperzellen zu detektieren. Ob eine Substanz als körperfremd oder körpereigen erkannt wird, „lernt" das Immunsystem etwa zum Zeitpunkt der Geburt. Die Substanzen, mit denen es zu dieser Zeit in Berührung kommt, erkennt es normalerweise lebenslang als körpereigen, alle später dazukommenden Substanzen gelten als „fremd". Versagt diese Unterscheidung von „körperfremd" und „selbst", kommt es zu Autoimmunerkrankungen (z. B. Rheumatische Arthritis, Schuppenflechte, Multiple Sklerose etc.), bei denen der Organismus Antikörper gegen körpereigene Strukturen bildet.

Alle körperfremden Substanzen, die beim Eindringen in einen Organismus eine nachweisbare, spezifische Abwehr in Form von Antikörpern oder reagierenden Immunzellen auslösen können, werden als Antigene bezeichnet. Antigene werden auch als Immunogene bezeichnet, wenn sie im Organismus eine Immunantwort auslösen und dies zu einer verbesserten Abwehrbereitschaft des Organismus gegenüber dem Antigen führt. Diese verbesserte Abwehrbereitschaft wird als Immunität gegen das Antigen bezeichnet. Antigene können natürliche Substanzen, wie z. B. Proteine, Kohlenhydrate, Nukleinsäuren, aber auch künstlich synthetisierte Moleküle sein.

Dem Wirbeltierorganismus stehen zwei Systeme zur Abwehr gegen körperfremde Substanzen zur Verfügung: Das angeborene Immunsystem, das früher auch als unspezifisches Immunsystem bezeichnet wurde, und das spezifische, adaptive Immunsystem. Die Bestandteile des angeborenen Immunsystems schützen den Organismus bereits beim ersten Kontakt mit dem Antigen. Dabei werden bestimmte Strukturen des Antigens bzw. des eindringenden Erregers erkannt, die schon sehr früh in der Entwicklungsgeschichte des Immunsystems als körperfremd galten, wie z. B. das Flagellin der Salmonellen oder Lipopolysaccharide gramnegativer Bakterien. Das Individuum muss bei diesen Strukturen nicht „lernen", dass diese körperfremd sind. Zum angeborenen Immunsystem gehören auch physiologische Barrieren, die das Eindringen von Fremdkörper verhindern bzw. erschweren. Diese sind die Schleimhäute, der saure pH-Wert des Schweißes und des Magens, biologisch aktive Substanzen wie antibiotische Peptide sowie lytische Enzyme wie Lysozym in der Tränenflüssigkeit. Die Zellen des angeborenen Immunsystems sind die wichtigste Komponente der unspezifischen Abwehr. Zu ihnen gehören die Phagozyten, die in Monozyten/Makrophagen sowie die neutrophilen Granulozyten unterteilt werden. Die Hauptaufgabe der Phagozyten ist das „Fressen" von Fremdmaterial, die Phagozytose. Dieses Fremdmaterial (Mikroorganismen, Parasiten, Staubpartikel, Makromoleküle) wird zunächst erkannt, phagozytiert und anschließend intrazellulär mithilfe von Radikalen und Enzymen bis zu Einzelmolekülen abgebaut. Granulozyten sterben bei diesem Vernichtungsprozess ab (Eiter besteht hauptsächlich aus toten Granulozyten), während Monozyten/Makrophagen mehrere Wochen leben und ständig Fremdmaterial aufnehmen. Monozyten zirkulieren in den Gefäßen und können durch die Gefäßwände ins Gewebe auswandern. Dort ändern sie ihre Morphologie und werden dann Makrophagen genannt, die permanent auf der Suche nach Fremdmaterial durch die Gewebe patrouillieren. Die Immunzellen der angeborenen Abwehr versetzen den Organismus nach Kontakt mit Fremdmaterial durch Produktion von Signalstoffen in einen Alarmzustand, der sich in Entzündungen und Fieber äußern kann. Durch die Signalstoffe werden weitere Immunzellen angelockt und ruhende Immunzellen aus ihren Depots wie Milz, Lymphknoten oder Knochenmark mobilisiert.

Das angeborene und adaptive Immunsystem sind eng miteinander verzahnt. Makrophagen, die wie dendritische Zellen zu den antigenpräsentierenden Zellen gehören, bauen nach Aufnahme der Fremdsubstanzen diese ab. Die Bruchstücke werden in einem bestimmten Rezeptor (MHC-Molekül) an die Oberfläche transportiert und dort den Immunzellen der adaptiven Immunabwehr präsentiert, was diese aktiviert. Auf der anderen Seite kennzeichnet die adaptive Immunabwehr mithilfe von Antikörpern körperfremde Substanzen, welche nachfolgend von Zellen der angeborenen Immunabwehr aus dem Organismus entfernt werden.

1.2   Die adaptive Immunabwehr

Beim ersten Kontakt des Organismus mit einem Antigen wird eine Kettenreaktion ausgelöst, in deren Verlauf das adaptive Immunsystem mit der Produktion von Antikörpern
und Immunzellen reagiert. Mit deren Hilfe kann der Organismus gewöhnlich sehr
viel wirksamer die körperfremden Substanzen entfernen als nur mit dem angeborenen
Immunsystem allein. Außerdem „merkt" sich das adaptive Immunsystem das Antigen
(„immunologische Gedächtnis") und kann beim nächsten Kontakt das Antigen effektiver
unschädlich machen.

Die beteiligten Zellen der adaptiven Immunabwehr werden in B- bzw.
T-Lymphozyten unterschieden. Beide Gruppen sehen mikroskopisch ähnlich aus,
weichen jedoch aufgrund ihrer Moleküle an der Zelloberfläche und ihrer Funktion bei
der adaptiven Immunabwehr voneinander ab. Lymphozyten gehen wie alle zellulären
Bestandteile des Blutes aus hämatopoetischen Stammzellen im Knochenmark hervor, um
dann aus Vorläuferzellen in der speziellen Mikroumgebung der zentralen lymphatischen
Organe zu reifen. Die Vorläuferzellen für T-Lymphozyten wandern zum Thymus, einem
großen lymphatischen Organ im oberen Brustbereich, reifen dort heran und bilden ihre
Antigenspezifität aus. B-Lymphozyten entwickeln sich im Knochenmark. Ausgereifte
T- und B-Lymphozyten, die noch keinen Kontakt mit ihrem spezifischen Antigen
hatten, heißen ungeprägte oder naive Lymphozyten. Sie wandern von ihrem Reifungs-
ort über das Blut in die peripheren lymphatischen Organe, wie etwa die Lymphknoten,
die Milz und die darmassoziierten lymphatischen Gewebe. Von dort aus kehren sie über
die Lymphgefäße wieder in das Blut zurück. So befinden sie sich auf einer kontinuierlichen Wanderung durch den Körper. Dieser Kreislauf ist notwendig, damit die wenigen
naiven Lymphozyten, die für ein bestimmtes Antigen spezifisch sind, dieses auch
finden. Die Antigene gelangen vom Infektionsherd durch die Lymphgefäße ebenfalls in
die peripheren lymphatischen Organe. Treffen sie dort auf einen B-Lymphozyten, der
das „passende" Antikörpermolekül als Rezeptor auf seiner Oberfläche trägt, löst diese
Antigenerkennung die adaptive Immunantwort aus. Der B-Lymphozyt wird durch die
Bindung aktiviert und hört auf, im Körper zu zirkulieren. Die Stimulierung über den
Antigenrezeptor ist zwar für die Aktivierung notwendig, ein weiteres kostimulatorisches
Signal ist jedoch zusätzlich nötig. In der Regel sezernieren T-Lymphozyten diese
erforderlichen Signalstoffe. Nach der Aktivierung und Stimulierung teilt sich der
B-Lymphozyt in Tochterzellen, damit genügend Zellen vorhanden sind, die die Anti-
gene bekämpfen können (klonale Expansion). Dann erfolgt erst die Differenzierung zu
Plasmazellen, welche lösliche Antikörper sezernieren. Antikörper wirken, indem sie
extrazellulär an Antigen wie Erreger und deren Produkte binden. Sie haben mehrere
Wirkungsmöglichkeiten, den Schutz des Organismus zu sichern. Bei der Neutralisierung
binden die Antikörper an die Antigene, sodass eine weitere Verbreitung im Körper verhindert wird. Bei der Opsonisierung überziehen die Antikörper das Antigen, sodass

dieses von den Immunzellen des angeborenen Immunsystems, den Makrophagen, als körperfremd erkannt und abgebaut wird. Als dritte Möglichkeit können Immunglobuline vom Typ IgG und IgM das Komplementsystem aktivieren. Hierbei bilden die gebundenen Antikörper einen „Rezeptor" für das erste Protein des Komplementsystems, das auf der Oberfläche des Erregers einen Proteinkomplex erzeugt, der letztlich zur Lyse des Erregers führt. Alle Antigene, die mit Antikörpern überzogen sind, werden schließlich von Phagozyten aufgenommen, abgebaut und aus dem Körper entfernt. Das Komplementsystem und auch die Phagozyten, die von den Antikörpern „angelockt" werden, sind selbst nicht antigenspezifisch. Sie sind darauf angewiesen, dass Antikörpermoleküle die Antigene als fremdartig markieren.

Einige der B-Lymphozyten bleiben nach Beseitigung des Antigens als Gedächtniszellen erhalten, weshalb beim zweiten Kontakt mit demselben Antigen eine größere Anzahl spezifischer Immunzellen vorhanden ist. Dieses „immunologische Gedächtnis" sorgt für eine anhaltende Immunität des Organismus gegenüber Antigenen und ist eine der wichtigsten Eigenschaften der adaptiven Immunantwort. Beim ersten Kontakt mit einem Antigen reagiert das Immunsystem nach ca. fünf Tagen mit der Produktion von Antikörpern (primäre Immunantwort). Die Intensität der sekundären und jeder weiteren Immunantwort nimmt jedoch zu. Die Antikörper werden in kürzerer Zeit und höherer Konzentration produziert, da bereits Gedächtniszellen vorhanden sind. Zusätzlich findet in den antigenspezifischen B-Lymphozyten die sogenannte somatische Hypermutation statt. Hierbei kommt es zu Mutationen auf DNA-Ebene, bei denen die Antikörper leicht verändert werden. Beim nächsten Kontakt mit dem Antigen werden verstärkt die B-Lymphozyten zur Teilung angeregt, die das Antigen mit sehr affinen Antikörpern binden können. Deshalb verbessert sich bei der sekundären Immunantwort die Affinität der beteiligten Antikörper.

Die adaptive Immunabwehr wird in Abhängigkeit von den beteiligten Hauptkomponenten in die humorale und zelluläre Immunabwehr unterteilt. Die humorale Immunabwehr umfasst die Komponenten, die sich in den Körperflüssigkeiten befinden (nach lat. *humor* für Flüssigkeit). Sie wird durch die B-Lymphozyten repräsentiert, die lösliche Antikörper sezernieren. Diese reagieren hauptsächlich mit Antigenen, die sich außerhalb von Körperzellen und damit in Körperflüssigkeiten befinden. Die Antikörper können die Erreger nicht direkt vernichten, sondern markieren sie als Angriffsziel für andere Komponenten des Immunsystems. Gegen bestimmte Antigene (Viren, Mykobakterien, etc.) ist die humorale Immunabwehr nicht voll wirksam, da die Erreger in Körperzellen eindringen und sich damit den löslichen Antikörpern entziehen. Diese Abwehrlücke schließt die zelluläre Immunabwehr mithilfe einer bestimmten Population von T-Lymphozyten. Diese „tasten" die Oberflächen von Körperzellen auf körperfremde Substanzen ab. Als interzelluläre Signalstoffe werden von ihnen Lymphokine ausgeschüttet, mit denen sie B-Lymphozyten, andere T-Lymphozyten und weitere Komponenten des Immunsystems steuern.

1.3   Struktur und biologische Funktion der Antikörper

Antikörper waren die ersten spezifischen Produkte der Immunantwort, die identifiziert wurden. Es handelt sich um Glykoproteine, die den Immunglobulinen (Ig) zugeordnet werden. Sie kommen vor allem im Blut und den extrazellulären Flüssigkeiten vor. Sie können aber auch fest verankert als Rezeptor auf der Oberfläche von B-Lymphozyten vorhanden sein. Antikörper binden ihr jeweiliges Antigen und rekrutieren andere Zellen und Moleküle des Immunsystems, die anschließend das Antigen aus dem Organismus eliminieren. Diese zwei Funktionen sind innerhalb des Antikörpermoleküls räumlich voneinander getrennt. Ein Teil erkennt spezifisch das Antigen (antigenbindende Region), während der andere für die Wirkungs- oder Effektormechanismen verantwortlich ist (konstante Region).

Alle Antikörper besitzen eine gemeinsame Grundstruktur, die aus zwei Paaren identischer Polypeptidketten aufgebaut ist (Abb. 1.1). Vereinfacht dargestellt bilden sie ein Y-förmiges Molekül, dessen Arme zwei identische antigenbindende Bereiche bilden, während der Stamm des Y-Moleküls die konstante Region darstellt. Die einzelnen Polypeptidketten sind durch Disulfidbrücken miteinander assoziiert. Unter reduzierenden Bedingungen zerfallen die Antikörper in zwei schwere Polypeptidketten (H-Ketten von *heavy chain*) und zwei leichte Polypeptidketten (L-Ketten von *light chain*). In jedem Antikörper sind jeweils die beiden H-Ketten und die beiden L-Ketten identisch, sodass das Molekül spiegelsymmetrisch aufgebaut ist. Es gibt nur zwei Typen von L-Ketten (lambda und kappa), während fünf Hauptklassen von H-Ketten existieren. Diese sind

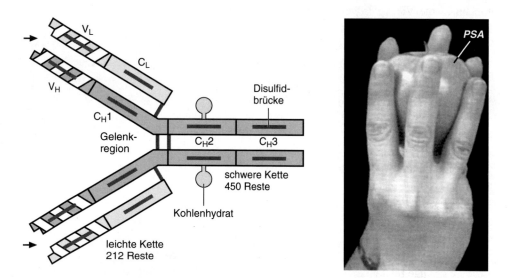

Abb. 1.1 Die Immunglobulin-Bindung an das Antigen ist hochspezifisch. Ähnlich wie eine Hand einen Apfel aus vielen Birnen herausgreifen könnte, kann das Immunglobulin „sein" Antigen unter Tausenden anderer Proteinmoleküle selektiv binden

strukturell unterschiedlich und bestimmen nach biochemischen und funktionellen Kriterien die Zugehörigkeit zu einer der fünf Immunglobulinklassen (IgM, IgD, IgE, IgG und IgA) bzw. einer zugehörigen Subklasse innerhalb der Hauptklasse (z. B. IgG1, IgG2, IgG3 oder IgG4).

Die antigenbindende Region ist bei den Antikörpern hinsichtlich ihrer Aminosäuresequenz sehr unterschiedlich und wird deshalb auch als variable Region bezeichnet. Die aminoterminalen Enden der schweren und leichten Kette bilden zusammen die Region, mit der das entsprechende Antigen gebunden wird. Innerhalb dieser variablen Region liegen Abschnitte, die als sogenannte hypervariable Regionen die tatsächliche Antigenbindungsstelle, das Paratop, enthalten. Das Paratop des Antikörpermoleküls bindet reversibel an die entsprechende passende Struktur des Antigens, das Epitop oder die antigene Determinante. Der Säugerorganismus ist in der Lage, ca. 10^{11} verschiedene Antikörper und somit entsprechend viele unterschiedliche variable Regionen zu produzieren. Diese Vielfalt wird durch mehrere Mechanismen ermöglicht. Die Information für Antikörper ist auf genetischer Ebene nicht in einem vollständigen Gen festgelegt, sondern liegt verteilt in unterschiedlichen Gensegmenten vor. Diese Gensegmente kommen zudem in mehreren Kopien vor, die unterschiedliche DNA-Sequenzen aufweisen. Während ihrer Reifung durchlaufen die B-Lymphozyten die sogenannte somatische Rekombination, bei der diese Gensegmente zusammengesetzt werden. Nach dem Zufallsprinzip wird hierbei mithilfe verschiedener Enzyme und Adapterproteinen das vollständige, einen Antikörper codierende Gen aus den Segmenten zusammengesetzt. Da dieser Vorgang beim Zusammenfügen der Segmente ungenau erfolgt und in einem vollständigen Antikörpermolekül unterschiedliche schwere und leichte Ketten kombiniert werden, erhöht sich zusätzlich die Vielfalt der Antikörpermoleküle. Die vollständige Sammlung aller Antikörper eines Individuums wird Antikörperrepertoire genannt.

Die Bindung von Antigen und Antikörper erfolgt über die Ausbildung von vielen nichtkovalenten Bindungen (Wasserstoffbrücken, elektrostatische Bindung, Van-der-Waals-Bindung und hydrophobe Bindungen) zwischen dem Epitop des Antigens und dem Paratop, der Antigenbindungsstelle des Antikörpers (Abb. 1.1). Obwohl jede der dabei beteiligten Bindungskräfte im Vergleich zu einer kovalenten Bindung schwach ist, ergibt die Summe aller dieser Bindungen eine hohe Bindungsenergie. Diese nichtkovalenten Kräfte sind im Wesentlichen vom Abstand zwischen den reagierenden Gruppen abhängig, sodass eine starke räumliche Annäherung der interagierenden Gruppen im Nanometerbereich nötig ist. Wenn Epitop und Antigenbindungsstelle sterisch gut übereinstimmen und somit komplementär zueinander sind, wird die zwischenmolekulare Anziehung gegenüber der Abstoßung begünstigt. Der Antikörper weist dann eine hohe Affinität zum Antigen auf. Bei einer schlechten Passform überwiegen die Abstoßungskräfte über die nur geringen Anziehungskräfte und der Antikörper hat eine geringe bis keine Affinität zum Antigen.

Die Region des Antikörpermoleküls, die für die Wirkungs- und Effektormechanismen zuständig ist, variiert nicht in der gleichen Weise wie die variable Region und heißt daher konstante Region. Sie wird durch den carboxyterminalen Bereich der schweren Ketten gebildet, die damit die Zugehörigkeit zu einer der fünf Immunglobulinklassen bzw. einer zugehörigen Subklasse innerhalb der Hauptklasse definieren. Jede Immunglobulinklasse hat ihren bevorzugten Wirkungsort im Organismus und ist auf die Aktivierung unterschiedlicher Mechanismen spezialisiert. IgG stellen mit ca. 85 % und einer normalen Serumkonzentration von 8–18 g/L den größten Anteil der Immunglobuline im Serum. Ihr Wirkungsort sind das Blut sowie extrazelluläre Flüssigkeiten, wo sie als Antikörper der sekundären Immunantwort den Organismus beim wiederholten Kontakt mit Antigenen schützen. Sie werden schnell und mit einer hohen Konzentration von Plasmazellen produziert. IgM stellen mit 0,6–2,8 g/L nur etwa 10 % der Immunglobuline im Serum dar. Sie sind jedoch die Hauptakteure während der primären Immunantwort, dem ersten Kontakt des Organismus mit einem Antigen. In Serum und Gewebeflüssigkeiten treten bei der Primärantwort zuerst IgM und zeitlich später IgG auf. IgM-Moleküle kommen im Serum meist als Pentamer der Y-Grundstruktur mit einer gemeinsamen Verbindungskette vor. In den Sekreten wie Tränenflüssigkeit, Speichel, in der Lunge und dem Darm wird vor allem IgA gegen eindringende Antigene gebildet. Zudem kommt IgA mit einer normalen Serumkonzentration von 0,9–4,5 g/L auch im Blut vor und stellt dort 5–15 % der Serumimmunglobuline. Die Immunglobuline IgD und IgE kommen nur in sehr geringen Konzentrationen im Blut vor (IgD ca. 0,03 g/L und IgE 0,3 mg/L mittlere normale Serumkonzentration). Über die biologische Funktion von IgD ist noch wenig bekannt, nur dass sie bei der Differenzierung von B-Lymphozyten eine wichtige Rolle spielen. IgE kommen subkutan und in den Schleimhäuten vor. Sie sind vor allem an allergischen Reaktionen beteiligt, wo ihre Konzentration im Blut ansteigt und sie die Histaminausschüttung von Mastzellen und bestimmten Leukozyten bewirken.

1.4 Antikörper in der Analytik

1.4.1 Antikörper als Analysewerkzeug

Die wichtigen biologischen Funktionen der Antikörper für die Immunabwehr sowie ihre elementare Eigenschaft, spezifisch ihr Antigen bzw. dessen Epitop zu binden, wurde in den vorangegangenen Abschnitten – wenn auch stark vereinfacht – dargestellt. Bei der Charakterisierung und Aufklärung der Antikörper wurde aber auch schnell deutlich, dass Antikörper als Analysewerkzeug eingesetzt werden können. Unter einer Vielzahl ähnlicher Strukturen kann mit ihrer Hilfe eine bestimmte Struktur gezielt identifiziert werden. So lassen sich mit Antikörpern zwei strukturell ähnliche Analyten klar voneinander abgrenzen. Zahlreiche Standardverfahren nutzen die Spezifität und Affinität von Antikörpern aus und letztendlich basieren fast alle modernen immunologischen Methoden auf der spezifischen Antigen-Antikörper-Erkennung.

Hauptsächlich werden Antikörper eingesetzt, um ihre spezifischen Antigene/Analyten zu binden und mithilfe einer an den Antikörper gekoppelten Markierung nachzuweisen. In der medizinischen Diagnostik können spezifische Antikörper auch selbst als Messparameter interessant sein. Dies ist z. B. der Fall, wenn sich der ursprüngliche Erreger – das Antigen – nicht mehr oder nur noch in geringen Mengen im Organismus befindet und damit nicht mehr detektierbar ist. Seine Anwesenheit hat allerdings Spuren im Organismus in Form von induzierten spezifischen Antikörpern hinterlassen. Diese sind noch immer im Blut vorhanden und reagieren im Immunoassay mit dem Antigen, das ihre Bildung induziert hat. So kann eine stattgefundene Infektion und z. T. auch der ungefähre Infektionszeitpunkt nachgewiesen werden (Abb. 1.1).

1.4.2 Erzeugung von Antikörpern für Immunoassays

Der Säugerorganismus kann wie beschrieben als Antwort auf eine enorme Vielfalt von Antigenen Antikörper produzieren und damit nahezu jede Struktur binden. Lange bevor die zellulären und molekularen Mechanismen der Immunantwort verstanden wurden, wurden diese ausgenutzt, um Organismen vor bestimmten Antigenen in Form von Erregern zu schützen. 1796 verabreichte Edward Jenner in seinem berühmten Impfversuch seinen Probanden für den Menschen relativ ungefährliche Kuh- und Schweinepocken. Deren Antigene induzierten in den Probanden Antikörper, die sie nachfolgend bei der Infektion mit humanpathogenen Pocken schützten. Solch ein absichtliches Auslösen einer Immunreaktion durch Applikation von Antigenen wird Immunisierung genannt.

Mittlerweile werden Immunisierungen nicht nur eingesetzt, um die geimpften Individuen gegen bestimmte Krankheitserreger bzw. deren Produkte zu schützen. Die induzierten spezifischen Antikörper können auch als Nachweismoleküle für die verwendeten Antigene und somit zu deren Analyse benutzt werden. Um für diese Analysen ausreichende Mengen an spezifischen Antikörpern mit hoher Affinität gegenüber dem Antigen zu produzieren, muss die Immunantwort des Organismus manipuliert werden. Bei der Immunisierung entscheidet eine Vielzahl von Faktoren, ob eine Immunantwort und somit eine Antikörperproduktion im Organismus stattfindet oder nicht. Obwohl jede Struktur als Antigen wirken kann, lösen nur Proteine eine vollständige adaptive Immunantwort aus. Dies ist dadurch begründet, dass für eine vollständige Immunantwort die Aktivierung von T-Lymphozyten erforderlich ist, die ihrerseits mit den antigenpräsentierenden Zellen interagieren. Diese nehmen bevorzugt aggregierte oder partikuläre Antigene auf, um anschließend deren abgebaute Peptidfragmente auf ihrer Oberfläche den T-Lymphozyten zu präsentieren. Der für dieses Antigen spezifische T-Lymphozyt erkennt das Peptidfragment und wird dadurch aktiviert. Er kann wiederum die B-Lymphozyten aktivieren. Das Antigen muss außerdem ausreichend fremd und ausreichend groß sein, um eine Immunantwort zu produzieren. Kleinere Moleküle (<5000 Da) rufen keine Immunantwort hervor, selbst wenn sie für den Organismus fremd sind. Je größer und komplexer ein Protein ist und je weniger es mit körpereigenen Proteinen verwandt ist, desto größer ist die Wahrscheinlichkeit, dass es Peptidfragmente enthält, die sich von körpereigenen Peptiden unterscheiden.

Um bei der Immunisierung die Immunantwort zu verstärken und somit mehr Antikörper zu produzieren, werden die Antigene mit sogenannten Adjuvanzien gemischt und verabreicht. Die meisten Adjuvanzien besitzen zwei Eigenschaften, die die Immunogenität der Antigene verbessern. Sie wandeln lösliche Antigene in partikuläres aggregiertes Material um, das die Phagozyten und antigenpräsentierenden Zellen schneller aufnehmen. Dies geschieht z. B. durch Anlagerung der Antigene an Aluminiumpartikel oder durch Emulsion in mineralischem Öl. Früher wurde noch durch bakterielle Zusätze die Reaktion des Immunsystems gegen das Antigen verstärkt. Gleichzeitig verzögern die Adjuvanzien die Antigenfreisetzung. Damit ist der Organismus dem Antigen längere Zeit ausgesetzt und bildet mehr Immunzellen, um das Antigen zu entfernen. Anschießend verbleiben auch mehr Gedächtniszellen im Körper, die beim nächsten Kontakt mit dem Antigen eine höhere Menge Antikörper produzieren können.

Die Stärke der Immunantwort und damit auch die Menge der Antikörper hängt auch von der Dosis des Antigens ab. Unterhalb einer bestimmten Schwelle lösen die meisten Antigene keine Reaktion aus. Wird diese Schwelle jedoch überschritten, nimmt die Reaktion proportional zur verabreichten Dosis bis zum Erreichen eines Plateaus zu. Allerdings sinkt die Reaktion bei sehr hoher Dosis wieder. Biologisch ist diese gestufte Reaktion im Organismus sinnvoll. Da die meisten Erreger nur mit einer geringen Zahl in den Körper eindringen, entsteht eine Immunantwort erst dann, wenn sich der Erreger ausreichend vermehrt hat. Beim wiederholten Kontakt mit dem Antigen erfolgen die sekundäre und alle folgenden Immunantworten bereits bei niedrigen Antigenkonzentrationen und die Immunantwort ist deutlich stärker als beim Erstkontakt. Bei sehr großen Mengen an Antigen ist die Immunantwort meist gehemmt. Das gewährleistet möglicherweise die Toleranz gegen ubiquitäre körpereigene Proteine (z. B. Plasmaproteine) und verhindert den Angriff auf körpereigene Strukturen.

Nach der Immunisierung wird geprüft, ob der Organismus mit der Produktion von spezifischen Antikörpern reagiert hat. Im Allgemeinen wird für diese Analysen Serum verwendet. Hierbei handelt es sich um die Flüssigkeit des geronnenen Blutes, bei dem alle festen Bestandteile wie Zellen und das an der Blutgerinnung beteiligte Fibrinogen abgetrennt wurden (im Gegensatz dazu enthält Plasma noch das Fibrinogen). Das Serum von Organismen, die zuvor mit einem Antigen immunisiert wurden, wird als Antiserum bezeichnet. Es enthält viele verschiedene Antikörper, die an unterschiedliche Epitope des Antigens binden sowie unterschiedliche Affinitäten aufweisen. Deshalb wird es auch als polyklonal bezeichnet. Einige der enthaltenen Antikörper können allerdings mit strukturell verwandten Antigenen reagieren. Solche kreuzreagierenden Antikörper können Probleme verursachen, wenn mit dem Antiserum ein spezifisches Antigen nachgewiesen werden soll. Sie können durch Adsorption an das kreuzreagierende Antigen aus dem Serum entfernt werden. Gleichzeitig sind im Serum natürlich noch eine Vielzahl von Antikörpern enthalten, die nicht gegen das verabreichte Antigen, sondern gegen andere Antigene gerichtet sind, mit denen der Organismus früher in Kontakt gekommen ist. Somit enthalten polyklonale Antiseren eine heterogene Mischung von Antikörpern, deren genaue Antigenspezifität und Antigenaffinität nicht bekannt ist. Zudem lösen Antigene in jedem Organismus die Bildung unterschiedlicher Arten und Kombinationen von Antikörpern aus, die von Organismus zu Organismus nicht genau reproduziert werden kann. Ein weiterer Nachteil ist, dass die Menge an gewinnbaren Antikörpern aus einem Organismus durch die Lebensdauer desselben zeitlich begrenzt ist.

Um die Nachteile der polyklonalen Antiseren zu umgehen, wurde von Köhler und Milstein 1975 die Hybridomatechnik entwickelt. Hierbei werden Milzzellen von immunisierten Mäusen mit Zellen eines murinen Myeloms zu Hybridomazellen fusioniert. Die Milzzellen liefern die Fähigkeit der Antikörperproduktion gegen ein bestimmtes Antigen, mit dem die Maus zuvor immunisiert worden ist. Die Myelomzellen steuern aufgrund ihrer Entartung die unbegrenzte Wachstumsfähigkeit bei. Die so entstandenen Hybridomazellen können sich deshalb unbegrenzt vermehren und dabei gleichzeitig Antikörper gegen das Antigen produzieren. Sie werden gegen das verwendete Antigen selektioniert und anschließend vereinzelt. Aus den Einzelzellen können Zelllinien gezüchtet werden, die einen definierten Antikörper produzieren. Da die Antikörper aus einem Zellklon stammen, werden sie als monoklonal bezeichnet. Die biologischen Eigenschaften dieser monoklonalen Antikörper wie ihre Antigenspezifität und Affinität können genau bestimmt werden. Gleichzeitig kann nun eine unbegrenzte Menge an Antikörpern im Zellkultursystem produziert werden. Deshalb sind monoklonale Antikörper inzwischen Bestandteil vieler Immunoassays.

Neben der Produktion von Antikörpern in eukaryotischen Zellen werden Antikörperfragmente inzwischen auch im prokaryotischen System hergestellt. Im sogenannten Phage-display-System werden über Klonierung die antigenbindenden Strukturen der Antikörper in ein Phagenoberflächenprotein eingefügt. Die Phagen präsentieren die Antikörperfragmente auf ihrer Oberfläche, sodass das jeweils passende Antigen gebunden und damit die Phagen selektioniert werden können. Anschließend werden die selektionierten Antikörperfragmente in Bakterien produziert.

1.5 Immunoassays – die Qual der Wahl

1.5.1 Auswahl eines geeigneten Immunoassays

Setzt man sich das erste Mal mit Immunoassays auseinander, ist man von der Fülle und den Möglichkeiten überwältigt, die sich durch die verschiedensten Analysemethoden und Nachweissysteme ergeben. Es fällt dann schwer, sich für einen Immunoassay zu entscheiden. Einfacher ist es, wenn im Labor schon ein Immunoassay verwendet wird, der für die eigenen Analysen eingesetzt werden kann. (Aber nur, weil ein etabliertes Testsystem vorhanden ist, bedeutet das nicht, dass es nicht noch weitere, vielleicht sogar bessere Systeme gibt. Versuch macht klug!).

Ist kein etablierter Immunoassay vorhanden, sollten folgende Fragen diskutiert werden:

- Wo oder worin befindet sich der Analyt und wie ist das Untersuchungsmaterial beschaffen? Befindet sich der Analyt gelöst in Flüssigkeiten wie Blut, Zellkulturüberständen oder ist er in einem Organ oder in Zellen lokalisiert?
- Wenn sich der Analyt in einem Organ bzw. in Zellen befindet, soll seine Position im Zellverband bzw. intrazellulär ermittelt werden? Oder reicht es aus, den Analyten per se in einem Zellextrakt nachzuweisen, ohne seinen zelluläre Lokalisation zu bestimmen?
- Soll die zelluläre Position des Analyten bestimmt werden, handelt es sich um ein Molekül, das auf der Zelloberfläche oder intrazellulär lokalisiert ist?
- In welche Mengen ist der Analyt realistischer Weise zu erwarten? Ist eventuell ein Signalverstärkersystem in Form eines sekundären Antikörpers erforderlich, um detektierbare Signale zu erzeugen? Dieses indirekte Nachweisverfahren wird oft zur Signalverstärkung angewendet. Hier bindet zunächst der spezifische, aber unmarkierte Antikörper an das nachzuweisende Antigen. Anschließend wird der erste oder Primärantikörper mit einem für ihn spezifischen, markierten Antikörper nachgewiesen. Pro Primärantikörper können meist mehrere Sekundärantikörper binden, die mit ihren Markierungen (Enzymen, Fluoreszenzfarbstoffen, Radioisotope) das Antigen indirekt entsprechend verstärkt nachweisen.
- Gibt es kommerzielle Kits mit entsprechend spezifischen Antikörpern oder muss ein eigener Immunoassay etabliert werden? Für eine Etablierung wäre es von Vorteil, eine gut funktionierende Positivkontrolle und eine entsprechende Negativkontrolle zur Hand zu haben.
- Wenn ein eigener Immunoassay etabliert werden muss, sind kommerzielle Antikörper/Antiseren erhältlich? Falls kein spezifischer Antikörper existiert, gibt es vielleicht kreuzreagierende Antikörper, die gegen strukturell ähnliche Analyten gerichtet sind und deshalb verwendet werden können?
- Wird der Analyt in seiner nativen, d. h. in seiner natürlichen biologischen Struktur untersucht oder wurde er möglicherweise während der Aufbereitung für die Analyse denaturiert? Gegen welche Form, nativ oder denaturiert, ist der verwendete Antikörper gerichtet? Besonders monoklonale Antikörper sind sehr spezifisch bezüglich ihrer Epitoperkennung, sodass ein monoklonaler Antikörper, der gegen ein natives Antigen gerichtet ist, die denaturierte Form nicht erkennen muss.
- Sollen parallel mehrere Analyten im Untersuchungsmaterial untersucht werden? Möglicherweise ist die Menge an Untersuchungsmaterial stark limitiert, sodass Mehrfachanalysen im Kleinmaßstab nötig sind (Multiplex-Analyse).
- Soll im Immunoassay außer dem qualitativen Nachweis des Analyten auch eine Quantifizierung durchgeführt werden? Gibt es hierfür eine Standardpräparation des Analyten sowie Positiv- und Negativkontrollen?
- Natürlich sollte bei der Entscheidung für einen Immunoassay die Geräteausstattung im Labor berücksichtigt werden: Welche Geräte sind vorhanden und wo liegen deren Nachweisgrenzen?

1.5.2 Überblick über die gängigsten Immunoassays

In den nachfolgenden Abschnitten werden Immunoassays und ihre aktuellen Anwendungen detailliert beschrieben. Um jedoch Neueinsteigern den Start zu erleichtern, folgt eine kurze Übersicht, über die gängigsten Immunoassays und ihre Einsatzmöglichkeiten.

ELISA (Enzyme-linked Immunosorbent Assay)

Im ELISA (Enzyme-linked Immunosorbent Assay, Abschn. 3.1), dem enzymgekoppelten Immunadsorptionstest, wird wie beim Radioimmunoassay (RIA) die direkte Bindung von Analyt und Antikörper nachgewiesen. Eine der beiden Komponenten muss in einer gereinigten und nachweisbaren, d. h. markierten Form vorliegen, um eine quantitative Aussage zu ermöglichen. Beim RIA wird meist der Analyt mit einem radioaktiven Isotop, z. B. Proteine mit ^{125}I, markiert, während im ELISA ein Enzym mit dem Antikörper oder dem Antigen chemisch verknüpft wird (Abb. 1.2). Anschließend wird der enzymatische Substratumsatz detektiert. Das Besondere beim ELISA ist, dass Analyt und somit auch der spezifische markierte Antikörper an einen festen Träger gebunden werden. In den meisten Fällen handelt es sich hierbei um Vertiefungen einer Mikrotiterplatte, die Analyten aufgrund einer spezifischen Oberfläche unspezifisch, aber relativ fest binden. Da der Antikörper eine spezifische Wechselwirkung mit seinem Analyten ausbildet, bleibt nur der Analyt-Antikörper-Komplex auf dem Trägermaterial gebunden, während ungebundene Komponenten in Waschschritten entfernt werden. Die Analyt-Antikörper-Bindung wird mithilfe der enzymatischen Reaktion quantifiziert. Deren Substratumsatz wird colorimetrisch, fluorimetrisch oder luminometrisch detektiert und

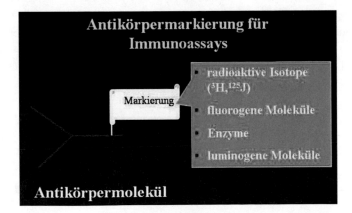

Abb. 1.2 Die Markierung eines Antikörpermoleküls für einen quantitativen Immunoassay kann aus Radioisotopen (Radioimmunoassay), Fluoreszenzfarbstoffen (Fluoreszenzimmunoassay), Enzyme (Enzymimmunoassay) oder Chemiluminatoren (Chemilumineszenzimmunoassay) bestehen

ist proportional zur Menge des gebundenen Analyten. Wenn ein entsprechender Standard in Form einer reinen Analytenpräparation vorliegt, kann außer dem qualitativen Nachweis auch eine Quantifizierung des Analyten durchgeführt werden. Beliebt ist der ELISA besonders in der Diagnostik, da in relativ kurzer Zeit viele Proben parallel unter gleichen Bedingungen und mit relativ geringen Mengen an Verbrauchsmitteln analysiert werden können.

Abgewandelt wird der ELISA in Immunoassays, in denen als feste Phase für die Adsorption keine Mikrotiterplatten, sondern kleine Kügelchen (Beads, Mikropartikel) eingesetzt werden. Diese Mikropartikel weisen per se eine spezifische Eigenschaft wie eine bestimmte Größe oder Fluoreszenz auf. Mit Fluoreszenzfarbstoffen wird z. B. eine Vielzahl unterschiedlicher Mikropartikelpopulationen hergestellt, von denen jede Population aufgrund ihrer charakteristischen Fluoreszenz eindeutig in einem Durchflusszytometer identifiziert werden kann. An die Mikropartikel einer Population wird nur ein spezifisches Nachweismolekül – bei Immunoassays meist ein monoklonaler Antikörper – chemisch gekoppelt. So können mehrere unterschiedliche Mikropartikelpopulationen mit spezifischen Antikörpern beladen werden. Diese unterschiedlich beladenen Mikropartikel werden gleichzeitig zum Probenmaterial und binden ihren jeweiligen Analyten, wenn er vorhanden ist. Somit werden die Analyten aus den komplexen Mischungen „herausgefischt". Die Detektion der einzelnen Analyten erfolgt jeweils mit einem zweiten spezifischen Antikörper, der eine weitere Fluoreszenzmarkierung trägt. Im Durchflusszytometer wird nun gemessen, welche Mikropartikelpopulation neben der Fluoreszenz der Partikel noch die zweite Fluoreszenzmarkierung aufweist. Der zweite Antikörper (und damit dessen Fluoreszenzsignal) kann nur dann gekoppelt an die Mikropartikel vorkommen, wenn der entsprechende Analyt zuvor an die Partikel gebunden hat und als Bindungspartner für den zweiten Antikörper dient. Der große Vorteil und das Potenzial dieser Methode liegen darin, mehrere Analyten parallel, in relativ kurzer Zeit und aus geringem Probenvolumen zu identifizieren und quantifizieren (Multiplex-Assay).

Um die Sensitivität des Signals (Analyt-Antikörper-Komplex) zu steigern, kann auch eine Immuno-PCR (s. Kap. 6) verwendet werden. Hierbei ist an den Antikörper ein Stück doppelsträngige DNA als Nachweismolekül gekoppelt, welches in einer nachgeschalteten PCR vervielfältigt und somit nachgewiesen wird.

1.5.3 Kovalente und gerichtete Immobilisierung

Einen großen Einfluss auf die Sensitivität und Spezifität eines Immunoassays sowie auf die Reproduzierbarkeit der Signale hat die Immobilisierungsmethode der Nachweismoleküle. Dies ist unabhängig von der Art des jeweiligen Immunoassays und muss sowohl beim Immobilisieren von Antikörpern als auch von Antigenen beachtet werden.

Bei Immunoassays werden häufig Trägermaterialien eingesetzt, auf denen die Nachweismoleküle lediglich adsorptiv binden. Mechanistisch kann hier u. a. von polaren, dipolaren oder anderen elektronischen Wechselwirkungen gesprochen werden. Diese schwachen Wechselwirkungen zwischen Festkörperoberfläche und zu immobilisierendem Biomolekül im Zusammenhang mit entropischen Effekten der Solvathülle sind r viele Anwendungen ausreichend. Sie gehen aber oft einher mit einem Verlust an potenziellen Bindungsstellen, da die Nachweismoleküle statistisch auf der Oberfläche gebunden und nicht immer optimal zugänglich sind.

Für Anwendungen, bei denen es auf die richtige Orientierung des Nachweismoleküls ankommt, starke unspezifische Wechselwirkungen durch rigorose Waschprozeduren minimiert werden müssen oder die Nachweismoleküle schlichtweg nicht adsorptiv binden, sind reaktive Oberflächen zur kovalenten Immobilisierung geeignet.

Diese reaktiven Oberflächen können mit verschiedenen funktionellen Gruppen ausgestattet sein, die eine kovalente Bindung mit dem Nachweismolekül eingehen, z. B. Epoxy-, NHS-, oder Aldehyd-Gruppen. Die in Abb. 1.3 beispielhaft dargestellte, mit *N*-Hydroxysuccinimid-Gruppen (NHS-Gruppen) modifizierte Oberfläche reagiert kovalent mit Nukleophilen wie z. B. Aminen oder Hydrazinen.

Die feste, kovalente Bindung ermöglicht rigorosere Waschprozeduren und immobilisiert Fängermoleküle, die rein adsorptiv nicht ausreichend auf der Oberfläche haften.

Bei einfachen, reaktiven Oberflächen ist es allerdings nicht unbedingt gewährleistet, dass die Nachweismoleküle optimal zugänglich sind. Die Orientierung des Nachweismoleküls kann nicht immer genau gesteuert werden. Auch sind mehrfache Bindungen möglich, wobei mehrfach sowohl mehrere komplementär reaktive Positionen am

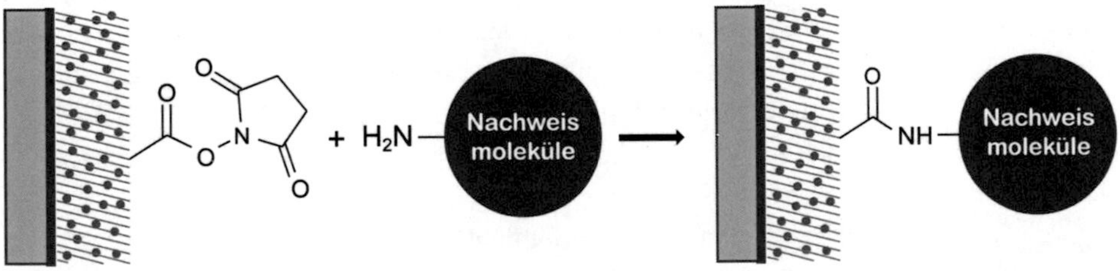

Abb. 1.3 Reaktion einer NHS-aktivierten Carboxylgruppe auf einer reaktiven Oberfläche mit einem primären Amin eines beliebigen Proteins. (Quelle: PolyAn GmbH)

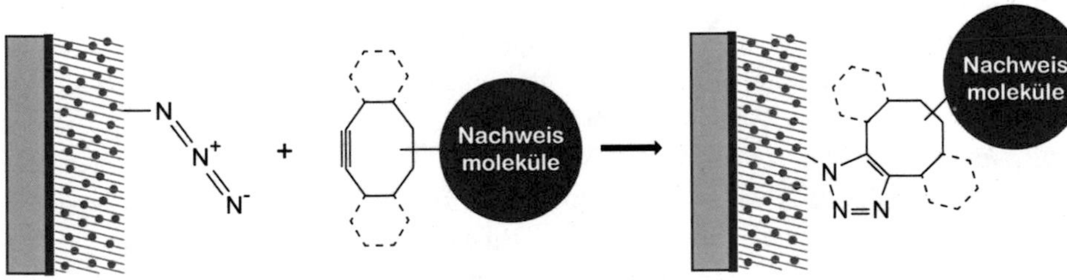

Abb. 1.4 Reaktion eines Azids auf einer Oberfläche mit einen DBCO-markierten Biomolekül als Beispiel für eine bioorthogonale Click-Reaktion. (Quelle: PolyAn GmbH)

Nachweismolekül oder auch funktionelle Gruppen auf der Oberfläche (Multipoint bzw. Multivalenz) bedeuten kann.

Vor diesem Hintergrund wird für die bioorthogonale Immobilisierung von Nachweismolekülen, z. B. Peptiden, Aptameren und Oligonukleotiden, inzwischen vermehrt die sogenannte Click-Chemie eingesetzt. Es gibt aber auch Lösungen, Proteine und andere komplexere Biomoleküle mit funktionellen Bindungsgruppen für die Click-Chemie auszurüsten.

Im Falle der Click-Chemie reagiert die auf der Oberfläche präsentierte reaktive Gruppe (z. B. Azid, (Abb. 1.4)) hochspezifisch mit einer an das Nachweismolekül synthetisierten zweiten Gruppe, z. B. Dibenzocyclooctyn (DBCO), die natürlicherweise nicht in dem Nachweismolekül vorkommt. Andere Beispiele für Click-Reaktionen jeweils unterschiedlicher Bioorthogonalität sind Alkin-Azid, Thiol-Maleimid und Methyltetrazin-*trans*-Cyclooctyn (TCO). Die so gebildete Bindung ist hochspezifisch, auch unter harschen Bedingungen wie beispielsweise einer PCR stabil und weist auch keine unspezifischen Wechselwirkungen mit Probenbestandteilen auf. Weiterhin gibt es eine Vielzahl verschiedener spezieller Methoden, um gerichtet bestimmte Nachweismoleküle, oft Proteine gerichtet zu immobilisieren. Beispiele dafür sind spezielle, meist heterobifunktionale Linker oder Tags (u. a. HIS-Tag, FLAG-Tag), die eine affinitätsbasierte Immobilisierung ermöglichen.

Western-Blot und Dot-Blot

Der Begriff „Blot" (engl. *to blot,* klecksen) bezeichnet die Übertragung von Substanzen auf eine Membran, auf der diese anschließend nachgewiesen werden. Der Erfinder dieser Methode ist Ed M. Southern, der 1975 mithilfe dieser Methode DNA analysiert hat. In Abhängigkeit von der untersuchten Substanz werden folgende Blot-Methoden unterschieden: Im Southern-Blot wird DNA, im Northern-Blot RNA und im Western-Blot werden Proteine übertragen.

Der Western-Blot (Abschn. 3.6) ermöglicht die Identifizierung spezifischer Proteine innerhalb eines Proteingemisches. Die Proteine im Gemisch werden zunächst elektrophoretisch in einem denaturierenden SDS-Polyacrylamidgel (SDS-PAGE) entsprechend ihrem Molekulargewicht getrennt. Die aufgetrennten Proteine werden im Western-Blot auf eine Membran transferiert. Damit liegen sie auf einer stabilen Membran fixiert und nicht mehr in einem labilen Gel vor. Anschließend wird die Membran mit dem passenden Antikörper inkubiert, der spezifisch an das antigene Epitop des auf der Membran fixierten Antigens bindet. Deshalb spricht man auch von einem Immunoblot. Die Analyt-Antikörper-Bindung wird wie beim ELISA über den Substratumsatz detektiert, der über das am Antikörper gekoppelte Enzym erfolgt. Wurde beim SDS-PAGE neben dem Probenmaterial parallel ein Molekulargewichtsstandard aufgetrennt, kann zusätzlich ein Hinweis auf das Molekulargewicht des Analyten als weiteres Merkmal ermittelt werden. Leider ist eine Quantifizierung mit diesem Immunoassay nur unter speziellen Bedingungen und unter Verwendung von aufwendigen Messsystemen möglich.

Außer zur Identifizierung von Analyten kann der Western-Blot auch zur Analyse von Antikörpern (monoklonaler Antikörper oder polyklonaler Antiseren) eingesetzt werden. Hierbei wird eine konstante Menge des möglichst reinen Antigens im SDS-PAGE getrennt und geblottet. Anschließend wird der zu analysierende Antikörper/Antiserum mit der Membran inkubiert (Primärantikörper). Nachfolgend wird ein sekundärer Antikörper auf den Immunoblot geben, der gegen den Primärantikörper gerichtet ist. Befinden sich antigenspezifische Antikörper in der zu analysierenden Präparation, wird der Sekundärantikörper gebunden und dies über dessen gekoppelte Markierung detektiert.

Als „Schnelltest", um zu prüfen, ob sich im Probenmaterial der gesuchte Analyt befindet, eignet sich der sogenannte Dot-Blot (Abschn. 8.2). Hierbei wird das Material nicht über SDS-PAGE getrennt, sondern einfach auf eine Membran aufgetropft und der Immunoassay durchgeführt. Somit kann schnell getestet werden, ob es sich lohnt, die Probe weiter zu untersuchen.

Protein-Arrays

Hierbei handelt es sich um einen Immunoassay, mit dem auf sehr kleinem Raum parallel eine Vielzahl von Einzelnachweisen mit einer geringen Probenmenge durchgeführt wird. Ähnlich wie bei einem Computerchip enthält der Protein-Array (Kap. 10) viele Informationen auf kleinstem Raum, weshalb er auch als „Biochip" bezeichnet wird. Jedes Testfeld (Spot) auf den Protein-Array enthält eine kleine Proteinmenge, die meist automatisiert auf den Träger aufgebracht und fixiert wurde. Anschließend wird das Untersuchungsmaterial mit dem beschichteten Protein-Array inkubiert. Reagieren in Fall eines Immunoassays Analyt und spezifischer Antikörper miteinander, wird diese Protein-Protein-Interaktion im Testfeld detektiert. Jedes Testfeld ohne Interaktion bleibt nach einem Waschschritt leer und kann von solchen mit Interaktionen unterschieden werden. Eine Quantifizierung der gebundenen Analytenmenge ist ebenfalls möglich.

Oberflächen-Plasmonen-Resonanz

Um die Wechselwirkung zwischen Biomolekülen qualitativ und quantitativ zu analysieren, wird seit einiger Zeit auch die sogenannte Oberflächen-Plasmonen Resonanz (engl. *Surface Plasmon Resonance,* SPR) eingesetzt (Kap. 12). Hierbei ist der Sensor ein Chip, auf dessen metallische Oberfläche einer der Reaktionspartner (Antikörper) gebunden wird. Das Probenmaterial wird in einem Flüssigkeitsstrom an dem Sensor vorbeigeleitet. Bindet ein Analyt aus der Probe über den Reaktionspartner an den Sensor, verändert sich die Eigenschaft der Oberfläche, polarisiertes Licht zu reflektieren bzw. zu absorbieren. Mithilfe dieses spektroskopischen Messsignals ist es möglich, Analyt-Antikörper-Wechselwirkungen zu analysieren, ohne eine der beteiligten Komponenten mit einem Markierungsmolekül (Enzym, Fluoreszenzfarbstoff etc.) zu koppeln. Zudem handelt es sich um eine sehr schnelle und empfindliche Methoden.

Durchflusszytometrie (Flow Cytometry)
Bisher wurden Methoden vorgestellt, mit denen Analyten in Substanzmischung detektiert werden. Nun folgen Methoden, mit denen die Analyten direkt auf oder in Zellen nachgewiesen werden.

In einem Durchflusszytometer werden einzelne Partikel, im biologischen System in der Regel Zellen, auf verschiedene Parametern getrennt analysiert (Kap. 13). Das Messprinzip beruht darauf, dass die Zellen während der Messung in einem Flüssigkeitsstrom durch einen Laserstrahl geleitet werden. Dabei wird jede einzelne Zelle von dem Laserstrahl getroffen und die entstehenden Signale ausgewertet. Neben der Zellzahl können somit die Größe und Struktur (Granularität) der Einzelzellen bestimmt werden und damit eine Unterscheidung in einzelnen Zellpopulationen erfolgen. Zusätzlich können Oberflächenmoleküle wie Rezeptoren, aber auch intrazelluläre Strukturen, mit fluoreszenzmarkierten monoklonalen Antikörpern markiert werden. Deren Fluoreszenzmoleküle werden vom Laserstrahl angeregt und die dabei abstrahlenden Signale detektiert. Für jede einzelne Zelle können die gemessenen Parameter (Größe, Granularität, spezifische Oberflächenrezeptoren etc.) zur Auswertung beliebig gegeneinander auftragen werden. In der Praxis bedeutet dies, dass aus einer gemischten Zellpopulation diejenigen Zellen herausgesucht und quantifiziert werden können, die für eine bestimmte Fragestellung interessant sind. Das Prinzip, Zellen anhand von Eigenschaften und fluoreszenzmarkierter Analyt-Antikörper-Komplexe zu unterscheiden, bietet auch die Möglichkeit, diese Zellen unmittelbar nach der Messung zur weiteren Verwendung in verschiedene sterile Gefäße zu sortieren und weiter zu kultivieren.

Immunhistochemie und Immunfluoreszenz
Obwohl mithilfe der Durchflusszytometrie Analyten auf und in den Zellen detektiert werden können, reicht dies bei einigen Fragestellungen als Analysemethode nicht aus. Das kann der Fall sein, wenn der Analyt in einem festen Zellverband (Organ, Zellkulturmaterial) lokalisiert ist oder seine genaue Wechselwirkung mit anderen Zellen oder zellulären Strukturen analysiert werden soll (Abb. 1.5 und 1.6). Hierfür ist eine mikroskopische Analyse der biologischen Präparate erforderlich, was mit der Immunhistochemie oder Immunfluoreszenz möglich ist (Abschn. 3.11). Beide Methoden beruhen auf dem gleichen Prinzip und unterscheiden sich nur bei der Detektion des Analyt-Antikörper-Komplexes.

Der Analyt liegt in einem Gewebeschnitt oder in Zellkulturmaterial vor und wird im Zellverband fixiert. Der spezifische Antikörper wird zugegeben, der im einfachsten Fall direkt mit dem Nachweismolekül gekoppelt ist. Zur Signalverstärkung wird allerdings oft ein indirektes Nachweisverfahren angewendet. Hier bindet zunächst der spezifische unmarkierte Antikörper an das nachzuweisende Antigen. Anschließend wird dieser Antikörper mit einem für ihn spezifischen, markierten Antikörper nachgewiesen. In der Immunhistochemie erfolgt dieser Nachweis über ein an den Antikörper

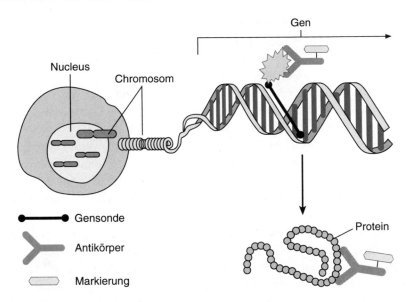

Abb. 1.5 Markierte Antikörper können auch direkt Antigene im Gewebe oder in Zellen binden. Markierte Antikörper können deshalb zur Darstellung von Gensequenzen oder Proteinexpressionen in histologischen Schnitten eingesetzt werden

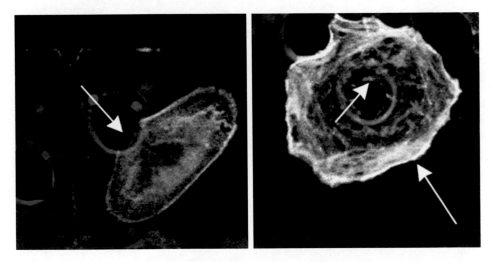

Abb. 1.6 Mithilfe hochauflösender mikroskopischer Techniken mit Laserunterstützung lässt sich die genau Lokalisation eines Antigens bestimmen. Hier werden die Invasion einer Tumorzelle (**a**) und die Lokalisation eines Onkoproteins (rot) und die Verformung des Zytoskeletts (grün) dabei dargestellt (**b**)

gekoppelte Enzym, das einen Substratumsatz bewirkt. Nur in unmittelbarer Nähe zum Analyt-Antikörper-Komplex entsteht dabei ein farbiges Endprodukt, das lichtmikroskopisch analysiert wird. Bei der Immunfluoreszenz sind Fluoreszenzfarbstoffe an die

Antikörpermoleküle gekoppelt und die Auswertung erfolgt mithilfe eines Fluoreszenz-mikroskops. Da es sehr viele unterschiedliche Fluoreszenzfarbstoffe gibt, können mehrere Analyten parallel in einer Probe ermittelt werden.

Immunochemilumineszenzverfahren für die Detektion von DNA-Microarrays
Für die simultane Messung nahezu aller Transkripte (mRNAs) der Gene des mensch-lichen Genoms wurden sogenannte Microarrays entwickelt, die für jedes Gen eine spezifische Gensonde *(probe)* an einem genau definierten Ort *(feature)* des Mikroarrays enthalten (Kap. 10). Die in cDNA umgeschriebenen RNAs des Probenmaterials werden dazu mit Digoxigenin markiert und anschließend auf den Microarray hybridisiert. Befinden sich zu den Sonden komplementäre cDNAs in der Proben, hybridisieren diese über die Wasserstoffbrücken der komplementären Basen miteinander. Im nächsten Schritt bindet ein Konjugat bestehend aus einem Anti-Digoxigenin-Antikörper und alkalischer Phosphatase an das Digoxigenin der hybridisierten cDNA. Nachfolgend wird nun durch eine (bio-)chemische Reaktion an der alkalischen Phosphatase Licht erzeugt, das letztlich von einer CCD-Kamera im Gerät detektiert wird.

Antikörper

2

Rudolf Gruber

Das Immunsystem schützt uns kontinuierlich vor Angriffen von verschiedensten Erregern. Es ist über den ganzen Organismus verteilt und besteht überwiegend aus solitären Zellen. Dennoch ist es so gut koordiniert, dass man das Immunsystem als ein einziges faszinierendes Organ betrachten kann. In einem vereinfachten Schema lassen sich sie Elemente des Immunsystems in vier Rubriken einteilen (Tab. 2.1).

Man kann zelluläre vom humoralen und unspezifische von spezifischen Komponenten unterscheiden. Das spezifische zelluläre Immunsystem besteht vor allem aus T- und B-Lymphozyten. Die B-Lymphozyten wiederum entwickeln sich bei einer entsprechenden Immunantwort zu Plasmazellen, welche Antikörper produzieren. Antikörper (AK) bilden den spezifischen, humoralen Anteil des Immunsystems. Eine wichtige Voraussetzung der AK-vermittelten Immunität ist die spezifische, nicht-kovalente Bindung zwischen AK und Antigen (AG). Als Antigenität werden die physiko-chemischen Eigenschaften eines AG bezeichnet, die Voraussetzung für die Bindung eines AK sind. Im Gegensatz dazu ist die Immunogenität die biologische Eigenschaft eines AG, eine Immunantwort und in der Folge die Synthese und Sekretion von AK-Molekülen durch Plasmazellen zu induzieren. Die Antigenität eines Moleküls ist Voraussetzung, aber nicht ausreichend für die Immunogenität. Die Immunogenität eines bestimmten Antigens kann in verschiedenen Spezies und – wenn auch in geringerem Ausmaß – innerhalb verschiedener Individuen einer Spezies deutlich unterschiedlich ausgeprägt sein. Individuelle molekulare und zelluläre Einflüsse wie genetische Unterschiede, eine bestimmte MHC-Ausstattung, Defizite in der AG-Präsentation oder der Lymphozytenaktivierung, aber auch Umwelteinflüsse, Zeitpunkt der Immunantwort während einer bestimmten Entwicklungsphase wie der Fetalentwicklung und

R. Gruber (✉)
Krankenhaus Barmherzige Brüder, Regensburg, Deutschland
E-Mail: rudolf.gruber@barmherzige-regensburg.de

© Springer-Verlag GmbH Deutschland, ein Teil von Springer Nature 2023
A. M. Raem und P. Rauch (Hrsg.), *Immunoassays,*
https://doi.org/10.1007/978-3-662-62671-9_2

Tab. 2.1 Schematische
Übersicht der Elemente des
Immunsystems

	Unspezifisch	Spezifisch
Humoral	Cytokine Komplementsystem	Antikörper
Zellulär	Granulozyten Makrophagen NK-Zellen	T-Zellen B-Zellen

„Vorerfahrungen" des Immunsystems, können die Ursache dafür sein. So kann die
Immunantwort auf einen Impfstoff in einer Person eine massive Immunreaktion mit all-
gemeinem Krankheitsgefühl und Fieber auslösen, während sie bei anderen Individuen
nicht einmal zur AK-Produktion und damit zu einem Immunschutz führt. Ein klinisch
wichtiges Beispiel ist die Impfung gegen Hepatitis B, die bei ca. 20 % der Geimpften zu
einer schwachen, für einen Immunschutz nicht sicher ausreichenden Immunantwort und
bei unter 5 % zu überhaupt keiner Immunantwort führt.

2.1   Struktur und Funktion

Die Immunglobuline sind eine Molekülfamilie von verwandten, aber nicht identischen
Glykoproteinen. Schätzungsweise kann jedes Individuum wenigstens 10^8 verschiedene
AK-Moleküle bilden. Die wichtigsten Funktionen der AK-Moleküle werden vom Aufbau des Proteingerüstes bestimmt, wobei bis über 20 % der Molekülmasse aus Zuckern
bestehen kann, deren Bedeutung jedoch nicht genau bekannt ist. AK sind multi-
funktionelle Moleküle. Sie vermitteln die spezifische Bindung an das AG einerseits und
die dadurch ausgelösten Effektormechanismen andererseits. Zu den Effektormechanismen gehören unter anderem die Opsonisierung, Komplementaktivierung, AK-vermittelte
Zytotoxizität (*antibody-dependent cell cytotoxicity,* ADCC) und Signaltransduktion.
Diese Hauptfunktionen sind auf unterschiedliche Bereiche des Immunglobulin-Moleküls
verteilt, wie später noch genauer beschrieben wird.

Die große Diversität der Immunglobuline verhinderte lange Zeit die genauere Analyse der Struktur. Im Serum eines gesunden Individuums ist eine enorme Vielzahl
unterschiedlicher AK-Moleküle, jedes davon in minimaler Konzentration. Diese unterschiedlichen Immunglobulin-Spezifitäten unterscheiden sich in ihren physikochemischen
Eigenschaften, wie dem isoelektrischen Punkt und dem Molekulargewicht, sodass sie
z. B. in der Serumelektrophorese eine breite Bande, die sog. Gammaglobulinfraktion,
bilden. Im Gegensatz dazu bilden die anderen Serumproteine einen schmalen, gut
abgrenzbaren Peak. Diese Situation macht es praktisch unmöglich, von einem gesunden
Spender genügende Mengen eines spezifischen Antikörpers für die exakte biochemische
Analyse zu gewinnen.

Erst in den 1950er-Jahren konnte durch die Erkenntnis, dass Patienten mit Multiplem
Myelom im Serum und Urin eine große Menge eines spezifischen Antikörpermoleküls

besitzen, die genaue Struktur, einschließlich der Proteinsequenz, aufgelöst werden. Zusätzlich wurde durch die Beschreibung von Enzymen, die AK-Moleküle an bestimmten Stellen verdauen konnten, und durch die Behandlung der AK-Moleküle mit reduzierenden Agenzien die genaue Molekülstruktur aufgeklärt.

1975 wurde von Köhler und Milstein eine Methode beschrieben, wie man monoklonale Antikörper (MAKs) erzeugen kann. Dabei ist es ihnen gelungen, durch die Fusion eines spezifischen B-Zell-Klons mit einer Maus-Myelomzelle eine immortalisierte klonale Hybridomzelle zu erzeugen, die praktisch eine unendliche Menge von einem spezifischen monoklonalen Antikörper produziert. Lange Zeit war dies nur mit Maus-B-Zellen möglich, später wurde diese Technik auch auf humane B-Zellen, Ratten und verschiedene andere Tierarten übertragen, sodass von all diesen Spezies jetzt spezifische MAK für jedwede Anwendung in der Forschung, Diagnostik, und auch Therapie zur Verfügung stehen. Die Entwicklung der MAK und die zwischenzeitliche Analyse der Immunglobulin-Gene machte es auch sehr einfach, große Mengen von AK-Molekülen für die weitere Strukturaufklärung zu gewinnen und AK-Moleküle nicht nur enzymatisch, sondern jetzt auch molekulargenetisch zu verändern und neue artifizielle Moleküle auf der Basis des AK-Moleküls zu designen.

Die Grundstruktur jedes Antikörpermoleküls besteht aus vier Ketten, je zwei identischen schweren und zwei identischen leichten Ketten. Sowohl die beiden schweren Ketten als auch jeweils eine leichte Kette mit einer schweren Kette sind über nichtkovalente Kräfte, aber auch kovalente Disulfidbrücken verbunden und stabilisiert. Die schweren Ketten sind mit ca. 55–70 kDa mehr als doppelt so schwer wie die leichten Ketten (24–25 kDa), sodass das Molekulargewicht eines IgG-Moleküls bei ca. 150 kDa liegt. Mithilfe der Avogadro-Zahl lässt sich so berechnen, dass 1 mg IgG $4 \cdot 10^{15}$ Molekülen entspricht. Sowohl schwere wie auch leichte Ketten bestehen aus globulären Domänen mit jeweils ca. 105–110 Aminosäuren. Jede Domäne wird über jeweils eine kovalente Disulfidbrücke die durch Cysteine gebildet wird, stabilisiert. Eine Domäne besteht aus zwei gegeneinander gelagerten ß-Faltblattstrukturen. Die leichten Ketten haben immer zwei dieser Domänen, während die Zahl bei den schweren Ketten je nach Isotyp zwischen 4 und 5 variiert. Der N-terminale Teil der Ketten ist für die spezifische AG-Bindung verantwortlich. Hier besteht eine enorme Variabilität zwischen den verschiedenen Immunglobulin-Molekülen, weshalb dieser Teil auch als variabler Anteil „V" bezeichnet wird, VH bei der schweren (heavy) und VL bei der leichten (light) Kette. Dieses N-terminale Ende der schweren und leichten Kette beherbergt auch die hypervariablen Regionen, die auch complementary determining regions (CDRs) genannt werden und für die Bindung des Antigens verantwortlich sind (Abb. 2.1). An die VH- bzw. VL-Domänen schließen sich die konstanten Domänen „C" an. Bei den leichten Ketten jeweils nur eine Domäne (CL), bei den schweren Ketten je nach Isotyp mehrere – mindestens drei – Domänen, beginnend im Anschluss an die VH-Domäne mit C1H, C2H usw.

Insgesamt wird das Immunglobulin-Molekül schematisch oft als „Y" dargestellt, da es aus zwei kurzen und einem langen Arm besteht. Am Übergang von den kurzen zum

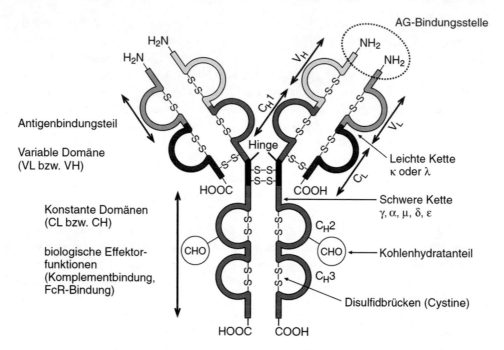

Abb. 2.1 Schematischer Aufbau eines Immunglobulin-Moleküls

langen Arm bilden die schweren Ketten die sog. „Hinge-Region", also eine Verbindungs-region, die aus 10–60 AS, je nach Isotyp, besteht. Sie ist durch eine hohe Flexibili-tät bzw. Beweglichkeit in der Struktur gekennzeichnet, d. h. das AK-Molekül kann sich hier ggfs. der Ag-Struktur anpassen bzw. durch Auf- oder Zuklappen der kurzen Arme Bindungsstellen für Fc-Rezeptoren oder Komplementfaktoren freigeben und so „aktivieren".

2.1.1 Enzymverdau

Immunglobuline sind per se sehr resistent gegen proteolytischen Verdau. An der Hinge-Region können jedoch Papain und Pepsin AS-Verbindungen auftrennen. Der Verdau mit Papain führt zu drei Fragmenten. Davon sind zwei identisch. Sie entsprechen den kompletten leichten Ketten, die weiterhin über S–S-Brücken an die C1H-Domänen der schweren Ketten gebunden sind und somit auch jeweils eine Antigenbindungsstelle ent-halten, d. h. sie sind monovalent. Sie werden als Fab bezeichnet – von *fragment antigen-binding* (Tab. 2.2 und Abb. 2.2).

Das dritte Fragment besteht aus den Resten der schweren Ketten (C2H und folgende), die ebenfalls über S–S-Brücken noch verbunden sind. Dieser Anteil ist für die einzelnen

Tab. 2.2 Nomenklatur der Immunglobulin-Strukturen

Abkürzung	Bedeutung	Ergänzungen
VH	Variabler Anteil der schweren *(heavy)* Kette	
VL	Variabler Anteil der leichten *(light)* Kette	
CL	Konstanter Anteil der leichten Kette	Nur eine Domäne je leichter Kette
CH	Konstanter Anteil der schweren Kette	C1H, C2H etc. – mehrere Domänen der schweren Ketten, je nach Isotyp
Fab	*Fragment antigen-binding*	Teil des Ig nach Papain-Verdau; eine schwere und eine leichte Kette mit einer AG-Bindungsstelle
F(ab)2	*Fragment antigen-binding*	Teil des Ig nach Pepsin-Verdau; Anteil beider schweren und leichten Ketten mit beiden AG-Bindungsstellen, ohne Fc-Anteil; über S–S-Brücken verbunden
Fc	*Fragment constant* bzw. *crystallizing*	Konstanter Teil des Ig nach Papain-Verdau

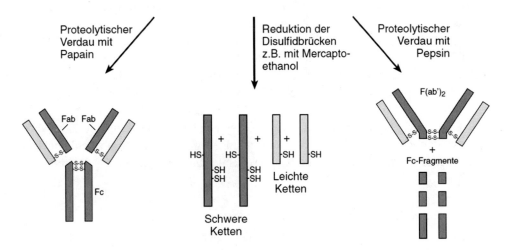

Abb. 2.2 Enzymverdau von Immunglobulinen

Isotypen spezifisch, aber hier konstant über alle Immunglobulin-Moleküle, daher die Abkürzung Fc *(fragment constant)*. Da dieser Anteil in den Anfängen der Struktur-aufklärung der Immunglobulin-Moleküle aufgrund seiner Homogenität kristallisiert werden konnte, wird Fc auch oft als „kristallisierbares *(crystallizing)* Fragment" bezeichnet. Dieser C-terminale Anteil des Immunglobulin-Moleküls enthält i. d. R. die Bindungsstellen für die sekundären Effektorfunktionen, d. h. für Komplementfaktoren und Fc-Rezeptoren. Der Verdau mit Pepsin führt zu einem Abbau der AS-Bindungen hinter den S–S-Brücken der schweren Ketten und somit zu einem bivalenten Anteil der kurzen Arme des Immunglobulin-Moleküls, auch F(ab)2 genannt, da es beide Antigenbindungstellen trägt. Der Fc-Teil wird von Pepsin i. d. R. weitgehend verdaut. Diese Art des Verdaus wird auch heute noch oft verwendet, um Immunglobulin-Moleküle zu erzeugen, die zwar eine gute Bindung zum Antigen zeigen, da sie noch bivalent sind, aber keine Interferenzen mit den Fc-Rezeptoren oder Komplementfaktoren mehr besitzen. Dadurch können unspezifischen Bindungen der Immunglobulin-Moleküle in der Histologie oder Durchflusszytometrie v. a. an Monozyten oder Makrophagen reduziert werden.

2.1.2 Isotypen – Fc-Region

Infolge der spezifischen Erkennung und hochaffinen Bindung an das jeweilige AG werden wichtige immunologisch und physiologisch Effekte, vermittelt über den Fc-Teil, ausgelöst. Aufgrund von Strukturunterschieden der Fc-Teile, die auch zu unterschiedlichen Funktionen führen, werden die AKs in Isotypen unterteilt (Tab. 2.3).

Dabei gibt es zwei Isotypen, *kappa* (κ) und *lambda* (λ) für die leichten Ketten und fünf Isotpyen für die schweren Ketten. Die jeweiligen schweren Ketten werden als $\gamma, \alpha, \mu, \delta$ und ε bezeichnet und bilden entsprechend die Isotypen IgG, IgA, IgM, IgD und IgE. Für IgG können noch die Untergruppen IgG1, 2, 3 und 4 beim Menschen und IgG1, 2a, 2b und 3 bei der Maus unterschieden werden, sowie beim Menschen auch IgA1 und IgA2. Die Isotpyen und Untergruppen sind jeweils von eigenen Genen determiniert (Abb. 2.3).

Die Verteilung der Isotpyen der leichten Ketten beträgt ca. 60 % κ und 40 % λ, wobei keine wesentlichen physiologischen oder funktionellen Unterschiede für beide bekannt sind. Ebenso ist die Verteilung der Isotypen der leichten Ketten auf die der schweren

Tab. 2.3 Eigenschaften der Immunglobulin-Isotypen

	IgG1	IgG2	IgG3	IgG4	IgA1	IgA2	IgM	IgE	IgD
Serumkonzentration (g L^{-1})	9	3	1	0,5	3	0,5	1,5	0,0003	0,03
Halbwertszeit im Serum (Tage)	23	23	8	23	6	6	5	2,5	3
Schwere Kette	$\gamma 1$	$\gamma 2$	$\gamma 3$	$\gamma 4$	$\alpha 1$	$\alpha 2$	μ	δ	ε
Molekulargewicht (kDa)	150	150	150	150	150 bzw. 300	150 bzw. 300	900	190	150
Komplementaktivierung (klassischer Weg)	+	(+)	++	–	–	–	+ + +	–	–

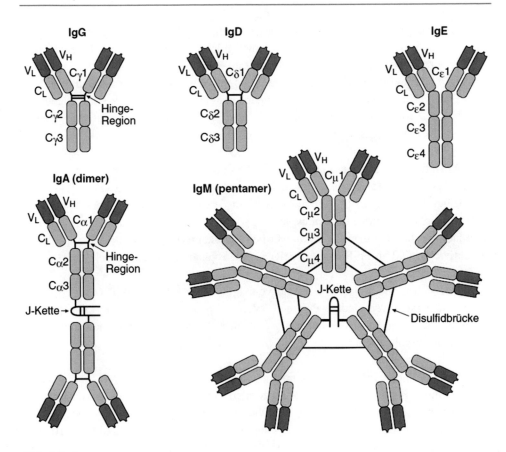

Abb. 2.3 Isotypen

Ketten unabhängig von deren Isotyp. Mengenmäßig spielt das sekretorische IgA, das ca. zwei Drittel der täglichen Immunglobulin-Produktion ausmacht, die größte Rolle. Es dient zur „Verteidigung" der Schleimhäute gegenüber der Außenwelt, d. h. es soll bereits das Eindringen potenziell pathogener Erreger und Substanzen verhindern. Im Serum hat IgG den mit Abstand größten Anteil am Gesamt-Immunglobulin mit 8–18 g L^{-1}, gefolgt von IgA mit 0,9–4,5 g L^{-1} und IgM mit 0,6–2,8 g L^{-1}. Diese Immunglobuline bilden somit ca. 10–20 % der Gesamtproteinmenge im Serum. IgD mit 30 mg L^{-1} und IgE mit 0,3 mg L^{-1} sind im Gegensatz dazu nur in minimalen Konzentrationen im Serum vorhanden. Ebenso unterscheidet sich die Serumhalbwertszeit der Immunglobulin-Isotpyen deutlich, von ca. drei Wochen für IgG, einer Woche für IgA und IgM und 2–3 Tagen für IgD und IgE. Einige Immunglobulin-Isotpyen bilden weitere komplexere Strukturen und Untergruppen. So kommen beim IgA sowohl Monomere, also Immunglobuline der klassischen Struktur mit zwei leichten Ketten und zwei schweren α-Ketten, vor, aber auch Dimere, d. h. zwei IgA-Moleküle, die über eine sog. Joining- (J-)Kette verbunden sind. Letzteres ist die einzige Form des sekretorischen IgA-Moleküls. IgM kommt löslich als Pentamer vor, d. h. jeweils fünf IgM-Moleküle sind über sog. J-Ketten miteinander verbunden. Dadurch erhöht sich die Zahl der AG-Bindungsstellen von zwei auf vier beim IgA bzw. zehn für das IgM. Alle Immunglobulin-Isotypen können in einer löslichen Form, aber auch einer membrangebundenen Form vorkommen. Bei der membrangebundenen Form bleiben aufgrund eines alternativen Splicings eine hydrophobe, transmembrane AS-Sequenz und ein cytoplasmatischer Schwanz erhalten.

IgG IgG stellt etwa 75 % des Gesamt-Immunglobulin im Serum, davon wiederum IgG1 60–70 % und IgG2 15–20 %, während IgG3 und 4 nur ca. 5 % darstellen. IgG kann als einziger Isotyp über die Plazenta hinweg in den Fetus gelangen, und zwar durch einen aktiven Transportmechanismus, und ist so für den bereits bei Geburt bestehenden „immunologischen Nestschutz" verantwortlich. IgG kann den klassischen Komplementweg aktivieren und an Fc-Rezeptor (FcR) an Makrophagen binden, jedoch unterschiedlich je nach Subtyp.

Die meisten monoklonalen AKs sind vom IgG1-, 2a- oder 2b-Typ (Maus). IgG ist der am häufigsten verwendete und unproblematischste AK für In-vitro-Testsysteme. Lediglich IgG3 der Maus tendiert zur spontanen Selbstaggregation und kann so zu unerwarteten Ergebnissen führen.

IgM Der Anteil von IgM am Serumimmunglobulin beträgt etwa 10 %. IgM wird als Pentamer mit zehn AG-Bindungsstellen sezerniert und hat damit etwa 900 kDa. IgM ist das dominierende Immunglobulin auf der Oberfläche der B-Zellen, dabei jedoch als einfaches Immunglobulin-Molekül. IgM dominiert die primäre Immunreaktion. 5–10 Tage nach dem AG-Kontakt können i. d. R. im Serum spezifische AKs vom IgM-Typ nachgewiesen werden, und der Nachweis von IgM, oft dann auch neben IgG, gegen ein AG spricht für eine frische Infektion innerhalb der letzten Monate. Dies ist in der Diagnostik von viralen Infektionen oft von entscheidender Bedeutung.

Häufig lösen Kohlenhydratantigene nur eine IgM-Immunreaktion aus, ohne Switch zu IgG, da es nicht zu einer begleitenden T-Zell-Aktivierung kommen kann. Diese Immunreaktion ist meist niedrigaffin und niedrigtitrig, sodass die Anwendung der IgM-AKs in Immunoassays oft problematisch ist. Ebenso sind die Stabilität und die Reproduzierbarkeit der IgM-Gewinnung problematischer als bei IgG. Viele in der Routine angewendete humane monoklonale Antikörper (MAKs) in der Blutgruppendiagnostik sind vom IgM-Typ, da viele Blutgruppenantigene Kohlenhydrat-AGs sind.

IgA IgA stellt mit zwei Dritteln der Gesamt-Immunglobulinproduktion die größte Fraktion im Körper dar, jedoch nur 10–15 % des Serum-Immunglobulins. Beim sekretorischen IgA sind immer zwei Immunglobulin-Moleküle mit einer J-Kette verbunden. Es gibt spezifische, hochaffine Rezeptoren für IgA. Bei Infektionen der Schleimhäute tritt IgA häufig auch als erster nachweisbarer spezifischer Antikörper auf und kann so Indikator für eine frische Infektion verwendet werden.

IgD IgD spielt vor allem als membrangebundenes Immunglobulin während der Reifung der B-Zellen eine wichtige Rolle. Die Funktion des nur in Spuren vorhandenen IgD im Serum ist unbekannt. IgD ist relativ labil gegen Hitze und Proteolyse.

IgE IgE kommt wie IgD ebenfalls nur in Spuren im Serum vor. Da einige Zellen, wie z. B. Mastzellen, sehr hochaffine Rezeptoren für IgE haben, sind diese praktisch immer besetzt, auch wenn das IgE-Molekül kein Antigen gebunden hat. Wird nun Antigen vom IgE-Moleklül gebunden, so wird die Zelle sofort und stark aktiviert. So kann es z. B. zu einem anaphylaktischen allergischen Schock kommen, da die Mastzellen hochaktive Substanzen bei Aktivierung ausschütten, die zur Vasodilatation und zum Blutdruckabfall führen. IgE hat eine wichtige Bedeutung in der Pathophysiologie der Allergie und bei Infektionen durch Parasiten.

Monoklonale Antikörper können aus allen Isotypen der Maus entstehen, sind jedoch weit überwiegend IgG1, IgG2a, weniger häufig IgG2b und IgM und selten IgA, E oder D.

2.1.3 Allotypen, Rheumafaktoren (RF), Idiotypen, HAMA *(human anti-mouse antibodies)*

Immunglobuline sind Proteine und damit als Moleküle immunogen, d. h. sie können selbst wieder eine Immunantwort mit der Produktion spezifischer AKs durch Plasmazellen auslösen. Die Immunisierung einer Spezies mit Immunglobulinen einer anderen Spezies führt zu einer signifikanten Anti-Immunglobulin-Antikörper-Produktion. Dieses Phänomen wird für die Herstellung polyklonaler Antiseren und monoklonaler AKs gegen Immunglobuline anderer Spezies genutzt. Interessanterweise kommt es aber auch regelmäßig zur Produktion von AKs gegen eigenes Immunglobulin, z. B. im Verlauf von Virusinfektionen, v. a. von Epstein-Barr-Virus- (EBV-)Infektionen. Diese Auto-AKs sind meist vom Isotyp IgM und gegen den Fc-Teil von IgG gerichtet. Sie verschwinden i. d. R. wieder nach Abklingen der Infektion. Jedoch können bei einigen Erkrankungen, v. a. der Rheumatoiden Arthritis, lebenslang sehr hohen Titer nachgewiesen werden. Daher stammt auch der Name „Rheumafaktor" für diese IgM-anti-IgG-Autoantikörper. Auch die sog. Kryoglobuline sind Autoantikörper, die gegen eigenes Immunglobulin gerichtet sind und v. a. in der Kälte reagieren – daher der Name.

Neben diesen Autoantikörpern können innerhalb einer Spezies in unterschiedlichen Individuen auch Allo-AK gegen Immunglobulin induziert werden. Ursache hierfür sind Genpolymorphismen, die zu unterschiedlichen Aminosäuresequenzen führen und somit von anderen Individuen, die diesen Polymorphismus nicht besitzen, als immunologisch fremd erkannt werden können. Diese Allotypen wurden früher, als dafür noch keine molekulargenetischen Methoden verwendet wurden, u. a. in der Rechtsmedizin oder zur Abstammungsbestimmung, analog den Blutgruppen, eingesetzt. Klinisch relevant ist die hohe Immunogenität der Immunglobulinmoleküle bei

Patienten mit kompletter IgA-Defizienz. Der selektive IgA-Mangel ist mit einer Inzidenz von 1:400 in der kaukasischen Bevölkerung der häufigste Immundefekt, führt jedoch interessanterweise nur selten zu klinischen Manifestationen. Bekommt ein Patient mit komplettem IgA-Defekt jedoch als Therapie intravenös Immunglobulin verabreicht – eine häufige Therapie bei Immundefekten –, so kann es zu einer massiven Immunreaktion gegen die darin enthaltenen IgA-Moleküle, bis hin zum anaphylaktischen Schock, kommen. Weiterhin klinisch relevant ist diese Anti-Immunglobulin-Immunreaktion bei der Therapie mit Antikörpern, z. B. MAKs von der Maus. Hier kommt es regelmäßig, zumindest bei längerer Anwendung, zur Bildung von humanen Anti-Maus-Immunglobulin-Antikörpern (HAMA, s. auch Abschn. 27.3.3). Dies kann zu einer Neutralisierung des Therapieeffektes führen. Man versucht das zu verhindern, indem man chimärisierte, humanisierte oder komplett humane AKs für die Therapie verwendet. Neben dieser Immunantwort gegen die konstanten Anteile der Antikörper kann es aber auch zu einer Immunantwort gegen die AG-Bindungsstelle des Antikörpers kommen. Diese ist ja für das Immunsystem in jedem Fall „neu", also potenziell immunogen, da dieses Epitop erst im Verlauf der Immunreaktion auftritt. Ein AK gegen die AG-Bindungsstelle wird als anti-idiotypischer AK bezeichnet. Für die Postulierung dieser These eines anti-anti-idiotypischen Netzwerkes als Möglichkeit der Regulation der Immunantwort hat Nils Jerne den Nobelpreis bekommen. Interessanterweise ohne experimentelle Originalpublikation zu diesem Thema – heute im Zeitalter der Jagd nach Publikationen (*„publish or perish"*) kaum vorstellbar. Die Bedeutung dieses Netzwerkes ist jedoch umstritten.

2.1.4 Die hypervariable Region – CDR *(complementary determining region)*

Die hypervariable Region ist innerhalb der variablen Region (VL bzw. VH) lokalisiert. Sie besteht aus drei jeweils ca. zehn AS langen Sequenzen und beinhaltet die größten Sequenzunterschiede zwischen den AK-Molekülen. Die hypervariable Region wird auch CDR (*complementary determining region,* CDR1 bis CDR3) genannt, da sie den größten Anteil der Bindungsstelle für das spezifische AG bildet und ebenso für die Spezifität des AK verantwortlich ist. Die CDRs werden von der relativ konstanten sog. Framework-Region, die jeweils ca. 15–30 AS umfasst, umgeben und zum Paratop (s. u.) zusammengeführt. Diese Region bildet auch den sog. Idiotypen (Abschn. 2.1.3) und definiert somit ein spezifisches AK-Molekül. Die hypervariablen Regionen von Vκ(kappa), Vλ(lambda) und VH unterscheiden sich in der Struktur und sind nicht austauschbar, d. h. eine VH-Sequenz kann zwar aufgrund der Möglichkeit des Isotyp-Switches während der Reifung der Immunantwort in verschiedenen Isotypen ($\gamma, \alpha, \mu, \delta, \varepsilon$), aber nie in V$\kappa$ oder Vλ vorkommen. Die Spezifität und Gesamtaffinität wird i. d. R. von den drei CDRs der schweren Kette zusammen mit den drei CDRs der jeweiligen leichten Kette gebildet, jedoch können auch die schwere und leichte Kette alleine z. T. eine ausreichend große Affinität und Spezifität besitzen, um eine physiologische Funktion zu erfüllen. Letzteres wird beim genetischen Design möglichst kleiner AK-Konstrukte ausgenutzt. Interessanterweise sind die AKs der Kameliden (Kamele, Dromedare etc.) meist aus nur einer einzigen schweren Kette aufgebaut. Dieser Anteil des AK, der direkt physikalisch mit dem AG interagiert, wird Paratop oder Antigenbindungsstelle genannt. Der entsprechende Anteil des AG wird Epitop oder antigene Determinante genannt.

2.1.5 Fc-Rezeptoren (FcR)

Für alle humanen Immunglobulin-Isotypen sind Fc-Rezeptoren beschrieben (Tab. 2.4).

Diese sind meist auf der Membran verschiedener Zellen exprimiert, kommen aber z. T. auch als lösliche Moleküle im Serum vor. Für einige Immunglobulin-Isotypen existieren verschiedene FcRs mit unterschiedlichen Affinitäten, die verschiedene biologische Funktionen vermitteln. Für Immunoassays relevant ist die unspezifische Interaktion dieser FcRs mit diversen Immunglobulin-Isotypen auch anderer Spezies, was oft zu erheblichen Problemen bei der Interpretation von Testergebnissen führen kann (s. auch Kap. 27). Hier findet eine von der AG-Bindungsstelle unabhängige Bindung des AK z. B. an einer Zelle statt, die jedoch ohne entsprechende Kontrollen nicht als solche von einer spezifischen Bindung zu unterscheiden ist. Es gibt verschiedene Möglichkeiten und Ansätze, diese Bindungen zu inhibieren. Durch die Verwendung einer anderen Spezies oder eines anderen Isotypen kann diese Bindung reduziert werden. Des Weiteren besteht die Möglichkeit, auf F(ab)2-Fragmente oder gentechnisch veränderte AK-Konstrukte zurückzugreifen, da hier der für die Bindung am FcR verantwortliche Fc-Teil fehlt. Alternativ kann versucht werden, durch Zugabe eines hohen Überschusses von nichtspezifischem, nichtmarkiertem Immunglobulin derselben Spezies die FcR zu blockieren. Auch ist eine Kontrollfärbung mit sog. Isotypkontrollen möglich, um die unspezifische Hintergrundfärbung zu erkennen.

Tab. 2.4 Übersicht über die humanen IgG-Fc-Rezeptoren

Rezeptor	Affinität für IgG	Spezifität für humanes IgG	Spezifität für Maus-IgG	ADCC Aktivität	Positive Leukozyten
FcγRI CD64	Hoch 10^8–10^9 M^{-1}	3 > 1 > 4 >>> 2	2a = 3 >>> 1, 2b	+ + +	Monozyten 95 %
FcγRII CD32	Niedrig <10^7 M^{-1}	IIaHR: 3 > 1 >>> 2, 4 IIaLR: 3 > 1 = 2 >>> 4 IIb1: 3 > 1 > 4 >> 2	IIaHR: 2a = 2b = 1 IIaLR: 2a = 2b >>> 1 IIb1: 2a = 2b > 1	+	Monozyten Neutrophile Eosinophile B-Zellen Thrombozyten
FcγRIII CD16	Mittel 1–3 · 10^7 M^{-1}	1 = 3 >>> 2, 4	3 > 2a > 2b >> 1	+	NK-Zellen 80 % Monozyten 5 % Neutrophile

2.2   Affinität, Avidität und KD-Wert

Die AG–Bindungsstelle der meisten AKs ist planar und kann sich an Konformationsepitope von Makromolekülen anpassen. Daher können AKs, im Gegensatz zu T-Zell-Rezeptoren, an große Makromoleküle und native globuläre Proteine binden. Selten binden AGs z. B. Zuckermoleküle in einer Vertiefung zwischen VL- und VH-Domänen. Man bezeichnet diese passgenaue spezifische Bindung häufig auch als Schlüssel-Schloss-Prinzip. Die AG-AK-Bindung besteht aus nichtkovalenten Interaktionen mit elektrostatischen Bindungen, Wasserstoffbrückenbindungen, Van-der-Waals-Kräften und hydrophoben Interaktionen (Abb. 2.4).

Die relative Bedeutung dieser Kräfte hängt von der Struktur der Bindungs- stelle und anderen Faktoren ab. Die Stärke der Bindung kann experimentell durch Equilibriumsdialyse und Darstellung als Scatchard-Blot (Abb. 2.5) oder weitere in neuerer Zeit entwickelte Methoden wie die Surface-Plasmon-Resonance- (SPR-) Analyse gemessen werden (s. auch Kap. 12). Die Bindungsstärke oder Affinität einer Antigen-Antikörper-Interaktion wird durch die Konzentration des Antigens bestimmt, die nötig ist, um 50 % der Bindungsstellen der in Lösung befindlichen AK-Moleküle in einem Gleichgewichtszustand zu besetzen. Die Equilibriumskonstante oder auch Gleichgewichtsdissoziationskonstante wird als KD bezeichnet. Die Affinität kann über Kinetikmessungen bestimmt werden. Für eine einfache 1:1-Interaktion ist die Equilibriumskonstante KD der Quotient aus der Dissoziationskonstante k_d und der Assoziationskonstante k_a, k_d/k_a.

Eine niedrigere Konstante KD bedeutet eine höhere Affinität, da weniger Moleküle nötig sind, um die Bindungsstellen zu besetzen. Die KD von MAKs der Maus, die

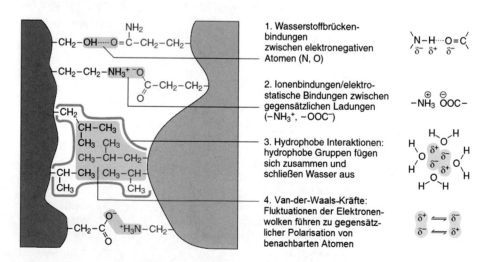

Abb. 2.4 AG-AK-Bindungskräfte

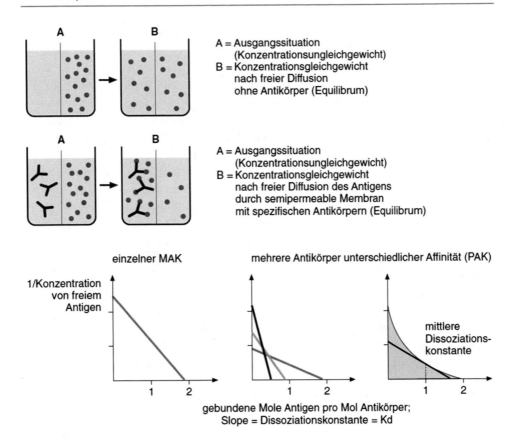

Abb. 2.5 Equilibriumsdialyse

während einer typischen Immunreaktion produziert werden, beträgt zwischen 10^{-7} bis 10^{-11} M (molar). MAKs aus dem Kaninchen können sogar KDs bis 10^{-12} M erreichen. Im Serum eines immunisierten Individuums sind dabei AKs mit unterschiedlichen KDs vorhanden. Die Affinität steigt mit zunehmender Immunreaktion aufgrund der somatischen Mutationen in den AK-Molekülen und der folgenden Selektion der höher-affinen AKs. Ursache dafür ist wahrscheinlich eine Kompetition der AKs um die weniger werdenden AGs, sodass nur noch die Plasmazellen mit somatischen Mutationen, die zu höher affinen AKs geführt haben, AGs binden können. Dieses wird den T-Zellen präsentiert und über aktivierende Oberflächenmoleküle und lösliche Cytokine werden diese Plasmazellen weiterhin zur Proliferation stimuliert. Im Vergleich zu den sehr hohen KDs der AK haben T-Zell-Rezeptoren lediglich KDs von 10^{-5} bis 10^{-7} M und MHC-Moleküle 10^{-6} M. Die Affinität bezieht sich auf die Bindung einer AG-Bindungs-stelle des AKs mit dem entsprechenden Epitop auf dem AG. Da aber, abgesehen von enzymatisch erzeugten Fab-Fragmenten, rekombinant hergestellten AK-Konstrukten und

AKs der Kameliden, alle AKs mindestens zwei Bindungsstellen haben, ist die gesamte Bindungsstärke deutlich höher. Aufgrund der flexiblen Hinge-Region der AKs können je nach Verteilung der AG-Epitope beide AG-Bindungsstellen binden und beim IgM sogar maximal alle zehn Bindungsstellen. Dabei nimmt rechnerisch und auch in der Praxis die Gesamtbindungsstärke, die auch als Avidität bezeichnet wird, nicht nur additiv, sondern eher exponentiell zu. Dadurch kann auch die primär häufig niedrigaffine Bindung eines IgM-Moleküls zu einer insgesamt sehr hochaviden und damit biologisch relevanten Bindung führen.

Physiologisch spielen polyvalente Interaktionen zwischen AG und AK eine wichtige Rolle. Zum Beispiel können verschiedene transmembrane Triggermechanismen nur aktiviert werden, wenn mindestens zwei, besser mehrere Rezeptoren besetzt und damit vernetzt werden. Dies gilt auch für die Aktivierung von Komplement auf der Zelloberfläche oder der Aktivierung der ADCC durch Makrophagen oder NK-Zellen.

2.3   Immunisierung

Für alle Immunoassays sind spezifische polyklonale Antiseren oder monoklonale Antikörper Voraussetzung. Polyklonale Antiseren – oft auch polyklonale Antikörper genannt – werden produziert, indem man ein geeignetes Immunogen in ein geeignetes Tier in einer geeigneten Art und Weise injiziert. Nach einer bestimmten Zeit kann das Serum des Tieres abgenommen und auf die gewünschte Immunreaktivität getestet werden. Verschiedene Faktoren beeinflussen den Erfolg der Antiserumproduktion, die Präparation des Antigens, die Auswahl der Tierart, die Aufbereitung des Antigens für die Immunisierung, Applikationsart und Weg der Immunisierung sowie die Verstärkung der Immunantwort durch entsprechende Adjuvanzien. Dabei ist für Immunoassays i. d. R. das Ziel, möglichst hochspezifische, hochaffine AKs mit hohem Titer zu gewinnen. Für bestimmte Assays, wie die Immunaffinitätschromatographie oder die präparative Immunpräzipitation, können jedoch sehr hochaffine AK auch von Nachteil sein, da die Elution des AG ohne Denaturierung schwierig werden kann.

2.3.1   Das Antigen

Zur Immunisierung kann man ganze Zellen, Bakterien oder Viren usw., Lysate davon oder grob aufgereinigte Zellfraktionen oder Zellfragmente verwenden. Meist will man jedoch eine möglichst spezifische Immunantwort induzieren. Dazu ist die möglichst saubere Aufreinigung des AG eine der wichtigsten Voraussetzungen. Minimale Verunreinigungen von hoch immunogenen Substanzen können bereits zu einer relevanten Immunantwort führen, die den immunologischen Test, für den der AK produziert werden soll, stören kann. Hier zeigt sich deutlich der Einfluss der Molekularbiologie. AGs wurden traditionell über physikalische und biochemische Verfahren, z. B.

fraktionierte Zentrifugation, Dichtegradientenzentrifugation, chromatographisch oder über Fällungsreaktionen aufgetrennt. Für hochsensitive Immunoassays ist es aber von großer Bedeutung, extrem saubere AG-Präparationen zu bekommen, die nicht mit störenden Proteinen kontaminiert sind, da sonst Kreuzreaktionen wahrscheinlich sind. Man verwendet daher mehr und mehr rekombinante Proteine und synthetische Peptide als AG. Auch die direkte Verwendung von DNA, die intrazellulär appliziert und dort transkribiert wird, ist möglich. Die Vorteile rekombinanter AGs oder synthetischer Peptide sind die praktisch unendliche Verfügbarkeit identischer Moleküle, das Fehlen von Immunisierungen mit kontaminierenden Molekülen und die Reduktion der antigenen Epitope auf krankheitsrelevante Strukturen. Kontaminationen aus der Bakterienkultur oder den eukaryontischen Zellen, aus denen das rekombinante AG gewonnen wird, können vorkommen und müssen v. a. dann bedacht werden, wenn die Spezifität des gewonnen Antikörpers nicht optimal ist. Nachteilig kann auch sein, dass physiologische posttranslationale Veränderungen, wie die Glykosylierung, z. B. in Bakterien nicht stattfinden oder eine veränderte Tertiärstruktur entsteht. Viele potente Antikörper, wie z. B. auch Autoantikörper, reagieren gegen multiple, z. T. konformationsabhängige Epitope in großen RNA/Proteinkomplexen, die mit rekombinanten Proteinen nicht erzeugt werden können. Sehr kleine Moleküle, die per se keine Immunantwort erzeugen können, wie z. B. Medikamente, Peptide oder Lipide – sog. Haptene – können an größere Proteine gekoppelt werden. Hier haben sich Bovines Serumalbumin (BSA) oder das *keyhole limpet hemocyanin* (KLH) bewährt.

2.3.2   Wahl der Tierspezies und Art der Immunisierung

Um eine möglichst intensive Immunantwort zu bekommen, sollte die phylogenetische Verwandtschaft zwischen der Spezies, von der das AG stammt, und der immunisierten Spezies möglichst gering sein. So sind Mausproteine in Ratten i. d. R. deutlich weniger immunogen als in Kaninchen. Für hochkonservierte AGs im Säugetier kann die Verwendung von Vögeln zur AK-Produktion Vorteile bringen. Bei der Wahl der Tierspezies ist auch zu bedenken, welche sekundären Antiseren verwendet werden sollen, sodass es im gesamten Testsystem zu möglichst wenig unspezifischen Interaktionen kommt.

Die Aufbereitung des AGs, wie z. B. die Komplexierung durch Erhitzen, kann ggfs. die Immunogenität erhöhen. Auch die Art der Applikation und die Verwendung eines Adjuvans ist entscheidend für eine optimale Immunantwort. Dabei gibt es keine allgemeingültigen Rezepte, die auf alle AG und Tierarten zutreffen.

Ein früher verwendetes, gut funktionierendes Protokoll für die Erzeugung hochtitriger Antiseren gegen humane Proteine ist die simultane intramuskuläre und subkutane Injektion von hochgereinigten Proteinantigenen in komplettem Freund-Adjuvans in das Kaninchen. Dieses Protokoll ist jedoch in Deutschland nicht mehr erlaubt, da es zu einer massiven Immunreaktion an den Immunisierungsstellen führt und dem Tier starke Schmerzen bereiten kann. Nach dem Tierschutzgesetz darf nur subkutan immunisiert werden. Die Verwendung von komplettem Freund-Adjuvans ist nur erlaubt, wenn andere Immunisierungschemata versagen. Alternativen sind die bei Impfstoffen für den Menschen meist benutzen Adjuvanzien auf Aluminiumbasis – mit deutlich geringerem Immunisierungspotenzial– oder Adjuvanzien auf Cytokinbasis oder CpG-Basis (Tab. 2.5).

Allerdings muss davon ausgegangen werden, dass die initiale Entzündungsreaktion und damit auch Schmerzreaktion i. d. R. proportional zur folgenden Immunantwort verläuft, d. h. eine alle Forderungen befriedigende Lösung wird kaum machbar sein. Nach wiederholter Auffrischung, i. d. R. 2 × in 14-tägigen Abstand, kann nach weiteren 10–14 Tagen Blut entnommen werden, um den Immunisierungserfolg zu testen.

2.3.3 Austestung der Immunantwort

Nach erfolgter Immunisierung muss der Erfolg der AK-Produktion getestet werden. Man testet die Spezifität, den AK-Titer oder Proteingehalt und die Reinheit der aufgereinigten AK-Fraktion, und bei MAKs den Isotypen. Die Spezifität der Antikörperantwort kann im Prinzip über alle gängigen immunologischen Testmethoden, wie Immunfluoreszenz, ELISA oder Western-Blot (WB) erfolgen. Je höher aufgereinigt das AG vorliegt, umso einfacher kann das Antiserum getestet werden. Jedoch ist zu bedenken, dass wie schon

Tab. 2.5 Kleine Auswahl einiger gebräuchlicher Adjuvanzien zur Immunisierung

Adjuvans	Anwendung	Inhalt, Kommentar
Complete Freund´s Adjuvans	Lange Zeit Adjuvans der Wahl zur ersten Immunisierung zur Generierung von Hyperimmunseren oder MAKs	Mineralöl und abgetötete Bakterien, i. d. R. *Mycobacterium tuberculosis* oder *M. bovis*; sehr hohes Entzündungspotenzial und gute Depotwirkung. In Deutschland nach dem Tierschutzgesetz nur noch erlaubt, wenn andere Adjuvanzien gescheitert sind
Incomplete Freund´s Adjuvans	Häufig verwendet zum Boostern von Immunsierungen	Weiterhin erlaubt, aber ebenfalls hohes Entzündungspotenzial und wenn möglich durch Alternative zu ersetzen
Squalen, Squalan	Immunisierung bei Tieren	Geringes Entzündungs- und damit Schmerzpotenzial; weniger stark wirksam als z. B. Freund's Adjuvans
Aluminiumsalze	Häufigstes Adjuvans für Impfungen beim Menschen	Geringes Entzündungspotenzial, im Vergleich deutlich geringerer Immunisierungseffekt
CpG, Interleukine	Noch nicht in der Routine eingesetzt	Potenzielle neue Adjuvanzien mit hohem Immunisierungspotenzial bei geringer Entzündung und Schmerzentwicklung

erwähnt, geringe Kontaminationen hoch immunogener Substanzen zu falsch positiven Ergebnissen führen können, wenn man das identische AG zum Immunisieren und zum Austesten verwendet. Idealerweise sollte man also getrennte AG-Quellen, z. B. rekombinantes AG zum Immunisieren und proteinchemisch aufgereinigtes AG für den Assay, verwenden. Möglich ist auch die Verwendung des WB zum Nachweis, da hier Reaktionen gegen andere AGs aufgrund zusätzlicher Banden zu erkennen sind. Hierbei kann es sich aber auch um Abbauprodukte, also um richtig positive Reaktionen handeln, was man mit einem spezifischen Antiserum aus einer anderen Quelle abklären kann. Zur Bestimmung des AK-Titers wird das Serum so lange verdünnt, bis gerade noch ein deutlich über dem Hintergrund liegendes Signal im entsprechenden Assay gefunden wird. Den Proteingehalt und die Reinheit der aufgereinigten Immunglobulinfraktion kann photometrisch oder mithilfe verschiedener Proteinnachweismethoden, z. B. nach Lowry oder Bradford, erfolgen. Näheres dazu ist in entsprechenden Methodenbüchern zu finden.

2.4   Monoklonale Antikörper

Nach der Beschreibung der monoklonalen Antikörper (MAK) 1975 durch Köhler und Milstein hat die Bedeutung der polyklonalen Antiseren deutlich nachgelassen. Für kommerzielle Zwecke, für den Einsatz in diagnostischen Tests, aber v. a. für die therapeutische Anwendung, haben MAK deutliche Vorteile. Sie stellen ein homogenes, prinzipiell in unendlichen Mengen identisch reproduzierbares Molekül dar. Verschiedene Chargen von Antiseren haben immer geringe bis erhebliche Unterschiede im AK-Titer, der Affinität und der Epitopspezifität. Das alles trifft für MAKs nicht zu. Auf der anderen Seite haben aber auch PAKs gewisse Vorteile, v. a. den zu Beginn der Experimente wesentlich schnelleren Weg zu Erfolg (Tab. 2.6).

Das Prinzip zur Gewinnung von MAKs ist in den initialen Schritten identisch zum PAK. Für MAKs werden i. d. R. Mäuse, seltener auch Ratten, mit dem aufgereinigten AG immunisiert. In den letzten 15–20 Jahren sind von einer Vielzahl von Spezies MAKs generiert worden, großteils mithilfe der Heterohybridomatechnik (Abschn. 2.5). Meist blieb es aber beim *Proof of Principle,* da diese Methode oft zu unstabilen Hybridomen führt und die meisten MAKs keine wesentlichen Vorteile gegenüber den Maus-MAKs zeigten. MAKs von Vögeln, gewonnen aus dem Eigelb, weshalb sie auch IgY für *yolk sack* genannt werden, haben den Vorteil des phylogenetisch größeren Abstands zu den Säugetieren und bieten somit die Möglichkeit, auch gegen hoch konservierte Moleküle eine gute Immunantwort zu generieren. Ein weiterer Vorteil ist die Option der Produktion großer Mengen an MAKs über die gesammelten Eier. Kaninchen haben den Vorteil gegenüber Maus und Ratte, MAKs mit anderen Epitopspezifitäten generieren zu können, mit einer z. T. erheblich höheren Affinität bis 10^{-12} M – im Vergleich dazu kommen Maus-MAKs meist nicht über 10^{-10} M.

Tab. 2.6 Vergleich polyklonaler Hyperimmunseren (PAK) und monoklonaler Antikörper (MAK)

	PAK	MAK
Technischer Aufwand	Deutlich geringer	Primär hoher methodischer Aufwand
Erfolgsaussichten	Sehr gut, meist schneller Erfolg	In erfahrenden Händen gut; am Anfang viele Hürden und Rückschläge
AK-Menge	Anfangs deutlich höhere Ausbeute (je nach Spezies, z. B. Pferd 0,5 L Antiserum, Ziege 100 mL, Kaninchen 5 mL)	Lange Zeit geringe Ausbeute; erst gut selektionierte und gut wachsenden Hybridomkultur erlaubt Produktion im Milligramm., später auch im Gramm- und Kilogramm-Bereich, jedoch für größere Mengen hohe Geräte-investitionen und laufende Kosten
Spezifität	Mäßig bis hochspezifisch, jedoch immer Reaktion gegen verschiedene Epitope, immer Gemisch von AKs mit unterschiedlichen Affinitäten und unterschiedlichen Isotypen	Hohe bis sehr hohe Spezifität; Reaktion gegen ein bestimmtes Epitop; gesamte AKs mit identischer Affinität, identischem Isotyp

Primär entwickeln die Tiere als Immunantwort gegen das AG ebenfalls ein polyklonales AK-Spektrum, das theoretisch wie PAKs verwendet werden kann – bei Mäusen und Ratten jedoch in nur sehr geringen Mengen zu gewinnen ist. Durch die Isolierung der B-Zellen aus der Milz und deren Klonierung gewinnt man am Ende Klone mit einer solitären Bindungsspezifität, einen „Mono-Klon". Wie zur Gewinnung polyklonaler Antiseren werden die Tiere immunisiert. Nach Prüfung der Spezifität des Serums und des AK-Titers wird die Maus getötet und deren Milzzellen isoliert. Darunter befinden sich sehr viele B-Zell-Klone, die gegen dieses und diverse andere AG AKs produzieren. B-Zellen sterben in vitro nach wenigen Wochen ab. Man bedient sich daher eines von Köhler und Milstein erarbeiteten Verfahrens und fusioniert diese B-Zellen mit Maus-Myelomzellen. Letztere haben die Eigenschaft, dass sie unendlich in Zellkulturen weiterwachsen. Diese Myelomzellen sind so ausgewählt, dass sie selbst kein Immunglobulin produzieren und einen Stoffwechseldefekt besitzen. Ihnen fehlt das Enzym Hypoxanthin-Guanin-Phosphoribosyl-Transferase (HGPT), d. h. sie können im Gegensatz zu allen normalen Zellen der Maus in einem speziellen Medium, dem HAT-Medium (Hypoxanthin-Aminopterin-Thymidin), nicht überleben. Fusioniert man nun beide Zelltypen mithilfe von Polyethylenglycol (PEG), so entstehen B-Zell-Myelom-Hybridome, die im Idealfall die Eigenschaften der beiden Ausgangszellen vereinigen, d. h. sie produzieren spezifische Immunglobuline und sind unsterblich. Die Vorteile der MAK sind, dass es bei entsprechender Sorgfalt in der Produktion praktisch keine Chargenunterschiede gibt und damit ein einheitliches Molekül mit genau definierter Epitoperkennung in unendlicher Menge zur Verfügung steht.

2.4.1 Hinweise

Immunisierungen sind Tierversuche und müssen entsprechend der geltenden gesetzlichen Bestimmungen durchgeführt werden. Dazu gehören nicht nur die entsprechenden
personellen Voraussetzungen zur Tierhaltung und die entsprechende Ausbildung
des Durchführenden, sondern auch die Verwendung genehmigter Substanzen. AKs,
die in diagnostischen Tests für Menschen eingesetzt werden, müssen als „In-vitro-
Diagnostikum" gekennzeichnet sein und eine CE-Markierung bekommen. Hersteller von
IVD-Reagenzien müssen von einer sog. benannten Stelle begutachtet werden und eine
entsprechende Herstellungserlaubnis bekommen. Seit 2017 gilt hier auch die neue IVD-
Verordnung, die erhebliche Anforderungen an die Hersteller von In-vitro-Diagnostika
und an die benannten Stellen stellt (s. auch Kap. 34). Bei bestimmten kritischen Testsystemen, wie Blutgruppentests oder Screeningtests auf HIV oder Hepatitis B, muss
jede Charge getestet und freigegeben werden. Dieses bedeutet einen erheblichen Aufwand, sodass meist nur PAKs oder MAKs von kommerziellen Quellen dieses Label
haben. Verwendet man selbst hergestellte oder von anderen Laboren gekaufte AKs, so
haftet der Laborleiter bei der Verwendung für die Diagnostik am Menschen für mögliche
Fehlbestimmungen. Auch müssen alle Schritte zur Herstellung und Validierung, d. h.
insgesamt die komplette Qualitätskontrolle, schriftlich festgehalten und kontinuierlich
überprüft werden. Die Herstellung von AKs zur therapeutischen Anwendung unterliegt
noch wesentlich strengeren Richtlinien und Gesetzen, wie GMP *(Good Manufacturing
Practice)* und AMG (Arzneimittelgesetz).

Die AG-Emulsionen sind selbstverständlich auch für den Durchführenden hoch
immunogen, d. h., alle Versuche sollten mit entsprechender Vorsicht durchgeführt
werden. Die Blutentnahme bei Tieren ist oft schwierig und führt zu Hämolyse. Hämolyse beeinflusst viele Labortests, jedoch selten Immunoassays, sodass auch rötlich ver-
färbtes Serum zum Austesten verwendet werden kann.

2.5 Humane monoklonale Antikörper, rekombinante, gentechnisch hergestellte Antikörper und Varianten

Neben den klassischen PAKs und MAKs können AK auch gentechnisch hergestellt
werden. Gentechnisch werden auch alle möglichen Varianten von rekombinanten AK-
Konstrukten und AK-ähnlichen Molekülen entworfen. Diese werden vor allem für
therapeutische Anwendungen entwickelt, da hier z. B. die hohe Immunogenität spezies-
fremder AK-Moleküle unerwünscht ist. So hat man in einer ersten Entwicklungsstufe
versucht, den Fc-Teil des originären Maus-MAK gentechnisch durch einen humanen Fc-
Teil zu ersetzen. Diese Konstrukte werden nach dem Mischwesen aus der griechischen
Mythologie chimäre MAKs genannt. Im nächsten Schritt hat man nicht nur den Fc-Teil
des Maus-MAK, sondern auch die Framework-Region durch humane Sequenzen ersetzt,

was zum humanisierten MAK führt. Auch diese sind z. T. noch immunogen, sodass man für die Entwicklung zur Therapie i. d. R. rein humane MAKs verwendet. Hierzu gibt es mehrere Möglichkeiten. Zum einen kann man B-Zellen von Menschen immortalisieren. Dies geschieht z. B. durch die In-vitro-Infektion der B-Zellen mit EBV. Weiter besteht die Möglichkeit, humane B-Zellen mit den Maus-Myelomzellen, die auch für Maus-MAKs verwendet werden, zu fusionieren. Diese Heterohybridome produzieren unendlich MAKs – hier humane. Beide Systeme existieren, sind aber nicht trivial. Die Zelllinien sind meist nicht so stabil wie klassische Maus-Maus-Hybridome. Für die Diagnostik finden solche humane MAKs häufig Anwendung in der Blutgruppenserologie, da es hier Spender gibt, die ausreichend hohe Titer gegen bestimmte Blutgruppenantigene haben und damit mit hoher Erfolgsaussicht auch entsprechende B-Zellen zu isolieren sind.

Aufgrund dieser Probleme wurden neue Methoden zur Gewinnung ausreichender Mengen humaner MAKs entwickelt. Aus sog. Phagenbibliotheken *(phage display libraries),* die mehr oder weniger das gesamte AK-Repertoire eines oder mehrerer Menschen umfassen, können über sog. Panning hochaffine humane MAKs gesucht und gentechnisch in großen Mengen hergestellt werden. Eine weitere sehr elegante Methode war die Züchtung einer transgenen *Knock-out-knock-in*-Maus, die statt der Maus-Immunglobulin-Genen humane Immunglobulin-Gene besitzt. Diese Maus entwickelt nach klassischer Immunisierung dann rein humane Immunglobuline.

Neben diesen weiterhin kompletten MAKs werden gentechnisch auch eine Vielzahl von MAK-Variationen und Konstrukten hergestellt und wiederum vor allem für die Therapie ausgetestet: kleinste Moleküle, reduziert im Wesentlichen auf die AG-Bindungsstelle mit der variablen Domäne, sog. scFv-Moleküle *(single chain fragment variable),* über Diabodies, die zwei unterschiedliche AK-Spezifitäten vereinigen, bis hin zu kompletten AK-Molekülen, die bereits gentechnisch mit einem Toxin oder auch Enzym gekoppelt sind, können hergestellt werden (Abb. 2.6).

Durch gentechnische Methoden können auch Proteinsequenzen für den Nachweis der AK-Bindung direkt mit der spezifischen Bindungsstelle, d. h. dem Fab-Fragment, gekoppelt und zusammen als ein Molekül exprimiert werden. Häufig wird dem Konstrukt noch die Gensequenz für sechs Histidine (His-Tag) angehängt. Damit kann das rekombinante Molekül über die Bindung der Histidine an eine Ni-Chelat-Säule sauber aufgereinigt werden. AKs gegen den His-Tag können aber auch zum Nachweis des Moleküls verwendet werden.

Chimärisierte, humanisierte oder humane MAKs werden in der Diagnostik, abgesehen von dem genannten Beispiel der Blutgruppenserologie, eher selten eingesetzt. Sie bieten hier keine wesentlichen Vorteile gegenüber den deutlich billigeren und gut etablierten klassischen Maus- oder Ratten-MAKs bzw. den PAKs. Auch für die AK-Konstrukte gibt es noch keine große Verbreitung in der In-vitro-Anwendung. Die häufigsten unspezifischen Bindungen und irrelevanten Interaktionen entstehen über FcR-Bindung durch das Fc-Fragment. Hier hilft bereits der klassische Verdau der AK-Moleküle durch Pepsin, bei dem der Fc-Teil abgebaut wird, aber die

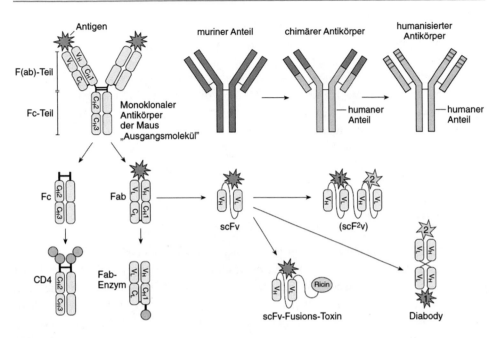

Abb. 2.6 AK-Konstrukte

Bindungseigenschaften erhalten bleiben. Nachteil ist hierbei, dass Nachweise über iso-typspezifische Sekundärantikörper nicht mehr möglich sind.

In den 1990er-Jahren wurden vor allem Tumorpatienten mit Maus-MAKs therapiert und haben dabei regelmäßig HAMA entwickelt. Diese stören Testsysteme, die auf einem Sandwichsystem mit zwei Maus-MAKs aufgebaut sind. Viele gängige Tumormarker-systeme haben diesen Testaufbau, sodass hier falsch positive, z. T. erheblich hochpositive Ergebnisse über die Brückenbildung durch HAMAs erzeugt wurden (Abschn. 27.3.3). Als Gegenmaßnahmen werden Maussseren im Überschuss der Reaktion zugesetzt oder kommerzielle Puffer verwendet, die entstörende Wirkung haben (s. auch Abschn. 27.6). Aber auch die Verwendung von rekombinant hergestellten AK-Fab-Fragmenten oder rein humanen MAKs wurde ausgetestet, jedoch meistens nicht in die Routine übernommen. Weiterer Vorteil, z. B. von kleineren AK-Konstrukten wie Fab-Fragmenten, wäre die Möglichkeit, mehr Moleküle pro Flächeneinheit und damit mehr Bindungsstellen im Test einsetzen zu können. Die oft problematischen Interaktionen durch Rheumafaktoren und die schon erwähnte FcR- und Komplementbindung könnten auch durch entsprechende Konstrukte verhindert werden.

Als Beispiel für zumindest funktionell AK-ähnliche Moleküle seien die Anticaline® genannt. Dabei handelt es sind um gentechnisch maßgeschneiderte Rezeptorproteine, die auf humanen Lipocalinen basieren, einer Klasse natürlicher Eiweißstoffe mit der Fähigkeit, spezifisch eine Vielzahl von Proteinen und Haptenen binden zu können. Mögliche Vorteile dieser Moleküle sind ihr geringes Molekulargewicht. Dies könnte für therapeutische Anwendung von Vorteil sein. Bei der Anwendung in der In-vitro-Diagnostik könnten, wie bei scFv-Minibodies, wesentlich mehr Moleküle und damit mehr Bindungsstellen pro Flächeneinheit z. B. in einem ELISA-Well, zur Verfügung gestellt werden. Weiterhin fehlen diesen Molekülen klassische physiologische Wechselwirkungen der PAKs, MAKs und auch AK-Konstrukte, wie die Interaktion mit FcR und Komplementfaktoren, welche zu unerwünschten unspezifischen Bindungen und Hintergrundsignalen führen können. Auf der anderen Seite haben auch Lipocaline physiologische Interaktionen, die zu unerwünschten Wechselwirkungen in Testsystemen führen könnten.

2.6   Produktion

Hat man nach der Immunisierung für PAKs einen genügend hohen Titer erreicht, so gilt es, möglichst viel des kostbaren Hyperimmunserums zu gewinnen. Die Menge hängt natürlich sehr von der jeweiligen Tierspezies ab. So kann man pro Blutabnahme beim Pferd einen Liter oder mehr Blut gewinnen, davon wiederum rund 40 % Serum. Sehr hochtitrige Antiseren können durchaus im Bereich von 1:10.000 für Immunoassays eingesetzt werden. Eine Verdünnung von 1:1000 sollte immer möglich sein, nur schwache Immunogene oder ein schlechtes Immunisierungsschema können dazu führen, dass man das Serum nur 1:100 oder niedriger verdünnt einsetzen kann. Hier sollte man sich überlegen, ob es nicht besser ist, eine neue Immunisierungsrunde zu starten und die Antigenpräparation, die Tierspezies oder das Immunisierungsschema zu überarbeiten. Bei sehr niedrigen Serumverdünnungen hat man verstärkt mit Matrixproblemen zu kämpfen, d. h. Einflüsse anderer Serumproteine machen sich durch falsch-hohe oder falsch-niedrige Ergebnisse, noch schlimmer falsch-positive oder falsch-negative und am schlimmsten durch unberechenbare Lottozahlenergebnisse bemerkbar. Hier spielen z. B. Reste von Fibrin im Serum oder Komplementfaktoren und viele andere Serumbestandteile, auch Lipide, eine Rolle. Kleinere Tiere sind natürlich nicht so spendabel, d. h. von Ziegen und Schafen können 100–200 mL Blut und von Kaninchen 10–20 mL pro Abnahme gewonnen werden. Selbstverständlich versucht man, die Tiere so schonend wie möglich zu behandeln – schon aus Eigeninteresse, da ein gut immunisiertes Tier eine lange Versorgung mit Antiserum möglich macht. Kaninchen kann man ca. alle vier Wochen über ein paar Jahre Blut abnehmen, sodass insgesamt auch eine schöne Menge Antiserum zu gewinnen ist. Man muss jedoch bedenken, dass sich die Eigenschaften des jeweiligen Antiserums durchaus unterscheiden können. Zum einen verändert sich das Spektrum der spezifischen Immunglobuline, die Immunantwort nimmt langsam, aber stetig, wieder ab und der Titer sinkt. Wird nachimmunisiert, so verändert sich auch das Spektrum der AKs, es können u. U. neue Epitope erkannt werden, was man in der ursprünglichen Austestung nicht nachweisen konnte. Je nach Testaufbau kann dies die Ergebnisse beeinflussen. Eine Möglichkeit ist deshalb, Blut aus mehreren Blutabnahmen zu sammeln und zu vereinigen (poolen). Eine andere, weniger angenehme Möglichkeit ist, das Tier zu töten und das gesamte Blut zu gewinnen.

Bei einem halben Liter Hyperimmunglobulin vom Pferd, also spezifischem Serum mit z. B. einem Titer von 1:10.000, hat man 5000 L Gebrauchsverdünnung aus einer Blutentnahme zur Verfügung. Für einen ELISA benötigt man i. d. R. 50–100 µL pro Ansatz, d. h. man kann 5.000.000 Tests mit einer identischen Antiserum-Charge durchführen. Dies ist für eine Doktorarbeit, ja sogar für eine Habilitation, ausreichend. Für Einsätze in der Routinediagnostik oder Therapie werden meist AKs im Gramm-, Kilogramm- oder Tonnenbereich benötigt, sodass hier die Gewinnung von Antiseren immer das Problem der Heterogenität der einzelnen Chargen mit sich bringt. Zur Sicherung der Qualität muss für jede einzelne Charge der Titer, die Spezifität, die Reinheit, die Kontamination mit Erregern etc. ausgetestet werden. Für den kommerziellen Vertrieb wird selten das native Serum verwendet. Dieses ist zwar eingefroren oder lyophilisiert auch sehr stabil, verträgt aber weniger Manipulationen. Der Lipidanteil im Serum führt bei Einfrier-Auftau-Zyklen, aber auch bei längerem Stehen im Kühlschrank zu Trübung und Aufrahmung, d. h. nach Zentrifugation ist auf dem Serum eine klebrige, weiße Schicht – sieht ekelhaft aus. Daher werden i. d. R. zumindest die Lipide entfernt, meist jedoch wird die Immunglobulinfraktion oder die IgG-Fraktion aufgereinigt. Mithilfe einer Affinitätschromatographie mit dem Antigen kann auch die spezifische Antikörperfraktion aufgereinigt werden. Die Immunglobulinfraktion beträgt ca. 10–20 % der gesamten Proteinfraktion des Serums. Bei 70 g L^{-1} Gesamtprotein sind das etwa 10 g L^{-1} Immunglobulin, davon sind 1–5 %, max. 10 %, spezifische AKs. Das heißt, von 1 mL Serum kann man ca. 10 mg Immunglobulin und 0,1–1 mg spezifische PAKs gewinnen. Die Aufreinigungsschritte sind praktisch identisch bei MAKs und werden in Abschn. 2.7 für beide gemeinsam beschrieben.

Die Erzeugung von MAK in größerem Stil wurde durch deren Erfolge in der Therapie eine der wichtigsten Domänen der biotechnologischen Industrie. In einer der größten deutschen Produktionsstätten von MAKs sind ganze Gebäudekomplexe mit über 25.000 Quadratmetern an Produktionsfläche, über 200 Angestellten und mehreren 10.000 L Kesseln (Fermenter) zur Erzeugung von MAKs entstanden. Bis Ende 2005 wurden annähernd eine Million Patienten mit Rheumatoider Arthritis mit TNF-Blockern (rekombinante chimäre MAKs oder AK-Konstrukte) therapiert. Ein Patient erhält pro Jahr ca. 1 g MAKs, d h. allein hier werden über eine Tonne MAKs pro Jahr für die Therapie benötigt. Die Diagnostikaindustrie gibt sich da deutlich bescheidener.

Entscheidend ist nach der Gewinnung des spezifischen MAKs (s. o.) die Hege und Pflege des Klons. In jeder Phase der Entwicklung müssen Rückstellchargen weggefroren werden. Nicht selten hat sich ein perfekter Klon in Bezug auf Spezifität und Isotyp des MAKs von der Produktion verabschiedet, d. h. er sezerniert keine AK mehr oder will sich nicht mehr vermehren. Dies ist nur ein möglicher Rückschlag. Wie mit jeder Zellkultur, hat man nicht nur mit klassischen Bakterien und Pilzen zu kämpfen, sondern vor allem mit Mykoplasmen, die kleinste Filterporen überwinden können und

sich hartnäckig in der Kultur festbeißen. Der Primäre AK-Klon wird häufig noch sub-
kloniert, d. h. die Zellernte einer Kulturflasche wird wieder auf 96-Well-Platten in einer
Verdünnung von 0,5–2 Zellen/Well ausgesät, und jedes Well wird dann erneut auf Spezifität, Isotyp und AK-Menge getestet, um den besten Subklon dann weiter zu kultivieren.
Diese Prozedur muss manchmal mehrmals wiederholt werden, da sich in der Gesamt-
kultur, wie schon angedeutet, Ausreißer bilden können, die nur noch sehr schwach oder
keine AKs mehr sezernieren oder nicht mehr gut wachsen.

Hat man so den optimalen Klon erzeugt, so kann man sich an die „Massenproduktion" machen. Bis in die 1990er-Jahre wurden dazu auch in Deutschland
„Ascitesmäuse" verwendet. Das bedeutet, man hat einer Maus die Hybridomzellen in
die Bauchhöhle gespritzt. Da es sich ja um eine Tumorzelle handelt, wächst die Zelle
dort und sezerniert MAKs in die Bauchhöhle. Die Maus produziert aufgrund des Tumorwachstums und der Entzündungsreaktion Ascites, in dem sich der AK sammelt und der
abpunktiert werden kann. Die Ausbeute war meist 1 bis über 5 mg MAK pro mL Ascites,
bei 2–3 mL Ascites, der gewonnen werden konnte. Dieses sehr effektive, aber unschöne
Prozedere ist in Deutschland nach dem Tierschutzgesetz nicht mehr erlaubt.

Heutzutage werden MAKs direkt aus der Zellkultur gewonnen. Im nativen Überstand befinden sich meist geringe AK-Konzentrationen von 1–10 µg mL^{-1}, sodass
dieser meist unverdünnt im Immunoassay eingesetzt werden muss. Da man jedoch die
Produktion von Hybridomkulturüberstand exponentiell ausbauen kann, d. h. man kann
die Zellzahl ca. alle 48 h verdoppeln, hat man am Ende des Monats auch ein paar Liter
Überstand, mit dem sich eine Publikation erarbeiten lässt. Technisch verfeinerte Kultur-
systeme mit Mediumgegenlauf etc. zur Anreicherung der AK-Konzentration sind für
teures Geld zu bekommen und erhöhen die Ausbeute. Die Produktion in noch größerem
Stil erfolgt in Fermentern, die schon über Jahrzehnte in ähnlicher Form zur Gewinnung
von Wein, Sekt oder rekombinanten Proteinen aus Bakterien verwendet werden. Für die
Kultur der Hybridomzellen sind jedoch leider deutlich höhere Ansprüche an die Sterilität und Sauberkeit nötig, sodass dies i. d. R. in speziellen, abgeschotteten Reinräumen –
zumindest für die industrielle Produktion von Therapieantikörpern – erfolgt.

2.7   Aufreinigung/Extraktion

Wie schon erwähnt, können hochtitrige PAKs direkt nach entsprechender Verdünnung in
einem Immunoassay eingesetzt werden. Auch MAKs können direkt durch Verwendung des
nativen Überstandes des Hybridomazellmediums verwendet werden. Allerdings können
die AKs durch die hohe Konzentration von irrelevantem Protein im Serum oder Überstand
nicht zum Coaten von ELISA-Platten, zur Konjugation mit Enzymen, Farbstoffen, Biotin
oder einem radioaktiven Tracer verwendet werden. Weiterhin kann es bei verschiedenen
Anwendungen zu unspezifischen Matrixeffekten durch andere Proteine im Serum oder
Medium kommen. Auch die längerfristige Lagerung ist problematisch. Serum und
Medium können zwar auch unbearbeitet mit antimikrobiellem Zusatz wie Natriumazid im

Kühlschrank über Monate und eingefroren bei −20 °C oder noch besser −80 °C über Jahre, wenn nicht Jahrzehnte, ohne größeren Funktionsverlust aufbewahrt werden. Allerdings wird Serum nach mehreren Einfrier- und Auftauzyklen, wie beschrieben, unansehnlich, da die Lipide aufrahmen. Vom Überstand müssen große Mengen für wenig MAK weggefroren werden, was relativ bald an die meist eh zu geringen Speicherkapazitäten der Gefriertruhen stößt. Eine Aufreinigung der AKs wird daher i. d. R. durchgeführt. Dazu gibt es mehrere Möglichkeiten, die prinzipiell meist mit nur kleinen Änderungen sowohl für Serum als auch für Hybridomamedium anzuwenden sind. Grundsätzlich gibt es drei Prinzipien, die Salzfällung, die Ionenaustauschchromatographie oder die Auftrennung mithilfe der Affinitätschromatographie. Immunglobuline können z. B. mit einer Protein-A-Sepharose-Säule oder die spezifischen AKs mit einem mit dem AG bestückten Trenngel aufgereinigt werden (Tab. 2.7).

Sehr häufig wird die Affinitätsreinigung mit Protein-A- oder Protein-G-Sepharose durchgeführt. Die Vorteile sind breite Verwendbarkeit und die technisch einfache Etablierung und Anwendung. In kleinem Rahmen ist es auch eine verhältnismäßig günstige Alternative, da viele kommerzielle Kits zur Verfügung stehen und wenig Zeit

Tab. 2.7 Möglichkeiten der Aufreinigung vom Immunglobulinen und Antikörpern

Aufreinigung	Vorteile	Nachteile
Fällung der Immunglobulinfraktion mit Ammoniumsulfat, Polyethylenglycol (PEG) oder Caprylsäure	Billig, schnell, methodisch einfach	Gesamt-Immunglobulin wird ausgefällt, dazu je nach Salzkonzentration und weiteren Bedingungen reichlich andere Proteine
Ionen-Austauschchromatographie (DEAE-Cellulose oder DEAE-Sepharose)	Reinheit der Immunglobulin-Fraktion i. d. R. deutlich größer als bei Ausfällung	Etwas teurer, etwas mehr Zeit nötig, methodisch ein wenig anspruchsvoller als Ausfällung
ProteinA/G-Sepharose	Schnell und einfach	Erfasst nicht alle Isotypen und Spezies (s. Tab. 2.8)
Cyanbromid-aktivierte Sepharose (CNBr) mit Anti-Immunglobulin-AK	Individuell zu gestalten, d. h. man kann z. B. auch nur eine bestimmte Isotypfraktion vom PAK aufreinigen; im Prinzip für alle AKs geeignet	Einige Vorarbeit und Investitionen in den spez. Antikörper für die Säule nötig
Affinitätschromatographie mit dem spezifischen AG	Sauberste AK-Reinigung mit wenig unspezifischem Anteil an Immunglobulinen und anderen Kontaminationen	Einige Vorarbeit und Investitionen, vor allem größere Mengen des Antigens nötig und nur für diese Anwendung brauchbar
Reinigung rekombinanter AK-Moleküle mit gentechnisch eingebauten Tags, z. B. His-Tag über Nickel-Chelat-Säule	Aufreinigung über Tags meist sehr sauber und schnell möglich	Verunreinigung mit bakteriellen und anderen Proteinen durch den Fermentationsprozess möglich

für die Etablierung verwendet werden muss. Bei der industriellen Aufreinigung großer Antikörpermengen ist die Protein-A-Affinitätschromatographie einer der teuersten Schritte. Hier wird versucht, über die Auswahl bestimmter Protein-A-Untereinheiten, mutagenisierter oder rekombinanter Protein-A-Varianten die Langlebigkeit und die Bindungskapazität zu erhöhen. Man sollte sich bewusst sein, dass nicht alle Isotypen mit gleicher Stärke gebunden werden (Tab. 2.8).

Man sollte sich also vorher im Klaren darüber sein, ob der MAK erfolgreich gereinigt werden kann und ob beim PAK nicht gerade die nicht gebundenen Isotypen interessant

Tab. 2.8 Protein A/G zur Aufreinigung von Antikörpern

Spezies	AK-Isotyp	Protein A	Protein G	Protein L
Mensch	IgG1	+ ++	+++	+++
	IgG2	+++	+++	+++
	IgG3	+	+++	+++
	IgG4	+++	+++	+++
	IgA	+/–	–	+++
	IgM	+/–	–	+++
	IgD	–	–	+++
	κ	–	–	+++
	λ	–	–	–
	Fab	+ +	+ +	+++
	scFv	+ +	–	+++
Maus	IgG1	+	+ +	+++
	IgG2a	+++	+++	+++
	IgG2b	+++	+ +	+++
	IgG3	+ +	+ +	+++
	IgM	–	–	+++
Ratte	IgG1	+	+ +	+++
	IgG2a	–	+++	+++
	IgG2b	–	+	+++
	IgG2c	+ +	+ +	+++
Ziege/Schaf	IgG1	+	+++	–
	IgG2	+++	+++	–
Kaninchen	IgG	+++	+++	+
Pferd	IgG	+/–	–	–
Huhn	IgY	–	–	+/–
Affe	IgG	+++	+++	nd

sein könnten. Es gibt auch noch andere Varianten, wie z. B. rekombinant hergestelltes Protein-L, das die leichte Ig-Kette κ bindet. Damit können also keine λ-AK isoliert werden, dafür alle Untergruppen. Interessanterweise bindet Protein-L keine bovinen Antikörper: Das ist ein Vorteil bei der Aufreinigung von MAK aus Hybridoma-Kulturüberstand, das mit FBS (fetalem bovinen Serum) substituiert wurde. Es werden dadurch keine bovinen Antikörper mit aufgereinigt. Auch nach der Aufreinigung der AK sind noch Protein- und Immunglobulinkontaminationen, je nach Quelle des AK und nach Aufreinigungsart, vorhanden (Tab. 2.9).

Nach der Aufreinigung werden Reinheit, Proteingehalt und Funktion der Präparation und beim MAK auch der Isotyp getestet. Die Reinheit der Präparation kann z. B. über eine SDS-PAGE (Sodiumdodecylsulfat-Polyacrylamid-Gelelektrophorese) ausgetestet werden. Der Proteingehalt kann über Farbreaktionen, z. B. nach Bradford oder Lowry, bestimmt werden. Hierzu gibt es gut standardisierte Kits, oder, wer „Handarbeit" vorzieht, gute Beschreibungen in Methodenbüchern. Auch für die Isotypbestimmung, die immunologisch erfolgt, gibt es speziell entwickelte Schnellteste oder klassische ELISAs und vieles mehr.

Tab. 2.9 Kontaminationen der Antikörper nach Aufreinigung

Ursprung	AK-Material	Besonderheiten
Serum	Polyklonales Hyper-immunglobulin	5–10 mg AK mL^{-1}; 1–5 % spezifischer AK; Reinheit 10 %; 90 % der Proteine sind Nicht-Immunglobuline (Albumin, Transferrin u. a.)
Ascites der Maus	MAK	In Deutschland nicht mehr erlaubt; 1–15 mg MAK mL^{-1}; 80–90 % spezifischer AK; nach Aufreinigung 90 % Reinheit möglich
Hybridoma-Kulturüberstand (mit FCS)	MAK	0,5–1 mg AK mL^{-1}; 5 % spezifischer MAK; 95 % Rinderalbumin und IgG; nach Aufreinigung 95 % Reinheit möglich
Hybridoma-Kulturüberstand serumfrei (ohne FCS)	MAK	0,05 mg AK mL^{-1}; 100 % spezifischer MAK; Reinheit nach Aufreinigung >95 % möglich
Eigelb	PAK, IgY	Lipoproteine, Lipide
Rekombinante AK-Zellkultur (bakteriell, Eukaryoten)	MAK, AK-Konstrukte i. d. R. mit Tag (z. B. His-Tag)	100 % spezifisches AK-Konstrukt, aber unterschiedlich starke Verunreinigung durch Wirtszellen (Proteine, DNA, Membranfragmente, Phagen etc.)
Rekombinante AK-transgene Tiere/ Pflanzen	MAK, AK-Konstrukte i. d. R. mit Tag (z. B. His-Tag)	Je nach Quelle (z. B. Milch) sehr unterschiedlicher Anteil des spezifischen AK bzw. der Kontaminationen

Hat man nun das kostbare Hyperimmunglobulin oder den MAK aufgereinigt, so will man möglichst lange etwas davon haben, sprich, er soll lange funktionsfähig bleiben. Wichtig ist dazu eine optimale Lagerung. Dazu gibt es ebenfalls genügend Tipps in Methodenbüchern. Hier nur kurz ein paar allgemeine Hinweise. Gut für die lange Haltbarkeit sind sauberes Arbeiten, hohe Gesamtproteinkonzentration und niedrige Temperaturen. Sauberes Arbeiten ist selbstverständlich jedem klar – wer Probleme damit hat, frage am besten die dienstälteste TA (technische Assistentin), die darüber am besten Bescheid weiß. Hohe Gesamtproteinkonzentration bedeutet u. a., dass Gebrauchsverdünnungen nativ nur wenige Tage im Kühlschrank stabil sind, d. h. AKs möglichst lange in der Stammlösung aufbewahrt werden sollten. Hilfreich könnten auch kommerzielle Stabilisierungslösungen sein (Kap. 26). Häufig verwendet wird Natriumazid, das den Oxidasezyklus und so die Vermehrung von Bakterien und anderen Tierchen und Pflänzchen hemmt. Natriumazid hemmt auch die Peroxidase, weshalb Peroxidase-gekoppelte AKs lieber z. B. mit Thymol vor dem mikrobiellen Verderben geschützt werden sollten. Im Kühlschrank halten sich AK-Stammlösungen mit Natriumazid für gewöhnlich erstaunlich lange. Das heißt, man kann manchmal gar nicht glauben, dass die alten Fläschchen mit Ablaufdatum von vor fünf Jahren alle funktionellen Teste mit Bravur bestehen. Klar ist, dass für die In-vitro-Diagnostik am Menschen diese AKs nicht mehr verwendet werden dürfen, und wenn es denn kommerziell erhältliche AK sind, so freut sich der Hersteller auch, wenn fünf Jahre nach Haltbarkeitsablauf wieder mal ein neues Fläschchen AK gekauft wird. Kritisch sind vor allem AKs mit Fluoreszenzfarbstoffen, da letztere meist nicht so stabil sind wie die AK selbst. Vor allem bei neuen, sehr langwelligen Fluoreszenzfarbstoffen wie PerCP oder Cyan7 muss peinlichst genau darauf geachtet werden, dass sie das dunkle Fläschchen nur für kurze Zeit verlassen dürfen – besser dieses noch in eine dunkle Schachtel stellen. Funktioniert ein AK nicht so wie er soll und ist er noch nicht drei Jahre abgelaufen, so lohnt es sich auch mal, beim Nachbarlabor oder beim Hersteller, wo man den AK bekommen hat, nachzufragen, ob es der richtige ist, oder ob es Besonderheiten beim Gebrauch gibt und ob er schon mal funktioniert hat, bevor man an sich selbst verzweifelt.

2.8   Konjugation

Eine aufgereinigte AK-Fraktion kann über kovalente Bindungen mit verschiedenen festen Phasen als Fängerantikörper oder als Detektorantikörper mit Nachweissystemen konjugiert werden (Tab. 2.10).

Dabei ist immer zu bedenken, dass jede Manipulation den AK schädigen kann, d. h. es kann z. B. zu Konformationsänderungen kommen oder das gebundene Enzym oder der Farbstoff behindern sterisch die AG-AK-Bindung, wenn sie zu nahe oder direkt am Paratop liegen. Da fast alle Konjugationen über bestimmte Aminosäuren (AS) erfolgen, spielt der Zufall eine große Rolle. Bei PAKs wird i. d. R. die Reaktivität nie so

Tab. 2.10 Antikörperkonjugate

Konjugat	Vorteile	Nachteile
Biotin	• Methodisch einfach an AK zu konjugieren • Ubiquität in vielen Immunoassays einzusetzen • Zusätzliche Signalamplifikation aufgrund der mehrfachen Biotinylierung eine AK-Moleküls und der vier Bindungsstellen des Avidins	• Zusätzlicher Inkubationsschritt mit Avidin oder Streptavidin zum Nachweis nötig • In Geweben mit hohem Biotinanteil problematisch (z. B. Leber)
Enzyme HRP (*Horseradish Peroxidase;* Peroxidase vom Meerrettich) AP (Alkalische Phosphatase vom Kälberdarm) ß-Galaktosidase (von *E. coli*)	• Sehr weit verbreitet, ausgereift, einfach zu handhaben, diverse Reagenzien im Handel, • Zusätzliche Amplifikation durch Enzym, damit Sensitivität praktisch vergleichbar mit radioaktiven Assays	• Vergleichbare Enzyme in Zellen und Geweben manchmal vorhanden → Blockade der intrinsischen Enzymaktivität vor Nachweisreaktion nötig
Gold	• In der Elektronenmikroskopie nachweisbar • In immunologischen Strip-Schnelltesten ohne weitere Farbreaktion einsetzbar	• Koppelung nicht ganz einfach • Eingeschränktes Anwendungsspektrum
Digoxygenin	• In der Tierwelt physiologisch nicht vorhanden, deshalb wenig natürliche Antikörper (tatsächlich gibt es aber sehr selten natürlich vorkommen Anti-Digoxigenin-AKs)	• Lange Zeit patentrechtlich geschützt, daher nur Neuentwicklungen einer Firma • Keine größere Verbreitung im akademischen Bereich
Fluoreszenzfarbstoffe (vor allem für die Immunhistologie und Durchflusszytometrie; Fluoresceinisothiocyanat=FITC, Phycoerythrin = PE, Allophycocyanin = APC, Cyanfarbstoffe, ALEXA™-Farbstoffe)	• Ohne weitere Inkubationsschritte sofort auswertbar	• Spezielle, teure Analysegeräte nötig (z. B. Fluoreszenzmikroskop, Fluoreszenz-Reader) • Farbstoffe verbleichen bei Licht, nicht so lange haltbar wie z. B. enzymatische Reaktionen
Radioaktivität (z. B. I^{125}, I^{131} direkt an Tyrosinreste gekoppelt oder andere Tracer über Chelatbildner an AK gekoppelt)	• Sehr hohe Sensitivität • Für quantitative Assays auf der Basis der Immunpräzipitation gut etabliert → native Proteinstruktur bleibt bei diesen Testen erhalten	• Spezielle Sicherheitsbestimmungen • Spezielle Labors, Geräte nötig • Radioaktives Risiko für Mitarbeiter und Umwelt • Hohe Entsorgungskosten

(Fortsetzung)

Tab. 2.10 (Fortsetzung)

Konjugat	Vorteile	Nachteile
Beads (z. B. Latexbeads für Rheumafaktornachweis)	• Mikroskopisch, je nach Testsystem auch makroskopisch ohne weitere Hilfsmittel sichtbar	• Für quantitative Assays i. d. R. Titration nötig

beeinträchtigt, dass die konjugierten AK unbrauchbar sind, da PAKs ja aus einer Vielzahl auch biochemisch unterschiedlicher AK-Moleküle bestehen, die am Paratop somit auch unterschiedliche AS haben und damit nicht einheitlich verändert werden. Dagegen kann es beim MAK – hier haben alle Moleküle ja eine identische Struktur und AS-Sequenz – durch die Konjugation mit Biotin oder einem Enzym zum kompletten Verlust der AG-Bindung oder zur starken Beeinträchtigung kommen, sodass der MAK mit dieser bestimmten Konjugation unbrauchbar wird. Dies ist äußerst selten, sollte aber vorab durch die Konjugation einer kleinen Menge MAK abgeklärt werden, bevor eine gesamte MAK-Charge „vernichtet" wird.

Diverse Konjugationen werden von Servicefirmen, die damit große Erfahrung haben, angeboten. Für viele Konjugate gibt es auch ausgereifte kommerzielle Kits, die alle Komponenten und eine ausführlich Beschreibung für Ungeübte mitliefern. Diese funktionieren meist auf Anhieb auch beim Akademiker. Sollte kein wirklich gut funktionierendes In-House-System zum Konjugieren etabliert sein, ist es ratsam – auch wenn es rein rechnerisch am Anfang etwas teurer sein könnte – auf ein solches Kit zurückzugreifen, bevor man versucht, alles selbst nach Protokoll zu etablieren. Sucht man allerdings die Herausforderung und will eine Konjugation nach Protokollen aus der Literatur nachkochen, so sollte man mit dem Biotinylieren starten – alternativ geht noch die Konjugation mit FITC, einem Fluoreszenzfarbstoff. Alle anderen Konjugationen sind tricky und können viel Zeit, Nerven und auch Geld verschlingen.

Beispielhaft sei hier die häufig verwendete und ubiquitär einsetzbare Konjugation der AKs mit Biotin kurz beschrieben. Biotin selbst, und noch besser an sog. Spacer gekoppelt, kann zum einen chemisch sehr einfach an verschiedenen AS und damit an alle AKs gebunden werden. Zum anderen bindet es mit extrem hoher Affinität (10^{-15} M L^{-1}) an Avidin oder Streptavidin, ebenfalls Moleküle, die sich sehr einfach, billig und in großen Mengen gewinnen lassen und mit Enzymen oder Fluoreszenzfarbstoffen koppeln lassen. Biotingekoppelte AKs können als Fänger-AKs in ELISA-Systemen verwendet werden. Dazu werden ELISA-Mikrotiterplatten mit Streptavidin gecoatet und die biotinylierten AKs darin inkubiert. Der Vorteil gegenüber dem klassischen direkten Beschichten sind die höhere Reproduzierbarkeit und damit Standardisierbarkeit und die höhere Dichte der auf diese Weise immobilisierten AKs. Des Weiteren kann damit auch ein MAK im ELISA-System eingesetzt werden, der per se selbst nicht gut coated – was selten vorkommt, aber dann ärgerlich ist. Häufiger werden biotinylierte AKs jedoch als Detektorsysteme eingesetzt. Dabei wird im sekundären Schritt zum Nachweis der

AK-Bindung enzym- oder flluoreszenzkonjugiertes Avidin oder Streptavidin eingesetzt. Hier ist der große Vorteil, dass im Gegensatz zum Nachweis mit einem konjugierten sekundären Antiserum keine unspezifischen Bindungen über Fc-Rezeptoren etc. durch den Sekundärantikörper auftreten. Probleme können jedoch in der Histologie in Geweben mit hohem internem Biotingehalt, wie z. B. in der Leber, auftreten.

2.9   Ende gut, Alles gut

Zu guter Letzt im Schnellablauf der Weg zum Immunoassay:

AG aufreinigen, Tier immunisieren, MAK erzeugen und screenen, MAK aufreinigen und ggfs. konjugieren, Immunoassay etablieren und validieren – ganz einfach. Noch einfacher: Immunoassay kaufen! Klingt schnöde, sollte aber immer am Anfang der Überlegungen stehen, denn die Entwicklung eines eigenen Immunoassays lohnt sich i. d. R. nur, wenn kein kommerziell erhältlicher Test oder kein Test von einem bekannten oder in der Literatur benannten Labor für die geplanten Experimente vorhanden ist. Sollte der Komplettkit tatsächlich mal zu teuer sein, so bieten einige Firmen, vor allem im Cytokinsektor, auch ausgetestete AK-Pärchen und Kontrollen an, die nur ein Zehntel kosten und meist sehr gut funktionieren. MAKs und PAKs gibt es mit allen erdenklichen Spezifitäten und Konjugaten, optimal portioniert für den Forscher. Nur wenn Ihr die Herausforderung sucht, das wahre ursprüngliche immunologische Abenteuer erleben wollt, dann müsst Ihr Euren eigenen Immunoassay entwickeln. Auf dem Weg zum einsatzfähigen MAK im eigenen Immunoassay habt Ihr dann praktisch alle immunologischen Methoden erlernt oder zumindest kennengelernt und könnt Euch auf eine Professur bewerben und berühmt werden, oder ein Patent anmelden, eine Firma gründen und reich werden. Auf geht's!

Weiterführende Literatur

Abbas, A. K. and A. H. Lichtman (2015). Cellular and Molecular Immunology, Updated Edition. Philadelphia, W.B. Saunders.

Alkan, S. S. (2004). Monoclonal antibodies: the story of a discovery that revolutionized science and medicine. Nat Rev Immunol 4(2): 153–156.

Ayyar, B. V., S. Arora, C. Murphy and R. O'Kennedy (2012). Affinity chromatography as a tool for antibody purification. Methods 56(2): 116–129.

Crowther, J. (2010). The ELISA Guidebook. Totowa, Humana Press.

Fehervari, Z. (2016). Milestones in Antibodies. Nature Milestones, 2016, from http://www.nature.com/milestones/antibodies.

Greenfield, E. (2013). Antibodies: a laboratory manual. Woodbury, NY, Cold Spring Harbor Laboratory Press.

Groves, D. J. and B. A. Morris (2000). Veterinary sources of nonrodent monoclonal antibodies: interspecific and intraspecific hybridomas. Hybridoma 19(3): 201–214.

Harlow, E. and D. Lane (1998). Antibodies: A Laboratory Manual. Plainview, NY, Cold Spring Harbour Lab Press.

Hnasko, R. (2015). ELISA Methods and Protocols. New York, Humana Press.

Luttmann, W., K. Bratke, M. Küpper and D. Myrtek (2014). Der Experimentator: Immunologie. München, Elsevier GmbH.

Pasqualini, R. and W. Arap (2004). Hybridoma-free generation of monoclonal antibodies. Proc Natl Acad Sci U S A 101(1): 257–259.

Sanz, L., B. Blanco and L. Alvarez-Vallina (2004). Antibodies and gene therapy: teaching old 'magic bullets' new tricks. Trends Immunol 25(2): 85–91.

Shepherd, P. and C. Dean (2000). Monoclonal Antibodies: A Practical Approach. Oxford, Oxford University Press.

Uhlen, M., A. Bandrowski, S. Carr, A. Edwards, J. Ellenberg, E. Lundberg, D. L. Rimm, H. Rodriguez, T. Hiltke, M. Snyder and T. Yamamoto (2016). A proposal for validation of antibodies. Nat Methods 13(10): 823–827.

ELISA/EIA/FIA

3

Göran Key

3.1   Historisches

Im Jahre 1967 wurde von Catt und Tregear erstmals die Bindung von Immunglobulinen an Kunststoffoberflächen beschrieben. Es handelte sich hierbei um die Entwicklung eines Radioimmunoassays (RIA), jedoch kann man hierin den Startpunkt für die Entwicklung von Festphasenimmunoassays auf Kunststoffoberflächen sehen. Die Festphasen-Enzymimmunoassays gehen auf das Jahr 1971 zurück. Hier berichteten Engval und Perlman und van Weemen und Schuurs unabhängig voneinander über die Entwicklung von Assays, bei denen eine Komponente an die Oberfläche von Kunststoffröhrchen gebunden war. Seitdem hat der ELISA eine rasante Entwicklung erfahren und hat Einzug in eine Vielzahl von biochemischen und biomedizinischen Arbeitsgebieten gefunden.

Aufgrund der fortschreitenden Automatisierung gerade im Bereich der klinischen Diagnostik bzw. der Labormedizin wurden unterschiedliche Assaysysteme mit z. T. speziell angepassten Festphasen wie z. B. Polymerpartikeln entwickelt. Für die Anwendung bei kleinerem Probendurchsatz im Forschungslabor und bei industriellen Hochdurchsatztests (*High-Throughput-Screening,* HTS) ist aber nach wie vor die sog. Mikrotiterplatte die Standardfestphase.

Begann die Entwicklung von Immunoassays in den 1960er- und 1970er-Jahren des vorigen Jahrhunderts notwendigerweise mit polyklonalen Antikörpern, wurden durch die Entwicklung der Hybridomtechnologie durch Köhler und Milstein im Jahre 1975 die Möglichkeiten der Assayformate maßgeblich gesteigert. Durch eine Reihe von Firmen, die die Generierung sowohl polyklonaler als auch monoklonaler Antikörper,

G. Key (✉)
Max-Planck-Institut für Molekulare Biomedizin, Münster, Deutschland
E-Mail: g.key@mpi-muenster.mpg.de

© Springer-Verlag GmbH Deutschland, ein Teil von Springer Nature 2023
A. M. Raem und P. Rauch (Hrsg.), *Immunoassays,*
https://doi.org/10.1007/978-3-662-62671-9_3

teilweise sogar von der Herstellung des Immunogens bis zur Aufreinigung des spezifischen Antikörpers, anbieten, ist es mittlerweile kein Problem mehr, innerhalb kürzester Zeit leistungsfähige und ELISA-taugliche Antikörper zu erhalten. Ebenfalls trug die Vielzahl der kommerziell erhältlichen homo- und heterobifunktionellen Vernetzungsreagenzien (Crosslinker) dazu bei, dass die Herstellung von Antikörper- bzw. Antigen-Enzym-Konjugaten erheblich vereinfacht und standardisiert werden konnte. Gleiches gilt für die große Anzahl der heute verfügbaren Fluoreszenzfarbstoffe (s. auch Kap. 24), die aufgrund ihrer spezifischen reaktiven Gruppen an Antikörper bzw. Antigen gekoppelt werden können.

Im Folgenden soll auf die speziellen Eigenschaften der verschiedenen Assayformate und auf die notwendigen Schritte, die zur Entwicklung eines Festphasenimmunoassays notwendig sind, eingegangen werden.

3.2 ELISA-Systeme

Das Prinzip des Festphasen-Enzymimmunoassays ist die Bindung eines Markermoleküls mittels eines spezifischen Antikörpers an das nachzuweisende Antigen. Durch das Markermolekül, in diesem Falle ein Enzym, wird ein Signal erzeugt, welches detektiert und quantifiziert werden kann. Bis heute wurde eine Vielzahl von unterschiedlichen Assaytypen beschrieben, denen jedoch einige generelle Prinzipien zugrunde liegen, die je nach Bedarf und speziellen Gegebenheiten modifiziert wurden.

3.2.1 Direkte und indirekte Assays

Zunächst können die Assays in „direkte" und „indirekte" unterteilt werden. Beim direkten Assay trägt bereits der gegen das Antigen gerichtete spezifische Antikörper das Enzym (Abb. 3.1a), während beim indirekten Assay das Enzym z. B. über einen Antikörper, der wiederum gegen den spezifischen Antikörper gerichtet ist, eingeführt wird (Abb. 3.1b).

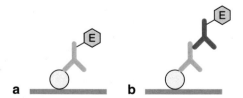

Abb. 3.1 a Direkter Assay (der spezifische Antikörper ist mit Enzym markiert); **b** indirekter Assay (es wird ein enzymmarkierter Anti-Antikörper eingesetzt, der gegen den spezifischen Antikörper gerichtet ist)

Der Vorteil des direkten Assays liegt darin, dass er weniger Inkubationsschritte umfasst, wodurch das Auftreten von unspezifischen Bindungen (verursacht z. B. durch Protein-Protein-Wechselwirkungen) minimiert wird. Zudem ist es bei manchen Assaysystemen schwierig, mit Sekundär-Antikörpern zu arbeiten, z. B. wenn bei einem Sandwichassay (Abschn. 3.2.2) der Fängerantikörper bereits mittels eines Sekundär-Antikörpers an die Festphase gebunden wurde. Ein Vorteil des indirekten Assays ist zum einen eine Signalverstärkung, da pro gebundenem Primär-Antikörper mehrere enzymmarkierte Sekundär-Antikörper binden können. Zum anderen kann für mehrere verschiedene Assays, welche spezifische Antikörper derselben Spezies, z. B. Kaninchen, verwenden, derselbe enzymmarkierte Sekundär-Antikörper, in diesem Falle ein Anti-Kaninchen-Immunglobulin-Antikörper, eingesetzt werden. So muss nur *ein* Antikörpertyp an das Nachweisenzym gekoppelt werden, um Tests gegen unterschiedliche Antigene durchzuführen, und nicht, wie im Falle des direkten Assays, der jeweils antigenspezifische Antikörper. Da eine Vielzahl verschiedener enzymmarkierter Sekundär-Antikörper kommerziell erhältlich ist, wird häufig der indirekte Assay dem direkten vorgezogen.

3.2.2   Kompetitive und nichtkompetitive Assays

Weiter kann zwischen kompetitiven und nichtkompetitiven Assays unterschieden werden. Bei den kompetitiven Assays konkurriert der Analyt aus der zu messenden Probe mit Antigen, welches dem Assay in bestimmten Konzentrationen zugegeben wurde und welches, je nach Assayaufbau, an ein Enzym gekoppelt sein kann. Abb. 3.2a zeigt einen typischen Aufbau eines kompetitiven ELISA. Der spezifische Antikörper ist an die Festphase, in diesem Fall die ELISA-Platte, gebunden. Das enzymmarkierte Antigen wird jeder Probe in derselben Konzentration hinzu gegeben. Es konkurriert nun mit dem Analyten der Probe, dessen Konzentration man bestimmen möchte, um die Bindung an den Antikörper. Ist kein Analyt in der Probe vorhanden, bindet das gesamte enzymmarkierte Antigen an den Antikörper. Somit wird viel Enzym gebunden, was zu einem hohen Signal führt. Je mehr Analyt in der Probe vorhanden ist, desto weniger

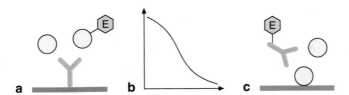

Abb. 3.2 a kompetitiver Assay, Analyt und enzymmarkiertes Antigen konkurrieren um die Bindung an den spezifischen Antikörper; **b** Dosis-Response-Kurve: Das Signal ist umgekehrt proportional zur Analytkonzentration. **c** Alternativer Aufbau eines kompetitiven Assays: Das Antigen ist an die Platte gebunden und konkurriert mit dem Analyten um den enzymmarkierten spezifischen Antikörper

Abb. 3.3 **a** Typischer Aufbau
eines Sandwichassays; **b**
Dosis-Response-Kurve: Das
Signal ist direkt proportional
zur Analytkonzentration

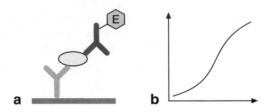

enzymmarkiertes Antigen kann an den Antikörper binden, da die Bindung proportional den Konzentrationen von enzymmarkiertem Antigen und Analyt erfolgt. Entsprechend geringer fällt das durch das Enzym erzeugte Messsignal aus. Das heißt, wenn die Signalstärke gegen die Konzentration des Analyten in der Probe aufgetragen wird, ergibt sich ein umgekehrt proportionaler Verlauf: hohe Analytkonzentration – geringes Signal; niedrige Analytkonzentration – hohes Signal (Abb. 3.2b). In einer weiteren Variante des kompetitiven Assays wird Antigen auf der Festphase immobilisiert (Abb. 3.2c).

Wie auch in der zuvor beschriebenen Variante konkurriert das Antigen mit dem Analyten um die Bindung an den spezifischen Antikörper, welcher in diesem Falle mit Enzym markiert ist. Auch hier ist der Signalverlauf umgekehrt proportional. Dieser Assaytyp wird vornehmlich zur Bestimmung niedermolekularer Analyten verwendet.

Der häufigste Fall des nichtkompetitiven ELISA ist der sog. Sandwich-ELISA. Die Bezeichnung rührt vom prinzipiellen Aufbau des Assays her: Das Antigen befindet sich zwischen zwei spezifischen Antikörpern (Abb. 3.3a), ähnlich wie beim klassischen Sandwich der Belag zwischen zwei Brotscheiben. Diese Art des ELISAs kann jedoch nur angewendet werden, wenn das Antigen über zwei unterschiedliche Epitope verfügt, die gleichzeitig von zwei Antikörpern gebunden werden können. Das heißt, das Antigen muss eine gewisse Größe haben, die die Bindung zweier Antikörper sterisch ermöglicht. Aus diesem Grunde wird der Assay zur Bestimmung von Proteinen und anderen Makromolekülen verwendet.

Der sogenannte Fängerantikörper wird auf der Festphase gebunden und „fängt" den Analyten aus der Probe. Der enzymmarkierte Detektorantikörper bindet anschließend an den gebundenen Analyten. In diesem Falle ist das Messsignal – anders als beim kompetitiven Assay – umso höher, je mehr Analyt in der Probe vorhanden ist: Je mehr Analyt gebunden wird, umso mehr Detektorantikörper und somit Enzym wird gebunden, wodurch das Signal direkt proportional zur Analytkonzentration in der zu messenden Probe ist (Abb. 3.3b).

3.3   Bindung an die Oberfläche

Bei der Etablierung eines ELISA wird im einfachsten Falle ein spezifischer Antikörper bzw. das Antigen direkt auf der Festphase, d. h. auf der ELISA-Platte immobilisiert. Dies geschieht in der Regel adsorptiv, also durch die physikalische Wechselwirkung des

Antigens oder Antikörpers mit der Kunststoffoberfläche. Bei der Adsorption speziell von Proteinen können diese jedoch denaturieren, wodurch ihre Eigenschaften, z. B. die Antigenbindung von Antikörpern, beeinflusst werden kann (s. auch Kap. 25). In diesen Fällen ist es notwendig, den Assayaufbau zu modifizieren. Für die Bindung von Antikörpern an die Festphase gibt es eine Reihe von Alternativen zur Adsorption. Bei der Verwendung von monoklonalen Antikörpern (mAK) kann es zur Beeinflussung der Antigenbindungseigenschaften nach der Adsorption an der Oberfläche kommen. Da es sich um identische Antikörper handelt, ist die Wahrscheinlichkeit groß, dass die Mehrzahl von ihnen gleichermaßen betroffen ist. In einem solchen Fall können diese monoklonalen Antikörper über polyklonale Anti-Antikörper an die Festphase gebunden werden (Abb. 3.4a). Polyklonale Antikörper stellen eine Population von unterschiedlichen Antikörpern dar, sodass auch nach der Adsorption an die Oberfläche genügend Antikörper vorhanden sind, die ihre Bindungseigenschaften behalten haben und an die die monoklonalen Antikörper binden können. Sind diese polyklonalen Antikörper gegen den Fc-Teil des monoklonalen Antikörpers gerichtet, ist sichergestellt, dass durch die Bindung die Aktivität der mAK nicht beeinträchtigt wird. Diese Methode der Immobilisierung des spezifischen Antikörpers ist besonders geeignet für kompetitive Assays, da dort nur ein spezifischer Antikörper verwendet wird. Bei Sandwichassays ist diese Methode nicht anwendbar, wenn Fänger- und Detektorantikörper von derselben Spezies kommen, da in diesem Falle auch der Detektorantikörper an die polyklonalen Antikörper an der Oberfläche binden kann. Ist es nicht möglich, den Fängerantikörper mittels einer der weiter unten beschriebenen Methoden an die Festphase zu binden, so muss der Detektorantikörper aus einer Spezies gewählt werden, mit der der Anti-Antikörper nicht kreuzreagiert. Eine weitere Möglichkeit stellt die Bindung von Antikörpern über spezielle Antikörper-Bindungsproteine dar. Dies sind die bakteriellen Proteine A, G und L. Protein A und G binden am Fc-Teil des Antikörpers (Abb. 3.4b), Protein L an der leichten Kette vom κ-Typ (kappa-Typ). Durch die Bindung an diese Proteine wird die Aktivität der Antikörper nicht beeinträchtigt. Allerdings ist zu beachten, dass nicht alle Antikörpersubklassen und alle Spezies gleich gut binden. Es gilt auch hier,

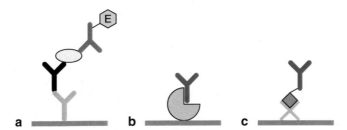

Abb. 3.4 Alternativer Aufbau eines Sandwichassays. **a** Der Fängerantikörper ist mittels eines Anti-Antikörpers an die Festphase gebunden; **b** die Bindung des spezifischen Antikörpers an die Festphase erfolgt über Protein A oder Protein G bzw. **c** über das Avidin-Biotin-System

dass bei einem Sandwichassay Fänger- und Detektorantikörper gleichermaßen binden. In diesem Falle würde auch der Wechsel der Spezies nicht helfen, da diese Proteine die Antikörper aus allen „gängigen" Spezies mehr oder weniger gut binden. Eine weitere Methode ist die Bindung über das Avidin-Biotin-System (Abb. 3.4c). Avidin ist ein Protein aus dem Hühnereiweiß. Es besteht aus vier identischen Untereinheiten und bindet bis zu vier Biotinmoleküle mit der höchsten bisher für biologische Systeme bekannten Affinität. Biotin (Vitamin H bzw. Vitamin B7) ist ein relativ kleines Molekül (244 g mol^{-1}) und ist kommerziell mit verschiedenen reaktiven Gruppen (N-Hydroxy-succinimid, Maleimid, Hydrazid) erhältlich. Somit kann z. B. ein Antikörper recht einfach mit Biotin versehen (biotinyliert) werden. Über das Biotin bindet nun der Antikörper an das Avidin, das nach Adsorption an Kunststoffoberflächen seine Bindungsaktivität behält.

3.4   Kopplung des Markerenzyms/Signalverstärkung

Die direkte Kopplung des Markerenzyms an den spezifischen Antikörper erfordert eine Reihe von Optimierungsschritten und kann oft nicht ohne aufwendige Reinigung des Konjugates erfolgen. Alternativ kann auch das Avidin-Biotin-System zur Bindung des Markerenzyms an den spezifischen Antikörper verwendet werden. Hierzu wird der Antikörper biotinyliert und enzymmarkiertes Avidin, welches kommerziell erhältlich ist, bindet an dieses Biotin (Abb. 3.5a). Der Vorteil liegt zum einen darin, dass das Avidin-Enzym-Konjugat gleichermaßen für mehrere unterschiedliche Assays verwendet werden kann. Wie schon bei den indirekten Assay erwähnt, ist dies von besonderem Vorteil, wenn die spezifischen Antikörper nicht enzymmarkiert erhältlich sind.

Schließlich kann das Markerenzym auch mittels enzymmarkiertem Protein A, G oder L eingeführt werden (Abb. 3.5b). Hier gilt jedoch beim Sandwichassay zu beachten, dass diese Proteine auch an den Fängerantikörper binden würden.

Allen diesen indirekten Systemen ist gemein, dass sie eine Signalverstärkung bewirken, da pro spezifischem Antikörper, der an den Analyten gebunden hat, mehr Enzyme binden können als bei der direkten Markierung mit Enzym. Allerdings besteht andererseits die Gefahr einer höheren unspezifischen Bindung.

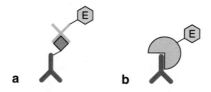

Abb. 3.5 Alternative Möglichkeiten, um Sekundärantikörper mit Enzym zu markieren: **a** über das Avidin-Biotin-System; **b** über Protein A oder Protein G

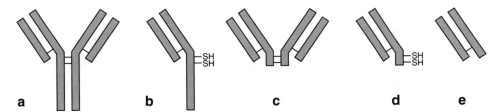

Abb. 3.6 Fragmente, die sich gezielt durch enzymatische und/oder reduktive Spaltung aus Antikörpern herstellen lassen: **a** komplettes Antikörpermolekül; **b** Antikörper, dessen Disulfidbrücken in der Gelenkregion reduziert wurden, wodurch freie SH-Gruppen entstehen; **c** (Fab')2-Fragment; dieses wird durch enzymatische Spaltung unterhalb der Gelenkregion erhalten; **d** Fab'-Fragment; Herstellung wie c, jedoch zusätzlich eine reduktive Spaltung der Disulfidbrücken in der Gelenkregion, auch dieses Fragment trägt freie SH-Gruppen; **e** Fab-Fragment: enzymatische Spaltung oberhalb der Gelenkregion

3.5   Einsatz von Antikörperfragmenten

Neben ganzen Antikörpern können auch funktionelle Fragmente (Abb. 3.6) im ELISA eingesetzt werden. Fab- bzw. (Fab')$_2$-Fragmenten fehlt jeweils ein wesentlicher Teil der konstanten Region der schweren Kette. Dadurch können z. B. Protein A und G nicht mehr binden, was diese Fragmente für den Aufbau eines Sandwich-ELISA interessant macht. Zum andern liegen auf dem Fc-Fragment einige Effektorbereiche, z. B. binden Antikörper über den Fc-Teil an Komponenten des Komplementsystems. Hierdurch können sich in manchen Assays, z. B. wenn Serumproben untersucht werden sollen, unerwünschte Nebeneffekte (s. auch Kap. 27) ergeben.

Durch Aufspaltung der Disulfidbrücken, die die beiden schweren Ketten in der Gelenk- *(hinge)* Region miteinander verbinden, werden bei vollständigen Antikörpern oder (Fab')$_2$-Fragmenten reaktive SH-Gruppen generiert, an die z. B. Markerenzyme gebunden werden können oder über die das Antiköperfragment an die Festphase gebunden werden kann. In beiden Fällen würde durch diese kovalente Modifizierung die Bindungseigenschaft des Antikörpers nicht oder nur unwesentlich beeinträchtigt, da sich diese Gruppen weit genug vom Paratop entfernt befinden. Die Herstellung von Antikörperfragmenten mit ausreichender Ausbeute ist jedoch nicht trivial und bietet sich nur an, wenn man über eine hinreichende Menge des entsprechenden Antikörpers verfügt.

3.6   Etablierung und Durchführung von ELISAs

Der erste Schritt bei der Entwicklung eines ELISAs ist die Wahl der geeigneten Festphase, d. h. ELISA-Platte. Standard ist nach wie vor die 96-Well-Platte. Es handelt sich hierbei um eine transparente Platte aus Polystyrol, die über 96 Vertiefungen (Wells)

verfügt, welche jeweils ca. 300 µL Flüssigkeit fassen. Es gibt sie in verschiedenen Ausführungen, zum einen bezüglich der Bindungseigenschaften für Proteine (hoch-, mittel-,
niedrigbindend), zum anderen bezüglich der Ausformung des Bodens der einzelnen
Wells. Soll der fertige Test mit einem speziellen Plattenphotometer („ELISA-Reader")
gemessen werden, kommt aus optischen Gründen der flache Boden infrage. Der runde
oder konische Boden ist für diese Zwecke nur bedingt geeignet. ELISA-Platten werden
von verschiedenen Firmen angeboten, und es ist sinnvoll, mehrere Platten zu testen. Die
96 Wells sind in 12 Spalten (nummeriert von 1–12) à acht Wells (A–H) angeordnet. Viele
Hersteller bieten dieses Format auch in einzelnen Streifen zu je acht Wells an, die in
einem speziellen Rahmen, der die genormten Außenmaße der kompletten Platte besitzt,
dann zu einer vollständigen Platte zusammengefügt werden können (Abb. 3.7). Dies hat
den Vorteil, dass man nicht eine ganze Platte verbrauchen muss, wenn man nur wenige
Proben hat. Auch kinetische Untersuchungen sind mit diesen Streifen sehr praktisch
durchzuführen, da die bereits beschichteten Streifen unter den gewählten Inkubationsbedingungen verbleiben können, während man den Streifen mit dem nächsten Mess-
punkt pipettiert.

Grundsätzlich sollte die Inkubation des ELISA an einem Ort durchgeführt werden,
an dem es nicht zu großen Störeinflüssen wie z. B. Temperaturschwankungen kommen
kann. Unterschiedliche Temperaturen während der Inkubation können sich nachteilig
auswirken, da die äußeren Wells davon stärker betroffen sind als diejenigen in der Mitte,
sodass sich ein Temperaturgradient entwickelt, der zu unterschiedlicher Bindung der
Reaktionspartner führen kann. Ein abgeschlossener temperierbarer Inkubationsschrank
ist hierfür durchaus geeignet, obwohl z. B. eine Inkubation bei 37 °C gegenüber Raumtemperatur in vielen Fällen keinen großen Vorteil bringt. Ein Inkubationsschrank ist auch
nur dann sinnvoll, wenn er ausschließlich für die Inkubation des ELISA genutzt werden

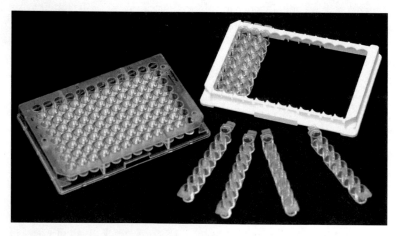

Abb. 3.7 ELISA-Platte und 8-Well-Streifen mit entsprechendem Halterahmen

kann und nicht aufgrund anderer Nutzung während der Inkubation ständig wieder geöffnet wird. Dadurch kann es zu eben diesen Temperaturschwankungen kommen, die unbedingt vermieden werden sollen. Generell ist eine mit einem Deckel verschließbare Styroporbox gut geeignet, um hinreichend konstante Inkubationsbedingungen zu gewährleisten. Des Weiteren empfiehlt es sich, alle Gebrauchslösungen rechtzeitig auf die Temperatur zu bringen, bei der der ELISA inkubiert wird. Hierdurch wird ebenfalls eine inhomogene Temperaturverteilung über die Platte minimiert.

Bei fast allen verschiedenen Assayschritten eines etablierten ELISA (außer der Zugabe der individuellen Proben) wird in alle Wells die gleiche Flüssigkeit pipettiert. Um nicht wiederholt 96-mal mit einer Einzelkanalpipette pipettieren zu müssen, gibt es zum einen die Mehrkanalpipetten. Sie sind auf das Format der 96-Well-Platte angepasst und haben entweder acht Kanäle, womit man gleichzeitig in die Wells der Spalten 1–12 pipettieren kann, oder 12 Kanäle, mit denen man gleichzeitig in alle Wells der Reihen A–H pipettieren kann. Zum anderen werden von verschiedenen Herstellern Dispensier- pipetten mit Spritzenvorsatz angeboten, mit denen man ein großes Volumen aufziehen und das gewünschte Volumen einzeln in die 96 Wells abgeben kann. Beide Systeme bieten eine extreme Zeitersparnis. Welches System bevorzugt wird, muss jedoch individuell vom jeweiligen Anwender entschieden werden.

3.6.1   Beschichtung der ELISA-Platte

Der erste Schritt ist nun die Beschichtung der ELISA-Platte z. B. mit dem Fängeranti- körper für einen Sandwichassay (Abb. 3.8). Es gilt herauszufinden, welche Beschichtungs- konzentration und welcher pH-Wert der Beschichtungslösung optimal sind. Gewöhnlich wird mit einem Carbonatpuffer bei pH 9,6 oder mit einem BS-Puffer pH 7,4 beschichtet, doch gibt es Fälle, in denen Ladung und Struktur des zu immobilisierenden Proteins bei saureren pH-Werten besser für eine Adsorption an die Kunststoffoberfläche geeignet sind. Aus diesem Grunde kann es im Einzelfall sinnvoll sein, die Immobilisierung auch mit einem Acetatpuffer oder Citratpuffer bei pH 5,5 durchzuführen. Um die optimale Beschichtungskonzentration zu bestimmen, wird eine Verdünnungsreihe des Antikörpers von $10 \, \mu g \, mL^{-1}$ bis $0,1 \, \mu g \, mL^{-1}$ in den drei unterschiedlichen Puffern hergestellt und mehrere Wells mit je 100 μL dieser Lösungen beschichtet (Abb. 3.9).

Beschichtet wird oftmals bei 4 °C über Nacht. Wichtig ist, dass in einige Wells nur der entsprechende Puffer ohne Antikörper pipettiert wird, um später einen Leerwert (Blank) zu haben. Zwar bindet das Protein schon nach wenigen Stunden an den Kunst- stoff, doch können sich bei zunehmender Inkubationszeit weitere Bindungen ausbilden, die zu einer stabileren Verankerung führen. Die Platte wird anschließend entleert und der Rest der Flüssigkeit durch mehrmaliges Ausschlagen auf einem Stapel saugfähigen Papiers (Einmalhandtücher) entfernt. Es folgt ein dreimaliges Spülen der Wells mit Waschpuffer (PBS oder TBS), um überschüssige oder nur lose gebundene Antikörper zu

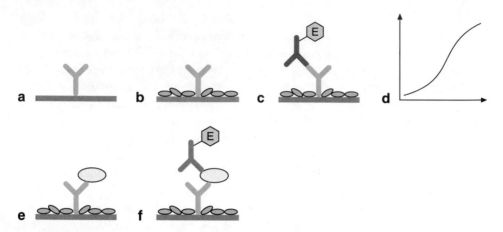

Abb. 3.8 Die Schritte zur Optimierung eines Sandwich-ELISA: **a** Beschichten der Platte mit Fängerantikörper; **b** Absättigen verbliebener Bindungsstellen auf der Kunststoffoberfläche mit „unspezifischem" Protein; **c** Austesten der optimalen Beschichtungskonzentration durch Nachweis des Fängerantikörpers mit enzymmarkiertem Sekundärantikörper; **d** resultierende Dosis-Response-Kurve; **e** Inkubation der in optimierter Konzentration immobilisierten Fängerantikörper mit Antigen; **f** Nachweis des Antigens mit enzymmarkiertem Detektorantikörper

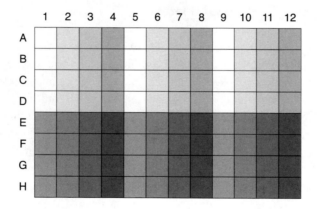

Abb. 3.9 Pipettierschema zum Austesten der optimalen Fängerantikörper-Konzentration. Von Well A1 bis H4 wird der Antikörper mit pH 5,5 immobilisiert. A–D 1 enthalten nur Puffer, die unterschiedlichen Antikörperkonzentrationen sind durch unterschiedliche Grauwerte angedeutet. Im Abschn. A5 bis H8 wird der Antikörper entsprechend mit pH 7,4 immobilisiert, in Abschn. A9 bis H 12 mit pH 9,6

entfernen, da diese sonst evtl. während der weiteren Inkubationsschritte gelöst würden, was zu falschen Messwerten führen kann. Bei manchen Assays ist auch ein Zusatz von 0,05 % Tween 20 ratsam, da so eventuell erhöhter Hintergrund reduziert werden kann.

3.6.2   Blockierung von Oberflächen

Nachdem die Platte mit Antikörper beschichtet ist, kann es noch Bereiche des Kunst-
stoffs geben, die weiteres Protein binden können. Um zu verhindern, dass später z. B.
der enzymmarkierte Antikörper unspezifisch an diese Bereiche bindet und dadurch das
Hintergrundsignal erhöht wird, werden sie mit einem „unspezifischen" Protein geblockt
(Abb. 3.8b). Unspezifisch bedeutet in diesem Falle, dass dieses Protein mit keiner der im
Assay verwendeten Komponenten eine Bindung eingeht. Häufig wird zu diesem Zweck
Rinderserumalbumin (BSA) in einer Konzentration von 1–3 % in PBS oder TBS ver-
wendet. Wenn sich dennoch hohe Hintergrundwerte ergeben, können andere Proteine
als Blockreagenz verwendet werden. Zu nennen sind hier Serumalbumin vom Schwein,
Gelatine aus Rinderhaut, Süßwasserfisch-Gelatine und Casein. Außerdem werden von
verschiedenen Firmen fertige Blocklösungen angeboten.

Geblockt wird mit 200 µL pro Well. Im Gegensatz zum Testvolumen, welches sich
nach dem Beschichtungsvolumen, also in diesem Falle 100 µL je Well (Abschn. 3.6.1)
richtet, muss das Volumen der Blockierungslösung deutlich größer sein, damit auch der
Bereich der Wells oberhalb des Testvolumens gegen unspezifische Bindungen geblockt
ist, um bei eventuell auftretenden Volumenunterschieden (unterschiedliche Pipetten für
unterschiedliche Pipettierschritte) unspezifische Bindungen an die Oberfläche zu verhindern.

Geblockt wird für eine Stunde bei Raumtemperatur, je nach ELISA-Platte und
Blockierungslösung sind aber auch manchmal längere Blockierungen nötig. Hier ist
wichtig, dass auch die unbeschichteten Wells, die als Leerwert dienen sollen, geblockt
werden. Anschließend wird die Platte wie in Abschn. 3.6.1 beschrieben ausgeschüttet
und trocken geschlagen. Ein Waschschritt ist hier nicht unbedingt erforderlich. Bei
kommerziellen ELISA-Kits erfolgt noch ein weiterer Arbeitsschritt, bei dem mithilfe einer speziellen Stabilisierungslösung die Platte nochmals inkubiert wird (s. auch
Kap. 26). Danach wird die Stabilisierungslösung entfernt und die Platte getrocknet. Hierdurch können Haltbarkeiten von mehreren Jahren erreicht werden.

3.6.3   Inkubation mit Sekundärantikörper

Wie weiter oben erwähnt, gilt es zunächst, die Beschichtung mit Antikörper zu
optimieren. Dazu kann nun der auf der Oberfläche gebundene Antikörper mittels
eines gegen ihn gerichteten enzymmarkierten Sekundärantikörpers detektiert werden
(Abb. 3.8c). Um sicherzugehen, dass der Sekundärantikörper im Überschuss vorhanden
ist, sollte der Antikörper höher konzentriert eingesetzt werden, als vom Hersteller für den
Einsatz im ELISA empfohlen, zumindest Faktor zwei. Die Verdünnung des Antikörpers
erfolgt in der Blocklösung bzw. in speziellen Antikörper-Verdünnungspuffern. Grundsätzlich sollten alle Verdünnungen, mit Ausnahme des Substrats für die abschließende

Enzymreaktion, in Blocklösung erfolgen. Dies dient dazu, dass es zu keinem Verlust der Reagenzien durch Bindung an die Wände des Reaktionsgefäßes, in dem die Verdünnung angesetzt wird, kommt.

Testvolumen sind auch hier wieder 100 µL. Wichtig ist, dass der Sekundärantikörper auch in die Leerwertwells pipettiert wird. Wenn bei der anschließenden Enzymreaktion auch hier eine Farbentwicklung stattfindet, ist dies auf eine unspezifische Bindung zurückzuführen.

Nach einer Stunde bei Raumtemperatur wird 3 × mit Waschpuffer gewaschen und die Platte trocken geschlagen.

3.6.4 Detektion über die Farbreaktion

Je nach verwendetem Enzymmarker wird nun das entsprechende Substrat hinzu gegeben. Für Peroxidase (POD) wird häufig Tetramethylbenzidin verwendet. Es bildet sich zunächst ein blauer Farbstoff, der durch Zugabe von 1 M Schwefelsäure in eine gelbe Färbung umschlägt, die bei 450 nm gemessen wird. Durch Zugabe der Schwefelsäure wird der Test gestoppt, da das Enzym inaktiviert wird.

Das häufigste Substrat für Alkalische Phosphatase (AP) ist *p*-Nitrophenylphosphat. Um die Entwicklung zu beschleunigen, kann bei 37 °C, dem Temperaturoptimum von AP, inkubiert werden. Bei Raumtemperatur verläuft die Farbreaktion entsprechend langsamer. Abgestoppt wird mit 2 M KOH. Die optische Dichte (OD) wird bei 405 nm bestimmt.

Wenn man nun die OD-Werte für die verschiedenen Antikörperkonzentrationen gegen die entsprechenden Konzentrationen aufträgt, erhält man Sättigungskurven bzw. Optimumskurven (Abb. 3.8d), deren höchster Wert der Antikörperkonzentration entspricht, die maximal an die Platte gebunden wird. Diese kann für die verschiedenen getesteten pH-Werte bei der Immobilisierung durchaus unterschiedlich sein.

3.6.5 Bestimmung der Funktionalität des Fängerantikörpers

Durch den zuvor beschriebenen Test wurde die Menge des gebundenen Antikörpers bestimmt, nicht jedoch, ob er nach der Bindung an die ELISA-Platte auch noch in der Lage ist, sein Antigen zu binden. Der nächste Schritt bei der Etablierung des Assays ist nun die Überprüfung der Funktionalität der immobilisierten Antikörper. Dazu wird eine Platte mit der zuvor bestimmten optimalen Antikörperkonzentration bei den drei unterschiedlichen pH-Werten beschichtet und geblockt (Abschn. 3.6.1 und 3.6.2). Im Falle eines Sandwichassays wird nun eine Verdünnungsreihe des entsprechenden Antigens in Blockpuffer hergestellt, die über zwei bis drei Größenordnungen geht (Abb. 3.8e).

Die bei unterschiedlichen pH-Werten immobilisierten Fängerantikörper werden nun mit dieser Verdünnungsreihe inkubiert. Wichtig ist, dass jeweils einige mit Antikörper beschichtete Wells kein Antigen erhalten, sondern nur Blocklösung. Sie dienen später als Leerwerte. Die Inkubation erfolgt wieder bei Raumtemperatur für eine Stunde. Bei manchen Analyten ist auch eine verlängerte Inkubationszeit nötig (z. B zwei bis vier Stunden), falls die Inkubationszeit von einer Stunde nicht zur Erreichung des Gleichgewichts ausreicht.

3.6.6 Inkubation mit Detektorantikörper

Nach gründlichem Waschen und anschließendem Trocken schlagen werden *alle* Wells mit Detektorantikörper inkubiert (Abb. 3.8f). Ist der Detektorantikörper bereits mit Enzym markiert, erfolgt nach nochmaligem gründlichem Waschen die Inkubation mit Substrat. Ist der Detektorantikörper nicht mit Enzym markiert, wird zuvor noch mit Sekundärantikörper inkubiert.

Es ergeben sich nun abhängig von der Antigenkonzentration und evtl. auch abhängig von dem Immobilisierungs-pH-Wert verschiedene Sättigungskurven. Aus ihnen kann abgelesen werden, ob der Antikörper nach der Immobilisierung noch in der Lage ist, das Antigen zu erkennen. Ist dies bei allen pH-Werten der Fall, gibt es in den meisten Fällen einen pH-Wert, bei dem die Steigung der Messkurve größer ist als bei den anderen. Dieser pH-Wert ist der optimale, da eine große Steigung der Kurve eine große Empfindlichkeit des Assays bedeutet. Das heißt, auch kleine Unterschiede in der Antigenkonzentration führen zu relativ großen Unterschieden in der OD und können somit aufgrund der Messwerte voneinander unterschieden werden. Wenn in keinem der Fälle eine Zunahme der OD bei zunehmender Antigenkonzentration auftritt, bedeutet dies, dass der Antikörper durch die Immobilisierung seine Fähigkeit, das Antigen zu binden, verloren hat. In diesem Falle muss die Optimierung des Tests mit einer der in Abschn. 3.3 beschriebenen Methoden der indirekten Bindung des Antikörpers an die ELISA-Platte, z. B. mit einem Anti-Antikörper oder mittels des Avidin-Biotin-Systems, wiederholt werden.

Anschließend wird eine Platte unter den gefundenen optimalen Bedingungen mit Fängerantikörper beschichtet und der Konzentrationsbereich der Standardkurve genau bestimmt, indem eine Reihe unterschiedlich konzentrierter Antigen-Standards hergestellt und mit den Fängerantikörpern inkubiert werden. Die Standardkurve ist für quantitative Assays von Bedeutung, da man an ihrem Verlauf sehen kann, ob ein Test optimal funktioniert hat. Zum anderen bestimmt sie den Messbereich eines Assays, denn nur im linearen Bereich der Standardkurve können Konzentrationen mit entsprechend hoher Genauigkeit bestimmt werden (Abschn. 3.6.7). Um eine gesicherte Aussage über den jeweiligen Wert machen zu können, wird jede Antigenkonzentration in mehrere (mindestens drei) Wells pipettiert. Der Mittelwert der Einzelbestimmungen und besonders die Abweichungen der Einzelwerte vom Mittelwert geben einen Hinweis auf die Verlässlichkeit der Messung und auf die Genauigkeit, mit der pipettiert wurde.

Ist der optimale Bereich der Standardkurve festgelegt, können die Inkubationszeiten für jeden einzelnen Inkubationsschritt optimiert werden. Bisher wurde, mit Ausnahme der Beschichtung der Platte, jeweils für eine Stunde inkubiert. Je nach Konzentration und Affinität der unterschiedlichen Assaykomponenten können aber auch kürzere oder längere Zeiten ausreichend bzw. nötig sein. Allerdings sollte die Beschichtung der Platte über Nacht beibehalten werden, da, wie schon erwähnt, die Bindung des Antikörpers bzw. Antigens oft stabiler ist als nach einer oder wenigen Stunden. Für die Optimierung der Inkubationszeiten wird jeweils ein Inkubationsschritt variiert, während die anderen konstant bleiben. Zum Optimieren des Blockschrittes beispielsweise wird ein Bereich der Platte nach dem Spülen für 10, der nächste für 20, 30 etc. bis 60 min geblockt. Es wird mit dem 60-min-Wert angefangen, nach zehn Minuten kommt der 50-min-Wert hinzu etc. Auf diese Weise sind nach 60 min alle Messpunkte gleichzeitig fertig, und der Test kann als Ganzes weitergeführt werden. Es werden immer so viele Wells zum selben Zeitpunkt geblockt, dass anschließend noch drei bis vier Punkte aus der optimierten Standardkurve in Dreifachbestimmung pipettiert werden können. Für diese Optimierungsschritte bieten sich die 8-Well-Streifen an, da diese z. B. separat gespült werden können, während andere Streifen weiter inkubiert werden. Die resultierenden Messwerte werden verglichen. Sind sie z. B. nach 20 min Blocken identisch mit denen nach 60 min Blocken, und ist auch die Variation der drei Einzelwerte gleich, ist für die routinemäßige Durchführung des Assays in Zukunft eine Blockzeit von 20 min ausreichend. Auf diese Weise werden alle weiteren Inkubationsschritte optimiert, wobei natürlich für die bereits optimierten Schritte die ermittelte optimale Inkubationszeit verwendet wird.

Zur Optimierung eines kompetitiven Assays sind im Prinzip die gleichen Schritte, die im vorigen Abschnitt beschrieben wurden, notwendig. Die Überprüfung der Funktionalität des an die ELISA-Platte gekoppelten Fängerantikörpers wird mit dem enzymmarkierten Antigen durchgeführt. Durch eine Konzentrationsreihe wird ermittelt, welche Antigenkonzentration maximal gebunden wird. Beim kompetitiven Assay ist es ausschlaggebend, dass das enzymmarkierte Antigen nicht im Überschuss vorliegt. Das heißt, um einen empfindlichen Assay zu entwickeln, muss die eingesetzte Konzentration unterhalb der Konzentration sein, die maximal gebunden wird. Dadurch wird sichergestellt, dass der Analyt aus der Probe enzymmarkiertes Antigen „verdrängt", welches sonst an den Antikörper hätte binden können. Allerdings darf die Konzentration des markierten Antigens auch nicht zu weit unterhalb der Maximalkonzentration eingesetzt werden, da sonst erst bei relativ hohen Analytkonzentrationen eine Konkurrenzsituation entsteht. Aus diesem Grunde wird bei verschiedenen Konzentrationen des markierten Antigens eine Analyt-Konzentrationsreihe getestet und die resultierenden Messkurven verglichen. Es werden für die weitere Optimierung des Tests die Bedingungen gewählt, die den größten Messbereich und den Nachweis der geringsten Analytkonzentration liefern.

Ansonsten gelten auch beim kompetitiven Assay die oben beschriebenen Schritte zur Optimierung der Inkubationszeiten etc.

3.6.7   Quantifizierung

Bezüglich der Auswertung werden ELISAs in zwei Typen unterteilt: qualitative Assays und quantitative Assays. Mit dem qualitativen Assay ist es möglich, zu entscheiden, ob eine Probe Analyt bzw. Antikörper enthält oder nicht, wobei es unwesentlich ist, welche Konzentration vorhanden ist. Hierzu legt man einen Schwellenwert fest; alle Werte, die größer als dieser Wert sind, werden als positiv betrachtet. Häufig wird als Schwellenwert der Mittelwert einer Mehrfachbestimmung des Leerwerts plus das Dreifache der Standardabweichung genommen. Eine andere Möglichkeit ist, alle Werte als positiv zu betrachten, die mindestens 0,1 OD größer sind als der Leerwert. Diese Art der Auswertung wird z. B. bei der Testung von Zellkulturüberständen auf das Vorhandensein von spezifischen monoklonalen Antikörpern angewendet. Ebenfalls werden auf diese Weise Seren von immunisierten Tieren überprüft, ob sie auf die Immunisierung angesprochen haben.

Mit dem quantitativen Assay wird die Konzentration eines Analyten in einer unbekannten Probe bestimmt. Dazu ist es erforderlich, zunächst eine Standardkurve zu erstellen, anhand derer dann die Konzentrationen in den zu untersuchenden Proben abgelesen werden. Dazu werden Proben mit bekannten Analytkonzentrationen in Blocklösung hergestellt und unter den gleichen Bedingungen inkubiert wie auch die unbekannten Proben. Da die äußeren Bedingungen bei der Durchführung eines ELISA nie vollkommen identisch sind, wird auf jeder Testplatte jeweils eine Standardkurve mitgeführt, wodurch sich die Kapazität der Platte für unbekannte Proben entsprechend reduziert. Zunächst wird eine Standardkurve mit bis zu zehn unterschiedlichen Konzentrationen erstellt und unter den optimierten Testbedingungen gemessen. Wird die OD gegen die Konzentration der Proben aufgetragen, ergibt sich eine sigmoide Kurve, die zunächst schwach ansteigt, dann einen linearen Bereich um den Wendepunkt aufweist und schließlich in ein Plateau übergeht (Abb. 3.10).

Abb. 3.10 Standardkurve eines Sandwich-ELISA mit typischem sigmoiden Verlauf

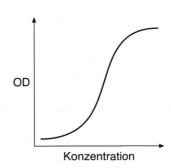

Der lineare Bereich der Kurve gibt das Verhältnis OD zu Konzentration am reproduzierbarsten wieder. Es gibt verschiedene Verfahren, um eine Ausgleichkurve durch die einzelnen Messpunkte zu legen. Die Software der modernen ELISA-Reader beinhaltet eine Vielzahl von Verfahren, auf deren mathematischen Hintergrund hier nicht eingegangen werden soll. Ein Vier-Parameter-Plot ist oft das Verfahren der Wahl, um eine gute Ausgleichskurve durch die Punkte zu legen. Wenn sich das Bild der Kurve auch nach mehrmaliger Wiederholung nicht verändert, kann, um Platz auf der Platte zu sparen, die Anzahl der Standards reduziert werden. Es müssen diejenigen beibehalten werden, die den Verlauf der Kurve bestimmen. Dies kann mithilfe der meisten Reader-Programme ausprobiert werden, indem man einzelne Standards herausnimmt und über-prüft, ob sich der Kurvenverlauf ändert. Noch aussagekräftiger ist es, wenn man Proben herstellt, deren Konzentrationen in verschiedenen Bereichen der Standardkurve liegen, und sie mit den verschiedenen Standardkurven, bei denen jeweils ein Standard fehlt, berechnen lässt. Hat das Entfernen eines bzw. mehrerer Standards keinen Einfluss auf das Ergebnis, kann dieser Standard in der endgültigen Standardkurve weggelassen werden. Hier sei noch darauf hingewiesen, dass es beispielsweise im Pharmabereich auch obligatorische Richtlinien gibt, die den Aufbau einer Kalibrationskurve und die Validierung eines ELISA behandeln (s. auch Kap. 29).

3.7   Fluoreszenzimmunoassay

Der Fluoreszenzimmunoassay (FIA) unterscheidet sich vom ELISA vor allem durch den Marker, der das Signal erzeugt, das letztendlich gemessen wird. Beim ELISA ist es das farbige Produkt der Enzymreaktion, beim FIA ist es das Fluoreszenzlicht, das von einem Fluorophor bei Anregung mit einer spezifischen Wellenlänge abgestrahlt wird. Auf die Assayformate haben diese beiden unterschiedlichen Methoden der Signalgenerierung keinen Einfluss.

Allerdings gibt es noch eine Reihe weiterer Unterschiede, die bei der Wahl des Markers zu beachten sind. Beim ELISA wird das Signal durch den Umsatz von Enzym-substrat zu Produkt über die Zeit verstärkt, was bei der Fluoreszenz nicht möglich ist, wodurch FIAs deutlich unempfindlicher sind als ELISAs. Andererseits ist das Markieren von Antikörpern und Antigen, zumindest wenn es sich um ein Protein handelt, mit Fluorophor einfacher als mit Enzym. Dieser Vorteil relativiert sich allerdings dann, wenn hauptsächlich mit indirekten Assays gearbeitet wird, da Sekundärreagenzien, sowohl enzym- als auch fluorophormarkiert, in großer Vielfalt kommerziell erhältlich sind. Ein Unterschied, der oft den Ausschlag gibt, ist jedoch das Messgerät, welches benötigt wird. Ein ELISA-Reader, der „lediglich" die OD misst, ist deutlich preiswerter als ein Gerät, welches zur Messung von Fluoreszenz geeignet ist.

3.8   Rezepte

3.8.1   Musterprotokoll (Sandwich-ELISA)

Beschichtung der ELISA-Platte mit Fängerantikörper
100 µL je Well (Konzentration z.B. 1 µg ml^{-1}) in einem Immobilisierungspuffer, Inkubation über Nacht bei 4 °C
⇓

Überstand abschütten, Wells 3 × spülen mit je 300 µl Waschpuffer, Platte trockenschlagen
⇓

Inkubation mit Blocklösung
200 µL je Well, 1 h, Raumtemperatur
⇓

Überstand abschütten, Platte trockenschlagen
⇓

Inkubation mit Standards und Proben
100 µL je Well, 1 h (eventuell auch 2–4 h), Raumtemperatur
⇓

Überstand abschütten, Wells 3 × spülen mit je 300 µl Waschpuffer, Platte trockenschlagen
⇓

Inkubation mit enzymmarkiertem Detektorantikörper
100 µL je Well, 1 h (eventuell auch 2–4 h), Raumtemperatur
⇓

Überstand abschütten, Wells 3 × spülen mit je 300 µl Waschpuffer, Platte trockenschlagen
⇓

Inkubation mit Substrat
100 µL je Well, Dauer je nach Farbentwicklung

Peroxidase: Raumtemperatur;

Alkalische Phosphatase: Raumtemperatur bzw. 37 °C
⇓

Abstoppen der Reaktion

Peroxidase: 50 µL je Well, 1 M Schwefelsäure;

Alkalische Phosphatase: 50 µL je Well, 2 M KOH
⇓

Messen der optischen Dichte; Wellenlänge entsprechend dem eingesetzten Substrat

(450 nm bei Peroxidase, 405 nm bei Alkalischer Phosphatase)

PBS (für Immobilisierung oder als Basis des Blockpuffers, des Waschpuffers oder des Antikörper- bzw. Probenverdünnungspuffers): 10 mM Na-Phosphat, bestehend aus den Komponenten NaH_2PO_4 und Na_2HPO_4, mit 150 mM NaCl. Zum Einstellen des pH-Werts wird eine Komponente vorgelegt und mit der anderen auf pH 7,4 eingestellt.

TBS (als Basis des Blockpuffers, des Waschpuffers oder des Antikörper- bzw. Probenverdünnungspuffers): Tris (Hydroxyethylaminomethan) 50 mM, 150 mM NaCl, mit HCl auf pH 7,4 einstellen.

Acetatpuffer (für die Immobilisierung): 50 mM Na-Acetat mit Essigsäure auf pH 5,5 einstellen.

Carbonatpuffer (für die Immobilisierung): 50 mM Carbonat, bestehend aus den Komponenten Na_2CO_3 und $NaHCO_3$. Zum Einstellen des pH-Werts wird eine Komponente vorgelegt und mit der anderen auf pH 9,6 eingestellt.

Blockpuffer: z. B. 1–3 % BSA in PBS oder TBS oder auch kommerzielle Blockpuffer.

Waschpuffer: PBS oder TBS (eventuell mit einem Zusatz von 0,05 % Tween 20).

Antikörper- bzw. Probenverdünnungspuffer: z. B. 1 % BSA in PBS oder TBS (eventuell mit 0,05 % Tween 20) oder auch kommerzielle Verdünnungspuffer.

3.8.2 Biotinylierung von Antikörpern

Das zu biotinylierende Protein wird in einer Konzentration von $1–10$ mg mL^{-1} in PBS gelöst.

Das Verhältnis von Biotin-NHS zu dem zu biotinylierenden Protein ist optimal in einem Bereich von 10–20-fachem Überschuss. Biotin-NHS wird in der benötigten Menge abgewogen und in wenigen Mikrolitern Dimethylsulfoxid (DMSO) gelöst. Die Lösung wird unter Rühren zur Proteinlösung hinzu gegeben und für 30–60 min bei Raumtemperatur inkubiert.

Zur Entfernung von überschüssigem Reagenz bzw. von Nebenprodukten der Reaktion wird das biotinylierte Protein mit einer Sephadex-G-25-Säule oder durch Dialyse gegen PBS gereinigt.

Weiterführende Literatur

Engvall E, Perlmann P (1971) Enzyme-linked immunosorbent assay (ELISA) Quantitative assay of immunoglobuline G. Immunochemistry 8: 871–874

Hermanson GT (1996) Bioconjugate techniques. Academic Press, San Diego

Hermanson GT, Mallia AK, Smith PK (1992) Immobilized affinity ligand techniques. Academic Press, San Diego

Kemeny DM (1994) ELISA Anwendung des Enzyme linked Immuno sorbent Assay im biologisch-medizinischen Labor. Fischer, Stuttgart

Köhler G, Milstein C (1975) Continuous cultures of fused cells secreting antibody of predefined specificity. Nature 256: 495–497

Tijssen P (1985) Practice and theory of enzyme immunoassays. Elsevier, Amsterdam

Van Weemen BK, Schuurs AH (1971) Immunoassay using antigen-enzyme conjugates. FEBS Lett. 15: 232–236

Probenvorbereitung für Immunoassays

4

Verena Blättel-Born und Peter Sander

4.1   Probenaufarbeitung

Immunoassays sind universell einsetzbare analytische Werkzeuge. Bei der Entwicklung und bei der Anwendung dieser Werkzeuge wird viel Wert auf die Genauigkeit und auf die Empfindlichkeit gelegt. Dabei wird gerne vernachlässigt, dass die Aufarbeitung der mit einem Immunoassay zu untersuchenden Proben einen entscheidenden Beitrag zum Erfolg und zur Richtigkeit der Messung liefert. Eine angemessene und auf die gewünschten Analyten abgestimmte Aufarbeitung der verwendeten Proben ist somit eine unbedingte Voraussetzung für eine reproduzierbare und verlässliche Messung des gewünschten Analyten in der ursprünglichen Probe.

Im Grunde ist bei der Aufarbeitung einer Probe für die anschließende Verwendung in einem wie auch immer gearteten Immunoassay alles erlaubt und gefordert (s. auch Abschn. 30.2).

Das anvisierte Ziel der Aufarbeitung einer Probe ist letztendlich die Schaffung von Reaktionsbedingungen, in denen ein spezifischer Antikörper oder eine spezifische Antikörperpopulation ein oder mehrere Epitope (Bindungsstellen) am Analyten erkennt. Diese Reaktion kann durch in der Probe enthaltene Stoffe oder das physikochemische Milieu der Probe selbst beeinflusst werden, was im schlimmsten Fall zu einem falsch-positiven oder falsch-negativen Ergebnis und somit zu einer Über- oder Unterbestimmung des Analyten führen kann (s. auch Kap. 27). So kann etwa die Bindung zwischen Antikörper und Antigen gestört sein, weil in der Probe enthaltene Ver-

V. Blättel-Born · P. Sander (✉)
R-Biopharm AG, Darmstadt, Deutschland
E-Mail: p.sander@r-biopharm.de

V. Blättel-Born
E-Mail: v.blaettel@r-biopharm.de

© Springer-Verlag GmbH Deutschland, ein Teil von Springer Nature 2023
A. M. Raem und P. Rauch (Hrsg.), *Immunoassays*,
https://doi.org/10.1007/978-3-662-62671-9_4

bindungen ebenfalls eine Bindung mit Antikörper und/oder Antigen eingehen und die Ausbildung des Antikörper-Antigen-Komplexes behindern. Weiter kann der gesuchte Analyt durch Probenmatrix maskiert sein oder etwa in dem Probenmilieu in anderer Form vorliegen als für die richtige Erkennung im Immunoassay notwendig (z. B. durch Phosphorylierung/Dephosphorylierung, Konformation, Dimerisierung u. Ä.). Der Analyt kann auch während der Probenaufbewahrung seine Form ändern, etwa durch mikrobiellen Abbau, und dadurch dem späteren Immunoassay nicht mehr zur Verfügung stehen. Auch die chemischen Bedingungen in der Probe, wie pH-Wert und Salzgehalt, beeinflussen die Reaktionsbedingung im späteren Immunoassay. Nicht zuletzt ist es die Analytkonzentration, die den Messbereich des Immunoassays treffen muss, um ein richtiges Ergebnis zu gewährleisten.

Eine Probenaufarbeitung ist also bei den meisten der klinischen Proben notwendig, um eine richtige Diagnostik zu gewährleisten. Die Art der Aufarbeitung muss dabei an die Praxis im klinischen Routinelabor angepasst und entsprechend einfach und schnell in der Anwendung sein, muss aber auch die Gegebenheiten der eigentlichen Proben (z. B. geringe Mengen) in Betracht ziehen.

Einen besonderen Raum nehmen in der klinischen Diagnostik die Untersuchungen humaner Stuhlproben mithilfe von Immunoassays ein und sollen hier im Folgenden beispielhaft die besonderen Herausforderungen einer Probenvorbereitung aufzeigen. Die Stuhlprobenuntersuchungen erstrecken sich dabei auf eine Reihe von unterschiedlichen Indikationsgebieten.

4.1.1 Gastrointestinale Infektionen

Da wären zum einen die Untersuchungen rund um die gastrointestinalen Infektionen. Hierbei werden vor allem die Ursachen von Durchfallerkrankungen ermittelt. Durchfallerkrankungen sind die fünfthäufigste Todesursache weltweit, bei Kindern, mit ca. einer halben Million Todesfällen pro Jahr, rangieren die Durchfallerkrankungen sogar auf Rang 4. Die Ursachen sind vielseitig, zumeist sind die Auslöser für die Durchfallerkrankung Viren und Bakterien. Zu den bekanntesten Vertretern dieser Verursacher gehören bei den Viren allen voran die Noroviren und Rotaviren, bei den Bakterien weltweit wohl der Choleraerreger *Vibrio cholerae,* während in Europa Salmonellen und Campylobacter den Ton angeben. Eine besondere Bedeutung kommt *Clostridium difficile* zu, dem Verursacher einer Antibiotika-assoziierten Kolitis, die als Nosokomial-Infektion dem Gesundheitssystem ziemlich zusetzt. Neben den Viren und den prokaryotischen Vertretern gehören zu den Durchfallverursachern in (sub)tropischen Regionen auch eukaryotische Organismen. Zu den häufigsten Erkrankungen zählen hier die Giardiasis oder Lablienruhr und die Kryptosporidose.

Die Immunoassays, die hier zur Unterstützung der Diagnose und zur Hilfe bei der Differenzierung der möglichen Durchfallverursacher eingesetzt werden, sind im Wesentlichen gegen Epitope auf Strukturproteinen eben dieser Krankheitserreger gerichtet, die vom Patienten ausgeschieden und so in der Stuhlprobe nachweisbar sind.

4.1.2   Entzündliche Darmerkrankungen

Ein zweites zunehmend wichtiges Indikationsgebiet für den Einsatz des Immunoassays im Rahmen von Stuhlprobenuntersuchungen sind die entzündlichen Darmerkrankungen. In Deutschland sind rund 300.000 Menschen an den entzündlichen Darmerkrankungen Colitis ulcerosa und Morbus Crohn erkrankt. Eine schnelle Diagnose ist insbesondere bei Kindern wichtig, da eine frühzeitige Behandlung der Entzündung einer verlangsamten Entwicklung des Kindes vorbeugen kann.

Bei den in der Diagnose der chronischen Entzündungen eingesetzten Immunoassays kommt der Bestimmung der Calprotectinkonzentration in der Stuhlprobe eine wichtige Rolle zu. Andere Parameter, die im Rahmen einer Diagnose auch über Immunoassays bestimmt werden, sind Alpha-1-Antitrypsin und sekretorisches IgA.

4.1.3   Andere Entzündungsgeschehen

Bei Verdacht auf eine Störung der Bauchspeicheldrüse, die sich u. a. auch in Form von Durchfall, Übelkeit und Bauchschmerzen bemerkbar machen kann, wird in der Stuhlprobe der Gehalt der ausgeschiedenen pankreatischen Elastase gemessen. Im Rahmen einer Zöliakie-Diagnose wird zu Beginn eine Stuhluntersuchung empfohlen, bei der spezifische Autoimmunantikörper gegen die Transglutaminase oder gegen Gliadin bestimmt werden.

4.1.4   Darmkrebsvorsorge

Seit dem 01. April 2017 sind Tests, die okkultes Blut in Stuhlproben immunologisch bestimmen und nachweisen, Teil der gesetzlichen Darmkrebsfrüherkennung. Die immunologischen Tests haben den chemischen Stuhltest abgelöst, denn sie sind laut Studien dem traditionellen Guajak-Test überlegen. Der Nachweis von okkultem Blut läuft über die immunologische Bestimmung des Hämoglobingehaltes einer Stuhlprobe.

Stuhlproben werden routinemäßig in dafür spezialisierten Laboratorien auf die Anwesenheit von Parasiten, Bakterien, Viren und Antikörper für die Diagnose unterschiedlichster Krankheiten untersucht. Die Gewinnung der Stuhlprobe ist nicht invasiv und denkbar gut geeignet für wiederholte Untersuchungen an Kindern oder bei geriatrischen Patienten. Weiterhin ist die Gewinnung einer Stuhlprobe ein Verfahren, das fernab des Diagnostiklabors ohne großen Materialaufwand durchgeführt werden kann. Die einfachste Methode der Probengewinnung ist hier die Verwendung eines sauberen, für die Entnahme einer Stuhlprobe geeigneten Behältnisses. Für spezielle Fragestellungen wurden diese Stuhlprobensammelbehälter unter Berücksichtigung der für Analyten passenden Verhältnisse weiterentwickelt. So werden Stuhlproben von Patienten, bei denen ein Verdacht auf eine parasitäre Infektion besteht, gerne auch in Entnahmeröhrchen mit einem Fixativ oder einem Transportmedium suspendiert.

Stuhl ist eine sehr komplexe und vielseitige Matrix. Anders als Serum oder Plasmaproben hängt die Zusammensetzung der Stuhlprobe ziemlich stark mit der Lebensweise und Ernährungsweise des betroffenen Menschen ab. Die Zusammensetzung der Stuhlprobe variiert somit kontinuierlich. Das betrifft auch schon die Homogenität einer Stuhlprobe in sich. Für die Untersuchungen an Stuhlproben ist es deshalb eminent wichtig, ein homogenes Ausgangsmaterial zu schaffen. Dazu kommt, dass eine Vielzahl der im Stuhl zu untersuchenden Analyten instabil sind und eine zügige Weiterverarbeitung erfordern. Wiederum andere Analyten sind gegebenenfalls maskiert und müssen durch ein einfaches oder komplexeres Extraktionsverfahren zugängig gemacht werden. Die Weiterverarbeitung eine Stuhlprobe für die Untersuchungen in einem ELISA oder einem abgeleiteten immunologischen Testsystem ist deshalb eine zum Teil unangenehme und aufwendige Prozedur. Umso wichtiger erscheint die Forderung, Probenentnahmeverfahren zu entwickeln, die in der Routinearbeit eine Erleichterung schaffen, ohne die Vorteile des immunologischen Testsystems bzgl. Schnelligkeit und Robustheit zu verringern. Zu den Herausforderungen, die an dieses Entnahmesystem gestellt werden, gehört dann aber auch, die Bandbreite an Analytkonzentrationen, die für die unterschiedlichen spezifischen Nachweise notwendig sind, zu erfassen und abzubilden.

4.2   Die qualitative Bestimmung am Beispiel der Infektionsdiagnostik

Bei diesem Verfahren werden die Stuhlproben unter entsprechenden Arbeitsbedingungen mit Einwegmaterial in dem Stuhlprobensammelbehälter zunächst mechanisch homogenisiert. Dann werden aus dem Stuhlprobensammelbehälter Proben entnommen. Die Überführung der Probe in ein mit Probenverdünnungspuffer vorbereitetes Teströhrchen erfolgt mit einem der Konsistenz der Probe angemessenen Material (Einwegpipetten bei Durchfällen, Spatel oder Impfösen bei festem Stuhl). Dabei ist darauf zu achten, dass eine ausreichende Menge Material überführt wird. Die Probe wird in dem Puffer anschließend ordentlich gemischt. Gemeinhin endet man hier mit einer mehr oder weniger konzentrierten Stuhlsuspension (5–10 % w/v), die gegebenenfalls durch Sedimentation geklärt werden muss.

Bei der qualitativen Bestimmung der Analyten kommt es am Schluss auf die Feststellung an, ob der Analyt, der Krankheitserreger oder etwa durch ihn gebildete Toxine, in einer nachweisbaren Menge in der Stuhlprobe vorhanden ist oder nicht. Gerade bei hochinfektiösen gastrointestinalen Viren sind schon geringe Partikelzahlen für die Ausbreitung einer Infektion ausreichend. Aus diesem Grund muss mit einer hohen Stuhldichte gearbeitet werden, da sonst die Nachweisgrenze der Testmethode unterschritten wird.

Neben den entsprechenden Leistungen in Sensitivität und Spezifität muss die Proben-bearbeitung auch für das durchführende Routinelabor praxistauglich sein. So wird – wie oben erwähnt – nur grob die notwendige Menge Stuhl mittels Spatel oder Einwegpipette abgemessen, bevor sie im Verdünnungspuffer eingerührt wird. Ferner ist es so, dass viele gastrointestinale Infektionen zu gleichen oder ähnlichen Symptome führen. Des-halb wird eine Stuhlprobe nicht selten auf verschiedene Parameter hin untersucht. Aus diesem Grund muss eine Stuhlprobenpräparation tauglich sein für viele verschiedene Immunoassays, wie z. B. für den Nachweis von Noro-, Rota-, Adeno- und Astroviren. Deshalb muss ein geeigneter Verdünnungspuffer verwendet werden, der mit allen Diagnostiktests in diesem Bereich kompatibel ist. Der verwendete Verdünnungspuffer erfüllt also unterschiedliche Zwecke. Zum einen können Bestandteile der Stuhlprobe direkt mit dem Immunoassay interferieren, und es kann zu unspezifischen Bindungs-reaktionen kommen. Zum anderen soll der zu messende Analyt stabilisiert werden. Und zu guter Letzt soll der Probenverdünnungspuffer die optimale Umgebung für eine Reaktion zwischen Antikörper und Analyt schaffen.

Abb. 4.1 zeigt an einer Stuhlprobe, wie wichtig die Verwendung eines geeigneten Verdünnungspuffers (Diluent) für die Richtigkeit des Ergebnisses ist. Hier wurde eine homogenisierte Stuhlprobe mit drei unterschiedlichen Verdünnungspuffern aufgearbeitet und in Immunoassays für den Nachweis unterschiedlichster Erreger eingesetzt. Der

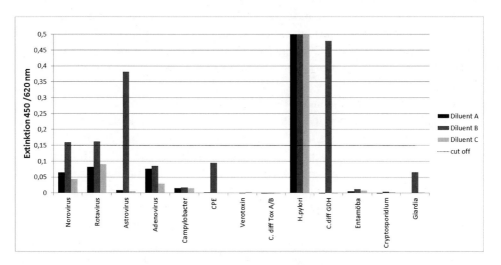

Abb. 4.1 Untersuchung einer Stuhlprobe mit Immunoassays zur Diagnostik verschiedener gastrointestinaler Infektionen. Die Probe wurde zuvor homogenisiert und in drei verschiedenen Verdünnungspuffern (Diluent A, B und C) aufgeschwemmt. Signale, die über dem Cut-off liegen, werden als positiv bewertet, Signale unterhalb als negativ. CPE = *Clostridium-perfringens*-Entertoxin, *C. diff* = *Clostridium difficile*, GDH = Glutamat-Dehydrogenase

Patient hat eine *Helicobacter-pylori*-Infektion, was in allen drei Diluents richtig erkannt wurde. Während Proben, die mit Diluent A oder C bearbeitet wurden, ansonsten keine weiteren positiven Ergebnisse lieferten, ergaben sich bei der Verwendung des Diluent B scheinbar zusätzliche Infektionen mit Astrovirus und *Clostridium difficile*. Auch die Immunoassays zum Nachweis von Noro- und Rotaviren lieferten ausreichend Signal mit diesem Diluent, um schwach positive Ergebnisse zu erzeugen.

Dieses Beispiel unterstreicht die Wichtigkeit einer geeigneten Probenvorbereitung in der Stuhldiagnostik. Die Natur der Interferenz in dieser Stuhlprobe konnte bis dato noch nicht geklärt werden. Sie scheint aber mit mindestens einem Baustein der Immunoassays eine wie auch immer geartete Bindung einzugehen. Die Interaktion kann dabei spezifisch mit den Antikörpern sein oder durch unzureichend blockierte Mikrotiterplatten zustande kommen. In jedem Fall muss eine Wechselwirkung mit der signalgebenden Komponente im Immunoassay folgen, sodass ein falsch-positives Signal entstehen kann.

Um falsche Signale zu verhindern, begegnet man einer komplexen Matrix wie Stuhl meist mit ebenfalls komplexen Inhaltsstoffen im Probenverdünnungspuffer. So werden nicht selten ähnliche Proteingemische in dem Verdünnungspuffer eingesetzt, die auch für die Blockierung von ELISA-Platten verwendet werden. Sie sollen, weil im Überschuss vorhanden, (noch) freie Bindungsstellen der Oberfläche blockieren und so dem interferierenden Molekül in der Probe schlicht „keinen Platz mehr lassen". Oder sie werden eingesetzt, um mit dem interferierenden Molekül direkt zu interagieren und somit dessen Interaktion im eigentlichen Immunoassay-Geschehen zu unterbinden (s. auch Abschn. 27.6). Da über die Natur der Interferenzen in Stuhlproben meist nur spekuliert werden kann, empfiehlt es sich, mehrere Proteine unterschiedlicher Größe, Ladung etc. einzusetzen, um einen möglichst breiten Effekt bei dieser vielfältigen Matrix zu erzielen. So unterscheidet sich Diluent C von Diluent B in Abb. 4.1 nur durch den Zusatz eines weiteren Proteins, was zu einer klaren Verbesserung der Spezifität in diesem Praxisbeispiel führte.

Weitere Stellschrauben wären auch Parameter wie pH-Wert und Salzgehalt, die durch eine geeignete Pufferrezeptur des Diluents hergestellt werden können. So kann die Reaktionsumgebung so „stringent" eingestellt werden, dass nur die idealen Bindungspartner, nämlich der Antikörper und sein Epitop, einen Sandwich im Immunoassay ausbilden können. Schlechter passende Moleküle (z. B. Proteine mit einem ähnlichen Epitop) können so im wahrsten Sinne des Wortes ausgesiebt werden, weil sie unter diesen Bedingungen aus der Mikrotiterplatten-Kavität ausgewaschen werden. Nicht selten führen die oben genannten Maßnahmen zur Verbesserung der Spezifität gleichzeitig zu einer Minderung der Sensitivität, weil sie auch echte Signale etwas absenken können. Deshalb ist die schlussendliche Rezeptur des Probenverdünnungspuffers manchmal auch ein Kompromiss, der aber immer eine optimale Diagnostik gewährleisten muss.

Ein besonderes Augenmerk gilt noch der Verwendung von spezifischen Transportmedien für die Untersuchung von Stuhlproben bei einem Verdacht auf eine parasitäre Infektion. Bei den entsprechenden Indikationen werden für den Transport der Stuhlprobe ins Diagnostiklabor Stuhlprobenröhrchen verwendet, die mit speziellen Transportmedien gefüllt sind. Ursprünglich für die Mikroskopie entwickelt, handelt es sich bei diesen Medien meist um saure Puffer, die mit Fixativen wie Formaldehyd versetzt sind. Diese Additive bewirken zum Teil starke Veränderungen an den Proteinoberflächen, sie führen zu Protein-Protein-Verknüpfungen oder zu Protein-Nucleinsäure Verknüpfungen. Diese Reaktionen gehen mit Veränderungen von spezifischen Konformationsepitopen einher und haben somit Auswirkungen auf Immunoassays, die statt der klassischen Mikroskopie für die Analyse der Stuhlprobe eingesetzt werden sollen. Somit ist es auf jeden Fall angeraten, die Kompatibilität des verwendeten immunologischen Testsystems mit den verwendeten Fixativen zu überprüfen.

4.3 Die quantitative Bestimmung am Beispiel der Darmkrebsvorsorge

Während bei den qualitativen Immunoassays die tatsächliche Menge des gesuchten Analyten nicht entscheidend ist (solange sie über einem festgelegten Grenzwert liegt, vgl. Abb. 4.1) und somit die Probenaufarbeitung auch etwas ungenauer ablaufen kann, ist bei den quantitativen Tests die genaue Bestimmung der Menge bzw. der Konzentration des Analyten die eigentliche Herausforderung der Diagnostik.

Im Fall von Stuhlproben bedeutet dies, dass nicht nur die Proben homogen sein müssen, sondern auch, dass die im Immunoassay eingesetzte Stuhlmenge exakt bestimmt wird, um dann mit einer im Assay mitgeführten Standardkurve den Analyten quantitativ bestimmen zu können.

Hierzu müssen Stuhlproben meist eingewogen werden und mit dem exakten Volumen eines Probenverdünnungspuffers gemischt werden. Die seit 2016 geltende Darmkrebs-vorsorge-Diagnostik mit immunologischen Testen zum Nachweis von Hämoglobin sieht allerdings vor, dass der Proband selbst die Probenextraktion durchführt und in den üblichen Laboratorien die fertige Präparation nur noch auf den Hämoglobingehalt untersucht wird. Um diese Präparation einem Laien überhaupt möglich zu machen, haben verschiedene Hersteller Probenentnahmesysteme entwickelt, die im Prinzip alle wie in Abb. 4.2 funktionieren. Hierbei wird der Stab des Stuhlröhrchens in die zu untersuchende Stuhlprobe getaucht. Der Stab selbst hat Einkerbungen, die eine genau definierte Menge an Stuhl enthalten können. Überschüssige Stuhlreste werden über einen Trichter abgestreift, sodass nur der in den Einkerbungen sitzende Stuhl in den Probenpräparations- und -verdünnungspuffer im Stuhlröhrchen gelangt.

Neben der Herstellung eines exakten Stuhl-Puffer-Verhältnisses bringt das neue Verfahren der Probenvorbereitung durch den Patienten eine weitere Herausforderung. Der Patient entnimmt die Probe, überführt sie in das bereitgestellte Probenröhrchen und gibt das Röhrchen bei seinem Arzt ab, der wiederum das Röhrchen an das zuständige Diagnostiklabor weiterleitet. Dort wird dann der immunologische Test durchgeführt. So entsteht ein Zeitfenster, in dem die extrahierte Probe ungekühlt transportiert wird. Deshalb sieht die Richtlinie zur Darmkrebsvorsorge vor, dass der gesuchte Analyt in einer

© R-Biopharm, Germany

Abb. 4.2 Prinzip eines Probenröhrchens für die quantitative Untersuchung von Stuhlproben. Das Röhrchen (Tube) besteht aus einem Teststab (Measuring stick), der am unteren Ende Einkerbungen enthält, die genau einem Volumen von 10 mg entsprechen. Dieser Teststab wird bei der Einführung in das Probenröhrchen durch einen Trichter (Funnel) gestreift, der das Einbringen von zu viel Probe verhindert, sodass nur in den Einkerbungen befindliche Stuhlprobe in das Röhrchen gelangt. Das Röhrchen enthält ein definiertes Volumen an Verdünnungspuffer: Eine feste Konzentration einer Stuhlsuspension entsteht hierdurch. (Bild: R-Biopharm, RIDA® Tube Haemoglobin)

solchen Probe mindestens fünf Tage bei Raumtemperatur stabil sein muss, um ein richtiges Ergebnis zu gewährleisten.

Der Probenverdünnungspuffer ist also nicht nur ein reiner Verdünnungspuffer, der den Analyten in den Messbereich des Immunoassays verdünnt, sondern muss auch den Analyten (oder zumindest die für den späteren immunologischen Test entscheidenden Epitope) bei dem ungekühlten Transport ins Labor stabilisieren. Abb. 4.3 zeigt, dass Hämoglobin zu einer gewissen Instabilität neigt, zumindest was die Messbarkeit mit dem anschließenden Immunoassay betrifft. So zeigen viele Stuhlproben, die mit Verdünnungspuffer A extrahiert wurden, einen Abfall der Hämoglobin-Menge bereits nach drei Tagen Lagerung der Extrakte, während mit Puffer B bearbeitete Stuhlproben über einen längeren Zeitraum stabil sind.

An diesem Beispiel ist auch erkennbar, wie unterschiedlich sich Stuhlproben verhalten. Während Hämoglobin in einer Stuhlprobe relativ gut erhalten bleibt, zeigen andere Proben einen drastischen Abfall. Gründe für die Instabilität können etwa ein mikrobieller Abbau des Proteins sein, sodass das Epitop dem Immunoassay nicht mehr zur Verfügung steht. Im Fall von Hämoglobin ist auch der Zerfall der Quartär- oder Tertiärstruktur ein möglicher Grund für eine schlechtere Detektion im ELISA. Nicht zuletzt können Redoxgeschehen an der Hämgruppe zu Konformationsänderungen führen, die die Bindung mit den Antikörpern erschweren. Da die Instabilität mittels Immunoassay bestimmt wird, hängt die Art der Instabilität immer von den im Immunoassay eingesetzten Antikörpern ab. Nur wenn die zu den Antikörpern passenden Epitope verändert oder zerstört sind, macht sich das im Immunoassay als Instabilität des Analyten bemerkbar.

Deshalb können verschiedene Maßnahmen zu einer Stabilisierung des Analyten führen. Der Einsatz von Konservierungsmittel kann mikrobiellen Verdau aufhalten. Die Wahl des richtigen Umgebungsmilieus wie der pH-Wert, die Pufferung oder etwa der Zusatz von Oxidations- oder Reduktionsmitteln, kann die dreidimensionale Struktur von

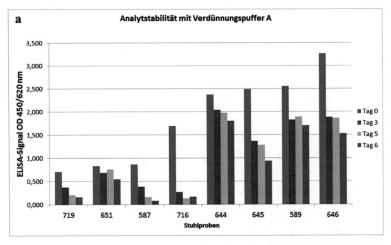

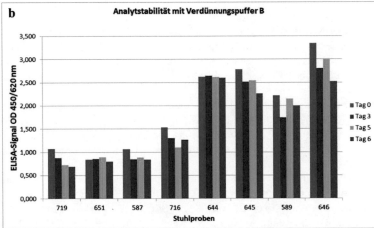

Abb. 4.3 Einfluss von Probenverdünnungspuffern (A, B) auf die Stabilität von Hämoglobin aus Stuhlproben. Stuhlproben wurden mit den beiden Puffern extrahiert und sofort mit einem ELISA die Hämoglobin-Menge bestimmt. Anschließend wurden die Extrakte bei Raumtemperatur für sechs Tage gelagert. (Nach drei, fünf und sechs Tagen wurde erneut die Hämoglobin-Menge gemessen)

Proteinen erhalten. Nicht selten werden dem Probenverdünnungspuffer Proteingemische beigesetzt, was ebenfalls oft zur Stabilisierung des Analyten beiträgt.

An den genannten Beispielen wird ersichtlich, welche wichtige Rolle die Probenvorbereitung für den späteren Immunoassay darstellt. Ein Immunoassay kann nur funktionieren, wenn der zu untersuchende Analyt in der für den Immunoassay geeigneten Form vorliegt. Je komplexer die Probenmatrix, umso vielfältiger können Störeffekte dieser Matrix sein. Umso aufwendiger und wichtiger kann eine Probenaufbereitung werden, um ein richtiges diagnostisches Ergebnis zu gewährleisten. Für

die Bestimmung und Differenzierung eines viralen Krankheitserregers in einer Stuhlprobe mittels einer Reihe von qualitativen Immunoassays empfiehlt es sich z. B., ein
gemeinsames Extraktionsverfahren zu verwenden, was mit einer geringen Verdünnung
der Probe in allen verwendeten Tests ein deutliches Signal liefert. Für die quantitative
Bestimmung eines Analyten hingegen liegt der Schwerpunkt im Herauslösen des
nachzuweisenden Proteins aus möglichen umgebenden molekularen oder zellulären
Komplexen, um die Konzentration des Analyten in der Probe reproduzierbar zu
bestimmen. Letztendlich bestimmt die Zielsetzung der Untersuchung den Aufwand, den
man mit der Probenvorbereitung betreiben muss. Somit ist die Auswahl eines geeigneten
Verfahrens zur Probenvorbereitung ein wichtiger Bestandteil der Bemühungen und
Arbeiten rund um die Entwicklung eines Immunoassays für diagnostische Zwecke.

Weiterführende Literatur

Catomeris P, Baxter NN, Boss SC, Paszat LF, Rabeneck L, Randell E, Serenity ML, Sutradhar, R,
    Tinmouth J. Effect of temperature and time on fecal hemoglobin stability in 5 fecal immuno-
    chemical test methods and one guaiac method. Arch Pathol Lab Med. 2018; 142: 75–82.
Gace M, Prskalo ZS, Dobrijevic S, Mayer L. Most common interferences in immunoassays. Libri
    Oncol. 2015; 43 (1–3): 23–27.
Gemeinsamer Bundesausschuss. Methodenbewertung: Darmkrebs-Screening wird auf neuem Test-
    verfahren basieren. Pressemitteilung. Nr.15/2016.
Gies A, Cuk K, Schrotz-King P, Brenner H. Direct comparison of diagnostic performances of 9
    quantitative fecal immunochemical tests for colorectal cancer screening. Gastroenterology.
    2018; 154:93–104.
Int Immunoassay Lab Inc, 1993. Fecal sample immunoassay method testing for hemoglobin.
    Michael A Grow, Vipin D Shah. 30.März 1993. US Patent 5, 198365.
Kist M, Ackermann A, Autenrieth IB, von Eichel-Streiber C, Frick J, Fruth A, Glocker EO,
    Gorkiewicz G, von Graevenitz A, Hornef M, Karch H, Kniehl E, Mauff G, Mellmann A, von
    Müller L, Pietzcker T, Reissbrodt R, Rüssmann H, Schreier E, Stein J, Wüppenhorst N. MIQ
    09: Gastrointestinale Infektionen. Qualitätsstandards in der mikrobiologisch-infektiologischen
    Diagnostik. Elsevier Verlag. 2014. 2. Auflage.
Lehman FS, Burri E, Beglinger C. The role and utility of faecal markers in inflammatory bowel
    disease. Therap Adv Gastroenterol. 2015; 8(1):23–36.
Poullis A, Foster R, Northfield TC, Mendall MA. Review article: faecal markes in the assessment
    of activity in inflammatory bowel disease. Aliment Pharmacol Ther. 2002; 16: 675–681.
Schwickart M, Vainshtein I, Lee R, Schneider A, Liang M. Interference in immunoassays to
    support therapeutic antibody development in preclinical and clinical studies. Bioanalysis. 2014;
    6 (14): 1939–1951.
Tate J & Ward G. Interferences in immunoassay. Clin Biochem Rev. 2004; 25: 105–120.

Lateral-Flow-Immunoassays

5

Matthias Lehmann

5.1 Lateral-Flow-Immunoassays – wie alles begann

Die Geschichte der Lateral-Flow-Immunoassays ist unmittelbar mit dem Schwangerschaftsnachweis, also der Bestimmung von humanem Choriongonadotropin (hCG), und *Unilever* verbunden. Bevor die Clearblue®-Geschichte[1] beginnen konnte, schufen Singer und Plotz mit ihrem Latex-Agglutinationsassay zur Diagnostik von rheumatoider Arthritis bereits 1956 die technische Basis für Lateral-Flow-Immunoassays im Allgemeinen (Singer und Plotz 1956). Doch es brauchte noch viel Zeit, strategische Entscheidungen und Weitsicht, bis Unilevers Schwangerschaftstest Clearblue® 1985 den *Over-the-Counter-* (OTC-)Gesundheitsmarkt erfolgreich betrat. In den frühen 1960er-Jahren baute Unilever die Sparte medizinische Diagnostik aus und verstand es, wissenschaftliche Forschung in erfolgreiche Markenprodukte umzusetzen und das in bis dato neuen Marktsegmenten. In dieser Zeit wurden viele junge Wissenschaftler neu eingestellt, um die akademische Basis zu verstärken, u. a. Philip Porter, nach Promotion an der Liverpool University und Lehrtätigkeit in Chicago. Ursprünglich rekrutiert für

---

[1] Clearblue® ist eine eingetragene Marke der SPD Swiss Precision Diagnostics GmbH, 1213, Petit-Lancy, Geneva, CH.

M. Lehmann (✉)
ASKA Biotech GmbH, Henningsdorf, Deutschland
E-Mail: m.lehmann@aska-biotech.de

K. Seewald
4TEEN4 Pharmaceuticals GmbH, Hennigsdorf, Deutschland

M. Selig
S & V Technologies GmbH, Hennigsdorf, Deutschland

Unilevers Intagen-Projekt, arbeitete Porter Anfang der 1970er-Jahre im immunologischen Department in Colworth mit monoklonalen Antikörpern, der wichtigsten Komponente eines Lateral-Flow-Immunoassays (Jones und Kraft 2010). Diese Arbeiten spielten eine zentrale Rolle in Colworths weiterer immunodiagnostischen Forschungsprogramm, und 1980 konnten Porter und Davis ihr Basispatent „Processes and apparatus for carrying out specific binding assays" (EP 0111762 B1) anmelden. Sie entwickelten das bahnbrechende *Dipstick*-Konzept, ein einfaches, effizientes Ein-Schritt-Assaysystem, welches die Grundlage für den Clearblue®-Schwangerschaftstest darstellt. Das Grundprinzip der Lateral-Flow-Immunoassays wurde dann in der ersten Hälfte der 1980er-Jahre immer weiter verfeinert und in der zweiten Hälfte des Jahrzehnts fest etabliert. Parallel dazu wurden für dieses innovative Technologiekonzept diverse Schlüsselpatente angemeldet (Tab. 5.1). Bis heute kamen mindestens 500 Patente für verschiedenste Aspekte dieser Technologie dazu, die z. B. Blutseparation, Detektionssysteme, Signalverstärkung und Quantifizierung betreffen.

Um robuste Lateral-Flow-Immunoassays erfolgreich zu entwickeln, waren aber nicht nur ein tiefes Verständnis der Antigen-Antikörper-Reaktion und der Antikörperherstellung notwendig, auch ganz andere technologische Voraussetzungen mussten geschaffen werden. So wurden in der ersten Hälfte der 1990er-Jahre die Fertigung von Membrankomponenten mit speziellen Eigenschaften entwickelt und entsprechende Herstellungsmethoden definiert. Mittlerweile sind die Prozesse zur Herstellung nutzerfreundlicher Lateral-Flow-Immunoassays mit entsprechender Zuverlässigkeit ausgereift und dieses Testsystem hat eine Vielzahl von Marktsegmenten erobert:

Tab. 5.1 Schlüsselpatente zur Lateral-Flow-Technologie

Erfinder/Institution	Titel	Patentnummer
Buechler K, Valkirs G, Anderson R Biosite Diagnostics, Inc., San Diego, Calif	Threshold ligand-receptor assay	US Pat. 5,028,535
David GS, Greene HE Hybritech, Inc., La Jolla, Calif	Immunometric assays using monoclonal antibodies	US Pat. 4,376,110
Leuvering JHW Akzona, Inc., Asheville, N.C	Metal Sol Particle Immunoassay	US Pat. 4,313,734
Rosenstein RW, Bloomster TG Becton Dickinson and Company, Franklin Lakes, N.J	Solid phase assay employing capillary flow	US Pat. 4,855,240
Campbell RL, Wagner DB, O'Connell JP Becton Dickinson and Company, Franklin Lakes, N.J	Solid phase assay with visual readout	US Pat. 4,703,017
May K, Prior ME, Richards I Unilever Patent Holdings B.V., Netherlands	Capillary immunoassay and device therefor comprising mobilizable particulate labelled reagents	US Pat. 5,622,871
Nazareth A, Cheng Y-S, Boyle MB Carter Wallace, Inc., N.Y	Diagnostic detection device	US Pat. 5,739,041

- medizinische Diagnostik (Nachweis von kardialen Troponinen (I/T) oder C-reaktivem Protein in humanem Vollblut, Serum oder Plasma)
- therapeutisches Monitoring (Nachweis von Infliximab – IFX, chimärer Antikörper – in humanem Serum oder Plasma)
- Lebensmittelsicherheit (Nachweis von T-2-Toxin in Weizen oder Sulfonamiden in Eiern)
- Veterinärmedizin (Trächtigkeitsnachweis – PAG – beim Rind oder Nachweis von Leptospiren Antikörpern in Hundeserum)
- Forensik (Nachweis von Morphinen in Urin)
- Umweltmonitoring (Nachweis von Pestiziden – Carbofuran, Atrazin – oder Metallionen in Wasser)
- Landwirtschaft (Nachweis von Pestiziden – Endosulfan, Carbaryl – in landwirtschaftlichen Produkten)
- Militär (Nachweis von *Bacillus anthracis* auf Oberflächen)
- Eigenanwender – *Home Testing* (Nachweis von sexuell übertragbaren Krankheiten – HIV, Syphilis, Hepatitis – in humanem Vollblut)

Bereits 2006 stellten weltweit über 200 Firmen derartige Testsysteme kommerziell her. Der In-vitro-Diagnostik- (IVD-)Markt, welcher die Lateral-Flow-Immunoassays als wichtiges Teilsegment beinhaltet, hatte laut MedTech Europe (früher *European Diagnostic Manufacturers Association,* EDMA) allein in Deutschland 2016 ein Volumen von 2234 Mio. €, für die EU-28 + EFTA + Türkei betrug das Volumen sogar 11.345 Mio. €.

Und was wurde aus Clearblue®?
Clearblue® lief später unter Unilevers Tochter Unipath weiter. Diese wurde 2001 an die Inverness Medical Innovations Group verkauft, die im weiteren Verlauf in ALERE umbenannt wurde. Seit 2007 wird die Clearblue®-Produktlinie von der SPD Swiss Precision Diagnostics GmbH (50/50 Joint Venture zwischen Procter & Gamble und ALERE) produziert und vertrieben und ist heute weltweit in ca. 50 Ländern erhältlich.

Und der Vollständigkeit halber – am 03. Oktober 2017 wurde Alere Inc. durch den Mitbewerber Abbott Laboratories übernommen und fungiert seit dem als Abbott Rapid DX (Diagnostics).

5.2   Grundprinzip und Assayformate

In Abb. 5.1 ist der grundlegende Aufbau eines Lateral-Flow-Immunoassays im klassischen Sandwich- oder direkten Format dargestellt. Der reaktive Teststreifen befindet sich dabei meist in einer Kunststoffkassette (f), die aus Ober- und Unterschale

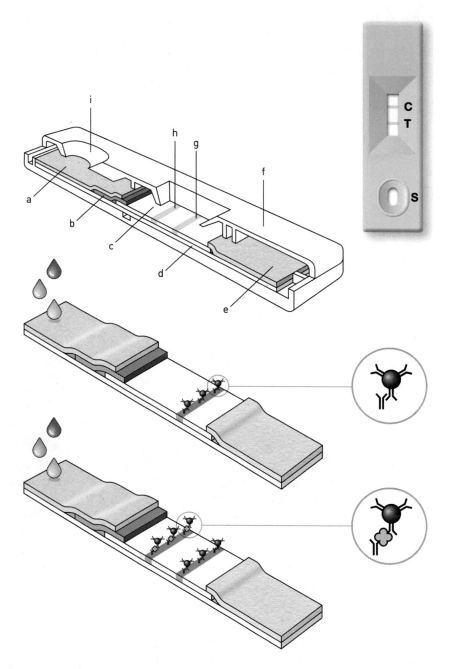

Abb. 5.1 Aufbau und Funktionsweise eines Lateral-Flow-Immunoassays (Sandwich-Format), weitere Erläuterungen siehe Text. **a** Proben-Pad, **b** Konjugat-Pad, **c** Reaktionsmembran (Nitrocellulose-), **d** Unterlage, **e** Saug-Pad, **f** Testkassette aus Ober- und Unterschale, **g** Kontrollbande (unspezifische Bindung), **h** Test-Bande (spezifische Bindung), **i** Probenauftrag

besteht. Sie dient einerseits dem Schutz des Teststreifens und der Segmentierung in die Zonen Probenauftrag („S") und Testfeld („C" und „T"). Andererseits besitzt diese Kassette im Inneren konstruktive Merkmale (z. B. Fix- und Druckpunkte), die für die korrekte Chromatographie, insbesondere bei höher viskosen Probenmatrices, zwingend notwendig sind. Bei nahezu wässrigen Proben kann auf diese Ummantelung teilweise verzichtet werden, wie Eintauchtests (DIP-Tests) in der Urinanalytik demonstrieren.

Der eigentliche Teststreifen besteht aus verschiedenen Materialien, die innerhalb des Assays unterschiedliche Aufgaben erfüllen (ausführlich in Abschn. 5.6). Das Rückgrat bildet eine selbstklebende Kunststoffunterlage (d). In Fließrichtung kommt die Probe (i), die verschiedensten Ursprungs sein kann (Vollblut und andere Körperflüssigkeiten, wässrige Lösungen, Extrakte, etc.) dann zuerst mit dem Proben-Pad (a) in Kontakt. Dieses kann für eine optimale Testperformance (z. B. hohe Analyt-Wiederfindung) vorbehandelt sein, oder andere Eigenschaften aufweisen (Asymmetrie), um Trennungsreaktionen zu realisieren (z. B. Rückhaltung von Erythrozyten). Nach dem Durchströmen des Proben-Pads erreicht die Probe das Konjugat-Pad (b). In diesem Pad ist Konjugat, bestehend aus einer spezifischen Testkomponente (z. B. Antikörper) gekoppelt an einen Signalgeber, reversibel immobilisiert. Als Signalgeber fungieren vorzugsweise kolloidale Goldpartikel oder modifizierte monodisperse Latexpartikel. Eine ausführliche Darstellung der signalgebenden Substanzen wird in Abschn. 5.5 gegeben. Die Flüssigkeit innerhalb der Probe remobilisiert das Konjugat, und der in der Probe vorhandene Analyt interagiert mit der spezifischen Komponente. Die resultierenden Komplexe erreichen dann die Reaktionsmembran (c), die vorzugsweise auf Nitrocellulose basiert. Auf dieser Membran sind irreversibel analytspezifische biologische Komponenten (hier Antikörper) in Form einer Linie (h) immobilisiert und bilden die sog. Test-Bande. Eine zweite Linie (g) enthält entsprechende analytunspezifische Elemente und dient als Kontroll-Bande. Überschüssiges Probenmaterial erreicht schließlich das Saug-Pad (e), welches nach Probenkontakt den kapillaren Fluss unterstützt und Rückdiffusion verhindert.

In Abhängigkeit vom Vorhandensein des Analyten in der Probe erscheinen nach der Testdurchführung ein oder zwei Banden. Liegt kein Analyt vor (Bildmitte), überströmt das Konjugat, hier auf kolloidalem Gold basierend und deshalb rot dargestellt, die Test-Bande ohne Reaktion und bindet unspezifisch an den Antikörpern (speziesspezifische Anti-Immunoglobulin-Antikörper) der Kontroll-Bande. Diese dient als interne Funktionskontrolle des Assays und signalisiert, dass das Probenmaterial die vorgelagerte Test-Bande passiert hat. Ist dagegen Analyt vorhanden, bindet dieser zu einem bestimmten Teil spezifisch am Konjugat und erreicht als Analyt-Konjugat-Komplex die Test-Bande (Bild unten). Der an dieser Position immobilisierte analytspezifische Antikörper bindet diesen Komplex über den Analyten, und ein Signal wird generiert. Die Intensität dieses Signals ist dabei in einem bestimmten Konzentrationsbereich direkt proportional zur Analytkonzentration. Die Auswertung des Signals kann qualitativ als

Ja/Nein-Aussage erfolgen, semi-quantitativ durchgeführt oder quantitativ (Abschn. 5.8) realisiert werden. Freies Konjugat wird auch in diesem Fall wieder unspezifisch durch die Kontroll-Bande gebunden, sodass hier zwei Banden sichtbar werden.

Das beschriebene Sandwich- oder direkte Assayformat kommt vorwiegend bei Analyten mit höherem Molekulargewicht, wie z. B. das eingangs beschriebene hCG (M_R ca. 40 kDa), zum Einsatz. Die Größe des zu detektierenden Analyten bietet ausreichend Bindungsstellen für mehr als einen spezifischen Antikörper und erlaubt so die Realisierung dieses Formats ohne sterische Behinderungen zwischen Konjugat- und Test-Banden-Antikörper. Gilt es dagegen einen relativ kleinen Analyten oder ein Hapten zu detektieren, kommt das kompetitive Testformat als Verdrängungsassay zum Einsatz, denn das geringe Molekulargewicht der Analyten, beispielsweise in der Drogendiagnostik, erlaubt kein gleichzeitiges Binden von zwei Antikörpern. Bei diesem Format wird auf der Test-Bande der Analyt, häufig gekoppelt an größere Trägermoleküle wie Rinderserumalbumin (BSA), Eieralbumin (OVA) oder Schlitzschnecken-Hämocyanin (KLH), immobilisiert. Das Konjugat besteht auch hier aus analytspezifischen Antikörpern, die an Signalgeber gekoppelt sind. Ist die Probe analytfrei, kann die maximale Konjugatmenge an der Test-Bande binden. Enthält die Probe den Analyten, dann konkurriert dieser mit dem immobilisierten Analyten der Test-Bande um die Bindungsstellen des spezifischen Konjugat-Antikörpers. Bereits mit Analyt aus der Probe gesättigtes Konjugat kann an der Test-Bande keine spezifische Reaktion mehr eingehen und wird verdrängt. Je höher die Analytkonzentration in der Probe, desto größer die Verdrängung, und umso geringer das Signal. Es wird hier also ein Ergebnis generiert, das indirekt proportional zur Konzentration des Analyten ist. Die Kontroll-Bande wird auch beim kompetitiven Assay, wie oben bereits beschrieben, generiert.

Mit den vorgestellten traditionellen Assayformaten können robuste Lateral-Flow-Immunoassays zum Nachweis verschiedenster Analyten entwickelt werden. Um einschätzen zu können, ob diese Technologie für einen zu entwickelnden Assay geeignet ist, kann ein Blick in Tab. 5.2 hilfreich sein.

Auf dem Gebiet der Lateral-Flow-Immunoassays spielt die Weiterentwicklung eine große Rolle, auch um die erwähnten Kontras in Tab. 5.2 zu minimieren. Die Arbeiten hier fokussieren u. a. auf die Multianalyt-Detektion (Multiplexing). Zu diesem Zweck wurde beispielsweise die Multi-Spot-Technologie mit der Immunochromatographie kombiniert. Dabei sind auf der Test-Bande bis zu 32 unterschiedliche Antigene gespottet. Der Nachweis der Analyten erfolgt über entsprechende spezifische Antikörper, gekoppelt an kolloidales Gold (Taranova et al. 2013). Derartige Assayformate erlauben einen schnellen (10 min) und simultanen Nachweis verschiedenster Drogen (Morphine, Amphetamine, Methamphetamine, etc.) in Urin, und das mit einem Variationskoeffizienten unter 10 % bei einer Wiederfindung von 95–114 %. Ein weiterer Ansatz ist die Kombination der Lateral-Flow-Technologie mit der Mikrofluidik (Betancur et al. 2017). So kann u. a. der kapillare Fluss kontrolliert und gesteuert werden, aber auch die Installation von Kontrollfunktionen und Elektronik ist umsetzbar. Ein Fokus liegt auch

Tab. 5.2   Lateral-Flow-Immunoassays – Pros und Kontras

Pros	Kontras
Relativ geringe Entwicklungskosten und -zeiten	Unklare Patentsituation
Gute Haltbarkeiten, oft auch ohne Kühlung	Lot-zu-Lot-Variation vergleichsweise hoch
Liefert qualitative (Ja/Nein) oder semi-quantitative Ergebnisse (ggf. auch mit Reader-Systemen kombinierbar)	Ungenaues Probenvolumen reduziert die Präzision
Oft hohe Sensitivitäten und Spezifitäten	Multiplexing ist schwierig umzusetzen
Vergleichsweise einfach herzustellen und zu benutzen	Integration von Elektronik und Installation von Kontrollfunktionen oftmals schwierig
Etablierte, ausgereifte und am Markt akzeptierte Technologie	Ggf. Sensitivitätsprobleme durch begrenztes Probenvolumen
Verschiedenste Probenmatrices sind mit geringem Probenvolumen einsetzbar	Bei nicht fluiden Proben ist eine Vorbehandlung nötig
Kann am Ort des Geschehens eingesetzt werden *(Point of Care/Need)*	Probenkomponenten können Membranporen verstopfen
Waschschritte sind nicht notwendig (Ein-Schritt-Assay)	Assaydauer hängt von der Viskosität der Probe ab
Einfaches Up-scaling	

in der Suche nach neuen Signalgebern, die durch Signalamplifikation Nachweisgrenzen von 0,1 ng mL^{-1} bei möglichst geringem Variationskoeffizienten erlauben (Koczula und Gallota 2016). Derartige hochsensitive Lateral-Flow-Immunoassays würden das Einsatzspektrum dieser Technologie signifikant vergrößern.

Als weiterführende Literatur können O'Farrell 2013 und EMD Millipore 2013 empfohlen werden.

5.3   Produktentwicklung und regulatorische Anforderungen – ein Überblick

„Man muss nicht nur mehr Ideen haben als andere, sondern auch die Fähigkeit besitzen, zu entscheiden, welche dieser Ideen gut sind." Linus Pauling (1901–94, Nobelpreisträger)

Für eine kommerziell erfolgreiche Produktentwicklung sollten bereits in der Anfangsphase zwei grundlegende Aspekte betrachtet werden (Abb. 5.2). Einerseits muss klar sein, welches Marktsegment adressiert werden soll. Daraus ergeben sich ganz unterschiedliche regulatorische Anforderungen, die bereits im Initialdesign zu berücksichtigen sind. Andererseits muss schon zu Beginn jeder Assayentwicklung die Thematik

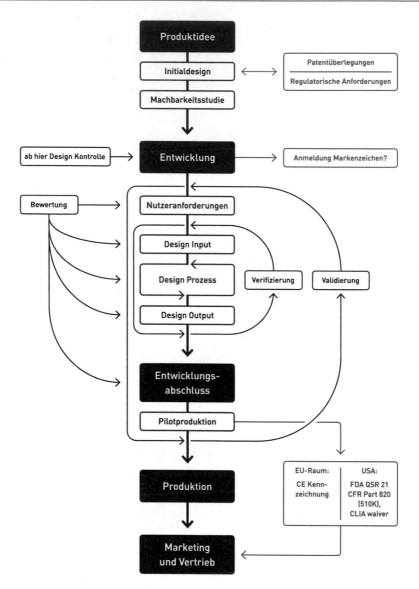

Abb. 5.2 Schema einer Produktentwicklung

Schutzrecht analysiert werden. Folgende zwei Fragen spielen dabei eine besondere Rolle: Habe ich mit meiner Produktidee Ausübungsfreiheit *(Freedom-to-Operate, FTO)*, verletze also keine bereits bestehenden Patente, und kann/will ich meine Produktidee/ Technologie patentrechtlich schützen lassen? Für das „Können" muss ein entsprechender Neuheitsgrad vorliegen, der im Segment Lateral-Flow-Immunoassays oftmals schwierig nachzuweisen ist. Grund dafür sind die einleitend erwähnten Basispatente, auch wenn

viele bereits ausgelaufen sind oder in Kürze auslaufen. Auch weitere Schutzrechts-
anmeldungen für spezielle Aspekte dieser Technologie spielen hier eine wesentliche
Rolle. Beim „Wollen" sollte berücksichtigt werden, dass eine Patentanmeldung auch
immer eine Offenlegung neuer innovativer Technologie darstellt – das Für und Wider
muss also genau abgewogen werden. Dennoch ist bei Patentstreitigkeiten mit Haupt-
akteuren der Branche ein erteiltes eigenes Patent eine starke Ausgangsposition für Ver-
handlungen und Lizenzvereinbarungen.

> „Eine gute Idee erkennt man daran, dass sie geklaut wird." Gerhard Uhlenbruck (*1929,
> deutscher Mediziner (Immunologe) und Aphoristiker)

Vor dem Gang zum Patentanwalt empfehlen sich erste eigene Recherchen zur FTO-
Analyse in folgenden frei zugänglichen Datenbanken:

- Deutsches Patent- und Markenamt (https://www.dpma.de/)
- Europäisches Patentamt (https://www.epo.org/index_de.html)
- United States Patent and Trademark Office (https://www.uspto.gov/)
- PCT – Internationales Patentsystem – WIPO (www.wipo.int/pct/de/)

Mit zunehmendem Risiko für die Anwender steigen die regulatorischen Anforderungen
bei der Entwicklung von Lateral-Flow-Immunoassays. Die nachfolgenden Ausführungen
umfassen die Anforderungen der Norm DIN EN ISO 13485 („Medizinprodukte – Qualitätsmanagementsysteme – Anforderungen für regulatorische Zwecke") für die   CE-
Kennzeichnung („Conformité Européenne") von *In-vitro-Diagnostika (IVD)*, ergänzt
durch Anforderungen der US Food & Drug Administration (21 CFR Part 820; FDA-
Wortlaut kursiv in Klammern) und stellen somit den umfangreichsten Fall hinsichtlich
Entwicklung und Dokumentation dar (s. auch Kap. 34, 35 und 36). Andere Applikations-
felder dieser Assaytechnologie (z. B. Lebensmittelsicherheit, Landwirtschaft, Umweltmonitoring) werden deutlich geringer reguliert und deshalb am Ende des Abschnitts kurz
separat behandelt.

Nachdem die grundlegenden Fragen zur Ausübungsfreiheit und zu den
regulatorischen Anforderungen geklärt sind, kann mit dem Initialdesign die Produktidee, z. B. in einer Machbarkeitsstudie *(feasibility study)*, überprüft und konkretisiert
werden. Ergibt die Konkretisierung keinen Abbruch, muss beispielsweise entschieden
werden, ob eine eigene Antikörperentwicklung angestrebt wird oder auf kommerziell
verfügbare Antikörper zurückgegriffen werden soll (Abschn. 5.4) und welches Label
zur Visualisierung der Signale geeignet ist (Abschn. 5.5). Aber auch die nichtbiologischen Komponenten, insbesondere die Reaktionsmembran und die Konjugat- und
Proben-Pads, sind bereits hier zu spezifizieren (Abschn. 5.6). Eine weitere generelle
Frage betrifft die Notwendigkeit einer Testkassette (Abschn. 5.2). Wird diese erforderlich, ist insbesondere die innere Kassettengeometrie schon in dieser Phase zu betrachten.
Neben diesen technischen Fragen geht es in der Machbarkeitsphase auch darum, sämt-

liche Anforderungen *(requirements),* von der Probenmatrix über das Assayformat bis hin zur Verpackung, so vollständig wie möglich abzubilden. Zur Dokumentation bieten sich dafür detaillierte Anforderungsprofile und *Input-Output*-Matrices an. Besonders die letztgenannten können im weiteren Entwicklungsverlauf sehr hilfreich sein, wenn es um die Bewertung einzelner Umsetzungen geht. Daneben sind in dieser Phase auch detaillierte Entwicklungspläne zu erstellen und die Ressourcenplanung (Projektteam, Zeitrahmen) durchzuführen. Den Abschluss bildet der Machbarkeitsreport, mit dem in die nächste Phase übergeleitet wird (Abb. 5.2). Ab dem Punkt „Entwicklung" greift die Designkontrolle oder Entwicklungslenkung *(design control)* und verlangt das Führen einer Produktentwicklungsakte *(design history file,* DHF), die die einzelnen Entwicklungsschritte widerspiegelt. Diese umfasst u. a.:

- Planung: Ressourcen- und Zeitpläne sowie Produktspezifikationen
- Entwicklung: experimentelle und technische Daten/Berichte, Unterlagen zur Entwicklungsbewertung *(design review),* also dem Vergleich zwischen Entwicklungsvorgabe *(design input)* und Entwicklungsergebnis *(design output)*
- Transfer in die Produktion und Validierung: Materialspezifikationen, Arbeitsanweisungen und Validierungsdokumente.

Im eigentlichen Entwicklungs- oder Designprozess werden sämtliche Assaykomponenten so weit optimiert, dass am Ende der Entwicklung ein robuster Lateral-Flow-Immunoassay für die angestrebte Applikation vorliegt. Dazu wird der in Abb. 5.2 dargestellte innere Kreislauf (Verifizierung) wiederholt durchlaufen und das Entwicklungsergebnis mit den Anforderungen verglichen, bewertet und bei Notwendigkeit weiter verbessert. Dies macht den Hauptteil der Produktentwicklungsakte aus. Sind alle Komponenten optimal definiert, werden die Ergebnisse (Materialspezifikation, Arbeitsanweisungen, Verpackung) in die Produkthauptakte *(device master file,* DMF) übernommen. Mit der anschließend unter definierten Produktionsbedingungen hergestellten Pilotproduktion erfolgt die Validierung des Gesamtsystems. Hierbei geht es einerseits um die Ermittlung der Leistungsparameter (Sensitivität, Spezifität, Vorhersagewerte, usw.) des Assays, andererseits spielen auch Stabilität (Haltbarkeit), Temperaturtoleranz und Risikomanagement eine Rolle. Auf Basis dieser Technischen Dokumentation (Produktentwicklungs- und Produkthauptakte) kann dann die Konformitätserklärung *(declaration of conformity)* erfolgen. Dies geschieht je nach Klassifizierung des Assays im einfachsten Fall als Selbstdeklaration bzw. nach positiver Begutachtung der Technischen Dokumentation durch eine Benannte Stelle *(notified body).* Parallel dazu erfolgt die Vorbereitung für den Markteintritt. Dabei wird einerseits auf die Finalisierung aller normativ geforderten Dokumente und ggf. deren Genehmigung fokussiert, andererseits geht es um die Formulierung des Marketingplans, einschließlich Vertriebslogistik und Kundenbetreuung. Für den CE-Raum regeln eine Vielzahl von Normen, Gesetzen, Verordnungen und Empfehlungen die Art und den Umfang der für die Entwicklung und Produktion geforderten Dokumente (Tab. 5.3).

Tab. 5.3 Auswahl an Normen, Gesetzen, Verordnungen und Empfehlungen zur Realisierung von Lateral-Flow-Immunoassays in der In-vitro-Diagnostik

Dokumentenart	Nummer	Titel
Norm	DIN EN ISO 13485	Qualitätsmanagement-Systeme: Anforderungen für regulatorische Zwecke
Norm	DIN EN ISO 14971	Anwendung des Risikomanagements auf Medizinprodukte
Norm	EN 13612	Leistungsbewertung von In-vitro-Diagnostika
Norm	DIN EN ISO 23640	Haltbarkeitsprüfung von Reagenzien für in-vitro-diagnostische Untersuchungen
Norm	DIN EN 62366	Anwendung der Gebrauchstauglichkeit auf Medizinprodukte
Norm	DIN EN ISO 15193	Messung von Größen in Proben biologischen Ursprungs – Anforderungen an den Inhalt und die Darstellung von Referenzmessverfahren
Norm	EN ISO 17511	Messung von Größen in Proben biologischen Ursprungs
Norm	DIN EN 15223-1	Bei Aufschriften von Medizinprodukten zu verwendende Symbole, Kennzeichnung und zu liefernde Informationen
Norm	DIN EN 18113-1	In-vitro-Diagnostik – Bereitstellung von Informationen durch den Hersteller – Teil 1: Begriffe und allgemeine Anforderungen
Norm	DIN EN 18113-2	In-vitro-Diagnostik – Bereitstellung von Informationen durch den Hersteller – Teil 2: In-vitro-diagnostische Reagenzien für den Gebrauch durch Fachpersonal
Verordnung	MDR (2017/745/EU)	Medizinprodukte-Verordnung
Verordnung	IVDR (2017/746/EU)	In-vitro-Diagnostik-Verordnung
Verordnung	MPV	Verordnung über Medizinprodukte
Empfehlung	NB-MED[1]/2.7/Rec3	Empfehlung zur Auswertung von klinischen Daten
Empfehlung	NB-MED/2.2/Rec3	Empfehlung zur Verwendung des Verfallsdatums
Empfehlung	NB-MED/2.5.2/Rec2	Empfehlung zur Meldung von Produktänderungen
Empfehlung	NB-MED/2.5.1/Rec5	Empfehlung „Technische Dokumentation"
Empfehlung	MEDDEV[1] 2.14/3	Empfehlungen zur Gebrauchsanweisung
Empfehlung	MEDDEV 2.12/1	Empfehlungen zum Überwachungssystem

[1] Erstellt von: The European Association Medical devices of Notified Bodies (http://www.team-nb.org/)

Sind alle Anforderungen erfüllt, kann sich das Produkt – der neue Lateral-Flow-Immunoassay – im Markt bewähren. Aber auch nach Markteintritt bestehen weitere regulatorische Forderungen. So spielen die Produktüberwachung nach dem Inverkehrbringen *(post market surveillance)* und die Kundenrückmeldungen eine wichtige Rolle.

Beides kann Auswirkungen auf die Bewertung der Risikomanagementakte haben und zu Designänderungen führen.

Hinsichtlich der genannten Normen und Verordnungen sollte stets in Betracht gezogen werden, dass diese einer permanenten Anpassung mit dem Trend zur internationalen Harmonisierung der regulatorischen Forderungen unterliegen, was letzlich der globalen Vermarktung zugute kommt.

> **Übersicht**
>
> Wenn mit dem Produkt langfristig auch der nordamerikanische Markt adressiert werden soll, können zur Erstellung der Validierungsprotokolle die auf IVD anwendbaren Evaluierungsprotokolle des *Clinical and Laboratory Standards Institute* (CLSI, früher *National Committee for Clinical Laboratory Standards*, NCCLS) empfohlen werden (Tholen 2006). Insbesondere die Referenzdokumente EP15-A2 *(User verification of performance for precision and trueness)*, EP12-A *(User protocol for evaluation of qualitative test performance)*, EP10-A2 *(Preliminary evaluation of quantitative clinical laboratory methods)*, EP6-A *(Evaluation of the linearity of quantitative measurement procedures)*, EP17-A *(Protocols for determination of limits of detection and limits of quantitation)*, C24-A2 *(Statistical quality control for quantitative measurements: principles and definitions)*, EP5-A2 *(Evaluation of precision performance of quantitative measurements methods)* und EP7-A *(Interference testing in clinical chemistry)* bilden eine ausgezeichnete Grundlage für das experimentelle Design, natürlich auch für Produkte im CE-Raum.
>
> Weitere regulatorische Information und Empfehlungen *(Guidelines)* zum nordamerikanischen IVD Markt sind über die US-FDA (https://www.fda.gov/MedicalDevices/default.htm) und Health Canada (https://www.canada.ca/en/health-canada/services/drugs-health-products/medical-devices.html) online abrufbar.

Umfangreiche Informationen zur Zulassung und Kennzeichnung von Testsystemen (IVD), die auf Lateral-Flow-Immunoassays beruhen, können für verschiedenste Märkte auch der Online-Bibliothek der Emergo Group (https://www.emergobyul.com/de/resources) entnommen werden. Insbesondere die dort abrufbaren Ablaufdiagramme erleichtern den Weg durch den regulatorischen Dschungel erheblich und geben für die Entwicklungsplanung einen guten Überblick hinsichtlich des zu kalkulierenden Zeithorizonts.

Für Lateral-Flow-Immunoassays, die im nichtmedizinischen Sektor eingesetzt werden, ist die Regulierung deutlich geringer. Für Assays, die in der Veterinärdiagnostik zum Einsatz kommen, reicht beispielsweise eine Genehmigung nach dem Tiergesundheitsgesetz (TierGesG; früher Tierseuchengesetz, TierSG) als Legitimation vollkommen

aus. Testsysteme in der Lebens- und Futtermittelindustrie unterliegen lediglich den Auf-
lagen des Lebensmittel- und Futtermittelgesetzbuches (LFGB). Andere Applikations-
felder sind teilweise vollkommen frei von regulatorischen Forderungen. Dennoch
zeichnet sich in den letzten Jahren der Trend ab, dass auch Hersteller von Testsystemen
in diesen Marktsegmenten verstärkt die national und international weit verbreitete Quali-
tätsmanagement-Norm ISO 9001 in ihren Unternehmen einführen. Diese Norm legt die
Mindestanforderungen an ein Qualitätsmanagementsystem (QM-System) fest, die umzusetzen sind, um die Kundenanforderungen sowie weitere Anforderungen an die Produkt-
bzw. Dienstleistungsqualität zu erfüllen. Mit der Einführung eines QM-Systems können
u. a. die Transparenz betrieblicher Abläufe erhöht, eine höhere Kundenzufriedenheit
erzielt und die Fehlerquote und somit Kosten gesenkt werden. Letztendlich ergeben sich
daraus im jeweiligen Marktsegment ein Wettbewerbsvorteil und die Basis für eine CE-
Kennzeichnung der Produkte.

5.4 Antikörper – der Schlüssel für einen robusten Assay

Lateral-Flow-Immunoassays enthalten eine Vielzahl unterschiedlicher Komponenten
(Abb. 5.1). Die genutzten Antikörper stellen sicherlich die Wichtigste davon dar. Hier
ist zunächst Robustheit gefragt, denn die Antikörper müssen bei der Oberflächen-
adsorption reaktiv bleiben, bei der Trocknung ihre strukturelle Integrität behalten und
nach Rehydrierung durch die Probe sofort wieder Reaktivität zeigen. Neben offensicht-
lichen Charakteristika, wie Spezifität und Affinität zum Analyt/Antigen, spielen aufgrund der Architektur dieser Assays weitere Parameter eine entscheidende Rolle. So
reicht eine hohe Affinität, also niedrige Dissoziationskonstante (K_d), alleine oftmals
nicht aus. Eine besondere Bedeutung kommt der Geschwindigkeit zu, mit der die
Assoziation erfolgt, die in diesem Zusammenhang oft als *on-rate* bezeichnet wird.
Möglichst lange Kontaktzeiten zwischen Antigen und Antikörper forcieren dabei die
Assoziation – der Fließgeschwindigkeit kommt deshalb eine besondere Rolle zu. In
Abhängigkeit von der verwendeten Reaktionsmembran liegt die durchschnittliche
Fließgeschwindigkeit für wässrige Lösungen zwischen 0,167 und 0,67 mm sec^{-1}. Diese
Geschwindigkeit ist anfangs nicht konstant, sondern fällt proportional zum Quadrat der
durchströmten Strecke, bis die Membran mit der Probe gesättigt ist. Die Test-Bande mit
den Fängermolekülen ist im Schnitt 0,5–1,5 cm vom Startpunkt entfernt aufgebracht
und hat in der Regel eine Breite von 0,5–1 mm. Daraus ergibt sich in dieser Zone
eine Reaktionszeit von maximal 1–6 s und damit die zwingende Notwendigkeit hoher
Assoziationsgeschwindigkeiten. Im Gegensatz dazu haben die am Label gebundenen
Erkennungsmoleküle (z. B. spezifische Antikörper) mehr Zeit, um den Analyten zu
binden. Für die Signalgenerierung beginnt die Reaktionszeit hier mit dem ersten Probenkontakt und endet mit der Passage der Test-Bande. Je nach Architektur des Assays
ergibt sich damit eine Zeitspanne von ca. 20 s bis zu einigen Minuten für die letzten
Konjugatkomplexe. Dabei ist zu bedenken, dass der Hauptteil des Konjugats am Beginn

des Testlaufs freigesetzt wird, sodass auch hier eine entsprechende *on-rate* erforderlich ist, um die notwendige Sensitivität zu erreichen. Hinsichtlich der Antigen/Anti-
körper-Reaktion ist bei diesem Assayformat auch die Menge der eingesetzten Antikörper
zu berücksichtigen. Bei einer Test-Banden-Breite von 1 mm, einem Bettvolumen von
0,13 mm und einer durchschnittlichen Antikörperdosierung von $1–3$ µg cm^{-1} ergeben
sich Antikörperkonzentrationen von $10–30$ µg cm^{-2}, die im Vergleich zum ELISA damit
$25–100$-fach höher liegen (Brown 2009). Das ist mit ein Grund dafür, dass Antikörper,
die im ELISA eine optimale Performance liefern, für einen Lateral-Flow-Immunoassay
nicht immer die Kandidaten der Wahl sind.

Neben diesen Überlegungen spielen bei der Auswahl geeigneter Antikörper weitere
Faktoren eine grundlegende Rolle. Eine wichtige Frage lautet: monoklonale oder
polyklonale Antikörper? Beide Systeme haben ihre Vor- und Nachteile (Tab. 5.4), sodass
entsprechend der Applikation abgewogen werden muss. In der Praxis werden zwar
monoklonale Antikörper häufiger eingesetzt, aber auch mit polyklonalen Antikörpern
lassen sich durchaus beachtliche Ergebnisse erzielen. Hinsichtlich der polyklonalen Antikörper muss dabei aber bedacht werden, dass die Antikörperzusammensetzung mit jeder
neuen Immunisierung variieren kann. Das wiederum führt von Los zu Los zu einem
zeitlichen und monetären Mehraufwand, da validierte Assayparameter neu angepasst
werden müssen. Nur in den wenigsten Fällen ist es möglich, mit einem einzigen Los
polyklonaler Antikörper den Bedarf für die Produktlebenszeit abzudecken.

Nach der Entscheidung, ob polyklonal oder monoklonal, steht das Antikörper-
screening im Fokus. Dies wird üblicherweise im ELISA-Format durchgeführt Kap. 3).
Wie beschrieben, unterscheidet sich dieses Format in mehreren Punkten deutlich vom
Lateral-Flow-Immunoassay. Das trifft nicht nur auf die eingesetzten Antikörpermengen
zu, sondern auch auf die Reaktionszeiten. Durch die vergleichsweise langen Inkubations-
zeiten bei einem ELISA kann man hier von Gleichgewichtsreaktionen ausgehen. Diese
Unterschiede können zur Folge haben, dass ein im ELISA selektierter Antikörper im
Lateral-Flow-Assayformat eine unzureichende Performance liefert. Deshalb sollte

Tab. 5.4 Polyklonale versus monoklonale Antikörper (adaptiert aus O'Farrell 2013)

	Polyklonale Antikörper	Monoklonale Antikörper
Pros	Können sehr hohe Affinitäten liefern	Klar definierte Reagenzien
	Sehr schnell in großen Mengen zu produzieren	Können höhere Antikörperbeladungen auf Partikeln und der Fängerlinie erreichen
	Relativ kostengünstig zu produzieren	Vergleichsweise einfach zu reinigen
Kontras	Können variieren zwischen Tieren und im Laufe der Zeit	Herstellung benötigt mehr Zeit
	Geringer Anteil der Gesamtantikörper ist targetspezifisch	In der Regel kostenintensiver
	Benötigen ggf. intensive Aufreinigung	Liefern ggf. nicht die höchsten Affinitäten

sich dem initialen Screening im ELISA-Format möglichst bald ein Screeningformat anschließen, das dem Lateral-Flow-Immunoassay möglichst nahe kommt und mit dem gleichzeitig ein hoher Durchsatz realisiert werden kann. Hierfür bietet sich das sog. *Half-Stick*-Format an, das in Abb. 5.3 schematisch dargestellt ist. Dabei wird auf Proben- und Konjugat-Pad verzichtet, es fehlt praktisch das erste Drittel des Teststreifens (s. dazu Abb. 5.1). Eine weitere Vereinfachung ist die Reduktion der Test-Bande auf einen Spot. Für das Screening werden in Kavitäten von Mikrotiterplatten (96-Well) Konjugat (z. B. 5 μl, Konzentration variiert), Probe (z. B. 50 μl) und eine grenzflächenaktive Substanz (z. B. 1 μl Tween) vorgelegt und der *Half-Stick* darin eingetaucht. Konjugat und Analyt reagieren miteinander, bewegen sich durch Kapillarkräfte nach oben und passieren dabei den Test-Spot. Mit diesem Format lassen sich sehr schnell gute Vorhersagen zur Performance der Antikörper auf dem finalen Teststreifen treffen. In der schematischen Darstellung wäre demnach das in Abb. 5.3 mit „d" dargestellte Paar für die Entwicklung sehr gut geeignet, da der halbmondförmige Signalspot für sehr hohe Assoziationskonstanten der Antikörper spricht. Die zu charakterisierenden Antikörper sollten zur Pärchensuche im *Half-Stick*-Format dabei sowohl als Konjugatkomponente als auch als Fänger (Test-Spot) eingesetzt werden.

Wenn im Gegensatz zu einer eigenen Antikörperentwicklung auch geeignete, kommerziell verfügbare Antikörper eine Option innerhalb des Entwicklungsprojektes darstellen, sollte hinsichtlich der Quellen geprüft werden (Brown 2009):

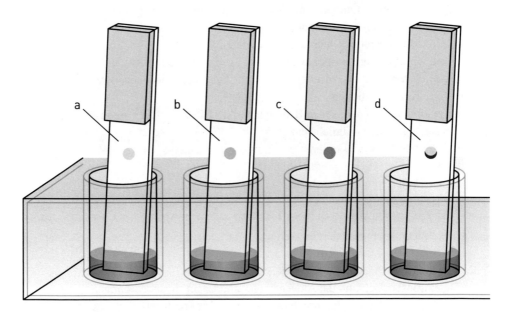

Abb. 5.3 Schematische Darstellung des Half-Stick-Formats. **a** keine spezifische Bindung, **b** schwache spezifische Bindung, **c** mittelstarke spezifische Bindung, **d** sehr starke spezifische Bindung

- ob der Anbieter die Antikörper selber produziert, oder nur mit ihnen handelt,
- ob der Anbieter eine langfristige Bereitstellung in gleichbleibender Qualität garantiert,
- ob der identische Antikörper auch von anderen Anbietern vertrieben wird und
- wie die Qualitätskontrolle der Antikörper realisiert wird.

Je länger ein Assay erfolgreich im Markt ist, umso günstiger werden entwickelte eigene Antikörper. Leider steht zum Entwicklungsbeginn hinsichtlich dieser Zeitspanne oft nur die Wunschvorstellung des Marketings im Raum, die reale Produktlebenszeit ist unbekannt. Nicht zuletzt deshalb wird zur Reduzierung der Initialkosten und der Entwicklungszeit oft auf kommerzielle Antikörperquellen zurückgegriffen, die in großer Anzahl zur Verfügung stehen.

Die Antikörper stellen die Schlüsselkomponente eines Lateral-Flow-Immunoassays dar. Egal, wie viel Entwicklungs- und Optimierungsaufwand später betrieben wird, mit anfangs falsch ausgewählten Antikörpern wird das Ziel nicht erreicht werden.

Die hier dargestellte Thematik wird in Brown (2009) noch deutlich vertieft.

5.5 Label und Konjugat

Das perfekte Label für einen Lateral-Flow-Immunoassay sollte (Chun 2009):

- durch verschiedene Methoden und Technologien über einen großen und sinnvollen dynamischen Bereich detektierbar sein
- durch einfache Kopplungschemie zu konjugieren sein
- keine oder nur geringe unspezifische Bindungskapazitäten aufweisen, um ein hohes Signal-Rausch-Verhältnis zu erreichen, auch unter verschiedenen Salz-, Puffer- und Detergenz-Konzentrationen
- unter verschiedenen chemischen Bedingungen und Temperaturen stabil sein
- kommerziell günstig erhältlich sein
- eine kostengünstige und skalierbare Konjugation erlauben
- Multi-Analyt-Detektion ermöglichen und
- absehbare Weiterentwicklungen unterstützen.

Leider gibt es kein Label, das all diese Forderungen erfüllt. Deshalb sollte bei der Wahl des Labels Folgendes berücksichtigt werden:

- die Detektionsmethode und der zu detektierende Analyt
- der Detektionsbereich und die Anwendungs- und Lagerungsbedingungen
- die verfügbaren Methoden, um eine Kopplung zu realisieren, die keine Konformationsänderungen bzw. sterischen Behinderungen verursacht
- die Qualität und Quantität des verfügbaren Materials
- die Kosten und die zukünftigen Anforderungen

Die Mehrzahl der Lateral-Flow-Immunoassays wird bis heute rein visuell oder mittels optischer Reader-Systeme ausgewertet, sodass kolloidales Gold und modifizierte Latexpartikel immer noch die am weitesten verbreiteten Label darstellen. Daneben werden immer mehr Assays etabliert, die Fluoreszenz als Detektionsmethode nutzen und so eine wesentlich höhere Sensitivität erreichen. Ein klassisches Beispiel und ein Vorreiter hierfür ist das Triage®-System von Alere, einem globalen Marktführer in der Point-of-Care-Diagnostik. Neben diesen gebräuchlichen Labeln gibt es noch weitere interessante Alternativen zur Signalgenerierung (z. B. kolloidalen Kohlenstoff oder paramagnetische Partikel), die aus verschiedenen Gründen jedoch nur begrenzt zum Einsatz kommen. Tab. 5.5 listet die Pros und Kontras verschiedenster Label für Lateral-Flow-Immunoassays auf.

Die Frage, welches Label für die jeweilige Applikation das Optimum darstellt, hängt von der Zielstellung und den Randbedingungen ab. Für eine möglichst hohe Konjugatstabilität sind oberflächenmodifizierte Latexpartikel ($-NH_2$; $-COOH$) prädestiniert, da diese problemlos kovalente Kopplungen erlauben. Im Gegensatz dazu kann die passive Absorption an kolloidales Gold zu einer Erhöhung der Sensitivität beitragen, denn die vergleichsweise kleinen Goldpartikel (mittlerer Durchmesser 20–80 nm) erlauben an der Test-Bande höhere Packungsdichten als Latexpartikel (mittlerer Durchmesser 100–300 nm). Andererseits können Latexpartikel in einer Vielzahl von Farben hergestellt werden, sodass beispielsweise aus der Verwendung von dunkelblauen Latexpartikeln eine Kontrasterhöhung resultiert, die ebenfalls zu einer Verbesserung der Sensitivität führt. Ferner werden in der Zwischenzeit auch schon Goldpartikel mit verschiedenen Oberflächenmodifikationen (neben $-NH_2$ und $-COOH$ auch mit Aldehyd- oder Sulfhydryl-Gruppen) für kovalente Kopplungen angeboten (InnovaCoat® GOLD von Innova Biosciences, UK). Erlaubt das angepeilte Marktsegment die Kopplung des Lateral-Flow-Immunoassays mit einem vergleichsweise preisintensiven Reader, so betritt man mit fluoreszenten oder paramagnetischen Labeln noch einmal ganz andere Regionen in Bezug auf die Sensitivität. Steht dagegen Multiplexing im Fokus, so können auch Silber-Nanopartikel das Label der Wahl sein. Die kolorimetrischen Eigenschaften dieser Partikel können durch ihre Größe und Form gesteuert werden, sodass durch Partikelwachstum verschiedenfarbige Partikelfraktionen generierbar sind (mittlere Durchmesser 30–50 nm). Mit derartigen Partikeln (30 nm – Orange, 41 nm – Rot, 47 nm – Grün) wurde erfolgreich ein Lateral-Flow-Immunoassay für die Infektionsdiagnostik entwickelt, der simultan Gelbfieber (YFV-NS1-Protein), Denguefieber (DENV-NS1-Protein) und Ebola-Infektionen (ZEBOV-Glykoprotein) nachweisen kann (Yen et al. 2015).

Aber unabhängig davon, welches Label die gestellten Anforderungen am besten erfüllt, das resultierende Konjugat muss auf dem Konjugat-Pad (Abschn. 5.6) bis zum Einsatz des Assays stabil bleiben und dann, bei Kontakt mit einer Probe, schnell und gleichmäßig freigesetzt werden. Konjugat-Pads bestehen vornehmlich aus Glasfiber oder Polyester und sind demzufolge hydrophob. Vor dem Aufbringen des konjugierten Labels ist deshalb eine Behandlung mit hydrophilisierenden Reagenzien notwendig.

Tab. 5.5 Label für Lateral-Flow-Immunoassays

Label	Pros	Kontras
Kolloidales Gold	Hohe Affinität bei passiver Antikörperbindung Relativ geringer Antikörpereinsatz $(1-5\ \mu g\ mL^{-1})$; Nach Optimierung sehr stabil Mit den meisten Reader-/Kamera-Systemen kompatibel Auch visuell auswertbar In verschiedenen Größen verfügbar (20–80 nm, hauptsächlich mit 40 nm eingesetzt) Geringere Kosten im Vergleich zu anderen Labeln	Optimierung des Label-Prozesses unbedingt notwendig Sensitivität hängt ab von pH, Salzkonzentration und Anteil organischer Substanzen Kann nicht für Multiplexsysteme verwendet werden (nur eine Farbe)
Kolloidales Platin	Sehr guter Kontrast durch schwarze Farbe Hohe Affinität bei passiver Antikörperbindung Relativ geringer Antikörpereinsatz	Neues Label – wenig Quellen Begrenzte Datenlage Nur eine Farbe
Latexpartikel	Passive und kovalente Bindung möglich Verschiedene Farben und Oberflächenmodifikationen verfügbar Für Multiplexsysteme geeignet In verschiedenen Größen verfügbar (hauptsächlich 100–300 nm) Kann in großen Volumen produziert werden	Höherer Materialeinsatz Lot-zu-Lot-Varianz vergleichsweise hoch Schlechtere Fließeigenschaften (Membranvorbehandlung in vielen Fällen nötig)
Fluoreszente Label	Sehr gute Verfügbarkeit (Europium, Quantum dots, DyLight dyes, Atto dyes) Erhöhte Sensitivität eliminiert die Subjektivität der visuellen Auswertung	Abhängig von Reader-Systemen Konjugate sind lichtempfindlich Lichtempfindlichkeit auch bei Durchführung des Assays Materialinduzierte Autofluoreszenz (z. B. bei Nitrocellulose) kann zu Problemen führen
Paramagnetische Partikel	Verbesserung von Sensitivität und dynamischem Bereich Reader detektieren das komplette Signal Hohe Stabilität Geringer Einfluss der Probenmatrix Vergleichsweise einfacher Label-Prozess	Abhängig von Reader-Systemen Reader-Verfügbarkeit noch gering Kann durch magnetischen Hintergrund beeinflusst werden
Kolloidaler Kohlenstoff	Gute Stabilität Hoher Farbkontrast Einfach und ökonomisch zu konjugieren	Nur wenige Anbieter Lizenzvereinbarungen notwendig Für Multiplexsysteme nicht geeignet

(Fortsetzung)

Tab. 5.5 (Fortsetzung)

Label	Pros	Kontras
UP-Partikel (*up-converting phosphor*)	Nicht beeinflusst von Reaktions- bedingungen und Temperatur Geringes Hintergrundsignal Geeignet für Multiplexsysteme	Teilweise ungenügend charakterisiert Heterogene Zusammensetzung kann Reproduzierbarkeit negativ beein- flussen Oft noch unzureichende Effizienz
Biolumi- neszente Label	Sehr hohe Sensitivität Breiter linearer Bereich Benötigt nur Photodetektor (keine Lichtquelle)	Wird leicht durch Hintergrund- lumineszenz und externes Licht gestört Strenge Kontrollen notwendig
Enzymlabel	Signalamplifikation möglich	Längere Lagerung bei Raum- temperatur ist schwierig Meist sind Waschschritte nötig Stabile Substrate nur begrenzt ver- fügbar

Danach kann die Beschichtung des Konjugat-Pads durch Besprühen mit fixem Volumen pro cm oder Tauchen erfolgen. Die anschließende Trocknung wird meist bei höheren Temperaturen durchgeführt und ist für jeden Assay zu optimieren. Assayspezifische Optimierung ist auch für den Konjugat-Puffer notwendig, um die geforderte Stabili- tät und Reaktivität zu garantieren. Die zugesetzten Zucker (meist Saccharose und/oder Trehalose), die das Konjugat bei der Trocknung schützen, die gleichmäßige Freisetzung unterstützen und als Präservativ fungieren, müssen in ihrer Konzentration und ihrem Ver- hältnis jeweils angepasst werden. Die Zugabe weiterer Tenside kann bei Bedarf die Frei- setzung des Konjugats zusätzlich unterstützen.

Das Konjugat, also das Label der Wahl gekoppelt an eine analytspezifische Bio- komponente, und dessen Performance spielen für einen robusten Lateral-Flow- Immunoassay eine immense Rolle. Aufgrund der Vielzahl der erwähnten Stellschrauben, die ihrerseits inhärente Quellen von Variabilität darstellen, ist dieser Komplex in über- wiegendem Maße für die vergleichsweise hohen Variationskoeffizienten (15–30 %) derartiger Assays verantwortlich. Nur durch optimierte und validierte Prozesse und Ver- fahren sind Variationskoeffizienten um 10 % und darunter zu erreichen, die für eine reale Quantifizierung der Assays zwingend erforderlich sind.

5.6 Nichtbiologische Assaykomponenten

In diesem Abschnitt werden die wichtigsten nichtbiologischen Komponenten eines Lateral-Flow-Immunoassays näher vorgestellt. Wie in Abschn. 5.2 bereits angesprochen, kommt jeder dieser Komponenten eine besondere Rolle zu, die bei der Produktent- wicklung nicht unterschätzt werden darf.

Für Proben- und Saug-Pad werden im Allgemeinen zellulosehaltige Filterpapiere verwendet, während für das Konjugat-Pad vornehmlich glasfiberbasierte Materialien zum Einsatz kommen (s. Abb. 5.1). Diese Komponenten sind deutlich einfacher herzustellen als die meist nitrocellulosebasierten Reaktionsmembranen und deshalb signifikant günstiger. Aber im Gegensatz zur Reaktionsmembran werden diese Komponenten in der Regel nicht speziell für Anwendungen in einem Immunoassays hergestellt. Deshalb kann hier die Los-zu-Los-Variabilität schnell höher sein, als für einen robusten Assay erlaubt. Wie man derartige Probleme lösen kann, welche Funktionalität die einzelnen Komponenten aufweisen müssen und wie sie mit dem Probenmaterial interagieren, wird nachfolgend aufgezeigt.

5.6.1 Proben-Pad

Die Hauptaufgabe des Proben-Pads (Abb. 5.1a) besteht darin, einen gleichmäßigen und kontrollierten Fluss der Probe zum und durch das Konjugat-Pad zu gewährleisten, ohne dass das Probenvolumen den Assay überspült (deshalb Bettvolumen $> 25\mu L\ cm^{-2}$). Durch eine entsprechende Vorbehandlung des Proben-Pads, z. B. mit Detergenzien, Puffern, Proteinen, etc., kann es außerdem die Probenviskosität beeinflussen, die Remobilisierung des Konjugats begünstigen und unspezifische Bindungen minimieren. Insbesondere bei Probenmatrices mit stark schwankenden Parametern, beispielsweise Urin mit möglichen pH-Werten zwischen 5 und 10, empfiehlt sich eine derartige Vorbehandlung zur Unterdrückung unspezifischer Bindungen. Ein wichtiger Parameter bei der Auswahl eines geeigneten Proben-Pads ist die Zugfestigkeit des Materials. Ist diese zu gering, kann die Verarbeitung der Komponente im Produktionsprozess sehr schwierig werden, bei dem die Proben-Pads als maximal 2 cm breite Streifen eingesetzt werden. Weiterhin spielt die Schichtdicke des Materials eine wesentliche Rolle, da diese bei vorgegebener Fläche das Bettvolumen des Proben-Pads bestimmt. Ist das Material zu dick, kann es durch den Probenauftrags-Trichter (Abb. 5.1i) gequetscht werden, wodurch sich der Probenfluss dramatisch zum Negativen ändern kann. Ein zu dünnes Material kann dagegen einen Flüssigkeitsaustritt in das Innere der Testkassette verursachen, da das notwendige Bettvolumen nicht mehr erreicht wird. Für dieses Volumen ist auch das Gewicht ($g\ m^{-2}$) der Komponente von Relevanz, denn es bildet pro Flächeneinheit die Porosität ab. Ist diese konstant, so ist das Bettvolumen direkt proportional zur Materialstärke. Umgekehrt ist das Bettvolumen bei einer konstanten Schichtdicke direkt proportional zur Porosität. Als letzter Parameter soll das Rückhaltevermögen des Proben-Pads erwähnt werden, das immer dann von großer Bedeutung ist, wenn feste Bestandteile in der Probe den Assay stören. Materialien für derartige Applikationen fungieren als Tiefenfilter und müssen eine entsprechend hohe Retention aufweisen. Für die Probenmatrix Vollblut sind die Anforderungen an die Filtereigenschaften besonders hoch, um die 35–45 % fester Bestandteile (vorwiegend Erythrozyten) zurückzuhalten. Deshalb wird hier der Einsatz spezieller Materialien zur Blutfiltration notwendig, ggf. in Kombination mit Proben-Pads mit entsprechend hohem

Rückhaltevermögen, um zu gewährleisten, dass nur das Serum das Konjugat-Pad erreicht. Hierbei ist zu beachten, dass diese speziellen Blutfilter oftmals unter Patentschutz stehen, sodass bei Anwendung entsprechende Lizenzgebühren anfallen können.

5.6.2 Konjugat-Pad

Mit dem gewählten Konjugat-Pad (Abb. 5.1b) muss gewährleistet werden, dass das Konjugat (spezifische Testkomponente gekoppelt an Signalgeber) nach Probenkontakt gleichmäßig und komplett freigesetzt sowie zur Reaktionsmembran transferiert wird. Deshalb darf dieses Pad nur eine sehr geringe unspezifische Bindung aufweisen. Ferner muss es einen möglichst gleichmäßigen Fluss garantieren *(non-channeled release)*, sodass die Probe zusammen mit dem Konjugat als einheitliche Lauffront die Reaktionsmembran erreicht und überströmt. Die Menge an Konjugat pro Flächeneinheit hängt vom Bettvolumen, also der Schichtdicke des Pads ab. Variiert diese stark, werden die generierten Signale Variationskoeffizienten aufweisen, die zumindest eine reale Quantifizierung nicht möglich machen, auch wenn alle anderen Parameter optimal eingestellt und aufeinander abgestimmt sind. Deshalb sind möglichst konstante Bettvolumen für diese Komponente hinsichtlich reproduzierbarer Resultate zwingend notwendig. Zur Veranschaulichung dieser Problematik ist in Abb. 5.4 das Höhenprofil eines handelsüblichen glasfiberbasierten Konjugat-Pads dargestellt. Es wird deutlich, wie die Höhen und damit das Bettvolumen je Flächeneinheit variieren.

Abb. 5.4 Höhenprofil eines handelsüblichen Konjugat-Pads

Neben den erwähnten glasfiberbasierten Konjugat-Pads, die eine geringe unspezifische Bindung aufweisen, können auch cellulosebasierte Filtermaterialien zum Einsatz kommen, die in der Regel sehr uniform sind. Aufgrund ihrer Zugfestigkeit sind auch oberflächenmodifizierte Polyester (hydrophil) als Konjugat-Pad-Material interessant.

5.6.3 Reaktionsmembran

Aufgrund ihrer Bindungseigenschaften für Proteine bieten sich als Materialien für die Reaktionsmembran (Abb. 5.1c) ladungsmodifiziertes Nylon (elektrostatischer Bindungsmechanismus), Polyethersulfone (PES, Bindung über hydrophobe Eigenschaften), Polyvinylidenfluorid (PVDF, Bindung über hydrophobe Eigenschaften) und Nitrocellulose (elektrostatischer Bindungsmechanismus) an. Da nitrocellulosebasierte Reaktionsmembranen am weitesten verbreitet sind, werden sie nachfolgend detaillierter vorgestellt und der Mechanismus der Proteinbindung auf diesem Material näher erläutert. Im Gegensatz zum Konjugat-Pad werden die Biokomponenten hier irreversibel als Test- und Kontroll-Bande immobilisiert. Deshalb spielt die Proteinbindungskapazität des Materials eine wichtige Rolle, die in erster Linie von der zur Verfügung stehenden Oberfläche bestimmt wird. Die kapillaren Fließeigenschaften der Reaktionsmembran haben direkten Einfluss auf die Sensitivität und Spezifität des Assays. Dabei spielt die kapillare Flussrate, also die Geschwindigkeit, mit der die Probe die Membran durchströmt, eine bedeutende Rolle. Da diese durch nichtlineare Abhängigkeiten schwer korrekt zu bestimmen ist, wird wesentlich häufiger mit der kapillaren Fließzeit *(wicking-time)* gearbeitet. Diese gibt an, wie lange (in Sekunden) eine Flüssigkeit benötigt, um eine vorgegebene Strecke (meist 4 cm) bei kompletter Benetzung zu passieren. Beide Parameter werden von der Porenstruktur der Membran beeinflusst, die charakterisiert wird durch:

- Porengröße (Durchmesser der größten Poren in Filtrationsrichtung)
- Porengrößenverteilung (Gesamtspektrum der tatsächlichen Porengrößen innerhalb der Membran)
- Porosität (Luftvolumen innerhalb der Reaktionsmembran in Prozent des Gesamtvolumens der Komponente)

Vereinfacht dargestellt gilt, lange Fließzeiten ($\approx$ 200 s pro 4 cm) gleich langsame Flussraten gleich hohe Sensitivität und umgekehrt, kurze Fließzeiten ($\approx$ 75 s pro 4 cm) gleich schnelle Flussraten gleich geringe Sensitivität. Der Sensitivitätsverlust bei kurzen Fließzeiten kann ggf. durch höheren Materialeinsatz bei den Biokomponenten kompensiert werden, aber dies erhöht die Stückkosten und birgt das Risiko einer Verschlechterung der Spezifität. In diesem Zusammenhang muss auch erwähnt werden, dass eine Test-Bande, die auf einer schnell fließenden Reaktionsmembran aufgebracht wird, eine breitere Form aufweist als das Pendant auf einer langsam fließenden Membran. Das Signal wird also auf eine größere Fläche verteilt, was die Intensität pro Flächeneinheit verringert und so den Nachweis schwacher Signale negativ beeinflussen kann. Für die Auswahl einer geeigneten Reaktionsmembran ist ebenfalls von Bedeutung, dass farbige Label (Tab. 5.5) nur in den obersten 10 µm der gesamten Schichtdicke zum Signal bei- tragen. Partikel, die tiefer in der Reaktionsmembran lokalisiert sind, werden durch die opaken Eigenschaften der Nitrocellulose „unsichtbar". Stärkere Membranen können an der Test-Bande zwar mehr Konjugat-Analyt-Komplex binden, was demzufolge aber nicht zwingend zu einer Signalverstärkung führt.

Der eigentliche elektrostatische Bindungsmechanismus beruht auf dipolvermittelten Interaktionen der Nitratester der Nitrocellulose mit den Peptidbindungen der Proteine. Dabei ist die Breite der durch Beschichtung generierten Banden in erster Linie von der Kontaktzone zwischen dispensierter Protein/Antikörper-Lösung und Reaktions- membran abhängig, wobei gilt: je kleiner die Kontaktzone, umso so schmaler die ent- stehende Protein/Antikörper-Bande, und schmalere Banden heißt höhere Sensitivität. Die Breite der Bande ergibt sich dabei aus dem Quotienten von Beschichtungsrate und Bettvolumen. Demnach führt eine typische Beschichtungsrate von $1\mu L\,cm^{-1}$ bei einem Bettvolumen der Membran von $10\,\mu L\,cm^{-2}$ bei vollständiger Porenfüllung zu einer (theoretischen) Bandenbreite von 1 mm (EMD Millipore 2013). Zum Teil hat auch die kapillare Flussrate der Membran Einfluss auf die Breite der generierten Banden. Diese Beeinflussung ist u. a. durch entsprechende Puffer- und/oder Detergenzien steuerbar. Gängige Puffer sind hier Phosphat-, Carbonat-, Borat- oder TRIS-basiert. Da die meisten Antikörper einen isoelektrischen Punkt (pI) zwischen pH 5,5 und 7,5 besitzen und ± 1 pH-Einheit um ihren pI stabile Lösungen bilden, werden die Puffer überwiegend in einem pH-Bereich von 7–7,5 angewendet. Dabei sollte die Ionenstärke so gering wie möglich gehalten werden, da diese den elektrostatischen Bindungsmechanismus stören und weitere negative Effekte (z. B. Änderung der Fließeigenschaften) verursachen kann. Molaritäten zwischen 10 und 20 mM, ggf. auch darunter, sind hier durchaus üblich, wobei nach Möglichkeit auf Natriumchlorid komplett verzichtet werden sollte. Der Zusatz von Alkoholen (Ethanol, Methanol oder Isopropanol) in Konzentrationsbereichen von 1–10 % v/v kann sich dabei sehr positiv auswirken, da so:

• die Viskosität und Oberflächenspannung der Protein/Antikörper Lösung reduziert
• die Adsorption auf der Membran unterstützt und
• die Trocknung positiv beeinflusst werden.

Die Zugabe von Detergenzien in sehr geringen Konzentrationen (z. B. 0,05 % SDS) kann die Rückbefeuchtung der Banden bei der Anwendung des Assays vorteilhaft beeinflussen und so für eine gleichmäßige Lauffront, auch beim Passieren dieser Zonen, sorgen.

Neben diesen allgemeinen Ausführungen zu den Reaktionsmembranen werden von Holstein et al. (2016) neuartige Methoden zur Immobilisierung von Affinitätsmolekülen auf nitrocellulosebasierten Membranen vorgestellt, die für zukünftige Entwicklungen durchaus interessant werden können, da so weitere Verbesserungen der Sensitivität mög- lich sind.

5.6.4 Saug-Pad

Das Saug-Pad am Ende des Teststreifens (Abb. 5.1e) sorgt vereinfacht gesagt dafür, dass nicht gebundene Konjugatpartikel von der Reaktionsmembran entfernt werden. Dadurch wird die Färbung des Hintergrundes, also das Rauschen, minimiert und so ein besseres Signal/Rausch-Verhältnis erreicht, was letztendlich zu einer Sensitivitätserhöhung führt. Zudem wird die Rückdiffusion der Probenflüssigkeit verhindert. Bei den hier zum Einsatz kommenden cellulosebasierten Filtermaterialien sind – wie beim Proben-Pad – auch Dicke, Komprimierbarkeit, Verarbeitbarkeit und ein gleichmäßiges Bettvolumen von Bedeutung. Die Anpassung dieses Pads an den jeweiligen Assay, also an das zu absorbierende Volumen, kann z. B. durch die Variation der Länge dieser Komponente erfolgen.

5.6.5 Unterlage

Die Unterlage (Abb. 5.1d) ist einerseits die Trägerkomponente der Reaktionsmembran, andererseits unterstützt sie die Montage der Teststreifen erheblich. Sie besteht aus dem eigentlichen Kunststoffträger, der mit einem biokompatiblen Haftstoff beschichtet ist, und ablösbaren Trennstreifen. Diese werden bei der Montage nacheinander entfernt, sodass neben der Reaktionsmembran auch die weiteren Testkomponenten (Saug-, Konjugat- und Proben-Pad) positionsgetreu aufgebracht werden können. Da der Haftstoff dabei in direktem Kontakt zu allen Materialien steht, muss er entsprechend charakterisiert und definiert sein, da bereits kleine Änderungen in der Zusammensetzung große Auswirkungen auf die Testperformance haben können.

Die Funktionen der Testkassette (Abb. 5.1f) wurden bereits in Abschn. 5.2 erläutert.

Für eine Vertiefung des Inhalts, auch im Hinblick auf die Herstellungsbedingungen und das notwendige Produktionsequipment, können die Artikel von O'Farrell (2013) und EMD Millipore (2013) empfohlen werden.

Übersicht

Als Anbieter für die nichtbiologischen Assaykomponenten sind in erster Linie die Sartorius AG, Merck Millipore (Life-Science-Sparte der Merck KGaA), GE Healthcare Life Sciences (Whatman GmbH), die Pall Corporation, die Ahlstrom-Munksjö Germany Holding GmbH und die Advanced Microdevices Pvt. Ltd. (mdi) zu nennen. Durch Firmenfusionen ist bei diesen Zulieferern aber seit einigen Jahren sehr viel Bewegung im Markt, sodass langfristige Liefervereinbarungen für die Schlüsselkomponenten unbedingt erforderlich sind.

Das notwendige Equipment zur Verarbeitung dieser Komponenten, wie Laminatoren (diskontinuierlich oder kontinuierlich), Dispenser (kontaktfrei oder mit

Kontakt), Trockenöfen, Schneideeinrichtungen (Guillotine-Schneider und Rollen-schneidmaschinen) und Montagesysteme, kann beispielsweise von BioDot Inc., Kinematic Automation Inc. oder ZETA Corporation bezogen werden.

Ob die Herstellung der Teststreifen dann manuell, teilautomatisiert oder voll-automatisiert (*Reel-to-Reel*-Systeme) erfolgt, hängt im Wesentlichen von der Stückzahl ab. Vollständige *Reel-to-Reel*-Lösungen mit integrierter Qualitäts-kontrolle an jeder Station werden wirtschaftlich ab einer Stückzahl jenseits von 2–3 Mio. Tests pro Jahr interessant.

5.7 Assayoptimierung – die nächsten Schritte

Bisher sollte deutlich geworden sein, dass jede Produktentwicklung auf dem Gebiet der Lateral-Flow-Immunoassays verschiedene iterative Entwicklungsphasen durchläuft (s. auch Abb. 5.2). Dabei werden die bis dahin erzielten Ergebnisse durch empirische Optimierungsschritte so weit verbessert, bis sie den Entwicklungsvorgaben (Nutzer-anforderungen) entsprechen. In diesem Abschnitt sollen nun verschiedene Möglichkeiten skizziert werden, die nicht auf eine konkrete Produktentwicklung abzielen, sondern das System Lateral-Flow-Immunoassay im Ganzen weiter verbessern und an zukünftige Anforderungen heranführen. Neben der Adaption des Assaydesigns geht es dabei um die Nutzung moderner analytischer Technik zur Charakterisierung und Optimierung einzel-ner Assaykomponenten (Tab. 5.6) und die Anwendung von Methoden, die hier bisher nur eine untergeordnete Rolle spielten.

Eine möglichst detaillierte Charakterisierung der Assaykomponenten ist für die Ent-wicklung eines reproduzierbaren, robusten Lateral-Flow-Immunoassays essenziell.

Die Messung der erreichten Erfolge bei der Optimierung einzelner Assaykom-ponenten wird dann mit dem Gesamtsystem, unter Zuhilfenahme spezieller analytischer Reader, durchgeführt. Diese Readersysteme für Lateral-Flow-Immunoassays werden in Abschn. 5.8 detailliert vorgestellt.

An einen korrekt quantifizierbaren Assay werden jedoch hohe Anforderungen gestellt, die insbesondere die Robustheit betreffen. Hier sind Variationskoeffizienten um 10 %, wenn möglich auch darunter, gefragt, die gegenüber den üblichen 15–30 % eines Lateral-Flow-Immunoassay eine Herausforderung darstellen. Direkte Fluoreszenz-markierung stellt eine Möglichkeit dar, um dieses Ziel zu erreichen. Dabei werden nicht 20.000–30.000 Antikörper an einen fluoreszenten Partikel gebunden, sondern 5–10 Fluoreszenzmoleküle (z. B. Alexa Fluor® oder DyLight®) an einen Antikörper. So muss zwar ein geringer Sensitivitätsverlust in Kauf genommen werden, aber die resultierende Reduzierung der Variationskoeffizienten macht diesen mehr als wett. Nach-teil fluoreszenzbasierter Assays ist jedoch die zwingende Notwendigkeit eines meist preisintensiven Readersystems zur Auswertung der Signale. Ein anderer Ansatz zielt auf

Tab. 5.6 Analytische Werkzeuge zur Charakterisierung und Optimierung einzelner Assaykomponenten (adaptiert aus Hsieh et al. 2017)

Komponenten	Analysemethode	Anwendungsfeld
Biologische Komponenten	Luminex-Assay	Bestimmung der Sensitivität und Spezifität der Antikörper
	Oberflächenplasmonresonanz (SPR) oder Biolayer Interferometry (BLI)	Screening von Antikörperpaaren, Untersuchungen der Kinetik und Aktivität
	Größenausschluss-Chromatographie-Mehrwinkel-Lichtstreuung (SEC-MALS) und dynamische Lichtstreuung (DLS)	Nachweis möglicher Aggregation
	Circulardichroismus (CD) und dynamische Differenzkalorimetrie (DSC)	Untersuchungen zur Stabilität der Reagenzien
Nicht biologische Komponenten	Rasterelektronenmikroskopie (SEM)	Untersuchungen zur Materialstruktur und ggf. Verteilung von Biokomponenten (Konjugat) im Material
Label	Transmissionselektronenmikroskopie (TEM)	Untersuchungen zur Partikelgröße und -form
	Zetapotenzial- Messung (ζ-Potential)	Untersuchungen zur Stabilität
	Nanopartikel-Tracking-Analyse (NTA)	Untersuchungen zur Konzentration und zu möglicher Aggregation (Dimere, Trimere, etc.)
	Differenzielle Zentrifugalsedimentation (DCS)	Untersuchungen zur Oligomerisierung

das Konjugat und dessen Freisetzung ab, denn dieser Komplex steuert den größten Anteil am Gesamtfehler eines Lateral-Flow-Immunoassays bei. Im Gegensatz zu den bisherigen Ausführungen dazu wird bei dem neuen Ansatz darauf fokussiert, das Konjugat lyophilisiert als separate Komponente dem Assay beizulegen oder durch verändertes Assaydesign in die Testkassette zu integrieren. Die Probe wird dann zur Rekonstitution des Lyophilisats genutzt und kann so auch mit ihm vorinkubiert werden, was nicht nur bei Konjugat-Antikörpern mit geringer *on-rate* vorteilhaft ist. Durch derartige Änderungen am Standarddesign dieser Assays können, neben sehr hohen Sensitivitäten, auch Variationskoeffizienten unter 10 % erreicht werden. Mehr Informationen zur Optimierung von Lateral-Flow-Immunoassays durch innovative Designlösungen sind bei Symbient Product Development (CA, USA, http://www.symbientpd.com/) einsehbar. Parolo et al. (2013) haben gezeigt, dass eine deutliche Verbesserung der Sensitivität derartiger Assays auch durch eine Optimierung der Geometrie der nichtbiologischen Komponenten erreicht werden kann. Den größten Einfluss haben dabei Form und Fläche des Proben- und Konjugat-Pads.

Um bei der Umsetzung innovativer Ideen zur Assayoptimierung mit möglichst wenig Versuchsaufwand möglichst viel über die Zusammenhänge von Einflussvariablen und

Ergebnissen zu erfahren, hält auch hier die statistische Versuchsplanung (*design of experiments*, DoE) immer mehr Einzug. Die so gewonnenen Informationen über die Zusammenhänge von Input (Entwicklungsvorgaben) und Output (Messergebnisse) sind statistisch abgesichert. Die Effekte der Inputvariablen und ihre Wechselwirkungen auf den Output können quantifiziert werden, sodass diese Methodik bei einer Vielzahl relevanter Fragestellungen hilfreich sein kann. Dementsprechend wurden im Laufe der vergangenen Jahre verschiedene mathematische Modelle zur Optimierung von Lateral-Flow-Immunoassays beschrieben, die auf einen strategischen Ansatz fokussieren und die empirische Herangehensweise ein Stück weit in den Hintergrund rücken. Mittlerweile existieren für diesen Zweck auch schon validierte mechanistische Modelle, bei denen verschiedenste Eingabeparameter (z. B. kinetische Konstanten der Biokomponenten, strömungstechnische Eigenschaften des Assays, optische Charakteristika der Label, etc.) definiert und deren Auswirkungen auf die Assayperformance (z. B. Reaktionszeiten, Fließverhalten, etc.) untersucht werden können. So ist es durch Variation der Eingabeparameter vergleichsweise schnell möglich, Assays gezielt in verschiedene Richtungen (Sensitivitätserhöhung, optimale Reagenzien, etc.) zu optimieren (Hsieh et al. 2017).

5.8   Interpretation der Ergebnisse

Ursprünglich wurden Lateral-Flow-Immunoassays als qualitative Systeme konzipiert. Analytkonzentrationen unterhalb eines definierten Schwellenwerts (*threshold-value; cut-off value*) liefern dabei ein negatives Ergebnis (keine sichtbare Test-Bande), Konzentrationen oberhalb der Schwelle generieren eine sichtbare Test-Bande (Ja/Nein Test). Die Einschätzung der Intensität der Bande ist dabei jedoch ohne instrumentelle Unterstützung sehr subjektiv und schränkt deshalb die möglichen Anwendungsfelder der Assays ein. Dieses Manko kann durch eine semi-quantitative Bestimmung reduziert werden. Hierbei wird beispielsweise mit Referenzkarten (*score card*) gearbeitet, auf denen repräsentative Signalintensitäten für festgelegte Konzentrationsbereiche dargestellt sind und mit den generierten Test-Banden des Assays verglichen werden. Eine weitere Möglichkeit ist die Arbeit mit mehreren Test-Banden innerhalb eines Assays, wobei dann die Anzahl der sichtbar gewordenen Banden einen Rückschluss auf den Konzentrationsbereich zulässt. Trotz dieser Fortschritte wird auch die semi-quantitative Auswertung der Testergebnisse in vielen Fällen zwingenden Markterfordernissen nicht gerecht und liefert keine Basis für eine zuverlässige Dokumentation der Ergebnisse. Ferner sind so auch keine theranostischen Anwendungen möglich und kein Therapiemonitoring. Die Verwendung der potenten Fluoreszenzlabel entfällt ohne ein Auswertesystem ebenfalls. Folgerichtig wurden deshalb Reader-Systeme zur Quantifizierung von Lateral-Flow-Immunoassays entwickelt, die einem Signalwert einen dazugehörigen Konzentrationswert zuordnen können. Diese Systeme fokussieren auf Label wie kolloidales Gold, farbige Latexpartikel und Fluoreszenz. Sie können grob in bildgebende Systeme, beispielsweise von:

- Alverix (Becton Dickinson), San Jose, Kalifornien, USA (http://www.bd.com/en-us/ offerings/capabilities/microbiology-solutions/point-of-care-testing/veritor-plus-system)
- Axxin Inc., Fairfield, Australien (http://www.axxin.com/LateralFlow-AX-2XS.php)
- opTricon GmbH, Berlin, Deutschland (http://www.optricon.de/)

und scannende Systeme, beispielsweise von:

- Hamamatsu Photonics K.K., Hamamatsu City, Japan (http://www.hamamatsu.com/eu/ en/product/category/5002/3038/index.html)
- LRE Medical GmbH, München, Deutschland (http://www.esterline.com/lremedical/ Products/cPoCReaderPlatform.aspx)
- QIAGEN Lake Constance GmbH, Stockach, Deutschland (http://www.biolago.org/ mitglied/qiagen-lake-constance-gmbh/)

unterteilt werden. Während die scannenden Systeme sehr preiswert und einfach aufgebaut sind, stellen sie hinsichtlich der Homogenität der Test-Banden höhere Anforderungen. Die meist CCD- bzw. CMOS-basierten bildgebenden Systeme arbeiten mit einem vergleichsweise großen Bildausschnitt und können so Inhomogenitäten (z. B. durch Mittelwertbildung) ausgleichen, sind jedoch preisintensiver.

Auf dem Gebiet der Quantifizierung erfolgen permanente Weiterentwicklungen, wobei oftmals eine Steigerung der Sensitivität im Fokus steht. So wurden von MagnaBioSciences, LLC (San Diego, Kalifornien, USA, http://www.magnabiosciences. com/technology.html) Reader für magnetische Konjugatpartikel entwickelt. Das dabei genutzte magnetische immunochromatographische Testprinzip (MICT® *Technology*) hat den Vorteil, dass bei der Signalerfassung nicht nur die Konjugatpartikel eine Rolle spielen, die in den obersten 10 µm der bis zu 200 µm starken Reaktionsmembran lokalisiert sind (vgl. dazu Abschn. 5.6, Reaktionsmembran), sondern jeder Partikel, der an der Test-Bande gebunden wurde. Deutliche Sensitivitätssteigerungen können auch mittels Thermal-Kontrast-Amplifikation (TCA) erreicht werden. Hierbei wird die Oberflächenplasmonresonanz der kolloidalen Goldpartikel bei Laserbestrahlung ausgenutzt. Die an der Test-Bande gebundenen Goldpartikel werden dabei mit einer Laserwellenlänge bestrahlt, die ihrem Plasmonresonanzpeak entspricht, wodurch Wärme entsteht. Diese ist proportional zur Partikelkonzentration sowie Laserintensität und wird mit einem Infrarotdetektor erfasst. Mit derartigen Readern kann beispielsweise eine bis zu 8-fach höhere Sensitivität beim Nachweis von Malaria, dem Influenza-A-Virus und *Clostridium difficile* erreicht werden (Wang et al. 2016).

Die vorgestellten Reader-Systeme arbeiten zuverlässig und sind robust. Ein entsprechender Kundenservice existiert, und die Gerätekosten sind für entwickelte Industriestaaten moderat. Für Entwicklungsländer sind diese Systeme aber oftmals zu komplex und preisintensiv. Hier sind Alternativen gefragt, die für diese immer bedeutender werdenden Regionen die lokalen Anforderungen berücksichtigen. Eine Möglichkeit mit großem Potenzial ist dabei die Nutzung der technischen Ressourcen

(Kamera, Optik, Rechenleistung, etc.) moderner Smartphones. Skannex AS (Oslo, Norwegen) war eine der ersten Firmen, die smartphonebasierte Reader kommerzialisiert hat. In der Zwischenzeit ist ihr SkanSmart-System zu einem sehr flexiblen Reader herangereift (http://www.skannex.com/Marketing/SkanSmart%20Flyer.pdf) und bietet dem Anwender eine Vielzahl von Möglichkeiten hinsichtlich Auswertung, Datenspeicherung und -export. Andere Unternehmen folgten dieser Grundidee, sodass heute diverse Reader in der Entwicklung bzw. verfügbar sind, bei denen handelsübliche Smartphones den Kern des Systems bilden (Abb. 5.5). Wie vielfältig das Potenzial dieses Konzepts ist, wird durch Quesada-González und Merkoci (2017) in einem Review deutlich gemacht.

So unterschiedlich die Readersysteme auch aufgebaut sind, alle benötigen zur Ermittlung eines Konzentrationswertes eine entsprechende Kalibrationskurve. Dabei sollten die zur Erstellung einer derartigen Kurve benutzten Kalibratoren idealerweise:

- gut charakterisiert und möglichst rein,
- repräsentativ für die zu analysierenden Proben,
- in großen Mengen verfügbar,
- unter definierten Bedingungen stabil und
- für involvierte Labore zugänglich

sein. Die nativen oder rekombinanten Analyten, bzw. geeignete Ersatzstoffe, können zur Herstellung von Kalibratoren mit verschiedenen Matrices kombiniert werden. Neben stabilisiertem Puffer kann die Matrix auch aus synthetischem Material bestehen (z. B. synthetischer Urin) oder natürlichen Ursprungs sein. Entsprechend den Randbe-

Abb. 5.5 Smartphonebasiertes Readersystem zur Quantifizierung von Lateral-Flow-Immunoassays (8sens.biognostic GmbH, Berlin, Deutschland)

dingungen (s. Auflistung oben) erfolgt die Erstellung der Kalibrationskurven dann nach verschiedenen Methoden, sodass hier nur einige grundlegende Aspekte andiskutiert werden. Zunächst ist der zu erwartende Konzentrationsbereich des Analyten in der Probe zu definieren, daraus folgen Minima und Maxima. Für die Kalibrationskurve müssen individuelle Standardpunkte (Analytkonzentrationen) definiert werden. Hier empfehlen sich 8–10 derartiger Punkte, möglichst äquidistant (z. B. 1; 3; 10; 30 … ng mL^{-1} bei logarithmischer Skalierung). Die aus den Standardpunkten resultierenden Kalibratoren sollten wenigstens in Doppelbestimmung quantifiziert werden, eine Mittelung von ca. fünf Parallelen ist eher zu empfehlen. Basierend auf der Reaktionskinetik wird das Resultat in einem direkten Immunoassay eine S-förmige Kurve sein, die im vorderen Teil eine exponentielle, im mittleren Teil eine lineare und im hinteren Teil eine logarithmische Form aufweist. Für diese Kurve muss nun ein Algorithmus gefunden werden, der eine optimale Kurvenanpassung gewährleistet, wofür z. B. die 4-parametrige logistische Funktion (kurz 4PL-Regression) empfohlen werden kann. Anschließend sind die Erfassungsgrenzen (LLOQ – *lower limit of quantification;* ULOQ – *upper limit of quantification*) zu bestimmen, die den Arbeitsbereich (RoQ – *range of quantification*) des Assays definieren. Es wird also der höchste und niedrigste Kalibrator gesucht, der die gestellten Anforderungen an Präzision und Richtigkeit noch erfüllt (Tab. 5.7). Wie bereits erwähnt, sind diese Forderungen für eine verlässliche Quantifizierung mit Lateral-Flow-Immunoassays vergleichsweise hoch. Aber auch das beste Readersystem bringt kaum einen Nutzen, wenn aus zu hohen Variationskoeffizienten des Assays ein zu schmaler Arbeitsbereich resultiert.

Tab. 5.7 Vereinfachte Darstellung der Messdaten einer Kalibrationskurve (Beispiel)

Kalibrator (Kal)	Analytkonzentration (ng mL^{-1})	Mittelwert aus *n* Parallelen (a. u.)	Variationskoeffizient (%)
Anforderung an die Präzision: Variationskoeffizienten < 12 %			
Kal 1	6	135	78,2
Kal 2	13	265	25,6
Kal 3	**27**	410	**11,2**=LLOQ
Kal 4	55	1022	9,4
Kal 5	107	2488	8,5
Kal 6	205	4561	6,3
Kal 7	402	6265	7,8
Kal 8	**620**	8128	**9,5**=ULOQ
Kal 9	855	9012	18,6
Kal 10	1105	9356	45,3
Resultierender Arbeitsbereich (RoQ): Kal 3 (27 ng mL^{-1}) bis Kal 8 (620 ng mL^{-1})			

Weitere Informationen zur Quantifizierung von Lateral-Flow-Immunoassays können Faulstich et al. (2009) entnommen werden. Von Holstein et al. (2015) werden statistisch robuste Methoden zur Bestimmung von Nachweisgrenzen (LOD – *limit of detection*) bei Immunoassays vorgestellt, die bei 4PL-Regression auch die entsprechenden Vertrauensintervalle (95 %) berücksichtigen.

5.9 Lateral-Flow-Immunoassay-Markt

Lateral-Flow-Immunoassays haben sich von einer preiswerten Lösung für einfache analytische Fragestellungen in einem Nischenmarkt mittlerweile zu einem erfolgreichen Werkzeug in der Diagnostik und Analytik entwickelt. Das globale Marktvolumen betrug 2017 5,55 Mrd. US$ und wird bei durchschnittlichen Wachstumsraten von ca. 8,2 % im Jahr 2022 8,24 Mrd. US$ erreichen (https://www.marketsandmarkets.com/PressReleases/lateral-flow-assay.asp). Die Wachstumsraten sind dabei auf verschiedene Faktoren zurückzuführen (adaptiert aus Hubbert und Engel 2013):

- Die wachsende Mobilität lässt weltweit die Fallzahlen bei Infektionskrankheiten steigen, die zwar immer besser behandelt werden können, wodurch jedoch Bakterien und Viren widerstandsfähiger werden, sodass Antibiotikaresistenzen und mögliche Pandemien schon jetzt eine reale Bedrohung darstellen.
- Chronische Krankheiten (z. B. Diabetes, Herz-Kreislauf-Erkrankungen) nehmen in immer älter werdenden Gesellschaften global deutlich zu – 2050 werden 115 Mio. Menschen an Demenz leiden
- Prävention und Früherkennung bekommen eine immer größere Bedeutung – der Bedarf an patientennaher Diagnostik (*Point-of-Care;* POC-Markt) wird sich dementsprechend auch dadurch erhöhen.
- In Schwellenländern steigen mit der wachsenden Mittelschicht das Gesundheitsbewusstsein und die Kaufkraft – das Marktsegment der Eigenanwendung (OTC-Markt) wird sich nicht zuletzt deshalb immer weiter etablieren.

Nordamerika hat den Hauptanteil am globalen Markt. Dies liegt nicht zuletzt an der großen Anzahl an Unternehmen, die innovative Lateral-Flow-Immunoassays adaptieren, entwickeln und produzieren können. Unterteilt nach Wirtschaftsräumen ergibt sich für den weltweiten IVD-Markt ungefähr folgende Aufteilung: Nord-/Südamerika 50 %, EMEA 32 % (Europa, Mittlerer Osten, Afrika) und APAC 18 % (Asien- & Pazifik-Region) (Hubbert und Engel 2013). Innerhalb der APAC ist insbesondere der chinesische IVD-Markt, in dem bisher Immunoassays den größten Marktanteil besitzen, interessant. Bei Wachstumsraten um 19 % bis Ende 2022 wird hier eine Verdreifachung der Marktgröße prognostiziert (https://chinameddevice.com/market-update-chinas-vitro-diagnostics-ivd-market-triple-size-2022/). In Europa führt Deutschland den IVD-Markt an, gefolgt von Italien, Frankreich, Großbritannien und Spanien. Allerdings werden hier in der Regel geringere Wachstumsraten als im globalen Durchschnitt erreicht. Die Ursachen dafür dürften zumindest in Deutschland u. a. in den strengen rechtlichen und regulatorischen Rahmenbedingungen, aber auch in der Budgetbegrenzung behandelnder Ärzte zu suchen sein. Details zum europäischen IVD-Markt können den frei zugänglichen *European IVD Market Statistics Reports* der MedTech Europe entnommen werden.

Die im Markt agierenden großen Diagnostikunternehmen, wie z. B. Abbott Rapid DX (USA), Danaher Corporation (USA), Becton, Dickinson and Company (USA), Johnson & Johnson (USA), Bio-Rad Laboratories, Inc. (USA), Thermo Fisher Scientific Inc. (USA), PerkinElmer, Inc. (USA), Siemens AG (Deutschland), F. Hoffmann-La Roche AG (Schweiz), bioMérieux SA (Frankreich) und QIAGEN N.V. (Niederlande), setzen dabei oftmals auf geschlossene Systeme. Diese bestehen aus den Analysegeräten und den dazugehörigen Verbrauchsmaterialien und weisen eine hohe vertikale Integration auf. Während die automatisierten Analysegeräte dieser geschlossenen Systeme relativ günstig sind, wird das Geld mit den Verbrauchsmaterialien (Reagenzien, Teststreifen, Chips, etc.) verdient. Offene Systeme werden dagegen vorwiegend von kleinen und mittleren Diagnostikfirmen angeboten. Ihre Assays sind für standardisierte Plattformen prädestiniert und können mit Geräten verschiedener Hersteller kombiniert werden.

Für den POC-Markt wird prognostiziert, dass er bis 2020 ca. 30 % des Gesamt-IVD-Marktes einnehmen wird. Testverfahren innerhalb dieses Segmentes unterscheiden sich von der klassischen Labordiagnostik vor allem durch Schnelligkeit und Patientennähe. Dementsprechend sind sie für Anwendungsfelder prädestiniert, wo es genau auf diese Punkte ankommt. In der humanen Diagnostik wären hier u. a. Assays zu nennen, die die Diagnose von Herzinfarkten unterstützen. Neben den kardialen Troponinen (I, T) kommen dafür auch Assays infrage, die mit neuen Markern (Copeptin, Herztyp-Fettsäurebindungsprotein – h-FABP) etablierte Systeme durch eine Verschiebung des diagnostischen Fensters sinnvoll ergänzen. Der Faktor Zeit spielt auch in der Sepsis-diagnostik eine große Rolle und bei Verdacht auf Schlaganfall. Mit entsprechenden Lateral-Flow-Immunoassays sind erste Ergebnisse bereits im Notarztwagen möglich. Andererseits kann ein Arzt auch schon beim Hausbesuch entsprechende Assays zur Diagnosefindung einsetzen und so den Therapiebeginn nach vorne verschieben. Aufgrund der einfachen Handhabbarkeit und der geringen Komplexität bieten diese Testsysteme auch in Regionen mit gering ausgeprägter bzw. fehlender medizinischer Infrastruktur die Möglichkeit, Diagnosen zu unterstützen und entsprechende Therapien einzuleiten.

Trotz der Herausforderungen durch regulatorische Änderungen (neue Verordnung zur In-Vitro-Diagnostik (IVDR)) und neuer Produktentwicklungen sehen ca. 60 % der Medizinproduktehersteller die Zukunft positiv und erwarten für 2018 Umsatzzuwächse von bis zu 10 %.

„Erfolg besteht darin, dass man genau die Fähigkeiten hat, die im Moment gefragt sind."
    Henry Ford (1863–1947, amerikanischer Unternehmer)

5.10 Fazit

Lateral-Flow-Immunoassays entwickelten sich in den letzten Jahren immer mehr zu einem potenten analytischen und diagnostischen Tool mit vielseitigen Einsatzmöglichkeiten. Dabei spielt die humane Diagnostik, die das mit Abstand lukrativste Marktsegment darstellt, eine besondere Rolle. Hier haben sich in der Vergangenheit neue Vertriebswege etabliert, Veränderungen im Bezahl- und Erstattungssystem durchgesetzt und Anpassungen bei den regulatorischen Anforderungen ergeben. Durch diese Bewegungen wurde das Segment auch für neue innovative Unternehmen immer interessanter, die z. B. auf personalisierte Medizin oder therapiebegleitende Diagnostik *(companion diagnostics)* fokussieren. Allerdings verlangt die humane Diagnostik von den Assays auch ein Höchstmaß an Zuverlässigkeit. Deshalb wird auch zukünftig die weitere Verbesserung des Systems in Hinblick auf Sensitivitätssteigerungen, Robustheit, Multiplex-Fähigkeit und Quantifizierbarkeit eine der Hauptaufgaben sein.

Neben dem hier vorgestellten klassischen Lateral-Flow-Immunoassay werden prospektiv die Begriffe NALF *(nucleic acid lateral flow)* und NALFIA *(nucleic acid lateral flow immunoassay)* wohl immer öfter zu hören sein. Während bei NALF-Assays DNA direkt mittels Fänger- und markiertem Reporter-Oligonucleotid nachgewiesen wird, können NALFIA-Assays haptenmarkierte DNA unter Zuhilfenahme von Fänger- und markiertem Reporter-Antikörper (oder Streptavidin) nachweisen. Erste „molekulare" Assays für Anwendungen in den Bereichen humane Diagnostik, Lebensmittelsicherheit, Veterinärmedizin und Landwirtschaft wurden in Publikationen bereits vorgestellt und versprechen Nachweisgrenzen von 0,006 nmol (Jauset-Rubio et al. 2016). DNA, RNA oder Peptid-Aptamere können in Zukunft insbesondere temperaturempfindliche Antikörper in den Assays ersetzen und durch diese Verbesserung der Robustheit neue Anwendungsfelder erschließen. Durch neue und/oder modifizierte Label werden die Möglichkeiten des Multiplexing mit diesem Assayformat deutlich erweitert werden. Die Nutzung der von modernen Smartphones bereitgestellten Technologie zur Auswertung der Testergebnisse wird eine vergleichsweise preiswerte Readerplattform hervorbringen. Damit wäre dann praktisch Quantifizierung für Jedermann ortsunabhängig möglich. Davon würden Anwendungen in der oben erwähnten personalisierten Medizin oder therapiebegleitenden Diagnostik deutlich profitieren. Aber auch dem Eigenanwender mit einer Lebensmittelunverträglichkeit oder dem Landwirt, der die Mykotoxinbelastung in seinem Getreide im Auge haben muss, erwachsen daraus große Vorteile.

Die Diagnostikinitiative für sexuell übertragbare Krankheiten (SDI) der Weltgesundheitsorganisation (WHO) definierte 2001 zusammen mit Experten die sog. *ASSURED-Kriterien* für einen idealen POC-Test. Demnach müsse dieser bezahlbar *(Affordable),* sensitiv *(Sensitive),* spezifisch *(Specific),* nutzerfreundlich *(User-friendly),* robust und schnell *(Robust and rapid),* apparateunabhängig *(Equipment-free)* und dorthin lieferbar sein, wo er benötigt wird *(Deliverable to those who need them).* Mit Lateral-Flow-Immunoassays können diese Anforderungen nahezu vollständig erfüllt werden. Wenn es durch innovative Lösungen gelingt, auch die zukünftigen Herausforderungen für dieses Assayformat zu meistern, ohne dabei die ASSURED-Kriterien aus den Augen zu verlieren, können die prognostizierten Wachstumsraten auch langfristig erreicht und übertroffen werden.

Die Zeiten des Nischendaseins sind vorbei.

Literatur

Betancur V, Sun J, Wu N, Liu Y (2017) Integrated Lateral Flow Device for Flow Control with Blood Separation and Biosensing. Micromachines 8:367. https://doi.org/10.3390/mi8120367

Brown MC (2009) Antibodies: key to a robust lateral flow immunoassay. In: Wong R, Tse H. (Hrsg) Lateral Flow Immunoassay. Humana Press, New York, S 59–74. https://doi.org/10.1007/978-1-59745-240-3

Chun P (2009) Colloidal gold and other labels for lateral flow immunoassays. In: Wong R, Tse H. (Hrsg) Lateral Flow Immunoassay. Humana Press, New York, S 75–93. https://doi.org/10.1007/978-1-59745-240-3

EMD Millipore (2013) Rapid Lateral Flow Test Strips – Considerations for Product Development. https://www.emdmillipore.com/Web-US-Site/en_CA/-/USD/ShowDocument-Pronet?id=201306.12550. Zugegriffen: 10. April 2018

Faulstich K, Gruler R, Eberhard M, Lentzsch D, Haberstroh K (2009) Handheld and portable reader devices for lateral flow immunoassays. In: Wong R, Tse H. (Hrsg) Lateral Flow Immunoassay. Humana Press, New York, S 157–183. https://doi.org/10.1007/978-1-59745-240-3

Holstein CA, Griffin M, Hong J, Sampson PD (2015) Statistical Method for Determining and Comparing Limits of Detection of Bioassays. Anal Chem 87(19):9795–9801. https://doi.org/10.1021/acs.analchem.5b02082

Holstein CA, Chevalier A, Bennett S, Anderson CE, Keniston K, Olsen C, Li B, Bales B, Moore DR, Fu E, Baker D, Yager P (2016) Immobilizing affinity proteins to nitrocellulose: A toolbox for paper-based assay developers. Anal Bioanal Chem 408:1335–1346. https://doi.org/10.1007/s00216-015-9052-0

Hsieh HV, Dantzler JL, Weigl BH (2017) Analytical Tools to Improve Optimization Procedures for Lateral Flow Assays. Diagnostics 7, 29. https://doi.org/10.3390/diagnostics7020029

Hubbert J, Engel K (2013) Executive Summary: Biophotonik – Zukunftsmarkt für Deutschland. http://www.atkearney.de/documents/856314/3527452/BIP_Biophotonik_Zukunftsmarkt_fuer_Deutschland.pdf/8952f1f1-876d-4b13-b208-09dc3b1f9a8f. Zugegriffen: 04. Juni 2018

Jauset-Rubio M, Svobodová M, Mairal T, McNeil C, Keegan N, Saeed A, Abbas MN, El-Shahawi MS, Bashammakh AS, Alyoubi AO, O′Sullivan CK (2016) Ultrasensitive, rapid and inexpensive detection of DNA using paper based lateral flow assay. Scientific Reports 6:37732. https://doi.org/10.1038/srep37732

Jones G, Kraft A (2010) Corporate venturing: the origins of Unilever's pregnancy test. Business History 46(1):100–122. https://doi.org/10.1080/00076790412331270139

Koczula KM, Gallotta A (2016) Lateral flow assays. Essays in Biochemistry 60:111–20. https://doi.org/10.1042/EBC20150012

O'Farrell B (2013) Lateral Flow Immunoassays Systems: evolution from the current state of the art to the next generation of highly sensitive, quantitative rapid assays. In: Wild DG (Hrsg)

The Immunoassay Handbook (Fourth Edition). Elsevier Ltd, Oxford, S 89–107. https://doi. org/10.1016/B978-0-08-097037-0.00007-5

Parolo C, Medina-Sánchez M, de la Escosura-Muñiz A, Merkoçi A (2013) Simple paper architecture modifications lead to enhanced sensitivity in nanoparticle based lateral flow immunoassays. Lab Chip 13:386–390. https://doi.org/10.1039/C2LC41144J

Quesada-González D, Merkoçi A (2017) Mobile phone-based biosensing: An emerging "diagnostic and communication" technology. Biosens. Bioelectron. 92:549–562. https://doi. org/10.1016/j.bios.2016.10.062

Singer JM, Plotz CM (1956) The latex fixation test. I. Application to the serologic diagnosis of rheumatoid arthritis. Am. J. Med. 21:888–92

Taranova NA, Byzova NA, Zaiko VV, Starovoitova TA, Vengerov YY, Zherdev AV, Dzantiev BB (2013) Integration of lateral flow and microarray technologies for multiplex immunoassay: Application to the determination of drugs of abuse. Microchimica Acta 180:1165–1172. https:// doi.org/10.1007/s00604-013-1043-2

Tholen D (2006) CLSI evaluation protocols. MLO Med Lab Obs. 38(8):38–41

Wang Y, Qin Z, Boulware DR, Pritt BS, Sloan LM, González IJ, Bell D, Rees-Channer RR, Chiodini P, Chan WCW, Bischof JC (2016) Thermal contrast amplification reader yielding 8-fold analytical improvement for disease detection with lateral flow assay. Anal Chem 88(23):11774–11782. https://doi.org/10.1021/acs.analchem.6b03406

Yen CW, de Puig H, Tam JO, Gómez-Márquez J, Bosch I, Hamad-Schifferli K, Gehrke L (2015) Multicolored silver nanoparticles for multiplexed disease diagnostics: distinguishing dengue, yellow fever, and Ebola viruses. Lab Chip 15:1638–1641. https://doi.org/10.1039/C5LC00055F

Immuno-PCR: Anwendungsorientierte hochsensitive Protein-Analytik mit Antikörper-DNA-Konjugaten

6

Michael Adler

6.1 Was ist Immuno-PCR?

6.1.1 Kreative Assayentwicklung durch Kombination von Funktionselementen

Grundlegendes Konzept der Naturwissenschaft ist es, funktionale Prinzipien der Natur zu erkennen, zu verstehen – und zu nutzen. Schlüsselelement für die Entwicklung von Immunoassays ist beispielsweise die Funktion der spezifischen *Erkennung* von Zielverbindungen durch Antikörper. Einen Schritt weiter geht die (Neu)Kombination verschiedener Funktionselemente: Das wahre Potenzial der Immunoassays begann sich zu offenbaren, als die Funktion *Erkennung* mit der zusätzlichen Funktion *Signalerzeugung* verbunden wurde. Die Kombination von Antikörpern zur Zielerkennung und Enzymen zur Signalerzeugung in einem Nachweisreagenz führte zur analytischen Schlüsseltechnologie ELISA (Engwall und Perlmann 1971). Diese in Kap. 3 ausführlich vorgestellte Methodik wurde beständig optimiert; ihr Kernelement blieb jedoch immer gleich: Antikörper erkennen ein Ziel, und eine enzymatische Reaktion macht diese Erkennung nachweisbar. Dadurch, dass ein Enzym quasi als Katalysator für die Umsetzung von Substrat zum Produkt dient und sich dabei nicht selbst verbraucht, können aus einem Erkennungsereignis viele detektierbare Produkte erzeugt werden. Beim Einsatz von Enzymen zur Signalerzeugung ist somit ganz zwanglos auch das sehr hilfreiche Element einer Signalverstärkung mitinbegriffen.

M. Adler (✉)
Chimera Biotec GmbH, Dortmund, Deutschland
E-Mail: adler@chimera-biotec.com

© Springer-Verlag GmbH Deutschland, ein Teil von Springer Nature 2023
A. M. Raem und P. Rauch (Hrsg.), *Immunoassays*,
https://doi.org/10.1007/978-3-662-62671-9_6

6.1.2   PCR – die „ultimative" Signalverstärkung

Die Signalverstärkung der meisten Enzyme ist strikt linear: Aus einem Molekül eines Substrates wird ein Molekül eines Produkts erzeugt. Ist es möglich, die Sensitivität enzymatischer Signalerzeugung entscheidend zu steigern, indem man auf eine nichtlineare Signalverstärkung zurückgreift? Auch hierfür stellt die Natur einen passenden Baustein zur Verfügung – allerdings zunächst an einer für Immunoassays eher ungewöhnlichen Stelle: Die benötigte Komponente ist das Funktionselement der *Information* im mehrzelligen Organismus, die doppelsträngige DNA. Im Prozess der Informationsübertragung wird ein Molekül DNA durch das Enzym DNA-Polymerase zu zwei neuen Molekülen verdoppelt. Jedes dieser zwei neuen Moleküle kann wiederum als Vorlage für eine weitere Verdopplung dienen und bildet somit die Grundlage einer exponentiellen Vervielfältigungsreihe, treffend als Polymerase-Kettenreaktion (*Polymerase Chain Reaction,* PCR) bezeichnet.

Zum extrem wertvollen analytischen Werkzeug wurde dieses von Mullis und Faloona 1987 vorgestellte Konzept durch eine elegant automatisierbare zyklische Reaktionsführung (Abb. 6.1) unter Verwendung thermischer Denaturierung der DNA bei Reaktionsbeginn und thermostabiler DNA-Polymerase, die die thermische Denaturierung unbeschadet übersteht und somit nicht beständig neu der Reaktion zugeführt werden muss.

Mit der Nutzung dieses Enzyms aus exotischen Organismen, die ihren natürlichen Lebensraum in heißen Quellen haben, ist es theoretisch in einer lediglich zweistelligen Zahl an Verdopplungszyklen möglich, aus einem Molekül Ausgangs-DNA mehr DNA-Produktmoleküle zu erzeugen, als es Sterne im bekannten Universum gibt!

Dies verdeutlicht zweierlei: das gewaltige, gerne unterschätzte Potenzial *exponentieller Amplifikation* (Abb. 6.1b) – und die vielseitige Verwendbarkeit der Bausteine, die die Natur auch und grade an unerwarteten Orten zur Verfügung stellt. Praktisch wird die Menge der erzeugten DNA natürlich von der Menge der im Reaktionsansatz verfügbaren Ausgangsstoffe limitiert, sodass selten mehr als 40 Amplifikationszyklen durchgeführt werden – von denen wiederum nur ein kleiner Teil zu Anfang der Amplifikation ideal und somit exponentiell abläuft. Nichtsdestotrotz reicht die enorme Effizienz der PCR aus, dass auf dem Gebiet der DNA-Analytik der Nachweis *einzelner* DNA-Moleküle eine zwar nicht triviale, aber ohne prinzipielle Probleme lösbare Selbstverständlichkeit geworden ist (Li et al. 1990).

6.1.3   Sensitivitäten in Immunoassays

Von einer mittels PCR zugänglichen Einzelmolekül-Sensitivität für DNA ist der „klassische" Immunoassay weit entfernt. In einem konventionellen ELISA wird die Sensitivität vom Anwender gerne im Bereich $ng\,mL^{-1}$ – $pg\,mL^{-1}$ für „typische" Biomoleküle erwartet, was sich für den assayentwickelnden Chemiker in einen Bereich von einigen Millionen Molekülen pro Milliliter einer Probe übersetzen lässt. Gemessen an

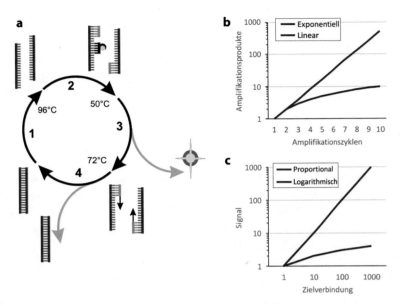

Abb. 6.1 Zyklische DNA-Signalamplifikation mittels Real-Time-PCR. **a** Jeder Zyklus beginnt mit einem Doppelstrang DNA (1), der zunächst thermisch in zwei Einzelstränge gespalten wird. An diese lagern sich wiederum kurze Oligonucleotid-Primer und Sonden an (3). Die Sonden generieren ein Signal, während die zwei Einzelstränge enzymatisch zu zwei neuen Doppelsträngen ergänzt werden (4). Die Produkte einer vorhandenen Marker-DNA sind somit ein Signal und zwei weitere Stränge DNA, die in nachfolgenden Zyklen ebenfalls verdoppelt werden und erneut Signale generieren. **b** Durch die DNA-Verdopplung erfolgt eine exponentielle Signalverstärkung. Eine typische enzymatische Umwandlung von einem Substrat zu einem Produkt erzeugt demgegenüber nur eine lineare Signalverstärkung. **c** In einer *Real-Time*-PCR wird das bei der DNA-Vervielfältigung entstehende Signal in Ct *(threshold cycle)* gemessen (s. Text). Diese Signalantwort ist logarithmisch, d. h. bei einer Verzehnfachung der Menge der Zielverbindung steigt das Ct-Signal um ca. eine Einheit. Aus dem Zusammenspiel von exponentieller Signalverstärkung und logarithmischer Messung ergibt sich ein extrem breiter dynamischer Messbereich

einer Zahl von ca. 4 Billiarden Molekülen z. B. in einem Milligramm IgG (ca. 6,6 µmol) ist dies eine bereits beeindruckende Nachweisempfindlichkeit. Sie deckt sich auch gut mit vielen Einsatzbereichen. Um im Beispiel IgG zu bleiben: Eine typische spezifische Immunantwort, Ziel in einer *Immunogenicity*-Analytik, liegt im Bereich ng mL^{-1}. Es handelt sich jedoch definitiv nicht um einen PCR-analogen Nachweis einzelner Proteinmoleküle.

Eine kurze Überlegung zu repräsentativen Antikörper-Antigen-Bindungskonstanten und Bindungsgleichgewichten in der nichtkovalenten Wechselwirkung zwischen dem Antikörper und seiner Zielverbindung (s. auch Kap. 2) verdeutlicht, dass das isolierte Ereignis einer stabilen Verknüpfung genau eines Antigens mit je genau einem Fänger- und Nachweis-Antikörper in theoretischen Immunoassay-Einzelmolekülnachweisen normalerweise bereits an der Bindungskinetik scheitern wird: Um ein auch makroskopisch erfassbares Bindungsereignis zu erhalten, welches zumindest für den Assay und den zur Messung benötigten Zeitraum bestehen bleibt, werden realistischerweise je nach Bindungsstärke gut eintausend Ziel-Moleküle erforderlich sein. Dies liegt allerdings beträchtlich unter der klassischen ELISA-Nachweisgrenze: Um dieses Optimierungs-potenzial zu erschließen, bedarf es eines entsprechend effizienten Funktionselementes für die Signalverstärkung.

6.1.4 Auftritt Immuno-PCR

Mit dem Aufkommen der PCR als labortaugliches Analysewerkzeug lag die Ver-bindung von Antikörper-Erkennung und PCR-Sensitivität nahe, sodass bereits 1992 ein erster praktischer Immuno-PCR- (IPCR-)Assay von Sano et.al. in der Arbeitsgruppe von Charles Cantor in Boston vorgestellt wurde (Sano et al. 1992). Im Gegensatz zum *Enzyme-linked Immunoassay* eines ELISA wird in der IPCR allerdings das Substrat-molekül DNA – und nicht das Enzym – an den Nachweisantikörper gebunden (Abb. 6.2).

Die IPCR ermöglicht einen deutlichen Sensitivitätsgewinn im Vergleich zu einem unter identischen Bedingungen durchgeführten ELISA bei einer gleichzeitigen massiven Vergrößerung des dynamischen Messbereichs (Abb. 6.2b): Während die typische sigmoide Signalantwort eines ELISA Quantifizierungen über ca. ein bis zwei Größenordnungen der Konzentration einer Zielverbindung zulässt, erlaubt die IPCR Quantifizierungen über vier oder mehr Größenordnungen. Der breite Nachweisbereich ergibt sich aus der ungewöhnlichen Kombination exponentieller Signalverstärkung mit logarithmischer Detektion (Abb. 6.1b, c). Somit werden Anwendungen möglich, in denen zugleich extrem hohe und sehr niedrige Konzentration von Interesse sind (z. B. Biomarker in kranken und gesunden Individuen oder kinetische Untersuchungen einer hohen Medikamentendosis bis zu deren vollständigen Abbau).

Es ist historisch interessant, dass die Erfindung der IPCR aus einem Labor kam, dessen Fokus zu dieser Zeit beim Aufbau von Protein-Protein- und Protein-DNA-Hybriden lag. Dies verdeutlicht eine der zentralen Herausforderungen der IPCR: Wie binde ich die zur Signalverstärkung benötigte DNA an den Antikörper? Zusätzlich muss der Anwender der IPCR den Nachweis der amplifizierten DNA sowie die insbesondere für ultrasensitive Assays wichtige Vermeidung unspezifischer Signale meistern, um die kreative Idee der IPCR in eine praktische Anwendung überführen zu können.

6.2   Wie funktioniert Immuno-PCR?

6.2.1 Der molekulare Baukasten: Kopplung von DNA und Antikörpern

Zur Verbindung von DNA und Antikörpern wurde neben den exotischen Bindeprotein-Chimären der Erstpublikation (Sano et al. 1992) zunächst auf das vielseitige und robuste Streptavidin-Biotin-System zurückgegriffen (Bayer und Wilchek 1990). Ein

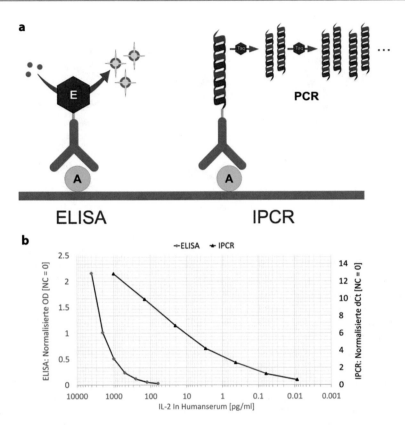

Abb. 6.2 Immuno-PCR und ELISA. **a** Analog zum konventionellen ELISA (links), in welchem Antikörper-Enzymkonjugate (E) zum Nachweis eines Ziel-Antigens (A) eingesetzt werden, verwendet die Methode der IPCR (rechts) Antikörper-DNA-Konjugate. **b** Anwendungsbeispiel: Nachweis des Cytokins IL-2 in Humanserum. Die unterschiedliche Signalverstärkung bei ELISA und IPCR (Abb. 6.1b, c) führt in der IPCR zu einem erweiterten linearen Kurvenverlauf sowie einer ca. 1000-fach verbesserten Nachweisgrenze im direkten Vergleich zum ELISA. Bei einem Molgewicht von ca. 15 kD entsprechen 0,01 pg mL^{-1} IL-2 etwa 0,47 amol mL^{-1}

tetravalentes Molekül Streptavidin (bzw. Avidin) verbindet dabei bis zu vier biotinylierte Komponenten. In der von Zhou et al. 1993 vorgestellten flexiblen Universal-IPCR wird dieses Funktionselement *Verknüpfung* eingesetzt, um stufenweise den benötigten Nachweiskomplex zusammenzusetzen (Abb. 6.3a). Jede Assaystufe muss nun allerdings für sich durchgeführt und optimiert werden, was diesen an sich sehr vielseitigen modularen Aufbau zugleich sehr arbeitsaufwendig macht. Für Routineanwendungen in der Analytik ist demgegenüber die Verwendung gebrauchsfertiger Antikörper-DNA-Konjugate (Abb. 6.3b) zielführender. Durch diese können eine Reihe von Inkubationsschritten, potenziellen Fehlerquellen und Effizienzverlusten durch unzureichende Kupplung eingespart werden (Adler et al. 2003).

Zur Herstellung derartiger Konjugate für eine Einstufen-IPCR (erstmals vorgestellt von Hendrickson et al. 1995) wurden kovalente Kopplungschemie, supramolekulare

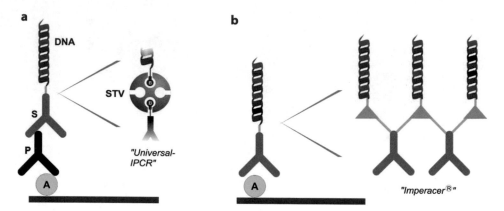

Abb. 6.3 Kopplung von Nachweisantikörper und DNA. **a** Die Universal-IPCR verwendet zum Nachweis des Ziel-Antigens (A) zunächst antigenspezifische Primärantikörper (P), die ihrerseits von speziesspezifischen biotinylierten Sekundärantikörpern (S) erkannt werden. Das Kopplungsprotein Streptavidin (STV), das bis zu vier Moleküle Biotin (B) mit hoher Affinität zu binden vermag, verknüpft in den folgenden Schritten den biotinylierten Antikörper S mit ebenfalls biotinylierter DNA. In Kombination mit einem einheitlichen biotinylierten Sekundärantikörper S (z. B. „Anti-Maus") können dabei beliebige nichtfunktionalisierte Primärantikörper P („Maus-anti-Antigen") verwendet werden. **b** Im Gegensatz zu flexibel einsatzbaren, aber hohen Optimierungsaufwand und mehrere Inkubationsschritte erfordernden modularen Kopplungen werden in der IPCR-Routineanalytik Direktkonjugate des Nachweisantikörpers mit Marker-DNA eingesetzt. Durch den Einsatz polyvalenter Nachweiskonjugate mit mehreren Antikörpern in der Imperacer®-Technologie kann kinetisch die Antikörper-Antigen-Bindung verbessert werden (Chelat-Effekte). Zusätzlich ermöglichen mehrere DNA-Stränge pro Nachweiskonjugat auch eine weitere Signalverstärkung, da durch jedes Bindungsereignis mehr signalgebende Marker zur Verfügung stehen

Selbstorganisation und Kombinationen verschiedener Technologien diskutiert (Adler et al. 2008). Für den primär am Ergebnis des Assays interessierten Endanwender gilt hier aber prinzipiell für Antikörper-DNA-Konjugate dasselbe, was an anderer Stelle in Kap. 2 über die Herstellung eigener Antikörper und Antikörper-Enzymkonjugate gesagt wurde: Es ist normalerweise nicht erforderlich, größeren eigenen Optimierungsaufwand in der Reagenziensynthese zu betreiben, solange Dienstleister und Kitlösungen auf dem Markt verfügbar sind, die diese Routinearbeiten einfacher und schneller erledigen können. Vorlagen für eigene Entwicklungen und/oder Bezugsquellen von Reagenzien und Kits (wie z. B. Chimera Biotecs Imperacer®) finden sich in entsprechenden Reviews, die ein aktuelles Bild der verfügbaren Technologien und ihrer Anwendungsbereiche zusammenfassen (z. B. Assumpcao und da Silva 2016; Ryazantsev et al. al. 2016; Spengler et al. 2015).

6.2.2   Nachweis eines Nachweisreagenzes: Wie sehe ich DNA?

Während bei einem konventionellen ELISA die Produkte der enzymatischen Reaktion normalerweise direkt sichtbar sind, muss in der IPCR die amplifizierte DNA zunächst noch ausgelesen werden. Der quantitative Nachweis der amplifizierten DNA wurde in den ersten Anwendungsbeispielen mittels Gelelektrophorese durchgeführt. Eine verbesserte Routinetauglichkeit boten PCR-ELISA bzw. *Enzyme-Linked-Oligonucleotide-Sorbent-Assay-* (ELOSA-)Verfahren im Mikrotiterplattenformat (Adler 2004; Maia et al. 1995; Niemeyer et al. 1997). Hier schließt sich der Kreis – während die IPCR-DNA als Marker im immunologischen Proteinnachweis einsetzt, wurde bei dieser Anwendung die DNA ihrerseits in der PCR markiert und anschließend immunologisch nachgewiesen.

Diese frühen Technologien waren ähnlich aufwendig wie der stufenweise Aufbau der Antikörper-DNA-Konjugate. Daher hat sich mittlerweile die Real-Time-PCR im quantitativen DNA-Nachweis für die IPCR durchgesetzt (Adler et al. 2003; Adler und Niemeyer 2004; Sims et al. 2000). Hierbei wird in der PCR durch die Herstellung neuer DNA zugleich ein Fluoreszenzsignal von DNA-erkennenden Sonden (Interkalationsmarker oder sequenzspezifisch: TaqMan, Scorpion) erzeugt, das mit entsprechenden PCR-Instrumenten noch während der PCR ausgelesen werden kann und mit jedem Amplifikationszyklus ansteigt, bis es einen Schwellenwert *(threshold)* überschreitet und den *threshold cycle* (Ct bzw. ΔCt bei Normierung auf die Gesamtzyklenzahl) als Messwert ausgibt. Dieser Wert entspricht in der IPCR dem OD- oder a. u.-Messwert konventioneller ELISAs, steht allerdings mit der Menge der in der PCR erzeugten DNA (und somit proportional auch der Zahl der Ziel-Antigene) in einem logarithmischen Zusammenhang (Abb. 6.1c).

Um eine direkte Korrelation von Signalstärke und Menge der Zielverbindung auch in der IPCR zu erzielen wurde die *Digital-Droplet-PCR* (DDIPCR) entwickelt (Abb. 6.4). Diese Technologie verwendet einen Ansatz, der sich auch bereits bei *digitaler PCR* (Hindson et al. 2011) und *digitalen Immunoassays* (Wilson et al. 2016) bewährt hat (Box: Digitale Immunoassays).

Praktisch wird in der DDIPCR die zur Signalerzeugung eingesetzte PCR durch Vertropfung in viele Tausend separate PCRs in jeweils einem ölumschlossenen Reaktionsansatz (Droplet) aufgeteilt. Als Signal wird dann lediglich erfasst, ob in einem Droplet eine PCR stattgefunden hat oder nicht. Diese digitale Ja/Nein-Antwort kann dann direkt ausgezählt werden. Während es extrem schwierig wäre, in einer Lösung einen signifikanten Unterschied zwischen z. B. 1000 und 1001 Fluoreszenzsonden zu erfassen, ergibt die Auszählung von positiven und negativen Einzel-PCRs stets einen präzisen Wert. Wenn dabei durch die Wahl der Vertropfungsbedingungen in etwa jedes der ursprünglich vorliegenden DNA-Moleküle seinen eigenen PCR-Tropfen erhalten hat, kann durch die Zahl der positiven Tropfen unmittelbar die Menge der ursprünglich vorliegenden DNA – und somit in der IPCR auch die Zahl der Ziel-Antigene – abgelesen werden. Für die Durchführung der digitalen IPCR ist dabei die Ablösung der DNA aus dem Antigen-Nachweisreagenz-Komplex und die nachfolgende Vertropfung der entscheidende Schritt, dessen Effizienz bereits gezeigt werden konnte (Schroder et al. 2017).

Die digitale IPCR demonstriert, wie sich unterschiedliche Technologien (digital PCR, digitale Immunoassays, Immuno-PCR) gegenseitig befruchten und neuartige Immunoassays ermöglichen.

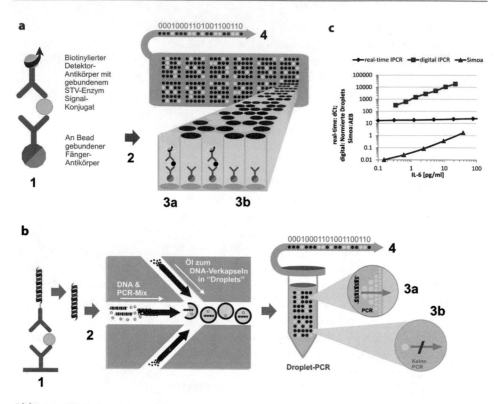

Abb. 6.4 Digitale ultrasensitive Immunoassays. **a** *Single Molecule Immunoassay* (Simoa): 1 Zunächst erfolgt ein automatisierter Immunoassay auf Magnetpartikeln (Beads). 2 Nach dem Zusammenbringen aller Assaykomponenten erfolgt eine mikrofluidische Vereinzelung der Beads in 200.000 Kavitäten (ein Bead/Kavität mit theoretisch einem einzelnen gebundenen Antigen/ Bead). 3 Nur Kavitäten, in denen ein Bead mit gebundener Zielverbindung und Nachweis-konjugat vorliegt, geben ein positives Enzym-Signal. 4 In der Messung erfolgt ein Auszählen der Beads mit/ohne positivem Enzymsignal. Das Ergebnis liegt somit in digitalen 1/0-Werten vor, die statistisch ausgewertet werden. **b** *Digital-Droplet-Immuno-PCR* (DDIPCR): 1 Ein „klassischer" Immunoassay wird mit DNA-gekoppeltem Detektor in einer Mikrotiterplatte durchgeführt. 2 Anschließend erfolgt das Ablösen der DNA aus dem IPCR-Nachweisreagenz und Verkapselung zusammen mit PCR-Amplifikationsmix in einer Population von Droplets mit/ohne DNA. 3 *Droplet-PCR:* In Droplets mit DNA findet PCR statt und erzeugt ein Signal (a), in Droplets ohne DNA findet keine PCR statt (b). 4 Abschließend werden die Gesamtzahl der Droplets und die Zahl der Droplets mit Signal ausgezählt. **c** Jedes positive Droplet entspricht einem Molekül DNA vor der Amplifizierung und repräsentiert somit die Zahl der im Immunoassay gebundenen analytischen Zielmoleküle

Digitale Immunoassays – Einzelmolekül-Analytik in Tausenden Einzelassays
Eine Erhöhung der Nachweisempfindlichkeit in Immunoassays muss nicht unbedingt nur durch sensitivere Nachweisverfahren wie z. B. Kopplung mit PCR

erfolgen. Während in der klassischen Mikrotiterplatte ein Komplex aus einem Fängerantikörper, einem Antigen und einem Nachweisantikörper kinetisch instabil ist, kann durch die Verwendung eines hohen Überschusses von mit Fänger-Antikörper beschichteten paramagnetischen Partikeln (Beads) das Bindungs- und Diffusionsgleichgewicht dergestalt verschoben werden, dass Partikel kurzfristig mit statistisch einzelnen Antigenen und Nachweisantikörpern gekoppelt werden können (Chang et al. 2012; Dinh et al. 2016). Wenn diese Partikel dann voneinander getrennt und einzeln ausgelesen werden, entspricht theoretisch jedes signalgebende Partikel einem einzelnen Antigen. Um diesen Effekt stabil und reproduzierbar auszunutzen, wird höchste Präzision bei der Assaydurchführung und somit eine entsprechende automatisierte Mikrofluidik benötigt (zur Automatisierung von Immunoassays s. auch Kap. 31). Die in der Simoa-Methode (Wilson et al. 2016) des digitalen ELISA entsprechend realisierte Analytik (Abb. 6.4a) erlaubt Sensitivitäten im femtomolaren Bereich (wenige tausend Moleküle bzw. fg mL^{-1} für „typische" Proteine) und damit ebenfalls eine deutliche Steigerung der Nachweisempfindlichkeit konventioneller ELISAs (Abb. 6.7b). Der zusätzliche Vorteil dieses Ansatzes liegt darin, dass eine einzelne analoge Messung einer Zahl an Molekülen durch eine hohe Zahl von Messungen ersetzt wird, deren Ergebnis digital ausgelesen und in einer neuartige Form der Immunoassayauswertung statistisch erfasst werden kann. Simoa überzeugt dabei durch eine sehr gute Assaypräzision auch bei geringen Zielkonzentrationen.

Zur Beherrschung der anspruchsvollen Kinetik dieser Analytik sind allerdings entsprechende automatisierte Spezialgeräte und Reagenzien erforderlich. Die von Grund auf neu zu entwickelnde Auswertungssoftware, das für die automatische Fluidik einzusetzende Mindestprobenvolumen und die angepasste stabile Prozessierung von biologischem Probenmaterial limitieren dabei noch die Einsatzbereiche dieser sehr vielversprechenden Methodik. Generell bietet die digitale Auslesung von Immunoassaysignalen jedoch eine sehr robuste und präzise Alternative zum klassischen ELISA-Detektor und verheißt noch viel Potenzial für künftige hochempfindliche Methodenentwicklungen.

6.2.3 Optimierung der Immuno-PCR

Auch in der IPCR gilt die Faustregel, dass jeder immunologische Assay nur so gut sein kann wie die beteiligten Antikörper (s. auch Kap. 2). Spezifische Antikörper sind insbesondere in der ultrasensitiven Analytik Kernvoraussetzung für eine erfolgreiche Assaydurchführung.

Darüber hinaus sind die Minimierung unspezifischer Bindung durch geeignete Blockierungsreagenzien und Waschpuffer und insbesondere eine angepasste Probenverdünnung in einer sorgfältigen Protokolloptimierung methodische Schritte zur Verbesserung der Effizienz eines IPCR-Assays (s. auch Kap. 27 und 28).

Ein weiterer Schritt in der Optimierung der IPCR-Reagenzien ist die Verwendung von Nucleinsäure-Protein-Konjugaten, die mehrere DNA-Moleküle und Antikörper in einem polyvalenten Reagenz zusammenfassen Abb. 6.3b). Derartige Reagenzien erlauben durch die erhöhte Bindungsaffinität zu ihrem jeweiligen Antigen sowie durch die Bindung einer größeren Menge DNA pro Antigen eine weitere Steigerung der Sensitivität der IPCR (Niemeyer et al. 1999, 2001).

Dabei ist Sensitivität nicht unbedingt immer das primäre Optimierungsziel: Im nachfolgenden Anwendungsbeispiel soll gezeigt werden, wie ein Assay an verschiedene Anwendungsbereiche angepasst werden kann.

6.3 Anwendungsbeispiel und praktische Überlegungen zum Assayeinsatz: Cytokin IL-6

6.3.1 Welche Fragestellungen hat der Anwender?

In der praktischen (biomedizinischen) Analytik werden typischerweise zwei grundlegende Anwendungen unterschieden:

- der Nachweis eines *körperfremden* Medikaments (häufig in der Pharmakokinetik, daher oft kurz: PK-Assay),
- der Nachweis eines *körpereigenen* Biomarkers, um an dessen Konzentration den Verlauf einer Krankheit bzw. die Wirksamkeit eines Medikaments abzulesen.

Der generelle Unterschied, ob es sich bei einem Analyten um eine körpereigene oder körperfremde Substanz handelt, liegt dabei hauptsächlich in einer angemessenen Selektivität in der Validierung (s. auch Kap. 29): Eine körpereigene Zielverbindung sollte keine falsch-negativen Proben aufweisen und mit angemessener Sensitivität in allen Proben nachweisbar sein; eine körperfremde Zielverbindung sollte im Gegensatz dazu keine falsch-positiven Signale geben, d. h. das stets gemessene Hintergrundrauschen in nicht behandelten Individuen sollte einen definierten Schwellenwert nicht überschreiten. Zusätzlich ist zu klären, ob die Zielverbindung „frei" nachgewiesen werden soll – d. h. wenn die Zielverbindung von einer anderen Komponente gebunden wird, dann sinkt das Signal –, oder ob ein „totaler" Nachweis erforderlich ist, der das Ziel in freier und gebundener Form erkennt (Abb. 6.5).

In der heutigen Zeit therapeutischer Antikörper sowie hochwirksamer Fusionsproteine und Proteinanaloga verschwimmen die Grenzen zwischen körperfremden therapeutischen Stoffen und Biomarkern immer mehr, sodass es immer herausfordernder wird, medizinisch hochwirksame und zunehmend „biologische" Komponenten in der Gegenwart verschiedener komplexer biologischer Matrices (wie Serum, Plasma, CSF, Faeces, Synovialflüssigkeit, Augenkammerwasser, etc. …) nachzuweisen. Ein Schlüsselelement hierbei ist eine geeignete Probenverdünnung zur Minimierung unspezifischer

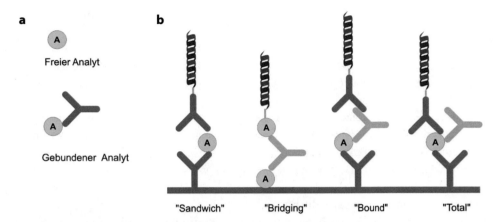

Abb. 6.5 Unterschiedliche analytische Ziele und entsprechender Assayaufbau. **a** Ein Analyt kann frei oder gebunden (z. B. an Antikörper, Rezeptoren, Medikamente …) vorliegen. **b** Verschiedene IPCR-Assayformate: Ein klassischer Sandwich-Assay erkennt typischerweise zwei Epitope eines Antigens. Wenn diese nur in einem ungebundenen Antigen zugänglich sind, spricht man von einem Free-Assay; ein Sandwich-Assay, der auch bereits an eine andere Komponente gebundenes (und somit teilweise maskiertes) Antigen erkennen kann, ist ein Total-Assay. Jeder Total-Assay erkennt freies und gebundenes Antigen. Wenn spezifisch nur gebundenes Antigen nachgewiesen werden soll, kann der Sandwich-Assay so aufgesetzt werden, dass die zwei Antikörper Antigen und Bindungspartner erkennen und somit nur für Antigen-Bindungspartnerkomplexe ein Signal generiert wird *(bound)*. Schlussendlich kann auch der Bindungspartner alleine detektiert werden. Für (mindestens) bivalente Antikörper, die z. B. bei der Bestimmung der Immunantwort des Körpers zur Zielverbindung werden (Messung der Wirkung einer Impfung oder Immunogenicity-Reaktion auf ein Medikament) hat sich dabei das Bridging-Verfahren als Standard etabliert, bei dem das Antigen immobilisiert wird und zum Nachweis markergekoppeltes Antigen eingesetzt wird

Wechselwirkungen, wie sie in Kap. 27 und 28 diskutiert werden. Darüber hinaus wird mittlerweile gerne auf ein Netzwerk sich gegenseitig unterstützender Assays zurückgegriffen, die neben dem medizinischen Wirkstoff und seinem Ziel zusätzlich auch noch die Immunantwort des Körpers auf die Gabe eines Medikaments überwachen *(Immunogenicity)*. Gerade bei therapeutischen Proteinen können hierbei massive Reaktionen auftreten, sodass es erforderlich ist, hier über eine robuste und verlässliche Analytik zu verfügen (Spengler et al. 2009). Für die Immunogenicity-Analytik wird dabei bevorzugt auf das hochspezifische Bridging-Assay-Format zurückgegriffen, für Biomarker und Medikamente bleibt der klassische Sandwich-Assay meist das Format der Wahl (Abb. 6.5b).

Eine analytische Technologie in diesem Kontext sollte also in der Lage sein, aus einer einzelnen Probe verschiedene Zielverbindungen auch in mehreren Assayformaten und größerer Verdünnung messen zu können. Die Verdünnung kompensiert hierbei nicht nur etwaige Störeffekte der Probenmatrix, sie ermöglicht es auch, mit teilweise sehr geringen Probenvolumen (z. B. Mäuse-CSF) umzugehen. Eine Analytik von < 5 µL verfügbaren Probenmaterials wird dabei als *Microsampling* bezeichnet.

6.3.2 Der Anfang jeder Analytik: verfügbare Probemenge und notwendige Assays

Generell sollte die Menge an benötigten Proben-Aliquoten in einer seriös durchgeführten Analytik nicht unterschätzt werden (Abb. 6.6a): Der Assay eines einzelnen Analyten erfordert zunächst eine Intra-Assay-Doppelbestimmung, denn ohne Angabe eines Fehlers (CV %) kann keine Angabe darüber gemacht werden, ob ein gemessener Wert vertrauenswürdig ist (s. Kap. 29) bzw. den Ansprüchen einer guten Laborpraxis bzw. einer guten klinischen Praxis entspricht (GLP, GCP; EMEA 2012). Dazu ist ein weiteres Aliquot wünschenswert, das eine Wiederholung der Messung

- bei zu großem Intra-Assay Fehler oder
- zur Bestätigung des Wertes in einer Inter-Assay-Kontrolle ermöglicht.

Es ist dabei gängige Praxis, eine solche *in-study reanalysis* bzw. *incurred sample reanalysis* (ISR) für 5–10 % aller Proben einer Studie durchzuführen (EMEA 2012). Somit ist für einen Analyten bereits Material für mindestens vier Einzelmessungen (2 × Doppelbestimmung) zu kalkulieren; in dem Moment, da neben einem Medikament noch der zugehörige Biomarker und/oder die Immunantwort des Körpers auf das Medikament bestimmt werden soll, benötigt man dementsprechend Probenmaterial für 8–12 Messungen. Es ist nun bei einem ELISA und verwandten Technologien durchaus nicht ungewöhnlich, mit 100 µL Volumen pro Messung zu arbeiten – somit ist für drei Analyten über 1 mL Probenmaterial erforderlich. Für humanes Serum eines erwachsenen Patienten ist dies eine durchaus gewinnbare Menge – allerdings gibt es zahlreiche Matrices (z. B. Augenkammerwasser…) und/oder Probenquellen (z. B. Kinder, kleinere Tiere …), bei denen die Probenmenge deutlich limitierter ist. Wenn die Probenmenge nicht ausreicht, muss sie ggf. verdünnt werden. Dies führt insbesondere bei Methoden mit schmalen dynamischen Bereich schnell zu einem Verlust an Sensitivität. Dazu ist Serumgewinnung ein invasiver Prozess, der beim Menschen einen Arzt benötigt – und der bei größeren Volumen und kleineren Labortieren mit dem Euphemismus *final bleed* einen tödlichen Vorgang beschreibt.

Hochsensitive Assaytechnologien bieten hier eine Alternative: Die Immuno-PCR arbeitet mit einem Assayvolumen pro Messung (Well der Mikrotiterplatte) von 30 µL der verdünnten Probe und Verdünnungen, die typischerweise zwischen 1+1 und 1+99 liegen. Somit ist – je nach Qualität der verfügbaren Antikörper – eine Doppelbestimmung aus ca. 1 µL –30 µL unverdünnter Probe bzw. die oben beschriebene vollständige Analytik von drei Komponenten aus ca. 4–180 µL Probe möglich.

Die Analytik aus < 5 µL Probe erfüllt hierbei das Kriterium des *Mikrosamplings* und erlaubt beispielsweise auch die Arbeit aus einem einzelnen Blutstropfen, wie er mithilfe einer Lanzette auch ohne ärztliche Überwachung gewonnen werden kann. Für eine Zeitreihe aus zehn Zeitpunkten in Mäusen muss nicht mehr zu jedem Zeitpunkt

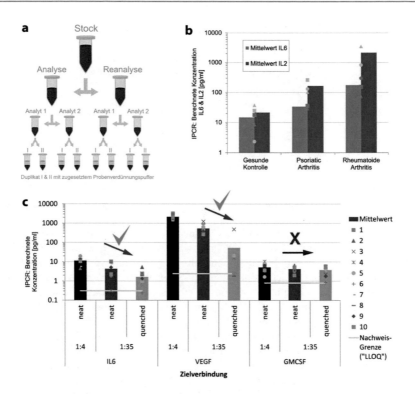

Abb. 6.6 Paralleler Polyplex-Nachweis verschiedener Zielverbindungen. **a** Aliquote und Proben-aufteilung: Für den Nachweis von zwei Antigenen aus einer Probe in Intra- und Inter-Assay-Doppelbestimmung werden insgesamt acht Bestimmungen benötigt. Dazu muss die ursprünglich verfügbare Menge der Probe *(stock)* entsprechend aliquotiert und ggf. verdünnt werden, um das benötigte Mindestvolumen pro Bestimmung (z. B. 30 μL/Well in der IPCR) zu erhalten. **b** Microsampling-IL-6/IL2-Duoplex-IPCR: IL-6 und IL-2 wurden mittels eines Microsampling-Imperacer® aus total < 5 μL Serumprobe von gesunden und kranken Individuen nachgewiesen (Probenverbrauch: 1 μL für eine Doppelbestimmung IL-6, Probenverdünnung 1 + 69; 3,6 μL für eine Doppelbestimmung IL-2, Probenverdünnung 1 + 21). Der Sensitivitätsbereich der Microsampling-IPCR (s. auch Abb. 6.7) erlaubt dabei trotz der geringen eingesetzten Proben-menge die Unterscheidung gesunder und kranker Individuen. **c** Microsampling-IL-6/VEGF/GMCSF-Triplex-IPCR: Nachweis von drei Antigenen in total 6 μL Augenkammerwasser-Probe aus zehn Schweinen. Die Spezifität des Assays wurde durch Vergleich verschiedener Verdünnungs-stufen (1:4 vs 1:35, *Parallelism*) und durch Zugabe cytokinspezifischer Antikörper *(Quenching)* überprüft. Für IL-6 und VEGF führten Parallelism und Quenching zur erwarteten Absenkung der gemessenen Konzentration, die Spezifität des Assays wurde bestätigt. Im Gegensatz dazu sind die für GM-CSF gemessenen Signale höchstwahrscheinlich unspezifisch (obwohl sie > LLOQ sind), da sie weder auf Quenching noch auf Parallelism korrekt reagieren. Die Ergebnisse in b, c unter-streichen, wie wichtig Spezifitätskontrollen eines Immunoassays mit realen Proben sind, um die Bedeutung der gemessenen Daten korrekt einschätzen zu können

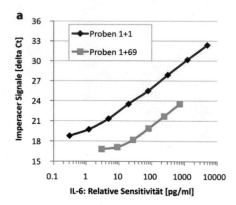
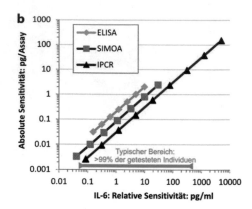

Abb. 6.7 Absolute und relative Sensitivität verschiedener Immunoassays am Beispiel IL-6. **a** Routine-Imperacer® (Probenverdünnung 1 + 1; Probenbedarf: 30 μL/Probe für Doppelbestimmung mit 30 μL/Well) im Vergleich zum Microsampling-Imperacer® (Probenverdünnung 1 + 69; Probenbedarf: ca. 1 μL/Probe für Doppelbestimmung mit 30 μL/Well). Die relative Sensitivität des Routineassays liegt bei ca. 0,3 pg mL^{-1}; die des Microsampling-Imperacer ist durch die stärkere Verdünnung ca. 10-fach erhöht. Auf das Well umgerechnet haben beide Assays eine vergleichbare absolute Sensitivität: 4,4 fg/Well im Routine-Imperacer, 1,3 fg/Well im Microsampling-Imperacer®. **b** Technologievergleich und dynamischer Bereich: Während der Simoa-Assay eine bemerkenswerte relative Sensitivität demonstriert, ist die absolute Sensitivität durch den höheren Probenverbrauch (80 μL/Doppelbestimmung im Vergleich zu 30 μL/Doppelbestimmung in der IPCR) eingeschränkt. Bei 200 μL Probenverbrauch für eine Doppelbestimmung ist die absolute Sensitivität eines sensitiven ELISAs allerdings noch erheblich stärker reduziert. Alle drei Technologien treffen mit ihrem Sensitivitätsbereich die IL-6-Konzentration in typischen Individuen (>8000 getestete Proben); allerdings ergeben sich, bedingt durch den dynamischen Bereich, unterschiedliche Lücken: Während die ELISA sowohl hohe als auch extrem niedrig konzentrierte Individuen nicht erfassen kann, deckt der Simoa den unteren Bereich gut ab und ist lediglich im oberen Konzentrationsbereich nicht zu einer Messung unverdünnter Proben geeignet. Der extrem breite dynamische Bereich einer IPCR kann demgegenüber sowohl hoch als auch niedrig konzentrierte Proben in einem Assay messen

eine Maus „verbraucht" werden, sondern einer deutlich geringeren Zahl an Mäusen kann zu zehn Zeitpunkten jeweils eine so geringe Probenmengen entnommen werden, dass die Mäuse die Entnahme überleben: Eine sowohl ethisch als auch wissenschaftlich begrüßenswerte Optimierung, da eine parallele Mehrfachbestimmung in jedem Fall aussagekräftiger ist als individuelle Einzelmessungen.

6.3.3 Sensitivität ist nicht alles: Ein maßgeschneiderter Assay für IL-6

Am Beispiel des Biomarkers Interleukin-6 (IL-6) sollen die vorstehend beschriebenen Konzepte praktisch demonstriert werden.

IL-6 ist ein Cytokin, das das Immunsystem stimuliert und in Entzündungsprozesse eingebunden ist. Daher ist seine Konzentration in gesunden Individuen relativ niedrig (je nach Matrix unterer Bereich pg mL^{-1}), während in kranken Individuen durchaus Konzentrationen bis in den Bereich ng mL^{-1} beobachtet werden können. Für eine Analytik ohne zusätzliche Verdünnungsschritte für *High-Level*-Individuen wird hierbei also ein großer dynamischer Bereich benötigt. Dazu ist die Biomarkeranalytik üblicherweise nur Bestandteil einer umfasssenderen Studienanalytik, sodass von einer limitierten Probenmenge ausgegangen werden kann (typischerweise 100 µL), da der Rest der Probe für andere Untersuchungen benötigt wird. Die analytischen Herausforderungen liegen daher weniger in der direkten absoluten Sensitivität, sondern in der Anpassung des Assays an die Anforderungen einer realen Studie. Es ist der Immuno-PCR und verwandten ultrasensitiven Immunoassays problemlos möglich, auch eine Sensitivität deutlich < 1 pg mL^{-1} zu erzielen (Abb. 6.7). Wichtiger allerdings ist es, ein robustes Detektionsfenster zu optimieren, bei dem die Mehrzahl der in einer Studie getesteten Individuen weder den Status BLQ (unterhalb der Nachweisgrenze; *below limit of quantification*) noch ALQ (über der Nachweisgrenze; *above limit of quantification*) aufweisen und die mit der verfügbaren Probenmenge auskommt. Der hier vorgestellte dynamische Bereich wurde mit >8000 Serumproben einer klinischen Studie getestet, erfordert 30 µL Probe pro Doppelbestimmung und lieferte 98,8 % akzeptierte Ergebnisse (< 2 % BLQ und < 0,2 % ALQ). Die Stabilität des Assays wird dabei maßgeblich von der optimierten Probenverdünnung bestimmt, die den Einfluss der Probenmatrix minimiert.

6.3.4 Die Herausforderungen quantitativer Analytik von Biomarkern

Bei einer quantitativen Analytik ist auch jeweils die verwendete Referenzmatrix für die Quantifizierungsstandards von entscheidender Bedeutung. Typischerweise gibt man für die Herstellung einer Kalibrationsreihe definierte Mengen der Zielverbindung in einen Pool derjenigen Matrix, die den zu untersuchenden Proben entspricht. Bei einem Biomarker ist dieses Vorgehen allerdings wenig hilfreich, da zum einen ein Matrixpool bereits selber den Biomarker enthalten kann und zum anderen auch diejenigen biologischen Komponenten enthalten sind, die mit dem Biomarker interagieren können (z. B. Bindeproteine, Rezeptorantagonisten, etc.). Beides trägt zu einem potenziellen systematischen Fehler bei. Es ist daher entweder durch systematische Auswahl der zum poolen verwendeten Individuen ein maßgeschneiderter Pool mit möglichst geringem Hintergrund bzw. Interaktionspotenzial herzustellen – oder, bevorzugt, ein entsprechender biomarkerfreier künstlicher und standardisierbarer Matrixpuffer zu entwickeln, der den Eigenschaften der realen Matrix nahe kommt, ohne potenziell störende Komponenten zu enthalten. Für den hier vorgestellten IL-6-Assay wurde in Umsetzung des AnySource$^{®}$-Pufferkonzepts für die Standards ein serumanaloger Puffer (SDB2100)

verwendet. Die zusätzliche Verdünnung in einem weiteren Probenverdünnungspuffer (SDB3100) minimiert schlussendlich unterschiedliche Matrixeffekte in Proben
und Standards, sodass in einer vollständigen Validierung (s. Kap. 29) die quantitative
Selektivität für endogenes IL-6 demonstriert werden konnte. Das wichtigste Werkzeug
bei der Selektivitätsuntersuchung eines Assays für Biomarker ist dabei die Untersuchung
des *Parallelism*, d. h. bei der zusätzlichen Verdünnung einer individuellen Probe sinkt die
gemessene Konzentration der Zielverbindung parallel zum Verdünnungsgrad. Zusätzlich sollte getestet werden, ob die Zugabe eines Bindeproteins (in diesem Fall z. B. ein
Anti-IL-6-Antikörper) das Signal spezifisch absenkt *(Quenching)* beziehungsweise die
Zugabe von freiem Antigen das gemessene Signal spezifisch ansteigen lässt *(Spiking)*.
Assays, deren Spezifität nicht entsprechend überprüft wurde, mögen irgendetwas
messen (grade hochsensitive Assays liefern in biologischen Proben eigentlich immer ein
Signal) – aber ob das gemessene Signal wirklich dem gewünschten Analyten entspricht,
bleibt ohne korrekte Überprüfung fragwürdig (Abb. 6.6c).

6.3.5 Muster-Protokoll eines robusten Routine-Imperacer®- Nachweises für IL-6

Das folgende Kurzprotokoll beschreibt die fünf Schritte einer *Real-Time-Imperacer®-*
IPCR im Sandwichformat zum Nachweis des IL-6. Alle Puffer und Reagenzien sind,
wenn nicht anders vermerkt, Chimera Biotecs CHI-IL-6 Kit entnommen:

1. Der für die Durchführung eines Sandwich-Assays zum Nachweis des Antigens
   benötigte Fänger-Antikörper wird durch Inkubation von 30 µL/Well einer 5 µg/mL-
   Lösung über Nacht bei 4 °C in Imperacer® Mikrotiter-Modulen immobilisiert. Im
   Anschluss an die Inkubation erfolgt ein dreifacher Waschschritt (240 mL/Well, je 2 min)
   mit Waschpuffer A. *IPCR-Tip: Imperacer®-Module sind kompatibel mit Real-Time-
   Cyclern und sparen somit einen Transferschritt der PCR in andere Gefäße für die PCR.
   Darüber hinaus erlaubt ihre konische Form die Arbeit mit geringem Assayvolumen.*
2. Zur Minimierung unspezifischer Bindung werden die einzelnen Wells der antikörper-
   beschichteten Module im Anschluss mit 240 µL/Well einer IPCR-Blockierungslösung
   15 min bei RT inkubiert. Nach der Inkubation erfolgt ein vierfacher Waschschritt mit
   Waschpuffer B. *IPCR-Tip: Zur Minimierung unspezifischer Wechselwirkung sollte
   eine Blockierungslösung verwendet werden, die sowohl Proteine als auch DNA enthält. Der in der IPCR verwendete Standardwaschpuffer (in diesem Fall der im Kit
   enthaltene Puffer B) sollte sowohl ein Detergens als auch einen Stabilisator für die
   DNA (z. B. EDTA) enthalten. Die mit Fänger-Antikörper beschichteten Module sind
   1–2 Wochen bei 4 °C stabil lagerbar und können auf Vorrat hergestellt werden.*
3. Pro Well werden 15 µL der IL-6-enthaltenden Proben 1 + 1 mit Probenverdünnungspuffer SDB3100 gemischt und anschließend für 30 min bei Raumtemperatur in
   den fängerbeschichteten Modulen inkubiert. Anschließend erfolgt erneut ein vier-

facher Waschschritt mit Puffer B. Parallel zu den Proben wird eine Eichreihe 0,3–5000 pg mL^{-1} IL-6 in SDB2100 zur Quantifizierung analysiert. *IPCR-Tip: Die Eichreihen können in mehreren Aliquoten auf Vorrat hergestellt werden und bei −80 °C gefroren gelagert werden. Somit ist auch eine Qualitätskontrolle der Eichreihen-Charge vor der Probenanalytik möglich.*

4. 30 µL einer 1:300-Verdünnung des Anti-IL-6-DNA-Konjugates CHI-IL-6 werden für 30 min bei Raumtemperatur in den beschichteten TopYield-Modulen inkubiert. Abschließend erfolgt ein siebenfacher Waschschritt (total ca. 20 min) mit Puffer B zur Entfernung von unspezifisch gebundenem Nachweiskonjugat und ein zweifacher Waschschritt mit Puffer A zur Beseitigung PCR-störender Inhaltsstoffe des Standard-Waschpuffers B.

5. Im letzten Schritt werden 30 µL eines PCR-Mix mit dem zur DNA-Vervielfältigung benötigten Enzym sowie der Nucleotide und Primer zum Aufbau der neuen DNA-Stränge zugegeben. Zusätzlich ist eine fluoreszenzmarkierte Scorpion-Sonde zum Nachweis des DNA-Produktes im PCR-Mix enthalten. Die Module werden versiegelt, in einen *Real-Time*-PCR-Cycler überführt, welcher in 40 Temperaturzyklen (jeweils 12 s 95 °C, 30 s 50 °C und 30 s 72 °C) – s. Abb. 6.1 – die DNA amplifiziert. Der während der DNA-Vervielfältigung gemessene Fluoreszenzanstieg wird vom Gerät dokumentiert und ergibt das in Abb. 6.6 gezeigte ΔCt-Signal zur Quantifizierung des IL-6-Antigens.

6.3.6 Relative und absolute Sensitivität: IL-6 Microsampling

Das vorgestellte Anwendungsbeispiel verdeutlicht mit einem dynamischen Quantifizierungsbereich über mehr als vier Größenordnungen eine sehr anwendungsrelevante Eigenschaft der Immuno-PCR. Durch eine geringe Modifikation des Protokolls kann anschaulich demonstriert werden, wie man die Sensitivität einer IPCR auch ganz anders nutzen kann:

In Schritt 3 verwenden wir statt einer 1 + 1 eine 1 + 69 Verdünnung. Somit werden für eine Intra-Assay-Doppelbestimmung (2 × 30 µL pro Well) nur noch ca. 1 µL Probenmaterial benötigt. In einer gespikten Eichreihe sinkt bei dieser Vorgehensweise entsprechend auch die Sensitivität des Assays auf LLOQ = 3 pg mL^{-1} der unverdünnten Probe. Doch ist diese Anwendung tatsächlich wirklich weniger „sensitiv" als das zuvor beschriebene Protokoll mit LLOQ = 0,3 pg mL^{-1}? Nein – denn zum korrekten Vergleich von verschiedenen Methoden müssen *absolute* und *relative* Sensitivität getrennt voneinander betrachtet werden.

- *Relative Sensitivität* ist die auf ein Standardvolumen der unverdünnten Probe vereinheitlichte Sensitivität, z. B. in pg mL^{-1}.

- *Absolute Sensitivität* hingegen repräsentiert die Zahl der Moleküle, die in einem Well tatsächlich nachgewiesen werden (Abb. 6.7).

Bei 30 μL Well-Volumen und einer 1 + 1-Verdünnung werden bei einer relativen Nach-weisgrenze von 0,3 pg mL pro Well 4,4 fg IL-6 nachgewiesen. Bei einer 1 + 69 Ver-dünnung und relativem LLOQ von 3 pg mL^{-1} liegt die absolute Sensitivität bei 1,3 fg/Well: Die zusätzliche Verdünnung stabilisiert also den Assay und macht ihn praktisch sogar noch etwas sensitiver. Damit eine Microsamplinganalyse möglich ist, muss ein Assay eine gute absolute Sensitivität aufweisen, denn nur dann können Zielverbindungen auch in hoher Verdünnung noch nachgewiesen werden.

Je nach benötigter absoluter oder relativer Sensitivität sind bei einem wissen-schaftlichen Methodenvergleich zur Auswahl des benötigten Assays alle Parameter (einschließlich der verfügbaren Probenmenge) kritisch miteinzubeziehen.

Der entscheidende Faktor für jeden Immunoassay ist aber nicht seine theoretische Leistungsfähigkeit, sondern seine Anwendbarkeit auf reale Proben. Der IL-6-Microsamplingassay wurde parallel mit einem IL-2-Assay mit Proben von gesunden und rheumakranken Individuen getestet und demonstriert, dass trotz der geringen ein-gesetzten Probenmenge eine Unterscheidung von gesunden und kranken Individuen möglich ist (Abb. 6.6b). Für beide Assays wurde zusammen < 5 μL Probenmaterial benötigt. Analog wurde ein 3-Parameter-Multiplex auf 6 μL Augenkammerwasserproben von Schweinen angewendet. Hierbei war zusätzlich interessant, ob die für humane Cytokine spezifischen Antikörper auch die Antigene des Schweins erkennen würden; diese Spezifität konnte für zwei von drei Cytokinen bestätigt werden (Abb. 6.6c).

Die hohe Sensitivität des IPCR-Assays ermöglicht es somit, unkompliziert mehrere Analyten in derselben Probe zu bestimmen, ohne den Probenverbrauch drastisch zu erhöhen. Für zwei typische ELISAs wären im Vergleich dazu bis zu 400 μL Probe (bei 100 μL pro Well/Einzelmessung) erforderlich.

6.3.7 Multiplex versus Polyplex: Die anspruchsvolle Aufgabe, gleichzeitig mehrere Analyten zu messen

Mehrere Assays können simultan im selben Well (Multiplex) oder parallel in unter-schiedlichen Wells (Polyplex) durchgeführt werden. Der Multiplex-Assay ist unzweifel-haft wissenschaftlich elegant, da er lediglich ein Probenaliquot sowie eine einzelne Assaydurchführung für verschiedene Zielverbindungen benötigt. Allerdings besteht dabei immer die Gefahr, dass die Zielverbindungen und ihre jeweiligen Fänger- und Nachweisreagenzien auf unerwartete Weise miteinander wechselwirken. Bereits bei wenigen Analyten wird die systematische Validierung der einzelnen Komponenten gegeneinander ein kombinatorischer Alptraum. Dazu wird ein Multiplex-Assay typischerweise nur ein Assayformat verwenden und scheitert somit z. B. an der simultanen Analytik von Medikament und Immunogenicity, die unterschiedliche Assayformate erfordern (s. Abb. 6.5). Obwohl die IPCR sich theoretisch hervor-ragend für Multiplex-Assays eignet, da durch die Sequenz der Marker-DNA ein fast unlimitierter Vorrat an unterschiedlichen signalgebenden Komponenten zur Verfügung steht (Edwards und Gibbs 1994) und entsprechende Multiplex-IPCR Anwendungen praktisch demonstriert worden sind (Hendrickson et al. 1995), ist aus praktischen Erwägungen dieser Ansatz weniger für die Routineanalytik geeignet. Generell entfalten Multiplex-Verfahren ihr Potenzial am besten in qualitativen, Muster identifizierenden Aussagen. Es wurden eine Reihe verschiedener Technologien entwickelt, die sich die Information der DNA für eine entsprechende Multiplex-Immunoanalytik zunutze machen. Für eine validierbare quantitative Analytik ist der Polyplex-Ansatz wesentlich einfacher zu kontrollieren und an praktische Fragestellungen anzupassen, da jeweils nur die Teilassays einzeln und nicht in ihrer Kombination optimiert und validiert werden müssen. Durch die hohe Verdünnbarkeit einer Probe in der sensitiven Immuno-PCR ist die Aufteilung einer potenziell limitierten Probenmenge auf verschiedene Assays dabei ebenfalls kein Problem (Abb. 6.6). Neben der im Beispiel gezeigten Erfassung von Cytokin-Profilen wurde die Polyplex-IPCR dabei auch erfolgreich zur Untersuchung der totalen und spezifischen Immunantwort auf eine potenzielle HIV-Schutzimpfung (Leroux-Roels et al. 2013) eingesetzt. Auch die Überwachung von verschiedenen Muskelwachstums-Biomarkern konnte gezeigt werden (Diel et al. 2009), um die Auswirkungen von Trainingsgruppen oder Doping auf den Muskelaufbau zu untersuchen (Mosler et al. 2013). Dies demonstriert eindrucksvoll die Vielfältigkeit der Einsatzfelder der IPCR als Problemlösungsstrategie in anspruchsvollen analytischen Fragestellungen.

6.4   Ausblick

Durch die Hinzufügung des „Signalverstärkungsbausteins" DNA zur klassischen Immunoassayanalytik lassen sich die Möglichkeiten der Technologie auf vielfältige Weise erweitern: Ob es sich um gesteigerte Sensitivität in einem breiten Konzentrationsbereich, gesteigerte Assay-Robustheit in biologischen Proben durch angepasste Verdünnung, den Nachweis aus winzigen Probenmengen *(Microsampling)*, den parallelen Nachweis verschiedener Zielverbindungen *(Polyplex)* – oder eine Kombination aus all diesen Anforderungen – handelt: Die Weiterentwicklung der Immunoassay-Methodik bietet Lösungen für die steigenden Herausforderungen der Analytik von neuen Biomarkern und immer naturstoffähnlicheren Medikamenten. Die Immuno-PCR bewährt sich auf diesem Gebiet seit nunmehr über 25 Jahren als wohletablierte, flexible und robuste ultrasensitive Assaytechnologie. Es herrscht dabei aber kein Stillstand: Neben Kitlösungen für den Routineeinsatz werden bei der IPCR und verwandten Technologien stets auch die Fortschritte in der PCR nutzbar gemacht. Sowohl *Real-Time*-PCR als auch digitale PCR erlaubten wertvolle Verbesserungen der Methodik. Mit fortschreitender Beherrschung des DNA prozessierenden Enzymrepertoires verbreitert sich auch das Anwendungsspektrum stetig:

- Die räumliche Anordnung von zwei Antigenen kann in der *Proximity Ligation* (Soderberg et al. 2007) dadurch identifiziert werden, dass die zwei unterschiedlichen DNA-Marker in zwei Nachweiskonjugaten nur dann miteinander verknüpft werde, wenn diese nahe beieinander liegen.
- Anstelle der zyklischen PCR, die einen Wechsel der Reaktionstemperaturen erfordert, erlauben alternative Enzyme eine isothermale Amplifikation der DNA (Kim und Easley 2011). Dies vereinfacht den Signalerzeugungsschritt auch der IPCR ganz massiv.
- In einer massiv parallelen *Rolling-Circle*-Amplifikation (RCA) mit einer zirkulären DNA als Amplifikationswerkzeug konnte für die Immuno-RCA der Multiplex-Nachweis zahlreicher Antigene demonstriert werden (Mullenix et al. 2004).

Selbstverständlich können auch hier die Methoden miteinander kombiniert werden, z. B. zu einer isothermalen digitalen IPCR.

Das Wichtigste dabei bleibt jedoch, nie die Anwendung aus dem Auge zu verlieren: Es ist wenig hilfreich, einen Assay auf maximale Sensitivität zu optimieren, der dann in biologischen Proben wahlweise durch mangelnde Spezifität und/oder Robustheit keine sinnvollen Werte ergibt, der in einer Studie der Toxizität bei hohen Konzentrationen nur ALQ-Werte ergibt – oder der mangels verfügbarem Probenvolumen gar nicht einsetzbar ist.

Das wertvollste Gut – auch und gerade bei der Entwicklung ultrasensitiver Assays – bleibt die Qualität der verwendeten Antikörper. Jede der oben beschriebenen Herausforderungen an Immunoassays lässt sich, wie am Anwendungsbeispiel der IL-6-IPCR gezeigt, durch geschickte Anpassung der Methodik lösen, sobald spezifische Antikörper und ein stabiles Ziel verfügbar sind. Ohne spezifische Antikörper ist auch die beste Sensitivitätssteigerung nutzlos – mit spezifischen Antikörpern eröffnen sich durch die Vielseitigkeit des biomolekularen Werkzeugkastens in der Assayentwicklung außerordentliche Möglichkeiten, den Anwendungsbereich von „klassischen" Immunoassays wie ELISA entscheidend zu erweitern.

Literatur

Adler, M. (2004). Hapten labeling of Nucleic Acids for Immuno-Polymerase Chain Reaction Applications (PCR-ELISA). Bioconjugation Protocols, Humana press. 283: 163.
Adler, M. und C. M. Niemeyer (2004). Enhanced Protein Detection Using Real-Time Immuno-PCR. DNA Amplification – Current Technologies and Applications. V. V. Demidov und N. E. Broude. Norfolk, Horizon Bioscience: 293–312.
Adler, M., R. Wacker, et al. (2003). A real-time immuno-PCR assay for routine ultrasensitive quantification of proteins. Biochem Biophys Res Commun 308(2): 240–250.
Adler, M., R. Wacker, et al. (2008). Sensitivity by combination: immuno-PCR and related technologies. Analyst 133(6): 702–718.

Assumpcao, A. L. und R. C. da Silva (2016). Immuno-PCR in cancer and non-cancer related diseases: a review. Vet Q 36(2): 63–70.

Bayer, E. A. und M. Wilchek (1990). Biotin-binding proteins: overview and prospects. Methods Enzymol 184: 49–51.

Chang, L., D. M. Rissin, et al. (2012). Single molecule enzyme-linked immunosorbent assays: theoretical considerations. J Immunol Methods 378(1–2): 102–115.

Diel, P., T. Schiffer, et al. (2009). Detection of myostatin propeptide and follistatin in serum and tissue using highly sensitive Immuno PCR – effects of training and skeletal muscle mass. Journal of Applied Physiology.

Dinh, T. L., K. C. Ngan, et al. (2016). Using Antigen-antibody Binding Kinetic Parameters to Understand Single-Molecule Array Immunoassay Performance. Anal Chem 88(23): 11335–11339.

Edwards, M. C. und R. A. Gibbs (1994). Multiplex PCR: advantages, development, and applications. PCR Methods Appl 3(4): S65–75.

EMEA (2012). Guide on bioanalytical method validation.

Engwall, E. und P. Perlmann (1971). Enzyme-linked immunosorbent assay (ELISA). Quantitative assay of immunoglobulin G. Immunochem. 8: 871–873.

Hendrickson, E. R., T. M. Truby, et al. (1995). High sensitivity multianalyte immunoassay using covalent DNA-labeled antibodies and polymerase chain reaction. Nucleic Acids Res 23(3): 522–529.

Hindson, B. J., K. D. Ness, et al. (2011). High-throughput droplet digital PCR system for absolute quantitation of DNA copy number. Anal Chem 83(22): 8604–8610.

Kim, J. und C. J. Easley (2011). Isothermal DNA amplification in bioanalysis: strategies and applications. Bioanalysis 3(2): 227–239.

Leroux-Roels, G., C. Maes, et al. (2013). Randomized Phase I: Safety, Immunogenicity and Mucosal Antiviral Activity in Young Healthy Women Vaccinated with HIV-1 Gp41 P1 Peptide on Virosomes. PLoS One 8(2): e55438.

Li, H., X. Cui, et al. (1990). Direct electrophoretic detection of the allelic state of single DNA molecules in human sperm by using the polymerase chain reaction. Proc Natl Acad Sci U S A 87(12): 4580–4584.

Maia, M., H. Takahashi, et al. (1995). Development of a two-site immuno-PCR assay for hepatitis B surface antigen. J Virol Methods 52(3): 273–286.

Mosler, S., S. Geisler, et al. (2013). Modulation of follistatin and myostatin propeptide by anabolic steroids and gender. Int J Sports Med 34(7): 567–572.

Mullenix, M., R. Dondero, et al. (2004). Rolling circle amplification in multiplex immunoassays. DNA Amplification – current technologies and applications. V. V. Demidov and N. E. Broude. Norfolk, Horizon Bioscience. Chapter 4.2.: 313–331.

Mullis, K. B. und F. Faloona (1987). Specific synthesis of DNA in vitro via a polymerase-catalyzed chain reaction. Methods Enzymol 155: 335–350.

Niemeyer, C. M., M. Adler, et al. (1997). Fluorometric Polymerase Chain Reaction (PCR) Enzyme-Linked Immunosorbent Assay for Quantification of Immuno-PCR Products in Microplates. Anal Biochem 246(1): 140–145.

Niemeyer, C. M., M. Adler, et al. (1999). Self-assembly of DNA-streptavidin nanostructures and their use as reagents in immuno-PCR. Nucleic Acids Res 27(23): 4553–4561.

Niemeyer, C. M., M. Adler, et al. (2001). Nanostructured dna-protein aggregates consisting of covalent oligonucleotide-streptavidin conjugates. Bioconjug Chem 12(3): 364–371.

Ryazantsev, D. Y., D. V. Voronina, et al. (2016). Immuno-PCR: Achievements and Perspectives. Biochemistry (Mosc) 81(13): 1754–1770.

Sano, T., C. L. Smith, et al. (1992). Immuno-PCR: very sensitive antigen detection by means of specific antibody-DNA conjugates. Science 258(5079): 120–122.

Schroder, H., M. Grosche, et al. (2017). Immuno-PCR with digital readout. Biochem Biophys Res Commun 488(2): 311–315.

Sims, P. W., M. Vasser, et al. (2000). Immunopolymerase chain reaction using real-time polymerase chain reaction for detection. Anal Biochem 281(2): 230–232.

Soderberg, O., K. J. Leuchowius, et al. (2007). Proximity ligation: a specific and versatile tool for the proteomic era. Genet Eng (N Y) 28: 85–93.

Spengler, M., M. Adler, et al. (2009). Immuno-PCR assays for immunogenicity testing. Biochem Biophys Res Commun 387(2): 278–282.

Spengler, M., M. Adler, et al. (2015). Highly sensitive ligand-binding assays in pre-clinical and clinical applications: immuno-PCR and other emerging techniques. Analyst 140(18): 6175–6194.

Wilson, D. H., D. M. Rissin, et al. (2016). The Simoa HD-1 Analyzer: A Novel Fully Automated Digital Immunoassay Analyzer with Single-Molecule Sensitivity and Multiplexing. J Lab Autom 21(4): 533–547.

Zhou, H., R. J. Fisher, et al. (1993). Universal immuno-PCR for ultra-sensitive target protein detection. Nucleic Acids Res 21(25): 6038–6039.

Evolution der PCR – von der klassischen PCR zur digitalen PCR

Patrick Gürtler und Sven Pecoraro

7.1 Evolution der Polymerasekettenreaktion

Keine Technik hat die Molekularbiologie so nachhaltig geprägt wie die Polymerasekettenreaktion (*Polymerase Chain Reaction,* PCR), und nach wie vor ist sie die Grundlage für viele neue Techniken, die Einzug in die molekularbiologischen Labore halten.

Die Anfänge der PCR gehen auf Arbeiten in den 1950er-, 1960er- und 1970er-Jahren zurück, in denen die Grundlagen des DNA-Aufbaus und der DNA-Replikation erarbeitet wurden. Zu dieser Zeit erkannte man auch die Funktion von DNA-Polymerasen, mit deren Hilfe enzymatisch DNA-Kopien hergestellt werden können. Der Durchbruch gelang in den 1980er-Jahren in den Laboren von Henry Erlich, wo der Biochemiker Kary B. Mullis versuchte, bestimmte Abschnitte einer doppelsträngigen DNA mithilfe einer DNA-Polymerase aus *Escherichia coli* zu vermehren. Bei den ersten Versuchen musste er allerdings feststellen, dass in der PCR kein Produkt erzeugt wurde. Er erkannte aber auch den Grund dieses Problems: die verwendete DNA-Polymerase war thermisch instabil, und der in der PCR essenzielle Erhitzungsschritt zur Auftrennung des DNA-Doppelstrangs führte zur Denaturierung der DNA-Polymerase. Folglich gab er die DNA-Polymerase nach jedem Erhitzungsschritt separat zu, was jedoch sehr arbeitsaufwendig

P. Gürtler (✉) · S. Pecoraro
Bayerisches Landesamt für Gesundheit und Lebensmittelsicherheit (LGL),
Landesinstitut für Lebensmittel, Lebensmittelhygiene und kosmetische Mittel,
Oberschleißheim, Deutschland
E-Mail: patrick.guertler@lgl.bayern.de

S. Pecoraro
E-Mail: sven.pecoraro@lgl.bayern.de

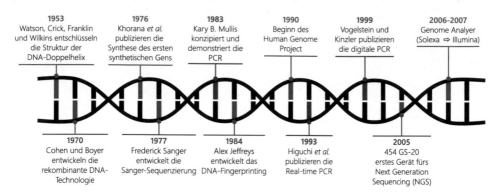

Abb. 7.1 Zeitstrahl der Entwicklung der PCR und deren Weiterentwicklung

war. Die Entdeckung, Isolation und Nutzung einer thermostabilen DNA-Polymerase (Mullis et al. 1986, Saiki et al. 1988) und die Entwicklung der ersten Thermocycler in den 1980er-Jahren führten schließlich zu einer routinemäßigen Anwendung der PCR und ermöglichten dadurch den durchschlagenden Erfolg dieses neuen Verfahrens. 1993 erhielt Kary B. Mullis für seine Arbeiten den Nobelpreis für Chemie (zusammen mit Michael Smith, Bartlett und Stirling 2003).

Die PCR gehört seit dieser Zeit zur „Grundausstattung" jedes molekularbiologischen Labors und ermöglicht u. a. die gezielte Vervielfältigung, Detektion und Analyse von Nucleinsäuren. So findet sie z. B. Einsatz bei der Diagnose vieler Erkrankungen, beim Nachweis und der Quantifizierung gentechnisch veränderter Organismen, bei der Authentizitätsbestimmung von pflanzlichen und tierischen Lebensmitteln, der gezielten Mutagenese oder der Erstellung genetischer Fingerabdrücke (Vaterschaftstests und Forensik).

Seit der Entwicklung des Konzepts der PCR wurde die Technik immer wieder verändert und weiterentwickelt (Abb. 7.1). Das anfängliche Konzept der konventionellen Endpunkt-PCR von Kary B. Mullis markiert dabei die erste Generation der PCR. In den 1990er-Jahren setzte sich dann immer mehr die quantitative Real-time PCR durch, die als zweite Generation der PCR bezeichnet wird. Mittlerweile gibt es mit der digitalen PCR eine dritte Generation. Jede dieser PCR-Varianten hat ihre spezifischen Eigenschaften und findet entsprechend ihre Anwendung.

7.1.1 Konventionelle Endpunkt-PCR

Die PCR ist ein zyklischer, temperaturgesteuerter Prozess, wobei jeder Zyklus aus drei Phasen besteht:

- Denaturierung (92–98 °C)
- Annealing (50–65 °C)
- Elongation/Extension (72 °C)

In der Denaturierungsphase erfolgt die Auftrennung der DNA-Doppelstränge in Einzelstränge. Dies ist ein reversibler Prozess, bei dem durch Erhitzen die Wasserstoffbrücken zwischen den komplementären Basen A = T (Adenin/Thymin; 2 Wasserstoffbrücken) und G≡C (Guanin/Cytosin; drei Wasserstoffbrücken) gelöst werden. Dies erfolgt meist bei 94–95 °C in einem Thermocycler, kann aber abhängig von der verwendeten DNA-Polymerase variieren (92–98 °C).

In der Annealing-Phase binden die beiden Primer an die komplementäre Position des jeweiligen DNA-Einzelstrangs. Primer sind kurze Oligonucleotide, die synthetisch hergestellt werden und als Startstelle für die Verdopplung des jeweiligen DNA-Einzelstrangs dienen. Die Primer bestimmen auch, welcher Bereich der DNA vervielfältigt wird und wie lang das in der PCR erzeugte PCR-Produkt ist. Die Temperatur, bei der dieser Schritt durchgeführt wird, hängt von der Länge und der Sequenz (GC-Gehalt) der Primer ab. Je länger der Primer und je höher der GC-Gehalt, desto höher ist auch die Annealing-Temperatur. Meist liegt diese zwischen 50 und 65 °C.

In der dritten Phase, der Elongation (engl. *extension*), wird – ausgehend vom Primer – der DNA-Doppelstrang vervollständigt. Dies erfolgt durch den Einsatz von DNA-abhängigen DNA-Polymerasen. Diese nutzen das freie 3'-Ende des Primers und fügen nun die passenden Nucleotide an, wobei der DNA-Einzelstrang, an dem der Primer gebunden hat, als Vorlage für die Sequenz der Nucleotide dient. Die Temperatur, bei der dieser Schritt abläuft, hängt von der verwendeten DNA-Polymerase ab und liegt üblicherweise bei 72 °C.

Die am häufigsten verwendete DNA-Polymerase ist die sogenannte *Taq*-Polymerase, die aus dem hitzetoleranten Bakterium *Thermus aquaticus (Taq)* erstmals isoliert wurde. Mittlerweile werden DNA-Polymerasen biotechnologisch hergestellt und in fertigen Mischungen (Mastermix) kommerziell angeboten. Diese Mischungen enthalten bereits die DNA-Polymerase, einen geeigneten Puffer sowie die passenden Konzentrationen an $MgCl_2$ und Nucleotiden (dNTPs). Folglich müssen nur noch die Primer und die DNA zugegeben werden und mit Wasser auf ein gewünschtes Endvolumen aufgefüllt werden.

Die drei Phasen der Amplifikation (Abb. 7.2) werden meist 35–45-mal durchlaufen, wobei im Idealfall (d. h. bei einer Amplifikationseffizienz von 100 %) eine Verdopplung der DNA-Fragmente pro Zyklus stattfindet, was zu einer exponentiellen Vermehrung des durch die Position der Primer vordefinierten DNA-Abschnitts führt. Meist läuft die PCR in der Realität nicht so ideal ab, sodass man pro Zyklus eher mit einem Faktor von 1,5–1,8 rechnet und nicht mit dem Faktor 2.

Für die Auswertung der PCR müssen die PCR-Produkte sichtbar gemacht werden, um festzustellen, ob der vorab durch die Position der Primer festgelegte DNA-Abschnitt erfolgreich vervielfältigt wurde. Hierfür wird standardmäßig eine Agarose-Gelelektrophorese oder, wenn die entsprechende Ausstattung im Labor vorhanden ist, eine Kapillarelektrophorese durchgeführt. Der PCR-Ansatz wird gelelektrophoretisch der Größe nach in einem Agarosegel aufgetrennt. Wird bei der Elektrophorese Gleichstrom angelegt, wandern kleine DNA-Fragmente schneller durch das Gel zum Pluspol als größere Fragmente, wodurch eine Größenselektion möglich wird. Dem Gel wird

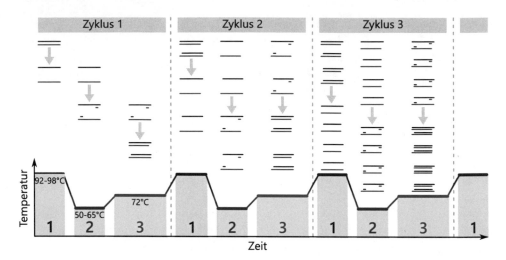

Abb. 7.2 Schematische Darstellung der drei Phasen einer PCR. 1 Denaturierung – die DNA-Doppelstränge werden in Einzelstränge getrennt. 2 Annealing – die Primer binden an die komplementäre Stelle des jeweiligen DNA-Einzelstrangs. 3 Extension/Elongation – die DNA-Polymerase vervollständigt ausgehend vom jeweiligen Primer den Doppelstrang

zudem ein interkalierender Farbstoff zugegeben, der sich in die kleine Furche der DNA einlagert und bei Anregung durch Licht einer bestimmten Wellenlänge fluoresziert, wodurch die DNA als Bande sichtbar gemacht wird.

Wird nun neben der zu untersuchenden Probe ein Größenstandard mit DNA-Fragmenten bekannter Größe (DNA-Leiter) parallel aufgetrennt, kann man die Position des PCR-Produkte im Gel mit der Position der DNA-Fragmente des Größenstandards vergleichen, um die Größe des PCR-Produkts abschätzen zu können.

Die Kombination von PCR und (Kapillar-)Gelelektrophorese ermöglicht die Vervielfältigung und die Detektion von PCR-Produkten zwischen 40 und etwa 20.000 Basenpaaren (bp). Für große Fragmente werden spezielle DNA-Polymerasen verwendet. Die PCR-Produkte können zudem aus dem Gel bzw. aus dem PCR-Ansatz wieder isoliert und danach für weitere Anwendungen, z. B. Klonierung, Verdau mit Restriktionsenzymen oder DNA-Sequenzierung, genutzt werden. Aufgrund der Vorteile dieser Technik (Amplifikation großer Fragmente, relativ günstiger Preis der Reagenzien, weitere Nutzung der PCR-Produkte, keine teuren Geräte notwendig) findet die konventionelle Endpunkt-PCR weiterhin rege Anwendung.

Allerdings müssen nach der PCR die Reaktionsgefäße geöffnet werden, um einen Teil des Reaktionsansatzes in ein Gel zu pipettieren oder aufzureinigen. Dies ist aufgrund der hohen Kopienzahl des PCR-Produkts nach der PCR allerdings eine potenzielle Ursache für Kontaminationen/Verschleppungen. Auch dauert es relativ lange vom Ansetzen der PCR bis zum Ergebnis in der Gelelektrophorese. Der größte Nachteil der konventionellen Endpunkt-PCR ist die fehlende Möglichkeit einer Quantifizierung. Die

Dicke einer Bande in der Gelelektrophorese ermöglicht keine direkte Aussage bezüglich der ursprünglich in das Reaktionsgemisch eingesetzten DNA-Menge (DNA-Kopienzahl), da die Dicke der Bande durch viele Faktoren beeinflusst wird (z. B. PCR-Effizienz, Pipettierungenauigkeiten, Agarosekonzentration im Gel; Farbstoffkonzentration).

Um eine Quantifizierung zu ermöglichen und den Ablauf einer PCR verfolgen zu können, war eine Technik notwendig, die die Vermehrung der DNA in der PCR sichtbar macht. Diese Entwicklungen führten zur zweiten Generation der PCR, der Real-time PCR.

7.1.2 Real-time PCR

Die quantitative Real-time PCR, oder kurz qPCR (*nicht* RT-PCR oder rt-PCR; siehe MIQE Guidelines, Bustin et al. 2009), basiert auf dem gleichen Grundprinzip wie die konventionelle Endpunkt-PCR. Auch hier werden die DNA-Doppelstränge thermisch aufgetrennt, es binden zwei Primer, und die DNA-Polymerase vervollständigt ausgehend vom jeweiligen Primer den zweiten komplementären Strang.

Um die Vervielfältigung der DNA sichtbar zu machen, gibt es verschiedene Ansätze, wobei sich zwei Varianten in der Praxis durchgesetzt haben: interkalierende Farbstoffe und Hydrolysesonden. Bei beiden Varianten werden Fluoreszenzfarbstoffe verwendet, die eine wichtige Eigenschaft haben: Sie nehmen Energie in Form von Licht einer bestimmten Wellenlänge auf und geben diese Energie als Fluoreszenz einer höheren Wellenlänge wieder ab. Dies wird als Stokes' Shift oder Stokes-Verschiebung bezeichnet und ist die Grundlage aller qPCR-basierten Verfahren.

Interkalierende Farbstoffe lagern sich in die kleine Furche der DNA ein und werden durch Licht einer bestimmten Wellenlänge angeregt. Die Energie geben sie in Form von Licht einer größeren Wellenlänge ab, bei der dann auch gemessen wird (Abb. 7.3a). Je mehr DNA vorhanden ist, desto mehr Farbstoff kann sich in die DNA einlagern, und umso höher wird das Fluoreszenzsignal.

Bei der qPCR mit Hydrolysesonden wird neben den Primern ein weiteres Oligonucleotid, die Sonde, hinzugegeben. Dieses bindet zwischen den beiden Primern auf einem der beiden Einzelstränge. An der Sonde sind zwei Farbstoffe gebunden, der Reporter am 5'-Ende und der Quencher am 3'-Ende (Abb. 7.3b). Ist die Sonde intakt (also bevor der DNA-Strang verdoppelt wurde), nimmt der Reporter Lichtenergie einer bestimmten Wellenlänge auf und würde normalerweise diese Energie in Form einer größeren Wellenlänge wieder abgeben. Allerdings befindet sich der zweite Farbstoff, der Quencher, in räumlicher Nähe (am 3'-Ende) und nimmt seinerseits Lichtenergie bei der Wellenlänge auf, bei der Reporter seine Energie abgibt. Dadurch kommt es zu einem Energietransfer vom Reporter zum Quencher, der als FRET (*fluorescence resonance energy transfer*) bezeichnet wird. Der Quencher gibt diese aufgenommene Energie dann in Form einer noch größeren Wellenlänge (fluoreszierender Quencher) oder in Form von Wärme (Dark Quencher) ab. Wird nun bei der Wellenlänge gemessen, bei der der

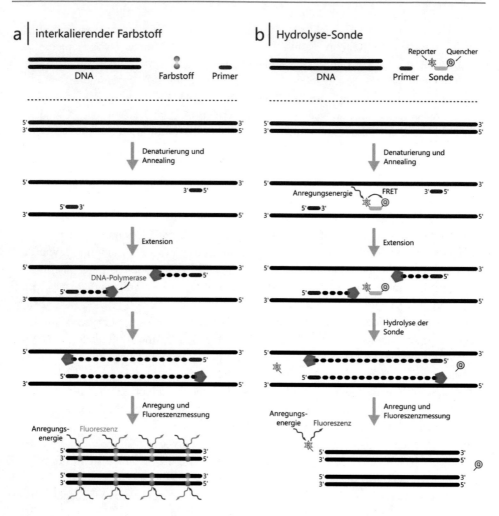

Abb. 7.3 Schematische Darstellung der Real-time PCR unter Verwendung von **a** interkalierenden Farbstoffen oder **b** Hydrolysesonden (LGL; Gürtler et al. 2019)

Reporter seine Energie abgibt, wäre das Fluoreszenzsignal auf Hintergrundniveau, da die Energie an den Quencher weitergegeben wird.

Im Verlauf der qPCR wird, ausgehend vom jeweiligen Primer, der zweite Strang durch die DNA-Polymerase synthetisiert. Auf einem der beiden Stränge trifft die DNA-Polymerase bei diesem Prozess auf die gebundene Hydrolysesonde. Bei der qPCR wird eine spezielle DNA-Polymerase verwendet, die eine 5'-3'-Exonuclease- und Strand-Displacement-Funktion besitzt. Dadurch ist sie in der Lage, die gebundene Sonde vom DNA-Strang abzulösen und abzubauen (Hydrolyse), um dann weiter den komplementären Strang zu synthetisieren. Durch den Abbau der Sonde verliert der Reporterfarbstoff die räumliche Nähe zum Quencherfarbstoff, wodurch der FRET nicht mehr stattfinden kann. Die vom Reporter aufgenommene Energie kann nun in Form von Fluoreszenz einer bestimmten Wellenlänge abgegeben und gemessen werden. Bei jeder Verdoppelung eines DNA-Doppelstrangs wird folglich (bei optimaler PCR-Effizienz) eine Hydrolyse-Sonde abgebaut, was zu einem (stöchiometrischen) Anstieg des Fluoreszenzsignals führt (Abb. 7.3b).

Ein entscheidender Vorteil von Hydrolysesonden im Vergleich zu interkalierenden Farbstoffen ist, dass ein Fluoreszenzsignal nur dann entsteht, wenn die Hydrolysesonde spezifisch an das zu amplifizierende DNA-Fragment gebunden hat und durch die DNA-Polymerase im Verlauf der PCR abgebaut wird. Dies erhöht die Spezifität der Reaktion, da zusätzlich zur spezifischen Bindung der beiden Primer ein drittes Oligonucleotid (Hydrolysesonde) spezifisch binden muss, um eine Detektion zu ermöglichen.

Neben interkalierenden Farbstoffen und Hydrolysesonden haben sich auch andere Detektionssysteme am Markt etabliert, die jedoch in der Routineanalytik nur eine untergeordnete Rolle spielen. Beispielhaft seien hier die Molecular-Beacon- und die Scorpion-Sonden genannt (Abb. 7.4). Beide Sondentypen bestehen aus einem

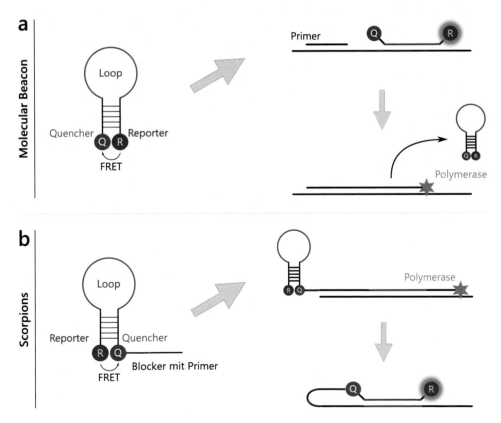

Abb. 7.4 Funktionsprinzip der Molecular-Beacon- **a** und Scorpion-Sonden **b** in der Real-time PCR

Einzelstrang, der kurze komplementäre Bereiche aufweist, die mit sich selber binden können. Dadurch entsteht eine Schlaufe (Loop). Die Sequenz des Loops wiederum ist komplementär zur Bindestelle an der Ziel-DNA. An den Enden des Einzelstrangs sind jeweils ein Reporterfarbstoff und ein Quencherfarbstoff gebunden. Durch die räumliche Nähe findet analog zur Hydrolysesonde ein FRET statt, sodass kein Fluoreszenzsignal gemessen werden kann.

Binden Molecular Beacons im Verlauf der PCR an die Ziel-DNA, kommt es zu einer Konformationsänderung, und die beiden Fluoreszenzfarbstoffe werden voneinander getrennt (Abb. 7.4a), wodurch der FRET nicht mehr stattfinden und der Reporterfarbstoff fluoreszieren kann. Ein weiterer Unterschied zu Hydrolysesonden besteht darin, dass Molecular-Beacon-Sonden in der qPCR nicht abgebaut werden und am Ende des PCR-Zyklus wieder regeneriert und anschließend im nächsten PCR-Zyklus wieder zur Verfügung stehen.

Scorpion-Sonden sind bifunktional und besitzen zusätzlich zur Loopstruktur und den beiden Fluoreszenzfarbstoffen einen Blocker und einen Primer, die beide am 3'-Ende gebunden sind (Abb. 7.4b). Der Primer bindet an die Primerbindestelle der Ziel-DNA, und die DNA-Polymerase synthetisiert ausgehend von diesem Primer den zweiten Strang. Nun kann der Loop-Bereich an die Ziel-DNA binden, wodurch es auch hier zu einer Konformationsänderung der Sonde kommt. Der Reporter und Quencher werden räumlich voneinander getrennt und der FRET dadurch unterbunden. Das Fluoreszenzsignal des Reporters kann nun detektiert werden.

In der qPCR wird die Fluoreszenz in jedem PCR-Zyklus gemessen. Trägt man diese gegen die PCR-Zyklen auf, erhält man die Amplifikationskurve, die aus dem Hintergrundrauschen (Basislinie), der exponentiellen Phase und der Plateau-Phase besteht. Der Anstieg des Fluoreszenzsignals ist (unter optimalen Bedingungen) direkt proportional zur DNA-Menge. Je mehr DNA am Anfang in der Probe vorhanden ist, umso schneller wird die DNA im Laufe der PCR vervielfältigt, und desto früher steigt das Fluoreszenzsignal an. Dies wird genutzt, um eine Quantifizierung der Ausgangskonzentration durchzuführen. Hierfür müssen die Amplifikationskurven der einzelnen Proben bzw. Standards miteinander verglichen werden. Hierfür wird eine horizontale Linie im Amplifikationsplot eingezogen, die die Amplifikationskurven in dem Bereich schneidet, an dem sie sich am meisten voneinander unterscheiden: dem Zeitpunkt, zu dem die Amplifikationskurven aus dem Hintergrundrauschen in die sichtbare exponentielle Phase übergehen. Diese horizontale Linie wird als Threshold oder Schwellenwert bezeichnet. Wichtig ist dabei, dass die Kurven am Schnittpunkt mit dem Threshold eine möglichst gleiche Reaktionskinetik aufweisen (paralleler Kurvenverlauf).

Der Schnittpunkt der Amplifikationskurve mit dem Threshold wird als *cycle of quantification* oder Cq bezeichnet (Abb. 7.5; Bustin et al. 2009). Früher wurden auch Begriffe wie *crossing point* (Cp) oder *cycle threshold* (Ct) verwendet. Je mehr DNA anfangs in der Probe vorhanden ist, desto niedriger ist der Cq-Wert, da die Amplifikationskurve früher aus dem Hintergrundrauschen in die sichtbare exponentielle Phase übergeht und daher früher den Threshold schneidet. Proben mit niedrigerer

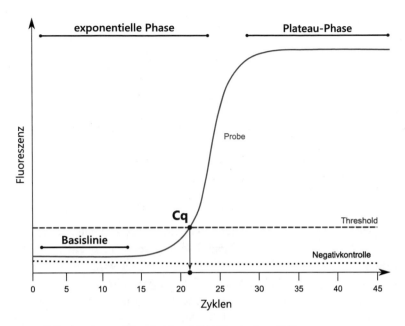

Abb. 7.5 Amplifikationskurve, Threshold und Cq-Wert in der qPCR

Anfangskonzentration brauchen länger, um aus dem Hintergrundrauschen in die sichtbare exponentielle Phase überzugehen. Dadurch schneidet die Amplifikationskurve den Threshold später, was zu einem höheren Cq-Wert führt.

Die Quantifizierung in der qPCR kann absolut oder relativ erfolgen. Bei der absoluten Quantifizierung wird der Cq-Wert der Probe mit einem Standard bekannter Konzentration verglichen. Dieser Standard wird seriell verdünnt und alle Verdünnungen zusammen mit der Probe im gleichen qPCR-Lauf gemessen. Folglich erhält man Cq-Werte für die Probe und für jede Standardverdünnungsstufe. Die Cq-Werte der verdünnten Standards werden gegen den Logarithmus der Konzentration aufgetragen (da es sich bei der PCR um eine exponentielle Funktion handelt). Das Ergebnis ist eine Standardgerade, die für drei Aspekte der qPCR wichtig ist: Über die Steigung der Standardgerade kann die qPCR-Effizienz berechnet werden, die einen Anhaltspunkt über die tatsächliche Verdopplungsrate der DNA in der qPCR angibt. Eine gute qPCR-Effizienz liegt zwischen 90 und 110 % (European Network of GMO Laboratories 2015), was einer Steigung der Standardgerade zwischen −3,1 und −3,6 entspricht. Die qPCR-Effizienz wird über folgende Formel berechnet:

$$E[\%] = (10^{\frac{-1}{m}} - 1) \times 100 \qquad (7.1)$$

($E =$ qPCR-Effizienz; $m =$ Steigung der Standardgerade)

Die Standardgerade gibt zudem den linearen Messbereich *(dynamic range)* an, in dem ein direktes Verhältnis von Cq-Wert zur Konzentration besteht. Eine Quantifizierung ist nur für Cq-Werte möglich, die sich im Wertebereich der Standardgerade befinden (Intrapolation).

Die Standardgerade kann für die Quantifizierung verwendet werden, indem der Cq-Wert der zu untersuchenden Probe in die Geradengleichung (Gl. 7.2) eingesetzt wird.

$$\text{Geradengleichung:} \; y = mx + t \tag{7.2}$$

($m=$ Steigung; $t=$ Achsenabschnitt auf der y-Achse; $y=$ Cq-Wert; $x=$ Logarithmus der Konzentration).

Diese Formel wird nach x aufgelöst und anschließend durch Potenzieren entlogarithmiert, um die Konzentration zu erhalten:

$$\text{Konzentration} = 10^x = 10^{\frac{y-t}{m}} \tag{7.3}$$

Für eine vergleichende Analyse (z. B. der Effekt eines Medikaments auf die Expression bestimmter Gene) wird die relative Quantifizierung verwendet. Da meist der Effekt der Behandlung auf die Expression eines Genes untersucht wird, findet diese Analytik meist auf mRNA-Ebene statt, die vor der qPCR-Analyse mittels reverser Transkription in cDNA umgeschrieben wird. Neben dem Zielgen werden bei der relativen Quantifizierung weitere Gene untersucht (i. d. R. Anzahl >3), die als Referenzgene oder Housekeeping-Gene bezeichnet werden. Diese Gene sollten unabhängig von der Matrix (z. B. Gewebe) und der Behandlung konstant exprimiert werden. Aus den qPCR-Ergebnissen der Housekeeping-Gene wird ein Housekeeping-Index berechnet, mit dem das qPCR-Ergebnis der zu untersuchenden Probe verglichen wird. Dazu wird der Cq-Wert des Housekeeping-Index vom Cq-Wert der Probe abgezogen, was den ΔCq-Wert ergibt (Pfaffl 2004).

$$\Delta Cq = Cq_{\text{Zielgen}} - Cq_{\text{Referenzgen}} \tag{7.4}$$

Um den Effekt einer Behandlung zu analysieren, wird der $\Delta\Delta$Cq-Wert durch Vergleich der Behandlungsgruppe und der Kontrollgruppe gebildet:

$$\Delta\Delta Cq = \Delta Cq_{\text{Behandlung}} - \Delta Cq_{\text{Kontrolle}} \tag{7.5}$$

Über die Berechnung der Ratio kann nun angegeben werden, wie viel stärker oder schwächer ein Gen aufgrund der Behandlung exprimiert wird. Dazu wird die folgende Formel verwendet:

$$\text{Ratio} = 2^{-\Delta\Delta Cq} \tag{7.6}$$

Dabei geht man jedoch davon aus, dass die qPCR bei allen untersuchten Genen (Zielgen und Housekeeping-Genen) optimal funktioniert hat, also stets eine Verdoppelung der cDNA pro Zyklus stattgefunden hat. Dies entspricht jedoch in der Regel nicht der Realität. Die qPCR ist eine Methode, deren Ergebnisse besonders stark von der PCR-Effizienz beeinflusst werden, da nicht die finale Fluoreszenzstärke für das Messergebnis relevant ist, sondern der Verlauf der Amplifikationskurve und der Zeitpunkt, wann diese aus dem Hintergrundrauschen in die sichtbare exponentielle Phase übergeht. Beides wird stark durch die Matrix der zu analysierenden Probe und durch die verwendeten Nachweissysteme (Sequenz und Position von Primern und ggf. der Sonde sowie Sequenz des Amplikons) beeinflusst. Befinden sich noch PCR-Inhibitoren (z. B. Ethanol, Polyphenole, SDS, EDTA) im DNA-Extrakt der zu untersuchenden Probe, kann dies einen großen Effekt auf den Kurvenverlauf und damit den Cq-Wert der qPCR-Analyse haben, da die qPCR dann nicht mehr so effizient ablaufen kann. Um derartige Inhibitionseffekte auszuschließen, wird die Probe auch verdünnt gemessen, z. B. in einer 1:4- oder 1:16-Verdünnung. Bei einer optimalen qPCR-Effizienz sollte der Cq-Wert einer 1:4-verdünnten Probe um 2 höher sein als bei der unverdünnten Probe, da 4-mal weniger Ziel-DNA vorhanden ist und pro Zyklus im Optimalfall eine Verdopplung der DNA stattfindet. Ist eine Probe im unverdünnten Zustand inhibiert, kann mit einer Verdünnung gearbeitet werden, da dadurch auch die Inhibitoren verdünnt werden.

Bei der relativen Quantifizierung wird daher eine Effizienzkorrektur durchgeführt, um den Einfluss unterschiedlicher qPCR-Effizienzen auf das Messergebnis zu reduzieren (Pfaffl 2004).

$$\text{Ratio} = \frac{(E_{\text{Zielgen}})^{\Delta Cq_{\text{Zielgen}}(\text{Kontrolle}-\text{Behandlung})}}{(E_{\text{Referenzgen}})^{\Delta Cq_{\text{Referenzgen}}(\text{Kontrolle}-\text{Behandlung})}} \tag{7.7}$$

($E = $ qPCR-Effizienz)

Wird eine absolute Quantifizierung durchgeführt, kann vor allem die genaue Bestimmung der Ausgangkonzentration über eine Standardgerade zu Schwierigkeiten führen. So ist die Verfügbarkeit von exakt quantifizierten und gut charakterisierten Standards notwendig, die bei vielen Anwendungen leider nicht gegeben ist. Gerade bei kommerziell erhältlichen Standards ist die Matrix der Standards oft eine andere als bei den zu untersuchenden Proben. Dies hat zur Folge, dass sich die qPCR-Effizienz der Standards möglicherweise von der der Proben unterscheidet, was bei der Standardgeradenmethode jedoch nicht mit einbezogen wird und zu Messungenauigkeiten führt.

Ein weiteres Problem der qPCR stellt die Amplifikation von Nebenprodukten dar. Bei der qPCR mit Hydrolysesonden wird ein drittes für die Detektion notwendiges Oligonucleotid (Sonde) zugegeben und ein Fluoreszenzsignalanstieg wird nur dann detektiert, wenn die Sonde während der qPCR auch tatsächlich abgebaut wird. Dies reduziert die Wahrscheinlichkeit für die Detektion von qPCR-Nebenprodukten. Es kann jedoch vorkommen, dass z. B. einer der Primer unspezifisch bindet und dadurch ein Nebenprodukt (linear, nicht exponentiell) gebildet wird. Diese Nebenprodukte werden in einer qPCR mit Hydrolysesonden nicht detektiert und sind auch nicht sichtbar, können aber einen Einfluss auf den Ablauf der qPCR haben (PCR-Effizienz).

Bei der Verwendung interkalierender Farbstoffe gibt es jedoch eine Möglichkeit, diese Nebenprodukte sichtbar zu machen. Hierfür wird nach der eigentlichen qPCR-Reaktion eine sogenannte Schmelzkurvenanalyse durchgeführt. Ziel-DNA-Amplifikate und Nebenprodukte unterscheiden sich i. d. R. in ihrer Länge und ihrem GC-Gehalt, was wiederum die Schmelztemperatur (T_M) beeinflusst. Je länger das qPCR-Produkt und je höher der GC-Gehalt ist, desto höher ist auch dessen Schmelztemperatur. Bei der Schmelzkurvenanalyse wird das qPCR-Produkt im Anschluss an die eigentliche qPCR-Reaktion langsam kontinuierlich erhitzt (z. B. von ca. 60 bis 99 °C). Dabei wird über den gesamten Erhitzungsprozess kontinuierlich die Fluoreszenz gemessen. Zu Beginn, bei 60 °C, ist die vorliegende DNA (Ziel-DNA und Nebenprodukt) doppelsträngig und damit der interkalierende Farbstoff in die DNA eingelagert, wodurch das Fluoreszenzsignal hoch ist. Wird die DNA nun erhitzt, schmilzt sie, abhängig von Länge und GC-Gehalt, bei einer bestimmten Temperatur auf. Dies führt dazu, dass sich der interkalierende Farbstoff von der DNA löst, wodurch es zu einem Abfall der Fluoreszenz kommt. Da man kontinuierlich die Fluoreszenz misst, erhält man eine Schmelzkurve. Von dieser Schmelzkurve wird die 1. Ableitung gebildet und die dadurch entstehende Kurve gespiegelt, was die finale Schmelzkurve ergibt (Abb. 7.6). Dies erfolgt automatisch durch die Software des qPCR-Geräts. Die Anzahl der Peaks der Schmelzkurve entspricht der Anzahl der qPCR-Produkte, wobei das Maximum des Peaks die Schmelztemperatur angibt. Folglich lassen sich über die Anzahl der Peaks und deren Schmelztemperatur Aussagen bezüglich der Amplifikation von Ziel-DNA und Nebenprodukten treffen. Eine Schmelzkurvenanalyse ist mit Hydrolysesonden nicht möglich.

Die qPCR ist derzeit die Standardtechnik bei qualitativen und quantitativen DNA-Analysen, weist aber, wie beschrieben, ein paar nachteilige Aspekte auf, die bei der Nutzung der dritten Generation der PCR, der digitalen PCR, teilweise entfallen.

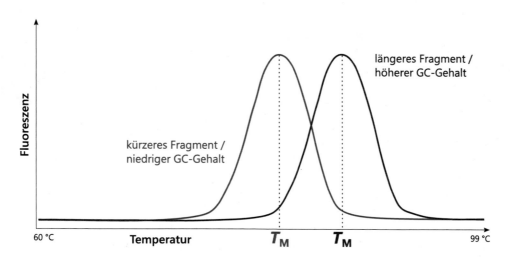

Abb. 7.6 Schematische Darstellung einer Schmelzkurvenanalyse. Längere PCR-Produkte mit höherem GC-Gehalt (rote Kurve) schmelzen erst bei höherer Temperatur auf als kurze Produkte mit niedrigerem GC-Gehalt (blaue Kurve). Das Maximum des Peaks gibt die Schmelztemperatur (T_M) an

7.2   Digitale PCR

Die dritte Generation der PCR ist die digitale PCR (dPCR; siehe dMIQE Guidelines, Huggett et al. 2013). Das grundlegende Funktionsprinzip wurde erstmals von Vogelstein und Kinzler (1999) beschrieben. Dabei wird das PCR-Reaktionsvolumen in viele (mehrere hundert bis zu Millionen) kleine Kompartimente (wenige Nanoliter bis Picoliter) aufgeteilt. Dies kann entweder auf einem vorgefertigten Chip geschehen, der viele gleich große „Kammern" enthält, weshalb dieses Verfahren *chamber digital PCR* oder cdPCR genannt wird. Die Vereinzelung kann auch durch Tröpfchenbildung in einer Wasser-in-Öl-Emulsion erreicht werden. Diese Technik wird daher *droplet digital PCR* oder ddPCR genannt. Beiden Techniken ist gemein, dass das Reaktionsgemisch mit der zu untersuchenden DNA zufällig auf die einzelnen Kompartimente verteilt wird (Vereinzelung der DNA). Dadurch entsteht eine Vielzahl von unabhängigen Subreaktionen, da in jedem Kompartiment eine separate Endpunkt-PCR durchgeführt wird, sofern die entsprechende Ziel-DNA im Kompartiment vorhanden ist. Die zu untersuchende DNA wird vor der Vereinzelung so stark verdünnt, dass jedes Kompartiment entweder keine, ein oder mehrere Ziel-DNA-Moleküle enthält (Abb. 7.7). Die PCR wird als Endpunkt-PCR durchgeführt und danach ausgewertet. Die ddPCR findet immer breitere Anwendung, daher wird dieses Prinzip hier näher erläutert.

Bei der ddPCR wird die zu untersuchende DNA mit einem PCR-Reaktionsmix gemischt und in vorgefertigte Kartuschen pipettiert, die drei verschiedene Wells (Vertiefungen) aufweisen. In das erste Well wird das Reaktionsgemisch pipettiert und ein Öl in das zweite Well. Die Wells sind mit Mikrokanälen (Kapillaren) miteinander verbunden. Durch Unterdruck werden die beiden Lösungen zusammengeführt, wodurch Wasser-in-Öl-Emulsionströpfchen entstehen. Dabei verteilt sich die DNA zufällig auf die einzelnen Tröpfchen. Die gebildeten Tröpfchen (Emulsion) gelangen schließlich in das dritte Well der Kartusche. Von dort wird die Emulsion in eine 96-Well-Mikrotiterplatte überführt und in einen konventionellen PCR-Thermocycler gestellt, wo eine Endpunkt-PCR durchgeführt wird. Diese läuft nun in jedem Tröpfchen separat und parallel ab, sofern sich die Ziel-DNA im jeweiligen Tröpfchen befindet. Nach der PCR wird die 96-Well-Platte in ein Tröpfchen-Lesegerät gestellt, wo die Wells der Platte einzeln und nacheinander analysiert werden. Eine Kapillare zieht die Tröpfchen eines Wells auf, vereinzelt diese und führt sie nacheinander an einem Detektor vorbei. Dort wird die Fluoreszenz der Tröpfchen nach Anregung durch eine Lichtquelle gemessen. Hat sich das zu vervielfältigende DNA-Fragment in einem Tröpfchen befunden, konnte in diesem Tröpfchen die PCR ablaufen, was zu einem erhöhten Fluoreszenzsignal führt. Tröpfchen ohne das nachzuweisende DNA-Fragment weisen keine Erhöhung des Fluoreszenzsignals auf. Diese 0–1-Antwort (Ziel-DNA nachweisbar $=1$; Ziel-DNA nicht nachweisbar $=0$) hat dieser Technik die Bezeichnung digitale PCR eingebracht. Die positiven Tröpfchen (erhöhtes Fluoreszenzsignal) und die negativen Tröpfchen (Hintergrundfluoreszenz) werden vom Lesegerät gezählt und ein Verhältnis aus positiven Tröpfchen

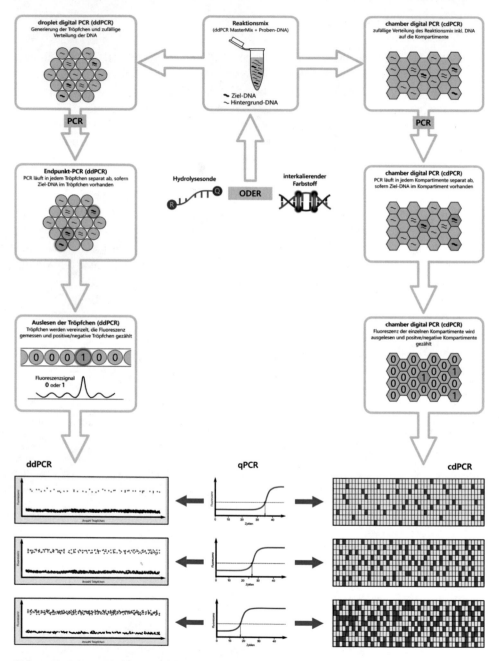

Abb. 7.7 Schematische Darstellung des Ablaufs einer *digital PCR*, unterteilt in *droplet digital PCR* (ddPCR; linke Seite der Abbildung) und *chamber digital PCR* (cdPCR; rechte Seite der Abbildung). In Abhängigkeit der Ausgangskonzentration der DNA-Probe erhält man mehr oder weniger positive Kompartimente. Dies ist vergleichend (ddPCR, qPCR, cdPCR) in aufsteigender Ausgangskonzentration im unteren Teil der Abbildung dargestellt

zur Gesamtzahl der Tröpfchen gebildet (Abb. 7.7; Gürtler und Gerdes 2014; Gerdes et al. 2014; Huggett und Whale 2013).

Da die Anzahl der positiven Kompartimente von der Ausgangskonzentration der Probe abhängt, kann über das Verhältnis aus positiven Tröpfchen zur Gesamtzahl der Tröpfchen (Summe aus positiven und negativen Tröpfchen) – unter Berücksichtigung des Verdünnungsfaktors – die absolute DNA-Kopienzahl der eingesetzten DNA-Lösung pro Volumen berechnet werden. Entscheidend dabei ist, dass immer ein Anteil an negativen Tröpfchen/Kompartimenten vorliegt, also keine „Sättigung" mit Ziel-DNA besteht (= alle Kompartimente sind positiv).

Bei einem positiven Fluoreszenzsignal eines Kompartiments können prinzipiell ein oder mehrere Ziel-DNA-Moleküle darin vorliegen, was Einfluss auf die Berechnung der DNA-Ausgangskonzentration hat. Daher wird für die Berechnung der Ausgangskonzentration ein statistisches Modell (Poisson-Statistik) verwendet (Lievens et al. 2016), um die Wahrscheinlichkeit des Auftretens mehrerer Ziel-DNA-Kopien pro Kompartiment in Abhängigkeit der Ausgangkonzentration mit einzuberechnen. Für eine Poisson-Verteilung sind folgende Annahmen notwendig:

- Die Zielmoleküle sind zufällig über die Gesamtheit der Kompartimente verteilt.
- Das Vorliegen eines Zielmoleküls führt zu einer Bewertung des Kompartiments als „positiv".
- Das Nichtvorliegen eines Zielmoleküls führt zu einer Bewertung des Kompartiments als „negativ".
- Alle Kompartimente haben das gleiche Volumen.
  Hinweis: Bei absoluten Quantifizierungen sollte das Volumen der jeweiligen Kompartimente sehr genau bekannt sein, da die Richtigkeit der Messung auch von der Exaktheit der Volumenbestimmung abhängt (Pecoraro et al. 2019).

Die Analyse der dPCR-Ergebnisse basiert auf der Annahme, dass die Verteilung der Zielsequenz über die Partitionen ein nahezu perfekter Poisson-Prozess ist. Wenn n_{tot} die Gesamtzahl der ausgewerteten Partitionen ist (positive und negative) und n_{neg} die Anzahl der negativen Partitionen, dann sind p_0 (Wahrscheinlichkeit einer leeren Partition) und λ (durchschnittliche Anzahl an Ziel-DNA pro Partition) gegeben als:

$$p_0 = \frac{n_{neg}}{n_{tot}} \qquad (7.8)$$

$$\lambda = -\ln p_0 \qquad (7.9)$$

Für die Konzentration an Ziel-DNA (λ) gibt es bei der absoluten Quantifizierung mittels dPCR einen idealen statistischen Wert von etwa 1,6, bei dem das schmalste Konfidenzintervall, die höchste Präzision und Richtigkeit der Messergebnisse gegeben sind. So liegt bei einem Partitionsvolumen von beispielsweise 0,85 nL das Optimum bei etwa

1870 Ziel-DNA Kopien pro µL bzw. 37.400 Kopien für einen 20-µL-Reaktionsmix (Lievens et al. 2016, Pecoraro et al. 2019). Bei 10.000 (oder mehr) Partitionen und $\lambda = 1,6$ liegen 20 % als negativ klassifizierte Partitionen (keine Ziel-DNA nachweisbar) vor (Jones et al. 2016).

Im Gegensatz zur qPCR können mit der dPCR DNA-Kopienzahlen ohne die Verwendung von Standardkurven mit hoher Präzision und Richtigkeit absolut quantifiziert werden. Letzteres hat den Vorteil, dass keine Matrixeffekte (Unterschiede) zwischen der zu untersuchenden Probe und dem verwendeten Material für die Standardkurve(n) (Referenzmaterial) vorliegen, die zu unterschiedlichen Amplifikationseffizienzen führen und Ungenauigkeiten der Messergebnisse verursachen können. Ein zusätzlicher praktischer Vorteil gegenüber der qPCR mit Standardkurven besteht zudem darin, dass in einer 96-Well-Mikrotiterplatte mehr ddPCR Ansätze für die Amplifikation untergebracht werden können, da die Belegungen für die Reaktionen der Standardkurve(n) wegfallen.

Da es sich bei der dPCR um eine Endpunkt-PCR handelt, ist die Reaktionseffizienz – im Gegensatz zur qPCR – nur von untergeordneter Bedeutung. Entscheidend ist, dass sich die Fluoreszenz eines „positiven Kompartimentes" eindeutig von der Hintergrundfluoreszenz der „negativen Kompartimente" unterscheidet (Pecoraro et al. 2019). Dieser Unterschied wird auch Auflösung (engl. *resolution*) genannt und kann aus der Fluoreszenzdifferenz von positiven und negativen Kompartimenten berechnet werden (Lievens et al. 2016). Es wird dabei ein Auflösungswert (*Rs*) von mindestens 2 empfohlen. Ein Wert von 2,5 stellt eine hohe, ein Wert von 0,5 eine geringe Auflösung dar (Pecoraro et al. 2019).

Bei der qPCR wird die Ziel-DNA in einem einzigen Reaktionsansatz mit meist hohem Anteil an „Hintergrund-DNA" (Nicht-Ziel-DNA) gemessen. Im Vergleich hierzu wird die Ziel-DNA in der dPCR durch die hohe Verdünnung der DNA und das statistisch zufällige Verteilen der DNA auf viele einzelne Kompartimente (Kammern/ Tröpfchen) von der Hintergrund-DNA teilweise getrennt und dadurch konzentriert. Dadurch ist das Verhältnis (Anteil) von Ziel-DNA zu Hintergrund-DNA in den einzelnen Kompartimenten wesentlich höher als in einer DNA-Ausgangslösung mit geringer Ziel-DNA-Konzentration. Durch diesen Konzentrierungseffekt können sehr geringe Ziel-DNA-Mengen in einer großen Menge an Nicht-Ziel-DNA der DNA-Ausgangslösung zuverlässig quantifiziert werden (Pecoraro 2019). Dieser Effekt ist in Abb. 7.8 schematisch dargestellt.

Durch die große Zahl an untersuchten Kompartimenten wird mit der dPCR zusätzlich auch ein hohes Maß an Präzision der Messergebnisse erreicht (Hindson et al. 2011).

Verschiedene Publikationen weisen auch auf eine geringere Anfälligkeit der dPCR für Inhibition im Vergleich zu qPCR hin (Nixon et al. 2014; Racki et al. 2014; Pecoraro et al. 2019). Dies liegt insbesondere an dem Verdünnungseffekt bei der dPCR, wodurch auch potenzielle Inhibitoren verdünnt werden (da die DNA-Lösung verdünnt wird).

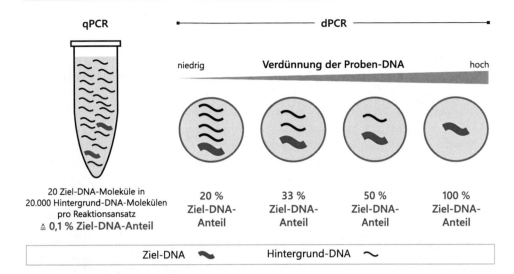

Abb. 7.8 Schematische Darstellung des Konzentrierungseffekts der Ziel-DNA in einem Kompartiment durch Verdünnung. Links ist ein Standardreaktionsgefäß für eine qPCR dargestellt, in dem das Verhältnis (Anteil) von Ziel-DNA zu Hintergrund-DNA 0,1 % entspricht. Rechts sind vier verschiedene Kompartimente mit unterschiedlich stark verdünnter DNA-Ausgangslösung dargestellt. Je nach Verdünnungsgrad beträgt der Anteil an Ziel-DNA im Verhältnis zur Hintergrund-DNA in dem jeweiligen Kompartiment 20 %, 33 %, 50 % oder 100 %

Dadurch können deren störende Einflüsse reduziert oder sogar vollständig eliminiert werden. Bei inhibitorischen Substanzen kann es sich beispielsweise um Stoffe handeln, die aus dem Ausgangsmaterial stammen, aus dem die DNA isoliert wurde, und die bei der Aufreinigung nicht vollständig von der DNA abgetrennt wurden. Oftmals werden auch bei der DNA-Extraktion selber Stoffe verwendet, die inhibitorische Effekte aufweisen, sofern sie bei der Extraktion nicht vollständig entfernt wurden (z. B. Ethanol, SDS, Chloroform, CTAB).

Bei einer qPCR-Reaktion ist die gemessene Fluoreszenz die Summe aller Amplifikationsprozesse im Reaktionsgemisch. Es ist daher unmöglich, in der qPCR zwischen verschiedenen Amplifikationsprodukten zu unterscheiden, die sich aus denselben Primer-Sonden-Kombinationen in derselben Reaktion ergeben (z. B. die Amplifikation eng verwandter Sequenzen). In der ddPCR ermöglicht die Kompartimentierung jedoch eine solche Unterscheidung. Unbeabsichtigte Amplifikationsprodukte – erzeugt durch nicht perfekte Bindung von Primer/Sonden an eine DNA-Sequenz – amplifizieren normalerweise mit einer geringeren Effizienz. Dies führt zu einer Endpunktfluoreszenz, die niedriger ist als bei der tatsächlichen Zielsequenz. Infolgedessen zeigen sich diese Amplifikationsprodukte in der ddPCR als zusätzliche (unterschiedliche) diskrete Population von Tröpfchen, wobei die Fluoreszenzwerte zwischen denen der negativen und echten positiven liegen. Das Vorhandensein mehrerer Tröpfchenpopulationen kann die digitale

Analyse erschweren, die Trennung von positiven von negativen Kompartimenten beeinflussen und letztendlich zu einer Fehlklassifizierung von Tröpfchen führen. Daher sollten
dPCR-Methoden (und qPCR Methoden) nur ein einzelnes detektierbares Amplifikat
erzeugen (es sei denn, das Ziel besteht darin, Multiplexing durchzuführen; Pecoraro et al.
2019). Dies wird üblicherweise durch Optimierung der Reaktionsbedingungen oder auch
durch Modifizierung der Primer-/Sondensequenzen erreicht (Abb. 7.9).

Die dPCR eignet sich auch für Multiplex-Anwendungen (Jones et al. 2016). Dies
wurde beispielsweise für den Nachweis gentechnisch veränderter Organismen (GVO)
gezeigt, wobei das Multiplexing gerätebedingt innerhalb eines Fluoreszenzkanals

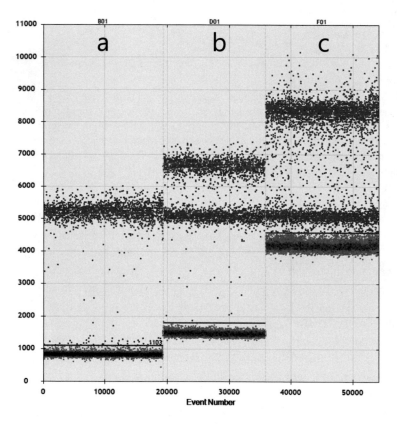

Abb. 7.9 Ergebnisse von drei unterschiedlichen ddPCR-Experimenten. **a** Amplifikation des fatA-
Gens: Es sind zwei diskrete Populationen an Tröpfchen (positive/blau und negative/grau) sichtbar.
b Amplifikation des cruA-Gens: Es sind drei diskrete Populationen erkennbar. In dieser Reaktion
wurde zusätzlich ein Amplifikat gebildet, dessen Sequenz der der eigentlichen Zielsequenz sehr
ähnlich ist und daher mit etwas geringerer Effizienz (geringere Fluoreszenz) amplifiziert wird.
c Amplifikation des pepC-Gens: Eine zusätzliche diskrete Tröpfchenpopulation liegt nahe der
Population der negativen Tröpfchen. Hierbei wurde ein Nebenprodukt amplifiziert, dass mit einer
deutlich geringeren Effizienz amplifiziert wird als die Zielsequenz. (Die pinken Linien grenzen
positive von negativen Tröpfchen voneinander ab.)

des Gerätes (ddPCR) durchgeführt wurde (Dobnik et al. 2015, 2016). Für ein Multiplexing innerhalb eines Kanals werden die verschiedenen Sonden für die Zielsequenzen in unterschiedlichen Konzentrationen zugegeben, sodass – in diesem Fall gewollt – mehrere Populationen mit unterschiedlichen Fluoreszenzstärken (beim Vorliegen mehrere Ziel-DNA-Sequenzen) entstehen. Neuere Geräte besitzen bereits bis zu fünf Fluoreszenzkanäle, sodass Multiplexing mit verschiedenen Farbstoffen, d. h. für jeden PCR-Nachweis mit einem eigenen Farbstoff, durchgeführt werden kann.

Die meisten gegenwärtig verfügbaren dPCR-Geräte mit ihren begrenzten Probenkapazitäten sind weniger für Hochdurchsatzverfahren geeignet – im Sinne der parallelen Analyse einer großen Anzahl an Proben (nicht Kompartimenten). Erste Automatisierungen im Bereich der dPCR sind allerdings bereits auf dem Markt, wodurch die Eignung für Hochdurchsatzverfahren verbessert wird. Auch ist der dynamische Bereich der dPCR mit vier bis sechs Größenordnungen üblicherweise schmaler als bei der qPCR mit bis zu sieben (und mehr) Größenordnungen, wobei dies jedoch sehr stark von der Anzahl der analysierten Kompartimente des jeweiligen dPCR-Geräts abhängig ist. Daher muss bei der dPCR – im Gegensatz zur qPCR – die DNA-Lösung so weit verdünnt werden, dass ein ausreichend hoher Anteil an negativen Kompartimenten vorliegt (Jones et al. 2019; Pecoraro 2019).

Grundsätzlich können etablierte/validierte qPCR-Methoden meist ohne großen Aufwand in ein dPCR-Format übertragen werden. Dazu werden zunächst die Reaktionsbedingungen der qPCR (Primer-/Sondenkonzentrationen, Annealing-Temperatur) ebenso für die dPCR gewählt (meist jedoch benötigen bestimmte dPCR-Plattformen einen speziellen dPCR-Mastermix). Falls die erhaltenen Ergebnisse beispielsweise hinsichtlich spezifischer Amplifikation der Zielsequenz und der Unterscheidung von positiven und negativen Kompartimenten (Auflösung) den Anforderungen entsprechen, kann die Methode so verwendet werden. Falls nicht, müssen die Reaktionsparameter (z. B. Primer-/Sondenkonzentration oder Annealing-Temperatur) angepasst werden (Abb. 7.10). Zu beachten ist dabei, dass die Methode ggf. erneut überprüft werden muss, ob die Leistungsparameter der ursprünglichen Methode eingehalten werden (z. B. Spezifität), wenn bei der Übertragung einer bereits validierten qPCR-Methode in eine dPCR-Methode wesentliche Veränderungen an Reaktionsparametern vorgenommen werden. Detaillierte Empfehlungen für den Übertrag von qPCR-Methoden in ein dPCR-Format finden sich bei Pecoraro et al. (2019).

Die dPCR wird bereits in einer Vielzahl von Anwendungsgebieten eingesetzt, beispielsweise für die exakte Quantifizierung oder Detektion von Einzelnucleotid-Polymorphismen (engl. *single nucleotide polymorphisms,* SNPs), geringer Ziel-DNA-Konzentration, oder auch zur Untersuchung von Allelhäufigkeiten (engl. *allelic copy number variation,* CNV; Motoi et al. 2017). Häufig wird die dPCR in medizinischen Bereichen wie der Krebsdiagnostik (Cochran et al. 2014; Taly et al. 2013), Infektiologie (Kelley et al. 2013; Last et al. 2013) oder der pränatalen Diagnostik (Lo et al. 2007; Zimmermann et al. 2008) eingesetzt, findet aber auch Anwendung in der Umweltanalytik (Cao et al. 2015; Masago et al. 2016), bei Analysen zur Lebensmittelidentität und zu

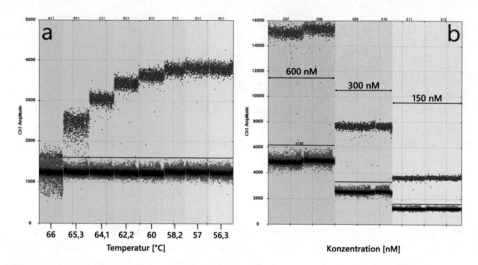

Abb. 7.10 Einfluss von Temperatur **a** und Konzentration der Primer **b** auf die Auflösung in der ddPCR. Bei **a** nimmt die Auflösung mit sinkender Annealing-Temperatur zu. Bei **b** nimmt die Auflösung mit abnehmender Primerkonzentration ab. (Die pinken Linien grenzen positive (blau) von negativen (grau) Tröpfchen voneinander ab.)

Lebensmittelbetrug (Cai et al. 2017; Ren et al. 2017; Köppel et al. 2020), in der Mikrobiologie (Pinchuk et al. 2010; Hennekinne et al. 2012) und Virologie (Coudray-Meunier et al. 2015) sowie beim Nachweis gentechnisch veränderter Organismen (GVO; Morisset et al. 2013; Gerdes et al. 2014; Gerdes et al. 2016).

7.3   Unterschiede der digitalen PCR zur konventionellen PCR und Real-time PCR

Jede der hier vorgestellten PCR-basierten Techniken hat ihre spezifischen Anwendungsbereiche. Wenn es z. B. um die Amplifikation von langen DNA-Fragmenten oder die Klonierung von DNA-Fragmenten geht, wird nach wie vor die konventionelle PCR eingesetzt. Die gebildeten Amplifikate können nach der gelelektrophoretischen Auftrennung auch weiter untersucht werden (z. B. Sequenzierung). Zudem ist die konventionelle PCR ein recht kostengünstiges Verfahren.

Bei Routineanalysen (qualitativ und quantitativ) ist die qPCR meist der Goldstandard, da sie schnell durchführbar ist, seit vielen Jahren in den meisten molekularbiologischen Laboren etabliert ist und mit den auf dem Markt befindlichen Geräten auch für Hochdurchsatzanalysen einsetzbar ist. Nachteilig ist jedoch, dass die Ergebnisse sehr stark von der PCR-Effizienz abhängen und für die (absolute) Quantifizierung externe Standards benötigt werden.

Tab. 7.1 Vergleichende Übersicht über die drei Generationen der PCR

	Konventionelle PCR	Real-time PCR	Digitale PCR
Größe des PCR-Produkts	ca. 40–20.000 bp	ca. 70–350 bp	ca. 70–350 bp
Zeitaufwand	Mittel	Gering	Hoch
Quantifizierung	Keine Quantifizierung	Relativ mit Referenzgenen Absolut mit Standardgerade	Relativ mit Referenzgenen Absolut ohne Standardgerade
Einfluss der PCR-Effizienz auf das Ergebnis	Gering bis mittel	Hoch	Gering bis mittel
Erkennen von unspezifischen PCR-Produkten möglich	Ja	Nein, bei Verwendung von Hydrolysesonden Ja, bei der Verwendung von interkalierenden Farbstoffen	Ja
Hochdurchsatz	Nicht automatisierbar	Automatisierbar	Automatisierbar

Hingegen benötigt die dPCR keine externen Standards für die Quantifizierung, sodass bereits zahlreiche qPCR-Anwendungen in ein dPCR-Format überführt wurden. Dies betrifft unter anderem Bereiche, in denen eine sehr exakte Quantifizierung von (geringen Mengen) Ziel-DNA notwendig ist.

Eine vergleichende Übersicht über die drei PCR-Generationen ist in Tab. 7.1 aufgeführt.

Literatur

Bartlett, J.M. and D. Stirling, A short history of the polymerase chain reaction, in PCR protocols. 2003, Springer. p. 3–6.

Bustin, S.A., et al., The MIQE guidelines: minimum information for publication of quantitative real-time PCR experiments. Clinical Chemistry, 2009. **55**(4): p. 611–22.

Cai, Y., et al., Detection and quantification of beef and pork materials in meat products by duplex droplet digital PCR. PLoS One, 2017. **12**(8): p. e0181949.

Cao, Y., M.R. Raith, and J.F. Griffith, Droplet digital PCR for simultaneous quantification of general and human-associated fecal indicators for water quality assessment. water research, 2015. 70: p. 337–349.

Cochran, R.L., et al., Analysis of BRCA2 loss of heterozygosity in tumor tissue using droplet digital polymerase chain reaction. Human pathology, 2014. **45**(7): p. 1546–1550.

Coudray-Meunier, C., et al., A comparative study of digital RT-PCR and RT-qPCR for quantification of Hepatitis A virus and Norovirus in lettuce and water samples. International journal of food microbiology, 2015. 201: p. 17–26.

Dobnik, D., et al., Multiplex Quantification of 12 European Union Authorized Genetically Modified Maize Lines with Droplet Digital Polymerase Chain Reaction. Analytical Chemistry, 2015. **87**(16): p. 8218–8226.

Dobnik, D., et al., Multiplex quantification of four DNA targets in one reaction with Bio-Rad droplet digital PCR system for GMO detection. Sci Rep, 2016. 6: p. 35451.

European Network of GMO Laboratories (ENGL), Definition of Minimum Performance Requirements for Analytical Methods for GMO Testing. http://gmo-crl.jrc.ec.europa.eu/doc/MPR%20Report%20Application%2020_10_2015.pdf, 2015.

Gerdes, L., et al., Optimization of digital droplet polymerase chain reaction for quantification of genetically modified organisms. Biomolecular Detection and Quantification, 2016. 7: p. 9–20.

Gerdes, L., U. Busch, and S. Pecoraro, Digitale PCR – Erste Erfahrungen für die Analytik von gentechnischen Veränderungen in Lebensmitteln. Deutsche Lebensmittel-Rundschau, 2014. p. 406–411.

Gürtler, P. and L. Gerdes, Digitale PCR. BIOspektrum, 2014. **20**(6): p. 632–635.

Gürtler, P., et al., Genome Editing, in Schriftenreihe des LGL. 2019, Bayerisches Landesamt für Gesundheit und Lebensmittelsicherheit: Erlangen.

Hennekinne, J.-A., M.-L. De Buyser, and S. Dragacci, Staphylococcus aureus and its food poisoning toxins: characterization and outbreak investigation. FEMS microbiology reviews, 2012. **36**(4): p. 815–836.

Hindson, B.J., et al., High-throughput droplet digital PCR system for absolute quantitation of DNA copy number. Anal Chem, 2011. **83**(22): p. 8604–10.

Huggett, J.F. and A. Whale, Digital PCR as a novel technology and its potential implications for molecular diagnostics. Clin Chem, 2013. **59**(12): p. 1691–3.

Huggett, J.F., et al., The Digital MIQE Guidelines: Minimum Information for Publication of Quantitative Digital PCR Experiments. Clinical Chemistry, 2013. **59**(6): p. 892–902.

Jones, G.M., et al., Digital PCR dynamic range is approaching that of real-time quantitative PCR. Biomolecular detection and quantification, 2016. 10: p. 31–33.

Kelley, K., et al., Detection of methicillin-resistant Staphylococcus aureus by a duplex droplet digital PCR assay. Journal of clinical microbiology, 2013. **51**(7): p. 2033–2039.

Köppel, R., et al., Duplex digital droplet PCR for the determination of apricot kernels in marzipan. European Food Research and Technology, 2020: p. 1–6.

Last, A., et al., 613 Bailey RL, Holland MJ. 2013. Plasmid copy number and disease severity in naturally 614 occurring ocular Chlamydia trachomatis infection. J Clin Microbiol. **52**(324): p. 615.

Lievens, A., et al., Measuring Digital PCR Quality: Performance Parameters and Their Optimization. PLoS One, 2016. **11**(5): p. e0153317.

Lo, Y.D., et al., Digital PCR for the molecular detection of fetal chromosomal aneuploidy. Proceedings of the National Academy of Sciences, 2007. **104**(32): p. 13116–13121.

Masago, Y., et al., Comparative evaluation of real-time PCR methods for human Noroviruses in wastewater and human stool. PloS one, 2016. **11**(8): p. e0160825.

Morisset, D., et al., Quantitative analysis of food and feed samples with droplet digital PCR. PLoS One, 2013. **8**(5): p. e62583.

Motoi, Y., et al., Digital PCR for determination of cytochrome P450 2D6 and sulfotransferase 1A1 gene copy number variations. Drug Discoveries & Therapeutics, 2017. **11**(6): p. 336–341.

Mullis, K., et al. Specific enzymatic amplification of DNA in vitro: the polymerase chain reaction. in Cold Spring Harbor symposia on quantitative biology. 1986. Cold Spring Harbor Laboratory Press.

Nixon, G., et al., Comparative study of sensitivity, linearity, and resistance to inhibition of digital and nondigital polymerase chain reaction and loop mediated isothermal amplification assays for quantification of human cytomegalovirus. Anal Chem, 2014. **86**(9): p. 4387–94.

Pecoraro, S., Digital Polymerase Chain Reaction (dPCR)–General Aspects and Applications, in DNA Techniques to Verify Food Authenticity, L.F.a.M.W. Malcolm Burns, Editor. 2019, Royal Society of Chemistry. p. 63–69.

Pecoraro, S., et al., Overview and Recommendations for the Application of Digital PCR; EUR 29673 EN; Publications Office of the European Union: Luxembourg, 2019. JRC115736. https://ec.europa.eu/jrc/en/publication/overview-and-recommendations-application-digital-pcr, 2019.

Pfaffl, M.W., Real-time RT-PCR: neue Ansätze zur exakten mRNA Quantifizierung. BIOspektrum, 2004. **1**(04): p. 92–95.

Pinchuk, I.V., E.J. Beswick, and V.E. Reyes, Staphylococcal enterotoxins. Toxins, 2010. **2**(8): p. 2177–2197.

Racki, N., et al., Reverse transcriptase droplet digital PCR shows high resilience to PCR inhibitors from plant, soil and water samples. Plant Methods, 2014. **10**(1): p. 42.

Ren, J., et al., A digital PCR method for identifying and quantifying adulteration of meat species in raw and processed food. PloS one, 2017. **12**(3): p. e0173567.

Saiki, R., et al., Primer-directed enzymatic amplification of DNA with a thermostable DNA polymerase. Science, 1988. **239**(4839): p. 487–491.

Taly, V., et al., Multiplex picodroplet digital PCR to detect KRAS mutations in circulating DNA from the plasma of colorectal cancer patients. Clinical chemistry, 2013. **59**(12): p. 1722–1731.

Vogelstein, B. and K.W. Kinzler, Digital PCR. Proc Natl Acad Sci U S A, 1999. **96**(16): p. 9236–41.

Zimmermann, B.G., et al., Digital PCR: a powerful new tool for noninvasive prenatal diagnosis? Prenatal Diagnosis: Published in Affiliation with the International Society for Prenatal Diagnosis, 2008. **28**(12): p. 1087–1093.

Die Detektion von Proteinen auf Membranen: Western-Blot- und Dot-Blot-Verfahren

8

Thorsten Kuczius

8.1 Das Western-Blot-Verfahren

Das Western-Blot-Verfahren setzt sich aus insgesamt vier Schritten zusammen: Optimale Probenvorbereitung, Trennung der Proteine durch Gelelektrophorese, Übertragung des Proteinbandenmusters vom Gel auf eine Membran und spezifische Detektion des Antigens.

8.1.1 Probenvorbereitung

Der sensitive und hochspezifische Nachweis der gesuchten Antigene hängt von der Probenvorbereitung und dem Proteinmaterial ab. Viele Antikörper binden sehr effizient an denaturierte Proteine. Für die Gelelektrophorese wird in der Regel das Proteinmaterial zunächst denaturiert und linearisiert, um im Gel die Proteine anhand ihrer Größe, die sich nahezu proportional zur molekularen Masse verhält, zu trennen. Anschließend erfolgt der Transfer der aufgetrennten Proteine auf eine Membran, um die immunologische Detektion zu ermöglichen. Durch Zugabe des anionischen Detergens SDS (Natrium- (Sodium-)Dodecylsulfat) werden die hydrophoben Wechselwirkungen im Protein aufgehoben, und eine Linearisierung der Strukturen wird erwirkt. SDS ist negativ geladen. Die Proteine erhalten durch die Wechselwirkung mit SDS insgesamt eine negative Ladung, die auch die eigene Proteinladung des jeweiligen Proteins überlagert. Das Verhältnis von Ladung zu Größe ist somit für jedes Protein annähernd gleich. Im Prinzip reichen schon 0,1 % SDS aus, um eine Polypeptidkette zu sättigen. Dennoch sind

T. Kuczius (✉)
Institut für Hygiene, Westfälische Wilhelms-Universität Münster, Münster, Deutschland
E-Mail: tkuczius@uni-muenster.de

© Springer-Verlag GmbH Deutschland, ein Teil von Springer Nature 2023
A. M. Raem und P. Rauch (Hrsg.), *Immunoassays,*
https://doi.org/10.1007/978-3-662-62671-9_8

bei manchen Proteinlösungen höhere SDS-Konzentrationen notwendig, vor allem bei konzentrierten Suspensionen.

Die kovalenten Disulfidbrückenbindungen werden durch Zugabe von Thiolen wie β-Mercaptoethanol oder Dithiothreitol (DTT) aufgehoben. Ob sie notwendig sind und in welcher Konzentration sie optimale Denaturierungsbedingungen erzielen, hängt vom nachzuweisenden Protein ab. Meistens sind diese Detergenzien schon in ausreichender Konzentration im Probenpuffer (z. B. nach Laemmli 1970) vorhanden, der den Proben zugesetzt wird (Tab. 8.1). Dieser Puffer enthält außerdem Bromphenolblau als Farbmarker zur visuellen Beobachtung der Proteinlauffront im Gel. Saccharose oder Glycerin dient dem Beschweren des Probenmaterials, sodass die proteinhaltigen Lösungen leicht in die Taschen des Gels sinken. Hierdurch wird der Transfer in das Gel erleichtert und eine Diffusion der Proteine minimiert. Probenpuffer werden in erhöhter oder hoher Konzentration als Stammlösungen angesetzt, sodass davon nur ein geringes Volumen zu den Proteinlösungen hinzu pipettiert werden muss. Gängige Probenpuffer können zweifach, fünffach oder zehnfach konzentriert sein. Schließlich werden die Proben direkt vor dem Auftragen auf das Gel durch Hitze denaturiert. Häufig werden Temperaturen von 95 °C bis 100 °C für etwa 5–10 min eingesetzt. Diese Behandlung kann jedoch auch zu einer Proteinfragmentierung führen. Daher kann eine Inkubation bei geringerer Temperatur mit jedoch längerer Einwirkzeit (z. B. 30 min bei 60 °C) deutlich schonender sein. Nach der Hitzebehandlung werden die Proben kurz zentrifugiert, und der Überstand wird in die Geltasche pipettiert.

Zum Nachweis nativer Proteine dürfen diese vorher aber nicht denaturiert werden. Sie werden mittels isoelektrischer Fokussierung nach Eigenladung oder mittels nativer Polyacrylamid-Gelelektrophorese nach Größe, Struktur und Ladung getrennt.

8.1.2 Proteintrennung durch Gelelektrophorese

Die Proteine aus der vorbereiteten Suspension werden in einem Polyacrylamidgel elektrophoretisch (Polyacrylamidgelelektrophorese, PAGE) getrennt. Die Gele sind chemisch inert und sehr stabil. Hierfür wird ein dreidimensionales Netz bestehend aus Acrylamid und N,N'-Methylenbisacrylamid generiert. Es weist eine bestimmte

Tab. 8.1 Beispiel eines Probenpuffers

Substanz	Zweifach konzentriert
Tris–HCl, pH 6,8	125 mM
SDS	4 %
Glycerin	20 %
β-Mercaptoethanol	10 %
Bromphenolblau	0,002 %

Porengröße auf, und das Polymer wirkt wie eine Art Molekularsieb. Je nach Größe der zu trennenden Proteine wird eine Mischung aus den beiden Substanzen gewählt, sodass die gewünschte Porengröße entsteht. Die Polyacrylamidgel-Zusammensetzung wird durch zwei Angaben charakterisiert: den Acrylamidgehalt (% T) und seinen Crosslinker (% C), den Bisacrylamidgehalt. Je höher der T-Wert ist, umso kleiner sind die Poren. In der Regel liegen die Werte zwischen 3 % und 15 %, der Bisacrylamidanteil (C) beträgt etwa 2,6 %. Diese Konzentrationen sind zur Trennung von Proteinen von 20 bis 250 kDa gut geeignet. Um große Proteine von über 120 kDa gut zu trennen, sollten die Poren im Gel groß sein. Der T-Wert sollte mit 5–7,5 % entsprechend niedrig sein. Umgekehrt lassen sich kleine Proteine (<20 kDa) mit einer kleinen Porengröße (15 % T) differenzieren. Bei der Herstellung der Matrix polymerisieren die Gelsubstanzen. Die Kettenreaktion der Polymerisation wird durch TEMED (N,N,N',N'-Tetramethylendiamin) und Ammoniumpersulfat (APS) initiiert. TEMED dient als Katalysator und erleichtert die Radikalbildung von APS. Die Gelpolymerisation beginnt sofort nach Zugaben von APS und TEMED. Sauerstoff ist jedoch ein starker Inhibitor. Um dennoch eine gleichmäßige Polymerisation zu erzielen, kann eine Entgasung der Lösung vor Zugabe der Katalysatoren von Vorteil sein.

Das am häufigsten verwendete Elektrophoresesystem ist die denaturierende, diskontinuierliche PAGE (SDS-PAGE) nach Laemmli (1970). Sie besteht aus zwei Gelen, einem unteren feinmaschigen Trenngel und einem oberen grobmaschigen Sammelgel. Beide unterscheiden sich im pH-Wert, der Ionenstärke und der Porengröße. Im Sammelgel wird die voluminöse Probensuspension zu einer distinkten Bande konzentriert, bevor die Proteine im feinporigen Trenngel anhand ihrer Größe aufgetrennt werden. Dieses diskontinuierliche System hat den Vorteil, dass die Banden distinkter zusammenlaufen und größere Volumina an Probenmaterial geladen werden können. Nach dem Zusammenpipettieren und Gießen des Trenngels zwischen die Glasplatten in dem Gießstand inhibiert Sauerstoff an der Grenzfläche eine gleichmäßige Polymerisation. Um diese dennoch gleichmäßig und einheitlich zu gewährleisten, wird auf das Trenngel eine Alkoholschicht (z. B. Isopropanol) aufgetragen. Alkohol ist leichter als Wasser, „schwimmt" auf der Gelmatrix und verhindert somit die Sauerstoffzufuhr. Nach vollständiger Polymerisation des Gels wird der Alkohol abgegossen und die Grenzfläche kurz mit Wasser gespült, bevor das Sammelgel aufgetragen wird. Ein Beispiel einer Komponentenzusammensetzung eines Sammel- und eines Trenngels ist in Tab. 8.2 angegeben. Die Wanderungsgeschwindigkeit der Proteine im elektrischen Feld wird nun durch deren Nettoladung, deren molekulare Masse und deren Konformation bestimmt. Die Elektrophorese wird schließlich beendet, wenn der Blaumarker gerade noch am unteren Rand des Gels sichtbar ist.

Im Gegensatz zu diesen einheitlichen Acrylamidgelen liefern die sog. Gradientengele einen weiteren Trennbereich. Die Gele bestehen aus einer linearen Zunahme der Acrylamidkonzentration von oben nach unten. Mithilfe dieser Acrylamidgradienten (z. B. in einem Gradientenbereich von 8–15 %) lassen sich schärfere und distinktere Banden erzeugen. Diese Gradienten lassen sich durch Gradientenmischer erzeugen.

Tab. 8.2 Beispiel einer Zusammensetzung von Trenn- und Sammelgelen

Lösungen	Trenngel (12,5 %) in 0,25 M Tris–HCl, pH 8,8 (Gesamtvolumen 30 mL)	Sammelgel (4,5 %) in 0,125 M Tris–HCl, pH 6,8 (Gesamtvolumen 10 mL)
Acrylamidstammlösung (40 %)	9,4 mL	1,1 mL
H_2O	12,3 mL	7,1 mL
1 M Tris–HCl	7,5 mL	1,25 mL
SDS (10 %)	0,3 mL	0,1 mL
Ammoniumpersulfat (1 %)	0,5 mL	0,5 mL
TEMED	20 µL	20 µL

Alle Proteinbanden können direkt im Gel angefärbt werden. Durch Coomassie-Blue-Färbung können bis zu 0,1 µg eines Proteins nachgewiesen werden. Mit einer Silberfärbung kann die Nachweisgrenze noch weiter erhöht werden.

Zum spezifischen Proteinnachweis muss das Bandenmuster nun zunächst aus dem Gel auf eine Membran übertragen werden.

8.1.3 Transfer der Proteinmusters auf eine Membran

Das Proteinmuster wird nun vom Gel auf eine Membran übertragen (Blottingverfahren), da ein Gel für die direkte immunologische Detektion mit einem spezifischen Antikörper nicht geeignet ist. Der Transfer wird in erster Linie über das Elektroblotten als *Semi-dry*-Verfahren oder als Nassblotten erreicht, aber auch Vakuum- und Kapillarblotten sind geeignet. Beim Blotten wird das Acrylamidgel luftblasenfrei auf eine spezielle proteinbindende Membran gelegt. Hierfür sind die Nitrocellulose- oder die etwas widerstandsfähigere Polyvinylidendifluorid- (PVDF-)Membranen sehr gut geeignet. Letztere muss vor Verwendung jedoch einmal kurz in Methanol äquilibriert werden. Jeweils zwei Lagen Filterpapier (Whatman-Papier 3MM) umrahmen Gele und Membranen (Abb. 8.1). Alle Papierlagen und Membranen sollten passgenau und deckungsgleich zum Gel zugeschnitten und mit Transferpuffer gut benetzt sein.

Es gibt unterschiedliche Puffersysteme. Sehr häufig wird eine Kombination aus 25 mM Tris (pH 8,3), 192 mM Glycin und 0,1 % SDS verwendet. Der Transfer dauert bei einer Stromstärke von 1 mA cm^{-2} etwa 60–90 min, je nach Größe der nachzuweisenden Proteine. Das Nassblotten kann bei 15 V über Nacht durchgeführt werden oder für drei bis fünf Stunden bei einer konstanten Stromstärke von 400 mA bzw. bei 100 V für 60 min. Dieses Verfahren weist eine schonendere Art des Transfers auf als das *Semi-dry*-Verfahren, dauert jedoch länger und benötigt eine große Menge an Transferpuffer.

Beim Blotten „wandert" das Proteinmuster auf die Membran. Während für die SDS-PAGE das Detergenz SDS notwendig ist, kann es nun den Transfer kleinerer Polypeptide

Abb. 8.1   Schematische Darstellung des *Semi-dry*-Blottingverfahrens

beinträchtigen. In diesem Fall ist es empfehlenswert, das Acrylamidgel 10–15 min in Blottingpuffer ohne SDS zu inkubieren, um die SDS-Konzentration im Gel zu senken. Umgekehrt kann jedoch SDS im Gel die Effizienz des Transfers und die Bindung größerer Proteine auch verstärken. Nicht unproblematisch ist die Übertragung von hydrophoben Proteinen auf die Membran. Dabei kann jedoch die Zugabe an Methanol im Transferpuffer (bis zu 20 %) die Bindung an die Membran deutlich steigern, gleichzeitig kann sie die Effizienz des Transfers herabsetzen. Somit kann die Zusammensetzung des Transferpuffers sehr unterschiedlich ausfallen. Die meisten Puffer enthalten Tris-Base, Glycin und Methanol, manchmal auch noch geringe Konzentrationen an SDS. Der pH-Wert liegt im basischen Bereich, sollte jedoch nicht mit Säuren oder Laugen eingestellt werden. Diese bestehen aus gut leitenden Salzen, verschlechtern die Transfereffizienz, und der Blot wird erwärmt.

8.2   Das Dot-Blot-Verfahren

Bei diesem Verfahren werden die Proteine auf die Membran direkt aufgetragen. Sehr kleine Volumina (1–2 µL) lassen sich direkt auf die Membran auftropfen, bei größeren Volumina würde die Proteinlösung jedoch über die Membran fließen. Diese lassen sich am besten mithilfe von Mikrofiltrationseinheiten auftragen. Sie sind im 96-Well-Format erhältlich. Wie auf ELISA-Platten kann man ein Volumen von 100 µL und mehr in die entsprechenden Vertiefungen pipettieren. Mithilfe einer Vakuumpumpe wird die Flüssigkeit abgesaugt. Die Proteine werden dadurch fest an die Membran gebunden und können anschließend sehr gut getrocknet werden.

8.2.1   Die Proteindetektion

Die nächsten Schritte bis zum Proteinnachweis sind beim Dot-Blot- als auch bei Western-Blot-Verfahren identisch und werden daher im Folgenden gemeinsam betrachtet (Abb. 8.2).

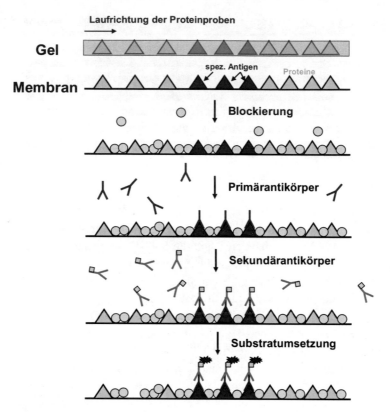

Abb. 8.2 Detektion von Proteinen auf Membranen. Im Western-Blot-Verfahren wird nach der Auftrennung der Proteine das Muster auf eine Membran transferiert. Im Dot-Blot-Verfahren wird die Proteinlösung direkt auf die Membran übertragen. Freie Stellen werden auf der Membran durch Blockierungslösungen abgesättigt. Die spezifische Detektion eines Antigens erfolgt durch Bindung des Primärantikörpers an das Protein. Durch gründliches Waschen werden ungebundene Antikörper entfernt. Der enzymgekoppelte Sekundärantikörper bindet an den Primäranti- körper. Durch enzymatische Umsetzung eines Substrates wird das Signal des gesuchten Proteins visualisiert

An die Membran werden unzählige Proteine aus der Probe gebunden, dennoch ist ihre Oberfläche nicht vollständig belegt und abgesättigt. Gerade an diese freien Ober- flächen können Antikörper unspezifisch binden und damit falsch positive Signale oder einen intensiv gefärbten Hintergrund verursachen. Um dies zu vermeiden, wird die Membran mit anderen „fremden" Proteinen gesättigt. Die freien Stellen werden dabei geblockt. Zum Blockieren wird ein Gemisch kleiner und großer Proteine verwendet, die in die freien Zwischenräume binden. Derartige Blockierungslösungen sind kommerziell erhältlich (z. B. bei Roche Diagnostics GmbH oder bei CANDOR Bioscience GmbH), oder man kann sie sich selbst z. B. aus Magermilchpulver (Konzentration 1–4,5 %)

oder Rinderserumalbumin (BSA) (ca. 1 %) herstellen. Wie in der Literatur beschrieben sind derartige Blockierungssubstanzen in Tris- (z. B. *TRIS-buffered saline* TBS) oder Phosphatpuffer (PBS) mit dem Tensid Tween 20 (0,05–0,1 %; TBST oder PBST) gelöst.

Nach dem Blockierungsschritt folgt die Proteindetektion mithilfe des Primärantikörpers. Der spezifisch gegen das gesuchte Protein gerichtete Antikörper wird in seiner optimalen Konzentration eingesetzt. Die optimale Konzentration muss durch den Anwender meistens experimentell bestimmt werden. Auch wenn Antikörper hochspezifisch sind, können sie dennoch unspezifisch an andere Proteine oder Komplexe binden. Zur Reduzierung und Vermeidung dieser unspezifischen Bindungen kann der Antikörper in der Blockierungslösung verdünnt werden. Die Inkubationszeit liegt häufig bei 60–120 min, jedoch kann eine Inkubation über Nacht die Sensitivität deutlich erhöhen. Die Länge der Inkubationszeit hängt von der Geschwindigkeitseinstellung zwischen Antikörper und Zielprotein ab. Während dieser Zeit bindet der Antikörper an das entsprechende Antigen. Da die Antikörper im Überschuss zugegeben werden, werden freie, nicht gebundene Antikörper durch Waschschritte mit TBST oder PBST beseitigt. Um nach der Bindung des Antikörpers das gesuchte Antigen sichtbar zu machen, ist ein weiterer Schritt notwendig. Ein zweiter Antikörper bindet an den Primärantikörper. Dieser Sekundärantikörper ist mit einem Enzym oder einem Fluoreszenzfarbstoff gekoppelt. Sehr häufig werden Alkalische Phosphatase (AP) oder Peroxidase (POD) als Kopplungsenzyme verwendet. Falls ein mit AP-markierter Sekundärantikörper zum Einsatz kommt, sollte nicht mit einem Phosphatpuffer gearbeitet werden, da das Phosphat die enzymatische Aktivität der AP hemmt. Nach der Bindung des Sekundärantikörpers an den Primärantikörper innerhalb von 60–120 min werden die nicht gebundenen Antikörper durch Waschen der Membran mit PBST oder TBST entfernt. Das nachzuweisende Protein wird nun durch Substratumsetzung durch das gekoppelte Enzym sichtbar. Die Signale werden, je nach Kopplung des Sekundärantikörpers und je nach verwendetem Substrat, kolorimetrisch, auf Chemilumineszenzbasis oder durch Fluoreszenz sichtbar.

Es gibt eine Vielzahl unterschiedlicher Substrate. Eine Substratkombination für die AP ist zum Beispiel 5-Bromo-4-chloro-3-indolylphosphat (BCIP) und *p*-Nitro-Blau-Tetrazolium (NBT). Mit diesen Lösungen werden die Signale nach enzymatischer Reaktion der AP direkt auf der Membran als blaurote Färbung sichtbar, und es kann die Entstehung des Farbniederschlags verfolgt werden. Die Reaktion wird abgestoppt, bevor die Membran überfärbt ist. In der Regel ist der Farbkomplex sehr stabil. Eine Aufbewahrung im Gefrierschrank erhöht die Langlebigkeit. Auch mit unterschiedlichen enzymgekoppelten Antikörpern aus verschiedenen Spezies unter Verwendung unterschiedlicher Substrate können simultan bzw. seriell mehrere Antigene auf einem Blot detektiert werden (Abb. 8.3).

Bei den Chemilumineszenzsubstraten wird ein Enzymkonjugat verwendet, das Licht bei einer Wellenlänge von 425 nm emittiert. Die Empfindlichkeit zum Proteinnachweis liegt, je nach Substrat, mit 1 pg bis in den Femtogrammbereich deutlich höher als bei den

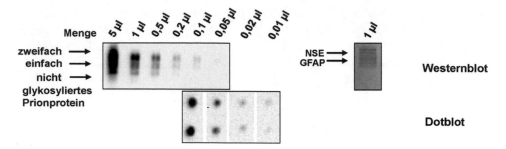

Abb. 8.3 Sensitiver und spezifischer Prion-Proteinnachweis und differenzierte Detektion überlagerter Proteine aus Gehirnproben. **a** Aus Gehirnhomogenatsuspensionen wurde das Prion-Protein detektiert. Im oberen Teil der Abbildung ist das Ergebnis der spezifischen Western-Blot-Analyse dargestellt. Die Sensitivitätsgrenze zur Detektion der zweifach, einfach und nicht glykosylierten Proteinbande lag bei 0,2 µL. Reste waren auch noch bei 0,1 µL erkennbar, jedoch nicht mehr in der Form aller drei Proteinbanden. Als sensitivere Methode erwies sich das Dot-Blot-Verfahren, da die Nachweisgrenze in dieser Abbildung zehnfach niedriger lag als im Western-Blot-Verfahren. Die Proteinproben sind als Doppelbestimmungen aufgetragen. **b** Nach SDS-PAGE wurden auf der Membran die Neuronenspezifische Enolase (NSE) und das saure Gliafaserprotein (GFAP) (rote Banden) bestimmt, die sich in der molekularen Masse nahezu überlagern. Die NSE zeigte eine distinkte Bande bei 46 kDa, und GFAP setzt sich aus mehreren fragmentierten Proteinen ausgehend von einer 55-kDa-Bande zusammen. NSE wurde mit einem Maus-anti-NSE-Antikörper und einem Anti-Maus-Peroxidase-gekoppelten Sekundärantikörper nachgewiesen (braune Bande), und GFAP wurde mit einem Kaninchen-anti-GFAP-Antikörper und einem Anti-Kaninchen-Alkalische Phosphatase-gekoppelten Sekundärantikörper detektiert. In seriellen Substratzugaben erschienen die GFAP-Signale als rote Banden nach Entwicklung mit dem Fast Red-Substrat und die NSE-Bande als braune Bande nach Diaminobenzidin-Umsetzung

chromogenen Substraten. Die Visualisierung wird durch das Auflegen eines Röntgenfilmes für einige Sekunden bis Minuten erreicht. Die Proteinbanden werden durch Schwarzfärbung auf dem Film sichtbar. Jedoch ist man hier auf ein Fotolabor oder eine Dunkelkammer angewiesen und hat den Nachteil, dass die Entstehung des Signals nicht verfolgt werden kann. Eine bessere und modernere Methode ist die sog. Foto-Imager-Technik. Anstelle der Verwendung eines Filmes wird das emittierte Licht mittels einer CCD-Kamera über einen Zeitraum von einigen Sekunden bis Minuten aufgenommen (Abb. 8.3). Die Bildentwicklung wird am Computer verfolgt, und die Bilder lassen sich als Dokumente abspeichern. Es kann individuell bestimmt werden, in welchen Zeitintervallen die Signalintensitäten als Bilddokumente abgespeichert werden sollen. Aus einer Vielzahl an Bildern kann schließlich das am besten zu beurteilende Ergebnis ausgesucht werden. Weiterhin besteht die Möglichkeit einer qualitativen und quantitativen Analyse durch computergestützte Intensitätsbestimmung der Proteinsignale.

Antigene können auch über Fluoreszenzfarbstoffe hochsensitiv detektiert werden. Durch die Verwendung verschiedener Farbstoffe können so in einem Versuchsansatz gleichzeitig mehrere Antigene detektiert werden.

Zusammengefasst kann man sagen, dass die Signale auf unterschiedliche Arten sichtbar gemacht werden können. Chemilumineszenz- und Fluoreszenzverfahren liefern die sensitiveren Nachweise, während andere Verfahren den Vorteil haben, die Proteine direkt auf der Membran sichtbar zu machen.

8.2.2   Dot-Blot-Verfahren vs. Western-Blot-Technik

Mithilfe dem Dot-Blot- und Western-Blot-Verfahren werden Proteine auf Membranen nachgewiesen. Dennoch unterscheiden sich die Techniken deutlich. Die Western-Blot-Methode ist durch den Umfang der Arbeiten mit elektrophoretischer Auftrennung von Proteinen, den Transfer auf Membranen und die spezifische Antigendetektion zeitaufwendig, obwohl inzwischen auch Techniken zur Beschleunigung von Western-Blot-Verfahren entwickelt wurden (s. Kap. 9). Das Dot-Blot-Verfahren ist dagegen einfacher, schneller und auch sensitiver, da die Antigene direkt als Suspension punktförmig und konzentriert auf die Membran gebunden und anschließend detektiert werden können. Die Nachweisgrenze ist zwar besser (d. h. niedriger) als beim Western-Blot, jedoch ist die Spezifität geringer, da sich Komplexbildungen und Wechselwirkungen mit anderen Proteinen oder Fragmente mit geringerer Masse nur nach Proteintrennung feststellen lassen.

Die Bedeutung des Unterschieds der beiden Methoden soll durch ein Beispiel aus der Prionenforschung verdeutlicht werden. Das infektiöse Prion, Verursacher der Creutzfeldt-Jakob-Krankheit (CJD) beim Menschen oder der *Bovinen Spongiformen Enzephalopathie* (BSE) bei Rindern, ist ein Protein, das zwei Glykosylierungsstellen besitzt. Beide Stellen können glykosyliert vorliegen, oder es ist nur eine oder keine der Stellen glykosyliert. Diesen Unterschied erkennt man im Western-Blot anhand dreier Proteinbanden mit unterschiedlicher molekularer Masse. Die zweifach glykosylierte Proteinform hat die größte Masse und läuft im Acrylamidgel am langsamsten, die einfach glykosylierte Form ist leichter und läuft schneller und die nicht glykosylierte Form hat die geringste Masse der drei Proteinformen (Abb. 8.3). Diese Differenzierung lässt ein Dot-Blot-Verfahren nicht zu. Hier werden die Proteinsignale aller drei Proteinformen nur als ein Spot sichtbar. Diese Methode ist sensitiver, da die drei Proteinformen akkumuliert vorliegen. Selbst in geringen Proteinmengen können auf diese Weise wenige vorhandene Prion-Proteine detektiert werden, während im Western-Blot diese Prion-Proteinkonzentrationen nun unterhalb der Nachweisgrenze liegen (Abb. 8.3).

8.2.3   Hinweise und Tipps

Auch wenn die Techniken des Dot-Blot- und Western-Blot-Verfahrens gut etabliert und standardisiert sind, kann es immer wieder zu Problemen kommen.

Hier einige Hinweise und Tipps:

- Dot-Blot- und Western-Blot-Verfahren sind zwei unterschiedliche Techniken. Die Bedingungen zur Detektion eines Antigens brauchen nicht für beide Techniken identisch zu sein. Es ist durchaus möglich, dass Antikörperlösungen beim Dot-Blot stärker verdünnt werden müssen als beim Western-Blot.
- Nach Zugabe der Antikörperlösung darf die Membran nicht austrocknen.
- Zur Konservierung von Antikörperlösungen wird gerne Natriumazid (NaN_3) eingesetzt. Dies sollte vermieden werden, wenn die Proteine durch Substratumsetzung von der Peroxidase sichtbar gemacht werden sollen. NaN_3 behindert die Umsetzung des Substrats.
- Bei ausbleibenden oder schwachen Signalen kann es sein, dass die Antigenmenge zu gering ist. Hier sollten größere Volumina auf das Gel aufgetragen werden oder die Antigene durch Präzipitation konzentriert und in geringerem Volumen resuspendiert werden. Außerdem sollte die Effizienz des Transfers aus dem Gel auf die Membran überprüft werden. Ein weiterer Grund könnte die zu geringe Konzentration des Antikörpers sein.

Bei starken Hintergrundsignalen können drei Aspekte eine Rolle spielen:

- das Blockieren (Blockierungszeit kann erhöht oder andere Blockierungslösungen getestet werden)
- das Waschen (die Zeiten der Waschschritte können erhöht werden oder das Waschen durch weitere Schritte intensiviert werden; manchmal hilft auch eine Erhöhung der Konzentration des Tensids Tween 20 in der Waschlösung) und
- die Antikörperkonzentration (die Konzentration des Antikörpers kann zu hoch sein; hier helfen geeignete Verdünnungen und eine geringere Inkubationszeit).

Literatur

Laemmli UK (1970) Cleavage of structural proteins during the assembly of the head of bacteriophage T4. Nature 227: 680–685

Weiterführende Literatur

Gershoni JM, Palade GE (1982) Electrophoretic transfer of proteins from sodium dodecyl sulfate-polyacrylamide gels to a positively charged membrane filter. Anal Biochem 124: 396–405
Rybicki EP, von Wechmar MB (1982) Enzyme-assisted immune detection of plant virus proteins electroblotted onto nitrocellulose paper. J Virol Methods 5: 267–278
Spinola SM, Cannon JG (1985) Different blocking agents cause variation in the immunologic detection of proteins transferred to nitrocellulose membranes. J Immunol Methods 81: 161–165

Towbin H, Staehelin T, Gordon J (1979) Electrophoretic transfer of proteins from polyacrylamide gels to nitrocellulose sheets: procedure and some applications. Proc Nat Acad Sci U S A 76: 4350–4254

Young PR (1989) An improved method for the detection of peroxidase-conjugated antibodies on immunoblots. J Virol Methods 24: 227–235

Beschleunigung des Western-Blotting

9

Sabine Glöggler und Carina Vogt

Der Western-Blot bietet die Möglichkeit, geringste Proteinmengen eines bestimmten Zielproteins aus einem Proteingemisch aufzuspüren und genauer zu charakterisieren. Da allerdings viele Arbeitsschritte nacheinander durchgeführt werden müssen, ist diese Methode sehr zeit- und kostenintensiv. In diesem Abschnitt werden Möglichkeiten gezeigt, Western-Blotting schneller, einfacher und damit effizienter durchzuführen.

Bei einigen Arbeitsschritten können Vorgehensweisen geändert und Prozesse optimiert und beschleunigt werden. Wir geben hier einen Überblick, bei welchen Schritten dies möglich ist. Hierbei betrachten wir nur Vereinfachungen, die zu genauso guten Ergebnissen in Bezug auf Signalstärken und Unterdrückung von Hintergrund, Spots und unspezifischen Banden führen können, wie die klassische Methode.

9.1 Beschleunigung der SDS-Polyacrylamid-Gelelektrophorese (SDS-PAGE)

Die erste Möglichkeit, Zeit zu sparen, ist die Verwendung von Fertiggelen anstelle von selbst gegossenen Gelen. Fertiggele haben den Vorteil, dass die Zeit für die Herstellung des Gels entfällt und sie zudem über eine gleichbleibende Qualität verfügen. Versuche werden somit vergleichbarer und reproduzierbarer, wenn ein Labor auf Fertiggele umstellt. Besonders hervorzuheben ist hierbei, dass die Trennqualität der Gele unabhängig vom Anwender wird, denn beim Gießen von Gelen zeigt sich durchaus die

S. Glöggler · C. Vogt (✉)
CANDOR Bioscience GmbH, Wangen, Deutschland
E-Mail: c.vogt@candor-bioscience.de

S. Glöggler
E-Mail: s.gloeggler@candor-bioscience.de

© Springer-Verlag GmbH Deutschland, ein Teil von Springer Nature 2023
A. M. Raem und P. Rauch (Hrsg.), *Immunoassays*,
https://doi.org/10.1007/978-3-662-62671-9_9

Erfahrung und Übung des jeweiligen Anwenders. Zusätzlich sind Fertiggele mittlerweile
so optimiert, dass viel höhere Spannungen bei der Gelelektrophorese angelegt werden
können und sich die Dauer des Gellaufs von 60–90 min ohne Qualitätseinbußen auf
15–25 min verkürzen lässt (Abb. 9.1).

Am Markt ist eine Vielzahl unterschiedlicher Fertiggele von diversen Firmen erhältlich. Herkömmliche Geltypen wie Bis–Tris, Tris-Gycin, Tris-Acetat oder Tris-Tricin gibt
es sowohl als Gele mit einer einheitlichen Porenstärke als auch als variable Gradientengele. Sie werden als native oder denaturierende Gele angeboten. Darüber hinaus gibt es
auch Fertiggele mit speziellen Eigenschaften. Bei manchen kann besonders viel Probenvolumen aufgetragen werden, andere haben eine sehr hohe Trennschärfe oder es kann
ohne weitere Färbung der Gesamtproteingehalt bestimmt werden. Diesen Gelen sind
Trihalogenverbindungen zugesetzt, die unter UV-Licht-Anregung mit den aromatischen
Aminosäuren der Proteine interagieren und Fluoreszenzsignale emittieren. So können alle
vorhandenen Proteine im Gel oder nach dem Transfer auf der Membran detektiert werden.
Man kann also für den jeweiligen Versuch das optimale Gel aussuchen und verwenden.

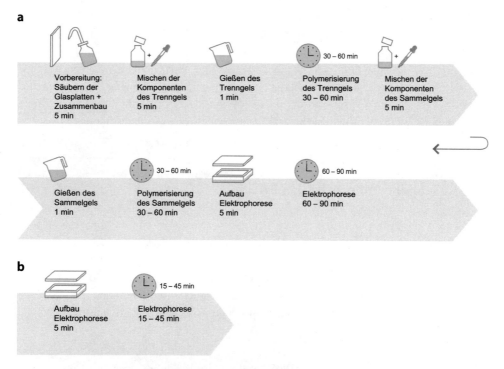

Abb. 9.1 Möglichkeiten der SDS-PAGE-Beschleunigung durch die Verwendung von Fertiggelen (**b**) im Vergleich zur eigenen Gelherstellung (**a**). Für die Herstellung des Gels und die
anschließende Elektrophorese werden zwischen 2,5 und 5,5 h benötigt (**a**). Bei der Verwendung
von Fertiggelen spart man die Zeit für die Herstellung des Gels und kann z. T. höhere Spannungen
ohne Qualitätseinbußen anlegen. Hier werden nur 20–50 min benötigt (**b**)

9.2   Beschleunigung des Blottens

Die nächste Möglichkeit, Zeit zu sparen, besteht beim Proteintransfer vom Gel auf die Membran. Man führt diesen mittels Dry, Semi-dry- oder Wet-Verfahren durch. Alle Verfahren dauern mindestens eine Stunde, je nach Protokoll sogar über Nacht. Hier gibt es nun neue und zuverlässige Geräte, sogenannte Turbo-Blotter, verschiedener Anbieter, die den Blottingvorgang extrem beschleunigen. Mit diesen Geräten kann man innerhalb von 3–10 min die Proteine auf die Membran transferieren (Abb. 9.2).

Als Turbo-Blotter erstmals angeboten wurden, war der Transfer größerer Proteine jedoch problematisch, weil teilweise nicht die gesamte Proteinmenge aus den Gelen auf die Membran übertragen wurde. Quantitative Vergleiche mit Western-Blot waren damit nicht möglich. Mittlerweile sind die Anfangsprobleme jedoch behoben, und es sind Systeme aus Geräten mit den passenden Gelen, Membranen und Puffern auf dem Markt, mit denen man selbst große Proteine (>150 kDa) schnell und effizient blotten kann. Dafür nutzt man spezielle Programme für große Proteine mit einer etwas längeren Transferdauer. Qualitätsverluste sind kaum noch zu beobachten. Nachteile dieser Geräte sind neben den Anschaffungskosten die laufenden Kosten für das Verbrauchsmaterial wie Membranen, Filterpapier und eventuell Puffer, da sie immer auf das jeweilige Gerät abgestimmt sein sollten. Tatsächlich ist es nicht ratsam, eigene Transferpuffer oder nicht für das jeweilige Gerät empfohlene Transferpuffer einzusetzen, weil die jeweilige

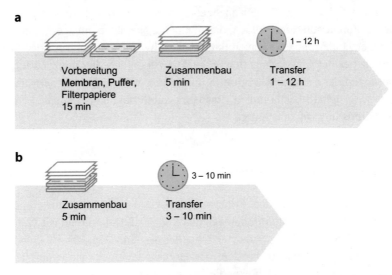

Abb. 9.2 Möglichkeiten der Blotting-Beschleunigung durch die Verwendung eines schnellen Semi-Dry-Blotters (**b**) im Vergleich zum herkömmlichen Blotverfahren (**a**). Mit den herkömmlichen Blotverfahren (Dry-, Semi-dry- oder Wet-) benötigt man mindestens 1 h 20 min; abhängig vom Protokoll bis zu 12 h 20 min (**a**). Die Benutzung eines sog. Turbo-Blotters mit den passenden Membranen, Filterpapieren und Puffern verkürzt den Zeitbedarf auf 8–13 min (**b**)

Stromstärke mit der Ionenstärke und gleichzeitiger Mobilität der Proteine aus dem Gel auf die Membran zusammenpassen müssen. Sonst kann es passieren, dass man einen Teil der Proteine zwar transferiert, aber über lokale Hitze- und Spannungseffekte dermaßen verändert, dass die Primärantikörper nicht mehr optimal binden. Außerdem kann durch unpassende Transferpuffer die Transferrate von verschiedenen Proteinen unterschiedlich werden, sodass einzelne „Banden" schneller geblottet werden als andere. Das kann zu Problemen führen, wenn man quantitative Vergleiche durchführen möchte. Dies könnte dann zu Unterschieden zwischen den Ergebnissen nach einem klassischen Transfer und einem Turbo-Transfer mit falschem Puffer führen, wenn man nicht auf ein optimiertes System umstellt.

9.3   Beschleunigung der Immundetektion

Die Zeiteinsparung bei der Immundetektion ist dagegen schwieriger. Ein effizientes Blockieren der Membran zu Beginn ist zwingend erforderlich, da es sonst zu unerwünschter Anlagerung der Primärantikörper an freie Stellen auf der gesamten Membran kommen kann. Das führt zwangsläufig zu starkem Hintergrund. Zudem benötigen die Bindungsvorgänge des Primärantikörpers an das Zielprotein sowie des Sekundärantikörpers an den Primärantikörper genügend Zeit und optimale Reaktionsbedingungen. Das klassische Verfahren erfordert daher die sequenzielle Abarbeitung von Blockierung, dann Primärantikörper-Bindung mit nachfolgendem Waschen. Erst danach kann der Sekundärantikörper zugegeben werden, weil sich sonst Aggregate von Primär- und Sekundärantikörper bilden, die sich in die Membran einlagern. Das Ergebnis ist ein flächiger Hintergrund oder auch punktuelle schwarze Bereiche auf der Membran. Daher wurden bei der klassischen Immundetektion lediglich die Konzentrationen und Inkubationszeiten der einzelnen Schritte in unzähligen Vorschriften variiert, aber keiner der Schritte ließ sich früher komplett einsparen, ohne deutliche Einbußen im Signal-Rausch-Verhältnis in Kauf zu nehmen.

9.4   Die Ein-Schritt-Reaktion

Theoretisch wäre es denkbar, den Primär- und Sekundärantikörper zusammen in der Blockierungslösung (z. B. 5 % Milchpulver in TBST-Puffer) direkt auf die Membran zu geben und zu inkubieren. Dies wäre viel schneller als eine sequenzielle Durchführung mit Einzelschritten und entsprechenden Waschschritten. Doch wie schon angedeutet binden sowohl Primär- als auch Sekundärantikörper an jede Stelle der Membran, die nicht vorher durch einen Blockierer abgesättigt wurde. Zudem reagieren die Primär- und Sekundärantikörper bei einer gleichzeitigen Inkubation nicht nur auf der Membran, sondern schon in Lösung miteinander. Die dadurch entstehenden Aggregate können, je nach Affinitäten und Spezifitäten der verwendeten Antikörper, stark unterschiedlich ausfallen und stören ab einer gewissen Größe dramatisch das Ergebnis. Größenabhängig lagern sich diese Aggregate nämlich auch auf einer blockierten Membran ab, selbst wenn diese zum Beispiel mit Milchpulver oder BSA blockiert wurde, und lassen sich kaum wieder wegwaschen. Die Aggregatbildung kann zudem dazu führen, dass die Primär- antikörper so stark weggefangen und aus der Lösung heraus verdünnt werden, dass schließlich sogar die spezifischen Banden selbst schwächer werden. Alle diese genannten Prozesse laufen parallel und unkontrolliert ab, weshalb schnell klar wird, dass man den Ergebnissen von gleichzeitiger Inkubation mit normalen Blockierern mit Primär- und Sekundärantikörpern nicht vertrauen kann.

Es werden jedoch mittlerweile Inkubationslösungen angeboten, die dennoch eine Ein- Schritt-Inkubation ohne Qualitätseinbußen ermöglichen. Bei diesen Inkubationslösungen werden die Primär- und Sekundärantikörper gemeinsam mit dem Blockierer auf die Membran gegeben und inkubiert. Das Erstaunliche ist hierbei, dass die Blockierung der Membran so schnell funktioniert, dass trotz gleichzeitiger Anwesenheit von Primär- und Sekundärantikörpern diese nicht unspezifisch auf der Membran binden und zudem die Aggregation der Antikörper vermieden wird. Anders als bei vorangegangenen Produkt- generationen von Schnell-Western- bzw. Fast-Western-Lösungen diverser Anbieter geben diese neuen Ein-Schritt-Inkubationslösungen sehr gute Ergebnisse bei gleichzeitiger enormer Zeitersparnis (Abb. 9.3).

Jedoch sind die Ergebnisse auch hier von gewissen Parametern abhängig, vor allem von der Qualität der Primär- und Sekundärantikörper (teilweise sind daher die Sekundär- antikörper direkt vom Anbieter vorgegeben oder in der Lösung bereits enthalten) und dem ECL-Substrat als Detektionsreagenz. Sehr empfehlenswert ist es daher, einen klassischen Western-Blot mit einer Ein-Schritt-Inkubation im eigenen Labor einmal zu vergleichen, bevor man sich für die Anwendung von Ein-Schritt-Lösungen entscheidet. Erfahrungsgemäß sind aber mit den moderneren Ein-Schritt-Reaktionslösungen von einigen Anbietern erstaunlich gute Ergebnisse bei sehr deutlicher Vereinfachung zu erhalten.

Abb. 9.4 zeigt exemplarisch zwei Western-Blots, die sowohl sequenziell als auch als Ein-Schritt-Reaktion durchgeführt wurden. Als Modell dient dabei das Cytokeratin 18 Protein, das im HepG2 Zelllysat nachgewiesen wird. Die Versuchsbedingungen, wie aufgetragenes Lysat, Lysatmenge, eingesetzte Primär- und Sekundär-Antikörper- konzentrationen, Chemilumineszenzsubstrat und Belichtungszeit, sind bei beiden Blots, zur besseren Vergleichbarkeit, identisch.

Das Zielprotein Cytokeratin 18 wird auf beiden Blots bis zur niedrigsten Konzentration nachgewiesen. Beide Methoden funktionieren sehr gut und zeigen deut- liche, spezifische Signale ohne Spots, Hintergrund oder unspezifische Banden. Die Qualitäten der Ergebnisse sind vergleichbar; mit dem Ein-Schritt-Kit ist das Signal in der niedrigsten Konzentration etwas stärker als mit der sequenziellen Methode. Die benötigte Bearbeitungszeit unterscheidet sich allerdings gravierend. Für die sequenzielle

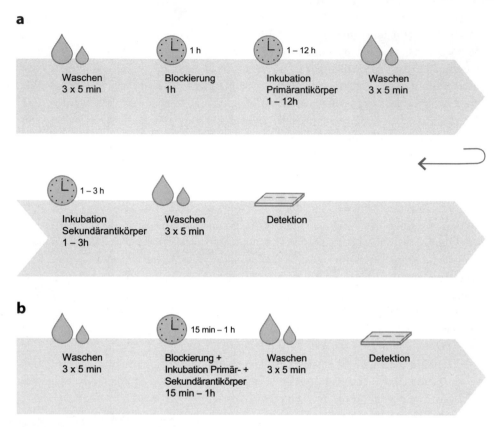

Abb. 9.3 Möglichkeiten der Beschleunigung der Immundetektion durch die Verwendung von Ein-Schritt-Lösungen (**b**) im Vergleich zum sequenziellen Western-Blot (**a**). Für den sequenziellen Western-Blot mit sukzessiver Blockierung, Primär- und Sekundärantikörper-Inkubationen mit den jeweiligen Waschschritten werden je nach Protokoll zwischen 3,5 und 17 h benötigt (**a**). Bei der Verwendung eines kommerziellen Kits mit einer Ein-Schritt-Lösung reduziert sich der Zeitbedarf auf 50–95 min (**b**)

Immundetektion benötigt man 4 h und muss häufig die Lösungen wechseln. Die Ein-Schritt-Reaktion mit dem Kit dauert nur 1 h.

Die Beschleunigung der Immundetektion durch eine Ein-Schritt-Reaktion ist seit wenigen Jahren wirklich möglich. Allerdings sollte man hierbei auf moderne Kits zurückgreifen, denn es gibt schon länger auch diverse Kits auf dem Markt, die nicht zu guten Ergebnissen führen. Es ist wichtig, dass die Blockierung sehr schnell und effizient erfolgt, um Hintergrund zu vermeiden. Darüber hinaus muss garantiert sein, dass nur die spezifischen Protein-Antikörper-Interaktionen zugelassen werden und Antikörper-Aggregate vermieden werden. Zu beachten ist, dass Primärantikörper mit niedriger Affinität unter Umständen mit einer Ein-Schritt-Reaktion nicht funktionieren.

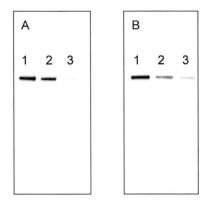

Abb. 9.4 Western-Blot-Ergebnisse mit sequenzieller Methode (**a**) und ReadyTector® Anti-Mouse-HRP (CANDOR Bioscience; **b**). Das Protein Cytokeratin K18 (45 kDa) wird im HepG2-Lysat mit dem Primärantikörper CK18-M6 (Peviva; 50 ng mL^{-1}) nachgewiesen. Auftrag von 10.000 Zellen (Spur 1), 5000 Zellen (Spur 2) und 2500 Zellen (Spur 3). Für die Immundetektion mit der sequenziellen Western-Blot-Methode werden 3 h 35 min benötigt. Blockierung und Antikörperinkubationen erfolgen in 5 % Milchpulver-TBST (**a**). Bei der Verwendung des kommerziellen Kits mit einer Ein-Schritt-Lösung reduziert sich der Zeitbedarf auf 50–95 min (**b**, ReadyTector® Anti-Mouse-HRP; CANDOR Bioscience)

9.5 Markierung des Primärantikörpers

Eine zusätzliche Möglichkeit, die Immundetektion zu beschleunigen, ist die Einsparung der Inkubation mit dem Sekundärantikörper. Diese Methode eignet sich vor allem für Anwender, die sehr viele sich wiederholende Western-Blots mit dem gleichen Primärantikörper detektieren möchten, wie z. B. in der Qualitätskontrolle, wenn immer wieder das identische Protein nachzuweisen ist. In der Forschung ist aufgrund der wechselnden Zielproteine der Aufwand des direkten Labelns jedoch selten gerechtfertigt.

Viele Primärantikörper sind schon kommerziell mit einem Label erhältlich. Alternativ kann man die Markierung auch selbst durchführen. Hierzu stehen diverse Markierungskits zur Verfügung. Der Labelgrad (also die Zahl der Label je Antikörpermolekül) ist allerdings nur schwer kontrollierbar bzw. kaum steuerbar.

Bei dieser Methode wird die Membran nach dem Transfer gewaschen und blockiert. Danach wird mit dem markierten Primärantikörper inkubiert. Anschließend wird nochmals gewaschen und dann das Signal detektiert. Eine Inkubation mit einem Sekundärantikörper ist nicht mehr notwendig. Es ist allerdings zu bedenken, dass die Bindung des Primärantikörpers an das Zielprotein durch die Markierung stark beeinflusst werden kann. Daher sollten die Antikörper weder zu stark noch zu schwach gelabelt sein. Ein gelabelter Antikörper kann durch sterische Wechselwirkung seine Spezifität und Affinität verändern. Daher ist beim Labeln auf sehr konstante Bedingungen zu achten, und man kann nicht ohne Gegentestung davon ausgehen, dass der primäre Antikörper sich gelabelt immer noch identisch verhält. Für Routineanwendungen hat es sich daher bewährt, größere Mengen des Primärantikörpers in einer Charge zu labeln und bei Eignung möglichst lange zu verwenden. Dies erzeugt bessere Vergleichbarkeit über lange Zeiten. Zur Langzeitlagerung empfiehlt sich dann die Nutzung von Stabilizern für Konjugate (wie sie z. B. auch in der ELISA-Kit-Produktion eingesetzt werden), da ein Einfrieren und Auftauen selbst gelabelter Antikörper wiederum zu Aktivitätsverlusten führen kann.

Da bei einem sequenziellen Western-Blot das Signal oft durch den Sekundärantikörper verstärkt wird, indem mehrere Sekundärantikörper an einen Primärantikörper binden, werden in der Regel die Signale der Zielproteinbanden schwächer, wenn der Primärantikörper direkt gelabelt wird.

9.6   Multiplex-Assays

Eine weitere Möglichkeit, Zeit zu sparen, ist die Durchführung von Multiplex-Western-Blots. Dabei wird mehr als nur ein Zielprotein auf einer Membran gleichzeitig nachgewiesen. Die Alternative ist hierbei das Strippen der Membran und erneutes Detektieren mit anderen Primärantikörpern. Meistens wird bei Multiplex-Western-Blots auf fluoreszenzmarkierte Antikörper zurückgegriffen, die unterschiedliche Anregungs- und Detektionswellenlängen besitzen. Dabei wird gleichzeitig mit zwei oder mehr Primärantikörpern inkubiert, die gegen die jeweiligen Zielproteine gerichtet sind und aus unterschiedlichen Spezies stammen (z. B. Maus und Kaninchen). Im zweiten Inkubationsschritt werden dann speziesspezifische fluoreszenzmarkierte Sekundärantikörper verwendet, deren Signale bei verschiedenen Wellenlängen gemessen werden können. Dabei ist wichtig, dass sich die Signale nicht gegenseitig überlagern oder quenchen.

Wenn sich die Molekulargewichte der Zielproteine unterscheiden und die verwendeten Primärantikörper gute Affinitäten und Spezifitäten besitzen, dann kann man auch Multiplex-Analysen mit HRP-markierten Antikörpern durchführen. Dabei kann man sowohl mehrere Primärantikörper aus derselben Spezies und einen markierten Sekundärantikörper verwenden oder Primärantikörper aus unterschiedlichen Spezies mit den passenden Sekundärantikörpern. In Abb. 9.5 ist ein Multiplex-Western-Blot mit Primärantikörpern aus Maus und Kaninchen dargestellt. Hier wurde eine Ein-Schritt-Western-Blot-Lösung mit HRP-gelabelten Anti-Maus-Sekundärantikörpern (ReadyTector® Anti-Mouse-HRP, CANDOR Bioscience) mit einer Ein-Schritt-Western-Blot-Lösung mit HRP-gelabelten Anti-Kaninchen-Sekundärantikörpern (ReadyTector® Anti-Rabbit-HRP; CANDOR Bioscience) im Verhältnis 1:1 gemischt. Beide Primärantikörper wurden hinzugegeben und die Membran mit allen Antikörpern gleichzeitig inkubiert.

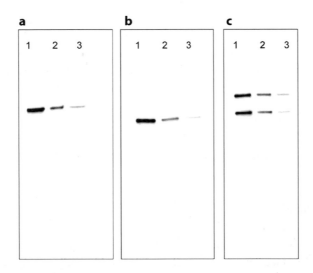

Abb. 9.5 Vergleich des Western-Blot-Ergebnisses des Multiplex-Western-Blots (**c**) mit den Einzelnachweis Western-Blots (**a**, ReadyTector® Anti-Mouse-HRP; **b** ReadyTector® Anti-Rabbit-HRP, CANDOR Bioscience). Die Proteine NFκB p65 (65 kDa) und Cytokeratin K18 (45 kDa) werden einzeln (**a** und **b**) oder zusammen (**c**) im HepG2-Lysat nachgewiesen. Auftrag von 10.000 HepG2-Zellen (Spur 1), 5000 Zellen (Spur 2) oder 2500 Zellen (Spur 3). Die Konzentrationen der Primärantikörper NFκB p65 (eBioscience, rabbit, 50 ng mL^{-1}) und CK18-M5 (Peviva; Maus; 50 ng mL^{-1}) sind im Einzelnachweis und im Multiplexnachweis unverändert. Für den Einzelnachweis des NFκB p65 Proteins wird eine Ein-Schritt-Reaktionslösung mit Kaninchen-Sekundärantikörper verwendet (**a**, ReadyTector® Anti-Rabbit-HRP; CANDOR Bioscience); für den Einzelnachweis des CK18 Proteins wird eine Ein-Schritt-Reaktionslösung mit Maus-Sekundärantikörper verwendet (**b**, ReadyTector® Anti-Mouse-HRP; CANDOR Bioscience). Beim Multiplex-Assay werden beide Ein-Schritt-Reaktionslösungen 1:1 gemischt und die beiden Primärantikörper zugegeben (**c**, ReadyTector® Anti-Rabbit-HRP/ReadyTector® Anti-Mouse-HRP; CANDOR Bioscience)

Anzumerken ist allerdings, dass die zu detektierenden Mengen der verschiedenen Zielproteine zumindest in einer ähnlichen Größenordnung liegen sollten und man die Primärantikörperkonzentrationen ggf. aufeinander einstellen muss. Dies vereinfacht sowohl die Fluoreszenz-Multiplex wie auch die hier gezeigte HRP-Multiplex-Detektion.

9.7   Verwendung von alternativen Geräten

Eine weitere Option, den Western-Blot zu beschleunigen, ist die Verwendung anderer Geräte und modifizierter Methoden. Hier bietet der Markt mittlerweile diverse Systeme. Wasch- und Inkubationsschritte können z. B. mithilfe einer Vakuumpumpe beschleunigt werden, indem die Lösungen durchgesaugt werden. Hier verkürzt sich die Zeit auf etwa

30 min. Allerdings benötigt das rasche Durchsaugen durch die Membran auch Antikörper, die sehr schnell binden, also ist eine sehr hohe Affinität der Primärantikörper empfehlenswert. Alternativ gibt es Geräte, mit denen man die *Hands-on*-Zeit deutlich verringern kann. Man bestückt das Gerät mit allen Lösungen (Waschpuffer, Primär-, Sekundärantikörper), ebenso mit der geblotteten Membran, und wartet dann nur noch ab, bis die Lösungen mittels Kapillareffekt über die Membran gelaufen sind und die Immunreaktion beendet ist. Für sehr hohen Durchsatz gibt es auch Kapillarelektrophoresegeräte, in denen eine Vielzahl von Proben gleichzeitig analysiert werden können. Wichtig beim Einsatz solcher Systeme ist vor allem die Vergleichbarkeit zum klassischen Western-Blot. Teilweise wird die Methodik nämlich so stark abgewandelt, dass es durch unterschiedliche Trenn- oder Immundetektionsmethoden zu veränderten Ergebnissen kommen kann. In sich sind diese Methoden also meist konsistent, aber mit „echten" Western-Blot-Ergebnissen nicht zwingend vergleichbar. Dieser Restriktion sollte man sich bewusst sein und die optische Darstellung von Kapillarelektrophorese-Ergebnissen in der Darstellung einer Membran mit Banden kann irreführend sein. Man sollte aus wissenschaftlicher Sicht nicht suggerieren, dass ein Ergebnis mit einem Western-Blot generiert wurde, obwohl eine grundlegend andere Methodik genutzt wurde.

Fazit

In der letzten Zeit wurden viele Produkte zur Beschleunigung und Vereinfachung des Western-Blottings entwickelt und auf den Markt gebracht. Dabei kann die Methode des traditionellen Western-Blots beibehalten und jeder Arbeitsschritt zeitlich verkürzt werden, oder man kann die Methode mit speziellen Geräten teilweise automatisieren. Die einfachste und flexibelste Möglichkeit ist der Umstieg auf Fertiggele und einen zeitsparenden Blotter für den Proteintransfer. Zusätzlich kann man Ein-Schritt-Reaktionslösungen verwenden, um die Immundetektion in einem Schritt zu ermöglichen. Damit ist ein komplettes Western-Blot-Experiment innerhalb von weniger als einem halben Arbeitstag möglich. Durch die zusätzliche Anwendung eines Multiplex-Assays und dem damit verbundenen Nachweis von mehreren Zielproteinen in einem Schritt lassen sich langwierige Stripping- und Inkubationsschritte vermeiden, was Zeit und Geld spart.

Weiterführende Literatur

NuPAGE Technical Guide (2010) Life Technologies Corporation. IM-1001
Silva J.M., McMahon M. (2014) The Fastest Western in Town: A Contemporary Twist on the Classic Western Blot Analysis. J. Vis.Exp. (84), e51149. https://doi.org/10.3791/51149
Vogt C., Polifke T. (2016) Western Blot: Quick but not dirty. GIT Laborzeitschrift 4/2016: S. 60
www.abcam.com Lightning-Link® HRP Conjugation Kit

www.bio-rad.com Mini-Protean® Electrophoresis System Brochure. Bulletin #5535; Transfer of High Molecular Weight Proteins to Membranes: A Comparison of Transfer Efficiency Between Blotting Systems. Bulletin #6148

www.cellsignal.com/Tutorial: A Guide to Successful Western Blotting

www.li-cor.com Near-Infrared Fluorescence Applications Brochure/Technical Note Doc # 988–11784: Western Blot and In-Cell Western™ Assay Detection Using IRDye® Subclass Specific Antibodies

www.novusbio.com Antibody Conjugation Illustrated Assay

www.proteinsimple.com Simple Western Family Brochure

www.readytector.com

www.thermofisher.com Protein Gel Electrophoresis Technical Handbook

Proteinarrays

10

Johanna Sonntag und Matthias Griessner

Seit Ende der 1980er-Jahre und spätestens nach der Fertigstellung der Sequenzierung des menschlichen Genoms im Jahr 2003 stieg das Interesse an der Entwicklung und Anwendung von Microarrays zur Analyse von Genexpressionsmustern und Einzelnucleotid-Polymorphismen stetig. Die Microarray-Technologie hat sich seitdem laufend weiterentwickelt und ist aus der Werkzeugkiste der Lebenswissenschaften nicht mehr wegzudenken.

Von der Pionierarbeit der DNA-Microarrays haben die Proteinarrays maßgeblich profitiert. Da Proteine die Funktionsträger der Zelle sind, war es die logische Konsequenz, die Microarray-Technologie auch auf die Hochdurchsatzanalyse des Proteoms auszudehnen. Die Ursache vieler Erkrankungen liegt in einer abnormalen Proteinexpression, veränderten Proteinaktivitätsmustern oder Protein–Protein-Interaktionen. Viele Studien, wie die von Schwanhäusser et al. 2011, haben gezeigt, dass mRNA-Level und Proteinlevel nicht zwingend miteinander korrelieren und deshalb Genexpressionsanalysen nur bedingt aussagekräftig sind. Darüber hinaus sind Proteine die Angriffspunkte der meisten Medikamente in der personalisierten Therapie, vor allem in der Onkologie, und finden auch als Biomarker vermehrt Anwendung. Die Funktionen der Proteinbiomarker sind vielfältig und reichen von der Unterstützung einer Krankheitsdiagnose über die Prognose des Krankheitsverlaufs, die Vorhersage auf Therapieansprechen bis zum Monitoring von Progression, Regression und Wiederauftreten einer

J. Sonntag · M. Griessner (✉)
Boehringer Ingelheim VRC GmbH & Co. KG, Hannover, Deutschland
E-Mail: matthias.griessner@boehringer-ingelheim.com

J. Sonntag
E-Mail: johanna.Sonntag@boehringer-ingelheim.com

© Springer-Verlag GmbH Deutschland, ein Teil von Springer Nature 2023
A. M. Raem und P. Rauch (Hrsg.), *Immunoassays,*
https://doi.org/10.1007/978-3-662-62671-9_10

Erkrankung. Zusätzlich sind Proteinbiomarker auf dem Gebiet der Pharmakodynamik hilfreich bei der Evaluierung von Wirkstoffsicherheit und Effizienz in präklinischen und frühen klinischen Studien.

Proteinarrays spielen ihre Stärken durch einen geringen Probenverbrauch und einen geringen Verbrauch an Reagenzien, kombiniert mit einer hohen Probenkapazität, im Vergleich zu klassischen gelbasierten Proteomik-Techniken aus. Mit der *Ambient Analyte Theory* hat Roger Ekins die theoretischen und praktischen Grundlagen für Multi-Spot- und Multi-Analyt-Immunoassays gelegt (Ekins 1990).

Im Vergleich zu DNA-Microarrays stellen Proteinarrays aber auch einige Herausforderungen. Dazu gehören die variable Stabilität von unterschiedlichen Proteinen und das Fehlen von simplen Amplifikationsverfahren. Im Gegensatz zu Nucleotid-Nucleotid-Interaktionen gibt es bei Protein–Protein-Interaktionen kein universelles Bindungsverhalten, sondern es liegt vielmehr eine komplexe Mischung aus unterschiedlichen nichtkovalenten Bindungen vor. Die Fängermoleküle (Sonden) bei DNA-Microarrays können leicht anhand der Primärsequenz der Ziel-DNA entworfen und synthetisiert werden. Dies ist bei Proteinarrays aus den oben beschriebenen Gründen nicht möglich. Vielmehr erfordern die Herstellung und die Identifikation von geeigneten Fängermolekülen einen erhöhten experimentellen Aufwand.

10.1 Proteinarray-Formate

So zahlreich wie die Anwendungen, so zahlreich sind auch die beschriebenen Formate und Varianten der Proteinarrays. Prinzipiell kann man Proteinarrays in zwei Kategorien einteilen: Zum einen Forward-Phase-Proteinarrays und zum anderen Reverse-Phase-Proteinarrays. Unterscheidungsmerkmal ist, ob, wie im Fall der Reverse-Phase-Proteinarrays, die zu untersuchende Probe auf der Trägerfläche immobilisiert wird oder ob funktionale Fängermoleküle immobilisiert und dann in Kontakt mit der Probe gebracht werden. Forward-Phase-Proteinarrays ermöglichen es, aus einer einzelnen Probe eine Vielzahl an Analyten qualitativ oder aber – je nach Format – auch quantitativ zu bestimmen. Bei Reverse-Phase-Proteinarrays wird eine Vielzahl an Proben, z. B. Proteinextrakte von Biopsien, auf der Trägerfläche immobilisiert, und es findet eine relative Quantifizierung der Expression eines Zielproteins statt. Selbstverständlich kann der Durchsatz an zu untersuchenden Zielproteinen bei Reverse-Phase-Proteinarrays, bzw. die Anzahl an zu untersuchenden Proben bei Forward-Phase-Proteinarrays, durch Replizierung eines einzelnen Arrays erreicht werden.

Proteinarrays können entweder zu analytischen oder zu funktionalen Analysen verwendet werden. Analytische Microarrays ermöglichen den qualitativen oder quantitativen Nachweis von Analyten in einer komplexen Probe. Funktionale Microarrays werden z. B. für das Wirkstoff- und Targetscreening oder das Epitopmapping von Antikörpern eingesetzt.

10.1.1 Forward Phase

Forward-Phase-Proteinarrays wurden in einer Vielzahl von Varianten beschrieben. Das gemeinsame Merkmal aller Varianten ist die Immobilisierung von Fängermolekülen auf der Trägeroberflache, die dann den jeweiligen Analyten aus der Probe fangen. Die bekanntesten Fängermoleküle sind monoklonale und polyklonale Antikörper, aber auch alternative Binder kommen vermehrt zum Einsatz (Tab. 10.1). Im Falle des indirekten Formats sind die Fängermoleküle weder Antikörper noch alternative Binder, sondern Antigene (z. B. Peptide, rekombinante Proteine, Zelllysate). Die einzelnen Forward-Phase-Proteinarrayvarianten sind in Abb. 10.1 schematisch dargestellt und werden in diesem Abschnitt vorgestellt.

10.1.2 Antikörper-Array

Die Variante Antikörper-Array basiert auf der Immobilisierung Hunderter Zielproteine spezifischer Antikörper/alternativer Binder in definiertem Layout auf der Träger-oberfläche. Die zu untersuchenden Proben, z. B. Zellkulturlysate oder Gewebelysate, müssen vor der Inkubation auf dem Array markiert werden. Sowohl die Biotinylierung aller in der Probe vorhandenen Proteine als auch die Markierung mit Fluoreszenzfarb-stoffen wurden beschrieben (z. B. Huang et al. 2010; Kusnezow et al. 2007). Die Ver-wendung von unterschiedlichen Fluoreszenzfarbstoffen zur Markierung von gesundem und krankem Gewebe ermöglicht bei simultaner Inkubation beider Proben auf dem Antikörper-Array den direkten Vergleich des Expressionsmusters (Schröder et al. 2010). Das verwendete Markierungsprotokoll ist ein kritischer Schritt bei Antikörper-Arrays und muss unbedingt auf die zu untersuchende Probe abgestimmt werden. Wird zu wenig Markierungsreagenz eingesetzt, geht es auf Kosten der Sensitivität, wird zu viel Markierungsreagenz eingesetzt, wird das Signal-zu-Rausch-Verhältnis negativ

Tab. 10.1 Auswahl von alternativen Bindern, die für Proteinarrays verwendet werden können

Alternative Binder	Beispiel
Adhirons	Tiede et al. (2014)
Affibodies®	Renberg et al. (2007)
Anticalins®	Skerra (2008)
Designed ankyrin repeat proteins (DARPins®)	Plückthun (2015)
Nanobodies®	Groll et al. (2015)
Rekombinante Antikörper/Human Combinatorial Antibody Library (HuCAL®)	Poetz et al. (2005)
Single-chain Variable-Fragments (scFVs)	Wingren et al. (2007)

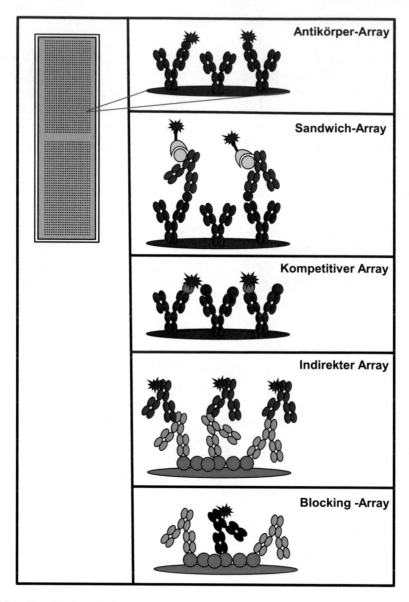

Abb. 10.1 Verschiedene Designvarianten von Forward-Phase-Proteinarrays

beeinflusst. Zu beachten ist auch, dass durch den Markierungsprozess die Struktur des Proteins verändert werden kann und damit das Epitop verändert wird. Bei der Interpretation der Antikörper-Array-Signale muss man zusätzlich beachten, dass ein hohes Signal entweder auf eine hohe Konzentration des Zielproteins zurückzuführen ist oder dass das Zielprotein in einem großen Proteinkomplex vorliegen könnte, wo die markierten zusätzlichen Proteine des Komplexes zum Messsignal beitragen, was somit zu Überbestimmungen führt. Andererseits können diese Proteine aber auch das Epitop des Zielproteins derart maskieren, dass der Fängerantikörper nicht mehr binden kann. Dieses führt dann zu Unterbestimmungen oder sogar zu falsch-negativen Ergebnissen (s. auch Kap. 27 Störeffekte).

10.1.3 Sandwich-Array

Auch beim Sandwich-Array werden zielproteinspezifische Antikörper oder alternative Binder in definiertem Layout auf der Trägeroberfläche immobilisiert. Nach Absättigung der freien Bindungsstellen wird der Array mit der Probe, z. B. Gewebelysat, Serum, Milch oder Urin, inkubiert und die Antigene aus der Probe binden an die spezifischen Fängermoleküle. In einem weiteren Prozessschritt wird anschließend der Array gewaschen und jegliche Probenrückstände entfernt, die nicht an der Oberfläche gebunden wurden. Wie beim klassischen Sandwich-ELISA-Format erfolgt die Quantifizierung der Analyten über einen Detektionsantikörper, der ein anderes Epitop des Analyten erkennt als der Fängerantikörper. Passend zu den eingesetzten Fängerantikörpern wird bei der Sandwich-Array-Version ein Detektionsantikörpermix verwendet. Die Detektionsantikörper können entweder direkt markiert sein oder werden über einen passenden Sekundärantikörper visualisiert (Abschn. 10.4). Bei Sandwich-Arrays ist eine Quantifizierung der Analyten möglich. Hierzu werden, zusätzlich zu den unbekannten Proben, Proben mit einer Reihe von bekannten Analytkonzentrationen auf Replikatarrays inkubiert. Mittels der daraus gewonnenen Standardkurve kann dann die Analytkonzentration in der unbekannten Probe abgeschätzt werden. Es ist unbedingt darauf zu achten, dass nur Ergebnisse von Arrays miteinander verglichen werden, die unter identischen Bedingungen hergestellt und prozessiert wurden. Darüber hinaus ist eine On-Chip-Normierung zu empfehlen (Abschn. 10.4).

Die Anzahl verschiedener Fängerantikörper ist im Vergleich zur Antikörper-Array-Variante geringer (je nach Anforderung zwei bis maximal fünfzehn). Je mehr Antikörperpaare im Assay verwendet werden, desto höher ist das Risiko, dass die Sensitivität der einzelnen Assays beeinträchtigt wird, da alle eingesetzten Antikörper im System zur Erhöhung des unspezifischen Hintergrundsignals beitragen.

10.1.4 Kompetitiver Array

Kompetitive Arrays kommen vor allem bei sehr kleinen Analyten zum Einsatz, die über nicht ausreichende Bindungsfläche für die ungestörte Bindung von zwei Antikörpern oder alternativen Bindern verfügen. Um dennoch eine Quantifizierung dieser Analyten zu ermöglichen, kommt ein z. B. mit Biotin markierter Mix von Analyten zum Einsatz. Diese markierten Analyten kompetieren mit den Analyten aus der Probe um die Bindung an die jeweiligen Fängerantikörper auf dem Array. Je mehr Analyt in der Probe vorhanden ist, desto geringer fällt das Signal am Fängerantikörper aus, das über markiertes Streptavidin erzeugt wird. Analog zu den Sandwich-Arrays ist auch hier mittels Standardproben eine Quantifizierung der Analyten möglich. Prinzipiell ist auch eine Mischform des Sandwich- und des Kompetitiven Array-Formats umsetzbar.

10.1.5 Indirekter Array

Mit einem indirekten Array können je nach Konfiguration sowohl analytische wie auch funktionale Fragestellungen bearbeitet werden. Wie bei klassischen serologischen Assays werden Antigene (Peptide, rekombinante Proteine oder Proteinfragmente, Zelllysate) auf der Trägeroberfläche in einem definierten Layout immobilisiert. Die Proben werden dann auf das Vorhandensein von antigenspezifischen Antikörpern untersucht. Je nach verwendetem Sekundärantikörper kann gezielt zwischen Isotypen, wie IgM oder IgG, oder sogar zwischen IgG-Subklassen unterschieden werden. Diese Art von Arrays wird vor allem in der Infektionsdiagnostik, der Diagnose von Allergien sowie bei der Detektion von Autoantikörpern verwendet.

Funktionale Arrays werden für die Wirkstoff- und Targetidentifizierung, die Identifizierung von Enzymsubstraten im Hochdurchsatzformat, für Protein–Protein-Interaktionsstudien und für das Epitopmapping von Antikörpern eingesetzt. Hierzu wird eine Vielzahl an Peptiden oder gereinigten Proteinen immobilisiert, die je nach Fragestellung eine Auswahl oder das gesamte Proteom eines Organismus abbilden. Ein limitierender Faktor bei dieser Version von Proteinarrays ist die funktionale Expression dieser großen Anzahl an Proteinen. Es wurden aber auch schon On-Chip-Synthesesysteme, z. B. von Miersch und LaBaer 2011, beschrieben.

10.1.6 Blocking-Array

Wie beim indirekten Array werden auch hier die Antigene in definiertem Arrayformat auf der Oberfläche immobilisiert. Nach der Inkubation mit der Probe wird allerdings in einem weiteren Schritt mit einem Mix aus Antigen-spezifischen Antikörpern inkubiert. Alle freien Bindungsstellen auf den Antigenen werden durch diese Antikörper besetzt und die Bindung wird mit einem Sekundärantikörper sichtbar gemacht. Das Signal an den einzelnen Antigenspots ist negativ korreliert mit der Menge an Antigen-spezifischen Antikörpern der Probe. Dabei ist darauf zu achten, dass der Sekundärantikörper keine Kreuzreaktivität zu den Antikörpern der zu untersuchenden Probe aufweist. Erfolgt die Inkubation von Probe und Blocking-Antikörper simultan, spricht man auch von einer kompetitiven Variante des Blocking-Arrays.

10.1.7 Reverse Phase

Die Reverse-Phase-Proteinarray- (RPPA-)Technologie wurde im Jahr 2001 zum ersten Mal von Paweletz et al. 2001 beschrieben und wurde seitdem von vielen Forschungsgruppen angewendet und weiterentwickelt (s. Akbani et al. 2014). RPPAs sind im Prinzip miniaturisierte Dot-Blot-Immunoassays und ermöglichen die relative Quantifizierung von ausgewählten Zielproteinen in großen Probensets. Ein Vorteil dieser Technologie ist der minimale Probenbedarf, insbesondere bei limitiertem Probenmaterial z. B. einer Tumorbiopsie.

Die zu untersuchenden Proben werden als Microspots (2–6 ng Gesamtprotein/Spot, Spotdurchmesser $\approx$ 250 µm) in definiertem Layout auf einen Festphasenträger mittels spezialisierten Spottingrobotern (Abschn. 10.2) aufgebracht. Als Festphasenträger haben sich für RPPA-Anwendungen mit Nitrocellulose beschichtete Glasobjektträger bewährt. Die Oberfläche der Nitrocellulose bietet eine optimale 3D-Struktur, um in ungerichteter Weise die komplexen und heterogenen Proben zu immobilisieren. Da in den meisten Fällen nicht nur ein Zielprotein, sondern gleich eine größere Anzahl an Zielproteinen in den immobilisierten Proben untersucht werden soll, lassen sich in einem einzelnen Spottinglauf eine Vielzahl an Replikat-Slides herstellen. Abhängig von der Anzahl der Proben können auch mehrere identische Arrays auf einem Glasobjektträger untergebracht werden (Abb. 10.2), um den Durchsatz zu erhöhen. Mithilfe von speziellen Inkubationskammern, die eine Kompartimentierung des Glasobjektträgers ermöglichen, können so mehrere Zielproteine simultan quantifiziert werden (Abb. 10.2). Bei der Probenaufarbeitung ist darauf zu achten, dass das gewählte Extraktionsprotokoll mit den zu untersuchenden Proteinen kompatibel ist. Membranproteine, cytoplasmatische Proteine und Proteine im Zellkern haben unterschiedliche Anforderungen, und auch unterschiedliche Gewebetypen stellen unterschiedliche Herausforderungen dar. Es sind zwar kommerzielle Kits erhältlich, die eine simultane Extraktion von DNA, RNA und Protein ermöglichen sollen, der vermeintliche Vorteil geht aber oftmals auf Kosten der Probenqualität (s. Mathieson und Thomas 2013). Vor allem bei der Analyse von Signalkaskaden und Aktivierungszuständen von Proteinen sollte auf den Zusatz von geeigneten Inhibitoren zum Extraktionspuffer, wie Kinaseinhibitoren und Phosphataseinhibitoren, geachtet werden.

Mithilfe von Antikörpern oder alternativen Bindern werden – nach erfolgtem Spotting der Proben und dem Blockieren freier Bindungsstellen auf der Oberfläche – die Zielproteine sowie auch posttranslationale Modifikationen (z. B. Phosphorylierung, Glykosylierung, Acetylierung) spezifisch erkannt und in einem zweiten Schritt mit einem Sekundärantikörper sichtbar gemacht. Bewährt hat sich die Detektion der Primärantikörper mittels fluoreszenzmarkierter Sekundärantikörper (Loebke et al. 2007), aber auch Enzym-Antikörper-Konjugate in Kombination mit einem chemilumineszenten Substrat oder einem Substrat, welches nach Umsetzung durch das Enzym mit einer

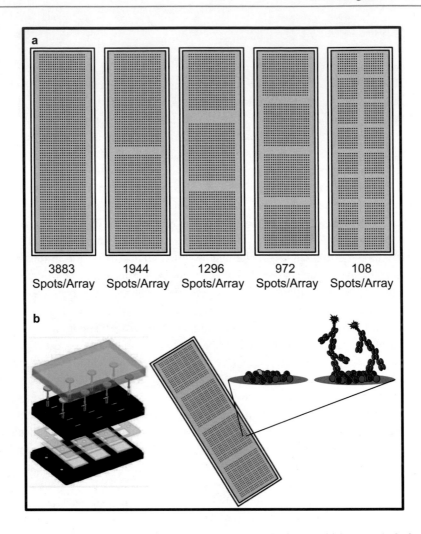

Abb. 10.2 a Je nach Anforderung und zu untersuchender Probenanzahl können 1, 2, 3, 4 oder 16 identische Arrays pro Slide gespottet werden. **b** Spezialisierte Slide-Inkubationskammern (wie z. B. von der Firma PEPperPRINT GmbH) ermöglichen eine Kompartimentierung und damit auf einem Slide unterschiedliche Inkubationsansätze

sichtbaren Präzipitation reagiert (s. Abschn. 10.4) wurden beschrieben und angewendet. Wie bei allen antikörperbasierten Analyseverfahren ist die Qualität und gründliche Charakterisierung der verwendeten Antikörper von hoher Bedeutung. Im Gegensatz zum Western-Blot-Verfahren ist bei RPPA keine Verknüpfung zum Molekulargewicht des Zielproteins möglich. Aus diesem Grund müssen Antikörper, bevor sie in einem RPPA Verwendung finden, mittels geeigneter Proben per Western-Blot auf ihre Eignung überprüft werden. Oftmals reicht es nicht aus, nur eine zufällig verfügbare Probe zu verwenden, vielmehr sollte die Auswahl der Proben auf das geplante Experiment abgestimmt werden. Ein kritischer Schritt der RPPA-Technologie ist die Verarbeitung und Auswertung der Rohdaten mittels spezialisierter und automatisierter Datenanalysemethoden, die es erlauben, die Signale der einzelnen Proben auf einem Slide sowie zwischen unterschiedlichen Slides eines Versuchsansatzes zu vergleichen und analysieren (Eichner et al. 2014; Hu et al. 2007; Troncale et al. 2012; von der Heyde et al. 2014).

10.2 Oberflächenfunktionalisierung

Mit der Auswahl der Oberflächenfunktionalisierung entscheidet sich schon in einem frühen Stadium eines Experimentes der spätere Erfolg. Die Oberflächenfunktionalisierung beschränkt sich dabei nicht nur auf die Fragestellung der Kopplung eines Moleküls an eine feste Phase. Andere Aspekte, wie sterische Effekte, Besetzung freier Bindungsstellen (Blocking), Detektion, Oberflächeneigenschaften, oder aber die Auftragung von Molekülen (Spotting), müssen berücksichtigt werden. Beispielsweise ist die Auswahl einer autofluoreszierenden Kunststoffmatrix in Verbindung mit einer Fluoreszenzdetektion ungeeignet, kann jedoch für kolorimetrische Messungen verwendet werden. Ebenso stellt sich die Frage, ob die Oberfläche für einen Kontakt-Spotter stabil genug ist, da hier im Gegensatz zum Nicht-Kontakt-Spotter die Oberfläche mechanisch beansprucht wird. Nachfolgend sind Fragen und Aspekte aufgezeigt, die vor den Beginn eines Experimentes gestellt werden sollen.

- *Ist die feste Phase für eine Auftragung meiner Bindermoleküle als Proteinarray geeignet?* Kontaktwinkel und daraus resultierende Spot-Abstände, Aufnahmekapazität der Oberfläche für die aufzubringende Molekülkonzentration, Interferenzen mit dem Detektionssystem, Änderung der Eigenschaften durch funktionale Moleküle vor dem Spotting
- *Ist mein Bindermolekül für eine Auftragung als Teil eines Proteinarrays geeignet?* Bindermolekül in viskoser oder schäumender Lösung, funktionale Gruppen zur Bindung an die Oberfläche, Funktionalität des Bindermoleküls nach der Auftragung oder chemischer Modifikation
- *Ist eine Oberflächenmodifikation für die Funktionalität notwendig?* Möglichkeit der adsorptiven Bindung, Erhöhung der Anzahl an Bindungsstellen (Avidität/Sensitivität), Verminderung von sterischen Effekten, Auswahl von funktionalen Molekülen zur Bindungsvermittlung
- *Ist es notwendig, die Oberfläche nach der Auftragung der Bindermoleküle zu blockieren?* Alterung funktionaler Gruppen durch Reaktion mit der Umgebung, Auswahl von chemischen oder biologischen Molekülen und deren Auswirkung auf die Bindermoleküle (Beeinflussung der Spezifität), Möglichkeit der Konservierung der Bindermoleküle

Ein Beispiel für die Entwicklungspunkte einer Oberflächenfunktionalisierung ist in Abb. 10.3 dargestellt. Hier soll Kalk-Natron-Glas, in Form von Mikroskopie-Objektträgern, als feste Phase zur Aufnahme des Proteinarrays dienen. Es zeichnet sich dadurch aus, dass es keine Eigenfluoreszenz besitzt. Kalk-Natron-Glas bildet an der Oberfläche jedoch Silanol-Gruppen aus, die den Kontaktwinkel auf $\Theta < 30°$ senken. Das direkte Spotting führt deshalb dazu, dass die Tropfen breit verlaufen. Neben einer Erhöhung des nötigen Spotabstandes geht damit eine verringerte Dichte der Bindermoleküle einher (Ekins et al. 1990). Folglich muss eine Oberflächenmodifikation der festen Phase durchgeführt werden. Hierbei werden Silane verwendet, die zur Einbringung von Aldehyd-, Amino-, oder Epoxy-Gruppen auf der Glasoberfläche führen. Durch diese Maßnahme erhöht sich der Kontaktwinkel, und die Oberfläche ist chemisch aktiviert. Die Adressierung der Arraypositionen kann nun erfolgen. Allerdings führt dies zu einer sehr engen Stellung der Bindermoleküle und damit zur sterischen Behinderung. Eine Abnahme der Sensitivität ist damit wahrscheinlich. Abhilfe schafft die Verwendung eines Avidin-Systems, das vier Bindungsstellen für ein biotinyliertes Bindermolekül aufweist. Aufgrund der Größe von Avidin und seinen Derivaten wird die räumliche Anordnung der Bindermoleküle verbessert (Andresen et al. 2005). Wenn die genutzten Avidin-Derivate zusätzlich mithilfe eines Spacers einen definierten Abstand zur Oberfläche erhalten, wird

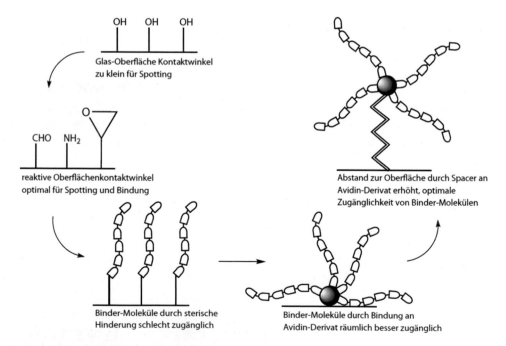

Abb. 10.3 Zur funktionalen Modifikation von Oberflächen ist es notwendig, sowohl chemische als auch sterische Aspekte zu berücksichtigen. In der Abbildung ist die schrittweise Entwicklung einer Oberflächenmodifikation dargestellt, die diese Aspekte berücksichtigt

die Zugänglichkeit weiter erhöht (Andresen et al. 2006). Eine Erhöhung der Distanz zur Oberfläche der Bindermoleküle kann ebenfalls die Effizienz der Blockierung positiv beeinflussen.

Nicht alle der im Beispiel gezeigten Schritte sind für ein erfolgreiches Experiment notwendig. Oft reichen für qualitative oder semiquantitative Aussagen kommerziell verfügbare Oberflächen. Im Bereich der Proteinarrays ist hier Nitrocellulose (Cellulosenitrat) erwähnenswert. Diese zeichnet sich dadurch aus, dass sie Proteine in ihrer Struktur konserviert und unspezifisch bindet. Nitrocellulose bildet ein dreidimensionales Geflecht auf ihrem Träger, was sich sowohl positiv auf die sterische Ausrichtung als auch auf die Bindungskapazität auswirkt. Die hohe Autofluoreszenz aufgrund der porösen Eigenschaften konnte überwunden werden, sodass Produkte verfügbar sind, die sich durch gute Signal-Rausch-Verhältnisse auszeichnen. Nitrocellulose als Oberflächenmodifikation bietet sich damit neben der Verwendung für RPPA auch zur Charakterisierung des Bindungsverhaltens oder etwaigen Bestimmung von Kreuzreaktivitäten von Bindern an.

Neuere Entwicklungen zur Oberflächenfunktionalisierung nutzen die „Click-Chemie", deren Anforderungen von Kolb et al. 2001 definiert wurden. Hierbei werden Reaktionen genutzt, die auf einfach zu synthetisierenden Vorstufen beruhen. Die Reaktionen finden im wässrigen Milieu ohne Temperierung statt, sind selektiv und zeigen keine störenden Nebenprodukte. Das heißt, Interferenzen mit biologischen Molekülen sind weitestgehend ausgeschlossen, weshalb der Begriff „bioorthogonal" von Baskin et al. 2007 geprägt wurde. Die [3+2]-Cycloaddition eines Azidrestes mit einem Alkinrest unter Cu(I)-Katalyse stellt das prominenteste Beispiel für eine „Click-Reaktion" dar (Kolb und Sharpless 2003). Die „Click-Chemie" ist damit ein leistungsfähiges Werkzeug zur Kopplung von biologischen Molekülen.

10.3   Layout von Proteinarrays

Neben der Oberflächenfunktionalisierung zur ortsfesten Bindung von Proteinen ist auch die Anordnung der Proteine als Array in Form von Spots wichtig. Entscheidungen, die hier getroffen werden, wirken sich auf die spätere Auswertung oder aber Qualität aus. Beispielsweise kann ein Proteinspot bei ungeschickter Positionierung neben einem Positiv-Kontrollspot zu einer Signalüberlagerung führen. Die diagnostische Aussage kann in einem solchen Fall verfälscht sein.

Ebenfalls müssen die Kontrollen bei Erstellung eines Spotlayouts bedacht werden. Viele Programme nutzen Eckpunktmarker (E) eines Arrays, um ein eingestelltes Spotmuster über ein Array zu legen und somit eine automatische Auswertung zu ermöglichen. Weiterhin ist die Verwendung von Inkubationskontrollen (I) sinnvoll. Diese Kontrollen zeigen an, ob tatsächlich eine spezifische Probe auf dem Proteinarray inkubiert wurde. Eine ausbleibende Inkubationskontrolle lässt auch Rückschlüsse auf die Qualität des Proteinarrays zu. Beispielsweise kann durch thermische Denaturierung oder Alterung ein Proteinarray unbrauchbar sein. Eine Messung und Interpretation ist dann nicht mehr valide. Auch die Verwendung einer Negativkontrolle (N) ist auf jedem Proteinarray obligatorisch. Negativkontrollen erlauben die Bestimmung des Hintergrundsignales und können bei einer späteren Normalisierung der Arraydaten herangezogen werden.

In Abb. 10.4 sind Varianten des Spotlayouts inklusive der Kontrollen gezeigt. Der favorisierte Einsatz des jeweiligen Layouts wird nachfolgend beschrieben.

Das symmetrische Spotlayout ist so angeordnet, dass der Arrayträger in jeder Orientierung dasselbe Muster zeigt. Das heißt, die Zuordnung der Spots ist immer gleich. Dies ist dann von Vorteil, wenn kleine Träger wie Deckgläschen zum Einsatz kommen. Eine Beschriftung oder gar ein Barcode-Label sind hier schwierig durchführbar. Somit besteht die Gefahr der Rotation oder des Umdrehens, was die Symmetrie aber abfängt und die Auswertung dadurch vereinfacht.

Das funktionale Spotlayout ist so konzipiert, dass das Ergebnis sofort sichtbar ist. Im gezeigten Beispiel ist die Inkubationskontrolle (I) als Minuszeichen aufgetragen (Abb. 10.4b). Benachbart zu ihr sind die Proteinsonden 1 und 2. Ist eine Probe negativ, so wird nur die Inkubationskontrolle ein Signal erzeugen, und das Minuszeichen ist wahrnehmbar. Ist die Probe hingegen positiv, ergibt sich ein Pluszeichen. Eine Bewertung ist damit sehr einfach ausführbar. Weiterhin sind im Beispiel nur drei Eckpunktmarker gesetzt. Dies dient als Hilfe für die korrekte Ausrichtung des Arrays bei der Auslesung, um einen Interpretationsfehler durch ein verdrehtes Array zu verhindern.

Das randomisierte Spotlayout zeichnet sich durch eine zufällige Anordnung von Kontrollen und Proteinsonden aus (Abb. 10.4c). Nur die Eckpunktmarker sind definiert an drei Ecken gesetzt. Dieses Format ist dann vorteilhaft, wenn keine Vorzugsregionen entstehen sollen. Beispielsweise kann durch die Verteilung der Proteinsonden am Rand und in der Mitte des Arrays ein verfälschender Randeffekt kompensiert werden. Dies ist z. B. dann der Fall, wenn das Array mit der Probe überströmt wird. Außerdem kann durch die Randomisierung eine etwaige Interaktion (Crosstalk) der benachbarten Spots

a symmetrisch

E	N	1	1	N	E
N	I	2	2	I	N
1	2	N	N	2	1
1	2	N	N	2	1
N	I	2	2	I	N
E	N	1	1	N	E

b funktional

E	N	1	N	N	E
N	I	I	I	N	N
N	N	1	N	N	N
N	N	N	2	N	N
N	N	I	I	I	N
N	N	N	2	N	E

c randomisiert

E	N	1	N	2	E
1	2	I	2	1	N
2	N	1	N	I	2
1	N	N	2	1	N
N	2	N	N	I	N
N	I	1	2	1	E

Abb. 10.4 Arrayformate für verschieden Anwendungen: **a** Ein symmetrisches Layout kann bei optischen Auslesungen Vorteile zeigen, da jede Orientierung das gleiche Ergebnis liefert. **b** Ein funktionales Layout kann genutzt werden, um das Ergebnis optisch durch das Aufzeigen eines „+" oder „–"sofort zu interpretieren. **c** Ein randomisiertes Array ist dann von Vorteil wenn Crosstalk-Effekte vermieden werden sollen. (E = Eckpunktmarker; I = Inkubationskontrolle; N = Negativkontrolle)

über das gesamte Array gemittelt werden. Der Nachteil dieses Spotlayouts ist die Notwendigkeit einer computergestützten Auswertung bei hoher Spotanzahl. Zu diesem Zweck wurde die „GenePix Array List" (GAL-File) entwickelt.

Das GAL-File wird meist mit der verwendeten Spotter-Software erstellt. Es fungiert als Transmitter zwischen dem Quellformat der Proteinsonden und Kontrollen bspw. eine 384er-Mikrotiterplatte und dem Auswertungsprogramm. Das GAL-File ist so gestaltet, dass in einem Kopf (Header) Informationen über Anzahl, Abstand und Anordnung der Spots gespeichert sind. Danach ist eine Tabelle angefügt, in der jeder Spot mit Zeile, Spalte, Name, Quelle etc. hinterlegt ist. Das Auswertungsprogramm kann diese Informationen interpretieren und ein Muster (Pattern) über das aufgenommene Proteinarray legen. Die Eckpunktmarker helfen bei der Ausrichtung. Die Geometrie ergibt sich aus dem Header des GAL-File und der Zuordnung eines jeden Spots über die tabellarischen Koordinaten und Namen. Nun kann bspw. der Mittelwert aller Spots gebildet werden, die den gleichen Namen besitzen, und in einem Ausgabeformat abgespeichert werden. Besonders bei Arrays mit einer Spotanzahl >100 im randomisierten Layout ist die Verwendung eines GAL-File zur Auswertung unerlässlich.

10.4   Detektionsverfahren und Auswertung

Um ein Proteinarray als Werkzeug zu nutzen, ist es notwendig, spezifische Signale zu messen. Historisch betrachtet ist der Radioimmunoassay (RIA) das erste beschriebene Detektionssystem (Yalow und Berson 1959). Hierbei wird ein radioaktiver Stoff wie ^{125}I verwendet und mit einem Nachweisprotein, z. B. einem Antikörper, gekoppelt. Die lokale Rate an radioaktiven Zerfällen ist direkt proportional zu der Menge der gebundenen Antikörper. Die Signale können mithilfe von Röntgenfilm sichtbar gemacht werden. Dieses Verfahren ist aufgrund der Radioaktivität heute keine Standardmethode mehr.

Gebräuchlicher ist heutzutage die Verwendung von Enzymen zur Generierung von Signalen. Hierbei werden vorrangig Alkalische Phosphatase (AP) und Meerrettich-Peroxidase (HRP) verwendet. Enzyme können an Antikörper konjugiert werden, die spezifisch für einen Analyten sind, der auf dem Proteinarray gebunden ist. Enzyme sind Biokatalysatoren. Das heißt, sie werden bei der Reaktion nicht verbraucht und können fortwährend Substratmoleküle umwandeln. Als Substratmolekül für HRP dient z. B. 3,3',5,5'-Tetramethylbenzidin (TMB), das zu einem farbigen Produkt oxidiert wird. Die Intensität dieser Farbreaktion kann mithilfe einer Kamera aufgenommen werden und ist direkt proportional zur Menge der gebundenen Antikörper. Dieses Verfahren wird als kolorimetrische Messung bezeichnet. Ein Nachteil dieses Verfahrens ist, dass die physikochemischen Bedingungen für das Enzym in engen Grenzen für eine Reaktion gehalten werden müssen, wie bspw. pH-Wert oder Temperatur.

Das am häufigsten eingesetzte Detektionsverfahren stellt die Verwendung von Fluoreszenzfarbstoffen dar(s. auch   Kap. 24). Diese können ebenfalls an Antikörper gebunden werden. Beispiele sind die Cyanin-Farbstoffe Cy3 und Cy5 oder aber die Gruppe der Alexa-Farbstoffe. Fluoreszenzfarbstoffe werden mit Licht einer bestimmten Wellenlänge bestrahlt und emittieren daraufhin Licht mit einer höheren Wellenlänge. Dies wird als Stokes-Verschiebung (engl. *Stokes shift*) bezeichnet. Ein Nachteil dieses Verfahrens ist, dass besonders bei niedrigen Wellenlängen unspezifisch auch andere Moleküle zur Fluoreszenz angeregt werden können. Dies führt zu einer Erhöhung des Hintergrundsignals und damit zu einer Verringerung der Sensitivität. Nachfolgend sollen drei Varianten zur Umgehung des Problems gezeigt werden.

- Die **zeitaufgelöste Fluoreszenz** nutzt aus, dass Elemente der Gruppe der Lanthanide, wie Europium, eine sehr hohe Stokes-Verschiebung und lange Abklingzeiten besitzen. Die daraus synthetisierten Farbstoffe werden so gemessen, dass das Anregungslicht eingestrahlt, ausgeschaltet und danach die Messung der Fluoreszenz erfolgt. Die unspezifische Fluoreszenz ist in dieser Abfolge bereits erloschen und stört das Signal nicht mehr. Die Messung bedingt jedoch einen höheren apparativen Aufwand.
- Messung der **Fluoreszenz bei hohen Wellenlängen** nutzt aus, dass lange Wellenlängen eine geringere Energie aufweisen als kurze Wellenlängen. Folglich werden hierbei weniger Moleküle unspezifisch zur Fluoreszenz angeregt, und das Signal-Rausch-Verhältnis verbessert sich.
- Eine weitere Variante ist die **Total Internal Reflection Fluorescence (TIRF).** Bei diesem Verfahren wird ein Lichtstrahl im Proteinarray-Träger total reflektiert. Das heißt, das Licht dringt nicht in die Probenkammer ein, sondern regt nur Moleküle an der Trägeroberfläche an. Folglich minimiert sich die Anzahl an unspezifisch angeregten Molekülen, und das Signal-Rausch-Verhältnis verbessert sich (Schumacher et al. 2012).

Fluoreszenzmessungen bedingen einen höheren apparativen Aufwand, da sie auf optische Bauteile, wie Lichtquelle, Filter und Detektor, angewiesen sind. Ein weiteres Detektionssystem, das auch auf der Messung von Licht basiert, ist die Chemilumineszenz.

Bei der Chemilumineszenz werden Moleküle nicht durch Lichteinstrahlung zum Leuchten angeregt, sondern durch eine chemische Reaktion, die durch Enzyme katalysiert wird. Enzyme können hierbei die bereits erwähnten Varianten der Meerrettich-Peroxidase (HRP) oder der Alkalischen Phosphatase (AP) sein. Beispielsweise kann AP die Abspaltung der Phosphatgruppe der Verbindung Adamantyldioxetanphosphat katalysieren. Es bildet sich das instabile Adamantyldioxetananion, welches unter Lichtfreisetzung zerfällt. Die Lichtfreisetzung ist dabei direkt proportional zur Menge des gebundenen Enzyms und damit auch zur Menge des Analyten. Die Chemilumineszenz stellt das sensitivste Standardverfahren im Bereich der Detektionssysteme dar.

Neben den genannten optischen bzw. radioaktiven Detektionssystemen werden auch elektrochemische Verfahren verwendet. Hierbei werden nicht Photonen detektiert, sondern die Aufnahme bzw. Abgabe von Elektronen. Auch hier kommen Enzyme zum Einsatz, die die Spaltung eines elektrochemisch nicht aktiven Moleküls in ein aktives

Molekül katalysieren. Ebenso können Redoxreaktionen katalysiert werden, wie die Oxidation von TMB durch HRP. Die Aufnahme von Elektronen bei der Reduktion von TMB kann amperometrisch gemessen werden und ist direkt proportional zur Menge der gebundenen Enzymmoleküle. Elektrochemische Detektion ist robuster, da sie auf optische Bauteile verzichten kann, was z. B. bei Point-of-Care-Anwendungen ein Vorteil darstellt.

In Abb. 10.5 ist das Konzept der Detektionssysteme anhand eines Sandwich-Assays verdeutlicht.

Nach der Messung des Proteinarrays schließt sich eine qualitative Bewertung des Messergebnisses an. Beispielsweise können durch ungenügende Blockierung der Oberfläche hohe Hintergrundsignale auftreten und eine Auswertung unmöglich machen. Ebenfalls können Inhomogenitäten bei den Signalwerten auf unterschiedliche Inkubationsbedingungen auf einem Array hindeuten. Typisch hierfür sind z. B. Luftblasen, die bei der Inkubation einen Teil des Arrays maskieren. Treten diese Effekte auf, ist es empfehlenswert, das zugrunde liegende Protokoll anzupassen und das Experiment zu wiederholen.

Ist die Qualität der gemessenen Daten ausreichend, schließt sich die Auswertung an. Die Daten können quantitativ oder qualitativ ausgewertet werden. Der Umfang dieses Kapitels lässt eine umfassende Betrachtung aller Auswertungen nicht zu. Ein Beispiel soll deshalb zeigen, wie eine qualitative Auswertung erfolgen kann.

1. Es wird der Median aller technischen Replikate einer Sondenart gebildet. Dies schließt auch die Kontrollsonden und Negativkontrollen ein. Der Median wird verwendet, da er sich durch eine gewisse Robustheit gegenüber „Ausreißern" auszeichnet.
2. Es wird die *Median Absolute Deviation* (MAD) für alle technischen Replikate berechnet. Die MAD wird analog der Standardabweichung verwendet. Die MAD ist dabei der Median des numerischen Abstandes zum Median der technischen Replikate.

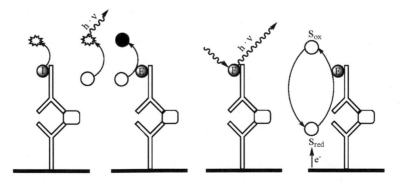

Abb. 10.5 ASchematische Darstellung von Detektionssystemen, von links nach rechts: Radioimmunoassay, enzymatischer Nachweis durch Bildung von chemilumineszenten oder kolorimetrischen Produkten, Fluoreszenznachweis durch Anregung von Fluoreszenzfarbstoffen und amperometrischer Nachweis durch enzymatisch katalysierte Redoxreaktion

Sie wird nach folgender Formel berechnet (X_i ist hierbei der der Messwert eines Spots und X_S stellt die Gesamtheit der Messwerte der entsprechenden Sondenart dar):

$$MAD = median(|X_i - median(X_S)|)$$

3. Nun wird eine Normierung durchgeführt, um die Werte später auch mit anderen Proteinarrays, die unter den gleichen Bedingungen aufgenommen wurden, vergleichbar zu machen. Ein einfaches Mittel ist die Normierung auf Positivkontrollen. Das heißt, der Positivkontrolle wird ein Wert zugeordnet (bspw. 100), und alle anderen Werte werden diesbezüglich über eine Verhältnisgleichung umgerechnet. Der Nachteil dieser Methode ist, dass auch Positivkontrollen einer individuellen Schwankung je nach Experimentdurchführung unterliegen. Eine bessere Variante stellt die Kontrastnormierung dar. Hier wird der Hintergrund bzw. die Negativkontrolle als Bezugsgröße verwendet, die nur geringen Schwankungen unterliegt. Der Kontrast C errechnet sich nach folgender Formel (X_S steht hierbei für die Messwerte einer Sondenart und X_{BG} für den Messwert der Negativ-Kontrollen):

$$C\_S = ((median(X\_S) - median(X\_BG)))/(median(X\_S) + median(X\_BG))$$

4. Nach der Berechnung des Kontrastes kann ein Cut-off-Wert bestimmt werden. Dieser wird auch als *Limit of Detection* oder LOD bezeichnet. Die LOD ist ein Maß, mit welcher Sicherheit sich ein Signal vom Hintergrund unterscheidet. Hierbei fließt die zuvor berechnete MAD mit ein. Die Formel für die Berechnung der LOD ist nachfolgend gegeben. MAD_{BG} ist der MAD des Hintergrunds. Der Faktor 3 in der Formel kann angepasst werden. Je höher dieser Wert ist, umso wahrscheinlicher ist es, dass ein Signal vom Hintergrund zu unterscheiden ist.

$$LOD = ((median(X_{BG}) + 3 \cdot MAD_{BG})$$
$$- median(X_{BG}))/((median(X_{BG}) + 3 \cdot MAD_{BG}) + median(X_{BG}))$$

5. Die berechneten Werte können in einem Säulendiagramm, wie in Abb. 10.6 gezeigt, dargestellt werden. Säulen, die die LOD überschreiten, gelten als positives Signal, Säulen unter der LOD als negatives Signal. Die Bezeichnung im Diagramm ist der im Abschn. 24.6.3 Layout für Proteinarrays entnommen (Abb. 10.6)

10.5 Anwendungen in Forschung und Diagnostik

Die biologische Grundlagenforschung sowie die translationale Forschung haben einen hohen Bedarf an unterschiedlichsten Proteinarrays, und die meisten Anwendungen wurden in diesem Umfeld beschrieben. Aber auch in der Routinediagnostik kommen Proteinarrays vermehrt zum Einsatz. Dieser Abschnitt stellt eine kleine Auswahl an Anwendungen aus beiden Gebieten vor.

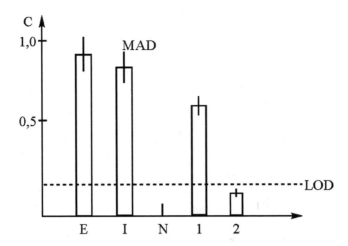

Abb. 10.6 Schematische Darstellung einer Proteinarray-Analyse nach Kontrastberechnung. Die Bezeichnung entspricht der Nomenklatur in Abschn. 10.1 Arrayformate. Als Maß der Abweichung kommt die *Median Absolute Deviation* (MAD) zum Einsatz. Ein Vielfaches (3–5) der MAD der Negativkontrolle wird als Limit of Detection (LOD) definiert. Ein Messwert darüber ist positiv, ein Messwert darunter ist negativ zu bewerten

Ein Antikörper-Array, bestehend aus über 700 Antikörpern, welche gegen unterschiedliche bei Krebs relevante Proteine gerichtet sind, wurde von Srinivasan et al. 2014 zum Biomarker-Screening eingesetzt. Mittels des Antikörper-Arrays konnte eine Protein-Biomarker-Signatur, bestehend aus 20 Proteinen, identifiziert werden, die das Potenzial hat, das Risiko des Wiederauftretens von nicht muskelinvasivem Blasenkrebs zu bestimmen.

Proteinarrays im Sandwich-Format werden von unterschiedlichen Firmen unter Verwendung von Mikrotiterplatten, Glasobjektträger oder Beads als Trägeroberfläche angeboten. Trune et al. 2011 beschreiben z. B. den Vergleich von Assays unterschiedlicher Anbieter zur simultanen Quantifizierung von Cytokinen und Chemokinen wie IL-1, IL-1b, IL-6, TNFα und VEGF in Gewebelysaten.

Mithilfe eines Peptid-Arrays (indirekter Array) konnten Weber et al. 2017 die Antikörperantworten auf eine Infektion mit *Borreliella burgdorferi* sensu lato, dem Erreger der Lyme-Borreliose, näher charakterisieren. Hierzu wurde sowohl ein Epitopmapping als auch eine Aminosäure-Substitutionsanalyse durchgeführt.

Auch bei der Erforschung von Allergien werden Proteinarrays im indirekten Format sowohl im Human- als auch im Veterinärbereich erfolgreich eingesetzt. Einhorn et al. 2018 beschreiben den Einsatz und die Erweiterung des Immuno Solid-Phase Allergen Chip (ImmunoCAP ISAC, Phadia Thermo Fischer Scientific) von 112 auf 131 unterschiedliche Allergene zur Analyse von IgE-vermittelten Allergien beim Pferd.

RPPA werden hauptsächlich zur Analyse von Proteinaktivitätsprofilen von Tumoren und zur Biomarkeridentifizierung oder Validierung eingesetzt. Wulfkuhle et al. 2012 konnten mithilfe von RPPA zeigen, dass der mittels Immunohistochemie und Fluoreszenz-in-situ-Hybridisierung bestimmte HER2-Rezeptorstatus nicht zwangs-läufig mit dem Aktivitätsmuster des Rezeptors und dem nachfolgenden Signalnetz-werk korreliert. RPPA werden auch vermehrt für Anwendungen in der Systembiologie für zeitaufgelöste und quantitative Messungen von Proteinaktivierungszuständen und anschließende Beschreibung durch mathematische Modelle eingesetzt. Ein Beispiel ist die Untersuchung von Inhibitoreinflüssen auf unterschiedliche Zelllinien und die durch den Inhibitor beeinflussten Signalwege über einen definierten Zeitraum (Henjes et al. 2012). Da auf einem RPPA-Slide leicht mehr als 1000 unterschiedliche Proben Platz finden, kann sehr fein aufgelöst die charakteristische Dynamik untersucht werden.

10.5.1 Anwendung von Proteinarrays am Beispiel der Mobinostics™- Plattform

Die Mobinostics™-Plattform ist eine Entwicklung der Firma Boehringer Ingelheim für den veterinärdiagnostischen Einsatz. Die Plattform soll dabei am Point-of-Care, wie z. B. im Tierstall, verwendet werden. Das System setzt sich aus Analyzer, Smartphone-App und einer Karte zusammen, die je nach Assay vorkonfiguriert geliefert wird und alle chemischen und biologischen Komponenten enthält. Neben diesen Komponenten befindet sich ein CMOS-Chip auf jeder Karte. Dieser Chip setzt sich aus 128 Elektroden zusammen. Jede Elektrode ist mittels Spotting einzeln adressierbar. Als Trägermaterial kommt hierbei Gold zum Einsatz, das fingerförmig in Anode und Kathode für jede Elektrode aufgeteilt ist (Abb. 10.7).

Die Goldoberfläche muss für die Funktionalisierung mit Fängermolekülen modi-fiziert werden. Dazu empfehlen sich heterobifunktionale Moleküle, die über eine Thiolgruppe mit Gold eine stabile „Bindung" eingehen und auf der anderen Seite eine kovalente Bindung zu den eingesetzten Proteinen ausbilden. Die Funktion der Proteine darf dabei nicht beeinflusst werden. Nach der Oberflächenreaktion der Proteine erfolgt ein Blockierungsschritt, um unspezifische Signale zu unterdrücken. Nachdem der funktionalisierte CMOS-Chip und alle benötigten Reagenzien in der Karte integriert wurden, kann eine Messung erfolgen.

Die Detektion auf der Mobinostics™-Plattform erfolgt elektrochemisch. Hierfür wird ein Alkalische-Phosphatase-Konjugat verwendet. Das Konjugat spaltet das nicht elektrochemisch aktive p-Aminophenylphosphat zum redoxaktiven 4-Aminophenol. 4-Aminophenol vollführt ein Redox-Cycling und transportiert Elektronen zwischen den fingerförmigen Goldelektroden. Dies kann gemessen werden und ist direkt proportional zur Menge an gebundener Alkalischer Phosphatase.

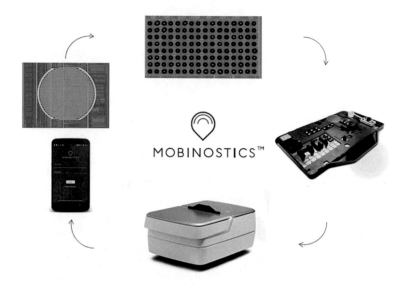

Abb. 10.7 Die Mobinostics™-Plattform stellt ein Beispiel dar, das alle Aspekte für ein Proteinarray und eine automatisierte Auswertung zusammenfasst. Goldelektroden auf einem Chip werden bespottet, wobei ein randomisiertes Array zum Einsatz kommt. Die funktionalisierten Biochips werden in einer Karte verbaut, die alle Komponenten eines Labors enthält. Die Karte wird mithilfe eines Analysegerätes ausgelesen. Die Steuerung und die Ergebnisausgabe erfolgen über ein Smartphone, um dem Anwender den höchsten Bedienkomfort bei minimalen Trainingssaufwand zu geben

Jede Elektrode auf dem CMOS-Chip wird unabhängig von den anderen ausgelesen. Mithilfe einer GAL-File erfolgt die Zuordnung jeder Position zur jeweiligen Sonden-funktionalisierung. Eine Entscheidungslogik kann damit die Verarbeitung der Rohdaten und eine Auswertung bis hin zum Ergebnis vornehmen. Diese Schritte erfolgen voll-automatisch, sodass der Anwender das Ergebnis übersichtlich präsentiert bekommt. Ebenfalls entfallen weitestgehend Bedienschritte am Gerät, da alle Eingaben über ein Smartphone erfolgen. Das System ist so aufgebaut, dass der komplette Assayablauf produktspezifisch vorprogrammiert ist und mit unterschiedlich konfigurierten Karten unterschiedliche Fragestellungen der Veterinärmedizin unterstützt werden. Es können Proteinarrays der Formate „Sandwich", „indirekt", „kompetitiv" und „Blocking" realisiert werden.

Das Mobinostics™-System spart somit Zeit von der Probe bis zum Ergebnis durch seinen Einsatz vor Ort. Die Qualität der Messungen wird erhöht, da das System reproduzierbare Experimentschritte durchführt. Die Wahl einer Kombination aus CMOS-Chip und elektrochemischer Auslesung stellt eine robuste Basis dar, die im Gegensatz zu optischen Detektionssystemen auch mobil genutzt werden kann.

Literatur

Akbani R, Becker KF, Carragher N, Goldstein T, de Koning L, Korf U, Liotta L, Mills GB, Nishizuka SS, Pawlak M, Petricoin EF 3rd, Pollard HB, Serrels B, Zhu J. (2014) Realizing the promise of reverse phase protein arrays for clinical, translational, and basic research: a workshop report: the RPPA (Reverse Phase Protein Array) society. Mol Cell Proteomics. 13(7):1625–43.

Andresen H, Grotzinger C, Zarse K, Birringer M, Hessenius C , Kreuzer OJ, Ehrentreich-Förster E, Bier FF (2005) Peptide microarrays with site-specifically immobilized synthetic peptides for antibody diagnostics. Sensors and Actuators B 113 (2006) 655–663.

Andresen H, Zarse K, Grotzinger C, Hollidt JM, Ehrentreich-Förster E, Bier FF, Kreuzer OJ (2006) Development of peptide microarrays for epitope mapping of antibodies against the human TSH receptor. Journal of Immunological Methods 315:11–18.

Baskin JM, Prescher JA, Laughlin TL, Agard NJ, Chang PV, Miller IA, Lo A, Codelli JA, Bertozzi CR (2007) Copper-free click chemistry for dynamic in vivo imaging. PNAS 104(43):16793–16797.

Eichner J, Heubach Y, Ruff M, Kohlhof H, Strobl S, Mayer B, Pawlak M, Templin MF, Zell A (2014) RPPApipe: a pipeline for the analysis of reverse-phase protein array data. Biosystems 122:19–24.

Einhorn L, Hofstetter G, Brandt S, Hainisch EK, Fukuda I, Kusano K, Scheynius A, Mittermann I, Resch-Marat Y, Vrtala S, Valenta R, Marti E, Rhyner C, Crameri R, Satoh R, Teshima R, Tanaka A, Sato H, Matsuda H, Pali-Schöll I, Jensen-Jarolim E. (2018) Molecular allergen profiling in horses by microarray reveals Fag e 2 from buckwheat as a frequent sensitizer. Allergy 73(7): 1436–1446.

Ekins R, F. Chu, Biggart E. (1990) Multispot, multianalyte, immunoassay. Ann. Biol. Clin. 48:655–666.

Groll N, Emele F, Poetz O, Rothbauer U (2015) Towards multiplexed protein-protein interaction analysis using protein tag-specific nanobodies. J Proteomics 127(Pt B):289–99.

Henjes F, Bender C, von der Heyde S, Braun L, Mannsperger HA, Schmidt C, Wiemann S, Hasmann M, Aulmann S, Beissbarth T, Korf U (2012) Strong EGFR signaling in cell line models of ERBB2-amplified breast cancer attenuates response towards ERBB2-targeting drugs. Oncogenesis. 1:e16.

Hu J, He X, Baggerly KA, Coombes KR, Hennessy BT, Mills GB (2007) Non-parametric quantification of protein lysate arrays. Bioinformatics 23, 1986–1994.

Huang R, Jiang W, Yang J, Mao YQ, Zhang Y, Yang W, Yang D, Burkholder B, Huang RF, Huang RP (2010) A biotin label-based antibody array for high-content profiling of protein expression. Cancer Genomics Proteomics. 3:129–41.

Kolb HC, Sharpless BK (2003) The growing impact of click chemistry on drug discovery. Drug Discovery Today. 8(24):1128–1137.

Kolb HC, Finn MG, Sharpless KB (2001) Click Chemistry: Diverse Chemical Function from a Few Good Reactions. Angewandte Chemie International Edition. 40 (11): 2004–2021.

Kusnezow W, Banzon V, Schröder C, Schaal R, Hoheisel JD, Rüffer S, Luft P, Duschl A, Syagailo YV (2007) Antibody microarray-based profiling of complex specimens: systematic evaluation of labeling strategies. Proteomics. 7(11):1786–99.

Loebke C, Sueltmann H, Schmidt C, Henjes F, Wiemann S, Poustka A, Korf U (2007) Infrared-based protein detection arrays for quantitative proteomics. Proteomics 7: 558–564.

Mathieson W, Thomas GA (2013) Simultaneously extracting DNA, RNA, and protein using kits: is sample quantity or quality prejudiced? Anal Biochem. 433(1):10–8.

Miersch S, LaBaer J (2011) Nucleic Acid programmable protein arrays: versatile tools for array-based functional protein studies. Curr Protoc Protein Sci. Chapter 27:Unit 27.2.

Paweletz CP, Charboneau L, Bichsel VE, Simone NL, Chen T, Gillespie JW, Emmert-Buck MR, Roth MJ, Petricoin IE, Liotta LA (2001) Reverse phase protein microarrays which capture disease progression show activation of pro-survival pathways at the cancer invasion front. Oncogene 20:1981–1989.

Pluckthun A (2015) Designed ankyrin repeat proteins (DARPins): binding proteins for research, diagnostics, and therapy. Annu Rev Pharmacol Toxicol 55:489–511.

Poetz O, Ostendorp R, Brocks B, Schwenk JM, Stoll D, Joos TO, Templin MF (2005) Protein microarrays for antibody profiling: specificity and affinity determination on a chip. Proteomics 5(9):2402–11.

Renberg B, Nordin J, Merca A, Uhlén M, Feldwisch J, Nygren PA, Karlström AE (2007) Affibody molecules in protein capture microarrays: evaluation of multidomain ligands and different detection formats. J Proteome Res 6(1):171–9.

Schröder C, Jacob A, Tonack S, Radon TP, Sill M, Zucknick M, Rüffer S, Costello E, Neoptolemos JP, Crnogorac-Jurcevic T, Bauer A, Fellenberg K, Hoheisel JD. (2010) Dual-color proteomic profiling of complex samples with a microarray of 810 cancer-related antibodies. Mol Cell Proteomics. 6:1271–80.

Schumacher S, Nestler J, Otto T, Wegener M, Ehrentreich-Förster E, Michel D, Wunderlich K, Palzer S, Sohn K, Weber A, Burgard M, Grzesiak A, Teichert A, Brandenburg A, Koger B, Albers J, Nebling E, Bier FF (2012) Highly-integrated lab-on-chip system for point-of-care multiparameter analysis. Lab on chip, 12(3):464–73.

Schwanhäusser B, Busse D, Li N, Dittmar G, Schuchhardt J, Wolf J, Chen W, Selbach M. (2011) Global quantification of mammalian gene expression control. Nature. 473(7347):337–42.

Skerra A (2008) Alternative binding proteins: anticalins – harnessing the structural plasticity of the lipocalin ligand pocket to engineer novel binding activities. FEBS J 275(11):2677–83.

Srinivasan H, Allory Y, Sill M, Vordos D, Alhamdani MS, Radvanyi F, Hoheisel JD, Schröder C (2014) Prediction of recurrence of non muscle-invasive bladder cancer by means of a protein signature identified by antibody microarray analyses. Proteomics 14(11):1333–42.

Tiede C, Tang AA, Deacon SE, Mandal U, Nettleship JE, Owen RL, George SE, Harrison DJ, Owens RJ, Tomlinson DC, McPherson MJ (2014) Adhiron: a stable and versatile peptide display scaffold for molecular recognition applications. Protein Eng Des Sel 27(5):145–55.

Troncale S, Barbet A, Coulibaly L, Henry E, He B, Barillot E, Dubois T, Hupe P, and de Koning L (2012) NormaCurve: a Super-Curve-based method that simultaneously quantifies and normalizes reverse phase protein array data. PLoS One 7.

Trune DR, Larrain BE, Hausman FA, Kempton JB, MacArthur CJ (2011) Simultaneous measurement of multiple ear proteins with multiplex ELISA assays. Hear Res. 275(1–2):1–7.

von der Heyde S, Sonntag J, Kaschek D, Bender C, Bues J, Wachter A, Timmer J, Korf U, Beißbarth T (2014) RPPanalyzer toolbox: an improved R package for analysis of reverse phase protein array data. Biotechniques 57(3):125–35.

Weber LK, Isse A, Rentschler S, Kneusel RE, Palermo A, Hubbuch J, Nesterov-Mueller A, Breitling F, Loeffler FF (2017) Antibody Fingerprints in Lyme Disease Deciphered with High Density Peptide Arrays. Eng. Life Sci. 17 (10), S. 1078–1087.

Wingren C, Ingvarsson J, Dexlin L, Szul D, Borrebaeck CA (2007) Design of recombinant antibody microarrays for complex proteome analysis: choice of sample labeling-tag and solid support. Proteomics 7(17):3055–65.

Wulfkuhle JD, Berg D, Wolff C, Langer R, Tran K, Illi J, Espina V, Pierobon M, Deng J, DeMichele A, Walch A, Bronger H, Becker I, Waldhör C, Höfler H, Esserman L; I-SPY 1

TRIAL Investigators, Liotta LA, Becker KF, Petricoin EF 3rd. (2012) Molecular analysis of HER2 signaling in human breast cancer by functional protein pathway activation mapping. Clin Cancer Res. 18(23):6426–35.

Yalow RS, Berson SA (1959) Assay of plasma insulin in human subjects by immunological methods. Nature, 184 (Suppl 21):1648–9.

Lab-on-a-Chip – Miniaturisierung von Assays für vor-Ort-diagnostische Anwendungen mittels Mikrofluidik

Jörg Nestler, Jenny Frank und Frank Bier

In der biochemischen Analytik kommen häufig sehr kleine Flüssigkeitsvolumina in der Größenordnung weniger Mikroliter zum Einsatz. Durch die immensen Fortschritte in der Mikro- und Halbleitertechnologie wurden daher seit Beginn der 1990er-Jahre zunehmend Komponenten und Systeme auf Basis von mikrotechnologisch hergestellten kleinsten Kanälen, Mikropumpen und Mikroventilen für biotechnologische Anwendungen entwickelt. Ziel war es dabei, klassische laboranalytische Prozesse derart zu miniaturisieren und zu automatisieren, dass sie klein, portabel und von jedermann anwendbar sind. Es etablierte sich hierfür der Begriff „Lab-on-a-Chip" (LoC), also „Labor auf dem Chip" – im Folgenden als „Chiplabor" bezeichnet, bzw. der häufig synonym verwendete Begriff „Micro Total Analysis System" (μTAS), also ein System, das eine vollständige Analyse im Mikromaßstab durchführen kann. Um Assays in einem Chiplabor abbilden zu können, müssen erstens Flüssigkeiten manipuliert, dosiert und gemischt werden und zweitens auch die nachzuweisenden Moleküle detektiert werden können. Letzteres übernimmt meist ein Biosensor. Darunter versteht man einen Sensor, der das Anbinden eines Zielmoleküls an die Sensoroberfläche detektieren und in ein optisch oder elektrisch auswertbares Signal umwandeln kann. Die Funktionsprinzipien solcher Biosensoren sind ebenso vielfältig wie die Möglichkeiten zur Manipulation von Flüssigkeiten. An dieser Stelle sei bereits angemerkt, dass „Chip" bei Lab-on-a-Chip

J. Nestler (✉) · J. Frank
BiFlow Systems GmbH, Chemnitz, Deutschland
E-Mail: j.nestler@biflow-systems.com

J. Frank
E-Mail: j.graunitz@biflow-systems.com

F. Bier
Institut für Biochemie und Biologie, Universität Potsdam, Potsdam, Deutschland
E-Mail: frank.bier@uni-potsdam.de

© Springer-Verlag GmbH Deutschland, ein Teil von Springer Nature 2023
A. M. Raem und P. Rauch (Hrsg.), *Immunoassays,*
https://doi.org/10.1007/978-3-662-62671-9_11

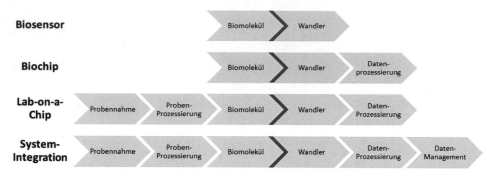

Abb. 11.1 Die häufigsten Anwendungen von Chiplaboren (Lab-on-Chip) finden sich im Bereich der Bioanalytik und Diagnostik, um am „Point-of-Need" direkt analytische Aufgaben zu erfüllen. Im Kern findet sich ein Biosensor, in dem aus einer biochemischen oder biologischen Reaktion mittels eines Wandlers (Transducer) ein elektronisches Signal generiert wird. Ist auch die Datenverarbeitung integriert, spricht man von einem Biochip. Das Chiplabor integriert einen solchen Sensor durch die automatisierte Behandlung von Proben, die für die Messung vorbereitet werden, zum Beispiel durch Ausführen eines Immunoassays. Schließlich können die aus einem Chiplabor gewonnen Daten in ein Datensystem (Labor- oder Krankenhaus-Informationsmanagementsystem) integriert werden

irreführend ist, da es sich in der Regel nicht um einen reinen monolithischen (Silicium-) Chip mit Dimensionen im Millimeterbereich handelt, sondern vielmehr um Systeme mit mehreren Zentimetern Kantenlänge, die häufig aus mehreren Materialien zusammengesetzt werden, um den vielen unterschiedlichen Anforderungen zu entsprechen (ein Beispiel findet sich auch in Kap. 10). Abb. 11.1 ordnet dies näher ein.

Ein „Labor auf dem Chip" muss neben der reinen Funktion der Detektion des Analyten vor allem dafür sorgen, dass die genommene Probe derart (vor-)prozessiert wird, dass der Biosensor in der Lage ist, den Analyten zu detektieren. Den meisten Chiplaboren ist daher gemein, dass kleinste Flüssigkeitsmengen, typischerweise kleiner als hundert Mikroliter, nicht nur analysiert, sondern auch bewegt und manipuliert werden können. Das Wissenschaftsgebiet, welches sich mit der Bewegung und Manipulation kleinster Flüssigkeitsmengen beschäftigt, ist die Mikrofluidik.

11.1 Mikrofluidik

Es existieren verschiedene Definitionen der Mikrofluidik. Typischerweise versteht man unter Mikrofluidik die Manipulation von Flüssigkeiten[1] in Strukturen von ca. einem Mikrometer bis hin zu einigen Hundert Mikrometern. Zur besseren Vorstellung dient Tab. 11.1.

---

[1] Tatsächlich zählt man zu den Fluiden sowohl Flüssigkeiten als auch Gase. Jedoch soll hier mit Blick auf die Anwendung in Chiplaboren lediglich auf Flüssigkeiten eingegangen werden.

Tab. 11.1 Einordnung von Volumina in der Mikrofluidik

Volumen	Entspricht Würfel mit Kantenlänge von	Oberflächen-zu-Volumen-Verhältnis (Würfel)
1 µl	1 mm × 1 mm × 1 mm	6 mm^{-1}
1 nl	100 µm × 100 µm × 100 µm	60 mm^{-1}
1 pl	10 µm × 10 µm × 10 µm	600 mm^{-1}

Die Definition über die Strukturgröße anstelle der Definition über die Volumina hat den Vorteil, dass zugleich die wesentlichen Eigenschaften der Mikrofluidik deutlich werden. So steigt mit zunehmender Verringerung der Strukturgröße das Oberflächen-zu-Volumen-Verhältnis, wie in Tab. 11.1 anhand eines Würfels dargestellt ist. Dies hat zur Folge, dass die physikalischen und chemischen Eigenschaften der Oberfläche (z. B. elektrische Ladung der oder Reibung an einer Kanalwand) gegenüber den Eigenschaften des Volumens (z. B. Dichte, Viskosität) der Flüssigkeit zunehmend dominieren. Darüber hinaus verringert sich der (Diffusions-)Weg, den Moleküle für eine Reaktion oder Bindung an einer Oberfläche zurücklegen müssen. Da die Diffusionszeit quadratisch mit der Diffusionslänge abnimmt, können durch die Miniaturisierung Assays deutlich schneller durchgeführt werden.

11.1.1 Grundlegende Eigenschaften mikrofluidischer Strömungen

11.1.1.1 Laminare Strömung

Die wohl wesentlichste Besonderheit mikrofluidischer Flüssigkeitsströmungen ist es, dass sie nahezu immer *laminar* sind. Ein turbulentes Verhalten, wie man es bei makroskopischen Strömungen aus dem Alltag kennt, ist nur sehr schwer zu erreichen. Die Eigenschaft einer Strömung, laminares Verhalten zu zeigen, kann durch die dimensionslose *Reynoldszahl* Re charakterisiert werden, die das Verhältnis aus Trägheitskraft und viskoser Reibungskraft darstellt.

$$Re = \frac{\rho \cdot u \cdot D}{\eta} \tag{11.1}$$

wobei gilt:

ρ Dichte der Flüssigkeit

u Strömungsgeschwindigkeit (mittlere Strömungsgeschwindigkeit)

D charakteristische Länge[2]

η dynamische Viskosität der Flüssigkeit

---

[2] Bei einem runden Kanal entspricht D dem Durchmesser; bei anderen Kanalgeometrien gilt: $D = D_h$, wobei D_h der sog. hydraulische Durchmesser ist. Es gilt: $D_h = 4 \times A/U$ (A = Querschnittsfläche und U = Umfang des Kanales).

Makroskopisch liegt der Übergangsbereich zwischen laminarer und turbulenter Strömung (kritische Reynoldszahl Re_{krit}) zwischen $Re_{krit} = 2000$ und $Re_{krit} = 4000$. In der Literatur findet man häufig $Re_{krit} = 2300$. In mikrofluidischen Systemen kann jedoch meist von $Re < 10$ ausgegangen werden.

Als Konsequenz des laminaren Strömungsverhaltens in mikrofluidischen Systemen können zwei Flüssigkeiten in einem Kanal „nebeneinander" fließen, ohne dass eine Durchmischung eintritt. Vielmehr erfolgt diese im Wesentlichen ausschließlich durch Diffusion. Hieraus folgt jedoch auch, dass ein gewolltes Mischen von Flüssigkeiten in mikrofluidischen Systemen (und damit z. B. von Reagenzien in Chiplaboren) durch rein passives Fließen nur sehr schwer möglich ist. Zahlreiche Ansätze, mittels rein geometrischen Strukturen den Mischprozess zu beschleunigen, sind in der Praxis für Chiplabore nicht nutzbar, da sie entweder komplexe Geometrien zur Vergrößerung der Diffusionsfläche (z. B. durch Faltung der Strömung) benötigen oder Strukturen aufweisen, die die Strömung stören sollen, was jedoch regelmäßig zu einem meist nicht tolerierbaren Einschluss von Luftblasen führt.

11.1.1.2 Strömungsprofil und hydraulischer Druckabfall

Die druckgetriebene, voll entwickelte laminare Strömung von Flüssigkeiten in einem Mikrokanal weist ein parabolisches Strömungsprofil auf, d. h. die Strömungsgeschwindigkeit in der Kanalmitte ist am höchsten (u_{max}), während sie zu den Rändern hin abnimmt. Am Rand kann man in den meisten Fällen von $u = 0$ ausgehen. Für runde Kanalquerschnitte gilt für die mittlere Strömungsgeschwindigkeit.

$$\bar{u} = \frac{1}{2} u_{max}$$

Für den *Druckabfall* in einem Mikrokanal der Länge L mit rundem Kanalquerschnitt (Durchmesser D) gilt

$$\Delta_p = \frac{128 \, \eta \, L}{\pi \, D^4} Q \tag{11.2}$$

wobei Q der Volumenstrom ist. Wie man deutlich erkennt, ist der Druckabfall über einem Kanal der Länge L umgekehrt proportional zur vierten (!) Potenz des Durchmessers und proportional zu Flüssigkeitslänge im Kanal. Dies gilt es bei der Dimensionierung mikrofluidischer Systeme zu beachten.

Es sei an dieser Stelle darauf hingewiesen, dass die Ausführungen hier vor allem für Newtonsche Flüssigkeiten gelten. Nicht-Newtonsche Flüssigkeiten wie Blut sind gesondert zu betrachten.

11.1.1.3 Oberflächenspannung und Kapillarität

Aufgrund des hohen Oberflächen-zu-Volumen-Verhältnisses eignet sich der kapillare Transport von Flüssigkeiten sehr gut für mikrofluidische Systeme. Kapillarität tritt auf, wenn sich die Flüssigkeit aufgrund ihrer eigenen Oberflächen- und Grenzflächenkräfte

bewegt. Eine Flüssigkeit bildet in einem ansonsten mit Luft gefüllten mikrofluidischen Kanal an der Kanalwand einen Kontaktwinkel θ aus. Ist dieser <90°, so
spricht man von hydrophilem Verhalten, bei >90° von hydrophobem Verhalten. Auf
die physikalischen Hintergründe dieses Kontaktwinkels soll hier nicht im Detail eingegangen werden. Jedoch soll darauf hingewiesen werden, dass der Kontaktwinkel,
den eine Flüssigkeit mit einer Oberfläche bilden kann, von deren Oberflächenspannung
sowie der Oberflächenenergie der Oberfläche (Kanalwand) abhängt. Je höher die Oberflächenspannung der Flüssigkeit, desto mehr besitzt sie das Bestreben, „zusammen-
zuhalten". Die Oberflächenspannung kann durch Zusatzstoffe wie Detergenzien
verändert werden. Hierbei handelt es sich um eine Stoffklasse, die die Oberflächenspannung von Lösungsmitteln, insbesondere Wasser, herabsetzen und die Benetzung
der Grenzflächen befördern kann. In Tab. 11.2 sind als Orientierung Oberflächen-
spannungen einiger in der Biochemie und in Chiplaboren eingesetzten Flüssigkeiten
für unterschiedliche Volumenanteile in Wasser (20 °C) dargestellt. Detergenzien wie
Natriumdodecylsulfat (*sodium dodecyl sulfate*, SDS), Tween-20 oder Triton X-100
bilden ab einer sog. kritischen Mizellenbildungskonzentration (CMC) Mizellen (durch
Selbstassemblierung zusammengelagerte Komplexe der grenzflächenaktiven Moleküle
des Detergens). Die Oberflächenspannung nimmt spätestens nach Erreichen der CMC
kaum noch ab, da zu diesem Zeitpunkt die freie Oberfläche der Flüssigkeit gesättigt ist.
Häufig werden in der Biochemie Detergenzien deutlich oberhalb der CMC genutzt (z. B.
zur Lyse von Zellen).

Die Strömung einer Flüssigkeit (in einem Kanal) ist das Resultat von Druckunter-
schieden. Auch der kapillare Transport kann als Bewegung auf Basis von Druckunter-
schieden angesehen werden.

Der Kapillardruck für eine runde Kapillare ist gegeben durch:

$$\Delta p_{\text{rund}} = 4\sigma_{\text{lg}} \left(\frac{1}{D_1} - \frac{1}{D_2} \right) \cos \theta \tag{11.3}$$

Tab. 11.2 Volumenanteile verschiedener benetzungsverbessernder und häufig in der Biochemie
eingesetzter Substanzen in Wasser (20 °C, pH 7), die benötigt werden, einen bestimmten Bereich
der Oberflächenspannung zu erreichen. Reines Wasser besitzt bei 20 °C und pH 7 eine Oberflächenspannung von 72,75 mN/m; CMC: kritische Mizellenbildungskonzentration, ab der die
Oberflächenspannung kaum noch abnimmt

Oberflächenspannung σ_{lg} (in mN/m)	SDS (v/v%)	Tween-20 (v/v%)	Triton X-100 (v/v%)	Ethanol (v/v%)
50–55	0,1	0,001	0,0006	12
30–35	0,23	0,01	0,03	41
25	–	–	–	85
CMC	0,2 (ca. 7 mM)	0,014 (ca. 0,06 mM)	0,035 (ca. 0,25 mM)	–

wobei θ der Kontaktwinkel, D_1 und D_2 die Kapillarendurchmesser auf beiden Seiten eines Flüssigkeitstropfens in einer Kapillare sind und $\sigma_{lg} \cos\theta = \sigma_{sg} - \sigma_{sl}$ (Young-Gleichung) mit σ_{lg}, σ_{sg} und σ_{sl} die Spannungen zwischen den Grenzflächen flüssig/gasförmig (Oberflächenspannung der Flüssigkeit), fest/gasförmig und fest/flüssig. Aus Gl. 11.3 wird ersichtlich, dass der Kapillardruck umso höher ist, je kleiner die Abmessungen der Kapillare und je geringer der Kontaktwinkel ist.

Für in Chiplaboren häufig vorkommende rechteckige Kanäle mit der Breite B und der Höhe H gilt analog (hier der Übersichtlichkeit halber nur für eine Seite des Tropfens im Kanal; für die Druckdifferenz ist analog oben entsprechend die Differenz der Drücke auf beiden Seiten anzusetzen):

$$p_{\text{rechteckig}} = \sigma_{lg} \left(\frac{\cos\theta_{\text{Boden}} + \cos\theta_{\text{Deckel}}}{H} + \frac{\cos\theta_{\text{linke Wand}} + \cos\theta_{\text{rechte Wand}}}{B} \right)$$

(11.4)

Anhand dieser Gleichung wird deutlich, dass ein kapillares Befüllen auch dann erreicht werden kann, wenn beispielsweise nur der Deckel hydrophil ist. Dies kann z. B. derart realisiert werden, dass in einem Kunststoffteil mit vergleichsweise hohem Kontaktwinkel der Flüssigkeit der Kanal ausgeformt (Boden, linke Wand, rechte Wand) ist und von einer hydrophilen Klebefolie als Deckel verschlossen wird.

11.1.2 Bewegung von Flüssigkeiten oder Partikeln in Chiplaboren

11.1.2.1 Kapillarer Transport – Vorteile und Grenzen

Ein kapillarer Transport wird häufig bei relativ einfachen Assays genutzt. Wesentlicher Vorteil sind die geringe Komplexität des Chiplabors und die damit einhergehenden vergleichsweise geringen Kosten. Bei Streifentests (oder auch Lateral-Flow-Tests, die explizit keine Chiplabore im Verständnis dieses Kapitels sind) wird der kapillare Transport in porösen Materialien (Vliesen) ausgenutzt. Bei Blutglucosetests findet man typischerweise bereits einen mikrofluidischen Kanal in Kombination mit einem elektrochemischen enzymatischen Sensor. Hier wird lediglich die Probe kapillar zum Sensor transportiert, weitere Flüssigkeiten (Flüssigreagenzien) sind nicht erforderlich. Komplexere Assays lassen sich abbilden, indem weitere Reagenzien „von außen" in das Kapillarsystem/den Kanal eingebracht werden, was jedoch entweder manuelle Schritte (z. B. Pipettieren) oder eine externe Aktorik in einem Gerät erfordert.

Wesentlich bei der Nutzung kapillarer Transportmechanismen in mikrofluidischen Chiplaboren ist, sich auch über deren Limitationen bewusst zu sein. So hängt der kapillare Fluss, d. h. die Fließgeschwindigkeit der Flüssigkeit und damit die Verweildauer in bestimmten Zonen des Chiplabors, von verschiedenen, nur eingeschränkt beeinflussbaren oder kontrollierbaren Faktoren ab:

- Flüssigkeitseigenschaften (Viskosität, Oberflächenspannung, Dichte, etc.), die insbesondere im Falle der zu untersuchenden Probe nur begrenzt bekannt sind und vor allem schwanken können
- Oberflächeneigenschaften des Kanalsystems, insbesondere
  - Oberflächenenergie des Materials (die sich über die Lagerdauer und in Abhängigkeit von Umwelteinflüssen und Lagerbedingungen beispielsweise durch die Absättigung von funktionalen Gruppen auf der Materialoberfläche verändern kann)
  - Rauheit der Oberfläche sowie technologisch bedingte Störungen auf der Oberfläche
  - die Strukturgüte der Kanalstrukturen (Abmessungen, Kantenqualität, vor allem bei Kapillarventilen)
  - andere Gründe, die zu einer Veränderung des Kontaktwinkels führen, z. B. Kondensation an der Kanaloberfläche (Luftfeuchtigkeit, ggf. in Kombination mit Temperaturschwankungen)

Die aufgeführten Einschränkungen sollen nicht darüber hinwegtäuschen, dass der kapillare Flüssigkeitstransport eine große Bedeutung in Lab-on-a-Chip-Systemen besitzt. Vielmehr soll darauf hingewiesen werden, dass bei der Ausnutzung der Kapillarität für eine *kontrollierte* und vorhersagbare Bewegung von Flüssigkeiten große Sorgfalt und Vorsicht geboten sind.

Um komplexere Nachweisreaktionen in einem Chiplabor umzusetzen, ist dennoch meist die *aktive* Bewegung von Flüssigkeiten erforderlich. Hierdurch können bei der Miniaturisierung Laborprozesse „direkter" abgebildet werden (z. B. einzelne Pipettierschritte). Für den aktiven Transport von Flüssigkeiten in mikrofluidischen Systemen gibt es eine große Anzahl an möglichen physikalisch-chemischen Funktionsprinzipien, wovon im Folgenden nur einige näher betrachtet werden sollen.

Neben der Bewegung der Flüssigkeit selbst können auch Partikel in einer Flüssigkeit bewegt werden, wobei in diesem Fall die Partikel (typischerweise magnetische Partikel, sog. *Magnetic Beads*) mittels eines externen Magnetfeldes durch die Flüssigkeit(en) bewegt werden.

11.1.2.2 Aktiver Transport von Flüssigkeiten

Um einen aktiven Flüssigkeitstransport in Chiplaboren zu realisieren, kommen beispielsweise die folgenden Prinzipien zum Einsatz:

- mechanisch (z. B. über Stößel oder manuell), vermittelt über Membran
- pneumatisch (Druckversorgung über Gerät), ggf. vermittelt über Membran
- Membranen, die vollintegriert thermisch oder elektrochemisch bewegt und zur Verdrängung von Flüssigkeiten genetzt werden
- rotatorische Systeme, bei denen zentrifugale Kräfte genutzt werden

- elektroosmotisch (ein hier sonst nicht weiter betrachtetes Pumpprinzip in Mikro-kanälen, bei welchem die Flüssigkeit aufgrund einer lokal erhöhten Ionen-konzentration an der Kanalwand durch ein über die Kanallänge angelegtes elektrisches Feld beschleunigt wird)

Es sei weiterhin darauf hingewiesen, dass es neben der Bewegung von Flüssigkeiten *in Kanälen* auch die Möglichkeit gibt, Flüssigkeiten *in kleine Tröpfchen* aufzuspalten und zu manipulieren, was zahlreiche analytische Vorteile bietet, aber auch eine noch komplexere Aktorik erfordert. Als Antriebsprinzipien kommen hier z. B. zum Einsatz:

- Oberflächenwellen (surface acustic waves)
- Elektrowetting (lokale Veränderung des Kontaktwinkels zwischen Flüssigkeit und Oberfläche durch elektrische Felder)

Magnetic Beads
Grundsätzlich ist es nicht notwendig, das gesamte Volumen einer Flüssigkeit zu bewegen. Vielmehr würde es genügen, lediglich den Analyten selbst zu transportieren. Eine elegante Methode, die für den Nachweis benötigten Moleküle, Zellen o. Ä. in Kanälen zu bewegen, ist neben der Bewegung der gesamten Flüssigkeit auch die Möglichkeit, den Analyten an Partikel zu binden, welche über extern angelegte Magnet-felder bewegt werden können (Magnetic Beads). Mittels dieses Prinzips können nicht nur ganze Assays durchgeführt, sondern kann gleichzeitig auch eine elegante Möglich-keit zur Aufkonzentrierung geboten werden. Magnetpartikel in der Probe können dabei z. B. die nachzuweisenden Moleküle zunächst selektiv binden. Anschließend werden sie von einem externen Magneten lokal fixiert und die restliche Probenflüssigkeit weg-gewaschen. Danach kann das Magnetfeld wieder abgeschaltet werden und die Partikel damit (in einem u. U. deutlich kleineren Volumen) wieder eluiert werden.

11.2 Materialien und Herstellungstechnologien für Chiplabore

11.2.1 Materialien und Herstellungsverfahren für das mikrofluidische Substrat

Die meisten Chiplabore bestehen aus einem Kunststoff-Kartuschenkörper, der Reservoire und/oder Kanäle enthält. Aufgrund der Möglichkeit zur Warmformbar-keit mittels Spritzgusstechnologien handelt es sich nahezu ausschließlich um thermo-plastische Kunststoffe. Zu dieser Gruppe gehören beispielsweise Polymethylmethacrylat (PMMA), Polycarbonat (PC), Cycloolefin-Copolymer (COC), Cycloolefin-Polymer (COP), Polyethylenterephthalat (PET), Polyethylen (PE) oder Polypropylen (PP). Bei den ersten vier Vertretern handelt es sich um amorphe Kunststoffe, weswegen diese eine hohe optische Transparenz aufweisen, was sie auch für optische Detektionsverfahren geeignet macht. Bei der Materialauswahl sind Temperatureinsatzbereich, chemische Kompatibilität mit den eingesetzten Reagenzien, Neigung zur Adsorption von Bestandteilen der Reagenzien oder der Probe, Oberflächenenergie (s. Abschn. 11.1.1.3, Kontaktwinkel), benötigte optische Transparenz, Fügbarkeit mit anderen Materialien sowie Leachables[3] wichtige Kriterien.

Als Herstellungsverfahren kommt wie bereits erwähnt vorrangig Spritzguss zum Einsatz. Gelegentlich werden auch Verfahren wie Heißprägen oder Tiefziehen genutzt.

11.2.2 Fügetechnologien – Verbinden unterschiedlichster Lagen

Das reine mikrofluidische Substrat weist i. Allg. noch offene Kanäle und keine weitere Funktionalität auf. Es ist daher notwendig, nicht nur die Kanäle verschließen zu können, sondern die Fluidik auch an einen Sensor und ggf. weitere Komponenten anbinden zu können. Die häufigsten Verfahren sind

- Fügen mittels Klebefolien – einseitig zum reinen Verschließen der Kanäle, doppelseitig zum Verbinden unterschiedlicher Lagen
- thermisches Fügen
  - Laserschweißen
  - Ultraschallschweißen
- Klemmverbindung, meist mit Dichtungen, die häufig im Zweikomponentenspritzguss bereits während der Herstellung des Fluidiksubstrates eingebracht oder mit Dispenstechnologien nachträglich aufgebracht werden können

Die thermischen Fügeverfahren sind vor allem dann geeignet, wenn die Fügepartner zur selben Materialklasse gehören. Diese Materialhomogenität bietet Vorteile sowohl für die spätere Zulassung als auch für die Kompatibilität mit dem Assay.

Das Fügen mittels Klebefolien und auch die Nutzung von Klemmverbindungen in Kombination mit Dichtungen erlaubt auch das Fügen unterschiedlichster Materialklassen (z. B. Kunststoff–Glas, Kunststoff–Silizium) und trägt zudem auch keine Wärme in das System ein, was ggf. für bereits zuvor eingebrachte Reagenzien vorteilhaft sein kann.

---

[3] Stoffe, die aus dem Polymer über die Zeit austreten können, z. B. für die Herstellung zugesetzte Additive, unvernetzte Monomere, etc.

11.3   Reagenzien-Vorlagerung

Zur Durchführung eines Assays werden neben der Probe selbst noch weitere Reagenzien benötigt. Dies gilt für alle Formen von Immunoassays, aber auch für enzymatische und andere biochemische Nachweisverfahren. Besonders komplex sind molekularbiologische Nachweismethoden, die häufig die Amplifikation der Nucleinsäuren beinhalten (siehe auch Kap. 6 und Kap. 7). Selbst vergleichsweise einfache Assays benötigen meistens Spülschritte oder Flüssigkeiten zur Referenzierung/Kalibrierung eines Sensors. Komplexere Assays erfordern Reagenzien, um biochemische Reaktionen durchzuführen (z. B. PCR). Auch für die finale Detektion des Analyten werden oft Reagenzien benötigt, um ein auswertbares Signal zu erhalten.

Um diese Reagenzien im Chiplabor zur Verfügung stellen zu können, sind unterschiedliche Strategien möglich. Zum einen können diese „extern" eingebracht werden, z. B. über kleine Pumpen im Gerät, die diese in das Chiplabor injizieren. Dieses Verfahren stellt die geringsten Ansprüche an die Lagerung des Chiplabors, erhöht jedoch die Komplexität des zum Betrieb des Chiplabors benötigten Gerätes. Zudem erhöht sich dessen Wartungsaufwand und reduziert das Potenzial für eine weitere Miniaturisierung. Im Folgenden sollen daher vor allem Strategien betrachtet werden, die eine Integration der Reagenzien im Chiplabor selbst, d. h. während seiner Lagerung, erlauben.

11.3.1 Flüssigreagenzien

Aufgrund der einfachen Übertragbarkeit von Assays aus dem konventionellen Labor in ein Chiplabor ist die Vorlegung und Nutzung von Reagenzien in flüssiger Form naheliegend. Hieraus leiten sich jedoch eine Reihe von Herausforderungen ab, die bei einem Chiplabor adressiert werden müssen:

- Insbesondere aufgrund des großen Oberflächen-zu-Volumen-Verhältnisses muss eine Bindung von funktionsrelevanten Bestandteilen der Reagenzien an die Reservoiroberfläche vermieden werden. Es muss vielmehr sichergestellt sein, dass zum Zeitpunkt der Durchführung des Assays die Konzentration der am Assay beteiligten Komponenten in der Flüssigkeit bekannt (und vorzugsweise mit der zum Zeitpunkt der Befüllung identisch) ist.
- Verdunstung der Trägerflüssigkeit kann zu einer Reduzierung des Flüssigkeitsvolumens und damit zu einem Konzentrationsanstieg der für die Reaktion benötigten Moleküle führen.
- Neben der (unspezifischen) Bindung von Molekülen an die Reservoiroberfläche kann es auch zu einer lagerzeitabhängigen Degradation von Komponenten kommen. Ein Beispiel hierfür ist die abnehmende Aktivität von Enzymen, aber auch das Ausbleichen von Fluoreszenzfarbstoffen.

- Die Flüssigkeiten müssen sicher und in bestimmten Grenzen unabhängig vom Außendruck gelagert werden können, jedoch zu Durchführung des Assays kontrolliert und zeitgesteuert wieder freigegeben werden können.

Bei gleichzeitiger Vorlagerung unterschiedlicher Arten von Reagenzien müssen eventuell unterschiedliche Randbedingungen bezüglich der Lagertemperatur berücksichtigt werden. So werden enzymatische Lösungen häufig gefroren gelagert, während manche Pufferlösungen bei kühlen Temperaturen ausfällen oder Salzkristalle bilden können. Einige Strategien, die diese Punkte adressieren und in Chiplaboren zum Einsatz kommen, sollen im Folgenden kurz dargestellt werden.

11.3.1.1 Vermeidung unspezifischer Bindung

Zur Vermeidung unspezifischer Bindung an Oberflächen können im Wesentlichen zwei Ansätze unterschieden werden: Zum einen kann das Material des Reservoirs so gewählt werden, dass eine unspezifische Bindung nicht oder nur unwesentlich stattfindet. Zum anderen kann gezielt auch die Oberfläche gesättigt werden, sodass die für das spätere Assay benötigten Komponenten nicht mehr binden können.

Modifizierung der Oberfläche/des Materials

Insbesondere die unspezifische Bindung von Proteinen und Peptiden an Polymeroberflächen stellt ein häufiges Problem dar. Wie auch bei Oberflächen von im Labor eingesetzten Consumables kann zur Reduzierung der ungewollten Adhäsion die Oberfläche beschichtet werden. Eine Strategie setzt dabei auf die Hydrophilisierung der Oberfläche durch ultradünne anorganische oder organische Schichten, wobei es bevorzugt zu einer Anlagerung von Wassermolekülen an die Oberfläche kommt, welche wiederum eine „Barriere" zwischen Oberfläche und hydrophobem Teil des Proteins bilden. Bei Kunststoffen besteht zudem die Möglichkeit, ggf. durch Additive bereits das Herstellungsmaterial der Chiplabore hydrophil zu gestalten.

Modifizierung der Reagenzien

Die Reagenzien an sich können ebenfalls modifiziert werden. Für die Vermeidung von unspezifischer Proteinadsorption werden beispielsweise Benetzungsmittel (s. o.) eingesetzt. Eine Alternative ist die Zugabe einer großen Menge eines anderen Proteins (z. B. Rinderserumalbumin BSA, Casein oder Milchproteine), welches die Wände des Reservoirs (und später auch des Kanalsystems) sättigt (siehe hierzu auch Abschn. 27.1).

11.3.1.2 Vermeidung von Verdunstung und Druckstabilität

Die Verdunstung, insbesondere von wässrigen Flüssigkeiten, ist ein Resultat der Wasserdampfdurchlässigkeit des umgebenden Materials. Die (Wasserdampf-)Permeabilität ist nicht nur abhängig vom Material, sondern auch proportional zur Durchtrittsoberfläche und annährend indirekt proportional zur Materialdicke. Da bei Chiplaboren die Oberfläche im Verhältnis zum Volumen vergleichsweise groß ist, ergeben sich als Strategien nur die Nutzung einer großen Materialdicke (z. B. Reservoire mit dicken Kunststoff-wänden) und die Nutzung von Materialien, die entweder intrinsisch eine geringe Wasser-dampfpermeabilität besitzen oder/und die mit einer zusätzlichen Barriereschicht (z. B. Metall oder SiO_2) versehen sind. Zur Lagerung eignen sich hier insbesondere kleine Sperrschichtbeutel. Diese bestehen meist aus einem Aluminium-Kunststofffolien-Ver-bund, wobei die Kunststoffschicht zum Verschweißen des Beutels dient. Auch Folien aus Kunststoffen mit geringer intrinsischer Wasserdampfpermeabilität wie Cycloolefin-Poly-mere/-Copolymere können für diese Zwecke eingesetzt werden.

11.3.1.3 Gezieltes Öffnen der Reservoire/Freigeben der Flüssigkeit

Neben der Lagerung ist auch das gezielte Freigeben der Reagenzien während des Assays zu betrachten. Im Falle von Sperrschichtbeuteln oder Blistern können diese beispiels-weise durch eine kleine Nadel im Chiplabor punktiert werden. Diesen Ansatz verfolgten auch bereits die Kartuschen des i-STAT-Systems (Abbott), dem wohl ersten kommerziell erfolgreichen mikrofluidischen Chiplabor. Hier befindet sich eine im Boden des Spritz-gussteils angebrachte Kunststoffspitze unterhalb des Sperrschichtbeutels, welcher während des Assays mechanisch auf die Spitze gedrückt wird.

Alternativ können auch lokal dünnere Fügenähte oder geringere Fügekräfte zum Ein-satz kommen, die dann zu einer lokal begrenzten Öffnung des Reservoirs durch Druck-applikation führen. Auch können Materialen eingesetzt werden, die durch äußeren Stimulus (z. B. Wärme) ihre Klebkraft reduzieren und so den Pfad für die Flüssigkeit freigeben.

Komplexere Aufbauten nutzen auch von einem Gerät mechanisch bewegliche Ventile (z. B. Drehventile), was jedoch zu einem sehr komplexen Teil führt und keine Optionen für eine weitere Miniaturisierung lässt.

11.3.2 Trockenreagenzien

Gegenüber der Integration von Reagenzien in flüssiger Form besitzt die trockene Vor-lagerung zahlreiche Vorteile, insbesondere mit Blick auf die Lagerstabilität insgesamt, aber auch auf die notwendigen Lager- und Transportbedingungen (z. B. Lagerung und Transport bei Raumtemperatur). Das gängigste Verfahren für die „Eintrocknung" von Reagenzien ist die Lyophilisierung. Jedoch lassen sich nicht alle Reagenzien trocken vorlegen oder verlieren beispielsweise durch eine Lyophilisierung ihre Aktivität. Auch stellt die reproduzierbare Lösung der Trockenreagenz (also die gleichmäßige Lösung in einem Puffer) ein nicht triviales Problem dar.

11.4   Detektion des Analyten – Biosensoren

Zur Detektion des Analyten können unterschiedlichste Verfahren eingesetzt werden. Häufig kommen in Chiplaboren optische oder elektrochemische Detektionsmethoden zum Einsatz. Unterschieden werden muss zunächst die Detektion des Analyten im

Volumen der Flüssigkeit (wie es z. B. bei den meisten qPCR-basierten Chiplaboren genutzt wird) sowie die Detektion an einer Oberfläche.

11.4.1 Detektion im Flüssigkeitsvolumen

Bei der Detektion im Flüssigkeitsvolumen kommen meist optische Prinzipien wie die Fluoreszenzdetektion zum Einsatz, jedoch auch die Absorptions- und Streulichtmessung. Bei Messungen im Flüssigkeitsvolumen ist stets zu beachten, dass das Hintergrundsignal der Probe oder der Reagenzien das Messsignal teils stark beeinflussen kann. Ein Vorteil der Messung im Volumen ist, dass hier häufig auch die Bindeereignisse, die letztlich detektiert werden sollen, im Volumen stattfinden, und so – ähnlich wie auch schon bei den Vorteilen von Magnetic Beads ausgeführt – Diffusionszeiten eine geringere Rolle spielen und damit die Assaygeschwindigkeit verbessert werden kann.

11.4.2 Detektion an einer (Sensor-)Oberfläche

Weitaus häufiger werden in Chiplaboren jedoch oberflächenbasierte Detektionstechnologien eingesetzt. Dabei wird die Bindung von Molekülen an einer „Sensor"-Oberfläche genutzt. Gemein ist den oberflächenbasierten Methoden, dass bei ihnen sog. Fängermoleküle (Antigene, Antikörper, Oligonucleotide, Aptamere o. Ä.) immobilisiert sind, an welche der Analyt bindet. Man unterscheidet hier zwischen markierungsfreien Methoden *(label-free),* und solchen, die eine Markierung (z. B. durch einen Fluoreszenzmarker, den sog. Label) benötigen.

11.4.2.1 Markierungsfreie Detektionsmethoden
Markierungsfreie Detektionsmethoden sind bezüglich des (Detektions-)Assays deutlich einfacher, da weniger Reagenzien/Flüssigkeiten zum Sensor transportiert werden müssen. Stattdessen wird das Bindeereignis des Analyten selbst detektiert. Typische Beispiele für die markierungsfreie Detektion sind:

- Oberflächenplasmonenresonanz *(surface plasmon resonance,* SPR), Messung der Änderung des oberflächennahen Brechungsindex der Flüssigkeit/der Moleküle in der Flüssigkeit (siehe Kap. 12)
- mechanisch schwingende Systeme unter Messung der Verschiebung der Resonanzfrequenz oder Signalabschwächung aufgrund der zusätzlichen Masse bzw. Dichte der gebundenen Moleküle, wie
  - akustische Oberflächenwellen *(surface acoustic waves,* SAW)
  - akustische Volumenwellen *(bulk acoustic waves,* BAW)
  - schwingende Cantilever

Eine wesentliche Schwierigkeit bei markierungsfreien Detektionsmethoden ist die Empfindlichkeit gegenüber anderen Einflussgrößen wie der Temperatur, aber auch anderen, nichtspezifischen Bindeereignissen. Außerdem sind sie typischerweise weniger für die Detektion von kleinen Molekülen geeignet. Auch wenn markierungsfreie Methoden ein großes Anwendungspotenzial besitzen, spielen sie in der kommerziellen Praxis von Chiplaboren aufgrund der erwähnten Schwierigkeiten bisher eine untergeordnete Rolle.

11.4.2.2 Detektionsmethoden mit Markierung (Label)

Die *Markierung (Labeling)* für die Detektion bietet die Möglichkeit einer zusätzlichen Selektivitäts- und Sensitivitätssteigerung. Einen häufigen Einsatz findet die markierungsbehaftete Detektion in Zusammenhang mit Mikroarrays, die eine örtlich aufgelöste Bestimmung verschiedener Zielmoleküle erlauben. Die häufigste Form von Mikroarrays sind solche, bei denen als Label ein (oder mehrere) Fluoreszenzmarker zum Einsatz kommen (siehe Kap. 24). Die Bindung eines fluoreszenzmarkierten Antigens, Antikörpers oder DNA-Stranges kann dann mittels einer Kameraoptik detektiert werden. Da unterschiedliche Positionen des Mikroarrays mit unterschiedlichen Fängermolekülen funktionalisiert sein können, lässt sich auf diese Weise leicht eine Vielzahl von Parametern aus ein und derselben Probe gleichzeitig nachweisen (Multiplexing).

Aufgrund der Möglichkeit, in Chiplaboren verschiedene Flüssigkeiten zeitgesteuert über einen Sensor bzw. das Mikroarray zu transportieren, lässt sich so leicht ein vollständiges Immunoassayprotokoll, zum Beispiel ein ELISA (Kap. 3), abbilden. Ein enzymbasierter Nachweis erfordert die Zugabe eines Substrates und die zeitliche Begrenzung der Aktivität, in der Regel durch ein Stoppreagenz im Labor realisiert. Die automatisierte Flusssteuerung im Chiplabor erlaubt hier ein im Vergleich zum Laborprozess präziseres Handling und die simultane Beobachtung durch den Detektor, sodass ggf. auf ein zusätzliches Stoppreagenz verzichtet werden kann.

Statt eines enzymatischen Umsatzes bei einem ELISA werden bei Mikroarrays häufig auch fluoreszenzmarkierte Antikörper zur Detektion eingesetzt. In Abb. 11.2 ist ein

Abb. 11.2 Automatisierter mikrofluidischer Ablauf eines Immunoassays (hier: Nachweis des C-reaktiven Proteins CRP) mit Fluoreszenz-Mikroarray. (**a**) Mikrofluidische Kartusche (Reservoire mit farbiger Flüssigkeit gefüllt) und Ansteuergerät. (**b**) Reservoire und Mikroarray-Position: Die Reservoire sind wie folgt gefüllt (1) Probe mit CRP, (2) antiMaus (Cy5-markiert, Schaf), (3) und (5) Milchpulver (3 %, PBS), (4) MilliQ-Wasser, (6) antiCRP (Maus). Alle Reservoire 1–6 münden in Kanäle, die letztlich die Flüssigkeiten zu einem Loch befördern, welches auf die Oberseite der Kartusche führt. Hier befindet sich ein Kanal (weiß umrandet), welcher mit einer Folie bedeckt ist, auf der sich das Mikroarray befindet. Die Pumpsequenz und Pumpzeiten der Reservoire sind wie folgt (3) für 10 s, (1) für 30 s, (5) für 30 s, (6) für 30 s, (3) für 20 s, (2) für 20 s, (4) für 30 s. Damit lässt sich das Assay in 170 s realisieren. (**c**) Spottingmuster der Mikroarrays und daneben Falschfarbenfluoreszenzbild des Mikroarrays nach dem Assay

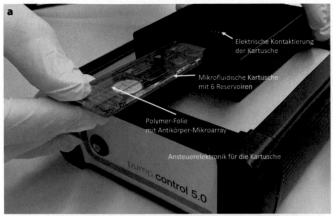

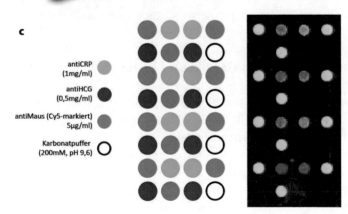

Beispiel einer mikrofluidischen Kartusche dargestellt, welche ein solches Assay automatisiert ablaufen lassen kann.

11.4.2.3 Biosensoren

Streng genommen handelt es sich bei der Detektion mittels einer externen Kameraoptik nicht um einen Biosensor. Von einem Biosensor spricht man, wenn zusätzlich
die Wandlung in ein auswertbares (i. A. elektrisches) Signal erfolgt. Biosensoren kann
man unterschiedlich klassifizieren. Eine Variante ist es, nach dem Element zu klassifizieren, welches zum „Erkennen" des Analyten genutzt wird. Häufige Gruppen sind
enzymatische Biosensoren, Immunosensoren (Antikörper/Antigene), DNA-Biosensoren
und Aptamer-Biosensoren. Ein weiteres Unterscheidungskriterium ist die Art des
Wandlers. So unterscheidet man elektrochemische Biosensoren, Impedanz-Biosensoren,
optische Biosensoren, thermische Biosensoren, akustische Biosensoren (BAW, SAW,
siehe oben), Halbleiter-Biosensoren (z. B. solche basierend auf Feldeffekttransistoren)
und mechanisch schwingende Biosensoren. Die mit Abstand wichtigste Gruppe hiervon
sind die elektrochemischen Biosensoren, die häufig eine enzymatische Umsetzung des
Analyten nutzen, wobei ein Elektronentransfer stattfindet, der ausgewertet werden kann.
Die wohl bekanntesten Vertreter enzymatisch arbeitender elektrochemischer Biosensoren
sind (Blut-)Glucosesensoren.

Gerade im Zusammenhang der Immunoassays bietet das Chiplabor die Möglichkeit, die elektrochemische Messung des Biosensors zu integrieren und so zum Beispiel
RedOx-Substrate von Peroxidasen einfach zu detektieren (Abb. 11.3). Damit können
Enzymimmunoassays, namentlich ELISAs, leicht im Chiplabor elektrochemisch ausgewertet werden, was im Labor typischerweise mit einigem Aufwand verbunden ist.

11.5   Mikro-Makro-Schnittstelle und Probenvorbereitung

Grundsätzlich eröffnen die Mikrofluidik und Biosensorik Möglichkeiten, Chiplabore
sehr klein zu bauen. Jedoch stellt die Schnittstelle zur zu untersuchenden Probe häufig
eine Begrenzung der Miniaturisierbarkeit dar.

Beispielsweise kann die erwartete zu detektierende Analytkonzentration in einer
flüssig vorliegenden Probe so gering sein, dass ein Probenvolumen von teils mehr als
einem Milliliter benötigt wird. Beispiele hierfür sind der Erregernachweis bei Urinal-
traktinfektionen oder die Detektion von zirkulierenden Tumorzellen in Blut. Bei der
Analyse von Wasserproben sind häufig noch deutlich größere Volumina erforderlich.
Auch die Volumina von Pufferlösungen, die für das Auswaschen von Abstrichtupfern
(z. B. Rektalabstriche, Rachen- oder Nasenabstriche, Wundabstriche) genutzt werden,
liegen häufig zwischen 0,5 und 1 mL. Je nach Analyten (und des zu detektierenden
Grenzwertes) muss u. U. auch in diesem Fall das gesamte Volumen weiter verarbeitet
werden.

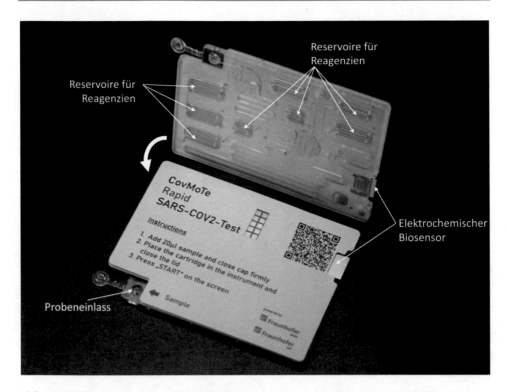

Abb. 11.3 Chiplabor mit elektrochemischem Biosensor für die Durchführung von Immunoassays. Das Chiplabor kann sämtliche für die Funktionsweise (hier: RedOx-Cycling) des Biosensors notwendigen Schritte vollautomatisch mittels integrierter Mikropumpen (befindlich unter den Reservoiren) und vorgelagerter Reagenzien durchführen. Bei der Abbildung handelt es sich um einen Schnelltest für den Nachweis akuter Infektionen, der im Fraunhofer-Projekt CovMoTe entwickelt wurde. (Bild: Fraunhofer ENAS, Andreas Morschhauser)

Auch kann die Probe in einem nichtflüssigen oder undefinierten Zustand vorliegen. Beispiele sind: Analyse an Stuhlproben, Bestimmung von Pflanzenpathogenen (Probe: Pflanzenbestandteile), Tierartenbestimmung von Fleisch-/Fischproben (Probe: (Fisch-) Fleisch), Erregerdetektion bei Mastitiden von Milchkühen (Probe: Mastitis-Milch, häufig mit Verklumpungen), Pathogendetektion oder Detektion bestimmter chemischer Bestandteile in Nahrungsmitteln (Probe: verschiedenste Nahrungsmittel). Siehe hierzu auch Kap. 4.

Wie alleine anhand der aufgezählten Beispiele deutlich wird, eignen sich viele Probenmaterialien nicht direkt für die Einbringung als Probe in ein Chiplabor. Vielmehr ist zunächst eine „Verflüssigung" erforderlich, beispielsweise durch mechanische Zerkleinerung und/oder chemischen und/oder thermischen Aufschluss. Je nach Größe (Volumen) des nichtflüssigen Ausgangsmaterials ist das Ergebnis eines solchen Aufschlusses häufig immer noch ein – im Vergleich mit den typischen Größen eines mikrofluidischen Systems – großes Flüssigkeitsvolumen.

Nach dem Aufschluss von nichtflüssigen Proben, aber auch im Falle von aus analytischer Sicht benötigten großen Flüssigkeitsvolumina, ist daher häufig zunächst ein Aufkonzentrationsschritt erforderlich. Typische Ansätze hierfür sind z. B. die Aufkonzentration mittels (Filter-)Membranen, die Aufkonzentration mittels magnetischer Partikel (s. Abschn. 11.1.2.2) oder die Aufkonzentration mittels Elektrophorese oder Dielektrophorese. Um diese Aufkonzentrationsschritte in das Chiplabor integrieren zu können, muss dieses dann sehr groß ausgelegt werden (großes Probenvolumen, großes Waste-Reservoir) – Chiplabore in der Größe einer Hand sind nicht unüblich. Alternativ können diese Probenvorbereitungs- und Aufkonzentrationsschritte auch der Verarbeitung im Chiplabor vorgelagert werden und extern durchgeführt werden.

11.6 Anwendungsgebiete

Die Anwendungsmöglichkeiten von Chiplaboren sind vielfältig. Aus bioanalytischer Sicht können beispielsweise

- Immunoassays,
- molekulardiagnostische (DNA/RNA-)Assays,
- zellbasierte Assays/Hämatologie,
- Parameter der klinischen Chemie

realisiert werden.

Aus Sicht des Marktes kann man zunächst zwischen Humandiagnostik und anderen Anwendungsgebieten unterscheiden. Einsatzgebiete im Bereich Humandiagnostik sind in Tab. 11.3 genannt.

Märkte jenseits der Humandiagnostik sind beispielsweise Veterinärdiagnostik, Umweltanalytik, Agrar- und Nahrungsmittelanalytik sowie der Forschungsmarkt.

Bei Immunoassays stehen Chiplabore häufig im Wettbewerb mit sehr kostengünstigen Streifentests (Lateral Flow Strips, siehe auch Kap. 5). Chiplabore können daher ihre höhere Komplexität und die damit verbundenen höheren Kosten im Wesentlichen „nur" durch ihre Multiparameterfähigkeit, Quantifizierbarkeit der Ergebnisse, Anbindung des Auslesegerätes an eine IT-Infrastruktur (Arztpraxis/Krankenhaus) und – falls erforderlich – die Möglichkeit einer automatischen Probenvorbereitung rechtfertigen.

Aufgrund der höheren möglichen Komplexität eignen sich Chiplabore jedoch auch für eine Vielzahl weiterer Nachweisverfahren, z. B. für molekulardiagnostische Nachweise, die durch die ihnen zugrunde liegende Biochemie intrinsisch eine höhere Komplexität bedingen. Auch besteht hier oft die Notwendigkeit der Multiparameteranalytik (z. B. bei der genotypischen Detektion von antibiotikaresistenten Bakterien, wo oft der Nachweis von Punktmutationen zusätzlich zum Vorhandensein bestimmter Gene erforderlich ist).

Tab. 11.3   Typische Anwendungsgebiete von Chiplaboren

Anwendungsgebiet	Genutzte Vorteile von Chiplaboren	Benötigte Eigenschaften
Notfallmedizin	Schnell, Ergebnis sofort vor Ort verfügbar	Robust, Ergebnis vergleichbar mit Laborstandard
Infektionskrankheiten in Ländern mit niedrigem Einkommen und/oder Flächenländern	Dezentral nutzbar, portabel, Ergebnis sofort verfügbar,	Preiswert, bzgl. Lagerung und Transport robust
Tests für zuhause/zur Eigenanwendung	Ergebnis sofort verfügbar	Einfach zu bedienen und ohne Fachkenntnis nutzbar, kostengünstig
Arztpraxen	Schnell, Ergebnis sofort vor Ort verfügbar	Mit Laborstandard vergleichbares Ergebnis
Krankenhaus	Schnelles Ergebnis, patientennahe Diagnostik	Mit Laborstandard vergleichbares Ergebnis
Forensik	Schnelles Ergebnis, portabel, dezentral	Mit Laborstandard vergleichbares Ergebnis

Chiplabore werden zukünftig immer breiter in der Routine(-diagnostik) eingesetzt werden, dabei aber die traditionelle Labordiagnostik nicht ersetzen. Der Trend zur selbstbestimmten Gesundheitsvorsorge und zum „Selbstmonitoring" wird darüber hinaus dazu führen, dass diese Technologie aufgrund der einfachen Handhabbarkeit der Tests auch zunehmend in den Konsumermarkt Einzug halten wird.

Literatur

Nam-Trung Nguyen (2018): "Fundamentals and Applications of Microfluidics – Third Edition", Artech House

Yole Développement (2020): "Point-of-Need Testing: Applications of Microfluidic Technologies", www.yole.fr

A. Manz et al. (1990): "Miniaturized total chemical analysis systems: a novel concept for chemical sensing", Sens Act B: Chem 1 (1), 244–248

G.M. Whitesides: The origins and the future of microfluidics, Nature 442 (7101), 268–373

Zuverlässige Proteinquantifizierung durch Oberflächenplasmonenresonanzspektroskopie

12

Patrick Opdensteinen und Johannes F. Buyel

Proteine können mit vielen verschiedenen Methoden quantifiziert werden. Die einfachsten sind unspezifische kolorimetrische Tests wie der Bradford- und der Bicinchoninsäure-Assay (Simonian und Smith 2006). Diese sind mit zahlreichen Puffern kompatibel und können zur Erhöhung des Probendurchsatzes parallelisiert durchgeführt werden. Sie erfassen jedoch nur den Gesamtproteingehalt einer Probe und können daher einzelne Proteine in komplexen Mischungen, beispielsweise bei der Produktreinigung, der Prozessentwicklung oder diagnostischen Tests, nicht quantifizieren. Eine spezifische oder selektive Detektion kann durch Assays erreicht werden, die auf ein ausgewähltes Protein oder eine Gruppe von Proteinen abzielen und typischerweise spezifische Bindungspartner wie monoklonale Antikörper verwenden, wie dies beim Enzym-Immunosorbent-Assay (ELISA) der Fall ist (Lequin 2005). Obwohl ELISAs weit verbreitet sind und von den Zulassungsbehörden im Rahmen der biopharmazeutischen Prozessüberwachung und Qualitätskontrolle akzeptiert werden (ICH Expert Working Group 1999), haben sie Nachteile, die für einige Anwendungen möglicherweise nicht akzeptabel sind. Beispielsweise können die Ergebnisse durch Schwankungen in der Qualität des Blockierungsmittels, der Umgebungstemperatur oder durch unspezifische Bindung an (oder Kreuzreaktivität mit) Nicht-Zielproteinbestandteilen wie Wirtszellproteinen beeinflusst werden, insbesondere wenn die Zielproteinkonzentration niedrig ist (Xiao und Isaacs 2012). Das Ergebnis kann auch stark von der Erfahrung des Anwenders

P. Opdensteinen
Fraunhofer-Institut für Molekularbiologie und Angewandte Ökologie, Aachen, Deutschland
E-Mail: patrick.opdensteinen@ime.fraunhofer.de

J. F. Buyel (✉)
Universität für Bodenkultur, Wien (BOKU), Wien, Österreich
E-Mail: johannes.buyel@boku.ac.at

© Springer-Verlag GmbH Deutschland, ein Teil von Springer Nature 2023
A. M. Raem und P. Rauch (Hrsg.), *Immunoassays*,
https://doi.org/10.1007/978-3-662-62671-9_12

231

beeinflusst werden, was die Variabilität der Ergebnisse um >10 % erhöhen kann, selbst wenn automatisierte Laborgeräte verwendet werden (Arfi et al. 2016).

Automatisierte ELISA-Geräte können für ca. 40.000 € erworben werden, aber in dieser Preisklasse sind auch alternative Geräte erhältlich, die die Variabilität auf unter 5 % reduzieren, einzelne Proben in Minuten verarbeiten und einen Durchsatz von mehreren Hundert Proben pro Bedienertag erreichen können. Diese Geräte bestimmen Protein-konzentrationen durch Oberflächenplasmonenresonanzspektroskopie (SPR; Schasfoort 2017b).

12.1 Prinzipien der SPR-Spektroskopie zur Quantifizierung spezifischer Proteine

SPR ist ein optischer Effekt, der auftritt, wenn monochromatisch polarisiertes Licht auf dünne Metallfilme gerichtet wird und ein Teil des einfallenden Lichts mit den *Plasmonen* (delokalisierten Elektronen) dieser Filme in Wechselwirkung tritt, wodurch die Intensität der Reflexion verringert wird. Der Winkel des einfallenden Lichts, der diesen Plasmonenresonanzeffekt auf der Oberfläche auslöst, wird durch jedes Material, das an den Metallfilm adsorbiert wird, verändert und ist mit der Masse dieses Materials korreliert (Piliarik et al. 2009). Um die Konzentration eines bestimmten Zielproteins zu messen, wird daher plan-polarisiertes Licht auf einen goldbeschichteten Glaschip gerichtet, auf dem Antikörper (oder andere Bindungspartner) immobilisiert sind. Eine Massenänderung an der Oberfläche, verursacht durch die Bindung der Zielproteine an die immobilisierten Antikörper, bewirkt eine Änderung des Brechungsindexes an der Oberfläche und damit des Resonanzzustandes. Die resultierende Verschiebung des Winkels der minimalen Lichtreflexion kann mithilfe einer Photodiodenzelle (Patching 2014) detektiert werden (Abb. 12.1).

Die für die Induktion von SPR erforderliche Winkelverschiebung wird in Resonanz-einheiten oder Response Units (RU) gemessen, wobei 1 RU einem Winkel von 0,122 m° in typischen Geräten entspricht (Schasfoort 2017b). Als Faustregel gilt, dass die Bindung von 1 mg Protein pro m^2 (1 ng mm^{-2}, einfallende Wellenlänge $= 670$ nm) in diesen Geräten zu einem Signal von 1000 RU führt. In einer typischen Ausführung bildet die Oberfläche, die der Probe ausgesetzt ist, einen Teil einer Messzelle, die mit einem mikrofluidischen System verbunden ist. Letzteres stellt sicher, dass das Proben-volumen und die Belichtungszeit präzise gesteuert werden. Das gesamte Fluidsystem ist in den meisten Geräten auch temperaturreguliert, um unerwünschte thermodynamische Effekte auf die Bindungskinetik zu unterdrücken, die den Brechungsindex und damit den reflektierten Strahlwinkel beeinflussen könnten. Die Genauigkeit der Messung wird weiter verbessert, indem eine zweite Zelle als Referenz verwendet wird. Diese hat den-selben Funktionalisierungsprozess wie die erste Zelle durchlaufen, allerdings ohne dass Ligand (Antikörper oder alternatives Fangreagenz) immobilisiert wurde. Dadurch erfasst die zweite Zelle die Gesamtheit der unspezifischen Bindung an die Zellober-fläche, z. B. durch Wirtszellproteine, welche vom Signal der eigentlichen Messzelle

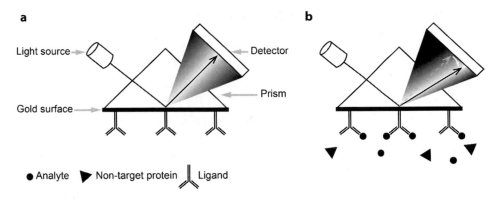

Abb. 12.1 Prinzip eines SPR-Sensors in der Kretschmann-Konfiguration. **a** Linear polarisiertes Licht wird durch ein Prisma auf einen dünnen Metallfilm fokussiert. Bei einem bestimmten Einfallswinkel induziert der Lichtstrahl eine Oberflächenplasmonenresonanz (Schwingung freier Elektronen), die die Intensität des reflektierten Lichts verringert. Ein Intensitätsminimum tritt am sogenannten SPR-Winkel auf, der mit einem Detektor gemessen wird (Patching 2014). **b** Die Bindung des Analyten an einen immobilisierten Liganden auf der Oberfläche des Metallfilms induziert eine Änderung des Brechungsindexes, was zu einer Verschiebung des SPR-Winkels führt, die in Echtzeit überwacht werden kann

abgezogen werden kann. In einem mikrofluidischen System werden oft mehrere Zellen und verbindende Kanäle kombiniert, sodass Messungen parallel durchgeführt werden können. Die Verwendung von auswechselbaren Chips (Sensorchips) erleichtert den schnellen und bequemen Austausch von funktionalisierten Oberflächen im SPR-Gerät und ermöglicht so die Vermessung vieler verschiedener Zielmoleküle und Liganden in kurzer Zeit.

Die Oberfläche des Sensorchips kann für mehrere Messrunden mit verschiedenen Proben regeneriert werden, indem die Oberfläche einfach mit einem Reagenz gespült wird, das alle gebundenen Zielmoleküle entfernt. Diese Flüssigkeiten können den Liganden im Laufe der Zeit schädigen, daher beinhalten viele Protokolle die periodische Injektion eines bekannten Standards (z. B. jede 20. Injektion), wenn eine große Anzahl von Proben analysiert wird, um einen Drift des RU-Signals zu kompensieren und so die Genauigkeit noch weiter zu verbessern. Wenn die funktionalisierten Oberflächen eines Chips abgenutzt sind, kann ein neuer Chip eingesetzt werden.

Der Einfachheit halber sind einige Geräte mit Autosamplern ausgestattet, die die sequenzielle Messung mehrerer Proben ohne Bedienereingriff ermöglichen, andere erlauben die gleichzeitige Verwendung mehrerer Zellen für eine Multiplexanalyse. Obwohl das Messkonzept für die meisten kommerziellen Geräte dasselbe ist, hängen die Gerätekosten von der Qualität der installierten Komponenten ab, einschließlich der Genauigkeit und Präzision der Probenpumpen und des Laserdetektors sowie der Softwarefunktionen. Letztere können automatische Quantifizierungsanalyseroutinen, anpassbare Multi-Injektionsschemata oder spezielle Modi umfassen, die den Anforderungen der guten Herstellungspraxis (Good Manufacturing Practice, GMP) entsprechen.

12.2 Verwendung von SPR zur Proteinquantifizierung und Bindungsanalyse

Die beiden Hauptanwendungen der SPR-Spektroskopie sind die Messung spezifischer Proteinkonzentrationen und die Analyse der Bindungskinetik und Thermodynamik zwischen zwei Proteinen. Im ersten Fall ist die Detektion und Quantifizierung spezieller Proteine selbst in komplexen Mischungen aus Proteinen, Nucleinsäuren, Polysacchariden und kleinen Molekülen möglich, wenn die Oberfläche des Sensorchips mit Liganden funktionalisiert wird, die spezifisch an das Zielprotein binden (Patching 2014). Die Menge des Zielproteins wird oft berechnet, indem die RU für den Analyten mit der RU verglichen wird, die man aus einem Standard bekannter Konzentration erhält, der kurz vorher oder nachher auf demselben Chip gemessen wurde und zum Zielprotein in einem bekannten Verhältnis in Bezug auf die molare Masse steht.

Die während der Probeninjektion aufgezeichnete RU-Spur wird als Sensogramm bezeichnet und hat die in Abb. 12.2 dargestellte charakteristische Form. Das RU-Signal, das für die Proteinquantifizierung verwendet wird, kann aus verschiedenen Bereichen des Sensogramms entnommen werden, typischerweise aus der Steigung während der Probeninjektion oder dem Signalplateau nach der Injektion, aber vor der

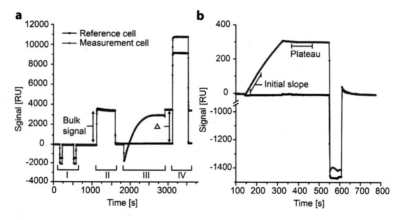

Abb. 12.2 Sensogramme der Funktionalisierung einer SPR-Sensoroberfläche mit Protein A und der Quantifizierung von Antikörpern mit einer Sierra SPR 2/4 (Bruker Daltonik SPR, Hamburg, Deutschland). **a** Sensogramm der Ligandenimmobilisierung auf einer Messzelle (rot). Optionale Matrixkonditionierung mit 25 mM Natriumhydroxid für 0,5 min (I), gefolgt von einer Aktivierung der carboxylierten Dextranoberfläche durch Injektion von EDC-NHS (II). Die Ligandenimmobilisierung (III) führte zu einer permanenten Erhöhung Δ der Signalbasislinie auch nach Deaktivierung der Oberfläche mit Ethanolamin und Waschen (IV). Mit Ausnahme der Phase III wurden alle Schritte auch für eine Referenzzelle (schwarz) durchgeführt. **b** Parallele Probeninjektion auf der funktionalisierten Messzelle (rot) und der Referenzzelle (schwarz). Eine analythaltige Probe wurde bei ≈ 150 s für 180 s injiziert. Informationen über die Analytmenge können aus der Steigung während der Injektion oder dem Plateau nach der Bulk-Reaktion aus der Probeninjektion abgeleitet werden. Die Sensoroberfläche wurde mit Salzsäure bei 550 s regeneriert

Tab. 12.1 Sensogrammregionen, die verwendet werden können, um RU-Signale für die Ziel-proteinquantifizierung zu erhalten

Region	Nutzen	Nachteil
Steigung bei Probenzugabe	Großer dynamischer Bereich Weitgehend unabhängig von Puffereffekten	Es muss ein geeignetes Zeitfenster definiert werden Komplexere Mittelwertbildung im Vergleich zur Plateau-Methode
Plateau nach Probenzugabe	Leicht zu berechnen Einfache Mittelwert-bildung	Unterschiede in der Zusammensetzung der Probe im Vergleich zum Laufpuffer können das Signal beeinflussen Begrenzte Ligandendichte kann die Quantifizierung verzerren

Oberflächenregeneration (Piliarik et al. 2009). Diese Bereiche haben individuelle Vor- und Nachteile hinsichtlich der Quantifizierung (Tab. 12.1), und die Wahl kann vom verfügbaren SPR-System abhängen. Beispielsweise unterstützt die Systemsoftware möglicherweise keine automatische Sensogrammauswertung zu einem bestimmten Zeit-punkt nach der Injektion, einschließlich der Mittelwertbildung (was die Unsicherheit aus der Einzelpunktauswertung mildern kann). In jedem Fall sollte das RU-Signal für alle Proben und Standards unter den gleichen Bedingungen gemessen werden, einschließlich Durchflussrate, Probenvolumen, Interaktionszeit und Temperatur.

Neben der Proteinquantifizierung kann SPR auch zur Analyse anspruchsvollerer Eigenschaften eines Targets verwendet werden. So ist es beispielsweise möglich, durch Injektion mehrerer bekannter Konzentrationen eines Zielproteins den oligo-meren Zustand eines Proteins sowie kinetische und thermodynamische Parameter wie die Assoziations- und Dissoziationskonstanten (k_a und k_d) sowie die Gleichgewichts-konstante K_D der Bindung von Target an Ligand zu identifizieren (Schasfoort 2017b).

Im Allgemeinen besteht ein Satz von Probenmessungen aus:

1. Oberflächenfunktionalisierung,
2. Probenvorbereitung,
3. Messung und Oberflächenregeneration und
4. Sensogrammanalyse.

Diese Schritte werden in den folgenden Abschnitten detailliert beschrieben.

12.3 Quantifizierung von Proteintargets mittels spezifisch funktionalisierter Oberflächen

Damit ein Zielprotein in einem Sensorchip an die Oberfläche einer Zelle binden kann, muss die Oberfläche mit einem geeigneten Liganden funktionalisiert werden: einem Molekül, das eine gewisse Affinität und Selektivität/Spezifität für das Ziel hat.

Typischerweise sind diese Liganden andere Proteine (Douzi 2017), z. B. Protein A für die Quantifizierung von Antikörpern, monoklonale Antikörper für die Quantifizierung von Proteinen, die ein passendes Epitop tragen, oder jeder bekannte Bindungspartner eines Zielproteins. Ähnlich wie bei der Proteinreinigung durch Affinitätschromatographie können in einigen Fällen gruppenspezifische oder lediglich selektive Liganden verwendet werden, wie z. B. Iminodiessigsäure oder Nitrilotriessigsäure für die Affinitätschromatographie mit immobilisierten Metallionen oder einfache Carboxyl- oder Aminogruppen für die Ionenaustauschchromatographie.

Zur Funktionalisierung müssen die Liganden dauerhaft an die Oberfläche der Messzelle gekoppelt werden. Da der Goldfilm inert ist, muss dieser zunächst mit einer selbst assemblierenden Einzelschicht (engl. *self-assembled monolayer*, SAM) aus Lipiden oder Dextran bedeckt werden. Diese Moleküle ragen von der Goldoberfläche in die Durchflusszelle und stellen funktionelle Gruppen wie Carboxylgruppen bereit (Abb. 12.3), die für eine kovalente Ligandenbindung aktiviert werden können. Typischerweise wird eine frisch hergestellte Mischung aus 0,48 M 1-Ethyl-3-(3-dimethylaminopropyl) carbodiimid (EDC) und 0,10 M N-Hydroxysuccinimid (NHS) mit der SAM für ≈ 10 min bei einer Flussrate von 10 µL min^{-1} in Kontakt gebracht. Optional kann das SAM durch abwechselnde Einwirkung von 30 mM Salzsäure und 25 mM Natriumhydroxid konditioniert werden, wodurch die Schicht aufquillt und somit die Zugänglichkeit der Carboxylgruppen während der Kopplung erhöht wird.

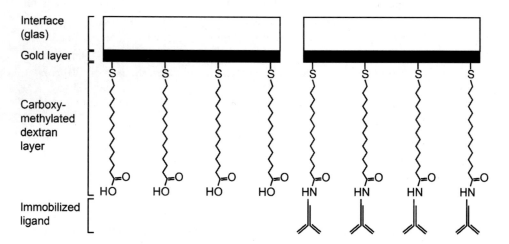

Abb. 12.3 Molekulare Struktur einer SPR-Sensoroberfläche. **a** Ein Sensorchip besteht typischerweise aus einer Glasbasis, die mit einem chemisch inerten Metallfilm, wie z. B. Gold oder Silber, beschichtet ist. Der Metallfilm ist mit einer selbst assemblierenden Monoschicht (SAM) aus einem hydrophilen (hier: carboxylierten) Polymer wie Polyethylenglykol oder Dextran bedeckt, das die unspezifische Proteinadsorption minimiert (Unsworth et al. 2008). **b** Zur Oberflächenfunktionalisierung werden Liganden wie beispielsweise Antikörper kovalent an die SAM gebunden

Nach der EDC-NHS-Behandlung wird eine Ligandenlösung für ≈ 15 min mit dem aktivierten SAM in Kontakt gebracht und bildet über freie primäre Amingruppen kovalente Bindungen mit den Carboxylgruppen aus (Fischer 2010). Der optimale pH-Wert der Ligandenlösung kann durch Vorversuche ermittelt werden, indem eine nicht aktivierte Oberfläche der Ligandenlösung ausgesetzt wird sodass ein starkes Signal (>500 RU) erreicht wird. Dies deutet auf eine Voradsorption hin, die die Bildung kovalenter Bindungen während der Kopplung begünstigt. Basierend auf diesen Ergebnissen kann die Ligandenkonzentration in der Lösung so eingestellt werden, dass günstige Ligandendichten auf der Oberfläche erreicht werden, die abhängig von der Anwendung typischerweise im Bereich von 3000–5000 RU liegen (Reis et al. 2011; Abb. 12.2). Selbst wenn die Kopplungsbedingungen so genau wie möglich aufeinander abgestimmt werden, kann dieses Verfahren zu leicht unterschiedlichen Ligandendichten auf verschiedenen Oberflächen führen und infolgedessen zu unterschiedlichen RU-Signalen selbst für denselben Zielproteinstandard. Es ist daher wichtig, die Leistung eines Chips in Bezug auf die Zielproteinbindung während seiner gesamten Lebensdauer zu überwachen, indem Standards bekannter Konzentration in regelmäßigen Abständen vermessen werden.

Nach der Ligandenkopplung wird die Messzelle für 10 min bei einer Flussrate von 5 μL min^{-1} einer 1,0 M Lösung von Ethanolamin oder β-Mercaptoethanol ausgesetzt, die genug freie primäre Amingruppen zur Verfügung stellt, um noch nicht abreagierte, aktivierte Carboxylgruppen zu sättigen, sodass eine unbeabsichtigte Kopplung von Proteinen bei nachfolgenden Probeninjektionen verhindert wird (Fischer 2010). Vor der Verwendung sollte die Zelle zudem mindestens zweimal regeneriert werden (Abschn. 12.5), um alle nichtkovalent gebundenen Moleküle zu entfernen.

Neben der Messzelle sollte eine Referenzzelle unter Verwendung eines ähnlichen Funktionalisierungsprotokolls präpariert werden, wobei lediglich der Schritt der Ligandeninjektion entfällt. Dadurch erhält man eine Oberfläche, die durch EDC-NHS aktiviert und sofort durch Ethanolamin inaktiviert wurde. Eine solche Oberfläche sollte keine spezifische Bindung aufweisen und kann dazu verwendet werden Signale, die durch die unspezifische Bindung von Substanzen aus der Probenmatrix erzeugt werden, zu subtrahieren, wodurch die Genauigkeit der Messung verbessert wird.

12.4   Multiplex-Probenvorbereitung mit minimalem Aufwand

Eine zuverlässige Quantifizierung kann erreicht werden, wenn die Zielproteinkonzentration in einer Probe in den dynamischen Bereich des SPR-Assays fällt. Der dynamische Bereich ist abhängig von der Anzahl der Liganden, die auf der Messzelleoberfläche immobilisiert sind (Abschn. 12.3), sowie vom Massentransfer. Letzterer hängt von der Konvektion und thermodynamischen Parametern wie Temperatur, aber auch von der Zielprotein-konzentration ab. Für ein typisches Experiment, das bei 25 °C mit einer Flussrate von

10–30 µL min^{-1}, einer Ligandenfunktionalisierung von 0,4–20,0 mg mm^{-2} ($\approx$ 400–20.000 RU für Protein A; Reis et al. 2011) und einer Probenverdünnung von 1:20 durchgeführt wird, beträgt der dynamische Bereich oft 10–2000 RU, was $\approx$ 10–2000 µg L^{-1} (0,2–40 mg L^{-1} bezogen auf die unverdünnte Probe) eines monomeren 150-kDa-Proteins entspricht. Daher sollten die Proben bei Bedarf entsprechend der erwarteten Zielproteinkonzentration verdünnt werden, sodass letztere in diesen Bereich fällt. Wenn die Ausgangs-Zielkonzentration nicht bekannt ist, kann eine Verdünnungsreihe einer repräsentativen Probe vermessen werden, um einen geeigneten Verdünnungsfaktor zu bestimmen.

Da die Messung empfindlich auf Änderungen des Brechungsindex reagiert, sollte die Probe im Laufpuffer des Systems verdünnt werden, typischerweise in HEPES-gepufferter Kochsalzlösung mit 3 mM EDTA und 0,005 oder 0,050 % (v v^{-1}) Polysorbat 20 (Tween-20) (HBS-EP) bei pH 7,4 (Tab. 12.2). Die Verwendung derselben Puffercharge trägt dazu bei, Änderungen des Brechungsindex zwischen der Probe und dem Laufpuffer zu minimieren, Messartefakte zu reduzieren und damit die Präzision und Genauigkeit der Ergebnisse zu verbessern. Verdünnungen im Bereich von 1:10– 1:20 sind oft ausreichend, um die Auswirkungen der Probenpufferkomponenten auf die SPR-Messungen zu minimieren, aber eine Dialyse gegen den Systempuffer kann die Genauigkeit noch weiter erhöhen, wenn die Zielproteinstabilität und die Zeit diesen Vorbereitungsschritt erlauben.

Das mikrofluidische System eines SPR-Geräts verwendet häufig Schläuche mit Durchmessern weit unter 1 mm. Das System reagiert daher empfindlich auf dispergierte Partikel, die in einer biologischen Probe vorhanden sind. Daher sollten alle Feststoffe vor der SPR-Analyse aus einer Probe entfernt werden. Zentrifugation für 2 min bei 16.000 × g ist wahrscheinlich die am wenigsten invasive Methode und kann problemlos für mehrere Dutzend Proben parallel mit normalen Tischzentrifugen durchgeführt werden. Alternativ können 96-Well-Filterplatten verwendet werden, um den Durchsatz auf mehrere Hundert Proben zu erhöhen, aber Volumenverluste und Proteinadsorption an Platte und Filter sollten untersucht werden, um sicherzustellen, dass sie die nachfolgende

Tab. 12.2 Zusammensetzung von typischen SPR-Laufpuffern

Stoff	HBS-EP	PBS-P	TBS-P
Komponente Pufferung	HEPES	Natriumphosphat	TRIS
Zusatzstoff 1	Natriumchlorid	Kaliumphosphat	Natriumchlorid
Zusatzstoff 2	EDTA	Natriumchlorid	Polysorbat 20
Zusatzstoff 3	Polysorbat 20	Polysorbat 20	–
PH-Bereich	7,0–8,0	6,0–8,0	7,5–9,0
Verwendungszweck	Allgemeine Anwendungen	Allgemeine Anwendungen	Allgemeine Anwendungen

Messung nicht verfälschen. In jedem Fall sollte die Probenkonditionierung bei der gleichen Temperatur durchgeführt werden, die für die nachfolgende Messung gewählt wurde, um die Bildung von Präzipitaten aufgrund von Temperaturverschiebungen zu vermeiden. Darüber hinaus sollten frische Proben vorbereitet werden, wenn die Stabilität eines Zielproteins in Lösung unbekannt ist oder zuvor Instabilität beobachtet wurde.

12.5   Reproduzierbare Zielquantifizierung durch SPR auch ohne Standards

12.5.1   Die zwei Messphasen: Injektion und Regeneration

Die Zielproteinmessung kann beginnen, sobald ein geeigneter Chip an das System angedockt ist (das Protokoll ist für jedes Gerät spezifisch) und Proben vorbereitet wurden, typischerweise durch Verdünnung im HBS-EP-Systempuffer bei pH 7,4 (Tab. 12.2), aber Anpassungen können in einigen Fällen nützlich sein (Abschn. 12.6). Der Puffer und Proben oder Reagenzien sollten durch Zentrifugation oder Vakuum (<0,01 MPa; 0,1 bar) für 30 min bei der Messtemperatur entgast werden; bei hochentwickelten Geräten mit integrierter Entgasungsfunktion ist dies oft nicht notwendig.

Die Proben werden auf die Messzelleoberfläche mit einer typischen Flussrate von 10–30 µL min^{-1} für eine Dauer von 30–180 s injiziert. Obwohl dies theoretisch einem Volumen ≤ 90 µL entspricht, sollte für jede Injektion ein Probenvolumen von mindestens 200 µL vorbereitet werden, um System- und Pumpentotvolumen sowie optionale Waschschritte zu kompensieren. Die Bedingungen, unter denen die Proben injiziert werden, können in Abhängigkeit von der verfügbaren Zielproteinkonzentration modifiziert werden, und nach der Injektion sollte idealerweise ein Signal im Bereich von 100–1000 RU beobachtet werden, um ein hohes Signal-Rausch-Verhältnis und damit eine zuverlässige Grundlage für die Zielproteinquantifizierung zu gewährleisten. Die meisten Geräte erlauben die Auswahl eines Flusspfades, der die Messzellen auf einem Chip definiert, durch die die Probe während der Injektion laufen soll. Der typische Aufbau besteht darin, dass jede Injektion zuerst durch die Referenzzelle (kein Ligand, aber auf die gleiche Weise wie die Messzelle aktiviert und inaktiviert) und dann durch die Messzelle geleitet wird. Dies gewährleistet die authentischsten Resonanzwerte für die Referenzzelle und erhöht somit die Genauigkeit der Messung.

Wenn die Probeninjektion abgeschlossen ist, wird die Zelloberfläche mit geeigneten Flüssigkeiten regeneriert, um gebundene Zielmoleküle zu entfernen und die Liganden für die nächste Injektion wiederherzustellen (z. B. 30 mM Salzsäure für die Regeneration einer mit Protein A funktionalisierten Oberfläche). Es kann mehr als ein Regenerationsschritt notwendig sein, um das Basissignal eines Chips (das unmittelbar nach der Funktionalisierung erhaltene Signal) wiederherzustellen.

12.5.2 Die Verwendung von Proteinstandards zur Quantifizierung

Der Zyklus von Injektion und Regeneration wird für jede Probe und jeden Standard wiederholt und kann durch Hinzufügen verschiedener Start- und Zwischenschritte zu einem Messsatz erweitert werden. Die Startschritte, oft drei hintereinander, verwenden in der Regel dieselben Injektions- und Regenerierungsparameter wie die Proben- und Standardinjektionen, allerdings wird nur Puffer appliziert. Das Startverfahren equilibriert den Chip mit der Pufferumgebung, wodurch eine Signaldrift während der ersten Messungen vermieden und somit die Präzision der Zielproteinquantifizierung verbessert wird. Eine Reihe von Standards ist idealerweise in jedem Messsatz enthalten und umfasst typischerweise zwei Komponenten. Die erste ist eine (lineare) Verdünnungsreihe des Standards nach dem Start und nach der letzten Probe, die zur Quantifizierung verwendet wird. Die zweite ist die wiederholte Injektion eines einzelnen Standards (z. B. aus einer Verdünnung mittlerer Konzentration), typischerweise nach jeder 15. oder 20. Probeninjektion, um eine Drift des Basissignals der Chipoberfläche, die während des Messsatzes auftreten kann, zu kompensieren (Abschn. 12.6).

Eine Quantifizierung der Zielproteinkonzentration in unbekannten Proben kann erreicht werden, indem das RU-Signal von bestimmten Punkten oder Regionen der resultierenden Sensogramme (Tab. 12.1, Abb. 12.2) mit Werten verglichen wird, die von Standards bekannter Konzentration erhalten und in demselben Messsatz vermessen wurden.

Vor der Analyse wird das RU-Signal der Referenzzelle von dem der Messzelle für die entsprechende Probe subtrahiert. Im Prinzip kann jedes Protein mit bekannter Konzentration, das an den Liganden bindet, als Standard verwendet werden (Gl. 12.1), aber ein authentisches Protein (d. h. eine gereinigte Form des Targets) erhöht die Genauigkeit der Methode, da Unterschiede in der Bindungsaffinität (die bei der Berechnung nicht berücksichtigt werden) das RU-Signal nicht beeinflussen. Dadurch werden Berechnungsfehler reduziert, die z. B. durch falsche Annahmen in Bezug auf die Proteinmasse oder Zielproteine mit einer nicht globulären Form verursacht werden. Die Zielproteinkonzentration in der Probe (c_{sample}) kann wie in Gl. 12.1 angegeben berechnet werden:

$$c_{sample} = \frac{RU_{sample} \times M_{m,std} \times oligo_{std}}{M_{m,sample} \times oligo_{sample}} \times \frac{c_{std}}{RU_{std}} \times dil_{sample} \xrightarrow{!monomer\ authentic\ std} c_{sample}$$

$$= RU_{sample} \times \frac{c_{std}}{RU_{std}}$$

$$(12.1)$$

wobei c_{std} die Zielkonzentration in dem während der Injektion verwendeten Standard ist, RU_{sample} der für die Probe erhaltenen Resonanz entspricht, RU_{std} der für den Standard erhaltenen Resonanz entspricht, $M_{m,std}$ und $M_{m,sample}$ die Molmassen des Standards bzw. der Probe sind, $oligo_{std}$ und $oligo_{sample}$ den oligomeren Zustand des Standards bzw. der Probe darstellen und dil_{sample} der Probenverdünnungsfaktor ist. Der Begriff $c_{std}\,RU_{std}^{-1}$ ist die Steigung, die sich aus der Verdünnungsreihe des Standards ergibt.

Das Injektionsvolumen und die Injektionsdauer sollten für Probe und Standard identisch sein, sodass sie bei der Quantifizierung wegfallen. Diese Annahme gilt jedoch nur, wenn die Steigung unabhängig vom gewählten Sensogrammbereich linear ist, da die Linearität auf das Ausbleiben von Sättigungseffekten hinweist und der Massentransport daher den einzigen limitierenden Faktor für die Proteinbindung an die Chipoberfläche dargestellt (Abb. 12.2b). Zusätzlich müssen alle Verdünnungen, die während der Probenpräparation durchgeführt wurden, ebenfalls berücksichtigt werden.

Falls in der Software verfügbar, sollte die Methode für den gesamten Messsatz vordefiniert werden und zur automatischen Ausführung des Messsatzes verwendet werden, sobald eine geeignete Definition der Verdünnungs-, Injektions- und Regenerierungsparameter festgelegt wurde. Dies reduziert Eingriffe durch den Bediener und minimiert somit Handhabungsfehler. Eine automatisierte Quantifizierungsroutine kann in den Methodeneditor vieler Geräte integriert werden.

12.5.3 Quantifizierung durch SPR: empfindlich, spezifisch und wiederholbar

Die Nachweisgrenze von SPR-Assays liegt oft bei $\approx 5\ \mu g\ L^{-1}$ oder $\approx 0{,}2$ nM und die Quantifizierungsgrenze bei $\approx 10\ \mu g\ L^{-1}$ (Piliarik et al. 2009). Da das typische maximale Signal vor Auftreten von Sättigungseffekten ≈ 2000 RU und damit $\approx 2000\ \mu g\ L^{-1}$ beträgt, erstreckt sich der dynamische Bereich über drei Größenordnungen. SPR-Assays sind auch deshalb spezifisch, weil sie typischerweise auf der Wechselwirkung zwischen dem Zielmolekül und einem bestimmten Liganden beruhen. Die Messgenauigkeit wird durch Signalkorrektur unter Verwendung der Referenzzelle weiter verbessert, und es können verschiedene Strategien angewandt werden, um unspezifische Wechselwirkungen mit der Oberfläche zu vermeiden (Abschn. 12.6). Darüber hinaus sind die Quantifizierungsergebnisse wiederholbar. Beispielsweise betrug in unseren Händen und unter Verwendung der Instrumente Sierra SPR 2/4 (Bruker Daltonik SPR, Hamburg, Deutschland) oder Biacore 2000 (GE Healthcare, Uppsala, Schweden) die relative Standardabweichung (Variationskoeffizient, CV) zwischen Wiederholungen im gleichen Messsatz 1,1 % ($n = 30$), während wir bei der Messung einer Probe mit verschiedenen Chips und Puffern, aber dem gleichen Standard, einen CV von 2,1 % ($n = 14$) beobachteten.

12.5.4 Messung der Kompetition oder Bindungshemmung, wenn die direkte Zielquantifizierung fehlschlägt

Im Gegensatz zu direkten SPR-Assays (Abschn. 12.5.3) können Bindungs- oder kompetitive SPR-Assays dazu beitragen, kleine Analyten zu quantifizieren oder die Notwendigkeit der Immobilisierung großer Liganden zu umgehen (Karlsson et al. 2000; Piliarik et al. 2009). Bei einem kompetitiven Assay (Abb. 12.4) wird die analythaltige

Probe mit einer bekannten Menge eines Moleküls versetzt, das mit demselben Liganden interagieren und somit mit dem Analyten um die Bindung konkurrieren kann. Der Konkurrent hat im Idealfall eine höhere Masse als der Analyt und ist daher mittels SPR leichter zu detektieren. Das Resonanzsignal ist eine Summe von Analyt und Kompetitor, die an die Oberfläche binden, und die Berechnung der Analytkonzentration erfordert daher die Molmassen von Analyt und Kompetitor sowie die Konzentration des Kompetitors.

Bei einem Bindungs-Inhibitions-Assay (Abb. 12.4) wird das Messprinzip des Standard-SPR-Assays umgekehrt. Eine reine Form des Analyten oder ein Teil des Analytmoleküls, das die für die Ligandenbindung relevante Domäne enthält, wird auf der Chipoberfläche immobilisiert, während der Ligand in bekannter Konzentration der Probe zugegeben wird und somit in Lösung bleibt. Ein Teil des Liganden in der Probenlösung

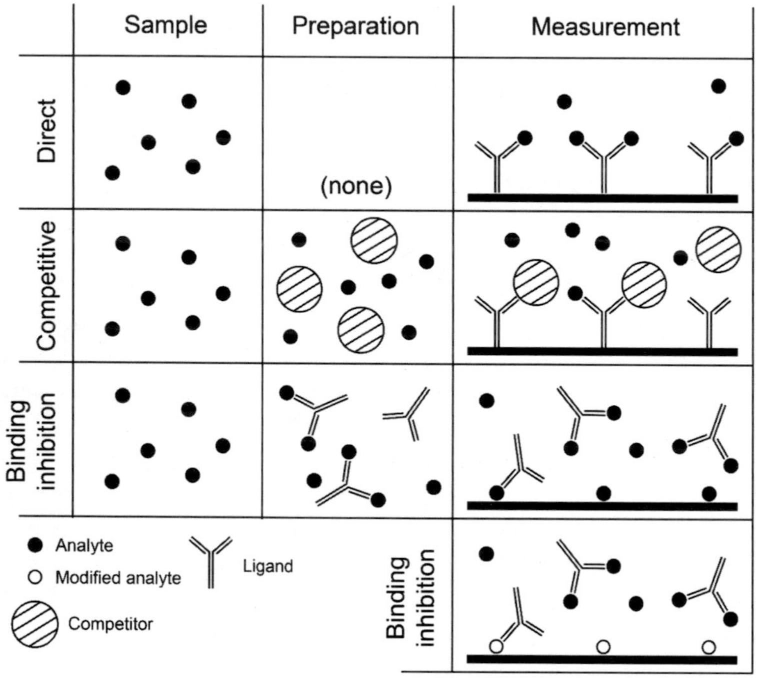

Abb. 12.4 SPR-Assayformate für die Quantifizierung von Analyten. Bei einem direkten Assay bindet ein Analyt ohne zusätzliche Probenvorbereitung aus der Lösung an seinen immobilisierten Liganden (Standardaufbau). Bei einem kompetitiven Assay wird der Probe vor der Injektion eine definierte Menge eines Moleküls, das an den Liganden (Kompetitor) binden kann, zugegeben. Steigende Konzentrationen des Zielmoleküls verringern die Menge des gebundenen Kompetitors und reduzieren das SPR-Signal. Bei einem Bindungs-Inhibitions-Assay wird reiner oder modifizierter Analyt auf der Sensoroberfläche immobilisiert und die Probe vor der Injektion mit einer definierten Menge des Liganden gemischt. Steigende Konzentrationen des Zielmoleküls reduzieren die Menge der Ligandenbindung und damit das SPR-Signal

wird durch den Analyten gebunden, wodurch eine Wechselwirkung mit der Sensorchip-
oberfläche verhindert wird. Dadurch wird die Gesamtbindung an den immobilisierten
Analyten nach der Injektion in das SPR-Gerät reduziert. Das Signal ist daher umgekehrt
proportional zur Konzentration des Analyten.

Beide Assays können verwendet werden, um ein niedriges Signal-Rausch-Verhältnis zu überwinden, das z. B. entstehen kann, wenn ein Ligand nicht effektiv auf
der Chipoberfläche immobilisiert werden kann (Abschn. 12.3) oder wenn ein Zielprotein eine niedrige Molekülmasse hat (<5000 Da). Indirekte Assays können auch
hilfreich sein, wenn ein Ligand typischen Regenerationsverfahren nicht standhält. Beispielsweise können kurze Peptide als Surrogat für ein Zielprotein-Epitop immobilisiert
werden. Dann kann eine unbekannte Konzentration des Zielmoleküls mit den Peptiden
um die Bindung eines Antikörpers konkurrieren, der mit einer bekannten Konzentration
der Probe zugesetzt wurde, anstatt den Antikörper direkt auf der Sensoroberfläche
zu immobilisieren. Ein zusätzlicher Vorteil der Kopplung von Peptiden anstelle von
Proteinen ist die höhere Ligandendichte, da die molekulare Masse der Peptide typischerweise nur einen Bruchteil der Masse von Proteinen wie z. B. Antikörpern ausmacht.

12.5.5 Standardfreie Quantifizierung

Direkte und indirekte SPR-Assays erfordern Standards für die Zielproteinquantifizierung. Im Gegensatz dazu kann die Quantifizierung durch kalibrationsfreie
Konzentrationsanalyse (engl. *calibration-free concentration analysis,* CFCA) verwendet
werden, um die Konzentration eines Analyten mithilfe der Kenntnis seiner Diffusions-
eigenschaften (Molekülmasse und Diffusionskoeffizient) zu bestimmen (Sigmundsson
et al. 2002). Die Messungen müssen unter Massentransport limitierenden Bedingungen
(engl. *mass transport limitation,* MTL) durchgeführt werden, die vorliegen, wenn
während der Probeninjektion eine lineare Signalsteigung beobachtet wird (Abb. 12.5).
Dies erfordert eine hohe Ligandendichte auf der Oberfläche des Sensorchips (typischerweise 5000–10.000 RU), sodass die Oberfläche im Idealfall als unbegrenzte Senke für
das Zielprotein fungiert (Schasfoort 2017b).

Unter MTL-Bedingungen ist die Diffusion des Analyten aus der Probe zur Sensoroberfläche langsamer als die Bindung des Analyten an den Liganden und begrenzt somit
die Komplexbildung zwischen Analyt (A) und Ligand (L) (Gl. 12.2). Unter diesen Einschränkungen hängt die Bildung von AL ausschließlich von der Konzentration des
Analyten in der Probe A_{bulk} ab (Gl. 12.3). Basierend auf der Molmasse des Analyten
M_M, dem Massentransport-Koeffizienten k_m (Gl. 12.4) und einem Umrechnungsfaktor G zwischen Response-Einheiten und Oberflächenkonzentration kann dann die
Konzentration des aktiven Analyten in der Probe A_{bulk} berechnet werden (Gl. 12.5)
(Kwon et al. 2015; Pol et al. 2007). In der Praxis der CFCA werden die Proben unter
Verwendung von mindestens zwei Durchflussraten, typischerweise den technischen

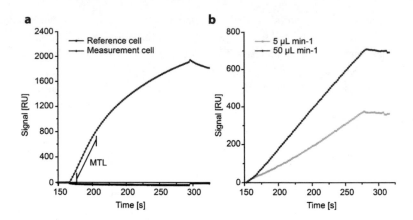

Abb. 12.5 Einfluss der Analytkonzentration und Injektionsflussraten auf das SPR-Sensogramm, beobachtet an einer Sierra SPR 2/4 (Bruker Daltonik SPR, Hamburg, Deutschland). **a** Sensogramme einer 20 mg L^{-1} Antikörperlösung, injiziert in eine Referenzzelle und eine mit Protein-A-funktionalisierte Messzelle. Eine lineare Steigung, die eine Massentransportbegrenzung (MTL) anzeigt, wurde nur während der ersten $\approx$ 30 s der Injektion beobachtet. **b** Sensogramme einer 1-mg-L^{-1}-Antikörperlösung, die mit Flussraten von 5 (orange) oder 50 µL min^{-1} (rot) in eine mit Protein A funktionalisierte Messzelle injiziert wurde. Die Linearität der Sensogramme zeigt MTL an, und die Steigung nimmt mit zunehmender Flussrate zu

Unter- und Obergrenzen eines Gerätes, z. B. 5 und 100 µL min^{-1} für 30 s, vermessen, da der Stofftransport häufig nicht vollständig begrenzt ist (Schasfoort 2017a).

$$A_{bulk} \xleftrightarrow[k_m]{k_m} A_{surface} + L \xleftrightarrow[k_d]{k_a} AL \tag{12.2}$$

$$\frac{dR}{dt} = M_M\, k_m\, G[A_{mass}] \tag{12.3}$$

$$k_m = 0{,}98 \left(\frac{D}{h}\right)^{\frac{2}{3}} \left(\frac{v}{bx}\right)^{\frac{1}{3}} \tag{12.4}$$

$$A_{bulk} = \left(\frac{1{,}47\,\alpha}{G\,M_M}\right) \left(\frac{D^2}{h^2 x l}\right)^{\frac{1}{2}} \left(\frac{\frac{1}{v_1} - \frac{1}{v_2}}{\frac{1}{m_1} - \frac{1}{m_2}}\right) \tag{12.5}$$

In den Gl. 12.2 bis 12.5 entspricht A$_{surface}$ der Analytkonzentration, die von der Probe zur Sensoroberfläche transportiert wurde, L ist die Konzentration des freien Liganden auf der Sensoroberfläche, AL ist der Komplex aus Analyt und Ligand, k_m ist der Massentransportkoeffizient, k_a ist die Assoziationsratenkonstante, k_d ist die Dissoziationsratenkonstante, dR/dt ist die Anfangssteigung des Sensogramms, M_M (g mol^{-1}) ist die

Molekülmasse des Analyten, G (10^6 RU m^2 g^{-1}) ist ein Umrechnungsfaktor zwischen Resonanzeinheiten und Oberflächenkonzentration (1 RU s^{-1} entspricht 1 pg mm^{-2} Analyt, wenn mit CM5-Sensoren gearbeitet wird) (Stenberg et al. 1991), α ist ein Umrechnungsfaktor von m^3 in L (0,001 m^3 L^{-1}) (Kwon et al. 2015), D (m^2 s^{-1}) ist der Diffusionskoeffizient des Analyten, h (m) ist die Höhe der Flusszelle, b (m) ist die Breite der Flusszelle, x (m) ist die Länge der Flusszelle, v_1 (m^3 s^{-1}) ist die niedrigere volumetrische Durchflussrate, v_2 (m^3 s^{-1}) ist die höhere Durchflussrate, m_1 (RU s^{-1}) ist die Anfangssteigung, gemessen bei der niedrigen Durchflussrate, und m_2 (RU s^{-1}) ist die Anfangssteigung, gemessen bei der hohen Durchflussrate.

Der Diffusionskoeffizient D kann auf der Grundlage der Molekülmasse und Form des Analyten berechnet werden (Gl. 12.6) (Pol et al. 2016):

$$D = 342,3 \, \frac{1}{M_m^{\frac{1}{2}} \, f \, \eta_{\text{ref}}} \, 10^{-11} \tag{12.6}$$

wobei M_M die Molekülmasse des Analyten, f das Reibungsverhältnis (Moleküle mit einer perfekten Kugelform haben ein Reibungsverhältnis von 1,0) und η_{ref} die Viskosität des Lösungsmittels ist.

Der Grad der MTL kann aus den Sensogrammen – basierend auf den Anfangssteigungen und den tatsächlichen Durchflussraten – als Verhältnis QC (Gl. 12.7) berechnet werden (Kwon et al. 2015; Pol et al. 2016):

$$\text{QC} = \frac{\frac{m_2}{m_1} - 1}{\left(\frac{v_2}{v_1}\right)^{\frac{1}{3}} - 1} \tag{12.7}$$

wobei m_1 die anfängliche Steigung ist, die bei einer niedrigen Flussrate gemessen wird, m_2 die anfängliche Steigung, die bei einer hohen Flussrate gemessen wird, v_1 die niedrigere Flussrate und v_2 die höhere Flussrate ist. Das QC-Verhältnis wird als Qualitätsindikator für CFCA-Daten verwendet und sollte bei der Veröffentlichung von CFCA-Daten mit angegeben werden. Das QC-Verhältnis sollte höher als 0,2 sein (Visentin et al. 2018).

CFCA-Assays sind nützlich, wenn kein authentischer Standard verfügbar ist, der dem Analyten in Bezug auf Molekularmasse oder -form ähnelt. Die Sicherstellung der erforderlichen MTL während der Probeninjektion kann jedoch eine Herausforderung darstellen, insbesondere wenn die Ligandendichte auf der Chipoberfläche gering ist. Zusätzlich sollte die Assoziationsratenkonstante $k_a > 5 \times 10^4$ M^{-1} s^{-1} betragen, was eine schnelle Assoziation zwischen Analyt und Ligand sicherstellt (Pol et al. 2007). Die Genauigkeit, mit der der Diffusionskoeffizient des Analyten bestimmt wird, hat einen direkten, aber weniger als linearen Einfluss auf die berechnete Zielproteinkonzentration (Gl. 12.5). Beispielsweise führt ein unterschätzter Diffusionskoeffizient zu einer Überschätzung der Analytkonzentration (Pol et al. 2016). Da es sich bei der CFCA um einen direkten Assay handelt, ist er meist auf Zielmoleküle >5000 Da beschränkt (Abschn. 12.5.4). CFCA kann typischerweise Konzentrationen im Bereich von 0,5–100 nM quantifizieren (Pol et al. 2016). Obwohl CFCA noch nicht breit genutzt wird (Karlsson 2016), wird das Messprinzip in Zukunft wahrscheinlich an Popularität gewinnen, da verbesserte Softwarelösungen die Auswertung von CFCA-Assays vereinfachen und vordefinierte Methoden in neue Generationen von SPR-Geräten leicht zu implementieren sind.

12.6 Assayeinschränkungen und Fehlerbehebung

12.6.1 Auswirkungen von Gerätekosten und Reagenzienverfügbarkeit

Viele gebräuchliche Immunoassays, einschließlich ELISAs, sind mit Standardverbrauchsmaterialien und Mehrzwecklaborgeräten wie Fluoreszenzplatten-Lesegeräten kompatibel und erfordern daher keine erheblichen Zusatzinvestitionen. Anwendungen mit hohem Durchsatz erfordern jedoch Anpassungen, wie z. B. automatisches Fluid-Handling mit Kosten von 30.000 bis 50.000 €. Im Gegensatz dazu beginnen SPR-Geräte bereits bei ≈ 10.000 € für die einfachsten Ausführungen mit begrenzter Softwarefunktionalität und geringem Durchsatz und können bis zu 500.000 € für Hochpräzisionsgeräte oder Instrumente mit extrem hohem Probendurchsatz kosten. Systeme mit ausreichender Funktionalität, Präzision und Genauigkeit bei der Quantifizierung und für die Verarbeitung einer mittleren Probenzahl liegen wahrscheinlich im Bereich von ≈ 100.000 €, was von einem breiten Einsatz abschrecken könnte.

Das Fehlen eines spezifischen Liganden kann bei den meisten Immunoassays ein Hindernis darstellen; eine zusätzliche Herausforderung für die SPR-Spektroskopie besteht darin, dass, selbst wenn ein Ligand verfügbar ist, dieser auch für die Immobilisierung geeignet sein muss (unter Beibehaltung seiner Fähigkeit, das Zielmolekül zu binden). Darüber hinaus muss der Ligand auch wiederholten Regenerationszyklen zur Entfernung des gebundenen Analyten standhalten, um die Kosten und den Aufwand für die Oberflächenfunktionalisierung zu rechtfertigen. Ein typischer Schwellenwert sollte mindestens hundert Probeninjektionen vor einem erheblichen Verlust an Signalintensität betragen. Sobald die Ligandenimmobilisierung erreicht ist, kann die SPR-Spektroskopie jedoch erhebliche Einsparungen bei den Verbrauchsmaterialien erzielen, da bereits 1,0 µg eines monoklonalen Antikörpers für die Oberflächenfunktionalisierung ausreichen und für die Quantifizierung von mehr als 400 Proben verwendet werden können, während diese Menge an Reagenz bei einem typischen Sandwich-ELISA (Arfi et al. 2016) nur für 10–20 Wells (etwa 3–7 Proben für eine Dreifachmessung) ausreichen würde.

Wenn eine Ligandenimmobilisierung überhaupt nicht durchführbar ist, kann als letztes Mittel das reversible Einfangen des Liganden durch ein drittes Molekül vor der eigentlichen Proben- oder Standardmessung eingesetzt werden. Wenn es zum Beispiel nicht möglich ist, eine Oberfläche mit einem Antikörper für die direkte Zielmolekülbindung zu funktionalisieren, könnte ein Standard-Protein-A-Chip verwendet werden, um zunächst den Antikörper zu binden und dann die eigentliche Probe zu injizieren. Dieses Verfahren kann nützlich sein, da es nicht notwendig ist, die Immobilisierungsbedingungen zu testen und zu optimieren, aber durch den Regenerationszyklus wird nicht nur der Analyt, sondern auch der Ligand (im obigen Beispiel der Antikörper) vom Sensorchip entfernt, sodass für jede Messung frischer Ligand benötigt wird. Dadurch steigen nicht nur die Verbrauchskosten je Messung, sondern der zusätzliche Schritt erhöht auch die Wahrscheinlichkeit von Fehlern und Schwankungen zwischen den Injektionen und verlängert die Dauer jeder Messung erheblich. Außerdem erfolgt die Zielmolekülbindung weiter entfernt von der Goldfolie, wodurch die relative Änderung des Brechungsindexes pro gebundener Zielmasse und damit die Signalstärke verringert wird.

12.6.2 Lösungsansätze für Herausforderungen, die bei SPR-Messungen auftreten können

Die Bindung von Nicht-Target-Molekülen an die funktionalisierte Oberfläche von SPR-Sensorchips ist ein bekanntes Problem. Der einfachste Weg, den Einfluss der unspezifischen Bindung auf die Quantifizierungsergebnisse zu kompensieren, ist die Verwendung einer oben beschriebenen Referenzzelle, die es erlaubt, das unspezifische Bindungssignal zu subtrahieren, bevor die Response Unit für Konzentrationsberechnungen verwendet wird. Wenn unspezifische Bindung das Signal-Rausch-Verhältnis unter einen akzeptablen Schwellenwert senkt, kann eine andere SAM-Chemie verwendet werden, die Ligandendichte kann während der Immobilisierung erhöht oder die Verwendung eines völlig anderen Ligandenmoleküls getestet werden (falls verfügbar).

Persistente unspezifische Bindungen können durch Änderung der Zusammensetzung des Laufpuffers behoben werden, aber die gleichen Anpassungen müssen auch im Probenverdünnungspuffer vorgenommen werden. Eine Änderung der Pufferkomponenten kann auch notwendig werden, wenn das Zielmolekül und der Ligand unter Standard-Testbedingungen nicht aneinander binden, z. B. aufgrund elektrostatischer Abstoßung, die durch Anpassung des pH-Wertes ggf. vermieden werden kann. Andererseits können Ziel-Ligand-Wechselwirkungen oder sogar unspezifische Bindungen zu stark sein, als dass sie durch einen einzigen Regenerationsschritt wieder gelöst werden könnten. Daher können optionale sekundäre oder sogar tertiäre Regenerationsschritte notwendig sein, wofür sich 25 mM Natriumhydroxid als nützlich erwiesen hat. Allerdings sollten lange Regenerationszeiten (>30 s) mit Vorsicht eingesetzt werden, da sie den fortschreitenden Verlust der Signalintensität beschleunigen können, z. B. durch Ligandendenaturierung und damit reduzierte Zielbindungskapazität. Dieser Effekt kann sogar innerhalb eines Messsatzes auftreten, sodass die gleiche Probe am Ende des Messsatzes im Vergleich zum Start ein niedrigeres Signal erzeugen kann und damit die Zielkonzentration unterschätzt wird. Dieses Problem kann durch intermittierende Injektionen des Standards umgangen werden, wodurch der Signalverlust quantifiziert und dazu verwendet werden kann, das Signal für alle Injektionen nach der Referenzzellkorrektur, aber vor jeder Quantifizierung z. B. durch eine lineare Verschiebung zu korrigieren.

12.7 Schlussfolgerung

SPR-Spektroskopie ist eine vielseitige Methode für die genaue und spezifische Quantifizierung von Zielproteinen. Sie erfordert jedoch spezielle Instrumente, Verbrauchsmaterialien und einen spezifischen Liganden für jedes Target. Obwohl SPR-Assays im Allgemeinen geringere Mengen an Reagenzien verbrauchen als andere Assays, kann die Anfangsinvestition für das Gerät eine Eintrittsbarriere darstellen. Die Investition kann sich in Laboratorien lohnen, die routinemäßig Zielmoleküle in komplexen Proben quantifizieren, z. B. im Rahmen der Prozessentwicklung oder Patientendiagnostik. Die Methode kann auch für anspruchsvollere Anwendungen eingesetzt werden, wie z. B. die Bestimmung kinetischer Bindungskonstanten.

Danksagungen Wir danken Dr. Richard M. Twyman für die redaktionelle Unterstützung. Diese Arbeit wurde zum Teil durch die internen Programme der Fraunhofer-Gesellschaft im Rahmen des Förderprogramms Attract 125-600164 und durch das Land Nordrhein-Westfalen im Rahmen des Leistungszentrum-Förderprogramms 423 „Vernetzte, adaptive Produktion" finanziert. Diese Arbeit wurde von der Deutschen Forschungsgemeinschaft (DFG) im Rahmen des Graduiertenkollegs „Tumor-targeted Drug Delivery" 331065168 gefördert. Die Autoren haben keinen Interessenkonflikt zu erklären.

Literatur

Arfi ZA, Hellwig S, Drossard J, Fischer R, Buyel JF. 2016. Polyclonal antibodies for specific detection of tobacco host cell proteins can be efficiently generated following RuBisCO depletion and the removal of endotoxins. Biotechnology Journal 11(4):507–518.

Douzi B. 2017. Protein-Protein Interactions: Surface Plasmon Resonance. Methods in Molecular Biology 1615:257–275.

Fischer MJ. 2010. Amine coupling through EDC/NHS: a practical approach. Methods Mol Biol 627:55–73.

ICH Expert Working Group. 1999. Q6B Guideline: Specifications: Test Procedures and Acceptance Criteria for Biotechnological/Biological Products. In: ICH Harmonised Tripartite Guideline, editor. Step 4 Version ed. Geneva: International Conference on Harmonisation of Technical Requirements for Registration of Pharmaceuticals for Human Use. S. 20.

Karlsson R. 2016. Biosensor binding data and its applicability to the determination of active concentration. Biophysical Reviews 8(4):347–358.

Karlsson R, Kullman-Magnusson M, Hamalainen MD, Remaeus A, Andersson K, Borg P, Gyzander E, Deinum J. 2000. Biosensor analysis of drug-target interactions: direct and competitive binding assays for investigation of interactions between thrombin and thrombin inhibitors. Analytical Biochemistry 278(1):1–13.

Kwon H, Crisostomo AC, Smalls HM, Finke JM. 2015. Anti-abeta oligomer IgG and surface sialic acid in intravenous immunoglobulin: measurement and correlation with clinical outcomes in Alzheimer's disease treatment. PLoS One 10(3):e0120420.

Lequin RM. 2005. Enzyme immunoassay (EIA)/enzyme-linked immunosorbent assay (ELISA). Clinical Chemistry 51(12):2415–2418.

Patching SG. 2014. Surface plasmon resonance spectroscopy for characterisation of membrane protein-ligand interactions and its potential for drug discovery. Biochimica et Biophysica Acta 1838(1 Pt A):43–55.

Piliarik M, Vaisocherova H, Homola J. 2009. Surface plasmon resonance biosensing. Methods in molecular biology 503:65–88.

Pol E, Karlsson R, Roos H, Jansson A, Xu B, Larsson A, Jarhede T, Franklin G, Fuentes A, Persson S. 2007. Biosensor-based characterization of serum antibodies during development of an anti-IgE immunotherapeutic against allergy and asthma. Journal of Molecular Recognition 20(1):22–31.

Pol E, Roos H, Markey F, Elwinger F, Shaw A, Karlsson R. 2016. Evaluation of calibration-free concentration analysis provided by Biacore systems. Analytical Biochemistry 510:88–97.

Reis CR, van Assen AH, Quax WJ, Cool RH. 2011. Unraveling the binding mechanism of trivalent tumor necrosis factor ligands and their receptors. Molecular and Cellular Proteomics 10(1):M110 002808.

Schasfoort RBM. 2017a. Handbook of Surface Plasmon Resonance. Cambridge: Royal Society of Chemistry. S. P001–524.

Schasfoort RBM. 2017b. Introduction to Surface Plasmon Resonance. In: Schasfoort RBM, editor. Handbook of Surface Plasmon Resonance. 2nd ed. London: The Royal Society of Chemistry. S. 1–26.

Sigmundsson K, Masson G, Rice R, Beauchemin N, Obrink B. 2002. Determination of Active Concentrations and Association and Dissociation Rate Constants of Interacting Biomolecules: An Analytical Solution to the Theory for Kinetic and Mass Transport Limitations in Biosensor Technology and Its Experimental Verification. Biochemistry 41(26):8263–8276.

Simonian MH, Smith JA. 2006. Spectrophotometric and colorimetric determination of protein concentration. Current Protocols in Molecular Biology 76(Chapter 10):10.1.1–10.1A.9.

Stenberg E, Persson B, Roos H, Urbaniczky C. 1991. Quantitative determination of surface concentration of protein with surface plasmon resonance using radiolabeled proteins. Journal of Colloid and Interface Science 143(2):513–526.

Unsworth LD, Sheardown H, Brash JL. 2008. Protein-resistant poly(ethylene oxide)-grafted surfaces: chain density-dependent multiple mechanisms of action. Langmuir 24(5):1924–1929.

Visentin J, Couzi L, Dromer C, Neau-Cransac M, Guidicelli G, Veniard V, Coniat KN, Merville P, Di Primo C, Taupin JL. 2018. Overcoming non-specific binding to measure the active concentration and kinetics of serum anti-HLA antibodies by surface plasmon resonance. Biosensors and Bioelectronics 117:191–200.

Xiao Y, Isaacs SN. 2012. Enzyme-linked immunosorbent assay (ELISA) and blocking with bovine serum albumin (BSA)--not all BSAs are alike. Journal of Immunological Methods 384(1–2):148–151.

Grundlagen moderner Methoden in der Durchflusszytometrie

Hochparametrische Phänotypisierung von Zellen und Geweben mittels klassischer Durchflusszytometrie und antikörper- sowie DNA/RNA basierter Sequenzierung

Malte Paulsen, Diana Rueda-Ordonez und Michelle Paulsen

13.1 Technische Voraussetzungen für hochparametrische Durchflusszytometrie

Die heutige Durchflusszytometrie besteht nicht immer gleich aus hochparametrischer Durchflusszytometrie. In der Labordiagnostik werden meistens nur Assays mit vier bis maximal sechs Fluoreszenzfarben benutzt. Das ist auch in der allgemeinen Forschung noch sehr oft der Fall und hat einen ganz einfachen Grund: Die Komplexität der Analyse ist geringer, und das Ergebnis wird nicht allzu sehr durch Signalverrechnungen – die spektrale Kompensation – oder eine Interferenz der Antikörperbindung auf den Zellen verzerrt. Diese simpleren Assays mit wenigen Farben lassen sich sehr gut auf kleinen Durchflusszytometern mit ein oder zwei Anregungslasern vermessen. Ab wann verlässt man die einfache Durchflusszytometrie und begibt sich in den Bereich der hochparametrischen Durchflusszytometrie? Die Antwort ist leider sehr schwammig, dennoch würden wir Durchflusszytometriker ab einer Zahl von 9 oder 10 gleichzeitig vermessener Fluoreszenzmarker von hochparametrischer Durchflusszytometrie sprechen. Diese hochparametrische Durchflusszytometrie geht dann von 9 bis 18 Farben, und alle Assays darüber, mit bis zu 25 oder mehr Parametern, kann man schon als hyperparametrische Durchflusszytometrie bezeichnen (Mahnke et al. 2010; Brummelmann et al. 2019). In

M. Paulsen (✉)
reNew, Novo Nordisk Foundation Center for Stem Cell Medicine, Copenhagen, Dänemark
E-Mail: malte.paulsen@sund.ku.dk

D. Rueda-Ordonez
EMBL Heidelberg, Heidelberg, Deutschland
E-Mail: Diana.ordonez@embl.de

M. Paulsen
Universität Heidelberg, Heidelberg, Deutschland

© Springer-Verlag GmbH Deutschland, ein Teil von Springer Nature 2023
A. M. Raem und P. Rauch (Hrsg.), *Immunoassays*,
https://doi.org/10.1007/978-3-662-62671-9_13

der heutigen Forschung sind hochparametrische Messungen der Standard. Für solchen Assays müssen die Geräte gewisse technische Anforderungen erfüllen, damit man gute und belastbare Ergebnisse erhält.

13.1.1 Typische Anregungsplattformen für hochparametrische Durchflusszytometrie

Einfache Durchflusszytometer basieren meistens auf einer Kombination von 488-nm- und 640-nm-Anregungslasern, die eine effiziente Anregung von Fluoreszenzfarbstoffen wie FITC, PE, PE-CF594/Dazzle, PE-Cy5.5, PE-Cy7 bei 488 nm und APC, AlexaFluor700 und APC-Cy7/H7 über 640 nm ermöglichen. Neuere, einfache Durchflusszytometer werden seit Neuestem aber eher auf einer Kombination von 405-nm- und 488-nm-Anregungslasern aufgebaut. Der violette 405-nm-Laser bietet einfach eine größere Anzahl von sehr hellen/effizienten Fluoreszenzfarben: Brilliant Violet (BV)421, BV480, BV605, BV650, BV711, BV786. Fasst man die möglichen Fluoreszenzfarben für einen blauen 488-nm- und violetten 405-nm-Laser zusammen, so kann man technisch gleichzeitig elf verschiedene Fluoreszenzantikörperkombinationen vermessen, wenn das Durchflusszytometer die entsprechende Anzahl an Detektoren hat (Abschn. 13.1.2).

Für die hochparametrische Durchflusszytometrie werden Geräte verwendet, die mit vier oder fünf Anregungslasern bestückt werden und im Schnitt 14–18 Fluoreszenzdetektoren auf diese Laser verteilen – man spricht in diesem Fall von polychromatischer Durchflusszytometrie, die bislang der Standard in der Forschung ist. Seit ein paar Jahren werden zunehmend auch Spektralzytometer immer öfter benutzt, die von jedem Laser das gesamte Fluoreszenzspektrum mit vielen engmaschigen Detektoren messen (Abschn. 13.1.2). Unabhängig von der Detektionsart werden die folgenden Laser in den meisten High-end-Zytometern verbraucht (Tab. 13.1).

Die Anregungslaser sind im Normalfall mit ihrem Fokuspunkt im Probenstrom räumlich getrennt, d. h. sie sind in Serie hintereinandergestellt und durch eine kurze Distanz getrennt (0,5–1 mm max.). Die räumlich getrennte Serienschaltung der Anregungslaser erhöht die Spezifität der Anregung der einzelnen verschiedenen Fluoreszenzfarbstoffe und reduziert auf einfache aber brillante Weise die Komplexität der spektralen Kompensation und deren nummerische Stärke (Abschn. 13.1.3). Die Anregung der fluoreszenzantikörpermarkierten Zellen erfolgt zeitlich versetzt in jedem Laser, aber da Durchflusszytometrie auf einem sehr stabilen, laminaren Strom basiert, ist das Zeitintervall zwischen den Anregungslasern immer gleich. Somit können die Messungen der einzelnen Laser einfach über den Zeitcode zusammengelegt werden (Abb. 13.1).

Ein Beispiel: Der blaue 488-nm-Laser ist der erste Laser in unserem Zytometer und erhält den Zeitcode 0, da die Detektion der Zellen mittels Vorwärts- (FSC) und Seitwärtslichtstreuung (SSC) klassisch mit diesem Lasertyp durchgeführt wird. Die nachfolgenden Laser 405 nm, 640 nm, 355 nm und 561 nm sind jeweils in Reihe ca. 30 µs voneinander getrennt und werden in Reihe von der gefärbten Zelle durchschritten – d. h. die jeweiligen Messsignale werden vom 488-nm-Laser aus gesehen 30 µs später vom

Tab. 13.1 Typische Laserwellenlängen in der Durchflusszytometrie

Lasertyp	Emissionsbreite der Detektion in nm	Typische Fluoreszenzfarben	Typische Detektorzahl pro Lasertyp	Licht-stärke in mW
True UV – 355 nm**	370–820	Hoechst, DAPI, BUVs*, AF350	2–3	20–60
Near UV – 375 nm**	380–820	Hoechst, DAPI, BUVs, BVs*	2–3	20–40
Violett – 405	410–820	BVs*, PacBlue, AmCyan, Pacific Orange, QDots,	4–6	40–150
Blau – 488 nm***	500–820	FITC, AF488, BBs*, PE, PE-CF594/Dazzle, PE-Cy5, PerCP-Cy5.5, PE-Cy7	2–5**	50–200
Grün – 532 nm***,****	540–820	PE, PE-CF594/Dazzle, PE-Cy5, PerCP-Cy5.5, PE-Cy7	4–5	75–150
Gelbgrün – 561 nm***,****	570–820	PE, AF555, PE-CF594/Dazzle, PE-Cy5, PerCP-Cy5.5, PE-Cy7	4–5	75–150
Rot – 640 nm	650–820	APC, AF647, AF700, APC-Cy7, APC-H7	3	40–100

* BUV, BV, BB sind Farbstofffamilien mit vielen verschiedenen Fluoreszenzfarben
** 355 oder 375 nm Laser werden nicht zusammen verwendet
*** Wenn ein 532 oder 561 nm Laser vorhanden ist, dann werden PE und dessen Derivate nicht auf dem 488 nm Laser gemessen
**** 532 oder 561 nm Laser werden nicht zusammen verwendet

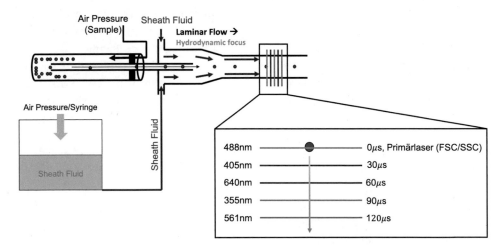

Abb. 13.1 Schematische Darstellung der räumlich getrennten Laserabfolge in modernen hochparametrischen Durchflusszytometern. Der laminar fließende Hüllstrom erlaubt es, die einzelnen Lasermessungen über einen Zeitcode zusammenzufügen

405-nm-Laser, 60 µs später vom 640-nm-Laser, 90 µs später vom 355-nm-Laser etc. gemessen. Während die Zelle alle Laser durchläuft, werden die Messwerte der einzelnen laserspezifischen Detektoren im Pufferspeicher des Zytometers zwischengespeichert und dann, nachdem alle Zeitintervalle gemessen worden sind, als eine einzige Gesamtmessung aller jeweiligen verfügbaren Detektoren für die Zelle abgespeichert (Shapiro 2003).

Die derzeit verbaute Elektronik erlaubt es, im Schnitt bis zu 70.000–100.000 „Events", also Zellen und Zelltrümmer, pro Sekunde zu vermessen – aus der Praxis ist es aber ratsam, die Zytometer mit nicht mehr als 30.000 „Events" pro Sekunde zu füttern, da ansonsten die Rate an nicht perfekt voneinander getrennten Zellen die Rate an elektronischen Messabbrüchen stark steigert. Das würde dazu führen, dass viele Zellen in einer Messung nicht registriert und verworfen werden. Das ist besonders ärgerlich, wenn es gerade die eine Zelle von 10 Mio. trifft, für die man sich interessiert. Deshalb ein einfacher Tipp: Nehmen Sie sich Zeit für Ihre Messung und vermessen Sie die Zellen nicht zu dicht – ein niedriger Einspritzdruck verringert zusätzlich die Variabilität der Messung. Eine geringe Rate an elektronischen Abbrüchen ($5–10\ s^{-1}$) ist ratsam. Wichtig: Eine Nullrate an elektronischen Abbrüchen lässt sich nicht erreichen, da Zellen und Zelltrümmer sich nicht immer perfekt voneinander im Strom separieren, besonders wenn man die Zellen mit Serum bei der Färbung blocken muss, das dann leider als ein leichter „Kleber" wirkt.

13.1.2 Die Grundfunktionsweise der Emissionsmessung bei hochparametrischer Durchflusszytometrie

Wie im vorherigen Abschnitt beschrieben, ist die räumlich getrennte Aneinanderreihung der verschiedenen Anregungslaser ein wichtiges Grundprinzip der komplexen Durchflusszytometrie. Diese Trennung der Anregungslaser ermöglicht es nämlich, das recht enge visuelle Lichtspektrum für die Fluoreszenzmessung mehr als einmal zu nutzen. Betrachtet man zum Beispiel das jeweilige Fluoreszenzspektrum von BUV737, BV711 und PerCP-Cy5.5, so stellt man fest, dass alle Fluoreszenzfarben sehr nah beieinander im Bereich von 695–750 nm ihre maximale Emission haben. Sie sind also auf der Emission stark überlappend. Nimmt man Tab. 13.1 zurate, sieht man aber, dass die Farbstoffe sich in ihrer Anregungswellenlänge unterscheiden –355 nm für BUV737, 405 nm bei BV711 und 488 nm im Falle von PerCP-Cy5.5. Das heißt, solange man die Fluoreszenzsignale der einzelnen Anregungslaser gut getrennt voneinander analysiert, kann man das sichtbare Lichtspektrum mit verschiedenen Fluoreszenzfarbstoffen wiederverwenden. Das geht so lange gut, wie man Farbstoffe verwendet, die sehr spezifisch und effizient von einem der verbauten Anregungslaser angeregt werden, aber nicht mehr, wenn ein Farbstoff gleichzeitig von zwei verschiedenen Lasern ähnlich stark angeregt wird. Aus der Praxis heraus kann man Unterschiede in der Anregungsstärke bei gleicher Laserstärke von bis zu minimal 30 % sehr gut nutzen (Nguyen et al. 2013; Cossarizza 2019).

Ein wesentlicher Unterschied der Durchflusszytometrie im Vergleich zu vielen bild-gebenden Techniken wie der Mikroskopie ist, dass die Zellen nur ein einziges Mal einen jeweiligen Laser durchlaufen und dort die Fluoreszenzmoleküle der Antikörper für einen winzigen Sekundenbruchteil (3–7 µs) angeregt werden. In diesem kleinen Zeitraum werden alle Photonen von allen Fluoreszenzmarkern, die von dem jeweiligen Laser angeregt werden können, erzeugt und müssen dann gleichzeitig entsprechend der optimalen Wellenlänge getrennt gemessen werden (Shapiro 2003; Cossarizza 2019). Das heißt, ein High-end-Zytometer besitzt eine Vielzahl von Detektoren pro Anregungslaser, um viele verschiedene Farben gleichzeitig zu vermessen. Eine sequenzielle Anregung, wie es in der Mikroskopie möglich ist, ist für die Durchflusszytometrie ausgeschlossen.

Es gibt in der hochparametrischen Durchflusszytometrie zwei dominierende Prinzipien, wie man das komplexe Emissionsspektrum der einzelnen Laser in spektralen Bereiche für die jeweils benutzten Farbstoffe auftrennt und vermisst (Nolan und Condello 2013):

- die klassische polychromatische und
- die spektrale Durchflusszytometrie.

Das Detektionsprinzip der polychromatischen Durchflusszytometrie
Die polychromatische Durchflusszytometrie ist das am häufigsten benutzte System für die gleichzeitige Detektion mehrerer Fluoreszenzfarbstoffe. Die Technik beruht auf der Kombination von auf die Fluorophore abgestimmten Langpass- oder Kurzpassstrahlteilern und einer Verengung der jeweiligen „vorgeschnittenen" Teil-spektren durch Bandpassfilter. Die Detektoren in diesen Emissionsmessmodulen können je nach Gerätetyp und Hersteller klassische Photomultiplier (PMT) oder Avalanche-Photodioden (APD) sein. Da moderne Detektionsmodule in High-end-Zytometern eher groß sind und da diese Zytometer 4–5 solche Module beinhalten, wird das durch die Sammellinsen aufgefangene Licht mittlerweile mittels Lichtleitern in das entsprechende Detektionsmodul gebracht. Das vereinfacht die Bauweise moderner Zytometer sehr und erlaubt eine sehr große Zahl an Detektoren und Modulen, da man diese nicht mehr direkt hinter der Quarzküvette anbringen muss.

Das eigentliche Prinzip der Aufteilung des gesamten Emissionsspektrums ist sehr einfach und lässt sich an folgendem Beispiel gut erklären (Abb. 13.2): Eine Zelle durchfließt z. B. den violetten 405-nm-Laser und ist mit fluoreszenzmarkierten Anti-körpern gefärbt, von denen drei primär mit dem 405-nm-Laser angeregt werden: BV421, BV510 und BV786. Das verwendete Zytometer ist so gebaut, dass es im Detektions-modul des 405-nm-Lasers fünf spezifische Detektoren für den violetten Laser ein-gebaut hat. Es hat Filterkombinationen, die es erlauben, gleichzeitig BV421, BV510, BV605, BV711 und BV786 zu messen. Das in unserem Beispiel in das Detektions-modul einströmende Fluoreszenzlicht der Zelle setzt sich aus Photonen zusammen, die von BV421, BV510 und BV786 stammen, und wird nun mittels einer Serie an Strahl-teilern zu den spezifischen Detektoren gespiegelt. Die einfachste Bauweise wäre es,

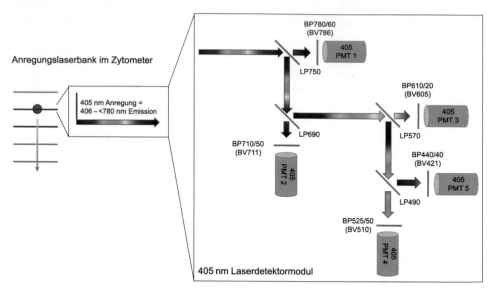

Abb. 13.2 Optische Zerlegung der Emission des 405-nm-Lasers in fünf Spektralbereiche für die Messung von BV421, BV510, BV605, BV711 und BV786. Die Abbildung illustriert das Prinzip des optischen Schneidens um die Emission von einzelnen Lasern für die Messung der jeweilig angeregten Fluoreszenzfarbstoffe zu optimieren

wenn man das gesamte Fluoreszenzlicht zuerst auf einen Langpassstrahlteiler (LP) mit einer Spiegelung für Photonen mit einer kürzeren Wellenlänge als 750 nm (LP735) treffen ließe. Alle Photonen mit einer längeren Wellenlänge als 750 nm werden den LP750 einfach passieren und treffen danach genau auf einen Detektor. Dieser Detektor wird durch einen schmalen Bandpassfilter (BP), z. B. 780/60 nm, spezifisch für die Fluoreszenzfarbe BV786 gemacht. Photonen, die eine Wellenlänge von weniger als 750 nm haben, werden vom LP750 Strahlteiler weg gespiegelt und treffen dann auf einen weiteren LP-Strahlteiler, der aber nun Photonen mit einer Wellenlänge von mehr als 690 nm durchlässt. Hinter diesem Strahlteiler befindet sich dann ein weiterer Detektor, der mit einem BP710/50-Filter spezifisch für BV711 ist. Das übrige gespiegelte Licht, das nun nur noch aus Photonen mit Wellenlängen von 406–690 nm besteht, wird über eine weitere Serie von Strahlteilern und Detektorbandpasskombinationen geschickt, bis im letzten Detektor nur noch das kurzwellige Licht vom BV412-Farbstoff ankommt. Da unsere Zelle nur mit Antikörpern gefärbt ist, die mit BV421, BV510 oder BV786 markiert wurden, werden starke Fluoreszenzsignale auch nur in den Detektoren dieser Farben registriert – die übrigen Detektoren für BV605 und BV711 werden weniger Restphotonen registrieren, da keiner der verwendeten Farbstoffe ein Maximum seiner Fluoreszenz in diesen Spektralbereichen hatte. Es ist an dieser Stelle noch einmal wichtig hervorzuheben, dass die eingebauten Detektoren nur über die richtige Kombination von Strahlteilern und Bandpassfiltern für einen Farbstoff spezifisch werden. Baut man den falschen Bandpassfilter oder Strahlteiler ein, so wird man einen anderen Farbstoff messen. Das ist gerade bei der hochparametrischen Durchflusszytometrie wichtig, da man hier die richtige Kombination von bis zu 60 optischen Filtern beachten muss.

Die Wegstrecke zwischen den Detektoren ist bei einer Lichtgeschwindigkeit von ca. 300.000 km s^{-1} vernachlässigbar, und somit werden alle Photonen der verschiedenen Farbstoffe zur gleichen Zeit gemessen und über die PMTs oder APD in Kombination mit Signalverstärkern und Analog-zu-Digitalwandlern in elektronisch lesbare Voltspannungen umgewandelt. Die Umwandler skalieren entsprechend ihrer eigenen elektronischen Auflösung die ursprüngliche Lichtintensität der einzelnen Zellen in Voltstärkekanäle auf. Heutzutage ist eine elektronische Auflösung von 16–20 bit Standard. Mit einer solchen Kanalanzahl kann man gemessene Lichtstärken in 1–10^5 oder 1–10^6 Intensitätskanälen in Log$_{10}$-Kaskaden darstellen und erreicht eine für die Durchflusszytometrie ausreichende Auflösung. Dies gilt vor allem für den unteren Bereich der Signalintensitäten von 1–10^4 Kanälen, mit dem die meisten Fluoreszenzwerte von gefärbten Zellen gemessen werden. Bei sehr niedrigen Signalintensitäten (1–10^2), wo oft das Signal-Rausch-Verhältnis die Messungen negativ zu beeinflussen beginnt, kann eine höhere bit-Auflösung hilfreich sein (Abb. 13.3).

Die in unserem Beispiel dargestellte optische Zerlegung des gesamten Emissionsspektrums des violetten Lasers (Abb. 13.2) wiederholt sich mit jeweils anderen LP- und BP-Filterabfolgen in den Detektormodulen der anderen Laser. Die polychromatische Durchflusszytometrie basiert also auf der Detektion eines Farbstoffes in einem spezifischen Detektor in dem Lasermodul, mit dem der Farbstoff am effizientesten angeregt wird. Eine verwendete Fluoreszenzfarbe braucht bei diesem Funktionsprinzip ihren

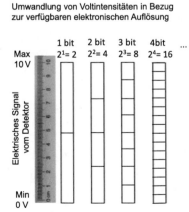

Umwandlung von Voltintensitäten in Bezug zur verfügbaren elektronischen Auflösung

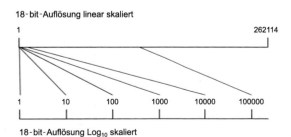

Bit-Skala	10	14	16	18	20
Kanäle	1024	16384	65536	262114	1048576
mV/bit	9,76	0.61	0.15	0.038	0.009
Log$_{10}$-Dekaden	3,1	4,1	4,5	6,2	7,1

18-bit-Auflösung linear skaliert

18-bit-Auflösung Log$_{10}$ skaliert

Abb. 13.3 Verbildlichung des Zusammenhanges der elektronischen Auflösung von Zytometern in Bezug auf die Leistung der Analog/Digital-Umwandler

eigenen Detektor – hat ein Zytometer 14 Detektoren auf verschiedene Laser verteilt, so kann man auch maximal nur 14 Farben gleichzeitig nutzen. Bei der polychromatischen hochparametrischen Durchflusszytometrie gilt es also, die Anzahl der jeweiligen Detektoren pro Laser geschickt und sinnvoll zu verteilen (Tab. 13.1).

Das Detektionsprinzip der spektralen Durchflusszytometrie

In einem spektralen Zytometer wird das gesammelte Fluoreszenzlicht nicht auf eine für die jeweils verwendeten Farbstoffe spezifisch optimierte BP/LP-Kombination verteilt, sondern es wird auf eine größere Zahl von Detektoren in kleineren Spektraleinheiten verteilt (Nolan und Condello 2013). Im Idealfall hätte ein Spektralzytometer eine Auflösung von jeweils einem Nanometer, aber das scheitert daran, dass eine solche Auflösung eine viel zu hohe Rauschanfälligkeit hätte, da nur immer sehr wenige Photonen den Detektor treffen würden, und dass ein solches Instrument schlichtweg unerschwinglich wäre. Aus diesem Grund werden in Spektralzytometern jeweils Wellenlängenbereiche entweder mittels LP-Strahlteilerserie oder Dispersionsprisma in Abschnitten von 15–20 nm pro Detektor vermessen (Abb. 13.4). Jeder Anregungslaser besitzt im Idealfall wie bei der polychromatischen Detektion sein eigenes Detektormodul, um die spezifischen Emissionen der jeweiligen angeregten Farbstoffe aufzutrennen. Anders als in der polychromatischen Messung werden nun fast alle Photonen über das gesamte Spektrum vermessen und nicht nur die Photonen, die es durch den finalen BP-Filter vor dem Detektor schaffen. In einem spektralen Durchflusszytometer bekommt man also ein gerastertes, aber komplettes Spektrum der jeweiligen Farbstoffe – so etwas nennt man dann einen Fluoreszenzfingerabdruck (Abb. 13.4). Hat man die Spektralfingerabdrücke der zu vermessenden Fluoreszenzfarbstoffe mit dem Gerät vorher einzeln und über alle Laser hinweg gemeinsam vermessen, so kann man dann im Falle der Messung einer mehrfach gefärbten Zelle das Gesamtfluoreszenzlicht über alle Anregungslaser hinweg dekonvolieren. In einfachen Worten wird bei der Dekonvolution das gemessene Gesamtsignal aus allen vorhanden Fluoreszenzfarbstoffen rechnerisch aus den bekannten und den in der Messung verwendeten Fluoreszenzfarbstoffen aus deren Spektralfingerabdrücken so zusammengesetzt, dass es exakt in Intensität und Spektralstruktur wiedergegeben werden kann (Goddard et al. 2006). Diese Berechnungen sind kompliziert und lassen sich aufgrund der verwendeten statistischen Methoden nicht mehr einfach auf dem Papier nachvollziehen. Jedoch werden die dafür entwickelten Algorithmen immer besser und die daraus resultierenden Messergebnisse und die Intensitätsbestimmungen der in der Messung verwendeten Fluoreszenzmarker präzise und sensitiv.

Die spektrale Detektion der Emission zielt also darauf ab, das gesamte Emissionsspektrum in annähernd gleichen Teilen zu messen und dann mittels Dekonvolution die einzelnen gemessenen Photonen den jeweiligen Fluoreszenzfarbstoffen zuzuteilen – es werden also weniger Photonen verschwendet als bei der klassischen polychromatischen Messung. Das bedeutet aber auch, dass man bei der spektralen Methode, wenn man die Spektralfingerabdrücke vermisst, die Farbstoffe genauso behandeln muss, wie man sie

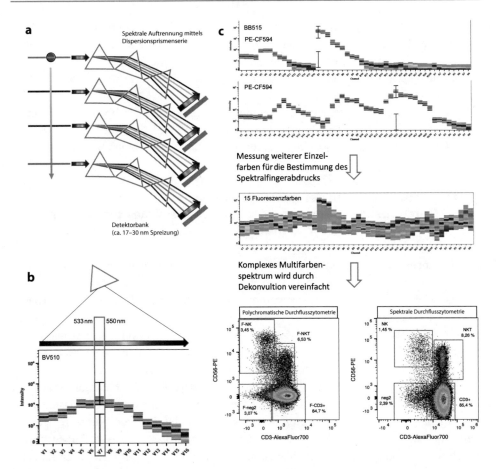

Abb. 13.4 Funktionsprinzip der spektralen Durchflusszytometrie. **a** Wie auch in der klassischen polychromatischen Durchflusszytometrie durchlaufen die gefärbten Zellen alle Laser einzeln, wobei aber die Emission nun nicht mehr über LP- und BP-Filterpaare für die verwendeten Fluoreszenzfarben aufgetrennt wird. Die Emission wird entweder, wie hier dargestellt, über eine Serie von Dispersionsprismen aufgespreizt und über einen Multikanaldetektor gesteuert, oder über eine Serie von LPs auf viele einzelne Detektoren mit einem engen Wellenlängenbereich gespiegelt. Das Ergebnis ist das Gleiche: Es entsteht für jeden Laser ein Vollspektrum im sichtbaren Bereich. **b** Die spektrale Durchflusszytometrie erzeugt Fluoreszenzfingerabdrücke in jedem Laser, wie z. B. für BV510 im 405-nm-Laser. **c** Analog zur polychromatischen Durchflusszytometrie muss bei der spektralen Durchflusszytometrie für jeden verwendeten Fluoreszenzmarker ein Einzelspektrum aufgenommen werden. Diese Spektren dienen dann zur Berechnung der Dekonvolution. Die so errechnete Mix-Matrix wird dann für die Auftrennung der Multifarbenprobe genutzt, um die Intensität der einzelnen Fluoreszenzfarbstoffe in der jeweiligen Zelle wiederzugeben. Die Ergebnisse der spektralen Dekonvolution und der klassischen polychromatischen Durchflusszytometrie sind absolut vergleichbar, wie man anhand der Plots für CD3/CD56 aus humanem Blut erkennen kann (in der Abbildung unten) – beide Techniken können mit den gleichen Fluoreszenzfarben NK, NKT und CD3 Zellen sauber auftrennen

während der Probenvorbereitung behandelt. Schon eine leichte Fixierung der Farbstoffe während der Probenvorbereitung kann den Spektralfingerabdruck verzerren und somit zu nicht ganz korrekten Messungen führen, wenn man nicht fixierte Referenzspektren zur Dekonvolution verwendet. Oft sehen dann die Plots leicht verzehrt oder nicht richtig „kompensiert" aus.

Spektrale Durchflusszytometrie ist vermutlich die Zukunft der hochparametrischen und hyperparametrischen Durchflusszytometrie, dieses Gebiet entwickelt sich zurzeit sehr schnell mit Neuerungen und Verbesserungen im Takt von wenigen Monaten.

13.1.3 Kompensation in der hochparametrischen Durchflusszytometrie und deren Effekte auf die Messung von Fluoreszenzsignalintensitäten

Die Kompensation von spektralen Überlappungen während der Messung von mehreren, in ihren Emissionsspektra leicht überlappenden Farbstoffen in der poly-chromatischen Durchflusszytometrie wird oft als ein schwieriges und komplexes Thema empfunden, das immer noch viele Wissenschaftler davon abhält, ihre Messungen um wichtige Parameter zu erweitern. Was ist eine gute Kompensation? Warum muss man Fluoreszenzfarben untereinander kompensieren? Warum gibt es eigentlich Cross-Laser-Kompensationen? In den folgenden Abschnitten möchte ich dieses Thema ent-mystifizieren und anhand von ein paar kleinen Beispielen die Funktionsweise der Kompensation klar erklären und deren Effekte auf die Messung und Darstellung von Ergebnissen erläutern. Die Kompensation von drei oder vier Fluoreszenzfarben zueinander verhält sich genauso wie die Kompensation von 14 oder 16 Farben – man braucht nur ein paar einfache Grundlagen zu verstehen und sich an klare, aber einfache Verhaltensregeln halten (Roederer 2002).

Eine Kompensation ist eine lineare Subtraktion der spektralen Überlappung von Fluoreszenzfarben in den jeweiligen Nachbardetektoren
Die Kompensation von Fluoreszenzemissionsüberlappungen ist an sich ein sehr ein-facher Prozess. Als das klassischste Beispiel dient hier die Kompensation von FITC und PE, wenn beide Farben von einem 488-nm-Laser angeregt werden. Betrachtet man die Emissionsspektren von FITC und PE, so fällt auf, dass die maximale Fluoreszenz-intensität der Farben entweder im grünen oder gelblichen Spektralbereich liegen – dies ist der durchschnittliche Stokes Shift der Farbstoffe (Shapiro 2003; Cossarizza 2019). Beide Farben teilen aber eine grundlegende Eigenschaft von Fluoreszenzfarben, nämlich dass sie eine beträchtliche Anzahl von Photonen im längerwelligen Bereich emittieren (Abb. 13.5).

Diese längerwellige Schulter im Emissionsspektrum lässt sich dadurch erklären, dass die aufgenommene Anregungsenergie durch die aus dem Laser stammenden Photonen

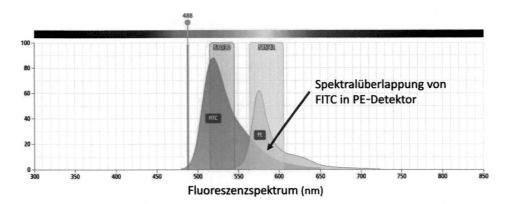

Abb. 13.5 Das Prinzip der spektralen Überlappung anhand von FITC und PE. FITC emittiert in geringer Menge Photonen mit einer längeren Wellenlänge, die im PE-Detektor gemessen werden. Diese intrinsische, spezifische spektrale Überlappung von FITC mit PE kann mittels spektraler Kompensation rechnerisch vom realen PE-Kanal abgezogen werden. (Abbildung wurde generiert mit dem BD Spectrum Viewer; http://www.bdbiosciences.com/en-us/applications/research-applications/multicolor-flow-cytometry/product-selection-tools/spectrum-viewer)

nicht immer in gleicher Art und Weise in ein distinktes emittiertes Photon umgesetzt wird. Durch die Aufnahme des Anregungsphotons wird ein π-Elektron in ein energiereicheres Orbital gehoben, wo es nicht auf Dauer stabil verbleiben kann. Kehrt das Elektron zurück, wird ein längerwelliges Photon emittiert, das bei FITC mit hoher Wahrscheinlichkeit im grünen (510–530 nm) Spektrum liegen wird. Wenn aber vor dem Rücksprung des Elektrons das FITC–Molekül sich „bewegt" oder „zittert", so verliert es dabei an Energie. Diese fehlende Energie resultiert in der Emission eines Photons mit weniger Energie – das also etwas langwelliger ist und somit eher im gelb-roten Spektralbereich zu finden sein wird. Das nicht perfekte Emissionsverhalten aufgrund von Molekülbewegung und Wärmeabgabe ist in allen Fluoreszenzfarben zu finden und stellt den Grund für die Notwendigkeit der Kompensation dar. Aber warum? Da in der Durchflusszytometrie alle Farben gleichzeitig vermessen werden (Abschn. 13.1.2), wird neben der hauptsächlichen grünen Fluoreszenz von FITC, das in einem Detektor mit einem BP 530/30 nm detektiert wird, gleichzeitig auch die längerwellige Fluoreszenz des FITC-Moleküls in den nachfolgenden, längerwelligen Detektoren für PE (BP 586/42 nm) oder PE-CF594 (BP 610/20) gemessen. Das führt zu dem Problem, dass – wenn gleichzeitig Zellen auch mit einem PE-markierten Antikörper angefärbt sind – man sich nicht sicher sein kann, ob die Photonen im PE-Detektor von PE- oder von FITC-Molekülen stammen. Um dieses Problem einfach und pragmatisch zu lösen, bedient man sich einer linearen Subtraktion der Durchschnittsstärke der Fehldetektion der längerwelligen FITC-Fluoreszenz im PE-Detektor im Verhältnis zur Fluoreszenzstärke im FITC-Hauptdetektor. Die nachfolgende Formel gibt die für die lineare Kompensation

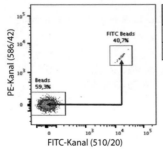

Unkompensierte Daten	Median Signal FITC-Detektor	Median Signal PE-Detektor
Ungefärbte Cells/Beads	13	10
FITC-gefärbte Cells/Beads	15965	3323

$$\text{FITC von PE } \% \; Subtraktion = \frac{3323 - 10}{15965 - 13} \times 100\,\%$$

$$\text{FITC von PE } \% \; Subtraktion = 20{,}76$$

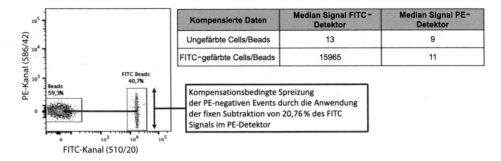

Kompensierte Daten	Median Signal FITC-Detektor	Median Signal PE-Detektor
Ungefärbte Cells/Beads	13	9
FITC-gefärbte Cells/Beads	15965	11

Kompensationsbedingte Spreizung der PE-negativen Events durch die Anwendung der fixen Subtraktion von 20,76 % des FITC Signals im PE-Detektor

Abb. 13.6 Vereinfachte Erläuterung des Prinzips der Berechnung der Kompensation von spektralen Überlappungen anhand von FITC und PE

verwendete Berechnung der spektralen Überlappung von FITC im PE-Detektor wieder (vergleiche Abb. 13.6 für die im Beispiel verwendeten Daten):

$$\% \, Subtraktion = \frac{\substack{\text{Median FITC} - \text{gefärbte Zellen im PE} \\ - \text{Detektor} - \text{Median ungefärbte Zellen im PE} \\ - \text{Detektor}}}{\substack{\text{Median FITC} - \text{gefärbte Zellen im FITC} \\ - \text{Detektor} - \text{Median ungefärbte Zellen im FITC} \\ - \text{Detektor}}} \times 100 \quad (13.1)$$

Um die Formel korrekt zu nutzen, muss man bei jeder Kompensation alle verwendeten Fluoreszenzfarben einzeln vermessen. Hierfür kann man Zellen einzeln mit jedem Fluoreszenzantikörpertyp färben oder auch sogenannte *heavy-chain capture beads /* „CompBeads" benutzen. Beads eignen sich hervorragend, um viele „positive" Events aufzunehmen, falls man eine sehr infrequente Population in der Färbung hat (<0,5 % der absoluten Zellzahl), wobei aber die Autofluoreszenz von Beads und Zellen wiederum sehr unterschiedlich ist, sodass es meistens messtechnisch sinnvoller ist, Zellen für die ungefärbte Fraktion zu verwenden. In unserem Beispiel wird für Beads, die mit einem

FITC-markierten Antikörper inkubiert wurden, im PE-Detektor ein Medianwert der Signalintensität von 3323 bestimmt. Die nicht gefärbten Zellen/Beads haben einen Median von 10. Im Hauptkanale von FITC wurde für die gleichen Beads ein Median von 15,965 für die gefärbten und ein Median von 13 für die ungefärbten Zellen/Beads ermittelt. Setzt man die Zahlen in die Formel ein, so erhält man einen durchschnittlichen prozentualen Wert der spektralen Überlappung der FITC-Fluoreszenz in den PE-Detektorkanal von 20,76 %.

$$\% \, \text{Subtraktion} = \frac{3323 - 10}{15,965 - 13} \times 100\,\%; \; \% \, \text{Subtraktion} = 20,76 \qquad (13.2)$$

Hinterlegt man diesen Kompensationswert im Durchflusszytometer in der Kompensationsmatrix, so werden nun bei jeder Messung von Zellen im FITC-Detektorkanal automatisch 20,76 % des FITC-Signals im PE-Detektor abgezogen. Dadurch wird im Mittel die Signalstärke von FITC-gefärbten Zellen den nicht gefärbten Zellen im PE-Kanal angepasst, sodass sie einen gleichen Median von ca. 10 Intensitätskanälen haben (Abb. 13.6). Werden nun gleichzeitig PE-markierte Antikörper für die Messung eines weiteren Markers auf den gleichen oder anderen Zellen verwendet, so kann man nun davon ausgehen, dass das im PE-Detektor gemessene Signal mit sehr hoher Wahrscheinlichkeit von PE-Molekülen stammt.

Betrachtet man nochmals die Verteilung der Signale der FITC-gefärbten Zellen/Beads im PE-Detektor vor und nach der Kompensation, dann kann man erkennen, dass die kompensierten FITC-Antikörper-Zellen/Beads etwas breiter verteilt sind als die negativen FITC-Events – man bezeichnet diesen Effekt als durch die Kompensation verursachte Dataspreizung (engl. *data spread*). Der Grund dafür ist eine Verzerrung der Varianz der Signalverteilung durch die lineare Subtraktion eines Mittelwertes während der Kompensation, die eine Varianz der Fehlergenerierung nicht mit in Betracht zieht. Zudem gesellt sich hier nun auch die Variabilität der Detektoreffizienz bei längerwelligem Licht *(photon-counting error)* dazu (Roederer 2002). Die Einfachheit der Kompensation basiert darauf, dass man immer einen prozentualen Mittelwert vom Hauptsignal des Fluoreszenzfarbstoffes in den überlappenden Detektoren abzieht, obwohl die einzelnen gefärbten Zellen mal etwas mehr oder etwas weniger langwellige Photonen aus ihren FITC-Molekülen generieren – *one size fits all* führt dazu, dass die kompensierte Verteilung breiter wird (siehe auch weiter unten für weitere Fehlerquellen).

Die oben beschriebene Formel lässt sich für alle verwendeten Farben untereinander anwenden und führt, je nach Anzahl der verwendeten fluoreszenzmarkierten Antikörper, zu einer großen Kompensationsmatrix. Entscheidend für eine gute Kompensation ist, dass man immer die Fluoreszenzantikörper benutzt, die man auch in der Färbung der Hauptprobe verwendet hat, und dass die für die Kompensation verwendeten Kompensationseinzelfärbungen auch genauso viel Signal oder etwas mehr Signal geben als die Hauptprobe. Wenn das nicht der Fall ist, so kann man eine Unter- oder Überkompensation erhalten, was zu einer unwillkommenen weiteren Verzerrung der Daten führt.

Cross-Laser-Kompensationen sind eine Folge der breiteren Anregungsspektren von Fluoreszenzfarbstoffen

Im vorhergehenden Abschnitt haben wir die Grundlage der Kompensation von Fluoreszenzüberlappungen von Farbstoffen besprochen, wenn man einen einzigen Anregungslaser benutzt. In der hochparametrischen Durchflusszytometrie benutzt man aber Zytometer mit bis zu fünf parallelen Lasern, und das führt zu dem Phänomen der Cross-Laser-Kompensation. Nehmen wir als Beispiel das sehr viel verwendete Fluoreszenzmolekül APC. APC ist ein Protein aus Blaualgen und wird seit mehr als 25 Jahren als Fluoreszenzmarker für Antikörper benutzt. Es ist vornehmlich mit rotem Laserlicht (630–650 nm) sehr effizient anzuregen (Shapiro 2003). APC hat einen kleinen Stokes Shift und emittiert vorrangig im Wellenlängenbereich von 660–680 nm. Moderne hochparametrische Zytometer verwenden neben einem 640-nm-Laser für die effiziente Anregung von APC und anderen rot fluoreszierenden Farbstoffen oftmals einen 561-nm-Laser für die maximal effiziente Anregung von PE und dessen Derivaten (Tab. 13.1) parallel zum normalen 488-nm-Laser. Da APC ein breites Anregungsspektrum aufweist, kann es auch recht gut mit 561-nm-Laserlicht angeregt werden (ca. 20 %). Diese duale Anregbarkeit von APC mit 561 nm und 640 nm führt zu der sogenannten Cross-Laser-Kompensation im 561-nm-Laser-Detektormodul, wenn es dort einen Detektor mit einem BP670/30 nm gibt – z. B. für die Messung von PE-Cy5-markierten Antikörpern.

Tab. 13.2 Überblick über Fluoreszenzfarbstoffe mit erhöhter Cross-Laser-Kompensation

Farbstoff	Cross-Laser-Detektoren Hauptdetektor vs. Nebendetektor	Relative Stärke der Kompensation	Betroffene Partnerfarbstoffe im Cross-Laser
BUV737*	355 nm/640 nm – 735/40	Stark (ca. 40 %)	AF700, APC-R700
BUV737*	355 nm/561 nm – 710/50	Mittel (ca. 25 %)	PE-Cy5.5
BV510	405 nm/488 nm – 530/30	Mittel (ca. 25 %)	FITC, BB515, AF488, GFP
BV605*	405 nm/561 nm – 610/20	Stark (ca. 30 %)	PE-CF594, PE-Dazzle, mCherry
BV711*	405 nm/561 nm – 710/50	Mittel (ca. 25 %)	PE-Cy5.5
BV711*	405 nm/640 nm – 735/40	Mittel (ca. 25 %)	AF700/APC-R700
BV786*	405 nm/561 nm – 780/60	Schwach (ca. 15 %)	PE-Cy7
BV786*	405 nm/640 nm – 780/60	Mittel (ca. 20 %)	APC-C7, APC-H7, nearIR
PE-Cy5*	561 nm/640 nm – 670/30	Stark (ca. 40 %)	APC, AF647
PE-Cy5.5*	561 nm/640 nm – 710/50	Stark (ca. 30 %)	AF700, APC-R700
APC	640 nm/640 nm – 670/30	Stark (ca. 30 %)	PE-Cy5
APC-Cy7	640 nm/561 nm – 780/60	Mittel (ca. 25 %)	PE-Cy7

* Die Cross-Laser-Kompensation beruht hauptsächlich auf der Cross-Laser-Anregung des Akzeptorfluorophors im Tandem-Dye. Die Tabelle ist in keinster Weise erschöpfend, gibt aber die am häufigsten benutzen Farbstoffkombinationen und deren zu erwartende Cross-Laser-Kompensationsstärke wieder

In diesem Fall wird die lineare Kompensation des APC-Signals, gemessen im optimalen 640-nm-Anregungslasermodul im 670/30-Detektor, für die Subtraktion des APC-Signals im weniger effizienten 561-nm-angeregten 670/30-Detektor genutzt – das Ergebnis ist wiederum vergleichbar mit der normalen Kompensation von Spektralüberlappungen innerhalb eines Laser-Detektormoduls, nur dass hier die beiden möglichen Detektionskanäle des APC-Fluorophores für den effizientesten Detektor im 640-nm-Lasermodul spezifisch gemacht wurden. Auch hierfür wird die oben beschriebenen Formel (Gl. 13.1) verwendet.

Es gibt in der hochparametrischen Durchflusszytometrie sehr viele bekannte Cross-Laser-Kompensationen zwischen beliebten Fluoreszenzfarben. Die große Menge an Cross-Laser-Anregungen beruht oft auf der Verwendung von Tandem-Dyes (FRET-Paare), wobei aber nicht immer der Donor die Cross-Laser-Anregung aufweist, sondern leider meistens der Akzeptor im FRET-Paar die Cross-Laser-Kompensation verursacht. Wichtig ist es, auf die Anregungsstärke der Laser innerhalb solcher Cross-Laser-Kompensationspaare zu achten. Wird in einem Zytometer ein sehr starker 561-nm-Laser (>150 mW) verwendet, so muss man darauf achten, dass der rote 640-nm-Laser eine entsprechend hohe Leistung aufweist (>100 mW), da ansonsten APC nicht mehr am effizientesten im roten Laserdetektormodul gemessen werden kann. Tab. 13.2 gibt einen kleinen, nicht erschöpfenden Überblick über Cross-Laser-Kompensationsfarbstoffe.

Verbesserung der Kompensationsmatrix durch optimierte Detektoreinstellungen, effiziente Fluoreszenzfarben und schmale Filterkombinationen

Die Durchflusszytometrie ist eine sehr sensitive Technologie, die es erlaubt, auch sehr gering abundante Proteine oder Fluoreszenzproteinreporter zuverlässig zu detektieren. Hierfür muss man aber sicherstellen, dass die verwendeten Detektoren in ihrer Sensitivität so eingestellt sind, dass sie mit einer geringen Fehlerrate schwache Signale detektieren können. Über die genaue Vorgehensweise hierfür gibt es unzählige Meinungen und Ansätze (gute Ansatzpunkte findet man in Maecker 2006 sowie Perfetto 2012), aber eine praktikable Herangehensweise hat sich über die Jahre durch die Hersteller von Zytometern etabliert. Alle Instrumentenhersteller bieten mittlerweile Sensitivitätsproben für die optimale Einstellung der Detektorspannungen (Volt bei PMTs oder Millivolt bei APDs) an. Das Messprinzip basiert auf der Verwendung einer ungefärbten und einer sehr schwach positiv gefärbten Beadspezies. Die Instrumente durchlaufen eine Voltration (Perfetto et al. 2012), bei der der Detektor – ausgehend von der Minimalspannung – schrittweise um eine gewisse Voltzahl stärker angeregt wird. Dabei wird die Separierung der un- bzw. gefärbten Beads in allen einzelnen verfügbaren Detektoren und allen Lasern für jede ansteigende Voltspannung vermessen und statistisch ausgewertet (Abb. 13.7). Im Endeffekt errechnet man die Spannung, bei der die Separierung der gefärbten von den ungefärbten Beads annähernd maximal ist, wobei aber zusätzlich die durchschnittliche Fehlmessung der ungefärbten Beads (der Hintergrund, rSD) noch gering, aber die Varianz der Messung der gefärbten Beads (rCV) nicht weiter besser wird – auch *inflection point* genannt. Diese Detektorspannung ist dann die

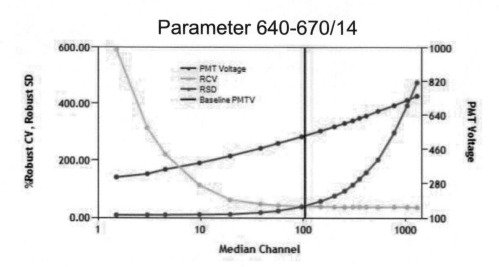

Abb. 13.7 Illustration einer Voltrationsmessung durch das CST-System in Becton–Dickinson-Zytometern. Das Beispiel zeigt die Bestimmung der optimalen Detektorspannung im Falle des 640-nm-Laser-BP670/14-Parameters. Die optimale Spannung wurde durch die Separierung der ungefärbten und leicht gefärbten Beads so festgelegt, dass der Standardfehler der Messung (SD) und die Variabilität (CV) für die Detektion der gering gefärbten Beads ein gemeinsames Minimum ergeben. Allgemein gilt, dass eine feinmaschige Steigerung der PMT-Voltage eine genauere Bestimmung der optimalen PMT-Spannung erlaubt. (Aus der Erfahrung heraus sind die CST-bestimmten PMT-Voltage-Werte eine gute Voreinstellung)

anhand der verwendeten Beads festgelegte „optimale" Detektorspannung und sollte als Grundwert für alle Messungen verwendet werden.

Am extensivsten hat sich in der Vergangenheit Becton Dickinson mit dem Thema der optimierten Detektorspannung beschäftig und als Antwort auf die Komplexität der Messungen den Standard „Cytometer Setup & Tracking" (allgemein als CST) in das Feld eingeführt. Diese auf drei verschieden hellen Beads basierende automatische Zytometereinstellung erlaubt es auch Anfängern, mit schon sehr gut eingestellten Systemen in ihre Messungen zu starten, und wurde mittlerweile von allen namhaften Herstellern in unterschiedlicher Form übernommen.

Die durch die Voltration (oder automatischen CST-Settings) eingestellten Detektorspannungen sollten eine effiziente Detektion von schwachen und mittelstark exprimierten Markern ermöglichen, solange die verwendeten Fluoreszenzfarbstoffe eine hohe Quanteneffizienz aufweisen (Abschn. 13.2 für Details). Neben dieser Quanteneffizienz-optimierung der verwendeten Farbstoffe und der Verwendung von optimalen Detektorspannungen gibt es einen noch viel wichtigeren, aber oftmals übersehenden Faktor, der die Kompensationsstärke und somit die Qualität der hochparametrischen Daten hauptsächlich dominiert: Die Spezifität und Bandpassbreite der im Zytometer verbauten Filter. Eine der wichtigsten Grundregeln der hochparametrischen Durchflusszytometrie ist die

Verwendung von schmalen und auf die maximale Fluoreszenz oder minimale Überlappung der zu benutzenden Fluoreszenzfarbstoffe abgestimmte LP- und BP-Filtern in
allen Detektoren. Nutzt man perfekt aufeinander abgestimmte LP- und BP-Filterpaare,
so kann man die für die spektrale Überlappung notwendige Kompensation minimieren,
ohne dass man von der optimalen Detektorspannung zu stark abweichen muss oder die
Bandpassfiltergröße vergrößern, wenn mehr Photonen von einem Farbstoff gesammelt
werden müssen und eine gleichzeitige Messung des überlappenden Markers nicht stattfindet (z. B. CD4 und CD8, die in PBMCs – *peripheral blood mononuclear cells* –
praktisch nie zusammen exprimiert sind).

Als Beispiel, um diesen Zusammenhang klar zu visualisieren, dient uns ein eher
neues Fluoreszenzfarbstoffpaar, das aber seit Kurzem sehr viel genutzt wird und sehr
eng mit seinen Emissionsmaxima beieinanderliegt: BV421 und BV480. In den meisten
Zytometern würde man BV421 mit einem BP450/50 im 405-nm-Laser-Detektormodul
parallel mit BV480 über einen BP530/30 detektieren. Bei dieser Filterkombination
beobachtet man eine Überlappung von beiden Fluorophoren in beiden Kanälen,
was bei einer Verwendung der Farbstoffe auf der gleichen Zelle zu einer größeren
Kompensation führt (ca. 30–40 %). Wollte man beide Marker auf der gleichen Zelle
messen, so würde man die BP-Filter der jeweiligen Detektoren zu einem BP420/20 für
BV421 und einem BP525/50 für BV480 verändern. Durch diesen Umbau wird BV421
praktisch kompensationslos mit BV480 gemessen und die Spektralüberlappung von
BV421 in BV480 um 30 % abgesenkt. Die parallele Detektion von BV421 und BV480
wäre in diesem Fall optimiert. Für einen hypothetischen dritten Fall, in dem der Marker
detektiert mit einem BV421-Antikörper nicht koexprimiert mit BV480 wäre, aber
man die maximale Fluoreszenz von BV480 für die Separierung dieses Markers von
den ungefärbten Zellen braucht, kann man BV480 mit einem BP480/40 vermessen. In
diesem Fall wird die Photonenausbeute von BV480 von 35 % (BP525/50) auf 51 %
gesteigert, wobei die spektrale Überlappung mit BV421 von 2,5 % auf fast 13 % steigt –
da aber in diesem Spezialfall die Zellen mit BV480 keine gleichzeitige Färbung mit
BV421 aufweisen, ist diese Steigerung der notwendigen Kompensation als neutral zu
werten.

Ein Tipp für die Praxis: Wenn man BP-Filter für Fluoreszenzfarben bis nah (1–5 nm)
an oder über einer der Anregungslaserwellenlängen überlappend benutzen will, so
sollte man diese Laserphotonen mittels eines Notch-Filters ausblenden. Für den Fall
von BV480 mit dem BP480/40 wäre dies ein 488-nm-Notch-Filter. Der Notch-Filter
wird zu einer besseren Separierung zwischen negativen und positiven Zellen führen,
da der Hintergrund durch die 488-nm-Laserphotonen ausgeschlossen wird. LP-, BP-
und Notch-Filter haben in etwa die gleichen Kosten wie ein Fluoreszenzantikörper
(350–400 €) und sollten deshalb nicht als Limitation für die Optimierung von hochparametrischen Experimenten angesehen werden; sie sind genauso wichtig wie die korrekte
Antikörperwahl, werden aber leider immer wieder gerne in der polychromatischen
Durchflusszytometrie übersehen. Die Filter sind in allen Geräten leicht zu tauschen,
wenn man das Design der optischen Bank verstanden hat.

13.2 Tipps für experimentelles Design von hochparametrischen Assays

Die Optimierung von Experimenten und Färbungen am Computer oder auf dem Labortisch ist neben der reinen technischen Optimierung des Zytometers, wie sie detailliert in Abschn. 13.1 beschrieben wurde, ein Schlüsselprinzip für erfolgreiche hochparametrische Assays. Hierzu zählen die schlaue Auswahl der Fluoreszenzfarben für die jeweiligen Marker, die Optimierung der Gewebedissoziation mittels enzymatischem Verdau und die Titration der für die Färbung optimalen Antikörperkonzentrationen.

13.2.1 Sinnvolles Zuordnen von Fluoreszenzfarben in Korrelation zur Antikörperepitopdichte

Fluorophore unterscheiden sich nicht nur in ihrer Anregungswellenlänge und ihrem Emissionsspektrum, sondern leider auch sehr stark in ihrer Effizienz. Die Effizienz der Aufnahme von Anregungsphotonen und der Abgabe von Emissionsphotonen wird allgemein als Quanteneffizienz eines Fluorophors bezeichnet – sie beschreibt die Helligkeit der Farbstoffe. Parallel dazu gibt es die Quantenausbeute bei Detektoren (PMTs, APDs, etc.), die die Effizienz der Umwandlung von Photonen in ein elektrisches Signal für den jeweiligen Detektor beschreibt (Abschn. 13.1.2). Bei Fluoreszenzfarbstoffen, die in der Durchflusszytometrie verwendet werden, ist eine hohe Quanteneffizienz von Vorteil, da man in der kurzen Belichtungszeit im Laserstrahl (3–7 µs) eine sehr hohe Zahl an möglichen Fluoreszenzphotonen erzeugen will. Tab. 13.3 gibt eine Übersicht über die relative Helligkeit der in der hochparametrischen Durchflusszytometrie verwendeten Farbstoffe.

Für das experimentelle Design gelten die folgenden einfachen Regeln:

1. Hoch exprimierte Marker/primäre Epitope werden mit weniger hellen Farben besetzt.
2. Mittelstark exprimierte Marker/sekundäre Epitope werden mit mittel hellen Farben besetzt.

Tab. 13.3 Relative Helligkeit von Fluoreszenzfarbstoffen in der Durchflusszytometrie (basierend auf 355/405/488/561/640-nm-Anregungslasern)

Helligkeit	Farbstoffnamen
Sehr hell	PE, PE-CF594, PE-Cy7, PE-Vio770, PE-eFlour610,
Hell	BV421, BV711, BV786, BB515, BB700, AF647, APC, PE-Cy5.5
Weniger hell	PerCP-Cy5.5, PerCP-Vio700, APC-Cy7, APC-H7, FITC, AF700, BV480, BV510, AF488, BV605, BUV393, BUV737
Schwach	AF532, PerCP, AF405,

Die Liste ist nicht erschöpfend und bedingt optimale BP- und LP-Filterauswahl

3. Schwach exprimierte Marker/tertiäre Epitope, werden mit sehr hellen Farben besetzt.
4. Intrazelluläre Marker oder Epitope werden mit kleinen Farbstoffmolekülen besetzt.
5. Wenn die Proben fixiert werden, testet man immer, ob die jeweiligen Fluoreszenzfarbstoffe die Fixierung überstehen.
6. Stark überlappende Fluoreszenzfarben mit größeren Kompensationen sollten möglichst nicht auf der gleichen Zelle vorhanden sein oder zumindest nicht gegeneinander aufgetragen werden

Beachtet man diese sechs Regeln bei der Planung der hochparametrischen Experimente, so vereinfacht man sich den Arbeits- und Testaufwand in der Optimierungsphase. Aus der Praxis heraus ist es oftmals schwierig zu wissen, ob ein Marker/Epitop als primär, sekundär oder tertiär eingestuft werden sollte. Neben der notwendigen Literaturrecherche, die für die Bestimmung unternommen werden muss, kann man heute zum Glück auch standardisierte Ressourcen der Zytometrie-Community nutzen – dies sind die in Cytometry Part A und Part B peer-reviewed publizierten Optimized Multicolor Immunofluorescence Panels (OMIPs; Mahnke et al. 2010). Diese OMIPs, von denen es mittlerweile einige Dutzend gibt, sind für viele grundlegende Fragestellungen der Immunologie optimierte Fluoreszenz-Antikörper-Assays. Falls keines der OMIPs für Ihre Fragestellung passen sollte, so erlangen Sie trotzdem wertvolle Informationen über die Expressionsstärke der jeweiligen Marker/Epitope, die Sie dann in Ihr eigenes experimentelles Design einfließen lassen können.

13.2.2 Optimierung von Verdautechnik und Dissoziationsreagenz

Voraussetzung für eine erfolgreiche durchflusszytometrische Messung ist die Herstellung einer guten Einzelzellsuspension. Flüssigbiopsien, wie z. B. Blut und Sputum, oder auch Milzproben aus der Maus lassen sich recht einfach mechanisch separieren und durch Zentrifugationsschritte für die Färbung und Messung vorbereiten. Leider ist das für Organproben aus festem Gewebe nicht der Fall, denn hier bedarf es meist mechanischer und enzymatischer Aufbereitungsschritte. Aus diesem Grund gibt es für fast jedes Gewebe zahlreiche verschiedene publizierte Protokolle, die sich alle leicht in der Wahl der Enzyme für den Verdau unterscheiden. Am häufigsten werden als Verdauenzyme Collagenase 1–4 (gewonnen aus *Clostridium hystolyticum*), Dispase (gewonnen aus *Bacillus polymyxa*), Trypsin (Pankreas-Serinprotease) und auch DNAseI verwendet (siehe Tab. 13.4. für weitere Details).

Für die Durchflusszytometrie ist von besonderem Wert, dass während dem Verdau des Gewebes Oberflächenmarker nur in sehr geringer Weise verdaut werden, weil ansonsten die Epitope für die Antikörper verschwinden – deshalb verwendet man in der Durchflusszytometrie meist Collagenase Typ IV und führt nur in geringerem Maß andere Enzyme wie Dispase und DNAseI hinzu. Zudem ist es wichtig, dass die Zellen den Verdau sehr gut überstehen und eine geringe Rate an toten Zellen aufweisen. Aber oftmals lässt sich eine hoher Anteil an toten Zellen nicht vermeiden, da die Präparation

Tab. 13.4 Überblick über typische Verdauenzyme zur Herstellung von Einzelzellsuspensionen

Enzymtyp	Beschreibung und gewebstypische Nutzung
Collagenase I	Durchschnittliche Aktivität für Collagenase, Caseinase, Clostripain und leichte tryptische/proteolytische Aktivität. Wird oft verwendet für Epithel-, Leber-, Lungen-, Fett- und Drüsengewebe
Collagenase II	Höhere proteolytische Aktivität – meist Clostripain. Wird oft für Herz-, Knochen-, Muskel-, Thyroid- und Knorpelgewebe verwendet
Collagenase III	Geringe proteolytische Aktivität. Wird oft für Säuger-Zellkultur verwendet
Collagenase IV	Geringe tryptische Aktivität. Wird sehr oft für Gewebeverdau benutzt, bei dem die Integrität der Rezeptoren auf der Zelloberfläche wichtig ist
Dispase	Verdaut Fibronectin und Collagen. Das Enzym wird oft in Kombination mit Collagenase IV verwendet. Höhere Verdauaktivität gegenüber Oberflächenmarkern
Trypsin	Wird in der klassischen Zellkultur verwendet. Proteolytische Aktivität, die Oberflächenmarker verdauen kann
DNAseI	Verdau von freier DNA – sehr nützlich für die Herstellung von Einzelzellsuspensionen, die sortiert werden müssen

Für alle Enzyme gilt, dass die Aktivität zwischen Herstellerpräparationen (Lot) schwankt – Verdauzeiten sollten nach dem Wechsel der Präparation/des Lots immer wieder neu eingestellt werden

von festen Geweben längere Verdauzeiten benötigt (z. B Herz, Muskel oder Lunge) oder eine stärkere mechanische Vorbereitung nötig ist (z. B. Aufbrechen von Knochen für die Gewinnung von Knochenmarkszellen). Eine Frage, die uns sehr oft gestellt wird, lautet, ab wann man sich denn sicher sein kann, dass der Verdau und die Präparation des Gewebes in Ordnung sind. Die Antwort ist nicht immer zufriedenstellend, da wir unseren Nutzern empfehlen, die Häufigkeit ihrer Zellen und deren Färbung mit bekannten Daten aus anderen Publikationen abzugleichen. Falls es für diese Zellen und Gewebe keine Daten gibt, so sollte man vielleicht den Extraschritt über eine einfache histologische Färbung nicht scheuen, um eine grobe Vorstellung über die Häufigkeit der einzelnen Zelltypen zu erlangen.

Falls eine Abweichung in der Häufigkeit von Zellen vorliegt, so empfiehlt es sich, die Verdaumethode anzupassen und andere Enzyme zu testen. Die Verwendung von Collagenase und Dispase kann zu unterschiedlichen Ergebnissen führen, da Dispase eine höhere proteolytischen Aktivität aufweist (Abb. 13.8). In diesem Beispiel wurde Maus-Lungengewebe mit Collagenase IV und Dispase verdaut, und die stärkere Aktivität von Dispase führte zum Verdau der für die Studie wichtigen Oberflächenmarker Siglec-H und B220. Es ist sehr einfach, einen Überverdau zu erkennen, wenn die Zelltypen und Färbeintensitäten für die einzelnen Oberflächenmarker bekannt sind, aber sehr viel schwieriger, wenn man kein Vorwissen über das Gewebe und die Zelltypen darin hat. Hier empfiehlt es sich, analog zur Antikörpertitration eine Titration der infrage kommenden Verdauenzyme

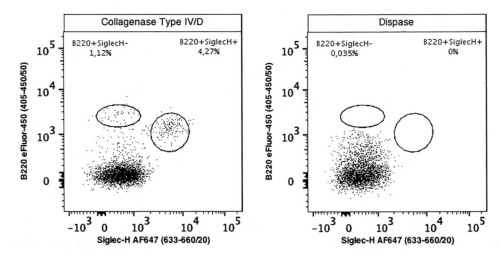

Abb. 13.8 Effekt von Collagenase-IV- oder Dispase-Verdau von Lungengewebe auf die Detektion von Siglec-H und B220. Der Verdau mit Dispase reduziert die Anzahl von detektierbaren Siglec-H- und B220-Molekülen fast komplett, wobei der Verdau mit Collagenase IV die jeweiligen Oberflächenmarker nicht (sichtbar) beeinträchtigt

durchzuführen, und zwar Konzentration gegen Zeit und Temperatur (für tiefer gehende Analysen siehe auch Autengruber 2012).

▶   *Tipp:* Arbeitet man mit gewebeinfiltrierenden Immunzellen und will sichergehen, dass das für die Präparation des Gewebes etablierte Protokoll keinen oder nur einen geringen Verlust an Oberflächenmolekülen verursacht, so kann man periphere Blutzellen (PBMCs) mit dem Verdaupuffer inkubieren und die Abnahme der Färbung mit unverdauten PBMCs vergleichen. Die Extraarbeit, die eine Verdauetablierung mit sich zieht ist, nicht zu unterschätzen, aber es lohnt sich nicht nur für hochparametrische Durchflusszytometrie, sondern auch schon für sehr einfache Assays und Färbungen.

13.2.3 Titration von Antikörpern

Aus der Perspektive eines Laien heraus gesehen mag die Titration von kommerziell erhältlichen fluoreszenzmarkierten Antikörpern recht banal erscheinen, aber wenn man die Praxis betrachtet, wird dieser simple Schritt in der experimentellen Phase leider oft aus Zeitgründen übergangen. Bei niedrigparametrischen Färbungen (6–8 Farben) mit geringen spektralen Kompensationen und guter Auftrennung zwischen negativen und positiven Populationen kostet es den Experimentator meistens nur Geld. In der komplexeren Welt der hochparametrischen Durchflusszytometrie kostet eine nicht durchgeführte Antikörpertitration nicht nur sehr viel mehr Geld, sondern leider oft auch Auflösung im geringeren Signalbereich (Brummelmann et al. 2019). Der Grund hierfür liegt in einer verbreiteten Falschfokussierung auf eine starke, ja maximale durchschnittliche Färbung der positiven Population (*mean fluorescence intensity*, MF_{Ipos}) für jeden Marker. Dabei ist gar nicht die maximale Anfärbung eines Epitops maßgeblich entscheidend für die optimale Antikörperkonzentration, sondern das Verhältnis der durchschnittlichen Hintergrundfärbung der negativen Zellen (MFI_{neg}) und deren Variabilität der Färbung (*standard deviation*, SD). Dieser Zusammenhang wird sehr einfach und schnell berechenbar als sogenannter *stain index* (SI) wiedergegeben (Abb. 13.9):

$$SI = \frac{MFI_{pos} - MFI_{neg}}{2 \times SD_{neg}} \qquad (13.3)$$

Um die SI-Bestimmung sinnvoll in der experimentellen Phase einzusetzen, sollte man eine großzügigere Titrationsreihe für jeden einzelnen Fluoreszenzantikörper im Panel ansetzen. Hierfür bieten sich am besten 3–3,5 Log_{10}-Schritte von 1:10 bis 1:5000 an. Oftmals ist die optimale Konzentration von kommerziell verfügbaren Antikörpern aber in einem Bereich von 1:100 bis 1:800 anzutreffen, da viele Anbieter eher vordefinierte Testvolumen mit je nach Antigen abweichenden Antikörperkonzentrationen verkaufen und nicht mehr eine definierte Mikrogramm- oder Milligrammmenge. Betrachtet man die Illustration in Abb. 13.9 und nimmt die Formel für die Berechnung des SI (Gl. 13.3) dazu, so wird gleich deutlich, dass eine Titration dazu dient, den Hintergrund zu minimieren. Der SI bestraft die Auftrennung der positiven Population durch die Breite der negativen Hintergrundfärbung (SD_{neg}). Aus der Praxis heraus ist dieser Effekt immens wichtig für hochparametrische Messungen, da die vielen Kompensationen auch zu einer steigenden Verzerrung der negativen Populationen führen, da diese ja auch leicht durch die linearen Subtraktionen verändert werden. Hat man von vornherein eine breitere, nicht optimale negative Population, so wird die Verzerrung größer ausfallen, und es wird schwieriger, schwach positive Signale von der Hintergrundfärbung zu separieren und zu erkennen. Aus diesem Grund ist es wichtig, bei der Titration den optimalen SI zu berechnen und nicht einfach nur auf die maximale Färbung der positiven Population zu achten. Ein für Laborverantwortliche netter Nebeneffekt ist zudem eine signifikante Einsparung beim Reagenzienverbrauch!

▶ *Tipp:* Hat man für sein Experiment die richtige Konzentration von Antikörpern für eine bestimmte Anzahl an Zellen gefunden, so ist es leider nicht möglich, die Färbung für andere Zellzahlen einfach linear zu skalieren. Will man immer mit der optimalen Auflösung arbeiten, so muss die Titration mit der jeweiligen Zellzahl nochmals ein wenig nachjustiert werden. Hierzu braucht man keine vollständige Titrationsreihe, aber 2–3 Iterationen um die berechneten Konzentrationen sollte man durchführen. Ist die Präparation der Zellen aus Geweben nicht immer gleichwertig, so kann eine große

a

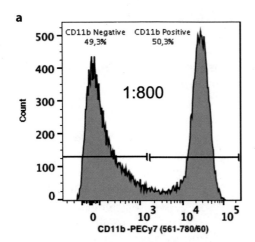

b

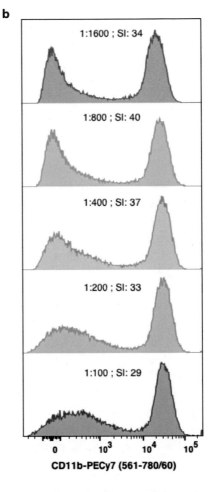

Berechnung *stain index* **(SI):**
Beispiel CD11b 1:800 Verdünnung

Durchschnitt CD11b negativ: 171
SD CD11b negativ: 273
Mean CD11b positiv: 21791

SI (1:800) = (21791-171)/(2x273)
SI (1:800) = 39,59

Abb. 13.9 Berechnung des *stain index* zur Bestimmung der optimalen Antikörperkonzentration. **a** Beispiel für die Berechnung des *stain index* für die 1:800-Verdünnung einer CD11b-Färbung auf isolierten Leukozyten. Übersichtsdarstellung aller berechneten *stain indexes* für verschiedene CD11b-Verdünnungen – die 1:800-Verdünnung bietet die beste Auftrennung zwischen positiv und negativ reagierenden Leukozyten. Die verbesserte Auftrennung beruht auf der Reduzierung des Hintergrundes ohne starken Verlust der Färbung der positiven Zellen

Anzahl an Zelltrümmern oder Matrixreste leider als unspezifischer Schwamm für die Antikörper dienen und die eigentlich optimierte Färbung zusätzlich verschlechtern. Gibt es klar positive Populationen in einigen Markern im Experiment, so kann man gegebenenfalls auf eine Nachtitration verzichten, solange die Auflösung in den wichtigen Parametern nicht beeinträchtigt wird.

13.3   Analyseansätze für hochparametrische Durchflusszytometrie

13.3.1 „Crap in, crap out" – Das Einmaleins der essenziellen Einzelzellgates und Lebend-Tot-Färbungen

Egal, wie einfach oder komplex ein Durchflusszytometrieexperiment aufgebaut ist, es gibt zwei Schritte, die jeder Analyse vorrausgehen: Das Auswählen von Einzelzellen und das Entfernen von toten Zellen. Ohne diese zwei essenziellen Schritte sind alle Analyseaktivitäten nutzlos. Um nur Einzelzellen (sogenannte Singlets) zu erfassen sollte man während der Messung die Height-, Area- und Width-Parameter für den Forward und Side Scatter aktiviert haben (Shapiro 2003). Hat man das vergessen, so kann man diese Parameter nicht nachträglich in die Messung einfügen – der Datensatz ist nutzlos. Klassisch kann man die Singlets mittels FSC-H/FSC-A- und SSC-H/SSC-A-Plots leicht identifizieren – Dubletten haben nämlich eine ähnliche FSC/SSC-Height, aber eine größere Pulsfläche (Area) oder eine größere Puls-Width (Abb. 13.10). Es bietet sich an, die Einzelzellen in einer Kombination von FSC und SSC auszuschließen.

Eine Lebend-Tot-Färbung benötigt einen Marker, der meistens auf der Färbung von DNA oder der Verfügbarkeit von Proteinen basiert. DNA basierte Lebend-Tot-Färbung wird auf nicht fixierten Zellen verwendet, und die Färbung von Proteinen durch aminreaktive Farbstoffe wird für fixierte Zellen verwendet. In allen Fällen sind stärker „gefärbte" Zellen als tote Zellen aus einer Analyse auszuschließen (Abb. 13.10). Der Ausschluss von toten Zellen ist für jede Analyse relevant, da diese Zellen sehr oft unspezifisch Antikörper binden und somit zu falsch-positiven Populationen beitragen. Dies kann eine manuelle Analyse schwieriger machen und ist für bioinformatische Analysen ein wirkliches Problem, wenn man eine Lebend-Tot-Färbung vergessen hat.

13.3.2 Klassisches bivariates Gating und moderne Dimensionsreduktion sind komplementär

Die klassische Analyse von Daten mittels Gating von bivariaten Dotplots erlaubt es, mit einem annehmbaren Arbeitsaufwand mittelgroße Datensätze zu analysieren – besonders dann, wenn ein gewisses Maß an Vorwissen die Auswahl und Kombination der FACS-Antikörper motiviert hat. So ist es recht einfach, ein gut aufgesetztes Zelltypen-Antikörperpanel zu analysieren. Nehmen wir als Beispiel die Färbung von vorher aufgereinigtem Blut, dass mit CD3, CD4, CD8, CD11c, CD15, CD14, CD19, CD45, CD56, CD123, HLA-DR und nearIR Lebend-Tot-Markern angefärbt wurde. Dieses Panel erlaubt es, eine Großzahl an übergeordneten Zelltypen im Blut zu identifizieren und lässt sich aufgrund von etabliertem Vorwissen mit sechs bivariaten Plots (plus Dubletten und Lebend-Tot-Ausschluss) analysieren (Abb. 13.11).

Durch die massive Expansion der messbaren Parameter in einem einzigen Experiment wurde die bivariate Analyse in den letzten Jahren durch verschiedene bioinformatische

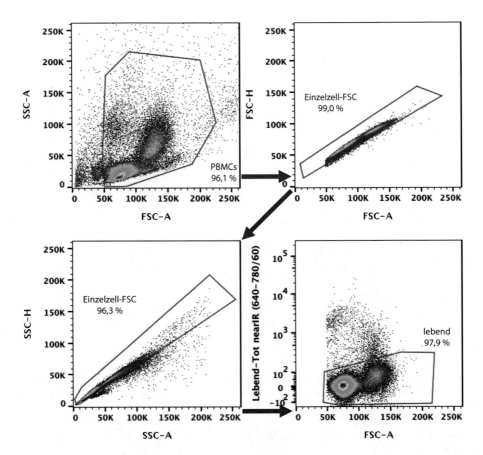

Abb. 13.10 Essenzielles Einzelzellen- und Lebend-Tot-Gating. Die Blutzellen werden grob im FSC/SSC-Plot ausgewählt und danach in zwei kombinierten SSC/FSC-Height- vs. SSC7FSC-Area-Gates auf Einzelzellen reduziert. Dubletten haben ein erhöhtes Flächen- (Area-)Signal und lassen sich gut von Singlets trennen. Anschließend erfolgt das Gating auf die lebenden Zellen, die eine geringe Färbung für einen Lebend-Tot Marker aufweisen. Diese Vorgating ist essenziell für alle weiteren Analysen

Analysewerkzeuge verstärkt: tSNE, Spade, Citrus, FloSom, etc. Alle gängigen Analyseprogramme für Durchflusszytometrie haben diese Werkzeuge als Plug-ins verfügbar, wie z. B. FlowJo, FCSExpress, etc. Alle diese bioinformatischen Analyseansätze reduzieren die X-Dimensionalität der Daten auf ein Niveau, das für den Menschen fassbar wird (2–3 Dimensionen).

Am häufigsten wird t-Distributed Stochastic Neighbor Embedding (t-SNE) in der hochparametrischen Durchflusszytometrie angewendet (siehe http://www.jmlr.org/papers/volume9/vandermaaten08a/vandermaaten08a.pdf). Die Grundfunktion des tSNE-Algorithmus beruht, um es einfach zu beschreiben, auf einer Reduktion der ursprünglichen hohen Dimensionalität (z. B. elf oder mehr Antikörpermarker) auf eine geringe

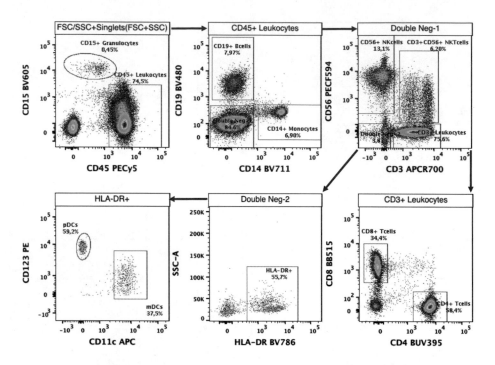

Abb. 13.11 Manuelle Analyse mit bivariaten Plots und Gating für isolierte Blutzellen. Die Zellen wurden von Dubletten und toten Zellen befreit und dann entsprechend etablierter Marker-kombinationen in diverse Zelltypen aufgetrennt. Das verwendete FACS-Panel beinhaltet elf Antikörper plus Lebend-Tot-Marker – theoretisch könnte man 100 verschiedene bivariate Plot-kombinationen vergleichen, aber das bestehende Wissen um Marker und Zellen erlaubt es mit sechs Plots in diesem Fall

Dimensionalität, wobei die alten Parameter durch virtuelle neue Parameter ersetzt werden. Durch weitere Berechnungen und Vergleich sichert der tSNE-Algorithmus, dass die Korrelation der hohen und geringeren Dimensionalität die ursprünglichen Beziehungen der Parameter und einzelnen Zellen in hoher Qualität wiedergibt. Am Ende vergleicht der Algorithmus die Divergenz der Verteilung der Datenpunkte (Zellen mit X Dimensionen/Markern) in Bezug auf die Gleichheit der Ursprungsinformation und deren Divergenz in der Dimensionsreduktion. Dadurch erlaubt es tSNE, Strukturen aus ähnlichen Datenpunkten (Zellen) in Wolken zusammenzufassen, da diese Datenpunkte (Zellen) sich in den artifiziellen Parametern ähneln oder gleichen. Das heißt, dass die Punktwolken in einem tSNE-Plot eine Ähnlichkeit der einzelnen Punkte (Zellen) wieder-geben, aber die eigentliche Verbindung durch die Expression verschiedener Marker kann nicht direkt aus dem Plot ausgelesen werden. Hier bedarf es wiederum einer bivariaten, händischen Analyse Abb. 13.12). Aus diesem Grund werden tSNE-Analysen als ein Übersichtsinstrument für hochparametrische Datensätze verwendet, um in einfacher

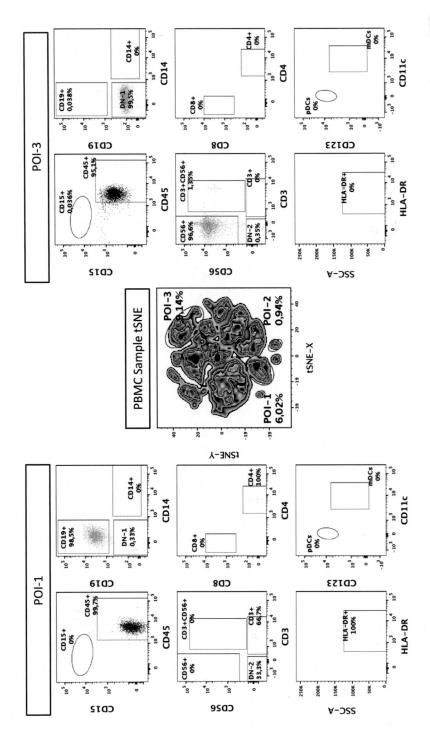

Abb. 13.12 tSNE-Analyse von PBMCs, Färbung aus Abb. 13.11 mit anschließender bivariater Analyse einzelner Populationen von Interesse (POI). Die POI 1 und POI 3 lassen sich in der genauen klassischen Analyse als B- bzw. NK-Zellen identifizieren

Weise größere Unterschiede in der Struktur der Proben zu erkennen. tSNE-Plots eignen sich wirklich nur sehr beschränkt als finale Analysedarstellungen und sollten aus diesem Grund immer nur in Kombination mit normalen Auswertungen benutzt werden.

13.3.3 Schneller Überblick über Datensätze mittels tSNE-Intensitätsplots

Wie im vorherigen Abschnitt angesprochen, ist die Dimensionsreduktion mittels tSNE für die genaue Analyse nicht geeignet, aber der Algorithmus ist eines der besten Überblickswerkzeuge für große Datensätze mit vielen Proben oder verschiedenen Konditionen und kann auch von Laien gut verstanden werden. tSNE erlaubt es nämlich, sehr schnell Änderungen von möglichen Populationen und Markerexpressionen in komplexen Populationen zu erkennen, solange alle Samples im gleichen Algorithmuslauf analysiert wurden. Füttert man die Daten separat und nicht gemeinsam in verschiedene tSNE-Berechnungen, so entstehen unterschiedliche Punktwolken für jedes Sample, die sich gar nicht vergleichen lassen. Da die Berechnung der tSNE-Plots recht aufwendig ist, bedient man sich oft einem „Downsample" der eigentlichen Proben – d. h., man wählt eine kleine Stichprobe der Daten aus, die aber wiederum das Sample gut wiedergibt, und berechnet die tSNE-Plots auf diesem reduzierten Sample. Dadurch wird die Analyse nicht unbedingt schlechter, solange man auch seltene Zelltypen im Downsample hat. Aus Erfahrung eignen sich Downsamples zwischen 10.000 und 30.000 Zellen. Das Downsample sollte aber immer schon von Dubletten und toten Zellen bereinigt sein, um die Komplexität des tSNE-Plots nicht unnötig stark zu erhöhen. Interessiert man sich für eine weitere, noch spezifischere Zellpopulation, so kann man auch mit einem späteren Gate anfangen (z. B. Singlets/Lebend/CD45+/CD3+/Downsample, wenn man sich für T-Zell-Subtypen interessiert).

Das Beispiel in Abb. 13.13 verdeutlicht die Übersichtsfunktion von tSNE, da die Unterschiedlichkeit des Effekts von verschiedene Stimulierungsmethoden auf kultivierte PBMCs schon mit einem einzigen Plot je Sample sichtbar wird. Obwohl die Punktwolken der tSNE-Plots keine eigentlichen Zellpopulationen im eigentlichen Sinne wiedergeben, so kann man durch Überlagerung der Expression von einzelnen Markern (wie z. B. CD4 oder CD8) auf die Heterogenität der Population im realen Parameterraum Rückschlüsse ziehen (Abb. 13.13). Diese müssen aber über ein klassisches Gating belegt werden.

Durchflusszytometrieanalysen können sehr komplex werden, vor allem, wenn man anfängt, sehr viele zusätzliche Informationen aus den Daten zu extrapolieren – z. B. die Häufigkeiten von verschiedenen Populationen, die durchschnittliche Intensität der Färbung, etc. Der wichtigste Tipp, den wir allen unseren Usern geben, ist es, sich frühzeitig mit einem kleinen Datensatz von Testexperimenten hinzusetzen und zu schauen, ob man die Daten sinnvoll auswerten kann und ob nicht vielleicht Informationen von zusätzlichen Markern fehlen. Im besten Fall kann man vielleicht sogar Marker entfernen

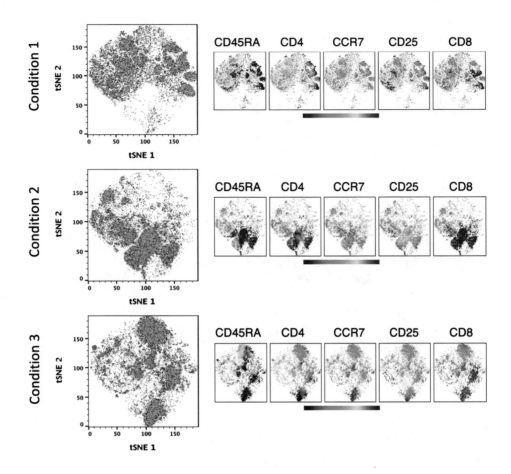

Abb. 13.13 tSNE-Analysen helfen bei der Sichtung von großen oder komplexen Datensätzen. PBMCs wurden mit drei unterschiedlichen Stimulierungen behandelt und für vier Tage in Suspension kultiviert. Die tSNE-Analyse eines spektralen Durchflusszytometrieexperiments mit 15 verschiedenen Markern zeigt deutlich unterschiedliche Effekte der Stimmulierungen auf die Entwicklung der kultivierten PBMCs. Die weitere Analyse der tSNE-Plots mittels Expressionsdichte in Falschfarbendarstellung zeigt die unterschiedlichen Populationen (z. B. CD4 oder CD8) und deren Expression von wichtigen immunologischen Markern (CD45RA, CCR7, CD25)

und die Komplexität der Experimente reduzieren. Man sollte sich auch ganz ehrlich damit auseinandersetzen, ob man die richtige Analysesoftware nutzt oder ob man Hilfe von Biostatistikern oder Informatikern braucht. Die schiere Vielfältigkeit der Analyseansätze von Daten, egal welcher Art von Daten, kann einen Anfänger oft überwältigen und treibt selbst erfahrene Durchflusszytometriker immer vor sich her. Es lohnt sich auch, alte Datensätze mit neuen Analysemethoden einmal neu zu begutachten, besonders, wenn es höherparametrische Datensätze sind. Einerseits lernt man die neuen

Werkzeuge besser einzuschätzen und bekommt ein Gefühl für den richtigen Einsatz im richtigen Moment, aber im besten Falle erhält man neue Informationen, die man einfach aus der Gewohnheit der alten Analysestrategie übersehen hatte.

13.4 Zytometrie in der Ära der Genomik

Die immer günstige Hochdurchsatzsequenzierung von Nucleinsäuren, DNA und RNA, und die Entwicklung von einer Vielzahl an verschiedenen Einzelzellsequenzierungs-techniken hat einen Boom an wertvollen wissenschaftlichen Daten aus zytometrischen Fragestellungen in der klassischen Hämatologie und Krebsforschung hervorgebracht (Bendall et al. 2011; Stoeckius 2017).

13.4.1 Das Grundprinzip der zytometrischen Einzelzellsequenzierung

Die am häufigsten eingesetzten und auf Einzelzellen basierten genomischen Methoden basieren auf Lipidtröpfchen (10xGenomics), Mikrometer-Kleinstloch-platten (BD Rhapsody) oder der klassischen Kombination von hochparametrischer Zellsortierung (FACS) von Einzelzellen in Mikrotiterplatten unter Verwendung der Smart-seq2- oder sci-RNA-seq-Technologie (Abb. 13.14, einen guten Überblick liefern

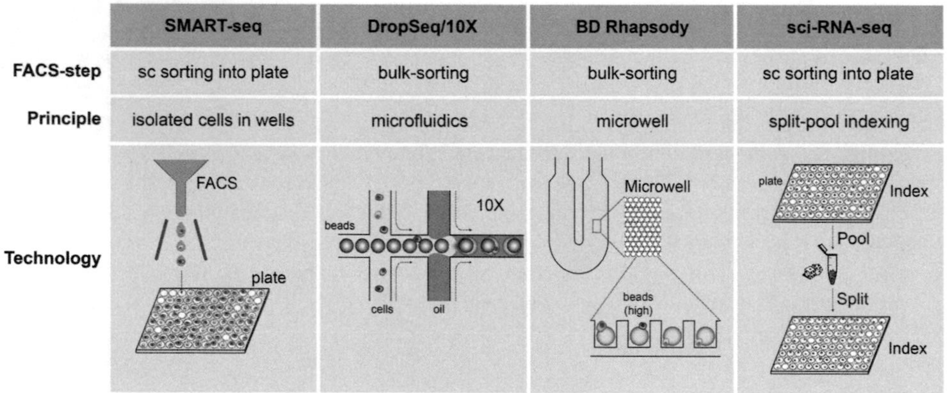

Abb. 13.14 Übersicht von verschiedenen Einzelzellsequenzierungsmethoden, die zusammen mit Zellsortierung einen tiefen Einblick in die Zellbiologie geben. Am meisten werden 10XGenomics oder Smart-seq im Feld verwendet, wobei jede der Techniken Vor- und Nachteile hat. Smart-seq und sci-RNA-seq sind nur mit einem Zellsortierer im Verbund zu nutzen, wobei man 10XGenomics und Rhapsody auch ohne einen Sorter nutzen kann. Hier sollte man aber auf die Gesundheit des Samples und die Frequenz von Dubletten Acht geben. Eine vorherige Sortierung der Zellen ist in jedem Fall ratsam

Tanay und Regev 2017; Ziegenhain et al. 2017; Lafzi et al. 2018). Allen Technologien liegt ein gemeinsames Prinzip zu Grunde: Die Zellen werden alleine in ihr eigenes Reaktionsvolumen sequestriert und dort lysiert, um die RNA für eine reverse Transkription zugänglich zu machen. Während dieser cDNA-Konvertierung enthält jedes Reaktionsvolumen, sei es nun ein Microwell oder ein Lipidtröpfchen, sogenannte DNA-Barcodes, die für jedes Reaktionsvolumen eine andere, aber spezifische Sequenz haben. Da alle von der reversen Transkriptase in cDNA umgewandelten RNAs mit einem für das „Reaktiongefäß" spezifischen DNA-Barcode versehen wurden, kann man nach diesem Einzelzellschritt alle nachfolgenden Reaktionen und die eigentliche Sequenzierung parallel als Gemisch durchführen. Die jeweiligen Barcodes in den cDNAs identifizieren die Ursprungszelle. Das vereinfacht die Handhabung der Labormethoden und steigert die Effizienz und den Durchsatz der analysierten Zellen enorm. Mit solchen Methoden lassen sich effizient 10.000–20.000 Zellen parallel bearbeiten. Mit 10xGenomics oder BD Rhapsody kann man je nach Methode zwischen zwei- bis dreitausend Gene detektieren, wobei nur höher exprimierte mRNAs eine gute Chance haben, in cDNA umgewandelt zu werden. Für niedriger exprimierte Gene besteht ein höheres Risiko, dass sie gar nicht oder nur sehr selten in eine cDNA umgeschrieben werden. Das liegt an der niedrigen Effizienz des reversen Transkriptionsschrittes (Stahlberg 2010; Schwaber 2019) – die hierdurch induzierte Variabilität der Daten von gering exprimierten Genen wird durch einige bioinformatische Filter reduziert (Butler et al. 2018).

Die Einzelzellsequenzierung nutzt die differenzielle Genexpression von verschiedenen Zelltypen für die Phänotypisierung der einzelnen Zellen aus und kann dafür das gesamte Expressionsmuster nutzen. Ähnlich der klassischen Durchflusszytometrie reicht aber die Quantifizierung bestimmter Markergene aus, um eine große Zahl klassischer Zelltypen klar zu bestimmen – was die Datenauswertung vereinfacht. Die Attraktivität der zytometrischen Genomik liegt in der parallelen Bestimmung der Zelltypen in Verbindung mit den zugleich vorliegenden Genexpressionsmustern, die einen sehr tiefen Blick in die jeweilige Biologie der Zellen gibt. Die molekulare Phänotypisierung der einzelnen Zellen kann in vielen Fällen zu einer feineren Subklassifizierung von bekannten Zelltypen führen, die man durch die klassische Antikörperfärbung, aufgrund der Ermangelung von Antikörpern gegen alle zelluläre Proteine, nicht erreichen konnte (Cossarizza 2019).

13.4.2 Hochparametrische Immuno-PCR (AbSeq und TotalSeq) als Alternative zur massenspektrometrischen Zytometrie (CyTOF)

Eine Neuverwendung der länger bekannten Immuno-PCR-Technologie, bei der spezifische Antikörper mit einem PCR-tauglichen Oligonucleotid anstelle eines Fluoreszenzfarbstoffes markiert werden, hat die maximal mögliche Parameterzahl in der antikörperbasierten Zytometrie nochmals gesteigert. Bislang war die phänotypisierende Zytometrie mit mehr als 27 verschiedenen Antikörpern nur mittels Massenspektrometrie möglich (CyTOF; Bendall et al. 2011). Bei dieser Methode werden die antigenspezifischen Antikörper mit verschiedenen Metallen mit einem Atomgewicht von 100–200 Da markiert. Die Technik der Antikörpermarkierung ist sehr einfach, bedarf aber sehr reiner Präparationen der jeweiligen Elemente. Die Messung der metallgefärbten Zellen erfolgt dann sehr ähnlich dem Prinzip der klassischen Durchflusszytometrie, mit dem Unterschied, dass die vereinzelt in das Massenspektrometer eingesprühten Zellen keine Reihe an Laser passieren, sondern in einem 5000 °C heißen Plasma verbrannt werden. Die Verbrennung der Zellen befreit die Metallatome vom biologischen Material, das dann innerhalb des Massenzytometers über Quadrupol-Magnete von den 100–200 Da schweren Metallatomen getrennt wird. Die Metallatome werden dann entsprechend ihrer Masse und Reisezeit bis zum Detektor separiert und aufsummiert. Es entsteht also eine Massenanhäufung der jeweiligen Markeratome ähnlich zum Fluoreszenzsignal im Durchflusszytometer. Die Verwendung von Metallatomen als Marker für die einzelnen Antikörper hat aber den Vorteil, dass man (fast) keine spektrale Kompensation braucht und somit theoretisch bis zu hundert verschiedene Metall-Antikörper-Kombinationen vermessen könnte, da die Massen fast immer um 1 Da klar getrennt sind (Oxidation und Isotopenverunreinigungen können sich negativ auswirken).

Die Immuno-PCR-basierten Methoden, wie AbSeq oder CiteSeq, haben das gleiche Potenzial wie CyTOF in der antikörperbasierten Parameterzahl, da auch hier keine spektralen Kompensationen die gleichzeitige Verwendung von vielen Antikörpern schwieriger gestalten (Stoeckius 2017). Im Gegensatz zu CyTOF kann man bei AbSeq und TotalSeq aber parallel zu Antikörperfärbung, die die Translation der epitopspezifischen Proteine in der Zelle detektiert, auch gleichzeitig die Genexpression der gesamten Zelle analog zur Einzelzellsequenzierung zusätzlich analysieren (siehe Abb. 13.15 für ein Beispiel). Durch die Kombination von mRNA- und Proteindetektion bekommt man einen viel tieferen, funktionalen Einblick auf der Ebene von einzelnen Zellen. Gerade die Fähigkeit, Expression und Proteinmenge zu korrelieren, erlaubt es, weitere Zelltypen oder Genregulations- und Expressionsmechanismen zu studieren. Diese Technologie stellt eine fantastische Fusion der klassischen, aber bislang fluoreszenzdominierten Durchflusszytometrie mit der tiefenanalytischen Genomik dar. Dieses analytische Potenzial ist gewaltig, aber leider auch extrem teuer, da die verwendete Chemie und Technik aus vielen Komponenten (Antikörper, Single-cell Kit, Libraryherstellung, Sequenzierung, Analyse) besteht und auch die Analyse noch spezieller Bioinformatikkenntnisse bedarf. Jedoch ist die Immuno-PCR in Form von AbSeq und TotalSeq deutlich preiswerter als CyTOF, wenn man die Messung von Suspensionszellen betrachtet. Diese Technik hat aus unserer Sicht das größte Potenzial und könnte auch mit neueren Methoden für die Genomik auf Gewebeschnitten kombiniert werden.

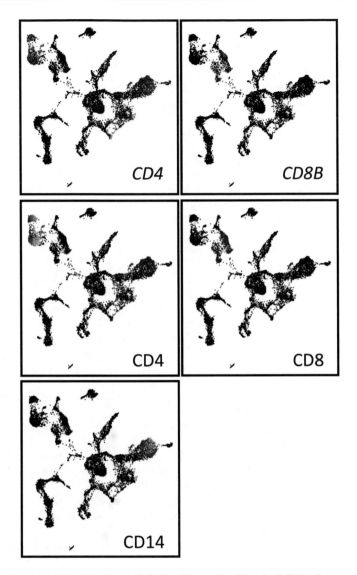

Abb. 13.15 Beispiel für die ImmunoPCR-gekoppelte Einzelzell-RNA-Sequenzierung. Die Plots basieren auf einer UMAP-Analyse, die Zellen entsprechend ihrer RNA-Sequenzierung und Immuno-PCR-Proteinfärbung auftrennt. Betrachtet man die CD4-mRNA- und CD4-Protein-Verteilung, so kann man mit dieser Methode sehr einfach sehen, dass Monocyten (CD14+!) große Mengen an CD4-mRNA exprimieren, aber kaum Protein auf der Oberfläche haben. Auf mRNA-Ebene ist CD4 also kein idealer Marker für CD4-T-Zellen alleine, sondern sollte eher mit weiteren Markern kombiniert werden. Anders z. B. die Expression von CD8B, welche perfekt mit der Translation von CD8-Protein in CD8-T-Zellen korreliert

Literatur

Anders Stahlberg adn Martin Bengtsson, Single-cell gene expression profiling using reverse transcription quantitative real-time PCR, Methods, Apr 2010.

Autengruber A et al., Impact of enzymatic tissue disintigration on the level of surface molecule expression and immune cell function, European Microbiol Immunol, Jun 2012.

Sean Bendall et al., Single-cell mass cytometry of differential immune and drug responses across a human hematopoietic continum, Science, May 2011.

Jolanda Brummelman et al., Development, application and computational analysis of high+dimensional fluorescent antibody panels for single+cell flow cytometry, Nature Protocols, Jun 2019.

Andrew Butler et al., Integrating single-cell transcriptomic data across different conditions, technologies, and species, Nat Biotechnol, Jun 2018.

Andrea Cossarizza, Guidelines fort he use of flow cytometry and cell sorting in immunological studies, European Journal of Immunology, Oct 2019.

Gregory Goddard et al., Singe particle high resolution spectral analysis flow cytometry, Cytometry Part A, Sep 2006.

Atefeh Lafzi et al., Turorial: guidelines fort he exerumental design of single-cell RNA sequencing studies, Nature Protocols, Dec 2018.

Holden T Maecker and Joseph Trotter, Flow cytometry controls, instrument setup, and the determination of positivity, Cytometry Part A, Sep 2006

Yolanda Mahnke et al., Publication of optimized Multicolor immunofluorescence panels, Cytometry Part A, Aug 2010.

Richard Nguyen et al., Quantifiying spillover spreading for comparing instrument performance and aiding in multicolor panal design, Cytometry Part A, Mar 2013.

John Nolan and Danilo Condello, Spectral Flow Cytometry, Current Protocols in Cytometry, Jan 2013.

Stephen P Perfetto et al., Quality assurance for polychromatic flow cytometry using a suite of calibration beads, Nature Protocols, Dec 2012.

Mario Roederer, Compensation in Flow Cytometry, Current Protocols in Cytometry, Dec 2002.

Jessica Schwaber et al., Shedding light: The importance of recerse transcription efficiency standards in data interpretation, Biomol Detect Quantif, Feb 2019.

Howard M Shapiro, Practical Flow Cytometry, Wiley Books, Jun 2003.

Stoeckius et al., Simultaneous epitope and transcriptome measurment in single cells, Nature Methods, Sep 2017.

Amos Tanay and Aviv Regev, Scaling single-cell genomics from phenomenology to mechanism, Nature, Jan 2017.

Christoph Ziegenhain et al., Comparative Analysis of Single-Cell RNA Sequencing Methods, Mol Cell, Feb 2017.

Nachweismethoden zur Protein-Interaktion

14

Tobias Pusterla und Ann-Cathrin Volz

Immunoassays kamen erstmals in den 1950er Jahren zur Identifizierung und Quantifizierung von Analyten zum Einsatz, wobei der ELISA *(engl.: Enzyme-Linked Immunosorbent Assay)* erstmals 1971 von Engvall und Perlmann beschrieben wurde. Seitdem hat sich das Anwendungsspektrum ständig erweitert, und mittlerweile sind Immunoassays nicht mehr aus der klinischen Forschung und Arzneimittelforschung weg zu denken. Neben dem klassischen kolorimetrischen ELISA setzen sich weitere Nachweistechnologien durch. Diese ermöglichen nicht nur eine höhere Empfindlichkeit, sondern erweitern auch den Anwendungsbereich der Assays. Der Chemilumineszenz-Assay (CLIA) beinhaltet, ähnlich wie der ELISA, Antikörper-konjugierte Enzyme, welche jedoch hier ein chemilumineszentes Produkt umsetzen. Das Signal eines Fluoreszenz-Immunoassays (FIA) stammt von einem Fluorophor, das meist direkt an einen Antikörper gebunden vorliegt. Immunoassays, insbesondere ELISAs, finden heutzutage eine breite Anwendung. Der Markt bietet eine Vielzahl verschiedenster Antikörper, wodurch die Assays leicht zugänglich und kostengünstig umzusetzen sind. Durch die jüngsten Fortschritte in der Biotechnologie und der Nanotechnologie werden weitere neue und vielversprechende Methoden verfügbar.

Mit den neuen Techniken ergeben sich zusätzliche Vorteile, wie eine deutlich kürzere Laufzeit, eine einfachere Anwendung und die Option zur Überführung der Assays in Hochdurchsatzscreeningverfahren. Außerdem ermöglichen die höhere Empfindlichkeit und ein erweiterter dynamischer Detektionsbereich die Messung von Konzentrationen über mehrere Dekaden hinweg. Dadurch lässt sich beispielsweise eine mehrstufige

T. Pusterla (✉) · A.-C. Volz
BMG LABTECH GmbH, Ortenberg, Deutschland
E-Mail: Tobias.Pusterla@bmglabtech.com

A.-C. Volz
E-Mail: ann-cathrin.volz@bmglabtech.com

© Springer-Verlag GmbH Deutschland, ein Teil von Springer Nature 2023
A. M. Raem und P. Rauch (Hrsg.), *Immunoassays*,
https://doi.org/10.1007/978-3-662-62671-9_14

Probenverdünnung vermeiden, was Zeit und Kosten spart und zudem die Variabilität der Ergebnisse verringert. Da die Assays mit diesen neuen Verfahren oft eine höhere Stabilität (teils mehrere Jahre Haltbarkeit angesetzter Assays) aufweisen, wird die Variabilität der Assayergebnisse weiter reduziert.

Ein weiterer wichtiger Vorteil, der sich durch einige der angeführten neuen Methoden ergibt, ist die Möglichkeit zur Nutzung homogener Formate. Homogene Assays ermöglichen einfache Misch- und Detektionsverfahren, ohne zusätzliche Separations- oder Waschschritte vor der Analyse der Proben. Heterogene Assays hingegen beinhalten mindestens einen Waschschritt, um ungebundene Komponenten zu entfernen und so eine Reduktion des Hintergrunds zu erreichen (Homogeneous Assay 2005). Homogene Assays umfassen verglichen mit heterogenen Ansätzen meist weniger Arbeitsschritte, wodurch sich der Aufwand zur Durchführung wesentlich reduziert und die Überführung in Hochdurchsatzprozesse vereinfacht wird.

In diesem Kapitel werden einige vielversprechende Mikroplattenreader-basierte Systeme vorgestellt, die alternativ zu klassischen Methoden zur Identifizierung und Quantifizierung von Analyten und zur Untersuchung möglicher Wechselwirkungen eingesetzt werden können. Zeitaufgelöste Fluoreszenz- (*time-resolved fluorescence,* TRF) Immunoassays stellen eine Weiterentwicklung der klassisch angewandten FIAs dar. Anders als bei FIAs werden hier Lanthanoide eingesetzt, die gegenüber regulären Fluorophoren eine länger anhaltende Emission aufweisen. Die Alpha-Technologie *(Amplified Luminescent Proximity Homogeneous Assay)* einschließlich AlphaScreen® und AlphaLISA® nutzt ein auf Kügelchen (Beads) basiertes System. Die Plattform kann entweder als Immunoassay zur Identifikation und Quantifizierung von Analyten oder zur Untersuchung ihrer Wechselwirkung verwendet werden. Ratiometrische Methoden wie BRET *(Bioluminescence resonance energy transfer),* FRET *(Förster resonance energy transfer)* und TR- *(time-resolved)* FRET, basieren auf der Signaldetektion aus dem Förster-Resonanzenergietransfer in den jeweiligen Modi Lumineszenz, Fluoreszenz bzw. zeitaufgelöster Fluoreszenz. BRET und (TR-)FRET werden genau wie die Fluoreszenzpolarisation, welche Bindungsereignisse durch eine Erhöhung des polarisierten Lichts abbildet, meist für Interaktionsstudien eingesetzt – können aber auch als Immunoassays verwendet werden. Im folgenden Abschnitt stellen wir alternative Technologieplattformen vor, die mithilfe von Mikroplattenreadern zur Identifizierung und Quantifizierung von Analyten und deren Interaktion dienen können. Neben den assoziierten Vor- und Nachteilen der Methoden werden auch mögliche Anwendungsfelder angeführt.

14.1   Zeitaufgelöste Fluoreszenz

Immunoassays, die auf zeitaufgelöster Fluoreszenz basieren, werden zur Identifizierung und Quantifizierung von Molekülen wie beispielsweise Cytokinen bzw. allgemein Proteinen eingesetzt. Sie beruhen auf der Erkennung und Bindung von Zielmolekülen durch spezifische Antikörper, die mit einer speziellen Klasse von Fluorophoren – den Lanthanoiden – markiert vorliegen. Die Lichtemission von Lanthanoiden zieht sich im

Vergleich zu klassischen Fluorophoren über einen längeren Zeitraum, d. h. das Abklingen des Emissionssignals tritt im Vergleich zu klassischen Fluorophoren zeitlich verzögert ein.

Die Detektion und Quantifizierung des Fluoreszenzsignals liefert indirekt Informationen über die Zielmoleküle. Immunoassays sind quantitativ, hochempfindlich und bieten die Möglichkeit zur gleichzeitigen Detektion mehrerer Zielgrößen (Multiplexing).

14.1.1 Prinzip zeitaufgelöster Fluoreszenz

Fluoreszenz beschreibt die Emission von Licht einer längeren Wellenlänge als Reaktion eines Moleküls auf die Anregung mit Licht einer kürzeren Wellenlänge. Die Fluoreszenzdetektion lässt sich hauptsächlich in zwei Arten von Messungen unterteilen: Kurzlebige und zeitaufgelöste Fluoreszenz. Der Hauptunterschied zwischen diesen beiden Methoden beruht auf der Art und den Eigenschaften der verwendeten fluoreszierenden Moleküle (Fluorophore) bzw. der daraus resultierenden Detektionszeit.

Der kurzlebige Fluoreszenz-Detektionsmodus ist am weitesten verbreitet und wird allgemein als „Fluoreszenzintensität" bezeichnet. Standardfluorophore (z. B. Fluoreszein, Rhodamin usw.) emittieren bei Anregung innerhalb von Nanosekunden Licht einer bestimmten Wellenlänge. Ein kurzes Zeitfenster zwischen Anregung und Emission ermöglicht die Detektion des Fluoreszenz-Emissionssignals gleichzeitig mit der Anregung der Probe.

Der zweite Typ, die zeitaufgelöste Fluoreszenz (TRF), wird in Abhängigkeit der Zeit nach der Anregung beobachtet. Im Gegensatz zur kurzlebigen Fluoreszenzintensität basiert die zeitaufgelöste Fluoreszenz auf der Detektion von Intensitätsabfällen und/oder auf der verzögerten Detektion des Emissionssignals nach der Anregung. Bei TRF-Messungen ist der Zeitraum der Anregung kürzer als die Abklingzeit des Emissionssignals.

Während die Emission regulärer Fluorophore innerhalb von Nanosekunden abklingt, zieht sich die zeitaufgelöste Fluoreszenzemission durch die Nutzung von Lanthanoiden in den Mikro- oder sogar Millisekundenbereich (Abb. 14.1).

Lanthanoide (Ln) sind eine Gruppe einzigartiger fluoreszierender metallischer chemischer Elemente. Sie werden häufig unter dem Sammelbegriff „Seltene Erden" zusammengefasst. Lanthanoide haben sehr niedrige Absorptions- (Anregungs-) Koeffizienten und langsame Emissionsraten. Dies führt zu einer verlängerten Abklingzeit ihres Fluoreszenzsignals zwischen 0,5 und 3 ms. Alle Lanthanoidenelemente bilden dreiwertige Kationen (Ln^{3+}) in wässriger Lösung und weisen einen besonders steilen und schmalen Emissionspeak sowie eine große Stokes-Verschiebung auf (Werts 2005).

Lanthanoide zeigen sehr vorteilhafte Eigenschaften für den Einsatz als biochemische Marker. Ursprünglich wurden sie in biologischen Systemen als lumineszierende Marker für Calcium eingesetzt. Die Lumineszenz der Lanthanoide hat sich dabei als ein empfindlicher Sensor für Ca^{2+}-Bindungsstellen in Proteinen erwiesen (de Jersey und Martin 1980).

Der verzögerte Abfall in ihrer Fluoreszenzemission macht sie zu idealen Fluorophoren für TRF-Anwendungen. Europium, Terbium, Samarium und Dysprosium sind

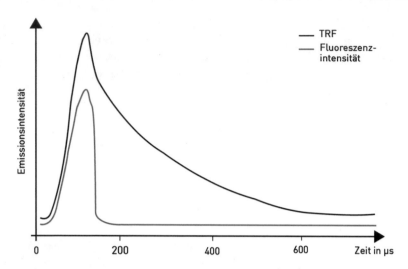

Abb. 14.1 Schematische Darstellung der verschiedenen Emissionszeiten bei der klassischen Fluoreszenzintensität und bei zeitaufgelöster Fluoreszenz (TRF)

in den Biowissenschaften, insbesondere in TRF-Immunoassays, weit verbreitet. Dabei kommen Europium und Terbium am häufigsten zum Einsatz (Abb. 14.2).

Insbesondere Europiumionen (Eu^{3+}) werden häufig zur Markierung von Antikörpern in immunologischen Assays mit TRF verwendet. Neben der lang anhaltenden Fluoreszenzemission zeigt Europium zudem eine große Stokes-Verschiebung (290 nm), sodass zwischen Anregungs- und Emissionsspektrum keinerlei Überlappung besteht. Zudem weist es einen sehr steilen Emissionspeak auf (Abb. 14.3; Diamandis 1988).

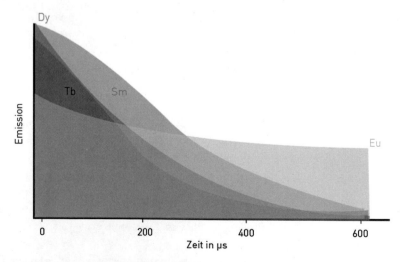

Abb. 14.2 Schematische Darstellung der Emissionszeiten der vier am häufigsten in der Biowissenschaft verwendeten Lanthanoide: Europium (Eu), Terbium (Tb), Samarium (Sm) und Dysprosium (Dy)

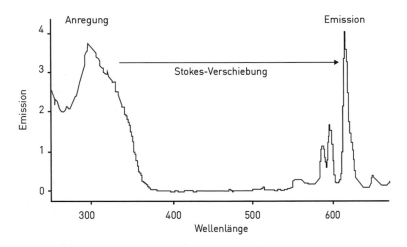

Abb. 14.3 Anregungs- und Emissionsspektren von Europium

14.1.2 Chelate und Kryptate

Da die Emission von Lanthanoiden für TRF-Anwendungen meist relativ schwach ist, werden sie in der Regel nicht direkt angeregt, sondern stattdessen in eine Art licht-bündelnde „Kapsel" integriert. Diese Kapsel, die meist aus einem Chelat oder einem Kryptat besteht, ermöglicht zum einen das Sammeln von Lichtenergie und zum anderen die Übertragung der gesammelten Energie auf die Lanthanoidionen. Dadurch ergibt sich final eine höhere Emissionsintensität (Abb. 14.4). Das Anregungsspektrum des Kapsel-Lanthanoid-Komplexes entspricht dabei dem Absorptionsspektrum der Kapsel und nicht dem der Lanthanoide selbst (Soini et al. 1987).

Neben einem höheren Emissionssignal ermöglicht die Chelatisierung außerdem die Konjugation von Lanthanoidionen mit biologischen Komponenten (z. B. Antikörpern, Rezeptoren, Liganden usw.). Die Konjugation stellt eine zwingende Voraussetzung für mehrere TRF-Anwendungen dar.

14.1.3 TRF-Immunoassays

Klassische ELISAs basieren auf enzymkonjugierten Antikörpern, welche die kolori-metrische Modifikation eines Substrats katalysieren. In FIAs kommen entweder Anti-körper zum Einsatz, die mit Fluorophoren konjugiert vorliegen, oder die Assays beruhen auf dem gleichen Prinzip wie klassische kolorimetrische ELISAs, wobei das konjugierte Enzym die Umwandlung eines Substrats in ein fluoreszierendes Produkt katalysiert. TRF-Immunoassays stellen eine weiterentwickelte Form der FIAs dar und beinhalten Lanthanoide mit lang anhaltender Emission. Sie basieren im Allgemeinen auf dem Prinzip eines Sandwich-ELISA, bei dem ein Fängerantikörper auf dem Boden des Mikroplattenwells immobilisiert ist und der sekundäre Antikörper kovalent an einen

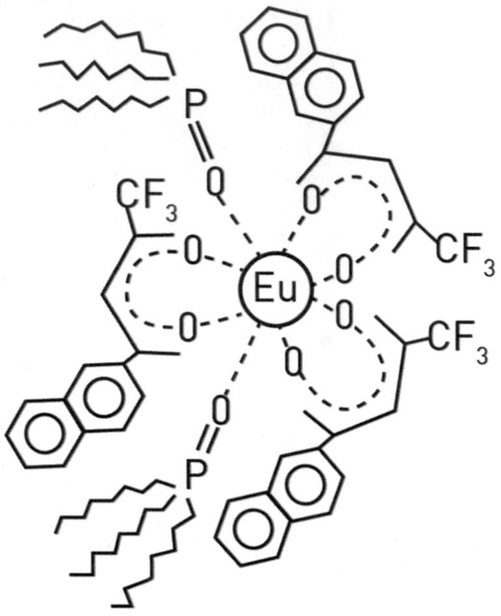

Abb. 14.4 Beispiel eines
Europium-Chelat-Komplexes
im fluoreszierenden Zustand.
(Modifiziert nach Lakowicz
2013)

Lanthanoid-Chelat-Komplex (meist Europium) gebunden vorliegt. Die vorhandenen Ziel-moleküle werden dabei vom sekundären Antikörper gebunden. Nicht gebundener Sekundär-antikörper wird im nächsten Schritt weggewaschen. Die Menge des Lanthanoid-markierten Antikörpers ist dabei proportional zur Konzentration des Zielmoleküls in der Probe. TRF-Immunoassays können entweder als direkte oder kompetitive Assays durchgeführt werden.

Bei TRF werden die Proben durch einen Lichtimpuls mit einer bestimmten Wellen-länge, in der Regel 337 nm, angeregt. Die Messung der Emission erfolgt zeitversetzt mit dem Abklingen des Autofluoreszenzsignals. Das bedeutet, dass die zeitaufgelöste Fluores-zenzdetektion erst nach dem Abklingen des kurzlebigen Autofluoreszenzsignals (Mikro-sekunden) beginnt. Das detektierte Emissionssignal wird für ein bestimmtes Zeitfenster integriert (Abb. 14.5). Da das Zielmolekül proportional zum zeitaufgelösten Emissions-signal vorhanden ist, kann es mithilfe einer Standardkurve leicht quantifiziert werden.

Einer der am häufigsten verwendeten TRF-Immunoassays ist DELFIA®.

DELFIA

DELFIA *(dissociation-enhanced lanthanide fluorescence immunoassay)* ist ein hetero-gener, TRF- basierter Assay, der ausgehend von dem Prinzip und Arbeitsablauf eines Sandwich-ELISAs inklusive der Waschschritte entwickelt wurde. Sein Aufbau ermög-licht es jedoch, typische Einschränkungen klassischer ELISAs zu umgehen. Dabei bietet der DELFIA einen größeren dynamischen Bereich und sehr stabile Signale, die auch noch Monate nach Durchführung des Assays gemessen werden können.

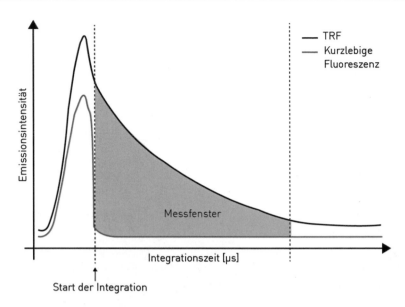

Abb. 14.5 Schematische Darstellung einer TRF-Messung. Nach Abklingen des unspezifischen Hintergrundsignals (kurzlebige Fluoreszenz) wird der Detektor eingeschaltet (Integrationsstart) und das Fluoreszenzsignal für eine bestimmte Zeit (Integrationszeit) gesammelt. Die Fläche unter der Kurve während der Integrationszeit dient zur Quantifizierung des emittierten Signals

Nach der Zugabe eines europiummarkierten Detektionsantikörpers und einer Reihe von Waschschritten wird im letzten Schritt ein Verstärkungsreagenz hinzugefügt. Dieses löst die Lanthanoide aus ihrer konjugierten „Kapsel" und ermöglicht die Bildung neuer Chelatkomplexe. Da Lanthanoide in Konjugation mit Antikörpern nicht leicht anzuregen sind, lässt sich durch das Herauslösen der Lanthanoide aus dem Antikörper-Chelat-Komplex und das anschließende Wiedereinbinden in einen Komplex ohne Konjugation an einen Antikörper ein deutlich höheres Signal generieren. Bei der anschließenden Anregung überträgt das stabile Chelatorchromophor das absorbierte Licht auf die Lanthanoide, deren Emissionssignal sich so wesentlich erhöht (Abb. 14.6).

DELFIA-Assays sind zwar robust und sehr empfindlich, stoßen jedoch im Hinblick auf einen möglichen Einsatz in Hochdurchsatzverfahren an ihre Grenzen, da das Verfahren viele Bindungs-, Inkubations- und Waschschritte umfasst.

14.1.4 Vorteile von TRF-Assays

Reduktion des Hintergrunds
Alle biologischen Proben zeigen ein gewisses Maß an Autofluoreszenz. Durch diese wird meist die Sensitivität des Assays eingeschränkt. Da die Autofluoreszenz

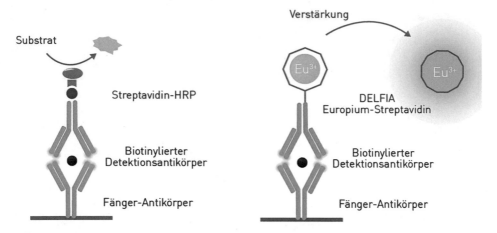

Abb. 14.6 Vergleich von Standard-ELISA (links) und TRF-Immunoassay (DELFIA; rechts). TRF-Immunoassays können als Sandwich-Typ oder als kompetitiver Assay eingesetzt werden. Nach Bindung des Zielmoleküls werden die Europiumionen vom Antikörper abgelöst. In der Lösung wird ein neuer Komplex aus Chelat und Europium gebildet und die zeitaufgelöste Fluoreszenz durch einen Mikroplattenreader erfasst. (Modifiziert nach PerkinElmer)

innerhalb von Nanosekunden abklingt, ermöglichen TRF-Messungen den Nachweis des Emissionssignals der Lanthanoide über den Mikro- oder Millisekundenbereich hinweg, nachdem das Autofluoreszenzsignal bereits abgeklungen ist. Das „kurzlebige" Fluoreszenzrauschen (bestehend aus Hintergrundsignalen und gestreutem Anregungslicht) wird dadurch aus der Messung ausgeschlossen, und die langlebigen TRF-Signale können mit sehr hoher Empfindlichkeit und bei niedrigem Hintergrund gemessen werden. Als einziges Hintergrundsignal kann die Messung hierbei lediglich durch unspezifisch gebundene Sekundärantikörper beeinträchtigt werden. Somit lässt sich mit TRF gegenüber der kurzlebigen Fluoreszenzdetektion das Hintergrundrauschen wesentlich reduzieren und die Empfindlichkeit des Assays erhöhen.

Hohe Signalintensität

Lanthanoide zeigen eine hohe Quantenausbeute und somit gegenüber klassischen Fluorophoren eine höhere Fluoreszenzintensität. Dieser Umstand trägt wesentlich zur besseren Empfindlichkeit des TRF-Assays bei. Aufgrund der hohen Quantenausbeute eignen sich Lanthanoide perfekt als Donormoleküle, sind aber als Akzeptormoleküle ungeeignet.

Langzeitstabilität des Assays

Sofern TRF-Immunoassays vor dem Dissoziationsschritt zur Signalverstärkung unterbrochen und gemäß den Anweisungen des Herstellers gelagert werden, sind die Assays bis zu zehn Jahre stabil. Auch nach solch einer langen Lagerungsphase können die Assays im Anschluss durch Zugabe des Verstärkungsreagenz aktiviert werden.

14.1.5 Nachteile von TRF-Assays

Viele Arbeitsschritte

Wie bereits zuvor diskutiert, kommen Lanthanoide für gewöhnlich in Form von Chelat-komplexen zum Einsatz, durch die sich der Fluorophor stabilisiert, seine Fluoreszenz erhöht und zudem die Konjugation an einen Antikörper ermöglicht wird. Bei der Detektion von TRF ist ein Dissoziationsschritt erforderlich, um die Intensität des regulär eher schwachen Fluoreszenzsignals der Lanthanoide zu erhöhen. Die Überführung der Lanthanoide aus dem Antikörperkonjugat zur freien Komplexbildung in Lösung erfordert mehrere zusätzliche Waschschritte oder die Zugabe von Reagenzien, welche bei kurzlebigen fluoreszenzbasierten Assays normalerweise nicht erforderlich sind.

Sorgfältige Handhabung erforderlich

Die Waschschritte, welche nach der Inkubation mit Lanthanoid-markierten Reagenzien bzw. vor der Zugabe der Verstärkungsreagenz stattfinden, sind besonders kritisch und können die Qualität des Assays stark beeinträchtigen. Um sicher zu stellen, dass alles an nicht gebundenem konjugiertem Sekundarantikörper aus dem System entfernt wird, müssen diese Waschschritte mit besonderer Sorgfalt durchgeführt werden. Andernfalls würde das Vorhandensein von unspezifischen, nicht gebundenen Lanthanoidionen zu einem hohen Hintergrundsignal führen.

Höhere Kosten

Die TRF-Detektion ist im Vergleich zu regulären Fluoreszenz-basierten Methoden wesentlich empfindlicher und effizienter. Allerdings ist die Messung mit einem höheren finanziellen Aufwand für Reagenzien und für die genutzten Instrumente verbunden.

14.1.6 Anwendungen von TRF-Immunoassays

TRF -Immunoassays wie DELFIA bedienen ein breites Anwendungsfeld. Sie können zur Messung von Zellzytotoxizität, Zellproliferation oder Apoptose eingesetzt werden, aber auch als Enzymassays oder zum Nachweis posttranslationaler Modifikationen und molekularer Wechselwirkungen dienen.

14.2 Alpha-Technologie

Alpha *(Amplified Luminescent Proximity Homogeneous Assay)* ist ein auf Kügel-chen (Beads) basierendes System zur Untersuchung von Wechselwirkungen zwischen Molekülen in einer Mikroplatte. Ursprünglich entwickelt wurde die Alpha-Technologie im Jahr 1994 als Methodik für diagnostische Assays namens LOCI® *(Luminescent Oxygen Channeling Immunoassay;* Ullman et al. 1994). Aktuell umfasst die Alpha-Technologie

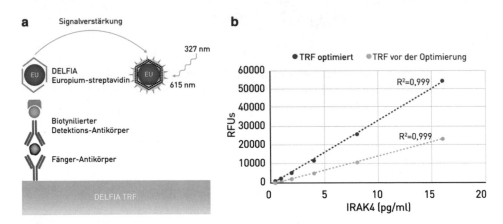

Abb. 14.7 Anwendungsbeispiel des DELFIA® TRF-Immunoassays zum Nachweis von humanem IRAK4. **a** Schematische Darstellung des DELFIA TRF-Testprinzips (modifiziert nach PerkinElmer) **b** Standardkurve von IRAK4 vor und nach Optimierung des Z-Höhenfokus am Mikroplattenreader. (Nach Campbell und Carney 2020)

AlphaScreen® und AlphaLISA® und wird hauptsächlich in den Biowissenschaften zum Screening beispielsweise neuer Wirkstoffe eingesetzt.

14.2.1 Prinzip beadbasierter Assays

Das Grundprinzip der Alpha-Technologie beruht auf der Bindung von zwei unterschiedlichen Zielmolekülen an spezielle Beads. Sofern die beiden Zielmoleküle interagieren, befinden sich die daran gebundenen Beads in unmittelbare Nähe zueinander. Diese Nähe ermöglicht die Energieübertragung von einem Bead auf das andere, und infolgedessen wird ein chemilumineszentes Signal erzeugt. Die Alpha-Technologie wird hauptsächlich in Hochdurchsatzscreening-Assays eingesetzt. Unter anderem lässt sie sich hierbei zur Quantifizierung von Analyten, zur Erfassung biomolekularer Wechselwirkungen, des Nachweises der Bildung bzw. der Abnahme eines Substrats oder Produkts und zur Überprüfung posttranslationaler Modifikationen nutzen.

Alpha-Assays basieren auf zwei Arten von Beads, die als Donor- und Akzeptorbeads bezeichnet werden und mit einem Hydrogel beschichtet sind. Die beiden Beadtypen beinhalten unterschiedliche Chemikalien, welche für die Erzeugung eines Leuchtsignals entscheidend sind. Das Donorbead enthält einen Photosensibilisator. Wenn dieser durch Licht mit der Wellenlänge 680 nm angeregt wird, überführt er Sauerstoff (O_2) in eine angeregte Form – Singulettsauerstoff ($^1O_2$). Singulettsauerstoffmoleküle haben eine verkürzte Lebensdauer (mit einer Halbwertszeit von vier Mikrosekunden) und können in Lösung etwa 200 nm diffundieren, bevor sie wieder in den Grundzustand zurückfallen. Solange sich keine Akzeptorbeads in der Nähe befinden, fallen die Singulettsauerstoffmoleküle in den Grundzustand zurück, ohne ein Lichtsignal zu erzeugen. Befindet sich jedoch ein Akzeptorbead innerhalb eines Radius von 200 nm, wird Energie vom Singulettsauerstoff auf dieses Bead übertragen und führt dort zu Lichterzeugung.

AlphaScreen®

AlphaScreen® bezeichnet eine Anwendungsform der Alpha-Technologie. AlphaScreen®-Akzeptorbeads enthalten drei chemische Farbstoffe: Thioxen, Anthracen und Rubren. Singulettsauerstoffmoleküle reagieren zunächst mit Thioxen, um Licht zu erzeugen. Dieses Licht wird anschließend auf Anthracen und auf Rubren übertragen und führt zu einer breiten Lichtemission in einem Wellenlängenbereich von 520 nm bis 620 nm (Yasgar et al. 2016). Die Halbwertszeit des Signals beträgt dabei 0,3 s. Bei Bindungsassays liegt ein Bindungspartner (z. B. ein Rezeptor) gebunden an die Donorbeads vor, während der andere Partner (z. B. ein Ligand) an die Akzeptorbeads gebunden ist. Wenn Rezeptor und Ligand interagieren, wird chemische Energie von einem Beadtyp auf den anderen übertragen, und es entsteht ein Leuchtsignal (Abb. 14.8). AlphaScreen® kann auch für kompetitive Assays oder zur Untersuchung der Dissoziation zweier Partner verwendet werden. In diesen Fällen wird die Signalverringerung beobachtet.

Donorbeads sind typischerweise als Streptavidinkonjugate erhältlich, die die spezifische Bindung von Biotin an Streptavidin zur Markierung von Biomolekülen ausnutzen. Demgegenüber werden Akzeptorbeads in erster Linie mit Antikörpern konjugiert. Daher ist der zweite Partner zur Bindung in der Regel auf die Anwesenheit eines entsprechenden Antigens angewiesen (Abb. 14.9). Alternativ zum Biotin-Streptavidin-Konjugat können

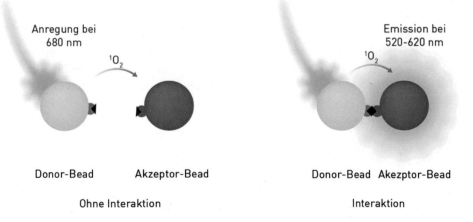

Anregung bei
680 nm

$^1O_2$

Emission bei
520-620 nm

$^1O_2$

Donor-Bead   Akzeptor-Bead   Donor-Bead   Akezptor-Bead

Ohne Interaktion   Interaktion

Abb. 14.8 Grundprinzip der Alpha-Technologie. **a** Solange sich die Donor- und Akzeptorbeads nicht in unmittelbarer Nähe zueinander befinden, zerfallen Singulett-Sauerstoffmoleküle ohne die Erzeugung eines Signals. **b** Durch die Interaktion der assoziierten Zielmoleküle kommen die Beads in unmittelbare Nähe zueinander. Singulettsauerstoffmoleküle erreichen den Akzeptorbead im angeregten Zustand, und ein Lichtsignal mit einer Wellenlänge von 520–620 nm wird erzeugt

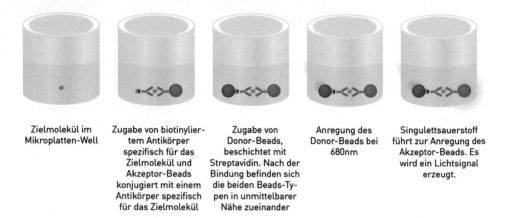

| Zielmolekül im Mikroplatten-Well | Zugabe von biotinylier-tem Antikörper spezifisch für das Zielmolekül und Akzeptor-Beads konjugiert mit einem Antikörper spezifisch für das Zielmolekül | Zugabe von Donor-Beads, beschichtet mit Streptavidin. Nach der Bindung befinden sich die beiden Beads-Ty-pen in unmittelbarer Nähe zueinander | Anregung des Donor-Beads bei 680nm | Singulettsauerstoff führt zur Anregung des Akzeptor-Beads. Es wird ein Lichtsignal erzeugt. |

Abb. 14.9 Schematische Darstellung eines AlphaScreen®-Assayprotokolls mit streptavidin-beschichteten Donor- und antikörperkonjugierten Akzeptorbeads. (Modifiziert nach PerkinElmer)

die beiden Beadtypen durch reduktive Aminierung direkt mit den Bindungspartnern beschichtet werden.

Mit einem Durchmesser von ca. 250 nm sind beide Beadtypen zu klein, um sich in biologischen Puffern abzusetzen. Darüber hinaus verstopfen sie weder Spitzen noch Injektoren, und die Reagenzien können somit leicht von automatisierten Liquid-Hand-ling-Geräten überführt werden. Dennoch sind die Beads groß genug, um gefiltert oder zentrifugiert zu werden. Die Hydrogelbeschichtung ermöglicht die Konjugation von Biomolekülen mit den Beads und reduziert gleichzeitig unspezifische Bindung und Aggregation gleicher Beads untereinander.

AlphaLISA®

AlphaLISA® stellt eine Weiterentwicklung der Alpha-Technologie dar. Sie beruht auf den gleichen Donorbeads, nutzt aber eine andere Art von Akzeptorbeads. Bei den AlphaLISA®-Beads werden Anthracen und Rubren durch Europiumchelate ersetzt. Angeregtes Europium emittiert Licht bei 615 nm mit einer viel schmaleren Bandbreite als AlphaScreen® (Abb. 14.10). Daher ist das entstehende Signal bei der AlphaLISA®-Emission deutlich weniger anfällig für mögliche Interferenzen durch weitere Substanzen und lässt sich somit auch für den Nachweis von Analyten in biologischen Proben wie Zellkulturüberständen, Zelllysaten, Serum und Plasma verwenden.

Mit AlphaLISA® lassen sich sezernierte, intrazelluläre oder zellmembranstämmige Proteine quantifizieren. Zum Nachweis von Biomarkern kommt der AlphaLISA® hauptsächlich als Sandwich-Immunoassay zum Einsatz. Ein biotinylierter Antikörper, spezifisch für den Analyten, bindet an das Streptavidin-Donorbead. Ein zweiter Anti-körper, ebenfalls spezifisch für den Analyten, liegt konjugiert mit dem AlphaLISA®-Akzeptorbead vor. Sofern das Zielmolekül in der Lösung vorliegt, befinden sich die Beads in unmittelbare Nähe zueinander. Durch die Anregung der Donorbeads werden Singulettsauerstoffmoleküle freigesetzt, die Energie auf die Akzeptorbeads übertragen,

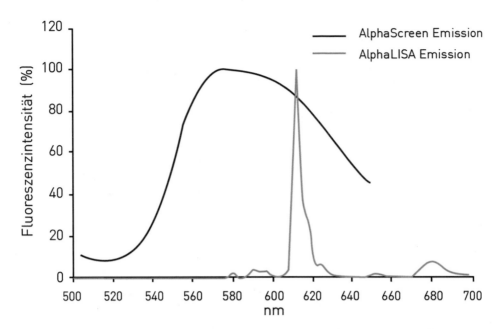

Abb. 14.10 Vergleich der Emissionsspektren von AlphaScreen® und AlphaLISA®. Aufgrund seines schmalen Emissionspeaks wird der AlphaLISA® hauptsächlich für den Nachweis von Analyten in Zellkulturüberständen, Zelllysaten, Serum und Plasma verwendet

welche folglich Licht bei einer Wellenlänge von 615 nm emittieren (Abb. 14.11). Alternativ kann der Aufbau auch zu einem kompetitiven Immunoassay umgewandelt werden.

14.2.2 Vorteile von Alpha-Assays

Die Alpha-Technologie bietet eine homogene und sensitive Plattform, die ebenfalls zur Miniaturisierung geeignet ist. Da AlphaScreen® vorwiegend mit Mikroplattenreadern durchgeführt wird, eignet es sich besonders gut für Screeninganwendungen im Hoch-durchsatzverfahren. AlphaLISA® bietet zuverlässige Ergebnisse und im Vergleich zu klassischen ELISAs eine höhere Sensitivität und einen breiteren dynamischen Bereich bei verkürzten Assayzeiten.

Hohes Signal-zu-Hintergrund-Verhältnis
Der Prozess der Signalerzeugung ist eine Kaskadenreaktion, wodurch eine hohe Signal-verstärkung zustande kommt. Dies führt zu einer hohen Sensitivität bei niedrigem Hintergrund. Erklären lässt sich dies hauptsächlich dadurch, dass die Anregungswellen-länge im roten Bereich und somit bei einer höheren Wellenlänge als das Emissions-signal liegt. Durch diesen Umstand wird die Autofluoreszenz, die regulär im blau-grünen Bereich liegt und die hauptsächlich durch biomolekulare Komponenten erzeugt wird,

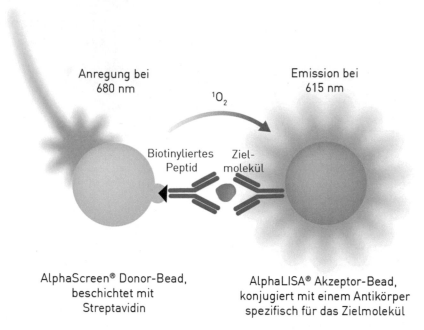

Abb. 14.11 Schematische Darstellung eines Sandwich-AlphaLISA®-Immunoassays. Ein biotinylierter Antikörper, der spezifisch für den Analyten ist, bindet an das Streptavidin-beschichtete Donorbead,
und ein zweiter Antikörper – spezifisch für denselben Analyten – ist direkt an das AlphaLISA®-
Akzeptorbead konjugiert. In Gegenwart des Analyten erzeugt die Anregung der Donorbeads bei
680 nm eine Lichtemission bei 615 nm am Akzeptorbead. (Modifiziert nach Perkin Elmer)

deutlich reduziert. Die Zeitverzögerung zwischen Anregung und Emission reduziert das
durch Autofluoreszenz bedingte Rauschen zusätzlich.

Homogener Assay
Die Alpha-Technologie ist homogen: Der Nachweis des gebundenen Donor-Akzeptor-Bead-
Komplexes erfordert für eine Reduktion des Hintergrundes keine physikalische Separation
der ungebundenen Komponenten. Folglich sind hier keine Trenn- oder Waschschritte
nötig, und das Assay-Protokoll besteht lediglich aus der Zugabe der Komponenten und
der anschließenden Detektion. Die wenigen Arbeitsschritte vereinfachen die Durchführung und erfordern deutlich weniger Zeitaufwand als andere Methoden. Daher eignet
sich die Methodik besonders gut für automationsgestützte Screeningzwecke.

14.2.3 Nachteile von Alpha-Assays

Lichtempfindlichkeit

Die Alpha-Chemie ist lichtempfindlich. Idealerweise sollte der Assay unter gedämpften Lichtbedingungen (unter 100 lx) vorbereitet und durchgeführt werden. Da dies nicht immer möglich ist, lässt sich alternativ ein geschlossener Raum mit Grünfilter an der Beleuchtung einrichten. Es hat sich gezeigt, dass die Durchführung des Assays unter Verwendung von Grünfiltern fast genauso effektiv ist wie unter komplettem Ausschluss von Licht (Abb. 14.12).

Vor allem in unmittelbarer Nähe zum Arbeitsbereich und zum Mikroplattenreader sollte besonders auf die Lichtverhältnisse geachtet werden. Während längerer Inkubationszeiten sollten Mikroplatten vor Licht geschützt und mit einem dunklen Tuch, Aluminiumfolie oder einem Karton abgedeckt werden.

Temperaturabhängigkeit

Die Alpha-Chemie ist nicht nur licht- sondern auch temperaturempfindlich. Größere Schwankungen der Raumtemperatur sollten vermieden werden, da sie einen negativen Einfluss auf die Signalerzeugung, -intensität und -stabilität haben. Bereits bei einer Schwankung von 1 °C beträgt die Variation des Alpha-Signals etwa 8 % (A Practical Guide to Working with AlphaScreen 2004).

Um zu vermeiden, dass sich während der Detektion ein Gradient in der Signalintensität ergibt, sollten Reagenzien und Verbrauchsmaterialien vor dem Start des Assays auf Raumtemperatur gebracht werden.

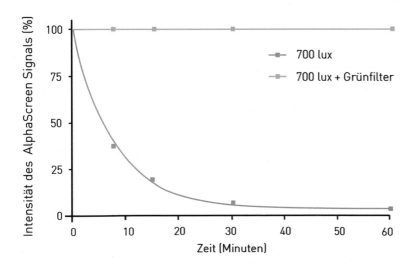

Abb. 14.12 Im Verlauf der Belichtungszeit zeigt sich der positive Einfluss von Grünfiltern auf die Stabilität des AlphaScreen®-Signals. (Nach A *Practical Guide to Working with AlphaScreen* 2004)

Beeinträchtigung durch Zellkulturmedien und Serum

Zellkulturmedien wie RPMI 1640, MEM und DMEM können die Signalintensität eben-falls negativ beeinflussen. Bereits 10 % Kulturmedium im Assayansatz führen zu einer etwa 30 %igen Reduktion der Signalintensität (Quenching), 10 % fetales Kälberserum reduziert das Signal um etwa 25 % (A Practical Guide to Working with AlphaScreen 2004). Daher empfiehlt es sich, zelluläre Proben vor der Untersuchung mittels Alpha-Assay mit einem geeigneten Puffer, wie beispielsweise PBS, zu waschen.

Anwendungen der Alpha-Technologie

Neben Quantifizierungs- und Interaktionsassays (Abb. 14.13a), einschließlich der Interaktion von Ligand/Rezeptor, Protein/Protein oder Protein/DNA), kann die Alpha-Technologie auch für Immunoassays (Abb. 14.13b), enzymatische und funktionelle Assays (zur Untersuchung von Signalwegen) eingesetzt werden. Die Alpha-Technologie ist vor allem beim Wirkstoffscreening weit verbreitet und wird dort in verschiedenen Assays angewandt, darunter fallen z. B. ELISA-ähnliche Immunoassays zur Quanti-fizierung von Analyten (TNF-α, IgG), Interaktionsassays (Cytokin-Bindungsassays, funktionelle Kernrezeptorassays, Liganden-Rezeptor-Bindungsassays, Protein/Protein, Protein/DNA, Protein/Peptid), funktionelle GPCR-Assays (cAMP, IP3 und Phospho-ERK1/2) und enzymatische Assays (Tyrosinkinase, Helikase, Protease, Phosphatase). Neben dem klassischen 96-Well-Format eignet sich die Alpha-Technologie auch zur Analyse von Bindungen oder biochemischen Ereignissen in 384- und 1536-Well-Formaten.

14.3 Ratiometrische Messungen zur Untersuchung der Protein–Protein-Interaktion

Ratiometrische Assays kommen im Mikroplattenformat häufig zur Überwachung bio-molekularer Interaktionen und zellulärer Reaktionen zum Einsatz. Die Liste möglicher Anwendungen wächst dabei ständig – nichts zuletzt durch die hohe Stabilität der Mess-ergebnisse. Die Assays kompensieren Hintergrundsignale, ein mögliches Ausbleichen oder Unterschiede in der Konzentration der Chromophore.

Eine ratiometrische Messung setzt zwei Messsignale ins Verhältnis zueinander. Um dieses Verhältnis erheben zu können, werden bei ratiometrischen Messungen in einer Probe zwei Parameter detektiert: Einer der Messwerte fungiert dabei als interne Referenz, während der andere das eigentliche Signal erfasst und somit die Präsenz eines Analyten oder eines biologischen Ereignisses anzeigt. Das Endergebnis des Assays bildet sich aus dem Verhältnis der beiden gemessenen Werte.

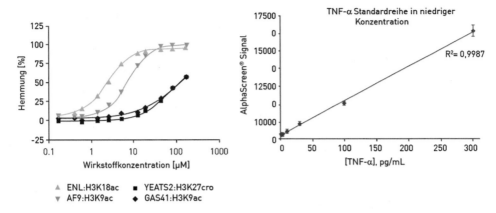

Abb. 14.13 Anwendungsbeispiele der Alpha-Technologie. **a** Dosis-Wirkungs-Kurven und IC$_{50}$-Werte für YEATS-Domänen, bestimmt mit dem AlphaScreen® Histidin-Detektionskit 12. **b** Bestimmung der TNF-α-Konzentration mit AlphaLISA®. Im miniaturisierten Format und einer Probengröße von 2 μL ermöglicht die Alpha-Technologie den Nachweis auch sehr geringer Konzentrationen mit hoher Linearität. (Nach Peters und Edwards 2014)

14.3.1 Technologie ratiometrischer Messungen

Ratiometrische Assays werden eingesetzt, um biologische Ereignisse, insbesondere Protein–Protein-Interaktionen, zu detektieren. Die populärsten ratiometrischen Assays basieren auf Fluoreszenz- (FRET), Lumineszenz- (BRET) und zeitaufgelöstem (TR-FRET) Resonanzenergietransfer. All diese Methoden beruhen auf dem Energietransfer von einem Donor- zu einem Akzeptorchromophor. Der Energieübertrag vom Donor auf seinen Akzeptor kann nur stattfinden, wenn sich beide in unmittelbarer Nähe zueinander befinden. Resonanzenergietransferassays stellen somit ideale Anwendungen für die Untersuchung von Bindungsereignissen dar. Für die Datenanalyse wird das Signal des Akzeptors durch das des Donors geteilt. Das resultierende Verhältnis gibt Aufschluss darüber, ob sich die Moleküle in der Nähe zueinander befinden.

Abhängig von den verwendeten Chromophoren werden üblicherweise die Begriffe „Fluoreszenz-Resonanz-Energietransfer" für Fluorophore oder „Biolumineszenz-Resonanz-Energietransfer" für Lumiphore verwendet. Diese Begriffe sind jedoch irreführend, da die Energieübertragung nicht tatsächlich durch Fluoreszenz oder Lumineszenz erfolgt, sondern durch einen Energietransfer nach Förster. Es werden keine Photonen emittiert, sondern es wird Energie vom Donor- auf das Akzeptorchromophor übertragen, wodurch dessen Elektronen angeregt werden. Die anschließende Rückkehr der angeregten Elektronen in den Grundzustand bewirkt die Emission von Photonen im Akzeptor.

Unabhängig davon, ob die ratiometrischen Assays am Mikroplattenreader oder an Mikroskopen analysiert werden, kommt für Fluoreszenz und Lumineszenz jeweils das gleiche Messprinzip zum Einsatz. Sowohl bei Lumineszenz als auch bei Fluoreszenz können die beiden entstehenden Signale entweder nacheinander oder gleichzeitig detektiert werden. Die gleichzeitige Detektion ermöglicht eine Zeitersparnis von rund 50 %.

14.3.2 FRET

Förster-Resonanzenergietransfer (FRET) ist ein physikalisches Phänomen und beschreibt den strahlungslosen Energietransfer zwischen zwei Chromophoren (Moleküle, die Licht durch Fluoreszenz oder Lumineszenz erzeugen können). Er ist nach dem deutschen Wissenschaftler Theodor Förster benannt, der die Theorie des Resonanzenergietransfers ursprünglich entwickelte (Förster 2012).

Im Verlauf von FRET absorbiert ein Donorchromophor bei Anregung Energie, wodurch es in einen elektronisch angeregt Zustand gehoben wird. Daraufhin überträgt es Energie auf ein Akzeptorchromophor. Während sich die Emissionsintensität des Donors durch die Energieübertragung verringert, erhöht sich gleichermaßen die Emissionsintensität des Akzeptors. Diese Übertragung findet ohne thermische Energieumwandlung statt. Zur Quantifizierung des FRET-Signals kommen zumeist Mikroplattenreader und Mikroskope zum Einsatz.

Ob ein FRET-Ereignis stattfindet, hängt von zwei grundlegenden Bedingungen ab. Erstens muss eine Überlappung zwischen dem Emissionsspektrum des Donors und dem Anregungsspektrum der Akzeptorchromophors vorliegen. Ein Chromophorpaar, das diese spektralen Eigenschaften erfüllt, wird oft als „FRET-Paar" bezeichnet. Die spektrale Überlappung der FRET-Paare muss zudem ausreichend sein, um einen effizienten Energietransfer zu ermöglichen, aber trotzdem genügend Abstand in den Emissionspeaks aufweisen, um optisch unterscheidbar zu sein.

Zweitens muss die räumliche Nähe zwischen Donor und Akzeptor im Bereich von 20–90 Å liegen. Das FRET-Signal ist umgekehrt proportional zur sechsten Potenz des Abstands zwischen Donor und Akzeptor und daher sehr empfindlich gegenüber Änderungen dieses Abstands.

Als FRET-Paare werden in der Biologie meistens genetisch veränderte und dadurch fluoreszierende Proteine verwendet. Da sie genetisch an Zielproteine (Fusionsproteine) gebunden werden können, bieten fluoreszierende Proteine die Möglichkeit, FRET-basierte Interaktionsstudien sowohl in vitro und dabei auch in Echtzeit mit lebenden Zellen durchzuführen. Zu den am häufigsten verwendeten FRET-Paaren gehören das Grün fluoreszierende Protein (GFP) und das Rot fluoreszierende Protein (RFP) sowie das Blau fluoreszierende Protein (cyan fluorescent protein, CFP) und das Gelb fluoreszierende Protein (yellow fluorescent protein, YFP) (Tsien 1998).

Bei Protein–Protein-Interaktionsstudien liegt ein mutmaßlicher Interaktionspartner (Protein A) gebunden oder fusioniert an einen FRET-Donor (z. B. CFP) vor, während der zweite mutmaßliche Interaktionspartner (Protein B) an einen FRET-Akzeptor (z. B. YFP) gebunden ist. Wenn Protein A und B interagieren, befinden sich CFP und YFP in unmittelbarer Nähe zueinander. Durch die unmittelbare Nähe ergibt sich bei der

Anregung von CFP die Möglichkeit, Energie von CFP zu YFP zu transferieren. Dadurch wird gleichzeitig die Anregung und Emission des Akzeptors YFP und eine Verringerung der Emissionsintensität des Donors CFP begünstigt. Wenn Protein A und B hingegen nicht interagieren, wird bei Anregung nur die Emission ausgehend vom CFP detektiert (Abb. 14.14). Da so keine Energie durch die Emission des Donors übergehen kann, um den Akzeptor anzuregen, ist die Intensität der Donoremission bei Abstand der Zielmoleküle höher als während der Interaktion.

Neben der klassischen Zusammenstellung können fluoreszierende Donoren auch in Kombination mit nicht fluoreszierenden Akzeptoren eingesetzt werden. In diesem Fall resultiert die Interaktion zwischen Donor und Akzeptor lediglich in einer Abnahme des Donor-Fluoreszenzsignals (Quenching), während ihre Trennung zu einem erhöhten Donorsignal führt (Abb. 14.15).

Die Abhängigkeit von einer externen Lichtquelle zur Anregung der Donorfluorophore bei FRET bringt einige Nachteile mit sich. Durch die externe Anregung kann es zum Ausbleichen der Fluorophore oder zu erhöhtem Hintergrundrauschen kommen – beides wirkt sich negativ auf die FRET-Effizienz aus. Um diese Beeinträchtigungen zu umgehen, wurden im Wesentlichen zwei alternative Ansätze entwickelt: BRET und TR-FRET.

14.3.3 BRET

Beim Resonanzenergietransfer muss der Donor nicht unbedingt ein Fluorophor sein. Beim Biolumineszenz-Resonanzenergietransfer (BRET) kommt ein Lumiphor zum Einsatz. Da die Emission des Donors durch eine enzymatische Reaktion und nicht durch externe Anregung zu Stande kommt, reduzieren sich der Hintergrund und das lichtbedingte Ausbleichen der Probe erheblich (Xu et al. 1999).

Zu diesem Zweck wird eine bioluminesizierende Luciferase verwendet, ein Enzym, welches bei enzymatischer Oxidation eines Substrats (Luciferin) Lumineszenz erzeugt. Dabei kommen vor allem die Renilla- und NanoLuc®-Luciferase sehr häufig zum Einsatz. Die dabei entstehende Lumineszenz wird verwendet, um das Akzeptorfluorophor (z. B. GFP) durch Resonanzenergietransfer anzuregen. Die Akzeptorfluorophore können dabei, unabhängig vom Donortyp, die gleichen sein wie bei FRET. Der Energietransfer findet statt, wenn sich die bereitgestellte Luciferase und das Akzeptorfluorophor nahe beieinander befinden und, wie oben beschrieben, eine spektrale Überlappung aufweisen.

Ähnlich wie bei FRET lassen sich die beiden zu untersuchenden Proteine entweder mit der Luciferase (Donor) oder mit dem Fluorophor (Akzeptor) verbinden. Die gleichzeitige Expression der beiden Fusionsproteine in lebenden Zellen ermöglicht die quantitative Untersuchung ihrer Interaktion in Echtzeit. Es stehen verschiedene BRET-Varianten mit unterschiedlichen Vor- und Nachteilen zur Verfügung. Sie unterscheiden sich hauptsächlich in der Kombination der Luciferase-Fluorophor-Paare und in den verwendeten Substraten. Zu den meistverwendeten Methoden gehören BRET1, BRET2 und NanoBRET™.

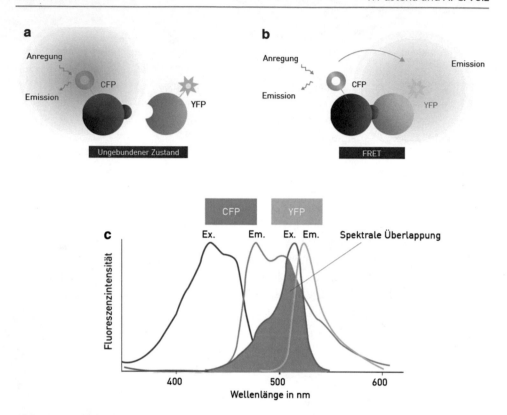

Abb. 14.14 Schematische Darstellung eines FRET-Assays. **a** Sofern keine Interaktion zwischen den Zielmolekülen vorliegt, wird der Donor (CFP) angeregt und emittiert Licht einer bestimmten Wellenlänge. **b** Im Falle einer Wechselwirkung findet FRET statt und der Akzeptor (YFP) emittiert zusätzlich Licht mit einer anderen Wellenlänge. Die Emissionsintensität von CFP wird dabei reduziert (Quenching). **c** Beispiel der Anregungs- und Emissionsspektren für das FRET-Paar, bestehend aus Blau fluoreszierendem Protein (CFP) und Gelb fluoreszierendem Protein (YFP). Das Emissionsspektrum von CFP (Donor) überlappt sich mit dem Anregungsspektrum von YFP (Akzeptor; spektrale Überlappung)

Die Auswahl der Komponenten und die daraus resultierenden Kombinationen sind bei BRET begrenzt. Da die Methode jedoch ohne die externe Anregung des Akzeptors auskommt und ein nur sehr geringes Hintergrundrauschen aufweist, stellt BRET dennoch eine sehr beliebte Methode dar.

14.3.4 TR-FRET

Die zeitaufgelöste Variante von FRET (TR-FRET) kombiniert die zeitaufgelöste Fluoreszenzdetektion (TRF) mit dem Förster-Resonanzenergietransfer (FRET) und führt so die Vorteile beider Methoden zusammen. Beim Einsatz der zeitaufgelösten Fluoreszenz besteht

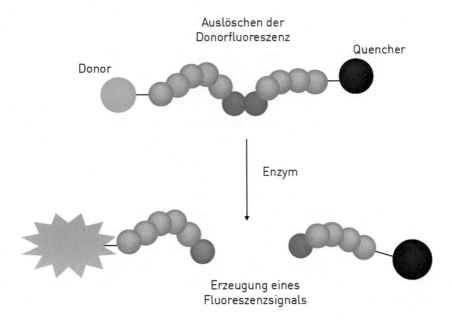

Abb. 14.15 Beispiel für Abnahme des FRET-Signals in einem Proteaseassay bei Kontakt des Donors mit dem Akzeptor. (Hier Quencher; nach George und Norey 2007)

eine zeitliche Verzögerung zwischen der Anregung des Fluorophors und der Detektion der Emission. Dadurch lässt sich bei TR-FRET das kurzlebige Fluoreszenzhintergrundrauschen aus der Messung ausschließen. Ermöglicht wird dies durch die Verwendung von langlebigen Donorfluorophoren, den sogenannten Lanthanoiden. Die lange Fluoreszenzhalbwertszeit (von Mikrosekunden bis Millisekunden) ermöglicht gegenüber stationären Fluorophoren wie Fluoreszein oder Rhodamin eine verzögerte Detektion (Morrison 1988).

Das allgemeine Anwendungsprinzip von TR-FRET unterscheidet sich kaum zwischen den verschiedenen Applikationen. Die beiden Zielmoleküle der zu untersuchenden Wechselwirkung werden entweder kovalent an das Donor- und Akzeptorfluorophor gebunden oder mit spezifischen Antikörpern konjugiert. Wenn sich die Moleküle nahe beieinander befinden, wird Energie vom Donor auf den Akzeptor übertragen, der infolge des Resonanzenergietransfers wiederum Licht emittiert.

Das Donor-Lanthanoidfluorophor besteht entweder aus einem Europium- (Eu^{3+}) oder Terbium- (Tb^{2+}) Kryptat bzw. Chelat (Abb. 14.16).

Da Europium- und Terbiumionen von sich aus nur schwach fluoreszieren, müssen sie in eine lichtbündelnde „Kapsel" eingebettet werden, um Licht abzugeben. Zu diesem Zweck lassen sich Kryptate oder Chelate verwenden, die sowohl das Bündeln als auch die Übertragung von Energie auf die Lanthanoide ermöglichen. Das Akzeptorfluorophor gibt diese Energie dann als Licht einer bestimmten Wellenlänge ab. Terbium (Tb^{3+}) hat verglichen mit Europium eine höhere Quantenausbeute und einen höheren molaren

Extinktionskoeffizienten, beides Merkmale, die die Effizienz des Transfers verbessern (Degorce et al. 2009). Anders als herkömmliche Fluorophore wird der Lanthanoid-Kryptat/Chelat-Komplex nicht durch die Anregung ausgeblichen und gilt deswegen unter einer Vielzahl chemischer Bedingungen als extrem stabil.

Akzeptoren emittieren normalerweise im roten Spektralbereich. Folglich ist das Risiko, dass ihre Emission durch autofluoreszierende Komponenten (z. B. aus dem Medium) beeinträchtigt wird, gering. Die zeitliche Verzögerung von Mikrosekunden zwischen der Anregung des Donors und der Fluoreszenzdetektion schließt die unspezifische, kurzlebige Hintergrundemission aus der Messung aus. Die Emission wird im Anschluss in der Regel über eine kurze Integrationszeitspanne (z. B. 400 ms; Abb. 14.17) detektiert.

Im Anschluss lassen sich die Signalintensitäten der beiden Emissionskanäle, die innerhalb des verzögerten Messfensters aufgenommen wurden, zueinander ins Verhältnis setzen (ratiometrische Messung). Dadurch wird das Signal normiert, was zur Korrektur von Fehlern durch die Variabilität von Well zu Well oder durch Pipettierungenauigkeiten führt. Außerdem ermöglicht diese interne Normierung der Daten den Ausschluss möglicher Interferenzen ausgehend von Medienkomponenten und kompensiert eine Signalabschwächung durch beinhaltende Assaykomponenten.

14.3.5 Vorteile ratiometrischer Assays

Automatische Normierung

Ein gemeinsamer Vorteil aller ratiometrischen Messungen ist die normierende Wirkung der „Referenz" (z. B. des Donors). Die Messungen liefern ihr Ergebnis in Form eines Verhält-

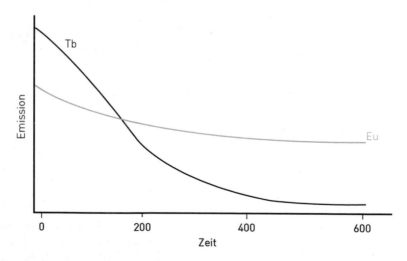

Abb. 14.16 Schematische Darstellung der Emissionszeiten zweier Lanthanoide, die als homogene Donoren bei TR-FRET verwendet werden: Europium (Eu) und Terbium (Tb)

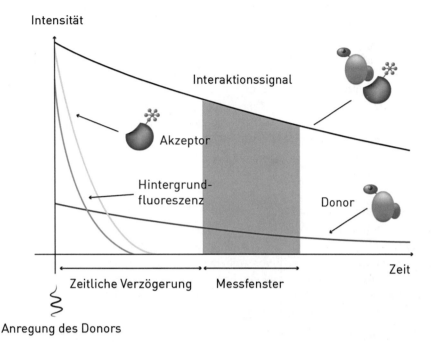

Abb. 14.17 Schematische Darstellung des TR-FRET-Signalverlaufs. Zwischen dem Anregungs-
impuls und der Messung des Interaktionssignals besteht eine zeitliche Verzögerung. In diesem
Zeitraum können störende kurzlebige Fluoreszenzsignale (Proteine, Medienkomponenten, usw.)
abklingen. Das Interaktionssignal wird im Anschluss innerhalb eines bestimmten Zeitfensters
detektiert. (Modifiziert nach Cisbio)

nisses zweier Signale. Dieses ist unabhängig von störendem Fluoreszenzrauschen, welches
durch Pufferkomponenten verursacht wird, oder von variierenden Konzentrationen der
Moleküle bzw. Fluorophore. Zellbasierte Assays sind oft nicht homogen verteilt oder
unterschiedlich hoch konzentriert. Deswegen spielt die Normierung des Signals hier
eine besonders große Rolle. Da die Referenz im gleichen Well detektiert wird, in dem
sich auch das eigentliche Signal befindet, korrigieren diese Methoden lichtbedingtes
Ausbleichen, Variabilität von Well zu Well und Pipettierungenauigkeiten. Durch diese
Merkmale bieten ratiometrische Messungen deutliche stabilere Ergebnisse als Methoden
mit einfacher Detektion.

Reduktion des Hintergrundrauschens
Da die Energie des Donors bei BRET durch Biolumineszenz erzeugt wird, ist keine
externe Anregung erforderlich. Dadurch lässt sich das Hintergrundrauschen, das von
unbeabsichtigt angeregten Fluorophoren stammt, auf ein Minimum reduzieren. Deswegen ist die Anwendung von BRET in zellbasierten Assays, welche diverse mögliche
Quellen für Hintergrundfluoreszenz beinhalten, sehr beliebt.

Obwohl eine Lichtanregung bei TR-FRET zwingend erforderlich ist, ermöglicht diese Methode ebenfalls die Reduktion des Hintergrundrauschens auf ein Minimum. Hier ergibt sich der Ausschluss des Rauschens aus der Messung durch die zeitlich verzögerte Detektion (mehrere Mikrosekunden nach der Anregung). Diese verzögerte Signaldetektion wird durch die längere Emission der verwendeten Lanthanoide ermöglicht.

Durch die Verschiebung des Emissionssignals in den roten Spektralbereich lässt sich das Hintergrundrauschen weiter reduzieren. Da Akzeptoren üblicherweise im roten Spektralbereich emittieren und unspezifische Autofluoreszenz (z. B. von Medienkomponenten) hauptsächlich im kurzwelligen Bereich zu finden ist, vereinfacht sich die Abgrenzung der Signale.

Hohe Signalintensität und lange Assaystabilität bei TR-FRET

Aufgrund seiner besonderen Eigenschaften ermöglicht TR-FRET stabilere und spezifischere Ergebnisse. Interferenzen bedingt durch Puffer- oder Medienkomponenten werden durch die zeitversetze Fluoreszenzmessung und die ratiometrische Detektion der beiden Emissionssignale von Donor und Akzeptor deutlich reduziert.

Die Kombination von zeitaufgelöster Detektion und ratiometrischen Messungen vergrößert den Messbereich zwischen negativem und positivem Signal signifikant. Darüber hinaus ist die Emission der Lanthanoide zeitlich stabil, mit verschiedenen Reagenzien und experimentellen Bedingungen kompatibel und bleicht nicht aus.

Weniger Arbeitsschritte und vereinfachte Automatisierung

TR-FRET-Assays sind homogene Assays, worin ein weiterer wesentlicher Vorteil ihrer Anwendung begründet liegt. Der Nachweis des gebundenen Komplexes, bestehend aus FRET-Donor und FRET-Akzeptor, erfordert keine physikalische Trennung von den ungebundenen Komponenten, um den Hintergrund zu reduzieren. Folglich sind bei TR-FRET keine Trenn- oder Waschschritte nötig und der Assay lässt sich durch ein einfaches Add-and-Read-Protokoll durchführen. Die minimalen Handhabungsschritte machen TR-FRET bequemer und weniger zeitaufwendig als andere Methoden wie ELISA oder Western-Blot. Die Methode eignet sich daher besonders für automatisierungsgestützte Screeningzwecke. Dies ist einer der Hauptgründe für die Prävalenz in der Arzneimittelforschung und im Hochdurchsatzscreening.

14.3.6 Nachteile ratiometrischer Assays

Geringe Signalintensität bei BRET

BRET basiert auf dem lumineszierenden Signal des Donors und ist somit nicht auf eine externe Anregung des Systems angewiesen. Dieser Aufbau führt jedoch im Vergleich zu FRET nicht nur zu einem geringeren Hintergrund, sondern auch allgemein zu einer geringeren Signalintensität. Diese Problematik wurde teils durch die Einführung der NanoLuc® Luciferase gelöst (Sun et al. 2016).

(TR)-FRET ist auf eine externe Anregung angewiesen
Die Anregung mit einer externen Lichtquelle bringt Energie in das System und ermöglicht ein höheres Emissionssignal. Die externe Anregung kann jedoch auch andere Komponenten, die in der Probe vorhanden sind, unspezifisch anregen und so zu erhöhtem Hintergrundrauschen führen. Mit steigendem Hintergrundrauschen sinkt das Signal-Rausch-Verhältnis und mit ihm die Datenqualität. Zusätzlich ist die externe Anregung mit dem Risiko verknüpft, die Fluorophore mit der Zeit auszubleichen.

FRET ist nur bei kleinen Entfernungen anwendbar
Der Energietransfer vom FRET-Donor zum FRET-Akzeptor kann nur dann stattfinden, wenn sich beide Moleküle in sehr kurzen Abständen (20–90 Å) voneinander befinden, wodurch sich mögliche Anwendungen auf Interaktionen beschränken, die sich bekanntermaßen in dieser Reichweite abspielen (Coussens et al. 2004).

TR-FRET verursacht höhere Kosten
Wie bereits im Abschnitt über TRF erwähnt, ermöglicht der Einsatz von Lanthanoiden eine höhere Sensitivität und Effizienz. Ihr Einsatz geht jedoch – verglichen mit regulären Fluoreszenzintensitätsassays – auch mit einem höheren finanziellen Aufwand für Reagenzien und einem höheren Anspruch an die kompatiblen Messinstrumente einher.

14.3.7 Anwendungen ratiometrischer Methoden

Da sich der Abstand, der für den Energietransfer erforderlich ist, mit den meisten biologischen Molekülen und Interaktionen deckt, kann FRET zur Untersuchung der Interaktionen zwischen verschiedenen Biomolekülen wie Protein–Protein und Protein-DNA eingesetzt werden, oder auch zur Abbildung von Proteinkonformationsänderungen Verwendung finden (Abb. 14.18a). FRET ist in der Biologie zu einer unverzichtbaren Methode geworden, um molekulare Interaktionen in verschiedenen Anwendungen in vitro, darunter auch in lebenden Zellen, nachzuweisen. FRET eignet sich besonders zum Nachweis von Liganden-Rezeptor-Interaktionen sowie zur Charakterisierung der Proteinstruktur, -konformation und deren Aufbau. Darüber hinaus lassen sich mit FRET Immunoassays durchführen sowie die Interaktion zwischen zellulären Strukturen und dem Genom und deren Lokalisierung, Signal- und Stoffwechselwege sowie enzymatische Reaktionen und Bindungskinetiken untersuchen.

BRET-Assays kommen, bedingt durch ihre besonderen Eigenschaften, bevorzugt zum Nachweis von Interaktionen in lebenden Zellen zum Einsatz. Konkrete Anwendungen sind z. B. die Untersuchung von Rezeptoraktivierung und Oligomerisierung, Second-Messenger-Signalwirkung, Kinase- und Proteasektivität (Abb. 14.18b).

Die TR-FRET-Technologie lässt sich anwenden, um Bindungsereignisse in Zellen oder in biochemischen Assays im Rahmen verschiedener biologischer Fragestellungen zu untersuchen. Dazu zählen u. a. die Analyse von Protein–Protein- (Liganden-Rezeptor-) und Protein-DNA/RNA-Interaktionen, der GPCR-Signalwirkung, von

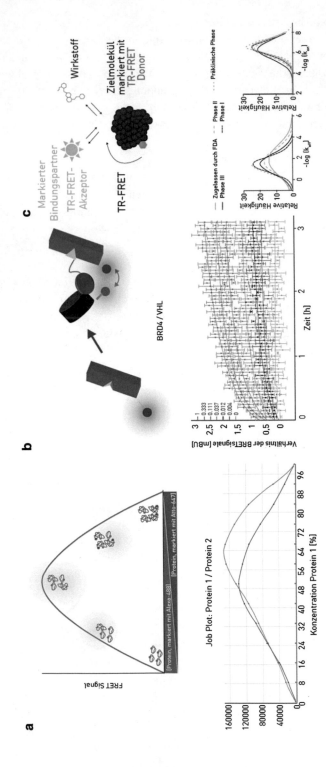

Abb. 14.18 Anwendungsbeispiele ratiometrischer Assays. **a** FRET-basierte Analyse von Proteinkomplexen zur Bestimmung ihrer Stöchiometrie mit einem Job-Plot. Das FRET-Signal verhält sich proportional zur Komplexbildung zwischen Protein 1 und 2. Eine 1:1-Stöchiometrie resultiert in einem symmetrischen Plot, eine 2:1-Stöchiometrie in einer asymmetrischen Kurve (nach Mattiroli et al. 2019). **b** NanoBRET™-basierter Assay in lebenden Zellen zur Untersuchung der PROTAC-Aktivität durch die Bildung eines ternären Komplexes mit einem Protein und einer Ligase. Das BRET-Signal ergibt sich aus dem Verhältnis aus Fluoreszenzsignal, welches bei Annäherung der markierten Moleküle zunimmt, und der Lumineszenz, welche als interne Kontrolle fungiert (Riching et al. 2020). **c** Bestimmung der Bindungskinetik für Kinaseinhibitoren (k_{on} für Bindungskinetik und k_{off} für Dissoziationskinetik) mit einem kompetitiven TR-FRET-Assay. Die Messung ermöglicht eine Vorhersage zum Erfolg potenzieller Inhibitoren in klinischen Studien auf der Grundlage ihrer Bindungsparameter. (Nach Krumm et al. 2020)

Kinasen, Cytokinen und sonstiger Biomarker. Als wichtigster Anwendungsbereich ist dabei die Forschung zur Suche neuer Wirkstoffe zu nennen. Hier wird TR-FRET hauptsächliche zur Bestimmung der Bindungskinetik zwischen Liganden und Rezeptor eingesetzt, um Assoziations- und Dissoziationsraten zwischen einem Medikament und seinem Ziel zu ermitteln (Abb. 14.18c).

14.4 Fluoreszenzpolarisation

Die meisten gängigen Lichtquellen erzeugen unpolarisiertes Licht (z. B. Sonnenlicht, klassische Glüh- und Halogenlampen usw.). Unpolarisiertes Licht ist definiert als Licht, bei dem die Richtung seines elektrischen Feldes zufällig in der Zeit schwankt. Wenn die Richtung des elektrischen Feldes z. B. durch einen Filter selektiert wird, schwingen alle selektierten Lichtwellen in einer einzigen Ebene und erzeugen ebenes oder polarisiertes Licht.

Die Detektion von Fluoreszenzpolarisation (FP), oder auch Fluoreszenzanisotropie, beruht auf der Tatsache, dass das von einem Fluorophor emittierte Licht in verschiedenen Polarisationsebenen (z. B. parallel und senkrecht zur Anregungsebene) unterschiedliche Intensitäten aufweisen kann.

Wie die Fluoreszenzintensität basiert FP auf der Emission von Licht durch einen angeregten Fluorophor. Die Proben werden hier jedoch durch Licht angeregt, das durch spezifische Polarisationsfilter selektiert wird. Im Gegensatz zur Fluoreszenzintensität werden für FP zwei Emissionsmessungen vorgenommen, die erste erfasst die Lichtwellen, die sich parallel zum polarisierten Anregungslicht ausbreiten, die zweite erfasst die dazu senkrecht verlaufenden Lichtwellen.

Abhängig von der Mobilität der fluoreszierenden Moleküle in der Probe emittiert der Fluorophor mehr oder weniger polarisiertes bzw. unpolarisiertes Licht. Große Moleküle, wie z. B. Proteine in Lösung, rotieren aufgrund ihrer Größe langsam und emittieren einen hohen Anteil polarisierten Lichts (hohe Polarisation), wenn sie mit einer polarisierten Lichtquelle angeregt werden. Kleinere Moleküle rotieren aufgrund ihrer Größe schneller und emittieren bei Anregung mit polarisiertem Licht mehr depolarisiertes Licht (niedrige Polarisation). Folglich weisen niedrige Polarisationsgrade darauf hin, dass sich die fluoreszierenden Moleküle in Lösung frei bewegen, während hohe Polarisationsgrade darauf hinweisen, dass größere Molekülkomplexe vorhanden sind.

FP kommt häufig zur Überwachung molekularer Wechselwirkungen in Lösung zum Einsatz. Insbesondere eignet es sich gut zur Analyse von Bindungs- oder Dissoziationsereignissen zwischen zwei Molekülen mit deutlich unterschiedlicher Größe (z. B. Bindung eines kleinen Moleküls an ein größeres).

Typischerweise wird der kleinste Interaktionspartner (z. B. ein kleines Peptid) fluoreszenzmarkiert. Solange er nicht gebunden ist, bewegt er sich frei und rotiert schnell in Lösung. Bei Anregung mit polarisiertem Licht führt die hohe Rotationsgeschwindigkeit des kleinen Moleküls zur Depolarisation des emittierten Lichts und folglich zu einem relativ niedrigen FP-Signal. Wenn das fluoreszierende kleine Molekül in Lösung an ein größeres Molekül (z. B. ein Protein) bindet, verlangsamt sich die Bewegung des Komplexes. Bei Anregung solch eines größeren Komplexes mit polarisiertem Licht bleibt ein großer Teil des emittierten Lichts aufgrund der niedrigen Rotationsgeschwindigkeit polarisiert.

Auf diese Weise lässt sich die Bindung zwischen fluoreszenzmarkierten kleinen Molekülen und unmarkierten größeren Molekül anhand der Änderung der Polarisation verfolgen (Abb. 14.19).

FP-basierte Assays können zur Untersuchung molekularer Bindungs- oder Dissoziationsereignisse verwendet werden. FP-Assays stellen aufgrund ihrer Kosteneffizienz, Homogenität, Sensitivität und der vielen möglichen Applikationen eine gut etablierte Methode dar.

14.4.1 HomoFRET-Fluoreszenzpolarisation

FRET kann auch zwischen gleichartigen Fluorophoren (homoFRET) stattfinden, wenn diese in ausreichend hoher Konzentration zur Verfügung stehen. Wenn mit polarisiertem Licht angeregt wird und der Energietransfer in Form von homoFRET auftritt, überträgt ein angeregter Fluorophor sein Emissionslicht auf einen Fluorophor desselben Typs, sofern dieser sich in unmittelbarer Nähe befindet. Der Transfer bewirkt dabei eine Depolarisierung. Das heißt, das Licht, das nach der Energieübertragung vom Akzeptorfluorophor emittiert wird, ist zufällig über die verschiedenen Schwingungsebenen verteilt. Es kommt zur Depolarisation des emittierten Fluoreszenzlichtes und dadurch zu einer Abnahme des detektierbaren Polarisationssignals (Abb. 14.20).

Folglich nimmt bei homoFRET-FP die Fluoreszenzpolarisation ab, sofern sich die Fluorophore nahe beieinander befinden. HomoFRET-FP findet zur Untersuchung zellulärer Proteinakkumulierungs- oder Dimerisierungsereignisse Verwendung (Abb. 14.21b). Die Methode ermöglicht die Überwachung intrazellulärer Prozesse in Echtzeit.

14.5 Zusammenfassung

Durch die Weiterentwicklungen bestehender Detektionsmethoden ist in den letzten Jahrzehnten eine breite Palette an verfügbaren Plattformen zur Quantifizierung von Analyten und der Untersuchung ihrer Interaktionen entstanden. Diese Methoden eröffnen die Durchführung zuvor unmöglicher Untersuchungen. Durch die Reduzierung von Interferenzen, die Erhöhung der Signalintensität und eine deutliche Verlängerung der Signalstabilität wird die Erhebung hochqualitativer Daten ermöglicht. Darüber hinaus ergibt sich durch das homogene Format der meisten Assays eine deutliche Reduktion der

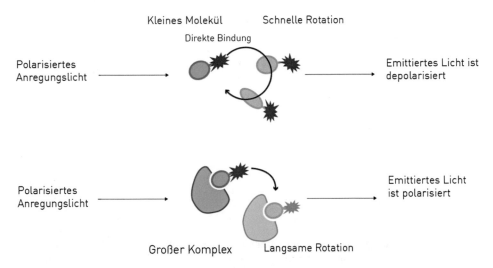

Abb. 14.19 Schematische Darstellung eines Interaktionsassays, der auf Fluoreszenzpolarisation basiert. Polarisiertes Anregungslicht wird durch schnell rotierende kleine Moleküle, die an einen Fluorophor gebunden sind, depolarisiert. Größere Komplexe rotieren langsamer und emittieren daher vorwiegend polarisiertes Licht

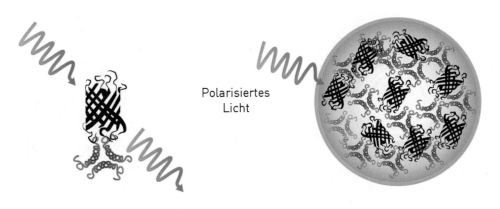

Abb. 14.20 Schematische Darstellung des homoFRET-FP-Prinzips. Ein freies Protein (grün), das an einen roten Fluorophor (rot) gebunden ist, emittiert bei Anregung mit polarisiertem Licht ebenfalls polarisiertes Licht und weist somit ein relativ hohes FP-Signal auf. Liegt eine höhere Konzentration des Protein-Fluorophor-Komplexes vor, kommt es zu einem homoFRET-Ereignis, welche das Licht depolarisiert und das FP-Signal vermindert (Yi et al. 2016)

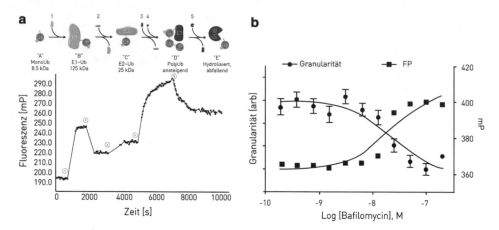

Abb. 14.21 Anwendungsbeispiele für Fluoreszenzpolarisation. **a** Anwendung der Fluoreszenzpolarisation in einem UbiReal-Assay zur Unterscheidung zwischen verschiedenen Zuständen von Ubiquitin in der Ubiquitinierungskaskade. Als Grundlage dient die Untersuchung einer abweichenden Molekülgröße (Franklin und Pruneda 2020) **b** HomoFRET-Fluoreszenzpolarisationsmessung eines Insulin-Akkumulationsassays. Die Akkumulation von mCherry-markiertem Insulin in Granula wird mittels Fluoreszenzpolarisation relativ zur applizierten Dosis des Antagonisten Bafilomycin untersucht. Die Analyse zeigt eine negative Korrelation zwischen dem homoFRET-FP Signal und der Granularität der Zellen. (Nach Yi et al. 2016)

erforderlichen Arbeitsschritte, was wiederum den Weg zur Überführung in die automatisierte Anwendung ebnet.

Die parallelen Entwicklungen in der Reader-Technologie haben sowohl zu einer erhöhten Messgeschwindigkeit als auch Sensitivität geführt. Des Weiteren haben diese Fortschritte die Verfügbarkeit erschwinglicher Multimodereader begünstigt. Diese Multimodereader sind mit spezifischen Lichtquellen und Detektoren ausgestattet, die die Messung der in diesem Kapitel erläuterten Technologien und Assays ermöglichen und sie so für jedermann zugänglich machen.

AlphaScreen, AlphaLISA und DELFIA sind eingetragene Warenzeichen von PerkinElmer, Inc.

NanoBRET und NanoLuc sind Warenzeichen von Promega Corp.

Literatur

A Practical Guide to working with AlphaScreen. https://www.urmc.rochester.edu/MediaLibraries/ URMCMedia/hts/documents/AlphaScreenPracticalGuide.pdf (2004).

Campbell, J. & Carney, O.: Time Resolved Fluorescence (TRF) immunoassay in 384-well format using a matched antibody pair kit and the PHERAstar® FSX. (2020).

Christott, T. et al. AN320: PHERAstar measures AlphaScreen assay to develop selective inhibitors for the human YEATS domains. https://www.bmglabtech.com/pherastar-measures-alphascreen-assay-to-develop-selective-inhibitors-for-the-human-yeats-domains/ (2018).

Coussens, N. P. et al. *Compound-Mediated Assay Interferences in Homogenous Proximity Assays. Assay Guidance Manual* (Eli Lilly & Company and the National Center for Advancing Translational Sciences, 2004).

Degorce, F. et al. HTRF: A technology tailored for drug discovery – A review of theoretical aspects and recent applications. *Current Chemical Genomics* vol. 3 22–32 (2009).

Diamandis, E. P. Immunoassays with time-resolved fluorescence spectroscopy: Principles and applications. *Clin. Biochem.* **21**, 139–150 (1988).

Engvall, E. & Perlmann, P. Enzyme-linked immunosorbent assay (ELISA) quantitative assay of immunoglobulin G. *Immunochemistry* **8**, 871–874 (1971).

Förster, T. Energy migration and fluorescence. *J. Biomed. Opt.* **17**, 1 (2012).

Franklin, T. G. & Pruneda, J. N.: Ubiquitination monitoring in real-time: the fluorescence polarization-based method UbiReal. https://www.bmglabtech.com/ubiquitination-monitoring-in-real-time-the-fluorescence-polarization-based-method-ubireal/ (2020).

George, J. & Norey, C.: Use of CyDye fluors for improved FRET protease assays on a BMG LABTECH fluorescence microplate reader. https://www.bmglabtech.com/use-of-cydye-fluors-for-improved-fret-protease-assays-on-a-bmg-labtech-fluorescence-microplate-reader/ (2007).

Homogeneous Assay. in *Encyclopedic Reference of Genomics and Proteomics in Molecular Medicine* 814–814 (Springer Berlin Heidelberg, 2006). https://doi.org/10.1007/3-540-29623-9_7359.

de Jersey, J. & Martin, R. B. Lanthanide Probes in Biological Systems: The Calcium Binding Site of Pancreatic Elastase As Studied by Terbium Luminescence. *Biochemistry* **19**, 1127–1132 (1980).

Joseph R. Lakowicz. *Principles of Fluorescence Spectroscopy.* (Springer Science & Buisiness Media, 2013).

Krumm, A., Georgi, A., Schiele, F. & Fernández-Montalván, A.: Binding kinetics: high throughput assay for kinase inhibitors. https://www.bmglabtech.com/de/binding-kinetics-high-throughput-assay-for-kinase-inhibitors/ (2020).

Mattiroli, F., Gu, Y. & Luger, K.: Using FRET-based Measurements of Protein Complexes to Determine Stoichiometry with the Job Plot. https://www.bmglabtech.com/de/using-fret-based-measurements-of-protein-complexes-to-determine-stoichiometry-with-the-job-plot/ (2019).

Morrison, L. E. Time-resolved detection of energy transfer: Theory and application to immunoassays. *Anal. Biochem.* **174**, 101–120 (1988).

Peters, C. & Edwards, B.: Miniaturization of a cell-based TNF-α AlphaLISA assay using Echo liquid handler and the PHERAstar FS. https://www.bmglabtech.com/miniaturization-of-a-cell-based-tnf-a-alphalisa-assay-using-echo-liquid-handler-and-the-pherastar-fs/ (2014).

Riching, K., Landremna, A. & Daniels, D.: Elucidating PROTAC MoA with live cell kinetic monitoring of ternary complex formation and target protein ubiquitination. https://www.bmglabtech.com/de/elucidating-protac-moa-with-live-cell-kinetic-monitoring-of-ternary-complex-formation-and-target-protein-ubiquitination/ (2020).

Soini, E., Lövgren, T. & Reimer, C. B. Time-resolved fluorescence of lanthanide probes and applications in biotechnology. *CRC Crit. Rev. Anal. Chem.* **18**, 105–154 (1987).

Sun, S., Yang, X., Wang, Y. & Shen, X. In vivo analysis of protein–protein interactions with bioluminescence resonance energy transfer (BRET): Progress and prospects. *International Journal of Molecular Sciences* vol. 17 (2016).

Tsien, R. Y. The Green Fluorescent Protein. *Annu. Rev. Biochem.* **67**, 509–544 (1998).

Ullman, E. F. et al. Luminescent oxygen channeling immunoassay: measurement of particle binding kinetics by chemiluminescence. *Proc. Natl. Acad. Sci. U. S. A.* **91**, 5426–5430 (1994).

Werts, M. H. V. Making sense of lanthanide luminescence. *Science progress* vol. 88 101–131 (2005).

Xu, Y., Piston, D. W. & Johnson, C. H. A bioluminescence resonance energy transfer (BRET) system: Application to interacting circadian clock proteins. *Proc. Natl. Acad. Sci.* **96**, 151 LP–156 (1999).

Yasgar, A., Jadhav, A., Simeonov, A. & Coussens, N. P. Alphascreen-based assays: Ultra-high-throughput screening for small-molecule inhibitors of challenging enzymes and protein-protein interactions. in *Methods in Molecular Biology* vol. 1439 77–98 (Humana Press Inc., 2016).

Yi, N. Y. et al.: Monitoring of insulin granule packaging in live cells using homoFRET-FP detection. https://www.bmglabtech.com/monitoring-of-insulin-granule-packaging-in-live-cells-using-homofret-fp-detection/ (2016).

Immunhistochemie für Forschung und diagnostische Pathologie

15

Igor B. Buchwalow, Werner Böcker und Markus Tiemann

Durch Verknüpfung von zwei wissenschaftlichen Disziplinen – Immunchemie und Morphologie – hat sich die Immunhistochemie als ein wichtiges Instrument in Forschung und klinischer Pathologie entwickelt. In der letzten Dekade des 20. Jahrhunderts haben die Bemühungen von Histochemikern zu einer enormen Verbesserung von Reagenzien und Färbeprotokollen geführt. Meilensteine in dieser Entwicklung waren die hitzeinduzierte Antigendemaskierungstechnik, die Signalamplifikation und die multiple Immunmarkierung. In diesem Kapitel werden die Probleme, die in der gegenwärtigen immunhistochemischen Praxis von besonderer Bedeutung sind, in der folgenden Reihenfolge diskutiert:

- Chemie der Fixation und ihr Einfluss auf das Ergebnis der immunhistochemischen Reaktion
- Prozeduren, die für die Antigendemaskierung in formaldehydfixiertem Gewebe benutzt werden können
- Signalamplifikation durch Kettenpolymer-konjugierte Technologie und Tyramidsignalverstärkung
- moderne Entwicklung der multiplen Immunmarkierung

I. B. Buchwalow (✉) · W. Böcker · M. Tiemann
Institut für Hämatopathologie, Hamburg, Deutschland
E-Mail: buchwalow@hotmail.de

W. Böcker
E-Mail: boecker@me.com

M. Tiemann
E-Mail: mtiemann@hp-hamburg.de

© Springer-Verlag GmbH Deutschland, ein Teil von Springer Nature 2023
A. M. Raem und P. Rauch (Hrsg.), *Immunoassays*,
https://doi.org/10.1007/978-3-662-62671-9_15

Durch Verwendung eindeutiger und leicht zu adaptierender Protokolle werden die Autoren in diesem Kapitel einige Beispiele für den Gebrauch sowohl in der Wissenschaft als auch in der Routinepathologie zeigen.

15.1 Fixierung

Gewebe, die einer immunhistochemischen Analyse unterzogen werden, müssen die folgenden technischen Kriterien erfüllen:

- Zell- und Gewebeerhaltung sollten adäquat sein, um die Lokalisation der nachzuweisenden Antigene zu orten sowie
- die Antigenität der nachzuweisenden Moleküle sollte erhalten und für den Antikörper zugänglich sein.

Um diese Forderungen zu erfüllen, sollte einerseits die Fixierung die Integrität des Gewebes über die Dauer der Immunfärbemethode erhalten und auf der anderen Seite das interessierende Antigen nicht zerstören. Die Wahl der Fixierung ist eine Frage der Erfahrung, da man die Wirkung der Fixierung auf die Erhaltung der Antigeneigenschaften nicht voraussagen kann. Die Epitope (Aminosäuresequenzen), gegen die der Antikörper gerichtet ist, können versteckt (maskiert) oder modifiziert oder sogar durch die Fixierung komplett verloren gegangen sein. Es gibt kein ideales Fixativ, das universal in der Immunhistochemie empfohlen werden kann. Die Wahl der adäquaten Fixation kann nur durch Versuche evaluiert werden.

Drei wichtige Typen der Fixation sind in der Immunhistochemie bekannt: Lufttrocknung, Schockgefrierung und chemische Fixierung.

Die **Lufttrocknung** mit oder ohne folgende chemische Fixierung ist insbesondere anwendbar für Zellausstriche, für Cytospins, für Zellmonolayer und für Kryostatschnitte.

Die **Schockgefrierung** (gewöhnlich in flüssigem Stickstoff) kann routinemäßig angewandt werden für Gewebe und für Proben, die sich für Kryoschnitte eignen. Die Gewebspräparate werden schockgefroren mit oder ohne Frostschutz-Einbettungsmedium (Tissue Tek, Miles Laboratories). Die Schnitte werden anschließend bei −80 °C bis zur Analyse gelagert. Optional kann auch eine Aldehydfixierung benutzt werden für Gewebe und Organe, bevor die Gewebsstücke schockgefroren werden.

Die **chemische Fixierung** wird in Aldehyden, Aceton oder Alkohol (Methanol, Ethanol) durchgeführt. Gewöhnlich werden Zellen oder Kryostatschnitte mit Aceton oder Alkohol für etwa 5–15 min fixiert, um die Struktur zu erhalten und die Visualisierung der meisten Antigene durchführen zu können. Ein limitierender Faktor dieser Fixative ist, dass Weichgewebe bzw. Fettgewebe mit Aceton oder Alkohol nicht adäquat stabilisiert werden können mit dem Ergebnis, dass die morphologische Integrität des Gewebes verloren geht. Dieses ist oft auch assoziiert mit einem Verlust des Antigens selbst. Daher ist Formaldehyd derzeit das beste Fixativ, vorausgesetzt allerdings, dass das Antigen, das untersucht werden soll, seine Antigeneigenschaften aufgrund von strukturellen Veränderungen, die durch Formaldehyd induziert werden, nicht verliert. Formaldehyd hat verschiedene Vorteile gegenüber Alkohol und Aceton, insbesondere ist es weit überlegen in der Erhaltung der morphologischen Details.

Wenn die Gewebe in Paraffin oder synthetischem Kunststoff eingebettet werden, ist eine Formalinfixierung die beste Wahl. Formaldehyd, welches ursprünglich als Gewebsfixativ von Ferdinand Blum 1893 entdeckt wurde, wird heute überwiegend bei histologischen und pathologischen Untersuchungen eingesetzt. Das Formaldehydfixativ setzt sich zusammen aus einem kommerziell erhältlichen Formalin (37–40 %ige Lösung von Formaldehyd), welches auf eine 10 %ige Lösung (3, 7–4 %iges Formaldehyd), gewöhnlich in phosphatgepufferter Salzlösung (0, 01 M Phosphatpuffer, 150 mM NaCl, pH 7, 4; PBS), verdünnt wird. Sie kann durchaus als universales Fixativ für die Routine empfohlen werden. Tris–HCl-Puffer mit oder ohne isotonische Kochsalzlösung können ebenfalls angewandt werden.

Formalinlösungen, die durch Lösung und Depolymerisation von Paraformaldehyd (einem Homopolymer von Formaldehyd mit empirischer Formel $HO(CH_2O)_nH$, wobei $n \geq 6$) hergestellt werden, sind frei von Verunreinigungen mit Methanol oder Ameisensäure. Depolymerisiertes Paraformaldehyd ist sinnvoll in der Enzymhistochemie, wenn die Erhaltung der Enzymaktivität von besonderer Bedeutung ist. Es hat keinen Vorteil gegenüber Formalinlösungen, die routinemäßig in der Immunhistochemie benutzt werden.

In den meisten Fällen wird die Fixierung bei Raumtemperatur durchgeführt. Die Dauer der Formalinfixierung hängt von Art und Größe der Gewebsstücke ab und kann zwischen 15 min und 24 h variieren. Längere Fixationszeiten können mit einem partiellen Verlust der Antigenität einhergehen. Nach Formalinfixierung werden die Gewebe dreimal in gepufferter Salzlösung (PBS) für 15 min bis 2 h gewaschen, möglichst nicht länger, da die Formaldehydfixierung partiell reversibel ist. Nach dem Waschen in PBS können die Gewebe in flüssigem Stickstoff schockgefroren werden – gefolgt von der Anfertigung von Kryoschnitten – oder werden dehydriert und eingebettet in Paraffin oder synthetischem Kunststoff. Zellausstriche und Zellmonolayer werden nach Fixierung in Alkohol oder Aceton und einem kurzen Waschen in gepufferter Salzlösung direkt einer immunhistochemischen Analyse unterzogen.

15.2 Antigendemaskierungstechniken

Die Antigen-Antikörper-Reaktion in der Immunhistochemie findet gewöhnlich zwischen zwei Proteinmakromolekülen statt: dem Antigen, welches ein Glykoprotein, ein Lipoprotein oder ein freies Protein darstellen kann, und dem Antikörper, der ein Glykoprotein ist. Eine Antigendemaskierung ist an einem formalinfixierten und paraffineingebetteten Gewebe notwendig. Während die strukturelle Integrität des Immunglobulinproteins gut erhalten ist – und zwar in seiner nativen Form –, muss die Struktur des Antigenproteins im Gewebe als verändert angesehen werden. Das Antigen ist der Wirkung des Formaldehydfixativs ausgesetzt gewesen und kann in seinen Eigenschaften bzw. in seiner strukturellen Konformation verändert sein. Routinemäßige Formaldehydfixierung und die übrigen Bestandteile der Prozedur für die Paraffineinbettung können somit das Proteinmakromolekül verändert haben, mit der Folge einer verminderten Intensität der immunhistochemischen Reaktion. Um die Antigenität der Gewebsschnitte wieder herzustellen, müssen daher die Gewebsschnitte einer Antigendemaskierung unterzogen werden. In der gegenwärtigen Literatur wird die Antigendemaskierung *(Antigen Retrival)* definiert als eine Hochtemperatur-Erhitzungsmethode.

Die Entwicklung der Antigendemaskierung als eine einfache Methode des Kochens von archivierten, in Paraffin eingebetteten Gewebeschnitten in gepufferter Salzlösung war das Ergebnis der Pionierarbeit von Shi und seinen Kollegen (2001), mit dem Erfolg einer Signalamplifikation in der Immunhistochemie. Die Zielvorstellung hierbei war eine breite Applikation der Immunhistochemie bei den routinemäßig formalinfixierten und in Paraffin eingebetteten Schnitten für Forschung und klinische Pathologie. Die weite Anwendung dieser Technik in der Pathologie und anderen Feldern der Morphologie hat gezeigt, dass die Antigendemaskierung für eine Reihe von Antigenen, wie z. B. für Ki-67, MIB-1, Östrogen- und Androgenrezeptoren sowie für viele Cytokeratine und CD-Marker, anwendbar ist. Diese Antigene lassen sich ohne Antigendemaskierung nur schwach oder gar nicht in der immunhistochemischen Färbung darstellen. Frühere Demaskierungstechniken, wie z. B. die enzymatische Digestion, haben für viele Antigene nicht zu einem zufriedenstellenden Ergebnis geführt, ganz zu schweigen davon, dass die enzymatische Andauung von Gewebe auch zu einer Zerstörung der strukturellen Integrität der Gewebe führen kann.

Die Hypothese der hitzeinduzierten Renaturierung basiert auf einem grundsätzlichen Prinzip der Immunologie, das impliziert, dass Antigen-Antikörper-Reaktionen abhängig von der Proteinstruktur sind. Antikörper erkennen spezifische Epitope in einer bestimmten Anordnung im Proteinmolekül. Eine strukturelle Veränderung des Proteins führt nach Formalinfixierung zu einer Maskierung der Epitope und beeinflusst damit die Antigenität des Proteins in diesem Gewebe. Die Antigendemaskierung kann zu einer Renaturierung oder zumindest zu einer partiellen Wiederherstellung der Proteinstruktur führen.

Für die Antigendemaskierung wird das Gewebe in einem geeigneten Gefäß mit Antigendemaskierungslösung (z. B. 10 mM Citrat, pH 6, oder 1 mM EDTA-Puffer, pH 8 oder 9) auf 90–110 °C (abhängig vom Gewebe) erhitzt. Hierfür können Mikrowellengeräte, Dampfkocher, normale Schnellkochtöpfe oder Autoklaven eingesetzt werden.

15.3 Signalamplifikation (Signalverstärkung)

Während die Antigendemaskierungstechnik dazu dient, die immunzytochemischen Signale in der Prädetektionsphase zu verbessern, dient die konventionelle Methode der Signalverstärkung, wie z. B. die Avidin–Biotin-Komplex- (ABC-) oder die Enzym-Anti-

Enzym-Immunkomplextechniken (PAP und APAAP) dazu, das Signal in der Phase des Detektionsprozesses zu verstärken. Die ABC-Methode basiert im Wesentlichen auf der hohen Affinität, die Streptavidin (aus *Streptomyces avidinii*) und Avidin (Hühnereiweiß) für Biotin besitzen. Die PAP-Methode benutzt einen Peroxidase-Antiperoxidase-Komplex. APAAP schließlich stellt einen Alkalische-Phosphatase-anti-Alkalische Phosphatase-Komplex dar. Über viele Jahre waren die PAP- und die APAAP-Methoden die sensitivsten und daher die populärsten Techniken in vielen Pathologielaboratorien, nicht zuletzt wegen ihrer einfachen Handhabung. Heute werden diese Techniken seltener benutzt und zunehmend durch sensitivere Methoden ersetzt. Eine mehrfach höhere Antigendetektion kann z. B. durch die kettenpolymerkonjugierte Technologie (EnVision-System) erreicht werden, die von DakoCytomation entwickelt worden ist. Diese Technologie nutzt ein enzymmarkiertes inertes Dextranmolekül. Das Dextran kann im Durchschnitt mit 70 Molekülen eines Enzyms (Alkalische Phosphatase oder Meerrettich-Peroxidase) sowie zehn Molekülen von Antikörpern beladen werden (Abb. 15.1). Da dieses System auf Streptavidin und Biotin verzichtet, kann eine unspezifische Färbung durch endogenes Biotin vermieden werden.

Mit der Einführung von Tyraminkonjugaten (Tyramiden) als Substrat für die Meerrettich-Peroxidase (HRP) wurde die Sensitivität der immunhistochemischen Methoden enorm verbessert und weitere Applikationen der Immunhistochemie wurden erschlossen. Bei dieser Prozedur, die als *Catalyzed Reporter Deposition* (CARD) oder Tyramidsignalamplifikation (TSA) bezeichnet wird, werden HRP-markierte Sekundärantikörper oder HRP-markiertes Avidin benutzt. HRP katalysiert die Oxidation der Phenoleinheit des markierten Tyramins in Gegenwart von H_2O_2. Nach der Oxydation durch HRP binden aktivierte Tyraminmoleküle schnell kovalent an elektronenreiche

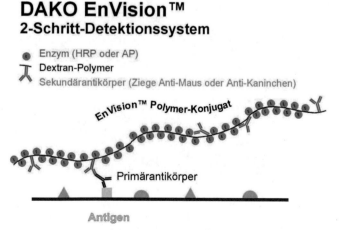

Abb. 15.1 Kettenpolymerkonjugiertes Detektionssystem, EnVision™, entwickelt von DakoCytomation

Aminosäuren von Proteinen, die in unmittelbarer Nachbarschaft der Immunreaktion liegen (Abb. 15.2). Diese Methode erlaubt daher eine Steigerung der Detektierbarkeit eines Antigens um das Hundertfache, verglichen mit der konventionell indirekten Methode, ohne Verlust der Auflösung.

Die Tyramid-Signalamplifikationstechnologie (TSA) wurde von der Litts-Gruppe (Bobrow et al. 1989) bei DuPont NEN (jetzt ein Teil der PerkinElmer Corporation) entwickelt und an Molecular Probes für In-Zell- und In-Gewebe-Anwendungen lizenziert. Für ca. 200 € kann ein einzelnes TSA-Kit erworben werden, das für ca. 75–100 Objektträger ausreicht. Die Synthese dieser Reagenzien im eigenen Haus ist nicht nur einfach, sie kann möglicherweise auch viel Geld sparen. Für weniger als 5000 € können genug Reagenzien erworben werden, um mehr als 100.000 Objektträger zu färben, wobei ein Verfahren zur Synthese verschiedener Tyramidkonjugate verwendet wird, das von Hopman et al. (1998) und ausführlicher im Lehrbuch von Buchwalow und Boecker (2010) beschrieben wird. Nach diesem einstufigen Verfahren werden Succinimidylester von Biotin, Digoxigenin oder Fluorophoren an Tyramin in Dimethylformamid (DMF) gekoppelt, das mit Triethylamin (TEA) auf einen pH-Wert von 7, 0–8, 0 eingestellt wird. Die Kupplungsreaktion kann innerhalb von zwei Stunden durchgeführt werden, und das Reaktionsgemisch kann ohne weitere Reinigungsschritte aufgebracht werden. Die synthetisierten Tyramidkonjugate können auch in In-situ-Hybridisierungs-(ISH-)Verfahren angewandt werden, um sowohl repetitive als auch Einzelkopie-DNA-Zielsequenzen in Zellpräparationen mit hoher Effizienz nachzuweisen. Dieser

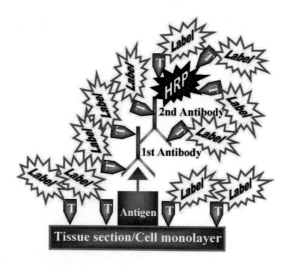

Abb. 15.2 Tyramidsignalamplifikation. „T" ist das markierte Tyramin, und „HRP" ist Meerrettich-Peroxidase *(Horse Radish Peroxidase)*. Das „Label" kann Fluorophor oder Biotin sein. Der Fluorophor kann direkt durch die Fluoreszenzmikroskopie sichtbar gemacht werden, das Biotin durch markiertes Streptavidin

patentgeschützte Ansatz bietet eine einfache und schnelle Methode zur Herstellung einer Vielzahl von Tyramidkonjugaten in großen Mengen zu relativ niedrigen Kosten.

Während die Fluorophormarker in einem Fluoreszenzmikroskop visualisiert werden, kann die Biotinmarkierung weiter über die ABC-Technik mit HRP-konjugiertem Avidin oder Streptavidin amplifiziert werden, um dann über chromogene enzymzytochemische Reaktionen in einem Hellfeldmikroskop visualisiert zu werden. Alternativ kann die zweite Schicht der HRP-Markierung weiterhin mit der nächsten Schicht Fluorophor-Tyramin amplifiziert werden. Die Kombination von tyramidbasierten Amplifikationen mit der ABC-Methode wird als eine *Blast*-Amplifikationstechnik bezeichnet. Sie erlaubt eine weitergehende Signalverstärkung bis zum Tausendfachen. Hierdurch können selbst Antigene mit einer sehr geringen Expression erkannt werden, bei denen konventionelle indirekte Methoden versagen. Darüber hinaus erlaubt die Amplifikation, dass der Primärantikörper hochgradig verdünnt werden kann. Die höhere Verdünnung resultiert in einer geringeren unspezifischen Hintergrundfärbung bei gleichzeitig intensiveren spezifischen Signalen.

Diese erweiterten immunhistochemischen Färbetechniken in der Pathologie und anderen Bereichen der Morphologie haben zu einer erheblichen Verbesserung der immunhistochemischen Färbereaktionen an archivierten, formalinfixierten und in Paraffin eingebetteten Gewebsschnitten beigetragen und die Sensitivität erhöht.

15.4   Multiple Immunfluoreszenzmarkierung

Multiple Markierungen für die Kolokalisation von verschiedenen Antigenen wurden in zwei verschiedenen Linien entwickelt – einerseits die Multifarben-Immunenzym-Methoden sowie die Immunfluoreszenz-Färbemethoden. Während die Multifarben-Immunenzymfärbung nur für Antigene mit unterschiedlichen Lokalisationen anwendbar ist, erlaubt die Fluoreszenzmethode, Antigene nicht nur in derselben Zelle, sondern sogar in demselben zellulären Kompartiment nachzuweisen.

Methoden für die simultane Immunfluoreszenzdetektion verschiedener Gewebeantigene benutzen in ihrer einfachsten Form Primärantikörper, die in verschiedenen Spezies entwickelt wurden und daher durch verschiedene speziesspezifische markierte Sekundärantikörper visualisiert werden können, unter Benutzung der indirekten immunzytochemischen Methoden (zwei oder mehr Antikörperschichten). Leider sind entsprechende Kombinationen von Primärantikörpern verschiedener Spezies nicht immer verfügbar. Ein allgemeines Problem resultiert aus der Tatsache, dass die meisten verfügbaren Primärantikörper in zwei Tierarten, nämlich dem Kaninchen und der Maus, entwickelt wurden. Die Anwendung von Primärantikörpern derselben Spezies führt allerdings zu Kreuzreaktionen des sekundären, speziesspezifischen Antikörpers mit den Primärantikörpern.

Die Kreuzreaktion der sekundären, speziesspezifischen Antikörper mit den Primärantikörpern derselben Spezies kann vermieden werden durch eine direkte Markierungsmethode (eine Schicht von Antikörpern). Kürzlich ist eine direkte Methode mit Primärantikörpern entwickelt worden, die kovalent durch verschiedene Fluorophore markiert sind. Sie sind daher für eine simultane Detektion von bis zu sieben Antigenen geeignet. Es ist jedoch fraglich, ob diese Technik eine breitere Anwendung findet, da man hierfür gut ausgewählte Farbstoffe und entsprechende Filtersets am Fluoreszenzmikroskop mit der entsprechend programmierten Software zur Verfügung haben muss. Darüber hinaus ist die kovalente Markierung von Primärantikörpern in den meisten Laboratorien keine Routinemethode und erfordert relativ große Mengen gereinigter Antikörper, ganz abgesehen davon, dass diese Technik eine weitaus geringere Sensitivität besitzt, verglichen mit den indirekten Methoden. Aus diesen Gründen werden die indirekten (zwei oder mehr Antikörperschichten) Methoden bevorzugt benutzt, um eine Multimarkierung durchzuführen.

Obwohl weitaus sensitiver im Vergleich zu direkten Methoden, ist die indirekte Methode in ihrer Originalform nicht anwendbar für eine Multimarkierung, weil die Kreuzreaktionen zwischen verschiedenen primären und sekundären Antikörpern die Ergebnisse beeinflussen.

Ein komplett anderer Ansatz zu diesem Problem liegt in der Haptenylierung von Primärantikörpern mit nachfolgendem Gebrauch von Sekundärantikörpern, die die entsprechenden Haptene erkennen. Haptene (z. B. Bioptin, Digoxygenin oder irgendein Fluorophor) können kovalent an den Antikörper gebunden werden über einen Succinylimidester oder aber gekoppelt werden durch Benutzung von monovalenten IgG-Fc-spezifischen Fab-Fragmenten. Entsprechende Biotinylierungskits sind kommerziell erhältlich (ARK; DakoCytomation, Ely, UK; oder Molecular Probes, Zenon, Eugene, OR). Wir haben erfolgreich sowohl monoklonale als auch polyklonale biotinylierte Primärantikörper in der doppelten Immunfärbung benutzt (Buchwalow und Boecker 2010).

Schließlich können auch primäre monoklonale Antikörper unterschiedlicher Ig-Isotypen (Subklassen) selektiv durch Sekundärantikörper erkannt werden, die gegen die entsprechenden korrespondierenden Isotypen gerichtet sind. Dieser Ansatz wird routinemäßig in der Durchflusszytometrie verwendet. Erste Erfolge, Sekundärantikörper selektiv zu verwenden, um korrespondierende Isotypen für die Doppelmarkierung in der Immunhistochemie nutzbar zu machen, gehen auf die 1980er-Jahre zurück. Seitdem sind nur wenige Publikationen erschienen, die diese Technik benutzt haben. Hieraus ergibt sich, dass dieser vielversprechende Ansatz bisher nicht ausreichend Beachtung in der histochemischen Anwendung gefunden hat. Heute sind Sekundärantikörper kommerziell erhältlich, die spezifisch die verschiedenen Ig-Subklassen der Primärantikörper erkennen (z. B. Abcam, Cambridge, UK; Dianova, Hamburg; BD PharMingen, Hamburg; DakoCytomation, Ely, UK; Molecular Probes, Leiden, Niederlande). Mit einer breiteren Verfügbarkeit der zuverlässigen spezifischen Anti-Ig-Subklassen-Antikörper und mit dem Aufkommen von erfolgreichen Methoden der Antigendemaskierung erhält dieser Ansatz zunehmende klinische Bedeutung in der Diagnostik und auch in der Prognose. Der Pathologe muss in der Lage sein, eine immer größere Zahl von Proteinen in Gewebeschnitten durch immunhistochemische Techniken zu erkennen. Wir haben ein Basis-protokoll für multiple Immunmarkierungsmethoden ausgearbeitet unter Nutzung von monoklonalen Primärantikörpern verschiedener Ig-Isotypen. Unser Protokoll stellt eine einfache Methode dar, die neben kommerziell erhältlichen Antikörpern und Reagenzien ein Fluoreszenzmikroskop mit geeigneten Filtern und einen kompetenten Histochemiker benötigt. Nach unserem Protokoll können Primärantikörper von verschiedenen Ig-Iso-typen in einem Ansatz benutzt und müssen nicht getrennt verwendet werden.

An dieser Stelle beschreiben wir die Anwendung dieser Technik mit einer doppelten Immunmarkierung von zwei Antigenen, Ck14 (IgG3) und Ck8/18/19 (IgG1), im Aus-führungsgang einer menschlichen Brustdrüse (Abb. 15.3). In seiner einfachsten Form ist dieser Ansatz anwendbar für monoklonale Primärantikörper, die zu verschiedenen IgG-Subklassen gehören. Man kann jedoch durch Kombinationen mit haptenylierten monoklonalen Antikörpern oder mit Antikörpern von anderen Spezies das Anwendungs-spektrum dieser Technik erweitern. Wir machen dies deutlich durch einen kombinierten Ansatz mit gleichzeitiger Darstellung von vier verschiedenen Antigenen: Ck14 (Maus-IgG3), Ck8/18/19 (Maus-IgG1), Glattmuskelaktin (Maus-IgG2a) und schließlich Ki67 (Kaninchen polyklonal) in einem Schnitt einer papillären Läsion der menschlichen

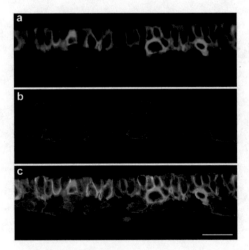

Abb. 15.3 Doppelte Immunmarkierung von zwei verschieden Antigenen, Ck14 (IgG3) und Ck8/18/19 (IgG1), in der Wand eines Gangs der menschlichen Brust. Immungefärbte Schnitte wurden mithilfe eines mit entsprechenden Filtern ausgestatten Axiophot2-Zeiss-Mikroskops sowie mit einer AxioCam-Digitalmikroskopkamera und AxioVision-Multi-Channel-Image-Processing-Einheit (Carl Zeiss Vision GmbH, Deutschland) untersucht. Durch die einzelnen Farbaufnahmen von Ck8/18/19 (**a**, FITC, grün), Ck14 (**b**, Alexa-647, pink) und den Kernen (DAPI, blau) wurde ein gemeinsames Mehrfarbbild erstellt (**c**), wobei die Kolokalisation der beiden Antigene durch die Überlagerung beider Markierungen zur einer Hybridfarbe nachgewiesen werden kann. Die Skalierung von 20 μm ist für das gesamte Layout maßgebend

Brustdrüse (Abb. 15.4). Die immunhistochemischen Reaktionen wurden visualisiert mit einem konventionellen Fluoreszenzmikroskop, ausgerüstet mit einer digitalen Kamera. Die Multifarbenfluoreszenz-Immunmarkierung erlaubt nicht nur, die Antigene in derselben Zelle zu erkennen, sondern auch in demselben zellulären Kompartiment. Es sollte hier angemerkt werden, dass die Koinzidenz von zwei oder mehr Antigenen im gleichen Kompartiment nicht überzeugend durch ein Kompositionsbild dargestellt werden kann. Zu diesem Zweck wird das Kompositionsbild in seine einzelnen Farbkomponenten zerlegt. (Abb. 15.3 und 15.4).

Multiple Immunfluoreszenz-Markierungsmethoden stellen eine erfolgreiche Strategie dar, um das räumliche Verhältnis zwischen verschiedenen Antigenen in den histologischen Schnittpräparaten darzustellen. Die Visualisierung von Gewebeantigenen in der menschlichen Brustdrüse erlaubte uns z. B., die Hierarchie von verschiedenen epithelialen Zelltypen in der menschlichen Brustdrüse zu analysieren, indem wir eine simultane multiple Immunmarkierung durchführten. Auf diese Weise wurden z. B.

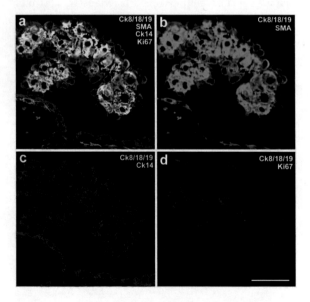

Abb. 15.4 Gemeinsamer Nachweis von vier verschiedenen Antigenen, Ck14 (Maus IgG3), Ck8/18/19 (Maus-IgG1), Glattmuskelaktin (SMA, Maus-IgG2a) und Ki67 (Kaninchen-IgG), in einem Schnitt einer papillären Läsion der weiblichen Brustdrüse. Einzelne Farbaufnahmen für die Immunmarkierung von Ki67 (Cy3, rot), Ck8/18/19 (Alexa-350, blau), glattmuskuläres Aktin (FITC, grün) und Ck14 (Alexa-647, pink) wurden wiederum zu einem gemeinsamen Mehrfarbbild vereint (**a**). Doppelfarbige Bilder wurden auch für jeweils zwei verschiedene Antigene generiert: für glanduläre Ck8/18/19 vs. SMA (**b**), glanduläre Ck8/18/19 vs. basale Ck14 (**c**) und glanduläre Ck8/18/19 vs. Ki67 (**d**). Die Skalierung von 50 μm ist für das gesamte Layout maßgebend

Progenitorzellen im menschlichen Brustdrüsenepithel nachgewiesen. Mit dem in unserem Labor entwickelten Protokoll für den Gebrauch von Sekundärantikörpern, die selektiv verschiedene Isotypen (Subklassen) von monoklonalen Primärantikörpern erkennen, haben wir eine breit anwendbare Methode für die simultane Detektion von zwei oder mehr Antigenen entwickelt.

Ein anderer Ansatz zur Verhinderung der Kreuzreaktivität bei der Mehrfach-Immunmarkierung unter Verwendung von Antikörpern derselben Spezies ist die Antikörperelution. Eine Reihe von Puffern mit unterschiedlichen pH-, Osmolaritäts-, Detergensgehalt- und Denaturierungseigenschaften wurde getestet, um den bereits gebundenen Antikörperkomplex aus früheren IHC-Färbezyklen zu entfernen. Es wurde berichtet, dass Glycin–HCl/Natriumdodecylsulfat (SDS), pH 2, oder 2-Mercaptoethanol/ SDS, pH 6, 75, wirksam sind (Pirici et al. 2009). Kürzlich berichteten Zhang et al. (2017) über die Mehrfach-Fluoreszenz-Immunmarkierung unter Verwendung von Antikörpern derselben Spezies in Kombination mit Tyramidsignalamplifikation. Bei diesem Verfahren wird das erste Antigen auf dem Gewebe detektiert, indem ein zielspezifischer Primärantikörper und dann ein sekundärer HRP-markierter speziesspezifischer Antikörper verwendet wird, was wiederum die In-situ-Ablagerung von mit Fluorophor konjugiertem Tyramid steuert. Der gebundene primäre Antikörper und der sekundäre Antikörper-HRP-Komplex werden dann mit einem Citrat/Acetat-basierten Puffer, pH 6, 0, der 0, 3 % SDS enthält (CC2-Lösung, erhältlich von Ventana cat # 950-223), unter hoher Temperatur eluiert. Das Tyramidfluorophormolekül bleibt kovalent am Gewebe in der Nähe des ersten Ziels gebunden. Die gleiche Prozedur wird wiederholt, um die nächsten Ziele zu erkennen. Diese Technologie erlaubt die Verwendung von primären Antikörpern von der gleichen Spezies, z. B. Maus oder Kaninchen (Abb. 15.5).

Abb. 15.5 Menschliche Haut. Immunfluoreszenz-Dreifachfärbung mit drei Antikörpern, die von der gleichen Wirtsspezies (Maus) stammen: Keratin 5/6 (FITC, grün), Keratin 10 (Cy3, rot), und Ki67 (Alexa 647, Magenta). Mit DAPI gegengefärbte Zellkerne (blauer Kanal). Die Skalierung von 100 μm ist für das gesamte Layout maßgebend

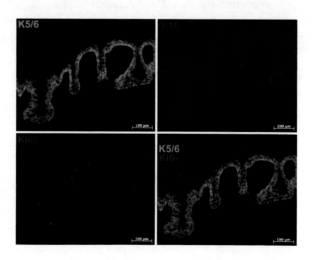

15.4.1 Protokoll für multiple Immunfärbungen durch Gebrauch monoklonaler Primärantikörper von verschiedenen Ig-Isotypen

- Deparaffinieren und Rehydrieren des Gewebes. Waschen in destilliertem Wasser für 5 min.
- **Antigendemaskierung:** Schnittpräparate in geeignetem Gefäß mit einer Antigendemaskierungslösung (z. B. 10 mM Citratsäure, pH 6) erwärmen auf 90–110 °C (abhängig vom Gewebe) in einer Mikrowelle, einem Dampfkocher, einem Schnellkochtopf oder Autoklaven.
- **Waschen und Verdünnen:** Spülen der Schnitte in 10 mM PBS für 2–3 min. PBS wird für alle Spülungen und Verdünnungen benutzt. Andere Puffer wie z. B. Trisgepufferte Salzlösung (TBS) können ebenfalls benutzt werden.
- **Primärantikörper:** Inkubation für 60 min bei Raumtemperatur oder über Nacht bei 4 °C mit einem Gemisch der adäquat verdünnten Primärantikörper. Spülen der Schnittpräparate in PBS für 2–3 min.
- **Sekundärantikörper:** Inkubation der Schnitte für 60 min bei Raumtemperatur mit einem Gemisch der Fluorophor-konjugierten Sekundärantikörper, die gegen die korrespondierenden IgG-Isotypen (IgG1 oder IgG3) des Primärantikörpers gerichtet sind. Spülen der Schnitte in PBS für 2–3 min.
- **Gegenfärbung der Kerne**, wenn notwendig mit DAPI (5 µg mL^{-1} PBS). Spülen der Schnitte in PBS für 2×3 min.
- **Eindecken:** Eindecken der Schnitte in 80–90 % Glycerin in PBS mit einer Anti-Fading-Substanz (0, 1 % p-Phenylendiamin oder 2 % n-Propylgallat). Molecular Probes (Leiden, The Netherlands) bietet eine breite Auswahl von Anti-Fading-Eindeckungsmedia. Die Autoren haben gute Erfahrungen mit Vectashield-Eindeckungsmedium von Vector Laboratories (Burlingame, USA) gemacht.
- Alle Inkubationen werden bei Raumtemperatur vorgenommen, soweit nicht anders aufgeführt.

Natürlich ist dieses Protokoll auch für einfachere Immunfärbungen anwendbar, wenn Primärantikörper in verschiedenen Spezies hergestellt wurden.

15.5 Multiple Immunenzymmarkierung

Prozeduren, für die die gleichzeitige Färbung von zwei oder mehr Gewebeantigenen bei der Immunenzym-Färbemethoden benutzt werden, leiden darunter, dass die Chromogenablagerungen des ersten Antigens die entsprechenden Epitope des zweiten Antigens maskieren können. Dieses macht den gleichzeitigen Nachweis von zwei Antigenen im selben zellulären Kompartiment (z. B. Kern, Zellmembranen oder Cytoplasma) undurchführbar. Dennoch wird dieser Ansatz erfolgreich in den Fällen der Forschung und diagnostischen Pathologie angewandt, in denen die Antigene in verschiedenen zellulären Kompartimenten oder – noch einfacher – in verschiedenen Zellen lokalisiert sind.

Wenn man die Methode bei Gefrierschnitten anwendet, kann die endogene Enzymaktivität gelegentlich eine unspezifische Färbung produzieren. Um z. B. die endogene Meerrettich-Peroxidase- (HRP-)Aktivität zu unterdrücken, werden die Schnitt-präparate vorher mit einer 0, 6 %igen H_2O_2-Lösung in Methanol behandelt. Die endo-gene Alkalische-Phosphatase-Aktivität kann durch einen Zusatz des Inhibitors von Alkalischer Phosphatase – dem Levamisol – zur Substratlösung geblockt werden. Zusätzliche Informationen über die Enzymaktivitäten findet man in entsprechenden Lehrbüchern der Enzymhistochemie (Lojda et al. 1976; van Noorden und Frederiks 1992) oder in den Angaben der Hersteller (Roche Molecular Biochemicals, Sigma, Vector Laboratories, DakoCytomation, Immunotech).

Die enzymatischen Methoden, um zwei Antigene in derselben Lokalisation nachzu-weisen, lassen sich in zwei prinzipielle Kategorien einteilen:

- simultane Immunenzym-Doppelfärbung und
- sequenzielle Immunenzym-Doppelfärbung.

Die simultane Immunenzym-Doppelfärbung ist nur für Primärantikörper anwendbar, die in differenten Spezies erzeugt wurden, sowie bei Anwendung verschiedener Enzym-systeme, um die Antigene zu markieren. Die sequenzielle Immunenzym-Doppelfärbung ist anwendbar auch für Primärantikörper, die in gleichen Spezies erzeugt wurden (z. B. zwei Maus-monoklonale Antikörper). Als Regel gilt, dass die HRP die Lokalisation des entsprechenden Antigens besser darstellt als Alkalische Phosphatase. In der Doppel-färbung sollte die HRP vor der Alkalischen Phosphatase entwickelt werden. Das am stärksten exprimierte Antigen sollte zuerst gefärbt werden, gefolgt von der Färbung des weniger exprimierten Antigens.

15.5.1 Protokoll für die gleichzeitige Immunenzym-Doppelfärbung unter Benutzung von Primärantikörpern, die in zwei verschiedenen Spezies hergestellt wurden

- Deparaffinieren und Rehydrieren des Gewebes. Waschen in destilliertem Wasser für 5 min.
- **Antigendemaskierung:** Schnittpräparate in geeignetem Gefäß mit einer Antigen-demaskierungslösung (z. B. 10 mM Citrat, pH 6) erwärmen auf 90–110 °C (abhängig vom Gewebe) in einer Mikrowelle, einem Dampfkocher, in einem Schnellkochtopf oder Autoklaven.
- **Waschen und Verdünnen:** Spülen der Schnitte in 10 mM PBS für 2–3 min. PBS wird für alle Spülungen und Verdünnungen benutzt, soweit nicht anders aufgeführt. Andere Puffer, wie z. B. Tris-gepufferte Salzlösung (TBS), können ebenfalls benutzt werden.

- **Primärantikörper:** Inkubation für 60 min bei Raumtemperatur oder über Nacht bei 4 °C mit einem Gemisch der adäquat verdünnten Primärantikörper. Spülen der Schnittpräparate in PBS für 2 × 3 min.
- **Sekundärantikörper:** Inkubation der Schnitte für 60 min bei Raumtemperatur mit einem Gemisch der mit einem Enzym (z. B. HRP oder AP) konjugierten Sekundärantikörper, die gegen die korrespondierenden Spezies-IgG des Primärantikörpers gerichtet sind. Spülen der Schnitte in gleichem Puffer, in dem das erste Enzymsubstrat gelöst wird.
- **Substrate:** Inkubation der Schnitte mit dem ersten Enzymsubstrat. Spülen zuerst mit dem gleichen Puffer und danach mit dem Puffer, in dem das zweite Enzymsubstrat gelöst wird, für 2 × 3 min. Inkubation der Schnitte mit dem zweitem Enzymsubstrat und Spülen mit dem gleichen Puffer und danach mit Aqua dest.
- **Gegenfärbung und Eindecken:** Gegenfärbung der Kerne (wenn notwendig) und Eindecken mit geeignetem wässrigen oder permanenten Eindeckmedium.
- Alle Inkubationen werden bei Raumtemperatur vorgenommen, soweit nicht anders aufgeführt.

Wir zeigen hier die Applikation der Technik mit einer Doppelfärbung von zwei Antigenen, dem Ki67 (Maus-IgG) und dem Von-Willebrand-Faktor (F VIII, Kaninchen-IgG) im menschlichen Endometrium (Abb. 15.6). Ki67 ist ein Kernantigen, welches in proliferierenden menschlichen Zellen vorkommt. Von-Willebrand-Faktor wird spezifisch in den endothelialen Zellen exprimiert. Die primären Antikörper und danach die korrespondierenden Sekundärantikörper, die z. B. gegen Maus- und Kaninchen-IgG gerichtet sind, werden in einem Gemisch appliziert. Wenn zwei Primärantikörper in derselben Spezies erzeugt wurden (z. B. zwei Maus-monoklonale Antikörper), benutzt man die sequenzielle Immunenzymfärbung. Da die Chromogenablagerung bei der ersten Färbung das erste Antigen mitsamt markierendem Enzym maskiert, erlaubt dieser Ansatz den sequenziellen Gebrauch des gleichen Enzyms. Es wird aber ein anderes Enzymsubstrat (Chromogen mit anderer Farbe) verwendet, um die beiden Antigene darzustellen.

15.5.2 Protokoll für die sequenzielle Immunenzym-Doppelfärbung

- Deparaffinieren und Rehydrieren des Gewebes. Waschen in destilliertem Wasser für 5 min.
- **Antigendemaskierung:** Schnittpräparate in geeignetem Gefäß mit einer Antigendemaskierungslösung (z. B. 10 mM Citrat, pH 6) erwärmen auf 90–110 °C (abhängig vom Gewebe) in einer Mikrowelle, einem Dampfkocher, einem Schnellkochtopf oder Autoklaven.
- **Waschen und Verdünnen:** Spülen der Schnitte in 10 mM PBS für 2–3 min. PBS wird für alle Spülungen und Verdünnungen benutzt, soweit nicht anders aufgeführt.

Abb. 15.6 Gemeinsame Darstellung von zwei Antigenen, Ki67 (Maus-IgG), einem Proliferationsmarker, und Von-Willebrand-Faktor (F VIII, Kaninchen-IgG), einem endothelialen Marker, in humanem Endometrium. **a** Die Visualisierung des Von-Willebrand-Faktors erfolgte mithilfe des Vector-Red-Substrat-Kits durch einen AP-konjugierten Ziege-anti-Kaninchen-Antikörper. Ki67 wurde mit einem DAB-Substrat durch HRP-konjugierten Ziege-anti-Maus-Antikörper immunmarkiert. **b** Die Visualisierung des Von-Willebrand-Faktors mittels Vector-Red-Substrat-Kit durch AP-konjugierten Ziege-anti-Kaninchen-Antikörper und von Ki67 mit einem Vector-SG-Substrat (schwarz) durch HRP-konjugierten Ziege-anti-Maus-Antikörper. **c** Visualisierung von Von-Willebrand-Faktor mittels Vector-SG-Kit (schwarz) durch einen HRP-konjugierten Ziege-anti-Kaninchen-Antikörper und von Ki67 mit einem Vector-Red-Substrat durch einen AP-konjugierten Ziege-anti-Maus-Antikörper

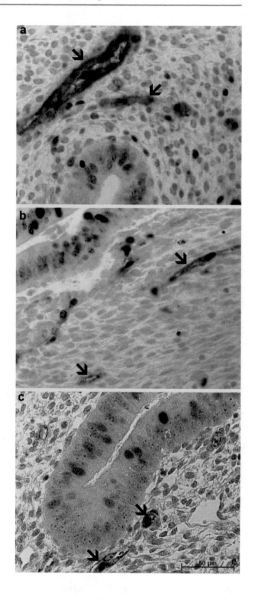

Andere Puffer, wie z. B. Tris-gepufferte Salzlösung (TBS), können ebenfalls benutzt werden.

- **Die erste Immunmarkierungssequenz:** Inkubation für 60 min bei Raumtemperatur oder über Nacht bei 4 °C mit dem adäquat verdünnten ersten primären Antikörper. Spülen der Schnittpräparate in PBS für 2 × 3 min.
- **Sekundärantikörper:** Inkubation der Schnitte für 60 min bei Raumtemperatur mit einem korrespondierenden enzymkonjugierten Sekundärantikörper. Spülen der Schnitte in gleichem Puffer, in dem das erste Enzymsubstrat gelöst wird.

- **Substrat:** Inkubation der Schnitte mit dem ersten Enzymsubstrat. Spülen zuerst mit dem gleichen Puffer und danach mit PBS für 2 × 3 min.
- **Die zweite Immunmarkierungssequenz:** Um das zweite Antigen zu orten, werden die Schnitte mit dem zweiten primären Antikörper inkubiert und danach mit dem zweiten enzymkonjugierten Sekundärantikörper. Spülen der Schnitte in gleichem Puffer, in dem das zweite Enzymsubstrat gelöst wird. Visualisieren des zweiten Enzymmarkers und Waschen der Schnitte mit dem gleichen Puffer, danach mit Aqua dest. waschen.
- **Gegenfärbung und Eindecken:** Gegenfärbung der Kerne (wenn notwendig) und Eindecken mit geeignetem wässrigen oder permanenten Eindeckmedium.
- Alle Inkubationen werden bei Raumtemperatur vorgenommen, soweit nicht anders aufgeführt.

Ein drittes Antigen kann dargestellt werden (dreifache Markierung), indem man einfach das Protokoll mit einer zusätzlichen Färbesequenz wiederholt, die für den dritten Antikörper geeignet ist. Eine multiple Markierung erfordert mehr Zeit für die Antigen-Antikörper-Bindung. Wenn notwendig, sollte man zwischen den Färbungen der einzelnen Antikörper eine Pause einlegen. Vector Laboratories empfehlen, dass bei Unterbrechung des Färbeprotokolls diese möglichst nach der Substratentwicklung des ersten Antigens erfolgen sollte. Die Schnittpräparate sollten in dieser Zeit in einem Puffer bis zu 1 h bei Raumtemperatur (20–25 °C) aufbewahrt werden, ohne dass die Färbeergebnisse beeinflusst werden. Für eine längere Zeit wird allerdings empfohlen, die Schnittpräparate in PBS bei 4 °C aufzubewahren. Der Erfolg der sequenziellen Immunenzymmethode für Doppelfärbungen mit Antikörpern, die in der gleichen Spezies entwickelt wurden, basiert auf der kompletten Durchführung der ersten Antigendarstellung, damit das Chromogen diese Strukturen völlig abdecken kann. Dennoch besteht die Gefahr einer möglichen Kreuzreaktivität mit dem zweiten Antikörper. Die kettenpolymerbasierte Technologie des EnVision-Systems, die DakoCytomation entwickelt hat, vermeidet diesen Fehler. Die Anwendung des Double-Stain-Blocks von DakoCytomation vor dem nächsten Schritt verhindert eine mögliche Kreuzreaktivität.

15.6 Hintergrundfärbung und Blockierungsschritte

Unerwünschte Hintergrundfärbung fügte den Köpfen mancher Histochemiker graues Haar hinzu. In den meisten Fällen wird die Hintergrundfärbung nicht durch einen einzelnen Faktor verursacht. Neben den Fc-Rezeptoren sind häufige Ursachen für die Hintergrundfärbung die endogene Enzymaktivität, wenn Peroxidase oder Alkalische Phosphatase als Enzymmarker der Sekundärantikörper verwendet wird. Auch endogenes Biotin, bei Verwendung eines Streptavidin- oder Avidinreagens, führt zu erhöhtem Hintergrund.

15.6.1 Fc-Rezeptoren

Es wird angenommen, dass eine Hintergrundfärbung als Ergebnis einer unspezifischen Antikörperbindung an endogene Fc-Rezeptoren (FcRs) auftritt. In unserer Studie (Buchwalow et al. 2011) wurden Zell- und Gewebeproben routinemäßig mit oder ohne Blockierungsschritt (Ziegenserum oder BSA) aufbereitet. Überraschenderweise zeigten keine Antikörper in Proben, die ohne einen Blockierungsschritt prozessiert wurden, eine Neigung zu unspezifischer Bindung, die zu Hintergrundfärbung führte, was impliziert, dass endogene FcRs ihre Fähigkeit zur Bindung des Fc-Teils von Antikörpern nach Standardfixierung nicht beibehalten. Ebenso fanden wir keine unspezifische Antikörperbindung, die entweder auf ionische oder hydrophobe Wechselwirkungen zurückzuführen ist. Wir haben festgestellt, dass traditionell verwendete Proteinblockierungsschritte bei der Immunfärbung von routinemäßig fixierten Zell- und Gewebeproben unnötig sind. Das Weglassen des herkömmlichen Proteinblockierungsschritts kann sowohl in der Forschung als auch in der Immunhistopathologie Reagenzienkosten und Vorbereitungszeit einsparen.

15.6.2 Endogene Peroxidase

Die Verwendung von HRP als Enzymmarker kann zu einer starken unspezifischen Hintergrundfärbung einiger Zellen und Gewebe, die endogene Peroxidase enthalten, führen. Dieser unspezifische Hintergrund kann durch Vorbehandlung von Zellen und Gewebeschnitten mit Wasserstoffperoxid (H_2O_2) beseitigt werden.

Peroxidase Blocking Solution (0, 6 % H_2O_2 in Methanol oder PBS)
1 mL 30 % H_2O_2 und 50 mL Methanol oder PBS gut mischen und bei 4 °C lagern. Blockschritte für 10–15 min vor oder nach der primären Antikörper-Inkubation.

Methanol ist in den meisten Fällen eine bessere Wahl. Obwohl Methanol die Färbung einiger Zelloberflächenantigene, wie CD4 und CD8, reduzieren kann, machen Sie nichts Falsches selbst für diese empfindlichen Antigene, wenn Sie Peroxidase-blockierende Lösung mit Methanol nach (nicht vor) Inkubation mit primären Antikörpern verwenden. Die methanolische Behandlung kann auch dazu führen, dass sich Gefrierschnitte von Objektträgern lösen. In solchen seltenen Fällen wird die Verwendung von Wasserstoffperoxid in PBS empfohlen.

15.6.3 Endogene Alkalische Phosphatase

Alkalische Phosphatase ist ein Enzym, das in verschiedenen Isoformen in vielen Geweben wie Leber, Knochen, Darm, Placenta, einigen Tumoren und in Leukozyten vorkommt. Die Zugabe von 1 mM Levamisol zur Chromogen/Substrat-Lösung inhibiert die endogene Aktivität der Alkalischen Phosphatase mit Ausnahme der intestinalen Isoform. Falls erforderlich, kann dies durch Waschen mit einer schwachen Säure, wie 0, 03–0, 5 N HCl oder 1 M Citronensäure, blockiert werden.

1 M Citronensäure-Lösung

- 192 g Citronensäure (freie Säure) in 500 mL destilliertem Wasser auflösen.
- Mit destilliertem Wasser auf 1 L verdünnen.

Bei Verwendung von Hochtemperatur-Antigen-Retrieval können Sie die Blockierung der Alkalischen Phosphatase auslassen, da einige endogene Enzyme, wie alkalische und saure Phosphatasen, im Gegensatz zu Peroxidase bereits kurzzeitig bei 100 °C durch Kochen zerstört werden.

15.6.4 Endogenes Biotin

Biotin ist ein B-Vitamin, das in einigen Organen wie Niere, Leber und Milz vorhanden ist. Es kann bei Verwendung der ABC-Methode eine Ursache für eine hohe unspezifische Hintergrundfärbung sein. Um diese Hintergrundfärbung zu verhindern, kann ein Avidin/Biotin-Block vor der Inkubation mit biotinyliertem Antikörper auf Gewebeschnitte, die moderate bis hohe Mengen dieses Vitamins enthalten, aufgetragen werden. Das Blockieren von endogenem Biotin kann mit im Handel erhältlichen Kits erfolgen, sie sind jedoch teuer.

Avidin/Biotin-Blockierung

- A: Avidin 0,01 % ($\approx$1,7 μM) in PBS
- B: Biotin 0,05 % (2 mM) in PBS

Aufbewahrung der Blockierungslösungen bei 4 °C.

Die Schnitte vor der primären Antikörperapplikation mit den Lösungen A und B jeweils für 10–15 min inkubieren und 2× mit PBS zwischen den Schritten spülen.

Normalerweise ist Avidin/Biotin-Blockierung vermeidbar, wenn mit Paraffin-Gewebeschnitten gearbeitet wird, da die Gewebevorbehandlung in diesem Fall zu einem vollständigen Verlust von endogenem Biotin führt. Sie könnten jedoch auch in Paraffinschnitten auf signifikante endogene Biotinartefakte stoßen, insbesondere, wenn eine Signalamplifikation mit biotinyliertem Tyramid verwendet wird.

Literatur

Bobrow, M.N., Harris, T.D., Shaughnessy, K.J., und Litt, G.J. (1989). Catalyzed Reporter Deposition, A Novel Method of Signal Amplification – Application to Immunoassays. Journal of Immunological Methods *125*, 279–285.

Buchwalow, I. B. und Boecker, W. Immunohistochemistry: Basics and Methods. 1 edn, (Springer, 2010).

Buchwalow, I., Samoilova, V., Boecker, W. & Tiemann, M. Non-specific binding of antibodies in immunohistochemistry: fallacies and facts. Sci. Rep. 1, 28; https://doi.org/10.1038/srep00028 (2011), https://doi.org/10.1038/srep00028 (2011).

Hopman, A.H.N., Ramaekers, F.C.S., und Speel, E.J.M. (1998). Rapid synthesis of biotin-, digoxigenin-, trinitrophenyl-, and fluorochrome-labeled tyramides and their application for in situ hybridization using CARD amplification. Journal of Histochemistry & Cytochemistry 46, 771–777.

Lojda Z, Gossrau R, Schiebler TH (1976) Enzymzytochemische Methoden. Springer Verlag, Berlin, Heidelberg, New York.

Pirici D, Mogoanta L, Kumar-Singh S, Pirici I, Margaritescu C, Simionescu C, Stanescu R (2009) Antibody elution method for multiple immunohistochemistry on primary antibodies raised in the same species and of the same subtype. J Histochem Cytochem 57(6):567–575.

Shi, S.R., Cote, R.J., und Taylor, C.R. (2001). Antigen Retrieval Techniques: Current Perspectives. J. Histochem. Cytochem. 49, 931–938.

Van Noorden CJF und Frederiks WM (1992) Enzyme Histochemistry. A Laboratory Manual of Current Methods. Bios Scientific Publishers. Oxford.

Zhang, W. et al. (2017). Fully automated 5-plex fluorescent immunohistochemistry with tyramide signal amplification and same species antibodies. Laboratory Investigation 97, 873–885, https://doi.org/10.1038/labinvest.2017.37.

Weiterführende Literatur

Adams, J.C. (1992). Biotin Amplification of Biotin and Horseradish-Peroxidase Signals in Histochemical Stains. Journal of Histochemistry & Cytochemistry 40, 1457–1463.

Bocker, W., Moll, R., Poremba, C., Holland, R., van Diest, P.J., Dervan, P., Burger, H., Wai, D., Diallo, R.I., Brandt, B., Herbst, H., Schmidt, A., Lerch, M.M., und Buchwallow, I.B. (2002). Common adult stem cells in the human breast give rise to glandular and myoepithelial cell lineages: A new cell biological concept. Laboratory Investigation 82, 737–745.

Boecker, W., Moll, R., Dervan, P., Buerger, H., Poremba, C., Diallo, R.I., Herbst, H., Schmidt, A., Lerch, M.M., und Buchwalow, I.B. (2002). Usual ductal hyperplasia of the breast is a committed stem (progenitor) cell lesion distinct from atypical ductal hyperplasia and ductal carcinoma in situ. Journal of Pathology 198, 458–467.

Brouns, I., Van Nassauw, L., Van Genechten, J., Majewski, M., Scheuermann, D.W., Timmermans, J.P., und Adriaensen, D. (2002). Triple Immunofluorescence Staining with Antibodies Raised in the Same Species to Study the Complex Innervation Pattern of Intrapulmonary Chemoreceptors. J. Histochem. Cytochem. 50, 575–582.

Buchwalow, I.B. (2001). Increasing the power of immunohistochemistry. Proc. Roy. Microsc. Soc. 36, 57–59.

Buchwalow, I.B., Minin, E.A., und Boecker, W. (2005). A multicolor fluorescence immunostaining technique for simultaneous antigen targeting. Acta Histochemica 107, 143–148.

Buchwalow, I.B., Podzuweit, T., Samoilova, V.E., Wellner, M., Haller, H., Grote, S., Aleth, S., Boecker, W., Schmitz, W., and Neumann, J. (2004). An in situ evidence for autocrine function of NO in the vasculature. Nitric Oxide 10, 203–212.

Clarke, C.L., Sandle, J., Parry, S.C., Reis, J.S., O'Hare, M.J., und Lakhani, S.R. (2004). Cytokeratin 5/6 in normal human breast: lack of evidence for a stem cell phenotype. Journal of Pathology 204, 147–152.

Fry, P.M., Hudson, D.L., O'Hare, M.J., und Masters, J.R.W. (2000). Comparison of marker protein expression in benign prostatic hyperplasia in vivo and in vitro. BJU International 85, 504–513.

Ino, H. (2004). Application of antigen retrieval by heating for double-label fluorescent immunohistochemistry with identical species-derived primary antibodies. Journal of Histochemistry & Cytochemistry 52, 1209–1217.

Jahnsen, F.L., Farstad, I.N., Aanesen, J.P., und Brandtzaeg, P. (1998). Phenotypic Distribution of T Cells in Human Nasal Mucosa Differs from That in the Gut. Am. J. Respir. Cell Mol. Biol. 18, 392–401.

Lewis Carl, S.A., Gillete-Ferguson, I., und Ferguson, D.G. (1993). An indirect immunofluorescence procedure for staining the same cryosection with two mouse monoclonal primary antibodies. J Histochem. Cytochem. 41, 1273–1278.

Mason, D.Y., Micklem, K., und Jones, M. (2000). Double immunofluorescence labelling of routinely processed paraffin sections. Journal of Pathology 191, 452–461.

McNicol, A.M. und Richmond, J.A. (1998). Optimizing immunohistochemistry: antigen retrieval and signal amplification. Histopathology 32, 97–103.

Montero, C. (2003). The Antigen-Antibody Reaction in Immunohistochemistry. J. Histochem. Cytochem. 51, 1–4.

Negoescu, A., Labat-Moleur, F., Lorimier, P., Lamarcq, L., Guillermet, C., Chambaz, E., und Brambilla, E. (1994). F(ab) secondary antibodies: a general method for double immunolabeling with primary antisera from the same species. Efficiency control by chemiluminescence. J Histochem. Cytochem. 42, 433–437.

Shi, S.R., Key, M.E., und Kalra, K.L. (1991). Antigen retrieval in formalin-fixed, paraffin-embedded tissues: an enhancement method for immunohistochemical staining based on microwave oven heating of tissue sections. J. Histochem. Cytochem. 39, 741–748.

Shindler, K.S. und Roth, K.A. (1996). Double immunofluorescent staining using two unconjugated primary antisera raised in the same species. Journal of Histochemistry & Cytochemistry 44, 1331–1335.

Smalley, M.J., Titley, J., Paterson, H., Perusinghe, N., Clarke, C., und O'Hare, M.J. (1999). Differentiation of Separated Mouse Mammary Luminal Epithelial and Myoepithelial Cells Cultured on EHS Matrix Analyzed by Indirect Immunofluorescence of Cytoskeletal Antigens. J. Histochem. Cytochem. 47, 1513–1524.

Suzuki, R., Atherton, A.J., O'Hare, M.J., Entwistle, A., Lakhani, S.R., und Clarke, C. (2000). Proliferation and differentiation in the human breast during pregnancy. Differentiation 66, 106–115.

Tidman, N., Janossy, G., Bodger, M., Granger, S., Kung, P.C., und Goldstein, G. (1981). Delineation of Human Thymocyte Differentiation Pathways Utilizing Double-Staining Techniques with Monoclonal-Antibodies. Clinical and Experimental Immunology 45, 457–467.

Tornehave, D., Hougaard, D.M., und Larsson, L. (2000). Microwaving for double indirect immunofluorescence with primary antibodies from the same species and for staining of mouse tissues with mouse monoclonal antibodies. Histochem. Cell Biol 113, 19–23.

Tsurui, H., Nishimura, H., Hattori, S., Hirose, S., Okumura, K., und Shirai, T. (2000). Seven-color fluorescence imaging of tissue samples based on Fourier spectroscopy and singular value decomposition. J Histochem. Cytochem. 48, 653–662.

Van der Loos, C.M. und Gobel, H. (2000). The animal research Kit (ARK) can be used in a multistep double staining method for human tissue specimens. Journal of Histochemistry & Cytochemistry 48, 1431–1437.

Van Gijlswijk, R.P.M., Zijlmans, H.J.M.A., Wiegant, J., Bobrow, M.N., Erickson, T.J., Adler, K.E., Tanke, H.J., und Raap, A.K. (1997). Fluorochrome-labeled tyramides: Use in immunocytochemistry and fluorescence in situ hybridization. Journal of Histochemistry & Cytochemistry *45,* 375–382.

Werner, M., von Wasielewski, R., und Komminoth, P. (1996). Antigen retrieval, signal amplification and intensification in immunohistochemistry. Histochemistry and Cell Biology *105,* 253–260.

Fluoreszenzmikroskopie in der Immunoassayanwendung – eine Einführung

16

Klaus Nettesheim

Das Phänomen der Fluoreszenz wird in der Mikroskopie zur Kontrastierung von zytologischen Strukturen verwendet und ermöglicht zusammen mit der Immunhistochemie eine genaue Lokalisation subzellulärer Komponenten. Denn mit dem Lichtmikroskop betrachtet erscheinen viele biologische Präparate farblos und transparent. Um dennoch Feinstrukturen voneinander unterscheiden zu können, muss der Kontrast im Bild erhöht werden. Dies kann einerseits mithilfe optischer Kontrastierungsverfahren wie Phasenkontrast, differenziellem Interferenzkontrast (DIC), Dunkelfeld oder der einfachen Polarisation erreicht werden. Andererseits kann ein Kontrast auch über spezifische Färbung der Feinstrukturen in den untersuchten Proben erzielt werden.

In der Histologie werden spezielle Farbstoffe eingesetzt, die selektiv bestimmte Komponenten und Substanzen im Gewebe bzw. in der Zelle anfärben, sodass zusätzlich zu der strukturellen oder anatomischen Information auch qualitative oder auch quantitative Daten gewonnen werden können, wie beispielsweise intrazelluläre Ionenkonzentrationen.

Dabei haben fluoreszierende Farbstoffe, kurz Fluorochrome genannt, eine weite Verbreitung gefunden. Denn sie haben die Eigenschaft, bei Bestrahlung mit Licht selbst zu leuchten, und bieten mithilfe eines speziellen Beleuchtungsverfahrens bei dunklem Bildhintergrund einen guten Kontrast (Abb. 16.1). Dies eröffnet in der Histologie und Zytologie neue Möglichkeiten der Darstellung, da sich mit spezifischen Sonden (z. B. mit fluorochrommarkierten Antikörpern) eine selektive Markierung auf molekularer Ebene erzielen lässt.

Einen weiteren Entwicklungsschritt in der Fluoreszenzmikroskopie brachte die Entdeckung von fluoreszierenden Proteinen wie dem *Green Fluorescent Protein* (GFP),

K. Nettesheim (✉)
NIKON GmbH, Düsseldorf, Deutschland
E-Mail: nettesheim.klaus@nikon.de

Abb. 16.1 Dreifach fluoreszenzmarkierte Zellen (Endothelzellen der Rinder-Pulmonalarterie, *Bovine Pulmonary Artery Endothelial Cells*, BPAEC). Rechts oben ist die Überlagerung der einzelnen Kanäle gezeigt, die anderen Bilder zeigen die Einzelkanäle: Mitochondrien wurden mit MitoTracker® Red CMXRos und F-Aktin mit Alexa Fluor® 488-Phalloidin gefärbt. Die Zellkerne wurden mit dem DNA-Farbstoff DAPI gegengefärbt

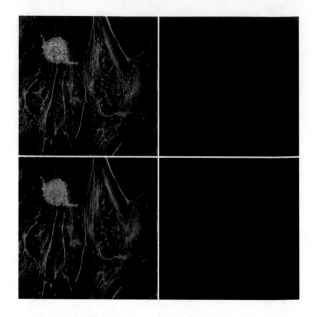

welche über molekularbiologische Techniken an Zielproteine gekoppelt und in lebenden Zellen exprimiert werden können. Durch die Kombination von Fluorochromen und/ oder fluoreszierenden Proteinen mit Techniken wie der konfokalen Laser-Scanning- und Spinning-Disk-Mikroskopie, oder die in den letzten Jahren etablierte *Selective/Single Plane Illumination Microscopy* (SPIM), kann auch die Dynamik lebender Zellen im dreidimensionalen Raum dargestellt werden.

16.1 Was ist Fluoreszenz?

Fluoreszenz ist die Eigenschaft von bestimmten Substanzen, bei Anregung mit Licht einer spezifischen Wellenlänge selbst Licht auszusenden (Abb. 16.2). Fluorochrome besitzen charakteristische Anregungs- und Emissionsspektren (Abb. 16.3). Dabei hat die Emission eine längere Wellenlänge als die Anregung, was man sich bei der Auftrennung und Detektion der Fluoreszenz zunutze macht und im Folgenden näher beschrieben wird.

Genauer betrachtet ist die Fluoreszenz ein dreistufiger Prozess, welcher bei Fluorochromen durch Absorption eines Photons ausgelöst wird. Die Fluorochrome, oder auch Fluorophore genannt, gehören häufig zu den polyaromatischen Kohlenwasserstoffverbindungen. Vereinfacht kann dieser Prozess im Jablonski-Diagramm (Abb. 16.2) dargestellt werden, in dem die elektronischen Zustände des Moleküls wiedergegeben sind: Ein Photon mit der Energie $h\nu_{EX}$ erzeugt aus dem Grundzustand S_0 einen angeregten Zustand S_1'. Dieser angeregte Zustand S_1' besteht nur für eine begrenzte

Abb. 16.2 Das Jablonski-
Diagramm illustriert die
Erzeugung des angeregten
Zustandes durch optische
Absorption und darauffolgende
Emission der Fluoreszenz

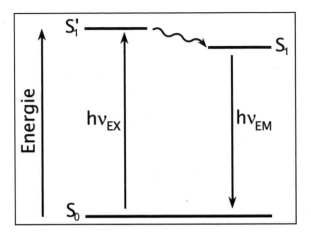

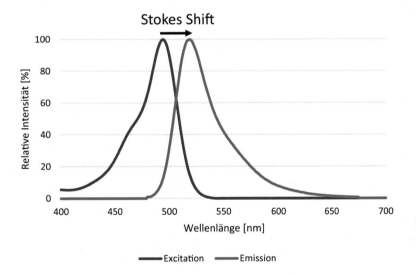

Abb. 16.3 Stokes-Verschiebung *(Stokes Shift),* illustriert am Anregungs- und Emissionsspektrum
von Fluoresceinisothiocyanat (FITC). Die emittierte Wellenlänge ist im Vergleich zur Anregungswellenlänge um ca. 25 nm in den langwelligen Spektralbereich verschoben

Zeit (typischerweise $1-10 \ldots 10^{-9}$ s). In diesem Zeitraum finden zahlreiche Wechselwirkungen des Fluorochroms mit seiner Molekülumgebung statt. In der Folge beobachtet
man einen strahlungslosen Übergang in den energetisch etwas niedrigeren angeregten
Zustand S_1. Schließlich gehen die Fluorochrome durch die Emission eines Photons mit
der Energie $h\nu_{EM}$ wieder in den Grundzustand S_0 über. Aufgrund der Umwandlung eines
Teils der eingestrahlten Energie in Wärmeenergie beim Übergang von S_1' nach S_1 ist die

Energie des emittierten Photons geringer. Die geringere Energie des emittierten Photons ergibt eine Verschiebung der Wellenlänge in den langwelligen Bereich im Vergleich zu dem anregenden Photon. Seine Wellenlänge ist also größer als die des anregenden Photons. Die Energie- bzw. Wellenlängendifferenz ($hv_{EX} - hv_{EM}$) wird nach ihrem Entdecker Stokes-Verschiebung *(Stokes Shift)* bezeichnet.

So leuchtet beispielsweise das mit blauem Licht (494 nm) angeregte Fluoresceinisothiocyanat (FITC) mit einer grüner Fluoreszenz (518 nm, Tab. 16.1 und Abb. 16.3).

Tab. 16.1 Anregungs- und Emissionsmaxima verschiedener Fluorochrome und fluoreszierender Proteine

Farbstoff	Anregung (in nm)	Emission (in nm)
Acridinorange (RNA)	460	650
Acridinorange (DNA)	500	526
Alexa Fluor 488	495	519
Alexa Fluor 568	578	603
Alexa Fluor 647	650	668
BODIPLY FL	505	513
Calcium Green-1	506	531
Calcium Orange	549	576
Cerulean	433	475
CFP *(Cyan Fluorescent Protein)*	458	480
CY2	489	505
CY3	575	605
CY5	640	705
DAPI (DNA)	358	461
DsRed *(Red Fluorescent Protein)*	558	583
EGFP	488	507
FITC, Fluoresceinisothiocyanat	494	518
GFP *(Green Fluorescent Protein,* Wildtyp)	395, 470	508
Hoechst	352	461
Lucifer Yellow CH	428	536
mCherry	587	610
Mito Tracker Red	578	599
Propidiumiodid	536	617
TRITC, Tetramethylrhodamin	540	580
Texas Red	595	615
Venus	515	528
YFP *(Yellow Fluorescent Protein)*	513	527

Abb. 16.4 Dichroitischer
Spiegel. Ein dichroitischer
Spiegel ist ein
halbdurchlässiger Spiegel,
der einen Teil des Spektrums
reflektiert und einen anderen
Teil durchlässt. Beispiel
hier: Blau (480 nm) wird
reflektiert, Grün (520 nm) wird
durchgelassen

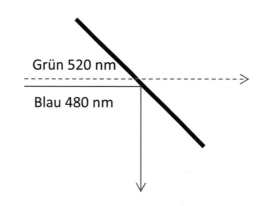

16.2   Prinzip und Aufbau eines Fluoreszenzmikroskops

Die Fluoreszenzmikroskopie macht sich die Eigenschaft des Wellenlängenunterschiedes
(Stokes-Verschiebung) zwischen Anregungs- und Emissionslicht zunutze, um diese
voneinander zu trennen und nur die emittierte Fluoreszenz zum Betrachter zu lenken.
Ansonsten würde das um mehrere Größenordnungen stärkere Anregungslicht (Faktor
$1 \cdot 10^3$ bis $1 \cdot 10^5$) die recht schwache Fluoreszenz überstrahlen, und diese wäre dadurch
nicht sichtbar. Die Trennung erfolgt mithilfe von sog. dichroitischen Spiegeln (vom
griech. Wort *dichroos* für „zweifarbig").

Ein dichroitischer Spiegel (auch Strahlenteiler genannt) hat die Eigenschaft, einen
bestimmten Wellenlängenbereich durchzulassen und einen anderen zu reflektieren. In
der Regel wird ein dichroitischer Spiegel so gewählt, dass kurzwelliges Licht reflektiert
und langwelliges Licht durchgelassen wird (Abb. 16.4). Der dichroitische Spiegel wird
in dem Mikroskop so platziert, dass das Anregungslicht zum Objektiv hin reflektiert und
weiter zur Probe mit dem fluoreszierenden Farbstoff gelenkt wird (Abb. 16.5). Das nun
von dem Farbstoff emittierte Licht gelangt zum Teil wieder zurück durch das Objektiv
und trifft auf den dichroitischen Spiegel, der nun die langwelligere Fluoreszenz zum
Beobachter oder zur Kamera hin durchlässt. Durch diesen Aufbau bzw. Anordnung im
Mikroskop kann die emittierte Fluoreszenz von dem Anregungslicht getrennt werden.

16.3   Aufbau eines Filterwürfels/Filterblocks

Jedes Fluorochrom ist durch eine spezifische Anregungs- und Emissionswellenlänge
charakterisiert (Tab. 16.1). Dies sind die Wellenlängen, in denen die maximale Anregung
und Emission stattfinden (Abb. 16.3). Es wird also nur ein kleiner Bereich aus dem
breiten Spektrum des Lichtes benötigt, um das jeweilige Fluorochrom anzuregen. Um
nun einerseits die Probe nicht unnötig mit Licht einer unspezifischen Wellenlänge zu
belasten und andererseits spezifisch nur das eine Fluorochrom anzuregen, wird mithilfe

Abb. 16.5 Strahlengang für
Epifluoreszenz im Mikroskop

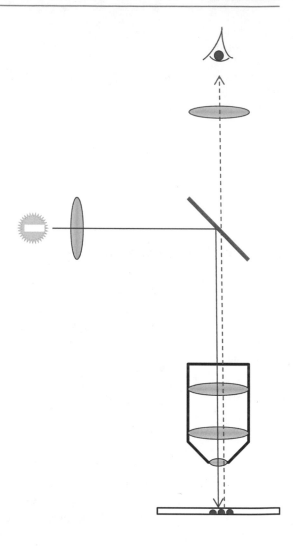

eines Filters (Anregungsfilter) der enge Bereich aus dem Lichtspektrum ausgeschnitten, in dem das Anregungsmaximum des Farbstoffs liegt (Abb. 16.6).

Auch die emittierte Fluoreszenz muss über einen Filter (Emissionsfilter) aufgetrennt werden, damit nur die spezifische Fluoreszenz beobachtet werden kann. Denn nicht das gesamte Anregungslicht wird von dem Präparat absorbiert, sondern ein kleiner Teil wird zurückreflektiert. Außerdem können durch die gewählte Anregung unter Umständen noch andere Komponenten in der untersuchten Probe fluoreszieren, ohne spezifisch gefärbt worden zu sein. Dies wird als Autofluoreszenz des Präparats bezeichnet. In der Anwendung werden auch oft mehrere Fluoreszenzfarbstoffe zwecks Darstellung unterschiedlicher Komponenten in der Zelle kombiniert. Hierbei ist es insbesondere wichtig, die Farbstoffe spezifisch anzuregen und deren Fluoreszenz selektiv zu detektieren, da Anregungs- und Emissionsmaximum der Fluorochrome oft nahe zusammen liegen.

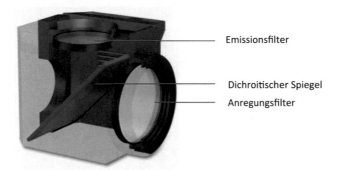

Emissionsfilter

Dichroitischer Spiegel
Anregungsfilter

Abb. 16.6 Trennung von Anregung und Emission über Filter: Transmissionseigenschaften der im FITC-Filterblock verwendeten Filter. Die blaue Kurve entspricht der Transmission (d. h. Durchlässigkeit für bestimmten Wellenlängenbereich) des Anregungsfilters, die grüne Kurve der des Emissionsfilters und die rote Kurve der des dichroitischen Spiegels. Das Anregungs- und Emissionsspektrum von FITC ist zum Vergleich dargestellt

Die drei Elemente Anregungsfilter, Emissionsfilter und dichroitischer Spiegel sind in einem Filterblock bzw. Filterwürfel kombiniert (Abb. 16.7). Die Eigenschaften der Filter und des dichroitischen Spiegels müssen genauestens aufeinander abgestimmt sein, um ein optimales Ergebnis zu erzielen (Abb. 16.6). Die Anregung des Fluoreszenzfarbstoffes sollte spezifisch erfolgen und möglichst nur die emittierte Fluoreszenz selektiert werden.

Sind Anregungs- und Emissionsfilter nicht gut auf dem dichroitischen Spiegel abgestimmt, so kann es unter Umständen zu Reflektionen und Interferenzen im Bild führen, was somit das Bildergebnis stören würde.

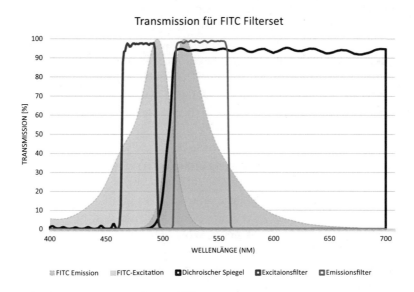

Transmission für FITC Filterset

FITC Emission FITC-Excitation Dichroischer Spiegel Excitaionsfilter Emissionsfilter

Abb. 16.7 Aufbau eines Filterblocks von Nikon

Um die benötigten Filtereigenschaften zu erreichen, werden in der Fluoreszenz-mikroskopie Filter verwendet, die entweder Farbglasfilter, Interferenzfilter oder eine Kombination aus beidem sind. In Farbglasfiltern werden während der Her-stellung Pigmente eingelagert, die durch selektive Absorption die Transmission spezi-fischer Wellenlängen gewährleisten. Die Farbglasfilter eignen sich aufgrund ihrer eher weicheren Transmissionskurven nicht für die Herstellung von Filtern, die nur einen schmalen Wellenlängenbereich passieren lassen oder eine scharfe bzw. enge Abgrenzung der Wellenlängenbereiche ermöglichen. Für diesen Zweck werden Interferenzfilter verwendet, welche sich die Eigenschaft der selektiven Reflektion und Interferenz von Licht bestimmter Wellenlängen auf mehrfach beschichteten Glasoberflächen zunutze machen.

Ein Filterblock ist also die Einheit aus Anregungsfilter, Emissionsfilter und dichroitischem Spiegel (Abb. 16.7). In der Regel sind mehrere unterschiedliche Filter-würfel in einem Fluoreszenzmikroskop vorhanden, um mehrfach markierte Proben zu untersuchen. Diese Filterblöcke sind in einem Filterblockrevolver oder Kassette angeordnet, sodass ein schneller Wechsel möglich ist, ohne den Filterblock auszubauen. Sollte für ein Fluorochrom kein passender Filterwürfel vorhanden sein, so kann dieser einfach ausgetauscht werden.

Denn die richtige Wahl des für den Fluorochrom geeigneten Filters ist entscheidend für das Ergebnis und darf nicht vernachlässigt werden. Sowohl das Auge als auch die Mikroskopkamera kann nicht immer unterscheiden, ob es sich bei dem Signal bzw. emittierten Fluoreszenz um den eigentlichen Farbstoff oder um z. B. Autofluoreszenz handelt. Ein spezifischer Filter selektiert sozusagen erst die Information aus der Emission heraus. Daher sollte im Zweifelsfall Rat von einem erfahrenen Kollegen oder vom Mikroskopanbieter eingeholt werden, um Fehler zu vermeiden. Des Weiteren bieten Farbstoff- und Filterhersteller Hilfen in Form eines sog. Spectra Viewers im Internet an, die für den jeweiligen Fluorochrom einen geeignetes Filterset vorschlagen (z. B. https://www.thermofisher.com/nl/en/home/life-science/cell-analysis/labeling-chemistry/fluorescence-spectraviewer.html; https://www.chroma.com/spectra-viewer; usw.).

So kann das Mikroskop auf die jeweilige Anwendung optimal angepasst werden. Nikon bietet auch die Möglichkeit zur Konfiguration individueller Filterblöcke aus einer umfassenden Palette von Filtern und dichroitischen Spiegeln.

16.4 Lichtquellen für die Fluoreszenzmikroskopie

Auch an die Lichtquellen sind besondere Anforderungen zu stellen, da viele Fluoro-chrome mit kurzwelligem Licht angeregt werden. Außerdem ist die Fluoreszenz, wie bereits erwähnt, im Vergleich zur Anregung sehr schwach, sodass die Lichtquelle eine hohe Intensität haben muss, um eine ausreichend starke Fluoreszenz hervorrufen zu können. Normale Halogenlampen sind dazu ungeeignet, da sie im ultravioletten und blauen Bereich keine oder nur eine sehr geringe Strahlungsintensität aufweisen. Besser geeignet sind Quecksilber-, Metallhalid- oder Xenonlampen, die im ultravioletten Spektralbereich ausreichend hohe Lichtintensitäten liefern. In den letzten Jahren finden zunehmend Fluoreszenzlichtquellen auf Basis von lichtstarken LEDs Verbreitung. Neben Weißlicht-LEDs mit einem breiten Spektrum über den relevanten Bereich kommen auch LEDs mit einem engen spektralen Bereich (z. B. blau 465–490 nm) zum Einsatz. Für spezielle Mikroskopsysteme werden auch Laser verwendet, da sie neben der hohen Intensität auch den Vorteil haben, monochromatisches Licht zu erzeugen, d. h. Licht nur einer bestimmten Wellenlänge liefern.

16.5   Aufbau eines Epifluoreszenzmikroskops

Bei der früher verwendeten Durchlichtfluoreszenzmikroskopie wird die Probe von unten durchleuchtet, wobei ein Dunkelfeld-Kondensor verwendet werden muss, um einen dunklen Hintergrund zu erhalten. Jedoch hat sich heute die Auflicht- bzw. Epifluoreszenzmikroskopie durchgesetzt, wobei die Beleuchtung des Präparats durch das Objektiv stattfindet und so den Aufbau des Fluoreszenzmikroskops vereinfacht. Das Fluoreszenzlicht breitet sich unabhängig von der Richtung der Anregungsstrahlung kugelförmig aus und kann so schließlich durch das Objektiv beobachtet werden.

Die Auflichtfluoreszenzmikroskopie hat gegenüber der Durchlichtfluoreszenzmikroskopie mehrere Vorteile. Erstens wird nur ein geringer Teil ($\approx$1 %) der Anregungsstrahlung reflektiert, sodass die Anforderungen an den Emissionsfilter geringer sind. Zweitens fungiert das Objektiv auch als Kondensor und ermöglicht so bei Wahl eines Objektivs mit hoher numerischer Apertur eine höhere Brillanz und Auflösung. Die für die Durchlichtfluoreszenz verwendeten Dunkelfeldkondensatoren haben im Gegensatz dazu den Nachteil, dass sie nicht die hohe numerische Apertur bieten. Dies macht sich direkt in einer schlechteren Auflösung bemerkbar.

Der Strahlengang im Mikroskop lässt sich nun wie folgt aufzeichnen (Abb. 16.8). Das von der Lichtquelle ausgestrahlte Licht passiert den Anregungsfilter. Dann wird dieses Licht an einen dichroitischen Spiegel durch Reflektion (um 90°) zum Objektiv umgelenkt. Das Objektiv bündelt nun das Licht in der Brennebene in der sich das Präparat befindet. Von dort strahlt die Fluoreszenz kugelförmig in alle Richtungen aus, so dass ein Teil davon wieder durch das Objektiv tritt. Der dichroitische Spiegel ist nun für die längerwellige Fluoreszenz durchlässig. Auf diese Weise trifft die Strahlung auf den Emissionsfilter, der das Fluoreszenzlicht von unspezifischer Strahlung wie z. B. der Autofluoreszenz trennt. Schließlich gelangt das Fluoreszenzlicht durch das Okular zum Auge des Betrachters oder wird von einer Kamera detektiert.

Die Fluoreszenzmikroskopie stellt hohe Anforderung an die verwendeten Objektive, die eine möglichst hohe Transmission vor allem im ultravioletten Bereich haben sollten. Ein gutes Beispiel für solche speziell konzipierten Objektive mit hoher numerischer Apertur (liefern eine hohe Auflösung) sind die CFI-Plan-Fluor- oder S-Fluor- oder Lambda-S-Objektive von Nikon.

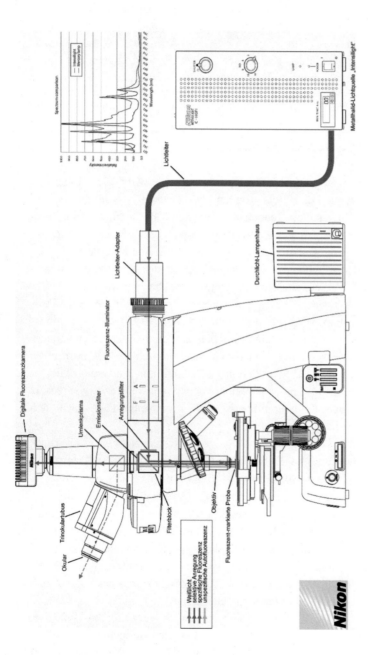

Abb. 16.8 Strahlengang eines Epifluoreszenzmikroskops von Nikon. Die Fluoreszenzlichtquelle ist eine Metallhalidlampe (Nikon Intensilight), die zwar auch auf Quecksilber basiert, aber Dank beigemischten Halogeniden ein besseres Spektrum im Vergleich zu Quecksilberlampen aufweist (siehe Spectrum comparison oben rechts in der Abbildung). Neben einer 6-mal längeren Lebensdauer der Lampe (2000 h) hat diese Lichtquelle auch den Vorteil, dass sie nicht direkt am Mikroskop, sondern über einen Lichtleiter verbunden ist und somit diese Hitzequelle vom Mikroskop entkoppelt ist. Die Metallhalidlampe gibt ein weißes Licht hoher Intensität ab (Weißlicht), welches in den Fluoreszenzilluminator eingekoppelt wird und zum Filterblock geleitet wird. Der Anregungsfilter im Filterblock schneidet nun einen schmalen Bereich von blauem Licht aus dem Spektrum, womit die Probe spezifisch angeregt werden kann (selektive Anregung). Die Probe gibt nicht nur das spezifische Fluoreszenzsignal ab, sondern strahlt auch unspezifische Autofluoreszenz ab. Diese kann mithilfe des Emissionsfilters im Filterblock herausgefiltert werden. Im Tubus kann nun die Fluoreszenz über ein Umlenkprisma entweder zur Betrachtung mit den Augen zu den Okularen oder zur Aufnahme mit einer digitalen Kamera zum Kamera-Ausgang geleitet werden

16.6　Anwendungen für die Fluoreszenzmikroskopie

Die Anwendungsmöglichkeiten reichen von der Visualisierung von Strukturen in der Histologie und　Zytologie bis hin zur räumlichen Darstellung von Expressionsmustern von Genen oder Proteinen in der Molekularbiologie.

Ungefärbte Präparate zeigen häufig Autofluoreszenz, wovon aber nur ein kleiner Teil ausreichend stark für die Detektion ist. Ein gutes Beispiel für Autofluoreszenz ist die rote Fluoreszenz des Chlorophylls, die in vielen Fällen sogar eher störend ist.

Bestimmte Zellbestandteile können spezifisch chemisch gefärbt werden, wie z. B. Deoxynucleinsäuren mit DAPI oder Mitochondrien mit MitoTracker Red (Abb. 16.1). Die resultierende Fluoreszenz wird auch sekundäre Fluoreszenz genannt.

Eine der wichtigsten Anwendung für die Fluoreszenzmikroskopie ist die Immunfluoreszenz, wo bestimmte Proteine über an Antikörper gekoppelte Fluorochrome spezifisch nachgewiesen werden. Dies ermöglicht die subzelluläre Lokalisation der markierten Proteine, woraus u. a. Rückschlüsse auf deren Funktion gezogen werden können.

Heute werden zunehmend Proteine mithilfe molekularbiologischer Techniken direkt mit fluoreszierenden Proteinen, wie z. B. dem weit verbreiteten GFP (*Green Fluorescent Protein*, ursprünglich isoliert aus der Qualle *Aequorea victoria*), fusioniert und somit visualisiert. Dies ermöglicht u. a. die Untersuchung der mit GFP markierten Proteine in lebenden Zellen, da das GFP in der Zelle exprimiert, also produziert, wird und deshalb die Zelle nicht permeabilisiert werden muss.

Mittlerweile steht eine breite Farbpalette von fluoreszierenden Proteinen von Violett bis ins Infrarot zur Verfügung. Für das Beobachten von lebenden Zellen (*Life Cell Imaging*) haben fluoreszierende Proteine im roten bis infraroten Spektralbereich den Vorteil, dass rotes Licht weniger phototoxisch als kurzwelliges Licht ist und so die Zellen nicht geschädigt werden.

Nicht nur einzelne Proteine können in der Zelle lokalisiert werden, auch einzelne Gene oder genauer gesagt deren Transkripte können über fluoreszenzmarkierte Sonden nachgewiesen werden. Mit der sog. Fluoreszenz-in-situ-Hybridisierung (FISH) können so wichtige Informationen über die räumliche Expression der untersuchten Gene im Gewebe gewonnen werden.

FISH hat auch eine bedeutende Anwendung in der medizinischen Diagnostik, wo bestimmte Gene auf Chromosomenpräparation fluoreszenzmarkiert werden. Damit kann die Karyotypisierung, d. h. Katalogisierung, der Chromosomen zwecks Erkennung von Anomalien erleichtert werden.

16.7　Grenzen der Fluoreszenzmikroskopie

Intensive Bestrahlung kann zur irreversiblen Zerstörung der Fluorochrome führen und ist daher häufig ein Problem. Dieses sog. *Photobleaching* (Ausbleichen durch Licht) kann zu einem limitierenden Faktor der Fluoreszenzdetektion werden. Photobleaching ist auch ein Maß für die Phototoxizität, die in Experimenten mit lebenden Zellen möglichst gering gehalten werden soll, um nicht die biologischen Prozesse zu beeinflussen.

Ein effektives Mittel, um das Ausbleichen des Farbstoffes zu verhindern, ist die Erhöhung der Detektionsempfindlichkeit, wodurch die Intensität der Anregungsstrahlung reduziert werden kann. Der erste Schritt hierzu ist die Verbesserung des optischen Systems: Dazu gehören Objektive mit hoher numerischer Apertur und gleichzeitiger hoher Transmission über einen breiten Spektralbereich, wie es beispielsweise das Lambda-S-Objektiv von Nikon aufweist. Die zuvor schon erwähnte richtige Wahl des Filterblocks ist für ein optimales Fluoreszenzsignal auch sehr entscheidend. Zusätzlich kann der Strahlengang weiter optimiert und die Detektion verbessert werden. Dies hat Nikon in den neuen Forschungsmikroskopen mit ihren hochsensitiven lichtempfindlichen sCMOS-Kameras realisiert. Darüber hinaus können sog. Antifade-Reagenzien das Ausbleichen der Fluorochrome verlangsamen.

Die meisten lebenden Objekte lassen sich jedoch im Fluoreszenzmikroskop leider nur schlecht darstellen: Die Fluoreszenz aus den Ebenen über und unter der Fokusebene überstrahlt häufig das eigentliche Bild, was umso stärker zum Tragen kommt, je dicker das zu untersuchende Objekt ist. Die feinen Details und somit wertvolle Informationen gehen in der Flut von Fluoreszenz verloren. Deshalb wurde das Material in solchen Fällen bisher chemisch fixiert und anschließend dünn geschnitten. Dies schränkt jedoch die Untersuchung von lebenden Zellen, die häufig dicker als die Dünnschnitte sind, sehr ein.

Deshalb findet zunehmend die konfokale Laser-Scan- und Spinning-Disk-Mikroskopie ihre Verbreitung, da diese Mikroskopsysteme in der Lage sind, von dicken Proben, wie z. B. lebenden Zellen, optische Schnitte zu erzeugen, ohne diese zu schädigen. Diese optischen Schnitte können anschließend sogar mithilfe des Computers zu dreidimensionalen Ansichten zusammengesetzt werden.

Steht kein konfokales Mikroskopsystem zur Verfügung, so kann auch mithilfe eines mathematischen Verfahrens (Dekonvolution) das Problem der Überstrahlung reduziert werden, welches in guten Bildaufnahme- und Bildanalyseprogrammen zu finden ist.

Das Auflösungsvermögen der Lichtmikroskopie und damit auch das der Fluoreszenzmikroskopie unterliegt einer physikalischen Begrenzung, sodass feine Strukturen unterhalb einer Grenze von ca. 200 nm nicht mehr getrennt dargestellt bzw. aufgelöst werden können. So können beispielsweise zwar Mitochondrien noch als einzelne Organellen in der Zelle dargestellt werden, es können aber nicht die feinen inneren Membranstrukturen (Cristae) innerhalb der Mitochondrien gezeigt werden. Aber auch hierfür wurden von Wissenschaftlern Lösungen entwickelt (PALM/STORM, SIM, STED, uvm.), die zum Teil als kommerzielle Systeme erhältlich sind.

Diese sind aber nur ein Teil von vielen fortschrittlichen Anwendungen und Techniken, die Dank der technischen Entwicklungen im Mikroskopbereich auf der einen Seite und den neuen experimentellen Ansätzen in der Molekularbiologie auf der anderen Seite erst möglich werden und so auch zu einer Renaissance der Mikroskopie geführt haben.

Weiterführende Informationen zur Mikroskopie sind auf der Internetseite www. microscopyu.com zu finden.

In-vivo-Immunfärbung und intravitale Zwei-Photonen-Mikroskopie

17

Marco Gallus und Maria Gabriele Bixel

Zusammenfassung

Die Zwei-Photonen-Mikroskopie ist ein modernes Bildgebungsverfahren, das die Beobachtung dynamischer zellulärer Vorgänge in tiefen Bereichen von Geweben und Organen im lebenden Organismus ermöglicht. Der Einsatz eines gepulsten, ultraschnellen Infrarotlasers erlaubt eine hohe Eindringtiefe des Lichts in das zu untersuchende Gewebe. Deshalb eignet sich dieses Mikroskopie-Verfahren besonders gut für verschiedenste In-vivo-Anwendungen.

17.1 Zwei-Photonen-Mikroskopie

17.1.1 Grundlagen und Zwei-Photonen-Effekt

Die Zwei-Photonen-Mikroskopie ist ein modernes Bildgebungsverfahren, das die Beobachtung dynamischer zellulärer Vorgänge in tiefen Bereichen von Geweben und Organen im lebenden Organismus ermöglicht. Der Einsatz eines gepulsten, ultraschnellen Infrarotlasers erlaubt eine hohe Eindringtiefe des Lichts in das zu untersuchende Gewebe.

M. Gallus
Klinik für Neurologie mit Institut für Translationale Neurologie, Universitätsklinikum Münster, Münster, Deutschland
E-Mail: marco.gallus@ukmuenster.de

M. G. Bixel (✉)
Max-Planck-Institut für Molekulare Biomedizin, Münster, Deutschland
E-Mail: mgbixel@mpi-muenster.mpg.de

© Springer-Verlag GmbH Deutschland, ein Teil von Springer Nature 2023
A. M. Raem und P. Rauch (Hrsg.), *Immunoassays,*
https://doi.org/10.1007/978-3-662-62671-9_17

Deshalb eignet sich dieses Mikroskopie-Verfahren besonders gut für verschiedenste In-vivo-Anwendungen.

Das Phänomen des Zwei-Photonen-Effekts, das bereits in den 1930er-Jahren von Maria Göppert-Meyer beschrieben wurde, wird nur bei sehr hohen Photonendichten beobachtet. Dabei treffen zwei Photonen nahezu zeitgleich in einem sehr kleinen Anregungsbereich auf ein Molekül, wodurch dieses in einen angeregten Zustand versetzt wird. Die Anregungs-photonen besitzen dabei jeweils die Hälfte der notwendigen Anregungsenergie (Abb. 17.1a). Einzelne langwellige Photonen können alleine die notwendige Anregungsenergie nicht

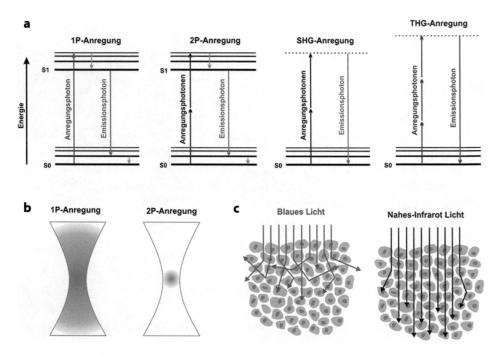

Abb. 17.1 a Vereinfachtes Jablonski-Diagramm für Ein-Photonen- (1P), Zwei-Photonen- (2P), SHG- und THG-Anregung. Fluorophore erreichen nach Absorption eines Photons (blau) oder zweier Photonen (rot) nach 1P-Anregung oder 2P-Anregung einen angeregten Zustand S1. Nach strahlungsloser Schwingungsrelaxation wird der Grundzustand S_0 durch Emission eines Photons (grün) erreicht. Bei der SHG- oder THG-Anregung wird durch Absorption von zwei Photonen (rot) oder drei Photonen (violett) ein virtueller Zustand erreicht, der die Energie von zwei oder drei Anregungsphotonen in ein Emissionsphoton umwandelt. **b** Die Anregungswahrscheinlich-keit hängt bei der Ein-Photonen-Mikroskopie linear von der Intensität der Lichtquelle und damit der Anzahl an Photonen ab. Die 1P-Anregung erfolgt über den gesamten Strahlengang des Lichts durch die Probe. Bei der 2P-Anregung ist die Anregungswahrscheinlichkeit proportional zum Quadrat der Intensität der Lichtquelle und damit auf die fokale Ebene limitiert. C Nahes Infra-rotlicht (700–1100 nm), das für die zwei-Photonen-Mikroskopie eingesetzt wird, dringt aufgrund geringerer Streuung sehr viel tiefer in biologisches Gewebe ein als kurzwelliges Licht (350–633 nm), z. B blaues Licht (488 nm), das für die Ein-Photonen-Mikroskopie verwendet wird.

aufbringen. Somit erfolgt die Anregung ausschließlich in dem begrenzten Bereich der Fokusebene, in der sich die Energie der beiden Photonen addiert (Abb. 17.1b).

17.1.2 Vor und Nachteile der Zwei-Photonen-Mikroskopie

Im Vergleich zur konfokalen Laserscanning-Mikroskopie ermöglicht die Zwei-Photonen-Mikroskopie eine deutlich höhere Eindringtiefe (≥ 1 mm) ins Gewebe, da das Anregungslicht weniger absorbiert und kaum gestreut wird (Abb. 17.1c). Dieses Mikroskopieverfahren ist deshalb bestens für In-vivo-Anwendungen und zur Untersuchung dicker Gewebeschnitte geeignet. Da eine Anregung ausschließlich in der Fokusebene erfolgt, in der zwei Photonen gleichzeitig aufeinandertreffen, werden eine geringe Phototoxizität und ein geringes Ausbleichen der Fluorophore beobachtet. Es entsteht keinerlei Out-of-Focus-Licht, wodurch ein sehr hoher Kontrast und eine hohe Auflösung erreicht werden. Das Fluoreszenzlicht entsteht nur in der Fokusebene, wodurch keine Lochblende benötigt und somit eine hohe Lichtausbeute erzielt wird. Zur nachfolgenden Bildgebung wird das emittierte Fluoreszenzlicht von äußerst empfindlichen Detektoren gesammelt.

Bei der Zwei-Photonen-Mikroskopie können mehrere Fluorophore gleichzeitig mit nur einer Wellenlänge angeregt werden, da die meisten Fluorophore einen breiten Anregungsbereich aufweisen. Zudem kann eine nichtlineare Frequenzkonversion an spezifischen Gewebestrukturen zur Bildgebung genutzt werden, da sich an diesen Strukturen das eingestrahlte Laserlicht verdoppelt und der sog. *Second-Harmonic-Generation-* (SHG-)Effekt entsteht.

Weitere mögliche Anwendungen der Zwei-Photonen-Mikroskopie sind die Photoaktivierung und die Ablation von Zellen durch die alleinige Anregung in der Fokusebene. Beide Verfahren erfordern eine sehr präzise räumliche Anregung ohne unerwünschte Manipulationen benachbarter Zellen des Gewebes.

Nachteilig bei der Zwei-Photonen-Mikroskopie ist, dass die Anregungseigenschaften vieler Fluorophore nicht ausreichend beschrieben sind und oft nur eine limitierte Anzahl dichroitischer Strahlteiler und Bandpassfilter zur spektralen Trennung der Fluorophore zur Verfügung stehen. Zudem sind gepulste, ultraschnelle Infrarotlaser und Zwei-Photonen-Mikroskope äußerst kostspielig, die Gerätetechnik ist kompliziert und die verwendeten Objektive benötigen eine hohe numerische Apertur und eine gute Transmission im nahen Infrarot-Bereich.

17.1.3 Laser und Strahlengang eines Zwei-Photonen-Mikroskops

Um die erforderliche hohe Photonendichte im Fokuspunkt zu erreichen, werden ultraschnelle, gepulste Infrarotlaser mit Modenkopplung eingesetzt. Dieser Lasertyp sendet mit einer sehr hohen Wiederholungsrate (≥ 80 MHz) ultrakurze, intensive Laserpulse

aus. Die Laserpulse bewegen sich im Femtosekunden-Bereich, während die Aus-
zeiten zwischen zwei Pulsen im Nanosekunden-Bereich liegen, sodass die über die
Zeit gemittelte Leistung lediglich Milliwatt- (mW-)Werte erreicht. In der Regel werden
Titan:Saphir-Laser als Lichtquelle für die Zwei-Photonen-Mikroskopie eingesetzt,
welche einen Wellenlängenbereich von etwa 700 nm bis etwa 1050 nm abdecken. Um
zusätzlich rote und dunkelrote Fluorophore anregen zu können, müssen noch größere
Wellenlängen erzeugt werden. Ein *Optisch Parametrischer Oszillator* (OPO) kann
Wellenlängen bis über 1300 nm generieren, indem er mit einem Titan:Saphir-Laser
„gepumpt" wird. Dabei wird die Pumpwellenlänge des Titan:Saphir-Lasers (z. B.
800 nm) in eine größere Wellenlänge (z. B. 1100 nm) umgewandelt, wobei die Puls-
rate und Pulsbreite weitgehend erhalten bleiben. Neuere Entwicklungen ultraschneller,
gepulster Infrarotlaser ermöglichen derzeit sogar Wellenlängenbereiche von etwa 400 nm
bis etwa 1300 nm in einem Lasersystem.

Während des Mikroskopievorgangs fokussiert das Objektiv den Laserstrahl auf einen
Punkt in der Probe, und gleichzeitig verändern bewegliche Scanspiegel im Strahlengang die Position des Laserstrahls, sodass sich der Fokuspunkt bewegt und die Probe
abgerastert wird. Das entstehende Fluoreszenzlicht wird vom Objektiv gesammelt,
über dichroitische Strahlteiler spektral aufgetrennt und von sensitiven Detektoren
(Photomultipliern) mit vorgeschalten Bandpassfiltern aufgefangen. Die Helligkeit der
einzelnen Fokuspunkte wird nachfolgend durch eine computergesteuerte Software in ein
vollständiges Bild der Probe zusammenfügt.

Der prinzipielle Aufbau eines Zwei-Photonen-Mikroskops ist dem eines
konfokalen Laser-Scanning-Mikroskops sehr ähnlich, sodass es möglich ist, beide
Mikroskopieverfahren in einem Mikroskop zu vereinen.

17.2 Zwei-Photonen-Absorption – Fluorophore, Autofluoreszenz und SHG/THG

17.2.1 Fluorophore

Fluorophore, die sich für die Zwei-Photonen-Mikroskopie eignen, sollten zu ihren
spektralen Eigenschaften bei geeigneten Anregungswellenlängen zusätzlich eine hohe
Quantenausbeute, eine geringe Photobleichung und einen möglichst geringen Grad an
Phototoxizität aufweisen. Das Absorptionsspektrum von Fluorophoren hängt von der
Anregungsart und der Anregungswellenlänge ab. Deshalb weichen Zwei-Photonen-
Absorptionsspektren oft sehr grundlegend von Ein-Photonen-Absorptionsspektren
ab. Die experimentelle Bestimmung eines Zwei-Photonen-Absorptionsspektrums ist
die Methode der Wahl, auch wenn sich Fluorophore häufig bei der doppelten Wellen-
länge des Ein-Photonen-Absorptionsspektrums anregen lassen. Zwei-Photonen-
Absorptionsspektren zeigen oft mehrere Absorptionsmaxima und decken einen breiten

Anregungsbereich ab. Bei gleichzeitiger Verwendung mehrerer Fluorophore muss deshalb auf eine geeignete Auswahl an Anregungswellenlängen, dichroitischen Strahlteilern und Bandpassfiltern geachtet werden. Es gibt dennoch Kombinationen, die sich bei gleichzeitiger Verwendung spektral nur unzureichend voneinander trennen lassen.

Zur spezifischen Markierung von Zellen und subzellulären Strukturen ohne Beeinträchtigung der zellulären Integrität der umgebenden Gewebe stehen für intravitale Anwendungen verschiedene Verfahren zur Verfügung. Ausgewählte Proteine können mithilfe molekularbiologischer Techniken direkt mit fluoreszierenden Proteinen fusioniert werden. Fluorophore, wie GFP *(Green Fluorescent Protein)* und spektrale Verwandte (CFP, YFP, BFP), oder rot fluoreszierende Derivate, wie tdTomato oder mCherry, können mit gewebespezifischen Promotoren in ausgewählten Zielzellen exprimiert werden. Zudem gibt es heutzutage eine Vielzahl an Reporter-Mauslinien, die gewebe- oder zellspezifische fluoreszierende Reporter exprimieren. Zur spezifischen In-vivo-Färbung von Zellen können direkt gekoppelte Antikörper eingesetzt werden. Mit dieser Methode lassen sich allerdings nur Zellen anfärben, die nach In-vivo-Applikation des fluoreszenzgekoppelten Antikörpers ihre Zielzellen im Gewebe erreichen. Diese Methode eignet sich beispielsweise gut für Immunzellen oder Endothelzellen in einem Beobachtungszeitraum von Stunden bis wenigen Tagen. Mit der Zeit verliert die Färbung allerdings durch Internalisierung und nachfolgenden Abbau des Antikörpers an Intensität und ist deshalb für längere Beobachtungszeiträume nicht geeignet. Auch Ex-vivo-Markierung von Zellen ist ein häufig verwendetes Verfahren, um Zellmigration, Zellproliferation, Chemotaxis, Extravasation oder Invasion ausgewählter Zellen zu untersuchen. So besteht die Möglichkeit, Zellen aus Wildtyp- oder Mutanten-Organismen, z. B. aus dem Blut oder aus einem geeigneten Gewebe, zu isolieren und mit Fluoreszenzfarbstoffen zu färben, um diese nachfolgend wieder ins Gewebe zu injizieren. Je nach Anwendung können Membranfarbstoffe oder membrangängige Farbstoffe, die das Cytoplasma anfärben, eingesetzt werden. Abhängig vom Beobachtungszeitraum und der Proliferationsrate stehen Kurzzeit- oder Langzeit-Trackingfarbstoffe zur Verfügung.

17.2.2 Autofluoreszenz

Endogene Fluorophore, die natürlich in Zellen vorkommen, können genutzt werden, um zelluläre Vorgänge in vivo abzubilden, ohne externe Fluoreszenzmarker einsetzen zu müssen. Die Autofluoreszenz von β-Nicotinamidadenindinucleotid (NADH) kann beispielsweise direkt als sensitiver metabolischer Indikator genutzt werden, um den oxidativen Stoffwechselstatus von Einzelzellen oder von Zellgruppen in vivo im Gewebeverband zu untersuchen. Die Autofluoreszenz von Erythrozyten kann ebenfalls zur Detektion genutzt werden. Das Autofluoreszenzsignal ist allerdings für intravitale Blutflussmessungen häufig nicht intensiv genug (Abb. 17.2).

Abb. 17.2 Mikroanatomie
der ungefärbten Dermis einer
Maus. Die SHG-Signale
(grün) zeigen Myofibrillen der
Muskelzellen, Kollagenfasern
der Gefäßwände und
ungeordnete Kollagenfasern
der Dermis. Das THG-Signal
(blau) zeigt Fettzellen.
Erythrozyten in den Gefäßen
sind mittels Autofluoreszenz
(rot) dargestellt. xy-Ebenen in
a–d zeigen unterschiedliche
Gewebetiefen im Abstand von
20 μm (Aufnahmen: M.G.
Bixel, Autofluoreszenz und
SHG bei 800 nm, THG bei
1180 nm)

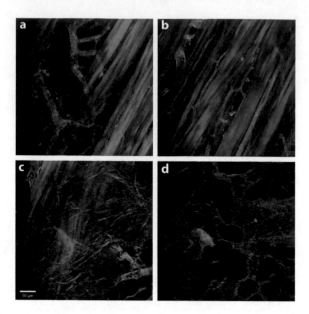

17.2.3 Second und Third Harmonic Generation

Die SHG-Mikroskopie ist eine weitere hochauflösende Bildgebung, um fibrilläre
Proteinstrukturen in lebenden Zellen ohne zusätzliche Fluoreszenzmarkierung darzustellen. Bei dieser Frequenzverdopplung handelt es sich um einen nichtlinearen
optischen Effekt, der in biologischen Proben durch fibrilläre Strukturen, wie das extrazelluläre Matrixprotein Kollagen oder die Myosinfilamente der Muskelzellen, hervorgerufen wird (Abb. 17.2). Diese Faserproteine werden durch Anregung mit einer
bestimmten Laserfrequenz sichtbar, indem sie Schwingungen der doppelten Frequenz
emittieren. So entsteht beispielsweise an Kollagenfasern mit einer Anregungswellenlänge von 850 nm ein emittiertes Licht von 425 nm.

Das THG-Signal wird gleichfalls zur Mikroskopie eingesetzt, wobei eine Verdreifachung der Frequenz bei Anregung beobachtet wird. Die vereinigte Energie von drei
Photonen wird auf ein emittiertes Photon übertragen, das eine zur Anregungswellenlänge gedrittelte Emissionswellenlänge aufweist. Das THG-Signal wird bevorzugt an
Phasengrenzen hervorgerufen, die in lebenden Zellen an Membranen und an lipidreichen
Strukturen, wie den Fetttropfen der Fettzellen (Abb. 17.2) oder an Myelinscheiden
von Nervenzellen zu finden sind. Für die Anregung des THG-Signals, das in Vorwärts-
richtung deutlich stärker ist als in Rückwärtsrichtung, werden Wellenlängen von über
1200 nm und eine Leistung von 100 mW benötigt, wodurch intravitale Anwendungen
erheblich eingeschränkt werden.

17.3 Intravitale Anwendungen der Zwei-Photonen-Mikroskopie

Die Zwei-Photonen-Mikroskopie bietet zahlreiche intravitale Anwendungsmöglichkeiten, welche nachfolgend exemplarisch an ausgewählten Geweben und Organen beschrieben werden soll. Diese Methode bietet einzigartige Einblicke in die komplexen dynamischen Wechselwirkungen zwischen den verschiedenen Zellen eines Gewebeverbands sowie den Komponenten der extrazellulären Matrix unter physiologischen und pathologischen Bedingungen.

17.3.1 Knochengewebe: Blutfluss in Knochenmarkssinusoiden und Homing hämatopoetischer Stammzellen

Das Knochenmark, ein gut durchblutetes und stark spezialisiertes Bindegewebe im Inneren der großen Knochen, ist der zentrale Ort der postnatalen Hämatopoese. Blutbildende („hämatopoetische") Stammzellen befinden sich im Knochenmark in spezialisierten Bereichen, den hämatopoetischen Nischen, die bisher nur ungenügend gut verstanden sind. Hämatopoetische Stammzellen verlassen unter bestimmten Bedingungen das Knochenmark über die Knochenmarkssinusoide und wandern umgekehrt aus dem Blutstrom auch wieder über das Gefäßsystem in das Knochenmark ein. Dabei haben die Strömungsbedingungen und damit der Blutfluss einen starken Einfluss auf den Ort, an dem die hämatopoetischen Stammzellen aus dem Blutgefäßnetzwerk ins Knochenmark auswandern.

Um den Blutfluss und strömungsbedingte Scherkräfte in verschiedenen Gefäßabschnitten der Knochenmarkssinusoide in der Maus mittels intravitaler Zwei-Photonen-Mikroskopie zu messen, muss zunächst ein optisches Fenster über dem Schädeldach angebracht werden. Das kraniale Fenster erlaubt die Mikroskopie der in den Knochenmarkshöhlen verborgenen Blutgefäße durch die äußere dünne Knochenschicht hindurch. Der Blutfluss kann beispielsweise mit einem intravenös injizierten dextrangekoppelten Fluorophor sichtbar gemacht werden. Das Dextranderivat wird von Blutzellen nicht aufgenommen und färbt ausschließlich das Blutplasma, wodurch sich die Blutzellen als dunkle Zellen gegen einen fluoreszierenden Hintergrund abheben (Abb. 17.3a). Die Bewegung der Blutzellen und das dynamische Flussverhalten des Blutes können mithilfe von Zeitrafferaufnahmen visualisiert werden. Um die Flussgeschwindigkeit in einem ausgewählten Gefäßsegment zu bestimmen, werden rasche repetitive Linienscans entlang der Zentrumlinie des Gefäßes gemessen. Dabei wird während der repetitiven Scans die Position der sich im Blutstrom bewegenden Blutzellen erfasst (Abb. 17.3b). Der Bewegungsverlauf der Blutzellen über die Zeit erlaubt die Berechnung der Flussgeschwindigkeit (Abb. 17.3c, d) und die Ableitung der strömungsbedingten Scherkräfte, die an der Gefäßwand wirken.

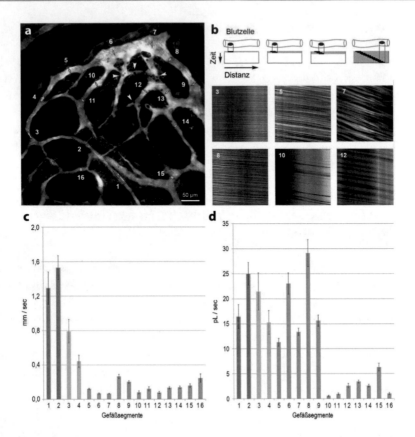

Abb. 17.3 Blutflussprofil eines Netzwerks arterieller und sinusiodaler Knochenmarksgefäße. **a** Intravitale Zwei-Photonen-Aufnahme arterieller und sinusiodaler Knochenmarksgefäße nach intravenöser Injektion von TexasRed-Dextran. **b** Prinzip der Blutflussmessung mit raschen repetitiven Linienscans entlang der Zentrumlinie eines Gefäßes (oben) und repräsentative Linienscans von sechs Gefäßsegmenten aus a. c–d Blutflussgeschwindigkeiten in mm s^{-1} (**c**) und Blutvolumenfluss in pL s^{-1} (**d**) von 16 Gefäßsegmenten aus a. Farbcodierung: rot: arterielles Gefäß, hellrot: post-arterielles Gefäß, grau: intermediäres Gefäß, hellblau: sinusiodales Gefäß, blau: post-sinusiodales Gefäß. Modifiziert mit freundlicher Genehmigung von Bixel et al. 2017

Trotz Kopplung des Fluorophors an hochmolekulares Dextran tritt der Komplex nach kurzer Zeit aus den fenestrierten und damit permeablen Knochenmarkssinusoiden in das umliegende Gewebe des Knochenmarks aus. Perivaskuläre Makrophagen, die sich in unmittelbarer Nähe der Gefäße befinden, nehmen das fluoreszenzgekoppelte Dextran endocytotisch auf. Dadurch werden diese Zellen selbst gefärbt und lassen sich anschließend mikroskopisch verfolgen.

Um das Homing hämatopoetischer Stammzellen in Knochenmarksgefäßen zu verfolgen, werden diese Zellen zunächst mit antikörpergekoppelten magnetischen Beads aus den Röhrenknochen von Spendertieren isoliert. Die hämatopoetischen Zellen werden ex vivo fluoreszenzmarkiert und intravenös in die Blutbahn eines Spendertiers transplantiert, das ein kraniales Fenster trägt und dessen Gefäßsystem fluoreszenzmarkiert wurde. Kurze Zeit nach der Transplantation treffen erste hämatopoetische Stammzellen in den Knochenmarkssinusoiden ein. Die Bewegung der heranrollenden hämatopoetischen Stammzellen wird durch Zeitrafferaufnahmen visualisiert. Innerhalb weniger Stunden heften sich hämatopoetische Stammzellen an die Gefäßinnenwand und beginnen, in das umliegende Knochenmark einzuwandern. Dabei hat das Strömungsprofil in den Knochenmarksgefäßen einen wichtigen Einfluss auf den Ort der Anheftung und damit auf die nachfolgende Transmigration ins Knochenmark. Hämatopoetische Stammzellen adhärieren bevorzugt an Stellen der Gefäßinnenwand, an denen das Blut relativ langsam fließt und strömungsbedingte Scherkräfte gering sind. Um eine stabile Adhäsion der Stammzellen zu ermöglichen, müssen zudem Zelladhäsionsmoleküle auf der Gefäßinnenwand exprimiert sein. Aus den Zeitrafferaufnahmen lassen sich nachfolgend die Geschwindigkeiten individueller Stammzellen während des Homing berechnen und der zeitliche Verlauf des Homings dokumentieren.

17.3.2 Immunsystem: dynamische Interaktionen von Immunzellen in lymphatischen Organen

Das Immunsystem ist eines der wichtigsten und gleichzeitig komplexesten Systeme des menschlichen Körpers. Seine zuverlässige Funktion ist für Mensch und Tier überlebenswichtig und bestimmt, ob eine Krankheit ausbricht und wie sie verläuft. Ist die Funktion des Immunsystems gestört, kann sich der Organismus nicht adäquat gegen Schädlinge und Noxen, wie eindringende Bakterien, Viren oder Parasiten, wehren. Zudem werden körpereigene Fehlbildungen nicht bekämpft, wodurch Neoplasien und Tumore entstehen. Überreagiert das Immunsystem, bilden sich schwerwiegende Autoimmunerkrankungen aus, die körpereigene Zellen oder Strukturen durch Autoantikörper schädigen oder zerstören und damit zu einer langsamen Selbstzerstörung des Organismus führen.

Die Erforschung des Immunsystems hat in der Medizin einen enormen Stellenwert, nicht zuletzt, weil dessen Verständnis bei der Entwicklung spezieller Tumortherapien einen bedeutenden Beitrag leistet. Ein völlig neuer Ansatz, bei dem die Therapie in das Immunsystem eingreift anstatt die Krebszellen zu attackieren, wurde von den Immunologen James P. Allison und Tasuku Honjo entwickelt und 2018 mit dem Nobelpreis für Medizin geehrt. Durch diese bahnbrechende Entdeckung gelang es, bei manchen Tumorerkrankungen die natürlichen „Bremsen" des Immunsystems zu lösen, sodass körpereigene Immunzellen Krebszellen angreifen und eliminieren.

Die Zwei-Photonen-Mikroskopie stellt für die Erforschung des Immunsystems eine enorme Bereicherung dar und gehört zu den etablierten Mikroskopieverfahren der Immunologie. Zell-Zell-Interaktionen zwischen Immunzellen, wie beispielsweise die

Antigenpräsentation zwischen dendritischen Zellen und Lymphozyten, finden tief im dicht mit Zellen gepackten lymphatischen Gewebe statt. Die hohe Eindringtiefe des Zwei-Photonen-Mikroskops ermöglicht intravitale Untersuchungen der dynamischen zellulären Wechselwirkungen von Immunzellen im Lymphknoten, die mit konventionellen Fluoreszenzmikroskopen nicht möglich sind.

In Gewebekulturen zeigen Lymphozyten ein vorwiegend sessiles Verhalten, wodurch die dynamische Migration dieser Zellen lange unbemerkt blieb. Thymozyten wurden ebenfalls, ausgehend von histologischen Schnitten, als rundliche Immunzellen mit geringer Mobilität eingestuft. Intravitale Untersuchungen zeigen jedoch eindrucksvoll, dass Lymphozyten im Lymphknoten in ständiger Bewegung sind und die T-Zell-Reifung im Thymus ein komplexer und dynamischer Prozess ist. Interaktionen der Immunzellen mit Strukturen der extrazellulären Matrix, welche für die Migration unerlässlich sind, lassen sich zudem mit dem SHG-Signal sichtbar machen.

Reporter-Mauslinien mit fluoreszierenden Proteinmarkern eigenen sich besonders gut zur spezifischen Markierung von Immunzellen. Dendritische Zellen lassen sich beispielsweise mit CD11c-YFP markieren, während sich phagocytierende Zellen, wie Makrophagen oder Neutrophile, mit LysM-GFP und T Zellen mit hD2-DsRed färben lassen. Alternativ zu diesem Ansatz können Immunzellen aus dem Blut oder lymphatischen Geweben isoliert und ex vivo mit geeigneten Fluorophoren, wie CellTracker Green, PKH67, CellTracker Orange oder PKH26, markiert und anschließend wieder ins Gewebe injiziert werden. Für die experimentelle Durchführung ist wichtig, dass ein geeigneter Zeitpunkt gewählt und eine ausreichende Anzahl markierter Immunzellen injiziert wird. Mit diesem Ansatz lassen sich beispielsweise das Migrations- und Proliferationsverhalten von Immunzellen im lebenden Lymphknoten, die kontinuierliche Zirkulation von Lymphozyten in sekundären lymphatischen Organen oder die Extravasation von Immunzellen aus Gefäßen in entzündetes Gewebe verfolgen. Die Markierung antigenspezifischer T-Zellen mithilfe fluoreszenzgekoppelter MHC-Peptid-Tetramere ist eine weitere, sehr selektive Färbemethode, bei der ausschließlich T-Zellen mit einer ausgewählten Antigenspezifität markiert und somit eine Subpopulation mit identischer Antigenerkennung sichtbar gemacht werden kann.

Bewegungsartefakte, wie sie durch die respiratorische und kardiologische Aktivität hervorgerufen werden, sind für einige intravitale Anwendungen problematisch. Intravitale Aufnahmen des Thymus sind beispielsweise kompliziert, da der Thymus durch die Atmung und den Herzschlag in ständiger Bewegung ist und so die Bildqualität stark reduziert wird. Um den Thymus für die Mikroskopie zugänglich zu machen, sind zudem chirurgischen Eingriffe unter Anästhesie notwendig, wodurch nachfolgende In-vivo-Untersuchungen beeinflusst werden können. Aus diesen Gründen lassen sich immunologische Prozesse im Thymus besser am explantierten Gewebe untersuchen. Nachteilig ist allerdings, dass die Blut- und Lymphzirkulation unterbrochen ist und Gewebeexplantate nur eine begrenzte Zeit kultiviert werden können.

17.3.3 Tumorgewebe: zelluläre Dynamik von Glioblastomnetzwerken und kollektive Tumorzellmigration

Krebs umfasst verschiedenste Organ- und Gewebeerkrankungen, welche eine unkontrollierte Vermehrung von Zellen und dadurch ein wucherndes Gewebewachstum zeigen. Gewebegrenzen werden überschritten, und es kommt zu einer Invasion von Tumorzellen in gesunde Bereiche des Körpers. Im weiteren Verlauf können Zellen den Gewebeverband des Primärtumors verlassen und als Metastasen in weiter entfernt liegenden Organen sekundäre Tumoren bilden.

In den 1970er-Jahren wurde von Judah Folkman von der Harvard Universität erstmals die Bedeutung der tumorinduzierten Angiogenese für das Wachstum von Tumoren beschrieben. Ohne Anbindung an das Blutgefäßsystem wachsen Mikrotumoren und kleine Metastasen nicht über eine relativ stabile Zellpopulation von 2–3 mm^3 hinaus. Eine Anbindung an das Blutgefäßsystem ist für das weitere Tumorwachstum zwingend erforderlich. So wird ein sprunghaftes Größenwachstum beobachtet, sobald der solide Tumor benachbarte Gefäße rekrutiert und das Tumorgewebe vaskularisiert wird. Die neugebildeten Tumorgefäße eröffnen zudem den Weg zur Entstehung von Metastasen, indem Tochterzellen über die Gefäße in anderen Geweben einwandern.

Als diagnostische Methode findet die Zwei-Photonen-Mikroskopie Anwendung bei verschiedenen Krebserkrankungen, wie Lungen- oder Darmkrebs. Gewebeproben können direkt ohne Fixierung und Färbung untersucht werden, da eine Gewebekontrastierung mithilfe des SHG-Signals und der Autofluoreszenz erfolgt. Gewebebiopsien können anhand der Intensität des SHG-Signals der Basalmembran und der NAD(P)H-Autofluoreszenz mit einem zu konventionellen Methoden vergleichbaren Ergebnis beurteilt werden.

Verbreitete Anwendung findet die intravitale Zwei-Photonen-Mikroskopie in der onkologischen Grundlagenforschung. Transgene Mausmodelle, die einen zum Menschen vergleichbaren Krankheitsverlauf zeigen, eignen sich besonders gut, um zelluläre und molekulare Prozesse der Krebsentstehung und des Tumorwachstums im Detail zu untersuchen. Kombiniert mit der intravitalen Zwei-Photonen-Mikroskopie können der zeitliche Verlauf der komplexen dynamischen zellulären Wechselwirkungen von Tumorzellen mit den Zellen des umliegenden Gewebes sowie die Bildung neuer Blutgefäße detailliert untersucht werden.

Hirntumoren, wie das äußerst bösartige Glioblastom, können in tiefen Regionen des Gehirns der Maus mittels intravitaler Zwei-Photonen-Mikroskopie mit einem speziell angepassten chronischen kranialen Fenster untersucht werden. Humane oder murine fluoreszenzmarkierte Glioblastomzellen werden auf die Mäuse übertragen und das Wachstum des Glioblastoms wird nachfolgend über mehrere Monate verfolgt. Mit dem speziellen optischen Fenster lässt sich das myzelartige Netzwerk aus sehr langen und dünnen Zellfortsätzen des Glioblastoms mikroskopisch darstellen. Zeitrafferaufnahmen ermöglichen dynamische Untersuchungen, wie beispielsweise die intensive Kommunikation der Tumorzellen über lange Distanzen mithilfe des multizellulären Netzwerkes. Mögliche Therapien, wie die Bestrahlung des Glioblastoms, können getestet und schädigende Auswirkungen auf den Tumorzellverband und das umliegenden Hirngewebe direkt verfolgt werden.

Viele Krebsarten zeigen eine charakteristische Wachstumsform, die dem Bewegungs-muster der kollektive Tumorzellmigration folgt. Da die Tumorentstehung und das Aus-wachsen von Tumorgewebe ein sehr langsamer Prozess ist, entzieht sich die Dynamik der Zellbewegungen oft der mikroskopischen Beobachtung. Die intravitale Zwei-Photonen-Mikroskopie ermöglicht die Untersuchung der Migration von Tumorzell-population über einen längeren Zeitraum, wodurch die kollektive Bewegung eines Invasionsstrangs sowie die Migration von Einzelzellen im Zellverband sichtbar gemacht werden können.

Um intravital das kollektive Invasionsverhalten von Tumorzellen im gesunden Gewebe zu verfolgen, können beispielsweise mikrochirurgisch mehrzellige Brustkrebsspheroide in das Brustgewebe einer Maus implantiert werden. Mit einem chronischen optischen Fenster lässt sich live beobachten, wie sich implantierte Tumorzellen entlang von stromalen Strukturen zu Invasionssträngen organisieren (Abb. 17.4). Das dynamische kollektive Migrationsverhalten der Tumorzellen kann mit dieser Methode über die Zeit

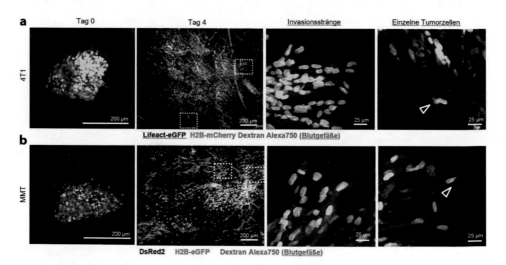

Abb. 17.4 Invasionsstränge nach Implantation mehrzelliger Brustkrebsspheroide (**a** 4T1; **b** MMT) in das Brustgewebe einer Maus. Innerhalb von vier Tagen bilden sich Invasionsstränge durch Proliferation und kollektive Migration von Tumorzellen, aus denen sich einzelne Tumor-zellen ablösen. Tumorzellen exprimieren in a Lifeact-eGFP (rot) und HB2-mCherry (grün) und in b DsRed2 (rot) und HB2-eGFP (grün). Das Gefäßsystem ist mittels intravenöser Injektion von Dextran Alexa750 (türkis) dargestellt. Modifiziert mit freundlicher Genehmigung von Ilina et al. (2018)

verfolgt werden, ebenso wie die der Migration zugrunde liegende oszillierende Aktindynamik dieser Zellen. Leader-Zellen, welche den Invasionsstrang anführen, zeigen zahlreiche transiente Membranausstülpungen in Bewegungsrichtung, vergleichbar zu migrierenden Einzelzellen eines Tumors. Der Vorgang der Ablösung einzelner Zellen aus dem Tumorverband lässt sich ebenfalls mit dieser Methode beobachten, wodurch initiale Schritte der Metastasenbildung untersucht werden können.

17.3.4 Nervensystem: Funktion und strukturelle Plastizität kortikaler Neuronen

In den letzten 15 Jahren haben Neurowissenschaftler die Zwei-Photonen-Mikroskopie als leistungsfähiges Mikroskopieverfahren entdeckt, um Nervenzellen tief im lebenden Gehirn darzustellen und die dynamisch-strukturelle Reorganisationen einzelner Synapsen bei Lernvorgängen mit hoher räumlicher und zeitlicher Auflösung zu verfolgen.

Das Nervengewebe wird von einem Netzwerk aus Nervenzellen und Gliazellen aufgebaut. Nervenzellen vermitteln dabei die Verarbeitung und den Transport neuronaler Erregung, während Gliazellen verschiedenste organisatorische Funktionen übernehmen. Impulse im neuronalen Netzwerk werden über Synapsen zwischen den Nervenzellen auf vorgeprägten neuronalen Bahnen weitergeleitet. Die flexible Verknüpfung der über hundert Milliarden Nervenzellen bildet dabei die Grundlage für die Lernfähigkeit des Gehirns. Unter intensiver Aktivierung bilden Nervenzellen vermehrt Synapsen mit benachbarten Nervenzellen, die zu einer Signalverstärkung oder Signalreduktion führen. Dieser Umbau neuronaler Strukturen in Abhängigkeit ihrer Verwendung ist wichtig für Lern- und Gedächtnisleistungen des Gehirns.

Zur intravitalen Untersuchung der strukturellen Plastizität des Gehirns wurden verschiedenste Verfahren entwickelt, wobei das chronische kraniale Fenster die am häufigsten angewandte Methode bei der Maus ist. Dabei wird am anästhesierten Tier der Schädelknochen freigelegt und die zu untersuchende Region, z. B. der Motorkortex, mithilfe von stereotaxischen Koordinaten identifiziert. Mit einem Dentalbohrer wird der Schädelknochen über der zu untersuchenden Stelle bis auf einen Knochensteg von 20–30 µm ausgedünnt, wodurch ein sog. optisches Fenster entsteht. Laserlicht durchdringt die dünne Knochenschicht und ermöglicht die Visualisierung des darunter liegenden kortikalen Nervengewebes. Alternativ wird ein runder Bereich des Schädelknochens komplett entfernt und durch ein Deckglas von 3–5 mm Durchmesser ersetzt, wodurch ein klares Bildgebungsfenster entsteht.

Protokolle mit verdünntem und eröffnetem Schädelknochen werden, abhängig von der Fragestellung, für intravitale Untersuchungen eingesetzt, wobei jedes der beiden Verfahren bevorzugte Anwendungsbereiche hat. Die Präparation mit eröffnetem Schädelknochen eignet sich gut, um größere Gehirnbereiche (bis 5 mm Durchmesser) mit täglichen Messintervallen zu untersuchen. Nach erfolgreicher Implantation des optischen Fensters sind keine weiteren Operationen erforderlich. Vor der ersten

Messung ist eine postoperative Erholungsphase notwendig, um die durch den Eingriff verursachten Entzündungsreaktionen abklingen zu lassen. Bei längeren Experimenten über mehrere Wochen verschlechtert sich die Qualität des optischen Fensters, da der fehlende Knochenbereich unter dem Deckglas nachwächst und sich die Hirnhäute verdicken können. Versuchstiere mit verdünntem Schädelknochen können unmittelbar nach der Operation untersucht werden. Diese Vorgehensweise eignet sich besonders für Messungen an jüngeren Tieren oder für Messintervalle von Monaten bis zu einem Jahr. Dabei muss für nachfolgende Messungen der nachgewachsene Knochenanteil wieder entfernt werden, damit eine zur vorangegangenen Messung vergleichbare Bildqualität erreicht wird. Es ist schwierig, den neugebildeten Knochen so abzutragen, dass dieselbe Schichtdicke entsteht. Meist wird der Knochensteg dünner als bei der vorangegangenen Messung, so dass Wiederholungsmessungen durchschnittlich auf fünf Messungen begrenzt bleiben.

Durch die rasante Entwicklung verschiedenster Färbemethoden können die unterschiedlichen Zellarten des Gehirns, wie Nervenzellen, Astrozyten, Oligodendrozyten oder Mikrogliazellen in vivo im intakten Gehirngewebe unter physiologischen und pathologischen Bedingungen untersucht werden. Calciumsensitive Fluorophore können die intrazelluläre Calcium-Signalgebung einzelner Nervenzellen bis hin zu neuronalen Netzwerken messen. Nach Anregung ändern diese Fluorophore in Abhängigkeit der Calciumkonzentration ihr Fluoreszenzverhalten und erlauben damit die Visualisierung von Aktionspotenzialen angeregter Neurone. Calciumsensitive Fluorophore können synthetisch hergestellt oder genetisch in Reporter-Mauslinien exprimiert werden. Synthetisch hergestellte Farbstoffe eigenen sich nicht zur selektiven Färbung spezifischer Neuronenpopulationen, sind jedoch zur Messung der Calciumdynamik in neuronaler Netzwerken gut geeignet. Dabei werden die calciumsensitiven Fluorophore mittels intrazellulärer Mikroelektroden oder durch Elektroporation in die Zellen eingeführt. Genetisch exprimierte calciumempfindliche Sensoren, die sich für In-vivo-Anwendungen eignen, enthalten die Calcium bindenden Domänen Troponin C oder Calmodulin, die nach Calciumbindung ihre Konformation ändern.

Zur Färbung mehrerer Nervenzellen oder größerer Nervenzellpopulation können membranpermeable Fluorophore in das Nervengewebe injiziert werden. Die Fluorophore diffundieren durch die Zellmembranen benachbarter Zellen. Intrazelluläre Enzyme modifizieren den Fluorophor, wodurch dieser die Zellmembran nicht mehr passieren kann und in der Zielzelle verbleibt. Es können mehrere Fluorophore gleichzeitig zur selektiven Färbung einzelner Zelltypen eingesetzt werden. Kortikale Astrozyten nehmen beispielsweise den roten Fluorophor Sulforhodamin 101 oder Sulforhodamin B nach intravenöser Injektion selektiv auf, sodass bei gleichzeitiger Färbung mit einem grünen Fluorophor die verbleibenden Zelltypen, z. B. Neuronen, angefärbt werden. Alternativ können ausgewählte Neuronenpopulationen in verschiedenen Gehirnregionen mittels stereotaxischer Injektion viraler Vektoren, die fluoreszierende Proteine exprimieren, markiert werden. Eine spezielle Anwendung ist die Injektion eines Reportergens mit gefloxtem Stopcodon in eine Mauslinie, die in ausgewählten Neuronengruppen die Cre-Recombinase exprimiert. In Nervenzellen mit Cre-Recombinase wird das Stopcodon entfernt und der Fluorophor selektiv exprimiert.

Zur Visualisierung des neuronalen Gefäßsystems können verschiedene Fluorophore, wie Q-Dots, Fluorescein oder Rhodamin, intravenös appliziert werden. Durch Kopplung der Fluorophore an hochmolekulare Verbindungen, beispielsweise an Dextran, wird der Austritt des Fluorophors aus den Gefäßen ins Gewebe verringert. Eine weitere Gruppe von Fluorophoren wird durch intraperitoneale Injektion zur Färbung extrazellulärer Strukturen verwendet. In der Alzheimer-Forschung werden beispielsweise Amyloid-β-Plaques spezifisch mit SAD1 oder MethodyXo4 angefärbt, wodurch die Bildung von Amyloid-β-Plaques über mehrere Monate verfolgt werden kann.

Die Neurowissenschaften profitierten in den vergangenen Jahren besonders von der Entwicklung neuer genetisch veränderter Mauslinien, die einerseits fluoreszierenden Proteine in ausgewählten Zellarten exprimieren und andererseits die gezielte An- oder Ausschaltung spezifischer Gene in den verschiedenen Zellarten des Nervensystems ermöglichen. Zellspezifische Promotoren, wie *thy1* für 5B-Neuronen oder *Cx3cr1* für Mikroglia, erlauben die spezifische Expression von fluoreszierenden Proteinen in den unterschiedlichen Zellarten des Nervengewebes. Die Reporterlinie *thy1-YFP* Linie H exprimiert YFP in Pyramidenzellen des Hippocampus und erlaubt die In-vivo-Visualisierung dieser Neuronen in tiefen Hirnregionen von 1 mm (Abb. 17.5a). Die *Brainbow*-Technik ermöglicht es sogar, mehrere Hundert Nervenzellen im Gehirn mit unterschiedlich fluoreszierenden Proteinen zu färben und von benachbarten Nervenzellen zu unterscheiden. Dabei werden im Nervengewebe transgener Mäuse, basierend auf der Cre/lox-Rekombination, zahlreiche Mischfarben in den einzelnen Nervenzellen exprimiert. Durch die zufällige Expression verschiedener Anteile an rot, grün und blau fluoreszierenden Proteinen wird eine individuelle Fluoreszenzmarkierung einzelner Nervenzellen erreicht. Diese Methode erlaubt die individuelle Färbung zahlreicher neuronaler Fortsätze über weite Bereiche und somit die Erforschung neuronaler Verknüpfungen und Leitungsbahnen im Gehirn.

Optogenetik ist eine besondere Technik, die es erlaubt, mit hoher Präzision die Aktivität von Nervenzellen zu kontrollieren. Dabei werden in transgenen Mäusen lichtsensitive fluoreszierende Proteine in Nervenzellen exprimiert, welche auf einen Lichtimpuls hin Ionenkanäle öffnen und durch den Ioneneinstrom die Aktivität ausgewählter Nervenzellpopulation verändern. Mikrobielle Rhodopsine dienen dabei als genetisch codierte Lichtschalter, die es erlauben, Nervenzellen gezielt durch Licht zu aktivieren. Dies eröffnet völlig neue Wege, einzelne Nervenzellen und größere neuronale Netze im Gehirn am lebenden Tier untersuchen und so weitgehende neuronale Schaltkreise zu kartieren.

Faseranteile des Nervengewebes, die im Wesentlichen in begrenzenden Strukturen und in Gefäßwänden auftreten, können mithilfe des SHG-Signals sichtbar gemacht werden. Kollagenfasern des Typs I und III, die in den Meningen vorliegen, können auf diese Weise ohne Färbung sichtbar gemacht werden. Ferner können Myelinscheiden der Nervenfasern und Strukturen der Weißen Substanz durch das THG-Signal dargestellt werden.

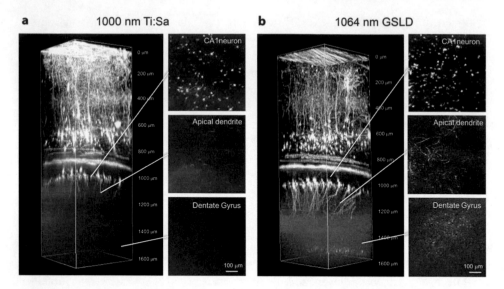

Abb. 17.5 Neuronen des Kortex und Hippocampus einer jungen Maus (*thy1-YFP* Linie H), aufgenommen bei 1000 nm mit einem Ti:Sa-Laser (**a**, 100 fs Puls, 80 MHz) und bei 1064 nm mit einem neu entwickelten Laser mit Laserpulsen im Pikosekunden-Bereich (**b**, *high-peak power gain-switched laser diode* – GSLD–, 7,5 ps Puls, 10 MHz). Maximum-Intensität-Projektion eines 3D-Stacks bei 1000 nm (Ti:Sa-Laser) und bei 1064 nm (GSDL-Laser). Sechs xy-Ebenen in unterschiedlichen Gewebetiefen des Gehirns bei 1000 und 1064 nm (Pyramidenzellen des Hippocampus CA1, apikale Dendriten, Gyrus dentatus des Hippocampus). Modifiziert mit freundlicher Genehmigung von Kawakami et al. 2015

17.3.5 Aktuelle Forschungsbereiche

Die aktuelle Forschung konzentriert sich im Wesentlichen auf leistungsfähigere Laser- und Mikroskopietechniken sowie optimierte Fluorophore und präparative Methoden. Die Verwendung von Laserlicht mit Wellenlängen über 1300 nm ist ein vielversprechender Ansatz zur Detektion von Signalen in Gewebeschichten tiefer als 1 mm. Dabei werden leistungsstarke gepulste Laser verwendet, die den Drei-Photonen-Effekt ermöglichen. Das für die Drei-Photonen-Mikroskopie eingesetzte Laserlicht durchdringt biologisches Gewebe weitgehend ungestreut. Damit können tiefe Hirnregionen von 1,7 mm in der lebenden Maus erreicht werden, wodurch die Mikroskopie subkortikaler Strukturen möglich wird. Ein optisches Fenster oder ein Ausdünnen der Schädeldecke ist dabei aufgrund der geringen Streuung des Laserlichts nicht notwendig. Alternativ können neu entwickelte Laser mit leistungsstarken Lichtpulsen im Pikosekunden-Bereich (GSLD-Laser) tiefe Hirnregionen in der Maus visualisieren (Abb. 17.5b). Das in tiefen Regionen emittierte Fluoreszenzlicht wird allerdings weiterhin im Gewebe gestreut, bevor es austreten kann und von Detektoren eingefangen wird. Leistungsstärkere Detektorsysteme zur Messung sehr schwacher Signale werden die intravitale Mikroskopie in größeren

Gewebetiefen weiter voranbringen. Alternativ werden für intravitale Untersuchungen tief in intakten Organen endoskopische Objektive entwickelt, die für die Zwei-Photonen-Mikroskopie geeignet sind. Dabei wird die lange dünne Objektivspitze mit einen Durchmesser von 0,35–1 mm ins Gewebe eingeführt. Nachteilig ist allerdings, dass direkt an das Objektiv angrenzende Gewebebereiche beeinträchtigt und irritiert werden und die Numerische Apertur dieser Objektive gering ist.

Verfeinerte Präpariertechniken und verbesserte optische Fenster werden intravitale Untersuchungen an schwer zugänglichen Geweben und Organen ermöglichen. Mit einer steigenden Verfügbarkeit transgener Mauslinien, die selektiv und spezifisch ausgewählte Zielzellen färben, sowie der rasanten Entwicklung synthetisch hergestellter Fluorophore wird die intravitale Zwei-Photonen-Mikroskopie in kommenden Jahren eine tragende Rolle bei der Erforschung verschiedenster Gewebe und Organsystem einnehmen.

Literatur

Bixel et al. (2017) Flow dynamics and HSPC homing in bone marrow microvessels. Cell Report 18: 1804–1816

Ilina et al. (2018) Intravital microscopy of collective invasion plasticity in breast cancer. Dis. Model. Mech. 11: dmm034330

von Kawakami et al. (2015) In vivo two-photon imaging of mouse hippocampal neurons in dentate gyrus using a light source based on a high-peak power gain-switched laser diode. Biomed. Opt. Express 6, 891–901

Weiterführende Literatur

Andresen V, Alexander S, Heupel WM, Hirschberg M, Hoffman RM, Friedl P (2009) Infrared multiphoton microscopy: subcellular-resolved deep tissue imaging. Curr Opin Biotechnol 20 (1):54–62. https://doi.org/10.1016/j.copbio.2009.02.008

Bousso P, Bhakta NR, Lewis RS, Robey E (2002) Dynamics of thymocyte-stromal cell interactions visualized by two-photon microscopy. Science 296 (5574):1876–1880. https://doi.org/10.1126/science.1070945

Friedl P, Alexander S (2011) Cancer invasion and the microenvironment: plasticity and reciprocity. Cell 147 (5):992–1009. https://doi.org/10.1016/j.cell.2011.11.016

Horton NG, Wang K, Kobat D, Clark CG, Wise FW, Schaffer CB, Xu C (2013) In vivo three-photon microscopy of subcortical structures within an intact mouse brain. Nat Photonics 7 (3). https://doi.org/10.1038/nphoton.2012.336

Kawakami R, Sawada K, Sato A, Hibi T, Kozawa Y, Sato S, Yokoyama H, Nemoto T (2013) Visualizing hippocampal neurons with in vivo two-photon microscopy using a 1030 nm picosecond pulse laser. Sci Rep 3:1014. https://doi.org/10.1038/srep01014

Kim J, Bixel MG. Intravital Multiphoton Imaging of the Bone and Bone Marrow Environment. Cytometry A. 2019 Nov 23. https://doi.org/10.1002/cyto.a.23937. [Epub ahead of print] Review

Kitano M, Yamazaki C, Takumi A, Ikeno T, Hemmi H, Takahashi N, Shimizu K, Fraser SE, Hoshino K, Kaisho T, Okada T (2016) Imaging of the cross-presenting dendritic cell subsets in the skin-draining lymph node. Proc Natl Acad Sci U S A 113 (4):1044–1049. https://doi.org/10.1073/pnas.1513607113

Kyratsous NI, Bauer IJ, Zhang G, Pesic M, Bartholomaus I, Mues M, Fang P, Worner M, Everts S, Ellwart JW, Watt JM, Potter BVL, Hohlfeld R, Wekerle H, Kawakami N (2017) Visualizing context-dependent calcium signaling in encephalitogenic T cells in vivo by two-photon microscopy. Proc Natl Acad Sci U S A 114 (31):E6381–E6389. https://doi.org/10.1073/pnas.1701806114

Lo Celso C, Fleming HE, Wu JW, Zhao CX, Miake-Lye S, Fujisaki J, Cote D, Rowe DW, Lin CP, Scadden DT (2009) Live-animal tracking of individual haematopoietic stem/progenitor cells in their niche. Nature 457 (7225):92–96. https://doi.org/10.1038/nature07434

Miller MJ, Wei SH, Parker I, Cahalan MD (2002) Two-photon imaging of lymphocyte motility and antigen response in intact lymph node. Science 296 (5574):1869–1873. https://doi.org/10.1126/science.1070051

Rehberg M, Krombach F, Pohl U, Dietzel S (2011) Label-free 3D visualization of cellular and tissue structures in intact muscle with second and third harmonic generation microscopy. PLoS One 6 (11):e28237. https://doi.org/10.1371/journal.pone.0028237

Shih AY, Driscoll JD, Drew PJ, Nishimura N, Schaffer CB, Kleinfeld D (2012) Two-photon microscopy as a tool to study blood flow and neurovascular coupling in the rodent brain. J Cereb Blood Flow Metab 32 (7):1277–1309. https://doi.org/10.1038/jcbfm.2011.196

Stewen J, Bixel MG (2019) Intravital Imaging of Blood Flow and HSPC Homing in Bone Marrow Microvessels. Methods Mol. Biol. 2019;2017:109–121

Weigelin B, Bakker GJ, Friedl P (2016) Third harmonic generation microscopy of cells and tissue organization. J Cell Sci 129 (2):245–255. https://doi.org/10.1242/jcs.152272

You S, Tu H, Chaney EJ, Sun Y, Zhao Y, Bower AJ, Liu YZ, Marjanovic M, Sinha S, Pu Y, Boppart SA (2018) Intravital imaging by simultaneous label-free autofluorescence-multiharmonic microscopy. Nat Commun 9 (1):2125. https://doi.org/10.1038/s41467-018-04470-8

Quantitative digitalholografische Phasenkontrastmikroskopie – biophysikalische Charakterisierung von immunologischen Prozessen, Zellen und Geweben

Björn Kemper, Thomas Liedtke und Jürgen Schnekenburger

Die Lokalisation und Identifizierung von Zellen, Gewebetypen und Makromolekülen erfolgt überwiegend mit den Methoden der Durchlicht- und Fluoreszenzmikroskopie. Daneben eröffnen markerfreie Verfahren zur optischen Bildgebung umfangreiche neue Möglichkeiten, welche die etablierten Mikroskopietechniken ideal ergänzen. Während der letzten Jahre wurde die quantitative Phasenkontrastbildgebung kontinuierlich für eine hochauflösende markerfreie quantitative Mikroskopie weiterentwickelt (Park et al. 2018). Markerfreie Bildgebungsverfahren erfahren als minimalinvasive Verfahren zur Beobachtung von Zellen und Geweben derzeit eine gesteigerte Aufmerksamkeit, da sie Untersuchungen an biologischen Proben mit minimierter Modifikation und sehr geringem Probenvorbereitungsaufwand ermöglichen. Minimalinvasiv bedeutet, dass die untersuchten Proben nicht durch Fluorophore oder Farbstoffe beeinflusst werden, welche physiologische Prozesse oder das Verhalten von Proben verändern können, z. B. indem sie zelluläre Motilität, Migration oder zelluläre Interaktionen beinträchtigen. Da quantitative Phasenkontrastverfahren nur geringe Lichtintensitäten für die Objektbeleuchtung erfordern, wird der potenzielle Einfluss von Licht auf die Probe minimiert. Geringe Lichtintensitäten sind eine wichtige Voraussetzung für die Analyse lebender Zellen, da hohe Dosen von Lichtstrahlung Zelltod oder Fototoxizität verursachen können. Die digitalholografische Mikroskopie (DHM; Kemper und von Bally

B. Kemper · T. Liedtke · J. Schnekenburger (✉)
Biomedizinisches Technlogiezentrum der Medizinischen Fakultät Münster, Münster, Deutschland
E-Mail: schnekenburger@uni-muenster.de

B. Kemper
E-Mail: bkemper@uni-muenster.de

T. Liedtke
E-Mail: Thomas.Liedtke@ukmuenster.de

2008; Kemper et al. 2019) ist eine interferometrische Variante der quantitativen Phasen-kontrastbildgebung (Park et al. 2018), bei der typischerweise ein Laser als kohärente Lichtquelle verwendet wird. Quantitativer Phasenkontrast wird durch Bestimmung von probeninduzierten optischen Weglängenänderungen gegenüber dem die Probe umgebenden Medium erreicht. Die DHM lässt sich modular in gängige optische Mikro-skope integrieren (Lenz et al. 2016; Kemper et al. 2019), was den Einsatz als markerfreie Bildgebungsmodalität in biomedizinischen Laboren ermöglicht und den korrelativen Einsatz mit weiteren Mikroskopieverfahren vereinfacht.

In der DHM erfolgt die Rekonstruktion der digital aufgezeichneten Hologramme numerisch mit einem Computer. Auf diese Weise wird eine Multifokusbildgebung – sowie insbesondere auch eine nachträglich durchführbare Re- bzw. Autofokussierung aus einzel-nen aufgenommenen digitalen Hologrammen – ohne mechanische Fokusnachführung erreicht (Langehanenberg et al. 2008). Dies ist insbesondere vorteilhaft für die Korrektur von nicht vorhersehbaren Fokusdrifts bei der Langzeitbeobachtung lebender Zellkulturen oder bei der Analyse von Zellen in dreidimensionalen-Umgebungen wie z. B. in Kollagen- oder Matrigelen. Durch die Eigenschaften des quantitativen DHM-Phasenkontrastes werden eine automatisierte Objektverfolgung und der Einsatz von Bildsegmentierungsver-fahren vereinfacht (Kemper und von Bally 2008). Des Weiteren können Zellmorphologie und -wachstum durch Extraktion absoluter biophysikalischer Parameter wie Zellvolumen, Dicke und Trockenmasse quantifiziert werden (Park et al. 2018). Darüber hinaus werden durch die Auswertung quantitativer DHM-Phasenbilder optische Zellparameter wie der Brechungsindex zugänglich, der mit dem zellulären Wassergehalt, mit der Konzentration intrazellulär gelöster Bestandteile sowie der Dichte von Gewebeschnitten verknüpft ist (Bettenworth et al. 2018; Kemper et al. 2019). Dies qualifiziert DHM als ein effizientes Zytometrie-Tool zur Charakterisierung von Tumor-, Blut- und Stammzellen, für zeit-abhängige Messungen zur Quantifizierung von In-vitro-Toxizität und Wirkstofftests sowie für die Ex-vivo-Analyse von Gewebe in der Histologie.

18.1 Quantitative digitalholografische Phasenkontrastmikroskopie

Abb. 18.1 veranschaulicht das Konzept einer typischen laserbasierten Off-Axis-Anordnung zur quantitativen Phasenkontrastbildgebung mit digitalholografischer Mikro-skopie (Kemper und von Bally 2008), die in kommerzielle Forschungsmikroskope für den Einsatz in einem biomedizinischen Labor integriert werden kann (Lenz et al. 2016; Kemper et al. 2019).

Eine inverse Mikroskopanordnung erlaubt Untersuchungen an hauptsächlich trans-parenten Proben, wie z. B. ungefärbten Gewebeabschnitten oder lebenden Zellkulturen in einer mit Zellkulturmedium gefüllten Petrischale, mit konventioneller Hellfeldbild-gebung sowie auch korrelative Untersuchungen. Licht eines Festkörperlasers mit langer Kohärenzlänge (z. B. mit einer Wellenlänge im grünen Spektralbereich von 532 nm und

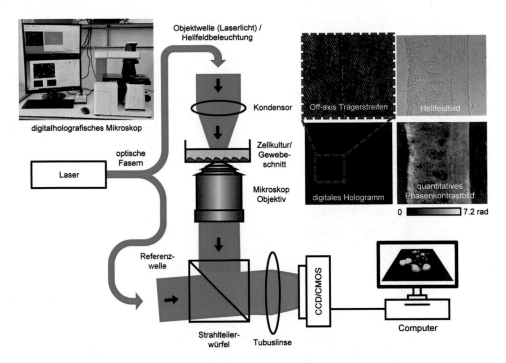

Abb. 18.1 Konzept einer typischen Anordnung zur laserbasierten Off-Axis-DHM in Mach-Zehnder-Interferometer-Konfiguration für korrelative Hellfeld- und markerfreie quantitative Phasenbildgebung von Gewebeschnitten (oben rechts) und lebenden Zellkulturen (unten rechts) im biomedizinischen Labor am Beispiel eines am Biomedizinischen Technologiezentrum der Westfälischen Wilhelms-Universität Münster entwickelten digitalholografischen Mikroskops (oben links). Angepasst von Lenz et al. (2016) und Kemper et al. (2019)

einer Kohärenzlänge von mehr als 1 m) wird in eine Objektbeleuchtungswelle O und eine Referenzwelle R aufgeteilt. Während O die Probe durchleuchtet, wird die ungestörte Welle R direkt, aber leicht verkippt zur Objektwelle, zum digitalen Aufnahmesensor, z. B. einem digitaler Charge-Coupled-Device (CCD)- oder einem Complementary-Metal-Oxide-Semiconductor- (CMOS-)Kamerasensor geführt. Aus den aufgezeichneten resultierenden Interferenzmustern (digitale Off-Axis-Hologramme) können, wie z. B. in Kemper und von Bally (2008) und Langehanenberg et al. (2008) beschrieben, numerisch quantitative Phasenkontrastbilder rekonstruiert werden. So werden die optischen Weglängenänderungen quantifiziert, die durch die Morphologie und die Brechungsindexverteilung der untersuchten Probe gegenüber dem umgebende Medium induziert werden (Kemper et al. 2019), und aus denen biophysikalische Zell- und Gewebeparameter extrahiert werden können. Die Aufnahmen können zur Herstellung dreidimensionaler Darstellungen von Zellen und Geweben oder Zeitrafferaufnahmen zellulärer Prozesse verwendet werden (Kemper und von Bally 2008; Langehanenberg et al. 2008; Lenz et al. 2016; Kastl et al. 2017; Bettenworth et al. 2018; Park et al. 2018; Kemper et al. 2019).

Die Aufnahme mit DHM erfolgt innerhalb von Millisekunden und erfasst dabei gleich-zeitig das gesamte Bildfeld. Rasch aufeinanderfolgende Weißlicht- oder Fluoreszenz-bilder können mit DHM-Aufnahmen kombiniert und überlagert werden. Der verwendete Aufbau ist automatisiert, d. h. unterschiedlichste Positionen auf Zellkulturplatten können angefahren und parallel zeitaufgelöst vermessen werden. So wird ein hoher Datendurch-satz generiert, der die Technologie auch für Hochdurchsatzverfahren einsetzbar macht.

18.2   Zellidentifizierung und Zellkulturqualitätskontrolle

Mit digitalholografischer Mikroskopie können verschiedene Zelltypen anhand physikalischer Marker charakterisiert und unterschieden werden. Abb. 18.2 zeigt exemplarisch die Charakterisierung von epithelialen (PaTu 8988S) und mesenchymalen (PaTu 8988T) Pankreas-Tumorzelltypen. Das Verfahren zur Quantifizierung unterschied-licher Zelltypen in einer Probe wurde auch auf Tumorzellen in Kokulturen oder Blut-proben angewandt (Park et al. 2018; Kastl et al. 2017). Abb. 18.2a zeigt repräsentative quantitative DHM-Phasenkontrastbilder und mit DHM bestimmte Brechungsindex-daten, die gegen den Zellradius aufgetragen wurden, von zwei verschiedenen konfluent kultivierten Pankreastumorzelllinien (PaTU 8988S und PaTu 8988T), die vom selben Spender stammen. Für die Messungen wurden Zellen vom Petrischalenboden abgelöst und mit quantitativem DHM-Phasenkontrast in einer Suspension mit physiologischer Osmolarität analysiert. Da abgelöste Zellen in Suspension im Allgemeinen eine sphärische Form aufweisen, können der zelluläre Brechungsindex sowie der Radius

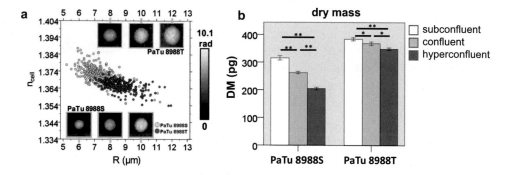

Abb. 18.2 a Brechungsindex n_{cell} von Pankreastumor-Einzelzellen (PaTu 8988T, PaTu 8988S) in Abhängigkeit vom Zellradius (*R*). Die Inserts zeigen repräsentative quantitative DHM-Phasenbilder der verschiedenen Zelltypen. **b** Auswirkungen verschiedener Wachstumsbedingungen (subkonfluent, konfluent, hyperkonfluent) auf die durchschnittliche zelluläre Trockenmasse (*dry mass,* DM) von PaTu 8988S- und PaTu 8988T- Zellen. Die Proben wurden in $N = 3$ unabhängigen Experimenten für jeden Zellkulturzustand charakterisiert; pro Experiment wurde dabei jeweils eine Anzahl von $n = 100$ Zellen analysiert. * und **: Kennzeichen der statistischen Signifikanz; pg: Zelltrockenmasse in Pikogramm. Angepasst von Kastl et al. 2017

durch numerische 2D-Anpassungs der Kugelfunktion aus quantitativen Phasenbildern einzelner Zellen effizient bestimmt werden (Kastl et al. 2017). Des Weiteren kann aus den resultierenden Daten auch die zelluläre Trockenmasse bestimmt werden. Das Streudiagramm in Abb. 18.2a zeigt ein Anwendungsbeispiel, bei dem jeweils $n = 100$ Zellen der zwei verschiedenen Krebszelltypen untersucht wurden. Die beiden Zelltypen unterscheiden sich deutlich durch die physikalischen Parameter Radius und Brechungsindex.

Die durch die DHM zugänglichen biophysikalischer Zellparameter ermöglichen auch eine Quantifizierung von Zellveränderungen, die durch die Kultivierungsbedingungen verursacht werden. Dies wird in Abb. 18.2b am Beispiel von Tumorzellen analysiert, die in verschiedenen Dichten (subkonfluent, konfluent, hyperkonfluent) kultiviert wurden (Kastl et al. 2017). Für die beiden beobachteten Krebszelltypen PaTu 8988S und PaTu 8988T wurden in Abhängigkeit von den Kulturbedingungen signifikante Veränderung der mittleren Trockenmasse der einzelnen Zellen detektiert. Abb. 18.2b zeigt, dass sich mit DHM reproduzierbar zelluläre Reaktionen auf verschiedene Wachstums- und Umweltbedingungen quantifiziert werden und so der aktuelle Zustand von Zellkulturen, ein wesentlicher Parameter in allen zellbasierten biomedizinischen Tests, überprüft werden kann.

18.3 Markerfreie In-vitro-Toxizitätsanalyse am Beispiel von Makrophagen

Die quantitative DHM-Phasenkontrastmikroskopie hat das Potenzial, als Routinewerkzeug in verschiedenen Bereichen der Biomedizin und Toxizitätstests eingesetzt zu werden, z. B. in der Zellbiologie, Immunologie, Tumorforschung, Toxikologie und der Histopathologie.

Etablierte In-vitro-Toxizitätstests von Arzneimitteln, Chemikalien oder Nanomaterialien umfassen typischerweise die Messung zellulärer Endpunkte – wie Stressreaktionen, Zellviabilität, Proliferation oder Zelltod –, um beispielsweise die Wirksamkeit von Medikamenten oder die Schädlichkeit von Umweltschadstoffen oder Krankheitserregern zu bestimmen. Viele aktuelle In-vitro-Testsysteme basieren auf der Detektion von Enzymaktivität oder Proteinexpression durch absorptions- oder fluoreszenzbasiertes optisches Auslesen von Enzymsubstraten oder Proteinmarkern. Solche Verfahren müssen zu unterschiedlichen Zeitpunkten für das Auslesen gestoppt werden und können mehrere zeitaufwendige Probenvorbereitungsschritte erfordern. In solchen Szenarien bietet die DHM eine Vereinfachung durch kontinuierliche markerfreie Überwachung von zellulären Wachstums- und Morphologieänderungen.

Das Potenzial der DHM zur Quantifizierung zytotoxischer Wirkungen wird anhand von Nanomaterialien auf Immunzellen durch Messung der Auswirkungen sphärischer Silber-Nanopartikel (NM 300) auf Makrophagen illustriert (Mues et al. 2017). Dazu wurden quantitative DHM-Phasenkontrastbilder von suspendierten Zellen (Abb. 18.3) und adhärent kultivierten Einzelzellen (Abb. 18.4) mit einem experimentellen Aufbau,

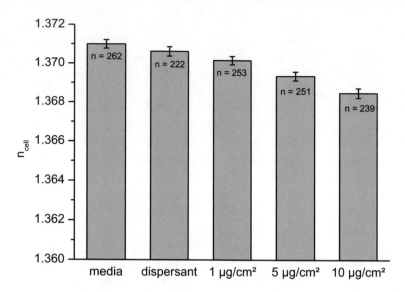

Abb. 18.3 Brechungsindex n_{cell} von RAW264.7-Makrophagen nach Exposition mit steigenden Dosen eines Silber-Nanomaterials (NM 300). Der Brechungsindex der Zellen verringert sich dosisabhängig nach zweistündiger Inkubation mit dem Nanomaterial gegenüber der Kontrolle (media). Für das Dispergiermittel (dispersant) wurde kein signifikanter Einfluss festgestellt (*n* bezeichnet die Anzahl der untersuchten Zellen. Die Daten werden als Mittelwert ± Standardfehler (SEM) dargestellt. Angepasst von Mues et al. 2017

wie in Abb. 18.1 gezeigt, aufgenommen. Die holografischen Bilder der suspendierten Zellen wurden, wie in Kastl et al. 2017 beschrieben, bzgl. des integralen zellulären Brechungsindex analysiert. Durch automatisierte Bildsegmentierung wurden die bewachsene Oberfläche und die Trockenmasse der adhärenten Zellen bestimmt. Abb. 18.3 zeigt den mittleren integralen Brechungsindex n_{cell} von RAW264.7-Makrophagen, welcher aus suspendierten Zellen nach Exposition gegenüber unterschiedlichen Silberpartikelkonzentrationen (NM300) bestimmt wurde (Mues et al. 2017). Der Parameter n_{cell} nimmt mit zunehmender Partikeldosis ab, was auf eine verringerte Zelldichte und einen verringerten Proteingehalt hindeutet.

Durch automatisierte Bildsegmentierung von quantitativen DHM-Phasenkontrastaufnahmen ist es möglich, die von adhärenten RAW264.7-Zellen bewachsene Fläche S_c (Abb. 18.4a, b) in einer Kultur nach Exposition mit Nanomaterialen zu bestimmen. Aus dem Parameter S_c kann anschließend zusammen mit den quantitativen Phasenkontrastdaten zusätzlich die Trockenmasse DM der adhärenten Zellen berechnet werden. Diese ist ein direktes Maß für den zeitlichen Verlauf des Zellwachstums. Die Steigungen der zeitabhängigen Kurven von S_c und DM nehmen in Abb. 18.4c, d nach Exposition mit dem toxischem Nanomaterial im Vergleich zur den Kontrollen deutlich ab und illustrieren die Quantifizierung des verminderten Zellwachstums.

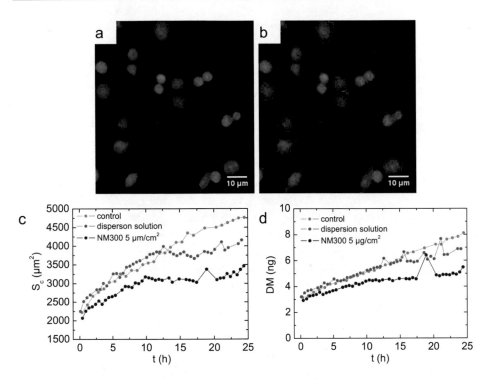

Abb. 18.4 Zeitrafferbeobachtung von RAW264.7-Makrophagen nach Inkubation mit einem toxischen Silber-Nanopartikel (NM 300) im Vergleich zu Kontrollzellen (control) und Zellen, die nur dem Dispergiermittel (dispersion solution) ausgesetzt wurden. **a** Repräsentative quantitative DHM-Phasenbilder, **b** durch Bildverarbeitung segmentierte quantitative Phasenkontrastbilder. **c, d** Zeitlicher Verlauf der von den adhärenten RAW264.7-Zellen bewachsenen Fläche S_c und der entsprechenden Zelltrockenmasse DM (in Pikogramm) nach Inkubation der Zellen mit einer Dosis von 5 g/mL NM 300. Angepasst von Mues et al. 2017

Zusammenfassend zeigen die Ergebnisse in Abb. 18.3 und 18.4 die Fähigkeit der DHM, In-vitro-Toxizitätstests ohne zusätzliche Färbung oder fluoreszenzbasierte Markern durchzuführen. Quantitativer DHM-Phasenkontrast unterscheidet sich von einem spezifischen markerbasierten Screening dadurch, dass ganzheitliche Zellveränderungen quantifiziert werden. Dies ermöglicht die Untersuchung der gesamten Auswirkungen von Substanzen auf Proben anhand des Phänotyps. Dies ist ein wesentlicher Unterschied zu anderen Verfahren, die überwiegend auf der Bestimmung molekularer Marker beruhen. In der Toxikologie könnten Interferometrie-basierte Techniken wie DHM die Messung der toxischen Wirkungen von Nanomaterialien verbessern, da diese Partikel oft optische Eigenschaften, wie z. B. Absorption oder Fluoreszenz, aufweisen, die etablierte farb- oder fluoreszenzbasierende Endpunktbestimmungen stören (Mues et al. 2017; Kemper et al. 2019).

18.4   Quantifizierung von Entzündung im Gewebe

Der quantitative digitalholografische Phasenkontrast kann auch für die Bewertung von Gewebeschnitten *ex vivo* verwendet werden. Zum Beispiel können entzündungsbedingte morphologische Veränderungen bei chronisch entzündlichen Darmerkrankungen, wie Morbus Crohn und Colitis Ulcerosa, für die die Reaktion der Patienten auf Medikamente oft schwer zu quantifizieren ist, bestimmt werden (Lenz et al. 2013; Bettenworth et al. 2018). Abb. 18.5b, c zeigt quantitative DHM-Phasenbilder von Untersuchungen ungefärbter Kryostat-Kolonschnitte (Dicke: 7 μm) einer Tierstudie mit gesunden Mäusen und Mäusen, bei denen durch Verabreichung von Dextran-Natriumsulfat (DSS) eine Kolitis (entzündliche Darmerkrankung) verursacht wurde (Lenz et al. 2013). Entsprechende Hämatoxylin- und Eosin-gefärbte Proben sind in Abb. 18.5a, d dargestellt. Die quantitativen DHM-Phasenkontrastbilder von ungefärbten Gefrierschnitten der Proben zeigen die verschiedenen anatomischen Gewebestrukturen (Epithel, Submucosa und Stroma), die auch in den Hämatoxylin- und Eosin-gefärbten Abschnitten sichtbar sind. Die quantitativen DHM-Phasenbilder (Abb. 18.5b, c) können, wie ausführlich in Lenz et al. (2013, 2016) beschrieben, weiter ausgewertet werden, um den Brechungsindex des untersuchten Gewebes zu bestimmen. Helle Bereiche in den DHM-Phasenkontrastbildern weisen auf einen hohen Brechungsindex hin, der einer erhöhten Gewebedichte entspricht (Abb. 18.5a, d). Abb. 18.5e zeigt im Vergleich die mittleren Brechungsindizes für Epithel, Submucosa und Stroma für gesundes und entzündetes Gewebe. Für alle Schichten des entzündeten Kolongewebes wird eine signifikante Verringerung des Brechungsindex ermittelt. Die detektierte Abnahme des Brechungsindex korreliert mit klinischen Parametern wie einem entzündlichen Infiltrat im Gewebe und klinisch einem Gewichtsverlust der untersuchten Tiere (Lenz et al. 2013).

Die gezeigten Beispiele veranschaulichen das Potenzial der DHM und verwandter Techniken der quantitativen Phasenkontrastmikroskopie in der immunologischen Zell- und Gewebecharakterisierung. Die Methode quantifiziert Morphologie, Wachstum und Masse von adhärenten und suspendierten Einzelzellen markerfrei durch biophysikalische Parameter. Diese Informationen können verwendet werden, um zwischen verschiedenen Zelltypen zu unterscheiden, Zellkulturbedingungen zu quantifizieren und eine zelluläre Reaktion auf Toxine oder Medikamente zu analysieren. In der Histologie bietet die quantitative Phasenkontrastbildgebung von Gewebeschnitten einen der konventionellen Hämatoxylin- und Eosin-Färbung vergleichbaren Kontrast und Auflösung. Zudem bietet DHM die Möglichkeit, Gewebeveränderungen zu quantifizieren und entsprechende Areale zu segmentieren.

Die quantitative Phasenkontrastbildgebung mit DHM besitzt das Potenzial, als leistungsstarkes Routinewerkzeug in unterschiedlichsten Bereichen von Biomedizin und Toxizitätsanalyse eingesetzt zu werden. Überall, wo Zellen und Gewebe in vitro charakterisiert oder zelluläre Prozesse und Phänotypen analysiert werden, kann DHM neue Daten liefern und bestehende Verfahren ergänzen. Herausforderungen zukünftiger

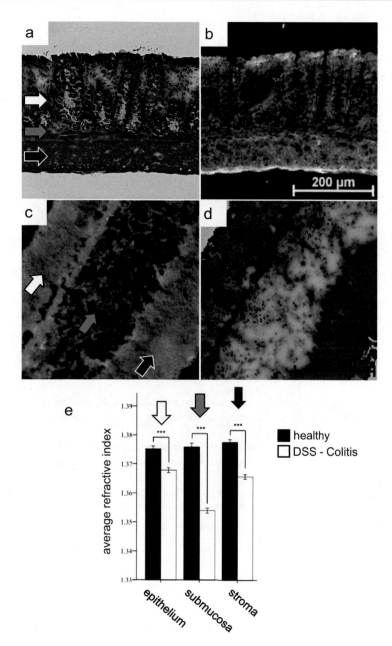

Abb. 18.5 **b**, **c** Quantitative DHM-Phasenbilder von ungefärbten Kryostat-Kolonschnitten von gesunden und C57Bl/6-Wildtyp-Mäusen mit entzündetem Dickdarm. **a**, **b** Entsprechende Hämatoxylin- und Eosin-gefärbte Gewebeschnitte. Die Analyse des Brechungsindex in verschiedenen Gewebeschichten (weißer Pfeil: Epithel; grauer Pfeil: Submucosa; schwarzer Pfeil: Stroma) ergab eine signifikante Abnahme der Gewebedichte entzündeter Gewebebereiche (**e**). *** bezeichnet statistische Signifikanz. Angepasst von Lenz et al. (2013)

Weiterentwicklungen der Technologie sind die Verbesserung der multimodalen Bildgebung als Kombination mit weiteren mikroskopischen Bildgebungsverfahren und
Beschleunigung der Verfahren zur Datenextraktion. Dies kann insbesondere durch
Integration von Machine-Learning-Algorithmen erreicht werden, mit dem Ziel, statistisch
relevante Datenmengen bei minimalem Arbeits- und Zeitaufwand zu erreichen.

Literatur

Bettenworth, D., A. Bokemeier, C. Poremba, N. S. Ding, S. Ketelhut, P. Lenz, B. Kemper,
    Quantitative phase microscopy for evaluation of intestinal inflammation and wound healing
    utilizing label-free biophysical markers Review article, Histol. Histopathol. 33, 417–432
    (2018).
Kastl, L., M. Isbach, D. Dirksen, J. Schnekenburger, B. Kemper, Quantitative phase imaging for
    cell culture quality control, Cytometry Part A 91A:470–481 (2017).
Kemper, B., G. von Bally, Digital holographic microscopy for life cell applications and technical
    inspection, Appl. Opt. 47, A52–A61 (2008).
Kemper, B., A. Bauwens, D. Bettenworth, M. Götte, B. Greve, L. Kastl, S. Ketelhut, P. Lenz, S.
    Mues, J. Schnekenburger, A. Vollmer, Book Chapter „Label-free quantitative in-vitro live cell
    imaging with digital holographic microscopy", Bioanalytical Reviews (2019), Ed.: J. Wegener,
    BIOREV (2019) 2: 219–272 (Springer Nature Switzerland AG).
Langehanenberg, P., B. Kemper, D. Dirksen, G. von Bally, Autofocusing in digital holographic
    phase contrast microscopy on pure phase objects for live cell imaging, Appl. Opt. 47, D176–
    D182 (2008).
Lenz, P., D. Bettenworth, P. Krausewitz, M. Brückner, S. Ketelhut, G. von Bally, D. Domagk, B.
    Kemper, Digital holographic microscopy quantifies degree of inflammation in experimental
    colitis, Int. Biol. 5, 624–630 (2013).
Lenz, P. et al. (2016). Multimodal quantitative phase imaging with digital holographic microscopy
    accurately assesses intestinal inflammation and epithelial wound healing. *J Visualized Exp*,
    Issue 115, e54460.
Mues, S., S. Ketelhut, B. Kemper, Jürgen Schnekenburger, Digital holographic microscopy
    overcomes the limitations of in vitro nanomaterial cytotoxicity testing, Proc. SPIE 10074,
    1007413 (2017).
Park, Y.K., C. Depeursinge, G. Popescu, Quantitative phase imaging in biomedicine. Nat. Photon.
    12, 578–589 (2018).

Zirkulierende Tumorzellen – Isolation und molekulare Charakterisierung

Caroline Werner und Gabriele Multhoff

Die molekulare Analyse von CTCs dient dem Erkenntnisgewinn über Metastasierungsprozesse und Therapieresistenzen maligne entarteter Zellen. Essenziell für eine erfolgreiche Metastasierung sind molekularbiologische Prozesse, die neben der Dissoziation epithelialer Tumorzellen aus dem Primärtumor auch das Überleben der CTCs im Blutstrom und die Absiedlung am Metastasierungsort beinhalten (Felding-Habermann 2003; Juhasz et al. 2013). Ein charakteristisches Ereignis ist dabei die epithelial-mesenchymale Transition (EMT), die u. a. mit drastischen Veränderungen von Oberflächenmerkmalen auf den CTCs einhergeht (Sims et al. 2011; Vignot et al. 2012). Die rein numerische Bestimmung von CTCs in Patientenblutproben, die im Therapieverlauf mit minimalinvasiven Methoden wiederholt gewonnen werden können, ermöglicht Aussagen über das Ansprechen eines Tumors auf eine bestimmte Therapieform. Ein Anstieg der CTCs in der Zirkulation könnte zu einer frühzeitigen Therapieanpassung führen, die dann die Chance auf einen Heilungserfolg erhöhen könnte. Die engmaschige Kontrolle der Zahl im Blut zirkulierender CTCs nach Abschluss einer Therapie könnte als Biomarker für die Entstehung eines Rezidivs herangezogen werden und die Zuverlässigkeit der Aussagen über das Tumorstaging und die Einschätzung der Prognose erhöhen (Mari et al. 2019). Die molekularbiologische Analyse von CTCs kann Aufschluss über die Aggressivität und potenzielle Therapieresistenzen des Tumors geben und somit eine raschere Therapieanpassung im Zuge einer personalisierten Behandlungsstrategie ermöglichen.

C. Werner · G. Multhoff (✉)
Klinikum rechts der Isar der Technischen Universität München (TUM), Zentralinstitut für translationale Krebsforschung (TranslaTUM), München, Deutschland
E-Mail: gabriele.multhoff@tum.de

C. Werner
E-Mail: c.werner@tum.de

© Springer-Verlag GmbH Deutschland, ein Teil von Springer Nature 2023
A. M. Raem und P. Rauch (Hrsg.), *Immunoassays*,
https://doi.org/10.1007/978-3-662-62671-9_19

Herkömmliche Verfahren, CTCs aus dem Blut zu isolieren, basieren auf der Expression des *Epithelial Cell Surface Adhesion Molecule* EpCAM (CD326), das auf einer Vielzahl epithelialer Tumorzellen auf der Zelloberfläche exprimiert wird. Nach epithelial-mesenchymaler Transition verliert jedoch ein großer Anteil der CTCs in der Zirkulation diesen Marker (Breuninger et al. 2018) und deshalb können diese CTCs mit den herkömmlichen Separationsstrategien nicht isoliert werden. Eine weitere Herausforderung bei der Isolierung von CTCs stellt deren geringe Anzahl im peripheren Blut dar (ca. ein CTC befindet sich in 10^6–10^8 mononukleären Blutzellen). Deshalb ist es entscheidend, einen geeigneten CTC-Marker für die Isolation zu verwenden, der auf der Gesamtheit der CTCs (auch nach EMT) konstant exprimiert wird. Wir konnten zeigen, dass das Hitzeschockprotein 70 (Hsp70), ein für die Proteinhomöostase verantwortliches molekulares Chaperon (Kindermädchen), neben seiner zytosolischen Lokalisation auch auf der Zellmembran von Tumorzellen vorkommt (Stangl et al. 2018). Diese Eigenschaft unterscheidet Tumorzellen von gesunden Zellen des Organismus, bei denen Hsp70 nur im Zytosol exprimiert wird. Darüber hinaus konnte von unserer Arbeitsgruppe nachgewiesen werden, dass CTCs selbst nach epithelial-mesenchymaler Transition Hsp70 auf ihrer Zelloberfläche präsentieren (Breuninger et al. 2018). Ein Hsp70-spezifischer monoklonaler Antikörper cmHsp70.1, der gegen membrangebundenes Hsp70 auf Tumorzellen gerichtet ist, kann Hsp70 auch auf zirkulierenden Tumorzellen erkennen und ist deshalb ideal für die Isolierung von CTCs geeignet. Das Isolationsprinzip der CTCs aus dem Blut erfolgt mithilfe von Polystyrol-Beads (Durchmesser 32 µm), an die der cmHsp70.1-Antikörper entweder direkt über Amingruppen oder indirekt über Antikörper-Antikörper-Bindung gekoppelt ist. Nach Inkubation der anti-Hsp70-Antikörper-immobilisierten Beads mit EDTA-Blut kommt es zur Bindung der CTCs an die Beads. Die Beads mit den daran gebundenen CTCs werden anschließend über ein steriles Plastiksieb (Porengröße 30 µm) von den übrigen Blutbestandteilen getrennt. Nach einem Waschschritt werden die CTCs von den Beads über eine Behandlung mit Detachment-Puffer getrennt. Nach Isolierung kann die Zellzahl ermittelt und molekularbiologische und funktionelle Untersuchungen an den CTC durchgeführt werden. Vitale CTCs können nach Isolation für weitere Zellkulturarbeiten verwendet werden.

19.1   Methoden der Isolation von CTCs

19.1.1 Übersicht über Isolationstechniken

Die Malignität solider Tumoren wird u. a. durch deren Heterogenität (Kan et al. 2010) und Fähigkeit bestimmt, Zellen vom Primärtumor abzulösen, über den Blutstrom zu verteilen und zu metastasieren. Dieser Prozess beinhaltet eine Reihe grundlegender Mechanismen, wie die Invasion in die extrazelluläre Matrix und das umgebende Stroma, Migration in das Blutgefäßsystem, Resistenz gegenüber Anoikis (eine Form des programmierten Zelltods, der in verankerungsabhängigen Zellen auftritt, wenn sie sich von der umgebenden extrazellulären Matrix lösen; Hanahan und Weinberg 2011) und schließlich erfolgreiche Absiedlung und Proliferation in entfernten Organsystemen. Primärtumoren und entsprechende Metastasen unterscheiden sich aufgrund multipler Selektionsschritte häufig hinsichtlich ihrer molekularen Marker und Signalwege (Vignot et al. 2012). Vom Primärtumor abgelöste CTCs und CTC-Cluster werden als Vorstufen einer Metastasierung angesehen (Viswanath und Kim 2017) und können daher wertvolle Einblicke in die Biologie der Tumorerkrankung und die Prävalenz und Heterogenität der potenziellen Metastasen geben. Sie können helfen, Aussagen über einen Therapieerfolg gegenüber neuer zielgerichteter Behandlungsstrategien zu treffen. Isolierung, Quantifizierung und molekulare Charakterisierung von CTCs könnten daher die Verbindung zwischen Krebsbiologie und individualisierter Präzisionstherapie bilden. CTCs bieten, da sie mit minimalinvasiven Eingriffen aus dem Blut und anderen „Liquid Biopsies" wiederholt gewonnen werden können, nicht nur die Möglichkeit, engmaschig therapeutische Ziele sowie Resistenzmechanismen zu identifizieren und das Therapieansprechen zu überwachen, sondern auch prognostische Informationen über das Risiko, Metastasen und Rezidive zu entwickeln, die für 90 % aller krebsbedingten Todesfälle verantwortlich sind (Alix-Panabieres und Pantel 2014; Hou et al. 2011; Krebs et al. 2010).

Eine wesentliche Einschränkung für die Anwendung der CTC-basierten Analyse ist die Seltenheit dieses Zelltyps im peripheren Blut. Typischerweise enthält 1 mL peripheres Blut von Tumorpatienten nur weniger als zehn CTCs (Millner et al. 2013; Romano 2017; Zieglschmid et al. 2005) [15–17].

Derzeit werden unterschiedliche Strategien verfolgt, um CTCs aus dem Blut zu isolieren:

- *Filtration:* mechanisches Trennverfahren, das auf den physikalischen Eigenschaften der CTCs beruht. CTCs werden von anderen Zelltypen im Blut aufgrund ihrer Größe abgetrennt.
- *Mikrofluidik-Chip:* CTC-spezifische Antikörper werden auf einem Chip immobilisiert und die Blutprobe wird mit geringer Flussrate (100 µL min^{-1}) über den Chip gespült, sodass CTCs auf der Chipoberfläche binden können.
- *PCR:* mit der Polymerase-Kettenreaktion werden CTCs aufgrund ihrer unterschiedlichen Gensequenz im Vergleich zu gesunden Zellen charakterisiert. Diese Methode setzt jedoch eine vorherige Anreicherung der CTCs über eine andere Isolationsmethode voraus.
- *Fluorescence activated cell sorting (FACS, Durchflusszytometrie):* sortiert CTCs mittels fluoreszenzmarkierten Antikörpern, die gegen CTC-Marker gerichtet sind.
- *Magnetische Beads* (miltenyi Biotech®): CTC-spezifische Antikörper werden an ferromagnetische Beads gekoppelt. Nach Erythrozytenlyse und Bindung der CTCs an die funktionalisierten, ferromagnetischen Beads werden die CTCs über ein Magnetfeld isoliert.
- *Polystyrol-Beads* (S-pluriBead®): CTC-spezifische Antikörper werden an Polystyrol-Beads direkt oder indirekt gekoppelt. Nach Bindung der CTCs an die funktionalisierten Beads werden die CTCs mechanisch über ein Sieb isoliert.

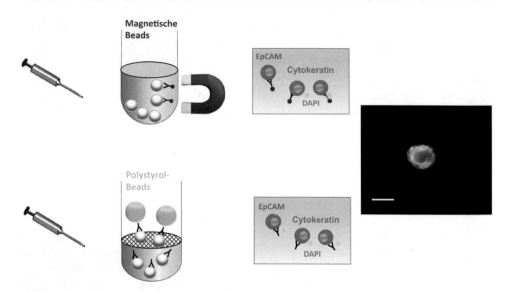

Abb. 19.1 Schematische Darstellung von CTC-Isolationsmethoden mithilfe von magnetischen Beads (oben) und Polystyrol-Beads (unten) mit anschließender Charakterisierung der CTCs über Färbungen mit Antikörpern, die gegen EpCAM (orange) und Cytokeratin (grün) gerichtet sind

In Abb. 19.1 sind die Prinzipien der magnetischen und Polystyrol-Bead-basierten CTC-Isolationsmethoden schematisch dargestellt. Als Ausgangsmaterial werden für beide Methoden 7,5 mL EDTA-Blut, das durch Venenpunktion gewonnen wird, eingesetzt. Für die magnetische Bead-Isolationsmethode muss vorab eine Erythrozytenlyse durchgeführt werden. Bei der Polystyrol-Bead-Isolationsmethode (Durchmesser 32 μm) kann das EDTA-Blut direkt eingesetzt werden. Nach Inkubation mit antikörpergekoppelten Beads werden die CTCs entweder über das Anlegen eines Magnetfelds oder aber über Filtration (Porengröße 30 μm) isoliert. Die gewonnenen CTCs werden über eine immunzytochemische Färbung mit DAPI (blau) und Antikörpern gegen EpCAM (orange) und Cytokeratin (grün) charakterisiert. Ein repräsentatives Beispiel einer immunzytochemischen Färbung einer CTC aus einem Tumorpatienten ist auf der rechten Seite von Abb. 19.1 gezeigt.

Da CTCs nur einen sehr geringen Anteil der im Blut vorkommenden Zellen ausmachen und mechanisch deutlich sensitiver sind als immortalisierte Tumorzelllinien, ist bei der Wahl der Isolationstechnik auf ein möglichst schnelles und schonendes Verfahren mit wenigen Arbeitsschritten zu achten. Als besonders effizient hat sich hierbei die beadbasierte Methode mit S-pluriBead® (pluriSelect) erwiesen. Der Vorteil gegenüber anderen Methoden ist, dass eine Lyse der Erythrozyten entfällt und damit deutlich zellschonender gearbeitet werden kann. Der Durchmesser der Beads (32 μm) verhindert, dass diese unspezifisch von phagozytierenden Zellen aufgenommen werden. Das System zeichnet sich durch wenige Arbeitsschritte aus, die eine hohe Ausbeute und Vitalität der

CTCs gewährleistet. Falls erforderlich, können vitale CTCs von den Beads abgelöst werden. Für nachfolgende molekularbiologische Methoden (u. a. Next-Generation-Sequencing) ist ein Ablösen der Zellen von den Polystyrol-Beads nicht zwingend notwendig, da diese die Sequenzierung nicht negativ beeinträchtigen und aufgrund der Reduktion der Waschschritte der Zellverlust weiter minimiert werden kann.

19.1.2 Zur Isolation verwendete Antikörper

Viele der herkömmlichen Methoden zur Isolierung von CTCs basieren auf der Expression des Epithelzell-Oberflächenmerkmals EpCAM (CD326). Allerdings durchlaufen CTCs häufig eine epithelial-mesenchymale Transition (EMT) mit erhöhter Migrations- und Metastasierungskapazität, die mit einer verstärkten Invasion der CTCs, Therapieresistenz und damit einem verringerten Gesamtüberleben der Tumorpatienten verbunden ist (Jolly et al. 2015; Yu et al. 2013). Beim Übergang von adhärenten Epithelzellen zu migratorischen mesenchymalen Zellen kommt es häufig zu einem Verlust epithelialer Marker, einschließlich EpCAM. Daher kann ein erheblicher Anteil mesenchymaler CTCs nicht mit Techniken isoliert werden, die auf einer EpCAM-Expression basieren. Die Suche nach universellen Tumormarkern hat gezeigt, dass das Hitzeschockprotein 70 (Hsp70) häufig sowohl auf der Plasmamembran von primären Tumorzellen als auch auf Metastasen exprimiert ist (Multhoff et al. 1995). Diese Membran-Hsp70- (mHsp70-) Positivität zeigt sich bei einer Vielzahl verschiedener Tumorentitäten (z. B. Brust-, Lungen-, Kopf- und Hals-, Dickdarm-, Bauchspeicheldrüsen-, Gehirn- und hämatologischen Malignomen), jedoch nicht bei korrespondierenden Normalgeweben (Hantschel et al. 2000; Pfister et al. 2007). Ein Vergleich der Expressionsdichte von Hsp70 auf der Zelloberfläche von primären Tumorzellen und Metastasen ergab eine höhere Expressionsdichte auf metastasierten Zellen (Botzler et al. 1998; Farkas et al. 2003; Gehrmann et al. 2012; Pfister et al. 2007). Im Gegensatz zu EpCAM bleibt die Expression von mHsp70 auf CTCs nach EMT und Metastasen stabil erhalten und eignet sich deshalb ideal für eine CTC-Isolation. Der monoklonale Antikörper cmHsp70.1, der spezifisch die membrangebundene Form von Hsp70 auf vitalen Tumorzellen erkennt (Stangl et al. 2011), wird für die CTC-Isolation eingesetzt, da er gleichermaßen sowohl epitheliale als auch mesenchymale CTCs in verschiedenen Tumorentitäten erkennt (Breuninger et al. 2018).

19.2   CTC-Isolierung mittels S-pluriBeads®

Kopplung des Antikörpers an Beads

Zur Isolierung der CTCs werden S-pluriBeads® aus Polystyrol mit einem Durchmesser von 32 μm verwendet, die für selten vorkommende Zellen wie CTCs besonders gut geeignet sind. Es können maximal 1×10^7 Zellen in einem Separationsdurchgang isoliert werden. Der gewünschte Capture-(Fang-)Antikörper, z. B. der cmHsp70.1

monoklonale Antikörper, kann vom Anwender selbst an S-pluriBeads® gekoppelt werden, die vom Hersteller mit einem Brückenantikörper vorbeschichtet sind, um diese zu funktionalisieren. Bei der Durchführung ist auf steriles Arbeiten zu achten. Alternativ bietet der Hersteller die Möglichkeit, im Auftrag den gewünschten Fangantikörper unter standardisierten Bedingungen an die Beads direkt zu koppeln. Für die Funktionalisierung werden 1×10^6 S-pluriBeads® mit 25 µg $(1,7 \times 10^{-4}$ M) des Capture-Antikörpers (cmHsp70.1 mAb) in einem Reaktionsvolumen von 500 µL in Phosphatpuffer bei Raumtemperatur unter ständigem Schwenken für 3–4 h inkubiert. Während dieser Inkubation bindet der auf den Beads immobilisierte monoklonale Antikörper an den gegen die zu isolierenden Zielzellen gerichteten Antikörper. Im Anschluss wird der überschüssige Antikörper über fünf Waschschritte in PBS entfernt. Hierfür wird jeweils 1 mL PBS zugegeben, gevortext und für 2 min bei $5000 \times g$, ohne Bremse, zentrifugiert. Das Endprodukt wird in 250 µL PBS mit 0,05 % Natriumazid und 0,1 % BSA aufgenommen. Die Haltbarkeit der funktionalisierten Bead-Suspension beträgt ca. 3–4 Wochen bei 4 °C.

Vorbereitung der Reagenzien und Detektion der CTC in Vollblut
PluriSelect stellt alle benötigten Puffer und Verbrauchsmaterialien im kommerziell erwerblichen S-pluriBead® Reagent Kit zur Verfügung. Die pluriBeads® sind auch separat erhältlich. In Vorbereitung zu der CTC-Isolierung sind die auf Raumtemperatur äquilibrierten Reagenzien wie folgt einzustellen:

- Der Waschpuffer wird 1:10 mit autoklaviertem ddH_2O verdünnt.
- Der Detachment-Puffer D wird mit 200 µL Puffer C aktiviert. Nach Aktivierung des Detachment-Puffer D beträgt dessen Haltbarkeit bei 4 °C etwa 7 Tage.

Für die Isolierung von CTCs muss das Vollblut unter inhibierter Gerinnung vorliegen. Dazu eignet sich EDTA- oder Heparin-Blut, das innerhalb von 4 h nach der Blutentnahme prozessiert werden sollte. Typischerweise werden 7,5 mL venöses Blut (EDTA, Heparin) für eine Isolierung von CTCs verwendet. Für die Vorbereitung der Probe werden pro 1 mL Vollblut 50 µL Puffer A zugegeben. Eine vorherige Lyse der Erythrozyten ist in diesem Verfahren nicht notwendig, weshalb dieses Verfahren für den Erhalt der Vitalität der CTCs besonders schonend ist.

Für die Detektion der CTCs in Vollblut werden pro 1 mL Probe 40 µL der funktionalisierten S-pluriBead®-Suspension in einem sterilen Gefäß zugegeben. Dabei ist darauf zu achten, dass sich die S-pluriBeads® in Suspension befinden. Das kleinstmögliche Probenvolumen beträgt 200 µL. Idealerweise wird die Bead-Suspension direkt in Blutabnahmemonovetten inkubiert, um Zellverluste möglichst zu minimieren. Die Inkubationszeit beträgt max. 30 min auf einem Rotationsmixer bei 10–15 rpm.

Separation
Nach Bindung der Zielzellen (CTCs) an die Beads wird für die Abtrennung ein S-pluriStrainer® auf ein 50-mL-Zentrifugenröhrchen aufgebracht und das darin enthaltene

Filternetz vor Inkubation mit der Blutprobe mit 1 mL Waschpuffer befeuchtet. Um Zellverluste zu minimieren, empfiehlt es sich, im Anschluss das Blutröhrchen mit Waschpuffer zu spülen und den Inhalt ebenfalls auf den Strainer zu geben. Es können maximal 15 mL Probe auf einen Zellstrainer pipettiert werden. Die nicht an den Beads gebundenen Blutzellen passieren den Filter des Zellstrainers und werden im Zentrifugen-röhrchen gesammelt. Pro Strainer können maximal 400 µL Beads verwendet werden. Die 32 µm großen Beads mit den daran gebundenen CTCs verbleiben auf der Oberseite des Zellstrainers. Die Beads werden auf dem Strainer mit mindestens 20 mL Wasch-puffer vorsichtig nachgewaschen.

Detachment/Ablösen der Beads

Für das Ablösen der CTCs von den Beads wird ein „Connector" verwendet, der die Möglichkeit bietet, einen darauf zu installierenden Strainer flüssigkeitsdicht zu verschließen, auf ein steriles 50 mL-Zentrifugenröhrchen gesetzt und mit einem Luer-Lock-Ventil verschlossen. Anschließend wird der Zellstrainer, der die an die Beads gekoppelten CTCs enthält, auf den Connector aufgebracht. Der darin verbliebene Probenrückstand wird mit 1 mL Waschpuffer nachgespült. So vorbereitet, werden die CTCs durch Zugabe von 1 mL des aktivierten Detachment-Puffer D während einer 10-minütigen Inkubation abgelöst. Nach Abstoppen der Reaktion durch Zugabe von 1 mL Waschpuffer werden die CTCs durch vorsichtiges Resuspendieren mit einer Pipette von den Beads separiert. Jetzt kann das Luer-Lock-Ventil geöffnet werden, damit die abgelösten CTCs in das sterile Zentrifugenröhrchen fließen können, während die Beads auf der Oberseite des Zellstrainers verbleiben. Der Strainer wird im Anschluss 10 × mit je 1 mL Waschpuffer nachgespült, um sicherzustellen, dass alle CTCs gewonnen werden. Die CTC-Suspension wird in einem sterilen 15-mL-Zentrifugenröhrchen für 10 min bei 300 × g ohne Bremse pelletiert. Um Verluste der isolierten CTCs zu vermeiden, wird der Überstand nach Zentrifugation vorsichtig bis auf 500 µL abpipettiert.

Depletion

Um eine Verunreinigung der CTC-Fraktion durch eventuell verbliebene mononucleäre Blutzellen zu verhindern, kann optional eine Depletion der Leukozyten, ebenfalls durch die pluriSelect Technik, erfolgen. Dazu können von pluriSelect bereits mit Anti-CD45-Antikörper funktionalisierte S-pluriBeads® verwendet werden oder alternativ selbst, wie oben ausgeführt, an die Beads gekoppelt werden. Zur Depletion wird die im Vor-feld isolierte Zellfraktion mit 40 µL einer Suspension von CD45-funktionalisierten pluriBeads für 30 min inkubiert. Die nicht an die Beads gebundenen CTCs werden im Anschluss mit 15 mL Waschpuffer durch einen auf einem 50 mL-Zentrifugenröhrchen angebrachten Strainer gespült, während die nun an den Beads anhaftenden Leukozyten zurückgehalten werden. Die in hoher Reinheit vorliegenden CTCs können nun weiteren Untersuchungen zugeführt werden. Die Entscheidung, ob dieser potenziell mit CTC-Verlusten einhergehende weitere Reinigungsschritt durchgeführt werden muss, kann individuell getroffen werden.

19.3 Identifizierung von CTCs über immunzytochemische Färbung

Die Identifizierung, Charakterisierung und Quantifizierung der gewonnenen CTCs kann mithilfe von CTC-spezifischen Antikörpern, die gegen EpCAM und Cytokeratin gerichtet sind, immunzytochemisch erfolgen. Als Negativkontrolle wird der leukozytenspezifische Antikörper CD45 eingesetzt.

Zum Nachweis der Identität der CTCs empfiehlt sich eine Multicolor-basierte Zellfärbung. Die isolierten Zellen werden in einem 1,5-mL-Reaktionsgefäß bei $500 \times g$ für 5 min pelletiert. Der Überstand wird entfernt und die CTCs mit jeweils 5 µL Anti-EpCAM-PE-Antikörper (OriGene, Rockville, USA), der gegen das epitheliale Zelladhäsionsmolekül CD326 gerichtet ist, inkubiert. Um Verunreinigungen mit Leukozyten auszuschließen, werden die Proben mit 15 µL eines Anti-CD45-APC-Antikörpers (ThermoFischer, Waltham, USA) für 30 min inkubiert. Ungebundene Antikörper werden in einem Waschschritt mit 1 mL PBS + 10 % FCS entfernt.

Für die anschließende Cytokeratinfärbung werden die Zellen fixiert und permeabilisiert, um Keratin im intrazytoplasmatischen Zytoskelett von Epithelgewebszellen anzufärben. Die Zellen werden in 1 mL Fixierungspuffer (FoxP3 Puffer A, BD Biosciences, San Jose, USA) für 10 min bei Raumtemperatur fixiert, gewaschen, und anschließend in 1 mL Permeabilisierungspuffer (FoxP3 Puffer B, BD Biosciences, San Jose, USA) für 30 min inkubiert. Nach einem weiteren Waschschritt werden die Zellen mit 8 µL Anti-Cytokeratin-19–AF488-Antikörper (Exbio, Vestec, Tschechien) für 30 min inkubiert. Nach Entfernen des ungebundenen Antikörpers werden die Zellen in 17 µL Einbettmedium mit DAPI (Vector Labs Burlingame, USA) auf einen Glasobjektträger aufgebracht. Die blau angefärbten Zellkerne dienen der Identifizierung aller kernhaltigen Zellen.

Literatur

Alix-Panabieres C, Pantel K. (2014) The circulating tumor cells: liquid biopsy of cancer. *Klin lab diag.* 60–4
Botzler C, Schmidt J, Luz A, Jennen L, Issels R, Multhoff G. Differential Hsp70 plasma-membrane expression on primary human tumors and metastases in mice with severe combined immunodeficiency. *Int J Cancer* (1998) 77:942–8. https://doi.org/10.1002/(SICI)1097-0215(19980911)77:6<942::AID-IJC25>3.0.CO;2-1
Breuninger S, Stangl S, Werner C, Sievert W, Lobinger D, Foulds GA, Wagner S, Pickhard A, Piontek G, Kokowski K, Pockley AG, Multhoff G. Membrane Hsp70-A Novel Target for the Isolation of Circulating Tumor Cells After Epithelial-to-Mesenchymal Transition. *Front Oncol.* (2018) 8:497. https://doi.org/10.3389/fonc.2018.00497
Farkas B, Hantschel M, Magyarlaki M, Becker B, Scherer K, Landthaler M, et al. Heat shock protein 70 membrane expression and melanoma-associated marker phenotype in primary and metastatic melanoma. *Melan Res.* (2003) 13:147–52. https://doi.org/10.1097/00008390-200304000-00006

Felding-Habermann B.. Integrin adhesion receptors in tumor metastasis. *Clinical &experimental metastasis* (2003), **20**: 203-213.

Gehrmann M, Stangl S, Kirschner A, Foulds GA, Sievert W, Doss BT, et al. Immunotherapeutic targeting of membrane hsp70-expressing tumors using recombinant human granzyme B. *PLoS ONE* (2012) 7:e41341. https://doi.org/10.1371/journal.pone.0041341

Hanahan D, Weinberg RA. Hallmarks of cancer: the next generation. *Cell* (2011) 144:646–74. https://doi.org/10.1016/j.cell.2011.02.013

Hantschel M, Pfister K, Jordan A, Scholz R, Andreesen R, Schmitz G, et al. Hsp70 plasma membrane expression on primary tumor biopsy material and bone marrow of leukemic patients. *Cell Stress Chaperones* (2000) 5:438–42. https://doi.org/10.1379/1466-1268(2000)005<0438:HPMEOP>2.0.CO;2

Hou JM, Krebs M, Ward T, Sloane R, Priest L, Hughes A, et al. Circulating tumor cells as a window on metastasis biology in lung cancer. *Am J Pathol.* (2011) 178:989–96. https://doi.org/10.1016/j.ajpath.2010.12.003

Jolly MK, Boareto M, Huang B, Jia D, Lu M, Ben-Jacob E, et al. Implications of the hybrid epithelial/mesenchymal phenotype in metastasis. *Front Oncol.* (2015) 5:155. https://doi.org/10.3389/fonc.2015.00155

Juhasz K, Lipp AM, Nimmervoll B, Sonnleitner A, Hesse J, Haselgruebler T, Balogi Z. The complex function of hsp70 in metastatic cancer. *Cancers* (2013), **6**: 42-66.

Kan Z, Jaiswal BS, Stinson J, Janakiraman V, Bhatt D, Stern HM, et al. Diverse somatic mutation patterns and pathway alterations in human cancers. *Nature* (2010) 466:869–73. https://doi.org/10.1038/nature09208

Krebs MG, Hou JM, Ward TH, Blackhall FH, Dive C. Circulating tumour cells: their utility in cancer management and predicting outcomes. *Ther Adv Med Oncol.* (2010) 2:351–65. https://doi.org/10.1177/1758834010378414

Mari R, Mamessier E, Lambaudie E, Provansal M, Birnbaum D, Bertucci F, Sabatier R. Liquid Biopsies for Ovarian Carcinoma: How Blood Tests May Improve the Clinical Management of a Deadly Disease. *Cancers (Basel).* 2019 Jun 4;11(6). pii: E774. https://doi.org/10.3390/cancers11060774

Millner LM, Linder MW, Valdes R Jr. Circulating tumor cells: a review of present methods and the need to identify heterogeneous phenotypes. *Ann Clin Lab Sci.* (2013) 43:295–304

Multhoff G, Botzler C, Wiesnet M, Muller E, Meier T, Wilmanns W, et al. A stress-inducible 72-kDa heat-shock protein (HSP72) is expressed on the surface of human tumor cells, but not on normal cells. *Int J Cancer* (1995) 61:272–9. https://doi.org/10.1002/ijc.2910610222

Pfister K, Radons J, Busch R, Tidball JG, Pfeifer M, Freitag L, et al. Patient survival by Hsp70 membrane phenotype: association with different routes of metastasis. *Cancer* (2007) 110:926–35. https://doi.org/10.1002/cncr.22864

Romano G. Modalities to enumerate circulating tumor cells in the bloodstream for cancer prognosis and to monitor the response to the therapy. *Drugs Today* (2017) 53:501–14. https://doi.org/10.1358/dot.2017.53.9.2697473

Sims JD, McCready J, Jay DG. Extracellular heat shock protein (Hsp)70 and Hsp90alpha assist in matrix metalloproteinase-2 activation and breast cancer cell migration and invasion. *PloS one* (2011), **6**: e18848.

Stangl S, Gehrmann M, Riegger J, Kuhs K, Riederer I, Sievert W, et al. Targeting membrane heat-shock protein 70 (Hsp70) on tumors by cmHsp70.1 antibody. *Proc Natl Acad Sci USA.* (2011) 108:733–8. https://doi.org/10.1073/pnas.1016065108

Stangl S, Tei L, De Rose F, Reder S, Martinelli J, Sievert W, Shevtsov M, Öllinger R, Rad R, Schwaiger M, D'Alessandria C and Multhoff G. Preclinical Evaluation of the Hsp70 Peptide

Tracer TPP-PEG24-DFO[89Zr] for Tumor-Specific PET/CT Imaging. *Cancer Res* (2018), 1;78(21):6268–6281. https://doi.org/10.1158/0008-5472.CAN-18-0707

Vignot S, Besse B, Andre F, Spano JP, Soria JC. Discrepancies between primary tumor and metastasis: a literature review on clinically established biomarkers. *Critical Reviews in Oncology/Hematology* (2012) 84:301-13. https://doi.org/10.1016/j.critrevonc.2012.05.002

Viswanath B, Kim S. Influence of nanotoxicity on human health and environment: the alternative strategies. *Rev Environ Contamin Toxicol.* (2017) 242:61–104. https://doi.org/10.1007/398_2016_12

Yu M, Bardia A, Wittner BS, Stott SL, Smas ME, Ting DT, et al. Circulating breast tumor cells exhibit dynamic changes in epithelial and mesenchymal composition. *Science* (2013) 339:580–4. https://doi.org/10.1126/science.1228522

Zieglschmid V, Hollmann C, Bocher O. Detection of disseminated tumor cells in peripheral blood. *Crit Rev Clin Lab Sci.* (2005) 42:155–96. https://doi.org/10.1080/10408360590913696

Automatisierte Isolation zirkulierender Tumorzellen für die Liquid Biopsy

20

Sabine Alebrand, Christian Freese, Janis Stiefel, Arnold Maria Raem und Michael Baßler

20.1 Die Liquid Biopsy als Zukunftstechnologie in der Diagnostik

Bei der sogenannten Liquid Biopsy (Flüssigbiopsie) erfolgt die Diagnostik hinsichtlich einer Krankheit nicht wie bei der Standardbiopsie anhand eines Gewebeschnittes, sondern anhand der Analyse von entsprechenden Biomarkern in den Körperflüssigkeiten. Auch in Deutschland zugelassen ist z. B. ein Pränataltest der Firma LifeCodexx, mit dem ab der neunten Schwangerschaftswoche frei zirkulierende DNA (cfDNA) des Embryos im Blut der Mutter nachgewiesen werden kann und Aufschluss über Erkrankungen des Säuglings (Trisomien und Mikrodeletion) erlaubt, ohne die Mutter und den Embryo durch invasive Methoden zu gefährden. Neben Anwendungen in der Pränataldiagnostik kann die Liquid Biopsy vor allem in der Onkologie eingesetzt werden.

Anlass für solche minimalinvasiven Untersuchungsmethoden wie die Liquid Biopsy ist zusätzlich zur geringeren Belastung für die Patienten die Tatsache, dass in der modernen Onkologie die diagnostischen und therapeutischen Bemühungen darauf abzielen, möglichst individuelle, „maßgeschneiderte" Konzepte unter Berücksichtigung der spezifischen molekularen Alterationen des jeweiligen Tumors anzuwenden. Da eine Vielzahl von Tumoren von sogenannten Treibermutationen abhängig ist, können diese unter Nutzung dieser molekularen Alterationen zielgerichtet behandelt werden. Um

S. Alebrand · C. Freese · J. Stiefel · M. Baßler
Fraunhofer Institut für Mikrotechnik und Mikrosysteme IMM, Mainz, Deutschland

M. Baßler
E-Mail: michael.bassler@imm.fraunhofer.de

A. M. Raem (✉)
arrows biomedical Deutschland GmbH, Münster, Deutschland
E-Mail: raem@arrows-biomedical.com

© Springer-Verlag GmbH Deutschland, ein Teil von Springer Nature 2023
A. M. Raem und P. Rauch (Hrsg.), *Immunoassays*,
https://doi.org/10.1007/978-3-662-62671-9_20

zunächst die Mutation nachweisen zu können, wird eine ausreichende Menge Tumor-DNA benötigt. Nicht selten ist es allerdings schwierig oder unmöglich, aus kleinen Tumoren, wie z. B. kleinen peripheren Lungentumoren, eine ausreichende Menge DNA mit hoher Qualität zu gewinnen. In diesen Fällen ist es eine wertvolle Alternative, aus zirkulierender Tumor-DNA im Rahmen von Liquid Biopsies die Diagnostik durchzuführen.

Allgemein können solche zirkulierende Tumor-Nukleinsäuren, wie die zuvor genannte DNA, zusammenfassend als zellfreie Nukleinsäuren (cfNA, wie z. B. cfDNA, cfmRNA und cfmiRNA) bezeichnet werden. Eine neuere Möglichkeit, die für den Nachweis und die Isolierung von cfNA relevant ist, ist die Isolation von Exosomen. Diese zellulären Vesikel mit einem Durchmesser von 40 bis 100 nm werden von gesunden und entarteten Zellen sezerniert. Exosome enthalten mRNA, miRNA sowie Proteine, spiegeln die zelluläre Situation der Ursprungszelle wider und können zudem die Zellfunktion anderer Zellen beeinflussen, wenn sie von diesen aufgenommen werden. Entsprechend ist ein besseres Verständnis der Exosomen für das Verständnis von Tumor- und Metastasierungsprozessen und für ihre mögliche Verwendung als Tumormarker zukünftig von großem Interesse.

Neben der Untersuchung zirkulierender Tumor-Nukleinsäuren spielt die Analyse zirkulierender Tumorzellen (*circulating tumor cells;* CTCs) eine wichtige Rolle, denn Krebsmetastasen treten auf, wenn Tumorzellen aus ihrer lokalen Umgebung ausbrechen und in den Blut- oder Lymphkreislauf gelangen. Dies kann einerseits im Zuge der sogenannten epithelial-mesenchymalen Transition (EMT), andererseits passiv durch physikalische Kräfte geschehen. Dadurch ist es den CTCs möglich, entfernte Stellen im Körper zu erreichen, sich dort anzulagern und durch weitere metastasierende Schritte ins Gewebe zu migrieren und sich dort zu vermehren. Ob die Zellen eines Tumors entweder in den venösen oder lymphatischen Kreislauf (oder in beide) eintreten, hängt von der Art des Tumors ab. Es kommt jedoch in beiden Fällen zu einer Metastasenbildung in entfernten Geweben (wie Lunge, Leber oder Knochenmark) bzw. lokalen Lymphknoten, was die Heilungschancen verringert. Ziel einer effizienten Therapie muss es also mitunter sein, die Metastasenbildung zu verhindern. Die Tatsache, dass heute noch ein erheblicher Anteil der Patienten mit organgebundenen Tumoren, die sich später einer theoretisch kurativen Operation unterziehen, erneut erkranken, spricht aber dafür, dass die derzeitigen Ansätze zur Behandlung von Krebserkrankungen noch bis zu einem gewissen Grad unzureichend sind. Der empfindliche Nachweis von zirkulierenden Tumorzellen könnte zu einer verbesserten Einstufung und Überwachung von Krebspatienten führen und somit auch zu einem effizienteren Behandlungsvorgehen.

Viele Studien zur Bewertung von CTCs wurden bereits veröffentlicht. Bei einer Vielzahl von Tumortypen wurde eine Korrelation zwischen dem Vorhandensein von CTCs und dem Tumorstadium nachgewiesen. Leider stützen die Daten nicht die Schlussfolgerung, dass das Fehlen von CTCs das Ausbleiben einer metastasierenden Erkrankung mit ausreichender Genauigkeit für die klinische Anwendung anzeigt. Das Vorhandensein von CTCs kann jedoch wertvolle Informationen über die systemische Ausbreitung von

Tumoren auf eine Weise liefern, die sich von herkömmlichen Staging-Ansätzen unterscheidet. Kleine, aber aggressive Tumore können Zellen in den Blutkreislauf abgeben, während ein trägerer, aber größerer Tumor dies möglicherweise nicht tut. Eine solche Situation scheint schlecht mit dem Tumorstadium zu korrelieren, kann jedoch die Tumoraggressivität genauer widerspiegeln.

Im Folgenden sind exemplarisch einige Beobachtungen geschildert, die aus Studien zur CTC-Diagnostik resultieren.

Es wurde z. B. über eine Korrelation zwischen durch Blut übertragenen Zellen und dem krankheitsfreien Überleben nach einer radikalen Prostatektomie berichtet. Frühe Studien korrelierten weiterhin das Vorhandensein von CTCs bei Patientinnen mit metastasiertem Brustkrebs mit dem progressionsfreien Überleben und dem Gesamtüberleben. Bei neu diagnostizierten Brustkrebspatientinnen war das Vorhandensein von CTCs vor der Operation mit einem erhöhten Risiko für einen krebsassoziierten Tod verbunden. Ähnliche Beziehungen wurden bei Darm- und Prostatakrebs hergestellt. Diese Ergebnisse unterstützen die Verwendung von CTCs als Prognosemarker, mit deren Hilfe Patienten anhand mehrerer klinischer Parameter in Risikokategorien eingeteilt werden können.

Kritisch zu beachten ist hinsichtlich der CTC-Analyse jedoch noch, dass auch bei Patienten mit gutartigen Erkrankungen, d. h. insbesondere bei Krankheitsprozessen, bei denen die Gefäßintegrität beeinträchtigt sein kann, wie z. B. Divertikulose, Morbus Crohn, Colitis ulcerosa, Endometriose und gutartige Polypen, „zirkulierende Epithelzellen" identifiziert wurden. Bei diesen Patienten wurden in Blutproben bis zu 41 Epithelzellen nachgewiesen, während bei gesunden Kontrollpersonen kein Nachweis von Epithelzellen festgestellt wurde. Zum Verständnis dieser Beobachtung ist wichtig, dass die für den Nachweis verwendeten Analyseplattformen Antikörper gegen die Cytokeratin-Expression verwenden, um zirkulierende Epithelzellen zu identifizieren. Dieser Marker wird oft auch für den Nachweis von CTCs eingesetzt. Andere Marker, die zurzeit als Goldstandard für den Nachweis von CTCs eingesetzt werden, z. B. das epitheliale Zelladhäsionsmolekül (EpCAM), werden ebenfalls in zirkulierenden nichttumorassoziierten Zellen exprimiert. Die Ergebnisse zeigen somit, dass weitere Untersuchungen der isolierten Zellen erforderlich sind, da Krebspatienten auch von gutartigen Erkrankungen eines Organs betroffen sein können und aufgrund zirkulierender gutartiger Epithelzellen, die unabhängig von der verwendeten Methode fälschlicherweise als CTC identifiziert werden, daraufhin in schlecht prognostizierte Patientengruppen eingeteilt werden. Gerade deshalb rückt die automatisierte Isolation, die ergänzend zur reinen CTC-Zellzahlbestimmung auch die molekularen Analysen der einzelnen epithelartigen Zellen ermöglichen soll, zunehmend in den Fokus der CTC-Diagnostik.

Zusätzlich ermöglicht der im Vergleich zur Standardbiopsie deutlich erleichterte Zugang zu Liquid Biopsies, neben der zuvor geschilderten diagnostischen Anwendung, bereits jetzt und in der Zukunft noch ausgeprägter ein sogenanntes Krankheitsmonitoring durchzuführen und ggf. therapeutische Konsequenzen zu ziehen, bevor es sichtbar zu einem Tumorprogress gekommen ist. Dank moderner diagnostischer Instrumente wie zum Beispiel der Next Generation Sequencing- (NGS-) Technologie bzw. Hybrid-Capture-NGS können molekulare Resistenzmechanismen nicht nur detektiert, sondern auch auf Allelfrequenzebene quantifiziert werden. Bei einem klinisch relevanten Anstieg eines Resistenzklons kann frühzeitig die Therapie adaptiert werden.

In Abb. 20.1 fasst das Potenzial der Liquid Biopsy noch einmal grafisch zusammen, bevor wir uns in den nächsten Abschnitten den besonderen Anforderungen bei der Isolation von CTCs aus Patientenblut, dem Einsatz von Immunoassays hierfür sowie der Realisierung der CTC-Isolation in einem automatisierten Prozess zuwenden.

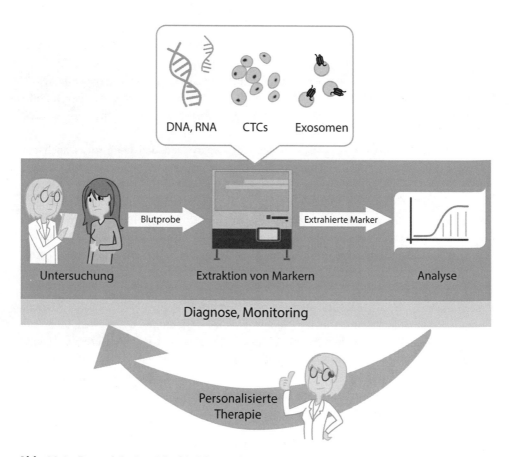

Abb. 20.1 Potenzial der Liquid Biopsy für die Diagnose und Behandlung von Tumorerkrankungen. Die automatisierte Isolation von Tumormarkern wie zirkulierende Tumorzellen, Nukleinsäuren oder Exosomen aus einer Patientenprobe und deren anschließende Analyse können für die Diagnose und Entwicklung personalisierter Therapien eingesetzt werden. Insbesondere Blutproben, die im Gegensatz zu Gewebsbiopsien nur minimal invasiv sind, haben den Vorteil, einfacher als Gewebsbiopsien auch für die Überwachung der Therapie (Monitoring) eingesetzt werden zu können

20.2   CTCs als Biomarker: Ziele und Herausforderungen

Wie zuvor bereits erwähnt, wird angenommen, dass die genaue Anzahl der CTCs mit der Schwere der Erkrankung zusammenhängt. Somit kann die Bestimmung der Anzahl der CTCs in einer Blutprobe genutzt werden, um den Krankheitsgrad und -verlauf bzw. einen Therapieerfolg zu bestimmen (Cristofanilli et al. 2004).

Eine besondere Herausforderung ergibt sich dabei aber aus der Tatsache, dass die CTCs im Vergleich zu den sonstigen Blutzellen im Blut sehr selten sind: In einem Milliliter Blut befinden sich etwa zehn Milliarden Blutzellen, während die Anzahl der CTCs nur in der Größenordnung von einer bis hundert liegt (Vaidyanathan et al. 2018). Für die Überlebenschancen eines Patienten kann zudem ein vergleichsweise geringer Unterschied der CTC-Anzahl im Bereich weniger Zellen bereits einen signifikanten Einfluss haben. Diese Erkenntnisse zeigen somit die Wichtigkeit auf, effiziente Methoden zu entwickeln, die möglichst jede zirkulierende Tumorzelle aus dem großen Blutzellhintergrund einer Blutprobe isolieren.

Neben der Anzahl der CTCs sind, wie ebenfalls zuvor angedeutet, auch ihre molekularbiologischen Eigenschaften von großem Interesse. Dies ist einerseits wichtig, um die Herkunft der CTCs zu bestimmen, andererseits auch, um nach der genetischen Analyse der CTCs individualisierte Therapien basierend auf deren genetischen Veränderungen zu entwickeln und Krebserkrankungen effizienter und ganzheitlicher zu heilen. Daher ist neben der erfolgreichen Isolation der Tumorzellen und ihrer Zählung auch die Möglichkeit zur Analyse jeder einzelnen CTC wünschenswert. Die Vereinzelung der CTCs sowie deren getrennte Analyse sind darüber hinaus auch im Hinblick auf die Erforschung verschiedener Aspekte von Tumorerkrankungen (Verlauf, Abschätzung der Schwere der Erkrankung, Behandlungsmöglichkeiten) attraktiv.

20.3   Methoden der Anreicherung seltener Zellen aus Vollblut

Wie zuvor erläutert, ist eine wesentliche technologische Herausforderung bei der Nutzung von CTCs als Tumormarker, diese wenigen Zellen aus dem großen Hintergrund der Blutzellen zu isolieren. Bei der Wahl einer passenden Methode müssen generell zwei Aspekte beachtet werden:

- Das Verfahren braucht eine hohe Spezifizität gegenüber der CTCs, d. h. man isoliert möglichst ausschließlich die gewünschten CTCs und keine anderen Zellen. Im Hinblick auf eine diagnostische Anwendung soll dadurch verhindert werden, dass ein Patient fälschlicherweise die Nachricht bekommt, dass bei ihm zirkulierende Tumorzellen gefunden wurden (d. h. er fälschlicherweise als „krank" erklärt würde) oder teure Analysen an Nicht-Tumorzellen durchgeführt werden, bevor erkannt wird, dass es sich um eine Blutzelle handelt.

- Das Verfahren braucht eine hohe Sensitivität, um vorhandene Tumorzellen detektieren zu können. Dies wiederum soll verhindern, dass die Erkrankung eines Tumorpatienten unerkannt bleibt. Technisch gesehen hat das zur Folge, dass aufgrund der geringen CTC-Anzahl auch eine hohe Nachweiseffizienz erreicht werden muss, was bedeutet, dass optimalerweise alle vorhandenen CTCs in einer Probe gefunden und somit für die Einzelzellanalyse bereitgestellt werden.

In den letzten 10–20 Jahren wurden auf Basis von physikalischen und biologischen CTC-Charakteristika diverse Methoden entwickelt, die darauf abzielen, die zuvor diskutierte hohe Sensitivität und Spezifität zu gewährleisten. In Abb. 20.2 sind einige Beispiele zur Separation der CTCs aus Blut zusammengefasst. Was sowohl die physikalischen wie auch die biochemischen Methoden gemein haben, ist, dass sie typischerweise mit einer Reduktion des Flüssigkeitsvolumens verbunden sind, da entweder ein Teilvolumen der ursprünglichen Probe entnommen wird oder die Zielzellen

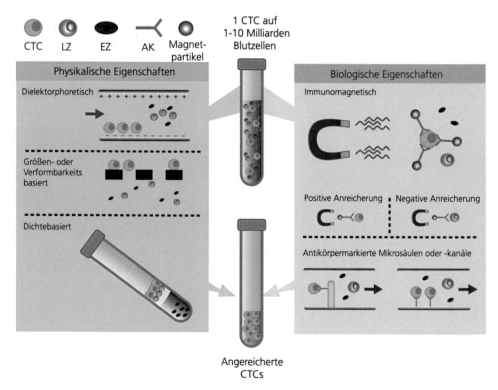

Abb. 20.2 Anreicherungsmethoden für zirkulierende Tumorzellen. CTCs weisen andere biologische und physikalische Eigenschaften als die Blutzellen auf. Anhand dieser Eigenschaften können sie nach immunoselektiven und elektrophoretischen Methoden, Siebverfahren oder Dichtezentrifugation von anderen Zellen separiert werden. CTC: zirkulierende Tumorzelle; LZ: Leukozyt; EZ: Erythrozyt; AK: Antikörper; MB: magnetischer Mikropartikel

nach entsprechenden Waschschritten in ein kleineres Volumen überführt werden. Folglich führen die genannten Prozesse zur Trennung der CTCs von Blutzellen auch dazu, dass sowohl die Anzahl der CTCs pro Flüssigkeitsvolumen als auch das Verhältnis der CTCs zu den Blutzellen steigt. Man spricht deshalb auch von physikalischen und biochemischen Anreicherungsmethoden (Abb. 20.2).

Wie der Name bereits andeutet, nutzen die *physikalische Methoden* die unterschiedlichen physikalischen Eigenschaften der Tumor- bzw. Blutzellen, um sie voneinander zu trennen, wie z. B. die Größe, die Verformbarkeit, die Polarisierbarkeit in einem äußeren elektrischen Feld oder die Dichte (Alix-Panabières und Pantel 2013). Die in der Biologie gängigen Methoden wie Filtration oder Dichtezentrifugation zählen zu solchen physikalischen Methoden. Ein großer Vorteil bei den Anreicherungen anhand von physikalischen Eigenschaften ist, dass die Methoden keiner spezifischen Markierung mit Antikörpern bedürfen und der physiologische Zustand der Zelle weitestgehend unverändert bleibt. Allerdings ist die Beschaffenheit von Tumorzellen so variabel, dass die Spezifität bei physikalischen Separationsmethoden vergleichsweise gering ist. Beispielsweise besteht bei der größenabhängigen Separation die Gefahr, dass Blutzellen gleicher Größe gemeinsam mit den CTCs in einer Population separiert werden. Besonders kritisch kann dabei je nach CTC die Abgrenzung von den ähnlich großen Leukozyten sein, die in sehr hoher Anzahl in der Probe vorliegen (vgl. Tumorzellen: 10–20 µm, Leukozyten: 7–12 µm (Vaidyanathan et al. 2018). Trotzdem gibt es in der Literatur eine Vielzahl von Ansätzen, mit denen CTCs größenabhängig selektiert werden. Häufig werden passend zur im Mikrometerbereich liegenden Zellgröße geeignet geformte oder mikrostrukturierte fluidische Kanäle verwendet (Cho et al. 2018). Solche mikrofluidischen Methoden arbeiten typischerweise mit Flussraten von wenigen Millilitern pro Stunde. Es gibt jedoch auch einige sogenannte „Hochdurchsatzmethoden", die bis zu einigen 100 mL pro Stunde prozessieren können.

Um die Effizienz der Methoden messen zu können, wird die sogenannte „Wiederfindungsrate" bestimmt. Da in einer Patientenprobe die Anzahl der CTCs unbekannt ist, wird eine bekannte Anzahl an Tumorzellen in die Blutprobe eines gesunden Probanden gegeben und nach der Anreicherung die Anzahl isolierter Zellen ermittelt und somit die Wiederfindungsrate berechnet. Gängige Wiederfindungsraten für physikalische Anreicherungsmethoden liegen im Bereich von 80–90 %, jedoch können sowohl die Wiederfindungsrate wie auch der Beifang von Blutzellen für verschiedene Verfahren stark schwanken. In einzelnen Veröffentlichungen wurden auch Wiederfindungsraten von über 90 % berichtet (Cho et al. 2018).

Die zweite Verfahrensgruppe basiert auf den biologischen Eigenschaften der Zellen und wird als *biochemische Methoden* zusammengefasst. Diese können entweder eigenständig oder auch in Kombination mit einer physikalischen Methode angewendet werden. Bei den biochemischen Methoden werden die Tumorzellen anhand ihrer zu den Blutzellen differenten molekularen Eigenschaften isoliert. Karzinomzellen produzieren und tragen („exprimieren") spezifische epitheliale Antigene auf ihrer Zelloberfläche, die bei gesunden Blutzellen nicht vorkommen. Für die Anreicherung werden grundsätzlich zwei biochemische Prinzipien herangezogen. Zum einen werden Tumorzellen mit gegen tumorassoziierte Antigene gerichteten Antikörpern angereichert (positive Selektion). Zum anderen können die Blutzellen mit spezifischen Antikörpern, z. B. gegen das Leukozyten-Antigen CD45, negativ selektiert werden (Depletion). Hierbei lässt sich aber festhalten, dass die Reinheit der Probe nach der Separation (d. h. das Verhältnis von CTCs zu sonstigen Blutzellen) im Fall einer positiven Selektion im Allgemeinen deutlich besser ist als bei einer Depletion (Harouaka et al. 2013).

Für die Selektion werden klassischerweise magnetische Mikropartikel (Magnetpartikel) verwendet, auf deren Oberfläche spezielle Antikörper gebunden sind, die an tumorspezifische membranständige Proteine (Antigene) binden. Durch diese sogenannte immunomagnetische Separation werden die an die Magnetpartikel gebundenen Tumorzellen durch das Anlegen eines Magnetfeldes aus der Blutprobe separiert. Tumorspezifische Antikörper können aber nicht nur durch Funktionalisierung von Magnetpartikeln zur Separation genutzt werden, sondern werden auch auf der Oberfläche von Mikrosäulen und -chips immobilisiert (Vaidyanathan et al. 2018). Ziel der mit Antikörper beschichteten Mikrostrukturen ist es, durch geeignete Flüssigkeitsführung die Wahrscheinlichkeit zu erhöhen, dass eine CTC mit einem Antikörper in Kontakt kommt. In einer Studie von Nagrath und Kollegen untersuchten die Autoren mithilfe eines mikrofluidischen Chips mit anti-EpCAM- beschichteten *(epithelial cell adhesion molecule)* Mikrosäulen Proben von Patienten mit Lungen-, Prostata-, Bauchspeicheldrüsen-, Brust- oder Darmkrebs und bestimmten die Spezifität ihres Separationsverfahrens zu 100 % (Nagrath et al. 2007). Die Reinheit lag bei 50 %, wobei diese als das Verhältnis von CTCs zu Leukozyten bestimmt wurde. Das Ergebnis für die Reinheit ist um mindestens eine Größenordnung besser als bei auf physikalischen Methoden basierenden Verfahren (vgl. Werte bei Cho et al. 2018). Die Wiederfindungsraten für in PBS aufgenommene Tumorzellen lagen in dieser Studie je nach Zelltyp zwischen 60 und 80 %. Die Wiederfindungsraten sind bei anderen biochemische Anreicherungsmethoden jedoch höher und liegen dort über 90 % (Alebrand et al. 2017). Ein weiterer Nachteil der mikrofluidischen Methode von Nathan und Kollegen zeigt sich zudem durch die Beobachtung, dass zum Erreichen hoher Fangraten ähnlich wie bei den physikalischen Methoden niedrige Flussraten von etwa 1 mL/h nötig sind und die Fangeffizienz mit höherer Flussrate abnimmt. Aktuelle Studien prozessieren für den Nachweis von Tumorzellen 7,5 mL Blut (Kruiff et al. 2019). Daher ist diese Methode für eine schnelle Analyse und ein Hochdurchsatzverfahren weniger geeignet.

Durch die vorherigen Beispiele wird nun eine Problematik der biochemischen Methoden offensichtlich. Um die CTCs auf diese Art zu separieren, muss zum einen ein Antikörper bekannt sein, mithilfe dessen die CTCs des jeweiligen Tumortyps gebunden werden können. Zum anderen hängt die Fangeffizienz von der Stärke der Expression des entsprechenden Antigens auf der Zelloberfläche ab (zum Vergleich der EpCAM-Expression pro Zelle: SKBr-3-Brustkrebszellen 500.000, Prostata PC3-9-Krebszellen 50.000 Antigene und Blasenkrebs-T-24-Zellen etwa 2000 Antigene pro Zelle (Rao et al. 2005). Wegen der großen geno- und phänotypischen Diversität existiert derzeit kein

Tumormarker, der gleichermaßen gegen alle Subtypen von zirkulierenden Tumorzellen gerichtet ist (Millner et al. 2013). Jedoch haben ungefähr 90 % aller Krebsarten einen epithelialen Ursprung, weshalb die positive Selektion mit der immunomagnetischen Separation meistens mit Antikörpern durchgeführt wird, die gegen das epitheliale Zelladhäsionsmolekül (EpCAM) gerichtet sind. EpCAM ist ein transmembranäres Oberflächenmolekül der Epithelzellen, das in erster Linie Zell-Zell-Kontakte bildet und deshalb von stark proliferierenden Zellen, v. a. Tumorzellen, erhöht exprimiert wird (Armstrong und Eck 2003).

Anders betrachtet, werden aber EpCAM-basierte Methoden von eben dieser Antigenexpression bedingt und somit durch die intrinsische Heterogenität der zirkulierenden Tumorzellen beschränkt. Das ist vor allem der Fall, wenn Krebszellen eine EMT durchlaufen und in der Tumorprogression weniger epitheliale Marker auf der Zelloberfläche präsentiert werden (Santarpia et al. 2018). Um die CTCs zu separieren, die eine verringerte EpCAM-Expression aufweisen, sollen deshalb Mischlösungen aus verschiedenen Antikörpern gegen epitheliale Oberflächenmoleküle wie *human epidermal growth factor receptor 2* (HER2), Mucin-1 (MUC1), *epidermal growth factor receptor* (EGFR), *folate-binding protein receptor* (TROP-2) und gegen mesenchymale oder Stammzellantigene (c-MET, N-Cadherin, CD318) Abhilfe schaffen (Pecot et al. 2011).

Zusammengefasst zeigen die vorangegangenen Abschnitte, wie komplex und vielschichtig die Aufgabenstellung der Separation der CTCs aus einer Vollblutprobe ist. Zudem wird klar, dass sowohl die physikalischen als auch die biochemischen Separationsmethoden im Anschluss nur eine Untersuchung der Gesamtpopulation der Zellen erlauben. Eine direkte Einzelzellanalyse ist mit diesen Methoden schwer umzusetzen, und es sind deshalb ergänzende Methoden notwendig, die die CTCs in der vorangereicherten Probe mit reduziertem Blutzellhintergrund vereinzeln und in hoher Reinheit zur Verfügung stellen können. Dies wird im nächsten Abschnitt näher erläutert.

20.4   Vereinzelung von CTCs

Bei der Vereinzelung von CTCs gibt es zwei konzeptionell verschiedene Vorgehensweisen: Entweder werden die CTCs zunächst innerhalb des restlichen Bluthintergrunds identifiziert und anschließend gezielt isoliert („markerbasierte Methoden"), oder es werden ohne CTC-Einzelzellerkennung alle vorhandenen Zellen voneinander (räumlich) getrennt („markerfreie Methoden", Abb. 20.3). Unter die letztere Vorgehensweise fallen z. B. Methoden, die alle in einer Probe enthaltenen Zellen mithilfe von Mikrostrukturen an vorgegeben Stellen auf einem mikrofluidischen Chip positionieren („Mikrosiebe"). Ein weiteres Beispiel ist das Einschließen einzelner Zellen in Mikrotropfen innerhalb eines mikrofluidischen Kanals. In beiden Fällen wird aufgrund der unspezifischen Vorgehensweise eine Voranreicherung der Probe benötigt, um die Gesamtzellzahl zu verringern (wie in Abschn. 20.3 beschrieben) und somit die Isolationszeiten zu verringern bzw. den Durchsatz zu erhöhen. Generell sind auch die Analysemethoden für solch

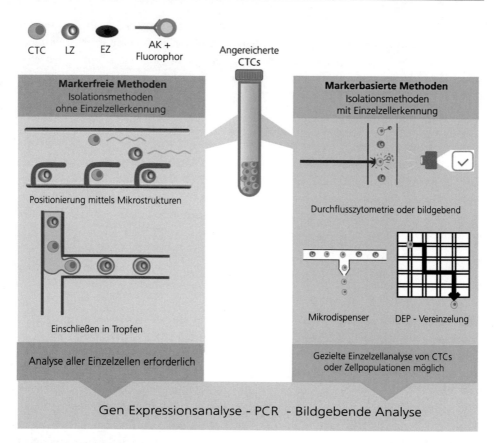

Abb. 20.3 Isolationsverfahren zur CTC-Vereinzelung. Markerfreie und markerbasierte Methoden zur Isolation von CTCs sind Methoden, um weitere Analysen an Einzelzellen durchzuführen. Vorteil der markerbasierten Methoden ist die gezielte Einzelzellanalyse der CTCs ohne zusätzlich andere Zelltypen analysieren und dafür Reagenzien verbrauchen zu müssen. Bei ausgewählten Methoden besteht auch immer die Möglichkeit, die isolierten CTCs als Zellpopulation zu analysieren. CTC: zirkulierende Tumorzelle; LZ: Leukozyt; EZ: Erythrozyt; AK: Antikörper; DEP: Dielektrophorese

unspezifisch vereinzelte Zellen limitiert oder die Zellen können nach Auswaschen vom Chip doch nur in der gesamten Population stattfinden. Potenzielle Analysemethoden beinhalten bildgebende sowie nukleinsäurebasierte Verfahren. Letztere sind möglich, da sich die mutierten Zellen vor allem genotypisch durch deregulierte Genexpression von Körperzellen unterscheiden und somit tumorassoziierte DNA oder RNA mittels Amplifikation nachgewiesen werden kann (PCR, Polymerase-Kettenreaktion; Alix-Panabières und Pantel 2013). Ein genereller Nachteil bei dieser Vorgehensweise der Zellvereinzelung ist, dass ggf. zusätzlich zu Tumorzellen viele Blutzellen analysiert werden.

Deutlich mehr Möglichkeiten bieten Vereinzelungsmethoden, bei denen die CTCs vor der Isolierung zunächst einzeln identifiziert werden und anschließend unter gezielter Einwirkung einer externen Kraft entweder zunächst vom Bluthintergrund als Population aussortiert oder direkt vereinzelt werden. Beispiele für solche Kräfte sind Druckstöße zum Dispensieren von Tropfen, die einzelne Zellen erhalten. Auch Methoden, die dielektrophoretische Kräfte in einem angelegten elektrischen Feld nutzen, durch die die CTCs gezielt gelenkt werden können, werden für eine Vereinzelung der Zellen genutzt (Di Trapani et al. 2018). Alternativ gibt es auch Sortierlösungen, bei denen die CTCs nach ihrer Identifikation durch eine gezielte, kurzzeitige fluidische Umlenkung (z. B. durch Schalten eines Ventils) aus dem Bluthintergrund aussortiert werden (Zhao et al. 2015). Im letzteren Fall liegen die CTCs aber nach der Sortierung als Population vor und können nicht unmittelbar mithilfe von Einzelzellanalysen (wie z. B. Genexpressionsanalyse, Einzelzell-PCR-Analyse, Einzelzell-Western-Blotting u. a.) untersucht werden.

Bei der *Identifikation der CTCs* selbst ist es wieder wichtig, dass die Sensitivität und vor allem die Spezifität der Methode hoch sind. Typischerweise sind deshalb *immunozytologische Methoden* das Mittel der Wahl. Hierbei werden fluorophorkonjugierte Antikörper gegen tumor- und gewebespezifische Antigene eingesetzt, um die Zellen entweder bildgebend oder mithilfe eines Durchflusszytometers (d. h. wie in einem klassischen FACS-Gerät, *fluorescence-activated cell sorting*) erkennen zu können (Abb. 20.3). Die Unterscheidung von den verbliebenen Blutzellen ist möglich, da der Tumorgenotyp den Phänotyp der Zellen hinsichtlich der Expression deregulierter Proteine beeinflusst. Zirkulierende Tumorzellen weisen somit je nach Status und Subtyp andere membranständige und/oder zytoplasmatische epitheliale, mesenchymale und tumorassoziierte Antigene als die Blutzellen auf (Alix-Panabieres und Patel 2014).

Abschließend bleibt zu bemerken, dass die geeignete Wahl der Identifikations- und Vereinzelungsmethode immer auch abhängig vom finalen Analyseziel ist. Das heißt, es muss abhängig von der angestrebten Analyse entschieden werden, ob die verwendeten Marker (z. B. Fluorophore) die Analyse beeinträchtigen oder ob eine markerfreie Isolation vorteilhafter ist, auch wenn dann die Flexibilität der durchführbaren Analyse z. B. durch die örtliche Fixierung der CTCs eingeschränkter ist.

20.5   Automatisierung der Anreicherung, Identifikation und Vereinzelung von CTCs

In den vorherigen Abschnitten wurde ein grober Überblick gegeben, welche technologischen Möglichkeiten es zur Anreicherung, Identifikation und Vereinzelung von CTCs gibt. Bevor in diesem Abschnitt im Speziellen auf die Frage der Automatisierung solcher Methoden eingegangen wird, muss noch betont werden, dass es insbesondere im akademischen Umfeld mittlerweile eine große Vielzahl mehr oder minder komplexer technologischer Lösungsansätze gibt, mit denen die zuvor genannten Aufgaben adressiert und untersucht werden. Insbesondere mit Blick auf eine potenzielle klinische Anwendung ist es aber zusätzlich wichtig, dass die Prozessierungszeiten kurz und die Kosten pro Prozesslauf gering sind. Zudem muss der Gesamtprozess eine hohe Reproduzierbarkeit und eine sehr geringe Fehlerquote aufweisen. Entsprechend sind vollautomatisierte Systeme wünschenswert, bei denen der zeitliche und finanzielle Personalaufwand zur Prozessdurchführung möglichst gering ist. Hierdurch wird zudem der Einfluss des „Faktors Mensch" auf die Resultate minimiert.

Denkt man nun darüber nach, die zuvor vorgestellten Methoden zu automatisieren, stellt man schnell fest, dass eine Automatisierung nicht für alle Technologien gleichermaßen umsetzbar ist. So sind im Bereich der Anreicherung Zentrifugationsschritte schwer in automatisierten Lösungen umzusetzen, wohingegen andere Methoden sich zur Automatisierung gut eignen. Hierunter fallen insbesondere die Durchflussmethoden, wobei hervorsticht, dass diese häufig mikrofluidische Kanäle verwenden (Größenordnung einige zehn bis einige Hundert Mikrometer, wie z. B. bei den Mikrosäulenkanälen). Solch kleine Kanaldimensionen sind von Vorteil, da sich Zellen in mikrofluidischen Kanälen sehr präzise steuern lassen. Nachteilig können sich die kleinen Kanäle jedoch auf die Prozesszeit auswirken, da die Volumenflussraten in solchen Systemen limitiert sind. Deshalb wird auch gezielt nach Hochdurchsatzmethoden gesucht, bei denen dieses Problem minimiert wird.

Auch bei der Identifikation der CTCs zeigen sich Herausforderungen bei der Automatisierung. Beispielsweise ist für einen vollautomatischen Prozesslauf eine visuelle Identifikation der CTCs durch den Nutzer ausgeschlossen. Stattdessen muss die Erkennung der CTCs z. B. durch Bilderkennungssoftware oder mithilfe der Signale im Durchflusszytometer automatisch und computergesteuert erfolgen. Insbesondere ergibt sich daraus ein hoher Anspruch an die Gerätesoftware, um eine schnelle Analyse zu gewährleisten und den Prozess nicht unnötig zu verzögern.

Ähnliche Herausforderungen gibt es auch im Hinblick auf die Zellvereinzelung. Erfolgt die Isolation der CTCs z. B. aus einem ruhenden Flüssigkeitszustand, droht die Gefahr, dass entweder der Zelldurchsatz limitiert ist, die Analysezeit vergleichsweise hoch ist oder sich die Komplexität der technologischen Umsetzung erhöht, was ggf. wieder zu steigenden Testkosten führt. Werden die CTCs hingegen direkt im Durchfluss isoliert, erhöht dies die Anforderungen an die Analysesoftware während der Identifikation, die in diesem Fall in Echtzeit erfolgen muss, da andernfalls mit einer Erhöhung der Zellverluste während der Isolation gerechnet oder die Prozesszeit entsprechend künstlich verlängert werden muss.

Zudem gilt generell, dass die Zellen den automatisierten Gesamtprozess so durchlaufen müssen, dass ihre Qualität im Anschluss ausreicht, um die angestrebten weiteren Analysen durchzuführen. Dies bedeutet zum einen, dass die Zellen zumindest morphologisch unbeschädigt und für andere Anwendungen am besten vital sein müssen. Zum anderen ist eine nicht markierte Zelle nach der Isolation von Vorteil, da Marker, wie z. B.

Magnetpartikel, die nachfolgenden Analysen negativ beeinflussen können. Sollen die Einzelzellen im Anschluss kultiviert werden, um an ihnen Therapeutika zu testen, sollte der Automatisierungsprozess eine sterile Umgebung bieten.

Damit das automatisierte Zellprozessieren für den Anwender am Ende auch praktikabel ist, spielen schlussendlich Fragen nach der Nutzerfreundlichkeit des Geräts, nach möglichen Wartungsintervallen und damit verbundenen Stillstandszeiten sowie nach dem Probendurchsatz eine Rolle. Ebenso muss ausgeschlossen werden, dass es zu einer Kreuzkontamination zwischen verschiedenen Proben kommen kann.

In Tab. 20.1 sind exemplarisch einige voll- oder semiautomatisierte Geräte aufgelistet, die zur Anreicherung, Identifikation oder Isolation von CTCs verwendet werden können. Bis auf das CTCelect-System, welches sich noch in der Validierungsphase befindet, sind alle aufgeführten Systeme bereits kommerziell verfügbar. Das CellSearch®-System (Menarini Silicon Biosystems), war das erste von der U.S. Food and Drug Administration zugelassene prognostische Verfahren für die Isolation von CTCs. Die dafür verfügbaren Tests für Brust-, Darm- und Prostatakrebs basieren auf der immunomagnetischen Anreicherung mit dem zuvor bereits erwähnten EpCAM-Oberflächenmarker. Das CellSearch®-System gilt deshalb noch immer als „Gold-Standard" für die Positiv-Selektion mit Anti-EpCAM-funktionalisierten Magnetpartikeln (Alix-Panabieres und Patel 2013), obwohl es auf eine reine Zählung der CTCs ausgelegt ist und sich der Anwendungsfokus immer mehr auf die Einzelzellanalytik verschiebt (Vaidyanathan et al. 2018). Reine Testsysteme zur Durchführung von CTC-Analytik, wie z. B. der AdnaTMTest vom Diagnostikanbieter QIAGEN, die nicht auf einem speziell für die Anreicherung, Identifikation und Isolation entwickelten Gerätekonzept beruhen, sind in der Liste nicht aufgeführt.

In Tab. 20.1 untergliedert zudem die technische Realisierung in die übergeordneten Kategorien „Voranreicherung", „Einzelzellerkennung", „Zellsortierung" und „Zellvereinzelung" und geht nicht im Detail auf die einzelnen Lösungsansätze ein, da dies den Rahmen dieses Buchbeitrags sprengen würde. Jedoch visualisieren die Tabelleneinträge bereits, dass bei den aufgeführten Systemen diverseste technische Kombinationen gewählt wurden und dass die Systeme an den unterschiedlichsten Stufen der Gesamtprozesskette ansetzen bzw. enden. Während das Parsortix-System von ANGLE die CTCs aus einer Blutprobe anreichern kann, kann das Cyto-Mine®-System von SphereFluidics Zellen, die in einer Population vorliegen, vereinzelt zur Verfügung stellen. Dementsprechend kann eine Probe auch nacheinander mit verschiedenen Systemen prozessiert werden, sofern die durch eines der Geräte prozessierte Probe mit den Bedingungen für die Ausgangsprobe des nächsten Gerätes kompatibel ist (z. B. hinsichtlich Volumen oder Probenpräparation wie Färbung der CTCs, Fixierung der CTCs, etc.). Jedoch erfordert die sequenzielle Anwendung mehrerer Systeme immer die Interaktion mit dem Benutzer. Diesbezüglich sticht das CTCelect in der Tabelle hervor, da es das einzige der aufgeführten Systeme ist, bei dem die gesamte Prozesskette, ausgehend von der Blutprobe bis zu den vereinzelten CTCs, den kompletten Prozess vollautomatisiert in einem

Tab. 20.1 Vergleich voll- oder semi-automatisierter Geräte zur Anreicherung und Vereinzelung von Zellen*. Voranreicherung: Methoden zur automatisierten Anreicherung von CTCs aus einer Vollblutprobe (s. Text); Einzelzellerkennung: Möglichkeit zur Erkennung einzelner Zellen nach der Voranreicherung (teilweise Bewertung durch den Anwender notwendig); Zellsortierung: gezielte, automatisierte Isolierung einer CTC-Population basierend auf einer Einzelzellerkennung; Zellvereinzelung: örtliche Vereinzelung der CTCs (umfasst Methoden mit und ohne Einzelzellerkennung; s. Text)

Name System	Voranreicherung		Einzelzellerkennung		Zellsortierung	Zellvereinzelung	
	Physikalisch	Immunologisch	Immunozytologisch	Imaging markerfrei		Dispensieren	Andere
CellSearch		x	x				
Parsortix	x						
ISET	x						
ClearCell FX	x						
ApoStream	x						
Ion Torrent™ LiquidBiopsy™ Platform		x	x				
CTCelect		x	x		x	x	
DEP Array			x		x		x
Cyto-Mine			x		x	x	
On-chip SPiS				x		x	
CytoTrack			x				
CytoPicker				x			x
eDAR			x		x		
Celselect							x
Microwell Chip			x				x
WOLF Cell Sorter			x		x		

(Fortsetzung)

Tab. 20.1 (Fortsetzung)

Name System	Voranreicherung		Einzelzellerkennung			Zellsortierung	Zellvereinzelung	
	Physikalisch	Immunologisch	Immunozytologisch	Imaging markerfrei			Dispensieren	Andere
WOLF Single Cell Dispenser							x	
Single Cell Printer				x			x	
Namocell Single Cell Dispensers			x	x		x	x	

* kein Anspruch auf Vollständigkeit, Stand August 2019

einzigen Gerät abbildet. Obwohl sich das CTCelect-System erst in der Validierungsphase befindet, jedoch die beschriebenen Vorteile bietet, wird das CTCelect-System im nächsten Teil dieses Buchkapitels als konkretes Beispiel für die technische Umsetzung einer vollautomatisierten CTC-Isolationsstrategie genauer erläutert.

20.6   Das CTCelect-System: Technologie zur vollautomatisierten Isolation zirkulierender Tumorzellen aus Vollblut

Das CTCelect-System (Abb. 20.4a) ermöglicht es, ausgehend von einer 7,5-mL-Vollblutprobe die darin enthaltenen zirkulierenden Tumorzellen zu zählen, vereinzelt in die Kavitäten einer Mikrotiterplatte abzulegen und sie somit für nachfolgende Einzelzellanalysen zur Verfügung stellen. Alle Prozessschritte laufen vollautomatisiert ab. Der Anwender bestückt das System lediglich mit den gewünschten Reagenzien und den Verbrauchsmaterialien (u. a. mikrofluidische Kartusche (Abb. 20.4b)). Der Gesamtprozess wird danach per Touchpad gestartet. Um zu verstehen, welche technische Strategie hinter dem CTCelect-System steckt, in Abb. 20.5 zunächst ein Überblick über den Gesamtprozess gezeigt. Demnach erfolgt zuerst eine immunomagnetische Separation (positive Anreicherung). Im Anschluss werden die CTCs spezifisch mit einem Fluoreszenzfarbstoff markiert und in einem mikrofluidischen Durchflusszytometer detektiert. Basierend auf dieser Einzelzellerkennung wird jede CTC im letzten Schritt in einem Tropfen auf eine Mikrotiterplatte dispensiert. Das Verhältnis der CTCs zu den restlichen Blutzellen reduziert sich dabei von etwa $1{:}10^9$ in der Ausgangsprobe auf ca. $1{:}10^{-1}$ für die dispensierten Tropfen, wobei letzteres bedeutet, dass nur in jedem zehnten Tropfen eine Blutzelle neben der CTC zu erwarten ist. Wichtig an der Isolationsstrategie ist, dass die Reduktion des Zellverhältnisses nicht durch einen einzelnen Prozessschritt erreicht

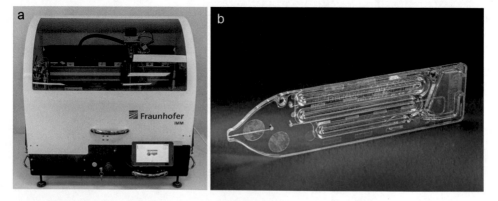

Abb. 20.4 Aktuelle Version des CTCelect-Demonstrators zur Isolation von CTCs aus 7,5 mL Vollblut. **a** CTCelect-System mit nutzerfreundlichem Touchpad. **b** Mikrofluidische Kartusche für die Vereinzelung von Tumorzellen basierend auf einer immunofluoreszenten Messung

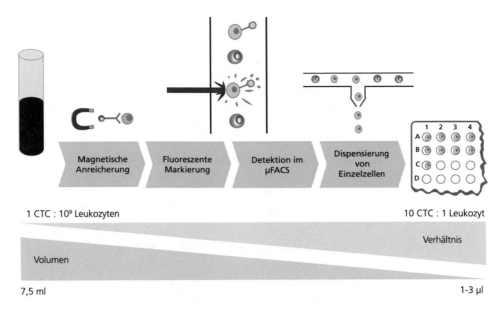

Abb. 20.5 Übersicht über den CTCelect-Prozess und die Isolationsstrategie. Die Blutprobe wird mit antikörpergekoppelten magnetischen Partikeln versetzt und automatisiert angereichert. Die angereicherten Tumorzellen, die jedoch noch mit Blutzellen kontaminiert sind, werden daraufhin spezifisch mit fluoreszierenden Antikörpern gefärbt. Die Detektion der markierten Zellen findet in einem μFACS auf einer mikrofluidischen Kartusche statt (Abb. 20.4). Die detektierten Zellen können aus der Kartusche gezielt ausgeschleust und auf einer Mikrotiterplatte für weiterführende Analysen abgelegt werden. Das dabei zu verarbeitende Volumen reduziert sich im Laufe des Prozesses von 7,5 mL Probenvolumen auf etwa 1–3 μL Tropfenvolumen. Zugleich ändert sich das Verhältnis von CTCs zu Blutzellen von etwa $1{:}10^9$ auf $1{:}10^{-1}$

wird, sondern sukzessive durch die Verbindung mehrerer Prozessschritte mit jeweils minimierten Zellverlusten realisiert wird. Die automatisierten Einzelprozessschritte werden im Folgenden nun näher erläutert.

Bei der *immunomagnetischen Separation* werden die mit Antikörpern gekoppelten Magnetpartikel zunächst mit der Blutprobe gemischt, sodass sie über eine Antikörper-Antigen-Bindung an den CTCs anhaften. Anschließend werden diese durch Anlegen eines externen Magnetfeldes angezogen und das Blut abgelassen. Die Magnetpartikel und CTCs werden in mehreren Waschschritten von Blutzellen gereinigt und dabei das Flüssigkeitsvolumen, in dem sich die CTCs befinden, von anfänglich 7,5 mL auf etwa 0,5 mL reduziert. Dementsprechend liegen die CTCs anschließend etwa um den Faktor 10 – auf das Volumen bezogen – angereichert vor. Sämtliche hierzu notwendigen Schritte werden mithilfe einer automatisierten Pipettiereinheit umgesetzt. Das geringe Flüssigkeitsvolumen nach der Anreicherung ist notwendig, weil die Identifikation und Vereinzelung der CTCs in den nächsten Prozessschritten mithilfe einer mikrofluidischen Kartusche (Abb. 20.4) geschieht. Die Durchlaufzeit durch die dortigen engen Kanäle mit

Querschnittskantenlängen im Bereich von 100 µm hängt vorwiegend vom verwendeten Volumen ab und reduziert sich, je kleiner dieses ist.

Für den weiteren Prozess ist die Effizienz der immunomagnetischen Separation besonders wichtig, denn CTCs, die schon bei diesem ersten Schritt verloren gehen, stehen auch für den weiteren Isolationsprozess nicht mehr zur Verfügung. Zusätzlich ist es jedoch auch relevant, dass die Kontamination mit Blutzellen möglichst gering ist. Die Anzahl der Blutzellen wird mit steigender Anzahl an Waschschritten minimiert. Allerdings steigt dann auch die Wahrscheinlichkeit, dass am Magneten festgehaltene CTCs abgespült werden und somit verloren gehen. Dies zeigt, dass bereits bei der immunomagnetischen Separation verschiedene Faktoren berücksichtig werden müssen, um die Effizienz der Anreicherung möglichst hoch zu halten. Dennoch kann auch bei der optimalen Zahl an Waschschritten ein gewisser Blutbeifang nicht vollkommen verhindert werden, denn durch die sehr hohe Anzahl der Zellen kommt es durch die Magnetpartikel und auch durch Oberflächeninteraktion der Blutzellen mit den Reaktionsgefäßen zu einer Verschleppung der Blutzellen. Der an die immunomagnetische Separation angeschlossene mikrofluidische Prozess sorgt dafür, dass solche Blutzellen von den zu isolierenden CTCs getrennt werden, wie später detaillierter erläutert wird.

Nach Optimierung der immunomagnetischen Separation wurde die Wiederfindungsrate in Blut anhand von Brustkrebszellen bestimmt. Abb. 20.6 zeigt, dass von 20 Tumorzellen, die in eine 7,5-mL-Blutprobe gegeben wurden, im Mittel mithilfe des CTCelect-Systems 16 Zellen separiert wurden. Um den Vergleich zu anderen Publikationen herstellen zu können, wurden die Wiederfindungsraten von Plattenepithelkarzinomzellen mithilfe des CTCelect Systems auch in PBS durchgeführt. Hier konnten

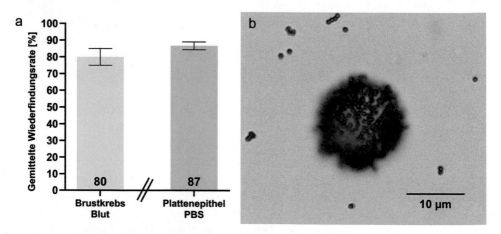

Abb. 20.6 Ergebnisse der Anreicherung von in Blut gegebenen Krebszellen mithilfe des vollautomatisierten CTCelect-Systems. **a** Die Anreicherung mithilfe des CTCelect-Systems von Brustkrebszellen aus Blut zeigte eine Widerfindungsrate von 80 %. Plattenepithelkarzinomzellen werden mit über 87 % aus PBS angereichert. **b** Tumorzelle mit gebundenen antikörpergekoppelten Magnetpartikeln (62-fache Vergrößerung)

Wiederfindungsraten von über 87 % erzielt werden. Zudem wurde gezeigt, dass bei Anreicherung von Zellen aus einer 7,5-mL-Blutprobe sich noch einige wenige Tausend Leukozyten im finalen Volumen befinden. Zusammengefasst hat man nach dem Prozessschritt der immunomagnetischen Anreicherung die Anzahl der Leukozyten also um den Faktor 10^4 reduziert, wohingegen es bei optimalen Prozessparametern für die CTCs nur zu Verlusten von weniger als 10–20 % kommt.

Für den folgenden Schritt der CTC-Identifikation innerhalb des verbleibenden Blutbeifangs wird im CTCelect-System ihr optischer Nachweis mithilfe der mikrofluidischen Durchflusszytometrie (µFACS) durchgeführt. Hierzu müssen die CTCs vorab mit einem Fluoreszenzfarbstoff spezifisch markiert werden (markerbasierte Isolation, vgl. Abb. 20.3). Zur automatisierten Färbung wird an den letzten Schritt des immunomagnetischen Anreicherungsprotokolls ein Färbeschritt angefügt, der ebenfalls von der automatisierten Pipettiereinheit ausgeführt wird. Für die Färbung werden spezifische fluoreszenzgekoppelte Antikörper verwendet. Der Antikörper kann z. B. gegen das EpCAM-Antigen gerichtet sein oder einen beliebigen Antikörper darstellen, sofern dieser nur an die CTCs und nicht an die noch verbliebenen Leukozyten bindet.

Die Identifikation der CTCs, sowie ihre Vereinzelung erfolgt im Durchfluss mit der in Abb. 20.4 skizzierten mikrofluidischen Einwegkartusche. Das zuvor angereicherte Fluidvolumen wird deshalb nach der Färbung der Zellen automatisiert in die mikrofluidische Kartusche pipettiert und die Zellen in Richtung der Detektionszone transportiert. Die mikrofluidische Kartusche wurde insbesondere derart konstruiert, dass Verluste der CTCs z. B. durch Totvolumina oder Sedimentation minimiert werden.

In der Detektionszone werden die fluoreszenzmarkierten CTCs wie in einem Durchflusszytometer durch einen Laser zur Fluoreszenz angeregt und das emittierte Fluoreszenzlicht gemessen. Aufgrund der fluidischen Bedingungen im mikrofluidischen Kanal erreichen die CTCs die Detektionszone bereits separiert, d. h. mit so großem Abstand zueinander, dass sich immer nur eine Zelle im Bereich der Laseranregung befindet. Untersuchungen haben gezeigt, dass in dem Identifikationsschritt eine Wiederfindungsrate von etwa 90 % erreicht wird. Dafür wurden 20 zuvor fluoreszenzmarkierte Brustkrebszellen manuell in die mikrofluidische Kartusche pipettiert und die Anzahl der erhaltenen Fluoreszenzsignale ausgewertet.

Die eigentliche Vereinzelung der CTCs auf die Mikrotiterplatte wird im CTCelect-Prozess mithilfe eines Dispenserdruckstoßes realisiert, der ausgelöst wird, sobald eine CTC detektiert wurde. In diesem Fall wird die detektierte CTC gemeinsam mit einem Flüssigkeitstropfen (1–3 µL) aus dem mikrofluidischen Chip auf die Mikrotiterplatte ausgestoßen (Abb. 20.7). Zur Steuerung dieses Prozessschritts wurde eine Echtzeit-Datenauswertung entwickelt, die die Messsignale innerhalb weniger Sekundenbruchstücken interpretiert.

Abschließend bleibt noch die Frage offen, wie viel des mit den CTCs ursprünglich in die mikrofluidische Kartusche pipettierten Blutzellbeifangs (ca. 1 CTC: 1000 Leukozyten) tatsächlich noch in den dispensierten Tropfen vorhanden ist. Zur Minimierung der mit den CTCs dispensierten Leukozyten tragen auch die Kanalgeometrie bzw. die

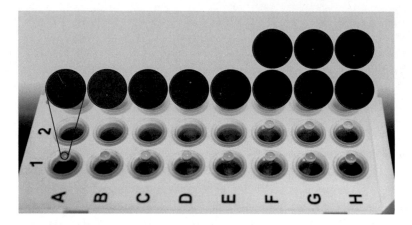

Abb. 20.7 Dispensierte Zellen aus dem CTCelect-System. Dispensierte Tropfen auf der Mikrotiterplatte sowie Bilder der darin enthaltenen fluoreszierenden Tumorzellen (Pfeilspitze) wurden mit einem Fluoreszenzmikroskop aufgenommen. Von elf Tropfen enthalten zehn eine Tumorzelle. Die Tumorzellen wurden vorher in Medium überführt und dann dispensiert

dortigen Flussbedingungen bei. Hierdurch kann erreicht werden, dass die Leukozyten im Mittel weit genug von einer CTC entfernt sind, um nicht gemeinsam mit ihr dispensiert zu werden. Für die im CTCelect-System gewählten Prozessparameter ist nur in einem von zehn dispensierten Tropfen ein Leukozyt zu erwarten.

Es lässt sich also zusammenfassen, dass mit dem CTCelect-System alle Schritte, ausgehend von der Vollblutprobe bis zu den einzelnen auf der Mikrotiterplatte abgelegten CTCs, in einem einzelnen Gerät vollautomatisiert realisiert wurden. Für die vereinzelten Zellen konnte zudem bereits gezeigt werden, dass sie anhand einer Einzelzell-PCR untersuchbar sind. Tests zu alternativen Untersuchungsmethoden wie z. B. Next Generation Sequencing sowie Validierungsarbeiten an Patientenproben sind derzeit noch nicht abgeschlossen.

20.7   Der Weg zur personalisierten Medizin

Fasst man die Inhalte dieses Kapitels zusammen, bleibt festzuhalten, dass Immunoassays eine wichtige Methode sind, um in der Liquid Biopsy Tumormarker, wie z. B. CTCs, anzureichern, zu identifizieren und schließlich für die weitere Einzelzellanalyse zu isolieren. Dies zeigt sich alleine dadurch, dass bereits verschiedenartige (automatisierte) technologische Lösungsansätze, die auf Immunoassays beruhen, realisiert wurden. Der Weg bis zur klinischen Zulassung technischer Lösungen ist allerdings schwierig und lang. Abgesehen von den strengen regulatorischen Vorschriften, den Anforderungen durch die klinische Infrastruktur (z. B. Einflüsse durch Transportwege, Bedarf an parallelisierter Probenprozessierung und Fragen der Anschlussfähigkeit der Analyse) betrifft dies insbesondere die grundsätzliche Evaluierung der Gerätefunktionalität. Im Fall der CTC-Analyse wird letzteres z. B. durch die intrinsische Heterogenität sowie die immunologische Abweichung der CTC vom Primärtumor (bedingt durch EMT) erschwert. Deshalb muss zukünftig eine Vielzahl von Patientenproben untersucht und geeignete ergänzende Validierungsmethoden identifiziert werden, um belastbare Ergebnisse zu erhalten. Auch komplementäre Ansätze, die durch die Liquid Biopsy ermöglicht werden, wie die zusätzliche Bestimmung des Levels der frei zirkulierenden Nukleinsäuren, sind zukünftig für eine personalisierte Therapie denkbar. Beispielsweise zeigte eine kürzlich durchgeführte Studie einen Zusammenhang zwischen der Menge an cfDNA im Serum von Patienten und dem Gesamtüberleben, wobei Patienten mit höheren cfDNA-Konzentrationen eine schlechtere Überlebensprognose aufwiesen. Zusätzlich werden die Level der cfDNA und der Nachweis von CTCs mit dem Fortschreiten der Erkrankung verfolgt.

Auch wenn ein standardmäßiger Einsatz von Systemen zur automatisierten CTC-Anreicherung, Identifizierung und Isolation im klinischen Alltag aktuell noch nicht Realität ist, können solche Systeme aber bereits einen Beitrag zur Erforschung von Tumorerkrankungen bzw. der CTCs auf Einzelzellebene leisten. Eine wesentliche Voraussetzung dabei ist, dass die Anwendbarkeit der Systeme nicht auf dem bisher verwendeten „Standardproteinmarker" EpCAM limitiert bleiben dürfen, da die immunologische Vielfalt der CTCs nicht alleinig durch diesen Antikörper abgedeckt werden kann. Das in diesem Buchkapitel vorgestellte CTCelect-System ist ein Beispiel für einen vollautomatisierten Lösungsansatz, bei dem die Verwendung der tumorrelevanten Antikörper durch den Nutzer frei variiert und auch der zugehörige Assayablauf entsprechend angepasst und optimiert werden kann. Anders als bei den Anforderungen der klinischen Praxis ist es für Forscher u. a. gerade solch eine hohe Flexibilität in der Nutzung eines Systems, die es dann zu einem wertvollen Werkzeug macht. Letztlich sind es die fundamentalen und klinischen Forschungsergebnisse, die die Basis zur Interpretation der Analyseergebnisse in der Liquid Biopsy legen und somit den Kreis auf dem Weg zur personalisierten Medizin schließen.

Literatur

Alebrand et al. (2017) Zirkulierende Tumorzellen – voll automatisierte Vereinzelung aus Blut. Biospektrum 23(7):766–768

Alix-Panabières und Pantel (2013) Real-time liquid biopsy: circulating tumor cells versus circulating tumor DNA. Ann Transl Med 1(2)

Alix-Panabieresund Pantel (2014) The circulating tumor cells: liquid biopsy of cancer. Klin Lab Diagn(4):60–64

Armstrong und Eck (2003) EpCAM: A new therapeutic target for an old cancer antigen. Cancer Biol Ther 2(4):320–326

Cho et al. (2018) Microfluidic technologies for circulating tumor cell isolation. Analyst 143(13):2936–2970

Cristofanilli et al. (2004) Circulating tumor cells, disease progression, and survival in metastatic breast cancer. N Engl J Med 351(8):781–791

Di Trapani et al. (2018) DEPArray™ system: An automatic image-based sorter for isolation of pure circulating tumor cells. Cytometry A 93(12):1260–1266

Harouaka et al. (2013) Circulating tumor cell enrichment based on physical properties. J Lab Autom 18(6):455–468

Kruijff et al. (2019) Circulating Tumor Cell Enumeration and Characterization in Metastatic Castration-Resistant Prostate Cancer Patients Treated with Cabazitaxel. Cancers (Basel) 11(8)

Millner et al. (2013) Circulating Tumor Cells: A Review of Present Methods and the Need to Identify Heterogeneous Phenotypes. Ann Clin Lab Sci 43(3):295–304

Nagrath et al. (2007) Isolation of rare circulating tumour cells in cancer patients by microchip technology. Nature 450(7173):1235–1239

Pecot et al. (2011) A novel platform for detection of CK+ and CK− CTCs. Cancer Discov 1(7):580–586

Rao et al. (2005) Expression of epithelial cell adhesion molecule in carcinoma cells present in blood and primary and metastatic tumors. Int J Oncol 27(1):49–57

Santarpia et al. (2018) Liquid biopsy for lung cancer early detection. J Thorac Dis 10(Suppl 7):S882–S897

Vaidyanathan et al. (2018) Cancer diagnosis: from tumor to liquid biopsy and beyond. Lab Chip 19(1):11–34

Zhao et al. (2015) Simultaneous and selective isolation of multiple subpopulations of rare cells from peripheral blood using ensemble-decision aliquot ranking (eDAR). Lab Chip 15(16):3391–3396

3D-Zell- und Organoidkultur

21

Kevin Achberger, Lena Antkowiak und Stefan Liebau

Zellen im „Reagenzglas", also in vitro, zu kultivieren, lässt sich grundsätzlich auf zwei verschiedene Arten und Weisen realisieren: zum einen auf einer Oberfläche, an der die Zellen anwachsen, proliferieren und bei Bedarf wieder abgelöst werden können, zum anderen als Suspensionskultur, also schwimmend in einem Nährmedium, ohne direkte Anhaftung an eine Oberfläche. Als 3D-Zellkulturen bezeichnet man sie dann, wenn Zellverbände in mehreren Lagen bzw. als Zellcluster vorliegen, die eine direkte Interaktion zwischen gleichen oder verschiedenen Zelltypen erlauben. Gegenüber zweidimensionalen Zellkulturen, in denen meist nur einen Zelltyp vorhanden ist, können diese 3D-Kulturen einzelne oder mehrere Aspekte der physiologischen Gegebenheiten in Lebewesen (in vivo) genauer darstellen.

Dennoch ist auch in zweidimensionalen Kulturen, die per Definition als einzelne Zelllagen (Monolayer) vorliegen, auch das Vorhandensein verschiedener Zelltypen möglich. Hier gilt jedoch theoretisch, dass diese Zellen nicht in mehreren Lagen miteinander über normale Zellkontakte hinaus funktionell interagieren und keine unterschiedlichen Kompartimente bilden. Beispielsweise können Nervenzellen und Gliazellen oder Endothelzellen und Satellitenzellen als funktionelle Verbunde in einem Monolayer kultiviert werden. Jedoch sollte für diese Kulturen, sobald eine Bildung dreidimensionaler Strukturen der Zellen untereinander erfolgt, eher der Begriff 3D verwendet werden.

K. Achberger (✉) · L. Antkowiak · S. Liebau
Institut für Neuroanatomie und Entwicklungsbiologie, Universität Tübingen, Tübingen, Deutschland
E-Mail: kevin.achberger@uni-tuebingen.de

L. Antkowiak
E-Mail: lena.antkowiak@uni-tuebingen.de

S. Liebau
E-Mail: stefan.liebau@uni-tuebingen.de

© Springer-Verlag GmbH Deutschland, ein Teil von Springer Nature 2023
A. M. Raem und P. Rauch (Hrsg.), *Immunoassays*,
https://doi.org/10.1007/978-3-662-62671-9_21

Auf der anderen Seite ist es möglich, einen einzelnen Zelltyp in dreidimensionalen Kulturen zu züchten. Häufig wird dies genutzt, um beispielsweise Vorläufer- bzw. Stammzellen im undifferenzierten Stadium zu halten, oder aber, um eine nachfolgende Differenzierung zu gewährleisten. Beispiele sind hier Stammzellen, die als sogenannte Sphären oder Sphäroide vermehrt werden, oder auch die immer häufiger genutzten Tumorsphäroide Abschn. 21.2.5). Ein Beispiel für eine 3D-Kultur für die Initiierung von Differenzierung sind die sogenannten „Embryoid Bodies" (Abb. 21.1), Aggregate aus pluripotenten Stammzellen, die innerhalb dieses „Embryonalkörperchens" im Verlauf die Differenzierung zu Zellen der drei Keimblätter begünstigen. Solchen eher simplen Sphären stehen die sogenannten Organoide gegenüber, komplexe selbstorganisierende 3D-Strukturen, denen wir einen großen Teil dieses Kapitels widmen werden.

21.1 Die Möglichkeiten der 3D-Kulturverfahren

3D-Zellkulturen sind in der Lage, entweder künstlich oder durch selbstständige biologische Mechanismen verschiedene Kompartimente und Zelllagen zu bilden. Es werden unterschiedliche Vorgehensweisen verfolgt, die zur Bildung der gewünschten Strukturen führen. Einen Überblick zeigt Abb. 21.2.

Transwell-Verfahren
Eine der einfachsten Möglichkeiten zur 3D-Zellkultur bildet ein Verfahren, bei dem innerhalb einer Kulturschale die Interaktion, sei es biochemisch oder durch Zellinteraktion zwischen verschiedenen Zelltypen, untersucht werden kann. Hier wird ein Einsatz mit porösem Boden, dessen Porengröße je nach Verfahren variiert, in eine Kulturschale eingebracht. Sowohl am Boden der Kulturschale als auch auf dem Boden des Einsatzes können Zellen kultiviert werden. Je nach erforderlichem Abstand wird der Einsatz in der Länge bemessen. Der poröse Boden des Einsatzes ermöglicht eine direkte Interaktion der Zellen, teilweise auch die Migration von Zellen durch das Netz. Je nach

Abb. 21.1 Mikroskopische Aufnahme eines Embryoid Body

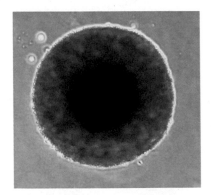

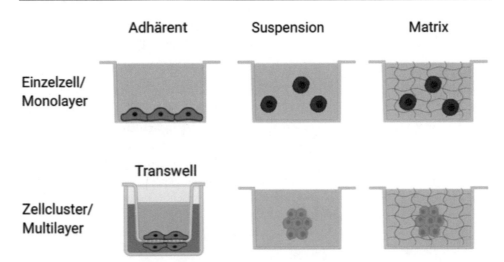

Abb. 21.2 Übersicht über verschiedene Kulturarten. Einzelzellen und multizelluläre Zellcluster können adhärent, in Suspension oder in einer 3D-Matrix kultiviert werden. Eine Besonderheit bietet das Transwell: Hier können einzelne Zellmonolayer über eine permeable Membran miteinander verknüpft werden, sodass eine mehrschichtige Multilayer-Kultur entsteht. Erstellt mit Biorender

Abstand zwischen Boden des Einsatzes und der Kulturschale ist es auch möglich, nur den Einfluss der Zellen untereinander darzustellen, da Substanzen, z. B. Signalmoleküle der einen Seite, durch die poröse Membran zu den Zellen des Einsatzes und umgekehrt gelangen können.

Suspensionskulturen
Eines der am häufigsten genutzten Verfahren stellt die sogenannte Suspensionskultur dar. Sobald die Kulturbedingen eine Adhäsion von Zellen an das Kulturgefäß verhindern, sei es durch antiadhäsive Beschichtung oder ständige Bewegung des Mediums, wird eine Adhäsion von Zellen untereinander bevorzugt. Dies führt initial meist zur Bildung von Zellkugeln oder Sphären, da dies die physikalisch komfortabelste Form darstellt. Die Bildung dieser Strukturen ist mit beinahe allen Zelltypen möglich und hat im ersten Moment wenig mit Funktion oder Gewebsentwicklung zu tun. Zellen innerhalb dieser Formen können weiterhin zur Teilung, oder auch – im Fall von Stamm- bzw. Vorläufer-zellen – zur weiteren Differenzierung angeregt werden.

Eine Suspensionskultur kann auch durch erhöhte Viskosität des Mediums, bei-spielsweise durch das weithin bekannte Matrigel (ein Hydrogel, dass eine künst-liche 3D-Matrix bereitstellt), oder auch durch verschiedenste gelbildende Substanzen, angefangen bei Gelatine bis hin zu komplexen Hydrogelen, verstärkt werden. Dies birgt unter anderem den Vorteil, dass Zellen bzw. die gebildeten Strukturen räumlich von-einander getrennt bleiben. Zusätzlich ist es leichter möglich, die 3D-Zellstrukturen aus einzelnen, sich noch teilenden Zellen zu erhalten und zu untersuchen. Wichtig ist hier, dass eine gleichbleibende Versorgung der Zellen gewährleistet bleibt.

Künstliche oder biologische Matrizen
Die Kultur von Zellen eines oder mehrerer Typen wird in einigen Fällen auf künstlich hergestellten oder biologischen Materialien durchgeführt. Hier können Strukturen verwendet werden, wie sie beispielsweise in vivo angetroffen werden, um eine physiologische Matrize zur Verfügung zu stellen. Beispiele sind hier Knochen- oder Knorpelmatrizen für die Kultivierung von Stammzellen aus dem jeweiligen Bereich oder auch der Nachbau von sogenannten Gewebenischen, spezielle Orte in Organen, in denen Zelltypen (z. B. Gewebestammzellen) unter spezifischen Bedingungen residieren. Matrizen spielen auch beim sogenannten „Bioprinting" eine entscheidende Rolle, in dem mittels 3D-Drucker Strukturen oder Gewebe aus Matrizen gedruckt werden können und dann mit Zellen besiedelt werden.

21.2 Organoide

Wie bereits erwähnt, spricht man von einem Sphäroid, wenn Zellen in einer dreidimensionalen Kultur eine kugelartige feste Anordnung erhalten. Dies kann der Fall für gleichartige (wie beim Embryoid Body), aber auch für verschiedenartige Zellen (Zellmixturen) sein. Wenn die Zellen in der Lage sind, sich selbstorganisierend zu komplexen gewebeartigen Strukturen zusammenzuführen, spricht man von einer besonderen Sphäroidart, nämlich von Organoiden (Abb. 21.3).

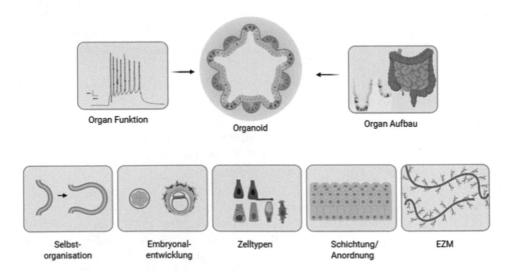

Abb. 21.3 Definition und Eigenschaften eines Organoids. Erstellt mit Biorender

Das Wort Organoid besteht aus den Wortsilben „Organ" und „-oid", die sich von lateinischen, bzw. griechischen Wortstämmen ableiten lassen. Lateinisch *organum* bzw. griechisch ὄργανον *(órganon)* = „Werkzeug" und griechisch εἶδος *(eidos)* = „Art, Gestalt" fügen sich zur ungefähren Übersetzung „organähnliche Struktur" zusammen.

Es beschreibt also sehr gut die wichtigste Eigenschaft des Organoids: Es verfügt über eine gewisse Ähnlichkeit zu einem Körperorgan. Selbsterklärend ähnelt deshalb ein Retina-Organoid dem Gewebe der Netzhaut/Retina, ein Leber-Organoid besitzt Zellen und Eigenschaften einer Leber und ein Darm-Organoid die Eigenschaften des Darmgewebes.

Als Ausgangsmaterial für Organoide dienen Stammzellen oder auch Gewebebiopsien. Auf letztere soll in diesem Kapitel nicht im Detail eingegangen werden. Die Organidentität erhält das Organoid dadurch, dass es einen Teil der Embryonalentwicklung des jeweiligen Organs in der Kulturschale nachvollzieht. Durch die Interaktion der Zellen untereinander (biochemisch und physikalisch) sowie manchmal auch über die künstliche Zugabe von Wachstumsfaktoren und Signalmolekülen ins Kulturmedium durchlaufen sie die Schritte ihrer embryonalen Entwicklung, bis sie das gewünschte Gewebe selbstorganisierend erzeugen. Dabei bilden sie nicht nur die jeweiligen Zellen des Organs, sondern organisieren diese auch in einer beinahe perfekten organartigen Anordnung. Darüber hinaus bilden sie Inter- bzw. Extrazellulärmatrizen, ganz ähnlich derer, in denen sie auch im Körper vorliegen würden. Wirklich spannend sind Organoide aber vor allem deshalb, weil sie in der Lage sind, auch die funktionellen Aspekte des jeweiligen Organs zu erfüllen. So kann ein Retina-Organoid auf Lichtreize reagieren und ein Drüsen-Organoid das jeweilige Drüsensekret herstellen.

21.2.1 Ausgangsmaterialien für Organoide

Um Organoide herstellen zu können, benötigt man ein Ausgangszellmaterial, das dazu in der Lage ist, alle beteiligten Strukturen des gewünschten Gewebes bzw. Organs zu bilden. Eine Möglichkeit ist es, das jeweilige Gewebe aus einem tierischen oder menschlichen Körper zu entnehmen und dieses im Labor zu kultivieren. Eine zweite Möglichkeit ist es, Stammzellen zu verwenden, die in der Lage sind, das jeweilige Organ zu bilden.

Stammzellen
Stammzellen werden im Allgemeinen durch ihr Potenzial zur Selbsterneuerung und zur Differenzierung zu spezialisierten Zelltypen definiert. Die Selbsterneuerung, bei der durch Mitose eine weitere identische Tochterzelle gebildet wird, sichert den Erhalt des Pools ans Stammzellen. Die differenzierten Zellen unterscheiden sich dagegen in Funktion und Spezialisierung von der Stammzelle und haben ein geringeres Potenzial, können also weniger oder gar keine anderen, noch spezielleren Zellarten hervorbringen. Verschiedene Arten von Stammzellen unterscheidet man deshalb über ihr Potenzial. Eine Übersicht bietet Abb. 21.4.

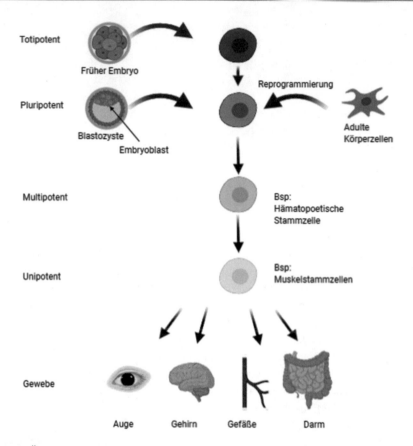

Abb. 21.4 Übersicht über die verschiedenen Stammzellarten. Erstellt mit Biorender

- Können Stammzellen alle Zellarten inklusive eines gesamten Embryos bilden, spricht man von *totipotenten Stammzellen.* Dabei handelt es sich um einen Embryo bis zum 16-Zell-Stadium. Werden sie entnommen, kann daraus theoretisch wieder ein gesamter Organismus entstehen.
- Können Stammzellen alle Zellarten eines Körpers hervorbringen, jedoch nicht einen gesamten Embryo (den embryonalen Anteils der Plazenta beinhaltend), spricht man von *pluripotenten Stammzellen.* Beispiel sind Embryoblastenzellen, siehe embryonale Stammzellen weiter unten.
- Können sie mehrere Zellarten oder Stammzellen hervorbringen, spricht man von *multipotenten Stammzellen.* Beispiel sind die hämatopoetischen Blutstammzellen, die die Zellen des Blutes bilden können.
- Können Stammzellen nur eine Zellart herstellen, spricht man von *unipotenten Stammzellen.* Beispiel sind Muskelstammzellen.

- Können Zellen zwar neue Tochterzellen mit geringerem Potenzial hervorbringen, sich jedoch nicht selbst erneuern, spricht man von sogenannten Progenitoren oder Vorläuferzellen. Progenitorzellen können dennoch multi- oder unipotent sein. Aufgrund des fehlenden regenerativen Potenzials sind sie aber von den eigentlichen Stammzellen abzugrenzen.

Wichtig: Obwohl zumeist eine Stammzelle aus einer anderen Stammzelle mit höherem Potenzial hervorgeht, muss sie nicht zwangsweise jedes Stammzellpotenzial durchlaufen können. So besitzt bspw. eine intestinale Stammzelle multipotente Eigenschaften, obwohl sie selbst keine Stammzelle mit niedrigerem Potenzial hervorbringt.

Eine weitere Art Stammzellen zu unterscheiden ist deren Vorkommen im erwachsenen menschlichen Körper („adulte Stammzellen") oder nur in der frühen Embryonalphase („embryonale Stammzellen", Erklärung siehe unten). Adulte Stammzellen unterscheidet man noch weiter über deren Ursprungsort bzw. ihr Gewebedifferenzierungspotenzial. Eine besondere Stammzellart stellt die induzierte pluripotente Stammzelle dar (iPS-Zelle), die nachfolgend noch genauer beschrieben werden soll.

Adulte/Gewebe-Stammzellen (So gut wie) jedes Gewebe des menschlichen Körpers verfügt über die Möglichkeit, in einem gewissen Maße zu regenerieren, also seinen Zellbestand bzw. auch andere Strukturen zu erneuern. Verantwortlich dafür sind adulte Stammzellen. Diese befinden sich meist in einer speziellen Stammzellnische, also einem Ort, an dem ihre Stammzellfähigkeiten (Selbsterneuerung und Differenzierung) erhalten bleiben. Ein anschauliches Beispiel stellt der Darm dar: Am Grund der sogenannten Darmkrypten, also Vertiefungen der Darmoberfläche, befindet sich eine kleine Population an Stammzellen, die in regelmäßigen Abständen neue Tochterdarmzellen hervorbringet, die dann die Krypten nach oben wandern, um dort die im gleichen Zeitraum absterbenden Zellen zu erneuern. Dieser Zyklus führt dazu, dass alle 14 Tage die gesamte Darmoberfläche erneuert wird. Dieselbe Regeneration ist in vielen Gewebearten auf unterschiedliche Art und Weise realisiert. Eine bekannte Besonderheit stellt dabei das menschliche Gehirn dar, das bis auf einige wenige Ausnahmen über keinerlei adulte Stammzellen bzw. Regenerationsfähigkeit verfügt.

Embryonale Stammzellen Der Begriff embryonale Stammzelle ist etwas missverständlich. Er beschreib nicht, wie man annehmen könnte, alle Stammzellen, die aus einem Embryo gewonnen werden, sondern ist reserviert für einen ganz besonderen Zelltyp: Die pluripotenten Zellen der embryonalen Blastozyste bzw. des Embryoblasts. Dabei handelt es sich um eine Zellmasse im Inneren eines 3–5 Tagen alten Embryos, aus welcher letztendlich der gesamte (menschliche oder tierische) Organismus entsteht. Der Gegenspieler, der sogenannte Trophoblast, bildet dagegen den kindlichen Anteil der Plazenta. Da die Embryoblasten diesen Anteil, wie oben erwähnt, nicht mehr bilden können, sind sie eben pluri- und nicht totipotent. Ansonsten sind sie in der Lage, jedes Gewebe und jedes Organ eines erwachsenen Menschen zu bilden.

Seit 1981 für die Maus und seit 1998 für den Menschen ist es möglich, diese Zellen aus einem Embryo zu isolieren, für lange Zeit in Kultur zu halten und in eine Vielzahl von Körperzellen und Gewebe zu differenzieren. Dieser erstaunliche Zelltyp mit seinen bis dato unvergleichlichen Möglichkeiten hat aber leider einen großen ethischen Nachteil: Ein Embryo, also ein heranwachsender Mensch, muss für seine Gewinnung getötet werden. Obwohl die embryonalen Stammzellen neue spektakuläre Möglichkeiten bieten, bleiben sie gesetzlich und moralisch höchst umstritten, und ihre Nutzung ist in manchen Ländern stark eingeschränkt oder sogar verboten.

Induzierte pluripotente Stammzellen Im Jahr 2006 erschien eine Publikation, die die medizinische Wissenschaftswelt nachhaltig verändern sollte. Den Japanern Kazutoshi Takahashi und Shinya Yamanaka gelang es, differenzierte Zellen zurück in den Zustand der Pluripotenz zurückzuführen, welcher bis dahin nur den embryonalen Stammzellen vorbehalten war. Sie nannten diese Zellen „induzierte pluripotente Stammzellen" und den Prozess der Rückführung „Reprogrammierung". Der Prozess war erstaunlich einfach: Vier Gene oder Faktoren, heute bekannt als „Yamanaka-Faktoren", werden in der differenzierten Zelle zur Expression gebracht und die Zelle zurück in ihren Urgroßelternzustand, also den der Pluripotenz, geführt. Da dieser Prozess, heute auf vielfältige Weise variiert und optimiert, so einfach war und auch keinerlei ethische Bedenken bei der Gewinnung vorlagen, wurden die induzierten pluripotenten Stammzellen zu den bevorzugten Zellen der Stammzellforschung. Mit ihnen ist es nun endlich möglich, fast unbegrenzt Zellen, Organoide und irgendwann vielleicht sogar ganze Organe zu züchten.

Alternative Ausgangsmaterialien für Organoide

Eine Organoidart, die sich seit einigen Jahren großer wissenschaftlicher Aufmerksamkeit erfreut, sind die sogenannten Tumor-Organoide, Tumorsphäroide oder Tumoroide. Sie werden aus Tumorzellen (also nicht aus eigentlichen Gewebezellen) verschiedenen Ursprungs gewonnen und nach dem Prinzip der Selbstorganisation in 3D-Suspensionskulturen gehalten. Die dadurch gewonnenen 3D-Strukturen verfügen über tumorartige Eigenschaften, die in ihren zweidimensionalen Schwesterstrukturen nicht auftreten. Ob es sich dabei aber um Organoide (der Definition nach eigentlich ja Organ-ähnlich) handelt oder eher um Sphäroide, darüber kann gestritten werden.

21.2.2 Übersicht über existierende Organoidmodelle

Ein Organoid lässt sich theoretisch aus fast jedem Organ oder Zellverband entwickeln. Somit ist die Liste der existierenden Organoidarten fast so lang wie die der existierenden Organe. Darüber hinaus können viele Organoidprotokolle nur einen Teil des Organs hervorbringen und nicht das gesamte Organ. Tab. 21.1 zeigt eine Übersicht über die Organoide, die bisher entwickelt wurden.

Tab. 21.1   Übersicht über Organoidmodelle

Organoidgewebe	Spezies	Ausgangsmaterial
Ektodermaler Ursprung		
Retina	Maus, Mensch	PS
Großhirn (Kortex)	Maus, Mensch, Primat	PS
Adenohypophyse	Maus	PS
Kleinhirn (Cerebellum)	Mensch	PS
Brustdrüse	Maus, Mensch	Adulte SZ, Gewebebiopsie
Geschmacksknospen	Maus	Adulte SZ
Speicheldrüse	Maus, Mensch	Adult SZ
Endodermaler Ursprung		
Magen (Corpus, Pylorus, Fundus)	Maus, Mensch	Adulte SZ, Gewebebiopsie, PS
Dünndarm	Maus, Mensch	Adult, Gewebebiopsie, PS
Dickdarm (Colon)	Maus, Mensch	Adulte SZ, Gewebebiopsie, PS
Leber	Maus, Mensch	Adulte SZ, PS
Pankreas	Maus, Mensch	Adulte SZ, Gewebebiopsie
Luftröhre/Atemwege	Maus, Mensch	Adulte SZ, PS
Lunge (Alveolen)	Maus, Mensch	Adulte SZ, PS
Schilddrüse	Maus	PS
Speiseröhre	Maus	Gewebebiopsie
Prostata	Maus, Mensch	Adulte SZ, Gewebebiopsie
Eileiter	Mensch	Adulte SZ
Mesodermaler Ursprung		
Niere	Maus, Mensch	PS PS
Blutgefäße	Mensch	PS
Embryonaler Ursprung		
Prä-Implantationsmodell	Maus	PS
Post-Implantationsmodell	Maus, Mensch	PS
Gastrulationsmodel	Maus, Mensch	PS
Neurulationsmodell	Maus	PS

PS = pluripotente Stammzelle, adulte SZ = adulte Stammzelle
Die Tabelle basiert auf Rossi et al. 2018 mit Modifizierungen

21.2.3 Prinzipien der Organoiddifferenzierung

Die Protokolle und Methoden zur Differenzierung der genannten Organoide sind teilweise sehr verschieden. Ein Grund hierfür ist, dass die Organe je nach Keimblatt

(Endoderm, Mesoderm oder Ektoderm) unterschiedliche embryonale Stadien durchlaufen, die auch bei der entsprechenden Differenzierung von Organoiden berücksichtigt werden müssen. Die meisten Protokolle lassen sich nach dem folgenden Schema gliedern:

1. Kultivierung und Vermehrung von Stammzellen
2. Induktion zum entsprechenden Keimblatt
3. Gewebespezifische Differenzierung
4. finale Differenzierung und Reifung

Zunächst werden die Primär(stamm)zellen als adhärente 2D-Kultur gehalten und vermehrt (Schritt 1). Dabei sind ihre Eigenschaften der unbegrenzten Selbsterneuerung und Erhaltung des Differenzierungspotenzials essenzielle Faktoren.

Der Wechsel von der 2D- zur 3D-Kultur kann theoretisch in jedem der vier oben genannten Schritte erfolgen und unterschiedet sich von Protokoll zu Protokoll. Zumeist erfolgt der Wechsel mittels Ablösung der Zellen von der Kulturschale (bspw. enzymatisch mit Trypsin oder mechanisch durch eine Nadel oder einen Zellschaber). Die abgelösten Zellen können danach entweder als zusammenhängte Zellcluster (Sheets) oder als Einzelzellen vorliegen. Handelt es sich um Zellsheets, so formen diese in kürzester Zeit (innerhalb weniger Minuten bis Stunden) kugelförmige, stabile Strukturen. Einzelzellen müssen dagegen aggregiert werden. Dies erfolgt bspw. durch Zentrifugation in geeigneten, konisch zulaufenden Gefäßen.

Nach der Zusammenlagerung werden von den Zellen Signalstoffe freigesetzt, die autokrin, also auf die jeweilige Zelle selbst, oder parakrin, auf die Nachbarzellen, wirken. Zusammen mit den mechanischen Kräften (physikalische Stimuli), die auf die Zellen im Sphäroid wirken, leiten sie die Differenzierung der Zellen ein. Die relevanten Botenstoffe können aber auch extern, über das Kulturmedium, hinzugegeben werden. Während selbstinduzierte Differenzierungen meist verschiedene Gewebearten hervorbringen, lassen sich Zellen durch die externe Stimulation in eine sehr spezifische Richtung differenzieren. Diese spezifische Induktion wird auch verwendet, um Zellen zum gewünschten Keimblatt (Schritt 2) zu differenzieren. Dabei spielen Signalstoffe der Hauptsignalwege Wnt, FGF, Retinsäure, TGFß/BMP eine entscheidende Rolle. Zeitpunkt der Zugabe, Dosierung und Kombination verschiedener Botenstoffe sind dabei grundlegend für die Induktion des gewünschten Keimblattes. Die gewebespezifische Differenzierung (Schritt 3), bei der es zur Organogenese und Selbstorganisation kommt, wird im Wesentlichen durch die beschriebenen Signalstoffe und Wechselwirkungen zwischen den Zellen bestimmt. Ein weiterer wichtiger Prozess hierfür ist die Zellsortierung. Dabei lagern sich Zellen oder Zellcluster an den gewünschten Orten innerhalb des Gewebes/Organoides an. Dies kann entweder durch Migration oder Zellteilung erfolgen. So wird sichergestellt, dass die Organoide später den richtigen Aufbau und Schichtung besitzen. Abschließend folgt die finale Differenzierung und Reifung (Schritt 4), bei der die Organoide hauptsächlich wachsen und voll ausreifen.

Diese genannten Prinzipien gelten häufiger für nicht oder wenig differenzierte Stammzellen. Dreidimensionale Organoide aus bereits adulten Zellen können diese nur in einem wesentlich geringeren Maß vollziehen.

21.2.4 Beispiele für Organoid-Differenzierungsprotokolle

Intestinale Organoide

Der Darmschlauch oder auch Intestinaltrakt ist gekennzeichnet durch einen regelmäßigen Wandbau, der je nach Abschnitt gewisse Besonderheiten aufweist. So gibt es im Dünndarm Ein- und Ausstülpungen (Krypten und Zotten), während im Dickdarm nur Einstülpungen (Krypten) zu finden sind. Der gesamte Darm, beginnend im Duodenum bis zum Rektum, ist gleichmäßig von einem einschichtigen Epithel überzogen, das hauptsächlich Enterozyten, aber auch andere darmspezifische Zellarten enthält. Da dieses Epithel eine wichtige Barriere und Metabolismusfunktion aufweist und bei vielen Erkrankungen eine Rolle spielt, ist es von besonderem Interesse, dieses Gewebe auch in der Kulturschale nachzubilden. Nachdem über viele Jahrzehnte vorzugsweise einschichtige Zelllinien wie CACO-2 zur Modellierung verwendet wurden, kam Ende der 2000er-Jahre die Idee auf, die adulten Stammzellen des Maus-Darmepithels mittels FACS zu selektieren (hierbei wurde der Oberflächenmarker LRG5 verwendet) und als Aggregate in Suspension zu kultivieren. Unterstützt durch Matrigel formen sie dort selbständig Krypten-artige Strukturen, die sogar ein zentrales Lumen aufweisen. Darüber hinaus können diese „intestinalen Organoide", wie sie getauft wurden, regenerieren und alle bekannten Darmepithelzellen bilden. Interessanterweise können sie nach Reimplantation in einen Mausdarm wieder vollständig zum Darmgewebe beitragen. Mehr noch, es ist nicht mehr möglich, diese Abschnitte morphologisch vom restlichen Darmgewebe zu unterscheiden.

Die Kultur von humanen intestinalen Organoiden erwies sich als etwas schwieriger: Hier war es notwendig, einen essenziellen Signalweg der Darmstammzellen (Wnt) zu aktivieren, was im Maus-Organoid nicht notwendig war. Später wurden dann ähnliche Organoide auch aus pluripotenten Stammzellen entwickelt. Diese waren aber deutlich weniger „adult" und eigneten sich deshalb besser, um die embryonale Entwicklung des Darms zu studieren.

Wie auch für andere Organoidmodelle, gibt es für die intestinalen Organoide heute schon eine Vielzahl an Anwendungsmöglichkeiten. Ein Überblick darüber finden Sie in Abschn. 21.2.5.

Vaskuläre Organoide

Das vaskuläre System, also vor allem Arterien, Venen und Kapillaren, sind die entscheidenden Komponenten, um die Versorgung mit Nährstoffen und Sauerstoff jederzeit und überall im menschlichen Körper gewährleisten zu können. Gefäße können je nach Größe, Art und Herkunft einen sehr verschiedenen Aufbau besitzen. Trotzdem besitzen sie einige Gemeinsamkeiten: Das Innere eines Gefäßes ist mit einer Schicht von Endothelzellen überzogen, welche über dichte Zellkontakte verfügen, um das Körperinnere von Blutbestandteilen abzuschirmen und umgekehrt. Unterstützend finden sich sogenannte Perizyten und glatte Muskelzellen, welche für die stetige Kontraktion und somit auch für den Blutfluss mitverantwortlich sind.

Anders als in einem klassischen Zellkulturmodell, in dem ein oder mehrere dieser Zellen in einer 2D-Mono oder Kokultur gehalten werden können, gelang es 2019, diese Strukturen auch als selbstformende Blutgefäß-Organoide in 3D herzustellen (Wimmer et al. 2019). Als Ausgangsmaterial dienen induzierte pluripotente Stammzellen, welche als Embryoid Bodies in Aggregaten vorliegen. Zunächst wird das Aggregat in das mesodermale Keimblatt induziert, aus dem alle Gefäße und Zellen des Blutes stammen. Hierfür werden zwei essenzielle embryonale Signalwege aktiviert: Wnt und BMP4. Die entstehenden mesodermalen Vorläuferzellen werden dann mithilfe von vaskulären Botenstoffen (VEGFA und FGF2) zu einer vaskulären Vorläuferzelle differenziert. Die hier genannten Botenstoffe ähneln stark denen, die auch für die adhärente Differenzierung einer Endothelzelle benötigt werden. Der Unterschied ist jedoch, dass die Differenzierung in einem dreidimensionalen Umfeld erfolgt und die Zellen zusätzlich in Matrigel eingebettet werden. Dies erlaubt den vaskulären Zellen, weiter zu differenzieren und dabei wie Blutgefäße in das Gel hinein zu sprießen. Es entstehen tubuläre Schläuche, die von den Endothelzellen umschlossen sind und dabei von Perizyten und Muskelzellen in unmittelbarer Umgebung unterstützt werden (Abb. 21.5). Diese komplexe Anordnung ist mit der klassischen adhärenten Kultur quasi nicht zu erreichen. Die vaskulären Organoide sind deshalb ein ideales Werkzeug, um Krankheitsverläufe zu untersuchen, bei denen Blutgefäße und deren Wachstum eine zentrale Rolle spielen, wie beispielsweise bei Diabetes oder Tumorerkrankungen. Darüber hinaus bieten diese Organoide ein exzellentes Ausgangsmaterial, um andere Strukturen oder Organoide zu vaskularisieren, also mit Gefäßstrukturen zu versehen.

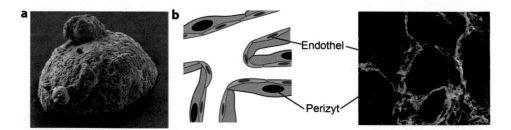

Abb. 21.5 Vaskuläre Organoide. **a** Rasterelektronenmikroskopische Abbildung eines vaskulären Organoids. **b** Vergleich einer schematischen Kapillare (links) mit einem Anschnitt eines vaskulären Organoids. Endothelzellen (grün) formen tubuläre Strukturen und werden von Perizyten (violett) umgeben. Abbildungen zu Verfügung gestellt von Dr. Natalia Pashkovskaia

Zerebrale Organoide

Das menschliche Gehirn ist, als Sitz des Verstandes und Zentrum der Wahrnehmung, ein komplexes Gewebe, in dem mehr als hundert Milliarden Nervenzellen miteinander verschalten sind. Seinen Aufbau und seine Funktionalität zu verstehen und zu untersuchen ist seit jeher eine der zentralen Aufgaben der medizinischen Wissenschaft. Als Modellsysteme eignen sich dafür besonders Versuchstiere wie Mäuse oder Affen. Da diese aber nicht die Komplexität des menschlichen Gehirns besitzen, sind auch immer mehr humane *In-vitro*-Kultursysteme gefragt. Klassischerweise wurden dafür Neurone und Gliazellen aus meist embryonalen, Geweben gewonnen, um sie in 2D-Kulturen für eine bestimmte Zeit zu erhalten und zu studieren. Der Komplexität des menschlichen Gehirns können solche einfachen Kulturen aber nur sehr begrenzt Rechnung tragen.

Klassische 3D-Kulturen waren hierbei schon zu Beginn bereits einen großen Schritt weiter: Angefangen von sogenannten Neurosphären, welche neurale Vorläuferzellen beinhalten, ist es bereits seit den 1990er-Jahren möglich, die Differenzierung und Interaktion der Zellen realitätsnah in 3D zu simulieren. Später kamen kortikale Sphäroide hinzu, welche eine gewisse Selbstorganisation sowie die Determinierung in kortikale Neurone ermöglichten. Diese Sphäroide wurden, wie in vielen Protokollen üblich, zunächst als Embryoid Bodies aus embryonalen Stammzellen kultiviert und anschließend mittels einer Mixtur aus Hormonen, welche das neurale Ektoderm induziert, behandelt. Allerdings konnten mit diesen Sphäroiden keine verschiedenen Hirnbereiche wie Kortex, Mittelhirn oder Stammhirn generiert werden, und auch eine diskrete Schichtung innerhalb des kortikalen Gewebes konnte nicht erreicht werden.

Dies wurde erst durch die Entwicklung von zerebralen Organoide durch Lancaster und Knoblich im Jahr 2013 möglich (Lancaster et al. 2013). Der entscheidende Unterschied war die Kultivierung der Sphäroide in einem 3D-Matrigel. Diese Bedingungen unterstützen die Selbstorganisation sowie die Spezialisierung in bestimmte Hirnareale. Mit den resultierenden zerebralen Organoiden konnten dann wesentliche Aspekte der neuralen Entwicklung sowie der Neuronen-Subtypdifferenzierung nachvollzogen werden.

Obwohl die zerebralen Organoide faszinierende Einblicke in die Hirnentwicklung liefern können, haben sie immer noch einige Nachteile. So erfolgt die Spezialisierung in verschiedene Hirnbereiche teilweise spontan und zufällig, was die Reproduzierbarkeit des Modells erschwert. Darüber hinaus fehlen einige Zelltypen wie bspw. Immunzellen und Blutgefäße, die für die normale Entwicklung eine wichtige Rolle spielen. Zu guter Letzt können die zerebralen Organoide nur den Embryonalzustand des Hirns nachvollziehen; eine Reifung bis ins adulte Stadium ist bis jetzt nicht gelungen. Möglichkeiten, wie diese Probleme zukünftig gelöst werden könnten, werden im Abschn. 21.3.2 besprochen.

Retina-Organoide

Die Retina oder auch Netzhaut ist die lichtsensitive Gewebeschicht, die den hinteren Teil des Augapfels von innen auskleidet. Die Lichtstrahlen der Außenwelt werden von der Linse und anderen vorgelagerten Strukturen des Auges gebündelt und landen hier auf den Photorezeptorzellen. Diese nehmen den Lichtreiz auf und wandeln ihn in ein elektrisches Signal um, welches über den Sehnerv in das Großhirn geleitet wird. Die Retina selbst ist ein komplexes neurales Gewebe, aufgebaut aus bis zu zehn Schichten und mindestens acht Zelltypen, darunter sechs Neuronenarten, Gliazellen und eine pigmentierte Epithelschicht. Wie lässt sich ein solch komplexes Gewebe also als Organoid realisieren?

Die Antwort liegt in der Embryonalentwicklung der Retina. Entscheidend ist, dass alle acht genannten Zelltypen der Retina aus der derselben Vorläuferzelle, der retinalen Progenitorzelle, stammen und somit durch eine gezielte Differenzierung gewonnen werden können.

2011 und 2012 gelang es der Gruppe von Yoshiki Sasai, ein Augenbläschen, eine embryonale Retinastruktur, aus embryonalen Stammzellen der Maus und des Menschen zu entwickeln (Eiraku et al. 2011; Nakano et al. 2012). Diese als Retina-Organoid bezeichnete Struktur beinhaltet nicht nur die retinalen Stammzellen, sondern auch die daraus differenzierten Zellarten der Retina in einer Schichtung, die der menschlichen Retina sehr nahekommt.

Als Ausgangsmaterial für die Retina-Organoide können entweder embryonale oder induzierte pluripotente Stammzellen verwendet werden. Sasais Protokoll nutzt dann den Zwischenschritt des Embryoid Bodies. In diesem kann nun durch Inhibition des Wnt-Signalwegs das neuro-ektodermale Keimblatt induziert werden. Weitere externe Signalstoffe führen dazu, dass sich diese ektodermalen Vorläuferzellen zu retinalen Vorläuferzellen entwickeln und sich aus dem Embryoid Body ausstülpen (ähnlich dem embryonalen Augenbläschen). Im letzten Schritt wird diese Struktur dann durch mechanisches Schneiden vom Rest des Embryoid Body abgetrennt und es entsteht ein vollwertiger Retina-Organoid.

Wenig später wurde ein leicht verändertes Protokoll entwickelt, das einen Zwischen-schritt nutzt, bei dem die neuro-induzierten Embryoid Bodies wieder auf einer Kultur-platte adhärent kultiviert werden (Zhong et al. 2014). Dies hat den Vorteil, dass die einzelnen neuralen Gewebearten räumlich getrennt auf der Platte entstehen und später die retinalen Vorläuferanteile einfach und gezielt wieder von der Platte abgelöst und in Suspension gebracht werden können (Abb. 21.6).

Aufbau und Funktionalität des Retina-Organoids Ein Retina-Organoid verfügt er über alle retinalen Zelltypen, die aus der retinalen Progenitorzelle entstehen können. Das sind die zwei Photorezeptortypen, Stäbchen und Zapfen, fünf weitere retinale Neuronentypen und die Müller-Gliazellen (der schematische Aufbau findet sich in Abb. 21.7). Darüber hinaus befinden sich all diese Zelltypen in einer Anordnung, die dem Bau der Retina in vivo sehr nahekommt. Ganz außen befinden sich die Photorezeptoren, in der Mitte Gliazellen und die nachgeschalteten Bipolarzellen, ganz innen retinale Ganglienzellen. Weiterhin

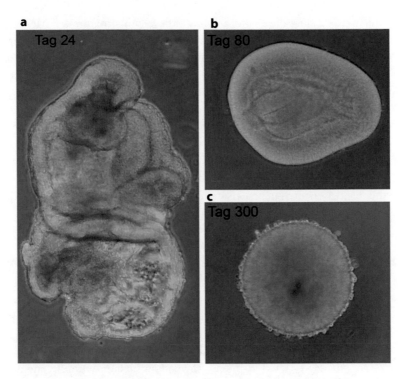

Abb. 21.6 Morphologie eines Retina-Organoids im Verlauf der Differenzierung. **a** Retinale Vorläuferstruktur direkt nach dem Wechsel von adhärenter zu Suspensionskultur (Tag 24), **b** junger Organoid (Tag 80) und **c** ausgereifter Organoid (Tag 300). Am ausgereiften Organoid findet man Photorezeptorsegmente deutlich sichtbar an der Oberfläche

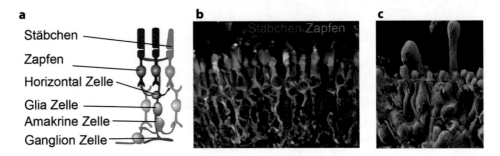

Abb. 21.7 Retina-Organoid. **a** Schematische Abbildung der retinalen Zelltypen und deren Anordnung. **b** Eine immunozytochemische Färbung von Stäbchen (rot = Rhodopsin) und Zapfen (grün = Arrestin 3) sowie Zellkernen (blau, DAPI). **c**Rasterelektronenmikroskopische Aufnahme, welche analog zu b die Organisation von Stäbchen und Zapfen zeigt. Erstellt mit Biorender

konnte gezeigt werden, dass die Photorezeptoren dieselben strukturellen Merkmale wie im menschlichen Körper aufweisen. So sind deren lichtsensitive Fortsätze (Segmente) auf der Oberfläche des Organoids bereits in einer lichtmikroskopischen Aufnahme sichtbar (Abb. 21.6). Noch deutlicher werden diese jedoch im immunozytochemischen und rasterelektronenmikroskopischen Bild sichtbar (Abb. 21.7b, c).

Neben den Segmenten verfügen die Photorezeptoren auch über Synapsen, welche sie funktionell mit den nachgestaltenden Bipolarzellen verknüpfen. Die erstaunlichste Fähigkeit des Retina-Organoids ist jedoch, auf Licht mit einer elektrischen Antwort zu reagieren. Mehrere Studien konnten zeigen, dass Photorezeptoren, die mit Licht stimuliert werden, eine Zellreaktion zeigen und dass auch die nachgeschalteten Zellen daraufhin mit elektrischen Signalen reagieren. Somit ist das Retina-Organoid in der Lage, die zentrale Funktion seines Organpendants zu reproduzieren.

21.2.5 Anwendungsmöglichkeiten für Organoide

Organoide sind exzellente Modellorganismen für vielfältige Anwendungen in der Forschung. Gründe dafür sind ihre Fähigkeit, in vitro physiologisch relevante Prozesse wiederzugeben, sowie ihre einfache und nahezu unbegrenzte Verfügbarkeit. Selbst aus kleinen Mengen an Ausgangsmaterial können größere Mengen an Stammzellen und damit auch Organoide kultiviert werden. Anwendungsgebiete für Organoide finden sich z. B. in der Entwicklungsbiologie, als Krankheitsmodelle oder im Bereich der translationalen Medizin (Abb. 21.8).

Entwicklungsbiologie

Besonders in der Entwicklungsbiologie ist man auf Zellverbände und Organsysteme in sehr frühen Stadien angewiesen, genauer gesagt auf embryonales und fetales Gewebe. Deren Verfügbarkeit, insbesondere humanem Ursprungs, ist jedoch sehr stark begrenzt. Zudem ist die Arbeit damit stets von ethischen Bedenken begleitet. Tiermodelle profitieren zwar teilweise von einer besseren Verfügbarkeit, die dort stattfindenden Prozesse sind jedoch oft nicht vollständig auf die menschliche Entwicklung übertragbar. Die Erforschung von Gemeinsamkeiten und Unterschieden in der Entwicklung zwischen Menschen und anderen Spezies ist ein wichtiger Aspekt, der insbesondere durch die Verwendung von Organoiden besser untersucht werden kann. Des Weiteren können Organoide eingesetzt werden, um die Prinzipien der Selbstorganisation von Organen und Gewebe zu erforschen. Durch ihre kleine Größe und ausreichende Verfügbarkeit sind sie dafür gut geeignete Mini-Modellsysteme.

Krankheitsmodelle

Organoide können aus humanen Stammzellen von Patienten mit genetischen Krankheiten differenziert werden und deshalb dabei helfen, die Mechanismen und Prozesse solcher Erkrankungen nachzuvollziehen. Sie bieten nicht nur den Vorteil, dass auch Ent-

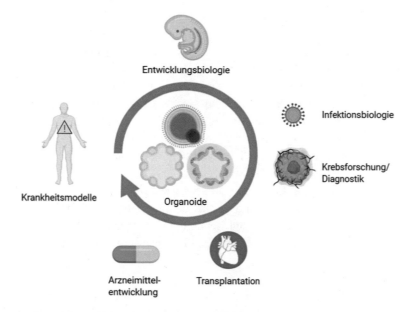

Abb. 21.8 Übersicht über die möglichen Anwendungsbereiche von Organoiden. Erstellt mit Biorender

wicklungsprozesse, die möglicherweise zur Ausprägung der Krankheit beitragen, untersucht werden können, sondern die Krankheit auch nahezu auf Organebene modelliert werden kann. So wurden beispielsweise intestinale Organoide von Patienten mit Zystischer Fibrose differenziert, einer weit verbreiteten genetischen Erkrankung, bei der Mutationen im CFTR-Gen zu einer Fehlfunktion von Chloridkanälen führen. Während die meisten Patienten von der häufigsten Mutation F508del betroffen sind, für die bereits ein Arzneimittel auf dem Markt ist, gibt es für über 2000 weitere mögliche Mutationen größtenteils noch keine geeigneten Arzneimittel. Mithilfe eines standardisierten Assays können anhand der Organoide potenzielle Therapeutika relativ einfach und schnell getestet werden (Dekkers et al. 2013).

Infektionsbiologie
Auch in der Infektionsbiologie werden Organoide immer häufiger eingesetzt. So wurde beispielsweise an kortikalen Organoiden der Zusammenhang zwischen der Infektion mit dem Zika-Virus (ZIKV) und Mikrozephalie bei Neugeborenen untersucht. Es konnten in verschiedenen Studien nicht nur Unterschiede in der Pathogenese von verschiedenen ZIKV-Stämmen untersucht werden, sondern auch Arzneistoffe zur Bekämpfung der Mikrozephalie getestet werden.

Ein neuartiges Coronavirus (SARS-CoV-2) überschritt Ende 2019 die Artengrenze hin zum Menschen und verursacht die Coronavirus-Erkrankung-19 (COVID-19). Von Menschen zu Menschen übertragen, löst das Virus grippeähnliche Symptome bis hin zu schweren Lungenschäden aus. Mangels antiviraler Therapeutika oder Impfstoffe kam es jedoch zur weltweiten Ausbreitung und wurde von der WHO zu einer Pandemie erklärt. Mithilfe von Organoiden gelang es Forschern, den Gewebstropismus des Virus zu untersuchen und festzustellen, dass SARS-CoV-2 nicht nur das Lungengewebe infizieren kann, sondern es auch in Leber, Darm, Blutgefäßen und Niere zur Infektion und Vermehrung des Virus kommen kann. Ursache hierfür ist der Eintrittsmechanismus von SARS-CoV-2 über das Angiotensin-konvertierende Enzym 2 (ACE2), welches auch in entsprechenden Geweben exprimiert wird, in die Wirtszellen. Auch mögliche Therapieansätze wurden anhand von Organoiden getestet. So kann rekombinantes, lösliches ACE2, welches initial zur Behandlung von SARS-CoV entwickelt wurde, die Infektion von Organoiden (Blutgefäße, Leber) mit SARS-CoV-2 verhindern (Monteil et al. 2020). Zusammenfassend eignen sich Organoide für die Forschung in der Infektionsbiologie deshalb gut, weil sie in großem Maßstab schnell verfügbar sind und verschiedene Zelltypen bereitstellen, die beispielsweise von Viren infiziert werden können.

Krebsforschung

Während in der Krebsforschung bisher hauptsächlich mit zweidimensionalen Zelllinien oder Mausmodellen gearbeitet wurde, erlaubt die hohe physiologische Relevanz der Organoide ein umfassenderes Verständnis der Erkrankung. Dafür werden aus Krebszellen organoidähnliche In-vitro-Strukturen, sogenannte Tumor-Organoide oder „Tumoroide", kultiviert, die zwar nicht die typische strukturierte Schichtung von Organoiden, dafür jedoch grundlegende Faktoren, wie Zell-Zell-Interaktion, extrazelluläre Matrix, Genexpression und Signalwege, aufweisen. Bisher wurden aus einer Vielzahl an Tumorgeweben Tumor-Organoide gewonnen, beispielsweise aus Darm, Magen, Prostata, Lunge und Bauchspeicheldrüse. Anhand der Tumor-Organoide können nicht nur die molekularen Mechanismen der Krebszellen untersucht werden, sondern auch Arzneistoffe getestet werden. Zwischen dem Ansprechen von Patienten und entsprechenden Tumor-Organoiden auf Wirkstoffe wurde eine sehr hohe Übereinstimmung festgestellt. Die wachsende Vielzahl an Tumor-Organoiden beschleunigt die Krebsforschung enorm und ermöglicht die Entwicklung von speziellen Biobanken. Diese fassen nicht nur die häufigsten genetischen Veränderungen von Ursprungstumoren zusammen und können verschiedene Krankheitsverläufe und klinische Stadien abbilden, sondern bieten auch eine umfassende In-vitro-Screeningplattform für optimierte und individuelle Therapieansätze.

Arzneistoffentwicklung

Ein weiteres Gebiet, das sehr von den Fortschritten in der Forschung mit Organoiden profitiert, ist die Arzneistoffentwicklung. Momentan scheitern viele Arzneistoffe in der klinischen Phase, was oft daran liegt, dass Ergebnisse von Tiermodellen nur schlecht auf den Menschen übertragbar sind. Ursache hierfür sind entscheidende genetische und physiologische Unterschiede zwischen Tier und Mensch. So können Arzneistoffe in Tiermodellen ihre Wirksamkeit zeigen, im Menschen jedoch unwirksam sein. Ähnlich verhält es sich mit der Toxizität – auch sie unterscheidet sich teilweise zwischen Tiermodell und Mensch. Bei vielen Arzneistoffen ist beispielsweise die Lebertoxizität ein großes Problem – diese kann mithilfe von Leber-Organoiden im Labor evaluiert werden, bevor es in die zeitlich und finanziell aufwendige klinische Phase geht. Zweidimensionale Zellkulturmodelle haben im Gegensatz zu Organoiden das Problem, dass die extrazelluläre Matrix (EZM) fehlt oder nur sehr gering ausgeprägt ist. Die Zusammensetzung und Porengröße der EZM sind jedoch entscheidend für das Eindringen von Arzneistoffen ins Gewebe und damit auch ihre Wirksamkeit. Durch die unbegrenzte Kapazität von Organoiden sind außerdem Massenproduktion und Hochdurchsatzscreening möglich. Diese Punkte zeigen, dass durch die Arbeit mit menschlichen Zellen und Organoiden eine schnellere und effektivere Forschung im Bereich neuer Arzneistoffe möglich ist.

Regenerative Medizin
Auch die regenerative Medizin, die Wiederherstellung oder der Austausch von geschädigtem oder nicht funktionalem Gewebe, erfährt durch die Fortschritte in der Organoidforschung einen Aufschwung. Zwar ist die allogene Transplantation von gesundem Gewebe möglich und wird in Form von Organtransplantationen oft angewendet, jedoch ist die Verfügbarkeit stark begrenzt und es kann zur Abstoßung des fremden Gewebes kommen. Organoide dienen durch ihre gute Verfügbarkeit und die Kapazität, im Zielgewebe zu integrieren, als vielversprechende Quelle für funktionale Zelltypen und Gewebe. In Kombination mit der Gentechnik können sogar Mutationen in patientenspezifischen Stammzellen korrigiert werden und anschließend funktionale Organoide in das betroffene Gewebe der Patienten transplantiert werden. Dieses Vorgehen wurde bereits in Mausmodellen getestet, beispielsweise mit Netzhautgewebe oder mit Darm-, Pankreas und Leber-Organoiden.

21.3   Vom Organoid zum Organ

21.3.1 Problemstellung

Obwohl Organoide über eine faszinierende Komplexität und Funktionalität verfügen, sind sie nach wie vor weit davon entfernt, die Funktionalität und den Aufbau ganzer Organe nachzustellen. Die wesentlichsten Hindernisse, die es hierfür zu überwinden gilt, sind:

- *Größe:* Organoide sind Mikrometer bis wenige Millimeter groß, während Organe meist mindestens mehrere Millimeter bis Zentimeter groß sind. Das liegt u. a. daran, dass Organoide ab einer gewissen Größe nicht mehr über Diffusion des Kulturmediums versorgt werden können und es in den meisten Organoidmodellen keine versorgenden Blutgefäße gibt.

- *Komplexität:* Obwohl einige Organoidmodelle bereits über eine enorme Vielschichtigkeit verfügen, so sind sie dennoch den jeweiligen Organen noch deutlich unterlegen. Ein retinales oder zerebrales Organoid verfügt beispielsweise über die meisten Zelltypen des Gewebes, allerdings findet sich die neurale Funktionalität im Menschen vor allem auch in deren Verschaltungen miteinander. Diese ist in Organoiden noch primitiv und weit weniger komplex als die im menschlichen oder tierischen Pendant.

- *Organfremde Zellen innerhalb eines Organs:* Ein Organ enthält nicht nur sein typisches Gewebe, sondern auch eine Vielzahl anderer Strukturen. Die wichtigsten sind die Zellen der Immunabwehr, des Organgerüsts sowie die Zellen der Blutgefäße. Da diese oft erst im Laufe der Entwicklung in das Organ einwandern, können sie von den meisten Organoidprotokollen nicht reproduziert werden.

- *Organ-Organ-Kontakte:* Organe sind immer im Kontakt mit vielen anderen Geweben und Organen – wenn nicht direkt, dann mindestens indirekt über die Blutversorgung.

Diese Liste ließe sich selbstverständlich noch verlängern. Entscheidend ist hier, dass sich all diese Probleme derzeit nicht über die reine (Selbst-)Differenzierung der Organoidmodelle lösen lassen. Um also die gewünschte Organeigenschaften zu reproduzieren, wird versucht, die Organoidkultur mit anderen Verfahren zu kombinieren. Nachfolgend sollen einige davon vorgestellt werden.

21.3.2 Lösungsansätze

Implantation

Die Idee der Organoidimplantation ist recht einfach. Die Organoide oder deren Vorläuferstrukturen werden in vitro gezüchtet und dann in ein geeignetes Versuchstier (z. B. Schwein oder Maus) eingebracht. Das Entwicklungsstadium des Organoids und auch des Versuchstiers zum Zeitpunkt der Implantation kann je nach Gewebeart variieren, beide müssen gut aufeinander abgestimmt werden. So ist es bspw. sinnvoll, zerebrale Organoide während der Embryonalentwicklung einzubringen, in der das Tier eine ähnliche Entwicklung durchläuft. Gelingt die Implantation, so können einige Organoide sich fast vollständig in das Wirtsgewebe integrieren. Dies gelang beispielsweise bei den intestinalen Organoiden, welche nach Transplantation morphologisch nicht mehr vom Wirtsgewebe unterschieden werden konnten. In fast allen Fällen gelingt es, die Entwicklung und Reifung der Organoide in einem lebenden Organismus zu verbessern. Dies gilt für die Größe und Funktionalität, aber vor allem auch für die wichtige Vaskularisierung und Immunintegration.

Ein in einem Versuchstier vaskularisiertes Organoidorgan könnte theoretisch genutzt werden, um es anschließend in einen Menschen zu transplantieren und mit dem dortigen Kreislaufsystem zu verknüpfen. Aber auch für die Forschung bietet die Transplantation in Wirtstiere die Möglichkeit, menschliches Gewebe im Kontext eines lebenden Organismus zu studieren.

Assembloids

Der Begriff Assembloid (vom englischen Wort *assembly* = Zusammenbau, Vereinigung) beschreibt eine Technik, mehrere Sphäroide oder Organoide verschiedener Herkunft miteinander zu verknüpfen. So ist es möglich, die Interaktion verschiedener Organe oder Organabschnitte nachzuvollziehen, die sich nicht in einem einzigen Organoid herstellen lassen (Abb. 21.9). Zuerst angewendet wurde diese Technik im Bereich der Gehirn-Organoide. Wie bereits erwähnt ist es möglich, Hirn-Organoide auf verschiedene Hirnbereiche zu spezialisieren; schwieriger ist es jedoch, verschiedene dieser Regionen miteinander zu verknüpfen. Assembloide bieten hier eine einfache und elegante Lösung. Zwei oder mehr Organoide, die einzeln differenziert und gezüchtet wurden, werden in räumliche Nähe gebracht, bis sie nach einiger Zeit fusionieren. Im Falle der Hirn-Organoide können dann die verschiedenen Hirnbereiche (z. B. kortikale und Subpallium-sphäroide; Birey et al. 2017) neurale Verknüpfungen bilden oder einzelne Neurone in den jeweils anderen Abschnitt migrieren. Nutzbar ist dieses Verfahren aber auch für andere Körperorgan-Organoide, welche in funktionellen Zusammenhang stehen. So wäre es möglich, Organoide eines Gewebes mit vaskulären Organoiden zu fusionieren, um so eine Gefäßversorgung zu erlauben.

3D-Bioprinting

Das 3D-Bioprinting ist ein Verfahren, bei dem über einen 3D-Drucker biologische Baueinheiten geformt und gedruckt werden können. Dafür werden Zellen, Wachstumsfaktoren und unterstützende Biomaterialien, wie z. B. Kollagenproteine oder künstliche Polymere, miteinander kombiniert. Das Ziel hierbei ist es, ein Grundgerüst des Organs zu erstellen, auf dem gleichzeitig Zellen oder auch Sphäroide angesiedelt werden können.

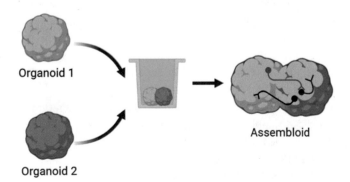

Abb. 21.9 Konzept des Assembloids. Zwei Organoide werden einzeln differenziert und dann in räumliche Nähe gebracht. (Nach der erfolgten Fusionierung können die Zellen beider Organoide miteinander interagieren (bspw. über Synapsen) oder migrieren. Erstellt mit Biorender)

Dabei können die Zellen oder Sphäroide entweder direkt in die Strukturen hineingedruckt oder später ergänzt werden. Der Vorteil ist, dass dann nicht alle Strukturen des Organs selbst entstehen müssen. Ein Beispiel, beim dem ein solches Verfahren angewendet werden könnte, bietet das Herz: Hier wäre es möglich, die Grundstruktur des Herzens aus einem kollagenen Grundgerüst zu drucken und die aus Stammzellen gewonnenen Herzmuskelzellen dort anzusiedeln.

Organ(oid)-on-chip

Die Organ- bzw. Organoid-on-chip-Technologie basiert, wie das 3D-Bioprinting, auf der Möglichkeit, fehlende oder unterstützende Strukturen künstlich zu erstellen. Beim Organ-Chip werden hierfür Zellkulturgefäße aus Plastik oder anderen Materialien verwendet, welche kleinste Kanäle und Kammern im Mikrometerbereich enthalten. Der Begriff „Chip" soll hierbei nur auf die optische Ähnlichkeit zu Computermikrochips anspielen, er enthält (bis auf Elektroden in manchen Chipdesigns) keine elektronischen Bestandteile. Der Organ-Chip ermöglicht es, die Gegebenheiten in einem Organ in der kleinstmöglichen funktionellen Einheit darzustellen. Zum einen enthält er winzige Kanäle, welche die Gefäße des Organs mittels einer pumpen- oder gravitationsgesteuerten Mikrofluidik simulieren. Zum anderen sind Kammern oder Membranen integriert, an welche die organspezifischen Zellen angesiedelt werden oder voneinander räumlich getrennt kultiviert werden können. Da es mit diesen Chips möglich ist, fast beliebige Designs zu realisieren, können damit auch komplexe Interaktionen verschiedener Zellen oder Gewebetypen nachgestellt werden. Einer der wichtigsten Aspekte der Chip-Kultur ist aber die Möglichkeit, mechanische Einflüsse auf die Organe und Zellen zu simulieren. Im Lung-on-Chip-Modell konnte beispielsweise eine atmende Lunge *(breathing lung)* nachgestellt werden, in der die physiologischen Bewegungen durch künstliche erzeugte Bewegung simuliert wurden (Huh 2015). Auch können durch die Kanäle im Chip Mediumflüsse erzeugt werden, welche wie das Blut in den Gefäßen Scherkräfte auf die innersten Zellschichten ausüben. Auf diese Art wurden heute bereits verschiedenste Organe (Lung-on-Chip, Heart-on-Chip, Liver-on-Chip) in Chipgröße realisiert. Derzeit wird auch daran gearbeitet, diese Organe in einem Kreislaufsystem zu integrieren, um somit mehrere Organe des Körpers gleichzeitig darzustellen. Diese als Body-on-Chip bezeichnete Technik könnte das komplexe Zusammenspiel der Organe und das Geschehen im ganzen Körper simulieren.

Ein relativ neues Beispiel, wie auch Organoide mit Organ-on-Chips kombiniert werden können, bietet der Retina-on-Chip (Abb. 21.10; Achberger et al. 2019). Dieser nutzt als Ausgangsmaterial Retina-Organoide und adhärent kultivierte retinale Pigmentepithelzellen, um diese räumlich und funktionell miteinander zu verknüpfen. Darüber hinaus verfügt er über einen Mediumkanal unterhalb des Pigmentepithels, über welchen der Blutfluss und somit die funktionell wichtige Blut-Retina-Schranke simuliert werden kann. Zukünftig könnten solche Organoid-on-Chips aber auch dazu genutzt werden, um fehlende Strukturen, wie beispielsweise Blutgefäße, zu integrieren.

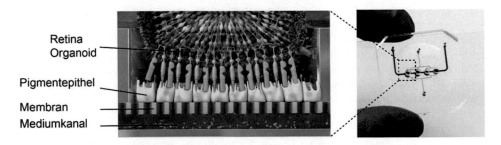

Retina
Organoid
Pigmentepithel
Membran
Mediumkanal

Abb. 21.10   Retina-on-Chip. Die linke Abbildung zeigt schematisch das Prinzip und den Aufbau des Retina-on-Chips. Die rechte Abbildung zeigt ein Foto eines Retina-on-Chips, in dem die Mediumkanäle rot und blau eingefärbt wurden. Reproduziert von Achberger et al. 2019, CC by 4.0, aus dem Original übersetzt

21.4   Zusammenfassung

3D-Kulturen, also die Kulturen dreidimensionaler Zellverbände, sind in der Lage, Gewebe und Organe in einer nie dagewesenen Komplexität und Funktionalität zu simulieren. Obwohl die 3D-Kultur an sich schon viele Jahrzehnte genutzt wird, haben die Organoide, die aus adulten oder (induzierten) pluripotenten Stammzellen gewonnen werden, die In-vitro-Kulturen einen großen Schritt vorangebracht. Fast jedes Organ kann heute als Miniaturversion in der Kulturschale gezüchtet und studiert werden. Zukünftige Entwicklungen im Bereich des Tissue Engineerings könnten der Schlüssel sein, in Zukunft vollständige Organe in vitro zu züchten und diese für die Forschung, aber auch die therapeutische Anwendung am Menschen nutzbar zu machen.

Literatur

Achberger K, Probst C, Haderspeck JC, et al (2019) Merging organoid and organ-on-a-chip technology to generate complex multi-layer tissue models in a human retina-on-a-chip platform. Elife. https://doi.org/10.7554/eLife.46188
Birey F, Andersen J, Makinson CD, et al (2017) Assembly of functionally integrated human forebrain spheroids. Nature 545:54–59. https://doi.org/10.1038/nature22330
Dekkers JF, Wiegerinck CL, De Jonge HR, et al (2013) A functional CFTR assay using primary cystic fibrosis intestinal organoids. Nat Med 19:939–945. https://doi.org/10.1038/nm.3201
Eiraku M, Takata N, Ishibashi H, et al (2011) Self-organizing optic-cup morphogenesis in three-dimensional culture. Nature 472:51–58. https://doi.org/10.1038/nature09941
Huh D (2015) A human breathing lung-on-a-chip. In: Annals of the American Thoracic Society. American Thoracic Society, pp S42–S44
Lancaster MA, Renner M, Martin CA, et al (2013) Cerebral organoids model human brain development and microcephaly. Nature 501:373–379. https://doi.org/10.1038/nature12517

Lukova, Roeselers, 2015, Chap 22 in Verhoeckx K, Cotter P, López-Expósito I, et al (2015) The impact of food bioactives on health: In vitro and Ex Vivo models. Springer International Publishing

Monteil V, Kwon H, Prado P, et al (2020) Inhibition of SARS-CoV-2 Infections in Engineered Human Tissues Using Clinical-Grade Soluble Human ACE2 In Brief Clinical-grade recombinant human ACE2 can reduce SARS-CoV-2 infection in cells and in multiple human organoid models. Inhibition of SARS-CoV-2 Infections in Engineered Human Tissues Using Clinical-Grade Soluble Human ACE2. Cell 181:905–913.e7. https://doi.org/10.1016/j.cell.2020.04.004

Nakano T, Ando S, Takata N, et al (2012) Self-formation of optic cups and storable stratified neural retina from human ESCs. Cell Stem Cell. https://doi.org/10.1016/j.stem.2012.05.009

Wimmer RA, Leopoldi A, Aichinger M, et al (2019) Generation of blood vessel organoids from human pluripotent stem cells. Nat Protoc 14:3082–3100. https://doi.org/10.1038/s41596-019-0213-z

Zhong X, Gutierrez C, Xue T, et al (2014) Generation of three-dimensional retinal tissue with functional photoreceptors from human iPSCs. Nat Commun. https://doi.org/10.1038/ncomms5047

Weiterführende Literatur

Assawachananont J, Mandai M, Okamoto S, et al (2014) Transplantation of embryonic and induced pluripotent stem cell-derived 3D retinal sheets into retinal degenerative mice. Stem Cell Reports 2:662–674. https://doi.org/10.1016/j.stemcr.2014.03.011

Clevers H (2020) COVID-19: organoids go viral. Nat Rev Mol Cell Biol 21:355–356. https://doi.org/10.1038/s41580-020-0258-4

Fatehullah A, Tan SH, Barker N (2016) Organoids as an in vitro model of human development and disease. Nat Cell Biol 18:246–254. https://doi.org/10.1038/ncb3312

Kim J, Koo BK, Knoblich JA (2020) Human organoids: model systems for human biology and medicine. Nat Rev Mol Cell Biol. https://doi.org/10.1038/s41580-020-0259-3

Rossi G, Manfrin A, Lutolf MP (2018) Progress and potential in organoid research. Nat Rev Genet 19:671–687. https://doi.org/10.1038/s41576-018-0051-9

Takahashi K, Yamanaka S (2006) Induction of Pluripotent Stem Cells from Mouse Embryonic and Adult Fibroblast Cultures by Defined Factors. Cell 126:663–676. https://doi.org/10.1016/j.cell.2006.07.024

Takebe T, Wells JM (2019) Organoids by design. Science (80-.) 364:956–959

Yui S, Nakamura T, Sato T, et al (2012) Functional engraftment of colon epithelium expanded in vitro from a single adult Lgr5 + stem cell. Nat Med 18:618–623. https://doi.org/10.1038/nm.2695

Zhou T, Tan L, Cederquist GY, et al (2017) High-Content Screening in hPSC-Neural Progenitors Identifies Drug Candidates that Inhibit Zika Virus Infection in Fetal-like Organoids and Adult Brain. Cell Stem Cell 21:274–283.e5. https://doi.org/10.1016/j.stem.2017.06.017

Tissue Engineering und Regenerative Medizin

22

Valentin Kerkfeld und Ulrich Meyer

Tissue Engineering ermöglicht die Regeneration natürlichen Gewebes und von Organen. Dies löst den Mangel an Spendergewebe als eine der größten Herausforderungen der modernen Medizin (Lavik und Langer 2004). Der lang gehegte Wunsch der Medizin, Gewebe und sogar Organe zu erschaffen, ist heute klinische Realität. Tissue Engineering und regenerative Medizin stehen dabei für das Züchten komplexer Gewebe und Organe aus kleinen Zelleinheiten. Die Methode ist Gegenstand aktueller, multidisziplinärer Forschung und stellt einen aufstrebenden Bereich der Biotechnologie und Medizin dar. Sie soll die Behandlung von Patienten tiefgreifend verändern, indem Gewebe und Organe erzeugt und regeneriert werden, anstatt sie nur zu reparieren. Da beides auf einer Interaktion von Materialien und Zellen mit lebenden Wirten beruht, spielt die Immunologie eine zentrale Rolle. Immunoassays als zentraler Bestandteil der Diagnostik und Therapiekontrolle sind daher von besonderer Bedeutung und Relevanz (Abb. 22.1).

Derzeit ist diese biomedizinische Disziplin mit großen Erwartungen verbunden. Verbesserte Behandlungsmöglichkeiten und eine höhere Lebensqualität der Patienten sind das Ziel, da die neuen Techniken herkömmliche Transplantationsverfahren ablösen könnten. Außerdem wird ein hoher wirtschaftlicher Einfluss auf die klinische Medizin erwartet. Vorab müssen jedoch einige Herausforderungen in wissenschaftlichen, technologischen, klinischen, ethischen und auch sozialen Fragen bewältigt werden. Die Grundlagenforschung erfordert nach wie vor die Bewertung und Ausarbeitung grundlegender Prozesse und Verfahren in verschiedenen Forschungsbereichen. Immunoassays spielen

V. Kerkfeld (✉)
Universitätsklinikum der HHU Düsseldorf, Düsseldorf, Deutschland
E-Mail: valentin.kerkfeld@googlemail.com

U. Meyer
Kieferklinik Münster, Münster, Deutschland
E-Mail: praxis@mkg-muenster.de

© Springer-Verlag GmbH Deutschland, ein Teil von Springer Nature 2023   435
A. M. Raem und P. Rauch (Hrsg.), *Immunoassays*,
https://doi.org/10.1007/978-3-662-62671-9_22

Abb. 22.1 Immunoassay als zentraler Bestandteil der Diagnostik und Therapiekontrolle

dabei eine tragende Rolle in allen Prozessen des Tissue Engineering. Biotechnologische Produkte sind bereits auf den Markt gebracht worden, wobei sich viele davon in einer vorklinischen Phase befinden.

Neben der therapeutischen Anwendung, bei der das Gewebe entweder direkt in einem Patienten oder außerhalb des Patienten gezüchtet und transplantiert wird, kann das Tissue Engineering auch diagnostische Anwendungen haben. Dabei kann das Gewebe in vitro hergestellt und zur pharmakologischen Prüfung der Metabolisierung, Toxizität und Pathogenität von Arzneimitteln verwendet werden. Die Grundlage des Tissue Engineering und der regenerativen Medizin für die therapeutische oder diagnostische Anwendung ist die Fähigkeit, lebende Zellen auf vielfältige Weise zu nutzen.

Bei dem Begriff „Tissue Engineering" handelt es sich eher um ein technisches Konzept der Gewebe- und Organrekonstruktion unter Verwendung von Zellen, Trägerstrukturen und Biomolekülen. Mit „regenerativer Medizin" wird hingegen die Unterstützung der Selbstheilungskräfte und die Verwendung von Stammzellen bezeichnet. „Medizinisch orientierte Stammzellenforschung" umfasst Forschung mit unterschiedlichen Stammzellen, sei es aus menschlichen und nicht menschlichen, embryonalen oder adulten Quellen. Sie umfasst alle Aspekte, bei denen Stammzellen isoliert, gewonnen oder kultiviert werden. Diese werden genutzt, um beispielsweise Zell- oder Gewebetherapien zu entwickeln oder generell die Zelldifferenzierung zu untersuchen. In diesem Sinne umfasst sie weder transgene Studien, Gen-Knockout-Studien noch die Erzeugung chimärer Tiere.

Beide Konzepte, das Tissue Engineering und die regenerative Medizin, vereinen verschiedene wissenschaftliche Bereiche, wie die Biochemie, die Pharmakologie, die Materialwissenschaft, die Zellbiologie, das Ingenieurwesen, und verschiedene klinische

Disziplinen in einem multidisziplinären Ansatz. Es wird davon ausgegangen, dass die vielversprechende Biotechnologie, die jetzt als neues klinisches Werkzeug zur Wiederherstellung verloren gegangener Gewebe oder zur Heilung von Krankheiten eingeführt wurde, die Behandlungsregime verändern und in den kommenden Jahrzehnten einen bedeutenden Beitrag zur klinischen Medizin leisten wird. Zu erwarten ist, dass viele der gegenwärtigen Einschränkungen in naher Zukunft überwunden sein werden, mit dem Ziel, dass sowohl Tissue Engineering als auch Strategien der regenerativen Medizin andere Therapien in der klinischen Routinepraxis ersetzen werden.

Das Tissue Engineering und die regenerative Medizin nutzen Prinzipien der Zelltransplantation, der Materialwissenschaft und des Bioengineering, um biologische Ersatzstoffe zur Wiederherstellung der normalen Funktion in erkrankten und verletzten Geweben zu konstruieren (Lavik und Langer 2004). Solche zellbasierten Therapien nutzen das gesamte Spektrum der physiologischen Kontrollmechanismen intakter Zellen. Mittels Tissue Engineering hergestellte kardiovaskuläre Komponenten, Knochen, Knorpel und gastrointestinale Gewebe sind bereits für die Therapie und zur Untersuchung des Zusammenhangs von Funktion und Struktur hergestellt worden (Kong und Mooney 2007; Lysaght und Reyes 2001; Mansbridge 2006; Seong und Matzinger 2004).

Traditionell besteht das Tissue-Engineering-Konzept darin, dass eine relativ kleine Anzahl von Zellen eines Patienten gewonnen, kultiviert, auf eine geeignete Trägerstruktur appliziert und dann transplantiert wird. Neben autologen differenzierten Zellquellen untersucht die aktuelle Forschung den Nutzen von autologen adulten Stammzellen und Zellen allogenen und xenogenen Ursprungs, wenn autologe differenzierte Zellen nicht verfügbar sind (Lavik und Langer 2004).

Ein Hauptproblem bei der klinischen Anwendung von Produkten aus Tissue Engineering oder der Verwendung von Stammzellen ist die Wirtsantwort (Abb. 22.2). Die aktuelle Forschung konzentriert sich darauf, einen tieferen Einblick in die immunologischen Aspekte von Produkten aus Gewebezüchtungen zu erhalten. Durch ein Verständnis der zellulären und molekularen Aspekte der Interaktion zwischen Wirt und Tissue-Engineering-Transplantat kann das klinische Ergebnis kontrolliert werden. Eine wichtige technische Analyse wird dabei mithilfe von Immunoassays durchgeführt (Kap. 1), da das Vorhandensein verschiedener Biomoleküle (Zytokine, Oberflächenmarker, Proteine) Aufschluss über die biologische Funktion von Tissue-Engineering-Produkten gibt.

Sobald ein Transplantat implantiert ist, lösen Gewebsfaktoren eine angeborene Immunreaktion gegen die Biomaterialkomponente aus, die als Fremdkörperreaktion bezeichnet wird. Neben der Stimulation der angeborenen Immunantwort kann auch eine adaptive Immunreaktion ausgelöst werden, wenn die Biomaterialkomponenten biologisch immunogen wirken.

Sowohl die angeborene als auch die erworbene Immunantwort spielen eine entscheidende Rolle für den Einsatz des Tissue Engineering. Die angeborene Immunantwort wird maßgeblich durch die *Pattern Recognition Receptors* (PRRs) zur Erkennung von Krankheitserregern und Gewebeverletzungen initiiert und ist imstande, die adaptive Immunantwort zu stimulieren. Die adaptive Immunantwort spiegelt dabei die Rolle von Antigenen

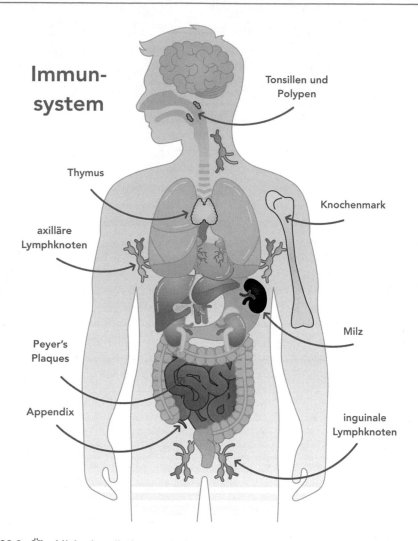

Abb. 22.2 Überblick über die immunologischen Organe des Menschen. Die Wirtsantwort entsteht durch ein komplexes Zusammenspiel der angeborenen und adaptiven Immunität. Knochenmark und Thymus stellen die primär lymphatischen Organe dar, die der Heranreifung und Ausdifferenzierung der Lymphozyten dienen. Die sekundären lymphatischen Organe organisieren hingegen die Antigenpräsentation und aktivieren dadurch die Lymphozyten. Dabei erhalten Lymphknoten die Antigene aus der ihnen zugehörigen Lymphe, während die Milz Antigene aus dem Blut präsentiert. Die Vielzahl an submukösen Lymphfollikeln wird als Mukosa-assoziiertes lymphatisches Gewebe (MALT) zusammengefasst und sorgt für die Antigenerkennung der Schleimhäute. Auf diese Weise erkennt das Immunsystem potenzielle Krankheitserreger und körperfremdes Material

und Adjuvanzien in der Reaktion auf Tissue-Engineering-Transplantate wider. Die Verbindungen zwischen der angeborenen und der adaptiven Immunantwort im Zusammenhang mit Tissue Engineering sind eng, wobei die Biomaterialkomponenten als Adjuvans wirkt.

22.1 Angeborene Immunität

Die Implantation eines Tissue-Engineering-Transplantats erfordert zunächst eine chirurgische Anfrischung des umgebenden Gewebes. Durch die neu entstandene Wundfläche wird eine Immunreaktion ausgelöst. Die angeborene Immunantwort ist eine unspezifische Reaktion des Wirts zur Abwehr von Krankheitserregern oder fremden Materialien. Sie dient zudem der Reparatur von Gewebeschäden (beispielsweise der Entfernung nekrotischer Zellen und Zelltrümmer) und der Entfernung apoptotischer Zellen (Seong und Matzinger 2004). Angeborene Immunantworten sind evolutionär lang tradiert, was anhand der ähnlichen Eigenschaften bei Insekten und Säugetieren aufgezeigt werden kann. Die angeborene Immunität bietet eine schnelle Antwort auf eine Infektion, die der langsameren, aber spezifischen, adaptiven Immunantwort vorausgeht. Der Schlüssel zur angeborenen Immunantwort ist die Beteiligung von Leukozyten, die zunächst infektiöse Krankheitserreger phagozytieren und eliminieren und auch Zell- und Gewebstrümmer beseitigen.

Eine Gewebeverletzung durch die Implantation eines Transplantats löst eine Fremdkörperreaktion aus. Die abnorme Wundheilungssequenz führt typischerweise zur Einkapselung des Transplantats in fibröses Gewebe (Anderson 2001). Der allgemeine Wundheilungsverlauf nach der Transplantation umfasst nach der Gewebsverletzung eine Blut-(Fremd-)Material-Interaktion, gefolgt von einer provisorischen Matrixbildung, bei einer akuten und später chronischen Entzündung sowie der Ausbildung von Granulationsgewebe mit Fremdkörperreaktion und anschließender Fibrose (Anderson 2001).

22.1.1 Monitoring von Gewebeverletzungen durch Pattern Recognition Receptors

Durch die Erkennung der virusinfizierten und nekrotischen Zellprodukte werden PRRs auch als interne Überwacher der Gewebeintegrität bezeichnet. Eine Gewebeschädigung durch die Implantation des Tissue-Engineering-Transplantats kann körpereigene Liganden für TLRs, NLRs und RAGE freisetzen. Diese endogenen Liganden werden als *danger signals* oder Alarmine bezeichnet (Bianchi 2007; Gallucci et al. 1999; Lee und Kim 2007). *Damage-Associated Moleculare Patterns* (DAMPs) umfassen PAMPs und Alarmine, die Immunzellen aktivieren (Bianchi 2007). Zusätzlich zur Freisetzung von Alarminen kann eine Gewebeschädigung die angeborene Immunantwort durch eine erhöhte Reaktionsfähigkeit insbesondere von TLR2 und TLR4 ohne erhöhte Expression vorantreiben (Bethke et al. 2002). Aufgrund der Rezeptorpromiskuität sind TLR2 und TLR4 in der Lage, auf eine Vielzahl von Liganden zu reagieren, was möglicherweise auf die Exposition hydrophober Reste zurückzuführen ist (Seong und Matzinger 2004).

22.1.2 Proteinadsorption an implantierten Materialien und Biomaterialerkennung durch Pattern Recognition Receptors

Eine initiale Verletzung durch die Implantation von Materialien verursacht eine Störung des lokalen Bindegewebes und der Gefäße (Anderson 2001; Llull 1999). Durch die lokale Blutung nach der Implantation werden Proteine an die Oberfläche des Tissue-Engineering-Transplantats adsorbiert (Anderson 2001; Horbett 1993). Es hat sich gezeigt, dass sich die adsorbierte Proteinschicht im Laufe der Zeit in der Protein-zusammensetzung ändert, was als Vroman-Effekt bekannt ist. Dabei wird das adsorbierte Fibrinogen durch Faktor XII und hochmolekulares Kininogen ersetzt (Vroman et al. 1980). Die adsorbierte Proteinschicht auf implantierten Materialien ist zelladhäsiv und opsonisierend, einschließlich Komplementaktivierungsfragmenten, Immunglobulin, Fibronektin, Vitronektin und Fibrinogen (Gorbett und Sefton 2004; Horbett 1993; Tang und Eaton 1999; Wilson et al. 2005; Zdolsek et al. 2007). Die Proteinschicht wird von den Recognition Receptors, einschließlich PRRs, auf Entzündungs-/Immunzellen des Wirts erkannt. Die Komplementaktivierung durch Biomaterialien über den alternativen Komplementweg führt zur Beschichtung des Implantats mit Komplementaktivierungs-fragmenten (Cheung et al. 1991; McNally und Anderson 1994) und/oder zur Freisetzung von Anaphylatoxinen (C3a, C4a und C5a), die Chemoattraktanten für die Leukozyten-infiltration sind und die Leukozytenaktivierung verursachen (Cheung et al. 1989).

22.1.3 Wundheilung

Gewebeverletzung, Leukozytenrekrutierung und Entzündung.
Nach der chirurgischen Gewebedurchtrennung wird der Blutverlust durch die Frei-setzung von Vasokonstriktoren (z. B. Thromboxan A2 und Prostaglandin 2α) und die Aktivierung der Gerinnungskaskade durch kollagenexponierte Thrombozyten minimiert (Broughton et al. 2006; Witte und Barbul 1997). Bei der Blutgerinnung nach Gewebe-schädigung lagert sich ein Fibringerinnsel ab, das als provisorische extrazelluläre Matrix dient (Anderson 2001; Llull 1999; Martin 1997). Das resultierende Gerinnsel besteht aus Kollagen, Thrombozyten, Thrombin und Fibronektin (Broughton et al. 2006; Martin 1997). Die Extrazellulärmatrix bietet auch ein Gerüst für neutrophile Granulozyten,

Monozyten, Fibroblasten und Endothelzellen sowie ein Reservoir für Mediatoren, die eine kontrollierte Regulation der Entzündungsreaktion erleichtern (Broughton et al. 2006; Henry und Garner 2003; Martin 1997).

Eine Entzündung ist gekennzeichnet durch die Ansammlung von Flüssigkeit und Plasmaproteinen sowie die Auswanderung von Leukozyten, vor allem neutrophilen Granulozyten und Monozyten (Anderson 2001; Medzhitov und Janeway 1998).

Geweberegeneration und -reparatur
Bei der kutanen Wundheilung geht die Entzündung in die proliferative und anschließende remodellierende Phase über. Mesenchymale Zellen proliferieren während der Wundheilung. Diese werden durch Zytokine, die von nahegelegenen Zellen (z. B. aktivierte Thrombozyten und Makrophagen) abgesondert werden, und durch Komponenten der Extrazellulärmatrix (z. B. Kollagenpeptide und Fibronektin) gesteuert (Anderson 2001; Broughton et al. 2006; Henry und Garner 2003). Während der Angiogenese proliferieren die Endothelzellen und wandern aus, um neue Kapillaren zu bilden. Das Wundbett wird dadurch vaskularisiert und bildet aus Komponenten der Extrazellulärmatrix das Granulationsgewebe (Anderson 2001; Midwood et al. 2006).

Wundheilung nach Implantation des Transplantats
Die Wundheilung von implantierten Transplantaten verläuft abnormal. In-vitro-Studien haben gezeigt, dass Materialien mit adsorbierten Proteinen die Sekretionsprofile von Monozytenzytokinen (Bonfield et al. 1992) und die Makrophagenadhäsion (Jenney und Anderson 2000) beeinflussen. Die Phagozytose von großen, nicht abbaubaren implantierten Materialien tritt auch aufgrund der Größenunterschiede zwischen Implantat und Makrophagen in der Regel nicht auf (Anderson 2001; Llull 1999). Stattdessen kann es zu einer frustranen Phagozytose kommen, einem Prozess, bei dem Leukozyten reaktive Sauerstoffzwischenprodukte absondern, die Transplantate abbauen können (Kaplan et al. 1996; Wetterö et al. 2003). Nur einige wenige Partikel sind phagozytierbar, wenn sie eine Größe von <10 µm haben (Tabata und Ikada 1988). Dazu gehören unter anderem von Arzneimitteln abgegebene Nano- oder Mikropartikel (Ahsan et al. 2002; Hirota et al. 2007; Owens und Peppas 2006; Prior et al. 2002), oder von entsprechenden Implantaten abgeriebene Partikel (Amstutz et al. 1992).

22.2   Adaptive Immunität

Während die angeborene Immunantwort eine unspezifische Immunantwort darstellt, die auf die Entfernung von Krankheitserregern und anderen Fremdstoffen wie Biomaterialien abzielt, ist die adaptive Immunantwort oder erworbene Immunität eine antigenspezifische Immunantwort, die auf die Eliminierung von Krankheitserregern und

Zellen mit körperfremden Antigenen abzielt. Die adaptive Immunantwort kann auch bei der Regulierung angeborener Immunantworten eine Rolle spielen. Es konnte gezeigt werden, dass die adaptiven Immunzellen, insbesondere T-Zellen, die TLR-stimulierte angeborene Immunantwort auf Virusinfektionen mildern können. Dies ist ein wichtiger Regulierungsschritt, da eine unregulierte Zytokinaktivität zum Tod des Wirts führen könnte (Kim et al. 2007).

Tissue-Engineering-Transplantate bestehen in der Regel aus Biomaterial und weiteren biologischen Komponenten. Während die Implantation eines Biomaterials eine Gewebeschädigung verursacht, die zu einer angeborenen Immunantwort bzw. Fremdkörperreaktion führt, kann das Vorhandensein einer immunogenen biologischen Komponente zu einer adaptiven Immunantwort führen. Immunogene, also Antigene, die in der Lage sind, eine spezifische Immunantwort auszulösen, können von der biologischen Komponente des Tissue-Engineering-Transplantats abgegeben werden (z. B. Antigene allogener Zellen). Aus diesem Grund muss das Potenzial für eine adaptive Immunantwort bei der Herstellung von biotechnologisch bearbeiteten Gewebeprodukten berücksichtigt werden.

22.2.1 Antigenpräsentation

Major-Histocompatibility-Complex- (MHC-)Moleküle werden auf den meisten Zellober-flächen exprimiert. Es werden drei Klassen von MHCs unterschieden: MHC-Klasse I, MHC-Klasse II und MHC-Klasse III. Die MHC-Klasse-I- und MHC-Klasse-II-Moleküle spielen eine wichtige Rolle bei der adaptiven Immunität. Während die MHC-Klasse I auf den meisten kernhaltigen Zellen exprimiert wird, wird die MHC-Klasse II auf Antigen-präsentierenden Zellen, wie Makrophagen, dendritischen Zellen und B-Zellen, angezeigt. Unter MHC-Klasse III werden Komplementfaktoren und Zytokine subsummiert, die als Plasmaproteine jedoch vornehmlich der angeborenen Immunabwehr dienen.

22.2.2 Antigene im Tissue Engineering

Die biologischen Komponenten von Tissue-Engineering-Transplantaten sind typischer-weise die funktionellen Elemente in der reparativen Medizin. Die in gewebetechno-logischen Produkten verwendeten Zellen können autologen, isogenen, allogenen oder xenogenen Ursprungs sein. Autologe Zellen wurden in Kulturen für die Verwendung in biotechnologisch bearbeiteten Gewebeprodukten vermehrt (z. B. Keratinozyten, Fibro-blasten, Chondrozyten, Myoblasten und mesenchymale Stammzellen; Babensee et al. 1998) und bieten das Potenzial für ein breites Anwendungsspektrum. Dabei stellen autologe Zellquellen beim Tissue Engineering eine besondere Herausforderung dar. So dauert die Züchtung einer ausreichenden Zellzahl lange, die Verwendung von Zellen älterer Patienten kann zu weiteren Schwierigkeiten führen und bei der Verarbeitung ist keine Korrektur genetischer Defekte möglich (Mason und Hoare 2007).

22.2.3 Adjuvanzien beim Tissue Engineering

Biomaterial-Adjuvanzien
Dendritische Zellen (DCs) stellen ein maßgebliches Bindeglied zwischen der angeborenen und der adaptiven Immunantwort dar. Die Charakterisierung der DC-Reifung bei Kontakt mit Biomaterialien spielt daher eine Rolle bei der Biokompatibilitätsbetrachtung. Das Wissen wird bei der Auswahl und dem Design von Biomaterialien für das Tissue Engineering genutzt.

Biomaterialassoziierte danger signals In Anbetracht der Wirkung von *danger signals* auf die adaptive Immunantwort kann die Immunantwort auf Antigene von der Form des Trägervehikels abhängen. Diese ist dabei proportional abhängig vom Ausmaß der Gewebeschädigung bei der Insertion.

Endotoxinkontamination
Bei der Entwicklung von Tissue-Engineering-Produkten sollte man die potenzielle Endotoxinkontamination kommerzieller Reagenzien und Biomaterialien berücksichtigen und versuchen, diese zu minimieren. Endotoxine wirken als Adjuvanzien bei Immunreaktionen, indem sie Immunzellen durch Bindung an PRR aktivieren. Endotoxine induzieren die Freisetzung von Mediatoren wie Interleukinen, Prostaglandinen, freien Radikalen und Zytokinen aus aktivierten Immunzellen (Batista et al. 2007). Leitstrukturen für Tissue-Engineering-Transplantate können rekombinante Wachstumsfaktoren enthalten, um die Entwicklung von Parenchymzellen oder das Engraftment des Transplantats zu verbessern (Babensee et al. 2000). Rekombinante Proteinpräparate können Agonisten für TLR, wie z. B. Endotoxine, enthalten, die eine proinflammatorische Reaktion auslösen (Gao und Tsan 2003).

22.2.4 Strategien zur Verhinderung der Immunabstoßung von Produkten aus Tissue Engineering

Strategien aus der klassischen Transplantationsbiologie zur Verhinderung der Transplantatabstoßung, wie beispielsweise die Immunsuppression des Wirts oder Toleranzinduktion, können eingesetzt werden, um die Immunabstoßung von Tissue Engineering Transplantaten zu verhindern. Zu den Toleranzinduktionsstrategien gehören die kostimulierende Blockade, APC- und Lymphozytendepletion zum Zeitpunkt der Implantation, sowie die Transplantation von Spendermark oder Stammzellen (Hale 2006).

Literatur

Ahsan, F., et al., Targeting to macrophages: role of physicochemical properties of particulate carriers—liposomes and microspheres—on the phagocytosis by macrophages. Journal of controlled release, 2002. **79**(1–3): p. 29–40.

Amstutz, H.C., et al., Mechanism and clinical significance of wear debris-induced osteolysis. Clinical orthopaedics and related research, 1992(276): p. 7–18.

Anderson, J.M., Biological responses to materials. Annual review of materials research, 2001. **31**(1): p. 81–110.

Babensee, J.E., et al., Host response to tissue engineered devices. Advanced drug delivery reviews, 1998. **33**(1–2): p. 111–139.

Babensee, J.E., L.V. McIntire, and A.G. Mikos, Growth factor delivery for tissue engineering. Pharmaceutical research, 2000. **17**(5): p. 497–504.

Batista, P.d.O.M.D., et al., Methods of endotoxin removal from biological preparations: a review. 2007.

Bethke, K., et al., Different efficiency of heat shock proteins (HSP) to activate human monocytes and dendritic cells: superiority of HSP60. The journal of immunology, 2002. **169**(11): p. 6141–6148.

Bianchi, M.E., DAMPs, PAMPs and alarmins: all we need to know about danger. Journal of leukocyte biology, 2007. **81**(1): p. 1–5.

Bonfield, T., et al., Cytokine and growth factor production by monocytes/macrophages on protein preadsorbed polymers. Journal of biomedical materials research, 1992. **26**(7): p. 837–850.

Cheung, A.K., C.J. Parker, and J. Janatova, Analysis of the complement C3 fragments associated with hemodialysis membranes. Kidney international, 1989. **35**(2): p. 576–588.

Cheung, A.K., M. Hohnholt, and J. Gilson, Adherence of neutrophils to hemodialysis membranes: Role of complement receptors. Kidney international, 1991. **40**(6): p. 1123–1133.

Gallucci, S., M. Lolkema, and P. Matzinger, Natural adjuvants: endogenous activators of dendritic cells. Nature medicine, 1999. **5**(11): p. 1249–1255.

Gao, B. and M.-F. Tsan, Endotoxin contamination in recombinant human heat shock protein 70 (Hsp70) preparation is responsible for the induction of tumor necrosis factor α release by murine macrophages. Journal of Biological Chemistry, 2003. **278**(1): p. 174–179.

George Broughton, I., J.E. Janis, and C.E. Attinger, Wound healing: an overview. Plastic and reconstructive surgery, 2006. **117**(7S): p. 1e-S–32e-S.

Gorbet, M.B. and M.V. Sefton, Biomaterial-associated thrombosis: roles of coagulation factors, complement, platelets and leukocytes. Biomaterials, 2004. **25**(26): p. 5681–5703.

Hale, D.A., Basic transplantation immunology. Surgical Clinics, 2006. **86**(5): p. 1103–1125.

Henry, G. and W.L. Garner, Inflammatory mediators in wound healing. Surgical Clinics, 2003. **83**(3): p. 483–507.

Hirota, K., et al., Optimum conditions for efficient phagocytosis of rifampicin-loaded PLGA microspheres by alveolar macrophages. Journal of controlled release, 2007. **119**(1): p. 69–76.

Horbett, T.A., Principles underlying the role of adsorbed plasma proteins in blood interactions with foreign materials. Cardiovascular Pathology, 1993. **2**(3): p. 137–148.

Jenney, C.R. and J.M. Anderson, Adsorbed serum proteins responsible for surface dependent human macrophage behavior. Journal of Biomedical Materials Research: An Official Journal of The Society for Biomaterials and The Japanese Society for Biomaterials, 2000. **49**(4): p. 435–447.

Kaplan, S., et al., Biomaterial-neutrophil interactions: Dysregulation of oxidative functions of fresh neutrophils induced by prior neutrophil-biomaterial interaction. Journal of Biomedical

Materials Research: An Official Journal of The Society for Biomaterials and The Japanese Society for Biomaterials, 1996. **30**(1): p. 67–75.

Kim, K.D., et al., Adaptive immune cells temper initial innate responses. Nature medicine, 2007. **13**(10): p. 1248–1252.

Kong, H.J. and D.J. Mooney, Microenvironmental regulation of biomacromolecular therapies. Nature Reviews Drug Discovery, 2007. **6**(6): p. 455–463.

Lavik, E. and R. Langer, Tissue engineering: current state and perspectives. Applied microbiology and biotechnology, 2004. **65**(1): p. 1–8.

Lee, M.S. and Y.-J. Kim, Pattern-recognition receptor signaling initiated from extracellular, membrane, and cytoplasmic space. Molecules & Cells (Springer Science & Business Media BV), 2007. **23**(1).

Llull, R., Immune considerations in tissue engineering. Clinics in plastic surgery, 1999. **26**(4): p. 549–68, vii–viii.

Lysaght, M.J. and J. Reyes, The growth of tissue engineering. Tissue engineering, 2001. **7**(5): p. 485–493.

Mansbridge, J., Commercial considerations in tissue engineering. Journal of anatomy, 2006. **209**(4): p. 527–532.

Martin, P., Wound healing--aiming for perfect skin regeneration. Science, 1997. **276**(5309): p. 75–81.

Mason, C. and M. Hoare, Regenerative medicine bioprocessing: building a conceptual framework based on early studies. Tissue Engineering, 2007. **13**(2): p. 301–311.

McNally, A. and J. Anderson, Complement C3 participation in monocyte adhesion to different surfaces. Proceedings of the National Academy of Sciences, 1994. **91**(21): p. 10119–10123.

Medzhitov, R. and C.A. Janeway Jr. Innate immune recognition and control of adaptive immune responses. in Seminars in immunology. 1998. Elsevier.

Methe, H. and E.R. Edelman. Tissue engineering of endothelial cells and the immune response. in Transplantation proceedings. 2006. Elsevier.

Methe, H., et al., Matrix embedding alters the immune response against endothelial cells in vitro and in vivo. Circulation, 2005. 112(9_supplement): p. I-89–I-95.

Methe, H., et al., Matrix adherence of endothelial cells attenuates immune reactivity: induction of hyporesponsiveness in allo-and xenogeneic models. The FASEB Journal, 2007a. **21**(7): p. 1515–1526.

Methe, H., S. Hess, and E.R. Edelman, Endothelial cell-matrix interactions determine maturation of dendritic cells. European journal of immunology, 2007b. **37**(7): p. 1773–1784.

Midwood, K.S., et al. Modulation of cell–fibronectin matrix interactions during tissue repair. in Journal of Investigative Dermatology Symposium Proceedings. 2006. Elsevier.

Owens III, D.E. and N.A. Peppas, Opsonization, biodistribution, and pharmacokinetics of polymeric nanoparticles. International journal of pharmaceutics, 2006. **307**(1): p. 93–102.

Prior, S., et al., In vitro phagocytosis and monocyte-macrophage activation with poly (lactide) and poly (lactide-co-glycolide) microspheres. European Journal of Pharmaceutical Sciences, 2002. **15**(2): p. 197–207.

Seong, S.-Y. and P. Matzinger, Hydrophobicity: an ancient damage-associated molecular pattern that initiates innate immune responses. Nature Reviews Immunology, 2004. **4**(6): p. 469–478.

Tabata, Y. and Y. Ikada, Effect of the size and surface charge of polymer microspheres on their phagocytosis by macrophage. Biomaterials, 1988. **9**(4): p. 356–362.

Tang, L. and J.W. Eaton, Natural responses to unnatural materials: A molecular mechanism for foreign body reactions. Molecular medicine, 1999. **5**(6): p. 351–358.

Vroman, L., et al., Interaction of high molecular weight kininogen, factor XII, and fibrinogen in plasma at interfaces. 1980.

Wetterö, J., P. Tengvall, and T. Bengtsson, Platelets stimulated by IgG-coated surfaces bind and activate neutrophils through a selectin-dependent pathway. Biomaterials, 2003. **24**(9): p. 1559–1573.

Wilson, C.J., et al., Mediation of biomaterial–cell interactions by adsorbed proteins: a review. Tissue engineering, 2005. **11**(1–2): p. 1–18.

Witte, M.B. and A. Barbul, General principles of wound healing. Surgical Clinics of North America, 1997. **77**(3): p. 509–528.

Zdolsek, J., J.W. Eaton, and L. Tang, Histamine release and fibrinogen adsorption mediate acute inflammatory responses to biomaterial implants in humans. Journal of translational medicine, 2007. **5**(1): p. 31.

Die CRISPR/Cas-Technologie: Klassische und zukünftige Anwendungen in der Molekularbiologie und Medizin

23

Claudia Rutz und Ralf Schülein

Die Genmodifizierungsmethode CRISPR/Cas hat nach ihrer Erstbeschreibung im Jahr 2012 innerhalb weniger Jahre die Molekularbiologie revolutioniert (CRISPR = *clustered regularly interspaced short palindromic repeats;* Cas = *CRISPR-associated protein*). Die schnell steigende Zahl der Publikationen mit CRISPR/Cas ist nur vergleichbar mit dem, was in den 1980er-Jahren nach der Entwicklung der Polymerase-Kettenreaktion (PCR) oder in den 1990er-Jahren nach der Einführung des Grün fluoreszierenden Proteins (GFP) zu beobachten war.

23.1 Einleitung: Der Ursprung von CRISPR/Cas – vom bakteriellen Immunsystem zur universellen Genmodifizierungsmethode

Um zu verstehen, wie man CRISPR/Cas anwenden kann, ist es sinnvoll, einen Blick auf die Ursprünge dieser Technologie zu werfen. Die Schlüsselmethoden für CRISPR/Cas wurden aus den Abwehrmechanismen abgeleitet, mit denen sich Bakterien gegen eindringende Nucleinsäuren von Bakteriophagen wehren. Auch andere Fremd-DNA wird von diesem bakteriellen Immunsystem erkannt und zerstört.

Doch wie funktioniert dieses Immunsystem? Nach dem Eindringen von Bakteriophagen-Nucleinsäuren in eine Bakterienzelle beginnen die viralen Gene und deren

C. Rutz · R. Schülein (✉)
Core Facility Cell Engineering, Leibniz-Forschungsinstitut für Molekulare Pharmakologie, Berlin, Deutschland
E-Mail: Schuelein@fmp-berlin.de

C. Rutz
E-Mail: rutz@fmp-berlin.de

Proteine, den Zellstoffwechsel zu kontrollieren. Dies führt zur Produktion neuer Bakteriophagen und zur Zelllyse (lytischer Zyklus). Als Abwehrmechanismus haben Bakterienzellen CRISPR-Loci entwickelt, die CRISPR/Cas-Systeme codieren. Der am besten untersuchte CRISPR-Locus, der von *Streptococcus pyogenes,* ist in Abb. 23.1 dargestellt. Ein CRISPR-Locus codiert für die transaktivierende CRISPR-RNA (tracrRNA), das Cas-Operon und das sogenannte CRISPR-Repeat-Spacer-Array. Das namensgebende CRISPR-Repeat-Spacer-Array besteht aus kurzen, identischen Wiederholungssequenzen, die durch heterogene Spacer-Sequenzen getrennt sind. Letztere enthalten integrierte virale (Fremd-) DNA. Wie wirken die Komponenten des CRISPR-Locus zusammen, um eine Immunität gegen Viren auszubilden? Drei verschiedene Schritte sind beteiligt:

- Fremd-DNA-Aufnahme und -Einbau,
- Reifung und
- Interferenz.

Wird eine Bakterienzelle von einem neuen Virus infiziert, wird die Virussequenz in Stücke geschnitten und die Fragmente werden als neuartige Spacer-Elemente in das

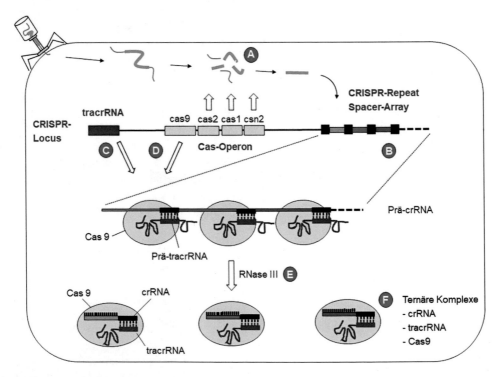

Abb. 23.1 Fremd-DNA-Aufnahme, -Einbau und –Reifung durch den CRISPR-Locus von S. pyogenes. Durch das Zusammenspiel der Proteine des CRISPR-Locus werden virusspezifische ternäre Komplexe gebildet, die aus Cas9, crRNA, tracrRNA bestehen. (Details siehe Text)

CRISPR-Repeat/Spacer-Array integriert (A in Abb. 23.1; Repeat-Elemente = schwarze Quadrate; Spacer-Elemente = Rechtecke in verschiedenen Farben). Diese DNA-Aufnahme wird durch Proteine des Cas-Operons vermittelt (Cas1, Cas2, Csn2). Als Nächstes findet die Reifung statt. Aus dem CRISPR-Repeat/Spacer-Array wird eine große RNA transkribiert, die sogenannte Prä-CRISPR-RNA (Prä-crRNA) (B in Abb. 23.1). Eine weitere Komponente, die prä-trans-aktivierende CRISPR-RNA (Prä-tracrRNA), wird vom tracrRNA-Locus transkribiert (C). Sie ist komplementär zu den Repeat-Elementen der Prä-crRNA und bindet an diese über Basenpaarung. Beide RNAs bilden zusammen mit der Endonuclease Cas9 aus dem Cas-Operon (D) einen ternären Komplex. Danach wird die Prä-cRNA durch das RNase-III-Enzym in einzelne Abschnitte geteilt und auch die Prä-tracrRNA auf ihre endgültige Länge gekürzt (E). Es bilden sich virusspezifische ternäre Komplexe, die aus dem Cas9-Protein und den reifen tracrRNAs und crRNAs bestehen (F).

Zur spezifischen Abwehr, der Interferenz, kommt es, wenn ein Virus ein zweites Mal auf die Zelle trifft (Abb. 23.2). Der ternäre Komplex scannt die virale DNA auf das Vorhandensein einer Cas-spezifischen Trinucleotidsequenz, dem sogenannten Protospacer-Adjacent-Motiv (PAM-Motiv, siehe unten). Wenn ein PAM-Motiv vorhanden und die

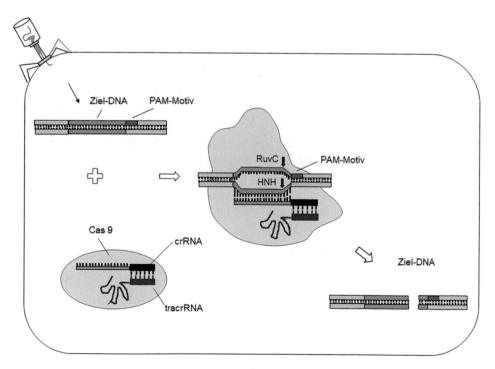

Abb. 23.2 Interferenz. Spezifische ternäre Komplexe, bestehend aus Cas9, crRNA und tracrRNA, führen einen Doppelstrangbruch in die Ziel-DNA ein, sobald ein Virus eine Zelle ein zweites Mal infiziert. (Details siehe Text)

stromaufwärts gelegene virale DNA komplementär zur ungepaarten crRNA des ternären Komplexes ist, bindet der Komplex nach dem Entwinden der Ziel-DNA über crRNA/DNA-Basenpaarung an die Ziel-DNA. Cas9 besitzt zwei Endonucleasedomänen, RuvC und HNH, die einen Doppelstrangbruch in der eindringenden DNA bewirken, diese dadurch zerstören und die Expression der viralen Proteine verhindern.

Bemerkenswert ist die Rolle des PAM-Motivs: Das PAM-Motiv war auch bei Erstinfektion stromabwärts in der viralen Zielsequenz vorhanden, wurde aber nicht in das CRISPR-Array übernommen. Auf diese Weise stellt die Bakterienzelle sicher, dass die Zielsequenz im eigenen CRISPR–Array (ohne PAM-Motiv) nicht von dem spezifischen ternären Cas9-Komplex gespalten wird, neu eindringende Virus-DNA dagegen schon (mit PAM-Motiv). Interessant ist ferner, dass im Gegensatz zu höheren Organismen CRISPR/Cas nicht nur ein adaptives, sondern auch ein vererbbares Immunsystem darstellt, das durch Zellteilung weitergegeben wird!

23.2 Die Anwendungen von CRISPR/Cas

23.2.1 Verwendung als universelle Genmodifizierungsmethode in der Forschung

Betrachtet man die Funktion dieses bakteriellen Immunsystems, fällt sofort ins Auge, dass man mit einem nur aus drei Komponenten bestehenden Komplex (Cas9, crRNA und tracrRNA) einen Doppelstrangbruch in einer spezifischen genomischen Zielsequenz erzeugen kann. Die tracrRNA kann mit der zielsequenzspezifischen crRNA zu einer sogenannten „Single-Guide-RNA" (sgRNA) fusioniert werden, was eine weitere Vereinfachung darstellt (binärer Komplex). Der Weg zu einer universellen Genmodifizierungsmethode war dann nicht mehr weit. Mithilfe bioinformatischer Techniken wird im zu editierenden Zielgen nach einem PAM-Motiv gesucht und stromaufwärts die Sequenz des spezifischen Teils der sgRNA festgelegt. Für den Transfer der sgRNA und Cas9 in die Zielzellen stehen verschiedene Methoden zu Verfügung (siehe auch Abschn. 23.3.1).

Liegt der binäre Komplex in den Zielzellen vor, kann er einen Doppelstrangbruch in die Zielsequenz einführen. Auf der Basis dieses Schnitts sind zwei Methoden zur Genmodifizierung gebräuchlich, sogenannte Gen-Knock-outs oder Gen-Knock-ins (KO bzw. KI; Abb. 23.3). Der Knock-out eines Gens entsteht spontan durch die fehlerhafte zelluläre Reparatur des Doppelstrangbruchs (Abb. 23.3, links). Man nennt diesen Prozess auch *non-homologous end joining* (NHEJ). Hier werden zusätzliche Basen eingefügt oder es entstehen kleine Deletionen, die das Leseraster des Zielgens zerstören (sogenannte „INDELS"). Andererseits ist bekannt, dass Doppelstrangbrüche auch die homologe Rekombination stimulieren. Wird parallel zum binären Cas9/sgRNA-Komplex ein homologes Reparaturkonstrukt mit einer Modifikation des Gens angeboten, so kann dieses Merkmal durch homologe Rekombination in das Zielgen eingefügt werden

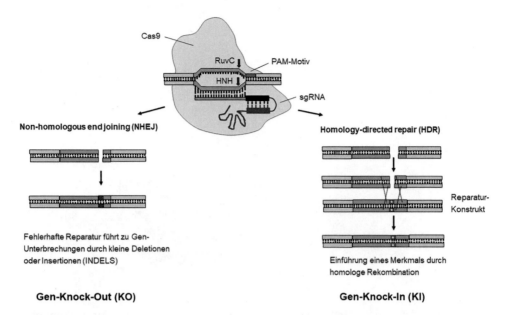

Abb. 23.3 Konstruktion von KOs und KIs mithilfe von CRISPR/Cas: Durch fehlerhafte Reparatur des Doppelstrangbruchs können kleine Insertionen oder Deletionen in die Ziel-DNA eingefügt werden (non-homologous end joining, NHEJ, links). Durch die Verschiebung des Leserasters entstehen KOs. Mithilfe eines zusätzlichen Reparaturplasmids können über homologe Rekombination auch neue Merkmale in das Zielgen eingefügt und KIs erzeugt werden (homology-directed repair, HDR, rechts)

(Abb. 23.3, rechts). Dieser Prozess wird *homology-directed repair* (HDR) genannt und zur Erzeugung von Knock-ins genutzt.

CRISPR/Cas ist eine sehr leistungsfähige Technik, um Gene zu modifizieren. Man sollte sich jedoch der Grenzen der Methode bewusst sein, wenn man diese einsetzt. Hauptproblem bei der Anwendung als Genmodifizierungsmethode sind sogenannte „Off-Target"-Modifikationen, die durch die unspezifische Bindung der sgRNA an andere Sequenzen entstehen können. Der spezifische Teil der sgRNA ist immer nur 20 Basen lang, sodass es recht wahrscheinlich ist, dass es im Genom homologe Bereiche gibt, die eine unspezifische Bindung unter Ausbildung von Basen-Fehlpaarungen ermöglichen. Glücklicherweise sind Off-Target-Modifikationen durch eine sgRNA in der Regel mithilfe bioinformatischer Methoden vorhersehbar und z. B. durch PCR-Amplifikation und Sequenzierung nachträglich detektierbar.

Im Verlauf der letzten Jahre wurden die Anwendungen des ursprünglichen CRISPR/Cas9-Gen-Modifzierungssystems wesentlich erweitert. Im Vordergrund stehen hierbei Methoden, bei denen die Cas9-Nuclease die Ziel-DNA nicht mehr schneidet, sondern nur noch spezifisch an diese bindet. Dies wird durch Mutation der beiden Nucleasedomänen von Cas9 erreicht. Das sogenannte dCas9-Protein kann dann z. B. mit verschiedenen Markern fusioniert werden, um nach spezifischer Bindung Zielgene zu

Abb. 23.4 Anwendungen von dCas9. Die beiden Nucleasedomänen wurden durch Mutation entfernt. Das an eine Ziel-DNA bindende, aber nicht mehr schneidende dCas9 kann mit Genaktivatoren oder -repressoren oder epigenetischen Markern fusioniert werden

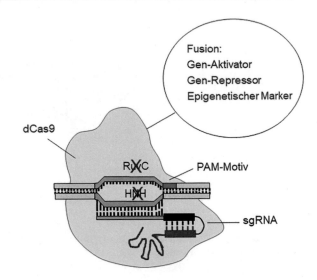

beeinflussen oder deren Regulation zu studieren (Abb. 23.4). Zum Einsatz kommen hier beispielsweise Aktivatoren oder Repressoren der Genexpression oder epigenetische Marker.

23.2.2 Therapeutische Anwendungen von CRISPR/Cas

In der Medizin eröffneten sich durch CRISPR/Cas neue therapeutische Möglichkeiten, die rasch in die Anwendung drängen. Erste klinische Studien zeigen aber, dass diese Therapien häufig von Effizienzproblemen begleitet sind. Auch Sicherheitsaspekte sind noch nicht abschließend geklärt (z. B. mögliche Off-Target-Mutationen). Derzeit ist noch kein CRISPR/Cas-basiertes therapeutisches Verfahren von einer Zulassungsbehörde für die breite Anwendung am Menschen freigegeben. Es ist aber anzunehmen, dass nach der Molekularbiologie CRISPR/Cas auch die Medizin revolutionieren wird. Grundsätzlich kann man bei der therapeutischen Anwendung Ex-vivo- und In-vivo-Ansätze unterscheiden. Bei den Ex-vivo-Ansätzen werden Patientenzellen isoliert, in vitro modifiziert und dann wieder in den Patienten zurückgegeben. Bei den In-vivo-Ansätzen werden die CRISPR/Cas-Komponenten im Patienten in spezifische Körperzellen eingeschleust, um dort das Genom direkt zu verändern. Einige Anwendungen von CRISPR/Cas in der Medizin und dafür neu entwickelte CRISPR/Cas-Werkzeuge sollen im Folgenden kurz vorgestellt werden.

Potenzielle Anwendungen von CRISPR/Cas in der Gentherapie
Es sind etwa 5000 genetische Krankheiten bekannt, unter denen Millionen von Menschen leiden. Bereits kurz nach der Erstbeschreibung von gentechnisch veränderten

Organismen Anfang der Siebzigerjahre des vergangenen Jahrhunderts tauchte die Frage auf, ob man die sich rasch entwickelnde Gentechnik eines Tages nutzen könnte, um genetische Krankheiten zu heilen. Diese Überlegungen wurden durch die Tatsache befeuert, dass Erbkrankheiten oft nur auf einzelnen Punktmutationen beruhen, die dann zu den defekten Proteinen führen. Rasch waren mit einer Vielzahl von Restriktionsenzymen und dem Verfahren der gerichteten Mutagenese auch geeignete Werkzeuge vorhanden, um in das Genom eingreifen zu können. Es zeigte sich jedoch, dass es praktisch unmöglich war, diese Werkzeuge an die eine, richtige Stelle im Genom zu bringen. Dies änderte sich mit der Entwicklung der CRISPR/Cas-Technik grundlegend und nachhaltig, da über das PAM-Motiv und die sgRNA ein hohes Maß an Ortsspezifität im Genom erreichbar ist.

CRISPR/Cas basierte Methoden zur Korrektur von Punktmutationen Für die ortsspezifische Korrektur von Punktmutationen mithilfe des CRISPR/Cas-Systems wurden neue Methoden entwickelt (Abb. 23.5). Ein Weg besteht in der Verwendung von sogenannten Baseneditoren. Diese entstehen durch die Fusion von nCas9 („Nickase", nur ein Strang der Ziel-DNA wird gespalten) mit einer Adenin- oder Cytosin-Deaminase. Die Fusionsproteine erkennen mithilfe der sgRNA die Ziel-DNA ortsspezifisch und verändern eine Base durch Deaminierung. Eine Adenin-Deaminase wandelt Adenin zunächst in Hypoxanthin um (Abb. 23.5, oben). Durch den Schnitt im unmodi-

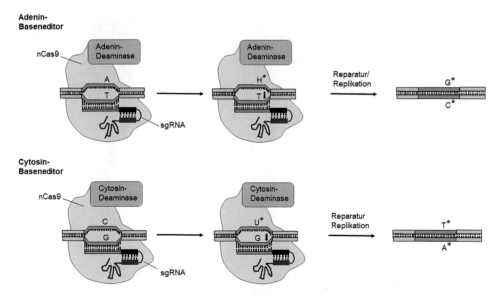

Abb. 23.5 Funktionsweise der Adenin- und Cytosin-Baseneditoren. Ein Fusionsprotein aus nCas9 und einer Deaminase ist in Anwesenheit einer spezifischen sgRNA in der Lage, ortsspezifisch Basen auszutauschen. (Nach Spaltung des unmodifizierten Strangs durch nCas9 (roter Pfeil) wird der Austausch durch Reparatur und Replikation vollendet. H = Hypoxanthin; U = Uracil)

fizierten Strang durch nCas9 wird die DNA-Reparatur aktiviert. Hypoxanthin wird bei der Reparatur aber wie Guanin gelesen und dadurch Cytosin im Gegenstrang eingebaut. Nach Replikation wird am Ende daher ein A/T-Paar durch ein G/C-Paar ersetzt. Im Falle einer Cytosin-Deaminase wird Cytosin zu Uracil umgewandelt. Die DNA-Reparatur führt zum Einbau von Adenin im Gegenstrang und die Replikation schließlich zum Ersetzen des C/G-Basenpaares durch ein T/A-Paar. Es gibt auch Baseneditoren mit Cas9-Proteinen ohne Nucleaseaktivität (dCas9; siehe Abschn. 23.2.1). Hier wird die Umwandlung eines Basenpaars nur durch Replikation vollendet. Dadurch ist die Effizienz des Austauschs an der Ziel-DNA geringer, dafür wird aber das Risiko von Mutation an Off-Target-Sequenzen vermindert, da ein Strangbruch nicht mehr möglich ist.

Das grundsätzliche Problem der Baseneditoren ist, dass auch Basen, die in der Nähe der Punktmutation liegen, umgewandelt werden können. Mit der Methode des „Prime-Editing" wurde kürzlich ein alternatives Verfahren entwickelt, um Punktmutationen gezielt umwandeln zu können. Bei der Prime-Editing-Technik kommt eine spezielle sgRNA zum Einsatz, die sogenannte Prime-Editing-Guide-RNA (pegRNA) (Abb. 23.6). Die pegRNA ist einer standardmäßigen sgRNA ähnlich, enthält aber zusätzlich am

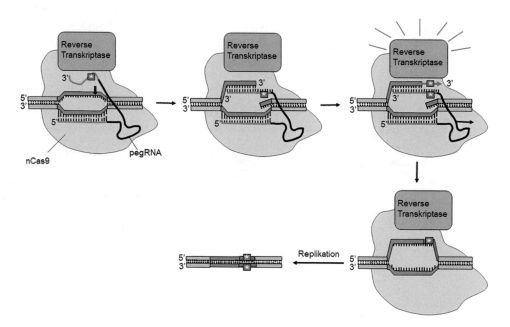

Abb. 23.6 Mechanismus des Prime-Editing. Ein Fusionsprotein aus nCas9 und einer reversen Transkriptase bindet mithilfe des 5'-Bereichs der pegRNA an die Zielsequenz. Nach dem nCas9-vermittelten Einzelstrangbruch (roter Pfeil) bindet der 3'-Bereich der pegRNA, der die Modifikation enthält (Stern), an den anderen Strang. Die reverse Transkriptase füllt diesen Strang auf und integriert dabei die Modifikation. Nach Reparatur und Replikation wird am Ende die Modifikation im Doppelstrang erhalten

3'-Ende eine Sequenz, die komplementär zu dem Strang ist, an den der 5'-Bereich der pegRNA bindet (der 5'-Bereich der pegRNA entspricht einer klassischen sgRNA). Dieser zusätzliche 3'-Bereich enthält auch die einzuführende Modifikation. Die Nuclease nCas9 ist für das Prime-Editing mit einer reversen Transkriptase fusioniert. Bindet die pegRNA mit ihrem 5'-Bereich an die Zielsequenz, führt nCas9 im anderen Strang einen Einzelstrangbruch ein, und der 3'-Bereich der pegRNA kann binden. Wichtig ist, dass die einzuführende Mutation vor der Spaltstelle liegt, sodass dieser Bereich zunächst einzelsträngig ist und als Matrize für die reverse Transkriptase dienen kann. Diese setzt am freiliegenden 3'-Ende des gespaltenen Strangs an, füllt diesen auf und integriert dabei die Modifikation. Nach Reparatur und Replikation wird am Ende die Modifikation im Doppelstrang erhalten.

Beispiel für eine potenzielle Anwendung von CRISPR/Cas in der Gentherapie Mittlerweile sind viele gentherapeutische CRISPR/Cas-Strategien in Vorbereitung oder in frühen Phasen von klinischen Studien. Ein bemerkenswertes Beispiel soll hier hervorgehoben werden. Die β-Thalassämie ist eine Erbkrankheit, bei der das Gen der β-Kette des Hämoglobins betroffen ist (β-Globin-Gen). In der schweren Ausprägung der Krankheit werden kaum noch funktionelle β-Ketten gebildet, und der Verlauf ist unbehandelt tödlich. Eine effektive Behandlungsmöglichkeit ist bisher nur durch ständige Bluttransfusionen möglich, die im Lauf der Zeit häufig mit klinischen Komplikationen einhergehen.

Da über 200 verschiedene Mutationen im Gen der β-Kette beim Menschen beschrieben wurden, müsste eine CRISPR/Cas-Korrektur in patientenspezifischen, blutbildenden Stammzellen individualisiert erfolgen. Es hat sich aber gezeigt, dass β-Thalassämie-Patienten, die auch nach der Geburt die fetale ☐-Kette des Hämoglobins weiter exprimieren, wesentlich mildere Krankheitsverläufe haben. Das Umschalten von γ- auf β-Globin wird durch die Bindung des BCL11A-Proteins an eine regulatorische Sequenz in der Nähe der β- und γ-Globin-Gene ausgelöst. Die Entfernung dieser Schaltersequenz im Rahmen einer Ex-vivo-Therapie durch CRISPR/Cas und die Verhinderung des Umschaltens könnte daher für viele β-Thalassämie-Patienten zielführend sein. Erste klinische Studien, die diese Strategie verfolgten, zeigten offenbar Erfolge, auch wenn die Zahl der Patienten nur sehr klein war. So benötigten die Patienten in den ersten neun Monaten nach der Therapie keine Bluttransfusionen mehr, davor waren es im Durchschnitt 16 pro Jahr. Unerwünschte Wirkungen traten bei der Therapie bisher kaum auf.

Beispiel für eine potenzielle Anwendung von CRISPR/Cas in der Krebstherapie Obwohl Krebs immer durch mutierte Gene entsteht, geht es bei den therapeutischen CRISPR/Cas-Ansätzen nicht um die Korrektur dieser ursächlichen Defekte. Vielmehr wird im Rahmen einer Krebs-Immuntherapie versucht, Immunzellen so zu verändern, dass sie Krebszellen besser erkennen und abtöten können. Die Krebs-Immuntherapie ist derzeit das am schnellsten wachsende Gebiet der klinischen

Forschung mit einer Vielzahl bereits laufender Studien. Ein Ansatz von vielen ist das Einfügen von tumorspezifischen T-Zellrezeptor-Genen mithilfe von CRISPR/Cas in isolierte T-Zellen von Patienten (*ex vivo*-Therapie). Mithilfe von CRISPR/Cas können die tumorspezifischen T-Zellrezeptor-Gene ortsspezifisch an die Stelle der endogenen T-Zellrezeptor-Gene integriert werden.

Potenzielle Anwendungen von CRISPR/Cas in der Therapie von Infektionen mit multiresistenten Bakterien

Ambulant erworbene Infektionen mit bakteriellen Erregern können in der Regel gut mit Antibiotika behandelt werden. Ganz anders stellt sich die Situation dar, wenn es zu einer Infektion im Krankenhaus kommt. In den Kliniken gibt es häufig multiresistente Keime, die eine erhebliche Gefahr für die Patienten darstellen. Derzeit kommt es in Deutschland jährlich zu 30.000 bis 40.000 Infektionen durch multiresistente Bakterien mit vielen Todesfällen.

Mit der Entwicklung der CRISPR/Cas-Technologie kam die Frage auf, ob man neuartige CRISPR/Cas-basierte Medikamente entwickeln kann, die insbesondere gegen diese multiresistenten Keime gerichtet sind. Eine Idee war, mithilfe von sgRNA-gesteuerten Cas-Molekülen essenzielle bakterielle Gene auszuschalten oder bakterielle Virulenz-/Resistenz-Plasmide zu eliminieren. Das grundsätzliche Problem ist dabei nicht, geeignete sgRNA-Sequenzen für Zielgene zu definieren, sondern diese zusammen mit dem entsprechenden Cas-Gen effizient in die Zellen zu schleusen. Auf DNA-Ebene könnte dies z. B. mithilfe von Bakteriophagenvektoren erfolgen (Abb. 23.7, A). Das Problem hierbei ist, dass Bakteriophagen eine Immunantwort hervorrufen könnten, die eine zweite Anwendung eines spezifischen Vektors ausschließt. Andere Ideen umfassen den Einsatz von polymeren Nanopartikeln, die bereits fertig assemblierte Cas/sgRNA-Partikel enthalten (Abb. 23.7, B). All diese Strategien lieferten in vitro bereits vielversprechende Ergebnisse, sind aber noch nicht reif für eine In-vivo-Anwendung.

23.2.3 Anwendungen von CRISPR/Cas in der Diagnostik von Infektionskrankheiten

Die Diagnostik von Infektionskrankheiten beruht im Wesentlichen auf zwei Säulen: dem Nachweis der gebildeten Antikörper (Antikörpertests) und dem direkten Erregernachweis mithilfe von Antigenschnelltests oder der PCR. Antikörpertests haben den Nachteil, dass sie erst mit zeitlicher Verzögerung positiv sind und, abhängig vom Erreger, wenig über das Vorliegen einer akuten Infektion aussagen. Letztere kann nur durch einen direkten Erregernachweis bestätigt werden. Hier kommen zum einen Antigenschnelltests zum Einsatz, die erregerspezifische Proteine mit Immunoassays detektieren. Vorteil der Antigenschnelltests ist die Durchführbarkeit unter Feldbedingungen, die Geschwindigkeit der Auswertung und der relativ niedrige Preis, Nachteil ist die manchmal geringe Spezifität und Sensitivität, sodass mit falsch-positiven und

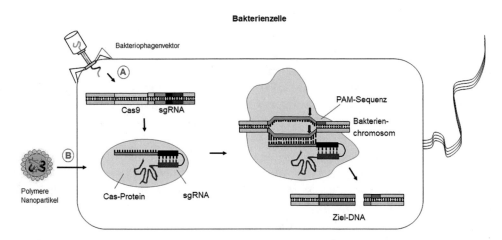

Abb. 23.7 Strategien zur Entwicklung neuartiger Antiinfektiva auf Basis der CRISPR/Cas-Technologie. Mithilfe von sgRNA-gesteuerten Cas-Molekülen könnten essenzielle bakterielle Gene eliminiert werden. Gene für die sgRNAs und Cas könnten mithilfe von Bakteriophagenvektoren in die Bakterienzellen gebracht werden (oben, A). Eine weitere Möglichkeit ist das Einschleusen von bereits assemblierten binären Komplexen mithilfe von polymeren Nanopartikeln (unten links, B)

falsch-negativen Ergebnissen gerechnet werden muss. Alternativ zu den Antigenschnelltests wird die PCR-Technik zum direkten Erregernachweis eingesetzt. Diese detektiert die Nucleinsäure des Erregers und gewährleistet damit eine ausgezeichnete Sensitivität und Spezifität. Die PCR-Technik hat sich in den letzten Jahrzehnten zum Goldstandard für den direkten Erregernachweis entwickelt. Nachteilig ist die zeitliche Verzögerung bis zum Erhalt der Ergebnisse und der relativ hohe Preis. Der wichtigste Nachteil der PCR-Technik ist jedoch, dass ein spezialisiertes Labor mit entsprechenden Geräten benötigt wird, d. h. PCR-Tests können nicht unter Feldbedingungen durchgeführt werden.

Da mithilfe einer sgRNA ein Cas-Protein an einen spezifischen Nucleinsäureabschnitt gebunden werden kann, stellte sich schon bald die Frage, ob dies auch für diagnostische Zwecke genutzt werden kann. Ziel war dabei die Entwicklung eines Systems, das unter Feldbedingungen relativ schnelle Ergebnisse liefert, günstig ist und dabei eine hohe Sensitivität und Spezifität gewährleistet. Mit anderen Worten: ein diagnostisches Tool, das die Vorteile der klassischen immunologischen Antigentests und der PCR-Technik beim direkten Erregernachweis vereint.

Eine neuentwickelte Technik ist die SHERLOCK-Methode *(specific high-sensitivity enzymatic reporter unlocking)*. Mit SHERLOCK kann sowohl die RNA als auch die DNA eines Erregers nachgewiesen werden. Wie bei der PCR erfordert der Nachweis einer Nucleinsäure zunächst deren Amplifikation auf DNA-Ebene. Bei der PCR geschieht dies durch Hitzedenaturierung der DNA und deren Amplifikation durch spezifisch bindende Oligonucleotide und eine hitzestabile Polymerase. Gerade der bei jedem PCR-Zyklus notwendige Hitzeschritt macht verständlich, warum diese Methode einen relativ hohen apparativen Aufwand bedingt. Der Amplifikationsmechanismus ist bei SHERLOCK grundlegend anders. Hier wird nicht Hitze, sondern eine DNA-Rekombinase und ein einzelsträngiges Bindungsprotein zur Strangtrennung verwendet. Die anschließende Oligonucleotid-getriebene Amplifikation erfolgt durch eine normale DNA-Polymerase bei Raumtemperatur (Abb. 23.8, links). Diese sogenannte Rekombinase-Polymerase-Amplifikation (RPA) ermöglicht eine isothermale Amplifikation der DNA unter Feldbedingungen, und es ist kein spezialisiertes Labor erforderlich. Ist die zu amplifizierende Nucleinsäure eine RNA, wird die RNA-Sequenz mit einer reversen Transkriptase in DNA übersetzt (RT-RPA, Abb. 23.8, rechts). Sobald die DNA amplifiziert ist, wird sie in RNA transkribiert. Für die CAS-vermittelte Nachweisreaktion wird nicht Cas9, sondern Cas13 in Komplex mit der zielsequenzspezifischen sgRNA verwendet. Im Gegensatz zu Cas9 bindet Cas13 nicht an DNA, sondern an RNA und hat noch eine weitere, sehr wichtige Eigenschaft: Cas13 wird durch die Bindung an die Ziel-RNA aktiviert und zeigt dann eine sogenannte kollaterale RNase-Aktivität. Bei dieser Reaktion wird jedes in der Nähe befindliche RNA-Molekül gespalten, und diese Reaktion kann zur Visualisierung genutzt werden.

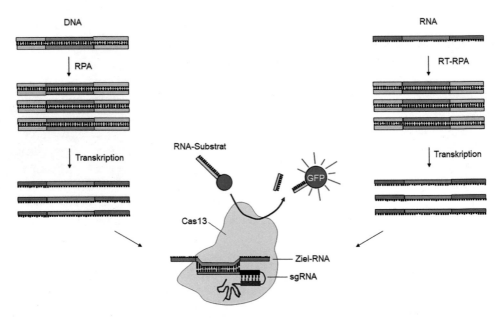

Abb. 23.8 SHERLOCK-Methode zum Nachweis von DNA (links) und RNA (rechts). Die DNA wird durch eine isothermale Rekombinase-Polymerase-Amplifikation (RPA, links) amplifiziert. Im Fall von RNA-Ausgangsmaterial ermöglicht eine reverse Transkriptase die Übersetzung der RNA in DNA (RT-RPA, rechts). Die amplifizierte DNA wird wieder zu RNA transkribiert, und Cas13 kann mithilfe der sgRNA an die Zielsequenz binden. Die kollaterale RNase-Aktivität von Cas13 ermöglicht die Freisetzung eines fluoreszierenden Spaltprodukts

Im Fall von SHERLOCK wird Cas13 ein RNA-Substrat präsentiert, das einen inaktiven Fluoreszenzmarker wie GFP enthält. Durch die Substratspaltung wird GFP in seine fluoreszierende Konformation überführt und kann so leicht nachgewiesen werden. Zu erwähnen ist, dass die SARS-CoV-2-Pandemie ab dem Frühjahr 2020 die Entwicklung dieser Methode zur Marktreife stark beschleunigte. Inzwischen ist die SHERLOCK-Methode zur COVID-19-Diagnose in den USA zugelassen. Das gesamte Testverfahren dauert zwar ca. ein bis drei Stunden, kann aber unter Feldbedingungen durchgeführt werden. Spezifität und Sensitivität liegen dabei auf dem Niveau der PCR. Ähnlich wie SHERLOCK funktioniert die DETECTR-Methode. Hier wird Cas12 eingesetzt, das an DNA bindet und ebenfalls über eine kollaterale RNase-Aktivität verfügt. Es bleibt abzuwarten, ob SHERLOCK und DETECTR die PCR-Technik zukünftig ergänzen oder gar verdrängen können.

23.3   CRISPR/Cas: Die Praxis

23.3.1 CRISPR/Cas-Transfermethoden

Will man CRISPR/Cas als Genmodifizierungsmethode anwenden, ist der effiziente Transfer der einzelnen Komponenten in die Zielzellen von entscheidender Bedeutung. Die Komponenten können dabei in Form von DNA vorliegen. Das Einbringen in die Zellen ist aber auch in Form eines fertig assemblierten Ribonucleoprotein-Komplexes möglich. Die Transfermethoden sind in Abb. 23.9 zusammengefasst.

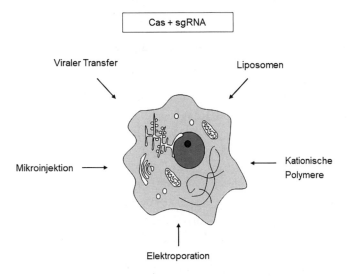

Abb. 23.9 Transfermethoden für CRISPR/Cas. Details siehe Text

Virale Vektoren können CRISPR/Cas-Komponenten durch eine Infektion hocheffizient in Zellen einschleusen. Aus Sicherheitsgründen wird das Virusgenom dabei so verändert, dass es nur als Trägervehikel fungiert. Zum Einsatz kommen Vektorsysteme, die von Lentiviren, Adenoviren und Adeno-assoziierten Viren abgeleitet wurden. Der hohen Transfereffizienz stehen einige Nachteile gegenüber. So ist die die Genomgröße begrenzt, die in ein Viruspartikel verpackt werden kann, und die Produktion der Viruspartikel ist in der Regel aufwendig. Ferner unterliegen die Experimente einer höheren Sicherheitseinstufung. Bei möglichen therapeutischen Anwendungen eignet sich ein viraler Transfer aufgrund der hohen Effizienz besonders für In-vivo-Therapien.

Chemische Verfahren wie die Zelltransfektion mit Liposomen oder kationischen Polymeren überwinden das Problem, dass Nucleinsäuren alleine aufgrund ihrer hydrophilen Struktur nicht effektiv in Zellen eindringen können. Bei diesen Methoden werden die negativen Ladungen der Nucleinsäuren mit polykationischen Polymeren oder Lipidpartikeln maskiert, um so den Eintritt in die Zellen durch Endozytose zu erleichtern. Neben der Ladungsmaskierung erfüllen diese Träger weitere Funktionen: Das Nucleinsäuremolekül wird auf eine kleinere Größe komprimiert und vor dem Abbau durch zelluläre Nucleasen geschützt. Der Nachteil der chemischen Methoden ist, dass die Transfereffizienz vom Zielzelltyp abhängt und oft eine umständliche Prozessoptimierung notwendig ist.

Physikalische Methoden wie Mikroinjektion und Elektroporation können ebenfalls verwendet werden – v. a. bei Zellen, die sich chemischen Transfermethoden entziehen. Nachteil der physikalischen Verfahren ist, dass in jedem Fall spezielle Geräte benötigt werden. Sofern nicht ausgearbeitete Protokolle für die Zielzellen bereits vorliegen, ist ebenfalls davon auszugehen, dass ein längerer Optimierungsprozess notwendig wird. Ungeeignete Bedingungen führen gerade bei physikalischen Methoden besonders häufig zum Zelltod. Physikalische Methoden können naturgemäß nur ex vivo eingesetzt werden.

23.3.2 Beispiel eines CRISPR/Cas-Protokolls für einen Gen-Knock-out

Die notwendigen Überlegungen für ein CRISPR/Cas-Experiment und die einzelnen Schritte sollen im Folgendem am Beispiel eines Gen-Knock-outs dargestellt werden (Abb. 23.10). Exemplarisch für die vielen Methoden und Protokolle wird hier ein Gentransfer mithilfe eines Plasmids und kationischen Polymeren beschrieben. Ein CRISPR/Cas-Knock-out beginnt mit der Auswahl der sgRNAs. Die Erfahrung zeigt, dass nicht jede sgRNA zu einer erfolgreichen Genmodifikation führt. Aus Zeitgründen ist es daher ratsam, mit mehreren verschiedenen sgRNAs für ein oder mehrere Exons des Zielgens zu beginnen (ca. 3–4). Bei der Auswahl der Sequenzen wird eine Minimierung potenzieller Off-Targets angestrebt. Hierfür gibt es zahlreiche Online-Programme, deren Zuverlässigkeit und Anwenderfreundlichkeit ähnlich ist. Es ist dabei sinnvoll, die erhaltenen sgRNAs eines Programms mithilfe eines zweiten Tools zu überprüfen.

Die Auswahl der Zielzellen wird häufig durch das Projekt vorgegeben. Für einen Knock-out ist in jedem Fall zu klären, ob das Zielgen in der ausdifferenzierten Zelle in einer oder zwei Kopien vorliegt (Heterosomen vs. Autosomen). Tumorzellen enthalten oft zusätzliche Kopien eines ganzen Chromosoms oder Bruchstücke davon. Es ist sehr wichtig, diese Aneuploidien zu beachten, da sie einen erfolgreichen Knock-out ganz erheblich erschweren können.

Die sgRNAs werden dann als DNA-Oligonucleotide in einen Plasmidvektor kloniert, der das Gen für Cas enthält. Die Transfervektoren codieren ferner ein Merkmal, mit dessen Hilfe man transfizierte Zellen leichter identifizieren kann (z. B. GFP).

Anschließend werden die Zielzellen mit dem fertigen Transfervektor transfiziert. Die negativen Ladungen der DNA werden dabei mit einem kationischen Polymer maskiert (z. B. Polyethlenimin, PEI, Abb. 23.10). Die transfizierten Zellen werden über den exprimierten Marker (z. B. GFP) mithilfe der Durchflusszytometrie angereichert und schließlich vereinzelt. Die Zellklone werden angezüchtet und der Knock-out, sofern ein Antikörper gegen das Zielprotein vorhanden ist, mithilfe eines Western-Blots validiert. Eine PCR-Amplifikation der Zielsequenz und eine Bestätigung des Knock-outs mithilfe einer DNA-Sequenzierung sollten folgen. Ist kein Antikörper vorhanden, bleiben PCR-Amplifikation und Sequenzierung die einzigen Methoden zur Validierung des Knock-outs.

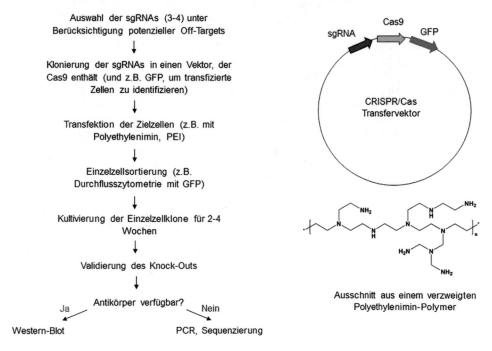

Abb. 23.10 Zusammenfassung der Einzelschritte eines Gen-Knock-outs mithilfe der CRISPR/Cas-Methode. Details siehe Text

23.4 Schlussbemerkungen

Die verschiedenen CRISPR/Cas-Methoden sind Teil einer Technologieplattform, die in der Molekularbiologie eine überragende Bedeutung erlangt hat. Mit CRISPR/Cas ist es zum ersten Mal möglich, fast jede genomische Sequenz gezielt zu verändern. Damit scheint auch der alte Traum einer Anwendung im Sinne einer Gentherapie näher zu rücken. Auch wenn einige klinische Studien bereits vielversprechende Ergebnisse zeigen, ist es bis zu einer breiten Anwendung noch ein weiter Weg. Sicherheitsrelevant sind vor allem die schon mehrfach erwähnten Off-Target-Mutationen, die auf der Kürze des spezifischen Teils der sgRNAs beruhen. Es ist auch nicht ausgeschlossen, dass das Ausmaß ungewollter DNA-Veränderungen durch CRISPR/Cas bisher unterschätzt wird. Bevor CRISPR/Cas eine weitreichende Bedeutung in der klinischen Praxis erfährt, ist noch weitere Forschung nötig, die z. B. die Spezifität der Methode verbessert oder gar Off-Target-Mutationen ausschließt.

Weiterführende Literatur

Akcakaya, P., Bobbin, M.L., Guo, J.A., Malagon-Lopez, J., Clement, K., Garcia, S.P., Fellows, M.D., Porritt, M.J., Firth, M.A., Carreras, A., et al. (2018). In vivo CRISPR editing with no detectable genome-wide off-target mutations. Nature 561, 416–419.

Chandrasekaran, A.P., Song, M., Kim, K.S., and Ramakrishna, S. (2018). Different Methods of Delivering CRISPR/Cas9 Into Cells. Prog Mol Biol Transl Sci 159, 157–176.

Chen, Y., Shi, Y., Chen, Y., Yang, Z., Wu, H., Zhou, Z., Li, J., Ping, J., He, L., Shen, H., et al. (2020). Contamination-free visual detection of SARS-CoV-2 with CRISPR/Cas12a: A promising method in the point-of-care detection. Biosens Bioelectron 169, 112642.

Chertow, D.S. (2018). Next-generation diagnostics with CRISPR. Science 360, 381-382.

Ding, R., Long, J., Yuan, M., Jin, Y., Yang, H., Chen, M., Chen, S., and Duan, G. (2021). CRISPR/ Cas System: A Potential Technology for the Prevention and Control of COVID-19 and Emerging Infectious Diseases. Front Cell Infect Microbiol 11, 639108.

Doudna, J.A., and Charpentier, E. (2014). Genome editing. The new frontier of genome engineering with CRISPR-Cas9. Science 346, 1258096.

Khambhati, K., Bhattacharjee, G., and Singh, V. (2019). Current progress in CRISPR-based diagnostic platforms. J Cell Biochem 120, 2721-2725.

Knott, G.J., and Doudna, J.A. (2018). CRISPR-Cas guides the future of genetic engineering. Science 361, 866-869.

Lander, E.S. (2016). The Heroes of CRISPR. Cell 164, 18-28.

Lim, J.M., and Kim, H.H. (2022). Basic Principles and Clinical Applications of CRISPR-Based Genome Editing. Yonsei Med J 63, 105-113.

Ma, S., Lv, J., Feng, Z., Rong, Z., and Lin, Y. (2021). Get ready for the CRISPR/Cas system: A beginner's guide to the engineering and design of guide RNAs. J Gene Med 23, e3377.

Molla, K.A., and Yang, Y. (2019). CRISPR/Cas-Mediated Base Editing: Technical Considerations and Practical Applications. Trends Biotechnol 37, 1121–1142.

Moon, S.B., Kim, D.Y., Ko, J.H., and Kim, Y.S. (2019). Recent advances in the CRISPR genome editing tool set. Exp Mol Med 51, 1–11.

Nidhi, S., Anand, U., Oleksak, P., Tripathi, P., Lal, J.A., Thomas, G., Kuca, K., and Tripathi, V. (2021). Novel CRISPR-Cas Systems: An Updated Review of the Current Achievements, Applications, and Future Research Perspectives. Int J Mol Sci 22.

Scholefield, J., and Harrison, P.T. (2021). Prime editing – an update on the field. Gene Ther 28, 396–401.

Strich, J.R., and Chertow, D.S. (2019). CRISPR-Cas Biology and Its Application to Infectious Diseases. J Clin Microbiol 57.

Taha, E.A., Lee, J., and Hotta, A. (2022). Delivery of CRISPR-Cas tools for in vivo genome editing therapy: Trends and challenges. J Control Release 342, 345–361.

Thurtle-Schmidt, D.M., and Lo, T.W. (2018). Molecular biology at the cutting edge: A review on CRISPR/CAS9 gene editing for undergraduates. Biochem Mol Biol Educ 46, 195–205.

van Dijke, I., Bosch, L., Bredenoord, A.L., Cornel, M., Repping, S., and Hendriks, S. (2018). The ethics of clinical applications of germline genome modification: a systematic review of reasons. Hum Reprod 33, 1777–1796.

van Dongen, J.E., Berendsen, J.T.W., Steenbergen, R.D.M., Wolthuis, R.M.F., Eijkel, J.C.T., and Segerink, L.I. (2020). Point-of-care CRISPR/Cas nucleic acid detection: Recent advances, challenges and opportunities. Biosens Bioelectron 166, 112445.

Wang, H., La Russa, M., and Qi, L.S. (2016). CRISPR/Cas9 in Genome Editing and Beyond. Annu Rev Biochem 85, 227–264.

Xiang, X., Qian, K., Zhang, Z., Lin, F., Xie, Y., Liu, Y., and Yang, Z. (2020). CRISPR-cas systems based molecular diagnostic tool for infectious diseases and emerging 2019 novel coronavirus (COVID-19) pneumonia. J Drug Target 28, 727–731.

Zhang, H., Qin, C., An, C., Zheng, X., Wen, S., Chen, W., Liu, X., Lv, Z., Yang, P., Xu, W., et al. (2021). Application of the CRISPR/Cas9-based gene editing technique in basic research, diagnosis, and therapy of cancer. Mol Cancer 20, 126.

Zhou, L., Peng, R., Zhang, R., and Li, J. (2018). The applications of CRISPR/Cas system in molecular detection. J Cell Mol Med 22, 5807–5815.

Fluoreszenzfarbstoffe

Lutz Haalck

Das Phänomen der Fluoreszenz wurde erstmals 1556 an Flussspat (Calciumfluorid) entdeckt. Dabei handelt es sich um einen Emissionsprozess, der durch die Bestrahlung mit Licht geeigneter Wellenlänge erzeugt wird.

Im Bereich des sichtbaren Lichts gibt es verschiedene Phänomene der Emission, die unter dem Oberbegriff Lumineszenz zusammengefasst werden. Allen Vorgängen ist gemeinsam, dass Moleküle oder Verbindungen in einen angeregten elektronischen Zustand gebracht werden müssen, bevor eine Leuchterscheinung beobachtet werden kann. Je nachdem, ob die Energie durch eine chemische Reaktion freigesetzt oder durch elektromagnetische Strahlung übertragen wurde, spricht man von Chemo- oder Photolumineszenz. Einen Sonderfall der Chemolumineszenz stellt die Biolumineszenz dar. Hier wird die Energie durch eine chemische Reaktion in einem lebenden Organismus bereitgestellt. Beispiele sind die in lauen Sommernächten zu beobachtenden Glühwürmchen *(Lampyris noctiluca)* oder im Atlantik beheimatete Kleinkrebse *(Euphausia superba).* Im Nachfolgenden soll sich auf die Photolumineszenz beschränkt werden.

Fluoreszenzfarbstoffe sind meist organisch-chemische Substanzen mit ausgedehnten (konjugierten) Elektronensystemen, die nach Anregung mit elektromagnetischer Strahlung ebenfalls Licht aussenden können. Fluorescein (Abb. 24.1b), 1871 erstmals von Baeyer synthetisiert, ist wohl der bekannteste Fluoreszenzfarbstoff und hat der gesamten Substanzklasse seinen Namen gegeben. Weitere prominente Vertreter sind Coumarine, Rhodamine und Cyaninfarbstoffe (Abb. 24.1a, c, d). Je ausgedehnter das konjugierte Elektronensystem, desto längerwellig absorbieren und gegebenenfalls emittieren die Farbstoffe.

L. Haalck (✉)
Miltenyi Biotec GmbH, Bergisch Gladbach, Deutschland
E-Mail: lutz.haalck@miltenyibiotec.de

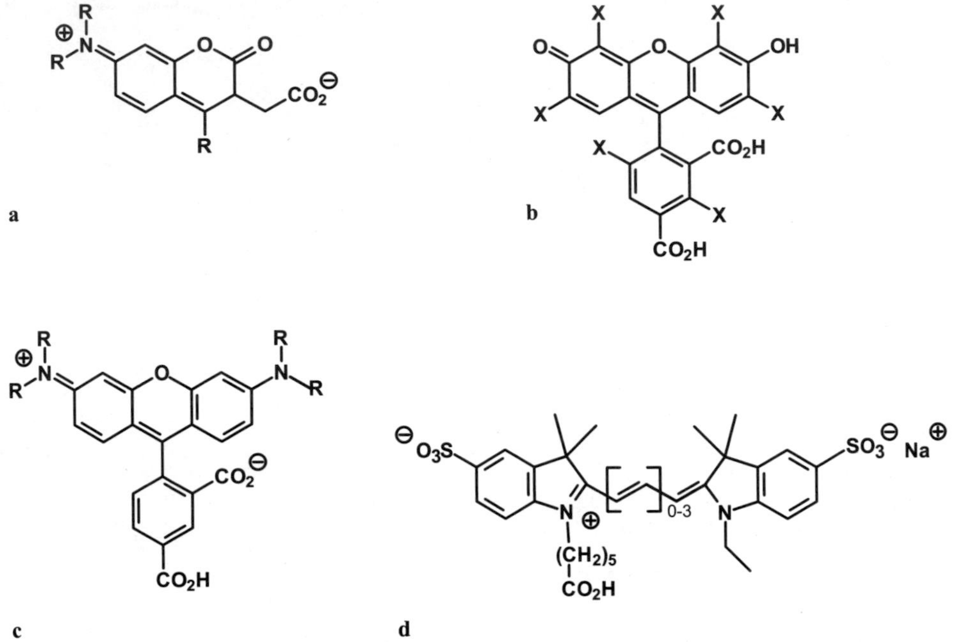

Abb. 24.1 Chemische Basisstrukturen verbreiteter Fluoreszenzfarbstoffe. **a** Coumarine (Absorption bei 350–480 nm); **b** Fluoresceine (494–520 nm); **c** Rhodamine (498–700 nm), **d** Cyanine (550–850 nm). R, Wasserstoff, Alkylrest; X, Halogen oder Wasserstoff

Wird ein Fluorophor mit Licht angeregt, werden Elektronen aus dem Grundzustand (S_0) in angeregte, d. h. energiereichere Zustände (S_1, S_2, S_3 usw.) angehoben. Diese aufgenommene Energie wird innerhalb von Sekundenbruchteilen (10^{-9}–10^{-6} s) auf vielfältige Weise wieder abgegeben. Generell werden dabei strahlungslose von „strahlenden" Übergängen unterschieden. Bei strahlungslosen Vorgängen wird die aufgenommene Energie in Form von Wärme abgegeben. Unter Fluoreszenz versteht man den Übergang vom niedrigsten angeregten Zustand der Elektronen (S_1) in den Grundzustand (S_0) unter Aussendung von Licht. Das Prinzip ist nach seinem Entdecker Alexander Jablonski (1935) benannt und stark vereinfacht in Abb. 24.2 dargestellt.

Aus dem Jablonski-Diagramm erklärt sich die Lage von Anregungs- und Emissionsspektren. Da die Elektronen immer einen Teil der aufgenommen Energie strahlungslos abgeben, ist das abgestrahlte Licht aufgrund der Energieerhaltung energieärmer als das aufgenommene Licht. Energieärmeres Licht entspricht Licht einer größeren Wellenlänge. Der Abstand zwischen Absorptions- und Emissionsmaximum wird nach seinem Entdecker Stokes-Verschiebung (engl. *Stokes shift*) genannt und beträgt in der Regel 15–25 nm (Abb. 24.3).

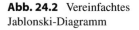

Abb. 24.2 Vereinfachtes
Jablonski-Diagramm

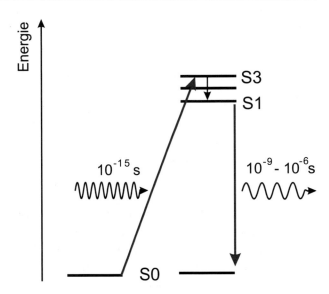

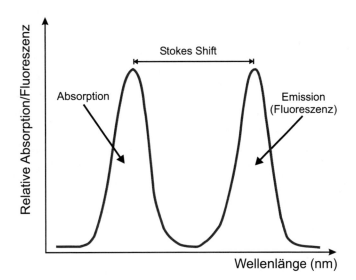

Abb. 24.3 Absorptions- und Emissionsspektrum eines Fluoreszenzfarbstoffs

Durch spezielle strukturelle Modifikationen der Fluoreszenzfarbstoffe können Stokes-Verschiebungen bis ca. 150 nm realisiert werden. Der Vollständigkeit halber sei kurz auf die verwandte Phosphoreszenz eingegangen. Bedingt durch die Anwesenheit einiger Substanzen, wie z. B. bestimmte Metallionen, können Elektronen vom niedrigsten angeregten Zustand (S_1) in einen weiteren langlebigen Zustand, den Triplettzustand (T_1, T_2 etc.), überführt werden. Erst nach und nach kehren die Elektronen von dort in den Grundzustand (S_0) zurück. In diesem Fall wird Licht noch lange nach dem Einstrahlen emittiert. Phosphoreszierende Substanzen finden sich u. a. auf „selbstleuchtenden" Zifferblättern oder Notfallschildern. Als weiterführende Literatur sei auf das umfangreiche Lehrbuch von Lakowicz (2006) verwiesen.

24.1 Kleine Farbenlehre

Wird das Sonnenlicht durch Brechung an einem Prisma in seine spektralen Bestandteile zerlegt, erhält man ein Farbspektrum von Blau bis Rot (Abb. 24.4).

Dieser historische Versuch wurde erstmals von Sir Isaac Newton (1642–1727) durchgeführt. Er entwickelte auch den ersten Farbkreis, der auf einer kreisförmigen Anordnung der Spektralfarben beruhte. Newton führte zwischen den Farben Blau und Rot die Farbe Purpur (Magenta) ein, die im natürlichen Spektrum nicht erscheint, weil sich der blaue und rote Farbbereich nicht berühren. Der Newton'sche Farbkreis beruhte auf den sieben Grundfarben Blau, Türkis, Grün, Gelb, Orange, Rot und Magenta. Eine feinere Unterteilung in 12 Farben geht auf die Arbeiten von Johannes Itten (1888–1967) zurück und wird auch als harmonischer Farbkreis bezeichnet (Abb. 24.5). Komplementäre Farben liegen im Farbkreis gegenüber.

Häufig tritt die Frage auf, warum zum Beispiel rot-orange Fluoreszenzfarbstoffe grün fluoreszieren (Fluorescein). Gemäß dem Farbspektrum des sichtbaren Lichts entspricht ein oranger Farbton einer Wellenlänge von ca. 620 nm, ein grüner Farbton hingegen einer Wellenlänge von 520 nm, ist also energiereicher. Dieser scheinbare Widerspruch zu dem vorher Gesagten erklärt sich dadurch, dass die sichtbare Farbe der Komplementärfarbe des absorbierten Lichts entspricht (Abb. 24.5).

Die Summe aller Farben im Farbkreis ergibt das weiße Sonnenlicht. Was wir sehen, ist die Reflexion des Sonnenlichts ohne die jeweils absorbierte Wellenlänge. Der orange Farbton entspricht also dem Farbton, der nach Entfernen des blaugrünen Farbanteils

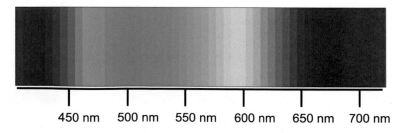

Abb. 24.4 Elektromagnetisches Spektrum im sichtbaren Bereich

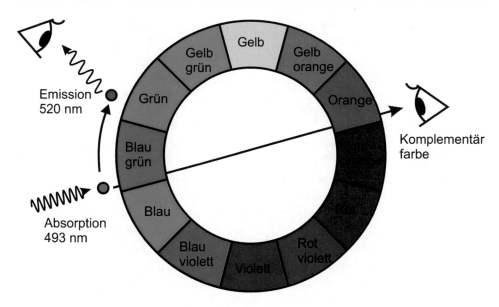

Abb. 24.5 Zusammenhang zwischen Absorption und Farbwahrnehmung

(493 nm) aus dem Spektrum resultiert (Abb. 24.5). In verdünnten Lösungen mischt sich der Farbeindruck von Absorption (orange) und Fluoreszenz (grün) zu einem gelben Farbeindruck.

Durch Anfügen weiterer elektronenreicher Gruppen an einen Farbstoff wird seine Absorption in den längerwelligen Bereich verschoben. Im Farbkreis entspricht dies einer Drehung im Uhrzeigersinn. Durch die Verschiebung in die roten Spektralbereiche des elektromagnetischen Spektrums erscheinen Farbstoffe violett, blau und schließlich blaugrün. Man spricht vom bathochromen Effekt (griech. *bathos* = Tiefe, *chroma* = Farbe) oder auch von einer Rotverschiebung. Der gegenläufige Effekt wird Hypsochromie (griech. *hypsos* = Höhe) oder Blauverschiebung genannt.

24.2   Charakterisierung von Fluoreszenzfarbstoffen

Wichtige Kenndaten von Fluoreszenzfarbstoffen sind, neben ihren spektralen Daten wie Absorptions- und Emissionswellenlängen, die Quantenausbeute Φ, die Fluoreszenzlebensdauer τ und der molare Extinktionskoeffizient ε. Die Quantenausbeute beschreibt die Zahl der emittierten Photonen im Verhältnis zur Zahl der absorbierten Photonen und liegt demnach zwischen 0 und 1 (bzw. 0 und 100 %). Die Quantenausbeute von Cyaninfarbstoffen liegt beispielsweise bei 0,2, die von Fluoresceinen und Rhodaminen bei 0,75–0,9. Die Fluoreszenzlebensdauer beschreibt die mittlere Lebensdauer der angeregten Zustände, die unter Fluoreszenz relaxieren. Vereinfacht gesagt, ist dies die Zeit, in der das Fluoreszenzlicht emittiert wird. Sie liegt in der Regel im Bereich weniger Nanosekunden. Wird die anregende Lichtquelle abgeschaltet, kommt es in diesem Zeitraum zum Erlöschen der Fluoreszenz.

In der Praxis wird die Fluoreszenzlebensdauer ausgenutzt, um die Fluoreszenz nach einer bestimmten Abklingphase zu messen. Dies hat den Vorteil, dass die Autofluoreszenz des Untersuchungsobjekts erloschen und damit eine Messung ohne störende Hintergrundfluoreszenz möglich ist.

Der molare Extinktionskoeffizient ε, angegeben in $cm^{-1} M^{-1}$, ist ein Maß für die Farbintensität der Substanz. Je weniger Moleküle eines Farbstoffs denselben Farbeindruck (gemessen als Absorption) hervorrufen, desto höher ist der Extinktionskoeffizient. Die ebenfalls gebräuchliche Dimension $1000\ cm^2\ mol^{-1}$ veranschaulicht die Bedeutung als „molarer Wirkungsquerschnitt". Gängige Extinktionskoeffizienten liegen meist zwischen 25.000 und 250.000 $cm^{-1} M^{-1}$. Während bei der Quantenausbeute die Aufnahme und Abgabe der Photonen über einen weiten spektralen Bereich bestimmt wird, wird der Extinktionskoeffizient nur am Absorptionsmaximum angegeben.

Die beobachtete Helligkeit (engl. *brightness*) eines Fluoreszenzfarbstoffs lässt sich vereinfacht als Produkt aus Quantenausbeute Φ, Extinktionskoeffizient ε und Konzentration c betrachten (Gl. 24.1).

$$k \sim \phi \cdot \varepsilon \cdot c \qquad\qquad (24.1)$$

Ein idealer Fluorophor weist daher sowohl einen hohen Extinktionskoeffizienten als auch eine hohe Quantenausbeute auf. Eine Anforderung, die in der Praxis kaum erreicht wird, da die Parameter in komplexer Weise voneinander abhängen und sich die Eigenschaften der Fluoreszenzfarbstoffe in gebundener Form stark verändern können (Aggregation, Quencheffekte, usw.). Gleichung 24.1 hat große praktische Bedeutung. Sie zeigt, dass ein Fluorophor mit einer höheren Quantenausbeute nicht automatisch stärker fluoresziert. So besitzt ein Fluoreszenzfarbstoff mit der Quantenausbeute von 0,6 und einem Extinktionskoeffizienten von 110.000 eine geringere Helligkeit (66.000) als ein Farbstoff mit einer Quantenausbeute von 0,3 und einem Extinktionskoeffizienten von 250.000 (75.000).

Jeder Fluoreszenzfarbstoff besitzt Eigenschaften, die ihn für eine bestimmte Anwendung favorisieren. Fluoresceine besitzen sehr hohe Quantenausbeuten von 0,8, die Fluoreszenz setzt jedoch erst bei einem pH-Wert größer 7,0 ein. Außerdem sind sie nicht sehr photostabil, was für viele Anwendungen hinderlich ist.

Rhodamine besitzen ähnliche Quantenausbeuten wie Fluoresceine, die Fluoreszenz ist jedoch in einem weiten pH-Bereich konstant. Darüber hinaus sind sie extrem photostabil. Nachteil dieser Farbstoffe ist die am Protein zu beobachtenden relativ starke Fluoreszenzlöschung. Mithilfe von zusätzlichen hydrophilen Gruppen (z. B. Sulfonsäuregruppen) kann hier Abhilfe geschaffen werden.

Sulfonierte Cyaninfarbstoffe weisen eine geringere Quantenausbeute und Photostabilität als Rhodamine auf, besitzen jedoch zwei- bis dreimal höhere Extinktionskoeffizienten und in der Regel eine höhere Wasserlöslichkeit. Ein Vorteil, der besonders bei langwelligen Farbstoffe mit einem Absorptionsmaximum von größer 650 nm zum Tragen kommt. Dies macht Cyaninfarbstoffe besonders wertvoll als Marker für Proteine und alle Applikationen, die auf eine geringe Hintergrundfluoreszenz angewiesen sind.

Schon der Vergleich dieser drei Klassen von Fluorophoren zeigt, dass es *den* Fluoreszenzfarbstoff, der optimal für alle Anwendungen geeignet ist, nicht geben kann.

24.3 Instrumentelle Voraussetzungen

Durch die Entwicklung kostengünstiger Laser und empfindlicher Detektionssysteme hat sich der Einsatz von Fluoreszenzfarbstoffen in der Bioanalytik in den letzten 20 Jahren kontinuierlich gesteigert und den Einsatz von radioaktiven Isotopen mehr und mehr verdrängt.

Die Auswahl des richtigen Fluorophors richtet sich zunächst nach den apparativen Gegebenheiten. Einige Geräte verfügen über eine Quecksilberdampflampe als Weißlichtquelle, die einen weiten Bereich des sichtbaren Spektrums abdeckt. Je nach Auswahl der Absorptions- und Emissionsfilter ist der Einsatz verschiedenster Fluorophore möglich. Viele moderne Mikroskope und Fluoreszenzreader verfügen über mehrere Laser oder Laserdioden, die Licht einer bestimmten Wellenlänge emittieren. Ebenfalls verfügbar sind leistungsfähige Weißlichtlaser, die eine flexible Anregung aller möglichen Fluorophore ermöglicht. Tab. 24.1 gibt eine Übersicht über die gebräuchlichsten Laseranregungsquellen.

Die größte praktische Bedeutung haben die klassischen Fluorophore, die sich mittels UV-Licht (350–440 nm), oder im sichtbaren Bereich bei 488 nm (FITC), 543 nm (TRITC, TAMRA) oder 594 nm (Texas Red®) anregen lassen. In den letzten Jahren haben sich kostengünstige Laserdioden wachsender Beliebtheit erfreut. In modernen Fluoreszenzmikroskopen oder Durchflusszytometern werden so, je nach vorhandenen Filtersätzen, simultane Darstellungen von mehr als zwölf Parametern möglich. Vor diesem Hintergrund hat die Entwicklung längerwelliger Farbstoffe mit einer Anregung von 633 nm bis >800 nm eine zunehmende Bedeutung erfahren. Ein weiterer Aspekt bei der Verwendung von langwelligen Fluorophoren ist die reduzierte Autofluoreszenz von biologischem Gewebe gegenüber kurzwelliger Anregung. Die letztgenannten Fluorophore werden aufgrund der langwelligen Absorption auch als Nah-Infrarot-Farbstoffe (NIR-Farbstoffe) bezeichnet.

Detaillierte Informationen über die notwendigen Filtersätze sind bei den Geräte- oder Filterherstellern erhältlich.

Tab. 24.1 Übersicht gängiger Anregungsquellen

Lichtquelle	Anregungswellen-länge (nm)	Geeignete Fluoreszenzfarbstoffe
Quecksilber-dampflampe	365, 405, 546, 577	AMCA (Aminomethylcoumarin), DEAC (Diethylaminomethylcoumarin), Alexa-Fluor® 555, Texas Red®, TRITC (Tetramethylisothiocyanat), TAMRA (Tetra-methylrhodamin), Cy3™
Argon-Ionen-Laser	488, 514	FITC, Alexa Fluor® 488, Cy2™, Vio 515, Atto-488, DY-490
Argon-Krypton-Ionen-Laser	488, 568, 647	FITC, Alexa Fluor® 488, Cy2™, Vio 515, Cy5™, Alexa Fluor® 647, DY-648P1
Helium–Neon-Laser	543, 594, 633	TRITC, TAMRA, Texas Red®, Alexa Fluor® 555, Cy3™, Oyster ®550, Alexa Fluor® 647, Oyster® 650, Cy5™, DY-648P1, Vio®615, Vio®667, Alexa Fluor® 594
Laserdiode	440, 635, 660, 785	FITC, Alexa Fluor® 488, Alexa Fluor® 647, Cy5™, Oyster® 650, Vio®667, DY-648P1, Alexa Fluor® 790, DyLight 800

Alexa-Fluor® ist ein eingetragenes Warenzeichen der Thermo Fisher Scientific Inc.
Cy2™, Cy3™ und Cy5™ sind eingetragene Warenzeichen von GE Healthcare Lifesciences
DyLight® ist ein eingetragenes Warenzeichen der Thermo Fisher Scientific Inc.
Texas Red® ist ein eingetragenes Warenzeichen der Life Technologies Corporation
Vio® ist ein eingetragenes Warenzeichen der Miltenyi Biotec GmbH
Oyster® ist ein eingetragenes Warenzeichen der Luminartis GmbH

Fluoreszenzfarbstoffe lassen sich über einen weiten Bereich anregen, wobei das Emissionsmaximum immer an der gleichen Stelle bleibt, lediglich die Intensität der Emission wird beeinflusst. Dieses Verhalten wird am Beispiel des Vio®-570 verdeutlicht, einem Cyaninfarbstoff mit einem Absorptionsmaximum von 551 nm und einem Emissionsmaximum von 570 nm (Abb. 24.6). Wird dieser Farbstoff in 10er-Schritten von 470 bis 520 nm angeregt, erhöht sich die Fluoreszenz schrittweise um den Faktor sieben, wobei die Lage des Emissionsmaximums unverändert bleibt. Daraus folgt, dass sich Fluoreszenzfarbstoffe auch weit unterhalb ihres Absorptionsmaximums noch anregen lassen, wenn die Intensität ausreichend ist.

Vor diesem Hintergrund sei erwähnt, das zwei Fluoreszenzfarbstoffe in Wechselwirkungen miteinander treten können, wenn sich Absorptions- und Emissionsspektren überlagern und wenn sie sich in unmittelbarer Nähe, d. h. in einem Abstand von <10 nm zueinander, befinden (Abb. 24.7). Dieses Phänomen wird nach seinem Entdecker Theodor Förster als Förster-Resonanzenergietransfer (FRET) bezeichnet. Die Elektronensysteme (π-Systeme) beider Fluoreszenzfarbstoffe treten hierbei in Resonanz. Die aufgenommene Energie des kürzerwelligen Farbstoffs (Donor) wird mittels Dipol-Dipol-Wechselwirkungen auf den längerwelligen Farbstoff (Akzeptor) übertragen, der entsprechend seiner charakteristischen Emission fluoresziert. Die Emission des Donors erlischt dabei. Diese Methode ist ausgesprochen sensitiv und ermöglicht den Nachweis

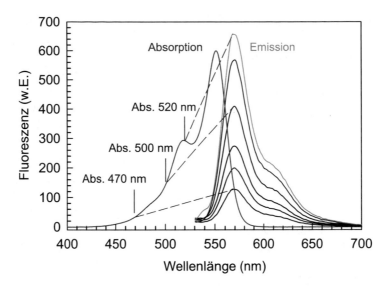

Abb. 24.6 Emission eines Fluorophors in Abhängigkeit von der Anregungswellenlänge. w.E., willkürliche Einheiten

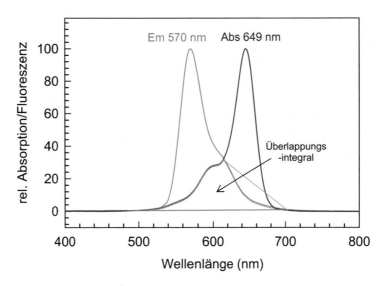

Abb. 24.7 Darstellung des Überlappungsintegrals von Oyster®-550 und Oyster®-645. Linke Kurve: Emission Oyster®-550; rechte Kurve: Absorption Oyster®-645

einzelner Moleküle. Darüber hinaus ist sie von großer Bedeutung bei der Untersuchung von dynamischen Prozessen, wie z. B. Protein–Protein-, Protein-DNA-Wechsel-wirkungen oder Hybridisierungsereignissen.

24.4   Neuere Entwicklungen in der Fluoreszenzmikroskopie

Die bisher hellsten Fluorophore basieren einerseits auf fluoreszierenden Proteinen, wie z. B. Allophycyanin (APC) oder Phycoerythrin (PE), oder auf anorganischen Nanopartikeln, z. B. Cd-Seleniden (sog. *quantum dots*).

Im Falle der Algenproteine handelt es sich um Phycobiliproteine, die aus dem Photosyntheseapparat von Blaugrünalgen oder Cyanobakterien gewonnen werden. Sie enthalten organische Fluorophore – sog. Phycocyanine oder Phycoerythrine –, die in unterschiedlicher Anzahl in das Proteingerüst eingebaut sind. Durch die optimale Umgebung des Fluorophors sind Quencheffekte minimiert. So erreicht Phycoerythrin (PE) eine Helligkeit von $1,6 \cdot 10^6$ und das kleinere Allophycocyanin (APC) eine Helligkeit von 495.000.

Die ursprünglich aus Quallen isolierten fluoreszierenden Proteine (*blue fluorescent protein* BFP, *green fluorescent protein* GFP, *red fluorescent protein* RFP) enthalten modifizierte Aminosäuren als Chromophore. Mithilfe gentechnischer Methoden können diese Proteine in diversen Zellen exprimiert werden und sorgen so für eine leichte Identifizierung unter dem Mikroskop. In puncto Helligkeit sind die fluoreszierenden Proteine den Phycobiliproteinen allerdings deutlich unterlegen (GFP: ca. 34.000).

Eine neuartige Klasse von Fluorophoren stellen organische Polymerfarbstoffe (z. B. Brilliant Violet®) dar. Durch Polymerisation von geeigneten Monomeren (meist substituierten Fluorenen) erhält man hochmolekulare Fluoreszenzfarbstoffe mit einem Molekulargewicht von 60–85 kDa, die über eine direkte C–C-Bindung verbrückt sind und sich aufgrund der planaren Struktur kaum quenchen (Abb. 24.8a). Marktführer ist die Firma Sirigen Inc. (BD-Biosciences Inc.). Die Konstrukte sind häufig ungeladen und werden durch Modifizierungen mit Polyethylenglykol wasserlöslich gemacht. Es werden so polymere Fluorophore mit einem molaren Extinktionskoeffizienten von ca. $2,5 \cdot 10^6 \, M^{-1} \, cm^{-1}$ möglich, die eine Quantenausbeute von bis zu 68 % erreichen. Die Helligkeit dieser Fluorophore (s. Gl. 24.1) beträgt in diesem Falle $1,75 \cdot 10^6$, was ungefähr dem Phycoerythrin und damit dem 50-Fachen eines vergleichbaren niedermolekularen Fluorophors entspricht. Durch Auswahl geeigneter Farbstoffe kann ein Energietransfer vom -konjugierten Polymer zum kovalent gebundenen Akzeptorfarbstoff erfolgen, der wiederum zu einer charakteristischen Fluoreszenz (hier rot dargestellt) führt Abb. 24.8b).

Bedingt durch die wellenförmige Natur des Lichts ist die Auflösung der Fluoreszenzmikroskopie physikalisch begrenzt auf ca. 200 nm. Dieser Zusammenhang wurde 1873 von Ernst Abbe publiziert und wird als Abbe-Limit oder Auflösungsgrenze bezeichnet. In der Praxis können daher Zellstrukturen, die enger als 200 nm zusammenliegen, nicht mehr aufgelöst werden. Vergleichbar ist das Phänomen mit zwei nebeneinander gehaltenen Taschenlampen, die als eine Leuchtquelle wahrgenommen werden. Mithilfe eines Tricks ist es jedoch gelungen, diese Auflösungsgrenze noch einmal deutlich auf < 20 nm zu reduzieren. Prof. Stefan W. Hell vom Max-Planck-Institut für Biophysikalische Chemie in Göttingen entwickelte ein Mikroskop, welches nur Fluorophore auf einer Fläche mit einem Durchmesser von 20 nm anregt, während ein zweiter Laser die im Umfeld befindlichen Fluorophore gezielt löscht. Dieses Verfahren wird als STED

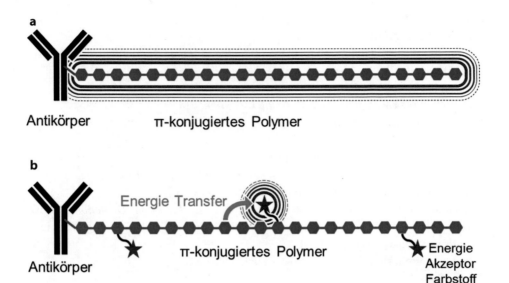

Abb. 24.8 Schematische Darstellung von organischen Polymerfarbstoffen. **a** Antikörper mit π-konjugiertem Polymerfarbstoff, **b** Energietransfer von π-konjugiertem Polymerfarbstoff zu geeignetem Akzeptorfarbstoff (rot) mit unterschiedlichem Emissionsverhalten

(Stimulated Emission Depletion) bezeichnet und ermöglicht das Scannen von Objekten unterhalb der Auflösungsgrenze. Die Wissenschaftler Eric Betzig (Janelia Research Campus, Howard Hughes Medical Institut, Ashburn, VA, USA) und William E. Moerner (Stanford University, Stanford, CA, USA) beschäftigten sich ebenfalls mit der hochauflösenden Fluoreszenzmikroskopie, speziell der Einzelmolekülmikroskopie. Beiden Wissenschaftlern gelang die Anregung von einzelnen Fluorophoren, die weit auseinander lagen und damit präzise lokalisierbar waren. William E. Moerner entdeckte dazu eine Variante des Grün fluoreszierenden Proteins (GFP), welches sich durch Licht unterschiedlicher Wellenlänge gezielt an und ausschalten ließ. Sein Kollege Betzig führte die Versuche später fort, und es gelang ihm, die optische Auflösungsgrenze deutlich zu unterschreiten, indem er Bilder von einzelnen fluoreszierenden Molekülen übereinander legte. Für ihre bahnbrechenden Forschungen zur hochauflösenden Fluoreszenzmikroskopie wurden die Wissenschaftler Hell, Moerner und Betzig 2014 mit dem Chemienobelpreis ausgezeichnet.

24.5 Praktischer Einsatz von Fluoreszenzfarbstoffen

Fluoreszenzfarbstoffe sind heute aus der modernen Bioanalytik nicht mehr wegzudenken. Gekoppelt an Oligonucleotide, DNA-Fragmente, Antikörper oder Proteine kommen sie in einer Vielzahl von bildgebenden Methoden zum Einsatz, wie z. B.:

- Fluoreszenz-Immunoassays (*Fluorescence Immuno Assays,* FIA)
- Fluoreszenzspektroskopie
- Konfokale Laserscanning-Mikroskopie (*Confocal Laser Scanning Microscopy,* CLSM)
- DNA- und Protein-Microarrays
- Einzelmolekülnachweise (*Single Molecule Detection,* SMD)
- Fluoreszenz-Korrelations-Spektroskopie (*Fluorescence Correlation Spectroscopy,* FCS)
- Förster-Resonanz-Energie-Transfer (FRET)
- Fluoreszenz-in-situ-Hybridisierung (*Fluorescence in Situ Hybridisation,* FISH)
- Hochdurchsatz-Screening (*High-Throughput Screening,* HTS)
- Hochauflösende Fluoreszenzmikroskopie (*Stimulated Emission Depletion,* STED; stochastische optische Rekonstruktionsmikroskopie, STORM; photoaktivierte Lokalisationsmikroskopie, PALM)
- Interne Totalreflexionsfluoreszenzmikroskopie (TIRFM)

Fluoreszierende Substanzen reagieren häufig stark auf ihre unmittelbare Umgebung. Prominentes Beispiel ist die Bestimmung der Tryptophanfluoreszenz in Proteinen. Durch Änderung der Umgebung dieser Aminosäure ändert sich die Fluoreszenz und gibt Aufschluss über die Beschaffenheit (Hydrophilie, Hydrophobizität) der unmittelbaren Umgebung und lässt so Rückschlüsse auf konformelle Änderungen des Proteins zu.

Die Beeinflussung des Fluorophors durch die Umgebung ist ein wichtiger und in der Praxis häufig unterschätzter Aspekt. Neben Hydrophilie und Hydrophobizität des umgebenden Mediums kann die Fluoreszenz durch Temperatur, Viskosität der Lösung, Salzgehalt, pH-Wert und natürlich durch die Proteinstruktur bzw. durch die Proteinumgebung beeinflusst werden.

Daraus wird unmittelbar klar, dass die Fluoreszenzen eines Farbstoffs in freier, d. h. ungebundener Form oder als Proteinkonjugat keinesfalls vergleichbar sind. Durch die komplexen Wechselwirkungen mit der Proteinumgebung kommt es zu einer Vielzahl von Prozessen, die im Resultat zur drastischen Minderung der Fluoreszenz führen können. Dabei lagern sich beispielsweise zwei Fluorophore mit ihren hydrophoben Bereichen aneinander, wobei es keinen Unterschied macht, ob ein oder beide Fluorophore proteingebunden sind. Darüber hinaus werden Fluorophor-Protein-Wechselwirkungen als Ursache diskutiert. Als Resultat erfolgen ein strahlungsloser Elektronenübergang und damit eine Fluoreszenzlöschung.

Von diesen Einschränkungen sind fast alle kommerziellen Fluorophore betroffen.

Fluoresceinisothiocyanat (FITC), ein aminreaktives Fluoresceinderivat, zeigt bei einem Markierungsgrad (molares Verhältnis zwischen Fluorophor und Protein, s. Gl. 24.2) von <5 in der Regel gute Resultate. Bei stärkerer Markierung sind jedoch, trotz der repulsiven Kräfte durch die verbleibenden negativen Ladungen des Fluorophors, ausgeprägte Quencheffekte zu beobachten. Generell lässt sich sagen, dass eine hohe Nettoladung des Fluorophors nach der Kopplung an das Protein die Wahrscheinlichkeit für Fluoreszenzlöschung durch Quencheffekte reduziert.

Das Phänomen der Quencheffekte nimmt mit der Hydrophobizität der Farbstoffe zu und ist sehr ausführlich für die langwelligen Cyaninfarbstoffe beschrieben. In diesem Fall ist die Bildung von selbstlöschenden Dimeren durch die Zunahme einer charakteristischen Bande bei ca. 600 nm zu beobachten. Aus demselben Grund wird der ausgesprochen photostabile Rhodaminfarbstoff Texas Red® oft über einen Hilfsträger (Rinderserumalbumin, BSA) an Antikörper gekoppelt.

Seit vielen Jahren bemühen sich die Anbieter von Fluoreszenzfarbstoffen, dem Anwender verbesserte Fluorophore zur Verfügung zu stellen. Der historisch bedeutendste Schritt war die Entwicklung sulfonierter und damit wasserlöslicher Cyaninfarbstoffe durch Allan Waggoner von der Carnegie Mellon University. Durch Einführung von mindestens zwei wasserlöslichen Sulfonsäuregruppen, und damit zwei negativen Ladungen, wurde der Grundstein für die Verwendung von Cyaninfarbstoffen als bedeutende Fluoreszenzfarbstoffe für die Life-Sciences gelegt. Die unter dem Markennamen CyDyes™ (Amersham Plc.) vertriebenen Farbstoffe galten lange Zeit als Goldstandard für viele Anwendungen.

Analog wurden von Molecular Probes Inc. (jetzt Thermo-Fisher Scientific) sulfonierte Rhodaminfarbstoffe entwickelt, die aufgrund der höheren Wasserlöslichkeit erheblich bessere Eigenschaften als die klassischen Rhodamine aufweisen und unter dem Markennamen Alexa-Fluor® erhältlich sind. Die Alexa-Fluor-Farbstofffamilie umfasst nicht nur sulfonierte Rhodaminfarbstoffe, sondern ebenfalls sulfonierte Coumarine, Pyrene und Cyanine.

Ein anderer, von der Luminartis GmbH verfolgter Ansatz, geht von der Einführung abschirmender Gruppen in Kombination mit zusätzlichen Ladungen in den Fluorophoren aus, die das empfindliche Elektronensystem der Fluorophore wie eine Schale umgeben. Die zunächst unter dem Namen Oyster® erhältlichen Fluorophore stellen eine ausgezeichnete Alternative für die etablierten Fluoreszenzfarbstoffe dar und werden nun von der Miltenyi Biotec als Vio® Dyes in einer Vielzahl von Antikörperkonjugaten eingesetzt.

24.6 Herstellung von Antikörper-Fluorophor-Konjugaten

Aufgrund der hohen Nachfrage gibt es eine seit Jahren steigende Zahl an kommerziellen Anbietern von diversen Primär- und Sekundärantikörper-Konjugaten. Trotz des großen Angebots sind viele Anwender gezwungen, Konjugationen mit den Antikörpern ihrer Wahl, meist Primärantikörper, selbst durchzuführen. Im Nachfolgenden werden die gängigsten Methoden zur Kopplung von Fluoreszenzfarbstoffen an Antikörper vorgestellt. Ein Blick auf die schematische Struktur eines Antikörpers zeigt Abb. 24.9.

Der photometrisch bestimmte Markierungsgrad M beschreibt das molare Verhältnis zwischen Fluorophor und Antikörper (Gl. 24.2).

a

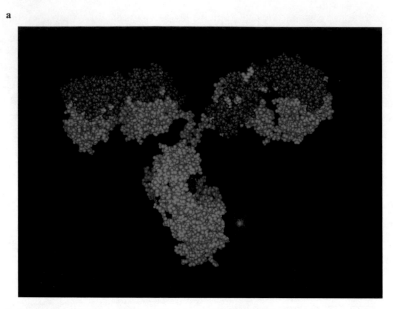

b

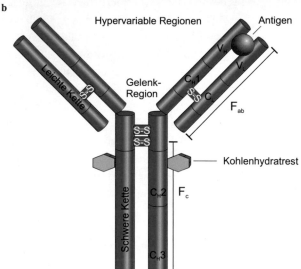

Abb. 24.9 Darstellung eines Antikörpers. **a** Röntgenstruktur eines Antikörperkristalls. Blau, leichte Ketten, grün, schwere Ketten, rot (klein), Kohlenhydratanteil. Die rote Kugel symbolisiert einen gebundenen Fluorophor. **b** Schematische Darstellung

$$M = c_F/c_{Ak} \tag{24.2}$$

c_F = Konzentration Fluorophor
c_{Ak} = Konzentration Antikörper

Obwohl Markierungsgrade von >10 möglich sind, wird in der Praxis ein Markierungsgrad zwischen eins und fünf bevorzugt. Bei höherem Farbstoffanteil erhöht sich die
Wahrscheinlichkeit, dass Lysine in der Antigenbindungsdomäne modifiziert werden und
so die Affinität des Antikörpers reduziert wird. Hohe Markierungsgrade erhöhen die
Gefahr von Aggregation und Quencheffekten des Fluorophors. Darüber hinaus neigen
stark modifizierte und damit möglicherweise weniger wasserlösliche Antikörper zu
unspezifischen Wechselwirkungen und erhöhen so das Hintergrundsignal.

24.6.1 Kopplung an Aminogruppen der Antikörper

Ein Antikörper verfügt durchschnittlich über ca. 50 an der Oberfläche befindliche Lysin-
reste (IgG), die jedoch unterschiedlich leicht zugänglich sind. In diesem Fall werden
Fluoreszenzfarbstoffe als aktivierte aminreaktive Ester, meist Succinimidylester (NHS-
Ester) oder Isothiocyanate (FITC, TRITC) eingesetzt (Abb. 24.10).

Bei Verwendung der Succinimidylester entsteht eine stabile Säureamidbindung
zwischen Antikörper und Fluorophor (Abb. 24.10a), während die Isothiocyanate
Thioharnstoffbindungen erzeugen (Abb. 24.10), die weniger hydrolysestabil sind. Deshalb haben die NHS-aktivierten Verbindungen die ITC-aktivierten mehr und mehr verdrängt.

Im Nachfolgenden ist eine bewährte Standardvorschrift beschrieben:

Der Antikörper sollte in einer Konzentration von mindestens $1 \, \text{mg} \, \text{mL}^{-1}$ in
einem aminfreien Puffer vorliegen, d. h. weder Tris (*Tris buffered saline*, TBS) noch

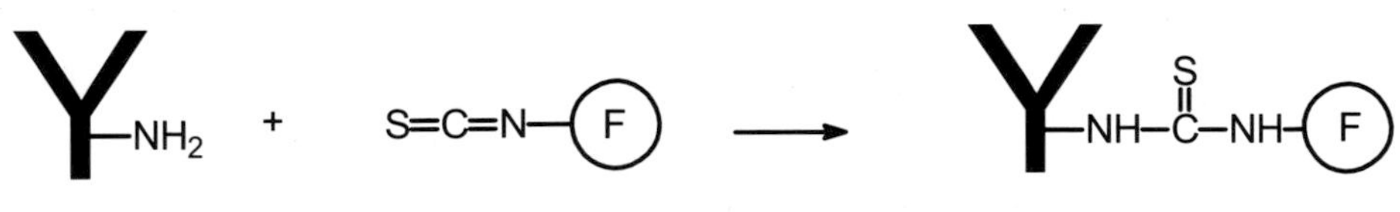

Abb. 24.10 Kopplungsschema aktivierter Fluorophore an Lysine. **a** *N*-Hydroxysuccinimidyl-
(NHS-) aktivierter Farbstoff; **b** Isothiocyanat- (ITC-)aktivierter Farbstoff

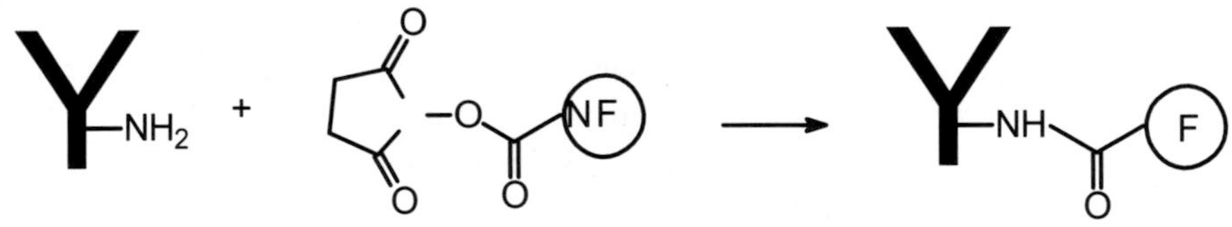

Natriumazid enthalten. Beide Substanzen reagieren mit dem reaktiven Fluoreszenzfarbstoff und können die Markierungseffizienz minimieren.

1. Fluorophor-NHS-Ester in trockenem (wasserfreien) Dimethylformamid (DMF) oder Dimethylsulfoxid (DMSO) in einer Konzentration von 10 mg mL^{-1} lösen
2. Antikörper in einer Konzentration von 1 mg mL^{-1} in physiologischem Phosphatpuffer (PBS-Puffer), pH 8,0, lösen
3. Pipettieren von zwei Ansätzen mit einem molaren Farbstoffüberschuss von 1:5 und 1:10 (NHS-Ester) oder 1:10 und 1:20 (Isocyanate, z. B. Fluoresceinisothiocyanat)
4. Inkubation der Antikörper für 1 h bei Raumtemperatur
5. Abstoppen der Reaktion durch Zugabe von 100 µL einer Ethanolaminlösung (0,025 M in PBS-Puffer)
6. Abtrennung des überschüssigen Farbstoffs mittels Dialyse in einer Slide-A-Lyzer™-Kassette (Firma Pierce), Dialyse gegen PBS-Puffer, dreifacher Pufferwechsel. Alternativ kann der überschüssige Farbstoff mittels Gelfiltration (Sephadex G25™) abgetrennt werden.
7. Bestimmung des Markierungsgrades am Photometer

Zur Bestimmung des Markierungsgrades wird die Absorption des Antikörpers bei $\lambda = 280$ nm und am Absorptionsmaximum des Farbstoffs bestimmt. Anhand des Lambert–Beer-Gesetzes (Gl. 24.3), mit $c =$ molare Konzentration (M), $d =$ Küvettendicke (üblicherweise 1 cm) und $\varepsilon =$ molarer Extinktionskoeffizient (cm^{-1} M^{-1}), lässt sich die Konzentration des proteingebundenen Fluorophors leicht bestimmen.

$$A = c \cdot d \cdot \varepsilon \qquad (24.3)$$

Dazu wird eine kleine Probe des Konjugats auf eine Konzentration von 0,1 bis 0,2 mg ml^{-1} gebracht. Die Bestimmung des Proteinanteils erfolgt bei $\lambda = 280$ nm (A_{280}), wobei die Absorption durch den Eigenanteil des Farbstoffs berücksichtigt werden muss. Dieser Anteil wird mittels eines Korrekturfaktors $C_{f\,280}$ ausgedrückt, der dem Verhältnis des freien Farbstoffs bei $\lambda = 280$ nm zum Absorptionsmaximum (A_{max}) entspricht. Dieser Wert ist spezifisch für den jeweiligen Farbstoff und wird in der Regel von den Fluorophorherstellern zur Verfügung gestellt. Er beträgt bei Cyaninfarbstoffen zwischen 0,02 und 0,06 und bei Fluoresceinen/Rhodaminen 0,19–0,25.

$$c_{AK} = \frac{A_{280} - \left(C_{f280} \cdot A_{max}\right)}{\varepsilon_{AK}} \qquad (4.4)$$

Die Antikörperkonzentration ergibt sich gemäß Gl. 24.4 mit $\varepsilon_{AK} = 210.000$ cm^{-1} M^{-1} für einen IgG-Antikörper. Dementsprechend zeigt eine Antikörperlösung mit einer Konzentration von 1 mg mL^{-1} (6,6 µM) bei Verwendung einer 1-cm-Küvette eine Absorption von $A_{280} = 1{,}39$.

$$c_F = \frac{A_{max}}{\varepsilon_{dye}} \tag{24.5}$$

Die Farbstoffkonzentration wird anhand der Absorption am Absorptionsmaximum (A_{max}) und des molaren Extinktionskoeffizienten des Farbstoffs bestimmt (Gl. 24.5). Der Markierungsgrad (molares Verhältnis von Fluoreszenzfarbstoff zu Antikörper) ergibt sich demnach:

$$M = \frac{\varepsilon_{AK} \cdot A_{max}}{(A_{280} - (C_{f280} \cdot A_{max} \cdot \varepsilon_{dye})} \tag{24.6}$$

Im nachfolgenden Beispiel wurde ein Ziege-Anti-Maus-Antikörper nach o. g. Vorschrift mit Fluoresceinisothiocyanat (20-molarer Überschuss) gekoppelt. Das Spektrum zwischen 200 und 600 nm (Abb. 24.11) ergibt für A_{280} den Wert 0,37 und A_{max} den Wert 0,55. Mithilfe des Korrekturfaktors ($C_{f\,280} = 0{,}19$) und des molaren Extinktionskoeffizienten von $\varepsilon = 78.000$ ergibt sich ein Markierungsgrad von 5,6 (Formel 24.7):

$$M = \frac{210.000 \cdot 0{,}55}{(0{,}37 - (0{,}19 \cdot 0{,}55) \cdot 78.000} = 5{,}6 \tag{24.7}$$

Es ist zu beachten, dass es sich lediglich um einen Mittelwert handelt, der keinen Aufschluss über die Homogenität der Kopplung gibt.

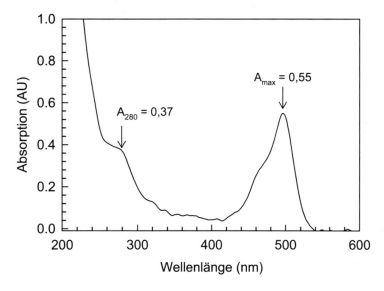

Abb. 24.11 Photometrische Bestimmung des Markierungsgrades am Beispiel eines Fluorescein-Ziege-Anti-Maus-Konjugats

Um eine hohe Reproduzierbarkeit zu gewährleisten, ist darauf zu achten, dass die Konzentrationen der Reaktionspartner im Falle eines Upscale beibehalten werden. Da Antikörper eine sehr unterschiedliche Anzahl zugänglicher Lysinreste aufweisen, wird man in der Praxis nicht vermeiden können, mehrere Konjugate herzustellen und zu testen. Neben der reinen Fluoreszenz spielt natürlich die Funktionalität des Antikörpers eine entscheidende Rolle! Idealerweise sollen Fluorophore weit entfernt von der variablen Domäne – dem Bereich der Antigenbindungsstelle (Abb. 24.9) – gebunden werden. Da die Lysine gleichmäßig über die Oberfläche des Antikörpers verteilt sind, lässt sich nicht vermeiden, dass Lysinreste in der variablen Domäne modifiziert werden und die Affinität des Antikörpers nachhaltig reduziert wird.

24.6.2 Kopplung an Kohlenhydratreste

Eine häufig genutzte Alternative zur Herstellung von Konjugaten über die Kopplung von Lysinresten besteht in der Bindung an Kohlenhydratreste des Antikörpers, die sich in der Regel am Fc-Teil befinden (Abb. 24.9). Vor einer Kopplung müssen die Polysaccharidketten in einen reaktionsfähigen Zustand gebracht werden. Dazu werden die Zuckereinheiten zunächst mithilfe von Natriumperiodat oxidiert und dabei in reaktive Aldehydgruppen überführt (Abb. 24.12a). In einem zweiten Schritt erfolgt die kovalente Bindung des Farbstoffs, der meist in Form eines Säurehydrazins eingesetzt

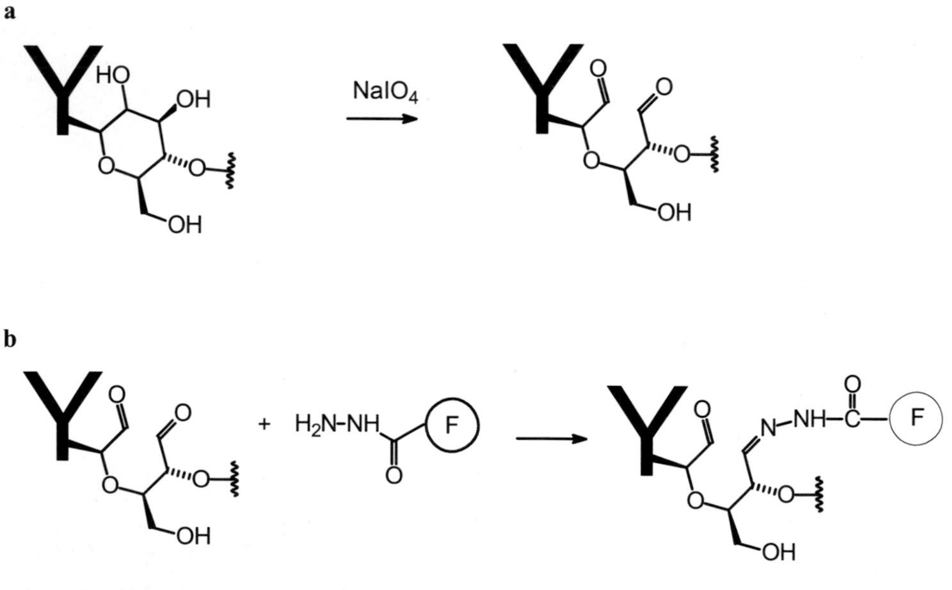

Abb. 24.12 Modifizierung der Kohlenhydratseitenketten nach der Periodat-Methode. **a** Oxidation der Kohlenhydrate mit Natriumperiodat, **b** Kopplung des Fluorophors als Hydrazid

wird (Abb. 24.12b). Vorteil dieser Vorgehensweise ist eine selektivere Modifizierung des Antikörpers. Eine unbeabsichtigte Kopplung innerhalb der variablen Antigenbindungsdomäne wird weitgehend vermieden. Aufgrund der räumlichen Begrenzung der Kohlenhydratseitengruppen ist bei der sog. Periodat-Methode ein geringerer Markierungsgrad zu erwarten. Der Vollständigkeit halber sei erwähnt, dass sich analog zu den Fluorophorkonjugaten auch Biotinkonjugate herstellen lassen.

24.6.3 Kopplung an Cysteine

Eine weitere selektive Kopplung kann über freie Cysteine erfolgen. Antikörper besitzen je eine Disulfidbrücke zwischen schwerer und leichter Kette sowie zwei Disulfidbrücken zwischen den schweren Ketten, in der sog. Scharnier- (*Hinge*-)Region (Abb. 24.9). Freie Cysteingruppen können durch Reduktion dieser Disulfidbrücken entstehen, wobei je nach verwendetem Reduktionsmittel eine Selektivität erzeugt werden kann. So reduziert 2-Mercaptoethanol spezifisch die beiden Disulfidbrücken zwischen den schweren Ketten und erzeugt dabei, je nach experimentellen Bedingungen, zwei halbe Antikörper (Abb. 24.13a). Beide Hälften lassen sich nun mit einem thiolspezifischen Reagenz, wie z. B. Maleimid-funktionalisierten Farbstoffen, umsetzen (Abb. 24.13b). Je nach Anwendungszweck kann es auch vorteilhaft sein, den Antikörper nur partiell zu reduzieren und so die dreidimensionale Struktur trotz Reduktion intakt zu lassen.

a

b

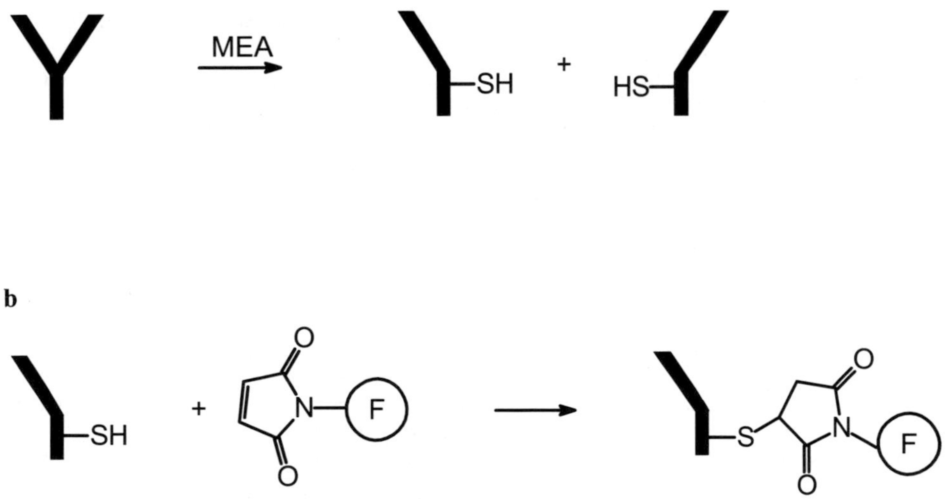

Abb. 24.13 Bildung und kovalente Kopplung freier Cysteine. **a** Reduktion des Antikörpers mit 2-Mercaptoethanol (MEA), **b** Kopplung des Maleimid-funkionalisierten Fluorophors

Die Bestimmung des Markierungsgrads erfolgt wie bei der Bindung über Lysinreste beschrieben.

Die Hemmschwelle zur Herstellung von eigenen Konjugaten ist leider in der Regel relativ hoch, zumal der Markt eine Fülle von speziellen Konjugaten bereithält. Wir hoffen, mit diesem Beitrag etwas zum besseren Verständnis der Konjugatsynthese mit Fluoreszenzfarbstoffen beigetragen zu haben. Die hier beschriebene Kopplungs-chemie ist seit vielen Jahren etabliert und funktioniert in der Regel problemlos. Dank kommerziell erhältlicher Separationssäulen für Mikrozentrifugen (sog. *spin-down columns*) lassen sich die Ansätze bis auf unter 100 µg Antikörper reduzieren. Für weiter-führende Informationen zur Konjugatsynthese sei auf Hermanson (2013) verwiesen.

Weiterführende Literatur

Abbe E (1873), Beiträge zur Theorie des Mikroskops und der mikroskopischen Wahrnehmung. Archiv für Mikroskopische Anatomie. 9: 413–418

Chattopadhyay PK, Gaylord B, Palmer A, Jiang N, Raven MA, Lewis G,. Reuter MA, Nur-ur Rahman AKM, Price DA, Betts MR, Roederer M (2012) Brilliant Violet Fluorophores: A New Class of Ultrabright Fluorescent Compounds for Immunofluorescence Experiments, Cytometry Part A, 81A: 456–466

Day RN, Davidson MW (2009) The fluorescent protein palette: tools for cellular imaging. Chem Soc Rev. 38(10): 2887–2921

Gruber HJ, Hahn CD, Kada G, Riener CK, Harms GS, Ahrer W, Dax TG, Knaus HG (2000) Anomalous Fluorescence Enhancement of Cy3 and Cy3.5 versus Anomalous Fluorescence Loss of Cy5 and Cy7 upon Covalent Linking to IgG and Noncovalent Binding to Avidin. Bioconjugate Chem., 11 (5): 696–704

Ha T, Enderle T, Ogletree DF, Chemla DS, Selvin PR, Weiss, S (1996) Probing the interaction between two single molecules: Fluorescence resonance energy transfer between a single donor and a single acceptor. Proc. Natl. Acad. Sci; 93: 6264–6268

Hermansson GT (2013) Bioconjugate Techniques. Academic Press Inc., ISBN: 9780123822390

Itten J, (1969) Die Kunst der Farbe. Ravensburg: Otto Maier

Katiliene Z, Katilius E, Woodbury NW (2003) Single molecule detection of DNA looping by NgoMIV restriction endonuclease. Biophys. J. 84: 4053–4061

Lakowicz JR (2006) Principles of Fluorescence Spectroscopy. Springer Science + Business Media, LLC, 3rd edition ISBN 978-0-387-31278-1

Mujumdar RB, Ernst LA, Mujumdar SR, Lewis CJ, Waggoner AS (1993) Cyanine dye labeling reagents: Sulfoindocyanine succinimidyl esters. Bioconjugate Chem. 4 (2): 105–111

Mujumdar SR, Mujumdar RB, Grant CM, Waggoner AS (1996) Cyanine-Labeling Reagents: Sulfobenzindocyanine Succinimidyl Esters. Bioconjugate Chem. 7 (3): 356–362

Panchuk-Voloshina N, Haugland RP, Bishop-Stewart J, Bhalgat MK, Millard PJ, Mao F, Leung WY, Haugland RP (1999) Alexa dyes, a series of new fluorescent dyes that yield exceptionally bright, photostable conjugates. J Histochem Cytochem. 47(9): 1179–1188

Selvin PR (2000) The renaissance of fluorescence resonance energy transfer Nat Struct Biol. 7(9):730–734

Wang X, Hu YZ, Chen A, Wu Y, Aggeler R, Low Q, Kang HC, Gee KR (2016) Water-soluble poly(2,7-dibenzosilole) as an ultra-bright fluorescent label for antibody-based flow cytometry. Chem Commun (Camb). 52(21):4022–4

Weiss S (1999) Fluorescence Spectroscopy of Single Biomolecules. Science 283: 1676–1683

Willig KI, Rizzoli SO, Westphal V, Jahn R, Hell SW. (2005) STED-microscopy reveals that synaptotagmin remains clustered after synaptic vesicle exocytosis. Nature. 440: 935–939

Oberflächen und Immobilisierung

25

Peter Esser, Thomas Andersen und Vibeke Rowell

In einem ELISA oder ähnlichen Anwendungen gibt es verschiedene Möglichkeiten, Moleküle auf Kunststoffoberflächen zu binden. Die Bindung kann über passive Adsorption oder kovalent erfolgen. In diesem Kapitel werden wir uns mit beiden Bindungsarten beschäftigen. Dabei werden wir Anwendungsbeispiele aus dem Produktsortiment von Nunc aufführen, da wir mit diesem am vertrautesten sind. Viele andere Hersteller bieten ähnliche Produkte an, die für die meisten Anwendungen eingesetzt werden können.

25.1 Prinzipien der passiven Adsorption an Polystyrol

25.1.1 Adsorptionskräfte

Die Adsorption von Molekülen an eine Polystyroloberfläche beruht auf intermolekularen Kräften (Van-der-Waals-Kräfte), die man klar von „echten" chemischen Bindungen, z. B. kovalenten Bindungen (Teilen von Elektronen) und Ionenbindungen (stöchiometrisches Zusammenhalten durch gegensätzliche Ladungen), unterscheiden muss (Abb. 25.1). Intermolekulare Anziehungskräfte basieren auf intramolekularen elektrischen Polaritäten, von denen es zwei Typen gibt: alternierende Polaritäten (AP) und stationäre

P. Esser (✉) · T. Andersen · V. Rowell
Nunc A/S, Roskilde, Dänemark
E-Mail: vr@nunc.dk

T. Andersen
E-Mail: vr@nunc.dk

V. Rowell
E-Mail: vr@nunc.dk

© Springer-Verlag GmbH Deutschland, ein Teil von Springer Nature 2023
A. M. Raem und P. Rauch (Hrsg.), *Immunoassays*,
https://doi.org/10.1007/978-3-662-62671-9_25

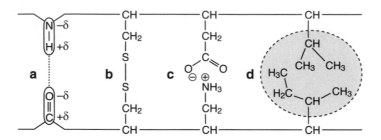

Abb. 25.1 Die vier Haupttypen möglicher Bindungen zwischen Molekülen. „Echte" chemische Bindungen werden repräsentiert durch eine kovalente Disulfidbrücke (**b**) und eine Ionenbrücke zwischen einem Carboxylion und einem Aminoion (**c**). Van-der-Waals-bedingte Kräfte werden dargestellt durch Wasserstoffbrücken zwischen zwei Dipolen (**a**) und einer Bindung, ausgelöst durch alternierende Polarität zwischen Kohlenwasserstoffresten und dem Grundgerüst des Makromoleküls (**d**), wobei der eingekreiste Bereich eine wasserfreie Zone markiert. Zur weiteren Erklärung siehe Text

Polaritäten (SP) z. B. Dipole. APs bilden sich, wenn sich Moleküle nähern und sich die Elektronenwolken dabei gegenseitig stören. Dieses erzeugt eine synchron entstehende alternierende Polarität bei den Molekülen, die zu einer Bindung führen kann, wie in Abb. 25.2 dargestellt.

AP-basierte Bindungen beruhen auf einer allgemeinen Substanzeigenschaft, die umso stärker ist, je größer das infrage kommende Molekül ist. Diese zeigt sich auch in der Tatsache, dass der Schmelz- und Siedepunkt mit der Anzahl der Kohlenstoffmoleküle im unpolaren Kohlenwasserstoffgerüst steigen. Es ist allein der AP zu verdanken, dass unpolare Moleküle überhaupt zu Flüssigkeiten oder Feststoffen aggregieren. Zusätzlich

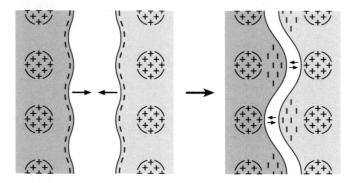

Abb. 25.2 Schematische Darstellung der Entstehung einer Molekülbindung, ausgelöst durch synchron alternierende Polarität (AP). AP entsteht in den Elektronenwolken durch sich nähernde Moleküle, wobei die vorübergehende, negativ geladene Elektronenwolkenanhäufung in dem einen Molekül die gegenüberliegende, positiv geladene Nuclearregion des anderen Moleküls anzieht

zu den APs besitzen einige Moleküle SPs (stationäre Polaritäten), über die sie aneinander binden können, indem sie die Dipole aneinander legen wie in Abb. 25.1a gezeigt.

Verglichen mit der SP nimmt die AP mit dem Abstand zwischen Molekülen drastisch ab. Daher sind APs umgekehrt proportional zu der siebten Potenz der Entfernung, während es bei der SP lediglich die zweite Potenz ist. Also hat erstere eine weitaus geringere Reichweite als die zweite.

Grundsätzlich sind Van-der-Waals-Kräfte etwa 100-mal schwächer als ionische oder kovalente Bindungen. Allerdings nehmen die Wasserstoffbrückenbindungen unter den SP-vermittelten Bindungen eine Sonderstellung ein, da diese bis zu zehnmal stärker als die anderen sind und eine wesentliche Bedeutung für die Wassereigenschaften und für das spezifische Verhalten von Biomolekülen haben. Chemische Gruppen, die Wasserstoffbrücken bilden können – besonders $-OH$, $=O$, $-NH2$, $=N$, $\equiv N$ – werden als hydrophil bezeichnet, im Gegensatz zu hydrophoben Gruppen, die diese Eigenschaft nicht haben. Daher können Wasserstoffbrückenbindungen auch als hydrophile Bindungen bezeichnet werden, im Gegensatz zu von der AP ausgelösten Bindungen, die man als hydrophobe Bindungen bezeichnet. Eine durch AP vermittelte Anziehung wird auch als hydrophobe Interaktion bezeichnet.

25.1.2 Adsorbierende Oberflächen

Die Nunc-Immuno®-Oberflächen für passive Adsorption beinhalten verschiedene Typen von adsorbierendem Polystyrol. PolySorp® bietet im Wesentlichen hydrophobe Gruppen an, wohingegen MaxiSorp® zusätzlich viele hydrophile Gruppen anbietet, was zu einem feinmaschigen Netz aus hydrophoben und hydrophilen Gruppen führt. In wässrigen Medien besteht ein abstoßender Effekt zwischen der hydrophoben Oberfläche und den hydrophilen Makromolekülen (mit beispielsweise vielen hydrophilen Gruppen), weil diese Moleküle dazu tendieren werden, mit Wasser Wechselwirkungen einzugehen (z. B. sich zu lösen), da dieses im Gegensatz zu den schwachen hydrophoben Bindungen zu starken Wasserstoffbrückenbindungen führt. Auf einer hydrophilen Oberfläche wird aber die Bindung hydrophiler Makromoleküle bedeutend erleichtert, da die Oberfläche nicht nur mit den Wassermolekülen um die Bindung durch Wasserstoffbrücken konkurrieren kann, sondern durch die weit reichenden Wasserstoffbrücken-Bindungskräfte auch Moleküle über einen langen Abstand „fangen" und für die Ausbildung von Wasserstoffbrücken und eventuell auch hydrophoben Wechselwirkungen dingfest machen kann (Abb. 25.3).

Andererseits können hydrophobe Makromoleküle (z. B. mit wenigen oder gar keinen hydrophilen Gruppen) nur lose an eine hydrophile Oberfläche adsorbiert werden, da diese Oberfläche dazu neigt, Wassermoleküle über Wasserstoffbrücken zu binden. Dagegen können die Makromoleküle nicht ankommen und haben daher nur sehr geringe Fähigkeiten, Wassermoleküle und hydrophobe Adsorption ohne Wassertaschen zu verdrängen.

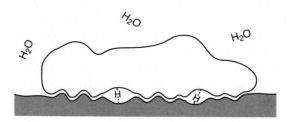

Abb. 25.3 Schematische Darstellung der festen Adsorption von hydrophilen Makromolekülen auf einer MaxiSorp®-Oberfläche. Dazu wird das Wasser zwischen den Molekülen durch ein Wechselspiel von Wasserstoffbrücken und AP-Kräften „herausgepresst". Zur weiteren Erklärung siehe Text

Abb. 25.4 Dichter Monolayer von globulären Molekülen in der Aufsicht. Der Faktor $2/\sqrt{3}$ im Text steht für die Oberflächenbindungskapazität, was von diesem nichtquadratischen Muster herrührt

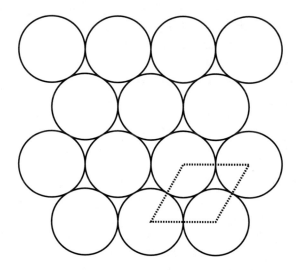

Auf einer hydrophoben Oberfläche besteht hingegen kein Hinderungsgrund für eine stabile hydrophobe Adsorption hydrophober Makromoleküle, außer diese sind in rein wässriger Lösung nur schwer löslich. Hier hilft möglicherweise eine Ergänzung des Puffers mit/oder ein Ersatz durch Detergens oder organische Lösungsmittel (Ethanol oder Hexan).

Zusammenfassend kann man sagen, dass hydrophobe Inhaltsstoffe bevorzugt an hydrophobe Oberflächen (PolySorp®) binden und hydrophile Komponenten bevorzugt an hydrophile Oberflächen (MaxiSorp®), wenn man das Erhalten spezifischer Molekülaktivitäten einmal außen vor lässt (siehe Tab. 5.1). Allerdings ist die Wahrscheinlichkeit für eine Bindung auf hydrophilen Oberflächen größer, was bedeutet, dass man hier einfacher geeignete Inkubationsbedingungen etablieren kann – eine Tatsache, die dazu führt, dass MaxiSorp® auch in Bereichen eingesetzt wird, wo theoretisch eher mit PolySorp® gearbeitet werden müsste. Dennoch können die spezifischen Bereiche des Moleküls durch die Bindung an die Oberfläche verändert, entfaltet oder zerstört werden.

Tab. 25.1 Theoretische PolySorp®- und MaxiSorp®-Vorlieben für die Adsorption verschiedener Makromoleküle

Festphasenassay

	Beschichtungsmolekül	Bevorzugte Oberflächen	Moleküleigenschaften	Bindungsmechanismus	Bindungskapazität	Bewertung	Immobilisierungsbedingungen
Makromolekül	Lipid	Hydrophob (PolySorp⁺)	Hydrophob	Hydrophobe Wechselwirkung	IgG: 220 ng cm⁻² ++	–	Organisches Lösungsmittel ++++
	Lipoprotein	Hydrophob (PolySorp⁺)	Hydrophob und hydrophil	Hydrophobe Wechselwirkung	IgG: 220 ng cm⁻² ++	–	Organisches Lösungsmittel ++++ oder PBS
	Protein/Polypeptid	Zwischenstufe (MediSorp⁺)	Hydrophob und hydrophil	Gemischt hydrophobe Wechselwirkungen und hydrophile Bindungen	IgG: < 650 ng cm⁻²	VK Platte < 5 %; VK Wells < ± 10 % Abweichung vom Mittelwert	pH > pI (Carbonat)
	Glycoprotein/ IgG	Hydrophil (MaxiSorp⁺)	Hydrophil	Gemischt hydrophobe Wechselwirkungen und hydrophile Bindungen	IgG: 650 ng cm⁻² ++	VK Platte < 5 %; VK Wells < ± 10 % Abweichung vom Mittelwert	pH > pI (Carbonat)
	Glycan/Polysaccharid	Sehr hydrophil (MulitSorp⁺)	Hydrophob und hydrophil	Hydrophile Bindungen	IgG: < 650 ng cm⁻²	VK Platte < 5 %; VK Wells < ± 10 % Abweichung vom Mittelwert	Neutral (PBS)
	Glycolipid	Hydrophil (MaxiSorp ⁺)		Gemischt hydrophobe Wechselwirkungen und hydrophile Bindungen	IgG: 650 ng cm⁻² ++	VK Platte < 5 %; VK Wells < ± 10 % Abweichung vom Mittelwert	Organisches Lösungsmittel ++++ oder PBS

+Empfohlene erste Wahl der Oberfläche. Mit Abb. 25.13 können auch geeignetere Oberflächen ausgewählt werden
+ +Die Bindungskapazität wird über einen Sandwich-ELISA bestimmt (s. Nunc-Bulletin Nr. 6)
+ + +Die tatsächliche molare Kapazität ist abhängig von Größe und sterischen Eigenschaften des jeweiligen adsorbierenden Moleküls
+ + + +Polystyrol ist z. B. kompatibel mit Ethanol und Hexan
VK = Variationskoeffizient

Bei hydrophoben Oberflächen, bei denen Moleküle näher kommen müssen, um hydrophobe Bindungen herzustellen, sollten harschere Inkubationsbedingungen, wie höhere Molekülkonzentrationen, längere Inkubationsdauer, höhere Temperatur, (mehr) Bewegung, gewählt werden, um vergleichbare Adsorptionseffizienzen zu erreichen wie auf hydrophilen Oberflächen. Wie bereits oben erwähnt, sind Van-der-Waals-Bindungen relativ schwach und daher möglicherweise ungeeignet für eine stabile Bindung, wenn es zahlenmäßig nur wenige sind, wie das z. B. bei kleinen Molekülen der Fall ist. Zum Binden kleiner Moleküle werden starke chemische Bindungen benötigt. Ionische Bindungen wären normalerweise ungeeignet, da sie in wässrigen Lösungen dissoziieren. Daher bleiben nur echte kovalente Bindungen übrig, um kleine Moleküle direkt und stabil zu binden. Wobei diese Schwierigkeit durch Binden von kleinen Molekülen auf (neutralen) großen Träger- molekülen überwunden werden kann. Bei den zuvor erwähnten Molekülen würde es sich z. B. um Peptide mit weniger als zehn Aminosäuren (entspricht etwa 1500 Dalton) handeln.

Geometrische Schätzung.
Es lohnt sich, einige Schätzungen beruhend auf geometrischen Überlegungen – wie viele Moleküle könnten maximal in einen Monolayer gepackt werden – anzustellen, bevor auch nur ein experimenteller Ansatz zum Ermitteln der Bindungskapazität in der Fest- phase durchgeführt wird. Nehmen wir einen Antikörper vom Immunglobulin-G-Typ (IgG) als Beispiel. Unter der Annahme, dass er globulär ist und im dichtesten Monolayer gepackt, der möglich ist, wäre die Menge Q_{globe} pro cm^{-2}:

$$Q_{\text{globe}} = \frac{2}{\sqrt{3}} \frac{\text{MW}}{N} \frac{1}{(2R)^2} 109 \text{ ng cm}^{-2}$$

Wobei:

MW = Molekulargewicht von IgG
   = 153.000 G V Mol^{-1}
N = Avogadro'sche Zahl
   = $6 \cdot 10^{23} \text{ Mol}^{-1}$
R = Stokes-Radius von IgG

$$= \frac{RT_{20}}{6\pi H_{20} D_{20} N} \text{ cm}$$

R = Gaskonstante
   = $8{,}3 \cdot 10^7 \text{ G} \cdot \text{cm}^2 \cdot \text{sec}^{-2} \cdot \text{K}^{-1} \cdot \text{Mol}^{-1}$
T_{20} = Raumtemperatur 20 °C
   = 293 K
η_{20} = Viskosität von Wasser bei 20 °C
   = $1 \cdot 10^{-2} \text{ G} \cdot \text{cm}^{-1} \cdot \text{sec}^{-1}$
D_{20} = Differenzialkoeffizient von IgG bezogen auf Wasser bei 20 °C
   = $4 \cdot 10^{-7} \text{ cm}^2 \cdot \text{sec}^{-1}$.

Allerdings ist das IgG-Molekül gemäß mehrerer Quellen in Wirklichkeit ein linsen-förmiges sphäroides Gebilde mit einem Durchmesser von 15 nm und einer Dicke von 3 nm, wie in Abb. 25.5 dargestellt.

Angenommen, die dichteste Packung dieser Sphäroide ist aufrecht oder liegend, sehen wir, dass allein aus geometrischen Gründen die Maximalmenge IgG, als Monolayer auf die Oberfläche gebunden, $650 \text{ ng} \cdot \text{cm}^{-2}$ beträgt. Bildet man den Mittel-wert aus den beiden Q-Linsen-Zahlen, ergibt sich als endgültige Schätzung ein Wert von $400 \text{ ng} \cdot \text{cm}^{-2}$.

Unter der Annahme, dass das Molekulargewicht proportional zum Volumen ist, ändert sich Q innerhalb weiter Molekulargewichtsgrenzen – aufgrund der durch eine geringe Potenz gekennzeichneten Verbindung zwischen Volumen und Profilbereich eines Körpers – nicht wesentlich, wenn andere Faktoren konstant bleiben. Abb. 25.6 stellt die Beziehung zwischen Q und dem Molekulargewicht bei globulären Molekülen dar.

Abb. 25.5 Der y-förmige IgG-Antikörper nimmt in etwa den Platz eines linsenförmigen sphäroiden Gebildes mit einem Durchmesser von 15 nm und einer Dicke von 3 nm ein

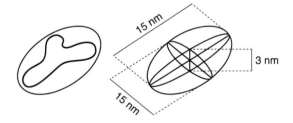

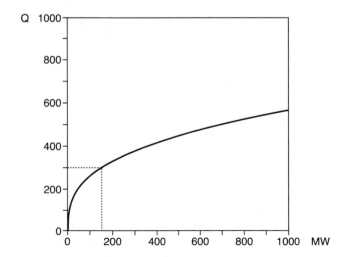

Abb. 25.6 Das Verhältnis zwischen der Monolayer-Gewichtsdichte (Q) und dem Molekular-gewicht (MW) zeigt, dass innerhalb eines Faktors 10 des Molekulargewichts Q nur etwa um einen Faktor 2 variiert. Die Kurve wurde auf der Basis eines idealisierten IgG-Moleküls mit einem MW von 153.000 extrapoliert. Zur weiteren Erklärung siehe Text

Experimentelle Schätzung

Lassen Sie uns als Beispiel beim IgG bleiben, einem Glykoprotein, dessen Struktur schematisch in Abb. 25.7 dargestellt ist.

Auf einer hydrophilen Oberfläche würde man eine orientierte Adsorption derart erwarten, dass die Antigenbindungsstelle exponiert ist, da diese Oberfläche eine Bindung des hydrophilen Kohlenhydratrestes bevorzugen würde, der mit dem nicht erkennenden Teil des Moleküls in Wechselwirkung steht. Auf einer hydrophoben Oberfläche hingegen würde man eine die Antigenbindungsstelle beeinträchtigende Adsorption erwarten, da der Kohlenhydratrest von dieser Oberfläche abgestoßen würde. Um die tatsächlichen Adsorptionsbedingungen zu testen, wurde folgendes Experiment entwickelt (Abb. 25.8).

PolySorp®- und MaxiSorp®- Mikrowelloberflächen wurden mit einer Verdünnungsreihe von spezifischen Antikörpern beschichtet, wobei mit einer Konzentration C weit über der Sättigung begonnen wurde, indem in einer entsprechenden Verdünnungsreihe der spezifische Antikörper mit einem unspezifischen zu einer konstanten Konzentration C gemischt

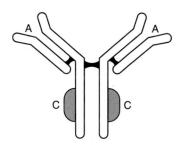

Abb. 25.7 Schematische Darstellung der IgG-Antikörper-Struktur. Beachten Sie den Carbohydrat-Rest (bei C), der mit dem der Antigenbindungsstelle (bei A) gegenüberliegenden Teil des Moleküls eine Wechselwirkung eingegangen ist

Abb. 25.8 Logarithmische spezifische Antikörperkonzentration im Beschichtungsreagenz

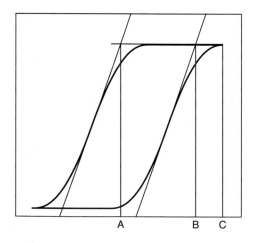

wurde. Die relative Menge des adsorbierten spezifischen Antikörpers in allen Ansätzen wurde durch einen Sandwich-ELISA für das spezifische Antigen ermittelt, wobei mit einem Überschuss an Antigen und HRP-konjugiertem Antikörper gearbeitet wurde.

Angenommen, gleiche Signale lassen auf gleiche Mengen spezifischen Antikörpers, der in beiden Verdünnungsreihen adsorbiert wurde, schließen. Dann ist der Quotient B/C der Teil der Sättigungskonzentration S, der durch das Signal der Maximumkonzentration A gebildet wird, z. B. $A = S \cdot B \cdot C^{-1}$, oder:

$$ S = A \cdot B^{-1} \cdot C $$

In Abb. 25.9 sind Ergebnisse unserer Versuche mit vier Antikörpern unterschiedlicher Spezifität gezeigt, die wie oben durchgeführt wurden. Aus dem scheinbar konstanten Kurvenabstand für MaxiSorp® (MS) und PolySorp® (PS) wird geschlussfolgert, dass die Adsorption unabhängig von der Antikörperspezifität und gleichbedeutend zu folgenden Mengen ist:

$$ Q_{MS} = A_{MS}/V_{MS} \cdot C \cdot V/F \cdot 10^3 = 650 \text{ ng cm}^{-2} $$

$$ Q_{PS} = A_{PS}/B_{PS} \cdot C \cdot V/F \cdot 10^3 = 220 \text{ ng cm}^{-2} $$

Mit:

$$ A_{MS}/B_{MS} = 1/20 $$
$$ A_{PS}/B_{PS} = 1/60 $$
C = maximale IgG-Konzentration = 100 g · mL^{-1}.
V = Volumen des Reaktanden (0,2 mL).
F = Oberfläche (1,54 cm^2).

Q_{MS} ist identisch zum angenommen geometrischen Maximum für aufrecht stehende Moleküle, wohingegen Q_{PS} lediglich ein Drittel hiervon beträgt; dies kann durch die Annahme erklärt werden, dass auf PolySorp® aufrecht stehende und liegende Moleküle in gleicher Zahl vorhanden sind, wie in Abbildung Abb. 25.10 dargestellt.

Da jeder IgG-Antikörper über zwei Antigenbindungsstellen verfügt, also maximal zwei Antigenmoleküle binden kann, hätte die Abnahme der an PolySorp® gebundenen Antikörper einen umso größeren Effekt, je kleiner das Antigenmolekül verglichen mit dem Antikörper ist (s. auch Abb. 5.11). Dies würde zumindest zum Teil die sehr geringen Signale von AFP auf PolySorp® erklären, welches ein Molekulargewicht von weniger als der Hälfte des IgG hat, wohingegen die anderen Antigene ein Molekulargewicht haben, das 3–5-mal dem von IgG entspricht.

In Gefäßen aus Polystyrol, auf das viele biologisch wichtige Moleküle adhärieren, ist es nicht unüblich, Oberflächen herzustellen, die zu 80–90 % mit dem gewünschten Reagenz gesättigt sind. Physikalische Wechselwirkungen, die zwischen Oberflächen und Molekülen stattfinden, üblicherweise als Adhäsion bezeichnet, sind vielfältig, schwach und vorübergehend. Die Art und Anzahl der Bindungen hängt von vielen Parametern ab, von welchen die Größe der offensichtlichste ist. Die Bedeutung dieser Bindungen in

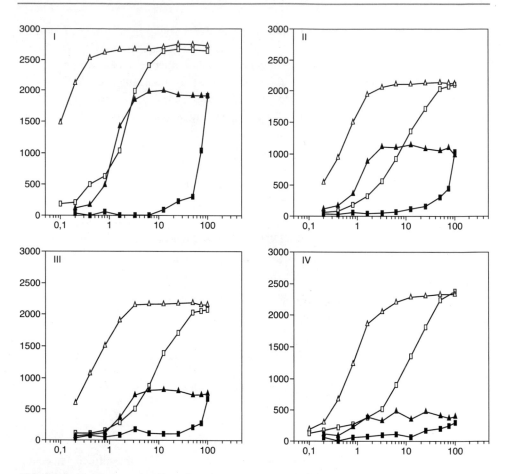

Abb. 25.9 Ergebnisse der Experimente mit vier verschiedenen Antikörper/Antigen-Systemen auf MaxiSorp® (offene Symbole) und PolySorp® (gefüllte Symbole); **a** Ferritin-Antigen (MW 440.000), **b** Fibronektin-Antigen (MW 450.000), **c** Thyroglobulin-Antigen (MW 670.000), **d** AFP-(Alphafetoprotein-)Antigen (MW 70.000). Man beachte den scheinbar konstanten Abstand der MaxiSorp®- von der PolySorp®-Kurve, ungeachtet des infrage stehenden Moleküls

einem Festphasenassay liegt darin, dass sie unspezifisch und – wenn sie in großer Zahl auftreten – auch sehr stark sind (Abb. 25.12).

25.2 Die Wahl der richtigen Oberfläche

Es gibt eine Vielzahl von Entscheidungskriterien bezüglich der Auswahl der für eine bestimmte Anwendung am besten geeigneten Oberfläche. Die Entscheidung hängt von dem zu immobilisierenden Molekül ab. Die verschiedenen Oberflächen sind schematisch in Abb. 25.13 dargestellt, die als Unterstützung für den Anwender bei der Wahl der richtigen Oberfläche für eine Vielzahl von Molekülen verwendet werden kann.

Abb. 25.10 Profile von IgG-Adsorptionsmustern auf MaxiSorp® (oben) und PolySorp® (unten), die das experimentelle Verhältnis von 3:1 zwischen den Beschichtungsdichten auf den unterschiedlichen Oberflächen erklären

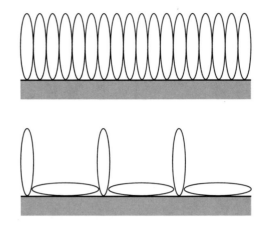

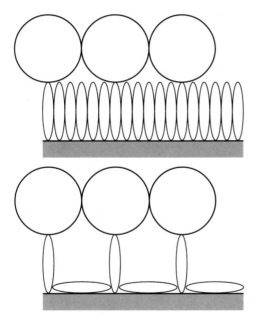
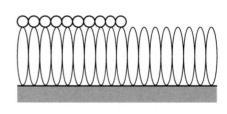
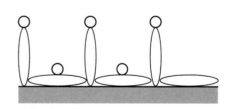

Abb. 25.11 Profile der Bindung der zweiten Lage (Antigen) an die Antikörperbeschichtung auf MaxiSorp® (oben) und PolySorp® (unten). Hieran kann man erkennen, wie der angenommene Unterschied zwischen IgG-Adsorptionsmustern eine Abnahme von kleinen Antigenmolekülen (links), aber nicht von großen Molekülen (rechts) auf PolySorp® nach sich zieht. Man sollte beachten, dass die dritte Lage, bestehend aus HRP-konjugiertem Antikörper, die Detektion dieses Phänomens kaum beeinflussen würde, da HRP ein relativ kleines Molekül ist (MW 40.000). Zur weiteren Erklärung siehe Text

MaxiSorp® ist eine Polystyroloberfläche mit einer hohen Bindungskapazität für Proteine und andere Moleküle mit sowohl hydrophilen als auch hydrophoben Bereichen – und somit beispielsweise für die Immobilisierung von Antikörpern geeignet (Abb. 25.14).

Abb. 25.12 Darstellung
der physikalischen und
chemischen Bindung an
Oberflächen

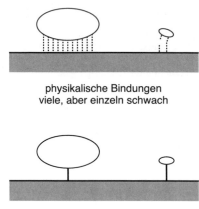

physikalische Bindungen
viele, aber einzeln schwach

chemische Bindungen
einzeln und stark

Abb. 25.13 Schematische
Darstellung von
Makromolekültypen,
die auf die
Oberflächenmodifizierungen
gebunden werden können.
Wenn z. B. ein Lipid gebunden
werden soll, ist die hydrophobe
Oberfläche PolySorp® am
geeignetsten. Die MaxiSorp®-
Oberfläche hat Eigenschaften,
die es ermöglichen, alle Typen
von Molekülen zu binden

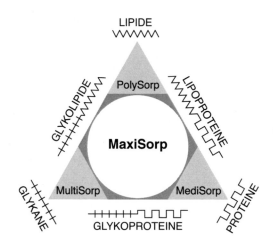

PolySorp® ist auch eine Polystyroloberfläche, aber mit einer geringeren Bindungskapazität, bestimmt für Nicht-Antikörper-Kopplungen. Die theoretische Bindungskapazität beträgt 220 ng · cm^{-2}. PolySorp® bindet Moleküle von eher hydrophober Natur und
findet daher Anwendung beim Binden einiger bestimmter Antigentypen.

MediSorp® ist eine Polystyroloberfläche, die so behandelt wurde, dass darauf
Moleküle mit einer gemischten hydrophil/hydrophoben Natur gut binden. Diese Oberfläche ist weniger hydrophil als MaxiSorp®. MediSorp® wurde für Assays optimiert, bei
denen menschliches Serum eingesetzt wird, da das Signal-Hintergrund-Verhältnis bei
dieser Oberfläche meistens besser ist als bei MaxiSorp®.

Abb. 25.14 Schematische Darstellung der verschiedenen Nunc-Immuno®-Oberflächen

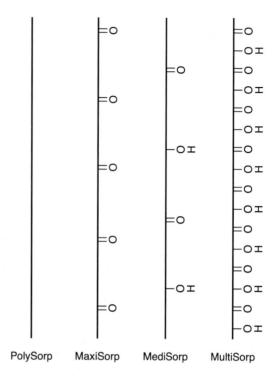

PolySorp   MaxiSorp   MediSorp   MultiSorp

MultiSorp® ist eine sehr hydrophile Polystyroloberfläche, die zur Bindung von hochpolaren Molekülen oder für homogene Assays, bei denen hydrophobe Analyten nicht an die Oberfläche binden sollen, empfohlen wird.

25.3   Oberflächen für kovalente Bindung

In der jüngsten Vergangenheit hat die kovalente Bindung von verschiedenen Molekülen an eine Festphase mit funktionellen Gruppen deutlich zugenommen.

Im Gegensatz zur reinen Adsorption kann die Orientierung des immobilisierten Moleküls dadurch beeinflusst werden, dass man die Immobilisierungsbedingungen kontrolliert und gleichzeitig sicherstellt, dass die biologische Funktion des Moleküls nach der Bindung an die Matrix noch gewährleistet ist.

Nunc-Covalink® ist ein Beispiel einer Oberflächenmodifikation, die es dem Anwender erlaubt, Moleküle kovalent an Polystyrol zu binden. Eine schematische Darstellung der Oberfläche zeigt Abb. 25.15. Es ist nicht einfach möglich, irgendwelche Moleküle kovalent auf dieser Oberfläche zu binden, die nicht oder nur schlecht passiv adhärieren. Wenn man eine solche Oberfläche benutzen möchte, ist es außerordentlich wichtig,

Abb. 25.15 Darstellung der Oberflächenmodifikation der Nunc-Covalink®-Oberfläche, die es dem Anwender erlaubt, Moleküle kovalent an Polystyrol zu binden

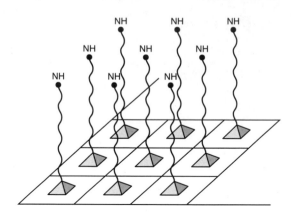

der Anleitung des Herstellers zu folgen, da hierfür sehr spezielle Reagenzien benötigt werden.

Im Grunde kann man entweder die funktionellen Gruppen auf der Oberfläche oder die des zu bindenden Moleküls aktivieren. Grundsätzlich ist die Bindung spezifischer, wenn das zu bindende Molekül aktiviert wird, wie in Abb. 25.16 dargestellt ist. Der Nachteil der Oberflächenaktivierung ist ein hoher Anteil unspezifischer Bindungen.

Die Immobilizer®-Familie ist eine Produktgruppe, bei der jedes Produkt eine voraktivierte Oberfläche für eine Vielzahl von Anwendungen hat. Die Mitglieder dieser Gruppe besitzen viele Gemeinsamkeiten, wie z. B. den über UV verankerten hydrophilen Spacer-Arm. Das patentierte Immobilizer®-Reagenz ist in Abb. 25.17 zu sehen.

Diese Moleküle sind so dicht auf der Oberfläche angebracht, dass eine Molekülsättigung ohne sterische Hinderung ermöglicht und gleichzeitig die Bindung von Molekülen direkt an die Kunststoffoberfläche verhindert wird. Damit vermeidet man unspezifischen Hintergrund, ohne dass man blocken muss. Da die reaktiven Gruppen kovalent gebunden sind, kann man äußerst stringent waschen, was zu viel saubereren Assays führt.

Immobilizer®-Amino wurde zur kovalenten Bindung von Proteinen und Peptiden entwickelt. Man kann mit einem modifizierten Protokoll auch DNA an diese Oberfläche binden.

Die endständige elektrophile Gruppe auf dem Spacer-Arm geht mit einer im Zielmolekül befindlichen nucleophilen Gruppe eine Wechselwirkung ein, was zu einer dauerhaften Bindung führt. Im Fall von Proteinen sind die nucleophilen Gruppen primäre Amine und Thiolgruppen (Abb. 25.18). Andere nucleophile Gruppen von Proteinen, wie z. B. Tyrosin-, Hydroxyl- und Histidin-Imidazolgruppen, sind entweder bei dem pH-Wert, bei dem die meisten Proteine stabil sind, nicht nucleophil oder sind so schwach nucleophil, dass sie von stärkeren Nucleophilen, wie primären Aminen und Thiolgruppen, verdrängt werden.

Darüber hinaus ist die Reaktivität von primären Aminen und Thiolgruppen eine Funktion des pK_a-Wertes und kann durch den pH-Wert moduliert werden. Folglich sind

aktivierte Oberfläche

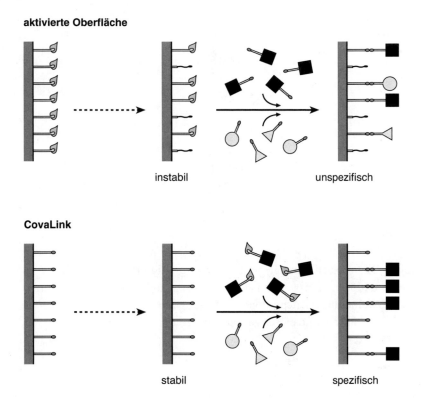

Abb. 25.16 Verbesserung der spezifischen Bindung durch Aktivierung der Moleküle anstatt Aktivierung der Oberfläche

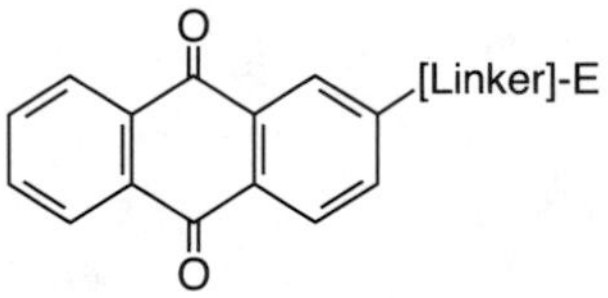

[Linker]-E

Abb. 25.17 Patentiertes AQ-Immobilizer®-Reagenz. Die elektrophile Gruppe (E) ist von dem photoreaktiven Anthrachinon-Spacer durch einen Ethylenglykol-Linker getrennt

Amine schwache Nucleophile, wenn sie protoniert vorliegen. Auch erwartet man eine schwächere Reaktion bei pH-Werten unter dem pK_a der ε-Amino-Gruppe, wohingegen die Thiolgruppe von Cystein in der Thiolatform, die sich bei einem pK_a-Wert über dem der Thiolgruppe ausbildet, stärker nucleophil reagiert.

Daher ist es möglich, die Reaktion zugunsten der Thiolgruppen durchzuführen, wenn man diese nahe des neutralen pH-Werts ansetzt, bei dem das Thiolatanion das reaktivste

Abb. 25.18 Kopplung eines
Moleküls an eine Oberfläche
mit AQ-Immobilizer®-Reagenz

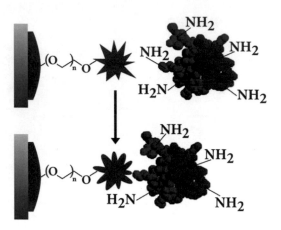

Molekül ist. Die Versuchsplanung sollte sehr sorgfältig erfolgen, da die pK_a-Werte der ionisierbaren Gruppen in Proteinen häufig sehr verschieden von den pK_a-Werten der entsprechenden Aminosäurenseitengruppen in Lösung sind und daher möglicherweise nicht die potenziellen Nucleophile dieser Gruppen in Proteinen widerspiegeln.

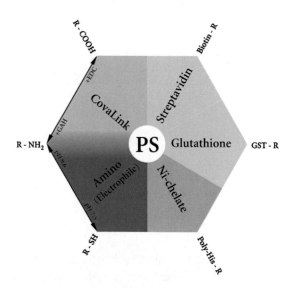

Abb. 25.19 Die Abbildung zeigt die vorhandene Oberfläche für die aktive Zielmolekülbindung. Im Fall von CovaLink® und Immobilizer®-Amino wird das Zielmolekül über einen Linker kovalent an die PS-Oberfläche gebunden. Die übrige Oberfläche bindet das Zielmolekül zusätzlich durch ionische und elektrostatische Wechselwirkungen. Die funktionellen Gruppen werden kovalent auf die Oberfläche gebunden

Da die chemische Natur der Proteine sehr verschieden ist, ist es schwierig, ein allgemeines Protokoll zum Anheften von Proteinen mit dem Immobilizer®-Reagenz zu entwickeln, das für alle Proteine gut funktioniert (Abb. 25.19). Eine Optimierung des Protokolls ist möglicherweise erforderlich, um ein optimales Ergebnis zu erzielen. Da die Zielnucleophile entweder primäre Amine oder Thiole sind, kann zwischen zwei verschiedenen Versuchsbedingungen für die kovalente Reaktion gewählt werden. Eine dieser Bedingungen wird zumindest befriedigende Ergebnisse liefern. Aber die Anwender sollten durchaus die Besonderheiten des eigenen Proteins in Erwägung ziehen und – falls nötig – eigene Versuchsbedingungen entwickeln.

Proteine werden an die Nunc-Immobilizer®-Amino-Oberfläche mit zwei verschiedenen Puffersystemen gekoppelt:

- Phosphat-Puffer mit Salz (PBS; 10 mM Na-Phosphat-Puffer, pH 7,5, 150 mM NaCl)
- 100 mM Na-Carbonat, pH 9,6

Mit PBS wird die Bindung von Thiolen bevorzugt, wohingegen unter Verwendung des Carbonatpuffers sowohl Amin- also auch Thiolgruppen reagieren können.

Nachdem die Moleküle an die Oberfläche gebunden haben, werden überschüssige elektrophile Gruppen mit 10 mM Ethanolamin in 100 mM Natriumcarbonat, pH 9,6, bei einer Stunde Raumtemperatur gequencht. Dies verhindert eine mögliche Reaktion der Oberfläche mit anderen Nucleophilen zu einem späteren Zeitpunkt und führt zudem Hydroxylgruppen ein, die die Oberfläche hydrophiler machen und dadurch weniger anfällig für unspezifische Adsorption. Die Oberfläche kann jetzt in einem Immunoassay eingesetzt werden, ohne dass ein Blockingprotein in den Assaypuffern vorhanden ist.

Es gibt auch zwei Immobilizer®-Produkte, die speziell zur Bindung von Fusionsproteinen entwickelt wurden.

- Immobilizer®-Ni-Chelat bindet spezifische Proteine mit His-Tag. Die Oberfläche ist für sechs His-Reste optimiert. Es kann mit nicht vorgereinigtem Zelllysat gearbeitet werden.
- Immobilizer®-Glutathion bindet Proteine mit GST-Tag-spezifisch. Auch hier kann mit Gesamtzelllysat ohne Vorreinigung gearbeitet werden.

Die Interaktionen an der Oberfläche sind in Abb. 25.20 und 25.21 beschrieben.

Immobilizer® ist ein eingetragenes Warenzeichen von Exiqon A/S, Vedbaek, Dänemark. Das Produkt wird unter Lizenz von Exiqon A/S – EP 0.820.483 und anderen Anwendungen und Patenten hergestellt.

Abb. 25.20 Schematische
Darstellung der Bindung eines
Moleküls mit His-Tag auf
Nunc-Immobilizer®-Ni-Chelat

Immobilizer Ni-Chelate

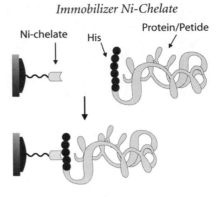

Abb. 25.21 Schematische
Darstellung der Bindung eines
Moleküls mit GST-Tag auf
Nunc-Immobilizer®-Glutathion

Glutathion-Immobilizer

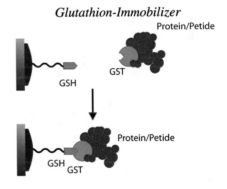

25.4 Immobilisierung von DNA

25.4.1 Festphasen-DNA-ASSAYS

Bislang wurden Festphasen-Immunoassays diskutiert. Wir sollten lediglich kurz auch die Bindung von Oligonucleotiden an eine Festphase erwähnen. Diese Technik wird eingesetzt, um PCR-Produkte zu detektieren, indem man die PCR-Methode *(polymerase chain reaction)* an einer festen Phase oder einen PCR-ELISA durchführt (Abb. 25.22). Das Nunc-Beispiel NucleoLink® ist ein aktiviertes Polymer, an das 5'-phosphorylierte oder 5'-aminierte Oligonucleotide kovalent und hitzestabil binden können. Ein Linker von mindestens zehn Thymidinen wird für eine bessere Kinetik empfohlen. Die kovalente Bindung zwischen der Oberfläche und dem markierten Oligonucleotid ist eine Carbodiimid-Kondensation.

Auf diese Weise können 2,5 pmol eines Oligonucleotides von 25 Basen pro Well kovalent gebunden werden.

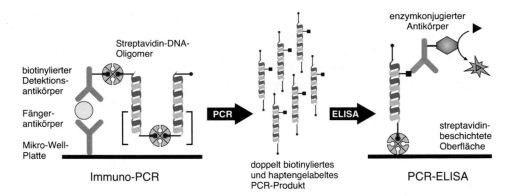

Abb. 25.22 Immuno-PCR-Detektion eines Antigens mit nachfolgender quantitativer Analyse der Produktausbeuten beim PCR-ELISA. Die Fängerantikörper werden auf Mikrowellplatten immobilisiert, um gezielt das Antigen zu binden. Nachfolgende Bindung eines biotinylierten Detektionsantikörpers, Streptavidin und eines biotinylierten DNA-Markers führen zu einem signalgebenden Immunokomplex. Die Signalamplifikation erfolgt in der PCR. Der Einsatz von biotinylierten Primern und digoxigeningelabelten Nucleotiden führt zu einem doppelt markierten Amplicon, das in einem PCR-ELISA quantifiziert werden kann. Die PCR-Produkte werden auf streptavidinbeschichteten Platten immobilisiert und durch ein Anti-DIG-IgG, konjugiert mit Alkalischer Phosphatase, entweder kolorimetrisch oder fluorimetrisch aufgespürt

25.4.2 Festphasen-PCR

Bei der Festphasen-PCR findet die DNA-Amplifikation und -Detektion durch Hybridisierung in einem Well statt. In diesem Fall ist kein Transfer vom Amplifikations- zum Detektionssystem notwendig, womit das Risiko für Kreuzkontamination reduziert wird. Die Amplifizierung findet auf der NucleoLink-Oberfläche statt, und die Amplicons werden während des Prozesses kovalent an die Oberfläche gebunden. Anschließend werden die Amplicons durch Hybridisierung im gleichen Well detektiert.

In den meisten Fällen ist die Sensitivität des Assays 10–100fach erhöht, verglichen mit einer Gelelektrophorese. Weniger als 200 Kopien eines Plasmids mit dem HPV-Genom konnten auf diese Weise detektiert werden, wohingegen in einer Gelelektrophorese die Nachweisgrenze bei etwa 18.000 Kopien lag. Die Ergebnisse werden in einem ELISA-Reader oder Fluorometer ausgelesen und damit in Zahlenwerten ausgedrückt, was die Auswertung und Quantifizierung erleichtert.

25.4.3 Immuno-PCR

Bei der Immuno-PCR wird eine Sonde kovalent auf dem aktivierten Polymer gebunden (s. auch Kap. 6). Ein mit Biotin oder Digoxigenin (DIG) gelabeltes PCR-Produkt wird hinzugefügt und mit der Sonde hybridisiert. Das hybridisierte PCR-Produkt, das mit Biotin markiert wurde, wird mit einem enzymkonjugierten Streptavidin detektiert, wohingegen das DIG-markierte Produkt durch einen enzymmarkierten Anti-DIG-Antikörper detektiert wird. Eine passende Menge Substrat wird zu gefügt und die Ergebnisse in einem ELISA-Reader oder Fluorometer ausgelesen (Abb. 25.22).

Angela Zellmer, Manuel Hecht und Peter Rauch

In allen Anwendungsbereichen von Immunoassays ist die Langzeitstabilisierung der eingesetzten Biokomponenten eine sinnvolle und hilfreiche Maßnahme, welche ein einfaches und zeitsparendes Arbeiten ermöglicht. Meist aber ist sie die zwingend notwendige Voraussetzung für eine erfolgreiche Assaydurchführung. Insbesondere für kommerzielle Assays, die z. B. in der In-vitro-Diagnostik oder der Lebensmittelanalytik eingesetzt werden, ist eine ausreichende Stabilität der Assaykomponenten Voraussetzung für die Markteinführung dieser Produkte. Mit Stabilisierung sind in diesem Zusammenhang die Verlängerung der Haltbarkeit und der Schutz vor zeit- und temperaturabhängiger Denaturierung der Assaykomponenten gemeint. Hierzu gehören beispielsweise Fängerantikörper, interne Standards und Kontrollen sowie enzymmarkierte Detektorantikörper. Gut stabilisierte Assays erreichen Haltbarkeiten von mehreren Jahren. Das dient vor allem der Produktsicherheit, hat aber auch Kostenvorteile bei Produktion und Lagerung der Produkte. Es können größere Chargen produziert werden, die nun weltweit über vielfältige Transportwege und teilweise ungekühlt zu den Anwendern dieser Kits verschickt werden. Zudem wird die Zwischenlagerung bei Vertriebsfirmen unproblematischer. Die Anwender, z. B. analytische Laboratorien oder – im Falle von In-vitro-Diagnostika – Krankenhäuser oder Arztpraxen, erwarten zuverlässige diagnostische Kits, die während der gesamten Transport- und Lagerzeit keinen Schaden erlitten haben. Die Forderung einer gleichbleibend guten analytischen Qualität über die

A. Zellmer · M. Hecht · P. Rauch (✉)
CANDOR Bioscience GmbH, Wangen, Deutschland
E-Mail: p.rauch@candor-bioscience.de

A. Zellmer
E-Mail: a.zellmer@candor-bioscience.de

M. Hecht
E-Mail: m.hecht@candor-bioscience.de

© Springer-Verlag GmbH Deutschland, ein Teil von Springer Nature 2023
A. M. Raem und P. Rauch (Hrsg.), *Immunoassays*,
https://doi.org/10.1007/978-3-662-62671-9_26

gesamte Lebensdauer eines Kits ist aber nicht nur ein frommer Kundenwunsch, sondern auch Bestandteil von Richtlinien und Verordnungen in den unterschiedlichsten Teilbranchen der Life Sciences. Als Beispiel seien hier die IVD-Verordnung (Kap. 34) sowie die DIN-Norm DIN EN ISO 23640 „In-vitro-Diagnostika – Haltbarkeitsprüfung von Reagenzien für in-vitro-diagnostische Untersuchungen", die EMA-Guideline „Guideline on bioanalytical method validation" (s. auch Kap. 29) und die Forderungen in der Lebensmittelanalytik (s. auch Kap. 30) genannt.

Doch auch in den Laboratorien der Universitäten und Unternehmen, in denen im Rahmen der Grundlagenforschung nur einzelne ELISAs durchgeführt werden, ist es hilfreich, beim Ansatz der Komponenten den Bedarf für einen längeren Zeitraum herzustellen und diesen sukzessive aufzubrauchen. Dies garantiert neben der Zeitersparnis eine bessere Vergleichbarkeit der Ergebnisse, weil Messungen immer mit identischen Materialien durchgeführt werden können. Mitunter ist die langfristige Lagerung von z. B. nicht stabilisierten Stammlösungen auch gar nicht möglich, weil sich durch Einfrieren/Auftauen aufgrund von Denaturierungsprozessen die Funktionalität verschlechtern kann oder die Lagerung im Kühlschrank bei 2–8 °C nicht die erwünschte Haltbarkeit ermöglicht. Dies kann auch lyophilisierte Komponenten nach deren Rekonstitution betreffen. Fehlen hierzu Herstellerangaben, sollte dies durch Funktionstests ermittelt werden. Bei umfangreicheren Studien, wie sie in der Lebensmittelanalytik, in der medizinischer Forschung, in der Diagnostik oder im Pharmabereich durchgeführt werden, müssen häufig mittlere Stückzahlen von zehn bis einigen hundert ELISA-Platten vermessen werden, und dies bisweilen parallel in mehreren Laboratorien von kooperierenden Arbeitsgruppen. Hierbei müssen sowohl die Herstellung der ELISAs in gleichbleibender Qualität als auch deren Lagerung und Transport ohne Verschlechterung der Bestandteile bewerkstelligt werden.

26.1 Stabilisierung immobilisierter Fängerantikörper

Betrachtet man als Beispiel einen Sandwich-ELISA (s. auch Kap. 3), so werden in diesem Fall zunächst die Fängerantikörper immobilisiert. Diese können monoklonal oder polyklonal sein. Die Herausforderungen für den Anwender sind in beiden Fällen jedoch dieselben: die Stabilisierung und Erhaltung der Funktionalität dieser Fängerantikörper auf der Oberfläche einer ELISA-Platte im trockenen Zustand. Die beschichteten und getrockneten ELISA-Platten sind Bestandteil kommerzieller Kits und können nach dem Öffnen der Schutzverpackung sofort verwendet werden. Die Platte ist also *ready-to-use,* was für den Anwender bedeutet, dass er sich nicht mehr mit der Beschichtung und Blockierung der Platte beschäftigen muss. Das hat der Hersteller vorher in einem validierten Produktionsprozess erledigt. Dem Anwender werden somit Prozessschritte abgenommen, was einerseits die Durchführung beschleunigt (auch hier gilt: Zeit ist Geld), aber auch einen Qualitätsvorteil erbringt, da der Hersteller einen guten, automatisierten und validierten Produktionsprozess etabliert hat. Dieser Prozess ermöglicht die Herstellung von teilweise sehr großen Einzelchargen von tausenden Kits und eine sehr gleichbleibende Qualität zwischen den Chargen.

Die Fängerantikörper werden zunächst in einer Beschichtungslösung (andere übliche Bezeichnungen hierfür: Immobilisierungspuffer oder *Coating Buffer*) auf der Oberfläche einer ELISA-Platte immobilisiert (s. auch Abschn. 3.6.1 und 3.8.1). In der Regel erfolgt die Immobilisierung durch einfache Adsorption. Vor allem durch Strukturveränderungen der Antikörper beim Kontakt mit der Kunststoffoberfläche der ELISA-Platte während der Immobilisierung sind nur ca. 2–8 % der gecoateten Fängerantikörper tatsächlich funktional. Dies bedeutet, dass nur dieser geringe Prozentsatz in der Lage ist, den späteren Zielanalyten zu erkennen und zu binden. Im Anschluss an die Immobilisierung erfolgt ein Blockierungsschritt. Hierdurch soll verhindert werden, dass der spätere Analyt oder die Detektionsantikörper an freie Bindungsstellen der Plattenoberfläche binden und so zu unspezifischen Signalen führen. Für die Blockierung stehen dem Anwender zahlreiche Blockierungsproteine, wie z. B. BSA (Rinderserumalbumin), Casein oder Fischgelatine, zur Verfügung. Diese Blockierungsreagenzien können sehr effektiv sein und haben sich über viele Jahre etabliert. Neben diesen Proteinen, die als Blockierer eingesetzt werden können, gibt es auch proteinfreie Blockierer. Die nötige Qualität der Blockierung hängt von dem zu messenden Analyten, der eingesetzten Probenmatrix sowie der geforderten Nachweisgrenze und Ergebniszuverlässigkeit ab. In der Regel erfolgt die Blockierung in einem sequenziellen Schritt nach der Immobilisierung. Hierzu wird zunächst die Immobilisierungslösung aus der Platte entfernt und diese im Anschluss mit der gewünschten Blockierungslösung befüllt. Nach einer angemessenen Inkubationszeit wird diese entfernt, meist gefolgt durch einen Waschschritt, wobei dieser Waschschritt nicht immer nötig ist. Im nächsten Schritt erfolgt die Stabilisierung der immobilisierten Fängerantikörper durch das Auftragen spezieller Stabilisierungslösungen. Nach dem Entfernen der Stabilisierungslösung werden die Platten in der Regel getrocknet und mit Trockenmittel in einen Schutzbeutel eingeschweißt. Der Schutzbeutel ist oftmals aluminiumbeschichtet und soll ein Eindringen von Luftfeuchtigkeit verhindern. Auf diese Weise können die immobilisierten Biokomponenten ihre Aktivität über einen längeren Zeitraum behalten. Die moderneren kommerziellen Stabilisierungslösungen sind speziell für den Zweck der Produktionsoptimierung entwickelt worden und vereinigen beispielsweise die Blockierung und Stabilisierung in einem Arbeitsschritt mit teilweise deutlich verringerter Inkubationszeit. Dieses verschlankt und verkürzt Produktionsprozesse. Je nach Anbieter sind diese Lösungen auch proteinfrei, bewirken eine verbesserte Langzeitstabilität und verbesserten Schutz vor Temperaturveränderungen während des Transports und verringern die Streuung auf den Platten, was die analytische Qualität verbessert.

Die in den Stabilisierungslösungen enthaltenen Moleküle lagern sich an die Fängerantikörper an, um deren Struktur zu erhalten. Bei manchen sind weitere Bestandteile enthalten, die eine schnelle und effektive Blockierung der ELISA-Platte ermöglichen. Nach Entfernung der Lösung und anschließender Trocknung umschließen weitere Komponenten der Stabilisierungslösung die immobilisierten Fängerantikörper mit einer dichten Schicht aus Molekülen, die als Oxidationsschutz dient. Auf diese Weise geschützte und stabilisierte ELISA-Platten können sehr lange gelagert werden. Lagerzeiten von mehreren Jahren ohne nennenswerten Verlust der Bindungsfähigkeit der immobilisierten Fängerantikörper können so erreicht werden. Wenn der Anwender die ELISA-Platte aus der Schutzhülle entnimmt, ist die Platte meistens sofort einsatzbereit, d. h. der Anwender kann Proben und Standards ohne vorherigen Waschschritt in die Platte pipettieren.

Die genaue Zusammensetzung solcher Stabilisierungslösungen gehört zu dem geheimen Know-how der kommerziellen Anbieter. In der älteren Literatur finden sich verschiedene Mischungen aus Zuckern, die aber nicht mit kommerziellen Stabilisierungslösungen mithalten können.

Abb. 26.1 zeigt zwei Beispiele einer praktischen Anwendung einer kommerziellen Stabilisierungslösung.

Natürlich sollte die Effizienz einer Stabilisierungslösung schon im Rahmen der Entwicklung eines ELISA getestet werden. In der ersten Phase sollte man zunächst prüfen, ob und welche Stabilisierungslösungen den Assay in seinem Messbereich positiv oder negativ beeinflussen im Vergleich zu einem Verzicht auf eine Stabilisierung.

Danach sollte mit einem Stresstest geprüft werden, ob die gewählte Stabilisierungslösung auch wirklich gut stabilisiert. Stresstest bedeutet, dass man die getrocknete und stabilisierte Platte im Vergleich zu einer getrockneten und nicht stabilisierten Platte bei erhöhten Temperaturen lagert, beispielsweise bei 37 °C oder 45 °C. Noch höhere Temperaturen sind kritisch, da dann trotz Denaturierungsschutz durch die Stabilisierungslösung eine Hitzedenaturierung der empfindlichen Fängerproteine einsetzen kann. Abb. 26.2 zeigt das Ergebnis eines solchen Tests. Die Kontrollplatten sind hier nur mit einer BSA-haltigen Lösung blockiert und stabilisiert worden. Die Fängerantikörper verlieren recht schnell ihre Bindungsfähigkeit, während die stabilisierten Platten nach 80 Tagen bei 37 °C immer noch über den gesamten Messbereich sehr gut funktionieren. Abb. 26.2 zeigt auch, dass BSA nicht in der Lage ist, Fängerantikörper ausreichend zu stabilisieren. Bei dem Stresstest sollten diejenigen ELISA-Platten eingesetzt werden, die auch im späteren ELISA-Kit verwendet werden sollen, um sicherzustellen, dass die Oberflächeneigenschaften identisch sind. Ein Wechsel zu anderen Plattenherstellern oder anderen Plattentypen kann den Messbereich und die Stabilisierungseffizienz verändern.

Eine mögliche Vorgehensweise, wie man im Rahmen einer Assayentwicklung mit einem Stresstest die Effizienz einer Stabilisierungslösung testen könnte, ist hier kurz beschrieben:

Als vorteilhaft haben sich z. B. Streifen-Platten (single-strip plates, s. auch Kap. 3, Abb. 3.7) erwiesen. Bei diesen Platten können die Plattenstreifen einzeln entnommen werden, sodass der Anwender auch bei einer geringen Probenzahl nicht die vollständige Platte verwenden muss. Die Streifen-Platten gibt es, wie auch die Vollguss-Platten, von unterschiedlichen Herstellern mit verschiedenen Bindungskapazitäten. Als Referenzplatten sollten Platten ohne Stabilisierung mitgeführt werden. Als Starttag (T0) dient der Tag, an dem die Platten stabilisiert werden. Für die Beurteilung der Stabilität der

Durchführung A (Volumenangaben für 96-well Platte):

1. Immobilisierung z.B. nach dem Verfahren, welches in Kapitel 4.1.6.1 beschrieben ist. Nach Ende der Immobilisierung wird die Immobilisierungslösung entfernt.

2. 200 µl *Liquid Plate Sealer®* animal-free pro Well zugeben und 15-90 Minuten bei Raumtemperatur inkubieren.

3. *Liquid Plate Sealer®* animal-free absaugen. Durch zusätzliches Ausschlagen auf Papier können Pufferreste entfernt werden. Platten bei 37-50°C trocknen. Inkubationsdauer typischerweise zwischen 60 und 120 Minuten, abhängig von der Temperatur, dem Inkubatortyp, der Plattenanzahl und der (aktiven) Umluft des Inkubators.

4. Lagerung: Die Platte in Folie eingeschweißt unter Trockenheit (ggf. unter Zugabe von Trockenmittel) bei 2-8°C lagern.

Durchführung B (Volumenangaben für 96-well Platte):

1. Immobilisierung z.B. nach dem Verfahren, welches in Kapitel 4.1.6.1 beschrieben ist.

2. Nach Abschluss der Immobilisierung, ohne vorherige Entfernung der Immobilisierungslösung, *Liquid Plate Sealer®* animal-free direkt in die Wells der Mikrotiterplatte hinzugeben, sodass diese vollständig gefüllt sind. Beispiel: bei 100 µl Immobilisierungslösung zusätzlich 200 µl *Liquid Plate Sealer®* animal-free direkt in das Well zugeben. Danach 15-90 Minuten bei Raumtemperatur inkubieren.

3. Die gesamte Lösung absaugen. Durch zusätzliches Ausschlagen auf Papier können Pufferreste entfernt werden. Platten bei 37-50°C trocknen. Inkubationsdauer typischerweise zwischen 60 und 120 Minuten, abhängig von der Temperatur, dem Inkubatortyp, der Plattenanzahl und der Umluft des Inkubators.

4. Lagerung: Die Platte in Folie eingeschweißt unter Trockenheit (ggf. unter Zugabe von Trockenmittel) bei 2-8°C lagern.

Abb. 26.1 Zwei Durchführungsbeispiele der Verwendung der kommerziellen Stabilisierungslösung *Liquid Plate Sealer®* animal-free

immobilisierten Biokomponente wird eine komplette Kalibrationsreihe des Standards an den unterschiedlichen Messtagen aufgetragen, und die Verläufe der ermittelten Standardkurven werden übereinander gelegt (Abb. 26.2). Eine weitere Möglichkeit besteht darin, nur zwei bis drei ausgewählte Konzentrationen des Zielanalyten aufzutragen und die Signalhöhen des Starttages mit den Signalhöhen der übrigen Messtage ins Verhältnis zu setzten.

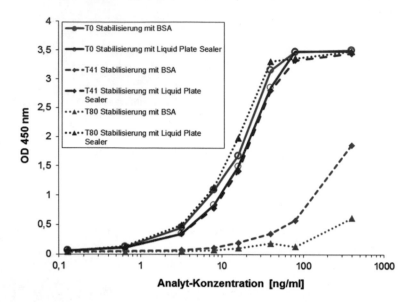

Abb. 26.2 Stresstest von beschichteten Streifen einer ELISA-Platte bei 37 °C über einen Zeitraum von 80 Tagen. Verglichen wird die Blockierung und Stabilisierung eines immobilisierten Fängerantikörpers mit *Liquid Plate Sealer*® im Vergleich zu einer Blockierung und Stabilisierung mit BSA. BSA zeigt nur einen sehr schwachen Stabilisierungseffekt und ist nicht geeignet, den Fängerantikörper so zu stabilisieren, dass eine sinnvolle Haltbarkeit der beschichten Platten erreicht werden kann. Die Stabilisierung mit der kommerziellen Lösung *Liquid Plate Sealer*® führt hier zu einer guten Stabilisierung des Fängerantikörpers

Um solche Vergleiche zu ziehen, muss man nicht unbedingt 80 Tage warten, was die Entwicklungszeit stark verlängern wurde. Oftmals reichen auch schon 1–2 Wochen, um deutliche Unterschiede zwischen stabilisierten und nicht stabilisierten Platten, oder Unterschiede zwischen verschiedenen Stabilisierungslösungen verschiedener Anbieter, zu erkennen. Ein Einschweißen der Platten in eine Schutzfolie ist hier auch noch nicht nötig, sondern man belässt die Platten in einem Inkubator, der auf die zu testende Stresstesttemperatur eingestellt ist. In Anlehnung an die RGT-Regel (Reaktions-geschwindigkeit-Temperatur-Regel oder auch van't Hoff'sche Regel genannt) kann man grob abschätzen, dass sich bei einer um 10 °C geringeren Lagertemperatur die Haltbarkeit verdoppelt. Die RGT-Regel sagt eigentlich aus, dass sich bei einer Erhöhung der Temperatur um 10 K die Reaktionsgeschwindigkeit einer chemischen Reaktion oder einer enzymatischen Umsetzung verdoppelt bis verdreifacht. Trotzdem wird diese Regel in dieser abgewandelten Form gerne zur Beurteilung der Haltbarkeiten von Proteinen/ Antikörpern verwendet, und sie funktioniert auch einigermaßen gut. Aus dem Beispiel in Abb. 26.2 würden sich folgende Haltbarkeiten ergeben: 80 Tage bei 37 °C würden 160 Tage bei 27 °C, 320 Tage bei 17 °C und 640 Tage bei 7 °C bedeuten. Trotzdem ist es später erforderlich, die tatsächliche Haltbarkeit eines kommerziellen Kits in Echtzeit unter den in der Packungsbeilage beschrieben Lagerungsbedingungen zu überprüfen und zu validieren. Man wird in Echtzeit-Stabilitätstests auch Beispiele finden, bei denen die abgewandelte RGT-Regel nicht exakt zutrifft. Trotzdem ist es so, dass man zwischen guten und für die spezielle Anwendung schlechteren Stabilisierungslösungen auf Basis eines Stresstests unterscheiden kann.

Wichtig ist noch zu erwähnen, dass Stabilisierungsergebnisse nicht auf andere Assays übertragen werden dürfen, sondern für jeden Assay nochmals überprüft werden müssen. Die Stabilisierungsleistung hängt auch von den verwendeten ELISA-Platten, den Prozessparametern wie Inkubationszeiten und Temperaturen und von den immobilisierten Fängerantikörpern oder Fängerpeptiden ab. Zudem muss immer geprüft werden, ob die jeweilige Stabilisierungslösung auch mit dem nächsten zu entwickelnden ELISA (bedeutet neue Antikörper, neuer Analyt, eventuell andere ELISA-Platte) gut funktioniert.

26.2 Stabilisierung der Standards und Kontrollen

Neben der Stabilisierung der immobilisierten Biokomponenten sind weitere wichtige Komponenten eines ELISA der Standard sowie die Positiv- und Negativ-Kontrollen. Bei den Standards handelt es sich um Lösungen, die den Zielanalyten mit bekannter Konzentration enthalten. Standards können auf zwei Arten für die Auswertung in Assays eingesetzt werden: Bei der qualitativen Auswertung geht es lediglich darum, ob der Ziel-analyt in der untersuchten Probe vorhanden ist. Grundlage für diese Auswertung ist ein Grenzwert (auch Cut-off genannt), der zuvor festgelegt werden muss. Oberhalb dieses Wertes gilt die zu vermessende Realprobe als positiv, unterhalb als negativ. Die zweite Möglichkeit besteht darin, den Assay quantitativ auszuwerten. Hierzu werden Lösungen mit unterschiedlichen Konzentrationen des Zielanalyten als Standardreihe hergestellt. Als Standards können, je nach Fragestellung, z. B. Proteine (Stichwort Tumormarker), Viren, Toxine, Hormone oder Pestizide eingesetzt werden. Dabei sollte der Analyt in möglichst reiner Form vorliegen. Durch das grafische Auftragen des Signals gegen die eingesetzten Analytkonzentrationen erhält der Anwender einen in der Regel sigmoiden Kurvenverlauf. Werden unbekannte Proben unter den gleichen Bedingungen wie die Standardreihe vermessen, kann der Anwender anhand der ermittelten Signale die Analyt-konzentrationen in den Proben ermitteln. Standards, die sich im Verlauf ihrer Lagerung verändern und daher nicht mehr in der gleichen Weise von den Antikörpern gebunden werden, führen somit unweigerlich zu falschen Ergebnissen.

Eine häufige Methode zur Stabilisierung empfindlicher Standardmoleküle ist die Gefriertrocknung (auch als Lyophilisierung bezeichnet). Dafür wird der in einem Puffer angesetzte Zielanalyt auf die gewünschten Konzentrationen herunterverdünnt. Die so hergestellten einzelnen Standards werden aliquotiert und anschließend in einem Gefriertrockner tiefgefroren. Nach dem Einfrieren wird ein Vakuum aufgebaut. Durch permanente Temperaturerhöhung bis auf Raumtemperatur wird den Standards anschließend mithilfe des Vakuums langsam das Wasser entzogen. Zurück bleiben lediglich die Puffersalze mit den eingebetteten Standards. Die einzelnen Flaschen werden anschließend verschlossen, um sie vor Feuchtigkeit zu schützen. Standards, die auf diese Weise hergestellt wurden, besitzen in der Regel eine sehr gute Stabilität über einen langen Zeitraum. Diese Art der Stabilisierung ist jedoch mit einem großen geräte-technischen und zeitlichen Aufwand verbunden. Hinzu kommt, dass der Einsatz von lyo-philisierten Standards für den Anwender nicht sehr komfortabel ist. Vor ihrem Einsatz müssen die einzelnen Standards von dem Anwender zunächst in einem geeigneten Löse-mittel, in der Regel Reinstwasser, wieder gelöst werden. Dabei muss darauf geachtet werden, dass das Lyophilisat ausreichend Zeit erhält, sich wieder vollständig zu lösen. Auch muss darauf geachtet werden, dass die Lösung vor ihrem Einsatz im ELISA aus-reichend homogenisiert wird.

Deutlich anwenderfreundlicher sind dagegen Standards in flüssiger Form. Viele Hersteller von kommerziellen ELISA-Kits stellen dem Anwender den jeweiligen Standard als flüssiges Konzentrat zur Verfügung. Ein Konzentrat ist in der Regel deut-lich einfacher zu stabilisieren als eine verdünnte Ready-to-use-Konzentration. Diese Stammlösung muss aber vor Verwendung im ELISA-Test von dem Anwender mit einem Verdünnungspuffer, der in der Regel von dem Hersteller mitgeliefert wird, auf die geforderten Konzentrationen der Standardreihe verdünnt werden. Diese zusätzlichen Arbeitsschritte beim Anwender beinhalten auch ein Fehlerrisiko. Daher werden viele kommerzielle Kits mit Standards in Ready-to-use-Konzentrationen angeboten. Dies erfordert den Einsatz von Stabilisierungslösungen, die auch niedrige Konzentrationen des Standards sehr gut stabilisieren sollten. Da die Standards recht unterschiedliche Moleküle (s. o.) sein können, stellt die Entwicklung der passenden Stabilisierungslösung eine gewisse Herausforderung dar.

Die Hersteller von kommerziellen Kits haben mittlerweile die Möglichkeit, auch für die Stabilisierung von Standards auf kommerzielle Stabilisierungslösungen zurückzu-greifen. Zu beachten ist, dass es derzeit keine Stabilisierungslösung gibt, die alle Arten von Standards gleich gut stabilisieren kann. Vermutlich wird es auch in Zukunft eine solche Lösung nicht geben, da die Unterschiede zwischen den Molekülarten zu groß sind. Bei der Stabilisierung der Standards gilt generell, dass die Matrix der späteren Realproben beachtet werden muss. Besonders die Viskositätsunterschiede zwischen den Realproben (z. B. Serum, Plasma, Lebensmittelextraktionen etc.) und den stabilisierten Ready-to-use-Standards können zu unterschiedlichen Ergebnissen führen.

Für die Herstellung von Ready-to-use-Standards ist es im Allgemeinen ebenfalls erforderlich, verschiedene Stabilisierungslösungen zu testen, um eine geeignete Lösung zu finden. Hierzu kann man beispielsweise folgendermaßen vorgehen:

Zunächst werden komplette Standardreihen, die den gewünschten Messbereich gut abdecken, in den zu testenden verschiedenen Stabilisierungslösungen angesetzt. Von jeder hergestellten Standardreihe wird am Tag der Herstellung der Kurvenverlauf im Assay aufgenommen. Diese Kurve dient als Ausgangskurve (T0). Die angesetzten Standards werden nun bei erhöhten Temperaturen über einen längeren Zeitraum z. B. bei

37 °C oder 45 °C gelagert. Zu bestimmten Zeiten werden entsprechende Proben aus den gelagerten Gefäßen entnommen und als Standardreihe im ELISA eingesetzt. Die hierdurch gewonnen Kurven werden sowohl mit der Kurve des Starttags T0 als auch untereinander verglichen. Nach wenigen Wochen eines solchen Stresstests sieht man die Unterschiede zwischen den Stabilisierungslösungen. Jetzt kann eine Auswahl getroffen werden, mit der man die weitere Assayentwicklung angehen kann.

26.3 Stabilisierung der Detektorantikörper

Ein wesentlicher Bestandteil eines Sandwich-ELISA ist der Detektorantikörper. Dieser muss mit einem Marker gelabelt sein. Diese Marker können beispielsweise Enzyme oder verschiedene Arten von Fluoreszenzfarbstoffen sein (s. auch Abschn. 3.6.4 sowie Kap. 24). Auch hier ist eine gute Stabilisierung unumgänglich. Die Stabilisierung muss sowohl den Antikörper in gelöster Form als auch den jeweiligen Marker, der kovalent an den Detektorantikörper gekoppelt ist, stabilisieren und auch die Aggregation verhindern, damit gelabelte Antikörper nicht während der Lagerzeit ausfallen. Auch hierfür gibt es für die verschiedenen Label unterschiedliche kommerzielle Lösungen. Sehr häufig werden als Marker Enzyme eingesetzt. Weit verbreitet sind beispielsweise die Meerrettich-Peroxidase (Abkürzung POD oder auch HRP aufgrund der englischen Bezeichnung *horseradish peroxidase*) und die Alkalische Phosphatase (AP).

Egal, für welchen Label man sich entschieden hat: Es ist auf jeden Fall sinnvoll, in der frühen Phase der Entwicklung eines ELISA oder Immunoassays sich mit der Frage der geeigneten Stabilisierung des Detektors zu beschäftigen. Das bedeutet, dass man sehr früh die gewünschte Stabilisierungslösung bzw. unterschiedliche Stabilisierungslösungen testen sollte. Auch hier ist in ähnlicher Weise, wie in Abschn. 26.1 und 26.2 beschrieben, ein Stresstest sinnvoll. Dazu verdünnt man seinen gelabelten Detektorantikörper in der gewünschten Ready-to-use-Konzentration in den verschiedenen Stabilisierungslösungen und lagert diese bei 37 °C oder 45 °C. Zu bestimmten Zeitpunkten entnimmt man Proben und testet diese mittels ELISA. In vielen Fällen kann man einen solchen Test vereinfachen, indem man das Zielprotein auf die ELISA-Platte immobilisiert und dann den Detektorantikörper in verschiedenen Konzentrationen in den zu testenden Stabilisierungslösungen ansetzt. Mit diesen Lösungen führt man nun den ELISA durch und erhält Messbereichskurven (Abb. 26.3). Somit lassen sich auch hier die verschiedenen Kurven der jeweiligen Stabilisierungslösung und der verschiedenen Lagerzeiten mit den Kurven des Starttags vergleichen. Alternativ kann man auch nur mit einer festgelegten Konzentration des HRP-markierten Detektors arbeiten, der jeweils in den zu testenden Stabilisierungslösungen gelagert wird. Dieses vereinfachte Verfahren bietet sich an, wenn man parallel viele Lösungen testen möchte (Abb. 26.4). Man normiert die Messwerte eines jeden Messtages wieder auf den Starttag T0 und bekommt nun über einen längeren Zeitraum einen Verlauf, der die Stabilisierungseffizienz der verschiedenen Stabilisierungslösungen anzeigt.

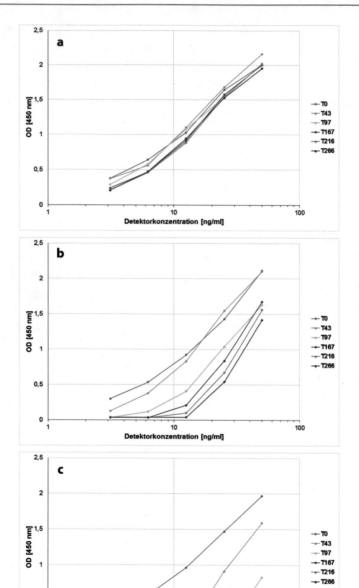

♦ **Abb. 26.3** Vergleich von drei verschiedenen Stabilisierungslösungen (a, b, c) für die Stabilisierung von Anti-IgM-HRP. Immobilisiert wurde humanes IgM. Der Detektorantikörper Anti-IgM-HRP wurde in den Konzentrationen 50, 25, 12, 6 und 3 ng mL⁻¹ in den Stabilisierungslösungen a, b und c angesetzt. Die Lösungen wurden über 266 Tage bei 37 °C gelagert. An jedem Messtag wurde von jeder Konzentration der jeweiligen Stabilisierungslösung a, b und c eine Probe entnommen und im ELISA vermessen. Über einen Zeitraum von 266 Tagen ist bei allen drei Stabilisierungslösungen eine Abnahme der Bindung und der enzymatischen Aktivität des Anti-IgM-HRP zu erkennen, wobei Stabilisierungslösung a die beste Effizienz zeigt und somit für eine ausreichende Stabilisierung des Detektors geeignet ist

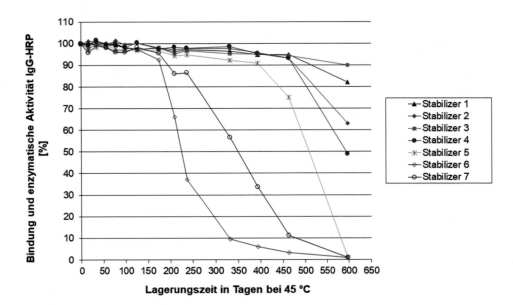

Abb. 26.4 Vergleich von sieben verschiedenen Stabilisierungslösungen. In diesem Beispiel wurde eine für alle Ansätze identische Konzentration des Detektorantikörpers von 400 ng mL⁻¹ verwendet. Die Ansätze wurden 600 Tage bei 45 °C gelagert. An jedem Messtag wurde von jedem Ansatz eine Probe entnommen. Die so erhaltenen Messwerte werden jeweils mit den Messwerten am Starttag T0 verglichen. Im Verlauf von vielen Messtagen ist eine zeitabhängige Abnahme der Aktivität des Detektorantikörpers zu beobachten, die sich je nach Stabilisierungslösung unterschiedlich stark ausprägt. Die schlechteste Stabilisierungslösung in diesem Beispiel ist Stabilizer 6, die beste Stabilizer 3

Nach der Auswahl der geeigneten Stabilisierungslösungen für alle Bestandteile des Assays muss am Ende der Entwicklung mit dem Prototypen des Kits die sog. Systemstabilität getestet werden. Hierfür werden mit einer bestimmten Anzahl Kits Lagerungs- und Transportstabilitätsversuche durchgeführt. Näheres hierzu findet man auch in der neuen IVD-Verordnung (VERORDNUNG (EU) 2017/746 DES EUROPÄISCHEN PARLAMENTS UND DES RATES vom 5. April 2017 über In-vitro-Diagnostika). Auch diese Systemstabilität darf zunächst mit einer „beschleunigten Studie" durchgeführt werden, um eine erste Angabe zur Haltbarkeit des Kits machen zu können. Diese Haltbarkeit muss aber dann durch sog. „Echtzeitstabilitätsstudien" verifiziert werden. Für die Echtzeitstabilitätsstudien sind diejenigen Lagerungsbedingungen einzuhalten, die später auf der Umverpackung und in der Packungsbeilage beschrieben sind. Wenn in der Packungsbeilage eine Lagerzeit von 18 Monaten bei Kühlschranklagerung bei 2–8 °C angegeben ist, sollten Daten von einer gewissen Anzahl von Kits, die aus drei verschiedenen Produktionschargen stammen, über diesen Zeitraum vorliegen.

Zusätzlich muss auch die Haltbarkeit nach Anbruch des Kits untersucht werden (siehe auch VERORDNUNG (EU) 2017/746 DES EUROPÄISCHEN PARLAMENTS UND DES RATES vom 5. April 2017 über In-vitro-Diagnostika Anhang II, Abschn. 26.3.2 der Verordnung). Der spätere Anwender wird ja eventuell den Kit nicht auf einmal aufbrauchen, sondern nur wenige Messungen machen wollen. Somit wird er die Packung öffnen, die Schutzfolie der ELISA-Platte entfernen und die Reagenzienflaschen öffnen. Diese Komponenten werden auf Raumtemperatur erwärmt, um die Messung durchführen zu können, und anschließend wird alles wieder zurück in den Kühlschrank gestellt. Natürlich muss der Anwender wissen, wie oft er so vorgehen darf und ab wann ein solch angebrochener Kit nicht mehr zuverlässig misst, d. h. die Haltbarkeit abgelaufen ist. Abgelaufene Kits dürfen nicht mehr für eine Diagnostik verwendet werden. Der Produzent eines diagnostischen Kits muss festlegen, wie sein Kit in dem späteren Routineablauf des Anwenders eingesetzt wird und hierzu eine gute dokumentierte Stabilitätsstudie durchführen, die ebenfalls mit einer gewissen Anzahl von Kits aus drei verschiedenen Produktionschargen belegt sein muss.

Weiterhin ist die Transportstabilität zu untersuchen (siehe auch VERORDNUNG (EU) 2017/746 DES EUROPÄISCHEN PARLAMENTS UND DES RATES vom 5. April 2017 über In-vitro-Diagnostika Anhang II, Abschn. 26.3.3 der Verordnung). Diese darf unter simulierten oder echten Transportbedingungen erfolgen. Natürlich dürfen simulierte Bedingungen auch mit echten Transporten kombiniert bzw. ergänzt werden. Auch hier muss sich der Produzent bzw. Inverkehrbringer über Transportwege und Transportzeiten vorab im Klaren sein. Es macht durchaus einen Unterschied, ob ein Kit innerhalb Deutschlands mit einem Paketdienst nach zwei Tagen bei dem Kunden ankommt, oder ein anderer Kit der gleichen Charge von Deutschland aus per LKW und Flugzeug und wieder per LKW nach Longreach, Australien, verschickt wird. In beiden Fällen erwartet der Kunde einen zuverlässigen Kit mit einer akzeptablen Haltbarkeit. Größere Diagnostikunternehmen führen daher beispielsweise echte Transporte durch, d. h. sie versenden ihre Kits weltweit zu ihren Vertriebspartnern oder Tochtergesellschaften, die diese wieder zurück schicken. Zurück in heimatlichen Gefilden wird ein Teil dieser Kits sofort vermessen, andere ungeöffnet und weitere nach wiederholter Benutzung (Testung der Haltbarkeit nach Anbruch) gelagert und zu späteren Zeitpunkten vermessen. Insgesamt ein sehr großer Aufwand, um die Haltbarkeit eines kommerziellen Kits festzulegen, aber auch im Sinne der analytischen Qualität ein sinnvolles Vorgehen. Ab wann die Kits die Akzeptanzkriterien durchbrechen, ist Definitionssache des jeweiligen Herstellers. Im Allgemeinen werden 10–20 % Abnahme der Signalstärken akzeptiert, unter der Voraussetzung, dass die tatsächliche analytische Qualität bei der Vermessung von Realproben bzw. Kontrollproben noch für die klinische bzw. analytische Aussage ausreicht.

Weiterführende Literatur

DIN-Norm DIN EN ISO 23640: In-vitro-Diagnostika – Haltbarkeitsprüfung von Reagenzien für in-vitro-diagnostische Untersuchungen

Esser, P.: Activity of adsorbed Antibodies, Bulletin No. 11b, Thermo Scientific Solid Phase Guide

Guidance for Industry – Bioanalytical Method Validation (2018) U.S. Department of Health and Human Services, Food and Drug Administration, Center for Drug Evaluation and Research (CDER), Center for Veterinary Medicine (CVM)

Khan MN & Findlay JWA (2009). Ligand-Binding Assays: Development, Validation, and Implementation in the Drug Development Arena. WILEY

VERORDNUNG (EU) 2017/746 DES EUROPÄISCHEN PARLAMENTS UND DES RATES vom 5. April 2017 über In-vitro-Diagnostika und zur Aufhebung der Richtlinie 98/79/EG und des Beschlusses 2010/227/EU der Kommission

Störeffekte bei Immunoassays

Peter Rauch und Tobias Polifke

Niels Kaj Jerne, der 1984 den Nobelpreis für seine Arbeiten über den spezifischen Aufbau und die Steuerung des Immunsystems erhielt, erwähnte in seinem Vortrag zur Preisverleihung, dass jeder Antikörper multispezifisch wäre. Er bezog diese Aussage vor allem auf die frühen Antikörper, die während der ersten Phase einer Immunreaktion gebildet werden, aber – jeder erfahrene Entwickler von immunologischen Labormethoden kann ein Lied davon singen – auch scheinbar gut charakterisierte Antikörper mit hoher Affinität zu dem Zielanalyten zeigen bisweilen überraschende Ergebnisse: Bei der immunologischen Detektion von Western-Blot-Membranen tauchen unerwünschte Banden auf, in der Immunhistochemie werden weitere Zielstrukturen angefärbt, bei ELISA erhält man einen hohen Background bei der Leerwertkontrolle, bei Proteinchips erhält man Fluoreszenzsignale an den falschen Stellen, oder bei der diagnostischen Anwendung von Immunoassays erhält der Laborarzt falsch-positive oder falsch-negative Messwerte. Letzteres führt immer wieder zu medizinischen Fehldiagnosen und damit zu falschen und z. T. schädlichen Therapien. Insgesamt bedeutet das Auftreten dieser unerwünschten Effekte einen bisweilen großen zusätzlichen Aufwand bei der Optimierung der Assays.

Was sind nun die molekularen Ursachen dieser Störungen? Dieses Kapitel hat die Aufgabe, eine Übersicht der häufigsten Störeffekte und deren molekularen Ursachen – soweit sie bekannt sind – zu geben, sowie Lösungsvorschläge für bestimmte Störeffekte zu bieten.

P. Rauch (✉) · T. Polifke
CANDOR Bioscience GmbH, Wangen, Deutschland
E-Mail: p.rauch@candor-bioscience.de

T. Polifke
E-Mail: t.polifke@candor-bioscience.de

© Springer-Verlag GmbH Deutschland, ein Teil von Springer Nature 2023
A. M. Raem und P. Rauch (Hrsg.), *Immunoassays*,
https://doi.org/10.1007/978-3-662-62671-9_27

Allen Arten von Immunoassays ist gemeinsam, dass der Nachweis des Analyten durch Störeffekte (in der englischen Literatur wird hier das Wort *interference* verwendet) beeinflusst werden kann. Sehr häufige Effekte sind Kreuzreaktivitäten, unspezifische Bindungen, Matrixeffekte und direkte Interaktionen des Analyten, des Fänger- oder Detektorantikörpers mit Störsubstanzen, die in mehr oder weniger großen Konzentrationen in Realproben vorkommen können. Hierzu gehören beispielsweise heterophile Antikörper, HAMAs *(human anti-mouse antibodies)* oder störende Substanzen wie Rheumafaktoren, Bilirubine und Triglyceride, um nur einige zu nennen. Bei Methoden, die mit fluoreszenzmarkierten Detektorantikörpern arbeiten, können zusätzlich die Fluoreszenzfarbstoffe durch unerwünschte Interaktion mit Proteinen der Probe oder mit Fängerantikörpern den Nachweis verfälschen. Auch die Markierung eines Detektorantikörpers mit einem Enzym (z. B. Peroxidase oder Alkalische Phosphatase) kann im Einzelfall eine zusätzliche Gefahrenquelle für weitere unspezifische Bindungen sein. Ebenso führt die Immobilisierung von Antikörpern auf Oberflächen (z. B. Fänger-Antikörper auf einer ELISA-Platte oder *Spots* auf einem Proteinchip) zu einer strukturellen Veränderung eines Teils der immobilisierten Antikörper, die im ungünstigen Falle die Spezifität der Antikörper verändert und so die Neigung der betroffenen Antikörper erhöht, auch andere Proteine zu binden.

Es ist durchaus sinnvoll, die verschiedenen Arten der Störeffekte zu ordnen. Aus der Kenntnis der Effekte ist der erfahrene Assay-Entwickler nun in der Lage, bestimmte Gegenmaßnahmen zur Vermeidung oder Minimierung der Störungen zu treffen. Mitunter reichen die gewählten Gegenmaßnahmen aber nicht aus. Dann sollte der Entwickler in seiner wissenschaftlichen Arbeit die Grenzen des Assays beschreiben. Hersteller von diagnostischen Produkten sind dazu verpflichtet, in der Packungsbeschreibung auf bestimmte Fehlerquellen hinzuweisen, die beispielsweise ein Laborarzt berücksichtigen muss. In der Vergangenheit wurden viele Immundiagnostika jedoch diesbezüglich nicht ausreichend getestet und beschrieben. Dies ist daher EU-weit durch die neue IVD-Verordnung (2017) genauer geregelt worden (s. auch Kap. 34).

27.1   Störungen durch Oberflächeneffekte

Ein weitverbreitetes Phänomen ist die unspezifische Anbindung des Detektorantikörpers oder des Analyten an Oberflächen (Abb. 27.1a). Diese Bindung kann auch vermittelt werden durch andere Moleküle aus der Probe, die an die Oberfläche binden und dann wiederum den Analyten oder den Detektor binden können. Solche direkten Effekte an Oberflächen führen zu hohem Hintergrund und sind daher leicht erkennbar. Bei Mikrotiterplatten beispielsweise, die für ELISA verwendet werden, arbeitet man deshalb mit Blockierungslösungen, die nach der Immobilisierung des Fängerantikörpers die noch freien Lücken der Oberfläche zwischen den Fängerantikörpern absättigen. Proteine binden adsorptiv sehr stark an viele Oberflächen, vor allem an Kunststoffe. Typische Blockierungspuffer enthalten daher Proteine wie BSA *(bovine serum albumin),* Milchproteine oder reines Casein. Sogar fetales Kälberserum (FCS), eine undefinierte und

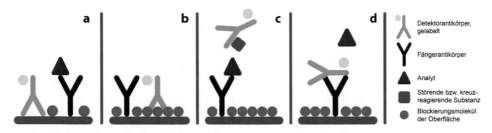

Abb. 27.1 Schematische Darstellung einer Auswahl von Störeffekten, die bei Immunoassays auftreten. **a** unspezifische Bindung eines markierten Detektorantikörpers an eine unzureichend bzw. lückenhaft blockierte Oberfläche. Als Folge ergibt sich ein Messsignal unabhängig vom Analyten bzw. auch bei Abwesenheit des Analyten (falsch-positive Messsignale). **b** Unspezifische Bindung eines Detektorantikörpers an die Blockierungsmoleküle (meist werden Proteine zur Blockierung verwendet) einer blockierten Oberfläche. Als Folge ergibt sich ein Messsignal auch bei Abwesenheit des Analyten (falsch-positive Messsignale). **c** Ein störendes Protein oder Molekül bindet unspezifisch an den Detektorantikörper und behindert durch sterische Effekte die Bindung an den Analyten. Als Folge ergeben sich falsch-negative Signale. **d** Der Fängerantikörper bindet an den Fc-Teil des Detektorantikörpers. Als Folge ergibt sich ein hohes Messsignal auch bei Anwesenheit und Abwesenheit des Analyten (falsch-positive Messsignale). Solche Effekte können sich durch Konformationsänderungen in der 3D-Struktur der Antikörper während zu langer Lagerung auch steigern bzw. entwickeln, wenn nicht ausreichend stabilisiert wird

stark chargenabhängige, schwankende Quelle von Proteinen, wurde in der Vergangenheit zur Blockierung genutzt. FCS ist jedoch ein ethisch bedenkliches Material, und in Immunoassays gibt es keine technischen Gründe zu dessen Verwendung. Wenn ein Assay also nicht zufriedenstellend mit BSA oder Ähnlichem zu blockieren ist, so bleibt der Einsatz von FCS dennoch technisch unnötig bei geeigneter Wahl moderner Alternativen, die auf FCS oder andere Nebenprodukte von Schlachtereien verzichten. Es sei dem Leser auch empfohlen, sich genauer über die Herstellung von FCS zu erkundigen, bevor er dieses für Immunoassays verwendet. Kenntnis der Herstellung verrät neben der ethischen Komponente auch die Gründe dafür, dass reproduzierbare Chargeneigenschaften bei FCS technisch bzw. biologisch niemals möglich sein können. Man kann durch FCS jederzeit chargenabhängige störende Verunreinigungen in seinen Assay einschleppen. Daher sollte generell bei der Quelle der Blockierer auf Freiheit von potenziellen Verunreinigungen, wie es bei FCS oder Milchpulver immer wieder vorkommt, geachtet werden. Ein Entwickler sollte also eine Blockierungslösung wählen, die optimal die freien Bindungsstellen besetzt und diese Eigenschaft chargenunabhängig besitzt. Gleichzeitig darf die Blockierung nicht den jeweiligen Detektorantikörper oder den Zielanalyten unspezifisch binden. Zudem sollte berücksichtigt werden, dass selbst nach erfolgter Blockierung der Oberfläche eine andere Art von negativen Effekten auftreten kann. Während eines Assays kann es auch teilweise, in Abhängigkeit der Oberflächeneigenschaften und des verwendeten Blockierers, zu Austauschreaktionen zwischen den (adsorptiv und daher reversibel immobilisierten) Molekülen des Blockierers und

Bestandteilen von Probe oder Antikörperlösung kommen. Dieses kann ebenfalls zu falsch-positiven Signalen führen. Es bedarf einer Kombination moderner Blockierer (z. B. Weiterentwicklungen von etablierten Proteinquellen zur Reduktion von Austausch-reaktionen) sowie geeigneten Probenverdünnungspuffern *(Assay-Diluents),* die unspezi-fische Bindungen durch ihre Zusammensetzung reduzieren, um dieses Problem in den Griff zu bekommen. Bei geeigneter Auswahl von Blockierer und Diluent lassen sich diese negativen Effekte aber fast vollständig verhindern. Es kann in der Praxis also nötig sein, verschiedene Blockierungspuffer zu testen, bis man ein zufriedenstellendes Ergebnis bekommt. Bei der Auswahl eines Blockierers ist aber nicht nur das Signal ohne Analyt zu beachten, sondern auch der Variationskoeffizient, der sich bei Messung verschiedener Realproben mit einem Assay ergibt. Hierdurch zeigt sich die Eignung eines Blockierers (in Kombination mit dem Assay-Diluent) deutlich klarer und statistisch signifikanter als durch reine Betrachtung der Blank- bzw. Hintergrundwerte bei Messungen ohne Analyt, die häufig alleine zur Beurteilung von Blockierern in Betracht gezogen werden.

Blockierungspuffer werden ebenfalls bei Western-Blots, Immuno-PCR, Immunhisto-chemie und teilweise bei Proteinchips verwendet. Vor allem bei Western-Blots und bei immunhistochemischen Detektionen kommen zwei Störeffekte relativ häufig vor: Zum einen können bei unzureichender Blockierung oder bei der Wahl eines ungeeigneten Blockierungspuffers unspezifische Bindungen über den gesamten Bereich auftreten, manchmal so stark, dass die Erkennung der eigentlichen Zielstrukturen bzw. der Ziel-banden nahezu unmöglich wird. Das zweite Phänomen ist die Anfärbung weiterer Strukturen bzw. weiterer Banden bei insgesamt moderatem Hintergrund. In diesem Falle ist die Interpretation des Versuchsergebnisses sehr schwierig, da man zwischen spezi-fischer Erkennung des Zielproteins und der Detektion anderer Proteine nicht sicher unterscheiden kann. Hier kann der Anwender durch systematische Optimierung der Konzentrationsverhältnisse von Primär- und gelabeltem Sekundärantikörper eine Ergeb-nisverbesserung erzielen. Doch nicht immer sind diese unerwünschten Bindungen alleine durch die Optimierung der Konzentrationsverhältnisse zu verhindern. Es gibt zudem noch die Möglichkeit, auf spezielle Antikörperverdünnungslösungen mit Affinitäts-selektion zur Vermeidung von unspezifischen Bindungen zurückzugreifen, die solche unspezifischen Bindungen aufgrund ihrer besonderen Zusammensetzung minimieren können (Abschn. 27.6). Diese sind mittlerweile von mehreren Herstellern erhältlich und ersetzen zunehmend früher übliche Diluents auf Basis von PBS/BSA/Tween, die nur unzureichend entstörende Wirkung entfalten können.

27.2   Störungen durch Immunoassay-Label

Im Allgemeinen ist es bei Immunoassays üblich, den Detektorantikörper oder – oft im Fall eines kompetitiven Assays – den Analyten mit einem Label zu markieren, der dann als Kompetitor zu dem eigentlichen Analyten der Realprobe verwendet wird. Die häufigsten Label sind Enzyme (z. B. Alkalische Phosphatase oder Peroxidase),

Fluoreszenzfarbstoffe, radioaktive Isotope oder auch DNA bei der Immuno-PCR. Auch hier ergeben sich Möglichkeiten von unerwünschten Effekten, die man bedenken sollte. Bei Fluoreszenzfarbstoffen als Label besteht die Gefahr, dass die Farbstoffe, die oftmals hydrophob sind, die Bindungseigenschaften des Detektorantikörpers verändern können. Zudem lagern sich die Farbstoffe selbst aneinander, sodass es zu Aggregaten von gelabelten Detektoren kommen kann. Diese Effekte können beispielsweise dazu führen, dass der gelabelte Antikörper verstärkt unspezifisch an die Oberflächen (Abb. 27.1a und b), an den Fängerantikörper (Abb. 27.1d) oder an Fremdproteine der Realprobe (Abb. 27.1c) bindet. In den Fällen a, b, d erhält man auch in Abwesenheit des Analyten einen falsch-positiven Messwert, bzw. der gesamte Assay leidet unter einem hohen Hintergrund. Bei Proteinchips werden dann teilweise erhöhte Hintergrundfluoreszenzen bei einzelnen Spots beobachtet, oder es verschlechtert sich insgesamt das Signal-Rausch-Verhältnis. Im Fall von c ergibt sich ein falsch-negativer Wert. Auch wurde beobachtet, dass Proteine oder Antikörper aus Serumproben an Fluoreszenzfarbstoffe binden und so die Fluoreszenz des Farbstoffs verringern oder sogar löschen können. Dieses Phänomen ist als *Fluoreszenz-Quenching* in diesem Zusammenhang bekannt. Die Aggregatbildung durch Fluoreszenzlabel sowie die unspezifische Anlagerung der Farbstoffe an Bestandteile der Realprobe können durch affinitätsselektive Assay-Diluents einfach verhindert werden.

Auch bei ELISA gibt es, wenn auch seltener, das Phänomen, dass der mit einem Enzym gelabelte Detektorantikörper an den immobilisierten Fängerantikörper bindet. Dieses ist für den Entwickler zunächst nicht erkennbar, da er wahrscheinlich eine ungeeignete Blockierung vermuten und folgerichtig unterschiedliche Blockierungs-reagenzien testen wird. Wenn diese Strategie nicht zum Erfolg führt, sollte die Möglich-keit der Bindung des gelabelten Detektorantikörpers an den Fängerantikörper in Betracht gezogen werden. Es wurden auch Fälle beschrieben, bei denen weder das Label alleine noch der Detektorantikörper alleine zu Kreuzreaktivitäten geführt haben, jedoch der gelabelte Detektorantikörper vom Fängerantikörper gebunden wird, weil an der Label-Bindungsstelle ein entsprechend kreuzreagierendes Epitop entstanden ist. Auch hier ist hoher Hintergrund nicht durch bessere Blockierung, sondern nur durch Affinitäts-selektion zu vermeiden. Bei Effekten wie hohem Hintergrund oder hohen Variations-koeffizienten sind also stets die gesamten Assays mit allen Komponenten zu hinterfragen und ggf. auszutauschen. Alleinige Optimierung einer Blockierung oder alleiniger Aus-tausch eines Diluents bieten häufig nur Teilerfolge im Rahmen einer Optimierung der Zuverlässigkeit und Robustheit eines Assays.

27.3 Störungen durch Assayantikörper

Für alle Immunoassays ist die Qualität der verwendeten Antikörper (s. Kap. 2) ent-scheidend, ob die vom Entwickler gewünschte Qualität erreicht wird. Die Affinität und Spezifität der Antikörper sind sehr wichtige Kriterien, aber in der Praxis hat der Entwickler hierzu oftmals nur wenige Informationen. Auch die Hersteller bzw. Händler von Antikörpern geben eher selten Affinitäten an oder beschreiben Kreuzreaktivitäten in den Produktinformationen. Häufig sind diese auch unbekannt. Zudem sind sowohl die Affinitäten als auch die beschreibbaren Kreuzreaktivitäten stark von der verwendeten Untersuchungsmethode und der Pufferchemie abhängig. Daher hilft auch eine gute Dokumentation vom Hersteller bei der Auswahl nur teilweise weiter. Viele potenzielle Kreuzreaktivitäten lassen sich einfach und umfassend durch die Wahl eines affinitätsselektierenden Diluents vermeiden und spielen daher für die Auswahl eines Antikörpers für einen Assay nur dann eine Rolle, wenn man mit nicht selektiven Diluents wie etwa PBS/BSA/Tween arbeitet. Normalerweise kann man davon ausgehen, dass ein hoher Reinheitsgrad der verwendeten Antikörper die Gefahr von Störeffekten verringert, während ungereinigte Seren regelmäßig störanfälliger sind. Für die Immobilisierung auf Oberflächen sollten hochgereinigte Antikörper verwendet werden, da sonst Fremdproteine der Antikörperlösung ebenfalls immobilisiert werden und so die Kapazität der Bindung verringern. Viele Hersteller liefern Antikörper mit dem Zusatz von BSA oder Glycerol (Glycerin). Diese Zusätze sollen der Stabilisierung der Antikörper dienen, sind aber für die Immobilisierung problematisch. Manchmal kann man durch Kontaktaufnahme mit dem Hersteller vereinbaren, dass die benötigten Antikörper ohne Zusätze verschickt werden. Ansonsten muss man durch Umpufferung oder Reinigung versuchen, diese Zusätze zu entfernen.

Gereinigte polyklonale Antikörper sind oftmals besser als Fängerantikörper geeignet als monoklonale, zeigen aber auch eine höhere Anfälligkeit für Kreuzreaktionen oder unspezifische Bindungen. Trotzdem können mit guten polyklonalen Antikörpern mitunter bessere Nachweisgrenzen erreicht werden. Dies ist zum Teil auf Aviditätseffekte zurückzuführen (Abschn. 2.2). Die durch den polyklonalen Fänger erhöhte Gefahr von Kreuzreaktivitäten lässt sich verringern, indem ein polyklonaler Fängerantikörper mit einem monoklonalen Detektorantikörper kombiniert wird. Die Verwendung von Fab- bzw. $F(ab)_2$-Fragmenten wiederum reduziert die Gefahr von Störungen durch heterophile Antikörper (Abschn. 27.3.4) und durch Proteine des Komplementsystems.

Oftmals wird die Detektion über einen Anti-Antikörper, der mit einem Enzym gelabelt ist, durchgeführt. Dieser gelabelte Antikörper – auch als Sekundärantikörper bezeichnet – soll hochspezifisch den Primärantikörper binden. Falls aber beispielsweise ein ELISA im Sandwich-Format durchgeführt wird, muss man dringend sicherstellen, dass der Sekundärantikörper nicht auch an den Fängerantikörper bindet. Ein *Goat-Anti-Rabbit-Peroxidase-labeled* sollte beispielsweise nur an *Rabbit*-Antikörper binden, doch aufgrund der hohen evolutionären Konservierung der Antikörper der Säugetiere kann ein solcher Antikörper durchaus auch an Maus-Antikörper binden, die man eventuell als Fänger eingesetzt hat: Ergebnis ist hier ein Assay, der durchweg hohe Signale zeigt und nicht verwendbar ist. Hier muss der Entwickler darauf achten, ob der Sekundärantikörper durch Präadsorption gegen andere Säugetierantikörper gereinigt wurde und garantiert nur *Rabbit*-Antikörper erkennt. Im Allgemeinen können die Antikörperproduzenten hierzu eine Auskunft geben, doch es schadet nicht, dieses auch vorher in einem Experiment zu überprüfen.

27.3.1 Störungen durch Matrixeffekte

Matrixeffekte sind alle aus der zu vermessenden Probe resultierenden Effekte, die die Messung des Zielanalyten beeinflussen können. Diese Effekte basieren zum einen auf einzelnen Bestandteilen der Probe, wie z. B. einzelnen Proteinen oder Stoffwechselprodukten. Zum anderen sind es Effekte von Summenparametern, wie z. B. der Viskosität, dem Salzgehalt, der Ionenstärke und ähnlichen Eigenschaften einer Matrix bzw. einer Probe. Die Ursachen für diese Matrixeffekte sind vielfältig. Im Falle von Blutplasma oder Serum können sich Viskosität und Ionenstärke massiv unterscheiden, wenn man Proben von jungen, gesunden Personen mit denen von Senioren, die häufig recht wenig trinken, vergleicht. Auch Krankheiten und Ernährungsgewohnheiten haben einen starken Einfluss sowohl auf einzelne Bestandteile einer Probe als auch auf die Summenparameter. Die Eigenschaften von Blut schwanken auch im Tagesverlauf bzw. nach Mahlzeiten, sodass selbst der Zeitpunkt der Probenahme einen Einfluss auf das Ergebnis von Messungen haben kann. Zudem ist auch zu beachten, dass es selbst bei gleicher Konzentration Unterschiede in der Messung des identischen Analyten geben kann, wenn dieser aus Serum oder alternativ aus Urin heraus bestimmt werden soll. Auch wenn viele der Effekte hier aus der Perspektive der Humandiagnostik am Beispiel von Blutserum erklärt werden, treten zum Teil sehr ähnliche Probleme genauso auch im Bereich der Veterinärdiagnostik, der Lebensmittel- und Futtermittelanalytik sowie der Umweltanalytik auf.

Immunoassays können also in nahezu allen Anwendungsbereichen von Matrixeffekten betroffen sein. Da Matrixeffekte sehr vielfältig in ihren Ursachen sind, werden wir diese im Folgenden nach einzelnen Ursachen getrennt diskutieren. Wichtig ist hierbei zu bedenken, dass ein und dieselbe Probenmessung meist von mehreren dieser Effekte gleichzeitig beeinflusst werden kann. Wer nur eines der genannten Probleme löst, kann also nicht sicher sein, dadurch ein zuverlässiges Ergebnis zu erhalten.

27.3.2 Störungen durch Chemikalien und Puffer

pH-Wert der Probe, Salzstärke und Viskosität beeinflussen direkt die Bindung zwischen Analyt und Antikörper. Die Antikörperbindung bevorzugt pH-Werte und Salzkonzentrationen nahe den physiologischen Bedingungen. Daher haben Probenpuffer für Immunoassays, mit denen man z. B. den Detektorantikörper für die Anwendung verdünnt, im allgemeinen pH-Werte zwischen 6 und 8 sowie eine NaCl-Konzentration von etwa 150 mM. Für viele Antikörperreaktionen sind auch moderate Proteinzusätze für eine optimale Bindung nötig. In der Laborpraxis kommt es nun vor, dass man eine Kalibration mit gereinigtem Standard – d. h. mit gereinigtem Analyten – vornimmt, um anschließend Realproben zu vermessen. Der Standard wird beispielsweise in einem üblichen Puffer verdünnt (z. B. PBS mit 1 % BSA), aber die Probe ist eine humane Plasmaprobe oder stammt aus einer Gewebepräparation. Hier haben wir dann das

Problem, dass die Matrix des Standards eine andere ist als die der Probe und allein schon die unterschiedliche Viskosität die Bindungsreaktion beeinflussen kann. Dieses muss ein Entwickler als potenzielle Fehlerquelle berücksichtigen, und er sollte versuchen, den Standard in einer der Realprobe sehr ähnlichen oder gleichen Matrix zu verwenden anstatt in einem Standardpuffer.

Der Entwickler sollte bei der Auswahl seiner Chemikalien darauf achten, ob bestimmte Substanzen den Assay beeinflussen. Beispielsweise sollte ein Detektorantikörper, der mit Alkalischer Phosphatase markiert ist, nicht mit einem PBS-Puffer verdünnt werden, weil dieser Phosphate enthält, die die Alkalische Phosphatase hemmen. Oder es sollte darauf geachtet werden, ob bei Verwendung einer Peroxidase als Label Natriumazid (ein häufig verwendetes Bakterizid) dem Verdünnungspuffer zugesetzt wurde, da Natriumazid die Peroxidase hemmt und so die enzymatische Reaktion der Detektion verhindert. Zudem reagieren bestimmte Analyten selektiv auf bestimmte Pufferzusätze. Hier sollte sich der Entwickler in der entsprechenden Fachliteratur genau informieren, ob bei einem bestimmten Analyten Störungen durch bestimmte Pufferzusätze schon beschrieben wurden.

27.3.3 Störungen durch humane Anti-Animal-Antikörper (anti-animal antibodies)

Humane Antikörper, die gegen Immunglobuline tierischen Ursprungs gerichtet sind, entstehen durch enge private oder berufliche Kontakte mit Säugetieren. In der englischsprachigen Fachliteratur werden diese Antikörper auch als *human-anti-animal antibodies* (HAAAs) bezeichnet und können vom IgG-, IgA, IgM- oder IgE-Typ sein. Sie werden als Immunantwort auf den Kontakt des Immunsystems mit Immunglobulinen tierischen Ursprungs gebildet. In der Literatur veröffentlichte Studien berichten über Kontaminationen von bis zu 80 % aller Patientenproben mit diesen störenden Antikörpern, die Konzentrationen bis zu einigen Milligramm pro Milliliter erreichen können.

Human-anti-mouse antibodies (HAMA) sind sicherlich die bekanntesten störenden Antikörper dieser Kategorie. HAMAs sind humane Antikörper, die relativ speziesspezifisch und mit merklicher Affinität Maus-Antikörper binden. Hintergrund ist hier normalerweise die Gabe von therapeutischen Antikörpern, die als Medikamente für Krebstherapien eingesetzt werden. Die früheren therapeutischen Antikörper sind in den meisten Fällen monoklonale Maus-Antikörper, die gegen spezielle Oberflächenproteine von Krebszellen gerichtet sind. Das menschliche Immunsystem reagiert auf die Verabreichung dieser fremden Antikörper und bildet nach und nach Antikörper gegen Maus-Antikörper aus. HAMAs stören immunologische Methoden, die mit Maus-Antikörpern arbeiten. Bei Sandwichformaten aus monoklonalen Maus-Antikörpern werden z. B. Fänger- mit Detektorantikörper quervernetzt (Abb. 27.2b), wodurch ein falsch-positives Messsignal entsteht. Aufgrund der hohen Sequenzähnlichkeit zwischen den Antikörpern verschiedener Spezies sind HAMA-haltige Seren eventuell auch in der Lage, Assays zu stören, in denen Antikörper aus anderen Spezies verwendet werden.

Doch nicht nur Antikörper-Medikamente sind für die Entstehung von HAMAs ver-antwortlich. Der langjährige Umgang mit Haustieren fördert auch die Entstehung von Antikörpern, die entweder nur an Antikörper bestimmter Spezies (z. B. Kaninchen, Maus, Hund, Hamster) binden oder artübergreifend verschiedene Antikörper mit unter-schiedlichen Affinitäten erkennen und so Assays stören können. Manche dieser Seren binden nicht nur an den Fc-Teil, sondern auch direkt an die Fab-Fragmente der ver-wendeten Assayantikörper. Hierdurch kann die Bindung des Analyten reduziert oder sogar gänzlich verhindert werden, und die Folge ist eine falsch-negative Bestimmung (Abb. 27.2b, c). Wenn störende Antikörper an den Fc-Abschnitt eines Antikörpers binden, spricht man von anti-isotypischen Störern, binden sie direkt an die hoch-variable Region des Fab-Abschnitts, spricht man von anti-idiotypischen Störern. Bei den sog. HAMAs geht man mitunter fälschlicherweise davon aus, dass diese aufgrund der Speziesspezifität hochaffin sein müssten. Tatsächlich kommen in der klinischen Routine so gut wie keine hochaffinen HAMAs vor. Uns sind nur wenige dokumentierte Fälle von hochaffinen HAMAs bekannt geworden. Das bedeutet, dass hochaffine HAMAs kaum Relevanz für diagnostische Anwendungen haben, da sie im Gegensatz zu niedrig- und mittelaffinen HAMAs faktisch in der Routine kaum noch vorkommen. Hierzu haben auch die neueren therapeutischen Antikörper, die entweder als chimäre, mono-klonale Antikörper mit vorwiegend humanen Sequenzen ausgestattet oder vollständig humanisiert sind, beigetragen. Dutzende dieser chimären therapeutischen Antikörper sind seit 1999 als Medikament zugelassen und zeigen im Allgemeinen weitaus weniger Nebenwirkungen als die früher verwendeten Antikörper aus der Maus – sicherlich ein wichtiger medizinischer Fortschritt.

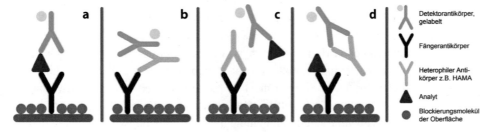

Abb. 27.2 Schematische Darstellung von einigen Störeffekten bei Immunoassays. **a** Unbeein-flusster Assay am Beispiel eines Sandwich-ELISA: der Idealzustand. **b** Eine Brückenbindung bzw. *cross-bridging* durch heterophile Antikörper bzw. durch HAMAs. Hierbei wird der Fänger-antikörper mit dem Detektorantikörper verknüpft, sodass sich ein falsch-positives Signal ergibt. **c** Ein HAMA mit anti-idiotypischen Bindungseigenschaften zum Fängerantikörper. Der störende Antikörper bindet im Bereich der hochvariablen Region des Fab-Bereiches und verhindert so die Bindung des Analyten. Als Folge treten falsch-negative Ergebnisse auf. **d** Ein HAMA mit anti-idiotypischen Bindungseigenschaften zum Detektorantikörper. Der störende Antikörper bindet im Bereich der hochvariablen Region des Fab-Bereiches und verhindert so die Bindung des Analyten. Als Folge treten falsch-negative Ergebnisse auf

In der Veterinärdiagnostik sind *anti-animal antibodies* ebenfalls bekannt. In den Seren vieler Haus- und Nutztiere (genannt seien hier beispielhaft Katzen, Hunde, aber auch Milchvieh und Pferde) finden sich Antikörper, die mit Assayantikörpern der Immunoassays in ähnlicher Weise störend interagieren wie oben beschrieben. Vermutlich haben sich diese Tiere ebenfalls durch ihre Ernährungsweise oder durch in Heu und auf Wiesen vorkommende Mäuse, die beim Fressen versehentlich mit aufgenommen wurden, immunisiert. Auch eine Hauskatze wird in ihrem Leben einiges an Mäusen aktiv erlegen.

27.3.4 Störungen durch heterophile Antikörper

Die Verwendung des Begriffes heterophile Antikörper in der Literatur ist nicht einheitlich. Aufgrund der Bezeichnung „heterophil", die sich aus dem griechischen ableitet und mit „unterschiedlicher Affinität" übersetzt werden kann, ist noch nicht erkennbar, was eigentlich gemeint ist. *Taber's Medical Dictionary* definiert heterophile Antikörper als „Antikörper, die andere Antigene als das spezifische Antigen binden". Heterophile Antikörper können ebenfalls vom IgG-, IgA-, IgM- oder IgE-Typ sein. Besonders der IgM-Typ spielt eine besondere Rolle bei Seren aus rheumatischen Patienten. Diese Seren enthalten sog. Rheumafaktoren in hoher Konzentration. Rheumafaktoren sind IgM-Antikörper, die an Fc-Abschnitte humaner Antikörper binden und somit auch artenübergreifend an Fc-Abschnitte der im Assay verwendeten Antikörper binden können. Daher verknüpfen rheumatische Seren ebenfalls Fänger- mit Detektorantikörpern mit der Folge von falsch-positiven Signalen. Die Zunahme rheumatischer Erkrankungen weltweit erhöht damit auch das Risiko dieses Störertyps. Auffallend ist hierbei der Anstieg des Vorkommens hochaffiner Störer in solchen Patienten-Panels in den letzten Jahren. Diese Art der Störung ist auch der generelle Störmechanismus der heterophilen Antikörper und ähnelt dem der *anti-animal antibodies*. Sie sind analytisch von hochaffinen HAMAs kaum zu differenzieren. Als Reaktion wurden auch affinitäts-selektierende Diluents weiterentwickelt und diesen neuen Herausforderungen von heterophilen Antikörpern angepasst. Der Unterschied zu den humanen Anti-Animal-Antikörpern liegt in der Entstehung der heterophilen Antikörper: Diese werden nicht durch den Kontakt mit tierischen Immunglobulinen gebildet, sondern sind multispezifische Antikörper der frühen Immunantwort oder störende Antikörper unbekannter immunologischer Entstehungsgeschichte.

Störungen durch *anti-animal antibodies* oder durch heterophile Antikörper kennt man schon seit mehr als 40 Jahren. Die störenden Antikörper sind im Allgemeinen schwach bindende Antikörper und stören vorwiegend Assays, die aufgrund der niedrigen Konzentration des Analyten mit geringen Verdünnungen der humanen Serum- bzw. Plasmaprobe auskommen müssen. Zusätze von blockierenden Substanzen zu dem Probenpuffer – im Allgemeinen unspezifische Seren, Antikörperfragmente oder hohe Konzentrationen von tierischen Immunglobulinen – können durch Kompetition die Störeffekte der *anti-animal antibodies* bzw. heterophilen Antikörper reduzieren, aber nicht immer verhindern. Auch die Verwendung von affinitätsselektierenden Assay-Diluents ermöglicht erfahrungsgemäß zuverlässige Messergebnisse ohne Störungen, da die Affinitäten der Bindungen an Assayantikörper sowohl bei der heterophilen AKs als auch den HAAAs meist gering sind. Den neuen Herausforderungen in der Humandiagnostik rheumatischer Patienten wird heute mit Weiterentwicklungen affinitäts-selektierender Diluents, wie z. B. *Assay Defender®*, erfolgreich begegnet.

27.3.5 Störungen durch Proteine und endogene Bestandteile der Probe

Auch natürlich vorkommende Proteine der Realprobe können Immunoassays stören. Bekannte Störer in humanen Seren sind beispielsweise Albumine, Proteine des Komplementsystems, alpha-1-Antitrypsin, Biotin, Lysozyme und Fibrinogen, um nur einige zu nennen. Niedermolekulare Analyten können beispielsweise an Albumin binden. Dies erschwert die Zugänglichkeit des Antikörpers zu diesen Analyten. Biotin wird seit einigen Jahren vermehrt als Nahrungsergänzungsmittel verkauft. Patienten, die biotinhaltige Nahrungsergänzungsmittel zu sich nehmen, haben dadurch sehr hohe Biotinkonzentrationen in ihrem Blut. Dadurch werden Assays gestört, die mit Streptavidin und biotinylierten Assaykomponenten arbeiten. Zahlreiche Hormone wiederum liegen an Transportproteine gebunden vor, was je nach verwendeten Antikörpern zu Schwierigkeiten führen kann, da diese gebundenen Hormone nicht von den jeweiligen Assayantikörpern detektiert werden können. Zudem haben viele natürlich vorkommende Proteine die Fähigkeit, andere Substanzen bzw. Proteine zu binden. Oft ist diese Bindefähigkeit wesentlicher Teil der Funktion des jeweiligen Proteins. Albumin, Komplement und c-reaktives Protein sind für viele Substanzen natürliche Rezeptoren oder Transportproteine. Daher sind hier – ähnlich wie bei den Antikörpern – unspezifische Bindungen oder sogar Kreuzreaktionen denkbar, die die Erkennung bestimmter Analyten in einem Assay erschweren. Endogene Proteine können als Störer an die Assayantikörper binden (Abb. 27.3a–c) oder den Zielanalyten für die Assayantikörper maskieren (Abb. 27.3d). Lysozym beispielsweise bindet unspezifisch an Proteine mit einem niedrigen isoelektrischen Punkt. Daher können auch Antikörper, die einen isoelektrischen Punkt von ca. 5 haben, gebunden werden und folgerichtig beispielsweise eine Quervernetzung zwischen Fänger- und Detektorantikörper bilden. Doch Lysozym kann auch direkt an Zielanalyten binden und hier Epitope maskieren. Ein wichtiger Störfaktor, der hier in diesem Zusammenhang noch erwähnt werden sollte, sind stark lipidhaltige (lipämische) Proben, da manche Analyten gut fettlöslich sind bzw. die Antikörper-Analyt-Bindung durch Fette gestört werden kann.

Weitere Störungen können durch die Probennahme oder das Alter der Probe auftreten. Hier muss der Entwickler klären, wie schnell nach Probennahme eine Messung durchzuführen ist, bevor beispielsweise durch Abbau bzw. Zerfall des Analyten die Messung verfälscht wird. Daher spielen auch die Transport- und Lagerbedingungen der Proben eine große Rolle. Die Temperaturempfindlichkeit des Analyten muss berücksichtigt werden, ebenso die Frage, ob wiederholtes Einfrieren und Auftauen problematisch sein

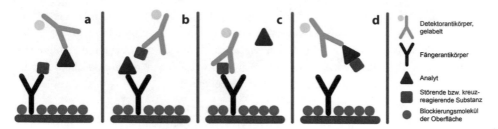

Abb. 27.3 Schematische Darstellung von einigen Störeffekten bei Immunoassays. **a** Kreuzreaktion eines Störers mit dem Fängerantikörper. Als Folge treten falsch-negative Ergebnisse auf, da der Analyt nicht mehr an den Fänger binden kann. **b** Kreuzreaktion eines Störers mit dem Detektorantikörper. Als Folge treten falsch-negative Ergebnisse auf. **c** Kreuzreaktion eines endogenen Störers sowohl mit dem Fänger- als auch mit dem Detektorantikörper. Ein solches Phänomen ist in der Praxis eher selten, doch bei Antikörpern mit schlechter Spezifität (meist verbunden mit geringer Affinität) durchaus möglich. Bei Antikörpern, die gegen ein Target mit konservierten Aminosäuresequenzen eines Proteins gerichtet sind, dessen Sequenzmotive auch bei anderen Proteinen vorkommen, kann ein solches Störungsbild mitunter vorkommen. Es führt zu falsch-positiven Signalen im Sandwich-ELISA. **d** Maskierung des Analyten durch ein Protein bzw. Molekül der Probe. Dadurch wird das Epitop für den Fängerantikörper blockiert, sodass die Bindung des Analyten entweder gar nicht oder nur sehr schlecht erfolgen kann. Als Ergebnis treten falsch-negative Ergebnisse auf. Solche Störungen treten auch am Epitop für den Detektorantikörper auf

könnte. Bei humanen Proben müssen eventuell die Krankheitsgeschichte oder bestimmte Ernährungsgewohnheiten des Patienten berücksichtigt werden. In der medizinischen Fachliteratur finden sich viele Hinweise, wie die Probennahme, die Probenlagerung und bestimmte Krankheiten die Diagnostik beeinflussen können. Für die Zulassung eines Testkits für einen neuen Parameter sind solche Fragen Bestandteil der Validierung.

Die hier aufgeführten Beispiele sind nur ein kleiner Ausschnitt der in der Fachliteratur beschriebenen Störeffekte. Hier sollte der Entwickler eines Assays die entsprechende Literatur zurate ziehen, um unnötige Fehler in der Entwicklung und späteren Durchführung zu vermeiden. Dort werden sich auch für Neuentwicklungen gute Hinweise finden, welche Störeffekte untersucht werden sollten und welche Art der Probenentnahme und Probenlagerung zu bevorzugen ist.

27.4 Störungen durch Kreuzreaktionen und unspezifische Bindungen

Mit Kreuzreaktionen ist die Fähigkeit des Antikörpers gemeint, auch an andere Strukturen als den gewünschten Analyten zu binden. Kreuzreaktivitäten werden häufig bei Antikörpern gegen niedermolekulare Verbindungen beschrieben. Diese Assays werden im Allgemeinen im kompetitiven Format durchgeführt, weil die geringe Größe des

Analyten einen Nachweis im Sandwichformat ausschließt (s auch Abschn. 3.2). Bestandteil der Validierung solcher Assays ist die systematische Untersuchung der Bindung von strukturverwandten Substanzen im Vergleich zum eigentlichen Zielanalyten. Beispielsweise wird bei einem ELISA gegen das Steroidhormon Testosteron die Kreuzreaktivität zu möglichst vielen anderen Steroidhormonen untersucht und in Form des Kreuzreaktivitätsfaktors ausgedrückt, welcher sich aus der Konzentration des Zielanalyten am Testmittelpunkt dividiert durch die Konzentration des Kreuzreaktanden an dessen Testmittelpunkt berechnen lässt. Teilweise können hier Faktoren von bis zu 1 oder sogar höher erreicht werden, was bedeutet, dass der Antikörper den Kreuzreaktanden genauso gut bzw. sogar besser wie den eigentlichen Zielanalyten bindet.

Doch Kreuzreaktivitäten kommen nicht nur bei kompetitiven Assays gegen niedermolekulare Verbindungen vor. Bei Realproben können die Antikörper auch an Abbauprodukte des Zielanalyten bzw. Metabolite oder an Proteine mit Sequenzähnlichkeiten binden. Ein gutes Beispiel ist hier die Kreuzreaktivität eines polyklonalen Antikörpers, der beispielsweise gegen das Fc-Fragment eines Maus-Antikörpers gerichtet ist bzw. sein soll, aber ebenfalls Fc-Fragmente der Antikörper anderer Säugetierarten erkennt.

Doch auch bei der Detektion von Proteinen auf einem Western-Blot oder bei immunhistochemischen Anwendungen können Kreuzreaktivitäten eine große Rolle spielen. Das drückt sich in einer Anfärbung weiterer Banden bzw. Zellstrukturen aus, ohne dass man immer die genauen molekularen Ursachen für das Auftreten dieser unerwünschten Bindungen kennt. Bei Western-Blots handelt es sich in vielen Fällen schlicht um Proteinfragmente, die durch natürlichen Abbau oder im Rahmen der methodischen Durchführung entstanden sind. In manchen Fällen ist eine solche pauschale Aussage nicht ausreichend, und man muss das Auftreten von Kreuzreaktivitäten des Primärantikörpers oder des Sekundärantikörpers in Betracht ziehen.

Nahe verwandt mit den Kreuzreaktivitäten sind die unspezifischen Bindungen. Die Ursachen auf molekularer Ebene sind anders als bei den Kreuzreaktivitäten. Der Unterschied wird in der täglichen Laborpraxis aber nicht immer deutlich. Von Kreuzreaktivitäten spricht man, wenn der Kreuzreaktand bekannt ist und dessen kreuzreagierende Eigenschaft, z. B. über die Bestimmung der kompetierenden Konzentration des Kreuzreaktanden, nachgewiesen werden kann. Bei einer unspezifischen Bindung erfolgt die Bindung im Allgemeinen an Substanzen, die in weitaus höheren Konzentrationen als der Zielanalyt vorkommen. Typischerweise sind das unspezifische Bindungen an Albumine oder Immunglobuline, an Gefäßoberflächen (z. B. bei ELISA-Wells oder an Western-Blot-Membranen) oder an *Spots* aus immobilisierten Antikörpern bei Proteinchips bzw. an die gesamte Oberfläche eines Proteinchips. Unspezifische Bindungen kommen also sowohl an Substanzen in Lösung als auch an Oberflächen vor. Begrifflich wird dies nicht unterschieden, obwohl die Strategien zur Vermeidung von Problemen in Immunoassays jeweils unterschiedlich sind. In einem Fall muss man mit entsprechenden Probenverdünnungspuffern agieren, während bei Oberflächen Blockierungslösungen zur Absättigung eingesetzt werden.

27.5   Der High-Dose-Hook-Effekt

Der High-Dose-Hook-Effekt führt zu falsch-negativen Bestimmungen, die aber im Gegensatz zu den anderen Störeffekten nicht durch Interaktionen mit Störfaktoren entstehen. Ein Hook-Effekt kann bei Assays auftreten, bei denen die Probe direkt mit den Assayantikörpern gemischt wird und der Analyt in sehr hohen Konzentrationen auftritt (s. auch Kap. 28). In diesem Fall können hohe Konzentrationen des Analyten, die die Konzentrationen der Assayantikörper übersteigen, die Fänger- und Detektorantikörper absättigen. Es bildet sich also nicht mit allen Analytmolekülen ein Sandwich zwischen Fänger und Detektor aus, sondern einige Analytmoleküle binden an Detektorantikörper, finden aber keine freien Fängerantikörper zur Bindung mehr, weil diese schon alle mit anderen Analytmolekülen gesättigt sind. Damit sinkt das Signal sogar unter das maximal mögliche Signal, wenn alle Sandwiches gebildet werden. Damit simulieren hohe Konzentrationen eine weitaus niedrigere Konzentration im Assay und hieraus folgt eine deutliche Unterbestimmung der wahren Konzentration (Abb. 27.4). In der Praxis lässt sich ein Hook-Effekt dadurch vermeiden, dass man höhere Konzentrationen der Assayantikörper verwendet. Alternativ muss durch systematische Verdünnung der Probe sichergestellt sein, dass der gemessene Wert nicht einem Hook-Effekt unterliegt. Bekannte klinische Parameter, die einem Hook-Effekt unterliegen können, sind beispielsweise CRP (c-reaktives Protein), AFP, CA 125, PSA, Ferritin, Prolactin und TSH.

27.6   Vermeidung von Störeffekten

Das Phänomen der Störeffekte bei Immunoassays ist so alt wie die methodische Verwendung von Antikörpern für diagnostische Zwecke. Im Laufe der vergangenen Jahrzehnte wurden zahlreiche molekulare Ursachen gefunden und deren Störmechanismen untersucht. Dies förderte die Entwicklung von Vermeidungsstrategien. Mit dem heutigen Stand der Technik lässt sich inzwischen eine Vielzahl von Störungen minimieren. Die richtige Auswahl einiger Vermeidungsstrategien verlangt aber von den Entwicklern gute Kenntnisse der Störmechanismen und deren unterschiedliche molekularen Ursachen. Nur wenn die Ursache bekannt ist, können die zielgerichteten Optimierungsstrategien ausgewählt werden, um im Ergebnis einen zuverlässigen und robusten Assay zu erhalten. In der Praxis sind die molekularen Ursachen einer Störung in ihrer Vielfalt leider nur sehr schwer aufzuklären und nur mit großem Aufwand zu unterscheiden. Letztlich ist es aus bioanalytischer Sicht auch interessanter sicherzustellen, dass eine Probe richtig bestimmt wird, als zu untersuchen, warum sie mit einem falsch aufgesetzten Assay falsch bestimmt werden könnte.

Es gibt einige Möglichkeiten, die Gefahr von Störeffekten zu senken. Beispielsweise können über die Vorbehandlung der Probe störende Antikörper (heterophile bzw. *anti-animal antibodies*) reduziert werden, indem man in einem Reinigungsschritt mit Protein

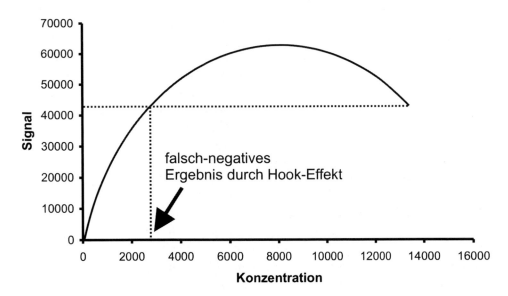

Abb. 27.4 Der Hook-Effekt bzw. High-Dose-Hook-Effekt. Hohe Konzentrationen des Analyten können in besonderen Fällen falsch niedrige Konzentrationen vortäuschen, weil zu geringe Mengen Assayantikörper im Verhältnis zur Analytkonzentration vorhanden sind

G oder Protein A Immunglobuline entfernt. Dieses kann mit Säulenchromatographie oder mit beschichteten Partikeln geschehen, die wiederum nach dem Reinigungs-schritt aus der Probe entfernt werden, verbunden mit der Hoffnung, dass ein Großteil der störenden Antikörper so entfernt wurde. Eine ältere Strategie von Herstellern diagnostischer Kits ist es, ihren Puffern bei bestimmten Assays hohe Konzentrationen an Immunglobulinen bzw. unspezifische Seren oder Mischungen aus Fc-Anteilen von Immunglobulinen verschiedener Tierarten zuzusetzen, um so durch ein Abfangen der heterophilen Antikörper bzw. der humanen *anti-animal antibodies* die Störanfälligkeit zu verringern. Solche Blocker, die nicht mit den klassischen Blockierungslösungen zur Absättigung von freien Bindungsstellen von Oberfläche zu verwechseln sind, werden seit einigen Jahren von verschiedenen Firmen als Fertiglösung kommerziell angeboten. Anwender können diese Lösungen dem Verdünnungspuffer der Probe bzw. der Assayantikörper zusetzen, um die Wahrscheinlichkeit von Störeffekten zu verringern.

Beispiele für kommerzielle Blockierer sind:

- Heterophilic Blocking Reagent (Scantibodies Inc., Santee, California, USA)
- Heterophilic Blocking Tubes (Scantibodies Inc., Santee, California, USA)
- Heteroblock (Omega Biologicals Inc, Bozeman, USA)
- MAK33 Family (Roche Diagnostics GmbH, Mannheim)
- TRU Block (Meridian Life Science Inc., Memphis, USA)

Ein Produkt mit anderem Wirkprinzip ist der „LowCross-Buffer®" (CANDOR Bioscience GmbH, Wangen). Diese Lösung nutzt den Umstand aus, dass die große Mehrheit der Störeffekte auf niederaffinen und mittelaffinen Bindungen beruht, die der LowCross-Puffer verhindert und somit nur die hochaffinen Bindungen zulässt. Dieser Probenverdünnungspuffer, der unverdünnt mit der Probe vermischt wird, wirkt also affinitätsselektiv. Die gewünschte Bindung von Analyt und Antikörper ist bei guten Assayantikörpern hochaffin und wird nicht beeinflusst. Alle Bindungen mit niedrigerer Affinität werden unabhängig von der molekularen Ursache signifikant reduziert und tragen so nicht mehr zum Ergebnis einer Messung bei. Damit können also bei verschiedensten Immunoassays Störeffekte, die auf unterschiedlichen molekularen Ursachen basieren, eliminiert werden. Anwender des LowCross-Puffers haben gezeigt, dass sich Störeffekte von heterophilen Antikörpern, endogenen Störern, *anti-animal antibodies,* unspezifischen Bindungen genauso wie Kreuzreaktionen oder Analytmaskierungen verhindern lassen. Diese Form der Affinitätsselektion ist damit die universellste bekannte Art der Vermeidung von Fehlbestimmungen, da sie unabhängig von der Art des Störers, von der Art der Matrix und auch der Art des Analyten funktioniert. Während die oben genannten Blocker nur in der Humandiagnostik für Blutproben gegen einzelne Arten von Interferenzen eingesetzt werden können, findet LowCross-Buffer als affinitätsselektiver Verdünnungspuffer zudem auch in der Veterinärdiagnostik sowie in der Lebensmittel-, Futtermittel- und Umweltanalytik vielfach Verwendung. Ein weiterer Anbieter eines affinitätsselektierenden Diluents ist die Firma Bio-Rad Laboratories (Hercules, USA) mit dem Produkt *HiSpec Assay Diluent*. Aufgrund des zunehmenden Vorkommens hochaffiner heterophiler Störer in den letzten Jahren, die vor allem im Bereich der rheumatischen Erkrankungen zu beobachten war, wurde mit *Assay Defender®* (CANDOR Bioscience GmbH, Wangen) schon ein affinitätsselektierendes Diluent speziell für die Humandiagnostik vorgestellt, das sowohl die Vorteile der Affinitäts-Selektion und damit der breit gefächerten Wirkung gegen viele verschiedene Störer als auch gleichzeitig gute Wirksamkeit gegen hochaffine heterophile Störer zeigt.

Auch die Verwendung von Fab- bzw. $F(ab)_2$-Fragmenten als Assayantikörper verringert die Wahrscheinlichkeit einer Störung durch heterophile Antikörper. In manchen kommerziellen Assays werden auch Antikörperchimären eingesetzt, bei denen beispielsweise einzelne Domänen oder der gesamte Fc-Anteil durch humanes Fc gentechnisch ersetzt wurden. Hierdurch verringert sich ebenfalls die Wahrscheinlichkeit einer störenden Bindung durch heterophile Antikörper.

Es sind zudem verschiedene Testkits auf dem Markt, die speziell HAMAs detektieren, sodass man hiermit seine Proben auf HAMAs testen könnte, wenn ein Verdacht einer Störung durch HAMAs vorliegt bzw. ausgeschlossen werden soll. Diese Tests sind nicht immer zuverlässig, da die Ergebnisse einer Probe von Kit zu Kit durchaus schwanken können, und sie können nicht gleichzeitig zwischen anti-idiotypischen und anti-isotypischen Störeffekten differenzieren. Entscheidend ist aber, dass man zuerst den Verdacht auf eine Fehlbestimmung haben muss, denn in der klinischen Routine kann nicht jede Probe zur Sicherheit auf HAMAs getestet werden. Genau dieses Problem macht diesen Ansatz für die Routine wenig geeignet, und es erweist sich in der Routine als praktischer, durch ein passendes Diluent die Fehlbestimmungen von vorne herein auszuschließen, als einen Kontrollassay auf HAMAs durchzuführen. Trotzdem kann es sinnvoll sein, auffällige bzw. verdächtige Proben mit einem HAMA-Assay zu überprüfen. Insbesondere im Rahmen der Entwicklung von Humandiagnostika hilft einem die Verwendung von HAMA-Assays wirklich relevante Störerproben vorab zu charakterisieren, um kritische und bezüglich ihres Störer-Potentials interessante Proben im Rahmen einer Vorab-Validierung des eigentlichen Assays gezielt einsetzen zu können. Jede im HAMA-Assay als Quervernetzer erkannte Probe kann sehr gut zur Testung des eigentlichen Assays auf Robustheit gegenüber dieser Art der Interferenzen eingesetzt werden. Dieser zielgerichtete und frühzeitige Einsatz einer ganzen Reihe wirklich kritischer Proben durch die Entwickler von Immundiagnostika reduziert das Risiko des Scheiterns eines eigentlich fertig entwickelten Diagnostikums im Rahmen der analytischen Validierung in einem externen Labor. Zur Beschaffung von Seren bzw. Proben, die für solche Testungen einsetzbar sind, können Anbieter wie die in.vent Diagnostica GmbH, die auch auftragsspezifisch Proben beschaffen, oder auch Internet-Marktplätze für Probenankauf wie www.centralbiohub.com, die Proben von diversen Beschaffern anbieten, genutzt werden.

Für alle Methoden und kommerziellen Produkte zur Vermeidung von Störeffekten gilt generell, dass die Wirksamkeit für den spezifischen Assay genau getestet werden sollte. Eine genaue Kenntnis des Störeffekts kann bei der Auswahl eines geeigneten Verfahrens bzw. eines Produkts helfen. Wenn mehrere Störeffekte vorliegen, kann es eventuell sinnvoll sein, verschiedene Verfahren bzw. Produkte zu kombinieren, um einen möglichst zuverlässigen und robusten Assay zu erhalten. Ein universeller Ansatz wie die zuverlässige Affinitätsselektion durch das Diluent hat aber offensichtliche Vorteile.

Weiterführende Literatur

Bolstad N, Warren DJ, Bjerner J, Kravdal G, Schwettmann L, Olsen KH, Rustad P, Nustad K (2011) Heterophilic antibody interference in commercial immunoassays; a screening study using paired native and pre-blocked sera. Clinical Chemistry and Laboratory Medicine (CCLM), 49(12): 2001–2006.

Bolstad N, Warren DJ, Nustad K (2013). Heterophilic antibody interference in immunometric assays. Best Practice & Research Clinical Endocrinology & Metabolism, 27(5): 647–661.

Fan W, Xu L, Xie L, Yang D, Liu X, Zhang J, Li Y, Yi C (2014). Negative interference by rheumatoid factor of plasma B-type natriuretic peptide in chemiluminescent microparticle immunoassays. PloS one, 9(8): e105304.

García-González E, Aramendía M, Álvarez-Ballano D, Trincado P, Rello L (2016). Serum sample containing endogenous antibodies interfering with multiple hormone immunoassays. Laboratory strategies to detect interference. Practical laboratory medicine, 4: 1–10.

Glöggler S, Rauch P (2017) Störeffekte bei Immunoassays. GIT Laborfachzeitschrift 61. Jahrgang 08: 35–37 .

IVD-Verordnung (2017) VERORDNUNG (EU) 2017/746 DES EUROPÄISCHEN PARLA-
MENTS UND DES RATES vom 5. April 2017 über *In-vitro*-Diagnostika und zur Aufhebung
der Richtlinie 98/79/EG und des Beschlusses 2010/227/EU der Kommission.

Jerne NK (1985) The generative grammar of the immune system. *Science* 229: 1057–1059.

Kricka LJ (1999) Human Anti-Animal Antibody Interferences in Immunological Assays. Clinical
Chemistry 45:7: 942–956.

Kusnezow W, Hoheisel JD (2003), Solid supports for microarray immunoassays. J. Mol. Recognit.
16: 165–176.

Lim YY, Ong L, Loh TP, Sethi SK, Sng AA, Loke KY, Halsall DJ, Hughes IA, Lee YS (2018).
A diagnostic curiosity of isolated androstenedione elevation due to autoantibodies against
horseradish peroxidase label of the immunoassay. Clinica Chimica Acta, 476: 103–106.

Luttmann W, Bratke K, Küpper M, Myrtek D (2014) Der Experimentator: Immunologie. Spektrum
Akademischer Verlag, 4. Auflage.

Miller JJ (2004) Interference in immunoassays: avoiding erroneous results. Clinical Laboratory
International 28, 2: 14–17.

Park YP, Kricka LJ (2013) Interference in Imunoassays, Chapter 5.3 in Wild DG (ed.) The
Immunoassay Handbook (fourth Edition), ELSEVIER.

Pierog P, Krishna M, Yamniuk A, Chauhan A, DeSilva B. (2015). Detection of drug specific
circulating immune complexes from in vivo cynomolgus monkey serum Samples. Journal of
immunological methods 416, 124–126.

Polifke T, Rauch P. (2008). Assay: Avoiding Interference in Immunoassays, Genetic Engineering
& Biotechnology News 28(13):43–45.

Polifke T, Rauch P (2009). Affinity discrimination to avoid interference in assays, IVD Technology
15(2):33–39.

Rauch P, Zellmer A, Dankbar N, Specht C, Sperling D, (2005) Störeffekte bei Immunoassays
erkennen und vermeiden. Laborwelt 4: 33–39.

Rehm H, Letzel T (2016) Der Experimentator: Proteinbiochemie/Proteomics. Spektrum
Akademischer Verlag, 7. Auflage.

Selby C (1999) Interference in immunoassay. *Ann Clin Biochem* 36: 704–721.

Schwickart M, Vainshtein I, Lee R, Schneider A, Liang M (2014). Interference in immunoassays to
support therapeutic antibody development in preclinical and clinical studies. Bioanalysis, 6(14):
1939–1951.

Span PN, Grebenchtchikov N, Geurts-Moespot J, Sweep CGJ (2003) Screening for interference in
immunoassays. Clinical Chemistry 49:10: 1708–1709.

Thomas L, Labor und Diagnose (2012). TH-BOOKS, 8. Auflage.

Ward G, Simpson A, Boscato L, Hickman PE (2017). The investigation of interferences in
immunoassay. Clinical biochemistry 50: 1306–1311.

Troubleshooting und Hilfestellungen bei der Entwicklung, Validierung und Durchführung von ELISAs

Peter Schneider und Anna Funk

ELISA-Systeme stellen hochsensitive analytische Verfahren dar und haben sich seit Langem in vielen Bereichen durchgesetzt und bewährt. Beispiele hierfür sind die klinische Diagnostik, die Veterinärdiagnostik oder die Lebensmittel- und Umweltanalytik. Vorteile liegen in der hohen Empfindlichkeit bis in den Nano- und Pikogramm-Bereich, in der Möglichkeit eines hohen Probendurchsatzes für Screeningbestimmungen, einer in der Durchführung unkomplizierten Analytik und in der verhältnismäßig günstigen Preisstruktur. Nicht zuletzt lassen sich bestimmte, vor allem hochmolekulare Strukturen wie Proteine immunchemisch besonders gut in der Routineanalytik erfassen. Auch für viele niedermolekulare Strukturen, wie Pestizide (z. B. Glyphosat) oder Toxine (z. B. Algen und Blaualgentoxine), hat sich die Methodik der ELISA-Testung über Jahre gut bewährt.

Um schon in der Entwicklung die Voraussetzungen für möglichst gut optimierte und dadurch stabile ELISA-Systeme zu schaffen, müssen die Schlüsselreagenzien wie Antikörper oder Konjugate hergestellt und auf deren Eignung im jeweiligen ELISA geprüft werden. „Hilfsreagenzien" wie Pufferlösungen, Standardlösungen mit definierter Analytenkonzentration oder Blockierungslösungen sind im jeweiligen Assay zu optimieren und zu testen.

Auch das Testformat, also der strategische Aufbau des Assays (z. B. kompetitives Format, Sandwichformat, Avidin-Biotin-Systeme) ist je nach den Eigenschaften des nachzuweisenden Analyten im Vorfeld der Entwicklung zu wählen und experimentell zu erproben (siehe auch Abschn. 3.1). Darüber hinaus sind weitere Bedingungen, wie die Konzentrationen der Reagenzien oder Inkubationszeiten, zu optimieren. Im Vorfeld ist darauf zu achten, dass die Grundvoraussetzungen zur Durchführung von Immunoassays

P. Schneider (✉) · A. Funk
Sension GmbH, Augsburg, Deutschland
E-Mail: schneider@sension.eu

© Springer-Verlag GmbH Deutschland, ein Teil von Springer Nature 2023
A. M. Raem und P. Rauch (Hrsg.), *Immunoassays*,
https://doi.org/10.1007/978-3-662-62671-9_28

hinreichend erfüllt werden. Hierzu zählt die instrumentelle Ausstattung wie Reader oder idealerweise auch Waschgeräte und diverses Verbrauchsmaterial.

Dieser Beitrag soll eine Hilfestellung darstellen, welche Faktoren bei der ELISA-Entwicklung entscheidend, jedoch auch problematisch sein können, und welche Fehlerquellen bei der Etablierung von Assays infrage kommen. Nicht ausreichend optimierte Schritte schon während der Entwicklung können zu potenziellen Störfaktoren in der späteren Anwendung werden und die Robustheit eines Assays bedeutend einschränken. Diese Hilfestellungen beruhen teils auf eigenen Erfahrungen der Autoren aus zahlreichen Assayentwicklungen und auf Hinweisen, die in der Literatur recherchiert wurden. Es versteht sich, dass ein Anspruch auf Vollständigkeit nicht erhoben werden kann. Die Anwenderfreundlichkeit eines zu etablierenden Immunoassays sollte immer berücksichtigt werden.

Der Beitrag konzentriert sich auf zwei Teilbereiche. Im ersten wird auf verschiedene Aspekte und Entwicklungsschritte eingegangen, im zweiten werden mögliche Fehler und konkrete Maßnahmen zur Eliminierung dieser Schritte in Tabellenform dargestellt.

28.1 Das ELISA-Test-Format

Die Zielstruktur, die zu detektieren ist, bestimmt die analytischen Vorgaben eines Immunoassays. Welches Format ist zu wählen? Wie sind die Anforderungen des Analytennachweises an Sensitivität und Spezifität? Welche weiteren Vorgaben gibt es im Rahmen einer zu etablierenden Diagnostik? Um welche Probenmatrix handelt es sich? Welche Schlüsselreagenzien stehen zur Verfügung?

Es gibt eine nahezu unüberschaubare Zahl publizierter oder kommerziell verfügbarer ELISA-Systeme, die je nach Anforderungsprofil und Gesamtkonzeption auf ganz unterschiedliche ELISA-Formate setzen. Ganz allgemein wird zwischen zwei Testformaten unterschieden: dem sog. Sandwich-ELISA und dem kompetitiven ELISA (Abb. 28.1). Ein Sandwich-ELISA wird eingesetzt, wenn es um den Nachweis höhermolekularer Strukturen, wie beispielsweise von Proteinen, geht. Ein kompetitives Format wird verwendet, wenn ein Nachweis niedermolekularer Strukturen wie von Hormonen, Pestiziden oder niedermolekularen Toxinen zu etablieren ist. Die unterschiedliche Vorgehensweise ist darauf zurückzuführen, dass kleinere Moleküle aus sterischen Gründen nicht gleichzeitig von zwei Antikörpern gebunden werden können, wie es bei höhermolekularen Strukturen im Sandwich-Assay geschieht. Deshalb wird bei kleinen Molekülen ein kompetitives Format vorgezogen.

Bei einem Sandwich-Assay wird üblicherweise mit zwei im Assay zueinanderpassenden Antikörpern (matching pairs) gearbeitet (Abb. 28.1a). Einer der antigenspezifischen Antikörper – der sog. Fängerantikörper – wird durch Adsorption in die Vertiefungen einer Mikrotiterplatte immobilisiert. Der Nachweis bzw. die Detektion der entstandenen Antikörper-Antigen-Bindung erfolgt mittels eines Detektionsantikörpers in Lösung. Dieser ist meist enzymkonjugiert (Peroxidase, alkalische Phosphatase, …)

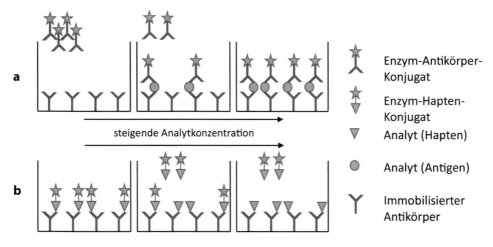

Abb. 28.1 Schematischer Vergleich von Sandwich-ELISA (**a**) und kompetitivem ELISA (**b**)

oder wird in einem zusätzlichen Schritt mittels eines enzymmarkierten Sekundäranti-körpers detektiert. Liegt das Sandwichsystem aus einem Antikörper-Antigen-Antikörper-Bindungskomplex vor, wird die Signalerzeugung über eine enzymatische Umsetzung eines chromogenen Substrates eingeleitet. Von diesem Testformat existieren noch abgewandelte Varianten, wobei beispielsweise mit Avidin–Biotin-Systemen insbesondere zur Signalamplifizierung gearbeitet wird. Darauf wird hier jedoch nicht näher eingegangen.

Bei einem kompetitiven Testsystem konkurriert der nachzuweisende Analyt mit dem Analyt-Enzym-Konjugat (Enzym-Hapten-Konjugat) um die freien Bindungsstellen des Antikörpers (Abb. 28.1b). Dabei wird zwischen zwei Varianten unterschieden: Der Antiköper wird an der Mikrotiterplatte immobilisiert oder er befindet sich in Lösung.

Diese Anwendungen (Antikörper immobilisiert oder in Lösung) unterscheiden sich in der Thermodynamik und Kinetik der Reaktion und resultieren auch in unterschiedlichen Testsensitivitäten. Auch beispielsweise Matrixeffekte können in den Varianten unterschiedliche Ausprägung haben (Enzymhemmungen, Effekte auf die Bindungsfähigkeit des Antikörpers).

28.2 Schlüsselreagenzien und Hilfsreagenzien

Immunoassays basieren insbesondere auf Schlüsselreagenzien, wie den Antikörpern und den Konjugaten (Antikörper-Enzym-Konjugat oder Hapten-Enzym-Konjugat). Die Eignung für den jeweiligen Assay und die Qualität dieser Komponenten ist von entscheidender Bedeutung für die Funktionsfähigkeit und zu erzielende Qualität der resultierenden Immunoassays. Darüber sind zahlreiche weitere Hilfsreagenzien wie Puffersysteme, Stabilisatoren (Kap. 26) oder Blockierungsreagenzien erforderlich.

28.3   Die Bedeutung der Antikörperqualität

Bei der Etablierung von ELISAs wird entweder auf kommerziell verfügbare Reagenzien
zurückgegriffen, oder es werden Reagenzien selbst hergestellt bzw. Antikörper
durch Immunisierungen gewonnen. Die eingesetzten Antikörper stellen durch deren
Bindungseigenschaften zum nachzuweisenden Analyten bzw. durch deren Affinität zum Analyten die Basis für die Qualitätseigenschaften des zu entwickelnden
Immunoassays dar. Der Markt stellt eine fast unüberschaubare Anzahl von Primärantikörpern oder konjugierten Sekundärantikörpern zur Verfügung. Prinzipiell ist abzuwägen, inwieweit auch eigene Antiköper durch Immunisierung gewonnen werden
sollen. Einerseits ist dies natürlich mit entsprechendem Aufwand verbunden (Antigenvorbereitung, eventuell Hapten-Kopplung), andererseits kann die Entwicklung, gerade
beim Bedarf größerer Mengen, wirtschaftlich lohnend sein. Ein noch stichhaltigeres
Argument, welches für die Herstellung eigener Antikörper spricht, ist, dass in diesem
Fall die Vorgaben zur Immunisierung und zur Präsentation des Antigens (z. B. Dosis,
Adjuvanzien, Impfintervalle, Antigen bzw. Hapten-Konjugate etc.), insbesondere beim
Einsatz von Haptenen, selbst gewählt werden können und somit auch transparent sind.
Dadurch können weitere Bedingungen des zu etablierenden ELISAs, insbesondere die
Auswahl und die Herstellung von Konjugaten, auf die Immunisierungsstrategie und die
Immunoassayentwicklung abgestimmt werden.

Bei der Wahl eines kommerziellen Antikörpers gilt es einige Faktoren zu beachten.
Bei der Herstellung von Antikörpern werden teilweise rekombinante Proteine als
Immunogene verwendet. Diese werden bevorzugt in prokaryotischen Zellen (z. B.
Escherichia coli) synthetisiert. Ein mögliches Problem stellt dabei die fehlende
posttranslationale Modifikation der Proteine dar. So kann es vorkommen, dass der nachzuweisende Analyt in nativer Form durch die Antikörper nicht erkannt wird und die Antikörper somit für den Assay ungeeignet sind. Die Autoren haben bereits Erfahrungen mit
rekombinanten Proteinen und deren unterschiedlicher Affinität zum Antikörper gemacht.
In Abb. 28.2 ist das Versuchsergebnis eines direkten ELISAs dargestellt. Es ist deutlich
zu erkennen, dass der Antikörper das rekombinante Protein 2 nicht erkennt, während das
rekombinante Protein 1 gut gebunden wird.

Bezüglich der Spezifität der Antikörper sind die Kreuzreaktionen entscheidend. Diese
sollten ebenfalls bestimmt werden oder verfügbar sein. Monoklonale Antikörper verfügen häufig über eine höhere Spezifität als polyklonale, wobei zu berücksichtigen ist,
dass auch monoklonale Antikörper nicht zwingend hochspezifisch sein müssen.

Wichtig ist auch der Antikörpertiter, der ein Maß dafür angibt, wie stark ein Serum
(oder bei monoklonalen Antikörpern die Kulturflüssigkeit) oder eine daraus hergestellte
entsprechende Antikörperlösung in die Arbeitskonzentration für den Immunoassay verdünnt werden kann. Bei kommerziellen Antikörpern ist der Titer häufig zur Anwendung
im ELISA angegeben und kann dann als Information bezüglich der möglichen Verdünnung im Test herangezogen werden. Bei der Wahl eines kommerziellen Antikörpers
ist zudem darauf zu achten, dass nicht für die Testung der Antikörper auf deren Eignung

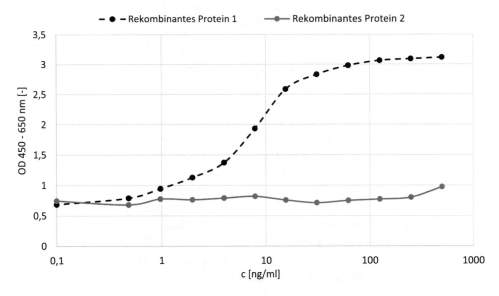

Abb. 28.2 Gegenüberstellung der Antikörperaffinität eines Antikörpers zu zwei rekombinanten Proteinen aus unterschiedlicher Bezugsquelle

irrtümlicherweise derselbe Antikörper von verschiedenen Quellen mehrmals bezogen wird, da viele identische kommerzielle Antikörper über verschiedene Händler zu bekommen sind. Hier sollte man sich genau das Datenblatt und die Klonbezeichungen ansehen.

Sind die Antikörper aus eigener Produktion oder von einem Hersteller verfügbar, ist deren Anwendung im Assay zu prüfen und zu optimieren. Zum Einstellen der Antikörperkonzentration werden Standardlösungen mit definierter Konzentration des nachzuweisenden Analyten eingesetzt.

Beim Nachweis von Proteinen ist eine ausreichende Verfügbarkeit des Proteinanalyten in möglichst reiner Form ein wichtiger Faktor. Ist ein reines Protein nicht verfügbar, kann gegebenenfalls eine Peptidsequenz mit den entsprechenden Epitopen eingesetzt werden. Dabei ist es essenziell, dass die Paratope der eingesetzten Antiköper die Epitope der Proteine sowie die der Peptide mit der gleichen Affinität erkennen. Dies gilt es experimentell nachzuweisen.

28.4   Herstellung eigener Antikörper

Zur Reduzierung unerwünschter Interaktionen im Assay ist der Einsatz gereinigter Antikörper empfehlenswert. Unterschiedliche Komponenten aus dem Serum können zu unspezifischen Reaktionen beitragen (s. auch   Kap. 27). Reinigungsmethoden zur Anreicherung der Immunglobuline, wie einfache Fällungen (z. B. Ethanol-, Ammoniumsulfatfällung), oder Protein A- bzw. Protein G-Reinigungen sind vielfach beschrieben. Noch effizienter, aber auch aufwendiger, sind Affinitätsreinigungen von Antikörpern, da die Anreicherung spezifischer Antikörper hierbei durch das zu erkennenden Antigen direkt erzielt werden kann. Reinigungsverfahren sind gerade auch dann dringend zu empfehlen, wenn die Antikörper, beispielsweise in einem Sandwich-Assay, mit Markerenzymen, mit Biotin oder mit anderen Markern gekoppelt werden sollen, da ansonsten die Gefahr hoher unspezifischer Signale (durch markierte unspezifische Komponenten) besteht. Eine Problematik bereits bei der Gewinnung von Antikörpern kann in einer nicht ausreichenden Reinheit des Immunogens liegen. Sollen Antikörper beispielsweise gegen gereinigte Proteine gewonnen werden, so ist zu bedenken, dass im Rahmen der Immunisierung natürlich auch gegen jede (makromolekulare) Verunreinigung des Immunogens Antikörper gebildet werden. Kommen diese Verunreinigungen in der später zu bestimmenden Probenmatrix vor, so sieht man sich mit einem Problem unerwünschter Kreuzreaktivitäten konfrontiert. Abhilfe bringen können dabei in erster Linie Strategien, die bereits in der Planungsphase erstellt werden. Entweder kann das Zielantigen teilweise aufwendig gereinigt werden, oder es wird eine alternative Gewinnung des Antigens gewählt. Weitere Möglichkeiten zur Erzielung einer ausreichenden Spezifität können in der Produktion monoklonaler Antikörper liegen. Dabei kann sogar auf die Spezifität der gewünschten Zielepitope der Antigene durch Austesten einzelner Klone fokussiert werden.

28.5 Haptenkonjugate mit Enzymen und Trägerproteinen sowie Haptenmodifikationen

Kompetitive Immunoassays werden zum Nachweis kleiner Moleküle – Haptene – eingesetzt. Unter Haptenen versteht man niedermolekulare Substanzen, die zu klein sind, um selbst die Produktion von Antikörpern zu induzieren. Haptene sind zwar Antigene, jedoch keine Immunogene. Um Antikörper gegen Haptene zu generieren, ist es notwendig, diese zunächst an größere Trägermoleküle, meist Proteine, zu koppeln und somit immunogen zu machen. Dabei ist die genaue Planung der erforderlichen Beschaffenheit der Haptenkonjugate ein kritischer Schritt für die Generierung spezifischer Antikörper. Es ist entscheidend, dass die Struktur des Haptenkonjugats dem nachzuweisenden Analyten in seinen konformationsdeterminierenden Eigenschaften möglichst nahekommt. Deshalb sind beim immunchemischen Nachweis kleiner Moleküle die chemische Struktur des Haptens und die Kopplungschemie von herausragender Bedeutung. Im Folgenden soll auf diese Thematik etwas detaillierter eingegangen werden.

Es ist wichtig, ein Hapten bereitzustellen, welches einerseits über eine geeignete chemische Gruppe zur kovalenten Kopplung an ein Trägermolekül verfügt, andererseits dabei aber auch möglichst seine spezifischen Strukturen exponiert und die sterischen sowie die Ladungseigenschaften des Moleküls erhalten bleiben, um eine Antikörperantwort induzieren zu können (Goodrow et al. 1995). Neben der geschickten Wahl der zu koppelnden funktionellen Gruppe am Hapten kann dies unter Umständen auch durch die Einfügung von Linkermolekülen zwischen Hapten und Protein erleichtert werden (Schneider und Hammock 1992). Weiter ist zu beachten, dass Haptenkonjugate für die Durchführung von kompetitiven ELISAs sowohl für die Immunisierung als auch als Kompetitoren notwendig sind. Um Kreuzreaktionen mit den verwendeten Trägermolekülen zu minimieren, müssen für die Immunisierung andere Trägermoleküle verwendet werden als für den Einsatz im Assay. Ebenso dürfen keine Trägermoleküle verwendet werden, die in der späteren Probenmatrix vorkommen. Sobald die Antikörper verfügbar sind und im ELISA eingesetzt werden können, ist es erforderlich, die verschiedenen synthetisierten Konjugate im Test gegen die selbst generierten oder kommerziell erworbenen Antikörper zur Überprüfung einzusetzen.

Die einfachste Strategie besteht darin, strukturidentische bzw. strukturverwandte Haptene für die Darstellung der Immunogene und die Herstellung der Assaykonjugate zu verwenden. Häufig besitzt ein Konjugat mit strukturgleichem Hapten im Vergleich zum Analyten eine zu hohe Affinität zum Antikörper. Dann kann möglicherweise mit dem freien Analyten zu wenig, oder im Extremfall keine ausreichende Verdrängung des Enzymkonjugats erzielt werden. Es resultiert daraus eine zu geringe Assaysensitivität oder überhaupt kein funktionsfähiges Testsystem.

Um diese Problematik zu umgehen, kommen unterschiedliche Strategien mit Verwendung verschiedener heterologer Haptene zur Anwendung (Sato et al. 1996). Der Einsatz homologer Haptene und die Strategien zur Verwendung und Synthese verschiedener heterologer Haptene können einen beachtlichen Einfluss auf die Assaysensitivität ausüben. Diese kann je nach Strategie der Haptenstruktur im Bereich mehrerer Zehnerpotenzen variieren. In vielen Testsystemen zum Nachweis von Hormonen oder in der Lebensmittel- und Umweltrückstandsanalytik wurde dies aufgezeigt. Das Überprüfen verschiedener Haptenkonjugate mit einem oder mehreren Antikörpern stellt ein effektives Instrument bei der Optimierung auf maximale Sensitivität dar.

Neben der Auswahl der Haptene beeinflusst auch die Methodik der Kopplung die chemisch-strukturellen Eigenschaften der Konjugate. Bei Enzymkonjugaten ist es wichtig, dass die Aktivität der Enzyme bei der Kopplung erhalten bleibt. Die Wahl der verwendeten Mengenverhältnisse zwischen Hapten und makromolekularem Trägermolekül sowie die Reaktionsmethodik und die Reaktionsbedingungen beeinflussen die Haptendichte auf dem Trägermolekül. Bei Konjugaten, die zur Immunisierung verwendet werden, ist im Allgemeinen eine hohe Haptendichte (viele Epitope) einer geringeren Haptendichte vorzuziehen. Bei den Konjugaten, die im ELISA selbst eingesetzt werden, wie beispielsweise Enzym-Hapten-Konjugate, kann jedoch eine geringere Haptendichte ebenfalls vorteilhaft sein, da der Analyt mit einer geringeren Anzahl von Haptenen auf dem Trägermolekül zu konkurrieren hat. Allerdings ist dabei zu beachten, dass eine gewisse Mindesthaptendichte zur Erzielung einer ausreichenden Signalintensität erforderlich ist. In der Literatur ist eine Vielzahl von Konjugationsmethoden beschrieben, die sich unterschiedliche chemische Gruppen an Haptenen bzw.

Proteinen für die Kopplung zunutze machen (Skerrit und Lee 1996). Es sei noch darauf hingewiesen, dass es Wege gibt, um die Haptendichte auf Proteinen, in Abhängigkeit zur Struktur des Haptens, auch selbst zu ermitteln. Eine relativ einfache Möglichkeit bilden beispielsweise fotometrische Verfahren, falls dies die Struktur des Haptens (durch ein geeignetes Absorptionsspektrum) zulässt.

Bei bestimmten Haptenen, insbesondere bei sehr kleinen Strukturen, kann es auch erforderlich sein, den Analyten in Standard und Probe zu derivatisieren, um eine bessere Erkennung durch den Antikörper zu gewährleisten. Diese Strategie ist beispielsweise in einem Testkit zum Nachweis von Glyphosat der Firma Abraxis realisiert.

Werden bei der Etablierung eines kompetitiven ELISAs Konjugate und Antikörper gegeneinander in Bindungstests mit einer Überschuss- und einer Nullkonzentration des Analyten erprobt, und lassen sich dabei keine deutlichen Unterschiede bei der Signalerzeugung erzielen oder resultiert keine oder keine ausreichend sensitive Standardkurve, so kommen hierfür unterschiedliche Ursachen infrage, die häufig auf die Qualität bzw. die Eigenschaften des Antikörpers und/oder des Konjugats zurückzuführen sind.

Als Beispiel für eine typische Standardkurve eines kompetitiven ELISAs ist die eines Progesteron-ELISAs der Firma Sension angegeben. Progesteron kann als Indikator für Brunst und Trächtigkeit z. B. in der Brunst-/Trächtigkeitsüberwachung bei verschiedenen Tierspezies eingesetzt werden. Bei kompetitiven Assays wird die höchste Farbentwicklung in Abwesenheit des Analyten und die geringste Farbentwicklung bei der Maximalkonzentration des Analyten erzielt. Man spricht auch von einem indirekten Assay. Charakteristisch für einen Sandwich-ELISA ist das proportionale Verhältnis zwischen der Analytenkonzentration und dem Farbsignal. In Abb. 28.3 ist sowohl ein typischer Standardkurvenverlauf eines kompetitiven als auch eines Sandwich-ELISAs dargestellt.

28.6   Kriterien zur Einstellung von ELISA-Tests

Ganz allgemein ist es empfehlenswert, dass Puffer- und Blockierungslösungen jeweils frisch vor der Anwendung angesetzt werden. Kommerzielle Reagenzien und selbst hergestellte Reagenzien müssen so gelagert werden, dass sie ihre biologische Aktivität während der Lagerung beibehalten. Um mögliche Schäden durch wiederholte Einfrier- und Auftauvorgänge zu vermeiden, sollten die Reagenzien aliquotiert werden. Die Verwendung für die jeweilige Anwendung optimierter kommerzieller Puffer kann sich positiv auf die Langzeitstabilität von Reagenzien auswirken.

Die Qualität und gerade die Sensitivität eines ELISA kann nur dann hohen Anforderungen genügen, wenn auch die im Test eingesetzten Antikörper, Konjugate und Antigene von entsprechender Qualität sind. Es ist essenziell, dass die eingesetzten Antikörper eine möglichst hohe Affinität zum Antigen besitzen.

Die wohl einfachste Möglichkeit zur Überprüfung der Bindungsfähigkeit des Antikörpers zum Analyten besteht darin, die Bindungsfähigkeit der Reagenzien im ELISA

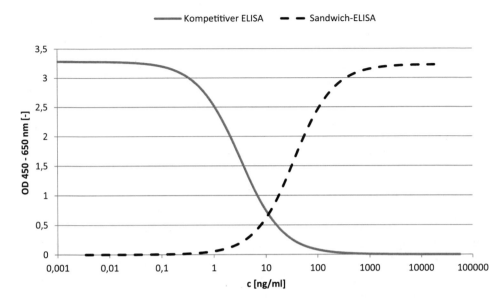

Abb. 28.3 Exemplarischer Verlauf der Standardkurven eines kompetitiven (gestrichelte Kurve) und eines Sandwich-ELISA (durchgezogene Kurve). Die Messbereiche mit der höchsten Genauigkeit befinden sich im Bereich der Wendepunkte der Kurven

selbst zu prüfen. Dies setzt allerdings voraus, dass auch die Assaybedingungen insgesamt zumindest so weit optimiert sind, dass eine qualitative Überprüfung der Reagenzien stattfinden kann. Die jeweiligen Bedingungen sind entsprechend des Assayformats zu wählen. Dazu zählen Methoden zur Beschichtung der Mikrotiterplatten vorzugsweise mit Antikörpern, Streptavidin oder mit Antigen bzw. entsprechenden Antigen-Konjugaten, ebenso die Durchführung etablierter und häufig beschriebener Methoden zur Blockierung und der Einsatz der Reagenzien in geeigneten Puffersystemen sowie die Einstellung von Inkubationszeiten.

Die Antikörper sind zur Optimierung in verschiedenen Verdünnungen im Assay zu erproben. Wenn die Auswertungen in der Signalerzeugung klar erkennbare Konzentrationsabhängigkeiten vom Antikörper zeigen, kann dies, bei richtig gewähltem Versuchsaufbau, die Bindefähigkeit und damit die grundsätzliche Funktionsfähigkeit des Antikörpers anzeigen. Der Versuchsaufbau sollte so gewählt werden, dass die Bindungstests sowohl mit je einem Ansatz ohne Zugabe des Analyten als auch einem Ansatz mit einer relativ hohen Analytkonzentration durchgeführt werden. Dabei müssen klare Unterschiede in der Farbentwicklung zwischen Null- und Überschusskonzentration des Analyten nachzuweisen sein. Den Einsatz des Primärantikörpers und der Konjugate in jeweils abgestuften, zur Optimierung geeigneten Konzentrationen nennt man auch Checkerboard-Optimierung. Bei Sandwich-Assays sind die Signale proportional zum Analyten, bei kompetitiven Assays umgekehrt proportional.

Die in Checkerboard-Tests nachgewiesene Bindungsfähigkeit des Antikörpers an den Analyten ist in weiteren Bindungstests mit abgestuften Analytkonzentrationen, also letztendlich in einer Standardkurve, zu bestätigen. Sollte die Bindungsfähigkeit bei der Verwendung von Null- und Überschusskonzentrationen nicht oder zu schwach nachzuweisen sein, so kommt eine Vielzahl möglicher Fehlerquellen in Frage. Die Resultate dieser Bindungstests mit Null- und Überschusskonzentration des Analyten und mehreren abgestuften Verdünnungen des primären Antikörpers (also jenes Antikörpers, der gegen den Analyten gerichtet ist), des Konjugats (bei kompetitiven ELISAs des Hapten-Enzym-Konjugats) oder des sekundären Antikörpers (bzw. des sekundären Antikörper-Enzym-Konjugates) bei kompetitiven Tests bzw. des zweiten primären Antikörpers im Falle von Sandwich-Assays geben Aufschluss darüber, welche Konzentrationen dieser Reagenzien im ELISA geeignet sind. Unter diesen Bedingungen können in Folge ELISA-Tests mit verschiedenen Konzentrationen des zu bestimmenden Analyten durchgeführt werden, die Aufschlüsse bezüglich der zu erzielenden Testsensitivität liefern können. Die optimierte Einstellung der Antikörper- und der Konjugatkonzentration ist Voraussetzung für einen hochwertigen und sensitiven Test.

Zur weiteren Erhöhung der Assaysensitivität gibt es eine Vielzahl von Strategien (Signalverstärkungen, Enzyme mit höherer Umsetzungsrate), die in der Fachliteratur beschrieben sind. Die Sensitivität eines ELISA kann allerdings nicht besser sein, als es durch die eingesetzten Antiköper und Konjugate vorgegeben ist. Deshalb ist die Strategieplanung zur Herstellung von Antigenen und Antikörpern in hohem Maße ausschlaggebend.

28.7   Einfluss spezieller Puffersysteme

Neben den primären oder sekundären Antikörpern und den Konjugaten üben auch die verwendeten Puffer und Reagenzien einen erheblichen Einfluss auf die Qualität eines ELISA aus. Die wichtigsten Puffersysteme sind Standard- bzw. Probenpuffer, Extraktionspuffer, Konjugatverdünnungspuffer, Waschpuffer sowie Coating- und Blockierungspuffer bzw. Blockierungslösung. Sie müssen in der Zusammensetzung (Salzkonzentration, Detergenzien, pH-Wert, Viskosität) ihrer Applikation angepasst sein. Auch Stabilisatoren (z. B. Proteinstabilisatoren/Enzymstabilisatoren/Antikörperstabilisatoren) und Wachstumshemmer gegen mikrobielle Kontaminationen sind je nach Anwendung essenziell, wobei darauf zu achten ist, dass diese Stabilisatoren nicht mit dem Testsystem interferieren. Durch den Einsatz verschiedener Pufferrezepturen, Blockierungs- und Stabilisierungsreagenzien konnte bei Entwicklungen der Autoren die Qualität unterschiedlicher ELISAs entscheidend verbessert oder die Fertigstellung von lagerfähigen ELISA-Testkits erst ermöglicht werden.

Speziell konzipierte Puffer können beispielsweise auch Störeffekte (Interferenzen), die beispielsweise durch endogene Proteine aus der Probe verursacht werden, in erheblichem

Maße reduzieren (Kap. 27). Einige Puffersysteme, wie auch der kommerzielle „LowCross-Buffer®" der Firma Candor Bioscience GmbH (Wangen), zeigten in unseren Anwendungen vielfach eine positive Wirkung. Puffersysteme, die mit den Markerenzymen, vielfach Peroxidase oder Alkalische Phosphatase, in direkten Kontakt kommen, sollen dazu beitragen, die enzymatische Aktivität nicht zu hemmen. Bei der Etablierung von ELISAs, die kommerziell eingesetzt werden sollen, ist es essenziell, dass die Stabilisierung aller Komponenten so effizient ist, dass alle Komponenten über Monate stabil sind (s. auch Kap. 26). Dies erfordert Stabilisierungslösungen, die in jedem Assay individuell zu erproben sind.

Ein unerwünschter Effekt, der bei Sandwich-Assays auftreten kann, ist der sog. Hook-Effekt (s. auch Kap. 27). Aufgrund von zu hohen Antikörperkonzentrationen beim Coating und/oder in Lösung oder durch Verwendung von denselben Antikörpern für die Festphase und für die Detektion kann es zur Ermittlung von falsch-negativen Ergebnissen kommen. Durch die Messung einer Verdünnungsreihe des Analyten lassen sich diese erkennen. Liegt der Hook-Effekt vor, werden für höher konzentrierte Proben dieselben Signale ermittelt wie für etwas tiefer konzentrierte Proben, und die Wiederfindung in den entsprechenden Konzentrationsbereichen ist folglich unzureichend. In Abb. 28.4 ist ein exemplarischer Verlauf des Hook-Effekts dargestellt. Für die Eliminierung dieses unerwünschten Störeffekts sind die eingesetzten Antikörperkonzentrationen zu prüfen und unter Umständen auch ein Antikörper durch einen anderen zu ersetzen.

Im Falle der Verwendung von Enzymsubstratlösungen sind kommerzielle Substratlösungen empfehlenswert. Die von uns erprobten Substratprodukte, vorwiegend für Peroxidase, zeigten eine ausreichend Aktivität, nahezu keine Hintergrundfärbung und befriedigende Eigenschaften in der Haltbarkeit.

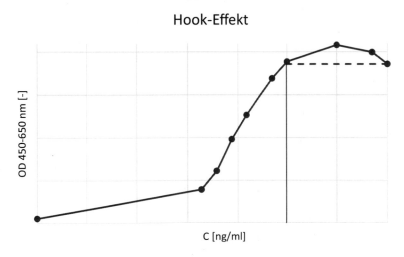

Abb. 28.4 Exemplarischer Verlauf des Hook-Effekts

28.8   Beschichtung und Stabilisierung der beschichteten Oberflächen von Mikrotiterplatten

Je nach ELISA-Format sind Mikrotiterplatten mit Antigenen, Antikörpern, Protein-konjugaten oder anderweitigen Hilfsreagenzien, wie Streptavidin, zu beschichten. Dabei kann auf eine Vielzahl speziell konzipierter Mikrotiterplatten zurückgegriffen werden, die optimierte adsorptive Oberflächen hierfür besitzen. Es empfiehlt sich, die Struktur des zu immobilisierenden Proteins im Vorfeld zu betrachten. So können beispielsweise Glykoproteine wie Antikörper besser auf einer MaxiSorp^{TM}-, hydrophobe Proteine auf einer PolySorp^{TM}- und polare Proteine auf einer MediSorp^{TM}-Mikrotiterplatte immobilisiert werden (s. auch Kap. 25).

Zur gezielten Beladung der Mikrotiterplattenoberfläche mit Antikörpern (meist IgG) kann mit wirtsspezifischen Antikörpern vorgecoatet werden. Beispielsweise lässt sich die Oberfläche mit Anti-Kaninchen-IgG aktivieren, wenn eine Beschichtung mit Kaninchen-Antikörpern beabsichtigt ist (Abb. 28.5).

Mikrotiterplatten werden mit Antikörpern, Antigenen oder Konjugaten beschichtet. Zur Reduzierung unspezifischer Bindungsstellen werden die beschichteten Platten dann oft blockiert und häufig durch weitere Reagenzien stabilisiert und konserviert. Zur Blockierung werden meist verschiedene Proteine und Proteinmischungen verwendet. Besonders Albumine kommen häufig zum Einsatz. Kleinere Proteine (z. B. Casein), die auch kryptomere Lücken auf der zu blockierenden Oberfläche besetzen, können die Coating- und Blockierungseffizienz steigern. Effiziente Blockierungen reduzieren unspezifische Bindungen, welche einen erhöhten Hintergrund verursachen können.

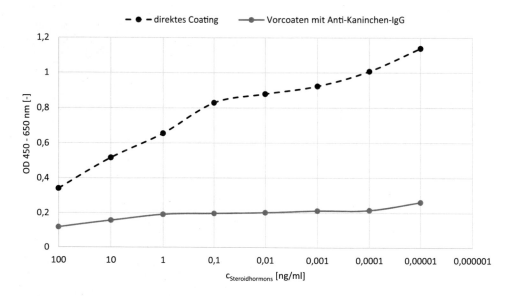

Abb. 28.5 Einfluss der Vorbehandlung von Mikrotiterplatten mit Anti-Kaninchen-IgG

Generell ist zu berücksichtigen, dass die Blockierung nicht mit dem ELISA-System insgesamt interferieren darf und deshalb möglichst auf inerte Proteine zurückgegriffen werden sollte. Auch darf keine Blockierung beispielsweise mit BSA erfolgen, wenn die Antikörper mit entsprechenden Hapten-BSA-Konjugaten generiert wurden.

Von einer Reihe von Herstellern werden optimierte Puffersysteme angeboten, denen unterschiedliche Proteine und weiteren Additive zugesetzt sind. Diese Puffersysteme sind in der Tat häufig so gut optimiert, dass ihr Einsatz entscheidende Fortschritte bringt. Die Rezeptur einiger Blockierungspuffer kann durch Kombination der Reagenzien eine vollständige Blockierung fördern und eine gewisse Restfeuchte simulieren, die ebenfalls zur Stabilisierung empfindlicher Proteine, gerade in getrockneten Platten, beiträgt. Die Stabilisierung von beschichteten Mikrotiterplatten soll auch dazu beitragen, dass die immobilisierten Reagenzien den Trocknungsvorgang der Platten ohne Schäden durch Denaturierung überdauern können. Experimente der Autoren haben gezeigt, dass die geeignete Beschichtung und Blockierung von Mikrotiterplatten die Qualität von Assays signifikant verbessern und deren Haltbarkeit deutlich erhöhen kann. Mit dem Liquid Plate Sealer (Candor Bioscience GmbH, Wangen) haben die Autoren eine besonders gute Stabilisierung der Fängerantikörper erzielt. Die ELISA-Platten müssen kontrolliert getrocknet werden (vorzugsweise bei ca. 37 °C im Trockenschrank), damit sie entsprechend konserviert, eingeschweißt in wasserdampfundurchlässige Folien, gelagert werden können.

28.9 Probenmatrix und Probenvorbereitung

Je nach Anwendung, in Diagnostik, der Lebensmittel- oder der Umweltanalytik, unterscheiden sich die Probenmatrices, in denen die zu bestimmenden Analyten vorliegen, beträchtlich. Entsprechend unterschiedlich sind auch die Anforderungen an die Probenvorbereitung (s. auch Abschn. 3.2 sowie Abschn. 30.2). ELISA-Systeme, die besonders für rasches und unkompliziertes Screening einer größeren Anzahl von Proben bestimmt sind, sollten mit einer relativ einfachen und unkomplizierten Probenvorbereitung einhergehen. Im Falle flüssiger Proben, wie Wasserproben oder auch Körperflüssigkeiten (z. B. Serum oder Urin), ist diesem Anspruch noch relativ unkompliziert gerecht zu werden, obwohl auch hier Interferenzen möglich sind (Abschn. 28.11). Idealerweise sollten dann die Proben noch mit einem geeigneten Probenpuffer um einen entsprechenden Faktor verdünnt werden können. Der Probenpuffer stabilisiert die Probe und vor allem die zugesetzten ELISA-Reagenzien insgesamt. Zudem können unerwünschte Matrixeffekte dadurch in der Probelösung kompensiert werden. Allerdings ist diese Verdünnung mit einem entsprechenden Verlust an Sensitivität korreliert. Zu prüfen ist die Abwesenheit unerwünschter Matrixeffekte durch Zusatz und Bestimmung bekannter Analytkonzentrationen (sog. Spikes) in der Probe, gefolgt von einer entsprechenden Auswertung zur Bestätigung der Recovery. Auch die Linearität von Probenverdünnungen stellt ein Kriterium dar (näheres hierzu s. Kap. 29).

Alle festen Proben müssen vor der Analytik zunächst homogenisiert und der Analyt in Lösung gebracht werden. Dies kann durch geeignete Homogenisierungs- und Extraktionsverfahren geschehen, wobei darauf zu achten ist, dass der Analyt aus dem verwendeten Lösungsmittel in eine ELISA-kompatible Probelösung überführt werden muss (Jourdan et al. 1996). Falls die Extraktionslösung mit einem geeigneten Puffer einfach verdünnt werden kann, kommt dies der Anwenderfreundlichkeit selbstverständlich entgegen.

28.10 Häufige Fehler und deren mögliche Ursachen

Es wurde bislang beschrieben, auf welche Gesichtspunkte es besonders bei der Etablierung von Immunoassays (explizit ELISA) ankommt. In Tab. 28.1 sind Problemstellungen zusammengefasst, die bei der Entwicklung von ELISA-Tests auftreten können. Auch bei der Durchführung von selbst etablierten oder von extern bezogenen Kits kann es zu Problemen kommen, deren mögliche Ursachen in Tab. 28.1 zusammengefasst sind. Die Tabelle ist dafür bestimmt, im Falle von Problemen direkt systematisch mögliche Fehlerquellen identifizieren und beheben zu können. Die Ursachen für Probleme wurden bewusst so breit gewählt, dass auch relativ triviale Ursachen bei der Durchführung durch Personen, die bei der Entwicklung und Durchführung von Immunoassays weniger geübt sind, aufgeführt sind.

28.11 Weitere Interferenzen insbesondere bei der Bestimmung klinischer Proben

Es existieren noch viele weitere Interferenzen und Fehlerquellen speziell bei klinischen Untersuchungen. Es geht hier auch um Fragestellungen der Prä- und Postanalytik. Eine weitere Thematik betrifft mögliche Interferenzen durch hämolytische (Hämolyse-Interferenz) oder lipämische (durch mögliche Löslichkeit des Antigens in Lipidpartikeln) Proben, durch unterschiedliche zelluläre Bestandteile oder durch enzymatische Prozesse, die sich auf Konzentrationen des Analyten auswirken können. Auch ungewöhnliche Proteine wie heterophile Antikörper können im Assay stören. Diese Themen werden ausführlicher in Kap. 27 behandelt.

Tab. 28.1 Häufige Fehler, die bei der Durchführung eines ELISA auftreten können, und deren mögliche Ursachen. Es ist darauf zu achten, dass auch Kombinationen verschiedener Ursachen für Symptome verantwortlich sein können

Problem	Mögliche Ursache	Lösung
Hoher Hintergrund	Ungenügende Waschschritte Unspezifische Bindungen Zu hohe Konzentration an enzymmarkiertem Antikörper/ Analyt Ungenügende Blockade Zu hohe Inkubationszeiten kontaminierte Puffer	Waschpuffer überprüfen Erhöhung der Waschzyklen Verwenden von Detergenzien im Puffer Änderung der Inkubationstemperatur Konzentration ggf. verringern Blockadepuffer überprüfen Blockadezeit erhöhen Inkubationszeiten verringern Puffer frisch ansetzten
Keine oder zu schwache Farbentwicklung	Reagenzien in falscher Reihenfolge zugegeben bzw. falsch zubereitet Kontamination der Peroxidase mit Azid Coating der Platen ist ungenügend Eingesetzter Antikörper besitzt keine oder zu schwache Affinität zum Analyten Die enzymatische Aktivität ist nicht mehr vorhanden Substrat nicht mehr aktiv Eines der Reagenzien (Antikörper oder Konjugat) ist nicht funktionsfähig Es existiert ein Problem mit den eingesetzten Pufferlösungen (Konzentration, pH-Wert, Kontamination, etc.) Aufbewahrung/Lagerung der Reagenzien in materialverträglichem Gebinde Schlechte Durchmischung der Reaktionsansätze	Assay wiederholen Verdünnungen bzw. Berechnungen überprüfen Reagenzien überprüfen, ggf. frisch ansetzen Spezielle ELISA-Platten verwenden Beim Coaten Puffer ohne zusätzliches Protein verwenden Anderen Antikörper verwenden Überprüfung des zur Immunisierung eingesetzten Immunogens (instabil?) Enzym durch Zugabe des entsprechenden Substrats überprüfen Substrat überprüfen bzw. frisches Substrat verwenden Ersatz der Schlüsselreagenzien durch funktionsvergleichbare Reagenzien (kommerzielle oder selbst hergestellte Reagenzien) Ersatz der verwendeten Pufferlösungen durch neue angesetzte, ggf. modifizierte Pufferlösungen Prüfen der Materialverträglichkeit Inkubation auf einem geeignetem Schüttler durchführen Nach Zugabe der Reagenzien eine vollständige Durchmischung sicherstellen (keine Schaumbildung!!)
Korrekte Standardkurve erhalten, jedoch zu starke Signale bei den Proben	Probe zu konzentriert eingesetzt	Entsprechende Verdünnungen ansetzten

(Fortsetzung)

Tab. 28.1 (Fortsetzung)

Problem	Mögliche Ursache	Lösung
Korrekte Standard-kurve erhalten, jedoch zu schwache Signale bei den Proben	Probe zu stark verdünnt Keine Probe zugegeben	Probe schwächer verdünnen Probe muss ggf. durch geeignete Maßnahmen aufkonzentriert werden Ansatz wiederholen
Randeffekte	Ungleichmäßige Temperatur auf der Platte Zu trockene Luft im Inkubator	Plattendeckel verwenden Möglichst unter konstanten Temperaturbedingungen arbeiten Auf ausreichende Luftfeuchtigkeit achten Falls möglich die Randkavitäten vermeiden
Drift	Unterbrochene Versuchsdurch-führung Reagenzien nicht auf korrekter Temperatur	Versuch immer kontinuierlich durchführen Reagenzien erst korrekt temperieren
Scheinbar zufällige Färbungen auf der Platte	Reagenzien sind an der Wand des Reaktionsgefäßes absorbiert Kontamination einzelner Kavitäten durch Spritzer Pipetten verstopft bzw. nicht mehr kalibriert	Signalgebende Reagenzien direkt in die Reaktionskammer geben Vorsichtig pipettieren und schütteln Pipette überprüfen
Hook-Effekt	Falsch-negative Ergebnisse aufgrund hoher Antigen-/Anti-körper- Konzentration	Konzentration eines Antikörpers ggf. verringern, einen Antikörper austauschen
Matrix-Effekt	OD fällt geringer aus als erwartet	Proben stärker verdünnen Proben und Standards im selben Puffer verdünnen
Schlechte Standard-kurve	Protein bleibt nicht in Lösung	Standardlösungen vor dem Auftragen gut vermischen

28.12 Zusammenfassung

Ob ein ELISA ausreichende Qualität aufweist, zeigt sich auch darin, ob die entscheidenden Validierungsdaten den Ansprüchen genügen. Wichtige Assaydaten sind dabei insbesondere:

- Sensitivität (mit Angabe der Nachweisgrenze)
- Spezifität (Kreuzreaktionen ins besondere in Bezug auf strukturähnliche Komponenten)
- Reproduzierbarkeit

- Präzision
- Angabe der Probentypen, die mit dem Test bestimmt werden können (Probenmatrices) mit Angaben der Verfahren zur Probenvorbereitung
- Haltbarkeit

Hier sei auf Kap. 29 „Auswertung:und Validierung" verwiesen, wo diese Aspekte ausführlicher beschrieben sind. Genügen diese Kriterien den Anforderungen, kann von einem ausreichend gut etablierten Assay ausgegangen werden. Bei der Etablierung von Immunoassays tritt die Komplexität des Systems dann in vollem Ausmaß zutage, wenn die Systeme nicht oder nur mangelhaft funktionieren.

Literatur

Goodrow, MH, Sanborn JR, Stoutamire DW, Gee SJ, Hammock BD (1995). Strategies for Immunoassay Hapten Design. ACS Symposium Series 586, Immunoassays if Agrochemicals ed. Nelson, Chapter 9 119–139.

Jourdan SW, Scutellaro AM, Hayes MC, Herzog DP (1996). Adapting Immunoassays to the analysis of food samples. Chapter 2 in Immunoassays for Residue Analysis, ed. By Beier RC and Stanker LH, ACS Symposium Series 621.

Sato H, Mochizuki H, Tomita Y, Kanamori T (1996). Enhancement of the sensitivity of a chemiluminescent immunoassay for estradiol based on hapten heterology. Clin Biochem. Dec;29(6):509–13.

Schneider P, Hammock BD (1992). Influence of the ELISA format and the hapten-enzyme conjugate on the sensitivity of an immunoassay for s-Triazine herbicides using monoclonal antibodies. J. Agric. Food Chem.; 40(3); 525–530.

Skerrit JH, Lee N (1996). Approaches to the Synthesis of Haptens for Immunoassay of Organophosphate and Synthetic Pyrethroid Insecticides. Chapter 10 in Immunoassays for Residue Analysis, ed. by Beier RC and Stanker LH, ACS Symposium Series 621

Weiterführende Literatur

Debbia M, Lambin P (2004). Measurement of anti-D intrinsic affinity with unlabeled antibodies. Transfusion. Mar;44(3):399–406.

Hermanson GT (1996). Kapitel 3: Avidin-Biotin Systems in Hermanson GT. Bioconjugate Techniques, Pierce Chemical Company, Rockford, Illinois, Academic Press.

Kumari GL, Dhir RN (2003). Comparative studies with penicillinase, horseradish peroxidase, and alkaline phosphatase as enzyme labels in developing enzyme immunoassay of cortisol. J Immunoassay Immunochem. 24(2):173–90.

Nichkova M, Galve R, Marco MP (2002). Biological monitoring of 2,4,5-trichlorophenol (II): evaluation of an enzyme-linked immunosorbent assay for the analysis of water, urine, and serum samples. Chem Res Toxicol. Nov;15(11):1371–9.

Smit LH, Korse CM, Bonfrer JM (2005). Comparison of four different assays for determination of serum S-100B. Int J Biol Markers. Jan-Mar;20(1):34-42.

Auswertung und Validierung

Tobias Polifke und Peter Rauch

Warum findet man in einem Buch zur Praxis von Immunoassays statistische Betrachtungen wie Ausreißertests oder Validierung? Ganz einfach:

Immunoassays sollen uns Ergebnisse liefern. Sie sind ein Werkzeug, um Aussagen zu treffen, z. B. in der Diagnostik. Die eigentliche Frage lautet hier vielleicht einfach: Ist der Patient an einem Virus erkrankt?

Das eigentliche Ergebnis des Assays ist aber „nur" eine Reihe von Messsignalen aufgrund von Bindungsereignissen der Assayreagenzien. Die kann man nur richtig interpretieren und die eigentliche Frage beantworten, wenn man erstens weiß, wie die Ergebnisse ausgewertet wurden und ob jemand vielleicht einzelne Messwerte als Ausreißer gar nicht berücksichtigt hat. Und zweitens muss man wissen, ob man dem Assay vertrauen kann. Hat der Patient wirklich das Virus im Blut, wenn ein bestimmter Messwert erreicht wird, oder ist es genauso wahrscheinlich, dass der Assay etwas Falsches angezeigt hat? Diese Vertrauensfrage an den Assay muss man immer stellen. Der Versuch der Beantwortung dieser Vertrauensfrage heißt schlicht: Validierung. Die Validierung soll somit zeigen, dass die Bindungsereignisse der Assayreagenzien mit der Anwesenheit (oder Abwesenheit) des Analyten korrelieren. Hierzu findet sich auch in der DIN EN ISO 8402 eine Definition der Validierung: „Bestätigen aufgrund einer Untersuchung und durch Bereitstellung eines objektiven Nachweises, dass die besonderen Forderungen für einen speziellen beabsichtigten Gebrauch erfüllt worden sind".

T. Polifke · P. Rauch (✉)
CANDOR Bioscience GmbH, Wangen, Deutschland
E-Mail: p.rauch@candor-bioscience.de

T. Polifke
E-Mail: t.polifke@candor-bioscience.de

© Springer-Verlag GmbH Deutschland, ein Teil von Springer Nature 2023
A. M. Raem und P. Rauch (Hrsg.), *Immunoassays*,
https://doi.org/10.1007/978-3-662-62671-9_29

Starten wir zunächst mit den Ausreißertests. Man muss keineswegs Ausreißertests anwenden. Manche Validierungsvorschriften verbieten auch Ausreißertests. Aber man muss zum Verständnis und der Einschätzung von Ergebnissen wissen, was es bedeutet, wenn zuvor Ausreißertests benutzt wurden.

29.1 Ausreißertests

Ein erster Schritt in der Auswertung von Versuchen kann die Eliminierung von Ausreißern sein. Aber was sind Ausreißer und wann kann oder darf man Ausreißer eliminieren?

Mitunter gibt es einzelne Messwerte, die scheinbar nicht die Realität, also die Konzentration eines Analyten, abbilden, sondern durch irgendwelche Ursachen unabhängig von der Analytkonzentration hervorgerufen wurden. Wenn es mögliche Gründe für Ausreißer gibt, dann kann es durchaus legitim sein, die Ausreißer über festgelegte mathematische Methoden zu ermitteln und einen gefundenen Ausreißer aus den Messwerten für weitere Auswertungen auszuschließen.

Wie aber geht man nun vor? Wenn z. B. acht Messwerte von ein und derselben Probe aufgenommen wurden und ein einziger Messwert stark abweicht, dann liegt es nahe, für eine korrekte Auswertung genau diesen Messwert nicht weiter zu berücksichtigen.

Ein Beispiel: Diese Werte wurden gemessen: 5; 6; 4; 6; 11; 5; 4; 5.

Spontan neigt man dazu, die 11 als Ausreißer zu werten und bei der weiteren Auswertung auszuschließen. So einfach ist es denn aber auch nicht. Auf keinen Fall dürfen Messwerte ohne konkrete Begründung ausgeschlossen werden. Die Vorgehensweise, ob und wann man einen Messwert ausschließt, muss vorab festgelegt und dokumentiert sein. Wenn der Experimentator es also für plausibel hält, Ausreißer zu eliminieren, muss er einen sog. Ausreißertest auswählen, der ihm die Entscheidung abnimmt, welcher Wert ein Ausreißer ist und welcher nicht. Niemals darf spontan ein Messwert weggelassen werden, nur weil er einem „suspekt" erscheint. Auch wenn die 11 im Beispiel jedem suspekt erscheinen mag. Erst nach klarer mathematischer Entscheidung ist ein Wert wirklich ein Ausreißer. Außerdem muss derjenige, dem die Auswertung danach präsentiert wird, eindeutig erkennen können, welcher Test zum Ausschluss von Werten geführt hat.

Es gibt verschiedene Ausreißertests, wie z. B. den Dixon-Test, den Grubbs-Test oder den Henning-Test. Allgemein ist ein Ausreißertest eine mathematisch definierte Vorgehensweise zur Klärung der Frage: Ist ein Wert aus einer Menge von Werten ein Ausreißer, also „signifikant anders"?

Alle Ausreißer-Tests haben Vorteile und Nachteile, die in Büchern zur analytischen Chemie oder zur Statistik hinreichend beschrieben sind. Der Dixon-Test führt bei präzisen Methoden schon bei geringen Abweichungen zum Aussortieren von Werten als Ausreißern. Er wird gerne für Serien zwischen fünf und acht Werten angewandt. Der

Grubbs-Test erkennt hingegen nur deutlich abweichende Werte als Ausreißer. Er eignet sich eher ab sechs bis acht Werten, also tendenziell für größere Serien. Bei beiden Tests gibt es zugrunde liegende Wertetabellen, die sog. Dixon-Tabelle und die sog. Grubbs-Tabelle, mit denen sich arbeiten lässt. Diese Tests seien nur erwähnt, weil sie gerade im analytisch-chemischen Bereich gerne verwendet werden und man mit den Begriffen etwas anfangen können sollte. In der eigenen Praxis haben wir aber gerne mit einem anderen Test gearbeitet, der ebenfalls allgemein anerkannt ist, zudem einfach praktikabel ist und ohne jegliche Tabellenwerke auskommt – der Henning-Test.

29.1.1 Der Henning-Test

Hierfür sind zunächst Mittelwert und Standardabweichung mit folgenden Formeln zu errechnen:

Der Mittelwert $\overline{x}$ wird berechnet nach:

$$\overline{x} = \frac{\sum x}{n}$$

Die Standardabweichung s wird berechnet nach:

$$S = \frac{\sum (x - \overline{x})^2}{n - 1}$$

Hierbei wird der ausreißerverdächtige Wert nicht mit eingerechnet!

x_1 ist der ausreißerverdächtige Wert. Man bildet nun die Größe Q nach der Gleichung:
$Q = |x_1 - \overline{x}|$
und überprüft, ob $3\,s \geq Q$.

Ein Ausreißer liegt vor, wenn Q größer ist als die dreifache Standardabweichung. Wir schauen uns noch einmal die Messwerte an: 5; 6; 4; 6; 11; 5; 4; 5.

Wir haben den Anfangsverdacht, dass die 11 ein Ausreißer ist. Sie erscheint uns „anders" zu sein. Nun prüfen wir mit dem Henning-Test, ob die Zahl 11 wirklich ein Ausreißer ist.

Mittelwert $\overline{x} = 5$ (da die 11 nicht mit eingerechnet wurde)

Standardabweichung $s = 0{,}816$

$Q = |11-5| = 6$

Jetzt prüfen wir, ob $3 \cdot 0{,}81 \geq 6$ ist: $3 \cdot 0{,}81 = 2{,}448$.

Da $Q = 6$ größer als die dreifache Standardabweichung (2,448) ist, ist der Wert 11 ein Ausreißer im Sinne des Henning-Tests.

Für die Versuchsauswertung kann man nun – gemäß Henning-Test – den Wert 11 als Ausreißer behandeln und daher in der weiteren Auswertung weglassen.

Es gibt aber auch andere mögliche Empfehlungen.

- Der fragliche Wert sollte in einer zweifachen Messung wiederholt und danach die Auswertung fortgesetzt werden. (Das scheint uns aber bei Immunoassays meist ein wenig praxisfern, da die Probemenge häufig begrenzt ist und der Aufwand von Wiederholungsmessungen recht hoch sein kann.)
- Die Ermittlung von zwei Ausreißern in einer Serie sollte dazu führen, dass die Methode systematisch auf potenzielle Fehler hin untersucht und entsprechend verbessert werden sollte.
- Eine dritte Möglichkeit ist es, prinzipiell nie von Ausreißern zu sprechen. Jeder Wert ist ein Messwert und bleibt ein Messwert.

Letzteres wird z. B. von der EMA und der FDA in entsprechenden Richtlinien zur Validierung gefordert (Guideline on bioanalytical method Validation 2012 sowie Guidance for Industry – Bionalytical Method Validation 2018). Dies kann je nach Zweck des Assays durchaus plausibel sein, auch wenn der Praktiker im Labor vielleicht lieber Ausreißer eliminieren würde!

Wie immer man vorgeht, es muss für jeden erkennbar bleiben, was getan wurde. Es ist also prinzipiell immer in einem Protokoll anzugeben, ob und wenn ja welcher Ausreißertest angewandt wurde und ob dadurch wirklich Werte ausgeschlossen wurden. Es ist ein großer qualitativer Unterschied, ob ein Assay ohne jegliche Ausreißertests und Werteliminierung die Ergebnisse geliefert hat oder nicht! Dies zu verschweigen ist schlicht eine Form von Datenverfälschung!

Anzumerken ist beim Thema Ausreißertest natürlich auch, dass bei ELISA sehr häufig nur Doppelbestimmungen durchgeführt werden. Das birgt das Risiko, dass mögliche Ausreißer nicht erkannt werden. Erst recht sollte nicht mit Einfachbestimmungen gearbeitet werden, um beispielsweise Kosten zu sparen. Aus wissenschaftlicher Sicht (und in der Humandiagnostik damit auch aus ethischer Sicht) sind solche Einfachbestimmungen strikt abzulehnen. Der erfahrene Praktiker weiß, dass selbst die zufälligen Schwankungen der Eigenschaften der Oberflächen von ELISA-Platten von Well zu Well schon zur Verfälschung der Messwerte einzelner Wells auf einer ELISA-Platte führen können. Dies ist bei Einfachbestimmungen selbstredend nicht erkennbar.

29.2 Validierung von Immunoassays

Ein Antikörper, der z. B. eine Bande auf einem Blot markiert hat, ist für sich genommen noch nicht sehr aussagekräftig. Es ist gut möglich, dass der Antikörper aufgrund von Kreuzreaktivitäten verschiedene Proteine markieren kann. Wenn man aber zusätzlich zeigt, dass derselbe Antikörper in verschiedenen Proben und wiederholt immer nur das eine gesuchte Protein anfärbt, dann wird aus einer Bande ein sehr vertrauenswürdiges Ergebnis. Eine echte Aussage. Und genau darum geht es beim Validieren: Testen, was denn so alles passieren kann, und damit ein Gefühl dafür bekommen, wann man einem

Ergebnis ruhig glauben kann und wann größte Vorsicht geboten ist. Man will sich also durch eine Validierung ein Urteil über die Eignung eines Assay bilden. Um mehr geht es nicht.

Eine Validierung führt also nicht dazu, dass ein Assay immer nur richtige Ergebnisse liefert. Schön, wenn er es tut. Aber die Validierung selbst hat dazu nichts beigetragen. Die richtige Entwicklung und Optimierung des Assays war das Entscheidende. (Man muss natürlich sagen, dass schlechte Validierungsergebnisse – also ein berechtigtes Misstrauen gegen einen Assay – im Idealfall zu einer Weiter- oder Neuentwicklung des Assays führen sollten. Insofern trägt die Validierung natürlich auch zur Entwicklung bei, und eine Assayentwicklung ist ohne Validierung nicht wirklich abgeschlossen.)

Damit ein Validierungsbericht eindeutig ist, muss man die verwendeten Begriffe klar definieren und sich strikt an die Definitionen halten. Und hier ist besondere Vorsicht angebracht. Während man mitunter lesen kann, dass z. B. die Genauigkeit (engl. *accuracy*) ein Oberbegriff für Richtigkeit und Präzision sei, sagen andere schlicht, dass *accuracy* dasselbe bezeichnet wie *trueness,* was eindeutig die Richtigkeit bezeichnet. Es ist also wichtig, eine Quelle für Begriffsdefinitionen anzugeben oder schlicht die Definition und den Rechenweg in einem Protokoll bzw. Bericht mit aufzuführen. Das verhindert Fehlinterpretationen.

Ein weiterer Punkt verdient Aufmerksamkeit: Während man als Laborant, Diplomand oder Doktorand an den Universitäten noch häufig selbst entscheiden kann, in welcher Qualität man die Daten abliefern möchte, wird das außerhalb der Alma Mater mitunter schon anders aussehen. Immunoassays werden häufig auch für Zwecke der Pharma- oder Chemikalienforschung, z. B. für Sicherheitsprüfungen, sowie für medizinische Diagnostik verwendet. Da es hier gesetzliche und international festgelegte Bestimmungen gibt, hört die freie wissenschaftliche Selbstbestimmung hier teilweise auf. Als Stichwort soll hier die *Good Laboratory Practice* – GLP erwähnt sein, die nichts damit zu tun hat, ob ich „gut in meinem Labor arbeite". Das machen sicherlich sehr viele und sicher die meisten Leser dieses Buches. Es geht bei diesem Begriff schlicht darum, ob ich für bestimmte Zwecke (Toxizitätstestungen etc.) entsprechend der festgelegten Bestimmungen arbeite und dies auch nachvollziehbar dokumentiere. Fast jeder hat von GLP schon einmal gehört oder darüber gesprochen, aber nur eine Handvoll Laboratorien in Deutschland können und dürfen – nach behördlicher Prüfung – behaupten, dass sie unter GLP auch Immunoassays durchführen. In Europa gibt es beispielsweise obligatorische Richtlinien für die Pharmabranche, die sehr präzise beschreiben, wie Immunoassay zu validieren sind (Guideline on Bioanalytical Method Validation, EMA 2012 sowie ICH guideline M10 on bioanalytical method validation and study sample analysis, EMA 2023). Ähnliche Richtlinien gibt es auch in den USA (Guidance for Industry – Bioanalytical Method Validation, FDA 2018) sowie in weiteren Staaten. Ein Vorteil dieser obligatorischen Richtlinien ist sicherlich, dass sehr genau dargestellt ist, wie zu validieren ist. Alternative Validierungen sind nicht gestattet. Übrigens schließen diese Richtlinien auch die Verwendung von Ausreißertests aus! Hintergrund ist hier, dass ein gut optimierter Assay mit gut eingearbeitetem Personal keine Ausreißer produzieren sollte. Falls aber doch ungewöhnliche Messergebnisse auftauchen sollten, muss die Ursache untersucht und dokumentiert werden. Ursache könnten z. B. auch Störeffekte sein, die von der Realprobe ausgehen (s. auch Kap. 27). Daher enthalten diese Richtlinien auch Forderungen, wie mit Matrixeffekten und weiteren Störeffekten umzugehen ist und wie Realproben validiert werden müssen, um diese unerwünschten Effekte zumindest zu erkennen und wenn möglich zu minimieren.

Ein anderer Bereich, in dem man schnell auf gesetzliche Regelungen stößt, ist die In-vitro-Diagnostik. Hier ist die jeweilige Gesetzgebung, also in der EU die IVD-Verordnung (Kap. 34), zu beachten. Auch hieraus ergeben sich spezielle Anforderungen und die zwingende Notwendigkeit, einen Assay gemäß dieser Verordnung zu validieren. Die IVD-Verordnung ist seit 2017 gültig und ist mit den dort geforderten Validierungen und klinischen Studien tatsächlich ein sehr strenges Zulassungsverfahren für Immunoassays, die als In-vitro-Diagnostika verwendet werden sollen. Immerhin geht es hier um die Patientensicherheit in der medizinischen Versorgung innerhalb der EU. Die Umsetzung dieser Verordnung bedeutet für die Marktteilnehmer eine sehr große Herausforderung.

Es gibt neben der Humandiagnostik und GLP-Studien weitere Anwendungsfelder von Immunoassays, wie die Veterinärdiagnostik und die Lebensmittel- und Futtermittelanalytik (s. auch Kap. 30), die gesetzlichen Regelungen und Verordnungen unterliegen. In diesen Bereichen haben sich zum Teil sehr unterschiedliche Vorgehensweisen zur Validierung etabliert. Mittlerweile finden sich sogar für spezielle Assayformate, wie z. B. Multiplexassays, extra entwickelte Sonderformen der Validierung, da eine vollständige Validierung der Einzelassays eines Multiplexsystems sehr aufwendig und zudem der Cross-Talk der Assaykomponenten untereinander zu beachten ist. Zu den technischen Unterschieden kommt noch die Fülle an international verschiedenen Regelungen. So stellen auch die Autoren Kadian et. al. in einem Übersichtsartikel aus 2016 für den Bereich der pharmazeutischen Industrie als Fazit fest, dass nach ihrer Meinung trotz mehrfacher Überarbeitung immer noch eine „effiziente, wissenschaftlich einwandfreie und (international) harmonisierte Richtlinie zur Validierung bioanalytischer Methoden" fehlt. Es ist also nicht einmal für einen einzelnen der oben genannten Bereiche möglich, eine international überall anerkannte Validierungsmethode aufzuzeigen.

Anforderungen an Validierungen können sich also unterscheiden je nach Intended Use (Verwendungszweck), Risikoeinschätzung, Assayformat, oder Art des Analyten (so wird z. B. in der Pharmaforschung teils zwischen Biomarkern und zu testenden Medikamenten und deren Derivaten unterschieden) und auch dem Einsatzort des Assays, da es keine global geltende Vorschrift gibt.

Die Fülle der verschiedenen Anforderungen führt also dazu, dass es momentan keine allgemeingültige Validierungsmethode geben kann, die immer identisch anwendbar ist.

Es gibt dennoch gewisse Grundregeln, die man beachten sollte, wenn man sich erfolgreich mit dem Thema Validierung auseinandersetzen möchte.

1. Man muss sich zwingend an gewisse Begriffsdefinitionen halten und sie konsequent anwenden. Solche Definitionen gelten nur für den jeweiligen Anwendungsbereich und sind daher meist in den Vorgaben mit aufgeführt.
2. Man muss für seinen eigenen Assay eine sinnvolle Validierung selbst entwickeln. Es gibt kaum Bereiche, in denen die Validierungsmethodik klar und eindeutig vorab festgelegt wurde.

Punkt 2 mag auf den ersten Blick überraschen, wäre es doch einfacher, wenn man eine allgemeine Validierungsvorschrift mit der Zahl der Proben und allen statistischen Formeln hätte, die man immer anwenden könnte. Doch dies hätte wenig Sinn. Ein Assay wird immer für eine bestimmte Fragestellung entwickelt und auch validiert. Diese Fragestellung wird im Fachjargon als Intended Use bezeichnet und ist der Dreh- und Angelpunkt aller Entscheidungen zum notwendigen Umfang der Validierung. Eine Validierung eines Assays kann nämlich in einigen Fällen durchaus einfach und kurz ausfallen. Trotzdem kann sie konform zu geltenden Verordnungen sein. Andere Assays, die z. B. dazu dienen sollen, quantitative Diagnostik im Bereich der Virologie in Laboratorien weltweit zu ermöglichen, werden ein ziemlich ausführliches Vorgehen in der Validierung erfordern.

Validierung erfordert immer zuerst eine Betrachtung des Intended Use, also ein Nachdenken über Sinn und Anwendungszweck des Assays. Hierbei ist das Risiko, das mit einem falschen Ergebnis des Assays verbunden ist, intensiv zu betrachten.

Nun haben wir gesehen, dass es nötig ist zu validieren, um den Ergebnissen zu vertrauen. Vielleicht muss man auch validieren, weil es vorgeschrieben ist. Gleich aus welchen Gründen heraus, man muss sich an Begriffsdefinitionen halten. Sonst kommt es am Ende noch zu Aussagen wie: „Meine Methode liefert richtige Ergebnisse, weil sie so präzise ist. Das kann ich an der niedrigen Standardabweichung ablesen." Das mag plausibel klingen, ist aber falsch. Der Grund ist, dass hier Definitionen von Begriffen wie Richtigkeit und Präzision nicht beachtet werden. Warum es falsch ist, kann man an Abb. 29.1 erkennen. Wer diese Begriffe nicht richtig verstanden hat und anwendet, wird auch die Vorgehensweise einer Validierung nicht planen und die Ergebnisse nicht korrekt wiedergeben und interpretieren können.

29.2.1 Validierungsparameter

Die Validierung, z. B. eines quantitativen ELISA, sollte im Regelfall wenigstens die im Folgenden definierten und beschriebenen Eigenschaften des Assays einschließen. Hier möchten wir uns vorwiegend an den Definitionen orientieren, die die EMA in der für die Pharmabranche obligatorischen Richtlinie vorgibt (Guideline on bioanalytical method Validation 2012) und die sich in gleicher Weise in weiteren Validierungsvorschriften

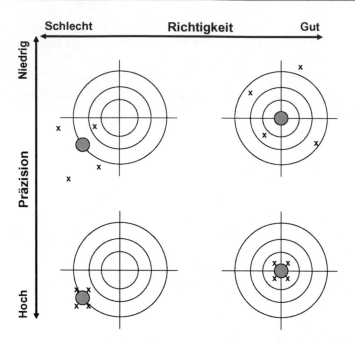

Abb. 29.1 Richtigkeit und Präzision. Ziel einer Entwicklung sollte es sein, einen Assay mit möglichst hoher Richtigkeit und hoher Präzision zu entwickeln

vieler Staaten wiederfinden lassen. Ein klarer Hinweis, dass sich diese Definitionen in der Pharmabranche international durchgesetzt und bewährt haben. In den Klammern der folgenden Überschriften sind auch die englischen Originalbezeichnungen aus der genannten EMA-Guideline mit aufgeführt.

29.2.1.1 Präzision *(precision)* und Richtigkeit *(accuracy)*

Präzision ist die Nähe der Übereinstimmung zwischen unabhängigen Ergebnissen von Messungen, die unter festgelegten Bedingungen erhalten wurden. Sie wird in Form des Variationskoeffizienten (VK) der Messergebnisse ausgedrückt.

Es gibt verschiedene Arten der Präzision:

1. Wiederholpräzision ist die Präzision in der Serie = Intra-Assay-Präzision
2. Präzision von Serie zu Serie bzw. Tag zu Tag = Inter-Assay-Präzision

Die Richtigkeit ist ein Maß für die Abweichung des Messwertes vom Bezugswert aufgrund eines systematischen Fehlers, wobei der Bezugswert je nach Festlegung oder Vereinbarung der wahre Wert sein kann. Die Richtigkeit ist definiert als (Messwert/Bezugswert) × 100 %.

Ein kleines Beispiel: Eine Probe wurde mit 60 ng mL^{-1} versetzt (entspricht nun dem wahren Wert), gemessen wurden aber 54 ng mL^{-1}. 54/60 × 100 % = 90 %. Die Richtigkeit beträgt in diesem Beispiel 90 %. Das ist ein Wert für die Richtigkeit, der bei der Vermessung von biologischen Proben durchaus akzeptabel ist.

Wie sind nun die Präzision und Richtigkeit in einer Validierung zu ermitteln?

Die EMA-Guideline verlangt für die Validierung nun eine Vorgehensweise, bei der fünf verschiedene Proben mit fünf verschiedenen Konzentrationen, die den Messbereich abdecken, versetzt werden und in sechs unabhängigen Läufen verteilt über z. B. sechs verschiedene Tagen vermessen werden, natürlich jede Probe mindestens in Doppelbestimmung. Somit kann man in der Gesamtauswertung dieser unabhängigen Messungen Präzision, Richtigkeit, Intra-Assay- und Inter-Assay-Präzision bestimmen. Natürlich muss auch bei jedem Lauf eine vollständige Kalibrationskurve in Doppelbestimmung mitgeführt werden.

Wahrer Wert und richtiger Wert

Gerade im Bereich der Diagnostik wird man mitunter Folgendes antreffen: Es gibt einen im Markt etablierten Test, der allgemein anerkannt ist. Dieser Test ist damit zur Referenzmethode geworden. Er ermittelt z. B. die Konzentration eines bestimmten Analyten in Patientenserum. Der Test ist schon etwas älter. Aus nicht näher zu betrachtenden Gründen misst dieser Assay möglicherweise immer nur einen Anteil des Analyten im Serum. Er erfasst also regelmäßig ein zu niedriges Ergebnis. Das ist jahrelang niemandem aufgefallen, weil es ohnehin keinen anderen Test gab. Die Ärzteschaft weiß nun, wie die Diagnose lautet, wenn dieser Assay eine bestimmte Konzentration des Analyten anzeigt. Nun wird ein neuer Assay für denselben Analyten entwickelt, der genauer misst. Dieser neue Assay zeigt die tatsächliche oder wahre Konzentration des Analyten im Serum an, zeigt also regelmäßig höhere Werte an als der vorher im Markt etablierte Assay. Als Wissenschaftler möchte man nun glauben, dass der neue Assay, der zweifelsohne „näher an der objektiven Wahrheit" misst, fortan Maß aller Dinge sein sollte. Weit gefehlt, wenn man sich in der Diagnostik bewegt. Hier setzt im Normalfall die Referenzmethode die Maßstäbe, egal, wie weit diese von der Realität entfernt sein möge. (Für viele Analyten existieren neben der Referenzmethode auch z. B. WHO-Standards – WHO = *World Health Organisation*. In diesem Fall müssen die WHO-Standards mit jeder neuen Methode korrekt bestimmt werden können.) Jeder weitere Assay für denselben Analyten ist im Regelfall also nur zulässig, wenn er im Vergleich mit der Referenzmethode annähernd identische Ergebnisse zu liefern imstande ist. Das mag widersinnig erscheinen, hängt aber mit dem Intended Use zusammen. Diagnostische Assays dienen dazu, ärztliche Entscheidungen zu ermöglichen. Es ist aber unsinnig zu erwarten, dass die Ärzteschaft jede marginale technische Weiterentwicklung in der Analytik zeitnah mitverfolgt. Würde man dies verlangen, führte das wohl dazu, dass ein Teil der Ärzteschaft nach neuem, ein anderer Teil nach altem Kenntnistand vorgehen würde. Das Ergebnis wäre ein schlichtes Durcheinander, das letztlich immer zum Schaden des Patienten führen würde, da er mit gewisser Wahrscheinlichkeit immer wieder Fehldiagnosen und infolgedessen Fehltherapien ausgesetzt wäre. Dies wäre ein ziemlich teuer erkaufter Triumph der Wahrheit. Aus diesem Grunde ist und bleibt mitunter ein Wert richtig, der gar nicht wahr ist. Es ist dabei auch nicht auszuschließen, dass selbst WHO-Standards gar nicht die wahre Konzentration eines Analyten wiederspiegeln. Dennoch erfüllen sie ihren Zweck auf korrekte Weise, und man hat sich bzw. seinen Assay dem anzupassen.

29.2.1.2 Aufbau einer Kalibrationskurve *(calibration curve)*

Wie sollte nun eine Kalibrationskurve aufgebaut sein, die z. B. bei einem ELISA mitgeführt wird? Auch hier gibt die EMA-Guideline eine sehr detaillierte Antwort:

Diese muss aus mindestens sechs Standards bestehen, wobei ein Nullwert nicht Bestandteil dieser Standards sein darf. Das ist sicherlich für manche überraschend, da doch viele Wissenschaftler, Studenten und Laborpersonal gerne einen Nullwert in ihre Kalibration mit einbauen. Der unterste und damit erste Standard entspricht der unteren Bestimmungsgrenze LLOQ *(Lower Limit of Quantification)*. Dieses ist nicht die Nachweisgrenze. Die Nachweisgrenze ist ein Wert unterhalb von LLOQ, aber oberhalb eines Nullwerts. Die Nachweisgrenze ist die kleinste qualitativ noch erfassbare Konzentration des Analyten. Sie muss nicht quantifizierbar sein. Aber sowohl der Nullwert als auch die Nachweisgrenze sind nicht Bestandteil der Kalibration. Wir brauchen hier die Nachweisgrenze also gar nicht. Der sechste Standard ist die obere Bestimmungsgrenze ULOQ *(Upper Limit of Quantification)*. Die weiteren vier Standards sollen symmetrisch zwischen den beiden Standards LLOQ und ULOQ liegen. Das Ergebnis eines solchen Aufbaus ist normalerweise in der halblogarithmischen Darstellung eine sigmoidale Kurve, die sich über die sog. 4-Parameter- bzw. 5-Parameter-Gleichung ergibt. Diese Gleichungen sind seit vielen Jahren fester Bestandteil der Auswertesoftware der ELISA-Reader. Die EMA-Guideline gibt noch die Empfehlung, zwei sog. Ankerpunkte einzubauen, die den Kurvenfit der 4-Parameter- bzw. 5-Parametergleichungen verbessern sollen. Ein Ankerpunkt sollte unterhalb von LLOQ und einer oberhalb von ULOQ liegen, sind aber nicht Bestandteil der eigentlichen Kalibration, die nur aus den oben genannten sechs Kalibratoren besteht. Das heißt, die Ankerpunkte liegen außerhalb des erlaubten Messbereichs. Man muss aber keine Ankerpunkte mitführen. Aber man darf. Man darf auch mehr als sechs Kalibratoren verwenden, z. B. acht oder zehn. Das würde die Genauigkeit weiter erhöhen. Sechs Kalibratoren und zwei Ankerpunkte sind aber recht praktisch, da man hierfür die senkrechte Reihe einer ELISA-Platte, die aus acht Wells besteht, gut verwenden kann. Wichtig ist hier ebenfalls: mindestens in Doppelbestimmung! Einfachbestimmung erlaubt die EMA-Guideline nicht (und der gesunde Menschenverstand auch nicht)!

Die Kalibrationskurve wird nun mithilfe eines Präzisionsprofils überprüft, indem man den ermittelten Variationskoeffizienten (VK) der Mehrfachbestimmung der einzelnen Kalibratoren gegen die Konzentration aufträgt (Abb. 29.2).

In den Packungsbeilagen vieler kommerzieller Kits findet man hier deutliche Abweichungen zum geforderten Aufbau einer Kalibrationsreihe gemäß der EMA-Guideline. Oftmals ist ein Nullwert dabei, meisten werden weniger als sechs Kalibratoren verwendet, und Begriffe wie LLOQ und ULOQ findet man meistens nicht. Das muss nicht falsch sein und wurde bisher für kommerzielle ELISA-Kits auch nicht verlangt. Trotzdem kann es für jeden Entwickler eines ELISAs durchaus interessant sein, sich mit den Forderungen der EMA-Guideline auseinanderzusetzen (EMA 2012) und dort z. B. den geforderten Aufbau einer Kalibration zu übernehmen.

29.2.1.3 Spezifität *(specificity)* und Selektivität *(selectivity)*

Analytische Spezifität ist die Fähigkeit einer Methode, nur den gesuchten Analyten zu erfassen. Die EMA-Guideline verlangt hier die Untersuchung auf Kreuzreaktivitäten und auf strukturähnliche Moleküle bzw. Proteine sowie die Testung von homologen und Isoformen, die bei Anwesenheit zu Fehlbestimmungen führen könnten.

Von der Spezifität klar zu unterscheiden ist die diagnostische Spezifität. Sie ist ein Maß für die Wahrscheinlichkeit eines richtigen negativen Messwertes bei wirklich nicht vorliegender Krankheit. Beispiel: Hundert gesunde Patienten werden mit

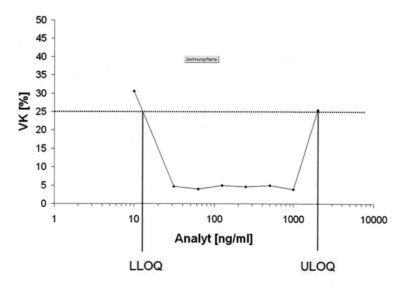

Abb. 29.2 Präzisionsprofil. LLOQ und ULOQ ergeben sich aus dem in der EMA-Guideline geforderten zulässigen Grenzwert des Variationskoeffizienten von 25 %. In diesem Beispiel wurde der VK aus einer Zwölffach-Bestimmung von acht Kalibratoren ermittelt. LLOQ und ULOQ stellen nun die Grenzen des Messbereichs dar, in dem die mindestens sechs Kalibratoren der Kalibrationskurve liegen dürfen

einem diagnostischen Test auf das Vorliegen eine Krankheit getestet. Der Test zeigt 98 negative und zwei positive Ergebnisse (= falsch-positive) an. Somit besitzt der Test eine diagnostische Spezifität von 98 %.

Die Frage der diagnostischen Spezifität hat nichts mit Immunoassays oder dem analytischen Labor zu tun, sondern ist in klinischen Studien und mit medizinischer Grundlagenforschung zu klären. Letztlich ist die Frage der diagnostischen Spezifität die Frage nach der korrekten Auswahl des „Krankheitsmarkers".

Bei der Selektivität geht es darum herauszufinden, ob andere Arten von nicht ähnlichen oder nicht verwandten Molekülen bei Anwesenheit zu Fehlbestimmungen führen könnten. Hier zeigt sich also, ob man den Trumpf der Immunoassays, nämlich die sprichwörtliche hochspezifische Bindung der Antikörper, ausspielen kann. Nur wer gute Antikörper hat und dann noch richtig mit den potenziellen Störern des Assays umzugehen weiß (s. auch Kap. 27), hat hier die Chance auf guten Erfolg. In der EMA-Guideline werden hier als potenzielle Störer lipämische und hämolytische Proben genannt, aber auch Proben von „erkrankten" Populationen sowie Rheumafaktoren und heterophile Antikörper.

29.2.1.4 Verdünnungslinearität *(dilutional linearity)*

Realproben sollten sich bei einem gut optimierten Immunoassay verdünnungslinear verhalten. Ein einfaches Beispiel: Eine Realprobe, bei der ein Wert von 100 ng mL^{-1} ermittelt wurde, sollte nach einer Verdünnung von 1:2, 1:4 und 1:8 die Werte von 50, 25, und 12,5 ng mL^{-1} ergeben ($\pm$20 % laut EMA-Guideline). Aber auch mit Analyt versetzte Proben sollten sich so verhalten. Über den gesamten Messbereich, der sich zwischen den Grenzwerten LLOQ und ULOQ der Kalibration erstreckt, sollte sich eine gute Verdünnungslinearität der Proben ergeben. Falls Proben sich nicht verdünnungslinear verhalten, ist dieses ein Hinweis, dass entweder noch Optimierungsbedarf besteht oder in den Realproben Störeffekte durch endogene Komponenten aufgetreten sind (Kap. 27), die mit den Assayantikörpern oder dem Analyten interferieren und die man bekämpfen sollte.

29.2.1.5 Parallelität *(parallelism)*

Eng verwandt mit der Verdünnungslinearität ist die Parallelität, die sich experimentell in der Validierung gut mit den Untersuchungen zur Verdünnungslinearität verknüpfen lässt. Hier wird verglichen, ob sich die serielle Verdünnung einer Realprobe und die serielle Verdünnung eines Kalibrators, aus dem die Standards der Kalibrationsreihe angesetzt wurden, identisch verdünnungslinear verhalten. Somit wird untersucht, ob sich der Analyt, der für die Kalibration verwendet wird, identisch zu dem realen Analyten aus einer Realprobe verhält. In manchen Fällen gibt es tatsächlich Unterschiede, da ein Standard, der aus einer biologischen Quelle gereinigt oder gentechnisch hergestellt wurde, sich etwas anders verhalten kann als der reale Analyt in der Probe. Es könnten z. B. minimale Strukturunterschiede bestehen, die sich in unterschiedliche Affinitäten der Assayantikörper zu dem Kalibrator und zu dem realen Analyten äußern. Damit wären beide seriellen Verdünnungen vielleicht jeweils verdünnungslinear, aber nicht parallel zueinander. Sinnvoll bei diesen Untersuchungen zur Verdünnungslinearität und Parallelität ist auch der Vergleich einer seriellen Verdünnung mit dem Probenverdünnungspuffer mit der seriellen Verdünnung einer analytfreien Realmatrix. Es kann durchaus einen großen Unterschied machen, ob man im oben genannten Beispiel eine Realprobe, die 100 ng mL^{-1} Analyt enthält, seriell mit dem Probenverdünnungspuffer oder mit der Realmatrix (z. B. Serum oder Plasma) verdünnt. Bei der seriellen Verdünnung mit dem Probenverdünnungspuffer wird mit jedem Verdünnungsschritt die Realmatrix ebenfalls verdünnt und durch den entsprechenden Anteil Probenverdünnungspuffer ersetzt. In vielen Fällen ist damit auch die Parallelität dieser beiden seriellen Verdünnungen nicht mehr gegeben. Ursache können hier ebenfalls Störeffekte aus der Realmatrix sein oder schlicht Viskositätsunterschiede, die ebenfalls einen Immunoassay beeinflussen können. Daher könnte es durchaus sinnvoll sein, einen Probenverdünnungspuffer zu wählen, der in der Viskosität der realen Matrix recht ähnlich ist und potenzielle Matrixeffekte sowie Störeffekte gut minimiert.

29.2.1.6 Sensitivität

Die analytische Sensitivität beschreibt die Fähigkeit einer Methode, benachbarte Werte (Konzentrationen) zu differenzieren, und entspricht im Falle einer linearen Kalibration der Steigung der Kalibrationsgeraden. Leider wird sehr oft auch Sensitivität synonym zu Nachweisgrenze oder Bestimmungsgrenze benutzt. Hier sollte man genau aufpassen, wann und in welchem Kontext der Begriff Sensitivität benutzt wird, sonst sind Missverständnisse und Verwirrungen vorprogrammiert.

Auch hierzu gibt es einen zweiten ähnlichen, aber klar abgegrenzten Begriff:

Die „diagnostische Sensitivität" gibt die Wahrscheinlichkeit eines richtig positiven Tests bei wirklich vorliegender Krankheit an. Beispiel: Hundert wahre kranke Patienten werden mit einem diagnostischen Test getestet. Der Test zeigt 98 positive und 2 negative Ergebnisse (= falsch-negative) an. Somit besitzt der Test eine diagnostische Sensitivität von 98 %.

29.2.1.7 Probenstabilität *(stability of the samples)*

Dieses ist ein sehr wichtiger Aspekt, der gerne unterschätzt wird. Es ist ganz wesentlich zu wissen, wie sich die Stabilität des Analyten in der zu messenden Probe verhält. Nach Gewinnung einer Probe, z. B. durch eine Blutabnahme, gefolgt von der Gewinnung von Serum oder Plasma, vergeht eine gewisse Zeit, bis die Probe vermessen werden kann. Was passiert nun in diesem Zeitraum mit dem Analyten? Bleibt er unverändert über viele Stunden und Tage? Muss die Probe sehr schnell gekühlt oder sogar eingefroren werden? Kann man die Probe nach dem Auftauen eventuell nochmals einfrieren, da man sie später als Rückstellprobe nochmals vermessen möchte? Wie viele Tage darf man die Probe im Kühlschrank aufbewahren? Genau um diese Fragen geht es, und diese Frage müssen in der Validierung mit entsprechenden Experimenten beantwortet werden. Das hängt natürlich auch stark von dem späteren Intended Use des Assays ab und von den geplanten oder machbaren Abläufen von der Blutentnahme bis zur Messung. Im Krankenhausalltag vergehen durchaus einige Stunden, bis eine Patientenprobe im Zentrallabor landet und dort vermessen werden kann. Proteine als Analyten haben ihre individuelle Halbwertszeit, und manche können auch nicht eingefroren werden, manche sind aber nur eingefroren eine gewisse Zeit haltbar, und andere können problemlos tagelang im Kühlschrank bis zur Messung gelagert werden. Die EMA-Guideline gibt hier gewisse Empfehlungen, wie man eine solche Validierung durchführen kann: Es sollen mit Proben Lagerungen bei Raumtemperatur über wenige Stunden *(short-term stability)* und über längere Zeit *(long-term stability)* bei Lagerung im Kühlschrank durchgeführt werden, sowie Einfrier-Auftau-Zyklen getestet werden (EMA 2012). Hier hat man gewisse Freiräume, über welche Zeiträume man validiert und wie viele Einfrier-Auftau-Zyklen man testet. Hier muss sich der Experimentator vorher genau überlegen, wie die Proben später bis zur Vermessung gelagert werden sollen oder können, und dieses muss auf jeden Fall mit entsprechender Validierung abgedeckt sein.

29.2.1.8 Robustheit

Die Robustheit einer Methode zeigt sich in ihrer Toleranz gegenüber kleineren Schwankungen innerhalb des Verfahrensablaufes. Eine Methode ist robust, wenn durch Änderungen der Testbedingungen (z. B. Temperatur, pH-Wert) das Endergebnis nicht oder nur unwesentlich verfälscht wird. Die EMA-Guideline führt die Robustheit nicht unter den typischen Validierungen auf. Hier gehen wir nicht weiter darauf ein, weil es hier letztlich um Fragen geht, die besonders bei Produktentwicklungen von kommerziellen Assays von weitaus größerer Bedeutung sind. Hier liegt es in der Verantwortung des Herstellers, die Robustheit seines kommerziellen Assays sicherzustellen, wodurch sich in der Entwicklung und Produktion sehr vielfältige Validierungsprozesse ergeben können, deren Beschreibung hier den Rahmen deutlich sprengen würde.

29.3   Fazit

Wie schon oben in diesem Kapitel beschrieben, existiert eine allgemeingültige Validierungsvorschrift, mit dem man seinen ELISA oder Immunoassay validieren möchte, nicht (Abschn. 29.2). Die Validierung hängt von dem Intended Use des späteren Assays ab. Es existieren zahlreiche Richtlinien und Verordnungen, die in den unterschiedlichen Bereichen, in denen Immunoassays zum Einsatz kommen, verwendet werden müssen. Die neue IVD-Verordnung (Kap. 34), die EMA-Guideline (2012, 2023) oder die aktuelle FDA-Guidance (2018) sowie die Validierungsvorschriften aus der Lebensmittelanalytik (Kap. 30) sind für diese jeweiligen Bereiche obligatorische Vorschriften. Aber wie soll beispielsweise ein Student validieren, der im Rahmen seiner Bachelor- oder Masterarbeit einen Immunoassay entwickelt hat? Auch hier gilt zunächst die Betrachtung des Intended Use. Falls der Assay im Bereich der Grundlagenforschung eingesetzt werden soll, sind keine der oben genannten Richtlinien obligatorisch, können aber für einzelnen Aspekte der Forschungsarbeit wichtige Hilfestellungen bieten. Hier möchten wir zunächst auf die EMA-Guideline verweisen, da diese recht kurz und knackig wesentliche analytische Definitionen und Vorgehensweise beschreibt, die auch gut für die Validierung eines Immunoassays in Rahmen einer Bachelor- oder Masterarbeit geeignet sind. Zusätzliche Aspekte finden sich in Kap. 30 dieses Buches. Zudem sollten bei der Entwicklung und Validierung eines Immunoassays die Themen Stabilisierung von Assaykomponenten (Kap. 26) sowie der Umgang mit Störeffekten (Kap. 27) berücksichtigt werden.

Literatur

DIN ISO 8402 Qualitätsmanagement und Qualitätssicherung – Begriffe.

EMA – European Medicines Agency (2012) Guideline on Bioanalytical Method Validation.

FDA – U.S. Department of Health and Human Services, Food and Drug Administration (2018) Guidance for Industry – Bionalytical Method Validation. U.S. Department of Health and Human Services, Food and Drug Administration, Center for Drug Evaluation and Research (CDER), Center for Veterinary Medicine (CVM).

ICH guideline M10 on bioanalytical method validation and study sample analysis, EMA 2023.

Kadian N, Raju KSR, Rashid M, Malik MY, Taneja I, Wahajuddin M (2016). Comparative assessment of bioanalytical method validation guidelines for pharmaceutical industry. *Journal of pharmaceutical and biomedical analysis*, 126: 83–97.

Weiterführende Literatur

Khan MN & Findlay JWA (2009). Ligand-Binding Assays: Development, Validation, and Implementation in the Drug Development Arena. WILEY.

Kromidas S (2000). Handbuch Validierung in der Analytik, Wiley-VCH, Weinheim.

Thomas L (2012). Labor und Diagnose (2012). TH-BOOKS, 8. Auflage.

Vashist SK and Luong JHT (2018). Bioanalytical requirements and regulatory guidelines for immunoassays. In *Handbook of Immunoassay Technologies* (pp. 81–95).

VERORDNUNG (EU) 2017/746 DES EUROPÄISCHEN PARLAMENTS UND DES RATES vom 5. April 2017 über In-vitro-Diagnostika und zur Aufhebung der Richtlinie 98/79/EG und des Beschlusses 2010/227/EU der Kommission.

Wild DG (2013). The Immunoassay Handbook (4th Edition), Elsevier.

Lebensmittel- und Futtermittelanalytik

30

Markus Lacorn und Thomas Hektor

Der Einsatz von Immunoassays im Bereich der Lebensmittelanalytik erlaubt die Bestimmung verschiedenster Analyten wie Lebensmittelallergene, Gluten, Mykotoxine, bakterielle Toxine, Antibiotika, Hormone, Anabolika und Vitamine. Die praktisch relevanten Messbereiche umfassen einen weiten Konzentrationsbereich von Milligramm pro Kilogramm (Gluten, Allergene, Mykotoxine), über den Mikrogramm-pro-Kilogramm-Bereich (Antibiotika, Vitamine, Mykotoxine) bis in den Nanogramm-pro-Kilogramm-Bereich (Toxine, Antibiotika und Hormone). Tab. 30.1 veranschaulicht die Bereiche einzelner Analyten anhand praktischer Beispiele.

Den größten Unterschied zur klinischen In-vitro-Diagnostik stellt im Lebensmittel- und Futtermittelbereich die große Anzahl unterschiedlichster Probenmatrices dar. Es werden nicht nur rohe Grundzutaten wie Milch, Ei, Fleisch, Mehl, Gewürze und Honig untersucht, sondern auch halbfertige und fertige Produkte in allen Verarbeitungsgraden (getrocknet, gekocht, geräuchert, gesalzen, hydrolysiert, fermentiert, gebraten etc.). Diese setzen sich wiederum aus unterschiedlichsten Grundzutaten zusammen. Speziell bei Allergenen und Gluten spielt diese Vielfalt eine wichtige Rolle und beeinflusst die Entwicklung und Validierung dieser Systeme entscheidend. Da niemals alle möglichen Matrices durch den Testkithersteller initial validiert und abgedeckt werden können, sind die Anwender dieser Testsysteme häufig gezwungen, eine Nachvalidierung vorzunehmen oder den Hersteller zu kontaktieren, um Hilfestellung bei der Validierung

M. Lacorn · T. Hektor (✉)
R-Biopharm AG, Darmstadt, Deutschland
E-Mail: t.hektor@r-biopharm.de

M. Lacorn
E-Mail: m.lacorn@r-biopharm.de

© Springer-Verlag GmbH Deutschland, ein Teil von Springer Nature 2023
A. M. Raem und P. Rauch (Hrsg.), *Immunoassays*,
https://doi.org/10.1007/978-3-662-62671-9_30

Tab. 30.1 Analyten und deren Messbereiche in Lebensmitteln

		ng kg⁻¹		µg kg⁻¹			mg kg⁻¹		
		10	100	1	10	100	1	10	100
Hormone/Antibiotika									
Clenbuterol	Fleisch								
17ß-Estradiol	Plasma								
Ethinylestradiol	Fleisch								
Ractopamin	Leber								
Mykotoxine									
Aflatoxin M1	Milch								
Aflatoxine	Mais								
Ochratoxin A	Mais								
Zearalenon	Mais								
Fumonisin	Weizen								
Deoxynivalenol (DON)	Getreide								
Antibiotika									
Chloramphenicol	Honig								
Sulfamethazin	Shrimps								
Streptomycin	Apfelsaft								
Tetracyclin	Butter								
Vitamine									
Vitamin B12									
Folsäure									
Lebensmittelallergene									
Erdnuss	Lebensmittel								
Gluten	Lebensmittel								
Milch	Lebensmittel								
Ei	Lebensmittel								
Soja	Lebensmittel								
Bakterielle Toxine									
Verotoxine	Lebensmittel								
S. aureus Enterotoxine	Lebensmittel								

zu erfragen. Diese Hilfestellung kann schnell und erfolgreich sein, wenn die Einzelkomponenten eines zusammengesetzten Lebensmittels bekannt sind. Bei der Auswahl eines Immunoassays für eine definierte analytische Fragestellung ist unbedingt der Verwendungszweck (engl. *intended use*) der Methode zu prüfen und im Zweifelsfall kritisch zu hinterfragen. Eine Verifizierung der vom Hersteller beanspruchten validierten Matrices ist gegebenenfalls im Rahmen einer ISO-17025-Akkreditierung notwendig.

Einige der erwähnten Analyten unterliegen gesetzlichen Höchstmengenverordnungen (Mykotoxine und Gluten) oder sind vollständig verboten (einige Antibiotika). Diese Rückstandshöchstmenge wird nach dem englischen *Maximum Residue Limit* auch als MRL-Wert bezeichnet. Speziell in der Europäischen Union werden für einige Analyten *Minimum Required Performance Limits* (MRPLs) angegeben, die eine Mindestleistungsgrenze für die Analysemethode darstellen (2003/181/EG). Bei Allergenen besteht eine Kennzeichnungspflicht, wobei neben der korrekten Identifizierung von kontaminierten Proben auch die Konzentration des Allergens zur Bewertung des Risikos für den Verbraucher bestimmt wird. Diese Vorschriften können je nach Land oder Region auf

Tab. 30.2 Gesetze und Verordnungen

Gesetz, Verordnung etc.	Analyt(en)	Inhalt
Verordnung (EG) Nr. 1169/2011	Allergene	Kennzeichnung von Milch, Ei, Erdnuss, glutenhaltigen Getreiden, Krebstieren, Fisch, Soja, Schalenfrüchten, Sellerie, Senf, Sesam, Lupinen, Weichtieren, Sulfit
Verordnung (EG) Nr. 828/2014 Rückstandshöchstmenge	Gluten (aus Weizen, Roggen, Gerste)	Unter 20 mg kg^{-1} Gluten als „gluten-frei" deklarierbar; spezieller Kommentar zu Hafer und Verweis auf Codex Alimentarius
EU-Kommissionsent-scheidung 2003/181	Chloramphenicol	MRPL 0,3 µg kg^{-1} in Milch, Ei, Fleisch, Urin, Aquakulturprodukten und Honig
Verordnung (EG) Nr. 37/2010 Rückstands-höchstmengen	Amoxicillin/Ampicillin Chlortetracyclin/Oxytetra-cyclin/ Tetracyclin Doxycyclin Streptomycin	Fleisch: 50 µg kg^{-1} Milch: 4 µg kg^{-1} Fleisch: 100 µg kg^{-1} Milch: 100 µg kg^{-1} Ei: 200 µg kg^{-1} Fleisch: 100 µg kg^{-1} Fleisch: 500 µg kg^{-1} Milch: 200 µg kg^{-1}
Verordnung (EG) Nr. 1881/2006 Rückstands-höchstmengen	Aflatoxine B1/B2/G1/G2 Aflatoxin M1 Ochratoxin A Patulin Deoxynivalenol (DON) Zearalenon Fumonisin	Getreide, Nüsse: 4 µg kg^{-1} Milch: 0,05 µg kg^{-1} Babynahrung: 0,025 µg kg^{-1} Getreide: 3 µg kg^{-1} Babynahrung: 0,5 µg kg^{-1} Fruchtsäfte: 50 µg kg^{-1} Babynahrung: 10 µg kg^{-1} Getreide: 750 µg kg^{-1} Babynahrung: 200 µg kg^{-1} Getreide: 75 µg kg^{-1} Mais: 200 µg kg^{-1} Mais: 400 µg kg^{-1} Babynahrung: 200 µg kg^{-1}

der Welt variieren. Ein Auszug aus verschiedenen Gesetzgebungen ist in   Tab. 30.2 zusammengefasst. Diese stellt den aktuellen Stand bei Drucklegung dar.

Im Lebensmittelbereich werden daher Analysen aufgrund unterschiedlicher Frage-stellungen vorgenommen.

1. Screenen/Testen gegen gesetzlichen Grenzwert (Gluten, Mykotoxine, Antibiotika, Hormone)
2. Screenen/Testen auf Abwesenheit bzw. verbotene Anwesenheit (Allergene, Anti-biotika, Hormone, mikrobielle Toxine)

3. Testen hinsichtlich einer Kennzeichnungspflicht (Allergene, Gluten)
4. Konzentrationsermittlung zur Risikobewertung (Allergene, Gluten)
5. Überprüfung von Mindestgehalten/Spezifikationen (Vitamine)
6. Testen von Inhaltsstoffen, z. B. Capsaicingehalt zur Bestimmung des Schärfegrades von Chili als Qualitätsparameter

Die Art der Fragestellung entscheidet über Art und Umfang der Validierung sowie eventuell über nachfolgende Untersuchungen zur Absicherung des Ergebnisses durch eine Bestätigungsmethode. Die ELISA-Methodik gilt als eine Screeningmethode, deren Ergebnis z. B. mittels LC-MS/MS bestätigt werden sollte. Im Bereich der Allergen- und Glutenanalytik befinden sich entsprechende LC-MS/MS-Methoden im Entwicklungsstadium.

30.1 Probenahme

Ein häufig unterschätztes Problem stellt die Repräsentativität einer zu analysierenden Probe dar. Eine Probe wird vom Kunden gesendet, und der Analyst im Labor kann nicht abschätzen, ob das Ergebnis der Analyse repräsentativ für das untersuchte Lot ist, aus dem die Laborprobe gezogen worden ist. Betrachtet man die Gesamtpräzision einer Analyse inklusive der Probenahme, so hat die eigentliche Extraktion und Vermessung in einem antikörpergestützten System nur einen geringen Anteil an der Gesamt-„Unpräzision". Hauptforderung an eine repräsentative Probennahme ist, dass jede Partie eines Lots (z. B. eines Lastwagens mit Weizen) die gleiche Chance hat, in die Laborprobe zu gelangen. Am besten geschieht dies, wenn im oben genannten Beispiel der Lastwagen durch Absaugen entladen wird und im Probenstrom regelmäßig kleine Unterproben gezogen werden, welche vor der Weiterverarbeitung im Labor gründlich gemischt werden müssen. Es soll an dieser Stelle an die theoretische Probenahme von Gy verwiesen werden, die in einer Reihe von Veröffentlichungen im Journal of AOAC International ausführlich beschrieben werden (Weiterführende Literatur). Für bestimmte Analyten von hoher Relevanz liegen auf Europäischer Ebene gesetzliche Vorgabe zur korrekten Probenahme von z. B. Mykotoxinen in Getreiden, Nüssen, Gewürzen, Kaffeebohnen, Rosinen oder Feigen vor (EU Verordnung 2006/401/EC und 2014/519/EC). Das Thema einer repräsentativen Probennahme wird zurzeit weltweit innerhalb verschiedener Gruppen, wie z. B. Codex Alimentarius, Eurachem, ISO und AOAC, diskutiert und wird in entsprechenden Guidelines oder Gesetzgebungen niedergelegt werden.

Ebenso kritisch wie die Probenahme sollte die Einwaage für die eigentliche Analyse angesehen werden. Ist die Einwaage zu gering, kann die Analyse von scheinbar homogenen Proben zu einer geringen Präzision führen (Tab. 30.3).

Tab. 30.3 Bestimmung des Mykotoxins Ochratoxin A in einer Maisprobe: Variation der Einwaage von 1 g bis 25 g mit je 5 Extrakten, die in 3-fach Bestimmung mittels LC-MS/MS analysiert wurden; Mittelwert (MW), Standardabweichung (SD) und Variationskoeffizient (VK) wurden aus allen Ergebnissen einer Einwaage bestimmt

| Einwaage | HPLC-Lauf | Extrakt (μg kg^{-1}) | | | | | | |
		1	2	3	4	5		
1 g	1	16,6	14,1	15,5	45,2	11,2	MW	20,8
	2	16,7	13,2	15,5	47,2	12,4	SD	13,3
	3	16,7	13,7	15,5	46,2	11,8	VK (%)	64,0
5 g	1	22,6	19,3	25,6	26,1	25,4	MW	23,7
	2	23,0	19,4	24,9	26,0	24,9	SD	2,5
	3	22,8	19,4	25,3	26,1	25,2	VK (%)	10,7
25 g	1	23,7	26,8	27,2	24,1	25,6	MW	25,6
	2	21,9	24,8	29,4	25,4	26,7	SD	2,0
	3	22,8	25,8	28,3	24,8	26,2	VK (%)	7,8

30.2 Probenaufarbeitung

Die Bestandteile einer Lebensmittel- und Futtermittelprobe können in vielfältiger Weise mit dem Analyten wechselwirken. Dabei können physikalische Wechselwirkungen (z. B. Ionenpaarbindungen, Van-der-Waals-Kräfte) oder chemische Bindungen (z. B. Disulfidbrücken, Ester, Amide, Imine) eingegangen werden. Diese Bindungen müssen zur Extraktion eines Analyten aus einer Lebensmittelmatrix gelöst werden. Dazu sind unter Umständen organische Lösungsmittel wie Methanol, chemische Hydrolyse oder chaotrope Salze unter Mitwirkung von Disulfid spaltenden Reagenzien wie 2-Mercaptoethanol notwendig. Die daraus resultierende Lösung mit dem Analyten kann sich in manchen Fällen anders als der Analyt in einfachen wässrigen Pufferlösungen verhalten. In Folge müssen die Kalibratoren des Systems entweder durch Zugabe von Matrixbestandteilen oder durch Veränderung der Analytkonzentration angepasst werden. In einigen Fällen müssen komplexere mehrstufige Extraktionsprozeduren für die Abtrennung von Matrixbestandteilen sorgen. Dieses kann z. B. durch Einsatz von Solid-Phase-Extraktionssäulen (SPE) oder, bei sehr komplexen Matrices, durch Immunaffinitätssäulen geschehen. Der direkte Einsatz einer Lebensmittelmatrix konnte bisher nur bei Milch realisiert werden. Fettlösliche Analyten müssen dabei häufig relativ aufwendig aus den Lipidbestandteilen eines Lebensmittels extrahiert werden. Tab. 30.4 gibt einige Beispiele aus allen relevanten Bereichen.

In jüngster Zeit kam von vielen Anwendern die Forderung nach einer lösungsmittelfreien, wässrigen Extraktion für lipophile Mykotoxine, wie z. B. Aflatoxine, auf. Diesem wurde durch Implementierung von „reversen" Ionenpaarreagenzien Rechnung getragen, bei denen der unpolare Teil des Moleküls mit Aflatoxin und der polare Teil des Reagenz mit der wässrigen Phase wechselwirkt und somit das Aflatoxin löst und in Lösung hält (Abb. 30.1). Bei anderen Mykotoxinen, wie z. B. Ochratoxin A, muss wegen der vorhandenen Ladung im Molekül der pH-Wert der wässrigen Extraktionslösung kontrolliert werden. Eine gänzlich andere Möglichkeit zur Extraktion stellt der Einsatz von Cyclodextrinen dar, die die schlecht wasserlöslichen Mykotoxine in ihren helixartigen inneren Hohlräumen in Lösung halten (Abb. 30.2).

Wegen der Molekülgröße und der vielfältigen chemischen Strukturen stellen die Lebensmittelallergene und Gluten die größte Herausforderung hinsichtlich einer einheitlichen Extraktion dar. Speziell in hochprozessierten Lebensmitteln wie Brot, Keksen und Schokolade verbinden sich freie Thiolgruppen der Proteine untereinander über Disulfidbrücken, welche in einer Matrix aus (verkleisterter) Stärke, (karamellisiertem) Zucker und/oder Fett eingebunden sind. Zum Aufbrechen dieser komplexen Strukturen sind häufig erhöhte Temperaturen notwendig, wodurch die zu analysierenden Proteine denaturiert werden können. Dieses wirkt sich auch auf die Wahl der optimalen Antikörper aus: Ein Antikörper, der natives, also nicht denaturiertes, Ovalbumin aus Hühnerei erfasst, sollte nicht zusammen mit einer Extraktion verwendet werden, die

Tab. 30.4 Beispiele verschiedener Extraktionen aus Lebensmitteln

Analyt	Matrix	Prinzip der Extraktion
Tetracyclin	Milch	Keine Extraktion
Deoxynivalenol (DON)	Weizen	Wasser
Aflatoxin	Mais	70 % Methanol
Aflatoxine	Mais	Wässrig mit reversem Ionenpaarreagenz
Aflatoxin	Gewürze	70 % Methanol, Immunaffinität
17ß-Estradiol	Fleisch	70 % Methanol; SPE
Clenbuterol	Futtermittel	50 % Acetonitril; Fällung von Polyphenolen
Progesteron	Fett	Lösungsmittelverteilung(en)
Zilpaterol	Fleisch	Saure Extraktion; Detergenzien
Vitamin B_{12}	Müsli	Puffer
Nitrofuranantibiotika (AOZ, AMOZ, SEM, AHD)	Shrimps	Saure Hydrolyse und Derivatisierung mit Nitrobenzaldehyd, Ethylacetatextraktion
Gluten	Brot	Chaotrope Salzlösungen mit Ethanol und Disulfid spaltenden Mitteln; 50 °C
Milchprotein	Keks	Chaotrope Salze mit Disulfid spaltenden Mitteln; 100 °C

Abb. 30.1 Hypothetische Wechselwirkung von Aflatoxin B1 und 2,6-Naphthyldisulfonsäure über π-π-Stacking. Aus dem Patent EP3273236 B1, R-Biopharm AG

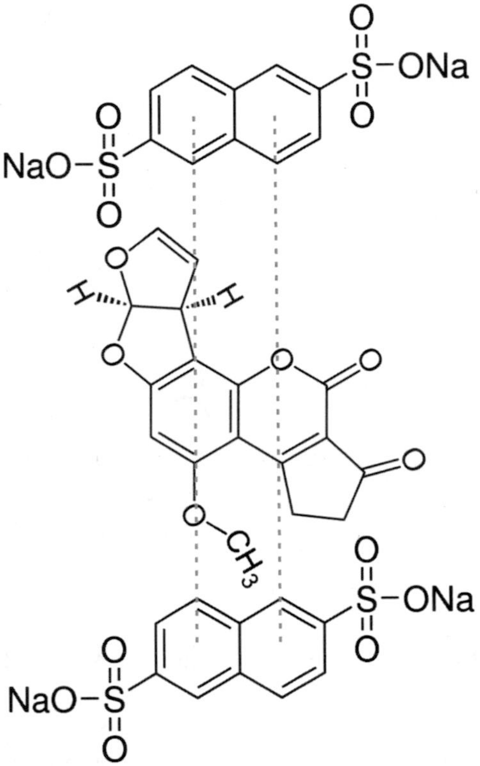

Temperaturen von 60 °C oder sogar 100 °C vorschreibt. Ein Hauptaugenmerk bei der Entwicklung und Validierung solcher Assays liegt demnach in der Herstellung und quantitativen Erfassung von natürlich kontaminierten Proben bekannten Analytgehaltes.

30.3 Kalibration

Kommerzielle Immunoassays können in einer simultanen oder konsekutiven Weise kalibriert werden. Im ersteren Fall werden Kalibratoren unterschiedlicher Konzentrationen mit den Proben zusammen z. B. auf einer Mikrotiterplatte vermessen. Die Kalibratoren sind dabei Bestandteile des Testkits. Somit sind die Bedingungen der Messung für Kalibratoren und Proben nahezu identisch, und die Berechnung der Probenkonzentrationen wird aus dieser direkten (simultanen) Kalibration vorgenommen. In den letzten Jahren wurden sowohl bei ELISA- als auch LFD-Systemen konsekutive Kalibrationen eingeführt. Dabei wird für jedes Testkitlot eine Kalibration vor Inverkehrbringen erzeugt und „hinterlegt". Der Nutzer des Testkits muss nicht mehr eigenständig unter Einsatz diverser Lösungen kalibrieren, sondern entnimmt die

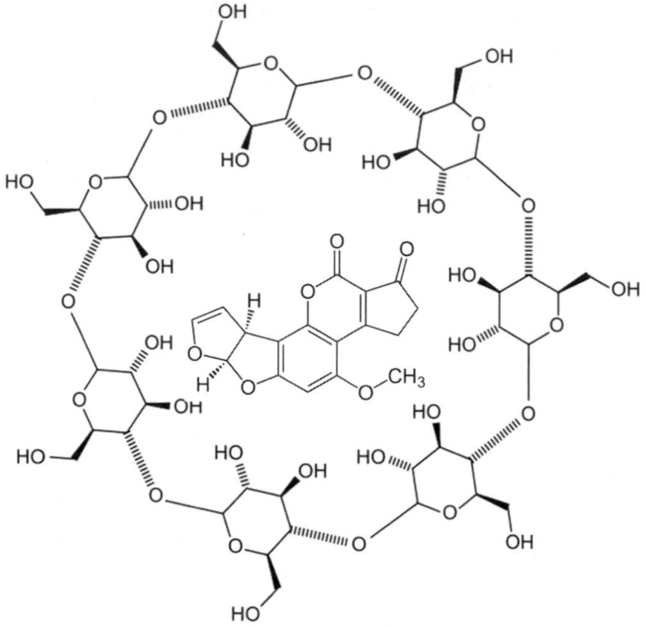

Abb. 30.2 Hypothetisches Caging von Aflatoxin B1 und β-Cyclodextrin

Informationen zur hinterlegten Kalibration dem Zertifikat in Form eines Barcodes, einer RFID-Karte oder in Form von Zahlen in seine Berechnungen. Die letztere Variante wird auch als *Single Calibration* oder SC-Test bezeichnet. Dies stellt die älteste Variante der konsekutiven Kalibration dar und wird bei manchen ELISA-Systemen eingesetzt (z. B. RIDASCREEN® FAST Aflatoxin SC, R-Biopharm, Darmstadt). Dabei kalibriert der Testkithersteller das System (einer Produktionscharge) mehrfach unter Variation der Parameter Person und Tag, um die Varianz beim Anwender abzubilden. Die daraus resultierenden Absorptionswerte werden durch Verrechnung mit dem Null-Kalibrator in relative B/B_0-%-Werte umgerechnet und gemittelt. Diese Daten werden zusammen mit den Kalibratorkonzentrationen im Zertifikat aufgeführt. Der Nutzer des Assays pipettiert lediglich den Null-Kalibrator und kann so unter Einsatz der hinterlegten B/B_0-Werte Probenkonzentrationen berechnen.

Da hierbei durch das manuelle Übertragen der Werte Fehler nicht ausgeschlossen werden können, wurde das Verfahren weiterentwickelt. Dabei werden die hinterlegten Daten mittels Barcode oder RFID-Karte durch einen Scanner in die Messvorrichtung übertragen. Diese Vorrichtung kann ein LFD-Reader darstellen oder in jüngster Zeit auch ein Smartphone, welches den Code über die eingebaute Kamera selbst ausliest. Bei dieser wohl modernsten Form einer LFD-Auswertung wird ein Bild des LFD durch das Smartphone aufgenommen, dieses elektronisch verarbeitet und die Bandenintensität gegen eine hinterlegte Kalibration im System verglichen. Der Nutzer des Assays muss also lediglich die Probe vermessen.

30.4   Ermittlung von Leistungsdaten: Validierung von Immunoassays in der Lebensmittelanalytik

Validierungsvorgaben existieren seit Langem, sind aber nicht vereinheitlicht (s. auch Kap. 29). So wird z. B. im klinischen Bereich anders validiert als im lebensmittelanalytischen Bereich. Beide Ansätze haben dabei häufig ihre Berechtigung; keiner ist per se falsch, sondern per definitionem korrekt.

Der Begriff „Validierung" wird in mehreren wichtigen Dokumenten genannt. ISO 17025 definiert Validierung als „Confirmation by examination and provision of objective evidence that the particular requirements for a specific intended use are fulfilled". Ähnliche Definitionen finden sich in den Eurachem Guidelines und dem Vocabulary in Metrology. Diese sperrigen und komplizierten Definitionen lassen sich einfach beschreiben, indem die Definition einfach als die „Überprüfung einer Methode hinsichtlich ihrer Anwendbarkeit für einen bestimmten Einsatz" übersetzt wird.

Eine solide Validierung verbessert ein System nicht, sie erhöht lediglich die Kenntnis über die Leistungsfähigkeit und mögliche Limitationen. Vergleichbar mit einem Puzzle, ergibt sich der vollständige Blick erst nach Abschluss der Validierung (bzw. Fertigstellung des Puzzles). In Analogie zum Puzzlebild kann auch bereits ein größerer Teil des unfertigen Bildes eine vernünftige Einsicht in die Leistungsfähigkeit des Systems liefern. Der Umfang der Validierung hängt von den Anforderungen an das System ab. Wird das System z. B. nur qualitativ zur Abwesenheitsbestätigung eingesetzt, müssen keine Wiederfindungsexperimente durchgeführt werden. Im Gegensatz dazu muss bei einem System, das einen ubiquitären Analyten wie ein Vitamin erfasst, strenggenommen kein Nachweisgrenze (LoD) bestimmt werden. Bei einigen zu validierenden Parametern sollte nicht vergessen werden, dass es sich lediglich um Momentaufnahmen handelt kann, welche sowohl sehr negativ als auch zu positiv ausfallen können. Es empfiehlt sich daher, Wiederholungen einzuplanen. Dieses gilt insbesondere für die Charakterisierung der Nachweisgrenze LoD, der Bestimmungsgrenze LoQ und Präzisionsmessungen. Bei der Validierung kommerzieller ELISA-Testkits erfolgt dies durch Charakterisierung von mindestens drei unabhängig produzierten Lots des Produktes. Die Validierung sollte durch geschultes Laborpersonal, aber nicht durch Entwicklungsspezialisten erfolgen, da dies dem späteren Routineeinsatz am ehesten entspricht.

Die *Nachweisgrenze (Limit of Detection,* LoD) stellt eine Konzentration des Analyten in der Lebensmittelmatrix dar, die sicher detektiert, aber nicht unbedingt quantifiziert werden kann. Sie ist matrixspezifisch zu ermitteln, wozu 20 verschiedene analytfreie Proben (Blankproben) einer Matrix aufgearbeitet und analysiert werden. Zur Abschätzung des LoD werden die Konzentrationen durch Extrapolation der Kalibrierfunktion abgeschätzt und das LoD berechnet nach:

LoD (Konzentration) = mittlere Konzentration aller 20 Proben + 3-fache Standardabweichung aller 20 Proben.

Durch die Addition der dreifachen Standardabweichung wird statistisch sichergestellt, dass 99,7 % aller (Blank-)Werte unterhalb des berechneten LoD liegen und das Überschreiten des Wertes die Anwesenheit des Analyten belegt. Eine sichere Konzentrationsbestimmung ist bei Werten oberhalb des LoD und unterhalb des LoQ nicht möglich. Als Ergebnis kann lediglich „positiv" angegeben werden.

Da die Extrapolation von Konzentrationen um null herum häufig zu Schwierigkeiten führt, kann auch alternativ (hauptsächlich bei kompetitiven ELISAs) vorgegangen werden: Aus den Messwerten (A_{450nm}-Werte) der Proben werden B/B_0-Werte in Prozent für jede einzelne Blankprobe berechnet. Anschließend werden der Mittelwert und die Standardabweichung dieser 20 Werte gebildet. Durch Subtraktion der dreifachen Standardabweichung vom Mittelwert wird der B/B_0-Wert ermittelt, der dem LoD entspricht. Durch Einsetzen dieses B/B_0-Wertes in die Kalibrierfunktion wird die Konzentration des LoD ermittelt. Es sollte stets bedacht werden, dass die Abschätzung eines LoD *per se* stets von großen Schwankungen begleitet wird. Ein vom Hersteller eines ELISA-Testkits beanspruchtes LoD sollte im eigenen Labor überprüft (verifiziert) werden.

Die *Bestimmungsgrenze* (Limit of Quantification, LoQ) stellt die Konzentration dar, oberhalb derer eine sichere Quantifizierung des Analyten vorgenommen werden kann. Eine Berechnung erfolgte früher aus Daten der LoD-Abschätzung durch Anwendung des Faktors zehn statt drei. Dieses Verfahren ist sehr ungenau und sollte nicht mehr verwendet werden. Begründet werden kann diese Ungenauigkeit damit, dass zur Ermittlung lediglich Proben eingesetzt worden sind, die den Analyten nicht enthalten. Einen weitaus robusteren Wert kann man durch Dotieren von Blankproben erhalten. Die Dotierkonzentration kann dabei so weit verringert werden, bis Wiederfindung und Präzision vorab definierter Werte (z. B. weniger als 70 % Wiederfindung und Streuungen der Werte größer als 15 %) unterschritten werden. Es sollten mindestens zehn Proben einer Matrix dotiert und aufgearbeitet werden, um eine akzeptable statistische Sicherheit zu gewährleisten. Die Obergrenze eines Messbereiches wird durch den Kalibrator mit der höchsten Konzentration bestimmt.

Jedes analytische Ergebnis wird begleitet durch ein gewisses Maß an *Messunsicherheit*. Ursächlich für diese Unsicherheit sind systematische und zufällige Fehler (Abb. 30.3). Abgebildet werden diese Fehlertypen durch die systematische Abweichung (Bias) und eine Standardabweichung. Ein Bias wird z. B. bei Einsatz eines zertifizierten Referenzmaterials durch einen Unterschied zwischen Zertifikatswert und Mittelwert der Messung deutlich. Die Standardabweichung spiegelt die Tatsache, dass die Wiederholung einer Messung (fast) immer einen Unterschied zur vorherigen Messung aufweist. Beide Parameter werden weiter unten näher erläutert.

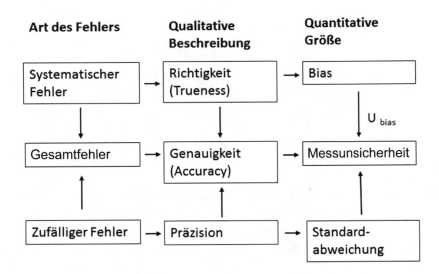

Abb. 30.3 Darstellung der Beziehungen zwischen einigen grundlegenden Begriffen zur Beschreibung der Qualität von Messergebnissen

Beide Parameter (Bias und Standardabweichung) werden während der Validierung eines Produktes durch Wiederfindung/Richtigkeit bzw. Präzision matrixspezifisch charakterisiert.

Sollen daraus Spezifikationen für eine Messung abgeleitet werden, bestimmt der Bias den erwarteten Mittelwert der Messung und die Standardabweichung den Bereich, in dem Ergebnisse mit vorgegebener Wahrscheinlichkeit gefunden werden. Dabei gelten je nach Anspruch die folgenden Zusammenhänge:

- Um 95,4 % aller Testungen abzudecken, muss die Standardabweichung mit dem Faktor 2 multipliziert werden. 95 % statistische Wahrscheinlichkeit bedeutet, dass aus 20 Messungen in der Regel eine zufällig außerhalb des Bereiches liegt.
- Um 99,7 % aller Testungen abzudecken, muss die Standardabweichung mit dem Faktor 3 multipliziert werden. 99 % bedeutet, dass aus 100 Messungen in der Regel eine zufällig außerhalb liegt.

Die Überprüfung der *Richtigkeit* eines Messsystems erfolgt durch den Einsatz zertifizierter Referenzmaterialien. Die Materialien werden begleitet von einem Zertifikat, auf welchem der Analyt und seine Konzentration aufgeführt sind. Diese Konzentration wurde durch mehrere Labore unter Einsatz von Referenzmethoden ermittelt. Die durchführenden Institute müssen eine Akkreditierung nach ISO 17034 durchlaufen haben. Das Verfahren der Zertifizierung eines Referenzmaterials ist zeit- und kostenintensiv, wodurch die Anzahl verfügbarer Referenzmaterialien stark begrenzt ist. Wenn vorhanden, so liegt häufig nur eine Lebensmittelmatrix vor, die aus Haltbarkeitsgründen lyophilisiert sein kann. Diese Materialien müssen auf Stabilität und Homogenität geprüft werden. Erreicht die „Inhomogenität" einen Grad, welcher der erwarteten Unpräzision einer analytischen Methode entspricht, so wird ein solches Material nicht geeignet sein, Aussagen hinsichtlich der Richtigkeit einer Methode zu liefern. Es soll an dieser Stelle auf umfangreiche erläuternde EURACHEM-Dokumente verwiesen werden (s. www. eurachem.org). Die COMAR-Datenbank der Bundesanstalt für Materialforschung und -prüfung (BAM) listet eine große Anzahl der weltweit verfügbaren Referenzmaterialien auf (www.rrr.bam.de). Wenn verfügbar, ist die Verwendung von zertifizierten Referenzmaterialien zur Bestimmung der Richtigkeit der Verwendung von dotierten Proben zur Bestimmung der Wiederfindung vorzuziehen.

Jede Messung wird zu einem gewissen Anteil durch zufällige Fehler begleitet. Diese Fehler werden in der Regel durch eine Standardabweichung quantitativ ausgedrückt. Je nachdem, wie viele variierenden Faktoren (z. B. Tag, Person, Labor, Testkitlot) bei einer solche Präzisionsmessung zugelassen werden, unterscheidet man verschiedene Typen der Präzision.

Das Höchstmaß an Information zur *Reproduzierbarkeit* eines kommerziellen Testkits wird durch Analyse von Qualitätskontrolldaten über längere Zeiträume bzw. Ringversuche erhalten. Erstere stellen zwar *In-house*-Daten des Herstellers dar, umfassen aber die Faktoren Tag, Person, Testkitlot, Labor und Extraktion. Wie weiter unten aufgeführt, wird bei der Durchführung eines Ringversuches nach ISO 5725 der Parameter Testkitlot nicht betrachtet. Die praktische Erfahrung hat gezeigt, dass beide Verfahren in relative Standardabweichungen von etwa 20–40 % münden.

Folgende Organisationen führen regelmäßig Ringversuche durch: AOAC, OIV, ICC, AACCI, ASBC und EBC. Daneben kann ein Testkithersteller auch unabhängig von diesen Organisationen eigenständig einen Ringversuch durchführen und die Ergebnisse publizieren. Ein solcher Ringversuch wird in der Regel durchgeführt, wenn absehbar ist, dass ein kommerzielles Testsystem eine große Anzahl an Anwendern erreichen wird. Hierbei verwenden alle Teilnehmer ($n \geq 8$) den identischen Testkit und analysieren eine festgelegte Anzahl vorher definierter Proben nach einer vorgegebenen Methode. Ein und dieselbe Probe wird dabei an die Teilnehmer anonymisiert („verblindet") doppelt ausgegeben. Die Teilnehmer können somit keine Rückschlüsse auf die zu erwartenden Konzentrationen ziehen. Durch die doppelte Analyse einer Probe werden Daten zur Präzision innerhalb des teilnehmenden Laboratoriums berechnet. Im zweiten Schritt wird die Präzision zwischen den Laboratorien berechnet. Ein solcher methodenprüfender Ringversuch darf nicht verwechselt werden mit den laborprüfenden Ringversuchen. In Bereich der Lebensmittelanalytik werden diese laborprüfenden Ringversuche daher auch *Proficiency Tests* („Eignungsprüfungen") genannt.

Für die Bestimmung der *laborinternen Reproduzierbarkeit* werden die Faktoren Tag, Person, Extraktion und Testkitlot variiert. Die Werte aus einer solchen Bestimmung kommen den der Reproduzierbarkeit recht nahe, sind aber einfacher und vor allem schneller zu ermitteln. Für die Bestimmung erhalten drei Personen jeweils ein unterschiedliches Testkitlot, arbeiten jede Probe in $n = 6$ auf und bestimmen den Gehalt in

Doppelbestimmung. Möchte man den Informationsgehalt erhöhen, so wiederholt jede Person den Versuch noch zweimal unter Verwendung eines jeweils anderen Lots.

Den zahlenmäßig geringsten Wert erhält man bei der Bestimmung der *Wiederholpräzision*. Hierbei wird lediglich der Faktor Tag variiert. Für die Bestimmung wird eine Probe an drei aufeinanderfolgenden Tagen extrahiert, in sechsfacher Bestimmung (Minimum) analysiert und die Standardabweichung bestimmt. Wird dieser Versuch mit drei unterschiedlichen Testkitlots durchgeführt, kann die *Inter-Lot-Präzision* abgeschätzt werden.

Um speziell den Einfluss der Extraktion auf die Gesamtpräzision abzuschätzen, wird die *Extraktionspräzision* ermittelt. Hierzu wird eine natürliche oder künstlich kontaminierte Probe (keine dotierte Probe) in $n = 6$ aufgearbeitet und in Doppelbestimmung im Testkit analysiert.

Stehen keine Referenzmaterialien zur Verfügung, so müssen zur Bestimmung der *Wiederfindung* dotierte Proben eingesetzt werden. Im einfachsten Fall wird der Analyt in bekannter Menge einer Blankprobe zugegeben und extrahiert. In einigen Fällen kann man die natürliche Kontamination einer Probe nachstellen, in dem man z. B. eine glutenfrei deklarierte Backmischung mit einer geringen Menge an Weizenmehl versetzt und daraus ein Brot herstellt. Ist das Gluten in der Probe anschließend homogen verteilt, so ist diese Probe einer direkt vor der Extraktion dotierten glutenfreien Brotprobe mit einer Lösung aus Gluten vorzuziehen. Bei anderen Analyten wie z. B. Steroidhormonen ist die Herstellung einer solchen Probe im Labormaßstab kaum möglich, und es bleibt als einzige Möglichkeit die direkte Dotierung der eingewogenen Probe direkt vor der Extraktion. Werden diese Proben zur Bestimmung der Präzision eingesetzt, muss nicht extra für die Bestimmung der Wiederfindung aufgearbeitet werden. Ein Datensatz kann zur Ermittlung von Präzision und Wiederfindung eingesetzt werden.

In 2002 wurde die EU-Kommissionsentscheidung 657 wirksam. Hierin wurden erstmals für die Bestimmung von Antibiotika Validierungsvorgaben sowohl für Bestätigungsmethoden als auch Screeningverfahren wie z. B. für kommerzielle ELISAs vorgegeben. Speziell für Screeningmethoden spielt die Rate von falsch-negativen Proben eine wichtige Rolle. Unter einer falsch-negativen Probe wird dabei ein Ergebnis verstanden, welches eine positive Probe (z. B. belastet oberhalb eines bestehenden Grenzwertes) als negativ erkannt hat. Die Fehlerrate von falsch-negativen Ergebnissen wird auch als β-Fehler bezeichnet. Die Rate von falsch-positiven Ergebnissen (α-Fehler) spielt bei Screeningtests eine weniger wichtige Rolle. Folglich gibt der CCβ-Wert die Konzentration an, oberhalb derer ein Ergebnis mit einer statistischen Sicherheit von 95 % ($p < 0.05$) positiv ist, also z. B. oberhalb eines Grenzwert ist.

Es werden zwei Methoden zur Ermittlung von CCα- und CCβ-Wert unterschieden, welche davon abhängen, ob ein Grenzwert oder MRL vorhanden ist oder nicht. Liegt kein Grenzwert vor, werden im ersten Schritt 20 Blankproben einer Matrix vermessen und der „Analytgehalt" bestimmt. Wie bereits in Abschn. 30.3 ausgeführt, kann die Extrapolation von Konzentrationswerten nahe null zu Schwierigkeiten führen.

Der CCα-Wert wird berechnet nach:

CCα = Mittelwert der Blankproben + 2,33-fache Standardabweichung dieser Messung.

Es erfolgen die Dotierung der Blankproben auf den berechneten CCα-Wert und die erneute Analyse von 20 Proben. Der CCβ-Wert wird kalkuliert nach:

CCβ = CCα-Dotierlevel + 1,64-fache Standardabweichung der Messung.

Dem geneigten Leser wird die Ähnlichkeit dieses Ansatzes mit der bereits vorgestellten LoD-Bestimmung auffallen (Abschn. 30.2). Der Charme des CCα/CCβ-Ansatzes ist die Verwendung von dotierten Proben und damit ein Bezug zum Analyten.

Liegt ein Grenzwert oder MRL-Wert vor, so werden 20 Blankproben auf diesen Wert dotiert und analysiert. Daraus wird CCα berechnet:

CCα-Wert = Mittelwert der dotierten Proben + 1,64-fache Standardabweichung der Bestimmung.

Im Anschluss werden 20 Blankproben auf den CCα-Wert dotiert und analysiert. CCβ berechnet sich nach:

CCβ-Wert = Mittelwert der Proben + 1,64-fache Standardabweichung der Bestimmung.

Wer diesen Versuch durchführt, kann mit der Situation konfrontiert werden, dass der erhaltene CCβ-Wert unterhalb des Grenzwertes liegt. Dies geschieht immer dann, wenn die Wiederfindung der Methode deutlich unter 100 % liegt. Der erhaltene CCβ-Wert ist dennoch korrekt, weil er die (nicht wiederfindungskorrigierte) Konzentration angibt, oberhalb derer eine Überschreitung des Grenzwertes erfolgt.

Die Verordnung der EU-Kommission 519/2014 wurde speziell für Mykotoxine entwickelt und stellt aus der Sicht der Autoren eine eindeutige Verbesserung der 2002/657/EC dar. Dabei wird die *Screening Target Concentration* (STC) als neuer Begriff eingeführt, der aber bei Vorlage eines Grenzwertes diesem entspricht. Als Ergebnis der Validierung steht ein Cut-off-Wert (Konzentration), ab dem mit Sicherheit eine „verdächtige" Probe erkannt werden kann. Die weitere Untersuchung mittels einer Bestätigungsmethode für solche Proben ist zwingend erforderlich. Im Gegensatz zu 2002/657/EC enthält 2014/519/EU die weiterreichende Vorschrift, dass die Testungen über mehrere Tage verteilt erfolgen müssen. Cut-off-Wert bezeichnet den durch die Screening-Methode erzeugten Wert (d. h. Ansprechen, Signal oder Konzentration), oberhalb dessen die Probe als „verdächtig" eingestuft wird.

Für jede zu untersuchende Matrix werden je 20 Blank- bzw. 20 auf die ST dotierte Proben aufgearbeitet. Die Untersuchungen sollten über fünf Tage verteilt werden, sodass an jedem Tag acht Proben (vier dotiert und vier blank) vermessen werden. Aus den erhaltenen Einzelwerten werden Mittelwert und Standardabweichung berechnet. Für die Berechnung des Cut-off-Wertes gilt:

Cut-off Konzentration = Mittelwert$_{STC}$ − 1,729 · SD$_{STC}$.

Der Faktor 1,729 stammt aus der *t*-Verteilung für 20 Proben (entspricht 19 Freiheitsgraden).

Die *Stabilitätsuntersuchung* eines kommerziellen Testkits umfasst mehrere Parameter. Wegen fehlender Richtlinien im Bereich der Lebensmittelanalytik zu diesen Thema greift man gerne auf Richtlinien der klinischen Diagnostik zurück (DIN EN

ISO 23640:2011). Zum einen werden während der *Realzeitstabilitätsprüfung* bis zum Messzeitpunkt ungeöffnete Testkits von drei unterschiedlichen Testkitchargen über die gesamte intendierte Laufzeit überprüft. Dazu werden in regelmäßigen Abständen Kontrollproben analysiert und gegen vorab festgelegte Spezifikationen getestet. Diese Untersuchung wird sowohl mit einem neuen Produkt zur Ermittlung des Verfallsdatum des Testkits durchgeführt als auch mit Bestandsprodukten, für die regelmäßige QC-Testungen notwendig sind, um die Funktionalität bis zum Erreichen des Verfallsdatums zu gewährleisten. Unter der *Gebrauchsstabilität* versteht man die Untersuchungen der Funktionalität eines geöffneten Testkits während der Laufzeit. Diese Untersuchung wird nur im Rahmen einer Neuentwicklung vorgenommen, um so gegebenenfalls eine verkürzte Laufzeit nach Öffnen des Kits dem Nutzer des Kits mitteilen zu können.

Beide Arten der Stabilitätsuntersuchungen laufen typischerweise über einen Zeitraum von mindestens zwei Jahren. Um zu einem früheren Punkt der Testungen Aufschluss über die mögliche Haltbarkeit eines Testkits zu erhalten, werden *beschleunigte Stabilitätsuntersuchungen* (auch Stressstabilität genannt) durchgeführt. Dazu wird eine bestimmte Anzahl an Testkits bei einer Temperatur von 37 °C (oder 42 °C) gelagert und wöchentlich getestet. Setzt man diese so gestressten Testkits im Vergleich zu korrekt gelagerten Testkits ein, kann die Realstabilität abgeschätzt werden. Erfahrungemäß zeigen solche antikörperbasierten Systeme in der Regel Leistungsverluste ab der zweiten Woche, was einer Realzeitstabilität von 12–18 Monaten entspricht.

Eine weitere Form der Stabilität stellt die Überprüfung der *Transportstabilität* dar. Dazu werden Testkits entweder real transportiert oder der Transport simuliert. Bei Ersterem wählt man als Ziel einen möglichst extremen Ort aus, z. B. einen Transport von Europa nach Australien. Ein beigelegter Datenlogger zeichnet Temperatur und Feuchtigkeit auf. Diese Art der Untersuchung kann zu extremen Belastungen des Testkits führen, muss aber nicht. Daher wird gerne auf die simulierte und garantiert extremere simulierte Transportstabilität zurückgegriffen. Hierbei wird der Testkit z. B. der nachfolgenden Prozedur unterworfen:

- Testkit bei 20–25 °C 6 h leicht auf dem Horizontalschüttler schütteln
- dabei zu Beginn 15 min bei 400 U min^{-1}, danach bei 100 U min^{-1} schütteln
- Testkit für 18 h im Kühlraum bei 4 °C lagern
- 6 h bei 20–25 °C auf dem Kopf-über-End-Schüttler („Rotator") drehen
- 18 h bei 37 °C lagern
- 6 h bei 20–25 °C; anschließend bei 4 °C bis zur Untersuchung lagern

Wird ein Testkit irrtümlich eingefroren, statt bei 4 °C gelagert zu werden, so muss bekannt sein, ob der Testkit anschließend noch spezifikationsgerechte Ergebnisse liefert *(Einfrierstabilität)*. Hierzu wird der gesamte Testkit über Nacht eingefroren, der Kit bei Raumtemperatur wieder aufgetaut und anschließend erneut über Nacht eingefroren. Ein Vergleich mit einem nicht gefrorenen Testkit zeigt die mögliche Empfindlichkeit des Kits gegenüber einem kurzfristigen Einfrieren.

Eine häufig gestellte Frage von Anwendern kommerzieller Testkits ist die nach der Haltbarkeit einer extrahierten Probe. Diese *Analytstabilität* wird bei verschiedenen Temperaturen (z. B. −20 °C, 4 °C, 21 °C und 37 °C) über Zeiträume bestimmt, die in der Praxis relevant sind. Je höher die Temperatur ist, desto kürzer ist der Zeitraum. Typischerweise wird bei −20 °C über mehrere Wochen, bei 4 °C eine Woche, bei 21 °C zwei Tage und bei 37 °C einen Tag getestet.

In zunehmendem Maße werden kommerzielle Tests auch im Lebensmittel- und Futtermittelbereich auf Automaten abgearbeitet. Daher wird eine *On-board-Stabilität* überprüft, wobei die Testkitreagenzien im Automaten verbleiben und wiederholt eingesetzt werden. Anhand mitgeführter Kontrollproben wird überprüft, wie lange die Reagenzien geöffnet unter den automatenspezischen Lagerbedingungen haltbar sind. Aus den erhaltenen Daten kann ebenfalls die *Kalibrationsstabilität* des Systems ermittelt werden. Ein typisches Versuchsprotokoll hierfür erfordert eine Kalibration zu Beginn der Stabilitätsprüfung. In den folgenden Analysenläufen werden nur noch Kontrollproben eingesetzt und anhand der Wiederfindung die Gültigkeit der Kalibration überprüft.

Manche Reagenzien müssen vor Einsatz rekonstituiert, verdünnt oder aus mehreren Komponenten zusammengemischt werden. Die Stabilitäten dieser gebrauchsfertigen Lösungen müssen geprüft werden.

Die Reaktivität eines Antikörpers gegenüber dem Antigen (Analyten) kann über seine Selektivität charakterisiert werden. Durch sorgfältige Auswahl der Antikörper können so hochspezifische Assays gegen nur einen Analyten (z. B. Ractopamin) oder eine definierte Gruppe von Analyten (z. B. Aflatoxine B1, B2, G1 und G2) angeboten werden. Im Idealfall ist die Reaktivität eines Antikörpers gegen die einzelnen Aflatoxine identisch. In der Praxis ist dies jedoch fast nie zu beobachten, sodass Reaktivitäten als Kreuzreaktivitäten in Bezug auf eine Substanz angegeben werden. Im Beispiel der Aflatoxine wird die Kreuzreaktivität von Aflatoxin B1 als Bezugssubstanz auf 100 % gesetzt, während die von Aflatoxin B2, Aflatoxin G1 und Aflatoxin G2 dann z. B. 80 %, 30 % und 60 % betragen.

Das Phänomen der Kreuzreaktivität wird auch bei Substanzen beobachtet, welche per definitionem nicht als Analyt eingestuft werden. Diese sog. Kreuzreaktanden sind chemisch häufig mit dem Analyten verwandt. Bei niedermolekularen Substanzen ist die Charakterisierung der Kreuzreaktivität recht einfach, weil die Zahl zu testender Moleküle überschaubar ist. Anders dagegen sieht die Situation im Bereich der Allergene und Gluten aus. Da es sich um Proteine handelt, erkennt der Antikörper nur eine kurze Sequenz an Aminosäuren. Diese kann theoretisch in vollkommen anderen tierischen oder pflanzlichen Proteinen ebenfalls enthalten sein. Die Suche nach Kreuzreaktivitäten muss folglich ausgeweitet werden und umfasst in der Regel die Überprüfung von mindestens 50 Lebensmittelbestandteilen, die häufig erwartet werden können. Dabei kommen u. a. Lebensmittel aus den Gruppen Nüsse, Gewürze, Leguminosen, Fleisch, Getreide, und Samen zur Untersuchung. Diese Bestandteile werden pur wie eine Probe extrahiert und vermessen. Ein großes Problem bei diesen Untersuchungen sind mögliche Kontaminationen des zu untersuchenden kreuzreaktiven Lebensmittelbestandteils mit dem Analyten. So finden sich häufig Glutenspuren aus Weizen, Roggen oder

Tab. 30.5 Interpretation einer kombinierten Untersuchung hinsichtlich Kreuzreaktivität und Interferenz

	Ergebnis	Aussage
Undotiert	<LoQ	Nicht kreuzreaktiv
	>LoQ	Kreuzreaktiv
Dotiert WF erniedrigt oder null Interferierend	WF korrekt	Nicht interferierend
	WF > 100 %	Evtl. kreuzreaktiv

Gerste in einer Vielzahl von Lebensmittelbestandteilen. Um in diesen Fällen nicht eine irrtümliche Kreuzreaktivität zu deklarieren, empfiehlt es sich, weitere Chargen dieses Lebensmittelbestandteils zu testen und zusätzlich eine spezifische PCR durchzuführen. Zeigt diese molekularbiologische Methode die Anwesenheit von z. B. DNA aus Weizen, Roggen oder Gerste an, handelt es sich um eine Kontamination und nicht um eine Kreuzreaktivität. Jede signifikante Kreuzreaktivität sollte dem Kunden in jedem Fall in einem Validierungsbericht mitgeteilt werden. Es empfiehlt sich ebenso, den Lebensmittelbestandteil nicht nur pur, sondern z. B. auf 10 % Massenanteil reduziert in einer Inertmatrix wie z. B. Reismehl zu untersuchen. Dieses hilft das Ausmaß der Kreuzreaktivität in späteren komplexeren Matrices abzuschätzen.

Die Untersuchungen zur Kreuzreaktivität können mit der Charakterisierung interferierender Substanzen (s. auch   Kap. 27) kombiniert werden. Unter interferierenden Substanzen werden Lebensmittelbestandteile verstanden, die nicht spezifisch mit dem Antikörper reagieren, aber das Testsystem signifikant beeinflussen. Dabei wird der Lebensmittelbestandteil undotiert und mit Analyt dotiert untersucht. Tab. 30.5 gibt die möglichen Ergebnis und deren Aussage wieder. Ist z. B. das Ergebnis der undotierten Probe unterhalb der Bestimmungsgrenze (LoQ) und wird zusätzlich die Dotierung korrekt wiedergefunden, so ist diese Matrix weder kreuzreaktiv noch interferierend.

Folgende Matrices weisen bekanntermaßen häufig Störeffekte in Immunoassays auf: Honig, Rotwein, Leinsamen, Stärken, Schokolade, Gewürze und Futtermittel. Als Folge der Interferenz ist die Wiederfindung fast immer erniedrigt. Ursächlich beteiligt an diesem Effekt sind Substanzen wie Polyphenole, Fette, Schleimstoffe und andere stark quellende Bestandteile wie Reisstärke. Diese bewirken eine nichtspezifische Behinderung der Antigen-Antikörper-Reaktion. Zusätze wie Magermilchpulver oder Serumalbumin können z. B. bei der Analyse von Allergenen in Gewürzen Interferenten maskieren.

30.5   Bewertung eines Ergebnisses

Wird ein kommerzieller Immunoassay routinemäßig in einem Labor eingesetzt, so ist die Qualitätsbewertung der erhaltenen Ergebnisse von allergrößter Wichtigkeit. Es gilt zu überprüfen, ob die Ergebnisse einer untersuchten Probe innerhalb vorab gesetzter

Spezifikationen liegen. Dabei sind die folgenden Bewertungsparameter normalerweise zu überprüfen. Die Reihenfolge gibt dabei nicht die Bedeutung des jeweiligen Parameters wieder.

1. *Verlauf des Kalibrationsgraphen:* Antikörperbasierte Messsysteme zeigen in der Regel einen nichtlinearen Zusammenhang zwischen Kalibratorkonzentration und Messsignal auf. Somit kommt der Kurvenanpassung eine besondere Bedeutung zu. Im ersten Schritt sollte geprüft werden, ob die Abweichung zwischen den Werten einer Doppelbestimmung den Erwartungen entspricht. Ferner muss der Graph auf Stetigkeit geprüft werden. Liegen Extrempunkte oder Plateaus vor, sollte der Lauf wiederholt werden. Ursachen für solche Abweichungen können schlechte Doppelbestimmungen sein. Historisch wird immer noch der Korrelationskoeffizient (r^2-Wert) einer Kurvenanpassung zur Bewertung der Güte der Anpassung herangezogen. Dieses ist nicht mehr zeitgemäß und wird in Richtlinien der analytischen Chemie (z. B. Eurachem) strikt abgelehnt. Bei linearen Kalibrationen wird ein Residuenplot favorisiert. Für diesen Plot wird die Abweichung des einzelnen Kalibrators von der berechneten Kalibrationsfunktion gegen die Konzentration aufgetragen. Bei nichtlinearen Kalibrationen sollten oben genannte Prüfmerkmale und das Ergebnis von Kontrollproben herangezogen werden. Insbesondere in den Randbereichen des Kalibrationsgraphen ist mit größeren Abweichungen zu rechnen. Im Konzentrationsbereich unterhalb der LoQ sollte nur in Ausnahmefällen eine Extrapolation der Werte vorgenommen werden. Zu diesen Ausnahmenfällen zählt die Berechnung von Konzentrationen zur Abschätzung der Nachweisgrenze. Wird eine normale Probe analysiert und weist eine Konzentration unterhalb des LoQ auf, so sollte das Ergebnis für diese Probe auch als „kleiner LoQ" angegeben werden. Im oberen Konzentrationsbereich sollte eine Probe oberhalb des höchsten Kalibrators nicht extrapoliert, sondern verdünnt und nochmals analysiert werden.

2. *Variation der Ergebnisse einer Mehrfachbestimmung bei Kalibratoren und Proben:* Üblicherweise wird bei der mehrfachen Analyse einer Kalibratorlösung oder eines Probenextraktes ein Variationskoeffizient kleiner 10 % erwartet. Wird dieser überschritten, so liegt häufig eine unpräzise Pipettiertechnik vor. Betrifft die Varianz mehrere Kalibratoren oder einen Probenextrakt, so ist die Bestimmung zu wiederholen.

3. *Ergebnisse von Kontrollproben:* Bei Einsatz von Kontrollproben oder Referenzmaterialien wird üblicherweise das Ergebnis in einer Regelkontrollkarte eingefügt und im ersten Schritt optisch überprüft. Werden die vorgegebenen Spezifikationen verlassen, so muss das Ergebnis der parallel vermessenen Probe als kritisch angesehen werden.

4. *Ergebnisse eines (zertifizierten) Referenzmaterials:* Referenzmaterialien müssen nicht bei jeder Routineanalyse mitgeführt werden. Wurde während einer Validierung oder Verifizierung diese Probe korrekt gefunden, so reicht die Analyse von Kontrollproben für die tägliche Routinekontrolle der Methode.

30.6   Grenzen eines Messsystems

Entwickler kommerzieller Immunoassays befinden sich im Spannungsfeld zwischen Kundenansprüchen und den technisch bedingten Limitationen eines Immunoassays. Anwender eines solchen Assays fordern ein Ergebnis in möglichst kurzer Zeit. Dabei muss oft ein Kompromiss zwischen der Dauer einer Inkubation und der Stabilität bzw. Empfindlichkeit des Systems gegen Variationen eingegangen werden. Ein ELISA mit einer Inkubationszeit von 5 min kann keine Nachweis- und Bestimmungsgrenze wie ein Immunoassay mit 3-stündiger Inkubation bei gleichzeitig hoher Präzision erreichen. Je kürzer eine Inkubationszeit gewählt wird, desto eher werden Pipettiergeschwindigkeiten, Pipettiertechnik, Temperaturen und das Waschen der Platte zu entscheidenden Limitationen der Leistungsfähigkeit eines Systems. Dieses wird in der Regel während der Validierung im Rahmen einer umfangreichen Robustheitsuntersuchung charakterisiert. Stellt sich dabei ein Parameter als besonders wenig robust dar, so sollte dieser in der Testkitbeschreibung dem Nutzer mitgeteilt werden.

Eine weitere wichtige Forderung sind Fertigreagenzien, die keine weitere Verdünnung mehr benötigen (sog. „Ready-to-use"-Reagenzien, s. auch Kap. 26). Diese müssen über die gesamte intendierte Haltbarkeit des Testkits stabil sein. Somit sind während der Entwicklung und Validierung eines solchen Systems umfangreiche Untersuchungen zur Stabilität durchzuführen und während der Routineproduktion zu überprüfen. Erste Einschätzungen zu einer Langzeitstabilität können dabei aus einer beschleunigten Stabilitätsuntersuchung bei erhöhten Temperaturen von 37 °C oder sogar 42 °C über mehrere Wochen Lagerdauer gezogen werden. Es sollten aber immer parallel Realzeitstabilitätsuntersuchungen durchgeführt werden, weil eine Komponente, die bei 37 °C als instabil eingestuft worden ist, durchaus eine Realzeitstabilität von z. B. zwei Jahren aufweisen kann. Umgekehrt ist es möglich, dass eine Langzeitstabilität negativ ausfällt, obwohl die beschleunigte Kurzzeitstabilitätsuntersuchung bei erhöhten Temperaturen positiv ausgefallen war. Dabei muss genau betrachtet werden, welche Daten zur Beurteilung der Stabilität herangezogen werden. Werden lediglich die OD-Werte von Kalibratoren und Proben herangezogen, kann irrtümlicherweise der Schluss gefasst werden, dass bei abnehmenden OD-Werten eine Instabilität vorliegt. Dieses muss nicht in jedem Fall richtig sein, weil sich OD-Werte z. B. durch Abnahme der Enzymaktivität in einem Konjugat insgesamt verringern können, dieses aber nicht zwangsläufig auf die berechnete Konzentration von Kontrollproben einen Einfluss haben muss. Es ist vollkommen normal, dass ELISA-Systeme über die intendierte Haltbarkeit hinweg langsame OD-Abnahmen zeigen. Diese werden erst kritisch, wenn durch sehr starke OD-Abnahmen die Präzision der Ergebnisse betroffen ist. Durch Einsatz von kommerzieller Stabilisierungslösungen können Antikörper und Konjugate so gut stabilisiert werden, dass sogar Haltbarkeiten von mehreren Jahren erreicht werden können (s. auch Kap. 26).

Jeder Testkit ist für die ausgelobten Matrices validiert (z. B. Bestimmung von Ochratoxin A in Mais). Ein Nutzer kann nicht erwarten, dass die Nachvalidierung einer bisher unbekannten Matrix (hier z. B. Rosinen) in jedem Fall zu akzeptablen Ergebnissen führen muss. Daher ist das Studium des angegebenen Einsatzbereiches des Assays von großer Bedeutung, da hier bereits manchmal wichtige Limitationen des Systems genannt werden. Dies betrifft häufig störende Lebensmittelbestandteile.

Weiterführende Literatur

AOAC International (2012): Appendix M: Validation Procedures for Quantitative Food Allergen ELISA Methods: Community Guidance and Best Practices. AOAC Official Methods of Analysis, Gaithersburg, MD.

Barwick VJ and Prichard E (eds.) (2011): Eurachem Guide: Terminology in Analytical Measurement – Introduction to VIM 3. ISBN 978-0-948926-29-7. Available from www.eurachem.org.

Clinical and Laboratory Standard Institute (2009): Evaluation of Stability of In Vitro Diagnostic Reagents; Approved Guideline. CLSI document EP25-A (ISBN 1-56238-706-5). Clinical and Laboratory Institute, 940 West Valley Road, Suite 1400, Wayne, Pennsylania 19087–1898 USA.

European Commission: Commission Decision (EC) No. 657/2002 of August 12 2002 implementing Council Directive 96/23/EC concerning the performance of analytical methods and the interpretation of results. Off. J. Eur. Union L 221/8, 2002.

European Commission: Commission Regulation (EU) No. 519/2014 of May 16 2014 amending Regulation (EC) No 401/2006 as regards methods of sampling of large lots, spices and food supplements, performance criteria for T-2, HT-2 toxin and citrinin and screening methods of analysis. Off. J. Eur. Union L 147/29, 2014.

J. AOAC Int. 98 Band 2, 2015

Joint Committee for Guides in Metrology (JCGM) (2012): International Vocabulary of metrology – Basic and general concepts and associated terms (VIM).

Magnusson B and Örnemark U (eds.) (2014): Eurachem Guide: The Fitness for Purpose of Analytical Methods – A Laboratory Guide to Method Validation and Related Topics. ISBN 978-91-87461-59-0. Available from www.eurachem.org.

Wild D (2013): The Immunoassay Handbook – Theory and Applications of Ligand Binding, ELISA and Related Technique. Elsevier Science, Amsterdam, Netherlands, 4th Edition, p. 327.

Automatisierung von Immunoassays

Matthias Herkert und Nikolas Vogel

Die Einführung der Immunoassaytechnik in den frühen 1970er-Jahren legte den Grundstein für eine bis heute andauernde Entwicklung diagnostischer Verfahren sowohl im Routinelabor als auch in der Forschung. Dabei prägten Peter Perlmann und Eva Engvall den Begriff *Enzyme-Linked Immunosorbent Assay* (ELISA) und Anton Schuurs und Bauke van Weemen die Bezeichnung *Enzyme Immuno Assay* (EIA). Neu war die Verwendung einer enzymvermittelten Nachweisreaktion, welche die bis dahin bekannte radioaktive Markierung von Antigenen oder Antikörpern ablöste. Seit den ersten Prototypen zum Nachweis von Immunglobulin G aus Kaninchenserum wurden eine Vielzahl verschiedener Assayformate und Detektionsverfahren entwickelt, die sich alle von diesem ursprünglichen Funktionsprinzip ableiten. Eine dieser Varianten ist der Chemilumineszenz-Immunoassay (CLIA), welcher entweder enzymvermittelt (indirekte Markierung) oder rein chemisch (direkte Markierung) ablaufen kann.

Mit der zunehmenden Automatisierung von Arbeitsabläufen in den 1990er-Jahren, die vor allem durch intelligente Softwaresteuerung einen enormen Aufschwung erfuhr, werden auch die bis dahin manuell durchgeführten Immunoassays zunehmend automatisiert abgearbeitet. Dies geschieht entweder in offenen Systemen, welche Reagenzienkits verschiedener Hersteller abarbeiten können, oder in geschlossenen Systemen, die nur mit Reagenzien des jeweiligen Instrumentenherstellers kompatibel sind.

M. Herkert (✉)
DRG Instruments GmbH, Marburg, Deutschland
E-Mail: herkert@drg-diagnostics.de

N. Vogel
Stratec Biomedical AG, Birkenfeld, Deutschland
E-Mail: n.vogel@stratec.com

© Springer-Verlag GmbH Deutschland, ein Teil von Springer Nature 2023
A. M. Raem und P. Rauch (Hrsg.), *Immunoassays,*
https://doi.org/10.1007/978-3-662-62671-9_31

Die Automatisierung im klinischen Labor hat in den letzten Jahren zu einem stetigen Zuwachs der durchgeführten Tests geführt. Die Vorteile einer Laborautomatisierung betreffen dabei sowohl die Präanalytik mit ihren zum Teil aufwendigen manuellen Arbeitsschritten als auch die Analytik selbst sowie die postanalytische Aufbereitung der Daten. Die großen Fortschritte der Hersteller bei der Entwicklung von automatisierten diagnostischen Systemen haben dazu geführt, dass Abläufe im Labor standardisiert werden können, wodurch sich die Qualität und Effizienz der Laboranalytik deutlich verbessert hat. Dies manifestiert sich nicht nur in einer Reduktion der Fehlerquote und der totalen Analysezeiten, sondern auch in einer verbesserten Präzision und Standardisierung der Messergebnisse. Infolge dieser Entwicklung hat sich das Volumen der durchgeführten Tests in den letzten 20 Jahren im Labordurchschnitt verzehnfacht. Dies führt durch eine erhöhte Walk-Away-Zeit während der Analyse und gleichzeitige Einsparung an qualifiziertem Personal zu einer deutlichen Reduktion von Laborkosten. Zusätzlich sinkt die biologische Gefährdung des Laborpersonals durch die nun automatisierte Bearbeitung des potenziell infektiösen Probenmaterials. Zudem bieten die Hersteller automatisierter Systeme durch flexible Programmierung der Software die Möglichkeit, innerhalb des Labors sowohl bestehende Testverfahren zu optimieren und auf die spezifischen Anforderungen der jeweiligen Hersteller von Reagenzien und kompletten Testkits anzupassen, als auch neue manuelle Tests auf dem Automaten zu adaptieren.

Grundsätzlich kann man bei Automaten zwischen zwei verschiedenen Typen unterscheiden: Zum einen Plattensysteme, welche zur Batchanalyse von Mikrotiterplatten dienen, und zum anderen Random-Access-Systeme, welche zur Abarbeitung von Einzelküvetten oder Minibatches ausgelegt sind. Während klassische chromogene ELISAs in Mikrotiterplatten abgearbeitet werden, können beispielsweise CLIAs sowohl in Mikrotiterplatten (meist manuell), als auch vollautomatisiert in Einzelküvetten bearbeitet werden. Diese zwei verschiedenen Automatentypen teilen manche Schwierigkeiten in der Automatisierung, allerdings gibt es auch grundlegende Unterschiede. Um eine erfolgreiche Adaptierung von ELISA oder CLIA zu gewährleisten, welche die Eigenschaften des manuellen Tests im Automaten abbildet oder sogar noch verbessert, müssen jedoch bestimmte Prinzipien beachtet werden. In diesem Kapitel sollen die Herausforderungen der Automatisierung von manuellen Immunoassays im ELISA- und im CLIA- Format dargestellt werden.

31.1   Problemfelder bei der Automatisierung

Bei der Anpassung von manuellen Versuchsabläufen auf automatisierte offene Systeme gilt es, sowohl die speziellen Anforderungen der manuellen Prozedur zu berücksichtigen als auch die baulichen Voraussetzungen des Automaten. Zusätzlich können oft Abläufe der manuellen Abarbeitung nicht deckungsgleich am Gerät wiedergegeben werden. Deshalb spielt deren Kompensation durch die flexible Programmierung der Abläufe am Automaten eine zentrale Rolle. Im Folgenden werden diejenigen Faktoren diskutiert, die bei der Abarbeitung manueller Immunoassays auf automatisierten Systemen zu beachten sind.

31.1.1 Waschpuffer und Systemflüssigkeit

Generell erhöht sich der Verbrauch an Waschpuffer und Systemflüssigkeit in Automaten gegenüber einer manuellen Abarbeitung. Dafür gibt es mehrere Gründe:

- Zunächst müssen die Leitungen für den Waschpuffer vor Beginn des Versuchsablaufs gespült werden, da sie in der Regel bei längerer Ruhe-Standzeit mit Systemflüssigkeit gefüllt sind. Weiterhin sollen durch intensives Spülen mit erhöhter Flussrate Luftblasen aus dem System entfernt werden.
- Weiterhin müssen auch die Leitungen für die Systemflüssigkeit (meist Aqua dest.) vor Beginn des Versuchsablaufs gespült werden, um die alte Lösung gegen frische auszutauschen und Luftblasen zu entfernen.
- Während der Abarbeitung des Versuchs, sowie in eventuellen Pausenintervallen zwischen zwei Abarbeitungen, werden die Leitungen mit Waschpuffer bzw. Systemflüssigkeit gespült, um Verkrustungen und Ablagerungen zu vermeiden. Dies erfolgt bei vielen Systemen automatisch nach einer definierten Standzeit.
- Vor dem Ausschalten des Gerätes werden alle Leitungen in der Regel mit Systemflüssigkeit gespült, um Kristallbildung durch Aussalzen sowie bakterielles Wachstum zu verhindern.

Generell ist die regelmäßige Wartung des Instruments eine essenzielle Voraussetzung für optimale Testergebnisse. So beeinträchtigen schon geringe Verunreinigungen in den Schlauchverbindungen, Dispensoren oder Flüssigkeitsbehältern die Präzision der Messung.

31.1.2 Systemtakt

Häufig arbeiten vollautomatisierte Analysegeräte mit einem fest definierten Systemtakt, um eine möglichst identische Abarbeitung verschiedener Proben zu gewährleisten. Dieser Systemtakt darf nicht verletzt werden, indem einzelne Teilschritte des Assays (z. B. Flüssigkeitstransfer) länger dauern als die dafür zur Verfügung stehende Zeit. Die Schwierigkeiten, einzelne Teilschritte des Assays in den Systemtakt eines Automaten zu integrieren, werden in den folgenden Absätzen aufgeführt.

31.1.3 Flüssigkeitstransfer

31.1.3.1 Einmal-Pipettenspitzen

Bei der manuellen Abarbeitung eines Assays werden prinzipiell Einmal-Pipettenspitzen zum Übertrag von Patientenproben und Assayreagenzien verwendet. Die Verwendung von Einmal-Pipettenspitzen ist auch in vielen Automaten etabliert. Allerdings kommen in machen Systemen auch Stahl- oder Teflonpipettennadeln zum Transfer von Reagenzien zum Einsatz, um die Materialkosten pro Test zu reduzieren. Diese

Pipettennadeln müssen zwischen den Flüssigkeitstransfers an einer dafür vorgesehenen Waschstation gespült werden, um eine gegenseitige Verunreinigung der Reagenzien (Kreuzkontamination) zu verhindern. Bei einer Inkompatibilität zweier Reagenzien ist möglicherweise ein intensives Waschen der Pipettennadel notwendig, was wiederum zu einer Verletzung des Systemtaktes führen kann. In diesem Fall wäre die Programmierung eines zusätzlichen Taktes für die Nadelwaschung unausweichlich, was allerdings in einem reduzierten Probendurchsatz resultiert.

31.1.3.2 Dispensiermodus
Während bei manuellen Assays keine exakte zeitliche Einhaltung der Pipettierschritte notwendig ist, können mehrere Faktoren einzeln, aber auch kombiniert, zu Schwierigkeiten bei der Adaption von manuellem auf automatisches Pipettieren führen. So können beispielsweise große Flüssigkeitsvolumina, sehr langsame Flüssigkeitsaufnahme und/ oder -abgabe, Multi-Dispensieren von aufgenommener Flüssigkeit und mehrere Flüssigkeitstransfers einer Pipette in einem Takt zu einer Verletzung des Systemtaktes führen. Daher erlauben es viele Automaten, falls benötigt mehrere Systemtakte zur Übertragung der Flüssigkeiten zu verwenden. Hier muss allerdings berücksichtigt werden, dass dies zu einem verminderten Probendurchsatz führen kann, was wiederum die Wirtschaftlichkeit des Analysegerätes reduziert.

31.1.3.3 Pipettiertechniken
Eine zusätzliche Schwierigkeit beim Automatisieren des Pipettierens sind die verschiedenen Pipettiertechniken, welche manuell angewendet werden können. Dazu zählen direktes oder reverses Pipettieren oder die Flüssigkeitsabgabe in Flüssigkeit oder in Luft. Des Weiteren ist ein „Absetzen" der Flüssigkeit an der Wand des Reaktionsgefäßes, so wie es oft manuell praktiziert wird, im Automaten meist nicht möglich. Dafür bieten Hersteller oftmals die Möglichkeit, verschiedene Methoden und Flüssigkeitsklassen im Gerät zu definieren und zu parametrisieren, was allerdings mit Aufwand verbunden sein kann. Bei der Auswahl eines Gerätes wird es daher empfohlen, sich über dessen Funktionalitäten zu informieren.

31.1.3.4 Multidispensierung
Das Dispensieren der unterschiedlichen Reagenzien während der Abarbeitung eines Tests erfolgt bei Plattensystemen normalerweise durch eine gleichzeitige Befüllung mehrerer Kavitäten mit der Füllung einer Spritzenpumpe (Multidispensierung). Dabei entscheiden sowohl die Ladekapazität der Spritzenpumpe als auch das Volumen der zu pipettierenden Flüssigkeit darüber, wie viele Dispensierschritte mit einer Befüllung gemacht werden können. Oft kann eine Pipettenspitze mit bis zu 1,2 mL Volumen beladen werden. Das Dispensiervolumen beträgt in der Regel 50–200 µL. Zu berücksichtigen ist auch das Totvolumen, das in der Spitze verbleiben muss.

Rechenbeispiel: Bei einer Ladekapazität der Spritzenpumpe von 1200 µL und einem Totvolumen von 200 µL sowie einem Pipettiervolumen von 200 µL können fünf Kavitäten nacheinander befüllt werden. Zur Befüllung aller 96 Kavitäten einer Mikrotiterplatte muss die Spritzenpumpe daher 20-mal gefüllt werden, was mehrere Minuten dauert.

Tipp: Kompetitor (Konjugat), Substrat und Stopplösung sollten das gleiche Volumen haben, damit kein zeitlicher Versatz beim Auftrag entsteht. Somit lässt sich durch das Pipettieren gleicher Volumina die Ausprägung einer negativen Drift verhindern. Alternativ kann bei unterschiedlichen Volumina von Substrat, Konjugat oder Stopplösung zumindest ein gleiches Pipettierschema programmiert werden (z. B. 5 × 100 µL Konjugat und 5 × 200 µL Substrat).

31.1.3.5 Pipettiervolumina

Schließlich besitzen manche Automaten nur eine Spritze zum Pipettieren der Flüssigkeiten. Im Gegensatz dazu können bei manueller Abarbeitung mehrere Pipetten verwendet werden, deren Pumpkammern unterschiedliche Volumenbereiche abdecken (z. B. 0,5–10 µL, 10–200 µL, 100–1000 µL). Daher ist der Bereich für das maximal und minimal pipettierbare Volumen bei Automaten oft geringer als bei manueller Abarbeitung. Weiterhin kann sich die Präzision beim Pipettieren sehr geringer Volumina verschlechtern.

31.1.4 Inkubationsbedingungen

Für manche Assays ist es wichtig, alle Inkubationsschritte entweder unter permanentem Schütteln der Mikrotiterplatte bzw. des Reaktionsgefäßes (Küvette) durchzuführen oder unter Einhaltung einer konstanten Temperatur. In manchen Fällen wird sogar die Kombination beider Faktoren gefordert, denn sowohl ein Schütteln als auch eine erhöhte Temperatur (z. B. 37 °C) können die optische Dichte (OD-Werte) bzw. relative Lichteinheiten (RLU) für Standards und Proben deutlich erhöhen und führen so zu einer besseren Differenzierung zwischen niedrigstem Standard und Nullstandard. Das Schütteln der Reaktionsgefäße kann daher die Sensitivität eines Tests erhöhen, die Testdauer verkürzen und oft auch die Präzision verbessern. Weiterhin benötigt man eine geringere Konzentration an Konjugat, um eine definierte Extinktion zu erreichen. Durch Temperaturkontrolle unterliegen die erhaltenen Extinktionen außerdem nicht mehr den Schwankungen der Labortemperatur, wodurch robustere Ergebnisse erzielt werden können. Erfolgt also die Abarbeitung eines manuellen Tests unter Schütteln und/ oder unter konstanter Temperatur, sollte dies auch bei der automatisierten Abarbeitung berücksichtigt werden. Kann dies bei der Adaptierung an einen Automaten nicht umgesetzt werden, ist ein deutlicher Qualitätsverlust zu befürchten.

Weiterhin ist bei der Automatisierung des Inkubationsschrittes zu beachten, dass dieser ein Vielfaches des Systemtaktes sein muss. Bei *Random-Access-Automaten* muss zusätzlich berücksichtigt werden, dass lange Inkubationszeiten im Verhältnis zur Kapazität des Inkubators zu einer Unterbrechung der weiteren Testbeladung führen können. Diese Unterbrechung findet automatisch statt, sobald alle zu besetzenden Positionen im

Inkubator belegt sind, und hält an, bis neue Positionen frei werden. In diesem Fall wäre mit einem reduzierten Probendurchsatz zu kalkulieren.

31.1.5 Waschvorgang

31.1.5.1 Grundeinstellungen

Die Programmierung der Waschprozedur für einen Automaten gleicht in der Regel einer Gratwanderung. Zum einen soll die Waschprozedur den Ablauf beim manuellen Assay (bzw. den Mikrotiterplatten-Waschautomaten) möglichst genau abbilden, zum anderen aber müssen die speziellen baulichen Gegebenheiten des Gerätes berücksichtigt werden. In der Regel lassen sich folgende Parameter einer manuellen Waschprozedur (bzw. einer separaten Waschstation) relativ leicht am Automaten programmieren:

- Dispensiervolumen der Waschlösung
- Dispensiergeschwindigkeit der Waschlösung
- Inkubationsdauer der Waschlösung im Well *(Soak Time)*
- Absauggeschwindigkeit der Waschlösung

31.1.5.2 Carry-Over

In manuellen Assays werden die Waschritte bei manueller Durchführung mit Einmal-Pipettenspitzen durchgeführt, was einerseits das benötigte Verbrauchsmaterial zur Abarbeitung eines Tests erhöht, andererseits aber Verschleppung von Probe und Reagenz im Waschmodul verhindert. Waschautomaten als Zubehör einer manuellen Abarbeitung arbeiten hingegen mit fest installierten Waschkämmen. Auch im Vollautomaten ist ein Waschen mit Einmal-Pipettenspitzen nicht wirtschaftlich, weswegen auch hier in der Regel eine Dispensier- und Absaugmechanik zum Einsatz kommt. Das Absaugen wird dann mit fest installierten „Waschkämmen" bei Plattensystemen oder einzelnen Nadeln bei Einzelküvetten durchgeführt. In beiden Fällen ist es notwendig, die Absaugvorrichtung, welche in Kontakt mit der Flüssigkeit kommt, zwischen verschiedenen Proben zu spülen, um Verschleppung zu verhindern. Durch ein einfaches Experiment kann man überprüfen, ob Verschleppung während des Waschvorgangs bei einem bestimmten Assay problematisch ist. So kann man beispielsweise nacheinander mehrere negative Proben, dann eine stark positive Probe und danach wieder mehrere negative Proben waschen lassen. Ist die erste negative Probe, die nach der positiven Probe gewaschen wird, im Vergleich zu den durchschnittlichen Werten der ersten negativen Proben deutlich erhöht, dann deutet dies auf eine Verschleppung hin. Daher ist bei sehr empfindlichen Assays eine ausreichende Spülung der Absaugnadeln besonders wichtig.

31.1.5.3 Bead-basierte Assays

In Systemen, welche auf die Abarbeitung von Bead-basierten Assays in Einzelküvetten ausgelegt sind, ist das Waschvolumen oft vorgegeben bzw. sind die Grenzen eng definiert. Somit kann gewährleistet werden, dass der Waschvorgang ideal auf die Küvettengeometrie und die Magnetanordnung des Waschmoduls abgestimmt ist. Zudem werden bei Bead-basierten Assays die Magnetpartikel bei dem Waschvorgang gebündelt. Eine Schwierigkeit in der Automatisierung besteht darin, eine vollständige Resuspension der Magnetpartikel nach dem Waschvorgang zu gewährleisten. Dies kann über ein aktives Schütteln der Reaktionsgefäße, ein Dispensieren von weiteren Reagenzien auf die Magnetpartikel oder über eine mehrmalige Auf- und Abgabe der Reaktionspartner in der Küvette mit einer Einmal-Pipettenspitze geschehen und hängt von den baulichen Voraussetzungen des Analysegerätes ab. Kritisch ist die Programmierung des Wasch-vorgangs selbst vor allem bei Plattensystemen. Bei der Aspiration und Dispensierung kommt es hier vor allem auf die baulichen Voraussetzungen des jeweiligen Gerätes an, ob sich der Waschvorgang selbst auf das Ergebnis auswirkt. Diese Vorgänge werden in Abschn. 31.1.6 genauer untersucht.

31.1.6 Zeitlicher Versatz bei der automatisierten Abarbeitung einzelner Teilschritte in Plattensystemen

Die wohl größte Herausforderung bei der Anpassung manueller Arbeitsabläufe an offene Systeme besteht darin, die zeitliche Abfolge der Pipettierschritte am Automaten so zu steuern, dass sie den manuellen Inkubationszeiten entsprechen. Dies ist vor allem des-halb schwierig, da sich durch die Besonderheiten in der technischen Ausstattung des Automaten die zeitlichen Abläufe der manuellen Prozedur nicht vollständig abbilden lassen. Dies betrifft vor allem das Auftragen der Proben sowie die Waschschritte bei Plattensystemen, während diese Problematik bei einer Abarbeitung in Einzelküvetten nicht vorhanden ist.

Prinzipiell erfolgt die Abarbeitung eines ELISA abhängig vom Assayformat und lässt sich im einfachsten Fall in fünf Arbeitsschritte untergliedern (Abb. 31.1).

In Tab. 31.1 ist der Einfluss der verschiedenen Arbeitsschritte auf die Ausbildung eines zeitlichen Versatzes bei einem kompetitiven direkten Assayformat zusammengefasst.

Bei einem nichtkompetitiven, direkten Format (z. B. Sandwich-ELISA) ergeben sich normalerweise sechs Arbeitsschritte (Abb. 31.2).

In Tab. 31.2 ist der Einfluss der verschiedenen Arbeitsschritte auf die Ausbildung eines zeitlichen Versatzes bei einem nichtkompetitiven, direkten Assayformat zusammen-gefasst.

31.1.6.1 Zeitversatz durch Auftrag der Proben, Standards und Kontrollen

Der Auftrag von Proben ist der zeitintensivste Schritt bei der Abarbeitung eines manuellen ELISA. Der Zeitbedarf hängt dabei stark von der Erfahrung der durch-führenden Person ab (Pipettiergeschwindigkeit, Wechsel der Pipettenspitzen). Weiterhin wird der Zeitbedarf beeinflusst von der Anzahl der auf einer Mikrotiterplatte insgesamt

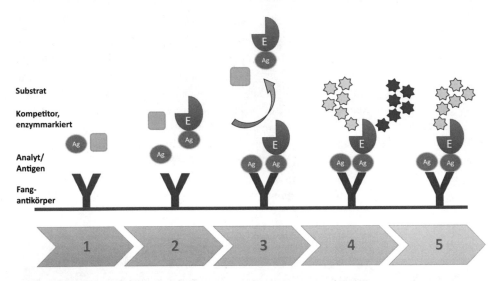

Substrat

Kompetitor,
enzymmarkiert

Analyt/
Antigen

Fang-
antikörper

1   2   3   4   5

Abb. 31.1 Arbeitsschritte bei einem kompetitiven, direkten Assayformat. Schritt 1: Auftrag der Proben; Schritt 2: Zugabe des Kompetitors; Schritt 3: Waschschritt zum Entfernen ungebundener Substanzen; Schritt 4: Auftrag des Substrates; Schritt 5: Auftrag der Stopplösung und Messung der Extinktion

Tab. 31.1 Einfluss der verschiedenen Arbeitsschritte auf die Ausbildung eines zeitlichen Versatzes bei voller Belegung einer Mikrotiterplatte

Arbeitsschritt	Zeitlicher Versatz bei manueller Abarbeitung	Zeitlicher Versatz bei automatisierter Abarbeitung
1. Probenauftrag	Groß (8–20 min)	Groß (8–20 min)
2. Auftrag des direkt markierten Kompetitors	Klein (ca. 1–2 min)	Klein (ca. 4 min)
3. Waschschritt	Klein (0,2–3 min)	Klein bei Waschstation mit 8 Nadeln (ca. 3 min), Groß bei nur einer Pipettiernadel (ca. 20 min)
4. Auftrag Substrat	Klein (ca. 1–2 min)	Klein (ca. 4 min)
5. Auftrag Stopplösung	Klein (ca. 1–2 min)	Klein (ca. 4 min)

aufgetragenen Proben und Standards (96 bei Einzelbestimmung), der Anzahl der Wiederholungen (Einzel-, Doppel-, Dreifachbestimmung), der Beschaffenheit der Proben (viskös oder dünnflüssig) und der dafür verwendeten Pipettiertechnik (revers oder direkt), sowie einer eventuell benötigten Probenvorbereitung (Vortexen vor Probenauftrag). Deshalb dauert der Probenauftrag für eine komplette Mikrotiterplatte in der Regel zwischen 8 und 20 min. Um den zeitlichen Versatz beim Probenauftrag zu reduzieren, können die Proben zunächst auf eine unbeschichtete Mikrotiterplatte pipettiert werden und anschließend mit einer Mehrkanalpipette auf die für den Test benötigte beschichtete

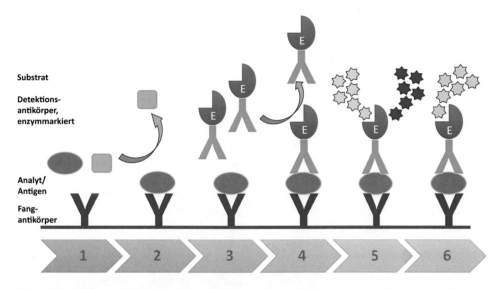

Abb. 31.2 Arbeitsschritte bei einem nichtkompetitiven, direkten Format. Schritt 1: Auftrag der Proben; Schritt 2: Waschschritt 1; Schritt 3: Auftrag des Detektionssystems; Schritt 4: Waschschritt 2; Schritt 5: Auftrag des Substrates; Schritt 6: Auftrag der Stopplösung und Messung der Extinktion

Tab. 31.2 Einfluss der verschiedenen Arbeitsschritte auf die Ausbildung eines zeitlichen Versatzes bei voller Belegung einer Mikrotiterplatte

Arbeitsschritt	Zeitlicher Versatz bei manueller Abarbeitung	Zeitlicher Versatz bei automatisierter Abarbeitung
1. Probenauftrag	Groß (8–20 min)	Groß (8–20 min)
2. Waschschritt 1	Klein (0,2–3 min), je nach Waschstation (8–16–96 Nadeln) und Einstellung der Waschstation	Klein bei Waschstation mit 8 Nadeln (ca. 3 min) Groß bei nur einer Pipettiernadel (ca. 20 min)
3. Auftrag weiterer Reagenzien	Klein (ca. 2 min)	Klein (ca. 4 min)
4. Waschschritt 2	Klein (0,2–3 min);	Klein bei Waschstation mit 8 Nadeln (ca. 3 min) Groß bei nur einer Pipettiernadel (ca. 20 min)
5. Auftrag Substrat	Klein (ca. 1–2 min)	Klein (ca. 4 min)
6. Auftrag Stopplösung	Klein (ca. 1–2 min)	Klein (ca. 4 min)

Mikrotiterplatte übertragen werden. Dadurch reduziert sich der Zeitversatz bei dem Probenauftrag auf ca. 1–2 min.

Auch bei automatisierten Systeme kommt es zu einer Verzögerung bei Auftrag von Proben, Standards und Kontrollen. Systeme mit nur einer Pipettiernadel benötigen in der Regel ca. 13 s für das Auftragen einer Probe. Der gesamte Vorgang beinhaltet dabei sowohl das Pipettieren der Probe als auch das anschließende Waschen der Pipettiernadel bzw. den Wechsel der Pipettenspitze. Beim Auftrag von 96 Proben ergibt das eine Verzögerung von $13 \times 96 = 1248$ s $= 20{,}8$ min. Dies bedeutet, dass bei einer maximalen Anzahl an Proben und Standards die erste Probe, die auf die Mikrotiterplatte pipettiert wird, mehr als 20 min länger inkubiert als die letzte Probe, bevor der nächste Pipettierschritt in der Testprozedur beginnt.

Je nach Assayformat führt ein zeitlicher Versatz beim Probenauftrag zu folgenden Effekten:

- Bei einem kompetitiven Testformat kommt es zu einem stetigen Abfall der Probenkonzentration (negativer Drift). Da eine Probe umso besser an die Mikrotiterplatte binden kann, je länger die Inkubation ohne Kompetitor erfolgt, steigt ihre Extinktion immer weiter an, je später sie auf die Mikrotiterplatte aufgetragen wird. Folglich sinkt die resultierende Konzentration dieser Probe. Diese negative Drift der Probenkonzentration ist abhängig von der Konzentration der Probe. Bei Proben mit sehr hoher Konzentration zeigt sich oft nur eine geringe Drift, während Proben mit einer Konzentration im Bereich des unteren Sensitivitätslimits oft eine große Drift aufweisen. In der Praxis zeigen solche Proben einen Konzentrationsunterschied von bis zu 50 % vom Anfang bis zum Ende der Messung. Das bedeutet, dass dieselbe Probe am Anfang der Plattenbelegung z. B. mit 100 ng $\times$ mL^{-1} quantifiziert, und am Ende der Plattenbelegung nur noch mit 50 ng $\times$ mL^{-1}.
- Bei einem nichtkompetitiven Testformat ist die Auswirkung eines zeitlichen Versatzes beim Auftrag der Proben meist geringer als beim kompetitiven Format. Dennoch kann es auch bei diesem Testformat durch den zeitlichen Versatz beim Probenauftrag zu einer stetigen Verringerung der Konzentration einer Probe kommen (negative Drift), da die OD-Werte durch die immer kürzere Inkubationszeit der Probe vor dem anschließenden Waschschritt stetig sinken und damit auch die Konzentration der Probe immer weiter abfällt. Das Ausmaß der negativen Drift ist hierbei vor allem von der Gesamtdauer der Probeninkubation abhängig. Befindet sich die Bindung des Analyten an die Mikrotiterplatte schon fast im Gleichgewicht, so ist der Einfluss eines zeitlichen Versatzes bei Probenauftrag eher gering. Wird die Probe jedoch nur eine sehr kurze Zeit inkubiert (z. B. 30 min), hat sich in der Regel noch kein Bindungsgleichgewicht eingestellt. Entsprechend groß ist die negative Drift bei einem z. B. 20-minütigen zeitlichen Versatz. Auch beim nichtkompetitiven Format ist die negative Drift umso ausgeprägter, je geringer die Konzentration der Probe ist.

Um die negative Assaydrift durch den zeitlichen Versatz beim Probenauftrag zu kompensieren, stehen in automatisierten Systemen verschiedene Korrekturmaßnahmen zur Verfügung, die sich vor allem aus dem verwendeten Assayformat ergeben.

Für kompetitive Formate stehen folgende Korrekturmaßnahmen zur Verfügung:

- *Verzögerter Auftrag von Kompetitor (Conjugate Delay):* Wenn der Auftrag der Proben sehr lange dauert (Schritt 1), kann es zu einer bis zu 20-minütigen Verzögerung des Ablaufs kommen. Ein verzögerter Auftrag des Kompetitors führt im Anschluss dazu, dass alle Proben einheitlich lange ohne Kompetitor in der Mikrotiterplatte inkubieren und auch der Kompetitor selbst einheitlich lange mit der Probe um die Bindung an die Mikrotiterplatte kompetiert. Dies kann eine negative Drift deutlich verringern oder sogar komplett ausgleichen. Allerdings wirkt sich dies in der Regel stärker auf die erste Hälfte der Platte aus. So führt z. B. eine Verzögerung von 10 s pro Kavität zu einem Zeitmehrbedarf von 16 min (96 Wells × 10 s = 16 min) für den gesamten Schritt 2 (Auftrag des Kompetitors). Damit kann eine Verzögerung von 20 min beim Probenauftrag schon fast vollständig kompensiert werden.
- *Verzögerung beim Dispensieren der Substratlösung:* Eine weitere Möglichkeit, um die negative Drift, die durch einen Zeitversatz beim Probenauftrag entstanden ist, auszugleichen, besteht in einer Verzögerung beim Auftrag der Substratlösung. Dadurch wird erreicht, dass die Dauer der Substratinkubation für Proben, die gegen Ende der Mikrotiterplatte pipettiert wurden und daher eine zu hohe OD aufweisen würden, zunehmend verkürzt wird. Damit kann man die Extinktion für diese Proben schrittweise senken und somit einer negativen Drift der Konzentration entgegenwirken. Dabei reduziert sich die negative Drift um ca. 10 % pro 1 s Verzögerung. Die Auswirkung einer Verzögerung bei Auftrag der Substratlösung ist allerding sehr testspezifisch und muss empirisch ermittelt werden. In Abb. 31.3 werden diese Vorgänge schematisch dargestellt.

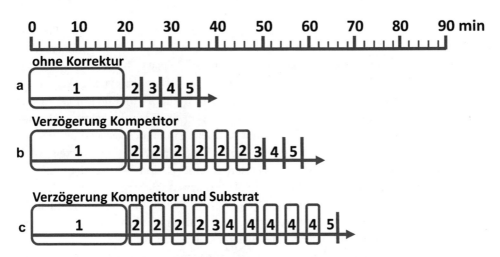

Abb. 31.3 Schematische Darstellung der zeitlichen Abfolge der fünf Arbeitsschritte bei einem kompetitiven, direkten Format mit 20-minütigem Zeitversatz durch den Probenauftrag. **a** ohne Korrektur; **b** mit Verzögerung des Auftrags von Kompetitor; **c** mit Verzögerung des Auftrags von Kompetitor und Substrat

- *Erhöhung der Inkubationszeit für Kompetitor/Probe:* Nach einer gewissen Inkubationsdauer stellt sich ein Gleichgewicht für die Bindung von Analyt und Kompetitor an die Mikrotiterplatte ein. Wenn dieses Gleichgewicht für alle Proben auf der Mikrotiterplatte erreicht wird, sinkt der Einfluss unterschiedlicher Inkubationszeiten der Proben ohne Kompetitor. So kann schon eine Verlängerung der Inkubationszeit von Probe mit Kompetitor von 60 auf 90 min zu einer deutlichen Verringerung der negativen Drift führen. Als positiver Nebeneffekt einer verlängerten Inkubationszeit verbessert sich in der Regel auch die Präzision einer Mehrfachbestimmung.
- *Vorinkubation der Probe vor Zugabe des Kompetitors:* Anstelle einer verlängerten gemeinsamen Inkubation von Probe und Kompetitor kann man auch nur die Inkubationsdauer der Probe ohne Kompetitor verlängern. So führt eine generelle Inkubation der Probe von 30 min auf der Mikrotiterplatte vor Zugabe des Kompetitors oft dazu, dass sich für alle Proben trotz des Zeitversatzes beim Probenauftrag annähernd ein Gleichgewicht einstellt, bevor der Kompetitor zugegeben wird. Auch diese Maßnahme kann einer negativen Plattendrift entgegenwirken. Erfahrungsgemäß sinkt die negative Drift um ca. 10 %, wenn man alle Proben zunächst für 30 min ohne Kompetitor inkubiert. Dies macht sich vor allem in der ersten Plattenhälfte bemerkbar, und auch hier kann sich die Präzision einer Mehrfachbestimmung verbessern. Weiterhin kann die Vorinkubation der Probe auch zu einer Verbesserung der Differenzierung zwischen den Standardpunkten und damit zu einer erhöhten Sensitivität des Tests führen.

Für nichtkompetitive Formate stehen folgende Korrekturmaßnahmen zur Verfügung:

- *Verzögerung des 1. Waschschrittes*: Durch eine Verzögerung des auf die Probeninkubation folgenden 1. Waschschrittes (Schritt 2 der Abb. 31.2) für jede einzelne Kavität der Mikrotiterplatte kann der zeitliche Versatz beim Probenauftrag kompensiert werden *(Drift Correction)*. Diese Option kann bei vielen Automaten aktiviert werden, wobei die Geräte dann automatisch eine *Drift Correction* auf der Basis der Verzögerung beim Probenauftrag berechnen. Eine Korrektur auf dem Niveau der einzelnen Kavität ist jedoch nur bei Geräten möglich, welche die Waschschritte mit nur einer oder zwei Pipettier- und Dispensiernadeln durchführen. Wird das Waschen der Kavitäten von einer integrierten Waschstation mithilfe eines Kamms durchgeführt (in der Regel mit acht oder 16 Nadeln zum Aspirieren und Dispensieren), so ist eine individuelle Kompensation der Drift pro Kavität nicht mehr möglich. In diesem Fall kann versucht werden, die Drift mit einem verzögerten Waschen einzelner Riegel (z. B. acht Kavitäten einer Spalte) näherungsweise zu kompensieren.
- *Verzögerung des 2. Waschschrittes:* Zusätzlich zur Verzögerung des 1. Waschschrittes kann eine Driftkompensation auch durch eine weitere Verzögerung beim 2. Waschschritt (Schritt 4) versucht werden. Diese Maßnahme kann man dann anwenden, wenn trotz einer Verzögerung des 1. Waschschrittes noch eine zu große negative Drift festgestellt wird.

- *Verzögerung beim Dispensieren der Stopplösung (Stop Delay):* Hier wird versucht, eine negative Drift, die durch den Zeitversatz beim Probenauftrag entstanden ist, durch eine Verzögerung beim Auftrag der Stopplösung auszugleichen. Dadurch wird erreicht, dass die Substratinkubation derjenigen Proben, die gegen Ende der Mikrotiterplatte pipettiert wurden und daher eine zu niedrige OD aufweisen würden, zunehmend später gestoppt wird. Damit kann die Extinktion für diese Proben schrittweise erhöht und somit einer negativen Drift der Konzentration entgegengewirkt werden. Die Auswirkung eines *Stop Delay* ist sehr testspezifisch und muss empirisch ermittelt werden.

In Abb. 31.4 werden die Abläufe bei Verzögertem Waschvorgang schematisch dargestellt.

31.1.6.2 Zeitversatz durch die Waschprozedur

In der Regel dauert das Waschen einer kompletten Mikrotiterplatte 0,2–3 min. Der genaue Zeitbedarf ist dabei abhängig von der Anzahl an Nadeln am Waschkopf (8, 16 oder 96), der Anzahl der Waschzyklen (in der Regel 3–5), der Dispensier-, und Absauggeschwindigkeit der Pumpe, sowie der Anzahl der Absaugpositionen (entweder 1 × zentriert oder 2 × jeweils am Rand der Kavitäten). Steht für das Waschen der Kavitäten am Automaten nur eine Pipettiernadel zur Verfügung, so kann das Waschen einer kompletten Mikrotiterplatte jedoch bis zu 20 min dauern.

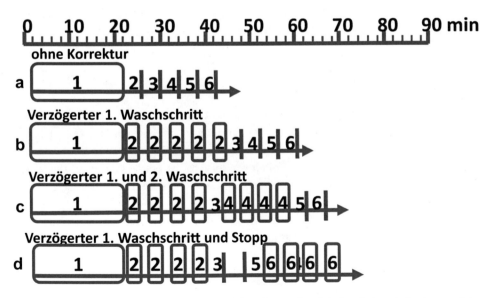

Abb. 31.4 Darstellung der zeitlichen Abfolge der sechs Arbeitsschritte bei einem nicht-kompetitiven, direkten Format mit 20-minütigem Zeitversatz durch den Probenauftrag. **a** ohne Korrektur; **b** Verzögerung des 1. Waschschrittes (*Drift Correction;* Schritt 2); **c** Verzögerung des 1. und 2. Waschschrittes (*Drift Correction;* Schritt 2 und 4); **d** Verzögerung des 1. Waschschrittes und des Stoppschrittes (Schritt 6)

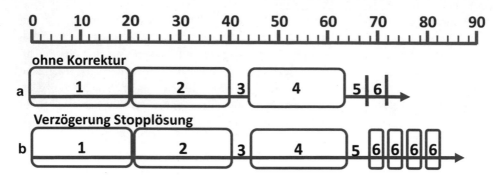

Abb. 31.5 Schematische Darstellung der zeitlichen Abfolge der 6 Arbeitsschritte bei einem nicht-kompetitiven, direkten Format mit je 20-minütigem Zeitversatz durch den Probenauftrag und den 1. Waschschritt. **a** ohne Korrektur; **b** Verzögerung des Stoppschrittes (Schritt 6)

Für die Durchführung eines nichtkompetitiven, direkten ELISA-Formates ergeben sich dadurch folgende Konsequenzen: Eine Verzögerung beim Waschen kann die zuvor stattgefundene Verzögerung beim Probenauftrag zum Teil wieder kompensieren, sodass sich die Gesamtdauer der Inkubation für Proben, die am Anfang und am Ende der Messung aufgetragen wurden, möglicherweise nicht dramatisch unterscheidet. Sollte sich dennoch eine negative Drift zeigen (z. B. wenn die Verzögerung beim 1. Wasch-schritt geringer ist als beim Probenauftrag), kann auch hier durch eine Verzögerung des Auftrags der Stopplösung eine Driftkorrektur erreicht werden (Abb. 31.5).

31.1.7 Messvorgang

Bei Chemilumineszenz-Immunoassays wird ein Analyt entweder über eine direkte (Luminophor-) oder indirekte (Enzym-)Markierung nachgewiesen. Die Chemi-lumineszenz-Reaktion wird über die Zugabe von ein bis zwei Starterreagenzien initiiert. Hierbei ist darauf zu achten, welche Zeiten bei der Abgabe der Starterreagenzien durch die baulichen Voraussetzungen und durch den Systemtakt des Analysegerätes einzuhalten sind. Die Reaktionskinetik der Chemilumineszenzreaktion kann über die chemischen Bedingungen so verändert werden, dass die Photonenemissionen innerhalb von Sekunden oder Minuten stattfinden, abhängig von den Anforderungen.

31.2 Zusammenfassung

Die Automatisierung der Labordiagnostik hat in den letzten 30 Jahren zu einer deutlichen Steigerung des Labordurchsatzes geführt und dennoch die Qualität der Messergebnisse verbessert sowie die Kosten für die Bestimmung eines Analyten verringert. Offene automatisierte System bieten die Möglichkeit, Tests verschiedener Reagenzienhersteller auf dem Gerät zu adaptieren und die entsprechenden Analysen vollautomatisch durchzuführen. Die Adaptierung gelingt in der Regel durch eine Anpassung des manuellen Testverfahrens an die speziellen baulichen Voraussetzungen des jeweiligen Automaten. Wichtige Stellschrauben bei der Anpassung sind dabei die Kompensierung des zeitlichen Versatzes durch Probenauftrag und Waschprozedur sowie die Waschprozedur selbst. Weiterhin muss ein erhöhter Verbrauch an Reagenzien durch Totvolumina sowie Wasch-, und Spülschritte des Gerätes berücksichtigt werden.

Weiterführende Literatur

Arya SK and Estrela P. Recent Advances in Enhancement Strategies for Electrochemical ELISA-Based Immunoassays for Cancer Biomarker Detection. Sensors (Basel). 2018; 22;18(7) 1–45.

Avrameas S. Coupling of enzymes to proteins with glutaraldehyde. Use of the conjugates for the detection of antigens and antibodies. Immunochemistry 1969;6:43–52.

Carlier Y, Daniel Bout, Andre Capron. Automation of enzyme-linked immunosorbent assay (ELISA). Journal of Immunological Methods 1979; 31, 237–246.

Chen, W., Jie, W. U., Chen, Z. O. N. G., Jie, X. U., & Huang-Xian, J. U. (2012). Chemiluminescent immunoassay and its applications. Chinese Journal of Analytical Chemistry, 40(1), 3–10.

Cinquanta, L., Fontana, D. E., & Bizzaro, N. (2017). Chemiluminescent immunoassay technology: what does it change in autoantibody detection?. *Autoimmunity Highlights*, 8(1), 9.

Engvall E, Perlmann P. Enzyme-linked immunosorbent assay (ELISA). Quantitative assay of immunoglobulin G. Immunochemistry 1971; 8:871–874.

Genzen J Challenges and opportunities in implementing total laboratory automation. Clinical Chemistry 2018; 64:2 259–64.

Joelsson D, Moravec P, Troutman M, Pigeon J, DePhillips P. Optimizing ELISAs for precision and robustness using laboratory automation and statistical design of experiments. J. Immunol. Meth. 2008; 337(1) 35–41.

Lequin RM. Enzyme immunoassay (EIA)/enzyme-linked immunosorbent assay (ELISA). Clin Chem. 2005 Dec; 51(12):2415–8.

Tighe PJ, Ryder RR,Todd I, Fairclough LC.ELISA in the multiplex era: potentials and pitfalls. Proteomics Clin Appl. 2015; 9(3–4):406–22.

van Weemen BK, Schuurs AHWM. Immunoassay using antigen-enzyme conjugates. FEBS Letts 1971; 15:232–236.

Weeks, I., Sturgess, M. L., & Woodhead, J. S. (1986). Chemiluminescence immunoassay: an overview. *Clinical Science*, 70(5), 403–408.

Wild, D. (Ed.). (2013). *The immunoassay handbook: theory and applications of ligand binding, ELISA and related techniques*. Newnes.

Präanalytische Qualitätssicherung durch zuverlässige Probenstabilisierung und -logistik

Kateryna Shreder, Ullrich Stahlschmidt und Georg Klopfer

Die Entwicklung der blutbasierten Nucleinsäureanalytik, die sog. Flüssigbiopsie (engl. *Liquid Biopsy*), hat in den letzten Jahren einen rasanten Anstieg erlebt. Die minimalinvasive molekulare Diagnostik spezifischer Marker wie zellfreier DNA, zirkulierender Tumorzellen (engl. *Circulating Tumor Cells*, CTC), Exosomen oder anderer Mikrovesikel in Blut und Urin wird vermehrt zur Früherkennung, Diagnose sowie für Therapieverlaufskontrollen, besonders bei Tumorerkrankungen, eingesetzt. Da diese Biomarker meistens sehr instabil sind, erfordert die Flüssigbiopsieanalyse eine Standardisierung präanalytischer Arbeitsabläufe einschließlich der Entnahme von Blutproben gleichbleibender Qualität und der Herstellung von qualitätsvollen Plasmaproben daraus. Für den Einsatz von Liquid Biopsy in der klinischen Routinediagnostik ist daher eine zuverlässige präanalytische Methode zur Stabilisierung von verschiedenen Analyten (DNA, miRNA, Mikrovesikel, Proteine usw.) in den Patientenproben vor allem während des Transports und Lagerung von großer Bedeutung. Wird ein traditionelles K_3EDTA-Röhrchen zur Blutabnahme verwendet, muss die Probe spätestens nach vier Stunden verarbeitet werden, da es sonst zur Lyse von Blutzellen und zum Verlust von Analyten kommt. Darüber hinaus wird die Analyse von cfDNA durch die Freisetzung von großen Mengen genomischer DNA und anderen Zellbestandteilen stark erschwert. Dies kann allerdings den diagnostischen Anwendungsbereich von cfDNA einschränken, insbesondere da, wo die Patientenproben vor der Analyse über längere Zeit gesammelt

K. Shreder · U. Stahlschmidt · G. Klopfer (✉)
HiSS Diagnostics GmbH, Freiburg i. Breisgau, Deutschland
E-Mail: g.klopfer@hiss-dx.de

K. Shreder
E-Mail: k.shreder@hiss-dx.de

U. Stahlschmidt
E-Mail: u.stahlschmidt@hiss-dx.de

© Springer-Verlag GmbH Deutschland, ein Teil von Springer Nature 2023
A. M. Raem und P. Rauch (Hrsg.), *Immunoassays*,
https://doi.org/10.1007/978-3-662-62671-9_32

werden oder vor dem Versand keine Möglichkeiten zur Plasmatrennung von Blut und zur Kryokonservierung bestehen. Daher wird für die Liquid-Biopsy-Analysen die Verwendung von speziellen Blutentnahmeröhrchen, die, je nach Anwendung, bestimmte Analyten (DNA, miRNA usw.) bis zu 14 Tage nach Blutentnahme stabilisieren können, empfohlen. Die Integration von Stabilisierungsröhrchen in den Arbeitsablauf ermöglicht die Gewinnung von hochwertigen Proben, was die nachfolgende Analyse erleichtert und den Arbeitsaufwand reduziert.

32.1 Stabilisierung von zellfreier DNA (cfDNA)

Zellfreie DNA (cfDNA) kommt natürlicherweise im Blut vor, was weitgehend auf apoptotische und nekrotische Prozesse zurückzuführen ist. Die Existenz der zellfreien DNA im Blut wurde zwar bereits 1948 entdeckt, hat aber den Einsatz in der klinischen Medizin erst vor Kurzem gefunden. Es wurde gezeigt, dass die cfDNA in Serum von Patienten mit Lupus erythematodes vorhanden und in Serum von Patienten mit Krebserkrankungen erhöht ist. Weitere Untersuchungen zeigten auch erhöhte Konzentrationen von cfDNA in Serum von Patienten mit rheumatoider Arthritis, Brust-, Bauchspeicheldrüsen-, Kopf- und Halskrebs (Thierry et al. 2016). Mehrere Studien haben zudem gezeigt, dass es möglich ist, Tumorgenome aus Plasma-DNA zu rekonstruieren. Tumorzellen setzen DNA-Fragmente (ctDNA) in den Blutkreislauf frei, die sich in der zellfreien Blutfraktion befinden (Heitzer et al. 2015). Die ctDNA im Vollblut spiegelt die Heterogenität des Tumorgenoms wider, einschließlich des Primärtumors und der Metastasierung. Die Analyse der ctDNA zur Diagnose und Therapieüberwachung kann somit nichtinvasive Diagnostik und Therapieüberwachung deutlich verbessern. Dadurch gewinnt der Einsatz von cfDNA-Analyse für nichtinvasive diagnostische und prognostische Tests stetig an Bedeutung.

Eine Herausforderung bei der Analyse von cfDNA ist die rapide Freisetzung der genomischen DNA aus mononucleären Blutzellen (PBMC), welche die Analyse der cfDNA deutlich erschwert. Sensitive Nachweismethoden wie *Next Generation Sequencing* (NGS) oder *digital PCR* (dPCR) können die geringen Mengen an cfDNA zwar detektieren, doch vor einem Hintergrund an genomischer DNA stoßen auch diese modernen Techniken an ihre Grenzen. Für die cfDNA-Analyse wird daher die Verwendung von Reagenzien zur Zellstabilisierung empfohlen. Die konventionellen Methoden bieten zur Zellstabilisierung auf Aldehyd basierende Chemikalien wie Formaldehyd oder Glutaraldehyd, welche die Zelllyse reduzieren. Allerdings wird durch die Verwendung von Aldehyden eine Reihe chemischer Modifikationen in Nucleinsäuren hervorgerufen, welche cfDNA-Analyse erschwert (Srinivasan et al. 2002).

Streck Inc. (Omaha, Nebraska, USA) war das erste Unternehmen, welches das zellstabilisierende Reagenz direkt in die Blutabnahmeröhrchen integriert hat (Cell-free DNA-BCT™ CE). Cell-free DNA-BCT™ CE von Streck ist ein Blutentnahmesystem mit einem formaldehydfreien Stabilisierungsreagenz, welches zellfreie DNA in der

Blutprobe bis zu 14 Tagen bei Raumtemperatur konserviert (Abb. 32.1; Fernando und Rohan 2010). Das zellstabilisierende Reagenz von Streck hat gegenüber Stabilisierungs-mitteln auf Aldehydbasis den Vorteil, dass es keine negativen Auswirkungen auf die DNA-Amplifikation hat. Das geschieht durch die Stabilisierung von kernhaltigen Blut-zellen und Verhinderung der Freisetzung genomischer DNA in Plasma. Dank der Ver-wendung von Cell-free DNA-BCT™ CE bei der Blutabnahme wird eine sofortige Plasmagewinnung unnötig, was die Qualitätssicherung der Proben und Standardisierung von Arbeitsabläufen ermöglicht sowie den Arbeitsaufwand reduziert.

Das Interesse an der Nutzung der freien Nucleinsäuren nimmt auch in der nicht-invasiven pränatalen Diagnostik (NIPD) zu. Lo et al. (1999) zeigten als Erste die Präsenz von fetaler cfDNA in mütterlichem Plasma. Heute wird die fetale cfDNA-Analyse für die Untersuchungen von Gendefekten und Schwangerschaftsstörungen eingesetzt. Bis vor einigen Jahren z. B. konnten Trisomien wie das Down-Syndrom vorgeburtlich nur mit invasiven Untersuchungen diagnostiziert werden. Diese Untersuchungen sind aber mit hohem Fehlgeburtsrisiko verbunden und werden daher erst dann durchgeführt, wenn der Verdacht auf Trisomie schon besteht. Der erste nichtinvasive pränatale Blut-test Praena® (LifeCodexx AG) in Europa wurde im Jahr 2012 auf den Markt eingeführt und wird seitdem routinemäßig in vielen Laboren eingesetzt. Dieser Test basiert auf der cfDNA-Analyse mittels Next-Generation-Sequencing-Technologien und kann mit hoher Sicherheit die häufigste Form der Trisomie 21, die sog. freie Trisomie 21, aber auch Trisomie 18 und 13 beim Ungeborenen bestimmen. Voraussetzung dafür ist eine

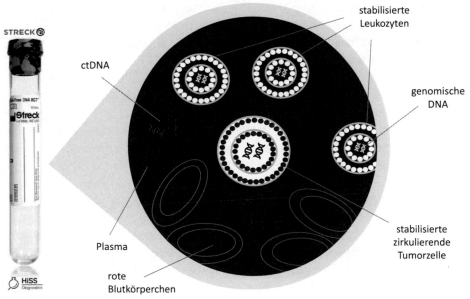

Abb. 32.1 Stabilisierung von zellfreier DNA und zirkulierenden Tumorzellen in Cell-free DNA-BCT™ CE. (Copyright Streck Inc.)

gute präanalytische cfDNA-Qualität in den Blutproben. Daher werden die Cell-free-DNA-BCT™-CE-Röhrchen von Streck seit der Veröffentlichung der Studienergebnisse von LifeCodexx 2012 ausdrücklich für den Einsatz in NIPD empfohlen. Die Verwendung von Cell-free-DNA-BCT™-CE-Röhrchen ermöglicht eine Testsensitivität von über 99 %.

32.2   Stabilisierung von zirkulierenden Tumorzellen

Die Hauptursache der Sterblichkeit bei malignen Tumoren beruht u. a. auf der Streuung der Tumorzellen, welche in die Blutbahn gelangen und schließlich zur Metastasierung führen. Die Metastasenkaskade ist ein bislang wenig verstandener Prozess, der mit der Zellmigration und der Intravasion in den Kreislauf des Körpers beginnt (van der Toom et al. 2016). Krebszellen, die in den Blutkreislauf gelangen, werden als zirkulierende Tumorzellen (*Circulating Tumor Cells*, CTC; s. auch Kap. 19) bezeichnet. CTCs, die den physischen Stress und die Immunclearance überstehen, können an distalen Stellen extravasieren. Diese CTCs können viele Jahre lang inaktiv bleiben, bevor sie sich zu klinisch nachweisbaren Metastasen entwickeln (Chambers und Groom 2002; van der Toom et al. 2016). CTCs sind vielversprechende funktionelle Biomarker für den Metastasierungsprozess, sowohl für wissenschaftliche Untersuchungen als auch für klinische Anwendungen. Die CTC-Erkennung erfolgt mittels Liquid Biopsy und nicht auf einer Biopsie des festen Gewebes oder einer Aspiration des Knochenmarks. Ein großer Vorteil von Liquid Biopsy besteht darin, dass es eine minimalinvasive Methode mit sehr niedrigem Nebenwirkungsrisiko darstellt (Pantel und Alix-Panabières 2013; van der Toom et al. 2016). Das ermöglicht eine dynamische Messung von CTCs als Indikator für die Krankheitslast und das Ansprechen auf die Therapie. Die Analyse von CTCs hat daher eine große Bedeutung für Diagnostik und Überlebensprognosen.

CTCs stellen mit einer Zelle pro 10^6–10^7 Leukozyten eine sehr seltene Zellpopulation dar und neigen zu Degradierung (Hong und Zu 2013; Qin et al. 2014), was zu Schwankungen in der Analytenqualität und zu Problemen in der Analyse führen kann. Die Neigung der CTCs zur Degradierung entsteht durch die Apoptose von CTCs, welche bereits nach dem Ablösen der Zellen von dem Primärtumor und nach der Blutentnahme beginnt (Meng et al. 2004; Qin et al. 2014). Die Verzögerungen während der Blutverarbeitung, Lagertemperatur und Transport können die Integrität von diesen empfindlichen CTC noch mehr beeinträchtigen, was die Analyse erschwert. Um das Risiko von Analytenveränderungen während der Probenbearbeitung zu minimieren ist es von großer Bedeutung, das korrekte Blutentnahmesystem zu verwenden sowie alle Arbeitsschritte zur standardisieren. Die Studie von Qin et al. (2014) hat gezeigt, dass die Cell-free DNA-BCT™ CE die Erhaltung und Stabilisierung der CTCs in Blutproben für bis zu vier Tage bei Raumtemperatur ermöglichen, während das bei einem Standard-K_3EDTA-Röhrchen nicht der Fall ist. Durch Verwendung von

Cell-free-DNA-BCT™-CE-Röhrchen von Streck in den zukünftigen Studien könnte die Entwicklung neuer nichtinvasiver diagnostischer und prognostischer Methoden für die CTC-Aufzählung und Charakterisierung erleichtert werden.

32.3 Stabilisierung von zellfreier RNA (cfRNA)

Zellfreie RNA (cfRNA), genau wie cfDNA, kommt im Blut vor und hat eine große klinische Bedeutung. Die Ergebnisse von zahlreichen Untersuchungen in den letzten Jahrzehnten deuten darauf hin, dass die zirkulierenden Nucleinsäuren mit bestimmten Erkrankungen assoziiert sind und für die klinische Anwendungen von Bedeutung sein können, insbesondere für Krebspatienten und schwangere Frauen.

Zirkulierende zellfreie RNA (cfRNA) wurde zum ersten Mal im Jahr 1999 in Plasma von Patienten mit Nasenrachenkrebs und malignem Melanom detektiert (Kopreski et al. 1999; Lo et al. 1999). Nachfolgend konnten Poon et al. im Jahr 2000 auch die zirkulierende fetale RNA in mütterlichem Blut nachweisen. Seitdem wurde auch von anderen fetalen/plazentaspezifischen cfRNAs berichtet, einschließlich humanem Plazenta-Lactogen, der ß-Untereinheit von humanem Choriongonadotropin und Corticotropin-releasing-Hormon (Ng et al. 2003; Qin et al. 2013). Durch diese Erkenntnisse wurden die cfRNAs als Biomarker für die Früherkennung und Diagnostik von Erkrankungen wie Krebs und Therapieüberwachung eingesetzt. Außerdem bietet es eine hervorragende Möglichkeit für die frühe, nichtinvasive pränatale ·Diagnostik. Klinische Anwendungen hierbei umfassen die Geschlechtsbestimmung, Defekte in einem einzelnen Gen, schwangerschaftsbedingte Störungen und die Aneuploid-Detektion (Norton et al. 2013).

Die genaue cfRNA-Analyse wird durch die gleichzeitige Freisetzung von zellulärer RNA und durch Degradierung von cfRNA aufgrund von hoher RNase-Aktivität in Blutplasma und Serum direkt nach Blutabnahme erschwert. Nach der Probenentnahme kommt es zu Apoptose und Nekrose von Blutzellen und somit zur Freisetzung von zellulärer RNA, was zu unerwünschtem Hintergrund führen kann. Beim Einsatz von cfRNA ist es jedoch wichtig, die Freisetzung von zellulärer RNA nach Blutabnahme zu minimieren, da cfRNA-Targets nur in geringen Mengen vorliegen. Präanalytische Bedingungen können die Freisetzung von Hintergrund-RNA in Plasma beeinflussen, den Anteil spezifischer cfRNA-Targets verringern und deren Nachweis in nachgeschalteten Anwendungen maskieren. Daher müssen die präanalytischen negativen Einwirkungen auf cfRNA -Targets in der Zeit zwischen Blutabnahme und RNA-Isolierung minimiert werden. Eine gängige Methode ist die Anwendung von Blutabnahmeröhrchen mit K_3EDTA. EDTA wirkt als Antikoagulans, indem es Calciumionen bindet und die Gerinnungskaskade unterbricht. Allerdings zeigten die Untersuchungen, dass die cfRNA-Konzentration im Vollblut unter Transport- und Lagerungsbedingungen instabil ist, wenn das Blut in K_3EDTA-Röhrchen entnommen wird (Qin et al. 2013).

Die neu entwickelten Blutentnahmeröhrchen von Streck mit speziellem Stabilisierungsmittel erlauben dagegen, den cfRNA-Spiegel während des Transports und der Lagerung aufrechtzuhalten und somit gute Qualität der Proben zu gewährleisten. Mit diesen Cell-Free-RNA-BCT-Röhrchen können Blutproben bis zu sieben Tage transportiert oder gelagert werden, was die cfRNA-Analyse in externen Laboren ohne vorherige Zentrifugation oder Kryokonservierung ermöglicht.

32.4 Stabilisierung von extrazellulären Vesikeln (EVs)

Auch das Interesse an der Analyse von extrazellulären Vesikeln (EVs), insbesondere bei klinischen Anwendungen einschließlich Entdeckung von Biomarkern, Entwicklung von Impfstoffen, Abgabe von Arzneimitteln und auf EV basierenden Therapeutika hat im letzten Jahrzehnt zugenommen. EVs spielen eine wichtige Rolle in der interzellulären Kommunikation und sind durch ihre Lipiddoppelschichtmembran vor Abbau geschützt. Allerdings erfordern kommerzielle und klinische Anwendungen von EVs die standardisierten Bedingungen für die Langzeitlagerung (Kusuma et al. 2018). Konventionelle Methoden wie Kryokonservierung oder Lyophilisierung gelten zwar als zuverlässige Methoden zur Konservierung von Proteinen, Peptiden, Impfstoffen, EVs und Viren, allerdings kann der Gefrier- und Dehydratisierungsstress, der während des Prozesses erzeugt wird, zu zerstörerischen Auswirkungen auf die Struktur von Biomolekülen innerhalb des EVs führen. Deswegen ist die Entwicklung von neuen Methoden, die die strukturelle Integrität von EVs nur minimal oder gar nicht beeinflussen, von großer Bedeutung. Ein neuartiges Blutentnahmeröhrchen von Streck Inc. zur Stabilisierung von extrazellulären Vesikeln und miRNA wird im Sommer 2019 auf den Markt kommen und somit die Möglichkeiten für Forschungs- und Klinikanwendungen erweitern.

Literatur

M. I. Chambers AF, Groom AC, "Dissemination and growth of cancer cells in metastatic sites," *Nat. Rev. Cancer*, vol. 2, pp. 563–572, 2002.

E. Heitzer, P. Ulz, and J. B. Geigl, "Circulating tumor DNA as a liquid biopsy for cancer.," *Clin. Chem.*, vol. 61, no. 1, pp. 112–23, 2015.

B. Hong and Y. Zu, "Detecting circulating tumor cells: Current challenges and new trends," *Theranostics*, vol. 3, no. 6, pp. 377–394, 2013.

M. S. Kopreski, F. A. Benko, L. W. Kwak, and C. D. Gocke, "Detection of tumor messenger RNA in the serum of patients with malignant melanoma," *Clin. Cancer Res.*, vol. 5, no. 8, pp. 1961–1965, 1999.

G. D. Kusuma, M. Barabadi, J. L. Tan, D. A. V. Morton, J. E. Frith, and R. Lim, "To protect and to preserve: Novel preservation strategies for extracellular vesicles," *Front. Pharmacol.*, vol. 9, no. OCT, pp. 1–17, 2018.

K.-W. Lo *et al.*, "Analysis of Cell-free Epstein-Barr Virus-associated RNA in the Plasma of Patients with Nasopharyngeal Carcinoma," *Clin Chem*, vol. 45, pp. 1292–1294, 1999.

S. Meng *et al.*, "Circulating tumor cells in patients with breast cancer dormancy," *Clin. Cancer Res.*, vol. 10, no. 24, pp. 8152–8162, 2004.

E. K. O. Ng *et al.*, "mRNA of placental origin is readily detectable in maternal plasma," *Proc. Natl. Acad. Sci.*, vol. 100, no. 8, pp. 4748–4753, 2003.

S. E. Norton, K. K. Luna, J. M. Lechner, J. Qin, and M. R. Fernando, "A new blood collection device minimizes cellular DNA release during sample storage and shipping when compared to a standard device," *J. Clin. Lab. Anal.*, vol. 27, no. 4, pp. 305–311, 2013.

K. Pantel and C. Alix-Panabières, "Real-time liquid biopsy in cancer patients: Fact or fiction?" *Cancer Res.*, vol. 73, no. 21, pp. 6384–6388, 2013.

Leo L.M. Poon, T. N. Leung, T. K. Lau, and Y. M. D. Lo, "Presence of Fetal RNA in Maternal Plasma," *Clin Chem*, vol. 46, pp. 1832–1834, 2000.

J. Qin, T. L. Williams, and M. R. Fernando, "A novel blood collection device stabilizes cell-free RNA in blood during sample shipping and storage," *BMC Res. Notes*, vol. 6, no. 1, p. 1, 2013.

J. Qin, J. R. Alt, B. A. Hunsley, T. L. Williams, and M. R. Fernando, "Stabilization of circulating tumor cells in blood using a collection device with a preservative reagent," *Cancer Cell Int.*, vol. 14, no. 1, pp. 1–6, 2014.

Fernando M. Rohan *et al.*, "A new methodology to preserve the original proportion and integrity of cell-free fetal DNA in maternal plasma during sample processing and storage," *Prenat. Diagn.*, vol. 30, no. 5, pp. 418–24, 2010.

M. Srinivasan, D. Sedmak, and S. Jewell, "Content and Integrity of Nucleic Acids," *Am. J. Pathol.*, vol. 161, no. 6, pp. 1961–1971, 2002.

A. R. Thierry, S. El Messaoudi, P. B. Gahan, P. Anker, and M. Stroun, "Origins, structures, and functions of circulating DNA in oncology," *Cancer Metastasis Rev.*, vol. 35, no. 3, pp. 347–376, 2016.

E. E. van der Toom, J. E. Verdone, M. A. Gorin, and K. J. Pienta, "Technical challenges in the isolation and analysis of circulating tumor cells," *Oncotarget*, vol. 7, no. 38, 2016.

Herausforderungen für ein Next Generation Biobanking – Kryokonservierung für die Weiterentwicklung der personalisierten Medizin

Christian Stephan, Günther Winde, Enrico Pelz und Arnold Maria Raem

33.1 Was ist eine Biobank – Definition und Funktion

Der Begriff „Biobank" wird nicht einheitlich benutzt, sondern er beschreibt eine heterogene Gruppe von Sammlungen unterschiedlichsten biologischen Materialien und/oder biomedizinischer Daten. Als Biobanken gelten u. a. Sammlungen von Geweben, hier vor allem Tumorgewebe, aber auch Normalgewebe, Körperflüssigkeiten wie Blut, Plasma oder Serum und solche von Erregern, Erbsubstanz, Ei- bzw. Samenzellen, Stammzellen, Zelllinien und Transplantatgeweben (Abb. 33.1). Auch Sammlungen biologischer bzw. krankheitsspezifischer Daten oder Sammlungen von biologischem Bildmaterial können als Biobank bezeichnet werden. Eine erste grobe Einteilung von Biobanken kann erreicht werden durch die Unterscheidung von „realen" und „virtuellen" Biobanken, wobei Sammlungen von biologischem Material als sogenannte reale Biobanken und reine Datensammlungen als virtuelle Biobanken bezeichnet werden können. Darüber

C. Stephan
Kairos GmbH, Bochum, Deutschland
E-Mail: christian.stephan@kairos.de

G. Winde
Ruhr Universität Bochum, Medizin Campus OWL, Herford, Deutschland
E-Mail: guenther.winde@klinikum-herford.de

E. Pelz
Institut für Pathologie Viersen, Viersen, Deutschland
E-Mail: e.pelz@pathologie-viersen.de

A. M. Raem (✉)
arrows biomedical Dt.GmbH, Centrum f. Nanotechnologie der Westfälischen Wilhelms Universität, Münster, Deutschland
E-Mail: raem@arrows-biomedical.com

© Springer-Verlag GmbH Deutschland, ein Teil von Springer Nature 2023
A. M. Raem und P. Rauch (Hrsg.), *Immunoassays*,
https://doi.org/10.1007/978-3-662-62671-9_33

SPREC 3.0

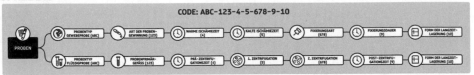

Abb. 33.1 Übersicht über die Standardisierte Dokumentation von Proben und ihrer Gewinnung. Der Standard PREanalytical Code (SPREC) unterscheidet zwischen Gewebe und Flüssigproben und versucht Proben in letztendlich sieben Punkten standardisiert zu dokumentieren. Proben, die einen gleichen Code besitzen, sind annähernd gleiche Proben

hinaus können die Biobanken nach ihrer Funktion eingeteilt werden. Sammlungen biologischen Materials oder biologischer Daten werden zu klinisch-therapeutischen, klinisch-diagnostischen oder auch zu wissenschaftlichen Zwecken angelegt. Zu klinisch-therapeutischen Biobanken zählen Blutbanken, Transplantatbanken (z. B. Hornhaut- und Knochenbanken), Samenbanken, Banken von Eizellen und Stammzellbanken, die einen hohen Anspruch auf Qualität und Ausschluss einer Kontamination und Verwechslung einer Probe haben. Biobanken mit klinisch-diagnostischen Aufgaben sind z. B. Tumorbanken und weitere Gewebebanken, aber auch Blut- bzw. Serumbanken, z. B. zur Identifikation relevanter Tumormarker oder anderer Funktionsparameter etwa aus der Kardiologie, Immunologie oder auch der Neurologie. Eine zentrale moderne Biobank schließt damit keine Fachdisziplin aus und hält Proben unterschiedlichster Arten und Zeitpunkten bereit. Die Ansprüche an das dahinterliegende Datenmodell sind somit hoch flexibel und richten sich auch an die potenzielle Erweiterung des Systems. Schließlich werden zu wissenschaftlichen Zwecken sowohl Gewebe als auch Zelllinien, Erreger und genetisches Material in Biobanken mit beschreibenden Daten gesammelt, teilweise auch von anderen Spezies inkl. Pflanzen. Virtuelle Banken, wie z. B. Bilddatenbanken, oder Banken mit biologischen oder krankheitsspezifischen Daten werden oft mit realen Biobanken kombiniert oder es werden relevante Daten mit den entsprechenden Proben über Datenbankmanagementsysteme verbunden. Je nach der Natur der gesammelten Proben und je nach dem Zweck der entsprechenden Biobank werden an das Sammelprocedere selbst, die Lagerung, aber auch an die Legitimation zur Nutzung und Verknüpfung mit weiteren Daten unterschiedliche Anforderungen gestellt. Umgekehrt sind auch die Möglichkeiten zur Verwendung der Daten bzw. des Materials aus verschiedenen Arten von Biobanken sehr unterschiedlich. Entscheidend für das Verständnis der Güte von Biobankproben ist die Kenntnis der unterschiedlichen Qualitätsmerkmale des gesammelten Probenmaterials, des Workflows der Einlagerung und der eigentlichen Probenlagerung. Deutlich wird dies am Beispiel von Probenmaterial aus der Pathologie: Gewebeproben, die nach Entnahme in Formalin fixiert und in Paraffin eingebettet wurden, zeigen Veränderungen durch die Zeitspanne von der Entnahme bis zur Fixierung, durch die weitere Aufarbeitung mittels alkoholischer Lösungen und Xylol sowie schließlich durch die in Wärme stattfindende Einbettung in Paraffin. In diesem Zusammenhang konnte in experimentellen Untersuchungen gezeigt werden, dass die Anwendung unterschiedlich zusammengesetzter Fixierungslösungen zu unterschiedlichen Mengen an erhaltener RNA im Gewebe führt (Cox et al. 2006). Eine der wichtigsten Einflussgrößen auf die Qualität der Gewebeproben ist die sog. Präfixierungszeit, also die Zeitspanne zwischen Gewebeentnahme und Überführung in Fixierungslösung. Wie wichtig eine rasche Fixierung von Geweben hinsichtlich der Konservierung der RNA ist, konnten Srinivasan et al. (2002) und Abrahamsen et al. (2003) eindrücklich zeigen, indem sie in experimentellen Analysen demonstrierten, dass bereits eine Präfixierungszeit von zehn Minuten zu einer signifikanten Alteration der RNA im Gewebe durch Hypoxie führt bzw. dass innerhalb einer Stunde Präfixierungszeit bereits 35 % intakter RNA verloren gehen. Im Vergleich hierzu ist eine Gewebeprobe, welche unmittelbar nach Entnahme schockgefroren und dann kryoasserviert wird, relativ wenig alteriert. Aus dem Dargestellten wird deutlich, dass die Lagerung und Aufarbeitung einer Gewebeprobe die biologische Integrität der gesammelten Probe nachhaltig beeinflussen, was Konsequenzen für die Nutzbarkeit von Analysemethoden hat, denen das Material zugeführt werden kann. Um die Verarbeitungszeit und -umstände von der Entnahme bis zur Einlagerung *(needle to freezer)* möglichst einheitlich zu beschreiben, offeriert sich die Nutzung des Standard PREanalytical Code (SPREC). Initial in 2010 von Betsou et al. (2018) beschrieben, gibt es seit 2018 die Version 3.0 dieser Probenbeschreibungsmethodik, die versucht, eine Probe möglichst standardisiert in sieben Punkten zu beschreiben – differenziert für Gewebe- und Flüssigproben. Eine Zusammenfassung der SPREC-Definition von Bioprobenfunktionen zeigt Abb. 33.1. Proben mit dem gleichen SPREC sollen auf diese Weise auch gleiche oder annähernd gleiche Parameter aufweisen und können somit für Experimente vergleichend herangezogen werden.

33.2 Welche Bedeutung haben Biobanken in der modernen Medizin?

Die Bedeutung von Biobanken hat sich in den vergangenen 20 Jahren grundsätzlich gewandelt. Zunächst waren Biobanken Sammlungen von Daten und biologischem Material, die vornehmlich für Forschungsfragestellungen eingerichtet wurden. Dazu kamen Register mit klinischen oder biologischen Daten, bspw. in Form von Krebsregistern oder epidemiologischen Registern, die schon lange Zeit als Grundlage zur Datenerhebung über die Verbreitung und den Verlauf von Tumorerkrankungen dienten. In Form von Blut-, Knochen- und Hornhautbanken werden Biobanken auch schon seit etlichen Jahren im therapeutischen Kontext genutzt. Viele dieser Instanzen dienen als retrospektive Proben- und Datenregister zur zukünftigen individuumsübergreifenden Verbesserung von grundsätzlichen Prozessen, Erfahrungen und Behandlungen.

Einen entscheidenden Wandel in ihrer Bedeutung für die Medizin haben Biobanken durch den prospektiven oder sogar präventiven Gedanken der individualisierten personalisierten Medizin erfahren. Die personalisierte Medizin stellt ein grundsätzlich neues Konzept in der Medizin dar, welches die individuellen Unterschiede bei der Krankheitsentstehung, der Krankheitsausprägung und der Krankheitsprogression oder auch der Krankheitsprävention der einzelnen Patienten berücksichtigt und diese individuellen, spezifischen Krankheitsmerkmale in der Behandlung bzw. Vermeidung verschiedener Erkrankungen, insbesondere Tumorerkrankungen, berücksichtigt. Während traditionell Therapieschemata auf die Behandlung einer diagnostischen Entität als Gruppe ausgerichtet sind, werden für die personalisierte Medizin individuelle Krankheitsparameter erfasst, welche dann die Therapie für eine kleine Gruppe oder sogar das einzelne Individuum bestimmen. Gerade in der Onkologie werden heute Therapieschemata zum Teil entsprechend individueller molekularer Tumorcharakteristika geplant. Ein bekanntes Beispiel ist die Antihormonrezeptortherapie beim Mammakarzinom. Die Erforschung weiterer individueller Tumormarker und die von Resistenzgenen gegen Therapeutika werden diesen Trend in Zukunft weiter bestimmen. Für die Entwicklung neuer wirksamer Substanzen und für deren möglichen therapeutischen Einsatz sind Expressionsanalysen der entsprechenden Zielmoleküle am Tumorgewebe notwendig. Mögliche Zielmoleküle können Rezeptoren, Adhäsionsmoleküle, metabolische Enzyme, hormonähnliche Moleküle, aber auch RNA-Sequenzen sein. Insbesondere kleine funktionale Moleküle, wie z. B. RNA- bzw. siRNA-Sequenzen werden als zukünftige Zielmoleküle potenzieller therapeutischer Ansätze eine wichtige Rolle spielen. Ebenso ist die gesamtheitliche Betrachtung über die Zeit, im Kontext mit der retrospektiven Analytik von Bioproben und Daten, ein Ansatz zur prospektiven und damit präventiven Diagnostik mit einem individuellen Risiko für Patienten, eine der zukünftigen Aufgaben einer Biobank. Merkmale solcher kleinen funktionalen Moleküle sind eine spezifische, unter Umständen zeitlich stark begrenzte und vom Metabolismus stark abhängige Expression bzw. spezifische Stimulierung einer Überexpression sowie ein rascher Metabolismus. Weiterhin sind solche kleinen funktionalen Moleküle sehr sensibel gegenüber Schädigung bzw. Veränderung oder sogar Zerfall. Daher ist für die Erhaltung solcher sensiblen Merkmale für eine sichere und reproduzierbare Analyse des Expressionsstatus eine zeitnahe, reproduzierbare und „hochreine" Probenasservierung erforderlich, die den Status quo des biologischen Zustandes des Gewebes zur Entnahmezeit möglichst physiologisch erhält.

Zu beachten ist in diesem Zusammenhang allerdings, dass die Vielzahl potenzieller Zielmoleküle für diagnostisch- und therapeutisch relevante Analysen unterschiedlich sensibel gegenüber veränderten Umwelteinflüssen ist. Die DNA beispielsweise ist thermisch relativ stabil gegenüber Umwelteinflüssen, was eindrücklich dadurch demonstriert wird, dass das Genom der Aborigines, der Ureinwohner von Australien, aus einer Haarprobe analysiert wurde, die ursprünglich dem britischen Ethnologen Alfred Cort Haddon in den zwanziger Jahren des 19. Jahrhunderts auf einer seiner Reisen gegeben wurde und die heute in der Universität von Cambridge im Vereinigten Königreich beheimatet ist (Baker 2012). Die gute Stabilität von DNA gegenüber erheblichen Schwankungen des Umgebungsmilieus und über eine lange Zeitspanne hinweg wird wohl kaum deutlicher illustriert als durch die Untersuchungen an sogenannter *ancient DNA* (aDNA): Es ist gelungen, selbst aus jungsteinzeitlichen Knochenfunden mitochondriale DNA zu isolieren und mit deren Hilfe Fragen zur Bevölkerungsdynamik in Europa während des Beginns des Ackerbaus und der Sesshaftwerdung zu beantworten (Brandt et al. 2013, Haak et al. 2005). Ganz aktuell gelang es auch, die mikrobielle Dentalflora von jungsteinzeitlichem Plaque-Material zu sequenzieren (Adler et al. 2013).

Darüber hinaus existiert eine Reihe von größeren Molekülgruppen des Struktur- aber auch des Funktionsstoffwechsels, die ebenfalls relativ stabil gegenüber veränderten Umgebungsbedingungen sind. Hierzu zählen die Zytokeratine, eine heterogene Gruppe von Zytoskelettbestandteilen, welche in der pathologischen Routinediagnostik zur histo-genetischen Subtypisierung von Tumorgeweben benutzt werden. Ein weiteres Beispiel stellt E-Cadherin dar, ein Transmembran-Protein, welches die epitheliale Zell-Zell-Adhäsion stabilisiert. Durch Mutationen im E-Cadherin-Gen verliert der Epithelzell-verband seinen Zusammenhalt. Schlussendlich können sich einzelne Zellen aus dem Verband herauslösen, was einen wichtigen Schritt in der Invasion und Metastasierung von malignen epithelialen Tumoren darstellt. Diagnostisch wird der Verlust von E-Cadherin bei der Diagnose von lobulären Mammakarzinomen genutzt. Auch eine Reihe von Genprodukten mutierter Tumorsupressorgene ist im Gewebe relativ stabil und lässt sich heute immunhistologisch nach Formalinfixierung und Paraffineinbettung nachweisen. Hierzu zählen neben p53 auch p16 auch die Produkte der Breast-Cancer-Antigene (BRCA-1 und BRCA-2). Hieraus lässt sich eindeutig ableiten, dass Zusatz-informationen zu Bioproben, wie z. B. die molekularen Marker, ähnlich wichtige Informationen darstellen wie die Grautöne für ein Schwarz-Weiß-Bild.

Vor dem Hintergrund, dass in der Zeit von den fünfziger Jahren des 20. Jahrhunderts bis zum Beginn des 21. Jahrhunderts die Mortalitätsraten von Herzerkrankungen, cerebrovaskulären Erkrankungen und von Infektionserkrankungen deutlich gesenkt werden konnten, nicht aber die von malignen Tumorerkrankungen, sollten die Erkennt-nisse über die Bedeutung unterschiedlicher tumorbiologischer Parameter genutzt werden, um eine frühzeitige oder sogar präventive Diagnose zu ermöglichen und gezielte Therapieansätze zu etablieren, um damit die Prognose von malignen Tumor-erkrankungen zu verbessern und die Todesraten zu senken. Um dieses Ziel zu erreichen, wurden sogenannte Comprehensive Cancer Center etabliert, welche als einen wichtigen integralen Bestandteil ihrer Infrastruktur Tumorbiobanken beinhalten. In der Folgezeit wurden Tumorgewebe von unterschiedlichsten Tumoren sowie tumorspezifische Daten gesammelt unter dem Aspekt, aus diesen Sammlungen weitere Daten für Studien z. B. hinsichtlich weiterer Therapieoptionen oder zur weiteren Aufdeckung der Tumorbiologie generieren zu können, was in zahlreichen Studien auch gelang. Dabei wurden Serum-, Plasma- und Gewebebanken überwiegend bei Temperaturen von $-80\,°C$, zum Teil mit Zwischenlagerungsstufen bei $-20\,°C$, etabliert. Gewebebanken stützen sich aber auch teilweise auf in Paraffin eingebettetes Gewebe. Inzwischen hat sich die Erkenntnis durchgesetzt, dass die bestehenden Biobanken weiteren Optimierungsbedarf aufweisen.

So konnten in einer Untersuchung mit Plazentagewebe bei wiederholten Entnahmen keine reliablen RNA-Mengen gemessen werden (Baker 2012). In einer anderen Studie zu Tumorbiomarkern konnte demonstriert werden, dass der Level der analysierten Biomarker innerhalb der Asservierungsperiode sogar zunahm (Balasubramanian et al. 2010, Kugler et al., 2011). In einer weiteren Untersuchung zur Simulierung von Gefrier- und Auftauzyklen wurde klar dargelegt, dass zwar eine Reihe von Tumorbiomarkern bei einer Lagerung von $-80\,°C$ stabil bleibt, dass aber andere Marker, zum Teil auch abhängig vom untersuchten Tumorgewebe, bei Temperaturen von $-80\,°C$ sehr instabil sind. Als ein Beispiel für einen solchen Marker konnte in dieser Studie VEGF (Vascular Endothelial Growth Factor) identifiziert werden. Als Konsequenz empfahlen die Autoren der Untersuchung, den VEGF-Level nicht in Proben zu messen, welche jemals gefroren wurden (Kisand et al. 2011). Neben diesen biologischen Parametern wurde eine weitere Quelle für Probleme zur Proben- und Datennutzung aus Biobankmaterial offensichtlich: So wurde in einigen Untersuchungen gezeigt, dass Gewebe-, zugehörige Blut- oder Plasmadaten nicht sicher den entsprechenden klinischen Daten zugeordnet werden konnten. Weiterhin konnten Probleme in der Datenstruktur von Multicenter-Studien identifiziert werden, die dazu führten, dass Daten verloren gingen und entsprechende Proben oder Datensätze nicht für klinische Studien genutzt werden konnten. Die Leiterin der Biobank des National Cancer Institute in den USA beschrieb diesen Zustand damit, dass in den Vereinigten Staaten von Amerika Milliarden Dollar für das Biobanking verschwendet wurden, weil die gesammelten Daten durch mangelnde Qualität nicht zu den erhofften Erkenntnissen geführt haben. Zugespitzt wurde diese unbefriedigende Situation durch technische Entwicklungen wie z. B. das Next Generation Sequencing und die Laser Capture Microdissection, die es erlauben, aus recht kleinen Probenmengen hochkomplexe Analysen durchzuführen, wofür allerdings eine hohe Qualität und Reinheit des Untersuchungsmaterials erforderlich ist. So ist es bereits gelungen, immunfluoreszenztechnisch markierte Einzelzellen mittels Laser Capture Microdissection zu isolieren und weiter molekularpathologisch zu analysieren (Fink et al. 2000). Ein entscheidender Vorteil bei der Laser Capture Microdissection ist die Tatsache, dass definiertes Gewebe oder definierte Zellen sicher aus einem Gewebe unter morphologischer Kontrolle isoliert und dann molekularbiologischen Untersuchungsmethoden wie PCR-, DNA- oder RNA-Analysen zugeführt werden können (Abb. 33.2). Wie wichtig für die Anwendbarkeit solcher Analysen die Probenqualität ist, konnte in einigen Untersuchungen eindrücklich an fetalem Knorpelgewebe der Wachstumsfuge gezeigt werden (Brochhausen et al. 2009), bei denen in formalinfixiertem Gewebe selbst bei den Analysen der sogenannten *house keeping enzymes* eine starke Heterogenität und in mehr als der Hälfte der Fälle keine ausreichende Probenqualität aufgezeigt werden konnte. Insgesamt eröffnen moderne molekularbiologische Analysenmethoden neue Perspektiven für die Entdeckung neuer Biomarker zur molekularen Charakterisierung unterschiedlicher Erkrankungen, zur Analyse der Tumorheterogenität und zur Identifizierung neuer therapeutischer Targets. Darüber hinaus können solche

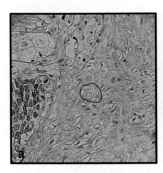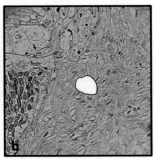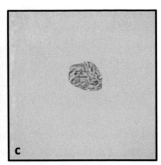

Abb. 33.2 Laser Capture Microdissection an fetalem Knorpelgewebe der Wachstumsfuge: Unter mikroskopischer Kontrolle kann mit einem rechnergesteuerten Werkzeug die Zielstruktur markiert werden, hier proliferierende Chondrozyten der humanen Wachstumsfuge (**a**). Mithilfe eines kleinstrahligen Niedrigleistungs-Infrarotlasers wird die Struktur aus dem Gewebeverband isoliert (**b**) und mit einem Laserimpuls in einen über dem Schnitt angebrachten, silikonisierten Deckel eines Analysegefäßes katapultiert. Das isolierte Gewebefragment kann dann im Deckel identifiziert werden (**c**)

Analysen Hinweise auf eine Prädisposition von Erkrankungen oder auch auf das Risiko von unerwünschten Wirkungen von Therapeutika geben, beispielhaft genannt seien hier Resistenzgene gegen Chemotherapeutika oder die Aktivität von Medikamenten metabolisierenden Enzymen, wie z. B. das Cytochrom P. Eine Hoffnung haben die innovativen Methoden der molekularbiologischen Analytik jedoch nicht erfüllt, nämlich die, Mängel bei der Probenqualität kompensieren zu können. Lange Zeit ist man nämlich der Auffassung gewesen, dass trotz eingeschränkter Probenqualität mittels hochaffiner molekularbiologischer Technologien die gewünschten molekularen Analysen möglich sind. Hier hat sich ein Paradigmenwechsel vollzogen, der auf der Erkenntnis basiert, dass nur eine optimale Probenqualität und besonders ihre eindeutige Dokumentation auch zu einem optimalen Analyseergebnis führen.

33.3　Was sind aktuell limitierende Faktoren des Biobankings?

Limitierende Faktoren für die Nutzung der Proben aus Biobanken sind also nicht fehlende hochaffine Analyseverfahren zur Identifikation potenzieller Zielmoleküle für innovative Therapiestrategien oder Risikostratefizierungen, sondern die biologische Qualität der Probe und die Qualität der annotierten Daten, zwei Faktoren, die beide substanziell von der strukturellen Organisation einer Biobank abhängen.

Die Einflussfaktoren der Nutzbarkeit von Proben aus einer Biobank lassen sich hierbei in einzelne Teilbereiche des Biobanking gliedern, die hier am Beispiel einer Gewebebank an einem Klinikum exemplarisch dargelegt werden sollen.

33.3.1 Die Infrastruktur und Logistik der Gewebegewinnung

Hierunter fallen die Organisationseinheiten des Entnahmezeitpunktes, das Entnahmeprocedere sowie die Aufnahme wichtiger klinischer Informationen. Allgemein bekannt und anerkannt ist die wichtige Bedeutung der sogenannten kalten Ischämiezeit, welche die Zeitspanne von der Trennung der Gewebeprobe aus dem Organ bis zur Kryokonservierung beschreibt. Die Bedeutung dieser Zeitspanne insbesondere für den Erhalt von RNA konnte in zahlreichen Untersuchungen belegt werden. Den Verlust von signifikanten Mengen an RNA innerhalb von zehn Minuten bzw. von bis zu 35 % innerhalb der ersten Stunde konnten Srinivasan und Mitarbeiter (2002) und Abrahamsen und Mitarbeiter (2003) nachweisen. Wichtige Enzyme und metabolische Prozesse werden allerdings bereits durch eine hypoxische Stoffwechsellage während der sogenannten warmen Ischämiezeit aktiviert. Das ist die Zeitspanne, in der ein Organ oder Gewebeareal innerhalb eines operativen Eingriffes von der Blutversorgung abgeklemmt wird. Außerdem konnten systematische Untersuchungen zeigen, dass die präoperative Medikation und die Medikation während der Anästhesie von großer Bedeutung für die biologische Qualität entnommener Gewebeproben sind. Schließlich ist das Entnahmeprocedere unter Umständen von entscheidender Bedeutung. Wenn Gewebeproben direkt nach Entnahme ohne Berücksichtigung der makropathologischen Befunde entnommen werden, besteht die Gefahr, dass nicht das gewünschte Zielgewebe erfasst wird oder aber im Falle eines malignen Tumors avitales, nekrotisches Tumorgewebe in die Biobank überführt wird. Bei fehlender morphologischer Qualitätskontrolle wird dann eine solche Probe nominell als Probennummer der entsprechenden Entität geführt und gezählt. Erst nach Einbringen der Probe in eine Studie kann dann im Falle histologischer Untersuchungen festgestellt werden, dass nicht das vermutete Gewebe vorliegt. Bei rein molekularbiologischen Untersuchungen, welche nicht mit einer morphologischen Analyse des Gewebes einhergehen, sind in einem solchen Fall die erzielten Untersuchungsergebnisse unter Umständen nicht reproduzierbar bzw. nicht kongruent mit den Ergebnissen der Proben der gleichen Gruppe. Im ungünstigsten Fall, wenn mehrere Gewebeproben aus Nekrose oder nicht aus dem vermuteten Tumorgewebe bestehen, führt die Untersuchung zu falschen Ergebnissen, das heißt der entsprechende Biomarker wird fälschlicherweise nicht oder fälschlicherweise eben doch in Zusammenhang mit der eigentlich untersuchten Entität gebracht.

Qualitätseinschränkungen liegen in diesem Teilbereich also dann vor, wenn die kalte bzw. warme Ischämiezeit nicht dokumentiert sind, wenn die Medikation des entsprechenden Patienten nicht ermittelt und in einer Biobanksoftware nicht registriert wurde und wenn die Entnahme nicht unter Berücksichtigung der Makropathologie erfolgt ist und mit einer morphologischen Qualitätskontrolle verifiziert und ebenfalls in der Biobank dokumentiert wurde. Die Frage nach der Qualität der Probe stellt sich entsprechend häufig erst bei der Verwendung für den hier vorgesehenen Zweck. In der Konsequenz muss es möglich sein, die Qualität der Probe anhand verschiedener Parameter bereits bei der Suche nach einer passenden Probe mittels entsprechender Forschungsfragen im System abzufragen, statt erst „präjudikativ" oder gar subjektiv bei der Entnahme.

33.3.2 Die individuelle Lagerung des Probenmaterials

Der entscheidende Parameter in diesem Bereich ist die Aufarbeitung des gesammelten Gewebes für die Lagerung in einer Biobank. Es ist bereits deutlich geworden, dass die potenzielle Nutzbarkeit einer Probe davon abhängt, ob sie als bereits konservierter Paraffinblock oder als gefrorenes „Frischmaterial" vorliegt. Bei Paraffinmaterial ist zu beachten, dass das eingebettete Material einen Zyklus aus Fixierung, Entwässerung mit Behandlung durch eine aufsteigende Alkoholreihe, gefolgt von Xylolbädern und einer mehrere Stunden andauernde Wärmebehandlung zur Immersion des flüssigen Paraffinwachses durchwandert hat. Bereits bei der Fixierung können Störfaktoren das Fixationsergebnis beeinflussen, wie z. B. die Wahl der Fixierungslösung. So konnten Cox und Mitarbeiter (2006) nachweisen, dass die Verwendung unterschiedlicher Fixierungsmedien zu Unterschieden in der erhaltenen RNA-Menge führt, wobei das in der täglichen Routine eines pathologischen Institutes quasi ubiquitär verwendete Formalin die schlechteste Erhaltung von RNA ergab. Eine solche Behandlung ist in den Forschungsbereichen der Genomik zwar noch denkbar, jedoch für die Betrachtung der Proteine fast ausgeschlossen. Die Modifikation und Quervernetzung der Proteine ist zu stark und damit die Analytik der normalerweise tryptischen Peptide damit extrem eingeschränkt. Ein weiterer möglicher Einflussfaktor ist die homogene Durchdringung des Gewebes mit der Fixierungslösung, die im Falle von Formalin ca. 1 mm pro Stunde beträgt. Bei Organen, die mit einer straffen bindegewebigen Kapsel umgeben sind, ist die Durchdringung deutlich verzögert. Daher werden große, bekapselte parenchymatöse Organe wie die Leber oder die Niere vor der Fixierung lamelliert, um eine möglichst homogene Fixierung zu gewährleisten. Für ein optimales Fixationsergebnis ist erneut in diesem Fall auch die warme, besonders aber die kalte Ischämiezeit von großer Bedeutung. Weiterhin muss beachtet werden, dass die Fixierung der Peripherie des Organs mit der beginnenden Autolyse aus dem Zentrum des Organs konkurriert und damit die optimale Fixierung auch von der Größe der Organe bzw. der Probe abhängt. Aus diesem Grund wird bei zahlreichen Tierversuchen die Fixierungslösung über die großen Gefäße infundiert und zusätzlich das Organ in Fixierungslösung eingelegt. Auch die Menge der Fixierungslösung hat einen Einfluss auf das Fixationsergebnis und sollte ein 3–5-Faches des Volumens des zu fixierenden Gewebes betragen. Zu beachten ist auch, dass insbesondere große und schwere Gewebe oder Organe in der Fixierungslösung flottierend gehalten werden, da es ansonsten bei den Auflagestellen zu einer gestörten Diffusion des Fixierungsmediums kommt. Unter operativen Bedingungen hat allerdings der Pathologe keinen Einfluss auf die Menge der benutzten Fixierungsflüssigkeit. Von einer unmittelbar postoperativen Lamellierung des Gewebes ist gänzlich abzusehen, da hier die Gefahr der Zerstörung wichtiger anatomischer Bezüge für eine korrekte anatomisch-pathologische Diagnostik besteht.

Im Falle einer Kryoasservierung ist entscheidend, ob die Proben bei −80 °C oder in der Gasphase von Stickstoff bei ca. −136 °C gelagert werden. Außerdem spielt es bei der Kryoasservierung für die biologische Integrität der Proben eine Rolle, ob eine

Zwischenlagerung bei −20 °C vorgenommen wurde. Von elementarer Bedeutung für die Kryoasservierung ist der eigentliche Einfriervorgang. Er sollte bei Geweben möglichst im Rahmen einer Schockgefrierung stattfinden. Dies kann erreicht werden, indem das Gewebe im Probengefäß direkt in flüssigem Stickstoff gefroren wird. Bei Gewebesammlungen wird daher an vielen Instituten für Pathologie zu diesem Zweck Isopropanol in Stickstoff vorgekühlt und die Probe direkt in den vorgekühlten Alkohol gegeben, was zu einem sofortigen Einfrieren führt. Auch bei Gefriermaterial ist für die Qualität der Proben von entscheidender Bedeutung, wie schnell die Gewebeproben in die Kryoasservierung überführt wurden. Die kalte Ischämiezeit einer kryoasservierten Probe beinhaltet nämlich auch den Transport vom Operationssaal zur Gewebebank und die dort stattfindende makropathologische Beurteilung und morphologische Qualitätskontrolle.

Hinsichtlich der benutzten Lagerungssysteme ist die Eiskristallbildung im Gewebe im Falle eines langsamen Einfrierprozesses, wie er vorherrscht, wenn Gewebeproben nativ in die Temperatur von −20 °C oder −80 °C überführt werden, ein weit verbreitetes Problem. Die sich hierbei bildenden Eiskristalle führen zur Zerstörung des Zytoskeletts und von Membranbestandteilen und somit zur Störung der biologischen Integrität der Zellen im Gewebe. Eiskristalle bilden sich jedoch auch bei Temperaturschwankungen und Feuchtigkeitsbildung an den Probengefäßen. In diesem Zusammenhang sind schwer leserliche oder gar abgelöste Label mit langen Suchprozessen verbunden. Daher ist die Verwendung von sogenannten bereits „vorgelabelten Gefäßen" *state of the art,* bei denen die ID bereits vorab fest mit dem Gefäß verbunden ist. Bei der Entnahme und damit auch später in der Software der Biobank müssen die Proben in solchen Gefäßen im Gesamtprozess eindeutig dem Patienten zugewiesen werden, um eine Verwechslung zu verhindern. Die ansonsten bei der langwierigen Suche einhergehende Erwärmung weiterer Sammlungsfraktionen sowie aufwendige Inventurvorgänge sind bei alten Proben die größte Herausforderung und absolut zu vermeiden. Darüber hinaus ist die Eiskristallbildung und partielle Wärmeexposition von Proben in Lagerungssystemen auf Ebene von Gefriertruhen oder −schränken nicht zu eliminieren. Die zahlreichen Öffnungs- und Schließungsvorgängen und die damit verbundenen Schwankungen der Lagertemperaturen haben in Abhängigkeit der Lage einen beträchtlichen Einfluss auf die Proben.

Nichts desto trotz ist die individuelle und einzelne Probenansteuerung in den meisten Lagerungssystemen aufgrund der häufig eingesetzten Mikroplattenformate (z. B. SBS-Formate) nicht immer möglich, auch da aus finanziellen Gründen zumeist eine manuelle Ausführung bevorzugt wird. Dies bedeutet, dass bei einem Ein- oder Auslagerungsvorgang immer mehrere Proben einer Änderung der Umgebungstemperatur ausgesetzt werden, wenn die entsprechende Lagerungsfraktion bei diesem Prozess bewegt wird. Für die Vermeidung einer solchen dauerhaften Wärmeexposition bedarf es eines automatisierten Systems, welches Einzelproben bei der Lagerung im temperierten Umfeld in und aus strukturierten Lagerformaten bewegen kann. Hierdurch wird zudem eine ungeordnete Lagerung der Proben umgangen, indem die Verwaltung und somit die Festlegung und das Wissen über die Lagerposition einer Probe von einem modernen

Biobank-Informations- und -Management-System (BIMS) übernommen werden. Hier ist ein sogenanntes Black-Box-Verfahren ausreichend, da die Lagerung an einer Zielposition nach der Einbringung oder vor der Ausschleusung von Proben durch die automatisierten Lager übernommen wird. Solche automatisierten Systeme sind mittlerweile ebenfalls von $-20\,°C$ über $-80\,°C$ bis hin zu stickstoffbasierten Lösungen für die Lagerung in der Gasphase bei $-136\,°C$ verfügbar.

Zusammenfassend sind also im Teilbereich der Lagerung des Probenmaterials mögliche Störfaktoren der Probenqualität durch schlecht kontrollierbare Fixierungsbedingungen, die verwendeten Fixierungslösungen und die weitere Aufarbeitung im Falle von Paraffinmaterial gegeben. Im Falle von kryoasserviertem Material sind eine ungeordnete Eiskristallbildung bei inadäquatem Einfriervorgang, unkontrollierte Temperaturschwankungen durch Bewegen von Probenfraktionen beim Ein-, Aus- und Umlagern von Probenmaterial und der Verlust von Labeln und damit probenrelevanten Daten durch Feuchtigkeitsbildung während Ein- bzw. Auslagerungsvorgängen oder Inventuren Faktoren, welche signifikant die Probenqualität beeinflussen.

33.3.3 Verbindung der Proben mit weiteren Daten

Eine wesentliche Voraussetzung der Nutzung einer Biobankprobe in präklinischen oder klinischen Studien oder eben in der personalisierten Medizin ist die Verbindung der Probe mit weiteren relevanten medizinischen Daten und auch Forschungsdaten. Hierzu zählen neben der Diagnose auch das Alter und Geschlecht der Patientin bzw. des Patienten sowie die prä- und intraoperative Medikation. Diese müssen für eine nachhaltige Nutzung hierarchisch an der entsprechenden Entität gespeichert werden, andernfalls verhindert die erzeugte, flache Datenstruktur im weiteren Verlauf des Prozesses eine gezielte Probenauswahl. Beim Beispiel von Tumorgewebe sind unter anderem das TNM-Stadium, das Grading des Tumors, das klinische Tumorstadium sowie Daten zu bereits durchgeführten Therapien zu dokumentieren. Neben diesen krankheitsspezifischen Daten sind aber auch Informationen, welche den Zustand der Probe näher charakterisieren, von großem Interesse. So sind Dokumentation der kalten Ischämiezeit, die Art der Lagerung und im Falle einer Gewebeprobe ein histologisches Bild zur Dokumentation des eingelagerten Gewebes von großem Wert für die Einschätzung der Probenqualität. Außerdem sollten Daten wie ggf. die Anzahl der Auftauzyklen und die Temperaturdokumentation mit der Probe verbunden sein. Die wichtigste Information, welche mit der Probe verbunden sein muss und die auch in einem Verwaltungssystem sicher und reproduzierbar hinterlegt und einsehbar ist, ist der Status der Einwilligung in die Forschung mit der Gewebeprobe. Hier sind unterschiedliche Stufen und Alternativen möglich (z. B. Ausschluss von Industrieforschung), die über die Nutzungsmöglichkeiten entscheiden und die sicher mit der Gewebeprobe verbunden sein müssen. Solche Einwilligungen sollten möglichst weitreichend gefasst sein, um auch zukünftige Forschungsfragen abdecken zu können. Die Beschränkung einer Probe und ihrer annotierten Daten zur Verwendung in ausschließlich einer konkreten Studie ist nicht hilfreich und lässt nicht einmal die Verwendung der Probe als Kontrollkohorte zu. Ebenso sollte die Einwilligung möglichst allgemeinverständlich, standortunabhängig und damit Bundesländer-übergreifend gleichlautend sein. Genau daher hat sich in Deutschland ein Konzept herauskristallisiert, in dem man einen sogenannten Broad Consent realisieren möchte. Der Zusammenschluss und die einheitliche Gestaltung dieses Broad Consent sind u. a. erfolgreiche Ergebnisse der Medizininformatik-Initiative, gefördert durch das Bundesministerium für Bildung und Forschung (https://www.medizininformatik-initiative.de/de/mustertext-zur-patienteneinwilligung). Ein solcher Broad Consent ist zwar immer ein Drahtseilakt zwischen einem allgemeinverständlichen, rechtlich eindeutigen und adäquaten Datenschutz und Datensicherheit, aber notwendig, um die Forschung in Deutschland nicht schon zu Beginn einzuschränken. Zusätzlich müssen Daten nicht nur einen Bezug zu einem Patienten und seiner Einwilligung haben, sondern sollten auch an der Stelle des „Daten-Baums" verankert werden, der den Pfad, z. B. des Aufenthaltes, der Diagnose, der durchgeführten Prozedur sowie der durchgeführten Probenprozessierung bzw. Probenanalytik beinhaltet. Die Erhebung der gesamten Daten sollte zur Fehlervermeidung bei der manuellen Dokumentation sinnvollerweise direkt aus den vorhandenen Primärsystemen der klinischen Versorgung kommen. Daher muss ein BIMS eine Großzahl von Schnittstellen anbieten können, um solche Daten ebenfalls qualitativ validiert in das System zu übernehmen. In diesem Zusammenhang stellt der Verlust von Daten ein Problem dar, welches dazu führt, dass eine Probe nur noch eingeschränkt oder gar nicht mehr für präklinische oder klinische Studien genutzt werden kann. Zur Harmonisierung der Datenintegration und zur Vorbeugung von Daten-Verlusten und damit eines Qualitätsverlustes der Probe sollte eine Dokumentation mit möglichst wenig „Freitexten" dokumentiert werden. Stattdessen empfiehlt sich ein klarer Katalog mit kontrolliertem Vokabular oder die Nutzung eines ontologiebasierten Managementsystems zur reproduzierbaren Datenintegration und Standardisierung. Eine solche internationale Ontologie ist notwendig, um eine harmonisierte Datenstruktur (wie z. B. SPREC, LOINC, SNOMEDCT usw.) nicht nur zur Auffindung der eigenen Proben zu ermöglichen, sondern auch um bei seltenen Erkrankungen auf größere, internationale Daten- und Probenmengen verwenden zu können. Dass solche Organisationen nicht nur Mittel zum Selbstzweck sind, sondern bundesweit (German Biobank Node; www.bbmri.de) bzw. eben auch europaweit (BBMRI-ERIC – Biobanking and BioMolecular Resources Research Infrastructure – European Research Infrastructures – www.bbmri-eric.eu) relevant sind, erkennt man an der Größe und Variabilität der Einrichtungen und dem Umfang der EU-Förderung.

Alle oben genannten Faktoren sind entscheidend für die Probenqualität, nicht nur hinsichtlich ihrer biologischen Charakteristika, sondern auch hinsichtlich der sicheren Annotierung mit notwendigen klinischen Daten. Dies erst stellt die effektive Nutzbarkeit einer Biobankprobe für präklinische und klinische Forschungsprojekte im internationalen Maßstab sicher. Aus den genannten Problemen bei der Nutzung von Biobankproben ist es möglich, eine neue Definition einer Biobankprobe zu formulieren:

Danach besteht eine Biobankprobe aus einem biologischen Material, welches unter definierten, gut dokumentierten und reproduzierbaren Bedingungen gewonnen und gelagert wurde und welche validiert und mit notwendigen klinischen oder biologischen Daten annotiert ist. Schließlich ist eine solche Probe innerhalb einer Sammlung sicher und eindeutig auffindbar und folgt damit den sogenannten *FAIR principles* (https://www.go-fair.org/). Hierbei müssen eine Probe und die damit verbundenen Daten eine „Findability, Accessibility, Interoperability, and Reuse of Digital Assets" aufweisen, damit sie einen nachhaltigen Beitrag zur Community zu leisten. In den bisherigen Ausführungen wurde deutlich, dass das Erreichen dieser Kriterien alles andere als trivial ist und nicht nur von spezifischem Know-how abhängt, sondern auch zum großen Teil mit erheblichem technischem, personellem und zeitlichem Aufwand verbunden ist. Aus der Definition und dem Aufwand zu deren Verwirklichung lässt sich der „Wert" einer Biobankprobe ableiten, wobei hier nicht nur der ideelle, sondern auch der ökonomische Wert einer Probe ableitbar wird, wie Rogers et al. (2011) und Vaught et al. (2011) eindrücklich gezeigt haben.

Die oben genannten Gründe haben dazu geführt, dass sich aktuell Biobanken und Institutionen mit professionellen Zellsammlungen im Wandel befinden. Zahlreiche Publikationen zur Problematik der Probenqualität haben nicht nur eine Diskussion über die Optimierung von Biobanken ausgelöst, sondern auch angewandte Forschung in Zusammenarbeit mit der Kryobiologie zur Verwertbarkeit von Proben unter verschiedenen Biobankbedingungen und deren Veränderung nach zahlreichen Auftau- und Einfrierzyklen weiter angestoßen. In diesem aktuell sehr dynamischen Prozess zeichnet sich ab, dass je nach Fragestellung unterschiedliche Anforderungen an die Qualität von Biobankproben bestehen, welche durch die Bedingungen der hier vorgestellten neuen Definition einer Biobankprobe ableitbar und identifizierbar werden. Hinsichtlich der Qualität von Gewebeproben sind sicherlich für einige Fragestellungen in Paraffin eingebettete Proben ausreichend und sinnvoll. Hierfür gibt es zahlreiche Beispiele aus der Routinediagnostik wie die Hormonrezeptorbestimmung beim Mammakarzinom oder verschiedene Mutationsanalysen maligner Tumore. Für die aktuellen Forschungsbestrebungen in der Biomarkerforschung erscheint es jedoch sinnvoll, in einer Gewebebank Material mit höchsten Qualitätsmerkmalen zu sammeln, die der oben genannten Definition entsprechen, und solche Proben für die präklinische und klinische Forschung vorzuhalten. In der translationalen Forschung sollen solche Ergebnisse aber möglichst zeitnah in klinisch-diagnostische oder klinisch-therapeutische Schemata umgesetzt werden *(from bench to bedside)*. Deshalb ist es sicher sinnvoll, in Anbetracht der aktuellen Forschungsergebnisse auf diesem Gebiet Gewebe mit der höchsten Qualität vorzuhalten, um Patienten auch in der nahen Zukunft von der enormen Dynamik im Bereich der Biomarkerforschung zeitnah partizipieren zu lassen. In diesem Zusammenhang ist es sicher wünschenswert, wenn zukünftige Entwicklungen aus der Biomarkerforschung und der Forschung in der personalisierten Medizin unmittelbar in die klinische Anwendung kommen können und nicht einen Umweg über die Etablierung entsprechender Protokolle für paraffineingebettetes Material nehmen müssen.

Gesteigerte Anforderungen an die Probenqualität und das Qualitätsmanagement, die sich aus einer neuen Definition einer Biobankprobe ergeben, aber auch ein zunehmender Kostendruck bei der Finanzierung von Biobanken steigern das Bedürfnis nach automatisierten Lösungen im Biobanking. Die bekannten universitären Biobanken entsprechen diesen Automationsbestrebungen aufgrund von Millionenbudgets bereits. Dabei ist jedoch die vollautomatisierte Lagerung im Idealzustand bei Temperaturen unterhalb von −130 °C insbesondere für Gewebeproben bis heute unzureichend realisiert worden. Auch kleinere Institutionen mit Sammlungen von „nur" Hunderten bis Zehntausenden Proben stellen sich den neuen Herausforderungen im Biobanking und beabsichtigen Verbesserungen hinsichtlich der Lagerbedingungen und Probendokumentation.

33.4 Vollautomatisierte Kryokonservierung durch Ultratiefkühl-Lagerung?

Die möglichst zeitnahe und Tiefsttemperaturenbezogene Einlagerung wurde als notwendiges Ziel bereits beschrieben. Dieser Herausforderung stellen sich innovative Neuentwicklungen der Stickstofflagerung von verschiedenen, international agierenden Geräteherstellern. Mit teilweise unterschiedlichen Ansätzen vollziehen diese Systeme die Stickstofflagerung erstmals vollautomatisiert, sodass Probenmaterialien ohne manuelle Tätigkeit bei Temperaturen von unter −130 °C gelagert werden kann (Abb. 33.3). Die Geräte arbeiten vornehmlich auf Basis einer sogenannten Cherry-Picking-Technologie, was bedeutet, dass ein vollautomatisierter Roboterarm einzelne, definierte Proben ein- und auslagern kann, ohne dass andere Proben bewegt und wärmeexponiert werden. Ermöglicht wird diese Cherry-Picking-Technologie durch ein patentiertes Verfahren, mit dem die einzelnen Lagerungsebenen in der Gasphase des Stickstoffs individuell angesteuert und hochpräzise z. B. in einem Tank gedreht werden. Der angetriebene Roboterarm kann dabei jede Position des automatisierten Kryotanks zuverlässig erreichen und Kryotubes individuell ein-, aus- und umlagern. Im Gegensatz zu manuellen Verfahren, bei denen komplette Mikroplatten in teilweise ungekühlte Temperaturbereiche bewegt werden, erfährt keine andere als die angesteuerte Probe eine Änderung der Umwelteinflüsse. Dank der eindeutigen Zuordnung per 2D-Code auf dem entsprechenden Kryotube erfolgt das gewünschte Ein- oder Auslagern durch eine Schleuse fast hermetisch abgeschirmt, wobei also keine andere Probe der Sammlung einen Temperaturanstieg erfährt und sich so auch keine Feuchtigkeit in dem System niederschlägt.

Neben der ununterbrochenen, tiefkalten Lagerung ist sichergestellt, dass die Probengefäße eisfrei und die Lesbarkeit des 2D-Codes optimal erhalten bleiben. Das Einlesen der Probe mittels Scannen des 2D-Codes sowie das Ein- und Auslagern der Probengefäße geschieht in einem abgeriegelten Raum unter kontrollierter Atmosphäre, sodass bereits nach Einschleusen des Probengefäßes das Abscannen des Codes und der gesamte Ein- bzw. Auslagerungsvorgang unter kontrollierter Luftfeuchtigkeit stattfinden. Die Stickstoffversorgung wird optimal kontrolliert, wobei das System im Falle einer Störung

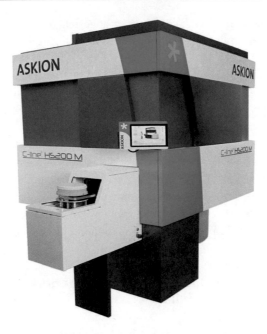

Abb. 33.3 Das vollautomatische Kryoasservierungssystem der Firma Askion. Zahlreiche Anbieter haben mittlerweile vollautomatisierte Systeme entwickelt, die ein in sich geschlossenes System darstellen und welches frei von Umwelteinflüssen die Ein- und Auslagerung von Probenmaterial qualitativ gleichbleibend und hochwertig bei Temperaturen unterhalb von −130 °C ermöglichen. Die Roboterarme solcher Systeme erlauben die individuelle Ansteuerung jeder Probe im System, ohne andere Proben zu berühren oder einer Änderung der atmosphärischen Umgebung auszusetzen

über zahlreiche Stunden die tiefkalte Temperatur von unter −130 °C hält. Darüber hinaus kann das System an ein hausinternes Alarmsystem angeschlossen werden. Die Lagerung der Proben erfolgt in der Gasphase des Stickstoffs, was Kreuzkontaminationen der Proben und die kältebedingte Bruchgefahr der Probengefäße verhindert. Das Fassungsvermögen eines solchen Gerätes liegt je nach Größe der Probengefäße zwischen 8500 und mehrerer Hunderttausend Proben. Eine Kombination von mehreren unterschiedlich großen, automatisierten Tanks ermöglichen schon heute Sammlungen von mehreren Millionen Proben wie z. B. in der NaKo-Gesundheitsstudie (https://nako.de/).

Die Gerätesteuerung und die Probenverwaltung erfolgen über eine Schnittstelle zur Biobank- Software, die das aktuelle Inventar auf Knopfdruck suchbar und verfügbar macht. Zusätzlich zur Inventarführung dokumentiert die Gerätesteuerungssoftware zusammen mit der Biobank-Software alle Vorgänge und Temperaturzustände, sodass das automatische Ultra-Tiefkühllager (UTL) transparent und komfortabel wahlweise auf der Seite der Gerätesteuerungssoftware oder auch der Biobank-Software betrieben werden kann. Die Biobank-Software ermöglicht es, Zusatzinformationen zu jeder Probe über Eingabe oder Schnittstellen zu importieren. Der Zugang zur Biobank-Software ist idealerweise webbasiert, über Verschlüsselungen abgesichert und letztendlich passwort-geschützt zu verwenden, sodass nur autorisiertes Personal Zugriff zum System und den sensiblen Daten bekommt.

Darüber hinaus bieten diese vollautomatisierten Systeme maximalen Arbeitsschutz, da bei Einlagerungs- und Suchprozessen keine manuellen Tätigkeiten vollzogen werden müssen. Der Anwender kommt zu keiner Zeit mit sehr kalten Bestandteilen, bis hin zum Stickstoff, in Berührung.

Dieser Quantensprung der Automatisierung setzt neue Standards in der Kryoas-servierung zur signifikanten Verbesserung der Probenqualität. Gemeinsam mit innovativen Datenmanagementsystemen zur Verknüpfung modular aufgebauter Bio-banken wird so die Verwertbarkeit und Zusammenarbeit zur Verwendung von Proben-material deutlich verbessert. Diese Ansätze können den hohen Qualitätsanforderungen gerecht werden, die führende Wissenschaftler an moderne Biobankdaten stellen.

33.5 Was sind wichtige Elemente für eine modern funktionierende Biobank?

Aus dem bisher Dargelegten wird deutlich, dass eine Biobank, insbesondere eine Gewebebank, kein isoliertes Lagerungssystem für Bioproben darstellt, sondern ein integratives Konstrukt aus verschiedenen Hardware- und Softwarekomponenten, die funktional und zuverlässig miteinander verbunden sein müssen. Darüber hinaus benötigt eine Biobank eine rationale und effektive Organisationsstruktur, welche die Nutzung der Bioproben für wissenschaftliche Zwecke zuverlässig regelt. Eine solche Organisations-struktur, basierend auf nationalen und internationalen ethisch-rechtlichen Vorgaben, ist auch in Bezug auf das Vertrauen der Proben- und somit der Datenspender unabdingbar. Der Spender bleibt zwar trotz geleisteter Einwilligung Herrscher über die gewonnen Bioproben. Ein Widerruf seiner Einwilligung mit der Folge des uneingeschränkten Ver-nichtens seiner Proben und Daten sind Grundrechte in unserer Gesellschaft. Sie müssen ebenso gewahrt bleiben wie die Sicherheit der Daten und das Anrecht auf eine personen-unbekannte Nutzung der Daten und Proben. Die Nutzung der Daten und Proben darf daher ausschließlich pseudonymisiert erfolgen: Dem Nutzer darf eine Re-Identifikation des eigentlichen Patienten anhand der Daten und Proben nicht möglich sein. Dies stellt neben den organisatorischen Herausforderungen auch eine elektronische Treuhänder-funktion voraus, die es ermöglicht, alle Identifikatoren, die die Person primär eindeutig identifizieren (Vorname Nachname, Geburtsdatum, Sterbedatum, Wohnort usw.) durch einen zufälligen neuen Identifikator zu ersetzen. Dieser neue Identifikator wird niemals im Zusammenhang mit den primären Identifikatoren verwendet, wodurch der Spender faktisch anonym, eben pseudonymisiert wird. Eine vollständige Anonymisierung ist nicht praktikabel, da Biobanken aufgrund der weiteren medizinischen Daten und Forschungsdaten eine Historie zu den Spendern anlegen, die so spezielle Informationen zum sogenannt „Outcome" der Therapie geben kann. Dies bietet insbesondere bei onkologischen Therapien viele Vorteile, indem durch den Outcome Aufschluss über den Erfolg oder Misserfolg der Prozedur gegeben und dies idealerweise mit den molekularen Markern verknüpft wird. Ebenfalls ist es notwendig, sogenannte Zufallsbefunde aufgrund der direkten körperlichen Relevanz für einen Spender z. B. durch erweiterte Analytik oder neue Forschungsansätze nutzbar zu machen. Die Rückauflösung des Pseudonyms auf einen primären Identifikator darf nur durch einen Treuhänder und in Kombination mit medizinischem Fachpersonal erfolgen. Doch auch die Entscheidung über Wissen oder Unwissenheit solcher Zufallsbefunde muss in der Einwilligung geregelt werden. Erneut wird das organisatorische Ausmaß einer Biobank klar.

In der Organisationsstruktur ist ein entscheidendes Element enthalten – eine Geschäftsordnung bzw. Betriebsordnung, welche die Abläufe innerhalb der Bank, die Zuständigkeiten der beteiligten Partner und die Verbindung zu bestehenden Strukturen (z. B. zu dem Comprehensive Cancer Center) regelt und transparent darstellt. Einen weiteren wichtigen Parameter stellt das Nutzungskonzept einer Biobank dar, in welchem z. B. geregelt wird, welche Proben aufgrund von Kapazitäten oder primären Forschungsfeldern prioritär gesammelt werden und wie ein Turnover der eingelagerten Proben optimalerweise geregelt bzw. erreicht wird. Ein „Umsatz" an Geweeproben ist nicht nur für den wissenschaftlichen Output und damit für die Außenwirkung einer Gewebebank von Bedeutung, sondern auch für ihre ethische Legitimation, denn die Patienten willigen in die Nutzung von Geweeproben für wissenschaftliche Zwecke ein, nicht primär in die Sammlung des biologischen Materials. Dieser Aspekt war in der öffentlichen Diskussion des sogenannten Alderhay-Skandals in Großbritannien ein relevanter Grund für die Ächtung der Sammlung von fetalem Gewebe, welche laut Deklaration zu Forschungszwecken stattfand, wobei mit dem Material jedoch keine sichtbare Forschung betrieben wurde. Aus der Durchführung von Forschungsprojekten speist sich letztlich die Legitimation einer Biobank im Rahmen der Biomarkerforschung und der Forschung in der personalisierten Medizin, da hiermit von Biobanken auch öffentlichkeitswirksam umgegangen wird. Daher obliegt dem Biobanking auch eine bestimmte Menge an öffentlicher Transparenz und Vertrauensbildung. Ein weiteres wichtiges Element der Organisationsstruktur einer Biobank ist ein Vergabegremium, welches über die Priorisierung der Sammlung und die Vergabe von Proben an Studien entscheidet. Die Funktionsweise des Vergabegremiums kann in der Geschäftsordnung festgelegt werden. So können Schutzmechanismen eingebaut werden, die es verhindern sollen, dass der Operateur, welcher z. B. auch seltenes Tumorgewebe in die Biobank einbringt, bevorzugt bei der Vergabe von genau diesem Gewebe behandelt wird oder sogar für das von ihm eingebrachte Gewebe ein Vetorecht bei Vergabefragen zugesprochen bekommt. Problematisch können solche Regelungen sein, da in diesem Bereich auch unter Umständen nichtrationale Gründe zum Gebrauch des Vetorechtes führen können. Hier ist das Verständnis einer gesellschaftlichen allgemeinen Tätigkeit einer Biobank zu priorisieren gegenüber einzelnen Partikularinteressen.

An der Schnittstelle von Organisationsstrukturen und dem praktischen Betrieb einer Biobank steht die ethisch-juristische Legitimation der Biobank, gegeben durch ein

positives Ethik-Votum der zuständigen Ethik-Kommission und eine positive Stellungnahme durch den zuständigen Datenschutzbeauftragten. Für die ethische Legitimation
ist Transparenz hinsichtlich industriegesponsorter Studien, die Sicherstellung der
Pseudonymisierung und das Procedere hinsichtlich individualisierender Analysen wichtig,
wobei hier eine gestaffelte Einwilligung mit Auswahlmöglichkeiten notwendig ist.

Die informierte Einwilligung beinhaltet auch, dass der Informationsbedarf seitens
des Patienten gestillt wird und zusätzlich gestellte Fragen seitens des Patienten ebenso
wie die Antworten entsprechend dokumentiert werden. Hinsichtlich der Unterstützung
durch den Datenschutzbeauftragten ist ggf. eine inhomogene Bewertung der unterschiedlichen Bundesländer zu berücksichtigen. Wichtige Punkte in diesem Bereich stellen die
Pseudonymisierung und ihre Sicherstellung vor allem im Hinblick auf die automatische
Integration von Daten beispielsweise aus dem Krebsregister oder weiterer klinischen
Informationssystem ins Biobank-Datenmanagementsystem dar.

Beim praktischen Betrieb einer Biobank ist vor allem die lückenlose Dokumentation
der oben beschriebenen qualitätsrelevanten Daten und Informationen von entscheidender
Bedeutung zur Einhaltung der Qualität der Gewebeproben. Ein sogenannter Audit-Trail
dokumentiert hierbei jede Erstellung, Änderung und Löschung von Informationen in
Bezug auf das Datum, die Uhrzeit, den Datenpunkt, den Benutzer sowie die geänderten
Werte. Darüber hinaus sollte der Login-Zeitpunkt der Biobanksoftware-Benutzer
dokumentiert werden, ebenso ihr Logout und die dazwischen durchgeführten Suchen
und Einsicht in die Daten, auch wenn hierbei keine Werte verändert werden. Weiterhin
sollte die Gewebebank mit Personal ausgestattet sein, welches sich ganz auf die Arbeit
der Bank konzentrieren kann. Die Biobank ist eben als zentrale Einrichtung und Service-
einrichtung von translationaler Forschung zu verstehen und nicht als Anhängsel einer
bestehenden Abteilung. Auch dies unterstreicht noch einmal ihre Unabhängigkeit und
unterbindet die Einflussnahme einzelner Interessen. Entscheidend sind die rasche Aufarbeitung und die Dokumentation der Aufarbeitungszeiten sowie die morphologische
Qualitätskontrolle. Hinsichtlich der definierten Zeiten für kalte Ischämie, Einlagerung
etc. können u. U. auch „Ausreißer" eingelagert werden, deren Qualitätsstufe jedoch in
der Bank vermerkt werden.

33.6 Ausblick

Der vorliegende Beitrag macht deutlich, dass zentral organisiertes Biobanking ein
integratives Konzept unter Nutzung innovativer Hard- und Softwarekomponenten in
Kombination mit rationalen Organisationsstrukturen ist und zu einer wesentlichen Verbesserung der Probenqualität und damit zur beschleunigten translationalen Forschung
führen kann. In diesem Bereich befinden wir uns zurzeit in einer Phase, in der von
einer disruptiven Veränderung von einer kurativen, allgemein Behandlung hin zu einer
präventiven und individualisierten Therapie gesprochen werden kann. Daher scheint zurzeit die Vernetzung von Biobanken zu größeren Konstrukten durch eine Harmonisierung,

Interoperabilität bzw. Vereinheitlichung der Konzepte unumgänglich, um dadurch notwendige Innovationen in diesem zukunftsträchtigen Arbeitsfeld nicht zu behindern. Die Verwendung der gespeicherten Daten in Kombination mit den gelagerten Proben werden bereits heute mit Ansätzen der künstlichen Intelligenz verwendet, um dem Arzt als Entscheidungsunterstützung *(decision support)* bei der gezielten personalisierten Therapie dienen zu können. Hierbei geht es nicht darum, Ärzte zu ersetzen und Entscheidungen Maschinen zu überlassen, sondern dem Arzt aufgrund der Komplexität der Daten, des biologischen Systems und der ständigen neuen Erkenntnisse in diesem Dschungel den Weg zur idealen Diagnostik und Therapie zu weisen. Hierzu ist es notwendig, gedankliche Abgrenzung zu überwinden, damit eine Entwicklung angestoßen werden kann, welche die Kompatibilität und damit den Austausch von Informationen unterschiedlicher Systeme ermöglicht, um so auch zeitnah auf Neuentwicklungen reagieren zu können. Neuentwicklungen ergeben sich hier aus den anwendungsorientierten Forschungsansätzen, welche kryobiologische Methoden bzw. Problembereiche des Gewebebanking einbringen und somit unser Verständnis der Alteration der biologischen Charakteristika durch verschiedene Biobanksysteme erweitern.

Auf Grundlage der Darstellung möglicher Einflussfaktoren auf die Qualität einer Biobankprobe wird in diesem Beitrag eine Definition einer Biobankprobe vorgeschlagen, die den enormen ideellen Wert einer solchen Probe, wie er sich aus der Vernetzung der beteiligten Strukturmerkmale einer Biobank ergibt, beinhaltet.

Die Betrachtung der Einflussfaktoren auf die relevanten Parameter dieser Definition verdeutlichen ebenfalls das hohe innovative Potenzial einer modernen Biobankforschung für ein Next Generation Biobanking. Der Aufbau einer hochwertigen Biobank, welche Proben in höchster biologischer Qualität mit reproduzierbaren und validierten Daten annotiert vorhält, wird in den nächsten Jahrzehnten einen Standortvorteil für die Biomarkerforschung und die Forschung in der personalisierten Medizin darstellen.

Literatur

Abrahamsen HN, Steiniche T, Nexo E, Hamilton-Dutoit SJ, Sorensen BS.: Towards quantitative mRNA analysis in paraffin-embedded tissues using real-time reverse transcriptase-polymerase chain reaction: a methodological study on lymph nodes from melanoma patients. J Mol Diagn 2003; 5: 34–41.

Adler CJ, Dobney K, Weyrich LS, Kaidonis J, Walker AW, Haak W, Bradshaw CJ, Townsend G, Sołtysiak A, Alt KW, Parkhill J, Cooper A.: Sequencing ancient calcified dental plaque shows changes in oral microbiota with dietary shifts of the Neolithic and Industrial revolutions. Nat Genet 2013; 45: 450–455, 455e1.

Baker M.: Building better Biobanks. Nature 2012; 486, 141–146.

Balasubramanian R, Mueller L, Kugler K, Hackl W, Pleyer L, Dehmer M, Graber A. The impact of storage effects in biobanks on biomarker discovery in systems biology studies. Biomarkers 2010; 15: 677–683.

Betsou F, Roberto Bilbao, Jamie Case, Rodrigo Chuaqui, Judith Ann Clements, Yvonne De Souza, Annemieke De Wilde, Jörg Geiger, William Grizzle, Fiorella Guadagni, Elaine Gunter,

Stacey Heil, Michael Kiehntopf, Iren Koppandi, Sabine Lehmann, Loes Linsen, Jacqueline Mackenzie-Dodds, Rocio Aguilar Quesada, Riad Tebbakha, Teresa Selander, Katheryn Shea, Mark Sobel, Stella Somiari, Demetri Spyropoulos, Mars Stone, Gunnel Tybring, Klara Valyi-Nagy, and Lalita Wadhwa; and the ISBER Biospecimen Science Working Group: Standard PREanalytical Code Version 3.0. Biopreservation and Biobanking 2018; 16,1; 9–12

Brandt G, Haak W, Adler CJ, Roth C, Szécsényi-Nagy A, Karimnia S, Möller-Rieker S, Meller H, Ganslmeier R, Friederich S, Dresely V, Nicklisch N, Pickrell JK, Sirocko F, Reich D, Cooper A, Alt KW; Genographic Consortium: Ancient DNA reveals key stages in the formation of central European mitochondrial genetic diversity. Science 2013; 342: 257–261.

Brochhausen C, Schicke D, Lehmann M, Springer E, Schad A, Coerdt W, Kirkpatrick CJ.: Laser Capture microsdissection and mRNA isolation from fetal cartilage during bone formation. Pathologe 2009; 30 Supl. 1: 17.

Cox ML, Schray CL, Luster CN, Stewart ZS, Korytko PJ, M Khan KN, Paulauskis JD, Dunstan RW. Assessment of fixatives, fixation, and tissue processing on morphology and RNA integrity. Exp Mol Pathol 2006; 80: 183–191.

Fink L, Kinfe T, Stein MM, Ermert L, Hänze J, Kummer W, Seeger W, Bohle RM. Immunostaining and laser-assisted cell picking for mRNA analysis. Lab Invest 2000; 80: 327–333.

Haak W, Forster P, Bramanti B, Matsumura S, Brandt G, Tanzer M, Villems R, Renfrew C, Gronenbom D, Alt KW, Burger J.: Ancient DNA from the first European farmers in 7500 years old Neolithic sites. Science 2005;310: 1016–1018.

Kisand K, Kerna I, Kumm J, Jonsson H, Tamm A.: Impact of cryopreservation on serum concentration of matrix metalloproteinases (MMP)-7, TIMP-1, vascular growth factors (VEGF) and VEGF-R2 in Biobank samples. Clin Chem Lab Med 2011; 49: 229–235.

Kugler KG, Hackl WO, Mueller LA, Fiegl H, Graber A, Pfeiffer RM.: The Impact of Sample Storage Time on Estimates of Association in Biomarker Discovery Studies. J Clin Bioinforma 2011; 1: 9.

Rogers J, Carolin T, Vaught J, Compton C.: Biobankonomics: a taxonomy for evaluating the economic benefits of standardized centralized human biobanking for translational research. J Natl Cancer Inst Monogr 2011; 42: 32–38.

Srinivasan M, Sedmak D, Jewell S.: Effect of fixatives and tissue processing on the content and integrity of nucleic acids. Am J Pathol 2002; 161: 1961–1671.

Vaught J, Rogers J, Carolin T, Compton C.: Biobankonomics: developing a sustainable business model approach for the formation of a human tissue biobank. J Natl Cancer Inst Monogr 2011; 42: 24–31.

Die neue EU-Verordnung 2017/746 über In-vitro-Diagnostika

34

Volker Franzen und Thomas Klütz

Ausgehend von einem hohen Gesundheitsschutzniveau für Patienten und Anwender soll mit der vorliegenden Verordnung ein reibungslos funktionierender Binnenmarkt für In-vitro-Diagnostika unter Berücksichtigung der in diesem Sektor tätigen kleinen und mittleren Unternehmen sichergestellt werden. Außerdem sind in dieser Verordnung hohe Standards für die Qualität und Sicherheit von In-vitro-Diagnostika festgelegt, durch die allgemeine Sicherheitsbedenken hinsichtlich dieser Produkte ausgeräumt werden sollen.

Auszug aus der Präambel der neuen Verordnung (Verordnung (EU) 2017a, b/746)

Mit diesem Kapitel wird ein erster Einstieg und Überblick in die neuen gesetzlichen Anforderungen für das Inverkehrbringen von In-vitro-Diagnostika in der EU gegeben. Denn durch das Inkrafttreten der neuen Verordnung (EU) 2017/746 über In-vitro-Diagnostika im Mai 2017 (im weiteren Text als IVD-VO bezeichnet) haben sich für die In-vitro-Diagnostika-Industrie weitreichende Veränderungen ergeben. In den nachfolgenden Kapiteln werden die wesentlichen Aspekte der neuen IVD-VO dargestellt. Wer an einer weiteren Vertiefung einzelner Anforderungen interessiert ist, findet hierzu die entsprechenden Textstellen der IVD-VO und weitere hilfreiche Informationsquelle unter Weiterführende Hinweise. Um zu einem kompletten Verständnis der Anforderungen zu gelangen, sind die drei Elemente der Verordnung (Präambel, Kapitel mit den Artikeln und Anhänge, Abb. 34.1) im Zusammenhang zu lesen.

V. Franzen
QIAGEN GmbH, Hilden, Deutschland
E-Mail: franzen.weseke@gmail.com

T. Klütz (✉)
BioT'K Consulting GmbH, Lindau, Deutschland
E-Mail: thomas.kluetz@biotk-consulting.de

© Springer-Verlag GmbH Deutschland, ein Teil von Springer Nature 2023
A. M. Raem und P. Rauch (Hrsg.), *Immunoassays*,
https://doi.org/10.1007/978-3-662-62671-9_34

Abb. 34.1 Die drei Elemente
der IVD-VO

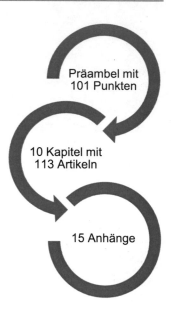

Präambel mit
101 Punkten

10 Kapitel mit
113 Artikeln

15 Anhänge

34.1 Was sind In-vitro-Diagnostika?

In-vitro-Diagnostika werden nicht direkt am oder im Menschen angewendet. Das unterscheidet sie von den klassischen Medizinprodukten, welche im (z. B. ein künstliches Kniegelenk) oder am Körper (z. B. ein Stethoskop) direkt eingesetzt werden. In-vitro-Diagnostika untersuchen Humanproben wie z. B. Blut, Serum, Liquor, Urin, Stuhl, Speichel, Wangenabstriche oder Gewebeproben. Hierbei werden die Proben außerhalb des Körpers „in vitro" (lat. für „im Glas"), z. B. im medizinischen Labor, in der Arztpraxis, im Rettungswagen oder vom Patienten selbst (z. B. Cholesterin-Selbsttest) getestet, um medizinisch relevante Informationen über den Patienten zu erhalten. Im Gegensatz zu den klassischen Medizinprodukten (hier wird das Produkt in der Regel erst am Ende der Produktentwicklung bei der klinischen Studie am oder im Menschen getestet) werden bei In-vitro-Diagnostika schon in der gesamten Produktentwicklung Humanproben eingesetzt. Es handelt sich hierbei oft um anonymisierte Restproben aus der labordiagnostischen Routine oder von speziellen Biobanken und deren assoziierte klinische Daten.

34.2 Der neue Rechtsrahmen

Die neue europäische Verordnung für In-vitro-Diagnostika 2017/746 ist am 26. Mai 2017 in allen EU-Mitgliedsstaaten mit einer fünfjährigen Übergangsfrist in Kraft getreten. Weitere spezifische Übergangsfristen wurden durch die Verordnung (EU) 2022/112 des Europäischen Parlaments und des Rates zur Änderung der Verordnung (EU) 2017/746 hinsichtlich der

Übergangsbestimmungen für bestimmte In-vitro-Diagnostika und des späteren Geltungsbeginns der Bedingungen für hausinterne Produkte am 28.01.2022 in Kraft gesetzt
(Abschn. 34.2.1). Im Weiteren wird diese Verordnung mit VO (EU) 2022/112 bezeichnet.

Innerhalb dieser Übergangsfrist kann der IVD-Hersteller wahlweise seine Produkte
nach der alten europäischen Richtlinie 98/79/EG über In-vitro-Diagnostika (im folgenden
Text als Richtlinie bezeichnet) oder nach der neuen Verordnung in den EU Markt geben.
Ab dem 26. Mai 2022 ersetzt die Verordnung die Richtlinie über In-vitro-Diagnostika.

In der neuen IVD-VO gibt es keine gesonderten Regelungen für IVD-Produkte, die
sich nach der Richtlinie in Europa im Markt befinden (sog. Altprodukte). Dies bedeutet
auch, dass diese der IVD-VO unterworfen sind und die neuen Anforderungen nach
Ablauf der Übergangsfrist erfüllen müssen. Anders als die bisherige Richtlinie, die
jeweils einer nationalen Umsetzung in den EU-Mitgliedstaaten bedurfte, findet die neue
EU-Verordnung unmittelbar Anwendung in allen EU-Mitgliedsstaaten.

Grundsätzlich hat die Verordnung gegenüber der Richtlinie eine signifikant höhere
Regelungsdichte, wodurch sich der Gesetzgeber eine einheitliche Umsetzung der
Regelungen in den Mitgliedsstaaten verspricht. Auch die Harmonisierung auf inter-
nationaler Ebene ist ein wichtiger Baustein. So sind die auf internationaler Ebene,
insbesondere im Rahmen der Global Harmonization Task Force (GHTF) und deren
Folgeinitiative, dem Internationalen Forum der Aufsichtsbehörden für Medizinprodukte
(IMDRF, International Medical Devices Regulators Forum), entwickelten Leitlinien für
In-vitro-Diagnostika berücksichtigt worden. Hierdurch wird die internationale Anglei-
chung der Rechtsvorschriften gefördert. Dies gilt gemäß Präambel insbesondere für:

- die Bestimmungen über die UDI- *(Unique Device Identifier)* Produktkennung
- die grundlegenden Sicherheits- und Leistungsanforderungen
- die technische Dokumentation
- die Klassifizierungsregeln
- die Konformitätsbewertungsverfahren
- den klinischen Nachweis

Die entsprechenden GHTF/IMDRF-Dokumente helfen bei der Interpretation (s. International Medical Device Regulators Forum, Weiterführende Hinweise)

34.2.1 Übergangsbestimmungen, späterer Geltungsbeginn, Durchführungsrechtsakte und delegierte Rechtsakte

**Präambel (90, 92, 93), Art. 3, Art. 5 (6), Art. 24 (2), Art. 41(6), Art. 48 (13), Art. 98,
Art. 99, Art. 107(3), Art. 108, Art. 110, Art. 112, Art. 113 (Weiterführende Hinweise
VO (EU) 2022/112)**
(Die aufgeführten Bezeichnungen geben die Stellen in der IVD-VO wieder, die für den
nachfolgenden Text verwendet wurden und welche einen weiterführenden Einblick
ermöglichen.)

Die EU-Kommission kann grundsätzlich durch die im Verordnungstext genannten Durchführungs- und Delegierten-Rechtsakte an den ausgewiesenen Textstellen weitere Bestimmungen für eine einheitliche Auslegung und Anwendung der Verordnung erlassen (in einigen gesonderten Fällen ist sie dazu auch gesetzlich verpflichtet). Des Weiteren besteht die Möglichkeit, unter Berücksichtigung des technischen Fortschritts Änderungen zu erlassen.

Als Beispiele sind die Klassifizierung von Produkten, die Benennung der EU-Referenzlaboratorien, Art und Aufmachung der Datenelemente, die der „Kurzbericht über Sicherheit und Leistung" enthalten muss, Sicherstellung der einheitlichen Anwendung des Anhangs I, Benennung der UDI-Zuteilungsstellen sowie Häufigkeit und Grundlage der Stichproben bei der Bewertung der technischen Dokumentation bei Klasse-B und C-Produkten aufgeführt. Hierbei spielt die europäische Koordinierungsgruppe Medizinprodukte (MDCG, Medical Device Coordination Group) bei der Bewertung „sämtlicher Fragen im Zusammenhang mit der Durchführung der Verordnung" eine entscheidende Rolle.

Zu dem Zeitpunkt des Inkrafttreten der neuen IVD-VO waren die COVID-19-Pandemie und die dadurch bedingte Krise im Gesundheitssystem nicht abzusehen. Diese globale Herausforderung erforderte erhebliche zusätzliche Ressourcen bei den EU-Mitgliedsstaaten, Wirtschaftsakteuren und Benannten Stellen. Des Weiteren musste eine umfangreiche Verfügbarkeit wichtiger In-vitro-Diagnostika durch die IVD-Hersteller realisiert werden. Die Verfügbarkeit und Kapazitäten der Benannten Stellen stellte sich in 2021 als nicht ausreichend dar, um die umfangreichen Konformitätsverfahren nach der IVD-VO durchzuführen. Diese außergewöhnlichen Umstände machten es erforderlich, eine ausreichende Übergangsfrist für Produkte vorzusehen, die gemäß der Verordnung erstmals einer Konformitätsbewertung durch eine Benannte Stelle unterzogen werden müssen.

Durch die VO (EU) 2022/112 (Weiterführende Hinweise) wurde festgelegt:

1. Der 26. Mai 2022 als Datum für die Anwendung (= Geltungsbeginn) der IVD-VO bleibt unverändert. Dies hat folgende Auswirkungen:
   a) Produkte, die vor dem 26. Mai 2022 gemäß der Richtlinie 98/79/EG rechtmäßig in Verkehr gebracht wurden, können bis zum 26. Mai 2025 weiterhin auf dem Markt bereitgestellt oder in Betrieb genommen werden.
   b) Produkte der Klasse A, die nicht steril sind – z. B. Instrumente, Puffer, Zubehör ohne kritische Merkmale, allgemeine Kulturmedien –, müssen ab dem Geltungsbeginn der IVD-VO am 26. Mai 2022 eine CE-Kennzeichnung gemäß der IVD-VO haben, um auf den Markt gebracht werden zu können.
   c) Neue Produkte benötigen eine CE-Kennzeichnung gemäß der IVD-VO ab dem Geltungsbeginn am 26. Mai 2022. Dies gilt für alle Produkte, die vor dem Geltungsbeginn der IVD-VO nicht über eine Konformitätserklärung gemäß der IVD-Richtlinie (EG) 98/79 verfügen.

2. Produkte, für die
   - ein Konformitätsbewertungsverfahren nach der alten Richtline nicht die Mitwirkung einer Benannten Stelle erfordert und die Konformitätserklärung gemäß der Richtlinie vor dem 26. Mai 2022 ausgestellt wurde, und
   - – basierend auf den neuen Klassifizierungsregeln der IVD-VO eine Konformitätsbewertung durch eine Benannte Stelle zu erfolgen hat,

dürfen bis zu den nachfolgend aufgeführten Zeitpunkten hergestellt und in Verkehr gebracht werden. Zusätzlich dürfen diese Produkte in der Distributionskette noch ein weiteres Jahr abverkauft und in genommen werden

a) 26. Mai 2025 für Produkte der Klasse D (plus 1 Jahr Abverkauf/Inbetriebnahme bis 26. Mai 2026)

b) 26. Mai 2026 für Produkte der Klasse C (plus 1 Jahr Abverkauf/Inbetriebnahme bis 26. Mai 2027)

c) 26. Mai 2027 für Produkte der Klasse B und für Produkte der Klasse A, die in sterilem Zustand in Verkehr gebracht werden (plus 1 Jahr Abverkauf/Inbetriebnahme bis 26. Mai 2028)

3. Anhang-II-Produkte und Produkte zur Eigenanwendung, für die gemäß der Richtlinie 98/79/EG ein gültiges Zertifikat einer Benannten Stelle (NB-Zertifikat) ausgestellt wurde, dürfen bis zum 26. Mai 2025 in Verkehr gebracht oder in Betrieb genommen werden. Die Gültigkeitsdauer der NB-Zertifikate muss diesem Zeitraum auch entsprechen.

Die Grundvorraussetzung für diese Übergangsbestimmungen ist hierbei, dass die Produkte ab dem Geltungsbeginns dieser IVD-VO weiterhin der Richtlinie 98/79/ EG entsprechen und keine wesentlichen Veränderungen der Auslegung und Zweckbestimmung dieser Produkte vorliegen. Eine EU-MDCG-Leitlinie zu der Bewertung von Änderungen unter diesem Aspekt ist für 2022 vorgesehen.

Des Weiteren gelten für diese Übergangsbestimmungen die Anforderungen der IVD-VO an die Überwachung nach dem Inverkehrbringen, die Marktüberwachung, die Vigilanz, die Registrierung von Wirtschaftsakteuren und von Produkten. Eine EU-MDCG-Leitlinie zu diesen Anforderungen ist für 2022 vorgesehen.

Bedingt durch diese neuen Übergangsbestimmungen bleibt die Richtlinie 98/79/EG für die genannten Anwendungen bis zum 26. Mai 2028 weiterhin gültig.

Weitere Übergangsfristen sind die gestaffelte UDI-Kennzeichnungspflicht auf dem Produkt nach der Produktklasse (Klasse D = 2023, Klasse B und C = 2025, Klasse A = 2027).

34.2.2 Legaldefinitionen

Art. 2

Um Klarheit über die verwendeten Begrifflichkeiten in der Verordnung zu erlangen, ist Art. 2 mit 74 verschiedenen Begriffsbestimmungen zu benutzen. Die in diesem

Buchkapitel verwendeten Begriffe sind ab dem folgenden Absatz wie unter Art. 2 der IVD-VO definiert. An anderen Stellen sind sie direkt im Text eingefügt.

„Hersteller" bezeichnet eine natürliche oder juristische Person, die ein Produkt herstellt oder als neu aufbereitet bzw. entwickeln, herstellen oder als neu aufbereiten lässt und dieses Produkt unter ihrem eigenen Namen oder ihrer eigenen Marke vermarktet.

„Bevollmächtigter" bezeichnet jede in der Union niedergelassene natürliche oder juristische Person, die von einem außerhalb der Union ansässigen Hersteller schriftlich beauftragt wurde, in seinem Namen bestimmte Aufgaben in Erfüllung seiner aus dieser Verordnung resultierenden Verpflichtungen wahrzunehmen, und die diesen Auftrag angenommen hat.

„Wirtschaftsakteure", umfasst Hersteller, Bevollmächtigten, Importeur oder Händler.

„Benannte Stelle" bezeichnet eine Konformitätsbewertungsstelle, die gemäß dieser Verordnung benannt wurde.

„Produkt für patientennahe Tests" bezeichnet ein Produkt, das nicht für die Eigenanwendung, wohl aber für die Anwendung außerhalb einer Laborumgebung, in der Regel in der Nähe des Patienten oder beim Patienten, durch einen Angehörigen der Gesundheitsberufe bestimmt ist.

„Produkt zur Eigenanwendung" bezeichnet ein Produkt, das vom Hersteller zur Anwendung durch Laien bestimmt ist, einschließlich Produkten, die für Tests verwendet werden, die Laien mittels Diensten der Informationsgesellschaft angeboten werden.

„Therapiebegleitendes Diagnostikum" bezeichnet ein Produkt, das für die sichere und wirksame Verwendung eines dazugehörigen Arzneimittels wesentlich ist, um

a. Patienten vor und/oder während der Behandlung zu identifizieren, die mit der größten Wahrscheinlichkeit von dem dazugehörigen Arzneimittel profitieren, oder
b. Patienten vor und/oder während der Behandlung zu identifizieren, bei denen wahrscheinlich ein erhöhtes Risiko von schwerwiegenden unerwünschten Reaktionen infolge einer Behandlung mit dem dazugehörigen Arzneimittel besteht.

„Konformitätsbewertung" bezeichnet das Verfahren, nach dem festgestellt wird, ob die Anforderungen dieser Verordnung an ein Produkt erfüllt worden sind.

„Nutzen-Risiko-Abwägung" bezeichnet die Analyse aller Bewertungen des Nutzens und der Risiken, die für die bestimmungsgemäße Verwendung eines Produkts entsprechend der vom Hersteller angegebenen Zweckbestimmung von möglicher Relevanz sind.

„Klinischer Nachweis" bezeichnet die klinischen Daten und die Ergebnisse der Leistungsbewertung zu einem Produkt, die in quantitativer und qualitativer Hinsicht ausreichend sind, um qualifiziert beurteilen zu können, ob das Produkt sicher ist und den angestrebten klinischen Nutzen bei bestimmungsgemäßer Verwendung nach Angabe des Herstellers erreicht.

„Klinischer Nutzen" bezeichnet die positiven Auswirkungen eines Produkts im Zusammenhang mit seiner Funktion, wie z. B. Screening, Überwachung, Diagnose oder Erleichterung der Diagnose von Patienten, oder eine positive Auswirkung auf das Patientenmanagement oder die öffentliche Gesundheit.

„Klinische Leistung" bezeichnet die Fähigkeit eines Produkts, Ergebnisse zu liefern, die mit einem bestimmten klinischen Zustand oder physiologischen oder pathologischen Vorgang oder Zustand bei einer bestimmten Zielbevölkerung und bestimmten vorgesehenen Anwendern korrelieren.

„Harmonisierte Norm" bezeichnet eine europäische Norm im Sinne des Artikels 2 Nr. 1 Buchstabe c der Verordnung (EU) Nr. 1025/2012.

„Gemeinsame Spezifikationen" (im Folgenden „GS") bezeichnet ein Bündel technischer und/oder klinischer Anforderungen, die keine Norm sind und deren Befolgung es ermöglicht, die für ein Produkt, ein Verfahren oder ein System geltenden rechtlichen Verpflichtungen einzuhalten.

„Produkt für Leistungsstudien" bezeichnet ein Produkt, das von einem Hersteller zur Verwendung in einer Leistungsstudie bestimmt ist.

„Einmalige Produktkennung" (UDI, Unique Device Identifier) bezeichnet eine Abfolge numerischer oder alphanumerischer Zeichen, die mittels international anerkannter Identifizierungs- und Codierungsstandards erstellt wurde und die eine eindeutige Identifizierung einzelner Produkte auf dem Markt ermöglicht.

34.2.3 Was ist ein In-vitro-Diagnostikum nach der neuen Verordnung?

IVDR Art. 2 (1,2,3,4,5,6,7,29), Art. 5 (4,5) und Präambel (28,29), MDR Art. 2(1)
Die Definition eines In-vitro-Diagnostikums spiegelt die heute auf dem Markt verfügbaren IVD-Produkte nach dem aktuellen Stand der Wissenschaft und Technik wider.

In-vitro-Diagnostikum bezeichnet ein Medizinprodukt (im Sinne von Art. 2(1) der Verordnung 2017/745 über Medizinprodukte), das als Reagenz, Reagenzprodukt, Kalibrator, Kontrollmaterial, Kit, Instrument, Apparat, Gerät, Software oder System – einzeln oder in Verbindung miteinander – vom Hersteller zur *In-vitro*-Untersuchung von aus dem menschlichen Körper stammenden Proben, einschließlich Blut- und Gewebespenden, bestimmt ist und ausschließlich oder hauptsächlich dazu dient, Informationen zu einem oder mehreren der folgenden Punkte zu liefern:

- über physiologische oder pathologische Prozesse oder Zustände
- über kongenitale körperliche oder geistige Beeinträchtigungen
- über die Prädisposition für einen bestimmten gesundheitlichen Zustand oder eine bestimmte Krankheit
- zur Feststellung der Unbedenklichkeit und Verträglichkeit bei den potenziellen
- Empfängern
- über die voraussichtliche Wirkung einer Behandlung oder die voraussichtliche Reaktion darauf
- Festlegung oder Überwachung therapeutischer Maßnahmen

Weitere Begriffsbestimmungen liegen vor für z. B:

- Produkte zur Eigenanwendung
- Produkte für patientennahe Tests
- Therapiebegleitende Diagnostika
- Probenbehältnisse wie z. B. Blutentnahmeröhrchen oder Urinbecher
- Zubehör eines In-vitro-Diagnostikums
- Produkte zur Eigenherstellung in „Gesundheitseinrichtungen"

34.2.4 Was fällt nicht unter die IVD-Verordnung?

Präambel (7, 8), Art. 1 (3)

Die Verordnung gilt nicht für Produkte für den allgemeinen Laborbedarf und Forschungs-zwecke (es sei denn sie sind vom Hersteller für *In-vitro*-Untersuchungen bestimmt), Materialien für externe Qualitätssicherungsprogramme, international zertifizierte Referenz-materialien und invasive zur Entnahme von Proben bestimmte Produkte, welche direkt am menschlichen Körper angewendet werden.

34.3 Zweckbestimmung

Art. 2 (12), (14) Art. 7, Anhang 1, Kap. III, 20.4.1, Anhang II, 1.1 c)

Die Zweckbestimmung eines *In-vitro*-Diagnostikums ist der elementare Startpunkt für die Umsetzung der Anforderungen nach der IVD-VO. Sie ist definiert als ‚die Verwendung, für die ein Produkt entsprechend den Angaben des Herstellers auf der Kennzeichnung, in der Gebrauchsanweisung oder dem Werbe- oder Verkaufsmaterial bzw. den Werbe- oder Ver-kaufsangaben oder seinen Angaben bei der Leistungsbewertung bestimmt ist.

Hierbei soll der Hersteller in der Gebrauchsanweisung folgende Angaben zur Zweckbe-stimmung machen (wenn zutreffend):

- was nachgewiesen und/oder gemessen wird
- seine Funktion (z. B. Screening, Überwachung, Diagnose oder Diagnosehilfe, Prognose, Vorhersage, therapiebegleitendes Diagnostikum)
- spezifische Informationen, die in folgenden Zusammenhängen bereitgestellt werden sollen:
  - physiologischer oder pathologischer Zustand
  - kongenitale körperliche oder geistige Beeinträchtigungen
  - Prädisposition für einen bestimmten gesundheitlichen Zustand oder eine bestimmte Krankheit
  - Feststellung der Unbedenklichkeit und Verträglichkeit bei den potenziellen Empfängern

- voraussichtliche Wirkung einer Behandlung oder die voraussichtlichen Reaktionen darauf
- Festlegung oder Überwachung therapeutischer Maßnahmen
- ob es eine automatisierte oder manuelle Abarbeitung ist
- ob es ein qualitativer, semiquantitativer oder quantitativer Test ist
- die Art der erforderlichen Proben
- gegebenenfalls die zu testende Zielpopulation
- bei therapiebegleitenden Diagnostika den internationalen Freinamen (INN) des dazugehörigen Arzneimittels, für das es sich um einen therapiebegleitenden Test handelt

Dabei wird in dem gesonderten Art. 7 „Angaben" untersagt, Texte, Bezeichnungen, Warenzeichen, Abbildungen und andere bildhafte oder nicht bildhafte Zeichen bei der Kennzeichnung, den Gebrauchsanweisungen, der Bereitstellung, der Inbetriebnahme und der Bewerbung von Produkten zu verwenden, die den Anwender oder Patienten hinsichtlich der Zweckbestimmung, Sicherheit und Leistung des Produkts irreführen können.

34.4   Klassifizierungsregeln

Präambel (5), (54), (55), Art. 47, Anhang VIII
Die neuen Klassifizierungsregeln und die dazugehörigen Durchführungsvorschriften dienen der Einteilung der In-vitro-Diagnostika in vier Klassen (A – D). Die Klasse A steht für Produkte mit geringem Risiko und die Klasse D für Produkte mit dem höchsten Risiko für Patienten und Bevölkerung. Im Gegensatz zur Richtlinie enthält die Verordnung keine Listen, sondern die Produkte werden basierend auf der Zweckbestimmung anhand von sieben Regeln eingestuft. Zu der Klasse D gehören beispielsweise Produkte zum Nachweis von übertragbaren Erregern in Blut, die eine lebensbedrohende Krankheit verursachen, wie z. B. HIV 1/2 oder Hepatitis C, aber auch Produkte zur Blutgruppenbestimmung von Markern des AB0-Systems. Demgegenüber fallen folgende Produkte z. B. in die Klasse A: Probenbehältnisse, Instrumente und Kits zur Isolierung und Aufreinigung von DNA aus Blut. In der Klasse C sind u. a. In-vitro-Diagnostika für die Krebsdiagnose oder für den Nachweis von Infektionserregern enthalten, während die Klasse B u. a. Schwangerschaftstests, Tests zum Nachweis von Autoantikörpern (z. B. SLE) und weitere Produkte enthält, die durch die Klassifizierungsregeln keiner anderen Klasse zugeordnet werden konnten. Die Darstellung in Tab. 34.1 zeigt die Klassen und das damit verbundene Risiko. Im Sinne der Risikobetrachtung wird dort das Risiko am größten eingeschätzt, wo sowohl der Patient als auch sein Umfeld am stärksten betroffen sind.

Die Einteilung eines Produkts in eine der Klassen durch den Hersteller hat maßgeblichen Einfluss auf das durchzuführende Konformitätsbewertungsverfahren. Bei der Anwendung dieser Regeln sind die Durchführungsvorschriften, die zu Beginn in Anhang VIII der IVD-VO erläutert werden, zu berücksichtigen. Nur durch die Anwendung der Regeln in Kombination mit den Durchführungsvorschriften ist eine genaue Klassifizierung möglich.

Tab. 34.1 Darstellung der IVD-Klassen und des damit verbundenen Risikos nach Art. 47 und Anhang VIII

Klasse	Risiko	Risikobewertung	
		Für den Patienten	Für die Bevölkerung
A		Geringes Risiko	Geringes Risiko
B		Moderates Risiko	Geringes Risiko
C		Hohes Risiko	Moderates Risiko
D		Hohes Risiko	Hohes Risiko

Eine EU-MDCG-Leitlinie zur Klassifizierung von In-vitro-Diagnostika nach Anhang VIII der IVD-VO ist verfügbar (Weiterführende Hinweise).

34.4.1 Meinungsverschiedenheiten bei der Klassifizierung von Produkten

Art. 47, Art. 99, Anhang VIII

Kommt es zwischen dem Hersteller und der Benannten Stelle zu einem Dissens bzgl. der Einstufung eines Produkts, wird die zuständige Behörde des Mitgliedstaates eingeschaltet. Diese informiert die Koordinierungsgruppe Medizinprodukte und die Kommission über ihre Entscheidung. Ein Mitgliedsstaat kann sich auch direkt an die Kommission wenden, welche nach Anhörung der Koordinierungsgruppe Medizinprodukte die Einstufung des Produkts, einer Produktkategorie oder einer Produktgruppe festlegt und per Durchführungsrechtsakte umsetzt.

Des Weiteren kann die Kommission auch aus eigener Initiative und nach Anhörung der Koordinierungsgruppe Medizinprodukte über eine Einstufung entscheiden und diese gesetzlich verankern. Dies wäre z. B. der Fall, wenn sich aufgrund von neuesten wissenschaftlichen Erkenntnissen eine geänderte Einschätzung bei der Klassifizierung eines oder mehrerer Produkte als notwendig erweisen würde.

34.5 Konformitätsbewertung

Präambel (56, 57), Art. 48-54, Art. 100, Anhänge VII, IX-XI

Bevor ein Hersteller ein Produkt in Verkehr bringen darf, muss er das Produkt einem Konformitätsbewertungsverfahren unterziehen. Dieses Verfahren stellt sicher, dass die Anforderungen der Verordnung an dieses Produkt erfüllt sind. Im Vorfeld des Verfahrens muss der Hersteller die jeweilige Risikoklasse des Produkts bestimmen (Abschn. 34.4), um daraus das entsprechende Konformitätsbewertungsverfahren abzuleiten.

Man unterscheidet zwei Arten von Konformitätsbewertungsverfahren:

- Konformitätsbewertung auf der Grundlage eines Qualitätsmanagementsystems und einer Bewertung der technischen Dokumentation (Anhang IX)
- Konformitätsbewertung auf der Grundlage einer Baumusterprüfung (Anhang X) und einer Produktionsqualitätssicherung (Anhang XI)

Grundsätzlich sind beide Verfahren bereits unter der Richtlinie möglich gewesen. In der Praxis hat sich eindeutig herausgestellt, dass IVD-Hersteller in der Regel unter einem zertifizierten Qualitätsmanagementsystem nach ISO 13485 „Medical devices – Quality management systems – Requirements for regulatory purposes (s. auch Kap. 35) arbeiten. Deswegen befasst sich dieses Buchkapitel ausschließlich mit der Konformitätsbewertung nach Anhang IX. Die Anforderungen, die sich aus diesem Anhang IX ergeben, werden in Abschn. 34.5.1 detaillierter vorgestellt.

Je nach Produktklasse sind grundsätzlich verschiedene Verfahrenswege zur Konformitätsbewertung vorgesehen:

- In der Risikoklasse A liegt die alleinige Verantwortung des Konformitätsbewertungsverfahrens beim jeweiligen Hersteller des Produkts. Eine Ausnahme bilden sterile Produkte, bei denen die Sicherung der Sterilität durch die Benannte Stelle bewertet wird.
- In den Risikoklassen B, C und D erfolgt das Konformitätsbewertungsverfahren grundsätzlich unter Mitwirkung einer Benannten Stelle.
- Bei therapiebegleitenden Diagnostika konsultiert die Benannte Stelle zusätzlich die für das Arzneimittel zuständige Arzneimittelbehörde oder gegebenenfalls die europäische Arzneimittelbehörde (EMA).
- Im Falle von Produkten der Risikoklasse D erfolgt eine Chargenfreigabe durch Testung des Produkts in einem EU-Referenzlabor, wodurch die vom Hersteller angegebenen Leistungen und die Gemeinsamen Spezifikationen (GS) überprüft werden.

Für eine vertiefende Betrachtung der Anforderungen an die verschiedenen Konformitätsbewertungsverfahren siehe Art. 48 der IVD-VO. Produkte für Leistungsstudien werden keinem Konformitätsbewertungsverfahren vor Start der Leistungsstudie unterworfen. Sie unterliegen den Anforderungen nach den Artikeln 57–77.

34.5.1 Konformitätsbewertung auf Grundlage eines Qualitätsmanagementsystems und Bewertung der technischen Dokumentation

Art.10 (8), Art. 48, Art. 100, Anhang IX
Die Forderung der IVD-VO nach einem Qualitätsmanagementsystem gemäß Art. 10 (8) ist im Zusammenhang mit Anhang IX zu betrachten (s. auch den Hinweis in Abschn. 34.5).

Der Anhang IX unterteilt sich dabei in die folgenden drei Kapitel:

- Qualitätsmanagementsystem (Kap. I)
- Bewertung der technischen Dokumentation (Kap. II)
- Verwaltungsbestimmungen (Kap. III)

In Kap. I werden die Anforderungen an das Qualitätsmanagementsystem (QMS) detailliert beschrieben. Der Hersteller beantragt bei der Benannten Stelle die Bewertung seines Qualitätsmanagementsystems. Im Rahmen eines QMS-Audits überprüft die Benannte Stelle, ob das QMS den einschlägigen Bestimmungen der Verordnung entspricht und stellt im Falle einer positiven Bewertung eine EU-Qualitäts-managementbescheinigung aus. Die Benannte Stelle ist außerdem aufgefordert, Über-wachungsbewertungen durchzuführen, deren Regelungen in Anhang IX, Kap. I, Kap. 3 näher beschrieben sind. Die technische Dokumentation muss die in den Anhängen II und III geforderten Informationen enthalten. Die Bewertung der technischen Dokumentation erfolgt nach Anhang IX, Kap. II bei Produkten:

- der Klasse D für jedes einzelne Produkt. Zusätzlich ist eine Chargenuntersuchung durch die Benannte Stelle bzw. durch ein von ihr beauftragtes EU-Referenz-laboratorium durchzuführen, bevor das Produkt vertrieben werden darf.
- der Klasse C auf Grundlage eines repräsentativen Produkts pro generischer Produkt-gruppe.
- der Klasse B auf Grundlage eines repräsentativen Produkts pro Produktkategorie
- zur Eigenanwendung der Klassen B, C und D für jedes einzelne Produkt nach den Anforderungen gemäß Anhang IX, Abschn. 5.1.
- für patientennahe Tests der Klassen B, C und D für jedes einzelne Produkt nach den Anforderungen gemäß Anhang IX, Abschn. 5.1.
- für therapiebegleitende Diagnostika für jedes einzelne Produkt nach den Anforderungen gemäß Anhang IX, Abschn. 5.2. Zusätzlich ersucht die Benannte Stelle die national zuständige Arzneimittelbehörde oder gegebenenfalls die europäische Arzneimittelbehörde (EMA), um die Eignung des IVD-Produkts für ein bestimmtes Arzneimittel zu bewerten.

Im letzten Kap. sind die Pflichten des Herstellers bzw. seines Bevollmächtigten hin-sichtlich der Aufbewahrungsfrist der aufgeführten Dokumente beschrieben. Diese endet frühestens zehn Jahre nach dem Inverkehrbringen des letzten Produkts, welches in der technischen Dokumentation beschrieben ist. Im Falle eines Konkurses oder Aufgabe der Geschäftstätigkeit stellt die zuständige Behörde des jeweiligen Mitgliedsstaates sicher, dass diese Dokumente verfügbar bleiben.

34.5.2 Mitwirkung der Benannten Stelle am Konformitätsbewertungsverfahren

Art. 9 – Art. 52

Jeder Hersteller ist frei in der Auswahl einer Benannten Stelle für sein Produkt, allerdings muss diese in Bezug auf die Durchführung der Konformitätserklärung für diese Art von Produkt benannt worden sein. Die Benannte Stelle wird die gemäß der Verordnung durchzuführenden Tätigkeiten und zu erstellenden Dokumente prüfen. Werden vom Hersteller alle notwendigen Anforderungen erfüllt, stellt die Benannte Stelle die Konformitätsbescheinigung aus und die Information in Eudamed ein. Diese gilt für max. fünf Jahre und kann im Anschluss verlängert werden. Jede Verlängerung ist ihrerseits für max. fünf Jahre gültig. Basierend auf der Konformitätsbescheinigung der Benannten Stelle stellt der Hersteller eine EU-Konformitätserklärung aus. Die Benannten Stellen können die Zweckbestimmung eines Produktes auf bestimmte Patienten- oder Anwendergruppen beschränken oder den Hersteller verpflichten, bestimmte Leistungsstudien durchzuführen. Bei Produkten der Risikoklasse D meldet die Benannte Stelle alle ausgestellten Bescheinigungen, sowie weitere Unterlagen wie z. B. die Gebrauchsanweisung, über das elektronische Eudamed-System (s. Abschn. 34.11) den zuständigen Behörden. Bei begründeten Bedenken können die zuständigen Behörden und gegebenenfalls die Europäische Kommission weitere Schritte zur Sicherheit und Leistung eines Produktes initiieren.

34.5.3 Ausnahmen von den Konformitätsbewertungsverfahren

Präambel (93) Art. 48, Art. 54

Zur Sicherstellung von Interessen der öffentlichen Gesundheit oder der Patientensicherheit bzw. Patientengesundheit kann jede zuständige Behörde im Hoheitsgebiet des betreffenden Mitgliedsstaates die Inbetriebnahme eines spezifischen Produktes genehmigen, das kein Konformitätsbewertungsverfahren, wie in Art. 48 beschrieben, durchlaufen hat.

Bei äußerster Dringlichkeit kann auch die Europäische Kommission im Interesse der menschlichen Sicherheit und Gesundheit entsprechende Durchführungsrechtsakte sofort erlassen. Diese sind vor allem für Krisenzeiten vorgesehen. Damit stellt die Kommission eine begrenzte Freigabe für den jeweiligen Markt aus, um sicherzustellen, dass krisenspezifisch (z. B. Ausbruch einer Pandemie) die spezifischen Produkte im Markt verfügbar sind.

34.6   Von den Benannten Stellen zu erfüllende Anforderungen

Präambel (46–50), Kap. IV (Art. 31 – Art. 46), Anhang VII

Die Benannte Stelle ist eine Organisation, deren Rechtsstatus und Organisationsstruktur strengen Regeln unterliegt. Hierdurch soll die Unabhängigkeit, Unparteilichkeit und Objektivität der Organisation gewährleistet sein. Sie ist zur Vertraulichkeit gegenüber den ihr anvertrauten Daten im Rahmen ihrer Tätigkeiten verpflichtet. Für die Hersteller ist sie der Ansprechpartner im Konformitätsbewertungsverfahren für In-vitro-Diagnostika. Um dieser Aufgabe gerecht werden zu können, sind in Anhang VII die umfangreichen gesetzlichen Anforderungen für Benannte Stellen detailliert beschrieben.

Die Benannte Stelle hat ein Qualitätsmanagementsystem einzuführen, welches in Anhang VII, Kap. 2 beschrieben ist. Des Weiteren muss durch die zur Verfügung stehenden Ressourcen der Benannten Stelle gewährleistet sein, dass alle Aufgaben in Zusammenhang mit der Konformitätsbewertung durchgeführt werden können. Unter anderem müssen ausreichend qualifiziertes Personal, die entsprechenden Einrichtungen und die notwendige Kompetenz vorhanden sein. Die Benennung kann ausschließlich für die Produktbereiche erfolgen, in denen die erforderliche Expertise durch die Benannte Stelle nachgewiesen werden kann. Eine Übersicht über die verfügbaren Benannten Stellen nach IVD-VO ist in der NANDO-Datenbank der europäischen Kommission abrufbar, Weiterführende Hinweise. Vertiefend sind diese Anforderungen in Anhang VII, Kap. 3 „Erforderliche Ressourcen" beschrieben. Die Verfahrensanforderungen in Bezug auf die Konformitätsbewertung werden in Anhang VII, Kap. 4 aufgeführt. Dies reicht beispielsweise von den vertraglichen Modalitäten zwischen Herstellern und Benannten Stellen über die Zuweisung entsprechender Ressourcen der Benannten Stellen bis hin zu den Tätigkeiten im Konformitätsbewertungsverfahren, der Zertifikatsausstellung, Bewertung von Änderungen und den Überwachungstätigkeiten.

Alle für die Richtlinie benannten Stellen müssen nach der IVD-VO ihre Benennung neu beantragen. Der Gesetzgeber betont, dass „die korrekte Arbeitsweise der Benannten Stellen ausgesprochen wichtig ist, um ein hohes Sicherheits- und Gesundheitsschutzniveau sowie das Vertrauen der Bürger in das System zu gewährleisten. Die Benennung und Überwachung der Benannten Stellen durch die Mitgliedstaaten nach genauen und strengen Kriterien sollte daher auf Unionsebene kontrolliert werden". Auch soll die Position der Benannten Stellen gegenüber den Herstellern gestärkt werden. Dies alles spiegelt sich im Anhang VII wieder, der mit 17 Seiten der umfangreichste Anhang der IVD-VO ist.

34.7   Allgemeine Sicherheits- und Leistungsanforderungen

Art. 5, Art. 8, Art. 10, Anhang I

Die Verordnung fordert im Allgemeinen in Anhang I: „Die Produkte erzielen die von ihrem Hersteller vorgesehene Leistung und werden so ausgelegt und hergestellt, dass sie sich unter normalen Verwendungsbedingungen für ihre Zweckbestimmung eignen. Sie sind sicher und wirksam und gefährden weder den klinischen Zustand und die Sicherheit der Patienten noch die Sicherheit und die Gesundheit der Anwender oder gegebenenfalls Dritter, wobei etwaige Risiken im Zusammenhang mit ihrer Anwendung gemessen am Nutzen für den Patienten vertretbar und mit einem hohen Maß an Gesundheitsschutz und Sicherheit vereinbar sein müssen; hierbei ist der allgemein anerkannte Stand der Technik zugrunde zu legen." Diesem Anspruch Rechnung tragend sind in der Verordnung nun detailliertere Vorgaben für die Hersteller gemacht worden, als dies bisher durch die Richtlinie erfolgt ist.

Anhang I behandelt die allgemeinen Sicherheits- und Leistungsanforderungen an die Produkte. Hierzu ist dieser Anhang in drei Kapitel aufgeteilt:

- Kap. I: Allgemeine Anforderungen
- Kap. II: Anforderungen an Leistung, Auslegung und Herstellung
- Kap. III: Anforderungen an die mit dem Produkt gelieferten Informationen

Zu Kap. I: Der Hersteller ist verpflichtet, ein Risikomanagementsystem für jedes Produkt zu implementieren. Dieses System erstreckt sich über den gesamten Lebenszyklus des Produkts und wird im Rahmen eines iterativen Prozesses ständig auf dem aktuellsten Stand der Technik gehalten. Es startet mit der Erstellung eines Risikomanagement-plans, der Auflistung aller bekannten und vorhersehbaren Gefährdungen, sowie vorher-sehbaren Fehlanwendungen. Innerhalb dieses Risikoprozesses sind die Hersteller dazu verpflichtet, das Risiko so gering wie möglich zu halten, ohne dass es zu einer negativen Auswirkung auf das Nutzen-Risiko-Verhältnis kommt. Hierdurch ist gewährleistet, dass das Risiko für den Patienten sowie allen anderen Beteiligten, die mit dem Produkt in Berührung kommen, auf ein Minimum reduziert wird. Den Herstellern werden konkrete Vorgaben beim Umgang mit Risiken dahingehend gemacht, dass grundsätzlich Risiken zunächst durch die Auslegung des Produkts bzw. seiner Herstellung minimiert werden sollen. Ist dies nicht möglich, sollen entsprechende Schutzmaßnahmen ergriffen werden. Für die noch verbleibenden Risiken werden geeignete Sicherheitsinformationen erstellt sowie gegebenenfalls Anwenderschulungen durchgeführt. Diese Herangehensweise folgt dem Prinzip, dass zunächst grundsätzlich ein Risiko vermieden werden soll, um die Patienten und Anwender bestmöglich zu schützen.

Vertiefende Details zu dem Thema Risikomanagement bei Medizinprodukten und In-vitro-Diagnostika sind der Norm ISO 14971 Medical Devices – Application of Risk Management to Medical Devices (EU-Liste der Harmonisierten Standards für *In-vitro*-Diagnostika, Weiterführende Hinweise) zu entnehmen.

Zu Kap. II: Hier werden detaillierte Anforderungen an Leistung, Auslegung und Herstellung gemacht (Tab. 34.2). Die Anforderungsthemen sind vom Hersteller zu bearbeiten, sofern diese für sein Produkt zutreffen.

Zu Kap. III: Kap. III beschäftigt sich mit den Anforderungen an die mit dem Produkt gelieferten Informationen. Hier werden die umfangreichen Mindestanforderungen für die Kennzeichnung und den Inhalt der Gebrauchsanweisung detailliert beschrieben. Der Hersteller sollte hierbei internationale Normen wie z. B. die ISO 15223 Medical Devices – Symbols to be Used with Medical Device Labels, Labelling and Information to be Supplied „und ISO 18113 In Vitro Diagnostic Medical Devices – Information Supplied by the Manufacturer (Labelling)", Teil 1–5, berücksichtigen (EU-Liste der Harmonisierten Standards für *In-vitro*-Diagnostika, Weiterführende Hinweise).

Tab. 34.2 Überblick der Anforderungen an Leistung, Auslegung und Herstellung nach Anhang I

Anforderungen an Leistung, Auslegung und Herstellung Wesentliche Elemente (NICHT umfassend)	
Leistungsmerkmale	Analyseleistung, klinische Leistung, besondere Prüfungen bei Produkten zur Eigenanwendung und für patientennahe Tests
Chemische, physikalische und biologische Eigenschaften	Unverträglichkeit von Materialien und Proben, Schadstoffe, CMR- *(Cancerogen Mutagen Reprotoxic)* Stoffe, endokrine Wirkung
Infektionen und mikrobielle Kontaminationen	Infektionsrisiko für Anwender, mikrobielle Kontamination, sterile Produkte, spezieller mikrobieller Status, Verpackungssystem
Produkte, zu deren Bestandteilen Materialien biologischen Ursprungs gehören	Gewebe, Zellen oder Stoffe tierischen, menschlichen oder mikrobiellen Ursprungs, Schutz vor übertragbaren Erregern, Inaktivierung
Herstellung von Produkten und deren Wechselwirkungen mit Ihrer Umgebung	Kombination mit anderen Produkten, Verletzungsrisiko, Magnetfelder, Strahlung, Temperatur, elektromagnetische Einflüsse, Software und IT-Umgebung (Cybersecurity), fehlerhafte Identifizierung von Proben, Brand- und Explosionsrisiko, entflammbare Stoffe, Entsorgung
Produkte mit Messfunktion	Primäre analytische Messfunktion, Richtlinie 80/181/EWG
Schutz vor Strahlung	Gefährliche oder potenziell gefährliche Strahlung, Anzeige der Strahlung
Programmierbare Elektroniksysteme	Programmierbare Elektroniksysteme, Software, Wiederholbarkeit, Zuverlässigkeit, Leistung, Mindestanforderungen an Hardware, Eigenschaften von IT-Netzen, IT-Sicherheitsmaßnahmen(Cybersecurity)
Mit einer Energiequelle verbundene oder ausgerüstete Produkte	Überprüfung Ladezustand, elektromagnetische Interferenzen, Stromstöße
Schutz vor mechanischen und thermischen Risiken	Mechanische Risiken, bewegliche Teile, Entweichen von Stoffen, Schutzeinrichtungen, Lärm, Anschlüsse, Montagefehler
Schutz vor den Risiken durch Produkte, die für die Eigenanwendung oder patientennahe Tests bestimmt sind	Schulung/Aufklärung, falsche Handhabung, falsche Interpretation, Kontrollkonzept Produkt

Grundsätzlich sollten harmonisierte Normen, europäische oder internationale Standards (Weiterführende Hinweise) zur Erfüllung der Anforderungen herangezogen werden. Hierbei ist auch zu beachten, dass in der Verordnung an verschiedenen Stellen auch auf entsprechende Richtlinien und Verordnungen verwiesen wird.

34.8   Technische Dokumentation

Präambel (5, 47), Art. 10, Art. 48, Art. 56 (5), Art. 78 (3), Art. 79 Anhang II, Anhang III
In dem bisherigen Kapitel wurden die allgemeinen Sicherheits- und Leistungsanforderungen an ein In-vitro-Diagnostikum erläutert, welche die grundlegenden Anforderungen an die Entwicklung eines Produktes beschreiben. In diesem Abschnitt wird die vom Hersteller zu erbringende technische Dokumentation näher beschrieben. Diese sollte in klarer, organisierter, leicht durchsuchbarer und eindeutiger Form vorliegen. Es werden dem Hersteller eines In-vitro-Diagnostikums klare Vorgaben gemacht, zu welchen Punkten er eine Dokumentation zu erstellen hat. Die Bewertung der technischen Dokumentation ist die Grundlage für die Konformitätsbewertung (Abschn. 34.5).

Nachfolgend sind einige Punkte des Anhangs II aufgeführt. Diese werden im Anschluss kurz erläutert, um einen ersten Eindruck von den Begrifflichkeiten und deren Bedeutung zu erhalten.

1. *Produktbeschreibung und Spezifikation, einschließlich der Varianten und Zubehörteile:* Hier ist der Hersteller aufgefordert, zusätzlich zur Bezeichnung des Produkts eine allgemeine Beschreibung sowohl des Produkts, einschließlich der Zweckbestimmung, als auch der vorgesehenen Anwender, zu formulieren. Die Zweckbestimmung kann z. B. beinhalten, was der Hersteller mit dem Diagnostikum nachzuweisen oder zu messen beabsichtigt, in welcher Form dies geschehen soll (Abschn. 34.3) und ob die Aussage des Produkts quantitativ oder qualitativ ist. Des Weiteren wird vom Hersteller erwartet, dass er detailliertere Informationen über das Testprinzip, wesentliche Komponenten des Produkts und die Risikoklasse gemäß den Klassifizierungsregeln (Abschn. 34.4) bereitstellt. Auch das System zur einmaligen Produktkennung (UDI) ist hier aufzuführen (Abschn. 34.11).
2. *Vom Hersteller zu liefernde Informationen:* Dokumentation über die auf dem Produkt und seiner Verpackung befindlichen Informationen (Kennzeichnung), sowie die erforderliche Gebrauchsanweisung.
3. *Informationen zu Auslegung und Herstellung:* Dokumentation der Produktentwicklung, als auch der produktbezogenen Herstellungs- und Qualitätsprozesse.
4. *Grundlegende Sicherheits- und Leistungsanforderungen:* Dokumentation der grundlegenden Sicherheits- und Leistungsanforderungen. Diese bezieht sich auf den Nachweis der Konformität mit den im Anhang I benannten Anforderungen (Abschn. 34.7).
5. *Nutzen-Risiko-Analyse und Risikomanagement:* Dokumentation der Nutzen-Risiko-Analyse und des Risikomanagements anhand der Vorgaben des Anhangs I (Abschn. 34.7).
6. *Überprüfung und Validierung des Produkts:* Dieser Teil der Dokumentation enthält die Ergebnisse aller Überprüfungs- und Validierungstests, Studien zum Nachweis der

Tab. 34.3 Überprüfung und Validierung des Produkts nach Anhang II, 6

Anforderungen an die Überprüfung und Validierung des Produkts Wesentliche Elemente (NICHT umfassend)	
Analyseleistung	Probentypen, Genauigkeit der Messung, analytische Sensitivität/Spezifität, metrologische Rückverfolgbarkeit, Messbereich des Tests, Testgrenzwert (Cut-off), Bericht der Analysenleistung
Klinische Leistung, klinischer Nachweis und Bericht über die Leistungsbewertung	Bericht über die Leistungsbewertung, der die Berichte über die wissenschaftliche Validität, die Analyseleistung und die klinische Leistung zusammen mit einer Bewertung dieser Berichte einschließt
Stabilität	Angegebene Haltbarkeit, Stabilitätsprüfungen, Haltbarkeit nach Anbruch, Transportstabilität
Software-Verifizierung und Validierung	Validierung der Software, wie sie im fertigen Produkt verwendet wird, zusammengefasste Ergebnisse aller Verifizierungen, Validierungen und Tests, Hardwarekonfigurationen
Besondere Fälle	Sterile Produkte oder Produkte mit einem speziellen mikrobiellen Status, Verpackung, Biobelastung, Pyrogentests. Produkte mit Gewebe, Zellen und Stoffe tierischen, menschlichen oder mikrobiellen Ursprungs, Angaben zu Ursprung und Gewinnung. Beschreibung der Genauigkeit bei Produkten mit einer Messfunktion

Konformität des Produkts mit der IVD-VO und insbesondere mit den grundlegenden Sicherheits- und Leistungsanforderungen nach Anhang I. Ergänzend hierzu sind wesentliche Elemente in Tab. 34.3 aufgeführt.

Die Technische Dokumentation wird im gesamten Lebenszyklus aktualisiert (s. dazu Anhang III, Technische Dokumentation über die Überwachung nach dem Inverkehrbringen in Abschn. 34.12).

34.9 Das neue Konzept der Leistungsbewertung

Präambel (62, 64, 66, 73), Art .2, Art. 7,Kap. VI (Art. 56 – Art. 77), Anhänge XIII und XIV

Das Konzept der Leistungsbewertung nach der IVD-VO ist in Abb. 34.2 näher beschrieben. Es hat sich signifikant verändert gegenüber der Richtlinie und beruht auf drei detailliert definierten Säulen (Abb. 34.2).

Durch die Bewertung der gewonnen Daten und Erkenntnisse durch den Hersteller ergibt sich der klinische Nachweis für das Produkt. Die Begriffe „klinischer Nachweis" und „klinischer Nutzen" sind durch die IVD-VO neu eingeführt worden. Hilfreich ist der Hinweis in der Präambel (64), „dass das Konzept des klinischen Nutzens bei In-vitro-Diagnostika sich grundlegend von demjenigen unterscheidet, das bei Arzneimitteln

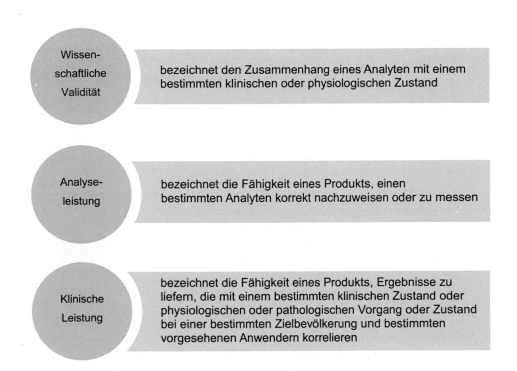

Abb. 34.2 Die drei Säulen der Leistungsbewertung nach Anhang XIII

oder therapeutischen Medizinprodukten gilt, da der Nutzen von In-vitro-Diagnostika in der Bereitstellung angemessener medizinischer Informationen über Patienten liegt, die gegebenenfalls im Vergleich zu medizinischen Informationen bewertet werden, die aus der Verwendung anderer diagnostischer Optionen und Techniken resultieren, wohingegen das endgültige klinische Ergebnis für den Patienten von weiteren diagnostischen und/oder therapeutischen Optionen, die zur Verfügung stehen könnten, abhängt". Hierbei ist die Leistung eines Produkts nach Art. 2 definiert als „die Fähigkeit eines Produkts, seine vom Hersteller angegebene Zweckbestimmung zu erfüllen; sie besteht in der Analyseleistung und gegebenenfalls der klinischen Leistung zur Erfüllung dieser Zweckbestimmung".

Auf die Durchführung klinischer Leistungsstudien kann verzichtet werden, wenn es ausreichende Gründe dafür gibt, auf andere Quellen klinischer Leistungsdaten zurückzugreifen – s. hierzu Anhang XIII,1.2.3 Nachweis der klinischen Leistung.

Eine detaillierte Beschreibung der Anforderungen an die Leistungsbewertung ist im Anhang XIII Leistungsbewertung; Klinische Leistungsstudien und Nachbeobachtung der Leistung nach dem Inverkehrbringen mit den in Tab. 34.4 aufgeführten Schwerpunkten vorgegeben.

Tab. 34.4 Elemente der Leistungsbewertung nach Anhang XIII

Teil A Leistungsbewertung und Leistungsstudien	
Leistungsbewertung	Leistungsbewertungsplan
	Nachweis der wissenschaftlichen Validität und der Analyse- und klinischen Leistung
	Bericht über die Leistungsbewertung
Klinische Leistungsstudien	Zweck der klinischen Leistungsstudien
	Ethische Erwägungen
	Eingesetzte Methoden und Konzeption
	Klinischer Leistungsstudienplan
Sonstige Leistungsstudien	Plan und Bericht über Leistungsstudien
Teil B Nachbeobachtung der Leistung nach dem Inverkehrbringen	
Plan	Methoden, Verfahren, proaktives Sammeln und Bewerten von Sicherheitsdaten, Leistungsdaten und wissenschaftlichen Daten
Bewertungsbericht	Bestandteil der technischen Dokumentation

Die Leistungsbewertung wird fortlaufend im gesamten Lebenszyklus aktualisiert. Im Falle neuer einschlägiger wissenschaftlicher und/oder medizinischer Informationen soll eine Neubewertung des klinischen Nachweises vorgenommen werden (s. dazu Anhang XIII, Teil B Nachbeobachtung der Leistung nach dem Inverkehrbringen in Abschn. 34.12).

Sollten im Rahmen der Leistungsstudie z. B. Proben mittels chirurgisch-invasiver Verfahren ausschließlich zum Zweck der Leistungsstudie entnommen werden, oder wird eine interventionelle Studie gemäß Art. 2 (46) geplant, bei der die Testergebnisse Auswirkungen auf Patientenmanagemententscheidungen haben, so sind zusätzliche Anforderungen nach Art. 58 ff. „Zusätzliche Anforderungen an bestimmte Leistungsstudien" zu erfüllen.

Neben dem Anhang XIII sind dann auch die Anforderungen des Anhangs XIV Interventionelle klinische Leistungsstudien und bestimmte andere Leistungsstudien zu erfüllen. Dieser beinhaltet detaillierte Dokumentationsanforderungen, unterteilt in zwei Kapitel, welche in Tab. 34.5 beschrieben sind.

Bestimmungen über Leistungsstudien sollten den fest etablierten internationalen Leitlinien in diesem Bereich entsprechen (…) , damit die Ergebnisse von in der Union durchgeführten Leistungsstudien außerhalb der Union leichter als Dokumentation anerkannt und die Ergebnisse von Leistungsstudien, die außerhalb der Union im Einklang mit den internationalen Leitlinien durchgeführt werden, leichter innerhalb der Union anerkannt werden.

Dies wird in der Präambel besonders hervorgehoben.
Eine entsprechende internationale Norm speziell für In-vitro-Diagnostika ist unter dem Titel ISO 20916 In Vitro Diagnostic Medical Devices – Clinical Performance Studies

Tab. 34.5 Anhang XIV im Überblick

Interventionelle klinische Leistungsstudien und bestimmte andere Leistungsstudien	
Kap. 1 Mit dem Antrag auf die Genehmigung interventioneller klinischer Leistungsstudien und anderer für die Prüfungsteilnehmer mit Risiken verbundener Leistungsstudien vorzulegende Unterlagen	Antragsformular mit 17 Unterpunkten wie z. B. Kennnummer für die Leistungsstudie, Leistungsstudienplan, Nachweis des Sponsors, Angabe der Mitgliedsstaaten bei multinationalen Studien
	Handbuch des Prüfers mit Angaben über z. B. Lagerungs- und Handhabungsbestimmungen, Zweckbestimmung des Produktes, Analyseleistung, Nutzen-Risiko-Analyse, wissenschaftliche Validität, Beschreibung der angewandten klinischen Verfahren und Diagnostiktests
	Leistungsstudienplan gemäß Anhang XIII Kap. 2 und 3
	Weitere Informationen wie z. B. die Erklärung zu den grundlegenden Sicherheit- und Leistungsanforderungen nach Anhang I, Gutachten der Ethik-Kommissionen
Kap. 2 Weitere Pflichten des Sponsors	Zum Beispiel Unterlagen für die Behörden, Vereinbarung zu schwerwiegenden unerwünschten Ereignisse, Benennung von einem unabhängiger Monitor, gute klinische Praxis, Nachbeobachtung

Using Specimens from Human Subjects – Good Study Practice seit 2019 verfügbar. (s. Weiterführende Hinweise).

Einen Überblick über das neue Konzept der Leistungsbewertungsstudie gibt Abb. 34.3.

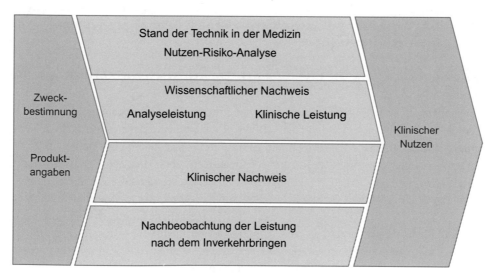

Abb. 34.3 Das neue Konzept der Leistungsbewertung im Überblick

34.10 Harmonisierte Normen, gemeinsame Spezifikationen und Stand der Technik

Präambel (21, 22), Art. 8, Art. 9

a. Bei Produkten, die den im Amtsblatt der Europäischen Union veröffentlichten harmonisierten Normen nach Art. 8 entsprechen, wird die Konformität mit den Anforderungen der IVD-VO angenommen. Somit ist es hilfreich, mit diesen harmonisierten Normen zu arbeiten. Bei Erstellung des Buchkapitels (Januar 2020) sind noch keine harmonisierten Normen zu der neuen IVD-VO veröffentlicht worden.

b. Bei Produkten, die den nach Art. 9 genannten Gemeinsamen Spezifikationen (GS) entsprechen, wird die Konformität mit den Anforderungen dieser Verordnung angenommen. Für einen IVD-Hersteller sind diese GS bindend, sofern nicht angemessen nachgewiesen werden kann, dass die vom Hersteller gewählten Lösungen ein mindestens gleichwertiges Sicherheits- und Leistungsniveau gewährleisten. Bei Erstellung des Buchkapitels lagen noch keine veröffentlichten GS nach Art. 9 vor. Ausschließlich gemeinsame technische Spezifikationen (GTS) auf Grundlage der alten Richtlinie sind vorhanden (s. Gemeinsame Technische Spezifikationen für In-vitro-Diagnostika in Weiterführende Hinweise).

c. Obwohl der Begriff Stand der Technik in der IVD-VO mehrmals verwendet wird, gibt es keine erklärende Definition im Text. Üblicherweise wird dieser Begriff verwendet, um die Gesamtsumme von etabliertem Wissen und Praxis im weiteren Sinne zu beschreiben. Es ist ratsam, etablierte europäische und internationale Standards, Richtlinien, Literatur etc. für spezifische Fragestellungen zu betrachten.

34.11 Das neue europäische elektronische Informationssystem für Medizinprodukte

Präambel (38–43), Kap. III (Art. 22 – Art. 30), Art. 52, Art. 69, Art. 87, Art. 95, Anhang VI

Transparenz, als wichtiges Grundelement in der europäischen Gesetzgebung, spiegelt sich auch in der IVD-VO wider. Grundlage ist hierbei die geplante, neue europäische Datenbank für Medizinprodukte (Eudamed) mit den in Tab. 34.6 genannten Bestandteilen.

Durch Eudamed werden z. B. die Informationen über die auf dem EU-Markt befindlichen Produkte und der beteiligten Wirtschaftsakteure der Öffentlichkeit zugänglich gemacht. Hierbei wird für den Hersteller, den Bevollmächtigten oder den Importeur eine einmalige Single Registration Number (SRN) vergeben. Durch das neue System der einmaligen Produktkennung (UDI, Unique Device Identifier) bekommt jedes IVD-Produkt eine zusätzliche eindeutige Identifikation, welche die Effektivität sicherheitsrelevanter Aktivitäten für Produkte nach dem Inverkehrbringen (Vorkommnisse, gezielte Sicherheitskorrekturmaßnahmen im Feld) über den Lebenszyklus gewährleisten soll. Die Grundelemente sind hierbei eine dem Hersteller und dem Produkt eigene

Tab. 34.6 Inhalte der neuen europäischen Datenbank

§ 30 Europäische Datenbank für Medizinprodukte
⇨ Registrierung von Wirtschaftsakteuren
⇨ Registrierung von Produkten
⇨ UDI-Daten
⇨ Benannte Stellen und Bescheinigungen
⇨ Leistungsstudien
⇨ Vigilanz und Überwachung nach dem Inverkehrbringen
⇨ Marktüberwachung

UDI-Produktkennung, eine UDI-Herstellungskennung, Anbringen eines UDI-Trägers auf der Produktkennzeichnung und eine Verknüpfung dieser Daten mit der UDI-Datenbank. Des Weiteren werden die wichtigsten Leistungsdaten und die Zweckbestimmung für Produkte der Klassen C und D durch den Hersteller in einem Kurzbericht über Sicherheit und Leistung über Eudamed der Öffentlichkeit zugänglich gemacht. Damit werden zukünftig den Behörden, den Anwendern, den Patienten und der Öffentlichkeit im Allgemeinen umfassende Informationen zu den Produkten zur Verfügung gestellt. Die Tiefe der einsehbaren Informationen wird allerdings von dem jeweiligen Berechtigungsstatus abhängig sein. Behörden und Benannte Stellen werden einen tieferen Einblick erhalten als die Öffentlichkeit. Dies dient vor allem dem Schutz des geistigen Eigentums der Hersteller. Mit der Fertigstellung der europäischen Datenbank wird im Jahr 2023 gerechnet.

34.12   System für die Überwachung nach dem Inverkehrbringen

Präambel (63,75), Art. 29, Art. 56 (6), Kap. VII (Art. 78 – Art. 81), Art. 83, Anhang III und XIII/Teil B
Im Gegensatz zur Richtlinie fordert die IVD-VO eine umfangreichere Überwachung über den gesamten Lebenszyklus eines Produkts ein. Hersteller müssen ihre IVD-Produkte nach dem Inverkehrbringen aktiv und systematisch nach einschlägigen Daten über die Qualität, die Leistung und die Sicherheit während dessen gesamter Lebensdauer analysieren, die erforderlichen Schlussfolgerungen ziehen und ggf. die entsprechenden Präventiv und Korrekturmaßnahmen einleiten. Der Plan zur Überwachung nach dem Inverkehrbringen ist integraler Bestandteil des Qualitätsmanagementsystems des Herstellers und wird in der technischen Dokumentation über die Überwachung nach dem Inverkehrbringen nach Anhang III dokumentiert. Hierbei werden die proaktiv gesammelten Daten aus dem Anwenderfeld für z. B. folgende Zwecke verwendet:

- Verbesserung der Nutzen-Risiko-Abwägung gemäß Risikomanagement
- Aktualisierung der Auslegung und der Informationen zur Herstellung, der

- Gebrauchsanweisung und der Kennzeichnung
- Durchführung von Präventiv-, Korrektur- und/oder Sicherheitsmaßnahmen im Feld
- Erkennung und Meldung von Trends
- Sicherheitsbericht bei Produkten der Klassen C und D. Für Klasse C wird der Sicherheitsbericht der Benannten Stelle und auf Ersuchen den zuständigen Behörden vorgelegt. Bei Produkten der Klasse D wird der Sicherheitsbericht der Benannten Stelle über Eudamed zur Verfügung gestellt.
- Bericht über die Überwachung nach dem Inverkehrbringen bei Produkten der Klasse A und B. Dieser wird der Benannten Stelle und der zuständigen Behörde auf Ersuchen zur Verfügung gestellt.
- Aktualisierung des Kurzberichts über Sicherheit und Leistung bei Produkten der Klassen C und D
- Plan und Bericht über die Nachbeobachtung der Leistungsbewertung nach Anhang XIII, Teil B

34.13 Vigilanz

Kap. VII, Abschn. 2 (Art. 82 – Art. 87)

Eng vernetzt mit der Marktüberwachung ist die Meldung von schwerwiegenden Vorkommnissen und Sicherheitskorrekturmaßnahmen im Feld durch den Hersteller. Dieses europäische Vigilanzsystem ist in der Verordnung umfassend und detailliert beschrieben. So sind, je nach Schweregrad, verschiedene Meldefristen definiert. Der Hersteller soll auch dann die Behörde informieren, wenn Trends zu erkennen sind, die einzeln noch nicht einer Meldepflicht unterliegen, aber eine erhebliche Auswirkung auf die Nutzen-Risiko-Analyse haben könnten. Die Meldungen erfolgen zukünftig über das elektronische System für die Vigilanzberichterstattung.

34.14 Für die Einhaltung der Regulierungsvorschriften verantwortliche Person

Präambel (33), Art. 15

Der Hersteller sowie der bevollmächtigte Vertreter benennen in ihrer Organisation mindestens eine Person, die für die Einhaltung der Regulierungsvorschriften verantwortlich ist. Es können auch mehrere Personen mit unterschiedlichen Aufgabenbereichen benannt werden. Hierbei werden Namen, Anschrift und Kontaktdaten der zuständigen Person(en) vom Hersteller an die elektronische Datenbank (Eudamed) übermittelt. Sonderregelungen gibt es für Kleinst- und Kleinunternehmen. Die Einhaltung der Regulierungsvorschriften umfasst mindestens die Herstellung und Prüfung der Produkte,

die technische Dokumentation, die EU-Konformitätserklärung, die klinischen Leistungsstudien sowie Überwachung nach dem Inverkehrbringen und Vigilanz. Zu MDCG PRRC
Guidance on Article 15 Weiterführende Hinweise.

34.15 Produkte zur Eigenherstellung in Gesundheitseinrichtungen

Präambel (29), Art. 2 (29), Art. 5 (5), Weiterführende Hinweise. VO (EU) 2022/112.

Europäische Gesundheitseinrichtungen können labordiagnostische Produkte hausintern herstellen, ändern und verwenden, wenn diese nicht im industriellen Maßstab
hergestellt werden und auch innerhalb der Einrichtung verbleiben. „Gesundheitsein-
richtung" bezeichnet eine Organisation, deren Hauptzweck in der Versorgung oder
Behandlung von Patienten oder der Förderung der öffentlichen Gesundheit besteht.
Bedingt durch die neue VO (EU) 2022/112 (Abschn. 34.2.1) hat sich das Anwendungs-
datum für einzelne Anforderungen verschoben. Grundsätzlich sind hierbei u. a. folgende
Anforderungen zu erfüllen:

- die allgemeinen Sicherheits- und Leistungsanforderungen nach Anhang I (ab dem
  26.Mai 2022)
- die EU-Gesundheitseinrichtungen müssen in ihrer Dokumentation eine Begründung
  liefern, warum kein auf dem Markt verfügbares CE-gekennzeichnetes IVD die spezifischen Erfordernisse an die Zweckbestimmung und Patientenzielgruppe erfüllen (ab
  dem 26. Mai 2028)
- Nachweis eines geeigneten Qualitätsmanagementsystems, welches der Norm EN ISO
  15189 oder anderen nationalen Vorschriften entspricht (ab dem 26. Mai 2024)
- besondere Dokumentationspflichten für Klasse-D-Produkte (ab dem 26. Mai 2024)
- öffentliche Erklärung der hausintern hergestellten Produkte (ab dem 26. Mai 2024)

Grundsätzlich entfällt die Pflicht der Durchführung des Konformitätsbewertungsverfahrens durch eine Benannte Stelle. Zum Factsheet for healthcare professionals and
health institutions Weiterführende Hinweise.

Eine EU-MDCG-Leitlinie zu dieser Thematik ist für 2022 vorgesehen.

34.16 Grafische Übersicht über die Anforderungen der IVD-VO

Auf den nachfolgenden Seiten geben wir einen grafischen Überblick (Abb. 34.4, 34.5,
34.6, 34.7, 34.8, 34.9 und 34.10) über die Anforderungen der IVD-VO, der uns dankens-
werterweise von der MedTech Europe (MedTech Europe, der Gesamtverband der

Overview of requirements under the IVD Regulation

Regulation 2017/746/EU on *In Vitro* Diagnostic Medical Devices

December 2017

This flowchart has been prepared by MedTech Europe as a 'high-level overview' of the requirements of the IVD Regulation. While MedTech Europe considers the information herein to be reliable it makes no warranty or representation as to its accuracy, completeness or correctness. This flowchart is intended for informational purpose only and should not be construed as legal advice for any particular facts or circumstances.

MedTech Europe reserves the right to change or amend the flowchart or any parts thereof at any time without notice. No part of this document may be modified or translated in any form or by any means without the prior written permission of MedTech Europe.

For more information please contact the regulations & industrial policy department: regulatory@medtecheurope.org

Abb. 34.4 Einleitung zu den Abbildungen. Quelle MedTech Europe, 12/2017

europäischen Medizintechnik, Weiterführende Hinweise) zur Verfügung gestellt wurde. Der besseren Übersichtlichkeit halber wurden die einzelnen Themenblöcke jeweils als Grafik auf einer Seite dargestellt. Anhand der Pfeile, die auf einen Themenblock zulaufen bzw. von ihm wegweisen, wird der Zusammenhang der Themenblöcke aufgezeigt.

34.17 Fazit

Durch die neue IVD-VO kommen umfangreiche Änderungen gegenüber der bestehenden Richtlinie auf den Hersteller zu. Insbesondere durch das neue Klassifizierungssystem und die damit verbundenen Konformitätsbewertungsverfahren wird der Hauptanteil der In-vitro-

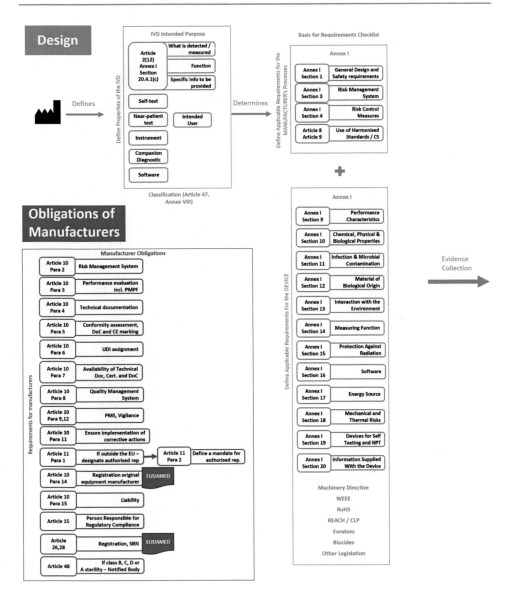

Abb. 34.5   Design und Verpflichtungen des Herstellers. Quelle MedTech Europe, 12/2017

Diagnostika einer Bewertung durch eine Benannte Stelle unterworfen. Die Anforderungen für die Leistungsbewertung und die Überwachung nach dem Inverkehrbringen sind erheblich gestiegen. Erstmalig wird auch eine europäische Datenbank für Medizinprodukte eingeführt, bei der der Hersteller zukünftig umfangreiche Daten eingeben muss.

Der neue Rechtsrahmen der IVD-VO ist seit dem 25. Mai 2017 in Kraft. Allerdings sind viele Elemente wie z. B. Verfügbarkeit und ausreichende Kapazitäten der Benannten

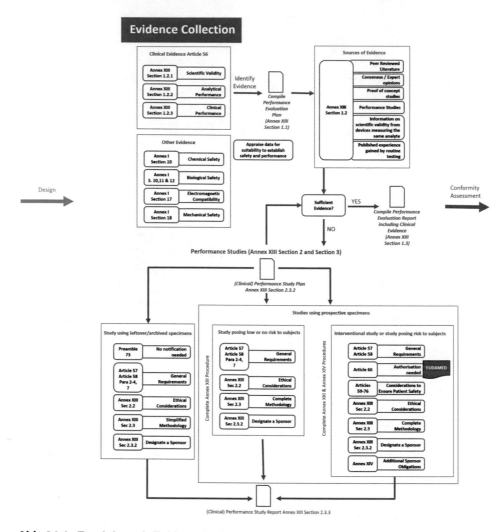

Abb. 34.6 Zu erbringende Evidenz. Quelle MedTech Europe, 12/2017

Stellen, gemeinsame Spezifikationen, EU-Referenzlaboratorien oder Eudamed, noch nicht etabliert. Somit sind die zusätzlichen *Übergangsbestimmungen durch die VO (EU) 2022/112 für bestimmte In-vitro-Diagnostika und der spätere Geltungsbeginn der Bedingungen für hausinterne Produkte* notwendig, um die Durchführung und vollständige Anwendung der genannten Verordnung sicherzustellen.

Als Hersteller sollte man sich intensiv mit den neuen Anforderungen auseinandersetzen. Wichtig ist die Planung von notwendigen Ressourcen, um mit dem bestehenden

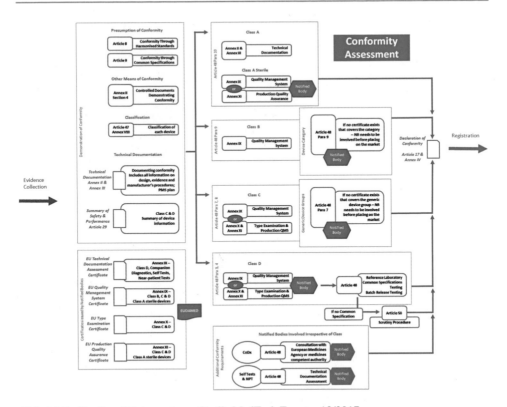

Abb. 34.7 Konformitätsbewertung. Quelle MedTech Europe, 12/2017

Portfolio nach der neuen IVD-VO weiterhin im Markt zu bleiben und neue innovative Produkte zu entwickeln. Von einer Umsetzung der neuen IVD-VO in letzter Sekunde kann nur abgeraten werden.

Für global agierende Unternehmen bringt die Angleichung an internationale Rechtsvorschriften Vorteile. Viele Bestandteile der IVD-VO werden schon seit Jahren international gefordert und sind in vielen Ländern implementiert.

Die Verordnung kann auch als Anlass gesehen werden, das bestehende Portfolio neu zu bewerten. Nur zukunftsfähige „Altprodukte" rechtfertigen notwendige Investitionen.

Die neue IVD-VO ist wegen der Fülle von Details sehr umfangreich gestaltet geworden. Dies bedarf einer guten Abstimmung zwischen allen Beteiligten, damit das Ziel einer einheitlichen Interpretation in Europa erreicht wird. Der neue Rahmen der Verordnung bietet ein hohes Niveau an Sicherheit und Gesundheitsschutz für Patienten und Anwender.

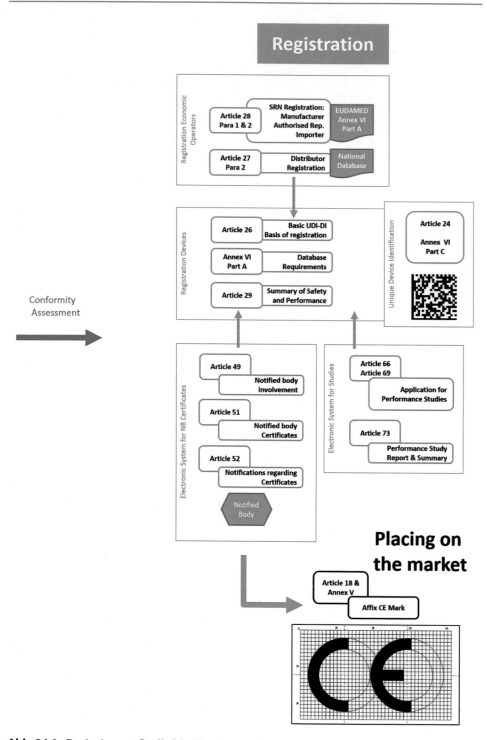

Abb. 34.8 Registrierung. Quelle MedTech Europe, 12/2017

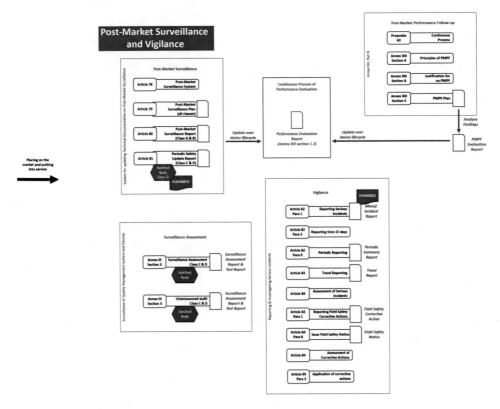

Abb. 34.9   Marktüberwachung und Vigilanz. Quelle MedTech Europe, 12/2017

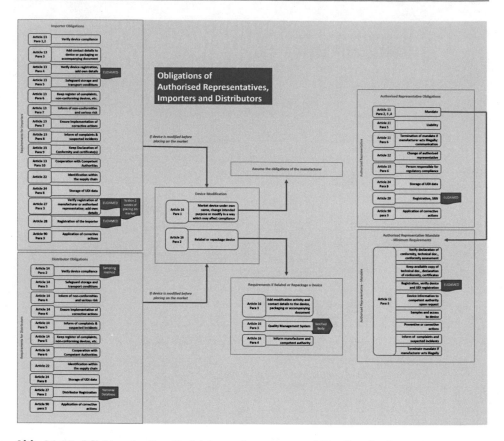

Abb. 34.10 Pflichten der Bevollmächtigten, Importeure und Händler. Quelle MedTech Europe, 12/2017

Weiterführende Literatur

Blue Guide – Leitfaden für die Umsetzung der Produktvorschriften der EU. http://ec.europa.eu/DocsRoom/documents/18027/

Bundesamt für Arzneimittel und Medizinprodukte (BfArM) in Deutschland. https://www.bfarm.de/DE/Home/home_node.html

Bundesamt für Sicherheit im Gesundheitswesen in Österreich. https://www.basg.gv.at/ueber-uns

Bundesministerium für Gesundheit Deutschland, Nationaler Arbeitskreis (NAKI) zur Implementierung der neuen EU-Verordnungen über Medizinprodukte (MDR) und In-vitro-Diagnostika (IVDR). https://www.bundesgesundheitsministerium.de/naki.html

CAMD, Competent Authorities for Medical Devices EU, Implementation Task Force MDR/IVDR Roadmap. https://www.camd-europe.eu/.

CLSI-Standards: Guidelines for Health Care Excellence. https://clsi.org/standards/

Durchführungsverordnung (EU) 2017/2185 der Kommission vom 23. November 2017 über das Verzeichnis der Codes und der ihnen entsprechenden Produktarten zur Bestimmung des Geltungsbereichs der Benennung einer Benannten Stelle auf dem Gebiet er Medizinprodukte im Rahmen der Verordnung (EU) 2017/745 des Europäischen Parlaments und des Rates sowie auf dem Gebiet der In-vitro-Diagnostika im Rahmen der Verordnung (EU) 2017/746 des Europäischen Parlaments und des Rates: Reg. 2017/2185/EU. https://eur-lex.europa.eu/legal-content/DE/TXT/?uri=CELEX%3A32017R2185

EUDAMED database. https://ec.europa.eu/tools/eudamed/#/screen/home

EU-Liste der Harmonisierten Standards für In-vitro-Diagnostika. Diese beinhaltet u.a. ISO 13485, ISO 14971, ISO 15223 und ISO 18133. https://ec.europa.eu/growth/single-market/european-standards/harmonised-standards/iv-diagnostic-medical-devices_de

Europäische Arzneimittel-Agentur (EMA): http://www.ema.europa.eu/ema/

Europäisches Komitee für elektrotechnische Normung: http://www.cenelec.eu

Europäisches Komitee für Normung: http://www.cen.eu

European database on medical devices (EUDAMED). https://ec.europa.eu/growth/sectors/medical-devices/new-regulations/eudamed_en

Factsheet for manufacturers of in vitro diagnostic medical devices including FAQs der Europäischen Kommission. https://ec.europa.eu/health/md_newregulations/publications_en

Factsheet for healthcare professionals and healthcare institutions including FAQ der Europäischen Kommission. https://ec.europa.eu/health/md_newregulations/publications_en

Factsheet for authorized representatives/importers/distributors der Europäischen Kommission. https://ec.europa.eu/health/md_newregulations/publications_en

Gemeinsame Technische Spezifikationen für In-vitro-Diagnostika: http://eur-lex.europa.eu/legal-content/EN/TXT/?uri=CELEX%3A32009D0108

Guidance on Qualification and Classification of Software in Regulation (EU) 2017/745 – MDR and Regulation (EU) 2017/746 – IVDR. https://ec.europa.eu/docsroom/documents/37581

International Medical Device Regulators Forum (IMDRF): http://www.imdrf.org enthält auch das GHTF-Archiv: http://www.imdrf.org/ghtf/ghtf-archives.asp

MDCG endorsed documents and other guidance. https://ec.europa.eu/health/md_sector/new_regulations/guidance_en

MDCG 2019-13 Guidance on sampling of MDR Class IIa/Class IIb and IVDR Class B/Class C devices for the assessment of the technical documentation. https://ec.europa.eu/docsroom/documents/38669

MDCG 2018-1 v2 Guidance on basic UDI-DI and changes to UDI-DI. https://ec.europa.eu/docsroom/documents/35382

MDCG 2019-6 v2 Questions and answers: Requirements relating to notified bodies. https://ec.europa.eu/docsroom/documents/37688

MDCG 2020-16 Guidance on Classification Rules for in vitro Diagnostic Medical Devices under Regulation (EU) 2017/746. https://ec.europa.eu/health/sites/default/files/md_sector/docs/md_mdcg_2020_guidance_classification_ivd-md_en.pdf

MDCG 2021–13 rev.1 Questions and answers on obligations and related rules for the registration in EUDAMED of actors other than manufacturers, authorised representatives and importers subject to the obligations of Article 31 MDR and Article 28 IVDR. https://ec.europa.eu/health/sites/default/files/md_sector/docs/md_mdcg_2021-13_q-a-actor_registr_eudamed_en.pdf

MDCG 2021–4 Application of transitional provisions for certification of class D in vitro diagnostic medical devices according to Regulation (EU) 2017/7. https://ec.europa.eu/health/sites/default/files/md_sector/docs/mdcg_2021-4_en.pdf

MDCG Is your Software a medical device? https://ec.europa.eu/health/sites/default/files/md_sector/docs/md_mdcg_2021_mdsw_en.pdf

MDCG 2019–7 Guidance on Article 15 of the Medical Device Regulation (MDR) and in vitro Diagnostic Device Regulation (IVDR) regarding a „person responsible for regulatory compliance" (PRRC). https://ec.europa.eu/docsroom/documents/36166

MedTech Europe eBooklet about the 'Clinical Evidence Requirements for CE certification under the in vitro Diagnostic Regulation in the European Union. https://www.medtecheurope.org/resource-library/clinical-evidence-requirements-for-ce-certification-under-the-in-vitro-diagnostic-regulation-in-the-european-union/

Medical Device Coordination Group (MDCG): http://ec.europa.eu/transparency/regexpert/index.cfm?do=groupDetail.groupDetail&groupID=3565

MedTech Europe, der Gesamtverband der europäischen Medizintechnik-Industrie (Mitglieder der Diagnostika-Industrie und der Medizintechnik-Industrie): http://www.medtecheurope.org/

NANDO-Verzeichnis der Benannten Stellen zur Konformitätsbewertung: http://ec.europa.eu/growth/tools-databases/nando/

Notified Bodies: https://ec.europa.eu/growth/single-market/goods/building-blocks/notified-bodies_en

Notified Body Operations Group (NBOG). https://www.nbog.eu/ – Mitglieder sind die EU-Kommission sowie die EU-Behörden für Medizinprodukte der Mitgliedsstaaten

ISO – International Organization for Standardization. https://www.iso.org/home.html

ISO 20916:2019 In vitro diagnostic medical devices — Clinical performance studies using specimens from human subjects — Good study practice: https://www.iso.org/standard/69455.html

Richtlinie 98/79/EG des Europäischen Parlaments und des Rates vom 27. Oktober 1998 über In-vitro-Diagnostika: http://eur-lex.europa.eu/legal-content/de/TXT/?uri=CELEX%3A31998L0079

Step-by -Step guide for manufacturer of in vitro diagnostic medical devices der Europäischen Kommission. https://ec.europa.eu/health/md_newregulations/publications_en

Swissmedic – Schweizerische Zulassungs-und Aufsichtsbehörde für Arzneimitte und Medizinprodukte. https://www.swissmedic.ch/swissmedic/de/home.html

SVDI – Schweizerischer Verband der Diagnostikindustrie. https://www.svdi.ch/

VDGH – Verband der Diagnostica-Industrie e.V. Deutschland. https://www.vdgh.de/

Verordnung (EU) 2017/745 des Europäischen Parlaments und des Rates vom 5. April 2017 über Medizinprodukte, zur Änderung der Richtlinie 2001/83/EG, der Verordnung (EG) Nr. 178/2002 und der Verordnung (EG) Nr. 1223/2009 und zur Aufhebung der Richtlinien 90/385/EWG und 93/42/EWG des Rates. https://eur-lex.europa.eu/legal-content/DE/TXT/?uri=uriserv:OJ.L_.2017.117.01.0001.01.DEU

Verordnung (EU) 2017/746 des europäischen Parlaments und des Rates vom 5. April 2017 über In-vitro-Diagnostika und zur Aufhebung der Richtlinie 98/79/EG und des Beschlusses 2010/227/EU der Kommission: http://eur-lex.europa.eu/legal-content/DE/TXT/?uri=uriserv:OJ.L_.2017.117.01.0176.01.DEU Berichtigung der Verordnung (EU) 2017/746 des Europäischen Parlaments und des Rates vom 5. April 2017 über In-vitro-Diagnostika und zur Aufhebung der Richtlinie 98/79/EG und des Beschlusses 2010/227/EU der Kommission: 3.5.2019. https://eur-lex.europa.eu/legal-content/DE/TXT/?uri=CELEX%3A32017R0746R%2802%29

Verordnung (EU) 2022/112 des europäischen Parlaments und des Rates vom 25. Januar 2022 zur Änderung der Verordnung (EU) 2017/746 hinsichtlich der Übergangsbestimmungen für bestimmte In-vitro-Diagnostika und des späteren Geltungsbeginns der Bedingungen für haus-interne Produkte. https://eur-lex.europa.eu/eli/reg/2022/112/oj

Zentrale Webseite der Europäischen Kommission in Bezug auf Medizinprodukte, enthält z.B. MDCG – und NBOG Dokumente, Rolling Plan, Topics of Interest, Factsheets. https:// ec.europa.eu/growth/sectors/medical-devices_en

Zentralstelle der Länder für Gesundheitsschutz bei Arzneimittel und Medizinprodukten (ZLG). https://www.zlg.de/

ISO 13485 – das obligatorische Qualitätssystem für IVD-Hersteller

Sven Hoffmann

35.1 Regulatorischer Hintergrund

Für Unternehmen, die im Rahmen der Entwicklung und Herstellung von In-vitro-Diagnostika (IVD) tätig sind, ist die Implementierung eines Qualitätsmanagementsystems (QMS) im Prinzip unumgänglich. Tritt das Unternehmen als „legaler Hersteller" eines IVD auf, leitet sich diese Anforderung direkt aus den zugrunde liegenden regulatorischen Anforderungen der jeweiligen Zielmärkte ab, bspw. aus der IVD-Direktive 98/79/EG (IVDD) bzw. der IVD-Verordnung 2017/746 (IVDR) für den europäischen Markt. Aber auch für Dienstleister oder Lieferanten kritischer Rohstoffe und Komponenten von IVDs ist dies häufig erforderlich, da sie als Teil der gesamten „Produktrealisierung" betrachtet werden und somit die dort stattfindenden Prozesse den gleichen Anforderungen unterliegen.

Die EN ISO 13485 stellt die hier relevante grundlegende internationale Norm für ein Qualitätsmanagementsystem dar, spezifisch für die Anforderungen regulatorischer Zwecke der Medizinprodukteindustrie. IVDs sind gemäß Definition als spezielle „Teilmenge" der Medizinprodukte zu betrachten und somit ebenfalls von der EN ISO 13485 erfasst. Diese Norm hat sich mittlerweile weltweit als Standard für QMS-Anforderungen von Medizinprodukten etabliert. In 2003, mit dem Gültigkeitsbeginn der damals neuen IVD-Direktive 98/79/EG (IVDD), wurde diese Norm in der Version EN ISO 13485:2003 in Europa in die Liste der „harmonisierten" Normen aufgenommen und damit fest verbunden mit den Konformitätsbewertungsverfahren der IVDD, als Basis für die CE-Markierung. In 2009 und 2012 erfuhr diese Norm kleine Überarbeitungen, die

S. Hoffmann (✉)
Entourage GmbH, München, Deutschland
E-Mail: sven.hoffmann@theentourage.de

© Springer-Verlag GmbH Deutschland, ein Teil von Springer Nature 2023   673
A. M. Raem und P. Rauch (Hrsg.), *Immunoassays*,
https://doi.org/10.1007/978-3-662-62671-9_35

jedoch inhaltlich wenig Neues mit sich brachten und sich z. T. lediglich auf die Anhänge ZA, ZB und ZC bezogen. Diese „Z-Anhänge" stellen den Zusammenhang zwischen der Norm und den jeweiligen Anforderungen der europäischen Medizinprodukterichtlinien dar. Der Anhang ZC ist dabei der für die IVDD relevante und stellt den Zusammenhang zur Erfüllung der QMS-Anforderungen gemäß IVDD dar.

Erst mit der Version der ISO 13485:2016 wurden inhaltliche Ergänzungen und Klarstellungen im Kerntext (Kap. 4–8 der Norm) vorgenommen, so z. B. hinsichtlich der Validierungsanforderungen an Software oder der nun expliziten Forderung eines dokumentierten Design-Transfers. In der Version der EN ISO 13485:2016 und EN ISO 13485:2016/AC:2016 ist diese Norm auch die aktuell in Europa harmonisierte Norm und soll Basis der nun folgenden inhaltlichen Vorstellung und Diskussion sein.

Neben der EN ISO-Fassung bestehen zahlreiche länderspezifische Ausgaben, so z. B.:

- DIN EN ISO 13485:2016-08 sowie DIN EN ISO 13485 Berichtigung 1:2017-07 für Deutschland
- ÖVE/ÖNORM EN ISO 13485:2017-08-01 für Österreich
- SN EN ISO 13485:2016-03 für die Schweiz etc.

Diese sind i. d. R. inhaltsgleiche Ausgaben in der jeweiligen Landessprache. Aus regulatorischer Sicht sollte man sich jedoch stets auf die harmonisierte EN-ISO-Version beziehen. Auch unter der IVDR wird die EN ISO 13485 die harmonisierte Norm zur Erfüllung der QMS-Anforderungen bleiben.

35.1.1 Grundsätzliche Konzepte und „Philosophien" der Norm

Aufgrund der Vielzahl der bestehenden Medizinprodukte, mit unterschiedlichster Komplexität und Zweckbestimmung, sind die Anforderungen der Norm an vielen Stellen eher generisch formuliert und müssen vom Unternehmen weitergehend interpretiert und auf die eigenen Aktivitäten adaptiert werden. Dabei ist auch der Größe, Struktur und Komplexität des Unternehmens Rechnung zu tragen. In der Praxis bedeutet dies, dass ein QM-System eines kleinen Start-up-Unternehmens durchaus anders aufgesetzt und ausgestaltet sein darf als das eines global an mehreren Standorten operierenden Konzerns.

Ein weiterer essenzieller Baustein eines funktionierenden QMS ist das **Risikomanagement,** welches den kompletten Produktlebenszyklus abdecken muss. Die Norm verweist dabei, insbesondere in Abschn. 7.1 der Norm, auf den ebenfalls in der EU harmonisierten und weltweit anerkannten Standard EN ISO 14971. Ebenso fordert die EN ISO 13485 an verschiedenen Stellen die Identifizierung und Erfüllung relevanter „regulatorischer Anforderungen", um die Sicherheit und Leistungsfähigkeit des IVDs zu gewährleisten. Diese sind abhängig vom relevanten Zielmarkt und den dort anliegenden regulatorischen Anforderungen, z. B.:

- nationale Statuten (z. B. MPG)
- nationale Verordnungen (z. B. MPSV, MPBetreibV)
- Richtlinien (IVDD)
- Leitfäden (z. B. MEDDEV)

Bezüglich der **Dokumentation** innerhalb eines QMS gilt der Wahlspruch: „Was nicht dokumentiert wurde, hat nicht stattgefunden." Was zunächst als pure Bürde anmutet, sollte aber in einem funktionierenden und „gelebten" QM-System vielmehr einen Mehrwert generieren. Durch die Vorgabe- und Nachweisdokumente sollen schlussendlich die Produktqualität und Prozesseffizienz sichergestellt und der objektive Nachweis dafür generiert werden. Die EN ISO 13485 verfolgt einen *prozessorientierten Ansatz* unter Berücksichtigung der Schnittstellen zwischen den einzelnen Abteilungen. Dies bedeutet, dass stets die systematische Abfolge von Tätigkeiten (Prozess) im Fokus steht bzw. dessen Schnittstellen und Wechselwirkung mit anderen Prozessen. Bei der Umsetzung der Norm geht es folglich nicht nur um die Umsetzung einzelner Normpunkte, sondern auch um die Betrachtung der Auswirkungen einzelner Tätigkeiten auf andere Tätigkeiten bzw. Abteilungen oder involvierte Parteien. Die so entstehende „Prozess-Landschaft" ist ein zentraler Aspekt des Konzepts der EN ISO 13485.

Die **EN ISO 9001** ist eine allgemeine Qualitätsmanagementnorm, ohne spezifische Ausrichtung auf einen bestimmen Industrie- oder Dienstleistungssektor. Die EN ISO 13485 basiert auf der „alten" EN ISO 9001:2008. Bei ihr stehen die Kundenzufriedenheit sowie die ständige Verbesserung des Qualitätsmanagementsystems unter Berücksichtigung von Risiken und Chancen im Zentrum. Die EN ISO 13485 übernimmt diesen Gedanken, allerdings stehen bei ihr die Sicherheit und Leistungsfähigkeit des Medizinprodukts und dessen ausgelobter Nutzen im Fokus. Vergleicht man die aktuellen Versionen beider Normen, folgt die EN ISO 9001:2015 einer sog. „High-Level-Struktur" für Managementsystemnormen, die durch das internationale Normenkomitee (ISO/IEC) festgelegt wurde. Die EN ISO 13485 hat jedoch die alte Struktur beibehalten. Dies macht es daher zu einer Herausforderung, im eigenen Unternehmen ein einheitliches QMS für beide Normen aufrechtzuerhalten. Über einen Korrelationsansatz ist dies jedoch auch weiterhin handhabbar und allgemein akzeptiert.

35.2   Inhaltliche Einführung und Diskussion

Die EN ISO 13485:2016 ist in folgende Kapitel sowie Anhänge gegliedert:

Europäisches Vorwort
Vorwort der ISO
0 Einleitung
0.1 Allgemeines

Die in Kap. 0 enthaltenen Inhalte wurden bereits zuvor zusammenfassend dargestellt. Im weiteren Verlauf sollen nun die Kap. 1–8 detaillierter vorgestellt und diskutiert werden.

35.2.1 Anwendungsbereich

Dem Anwendungsbereich kommt eine sehr zentrale Bedeutung zu, denn dieser definiert, für welche Unternehmen und Tätigkeiten die EN ISO 13485:2016 überhaupt anzuwenden ist. Grundsätzlich lässt sich dabei sagen, dass sich die Norm auf Organisationen bezieht, die in einer oder mehreren Phasen innerhalb des Lebenszyklus eines IVD involviert sind. Dies beinhaltet z. B. die Entwicklung, Produktion, Lagerung, Versand, Installation oder den technischen Service. Auch solche Tätigkeiten als Dienstleister oder Unterauftragnehmer sind dabei im Anwendungsbereich der Norm, so z. B. Unternehmen, die als Auftragsentwickler oder Produzenten von Einzelkomponenten agieren, wie auch Lieferanten von Rohmaterialien. Ferner geht dieses Kapitel auf die Anforderungen der Norm ein, die produkt- oder prozessbedingt für das jeweilige Unternehmen ggf. nicht relevant sind.

So wird der Begriff des „Ausschlusses" beschrieben. Lediglich „Entwicklung" darf ausgeschlossen werden, wenn regulatorische Anforderungen dies zulassen. Daher ist es erforderlich, dass im QM-Handbuch ein begründeter Verweis darauf enthalten ist, ob im Unternehmen „Entwicklung" ausgeschlossen ist.

Eine weitere hier definierte Begrifflichkeit sind „nicht anwendbare Normenkapitel". In der Version EN ISO 13485:2012 war dies lediglich auf das Normenkapitel 7 „Produktrealisierung" beschränkt. In der aktuellen Fassung der Norm wurden die nicht anwendbaren Anforderungen auf die Kap. 6 „Management von Ressourcen" und Kap. 8 „Messung, Analyse und Verbesserung" ausgeweitet. Anforderungen dieser Kapitel können je nach durchgeführten Tätigkeiten des Unternehmens oder aufgrund der Art des Medizinprodukts/IVD als nicht anwendbar angesehen werden. Auch dabei gilt, dass im QM-Handbuch die nicht anwendbaren Normenkapitel jeweils mit einer Begründung aufgelistet werden müssen (siehe auch Abschn. 4.2.2 der Norm). Anforderungen der Normenkapitel 4 „Qualitätsmanagementsystem" und 5 „Verantwortung der Leitung" müssen demnach von allen Organisationen ohne Einschränkungen erfüllt werden. Beispiele für Nichtanwendbarkeiten bei IVDs sind die „Anforderung an Sterilprodukte" für nicht sterile IVDs oder „Anforderungen für implantierbare Medizinprodukte". Der Abschnitt zum Umgang mit Kundeneigentum sollte dabei nicht vorschnell als nicht anwendbar eingestuft werden. Es sollte vielmehr beachtet werden, dass vom Kunden zurückgesandte Produkte oder auch geistiges Eigentum ebenfalls zu berücksichtigen sind.

35.2.2 Normative Verweisungen

An dieser Stelle der Norm wird auf die zurzeit gültige Version der ISO 9000 verwiesen. Sie ist eine übergeordnete Norm, die verschiedene Fachbegriffe für die Anwendung eines Qualitätsmanagementsystems definiert und erläutert.

35.2.3 Begriffe

Ergänzend zu den Begriffen, die in der ISO 9000 gelistet sind, werden verschiedene Begriffe erklärt, die spezifisch für die EN ISO 13485 gelten. In der aktuellen Fassung wurden Fachbegriffe aus den GHTF- (Global Harmonization Task Force, heute IMDRF) Dokumenten ergänzt bzw. erläutert. Mit Kap. 4 beginnen die konkreten inhaltlichen Vorgaben für das QM-System.

35.2.4 Qualitätsmanagementsystem

Im Teil der „Allgemeinen Anforderungen" finden sich zunächst eher generisch anmutende Anforderungen, die jedoch von großer Bedeutung für die richtige Ausrichtung und

Konzeptionierung des QM-Systems sind. So gilt es, bspw. zunächst die regulatorische(n) Rolle(n) zu definieren, die das Unternehmen hinsichtlich der IVDs übernimmt.

Der Schlüsselakteur im Mittelpunkt der Norm ist der **„legale Hersteller".** Dabei handelt es sich um eine natürliche oder juristische Person, die für alle Aktivitäten im Rahmen des Lebenszyklus eines Medizinprodukts (siehe oben) die alleinige Verantwortung trägt. Dabei ist zunächst unerheblich, ob diese Tätigkeiten vom Unternehmen selbst durchgeführt werden (siehe „ausgelagerte Prozesse"). Weitere Schlüsselakteure im Lebenszyklus eines IVDs können bspw. auch Zulieferer oder Lohnfertiger sein.

Sollte sich der legale Hersteller nicht in Europa befinden, ist ein **„Bevollmächtigter"** zu benennen. Dieser muss ebenfalls eine natürliche oder juristische Person sein, mit Sitz in Europa. Im Rahmen einer vertraglichen Regelung kann er verschiedenen gesetzlichen Verpflichtungen (z. B. Produktmeldung, Meldung von Vorkommissen etc.) im Auftrag des legalen Herstellers nachkommen. Bei der Umsetzung sind die nationalen Vorgaben eines Bevollmächtigten zu berücksichtigen (s. MEDDEV 2.5/10).

Um zwischen den möglichen Rollen terminologisch nicht differenzieren zu müssen, spricht die Norm stets von der **„Organisation".** Entsprechend wird auch hier dieser Begriff im weiteren Verlauf verwendet. Basierend auf den anliegenden Rollen der Organisation und den damit verbundenen Tätigkeiten und Verantwortungen gilt es nun, eine Prozesslandschaft zu erstellen als auch die einzelnen Prozesse selbst inklusive der Wechselwirkungen auszuarbeiten. Grundsätzliche Anforderungen an Prozesse beinhalten dabei z. B. die Verpflichtung der Bereitstellung notwendiger Ressourcen, der Überwachung und Messung von Prozessen („Prozesseffizienz"/„Prozesswirksamkeit") oder der Erstellung geeigneter Vorgabe- und Nachweisdokumente. Spezifischere Vorgaben für einzelne Prozesse finden sich dann in den weiteren Kapiteln der Norm wieder.

Ein weiteres wichtiges Thema, das in diesem Kapitel der Norm als wesentliche Grundlage des QMS adressiert wird, ist der Aspekt der **„ausgelagerten Prozesse",** der insbesondere für legale Hersteller eines IVD regulatorisch höchst kritisch ist. Viele Hersteller führen nicht alle Tätigkeiten innerhalb des Produkt-Lebenszyklus selbst aus, die die Produktkonformität beeinflussen. Insbesondere im Bereich der Herstellung werden häufig Teilschritte, z. B. die Fertigung einzelner Komponenten des Produkts, in Ausnahmen aber auch die gesamte Herstellung eines Produkts, an andere Unternehmen ausgelagert. Eine solche Auslagerung entbindet den Hersteller jedoch nicht von der Verantwortung, diese Prozesse zu lenken und sicherzustellen, dass diese konform mit den Anforderungen der EN ISO 13485 durchgeführt werden. In der Praxis wird diese Lenkung häufig in das Lieferantenmanagement (s. Kapitel 7 der Norm) integriert, wobei solche Unterauftragnehmer dann als Lieferanten mit höchster Kritikalität betrachtet und kontrolliert werden. Die Identifizierung und Kontrolle von ausgelagerten Prozessen wird auch innerhalb des Zertifizierungsprozesses durch akkreditierte Zertifizierungsstellen stets im Detail betrachtet. Darauf soll am Ende des Kapitels nochmals vertiefter eingegangen werden.

35.2.5 Dokumentationsanforderungen

Die zweite wesentliche Thematik in Kap. 4 befasst sich mit den Dokumentationsanforderungen an ein QMS. Dabei gibt es verschiedene Arten bzw. „Ebenen" von
Dokumenten, die erstellt werden müssen und die das Unternehmen abbilden sollten.
Das übergeordnete Dokument bildet das **„QM-Handbuch".** Mithilfe dieses Dokuments
soll erkennbar sein, was das Unternehmen ausmacht. Auch dafür sind Vorgaben bezüglich des Inhalts definiert. In der praktischen Umsetzung macht es Sinn, das Handbuch
kurz und kompakt zu halten, sodass es nur bei wesentlichen Änderungen zu überarbeiten
ist. Die Norm bietet die Möglichkeit, auf die Verfahrensanweisungen zu verweisen, statt
diese direkt im QM-Handbuch auszuführen. Wesentlich ist, dass die Struktur, der im
Unternehmen verwendeten Dokumentation, dargestellt ist.

Eine weitere Ebene der Dokumentation bilden **„Verfahrensanweisungen"** (SOPs,
Standard Operation Procedures). Sie sind direkt dem QM-Handbuch untergeordnet
und sollen eine konkrete Vorgabe für die Durchführung eines Prozesses darstellen.
Je nach Unternehmensgröße und den vorliegenden Prozessen kann die Zahl der Verfahrensanweisungen variieren. Dabei ist zu beachten, dass mindestens die in der
Norm geforderten sog. „dokumentierten Verfahren" in einer Verfahrensanweisung zu
beschreiben sind (Tab. 35.1):

Eine weitere mögliche Art der Dokumentation bilden **„Arbeitsanweisungen".**
Sie sind eine detaillierte Darstellung und Vorgabe einer einzelnen Tätigkeit. Arbeitsanweisungen sind in Abhängigkeit von Qualifikation und Kompetenz der jeweiligen Mitarbeiter zu erstellen (z. B. Darstellung in Worten, Bildern oder in einer Kombination).
Neben den internen Dokumenten gibt es auch **externe Dokumente,** die durch
die Organisation gelenkt werden müssen. Darunter fallen z. B. gesetzliche und
regulatorische Vorgaben (z. B.MPG, IVDD, IVDR), Normen (z. B. EN ISO 14971) oder
auch von Lieferanten übermittelte Materialspezifikationen. Es ist sicherzustellen, dass
jeweils die derzeit gültigen Dokumente verwendet werden und diese in den Lenkungsprozess von Dokumenten integriert sind. Alle oben genannten Dokumentationsarten
können auf Papierbasis und/oder elektronisch erstellt, implementiert und aufrechterhalten werden.

„Formblätter" sollten, wenn angemessen, erstellt werden, um die Durchführung der
Prozessvorgaben bzw. deren Ergebnisse einheitlich und systematisch dokumentieren
zu können. Formblätter können eigenständige Dokumente sein oder in die Arbeits-
anweisung integriert sein, was insbesondere bei komplexen Tätigkeiten, z. B. im Rahmen
der Produktion, sinnvoll sein kann. Grundsätzlich muss ein dokumentierter Lenkungsprozess bestehen. Dieser soll u. a. sicherstellen, dass Dokumente vor der Verteilung
geprüft und freigegeben und allen relevanten Mitarbeitern zugänglich gemacht werden.

Nicht zuletzt gibt es die Dokumentationsart der **„Aufzeichnungen"** (z. B. ausgefüllte
Formblätter). Durch die Erstellung von Aufzeichnungen soll der objektive Nachweis

Tab. 35.1 Dokumentierte Verfahren der EN ISO 13485

Verfahrensanweisungen	Kapitel
Änderung von Prozessen	Abschn. 4.1.4
Lenkung von ausgelagerten Prozessen	Abschn. 4.1.5
Validierung der Anwendung von Computersoftware im QM-System	Abschn. 4.1.6, 7.6
Medizinprodukteakte inkl. Verfahren zu Herstellung, Verpackung, Lagerung und Vertrieb, Messung und Überwachung sowie ggf. Installation und/oder Instandhaltung	Abschn. 4.2.3, 7.2.2, 8.2.5, 8.2.6
Lenkung von Dokumenten	Abschn. 4.2.4
Lenkung von Aufzeichnungen	Abschn. 4.2.5
Managementbewertung	Abschn. 5.6.1
Befähigung, Schulung und Qualitätsbewusstsein	Abschn. 6.2
Anforderungen an Infrastruktur inkl. Wartung	Abschn. 6.3
Überwachung und Lenkung der Arbeitsumgebung insbesondere in Bezug auf die Anforderungen an Gesundheit, Sauberkeit und Arbeitskleidung	Abschn. 6.4.1
Ggf. Lenkung von (möglicherweise) verunreinigten Produkten	Abschn. 6.4.2
für sterile Produkte: Lenkung von Verunreinigung durch Mikroorganismen oder Partikel inkl. Reinheit während des Montage- oder Verpackungsprozesses	Abschn. 6.4.2
Risikomanagement	Abschn. 7.1
Kommunikation	Abschn. 7.2.3
Entwicklung inkl. Entwicklungsplanung und -bewertung, Entwicklungsverifizierung, Entwicklungsvalidierung, Übertragung von Entwicklungsergebnissen, Entwicklungsakte	Abschn. 7.3.1, 7.3.5, 7.3.6, 7.3.7, 7.3.8, 7.3.10
Lenkung von Entwicklungsänderung	Abschn. 7.3.9
Beschaffung	Abschn. 7.4.1
Verfahren und Methode für die Lenkung der Produktion	Abschn. 7.5.1
Anforderung an die Sauberkeit von Produkten	Abschn. 7.5.2
ggf. Lenkung der Kontamination von Produkten	Abschn. 7.5.2
Validierung	Abschn. 7.5.6
ggf. Validierung von Sterilisationsprozessen und Sterilbarrieresystemen	Abschn. 7.5.7
Identifizierung	Abschn. 7.5.8
Rückverfolgung	Abschn. 7.5.9
Produkterhaltung	Abschn. 7.5.11
Lenkung von Überwachungs- und Messmitteln	Abschn. 7.6
Rückmeldungen	Abschn. 8.2.1
Reklamationsbearbeitung	Abschn. 8.2.2

(Fortsetzung)

Tab. 35.1   (Fortsetzung)

Verfahrensanweisungen	Kapitel
Berichterstattung an Regulierungsbehörden	Abschn. 8.2.3
Internes Audit	Abschn. 8.2.4

erbracht werden, dass die Vorgaben innerhalb der Prozesse durch die beteiligten Mitarbeiter und involvierten Parteien eingehalten wurden, um Produktkonformität und somit Patientensicherheit zu garantieren.

Auch für Aufzeichnungen muss ein systematischer Lenkungsprozess in Form eines dokumentierten Verfahrens bestehen, der u. a. folgende Aspekte regelt und sicherstellt:

- Akzeptable Form der Aufzeichnung
- Identifizierung und Kennzeichnung
- Archivierung unter Berücksichtigung bestehender (gesetzlicher oder regulatorischer) Archivierungsfristen
- Lagerung und Schutz vor Verlust oder Beschädigung
- Berücksichtigung von Datenschutz-Vorgaben
- Lenkung von Änderungen an Aufzeichnungen

Die Forderung der MDD/AIMDD bzw. der IVDD, eine Technische Dokumentation für Medizinprodukte zu führen, ist bekannt. Die Verantwortung lag dabei lediglich beim legalen Hersteller. In der aktuellen EN ISO 13485 ist nun eine Forderung, eine **Medizinprodukteakte** zu führen, an alle beteiligten Schlüsselakteure in der Herstellung von Medizinprodukten gerichtet.

Die Anforderungen an Softwarevalidierung wurden in der EN ISO 13485:2016 auch auf die innerhalb von QM-Prozessen **angewandte Software** erweitert. Dies bedeutet, dass der Validierungsbedarf, bspw. für Reklamationsdatenbanken oder Systeme zum Dokumentenmanagement (eDMS), vom Unternehmen ermittelt werden muss.

In der früheren Version der EN ISO 13485 waren die Validierungsanforderungen auf Software beschränkt, die im Rahmen der Produktrealisierung einen direkten Einfluss auf die Produktqualität hatte, so z. B. Software, die Produktionsanlagen steuert.

35.2.6 Verantwortung der Leitung

Kapitel 5 der EN ISO 13485 ist speziell an die oberste Leitung (z. B. Geschäftsführung, Geschäftsleitung, CEO etc.) gerichtet. Sie beschreibt ihre Verantwortlichkeiten, ihre Aufgaben sowie die dazugehörigen Dokumentationsvorgaben. Neben aller betriebswirtschaftlichen Orientierung ist die oberste Leitung dafür verantwortlich, das Bewusstsein für die Wichtigkeit des QMS bei allen Mitarbeitern zu vermitteln und selbst diese Haltung vorzuleben. Die oberste Leitung kann Tätigkeiten an Mitarbeiter delegieren, jedoch verbleibt die Verantwortung immer bei der obersten Leitung selbst. Gemäß der Norm muss sie anhand verschiedener Punkte nachweisen, dass sie an der Entwicklung, Implementierung sowie Aufrechterhaltung eines QM- Systems und dessen Wirksamkeitsprüfung beteiligt ist. Im Rahmen dieser Verantwortlichkeiten soll die oberste Leitung die **Kundenorientierung** im Rahmen des QMS sicherstellen. Die Ermittlung und Erfüllung sollen dabei nicht nur Kundenanforderungen beinhalten, sondern auch regulatorische Anforderungen an das Unternehmen.

Den Grundstein für die dokumentierte „Haltung" der obersten Leitung stellt die **Qualitätspolitik** dar, in der sich diese der Aufrechterhaltung der Wirksamkeit des QMS verpflichtet. Die Qualitätspolitik soll auch einen Rahmen für die Ableitung von Qualitätszielen bilden. Erfahrungsgemäß ist die Qualitätspolitik ein eher generisch verfasstes Statement, welches die Zielsetzung und das Selbstverständnis des Unternehmens definieren soll.

Auch die **Planung** gehört in dieses Kap. 5 der Norm und somit in den Verantwortungsbereich der obersten Leitung. Sie beinhaltet die Erstellung von **Qualitätszielen,** als auch die Anforderungen an die **Planung des QMS.** Qualitätsziele sollen für relevante Bereiche des Unternehmens definiert werden. Qualitätsziele können dabei z. B. einen Projektcharakter haben, wie die Implementierung neuer Standards oder die Validierung neuer Prozesse oder Systeme. Um die Zielerreichung auch bewerten zu können, müssen diese messbar sein. Was zunächst wie eine eher artifizielle Pflichtübung wirkt, ist im Kern jedoch ein sehr wichtiger Baustein des QMS und lässt sich auch effizient mit der Verpflichtung der Messung und Überwachung von Prozessen kombinieren (s. auch Überwachung und Messung von Prozessen, Abschn. 35.2.9).

In diesem Normkapitel wird ebenfalls die Funktion des **Beauftragten der obersten Leitung** definiert (Qualitätsmanagementbeauftragter, kurz „QMB"). Dieser wird von der obersten Leitung ernannt und nimmt eine Schlüsselfunktion im Rahmen des QMS ein. So ist dieser dafür verantwortlich, sicherzustellen, dass die notwendigen Prozesse dokumentiert und dass regulatorische bzw. QMS-Anforderungen im Unternehmen bekannt sind. Zudem berichtet der QMB an die oberste Leitung bezüglich der Wirksamkeit und eventueller Verbesserungsbedarfe. Aufgrund dieser sehr zentralen Rolle ist es von großem Vorteil, wenn diese Funktion von Personen mit entsprechender Kompetenz und Erfahrung wahrgenommen wird.

Auch die **Managementbewertung** ist eine Anforderung an die oberste Leitung. Diese sieht vor, dass das Management in definierten Abständen bestimmte „Eckdaten" und Informationen erhält, um die Wirksamkeit und Angemessenheit des QMS bewerten zu können. Zu den „Inputs" gehören dabei z. B. Information über Reklamationen und Vigilanzfälle, Ergebnisse aus Audits, Übersichten über korrektive und präventive Maßnahmen oder Kennzahlen aus der Prozessüberwachung. In der Praxis haben sich dabei mindestens jährliche Intervalle etabliert. Gerade größere Unternehmen führen diese jedoch durchaus auch häufiger durch, z. B. quartalsweise. Wichtig ist dabei, nicht nur die Eingaben in die Managementbewertung nachvollziehbar zu dokumentieren, sondern auch die Bewertung der Eingaben selbst. Nur so lässt sich auch retrospektiv nachvollziehen, wie die Gesamtkonklusion bezüglich des QMS zustande kam. Diese beinhaltet u. a. die Festlegung notwendiger Maßnahmen, als auch die Bewertung der Ressourcenbedarfe.

35.2.7 Management von Ressourcen

Im Sinne der Norm muss die Organisation die notwendigen Ressourcen ermitteln und bereitstellen, um das QMS zu implementieren und wirksam zu halten. Unter „Ressourcen" werden Mitarbeiter („personelle Ressourcen"), die Infrastruktur sowie die Arbeitsumgebung genauer definiert. Bei den **personellen Ressourcen** (interne Mitarbeiter als auch externe Dienstleister) ist zu prüfen, welche Kompetenzanforderungen an die Tätigkeiten vorliegen. Wenn die Tätigkeit die Produktqualität beeinflussen kann, sind Nachweise über die vorliegende Ausbildung, Schulung, Fertigkeit und Erfahrung zu führen. Der Schulungsprozess ist ein wichtiges Werkzeug, um Kompetenzlücken zu schließen oder bestehende Kompetenzen und Kenntnisse zu erhalten. Die verschiedenen möglichen Arten und Aufwände von Schulungen können dabei durch die Organisation den unterschiedlichen Schulungsinhalten angepasst werden. So ist eine Einarbeitung in Produktionsprozesse erfahrungsgemäß am zielführendsten über „On-the-Job"-Schulungen zu erzielen, während Schulungen auf nicht signifikante Änderungen in SOPs ggf. über ein Selbststudium möglich sind. Entsprechend können auch die Nachweise dieser Schulungsaktivitäten auf unterschiedliche Weise vorgehalten werden. Allen Schulungen gemein ist die Anforderung, dass die Wirksamkeit der Schulung bewertet werden muss, was die Unternehmen häufig vor gewisse Herausforderungen stellt. Auch hier sind verschiedene Ansätze denkbar, in Abhängig von der Schulung bzw. dem Schulungsinhalt selbst. Mögliche Beispiele sind dabei Verständnisfragen am Ende der Schulung durch den Trainer, „Quiz"-Fragen bei Online-Schulungen, Beobachtung durch Trainer bei „On-the-Job"-Trainings oder indirekte Bewertung der Arbeitsleistung im Rahmen von Mitarbeitergesprächen oder internen Audits.

Hinsichtlich der **Infrastruktur** definiert die EN ISO 13485:2016 eher generische Vorgaben, um sicherzustellen, dass die Produktanforderungen erfüllt werden. Zur Infrastruktur sind dabei u. a. Gebäude und Arbeitsplätze, Prozessequipment (Hardware und Software) oder unterstützende Dienstleistungen (z. B. Transport) zu zählen. Grundsätzlich kann und darf die Infrastruktur bei IVD-Unternehmen durchaus unterschiedlich sein, da die Anforderungen in direkter Abhängigkeit von den dort stattfindenden Prozessen bzw. der Produkte abzuleiten sind. Beispielsweise stellt eine manuelle Abfüllung von nicht sterilen Reagenzien dabei geringere Anforderungen an das Prozessequipment als eine automatisierte Beschichtungsanlage für Mikrotiterplatten. Kernaktivitäten im Rahmen der Infrastruktur sind z. B. der Wartungsprozess für Equipment, der in der Praxis häufig mit dem Kalibrierprozess für Messmittel verbunden wird. Auch der Prozess zur Qualifizierung von neuem Equipment, der üblicherweise mit dem Prozess zur Validierung kombiniert wird, fällt in dieses Normkapitel. Auf diese

Prozesse soll in   Abschn. 35.2.8 detaillierter eingegangen werden. Wichtig und mit
zunehmender Bedeutung für die Infrastruktur sind auch die IT-bezogenen Prozesse, die
sicherstellen sollen, dass qualitätsrelevante Daten gesichert sind. Dies heißt, dass das
Unternehmen u. a. auch Prozesse zum Daten-Backup oder „Desaster Recovery" regeln
und dokumentieren muss. Insgesamt sind sämtliche Vorgaben an die Infrastruktur zu
dokumentieren (z. B. SOPs zur Wartung eines Labor-Equipments), ebenso wie sämtliche
Aktivitäten aufzuzeichnen sind (z. B. ausgefülltes Wartungsprotokoll).

Ähnlich verhält es sich bezüglich der Norm-Anforderungen an die **Umgebungsbedingungen.** Grundsätzlich sind diese so zu spezifizieren, dass sie keinen negativen
Effekt auf die Produktqualität haben können, z. B. durch Verunreinigungen oder
Kontaminationen. Im Speziellen bedeutet dies, dass Anforderungen an Sauberkeit,
Gesundheit und Kleidung des Personals, an die Reinigung der (Labor-)Umgebung
als auch an die zu überwachenden Parameter (z. B. Temperatur, Luftfeuchte, Partikel-
und Keimzahl) definiert werden müssen. Auch bezüglich der Umgebungsbedingungen
können die vom Unternehmen definierten Maßnahmen durchaus unterschiedlich sein. So
benötigen Produktionsbereiche für PCR-basierte Assays oder Zellkulturbereiche sicherlich stringentere Umgebungsbedingungen als Bereiche zur Kit-Konfektionierung. In
Form eines **Hygienekonzepts** können Hygiene- und Reinigungspläne für alle kritischen
Bereiche definiert werden, die auch Ankleidevorschriften beinhalten – jeweils abgeleitet
von den dort stattfindenden Aktivitäten bzw. den damit assoziierten Risiken für das
Produkt.

35.2.8 Produktrealisierung

Kapitel 7 der EN ISO 13485 beschreibt die Vorgaben der Realisierung der Produktion
und Dienstleistungserbringung. Für die einzelnen Arbeitsschritte sind entsprechende
Prozesse zu entwickeln und zu planen, sodass alle Prozesse im Ganzen im Einklang
stehen und am Ende ein konformes Medizinprodukt ergeben.

35.2.8.1 Planung der Produktrealisierung
Übergeordnet zu der Durchführung verschiedener Produktionsschritte stehen die
Beherrschung möglicher Risiken und die Einleitung entsprechender Maßnahmen.

Diese Thematik wird in der aktuellen Fassung an verschiedenen Stellen adressiert.
Dabei wird in der EN ISO 13485 auf die Norm (EN) ISO 14971 „Anwendung
des Risikomanagements auf Medizinprodukte" verwiesen. Diese Norm hat einen
klaren Fokus auf das Medizinprodukt selbst und dessen Lebenszyklus, inklusive der
„klassischen" produktbezogenen Prozesse wie Produktion oder Qualitätskontrolle. Die
in dieser Norm definierten Grundprinzipien der Risikoanalyse, Risikobewertung und
Risikokontrolle lassen sich jedoch auch auf weitere Prozesse innerhalb des QM-Systems
übertragen und anwenden. In Tab. 35.2 findet sich eine Übersicht, in welchen Kapiteln
der EN ISO 13485 auf das Thema des risikobasierten Ansatzes verwiesen wird.

Tab. 35.2   Risikomanagement in der EN ISO 13485

Verfahrensanweisungen	Kapitel
Definition Lebenszyklus, Risiko und Risikomanagement	Abschn. 0.2, 3.9, 3.17, 3.18
Risikobasierter Ansatz	Abschn. 4.1.2
Verbundenes Risiko bei ausgegliederten Prozessen	Abschn. 4.1.5
Verbundenes Risiko bei der Wirksamkeitsprüfung von Schulungen	Abschn. 6.2
Prozess-Risikomanagement	Abschn. 7.1
Beginn des Risikomanagements im Rahmen der Entwicklung	Abschn. 7.3.3, 7.3.9
Verbundenes Risiko beim Beschaffungsprozess	Abschn. 7.4.1
Verbundenes Risiko bei beschafften Produkten	Abschn. 7.4.3
Verbundenes Risiko im Rahmen der Software(re)validierung, inkl. Einsatz von Software zur Lenkung von Überwachungs- und Messmitteln	Abschn. 7.5.6, 7.6
Akzeptables Risiko, Link zu EN ISO 14971 inkl. der Anhänge ZA, ZB und ZC	Anhang ZA, ZB, ZC

Neben dem Risikomanagement behandelt Abschn. 7.1 die Planung der Realisierung der Produktion und Dienstleistungserbringung. Die Erklärung des Begriffs „Qualitätsmanagementplan" ist zwar weggefallen, jedoch ist die Forderung der Dokumentation der Planung weiterhin bestehen geblieben. Dem Unternehmen bleibt es überlassen, wie die Dokumentation (papierbasierend oder elektronisch) erfolgt.

Planung der Produktrealisierung wird hier häufig mit der konkreten Produktionsplanung verwechselt, also der Planung und Festlegung, welche Komponenten oder Produkte wann gefertigt werden sollen. Mit der Planung der Produktrealisierung ist jedoch der vorgelagerte Schritt gemeint: die dokumentierte Planung und Festlegung der notwendigen Ressourcen, Vorgaben und Spezifikation, die zur Realisierung eines bestimmten Produkts notwendig sind.

Dies kann verschiedene Aspekte beinhalten, wie z. B.:

- notwendige Prozesse, Infrastruktur oder Produktionsequipment
- Festlegung der Stückliste (Bill of Material, BOM)
- spezifische Arbeitsanweisungen, bspw. für die Produktion oder Qualitätskontrolle
- Freigabekriterien für In-Prozess- und finale Qualitätskontrolle

Dokumentatorisch wird dies häufig durch die Etablierung eines produktspezifischen Device Master Record (DMR) realisiert, der dann sämtliche notwendigen Information enthält (direkt oder als Referenz), um ein bestimmtes Produkt fertigen zu können. Innerhalb der Prozesslandschaft des QMS stellen diese Vorgaben für die Produktrealisierung das Bindeglied zwischen dem Entwicklungsprozess (Abschn. 7.3 der Norm) und der

Produktion/Qualitätskontrolle (QK) dar. Wesentliche Inhalte sind Teil der Entwicklungsergebnisse und werden in der Phase des Design-Transfers übergeben.

35.2.8.2 Kundenbezogene Prozesse

Was als „Kunde" im Sinne der Norm betrachtet werden muss, ist abhängig von den
Tätigkeiten bzw. dem Geschäftsmodell des Unternehmens. Beim B2C-Geschäft
(Business to Customer) sind die Schnittstellen zum Endverbraucher (Patient, Ärzte,
Krankenhäuser etc.) zu beschreiben. Beim B2B-Geschäft (Business to Business) sind die
Schnittstellen zum Geschäftspartner (länderspezifische Vertriebspartner, „Private Label
Manufacturer", Apotheken etc.) zu beschreiben. Tätigkeiten, die unter kundenbezogene
Prozesse fallen, sind u. a.:

- Erstellung von Marketingunterlagen
- vertragliche Regelungen
- Verkaufsaktivitäten (Kundenbestellung, Rechnungsstellung etc.)
- sonstige Kommunikation mit Kunden/Kundenrückmeldungen (z. B. vor Ort beim
  Kunden, Messen, Schulung etc.)

Ein Schwerpunkt innerhalb dieses Norm-Kapitels liegt in der „Ermittlung der
Anforderungen bezüglich des Produkts". Dabei soll der Hersteller vor (!) dem Eingehen
einer Lieferverpflichtung sicherstellen, dass er die (kundenseitigen) Anforderungen an
das Produkt kennt und erfüllt. Anforderungen können dabei von verschiedenen Parteien
kommen und über die reinen Produktmerkmale hinausgehen, so z. B.:

- Anforderungen durch den Kunden inkl. Anforderungen an Lieferung/Transport
- Anforderungen an die Phase nach Auslieferung (z. B. Installation, Instandhaltung,
  Serviceleistungen)
- produktbezogene regulatorische Anforderungen (z. B. produktspezifische Normen,
  Leitlinien, Stand der Technik)
- Anwenderschulungen, damit das IVD richtig und sicher angewendet wird
- Anforderungen, die das Unternehmen selbst ermittelt hat (z. B. spezielle Verpackung)

Sinnvollerweise sollte dieses Anforderungsprofil natürlich bereits am Anfang des
Produktlebenszyklus möglichst umfänglich erstellt worden sein, um als Design-Input
im Entwicklungsprozess berücksichtigt zu werden (s. Abschn. 8.3 Entwicklung). Liegen
die entsprechenden Informationen hinsichtlich der Kundenanforderungen vor, gilt es
diese zu bewerten. Die Bewertung muss jedoch, wie bereits erwähnt, vor Eingehen der
Lieferverpflichtung (z. B. vor Annahme des Auftrags, Teilnahme an Ausschreibungen)
abgeschlossen sein und den Nachweis erbringen, dass die notwendigen Anforderungen
erfüllt werden können. Praktisch bedeutet dies, dass die Produkte genau spezifiziert sein
müssen, die vom Kunden bestellt werden können. Produkteigenschaften, insbesondere
bezüglich der Leistungsmerkmale, müssen klar beschrieben sein.

Die Kommunikation mit Kunden und Behörden muss im QMS ebenfalls definiert werden. Dabei sind die folgenden Bereiche spezifisch zu regeln:

- Produktinformationen (z. B. Katalog, Produktbroschüren)
- Anfragen, Verträge oder Auftragsbearbeitung einschließlich Änderungen
- Rückmeldungen von Kunden einschließlich Reklamationen
- Maßnahmenempfehlungen (z. B. im Fall von Rückrufen)

Marketingmaterialien, zu denen auch qualitätsrelevante Homepage-Inhalte gezählt werden sollten, müssen gelenkt werden und einem Freigabeprozess unterliegen. Wichtig und zugleich kritisch hinsichtlich des Vertriebsprozesses sind schriftliche Vereinbarungen mit Distributoren, insbesondere für internationale Märkte. Neben festgelegten Verpflichtungen hinsichtlich der Archivierung von Vertriebsnachweisen (Stichwort Rückverfolgbarkeit) oder Weiterleitung eventueller Kundenrückmeldung und Reklamationen durch den Distributor gibt es möglicherweise noch weitere zu berücksichtigende Aspekte. Distributoren übernehmen auch häufig regulatorische Aufgaben des Herstellers in dessen Auftrag. Dazu können z. B. die Übersetzung von Gebrauchsanweisungen in die jeweilige Landessprache oder die Produktregistrierung im jeweiligen Markt gehören. Da die finale Verantwortung jedoch stets beim legalen Hersteller verbleibt, sind solche Tätigkeit vertraglich zu regeln und Distributoren bezüglich ihrer Eignung und Kompetenz sorgfältig zu bewerten und auszuwählen (s. auch Abschn. 7.4 Beschaffung).

35.2.8.3 Entwicklung

In Abhängigkeit des Konformitätsbewertungsverfahrens, für das sich das Unternehmen entschieden hat, bzw. von den durchgeführten Tätigkeiten der Organisation, kann der Prozess der Entwicklung ausgeschlossen werden (s. Kap. 1 der Norm). Sollte sich ein Unternehmen entschlossen haben, Entwicklungstätigkeiten durchzuführen, sind diese in einer Verfahrensanweisung zu beschreiben. Bei der Realisierung der Entwicklung gilt es einen mehrphasigen Prozess umzusetzen.

Der Prozess einer Produktentwicklung beginnt mit der **Entwicklungsplanung**. Dieser projektspezifische Plan muss aufgesetzt und während des Projektverlaufs aktuell gehalten werden. Er sollte u. a. Folgendes enthalten:

- Entwicklungsphasen und zugehörigen Bewertungen
- Verifizierung, Validierung und Tätigkeiten des Design-Transfers
- Verantwortungen und Befugnisse für die Entwicklung;
- die erforderlichen Ressourcen, einschließlich der notwendigen Kompetenzen des Personals

Eventuelle zuvor bereits durchgeführte Machbarkeitsstudien (Feasibility) gehören nicht zum Entwicklungsprozess im Sinne der EN ISO 13485. Sie sind als eine „vorgeschaltete"

Phase zu sehen, die ja üblicherweise bewusst noch nicht den strengen Regeln eines gelenkten Entwicklungsprozesses (Design Control genannt) folgt.

Die praktische Umsetzung der Produktentwicklung beginnt mit der Erhebung und Festlegung der **Entwicklungseingaben,** die die Produktanforderungen enthalten müssen:

Wesentliche Berücksichtigung muss dabei auch der Stand der Technik finden, was als regulatorische Anforderung zu betrachten ist. Beispielsweise macht es wenig Sinn, einen neuen Assay zu entwickeln, der aber in seinen Leistungseigenschaften (bspw. Nachweisgrenze) einem bereits auf dem Markt befindlichen und vergleichbaren Assay unterlegen ist. In diesem Fall kann der legale Hersteller im Rahmen seines Konformitätsbewertungsverfahrens schwerlich darlegen, dass „sein" Assay dem Stand der Technik entspricht. Was in diesem Fall als „vergleichbar" angesehen werden muss, ist immer diskussionswürdig und berücksichtigt natürlich auch Aspekte wie das Assay-Prinzip (z. B. ELISA vs. PCR-basierter Assay), die ausgelobte Probenmatrix (z. B. Serum vs. Plasma) oder den in der Zweckbestimmung definierten Anwender (z. B. professioneller Anwender vs. Laienanwender).

- Funktions-, Leistungs-, Gebrauchstauglichkeits- und Sicherheitsanforderungen, wie bspw. sämtliche zutreffenden analytischen und diagnostischen Leistungsmerkmale
- anwendbare regulatorische Anforderungen und Normen (z. B. IVDD / IVDR oder harmonisierte Normen)
- anwendbare Ergebnisse aus dem Risikomanagement, die im Produktdesign berücksichtigt werden müssen
- soweit vorhanden, Informationen und Erfahrungen aus früheren ähnlichen Designprojekten

Wichtig ist also, dass die Anforderungen vollständig und eindeutig festgelegt sind, um sie im späteren Projektverlauf gegen die **Entwicklungsergebnisse** verifizieren zu können. Die Entwicklungsergebnisse müssen darlegen, dass das entwickelte Produkt die Entwicklungseingaben erfüllt (Produktanforderungen). Sie müssen zudem die Annahmekriterien für die Qualitätskontrolle als auch Informationen für die Beschaffung der Ausgangsmaterialien und die Produktion beinhalten.

In geeigneten und zuvor definierten Phasen des Projekts müssen dokumentierte **Entwicklungsbewertungen** durchgeführt werden, indem z. B. der Fortschritt hinsichtlich der Erfüllung der Entwicklungseingaben und eventuell zu ergreifenden Maßnahmen bewertet werden. Die Teilnehmer dieser Bewertung müssen sich aus Vertretern verschiedener Funktionsbereiche zusammensetzen – häufig auch als *Cross-functional Board* bezeichnet. Üblicherweise sind dies, neben den Projektverantwortlichen aus der Entwicklung, z. B. Vertreter aus Produktion, Qualitätskontrolle, QM/Regulatory Affairs und der obersten Leitung. Die Entwicklungsbewertungen werden häufig als *Milestones*, *Design Reviews* oder *Phase Gates* bezeichnet.

Ist das Produkt so weit am Ende der Entwicklung angelangt, stehen die entscheidenden Phasen der **Entwicklungsverifizierung** und **Entwicklungsvalidierung** an, die nicht notwendigerweise sequenziell ablaufen müssen, sondern auch parallel durchgeführt werden können. Entwicklungsverifizierung bedeutet, dass der objektive Nachweis erbracht werden muss, dass die Entwicklungsergebnisse die Entwicklungseingaben erfüllen. Bezogen auf die Leistungsmerkmale eines IVD, die den wesentlichsten Anteil der Produktanforderungen darstellen, erfolgt dies nun in Form von Leistungsbewertungsstudien.

Die Norm selbst fordert bereits, dass hierzu „Verifizierungspläne" erstellt werden müssen, die u. a. die Methoden (Studienansatz), Akzeptanzkriterien und, soweit angemessen, statistische Methoden mit Begründung für den Stichprobenumfang enthalten. Regulatorische Anforderungen können diesbezüglich noch konkretere Vorgaben machen, so z. B. die IVD-Verordnung 2017/746 (s. Kap. 34). Die für IVDs relevanten Leistungsmerkmale lassen sich gemeinhin in analytische und klinische Leistungsmerkmale unterteilen.

Es ist dabei gängige Praxis, dass die analytischen Leistungsmerkmale im Rahmen der Entwicklungsverifizierung durch den Hersteller selbst erhoben werden (In-House-Studie). Zu den analytischen Leistungsmerkmalen gehören gemäß IVDR die folgenden Parameter:

- analytische Sensitivität
- analytische Spezifität
- Richtigkeit (Verzerrung)
- Präzision (Wiederholbarkeit und Reproduzierbarkeit)
- Genauigkeit (als Ergebnis von Richtigkeit und Präzision)
- Nachweis- und Quantifizierungsgrenzen
- Messbereich
- Linearität
- Cut-off
- Bestimmung geeigneter Kriterien für die Probenahme
- Behandlung und Kontrolle der bekannten relevanten endogenen und exogenen Interferenzen und Kreuzreaktionen.

In Abhängig vom Produkt (z. B. PCR-Assay vs. Immunoassay-Analyzer) und der Zweckbestimmung (z. B. qualitativ vs. quantitativ) können einzelne analytische Leistungsmerkmale für das Produkt nicht anwendbar sein. Praktische Hilfestellungen, wie die Studien zur Analyseleistung aufgesetzt werden können, finden sich insbesondere in den CLSI-Guidelines (s. Weiterführende Hinweise).

Mit der Entwicklungsvalidierung wiederum soll nachgewiesen werden, dass das Produkt auch schlussendlich in der Lage ist, seine Zweckbestimmung unter Anwenderbedingungen zu erfüllen. Dies erfordert üblicherweise eine externe Studie, da die Anwenderbedingungen in der Regel nur unzureichend *in-house* simuliert werden können. In dieser Studie werden dann die klinischen Leistungsmerkmale erhoben. Gegebenenfalls werden auch einzelne Parameter der Analyseleistung erneut getestet, um die *in-house* generierten Studiendaten im Feld zu bestätigen. Gemäß der IVDR können die klinischen Leistungsmerkmale, wieder in Abhängigkeit vom Produkt und der Zweckbestimmung, folgende Parameter beinhalten:

- diagnostische Sensitivität
- diagnostische Spezifität
- positiver prädiktiver Wert
- negativer prädiktiver Wert
- Likelihood-Verhältnis
- erwartete Werte bei nicht betroffenen und betroffenen Bevölkerungsgruppen

Äquivalent zur Entwicklungsverifizierung muss auch die Entwicklungsvalidierung nach festgelegten Plänen durchgeführt werden.

Nach abgeschlossener Entwicklung erfolgt die **Übertragung der Entwicklung** in die Produktion (Design-Transfer). Innerhalb dieser Phase muss nochmalig geprüft und bewertet werden, ob die Entwicklungsergebnisse ausreichend und geeignet sind, um als Festlegungen für die Produktion zu fungieren, bspw. Rohstoffangaben, Formulierungen und Konzentrationsangaben für Produktionsvorschriften (SOPs) oder bestimmte Prozessparameter für kritische Herstellschritte (Rührzeiten, Lyophilisierungsprogramme, Trocknungstemperaturen etc.).

Entwicklungsänderungen müssen ebenfalls stets durch einen gelenkten Prozess gesteuert werden. Dabei muss bewertet werden, inwieweit vorher erhobene Entwicklungsergebnisse betroffen sein können, was ggf. zu einer erneuten Entwicklungsverifizierung und Entwicklungsvalidierung führen kann. Das gesamte Entwicklungsprojekt muss in Form einer **Entwicklungsakte** dokumentiert werden (Design History File, DHF).

35.2.8.4 Beschaffung

Dem Beschaffungsprozess kommt ebenfalls eine sehr zentrale Rolle zu, insbesondere wenn einzelne Tätigkeiten an andere Unternehmen ausgelagert werden. Zur Produktrealisierung (Produktion oder Dienstleistungserbringung) sind stets verschiedenste Produkte wie Rohstoffe (z. B. Chemikalien, Antikörper), Produktionsanlagen sowie ausgegliederte Prozesse oder Dienstleistungen (z. B. ausgelagerte Produktion, Beratung, IT etc.) notwendig. Teilweise können dies einmalige Anschaffungen sein, wie im Fall einer neuen Lyophilisierungsanlage. Im Fall von Produktionsmaterialien sind es eher routinemäßig wiederkehrende Beschaffungsvorgänge. Der **Beschaffungsprozess** soll dabei alle zu beschaffenden Produkte und Dienstleistungen umfassen, dabei jedoch berücksichtigen, welchen Einfluss dieses Produkt auf die Konformität und Qualität des IVDs haben könnte. Es gilt hier also, einen risikobasierten Ansatz zu etablieren.

Es ist selbsterklärend, dass Büromaterialien eine geringere Kritikalität haben als Rohstoffe für die Produktion. Allerdings muss oder darf auch bei den Produktionsrohstoffen durchaus unterschieden werden. Chemikalien, die z. B. als Katalogware bei

Händlern bezogen werden und hinsichtlich ihrer Materialeigenschaften klar spezifiziert sind, können hierbei ebenfalls bezüglich ihres Risikos niedriger eingestuft werden als ein spezifischer Antikörper zur Beschichtung von Mikrotiterplatten oder zur Konjugatherstellung. Der Prozess soll sicherstellen, dass die beschafften Produkte stets den festgelegten **Beschaffungsangaben** entsprechen. Die Beschaffungsangaben werden im späteren Verlauf näher erläutert.

Im Fokus des Prozesses steht jedoch nicht alleinig das zu beschaffende Produkt selbst, sondern vielmehr auch der Lieferant und dessen Prozesslandschaft. Die Philosophie der EN ISO 13485 ist es, die Qualität der beschafften Produkte nicht einzig durch qualitätssichernde Maßnahmen im eigenen Haus, also in Form von Wareneingangskontrollen, sicherzustellen. Vielmehr liegt der möglicherweise entscheidendere Teil in der Auswahl und der Kontrolle der Lieferanten und deren QM-Systeme. Zu diesem Zweck müssen Kriterien definiert werden, nach denen Lieferanten ausgewählt und beurteilt werden. Diese müssen Faktoren enthalten, die sich auf die Fähigkeit des Lieferanten beziehen, konstant Produkte bereitzustellen, die den festgelegten Anforderungen entsprechen, als auch auf die Leistung des Lieferanten. Beides hängt in entscheidendem Maße von der Prozessfähigkeit des Lieferanten ab – gemeint sind Produktions- und Lieferprozesse. Entsprechend sollte ein implementiertes QM-System auf Seiten des Lieferanten stets eine Rolle in der Auswahl spielen, insbesondere bei höherer Kritikalität des Produkts. Bei kritischen Lieferanten, die bspw. komplette Komponenten eines IVD-Kits fertigen wie z. B. fertig abgefüllte Substrate oder Kontrolllösungen, ist im Prinzip ein Nachweis der Konformität mit Anforderungen der EN ISO 13485 notwendig, da hier die fließende Grenze hin zum ausgelagerten Produktionsprozess überschritten ist. Den Nachweis darüber kann der Lieferanten im Prinzip nur durch ein akkreditiertes Zertifikat erbringen.

Die Lieferantenauswahl und Bewertung ist jedoch nicht als einmaliges Ereignis bei der Anlage des Lieferanten zu verstehen. Lieferanten sollen bezüglich ihrer Performance kontinuierlich überwacht werden und Gegenstand regelmäßiger Wiederbewertungen sein. Auch diese Aktivitäten müssen in Form einer Verfahrensanweisung definiert und geplant sein. In der Praxis haben sich dabei kennzahlbasierte Systeme bewährt, in denen bspw. Indikatoren wie Liefertreue, Anteil fehlerhafter Lieferungen oder Anteil von Nicht-Konformitäten in der Wareneingangskontrolle einbezogen werden können. Auch die Ergebnisse eigener Lieferantenaudits sind mögliche Eingaben in die Lieferantenbewertung.

Wie zuvor erwähnt, müssen für den eigentlichen Einkaufsprozess bzw. die Warenannahme und Wareneingangskontrolle sog. Beschaffungsangaben für jedes Produkt definiert werden. Diese müssen – soweit zutreffend – Folgendes enthalten:

- Produktspezifikationen
- Anforderungen an die Warenannahme
- Anforderungen an die Qualifikation des Personals des Lieferanten
- Anforderungen des Qualitätsmanagementsystems

Diese müssen dem Lieferanten mitgeteilt werden.

Zudem müssen diese Beschaffungsangaben, wo anwendbar, eine schriftliche Regelung darüber enthalten, dass der Lieferant das Unternehmen darüber vorab in Kenntnis setzt, wenn Änderungen am Produkt geplant sind, sofern die Änderungen die Erfüllung der zuvor festgelegten Anforderung (z. B. Produktspezifikationen) beeinflussen. Grundsätzlich ist eine solche Change-Control-Vereinbarung mit Lieferanten sehr wichtig, führen doch immer wieder nicht mitgeteilte Änderungen an Rohstoffen zu plötzlichen Qualitätsproblemen im IVD-Produkt. Eine Ursachenanalyse läuft dann häufig ins Leere.

In der Praxis kann die Umsetzung dieser Norm-Forderungen jedoch auch eine gewisse Herausforderung darstellen. Viele Lieferanten haben keinerlei Interesse daran, eine solche Informationsverpflichtung einzugehen, da diese Form der Abstimmung mit Kunden ihren eigenen Change-Control-Prozess enorm verlangsamt und komplexer gestaltet. Auch hier ist wieder ein risikobasierter Ansatz das Mittel der Wahl. Unstrittig ist allerdings die Notwendigkeit der Implementierung solcher Vereinbarungen (Quality Agreements) mit Lieferanten kritischer Rohstoffe.

Mit der **Verifizierung von beschafften Produkten** beschreibt die Norm die Vorgänge des Wareneingangs bzw. der Wareneingangsprüfung. Sämtliche Verifizierungs- und Prüftätigkeiten, die notwendig sind, um die definierten Spezifikation zu überprüfen, müssen festgelegt und dokumentiert sein. Gemäß der Norm muss das Ausmaß dieser Verifizierungtätigkeiten auf den Ergebnissen der Bewertung des Lieferanten beruhen und den Risiken, die mit dem beschafften Produkt verbunden sind, entsprechen. So ist es bspw. denkbar, bei Lieferanten mit vorherigen Qualitätsproblemen die Stichprobengröße bei der Wareneingangsprüfung zu erhöhen. Die Wareneingangsprüfung selbst kann in ihrer „Tiefe" sehr unterschiedlich ausfallen. Bei unkritischen Materialien reicht möglicherweise die visuelle Prüfung der Lieferung, des Lieferscheins und/oder des Analysenzertifikats aus. Bei kritischeren Materialien sind hingegen chemische Prüfungen oder Funktionsprüfungen angezeigt. Werden diese Prüftätigkeiten wiederum durch den Lieferanten selbst durchgeführt, müssen diese in den Beschaffungsangaben festgelegt und dokumentiert sein.

35.2.8.5 Produktion und Dienstleistungserbringung

Die Erfüllung dieses Normkapitels der **Lenkung der Produktion und der Dienstleistungserbringung** (im Nachgang der Einfachheit halber nur noch mit „Produktion" umschrieben) fällt den Unternehmen üblicherweise am leichtesten, da die Produktion für die meisten Unternehmen die Kernkompetenz darstellt. Die Grundforderung ist so einfach wie auch umfassend: Die Produktion muss geplant, durchgeführt, überwacht und gelenkt werden, sodass sichergestellt ist, dass das Endprodukt den definierten Spezifikation entspricht.

Wie bereits unter Abschn. 7.1 der Norm beschrieben beschrieben, sind die produktbezogenen Vorgaben (Spezifikationen) ein Ergebnis der Entwicklung und werden innerhalb der Übertragung der Entwicklung (Design Transfer) an die Produktion übergeben. Dort gilt es dann die Prozesse für eine Routineproduktion zu etablieren, was verschiedene Aufgaben mit sich bringen kann, z. B.:

- Erstellung aller notwendigen Arbeitsanweisungen (SOPs), Formblätter und Protokolle
- Erstellung der Vorlagen für die Chargendokumentation (Batch Records)
- geeignete Maßnahmen zur Überwachung von Prozessparametern (z. B. Kontrolle der Trocknungstemperaturen bei der Mikrotiterplatten-Beschichtung, Überwachung der Ausschussraten)
- In-Prozess-Kontrollen zur Überwachung der Produktspezifikationen (Online-Wägung von Flaschen während des Füllprozesses zur Bestimmung der Füllmenge, Funktionstests teilgefertigter Ware)
- Qualifikation von Equipment wie Produktionsanlagen oder Messmittel
- Festlegung der Kennzeichnung und Verpackung des Produkts
- Implementierung von Produktfreigabe, Liefertätigkeiten und Tätigkeiten nach der Lieferung

Bei der Erstellung der Vorgabedokumente (SOPs etc.) muss der Ausbildungsgrad der Mitarbeiter, die diese Prozesse ausführen werden, berücksichtigt werden. In jedem Fall müssen Schulungen für neue Produktionsschritte stattfinden.

Der Chargendokumentation kommt eine besondere Bedeutung zu, denn nur durch sie ist rückwirkend nachvollziehbar und belegbar, wer was wann getan hat. Es gilt das bereits zitierte QM-Prinzip: Was nicht dokumentiert ist, hat auch nicht stattgefunden.

Auch hier zeigt sich recht schnell, dass eine detaillierte Chargendokumentation einen Mehrwert darstellt, z. B. bei der Prozessanalyse zur Effizienzsteigerung oder der Ursachenanalyse bei eventuellen Produktproblemen. Die **Rückverfolgbarkeit** von eingesetzten Materialien ist dabei ebenfalls ein wichtiger Aspekt, um bspw. bei Bekanntwerden von Qualitätsproblemen von eingesetzten Rohmaterialchargen reagieren zu können.

Dies stellt zudem Anforderungen an die **Sauberkeit von Produkten,** was auch die Kontrolle von Kontaminationen miteinschließt. Die zu ergreifenden Maßnahmen können sehr unterschiedlich ausfallen und sind abhängig vom Assaytyp bzw. dem entsprechenden Produktionsschritt. So sind Immunoassays im Allgemeinen robuster hinsichtlich Kontaminationen, als PCR-basierte Assays. Die für die einzelnen Produktionsschritte notwendigen Maßnahmen zur Gewährleistung der Sauberkeit sollten ein Ergebnis der Risikobewertung des Prozesses sein und in das bereits erwähnte Hygienekonzept für den Produktionsbereich münden. Als mögliche Kontaminationsquellen sollten auch eventuelle Hilfsstoffe aus der Produktion betrachtet werden, z. B. zugeführte Druckluft bei der Druckkannenfiltration.

Sofern das Unternehmen **Tätigkeiten bei der Installation** von IVDs beim Kunden übernimmt, sind auch diese als Teil der Produktrealisierung anzusehen und entsprechend zu regeln und dokumentieren. Dies ist üblicherweise auf IVD-Geräte beschränkt und umfasst auch die Festlegung von Akzeptanzkriterien für die Verifizierung (Testung) der erfolgreichen Installation. Gleiches gilt für **Tätigkeiten zur Instandhaltung** von IVDs beim Kunden, bspw. geplante Wartungen oder Reparaturen. Zu beachten ist, dass Informationen aus diesem Instandhaltungsprozess auch als mögliche Eingaben für den Reklamations- oder Verbesserungsprozess zu sehen sind. Ein mögliches Beispiel wäre, dass das Produkt im Feld bei mehreren Anwendern regelmäßig Ausfälle zeigt, die darlegen, dass bestimmte Aspekte im Entwicklungsprozess nicht ausreichend berücksichtigt wurden oder dass der Wartungsplan zu hinterfragen ist.

Innerhalb dieses Kapitels der Norm werden zudem spezifische Anforderungen an *sterile Produkte* formuliert, die jedoch im IVD-Bereich eine eher untergeordnete Relevanz haben, da es nur sehr wenige IVDs gibt, die steril sind. Gängiges Beispiel wären vor allem sterile Probengefäße, die gemäß Definition der IVDD und IVDR als IVDs zu klassifizieren sind.

Auch die **Identifizierung von** Produkten während der gesamten Produktion muss in Verfahren geregelt sein. Damit ist die eindeutige Kennzeichnung der Produkte gemeint, die das Material selbst (z. B. Artikelnummer und Chargennummer) als auch den Qualitätsstatus des Produktes („freie" Ware, Ware in Quarantäne oder gesperrte Ware) identifizierbar macht.

Die Anforderungen an die **Validierung der Prozesse zur Produktion und zur Dienstleistungserbringung** stellen häufig eine große Herausforderung an Unternehmen dar. Um ein schlüssiges Validierungskonzept zu implementieren, muss ein gutes Verständnis vorhanden sein, welche Prozesse validierungspflichtig sind und wie eine Validierung durchzuführen ist. Es erfordert aber auch ein tiefes technisches Verständnis über den Prozess und eventuell eingesetztes Equipment.

Gemäß der Norm müssen alle Prozesse der Produktion validiert werden, deren Ergebnis nicht durch eine nachfolgende Messung (Testung) verifiziert werden kann. Ein gängiges Beispiel wären Trocknungs- oder Lyphilisierungsprozesse. Da man die Restfeuchte im Produkt nicht in allen resultierenden Produkten messen kann, muss ein solcher Prozess validiert werden. Allerdings kann eine Prozessvalidierung auch genutzt werden, um den Prüfaufwand (Stichprobenumfang) reduzieren zu können, obwohl der Prozess selbst nicht zwingend validierungspflichtig wäre. Ein durchaus übliches Beispiel hierfür wären automatisierte Abfüllprozesse. Der Füllvorgang selbst wäre theoretisch verifizierbar, z. B. durch eine gravimetrische Ermittlung des Abfüllvolumens aller Flaschen. Über eine Validierung kann man den Probenumfang auf einen statistischen Probenplan reduzieren. Reinigungsprozesse sind bei Produktionsanlagen gesondert zu bewerten und unterliegen in aller Regel der Validierungspflicht.

Die Validierung selbst muss nun die Fähigkeit dieser Prozesse zur „beständigen Erreichung der geplanten Ergebnisse" darlegen. Es soll also durch die Validierung der Nachweis geschaffen werden, dass der Prozess kontinuierlich und reproduzierbar in der Lage ist ein gleichbleibendes Prozessergebnis zu erzeugen, z. B. ein Produkt mit definierten Produktspezifikationen und definierter Qualität.

Das hierzu festzulegende Verfahren für die Validierung muss verschiedenes vorgeben, z. B.:

- festgelegte Kriterien für die Bewertung Prozesse (Prozessparameter, Prozessgrenzen)
- Qualifizierung der Geräte/Anlage
- Qualifikation des Personals
- soweit angemessen, statistische Methoden mit Begründung für Stichprobenumfänge
- Kriterien für die Revalidierung und Vorgaben für diese

Welcher genaue Validierungsansatz für die Umsetzung gewählt wird, ist dem Unternehmen selbst überlassen. Als gängige Praxis sei auf den Ansatz verwiesen, der in dem GHTF- (nun IMDRF-)Dokument GHTF/SG3/N99-10:2004 dargelegt ist. Dieser sieht einen mehrphasigen Validierungsprozess vor (IQ, OQ, PQ). Bewährt hat sich auch die Erstellung eines übergeordneten Planungsdokuments (häufig als *Validation Master Plan* bezeichnet), in dem die Prozesse der Produktion inkl. des Validierungsbedarfs bzw. Validierungsstatus übersichtlich dargestellt werden. Ein solches Dokument kann sehr hilfreich sein, bspw. um den Fortschritt von Validierungsprojekten zu überwachen oder anstehende Revalidierungen prospektiv zu planen oder zu verbinden.

Auch Software, die in der Produktion eingesetzt wird, muss validiert werden. Die Validierung muss dem mit der Anwendung der Software verbundenen Risiko entsprechen, einschließlich der Auswirkung auf die Produktqualität.

Eigentum des Kunden ist vom Unternehmen, falls vorhanden, besonders zu handhaben und zu schützen. Klassischerweise umfasst dies z. B. beigestellte Materialien zur Auftragsproduktion, aber auch geistiges Eigentum im Falle einer Auftragsentwicklung ist dabei ein denkbares Szenario.

Die **Produkterhaltung,** also der Schutz des Produkts vor Veränderung, Kontamination und Beschädigung, muss während der gesamten Produktion und Auslieferung gewährleistet sein und in einem Verfahren beschrieben werden. Dies umfasst bspw. Vorgaben für die Lagertemperaturen und deren Überwachung oder die Auslegung der Verpackung.

35.2.8.6 Lenkung von Überwachungs- und Messmitteln

Überwachungs- und Messmittel umfassen alle Arten von Ausrüstung oder Geräten, die im Rahmen der Produktion, der In-Prozess-Kontrolle oder der finalen Qualitätskontrolle eingesetzt werden, um die Konformität des finalen Produkts sicherstellen zu können. Dadurch ist es möglich, innerhalb der Prozesse Abweichungen zu erkennen und ggf. gegenzusteuern. Typische Beispiele hierfür sind Waagen, Pipetten, pH-Meter oder Photometer. Diese Überwachungs- und Messmittel müssen in festgelegten Abständen oder vor Gebrauch gegen Messnormale (Referenzen) kalibriert werden, die wiederum rückführbar auf ein nationales Messnormal sind (z. B. ein geeichtes Referenzgewicht). Wichtig ist, dass die Kalibrierung auch den kompletten Messbereich abdeckt, der für den Einsatz innerhalb der Produktion relevant ist. Die Intervalle und gerätespezifischen Verfahren können dabei vom Unternehmen selbst festgelegt werden. Dabei sollten verschiedene Faktoren berücksichtigt werden, wie Vorgaben/Spezifikationen vom Gerätehersteller, Risikobewertung zum Einsatz des Messmittels und des damit verbundenen

Produktrisikos oder ggf. bestehende Standards (z. B. DIN EN ISO 10012 „Mess-managementsysteme" oder DIN EN ISO 8655 für Pipettenkalibrierung). Der Prozess der Messmittellenkung wird häufig mit dem Prozess der präventiven Wartung verbunden.

35.2.9 Messung, Analyse und Verbesserung

Der Grundgedanke eines QMS umfasst, dass man Prozesse und „Qualität", aber auch Fehler und Problemstellungen durch die Dokumentation sichtbar und nachvollziehbar macht.

Natürlich müssen diese Information dann auch analysiert und bewertet werden, um den maximalen Nutzen aus den Aufwendungen zu ziehen und die zielgerichteten Verbesserungen einzuleiten.

Die dafür notwendigen Prozesse sind in diesem Kapitel der Norm beschrieben und sollen folgende Zielsetzungen sicherstellen:

- die Konformität des Produkts
- die Konformität des Qualitätsmanagementsystems, also die Einhaltung der Prozesse
- die Wirksamkeit des Qualitätsmanagementsystems

In diesem Abschnitt der Überwachung und Messung wird zunächst die Thematik der **Rückmeldungen** und **Reklamationen** betrachtet. Unternehmen müssen Informationen sammeln, die Rückschluss darauf geben, ob die Kundenanforderungen erfüllt werden. Die Methoden zur Ermittlung der Informationen und deren Auswertung müssen festgelegt und dokumentiert werden. Klassische Beispiele wären Rückmeldungen im Rahmen von Kundenbesuchen, wie Vertriebsbesuche oder Service- und Installationstermine vor Ort. Aber auch andere proaktive Tätigkeiten zur Generierung von relevanten Informationen im Rahmen des „Post-Market Surveillance" sind hierunter zu fassen, so z. B. Auswertungen von Literatur und Publikationen oder Informationen aus Behördendatenbanken zu meldepflichtigen Vorkommnissen. Wie bereits erwähnt, ist der Kundenbegriff im Sinne der Norm breit zu fassen und sieht dabei nicht nur den Endkunden, sondern sämtliche internen und externen Parteien, die Anforderungen an das Produkt stellen. Die erlangten Informationen müssen auch als mögliche Eingabe in den Risikomanagementprozess betrachtet werden.

Die **Reklamationsbearbeitung** ist dabei als kritischster Prozess im Sinne der Kundenrückmeldungen zu betrachten. Gemäß Definition der EN ISO 13485 ist eine Reklamation eine „schriftliche, elektronische oder mündliche Mitteilung über angebliche Unzulänglichkeiten hinsichtlich Identität, Qualität, Haltbarkeit, Zuverlässigkeit, Gebrauchstauglichkeit, Sicherheit oder Leistung eines Medizinprodukts …". Ein unmittelbarer Handlungsbedarf ist hierbei obligatorisch. Der Prozess der Reklamationsbearbeitung muss im Detail vorgegeben sein und u. a. die folgenden Aspekte regeln:

- die nachvollziehbare Bewertung, ob die Rückmeldung eine Reklamation darstellt
- das Untersuchen von Reklamationen zur Ermittlung von Fehlerursachen und eventueller Risiken
- die Bewertung der eventuellen Meldepflicht an Regulierungsbehörden („Vigilanzsystem")
- die Handhabung der Produkte, die mit der Reklamation in Verbindung stehen (z. B. Blocken von Bestandsware oder Rückruf von Produkten im Feld)
- die Festlegung notwendiger Korrekturen oder Korrekturmaßnahmen

Erfahrungsgemäß nimmt die Reklamationsbearbeitung ebenfalls eine zentrale Rolle innerhalb des QM-Systems ein, nicht zuletzt aufgrund der Kritikalität, aber auch der Komplexität. In der Bewertung, Ursachenanalyse und Umsetzung von Maßnahmen sind häufig unterschiedliche Funktionsabteilungen beteiligt, z. B. Produktion, Entwicklung, Einkauf oder Regulatory Affairs. Die Bildung von crossfunktionalen „Boards" hat sich auch hier, zumindest bei größeren Unternehmen, bewährt.

Wie gerade bereits erwähnt, besteht eine direkt Schnittstelle zwischen der Reklamationsbearbeitung und dem „Vigilanzsystem" – die Norm bezeichnet es als **Berichterstattung an Regulierungsbehörden.** Das Unternehmen muss die jeweiligen Meldepflichten (was ist meldepflichtig?), Meldewege (an welche Behörde und in welchem Format muss gemeldet werden?) und Meldefristen in seine Verfahren für jeden Zielmarkt implementieren. Für den Europäischen Markt ist dabei das MEDDEV-Dokument 2.12–1 als verbindlicher Leitfaden zu betrachten, der insbesondere für IVDs hilfreiche Erläuterung gibt.

Ein wichtiges Werkzeug in der regelmäßigen Bewertung der Wirksamkeit des QM-Systems ist der Prozess des **internen Audits.** Dabei wird das gesamte QM-System durch interne Auditoren, die entsprechend ausgebildet und kompetent sein müssen, in geplanten Abständen auditiert. Damit soll ermittelt werden, ob die definierten Prozesse eingehalten werden und wirksam sind. Ein Auditprogramm muss geplant werden, um sicherzustellen, dass auch alle Prozesse erfasst werden. Die genaue Sequenz bzw. die Intervalle, also wann bzw. wie oft welcher Prozess wie lange auditiert werden muss, muss dabei vom Unternehmen selbst festgelegt werden. Einflussfaktoren für diese Entscheidung sind dabei u. a. der Status und die Bedeutung des jeweiligen Prozesses und des zu auditierenden Bereichs sowie die Ergebnisse früherer Audits. Die Auditkriterien, der Auditumfang, die Audithäufigkeit und die Auditmethoden müssen festgelegt werden. Auditoren dürfen ihre eigene Tätigkeit nicht auditieren.

Dem Prozess des internen Audits sollte große Wichtigkeit beigemessen werden, denn er ist, richtig implementiert und „gelebt", ein entscheidender Baustein in der Aufrechterhaltung eines QM-Systems. Dies erfordert natürlich einen nicht unerheblichen Ressourcenaufwand, zum einen für die Qualifikation der Auditoren, zum anderen für die Durchführung der Audits selbst. Ein Aufwand jedoch, der sich durch den

Kenntnisgewinn rechtfertigt, wenn die Audits in detaillierter und konstruktiver Art und Weise durchgeführt werden.

Die **Überwachung und Messung von Prozessen** ist ein weiteres wirkungsvolles Werkzeug in der Ermittlung von Prozessleistungen. Dabei müssen geeignete Methoden zur Überwachung und, so weit angemessen, der Messung festgelegt werden. Der Begriff „Messung" indiziert bereits, dass diese Überwachung nach Möglichkeit quantifizierbar sein sollte. Schlussendlich kann sich das Unternehmen jedoch selbst Methoden definieren, die auch nicht für alle Prozesse identisch sein müssen. Am Ende muss die Zielsetzung erfüllt sein, dass die Prozessleistung „sichtbar" und bewertbar ist.

Bewährt hat sich die Etablierung eines Kennzahlensystems. Dabei werden den einzelnen Prozessen feste Kennzahlen („Prozessindikatoren") zugeordnet, die kontinuierlich erhoben werden, z. B. Ausschussraten für die Produkten, Reklamationsquoten, Anzahl von Out-of-Specification-Ergebnissen in der QK, Anzahl der fehlgeschlagenen Kalibrierungen usw. Die für die einzelnen Prozessindikatoren definierten Zielwerte können dabei als **Qualitätsziele** betrachtet werden.

Die Anforderungen an die **Überwachung und Messung des Produkts** beziehen sich auf die „klassische" Qualitätskontrolle, also die Überprüfung bestimmter Produktmerkmale. Dies schließt die finale Freigabeprüfung, aber auch In-Prozess-Kontrollen, mit ein, in denen häufig nur Teilaspekte geprüft werden. Es gilt der Grundsatz, dass klar definiert sein muss,

- wann im Prozess die Qualitätskontrolle stattfinden muss („Qualitätsplan"),
- was genau geprüft werden soll (Test, Parameter, Prüfmerkmal),
- wie es geprüft werden soll (Testmethode, Ablauf),
- welche die Akzeptanzkriterien sind (Spezifikationen, Sollwert-Bereiche).

Dies muss in Verfahrensanweisungen definiert sein. Dafür eingesetzte Prüfmittel (z. B. Pipetten, Photometer, Analyzer) müssen in den Aufzeichnungen dokumentiert und nachvollziehbar sein.

Produktfreigaben dürfen erst nach erfolgreicher Durchführung der Qualitätskontrolle erteilt werden. Zu den „erweiterten" Aufgaben im Rahmen der Qualitätskontrolle im IVD-Bereich ist auch das Ziehen und Lagern von Rückstellmustern zu sehen.

Statistische Prozesskontrolle wird ebenso üblicherweise durch die Qualitätskontrollabteilung implementiert, insbesondere bei quantitativen Messwerten. Diese werden kontinuierlich in Qualitätsregelkarten erfasst und mit statistischen Alarm- und Aktionsgrenzen versehen. Ein solches „Trending" ermöglicht ggf. ein Gegensteuern, noch bevor die Akzeptanzkriterien verfehlt werden. Ein solches Verfehlen der Kriterien im Rahmen der QK-Testung wird häufig als *Out of Specification* (kurz OOS) bezeichnet.

35.2.9.1 Lenkung nichtkonformer Produkte
Trotz aller Anstrengungen, hochwertige Produkte herzustellen, kann es in allen Phasen des Produktlebenszyklus zur Situation kommen, dass das Produkt den Anforderungen

(Spezifikationen) nicht entspricht und somit als nichtkonformes Produkt betrachtet werden muss. Dies ist zum einen Teil der Realität, dass auch Fehler im Rahmen eines QM-System geschehen. Zum anderen ist es aber auch ein wichtiger Teil des Lern- und Verbesserungsprozesses.

Essenziell ist, dass es ein Verfahren gibt, welches die Lenkung der nichtkonformen Produkte beschreibt. Diese Lenkung umfasst Aspekte wie Verantwortlichkeiten und Zuständigkeiten für die Identifizierung, Dokumentation, Aussonderung, Bewertung und Disposition. Die Identifizierung und Aussonderung kann dabei technisch auf verschiedene Weisen gelöst werden, in Abhängigkeit von den implementierten Prozessen oder Systemen.

Klassischerweise wird das fehlerhafte Material als „gesperrt" gekennzeichnet und an einen dedizierten Lagerort verbracht („Sperrlager"). Möglich ist jedoch auch eine Lösung basierend auf einem ERP-System (z. B. SAP). Viele Systeme lassen bspw. ein Umbuchen auf ein virtuelles Quarantänelager zu oder bieten die Möglichkeit der Änderung des Qualitätsstatus des Materials. Auf diese Weise ist ein weiteres Prozessieren des nichtkonformen Produkts systemseitig ausgeschlossen. Zu beachten ist dabei, dass eine solche Funktionalität des ERP-Systems validiert werden sollte.

Durchaus üblich sind Kombination beider Ansätze, also eine Separierung und/oder Identifizierung und Kennzeichnung des betroffenen Materials sowohl auf virtueller Ebene als auch des „physischen" Materials selbst.

Unabhängig davon, welchen Ansatz ein Hersteller auch wählt, muss systematisch verhindert werden, dass nichtkonforme Produkte irrtümlich weiter verarbeitet oder gar ausgeliefert werden können. Nachdem das Material also entsprechend separiert wurde, muss über die weitere Verfahrensweise entschieden werden. Dabei müssen zwei verschiedene Szenarien unterschieden werden, die unterschiedliche Maßnahmen erfordern:

- *vor* der Auslieferung festgestellte nichtkonforme Produkte
- *nach* der Auslieferung festgestellte nichtkonforme Produkte

Maßnahmen als Reaktion auf *vor* der Auslieferung festgestellte nichtkonforme Produkte umfassen das Beseitigen der festgestellten Nichtkonformität selbst sowie die Sperrung der Produkte. Erst nach begründeter Sonderfreigabe dürfen diese Produkte dann wieder in den vorgesehen Lebenszyklus eintreten. In dieser Sonderfreigabe muss begründet dargelegt werden, dass alle regulatorischen Anforderungen erfüllt werden.

Bei den Maßnahmen als Reaktion auf *nach* der Auslieferung festgestellte nichtkonforme Produkte ist der kritischere Fall zu berücksichtigen, dass sich die betroffenen Produkte nicht mehr direkt in der Kontrolle des Unternehmens befinden, z. B. finale Produkte beim Distributor oder Endkunden. Die nun zu ergreifenden Maßnahmen sollen der bestehenden Nichtkonformität angemessen sein, es gilt also auch hier ein risikobasierter Ansatz. Eine unkritische Inkonsistenz in der Gebrauchsanweisung ist dementsprechend anders zu handhaben als ein Assay, der die ausgelobten Stabilitätsmerkmale nicht erfüllt und es dadurch zu falschen Diagnosen kommen kann.

Das Unternehmen muss für die Herausgabe von sog. „Maßnahmenempfehlungen" Verfahren implementieren. Diese Maßnahmenempfehlungen sind schriftliche Informationen an die Kunden, wie mit den Produkten zu verfahren ist (z. B. Anweisungen zur Verschrottung, Informationen zur begrenzten Haltbarkeit, Informationen über Änderungen in Sollwerten oder Abarbeitungsschritten).

Besonders zu beachten ist, dass es sich hierbei um ein meldepflichtiges Ereignis handeln kann, welches dann innerhalb des Vigilanzprozesses behandelt werden muss.

Ist **Nacharbeit** *(Rework)* eine Option, die das Unternehmen grundsätzlich implementieren möchte, muss auch hier ein dokumentiertes Verfahren bestehen. Ein praktisches Beispiel für Nacharbeit wäre die Neuetikettierung von Produkten, bei denen erst am Ende des Produktionsprozesses innerhalb der Qualitätskontrolle ein Fehler im Etikett festgestellt wurde (bspw. falsche Chargennummer).

Dieses Verfahren muss sicherstellen, dass eventuelle Auswirkungen der Nacharbeiten auf das Produkt berücksichtigt und bewertet werden. Im dargelegten Beispiel könnte dies die zusätzliche, für die Nacharbeit notwendige Zeit bei Raumtemperatur sein, die für Kühlware durchaus kritisch sein kann. Nach dem Abschluss der Nacharbeit muss das Produkt erneut die Qualitätskontrolle durchlaufen, um sicherzustellen, dass es die Akzeptanzkriterien und regulatorischen Anforderungen erfüllt.

35.2.9.2 Datenanalyse

An mehreren Stellen wurde bereits ausgeführt, dass die Erhebung und Bewertung bestimmter Daten einen Rückschluss auf die Wirksamkeit des QM-Systems geben sollen. In diesem Kapitel der Norm wird dies nun nochmal zusammenfassend dargestellt.

Die Datenanalyse muss Daten aus den folgenden Bereichen einschließen:

- Reklamationen/Rückmeldungen
- Qualitätskontrolle/Produktmerkmale
- Prozesskontrolle
- Lieferanten
- Audits
- Serviceberichte (falls anwendbar)

In der zugehörigen Verfahrensanweisung müssen die Methoden zur Auswertung, inklusiver statistischer Methoden, festgelegt sein.

35.2.9.3 Verbesserung

Der Prozess der Verbesserung, gerne auch als CAPA-Prozess bezeichnet (Corrective and Preventive Action), kann als „Herzstück" des QM-Systems angesehen werden. Voraussetzung dafür sind eine offene Fehlerkultur im Unternehmen und die richtige Nutzung des CAPA-Prozesses. Fehler und damit verbundene korrektive Maßnahmen sind aufgrund des zusätzlichen Ressourcenaufwands natürlich nie wünschenswert. Wendet man den CAPA-Prozess jedoch richtig an, kann zumindest das Wiederauftreten des gleichen oder eines ähnlichen Fehlers systematisch verhindert werden. Somit ist jeder CAPA-Fall als weiterer Schritt in Richtung eines optimierten QM-Systems zu sehen.

Dabei ist es unerheblich, ob das Unternehmen mit einem zentralen CAPA-Prozess arbeitet oder mehrere „Subprozesse" definiert, je nach Quelle des Fehlers oder der Abweichung. So ist es auch möglich, individuelle Subprozesse bspw. für Abweichungen aus internen Audits oder Nichtkonformitäten aus Produktion und QK zu implementieren. Die hier beschriebenen Prinzipien der Verbesserung müssen jedoch stets angewendet werden. Aus dem Blickwinkel der Datenanalyse macht ein zentralisierter CAPA-Prozess sicherlich Sinn, da die statistische Auswertung von Fällen und Fehlerszenarien leichter fällt.

Die Norm unterscheidet zwischen Korrekturmaßnahmen und Vorbeugemaßnahmen.

Bei **Korrekturmaßnahmen** wird zwischen Korrekturen (Sofortmaßnahmen zur Behebung des eigentlichen Fehlers) und Korrekturmaßnahmen (Behebung der Ursache(n) des eigentlichen Fehlers, um ein erneutes Auftreten des Fehlers zu verhindern) differenziert. Für einen funktionierenden CAPA-Prozess muss diese Unterscheidung unbedingt von allen Prozessbeteiligten im Unternehmen verstanden sein. Die Praxis zeigt, dass dies sehr häufig nicht der Fall ist. Bevor eine oder mehrere Korrekturmaßnahmen definiert und umgesetzt werden können, muss eine **Ursachenanalyse** durchgeführt werden. Auch diese darf unter keinen Umständen zu oberflächlich gehalten werden.

Das bereits vorher verwendete **Beispiel** der Neuetikettierung soll dies nochmal verdeutlichen:

Situation	Bei der abschließenden Qualitätskontrolle ist festgestellt worden, dass das Produktetikett die falsche Chargennummer enthält
Korrektur (Sofortmaßnahmen)	Nacharbeit der gesamten Chargen – Entfernung des alten Etiketts und Aufkleben eines neuen
Ursachenanalyse	Die Ursachenanalyse ergibt, dass der Fehler bei der Eingabe der Chargennummer in die Software des Etiketten-Druckers geschehen ist. Ein Vier-Augen-Prinzip ist bei diesem Arbeitsschritt gemäß SOP nicht vorgesehen
Korrekturmaßnahme	Ab sofort werden die variablen Daten vor dem Etikettendruck nochmals durch einen zweiten Operator verifiziert. Die SOP wird entsprechend geändert und die Mitarbeiter in der Produktion darauf geschult

Endgültig abgeschlossen werden darf eine CAPA erst nach erfolgreicher **Überprüfung der Wirksamkeit.** Dies bedeutet, dass nach einem sinnvollen zeitlichen Versatz nochmals bewertet werden muss, ob die ergriffenen Korrekturmaßnahmen auch wirksam waren, um ein Wiederauftreten zu verhindern.

Vorbeugemaßnahmen hingegen sollen das Auftreten potenzieller Fehler/ Nichtkonformitäten verhindern. Die Prinzipien der Ursachenanalyse und Wirksamkeitsbewertung sind ebenfalls anzuwenden.

Als hilfreicher Leitfaden zum CAPA-Prozess sei auf das GHTF- (nun IMDRF-) Dokument GHTF/SG3/N18:2010 verwiesen(Weiterführende Literatur).

35.3   Sinn und Zweck einer Zertifizierung

Noch während, spätestens aber nach der erfolgreichen Implementierung eines QM-Systems stellt sich die Frage nach einer Zertifizierung. Auch wenn eine Zertifizierung des QM-Systems nach EN ISO 13485 nicht verpflichtend ist – selbst nicht für legale Hersteller im Sinne der IVDD bzw. IVDR – sollte dies stets angestrebt werden. Häufig wird diese Anforderung auch durch Kunden bereits klar formuliert, da sie im Rahmen ihres Lieferantenmanagements eine solche Zertifizierung als Kriterium festgelegt haben.

„Zertifizierung" bedeutet dabei die Überprüfung des QM-Systems durch eine unabhängige kompetente Partei, die als „Zertifizierungsstelle" bezeichnet wird. Als Resultat dieser Überprüfung stellt die Zertifizierungsstelle, im wünschenswerten Fall eines positiven Ergebnisses, ein Zertifikat aus, auf dem die Konformität des QM-Systems mit dem jeweiligen Standard (hier EN ISO 13485) bescheinigt wird.

Zertifizierungsstellen sind in der Regel privatwirtschaftlich agierende Dienstleister, die für diese Zertifizierungsleistungen akkreditiert sein sollten. Diese Akkreditierungen werden durch zentrale nationale Akkreditierungsstellen ausgesprochen (z. B. DAkkS in Deutschland), basierend auf festgelegten Anforderungen und Kompetenzen. Die hierbei zugrunde liegende Norm ist die EN ISO 17021. Durch eine Akkreditierung wird ein objektiver Nachweis geschaffen, dass die Zertifizierungsstelle die definierten Verfahren implementiert hat und über die notwendige Kompetenz verfügt.

Es besteht allerdings keine gesetzliche Verpflichtung für Zertifizierungsstellen, sich akkreditieren zu lassen. Entsprechend gibt es durchaus Anbieter von Zertifizierungsleistungen, die nicht akkreditiert sind. An dieser Stelle sei aber klar gesagt, dass diese nicht akkreditierten Zertifikate aus regulatorischer Sicht wertlos sind, da keinerlei objektive Evidenz über die Kompetenz dieser Stelle mit ihren Auditoren besteht.

Bei der Auswahl der Zertifizierungsstelle sollte also der Akkreditierungsstatus unbedingt berücksichtigt werden. Auch könnte es relevant sein, ob diese Stelle auch als Benannte Stelle für Medizinprodukte (inkl. IVDs) agieren darf (s. u. a. auch Abschn. 34.5.2). Für Unternehmen, die auch als legaler Hersteller auftreten oder auftreten möchten, ist dies ein weiterer sehr entscheidender Faktor, da sich die Prüftätigkeiten in der Regel kombinieren lassen. Neben der generellen Benennung als Benannte Stelle sollte auch der Produktbereich geprüft werden, den sie bewerten darf (*Scope* genannt). Gerade kleinere Benannte Stellen haben einen eingeschränkten Scope und dürfen somit nicht alle Medizinprodukte im Rahmen eines Konformitätsbewertungsverfahrens bewerten.

Ist die Entscheidung für eine Zertifizierung gefallen und ein Partner gefunden und beauftragt, gliedert sich der Zertifizierungsprozess in verschiedene Phasen.

Grundsätzlich gibt es die Hauptphase des Audits, also die Bewertung des QM-System durch einen oder mehrere Auditoren. Diese Phase nimmt den wesentlichen Teil des Zertifizierungsprozesses ein und gliedert sich in zwei Stufen.

Das sog. **Stufe-1-Audit** stellt den offiziellen Startpunkt der Zertifizierung dar. In diesem soll die „Zertifizierungsfähigkeit" des Unternehmens festgestellt werden, indem z. B. erste kritische Aspekte zum QM-System als auch zur Infrastruktur geprüft werden. Das Stufe-1-Audit findet in der Regel vor Ort beim Unternehmen (On-Site) statt, kann aber in begründeten Ausnahmen auch als „Büro-Audit" (Desk-Audit) durchgeführt werden. Der positive Abschluss der Stufe 1 steht gleichbedeutend für den Übergang zum Stufe-2-Audit.

Das **Stufe-2-Audit** ist das eigentliche Zertifizierungsaudit beim Unternehmen, in dem das gesamte QM-System gegen die Anforderungen der EN ISO 13485 geprüft wird. Auditoren gehen dabei immer prozessorientiert vor und versuchen, die Abläufe und Schnittstellen zu bewerten.

Diese Bewertung bezieht sich nicht nur auf die Verfahrens- und Arbeitsanweisungen des Unternehmens, sondern ebenso auf die Nachweisdokumente und Evidenzen, dass das QM-System auch so „gelebt" wird, wie es in den Vorgabedokumenten des Unternehmens beschrieben ist.

Ist auch dieses Stufe-2-Audit erfolgreich bestanden und eventuelle Abweichungen mit dem Auditor geklärt, stellt der Leitende Auditor die Auditdokumentation zusammen und reicht diese zur finalen Prüfung weiter, der letzten Phase der Zertifizierung. Dieser letzte Schritt ist die Überprüfung des gesamten Projekts durch eine unabhängige, am Projekt nicht beteiligte und speziell qualifizierte Person (Zertifizierer). Dieser Zertifizierer trifft schlussendlich die Zertifizierungsentscheidung und stellt das Zertifikat aus.

Zertifikate basierend auf EN ISO 13485 werden üblicherweise mit einer Laufzeit von drei Jahren ausgestellt. In diesem Zeitraum müssen im jährlichen Zyklus sog. Überwachungsaudits durchgeführt werden. Diese Audits unterscheiden sich in ihrer Systematik nicht von einem Stufe-2-Audit, sind jedoch deutlich kürzer und stichprobenartiger bei der Bewertung der Prozesse.

Die Kosten einer Zertifizierung sind nicht zuletzt abhängig von der Unternehmensgröße, da die notwendige Auditzeit die Mitarbeiterzahl als wesentlichen Faktor berücksichtigt.

Weiterführende Literatur

DIN EN ISO 9001:2015–11 – Qualitätsmanagementsysteme – Anforderungen (ISO 9001:2015); Deutsche und Englische Fassung EN ISO 9001:2015, Beuth Verlag
CEN/TR 17223:2018 (2018) Leitfaden zum Zusammenhang zwischen EN ISO 13485:2016 (Medizinprodukte – Qualitätsmanagementsysteme – Anforderungen für regulatorische Zwecke)
GHTF/SG3/N99–10:2004 (2004) Quality Management Systems – Process Validation Guidance
GHTF/SG3/N18:2010 (2010) Quality management system – Medical Devices – Guidance on corrective action and preventive action and related QMS processes
ISO TR Guide 14969:2004 (2004) Medical devices – Quality management systems – Guidance on the application of ISO 13485:2003

„Die EN ISO 13485:2016 - Interpretation der Anforderungen", 1. Auflage Köln 2018, TÜV Media
  GmbH, TÜV Rheinland Group
Übersicht der erhältlichen Dokumente des „Clinical and Laboratory Standards Institute" (CLSI):
  https://clsi.org/standards
Übersicht der verfügbaren MEDDEV-Dokumente der Europäischen Kommission: http://ec.europa.
  eu/growth/sectors/medical-devices/current-directives/guidance_en

Klinische Studien für die In-vitro-Diagnostik

36

Jörg-Michael Hollidt

Biomarker helfen dabei, die richtige Diagnose überhaupt erst zu treffen, prognostische Einschätzung zu geben und nicht zuletzt Patientengruppen zu stratifizieren, um die bestmögliche Therapie für den jeweiligen Patienten im Sinne einer personalisierten Medizin zu finden. Dabei hat insbesondere die intensive Forschung der letzten Jahre an neuartigen therapeutischen Wirkstoffen und Therapieprinzipien die zeitgleiche Weiterentwicklung bekannter und völlig neuartiger Biomarker extrem vorangetrieben. Ziel ist es dabei stets, die beste (medikamentöse) Therapie für den Patienten zu finden und auf diesem Weg Krankheiten zu lindern, zu heilen oder physiologische Funktionen auszugleichen.

Vergleichbar mit dem Arzneimittelbereich müssen auch Biomarker und diagnostische Systeme ihre grundlegenden Sicherheits- und Leistungsanforderungen zunächst beweisen, bevor sie zur Anwendung kommen dürfen. Dies geschieht im Rahmen der sog. Leistungsbewertung. Essenzieller Bestand der Leistungsbewertung sind – sofern es sich nicht um eine reine literaturbasierte Leistungsbewertung handelt – sog. Leistungsbewertungsstudien. Diese wiederum beinhalten neben der rein analytischen Fragestellung häufig auch klinische Studien an oder mit freiwilligen Probanden.

Die EN ISO 14155 als wichtigstes normatives Regelwerk für die klinische Prüfung von Medizinprodukten definiert klinische Studien folgendermaßen:

> Eine geplante systematische Studie an Versuchspersonen, die vorgenommen wird, um die Sicherheit und/oder Leistungsfähigkeit eines bestimmten Medizinproduktes zu überprüfen. (EN ISO 14155:2011)

Die EN ISO 14155 legt formelle Anforderungen an die Durchführung von klinischen Prüfungen bei Medizinprodukten fest und leistet zum einen einen wichtigen Beitrag zum

J.-M. Hollidt (✉)
in.vent Diagnostica GmbH, Hennigsdorf bei Berlin, Deutschland
E-Mail: jm.hollidt@inventdiagnostica.de

© Springer-Verlag GmbH Deutschland, ein Teil von Springer Nature 2023
A. M. Raem und P. Rauch (Hrsg.), *Immunoassays*,
https://doi.org/10.1007/978-3-662-62671-9_36

Erhalt wissenschaftlich anerkannter Ergebnisse und dient zum anderen in besonderem Maße dem Schutz der Menschenrechte und -würde der Teilnehmer an klinischen Studien. Aus diesem Grund findet diese Norm häufig auch im Bereich der klinischen Prüfungen von Medizinprodukten in der In-vitro-Diagnostik Beachtung, obwohl sie für diesen Anwendungsbereich formal keine Gültigkeit besitzt.

Für die Festlegung international anerkannter Standards mit spezieller Gültigkeit für Medizinprodukte in der In-vitro-Diagnostik befindet sich derzeit die ISO Norm 20916 im Entwurf und wird sicher in den kommenden Jahren den grundlegenden Standard für alle klinischen Studien im in-vitro-diagnostischen Bereich darstellen. Auch in dieser Norm nehmen ethische Überlegungen und der Schutz der Teilnehmer an klinischen Studien einen extrem hohen Stellenwert ein.

Allerdings muss neben dem allgemeinen Schutz der Menschenwürde bei in-vitro-diagnostischen Studien eine Vielzahl weiterer Rahmenbedingungen Beachtung finden. Grund dafür ist, dass normalerweise nicht nur Daten der Probanden erhoben oder auch neu erzeugt werden, sondern im Normalfall humane Biomaterialien der Probanden gewonnen, gelagert, aufbereitet und analysiert werden.

Hierbei spielt im Besonderen der gesamte Bereich der Präanalytik, der sich von dem Prozess der Probengewinnung inklusive Probandenvorbereitung, dem Zeitpunkt der Probennahme im Kontext der zirkadianen Rhythmik und dem gewählten Abnahme-material über die Probenlagerung, den Transport und die Probenvorbereitung erstreckt, eine Rolle. Im Idealfall soll dieser Prozess so standardisiert ablaufen, dass die Messgröße im Rahmen der eigentlichen Analyse mit höchstmöglicher Präzision bestimmbar ist. Für die medizinische Routinelabordiagnostik legt bspw. die Richtlinie der Bundesärzte-kammer zur Qualitätssicherung laboratoriumsmedizinischer Untersuchungen genaue Vorschriften für die Sicherung präanalytischer Prozesse fest (Richtlinie der Bundesärzte-kammer zur Qualitätssicherung laboratoriumsmedizinischer Untersuchungen 2014).

In Biobanken werden die präanalytischen Bedingungen seit einigen Jahren mithilfe des sog. *Sample Preanalytical Code,* oder kurz SPREC, standardisiert dokumentiert. Der SPREC ist ein siebenstelliger Buchstabencode, der bereits 2009 entwickelt wurde und seither stetig weiter optimiert wird (Lehmann et al. 2012). Mit dessen Hilfe können prä-analytische Bedingungen vor der Einlagerung der Proben standardisiert codiert werden. Dies betrifft bspw. den Zeitraum zwischen Gewinnung und Verarbeitung der Probe, die Zentrifugationsbedingungen bei Flüssigmaterialien oder auch die Entnahmeprozedur bei Geweben (Betsou et al. 2010). Mithilfe des SPREC kann der gesamte Bereich der Prä-analytik und damit dieser entscheidende Qualitätsfaktor biologischer Proben in Daten-banken routinemäßig hinterlegt werden und ist somit ein stets zu berücksichtigender Parameter der Qualitätssicherung in Biomaterialbanken.

Neben den rein wissenschaftlich analytischen Fragestellungen ist für die Gewinnung humaner Biomaterialien eine Vielzahl zutreffender gesetzlicher und normativer Rahmen-bedingungen zu berücksichtigen. Einen Versuch der Übersicht, ohne den Anspruch der Vollständigkeit, gibt Abb. 36.1.

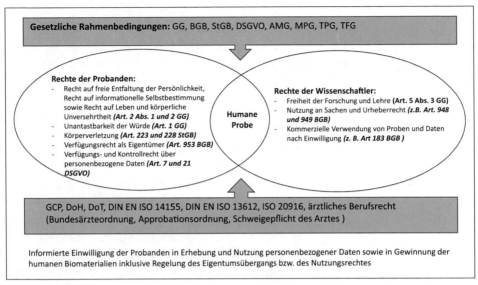

Abb. 36.1 Gesetzliche und normative Rahmenbedingungen für Probensammlung humaner Bio-materialien

36.1   Gesetzliche Grundlagen

Im Mai 2017 trat die Verordnung (EU) 2017/746 des europäischen Parlaments und des Rates, die sog. IVDR, in Kraft (s. auch Kap. 34). Diese legt in der europäischen Union gültige Regeln für das Inverkehrbringen, die Bereitstellung auf dem Markt und die Inbetriebnahme von für den menschlichen Gebrauch bestimmten In-vitro-Diagnostika und deren Zubehör fest. Sie gilt zeitgleich für in der europäischen Union durchgeführte Leistungsbewertungen für In-vitro-Diagnostika und deren Zubehör. Die IVDR legt somit hohe international anerkannte, europaweit harmonisierte Standards für die Qualität und Sicherheit von In-vitro-Diagnostika auf höchstem Niveau fest (Verordnung (EU) 2017/746 des europäischen Parlaments und des Rates vom 5. April 2017 über *In-vitro*-Diagnostika und zur Aufhebung der Richtlinie 98/79/EG und des Beschlusses 2010/227/EU der Kommission).

Ziel der Leistungsbewertungen, für die in der IVDR genaue Vorgaben gemacht werden, ist es stets, nachzuweisen, dass ein Produkt seine vom Hersteller angegeben Zweckbestimmung erfüllen kann. Gemäß Artikel 56 der Verordnung erfolgt dabei neben der Überprüfung der Erfüllung grundlegender Sicherheits- und Leistungsanforderungen bei normaler bestimmungsgemäßer Verwendung auch eine Beurteilung von Interferenzen und Kreuzreaktionen (s. auch Kap. 27) sowie eine Bewertung des Nutzen-Risiko-Verhältnisses. Grundlage dafür bildet die Leistungsbewertung, die auf Daten der wissenschaftlichen Validität sowie auf Daten der analytischen und klinischen Leistung beruht.

Unter der wissenschaftlichen Validität eines Analyten wird dabei der Zusammenhang zwischen der Anwesenheit bzw. der Konzentration eines Analyten und einem klinischen

Befund bzw. einem physiologischen Zustand verstanden. Die Analyseleistung bezeichnet dabei die Fähigkeit eines Produkts, einen bestimmten Analyten korrekt nachzuweisen oder zu messen. Die klinische Leistung bezeichnet die Fähigkeit eines Produkts, Ergebnisse zu liefern, die mit einem bestimmten klinischen Zustand oder physiologischen oder pathologischen Vorgang oder Zustand einer Zielbevölkerung und einem bestimmten vorgesehenen Anwender korrelieren.

Die dazu nötigen Daten werden im Rahmen einer sog. Leistungsstudie gewonnen. Diese muss zwingend in der vom Hersteller vorgesehenen Anwenderumgebung, also außerhalb der eigenen Betriebsstätte, erfolgen und die Zielpopulation bzw. den vorgesehenen Anwenderkreis berücksichtigen.

Der klinische Nachweis untermauert die Zweckbestimmung und stellt den wissenschaftlichen Beweis dar, dass der beabsichtigte klinische Nutzen erreicht wird (Abb. 36.2). Mit dem aus der Leistungsbewertung abgeleiteten Nachweis wird wissenschaftlich fundiert gesichert, dass die einschlägigen grundlegenden Sicherheits- und Leistungsanforderungen bei normalen Verwendungsbedingungen erfüllt werden.

Auf welchem Weg auch immer die benötigten humanen Proben und Daten gewonnen werden, handelt es sich stets um Gesundheitsdaten und somit um besonders sensible Daten nach der europaweit gültigen Datenschutzgrundverordnung (DSGVO), welche stets im Einklang mit den gültigen Datenschutzrichtlinien gewonnen, verarbeitet und gespeichert werden müssen (Datenschutz-Grundverordnung 2016; Datenschutz-Anpassungs- und Umsetzungs-Gesetz (EU) 2016)

Voraussetzung für die Durchführung einer Leistungsstudie eines In-vitro-Diagnostikums ist neben der Erstellung eines Leistungsbewertungsplans die rechtliche und ethische Überprüfung der geplanten Studien durch eine Ethikkommission. Bei interventionellen Studien, die z. B. eine invasive Probennahme oder aber anderweitige belastenden Maßnahmen voraussetzen, gehört auch die Genehmigung der zuständigen Bundesoberbehörde zur Durchführungsvoraussetzung. Die Bundesoberbehörde übernimmt dabei insbesondere die wissenschaftlich technische Überprüfung der geplanten Studie. Ziel ist es stets, zu überprüfen, ob der erwartete Nutzen für die Studienteilnehmer oder für die öffentliche Gesundheit die vorhersehbaren Risiken und Nachteile der Studienteilnehmer rechtfertigt.

Als Bundesoberbehörden sind in Deutschland das Bundesamt für Sera und Impfstoffe (Paul-Ehrlich-Institut) und das Bundesinstitut für Arzneimittel und Medizinprodukte (BfArM) zuständig. Das Paul-Ehrlich-Institut, kurz PEI, übernimmt dabei die Genehmigung von In-vitro-Diagnostika, die zur Prüfung der Unbedenklichkeit oder Verträglichkeit von Blut- oder Gewebespenden bestimmt sind oder aber Infektionskrankheiten betreffen. Das BfArM überprüft und genehmigt alle In-vitro-Diagnostika-Studien, die nicht in das Aufgabengebiet des PEI fallen.

Die IVDR gibt den EU-weit standardisierten gesetzlichen Rahmen zur Durchführung klinischer Studien im Diagnostikbereich vor. Zur behördlich anerkannten Planung,

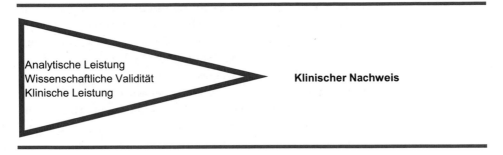

Abb. 36.2 Klinischer Nachweis

Durchführung, Auswertung und Präsentation klinischer Studien sollten jedoch weiter Regularien Beachtung finden, welche nachfolgend kurz skizziert werden:

EN ISO 14155:2011 Klinische Prüfung von Medizinprodukten an Menschen – Gute klinische Praxis
Die Einhaltung der ISO-Norm 14155 sichert den Schutz der Rechte, Sicherheit und des Wohlergehens der Versuchspersonen in klinischen Studien mit Medizinprodukten und stellt zeitgleich eine wissenschaftlich korrekte Durchführung einer klinischen Studie sicher. Die Beachtung dieser grundlegenden Norm gewährleistet die Glaubwürdigkeit und die Anerkennung der erhobenen Studienergebnisse im Rahmen der Zulassungsprozesse (EN ISO 14155:2011). So hat die EN ISO 14155 inzwischen sogar Akzeptanz bei der FDA gefunden. Obwohl die EN ISO 14155 per festgelegtem Anwendungsbereich nicht für Medizinprodukte, die In-vitro-Diagnostika sind, Gültigkeit besitzt, fand sie bis vor Kurzem dennoch in der IVDR Erwähnung:

> Die Bestimmungen über Leistungsstudien sollten den fest etablierten internationalen Leitlinien in diesem Bereich entsprechen, wie der internationalen Norm ISO 14155:2011 über gute klinische Praxis für die klinische Prüfung von Medizinprodukten an Menschen …

Die ISO-Norm 14155 befindet sich derzeit in einem Revisionsprozess und liegt als DIN EN ISO 14155:2018-08 bereits als Entwurf vor.

DIN EN 13612:2002 Leistungsbewertung von In-vitro-Diagnostika
Diese ISO-Norm beschreibt, wie der Hersteller eines In-vitro-Diagnostikums seiner Verpflichtung zur Durchführung einer wissenschaftlich abgesicherten Leistungsbewertungsstudie erfüllen kann. In Anbetracht der Vielfalt der In-vitro-Diagnostika ist der Zweck dieser Norm, die allgemeinen Elemente, die bei einer Leistungsbewertung berücksichtigt werden sollen, festzulegen. Die Anwendbarkeit der aufgeführten Punkte ist dabei nach der Komplexität des jeweiligen In-vitro-Diagnostikums auszurichten (Leistungsbewertung von In-vitro-Diagnostika 2002).

ISO 20916:2019 In-vitro-Diagnostika – Klinische Leistungsuntersuchungen an menschlichem Untersuchungsmaterial – Gute klinische Praxis (Entwurf)

Die sich noch im Entwurfsstadium befindliche ISO-Norm 20916 soll zukünftig einen Standard für die Planung, das Design, die Durchführung, die Aufzeichnung und die Präsentation der Ergebnisse für klinische Leistungsstudien, die zu regulatorischen Zwecken von In-vitro-Diagnostika durchgeführt werden und bei denen humanes Probenmaterial zum Einsatz kommt, definieren. Analog zur EN ISO 14155 finden neben Qualitätskontrollaspekten, wie z. B. dem Monitoring, auch Sicherheitsaspekte, wie bspw. die Erfassung und Meldung von unerwünschten Ereignissen und ethische Prüfung der Studien, Berücksichtigung (ISO/DIS 20916:2018).

Seit März 2019 findet die in der Entwurfsphase befindliche ISO-Norm 20916 auch in der IVDR Erwähnung:

> Die Bestimmungen über Leistungsstudien sollten den fest etablierten internationalen Leitlinien in diesem Bereich entsprechen, wie der in Entwicklung befindlichen internationalen Norm ISO 20916 über klinische Leistungsstudien, bei denen Proben von Menschen verwendet werden, … (Berichtigung der Verordnung (EU) 2017/746 des Europäischen Parlaments 2019)

Leitlinien zur Guten klinischen Praxis der Internationalen Harmonisierungskonferenz (ICH GCP)

Die ICH-GCP-Leitlinien werden vorranging bei der Durchführung von Arzneimittelstudien angewandt und kommen seltener auch bei klinischen Prüfungen von Medizinprodukten bspw. bei FDA-Zulassungen zum Einsatz. Es handelt sich dabei um einen internationalen, ethischen und wissenschaftlichen Qualitätsstandard für Design, Durchführung, Dokumentation und der Erstellung von Berichten im Rahmen von Studien, an denen Menschen teilnehmen.

Analog zur ISO-Norm 14155 stellt das Einhalten dieses Qualitätsstandards zum einen die Rechte, die Sicherheit und das Wohlergehen der Studienteilnehmer sicher, zum anderen sorgt es für Anerkennung der erhobenen Daten in Zulassungsprozessen.

ICH GCP für klinische Studien an Arzneimitteln und die DIN EN ISO 14155 für klinische Studien an Medizinprodukten haben grundsätzlich viel gemeinsam, sind jedoch nicht völlig identisch (EMA 2016).

Deklaration von Helsinki

Bereits 1964 hat der Weltärztebund ethische Grundsätze für die biomedizinische Forschung am Menschen, einschließlich der Forschung an identifizierbaren humanen Materialien und Daten, aufgestellt. Seit ihrer Entstehung wurde die sog. Deklaration von Helsinki mehrfach revidiert und liegt derzeit in der Fassung vom Oktober 2013 aktualisiert vor.

Laut dieser Deklaration ist es die Pflicht der Ärzte, die sich an biomedizinischer Forschung beteiligen, das Leben, die Gesundheit, die Würde, die Integrität, das

Selbstbestimmungsrecht, die Privatsphäre und die Vertraulichkeit persönlicher Informationen der teilnehmenden Probanden zu schützen. Weiterhin verpflichten sich die Ärzte, bei Forschung an einwilligungsfähigen Personen die potenziellen Versuchspersonen über die Ziele, Methoden, den zu erwartenden Nutzen und die potenziellen Risiken, die möglicherweise auftretenden Unannehmlichkeiten sowie alle anderen relevanten Aspekte der Studie angemessen aufzuklären. Außerdem werden in der Deklaration von Helsinki Grundsätze für die Forschungen an besonders schutzwürdigen Gruppen, wie nicht einwilligungsfähigen Probanden, festgelegt (WMA Declaration of Helsinki 2013).

Da in den ärztlichen Berufsordnungen jedes Bundeslandes ein Verweis auf die Deklaration von Helsinki aufgenommen wurde, besitzt diese grundsätzlich für jeden forschenden Arzt Gültigkeit.

In der ISO 20916 wird ebenso wie in der IVDR die Einhaltung der Deklaration von Helsinki gefordert: „Außerdem sollten die Bestimmungen mit der neuesten Fassung der Deklaration von Helsinki des Weltärztebundes über die ethischen Grundsätze für die medizinische Forschung am Menschen im Einklang stehen." (Verordnung (EU) 2017/746 des europäischen Parlaments und des Rates vom 5. April 2017 über *In-vitro*-Diagnostika)

Deklaration von Taipeh
In der im Oktober 2016 vom Weltärztebund verabschiedeten Deklaration von Taipeh legt der Weltärztebund Grundsätze für den Umgang mit Gesundheitsdaten- und Biobanken fest. Darin begrüßt der Weltärztebund explizit die medizinische Forschung und hebt in § 5 den großen Nutzen von Gesundheitsdaten- und Biobanken im Rahmen der medizinischen Forschung für die Gesellschaft und den jeden einzelnen Patienten hervor. Ziel der Deklaration von Taipeh ist es, die Forschung mit Gesundheitsdaten- und Biobanken mit kollektivem Nutzen nur so wenig wie möglich einzuschränken und dennoch die individuellen Rechte der Spender auf Autonomie, Vertraulichkeit und Privatsphäre zu respektieren (Rheinsberg et al. 2017; WMA Declaration of Taipei 2016)

36.2 Humane Bioproben für die diagnostische Forschung, Entwicklung und Zulassung

Zentrale Rolle in Leistungsbewertungsstudien, wie auch in allen anderen Phasen der diagnostischen Forschung, Entwicklung und Validierung, nehmen humane Bioproben ein. Klassischerweise handelt es sich dabei um Serum- oder Plasmaproben. Allerdings können auch jegliche vom menschlichen oder tierischen Körper gebildete Matrices physiologischer oder unphysiologischer Natur von Bedeutung sein. Beispielsweise kann es sich dabei um Urin, Stuhl, Liquor, Speichel, Sputum oder Synovial- und Ascitesflüssigkeiten handeln. Auch Exhalatanalysen, also Analysen der Ausatemluft, rücken aufgrund der für den Patienten sehr schonenden, nichtinvasiven Probennahme in den Vordergrund aktueller Biomarkerfindungen.

Je nach Art der Herkunft bzw. der Sammlung der für die Leistungsbewertungsstudie benötigten humanen Proben sind unterschiedliche Bedingungen für die Weiterverwendung in der medizinischen Forschung und Entwicklung und somit auch im Rahmen von Zulassungsstudien zu berücksichtigen.

Generell gilt, dass alle Forschungsprojekte mit menschlichem biologischem Material, die direkt den Spender betreffen können, im Vorfeld durch eine Ethikkommission positiv beurteilt werden müssen.

Dies trifft insbesondere Forschungsprojekte und somit auch Leistungsbewertungsstudien, die mit einer (zusätzlichen) Entnahme von menschlichen Biomaterialien verbunden sind, Projekte, bei denen Probanden belastenden Untersuchungen ausgesetzt sind, und Projekte, bei denen lediglich mit pseudonymisierten Proben und dazugehörigen Datensätzen gearbeitet wird. Vergleichbares gilt für Projekte im Bereich der Qualitätskontrolle und -sicherung, bei denen mit humane Biomaterialien gearbeitet wird. Die jeweils zuständigen Ethikkommissionen begutachten neben der wissenschaftlichen Qualität insbesondere die ethische Akzeptanz des Projektes auf der Basis gesetzlicher Regularien und anerkannter Regeln der Forschungsethik sowie die grundsätzliche Sicherheit der Probanden (Revermann und Sauter 2006).

Da der Umgang mit humanen Biomaterialien stets auch einen Umgang mit sensiblen personenbezogenen Daten mit sich bringt, der präzise definierte, standardisierte und abgesicherte Arbeitsabläufe erfordert, fällt auch die Betrachtung datenschutzrechtlicher Grundlagen in den Aufgabenbereich der Ethikkommissionen.

36.2.1 Speziell für die jeweilige Fragestellung gewonnenes humanes Biomaterial

Bei einer Vielzahl von Leistungsbewertungsstudien wird das benötigte humane Biomaterial nach einem im Vorfeld festgelegten Studiendesign ausschließlich für die jeweilige Fragestellung gewonnen.

Wird dabei das Biomaterial ausschließlich oder in zusätzlicher Menge invasiv gewonnen bzw. werden im Rahmen der Studie für den Probanden belastende Untersuchungen durchgeführt oder aber die zu erhaltenden Ergebnisse sollen zur Diagnostik der Probanden herangezogen werden, ohne dass diese mit einem etablierten Verfahren bestätigt werden können, ist zur Durchführung der klinischen Studie neben der zustimmenden Bewertung einer Ethikkommission auch die Zustimmung der Bundesoberbehörde erforderlich.

In der Regel stehen alle Eingriffe, bei denen Biomaterialien gewonnen werden können, unter Arztvorbehalt. Eine Einwilligung der Patienten in eine Heilbehandlung allein ist nicht ausreichend, um über den Behandlungszweck hinausgehende Biomaterialien zu entnehmen. Die Probanden müssen zwingend über die zusätzliche Entnahme und deren Verwendung aufgeklärt werden. Gleiches gilt bei einer Gewinnung von Biomaterialien ausschließlich zu Studienzwecken.

Auch die Aufklärung über den eigentlichen medizinischen Eingriff, die Art und Weise der Durchführung, die Bedeutung und dessen Risiken, wie auch eine Aufklärung über den gesamten Ablauf des gesamten Studienprojektes sind Tätigkeiten, die zwingend einem Arzt vorbehalten sind.

Die Grundlage für die Aufklärung durch den Arzt und schlussendlich die Probengewinnung im Rahmen von Leistungsbewertungsstudien bildet eine enge, projektbezogene Einwilligung der Probanden *(Informed Consent)*. Die auf diesem Weg gewonnenen Proben sind ausschließlich für die genannte Zweckbestimmung verwendbar, es sei denn, in der Probandeninformation und der Einwilligungserklärung wurde eine weitergehende Verwendung mit dem Probanden vereinbart.

Informed Consent

Probanden müssen nicht nur in die medizinische Prozedur, die zur Gewinnung der humanen Biomaterialien zu Studienzwecken nötig ist, einwilligen, sondern auch in die generelle Aufbewahrung und Nutzung der auf diesem Weg gewonnenen humanen Proben und Daten. Grundlage jeder informierten Einwilligung ist die schriftliche Aufklärung des Probanden mittels einer Patienten- bzw. Probandeninformation. Dabei sollten der Umfang und die Detailliertheit des schriftlichen Aufklärungsbogens in einem angemessenen Verhältnis zur notwendigen medizinischen Prozedur und dem Verwendungszweck der Proben und Daten stehen.

Generell ist es empfehlenswert, folgende Punkte in der Patienteninformation zu berücksichtigen:

- Beschreibung der medizinischen Prozedur inklusiver ausführlicher Beschreibung der möglichen Risiken
- Zweck, Art, Umfang und Dauer der vorgesehenen Nutzung der gewonnenen Proben und erhobenen Daten einschließlich vorgesehener Analysen
- Hinweis auf die Freiwilligkeit der Teilnahme und der Möglichkeit des Widerrufs der Einwilligung
- Maßnahmen zum Schutz der Persönlichkeit und zur Gewährleistung des Datenschutzes (Anonymiserung/Pseudomysierung)
- Aufbewahrungsdauer von Proben und Daten
- Recht des Spenders auf Einsicht der gespeicherten Daten
- möglicher Zugang von Kontrollorganen und Aufsichtsbehörden zu Proben und Daten
- mögliche kommerzielle Verwendung der Proben
- Möglichkeit bzw. Ausschluss einer Rückmeldung von relevanten (Analysen-)Ergebnissen inklusive Hinweis auf mögliche Konsequenzen der Mitteilung entsprechender Analysenergebnisse

Die Einwilligungserklärung muss zwingend vor der ersten studienbezogenen Maßnahme und somit vor dem eigentlichen medizinischen Eingriff und der Probenentnahme durch den Probanden unterzeichnet werden.

Zufallsbefunde

Für ausschließlich forschende Mediziner und Biologen besteht aufgrund der aus Datenschutzgründen durchgeführten Anonymisierung der Proben keine gesetzliche Pflicht, Probanden über eventuelle Zufallsbefunde zu informieren. Dennoch empfiehlt es sich aus Gründen der Rechtssicherheit, auf die geplante Information oder Nichtinformation in der Probandeninformation ausdrücklich hinzuweisen. Dies trifft unter Beachtung der im Infektionsschutzgesetz festgehaltenen Meldepflichten bspw. auch die Rahmen der Arbeitssicherheit häufig durchgeführte infektiologische Testung der Proben.

Widerruf der Einwilligung

Unverzichtbarerer Bestandteil jeder Einwilligungserklärung ist die Aufklärung der Probanden über die Möglichkeit des Widerrufs mit dem Hinweis darauf, dass dem Probanden kein Nachteil daraus entsteht oder dieser in irgendeiner Weise begründet werden muss. Ein Widerruf eines Probanden zieht je nach Ausmaß des Widerrufs die Löschung der personenbezogenen Daten und, sofern vom Probanden gewünscht, auch die Vernichtung der entnommenen Proben mit sich. Ein Widerruf eines Probanden kann nur für die zukünftige Verwendung von Proben und Daten gelten. Die bis zum Widerruf erhobenen Resultate und deren Auswertung sind nicht betroffen, sodass einer Verwendung der bis zum Zeitpunkt des Widerrufs erhobenen Ergebnisse nichts im Wege steht. Eine Vernichtung der entnommenen Probe ist generell nur bei nicht irreversibel anonymisierten Proben möglich. Sinnvoll ist es, auf die beschränkte Möglichkeit des Widerrufs bei geplanter vollständiger Anonymisierung in der Patienteninformation und in der Einwilligungserklärung hinzuweisen.

Nicht einwilligungsfähige Probanden

Die Möglichkeiten der Teilnahme an klinischen Studien und damit auch der Probengewinnung für in-vitro-diagnostische Studien von nicht einwilligungsfähigen Probanden wird immer wieder intensiv diskutiert.

Im April 1997 verabschiedete der Europarat das „Übereinkommen zum Schutz der Menschenrechte und der Menschenwürde im Hinblick auf die Anwendung von Biologie und Medizin: Übereinkommen über Menschenrechte und Biomedizin kurz: Biomedizin-Konvention", welches für die beitretenden Staaten Mindeststandards in verschiedenen Bereichen der medizinischen Therapie und der biomedizinischen Forschung festlegen sollte. Laut dieser Konvention ist eine Forschung, die nicht dem eigentlichen Teilnehmer zugute kommt, eine sog. fremdnützige Forschung, an nicht einwilligungsfähigen Personen bei einem minimalen Risiko und einer minimalen Belastung der Probanden statthaft. Aufgrund massiver Proteste trat die Bundesrepublik Deutschland dieser Konvention bis heute nicht bei.

Dennoch wurde in den letzten Jahren die Diskussion über Forschungen an nicht einwilligungsfähigen Probanden immer wieder aufgenommen. Bereits 2004 kam der Nationale Ethikrat zum Schluss, „dass bei minimalem Risiko eine Beteiligung einwilligungsunfähiger Menschen in Betracht gezogen werden kann, wenn diese Forschung auch anderen von der gleichen Krankheit Betroffenen oder (bei Kindern) Personen der gleichen Altersgruppe zugute kommen soll". Somit wurde eine gruppennütze Forschung an nicht einwilligungsfähigen Menschen durch den deutschen Ethikrat deutlich unterstützt, wobei zeitgleich darauf hingewiesen wurde, dass einwilligungsunfähige Menschen im Rahmen fremdnütziger Forschung keinen Risiken oder Belastungen ausgesetzt werden, die mehr als minimal sind. Gemeint sind dabei sowohl körperliche als auch seelische Risiken (Nationaler Ethikrat 2004).

Ende Januar 2007 trat die EU-Verordnung über Kinderarzneimittel in Kraft, die klinische Arzneimittelstudien für Kindern reguliert. Ende November 2016 verabschiedete der Deutsche Bundestag eine Regelung für gruppennützige Forschung an nicht einwilligungsfähigen Erwachsenen (bspw. Demenzkranken). Eine Teilnahme dieser Probandengruppe ist nunmehr auch bei einem ausschließlichen Gruppennutzen auf der Grundlage einer Vorabeinwilligung der (zukünftigen) Probanden und einer verpflichtenden ärztlichen Beratung statthaft.

Zusätzlich zu diesen europäischen Regelungen hat der Weltärztebund im Oktober 2013 in seiner revidierten Fassung der Deklaration von Helsinki über ethische Grundsätze für die medizinische Forschung am Menschen in den Abschnitten 28–30 Regeln für die fremdnützige Forschung an nicht einwilligungsfähigen Probanden formuliert. Hierbei ist die Teilnahme von nicht einwilligungsfähigen Probanden an Forschungsprojekten, die dem Probanden selbst keinerlei Vorteile bieten, nur möglich, wenn die Zustimmung eines gesetzlichen Vertreters vorliegt, die Forschung derselben Patientengruppe nützt und die geplante die Forschung nur minimale Risiken und minimale Belastungen birgt.

Sind potenzielle Versuchspersonen nicht einwilligungsfähig, können jedoch selbst Entscheidungen über die Teilnahme treffen, so ist neben der Einwilligung des gesetzlichen Vertreters auch die Zustimmung der Versuchsperson einzuholen (WMA Declaration of Helsinki 2013). Dies trifft beispielsweise Kinder und Jugendliche, die nicht einwilligungsfähig, jedoch durchaus urteilsfähig sind, sodass der Wille dieser Probanden grundsätzlich berücksichtigt werden muss.

In der Deklaration von Taipeh werden forschende Ärzte ebenfalls aufgefordert, vor der Sammlung, Lagerung und/oder Wiederverwendung von identifizierbaren menschlichen Materialien oder Daten für die medizinische Forschung eine informierte Einwilligung der Spender einzuholen (s. § 32). Sofern in Ausnahmesituationen nicht die Möglichkeit besteht, eine Einwilligung für die betreffenden Forschungsprojekte einzuholen, darf die Forschung laut dieser Deklaration nach Beurteilung und Zustimmung einer Ethikkommission durchgeführt werden (WMA Declaration of Taipei 2016).

Auch die IVDR vertritt einen klaren Standpunkt zum Thema Leistungsbewertungsstudien mit nicht einwilligungsfähigen Prüfungsteilnehmern. Diese dürfen nur dann an Leistungsstudien teilnehmen, wenn es wissenschaftliche Gründe für die Erwartung gibt, dass die Teilnahme an der Leistungsstudie entweder einen direkten Nutzen oder einen Nutzen für die Bevölkerungsgruppe, zu der der betroffene nicht einwilligungsfähige Prüfungsteilnehmer gehört, zur Folge haben wird. Somit vertritt auch die IVDR den Standpunkt, dass diagnostische Studien an nicht einwilligungsfähigen Probanden nur statthaft sind, wenn diese entweder einen Eigennutzen daraus ziehen oder aber ein Gruppennutzen erzielt werden soll. Zeitgleich weist auch die IVDR darauf hin, dass Studien mit betroffenen nicht einwilligungsfähigen Prüfungsteilnehmern durchgeführt werden können, wenn diese im Vergleich zur Standardbehandlung der Erkrankung durch die Leistungsstudie nur einem minimalen Risiko und einer minimalen Belastung ausgesetzt sein werden. Die Prüfungsteilnehmer sollen dabei so weit wie möglich in den Einwilligungsprozess einbezogen werden (Verordnung (EU) 2017/746 des europäischen Parlaments und des Rates vom 5. April 2017 über *In-vitro*-Diagnostika).

Verstorbene Probanden

Die Gewinnung von Biomaterialien von Verstorbenen ist nur mit einer vorgängigen Einwilligung des Verstorbenen (Patientenverfügung) möglich. Fehlt diese, können Angehörige diese erteilen, sofern dies nicht im Widerspruch zu dem zu Lebzeiten geäußerten oder mutmaßlichen Willen des Verstorbenen steht. Anhaltspunkte dazu kann das Gewebegesetz liefern, welches Qualitäts- und Sicherheitsstandards für die Spende, Beschaffung, Testung, Verarbeitung, Konservierung, Lagerung und Verteilung von menschlichen Geweben und Zellen festschreibt (Gewebegesetz 2007).

Die Zentrale Ethikkommission der Bundesärztekammer (ZEK) kommt zu dem Schluss, dass die Abwägung zwischen Forschungsziel und persönlichen Belangen des Verstorbenen oder Dritter in Ausnahmefällen zu dem Ergebnis führen kann, dass eine Verletzung der Interessen des Verstorbenen oder Dritter nicht gegeben und damit eine individuelle Einwilligung von Rechts wegen nicht erforderlich ist. Folgende Voraussetzungen sind jedoch zwingend erforderlich (Zentrale Ethikkommission bei der Bundesärztekammer 2003a):

- Das Material wird nicht mehr zur Klärung des Todesfalls benötigt.
- Es wird anonymisiert vorgegangen.
- Es werden voraussichtlich keine Forschungsergebnisse erarbeitet, die für Familienangehörige von individuellem Belang sein werden.
- Es werden keine ethisch umstrittenen Forschungsziele verfolgt.
- Es besteht kein Anhaltspunkt, dass der Betroffene die Forschung zu Lebzeiten abgelehnt hat und
- die Einwilligung der Angehörigen kann nur unter unverhältnismäßig hohem Aufwand eingeholt werden.

Prüfer

Laut IVDR handelt es sich bei dem Prüfer nicht zwingend um einen Arzt. Als Prüfer sind Personen geeignet, die einen Beruf ausüben, durch den sie aufgrund der dafür erforderlichen wissenschaftlichen Kenntnisse und Erfahrung bei der Patientenbetreuung oder in der Labormedizin anerkanntermaßen qualifiziert sind. Auch für die an der Durchführung einer Leistungsstudie mitwirkenden Mitarbeiter müssen aufgrund ihrer Ausbildung, Fortbildung bzw. Erfahrung auf dem betreffenden medizinischen Gebiet und im Zusammenhang mit klinischen Forschungsmethoden in geeigneter Weise für ihre Tätigkeit qualifiziert sein (Verordnung (EU) 2017/746 des europäischen Parlaments und des Rates vom 5. April 2017 über *In-vitro*-Diagnostika).

Die Qualifikation und Eignung des Prüfers und der mitarbeitenden Personen ist Bestandteil der Prüfung der Ethikkommissionen. Zu beachten ist jedoch, dass in der Regel der medizinische Eingriff, der nötig ist, um Biomaterial zu gewinnen, und auch die Aufklärung über diesen, wie in Abs. 18.3.1 beschrieben, eine ärztliche Tätigkeit darstellen, sodass auch zukünftig nur in Ausnahmefällen auf die Beteiligung eines Arztes verzichtet werden kann.

36.2.2 Aus medizinischer Routine gewonnenes Material

Für viele Fragestellungen in der In-vitro-Diagnostik besteht die Möglichkeit, Proben zu sammeln, die grundsätzlich im Rahmen der Patientenbehandlung routinemäßig entnommen werden. Häufig fallen dabei Restvolumina an, die für den ursprünglichen Zweck der Behandlung oder Diagnosestellung nicht mehr benötigt werden. Die rechtliche Grundlage für die Probenentnahme wird in der Regel durch den Behandlungsvertrag zwischen Patient und Arzt bzw. Klinik gebildet. Dieser kann schon eine Einwilligung für die Verwendung eventuell anfallender Restmaterialien für Forschungs-, Entwicklungs- und Zulassungsprozesse enthalten.

Auch die ZEK hält eine Forschung an Rest- bzw. Altproben ohne gesonderte Einwilligung der betreffenden Patienten für gerechtfertigt, wenn bestimmte Voraussetzungen erfüllt sind:

Die Abwägung zwischen Forschungsziel und persönlichen Belangen des Betroffenen oder Dritter kann ausnahmsweise zu dem Ergebnis führen, dass eine individuelle Einwilligung von Rechts wegen nicht erforderlich ist. Dies kommt insbesondere in Betracht, wenn folgende Voraussetzungen sämtlich erfüllt sind:

Das Material wird nicht mehr im Interesse des Betroffenen bspw. für Diagnosezwecke benötigt.

Es wird anonymisiert vorgegangen.

Es werden keine individualisierten Genuntersuchungen vorgenommen.

Es werden voraussichtlich keine Ergebnisse erarbeitet, die für den Betroffenen oder Familienangehörige von individuellem Belang sein werden.

Es werden keine ethisch umstrittenen Forschungsziele verfolgt.

Es besteht kein Anhaltspunkt dafür, dass der Betroffenen die Forschung abgelehnt und die Einwilligung kann nicht oder nur runter unverhältnismäßig hohem Aufwand eingeholt werden. (Zentrale Ethikkommission bei der Bundesärztekammer 2003b)

Zwingende Voraussetzung für die Verwendung derartiger Restproben ist somit eine vollständige Anonymisierung, durch die das Persönlichkeitsrecht der Probanden aufgehoben wird. Das Vorgehen bei der Anonymisierung, welche jeglichen Rückschluss auf den Patienten ausschließen muss, sollte im Rahmen des Qualitätsmanagementsystems der betreffenden Einrichtung festgeschrieben sein. Neben den o. g. Punkten der ZEK sind bei der Verwendung von Restmaterialien aufgrund des geforderten anonymisierten Vorgehens folgende Gegebenheiten zu beachten:

• Die Proben besitzen mit Ausnahme der bereits vermessenen Vergleichswerte sowie Alters- und Geschlechtsangaben keinen weiteren Datenbezug.
• Es sind keine Zusatzbefunde oder weiterführenden klinischen Informationen einholbar.
• Eine Rückmeldung von eventuellen Zufallsbefunden an betreffende Patienten ist nicht möglich.

Trotz besten Willens können besonders seltene Parameterkonstellationen mit dem vorhandenen Bezug zu Alter und Geschlecht sowie der vorhandenen Information zum Einzugsgebiet eines Labors eine Anonymisierung unmöglich machen. Derartige Proben sind aufgrund der fehlenden Anonymisierung nicht sammelbar und somit auch nicht ohne Einwilligung der betreffenden Probanden für Forschungs- und Studienprojekte jeglicher Art zugänglich.

Neben der ZEK unterstützt auch der Nationale Ethikrat eine gesellschaftlich bedeutsame Forschung an im Behandlungskontext angefallenen Proben, sofern die Patienten, von denen die Proben stammen, kein weiteres Interesse daran gezeigt haben, der Verwendung für Forschungszwecke nicht ausdrücklich widersprochen haben und die Einholung der Einwilligung der betroffenen Patienten nicht mehr oder nur unter unzumutbar großem Aufwand eingeholt werden kann:

Wenn Körpersubstanzen und Daten, die im therapeutischen oder diagnostischen Kontext ohnehin anfallen, in Biobanken gesammelt und für die Forschung genutzt werden sollen, kann nach geltendem Recht [...] unter gewissen Voraussetzungen von einer ausdrücklichen Einwilligung der Spender abgesehen werden. [...] In der Tat geht es zum einen um Körpersubstanzen, die schon vom Körper getrennt sind, an denen die „Spender" erkennbar kein eigenes Weiterverwertungsinteresse haben und die ansonsten einfach vernichtet werden würden – beispielsweise operativ entferntes Gewebe oder Restmaterialien aus diagnostischen Proben. [...] Gerechtfertigt [werden] kann nach dieser Abwägung allerdings nur eine Nutzung von Proben und Daten trotz fehlender Einwilligung, nicht aber eine Nutzung gegen den erklärten Willen der Spender. (Nationaler Ethikrat 2004)

Die IVDR legt in § 73 für Leistungsstudien fest, dass diese bei Verwendung von Restproben keiner Genehmigung der Bundesoberbehörde bedürfen. Dennoch wird die Erstellung eines Ethikvotums als zwingende Voraussetzung für die Durchführung der

Leistungsstudie angemerkt (Verordnung (EU) 2017/746 des europäischen Parlaments und des Rates vom 5. April 2017 über *In-vitro*-Diagnostika).

36.2.3 Für andere Zwecke gewonnene Materialien

Häufig stellt sich die Frage, ob Proben, die aus anderen klinischen Studien übriggeblieben sind, für weitere Studienzwecke verwendet werden können. Dies hängt von der Aufklärung der Probanden und dem Informed Consent ab. Prinzipiell ist die weitere Verwendung von für einen bestimmten Studienzweck gewonnene Biomaterialien im Studienprotokoll zu regeln und in der Patienteninformation wie auch in der Einwilligungserklärung darzulegen und somit zeitgleich von der Ethikkommission zu prüfen. Aufgrund der expliziten Zweckbindung ist der Verwendungszweck in klinischen Studien normalerweise sehr eng gefasst. Die gewonnenen Proben dürfen ohne explizite Einwilligung der Probanden in weitere Verwendungszwecke lediglich ausschließlich im Rahmen der Studie verwendet werden, für die sie gewonnen wurden. Restmaterialien müssen vernichtet werden.

Einzige Ausnahme bildet eine vollständige Anonymisierung der Proben, sofern die geplante Weiterverwendung im ursprünglichen Studienplan geregelt und in den Probandendokumenten erläutert wurde. Dabei gelten dieselben Voraussetzungen, die auch an die Verwendung von anonymisierten Restmaterialien aus der medizinischen Routine gestellt werden (Abschn. 36.2.2), sodass die Proben mit Ausnahme der Angabe zu Alter, Geschlecht und dem betreffenden Vergleichswert, ohne Datenbezug bleiben müssen.

36.2.4 Abfallmaterialien

Neben Probandenmaterial, welches aus medizinischen Zwecke Patienten entnommen wird, fallen in der Patientenbehandlung regelmäßig Abfallmaterialien an. Dabei handelt es sich bspw. um Material, welches bei Operationen entnommen wird (z. B. Tumorgewebe), oder aber um Material, welches Bestandteil physiologischer Vorgänge (z. B. Geburten) ist.

Hier gelten die Grundsätze, die für Restmaterialien diskutiert wurden. Da für die Sammlung von Abfallmaterialien häufig die Möglichkeit besteht, die Einwilligung der Probanden einzuholen, besteht die allgemeine Empfehlung, dies auch umzusetzen.

Für alle Körpermaterialien, die ohne ärztlichen Eingriff gewonnen werden können und bei denen die körperliche Unversehrtheit bestehen bleibt, betrifft die Aufklärung der Probanden lediglich den Verwendungszweck des gewonnenen Materials, datenschutzrechtliche Belange sowie die ggf. geplante kommerzielle Verwendung des Materials. Eine Aufklärung über die medizinischen Risiken des Gewinnungsprozesses entfällt, sodass die Aufklärung der Probanden in diesen Fällen durch entsprechend qualifiziertes Personal erfolgen kann und nicht zwingend durch einen Arzt. Dies trifft insbesondere

(Abfall-)Materialien wie Urin, Stuhl, Speichel oder Tränenflüssigkeit und somit z. B. Zulassungsstudien für Urinschnellteste.

36.2.5 Material aus Biobanken

Biobanken gelten als wissenschaftliche Sammlung und Speicherung von humanen Biomaterialien mit assoziierten medizinischen Daten (Bekanntmachung der Bundesärztekammer 2017). Diese existieren in öffentlich-rechtlicher oder privatrechtlicher Trägerschaft. Insbesondere für Studien im Bereich der molekularen Epidemiologie, deren Ansatz es ist, Prognosemarker für Erkrankungen lange vor der eigentlichen Erkrankung zu finden, sind Biobanken aufgrund der häufig eingelagerten langjährigen Verlaufsproben als Quelle für Proben und Daten unverzichtbar.

Die Probengewinnung und -einlagerung in Biobanken erfolgt auf der Grundlage einer sog. breiten Einwilligung der Probanden *(Broad Consent)*. Sinn und Zweck der Probensammlung wie auch die probandenspezifischen Dokumenten werden dabei bereits im Vorfeld einer Ethikkommission vorgestellt.

Die eigentliche Sammlung der Proben erfolgt bei Biobanken typischerweise zu einem Zeitpunkt, an dem der genaue Verwendungszweck der gesammelten Proben noch nicht bekannt ist. Somit besteht gar nicht die Möglichkeit, die Probanden in vollem Umfang zu informieren. Mittels Broad Consent delegiert der Spender die Entscheidung, ob das gewonnene Material für die angefragte Nutzung verwendet werden darf, an ein Fachgremium. Sofern bei diesem Unsicherheiten bestehen, ob mit dem ursprünglichen Broad Consent auch der angestrebte Verwendungszweck abgebildet wird, wird zwingend eine Ethik-Kommission eingeschaltet (Richter und Buys 2016).

Die Gemeinsamkeiten und Unterschiede der Probenbereitstellung im Rahmen einer spezifischen Probensammlung für bspw. Leistungsstudie und im Rahmen von Probensammlungen in Biobanken sind in Abb. 36.3 dargestellt.

Die Weitergabe von Proben einer Biobank für Forschungs-, Entwicklungs- und Studienzwecke erfolgt üblicherweise auf der Grundlage eines *Material Transfer Agreements* (MTA), zumindest jedoch auf der Grundlage der bereits beschriebenen Projektprüfung durch ein angemessenes Fachgremium.

Dennoch wird das Vorgehen der Verlagerung der Entscheidung zur Verwendbarkeit der gesammelten Biomaterialien mittels Broad Consent in verschiedenen Fachgremien intensiv diskutiert (Hansson et al. 2006). Angedacht wird dabei neben dem Modell des *Cascading Consent* auch die Möglichkeit eines *Dynamic Consent*.

Beim Cascading Consent haben Probanden die Möglichkeit, neben einem initialen Broad Consent direkte Zustimmungen für verschiedene Forschungsprojekte zu tätigen bis hin zur Möglichkeit, bestimmten Verwendungszwecken direkt zu widersprechen.

Für den Dynamic Consent hingegen ist eine stete Kommunikation mit den Probanden nötig. Die Basis bildet in diesem Konzept ebenfalls der Broad Consent, dieser wird

a Ablauf einer spezifischen Probensammlung, z. B. Leistungsstudie

b Ablauf von Probensammlungen in Biobanken

Abb. 36.3 Probenbereitstellung in spezifischen Probensammlungen (z. B. Leistungsstudie) und Probensammlung in Biobanken

jedoch im weiteren zeitlichen Verlauf durch spezifische Einwilligung der Probanden in neue Studienprojekt ergänzt (Bekanntmachung der Bundesärztekammer 2017).

Art und Umfang der in einer Biobank gesammelten Proben und Daten variieren je nach Fragestellung und Ziel der jeweiligen Einrichtung. Daraus erwächst eine Vielzahl unterschiedlichster Institutionen, welche sich schwer kategorisieren lassen. Mit zunehmender Bedeutung der Biomaterialien für Zulassungsstudien von In-vitro-Diagnostika, wie auch für Forschungs- und Entwicklungsarbeiten oder Standardisierungs- und Qualitätssicherungsprozesse, wächst auch das Interesse an Einrichtungen, die für diesen Zweck aufgebaut wurden und darauf spezialisiert sind.

Derartig spezialisierte Institutionen bieten aufgrund der Zusammenarbeit mit einer Vielzahl unterschiedlicher Kooperationspartner einen schnellen Zugang zu für Zulassungszwecke bestens geeignete Proben und Daten in ausreichend hohen Fallzahlen und Probenvolumina. Sie bieten neben den Proben von erkrankten Patienten auch Proben von für den jeweiligen Zweck definierbaren „gesunden" Normalprobanden an. Außerdem besteht die Möglichkeit – je nach Gewinnungsstrategie der Proben –, Verlaufsproben von bestimmten Patientenpopulationen zu erhalten. Zum Teil werden von diesen Biobanken Teile oder auch das gesamte Spektrum des beim Biobanking erforderlichen Know-hows in Form von Dienstleistungen für externe Kunden angeboten. Dies trifft neben der Probeneinlagerung auch Dienstleistungen im Bereich des Projekt- oder Datenmanagements, Unterstützung bei der Einreichung von Ethikanträgen oder behördlichen Genehmigungen sowie auf Leistungsstudien besonders spezialisierte Monitore oder Auditoren, die im Rahmen der Qualitätssicherung Einsatz finden.

Inzwischen verfügen Biobanken, egal mit welchem Fokus und welcher Ausrichtung, über ein sehr ausgereiftes Qualitätsmanagementsystem auf höchstem Standard, bei dem alle Prozesse von der Abnahme und Kennzeichnung der Bioproben über die Verarbeitung, den Transport und die Lagerung bis hin zum Datenmanagement tief greifend validiert sind. Zeichen davon ist die im Sommer 2017 erschienene ISO Norm 20387 mit dem Titel „Biotechnologie – Biobanking – Allgemeine Anforderungen für Biobanking" (ISO 20387:2018).

Laut Positionspapier der Bundesärztekammer stellen qualitätsgesicherte Biobanken eine wesentliche Grundlage für die Identifizierung von Biomarkern dar und leisten damit einen bedeutenden Beitrag zur Weiterentwicklung der personalisierten Medizin (Bekanntmachung der Bundesärztekammer (2017).

Literatur

Bekanntmachung der Bundesärztekammer (2017): Medizinische, ethische und rechtliche Aspekte von Biobanken (https://www.bundesaerztekammer.de/fileadmin/user_upload/downloads/pdf-Ordner/WB/Biobanken.pdf; zuletzt aufgerufen am 13.02.2019)
Berichtigung der Verordnung (EU) 2017/746 des Europäischen Parlaments (2017) Berichtigung der Verordnung (EU) 2017/746 des Europäischen Parlaments und des Rates vom 5. April 2017

über In-vitro-Diagnostika und zur Aufhebung der Richtlinie 98/79/EG und des Beschlusses 2010/227/EU der Kommission, (Amtsblatt der Europäischen Union L 117 vom 5. Mai 2017) vom 13. März 2019

Betsou F, Lehmann S, Ashton G, Barnes M, Benson EE, Coppola D, DeSouza Y, Eliason J, Glazer B, Guadagni F, Harding K, Horsfall DJ, Kleeberger C, Nanni U, Prasad A, Shea K, Skubitz A, Somiari S, Gunter E; International Society for Biological and Environmental Repositories (ISBER) Working Group on Biospecimen Science (2010) Standard preanalytical coding for biospecimens: defining the sample PREanalytical code. Cancer Epidemiol Biomarkers Prev. 2010 Apr; 19(4):1004-11

Datenschutz-Grundverordnung (2016) Verordnung (EU) 2016/679 des Europäischen Parlaments und des Rates vom 27. April 2016 zum Schutz natürlicher Personen bei der Verarbeitung personenbezogener Daten, zum freien Datenverkehr und zur Aufhebung der Richtlinie 95/46/EG

Datenschutz-Anpassungs- und Umsetzungs-Gesetz (EU) (2016) Gesetz zur Anpassung des Datenschutzrechts an die Verordnung (EU) 2016/679 und zur Umsetzung der Richtlinie (EU) 2016/680 Datenschutz-Anpassungs- und Umsetzungs_Gesetz (EU) – DSAnpUG-EU) vom 30.06.2017

EMA (2016) EMA: CMPM/ICH/135/1995 Guideline for good clinical practice, ICH topic E 6 (R2). London: European Medicines Agency (EMA) 2016.

EN ISO 14155:2011 Klinische Prüfung von Medizinprodukten an Menschen – Gute klinische Praxis; EN ISO 14155:2011

Gewebegesetz (2017) Gewebegesetz vom 20. Juli 2007, BGBl. I S. 1574

Hansson MG, Dillner J, Bartram CR, Carlson JA, Helgesson G. (2006) Should donors be allowed to give broad consent to future biobank research? The Lancet Oncology 2006; 7: 266–9

Verordnung (EU) 2017/746 des europäischen Parlaments und des Rates vom 5. April 2017 über In-vitro-Diagnostika und zur Aufhebung der Richtlinie 98/79/EG und des Beschlusses 2010/227/EU der Kommission (IVDR)

ISO 20387:2018 (2018) Biotechnology – Biobanking – General requirements for biobanking, ISO 20387:2018

ISO/DIS 20916:2018 (2018) In vitro diagnostic medical devices — Clinical performance studies using specimens from human subjects — Good study practice, ISO/DIS 20916:2018

Lehmann S, Guadagni F, Moore H, Ashton G, Barnes M, Benson E, Clements J, Koppandi I, Coppola D, Demiroglu SY, DeSouza Y, De Wilde A, Duker J, Eliason J, Glazer B, Harding K, Jeon JP, Kessler J, Kokkat T, Nanni U, Shea K, Skubitz A, Somiari S, Tybring G, Gunter E, Betsou F; International Society for Biological and Environmental Repositories (ISBER) Working Group on Biospecimen Science (2012) Standard preanalytical coding for biospecimens: review and implementation of the Sample PREanalytical Code (SPREC). Biopreserv Biobank. 2012 Aug;10(4):366-74

Leistungsbewertung von In-vitro-Diagnostika (2002) Deutsche Fassung EN 13612:2002

Richtlinie der Bundesärztekammer zur Qualitätssicherung laboratoriumsmedizinischer Untersuchungen (2014) Richtlinie der Bundesärztekammer zur Qualitätssicherung laboratoriumsmedizinischer Untersuchungen gemäß dem Beschluss des Vorstands der Bundesärztekammer vom 11.04.2014 und 20.06.2014

Nationaler Ethikrat (2004): Biobanken für die Forschung – Stellungnahme. Berlin

Revermann, C, Sauter, A. (2006) Biobanken für die humanmedizinische Forschung und Anwendung. Arbeitsbericht Nr. 112 des Büros für Technikfolgen-Abschätzung des Deutschen Bundestag, Dezember 2006

Rheinsberg, Z; Parsa-Parsi, R; Wiesing, U. (2017) Deklaration von Taipeh: Weltärztebund betont Nutzen von Gesundheitsdaten- und Biobanken. Dtsch Arztebl 2017; 114 (46): A 2146–8

Richter, G; Buys, A. (2016) Breite Einwilligung (broad consent) zur Biobank-Forschung – die ethische Debatte, Ethik in der Medizin. Ethik in der Medizin 18. Juli 2016

WMA Declaration of Helsinki (2013) WMA Declaration of Helsinki – Ethical principles for medical research involving human subjects. Brazil: World Medical Association 2013

WMA Declaration of Taipei (2016) WMA Declaration of Taipei on Ethical Considerations regarding Health Databases and Biobanks. Adopted by the 53rd WMA General Assembly, Washington, DC, USA, October 2002 and revised by the 67th WMA General Assembly, Taipei, Taiwan, October 2016

Zentrale Ethikkommission bei der Bundesärztekammer (2003a): Erste Ergänzung Die (Weiter-) Verwendung von menschlichen Körpermaterialien von Verstorbenen für Zwecke medizinischer Forschung   (https://www.zentrale-ethikkommission.de/fileadmin/user_upload/downloads/pdf-Ordner/Zeko/Erste_Ergaenzung_Koerpermaterialien.pdf; zuletzt aufgerufen am 13.02.2019)

Zentrale Ethikkommission bei der Bundesärztekammer (2003b): Die (Weiter-)Verwendung von menschlichem Körpermaterial für Zwecke medizinischer Forschung. (https://www.zentrale-ethikkommission.de/fileadmin/user_upload/downloads/pdf-Ordner/Zeko/Koerpermat-1.pdf; zuletzt aufgerufen am 13.02.2019)

37

Dietmar Rescheleit und Gabriele Hartwig

37.1 Trial Master File

Der Trial Master File (TMF) ist eine Sammlung von Dokumenten und Daten, die alle wesentlichen Aspekte einer klinischen Prüfung berücksichtigt – jeder einzelne Schritt ist sorgfältig zu dokumentieren. Dabei ist zu gewährleisten, dass die klinische Prüfung von der Vorbereitung über die Durchführung bis zur Auswertung jederzeit nachvollziehbar und konform mit der guten klinischen Praxis (Good Clinical Practice, GCP) sowie den geltenden gesetzlichen Bestimmungen ist. Der TMF wird seitens der Behörden gefordert und dient als Basis einer jeglichen Inspektion.

Die Wichtigkeit der Dokumentation ist insbesondere auch daran zu erkennen, wie häufig in den für die Studiendurchführung essenziellen Regularien Bezug auf diese genommen wird. So benennt die ISO 14155, der internationale Standard zur guten klinischen Praxis in klinischen Prüfungen von Medizinprodukten, wesentliche Dokumente, welche vor, während und nach der klinischen Prüfung bereitgestellt werden müssen (DIN EN ISO 14155). In Bezug auf die klinische Prüfung von In-vitro-Diagnostika stellt die ISO 20916:2019-05 (ISO 20916) in ihrem Annex H „Good clinical performance study documentation" eine Liste der Dokumente zusammen, welche die ordnungsgemäße Durchführung einer klinischen Prüfung in diesem Bereich wider-spiegeln. Seit dem 06. Juni 2019 gilt zudem die „Guideline on the content, management and archiving of the clinical trial master file (paper and/or electronic)" (GCP IWG

D. Rescheleit · G. Hartwig (✉)
Sacura GmbH, Münster, Deutschland
E-Mail: gabriele.hartwig@sacura-cro.com

D. Rescheleit
E-Mail: dietmar.rescheleit@sacura-cro.com

© Springer-Verlag GmbH Deutschland, ein Teil von Springer Nature 2023
A. M. Raem und P. Rauch (Hrsg.), *Immunoassays*,
https://doi.org/10.1007/978-3-662-62671-9_37

Guideline 2019) die von der Good Clinical Practice Inspectors Working Group (GCP IWG) der European Medicines Agency (EMA) erarbeitet wurde. Diese Leitlinie soll die Sponsoren und Prüfer/Institutionen bei der Einhaltung der Anforderungen der geltenden Gesetzgebung hinsichtlich Struktur, Inhalt, Verwaltung und Archivierung ihrer Dokumentationssysteme unterstützen. Im Medizinproduktebereich zählen dazu u. a.:

- Medizinproduktegesetz – MPG (MPG 2002)
- Medizinprodukte-Verordnung – MPV (MPV 2001)
- Medizinprodukte-Sicherheitsplanverordnung – MPSV (MPSV 2002)
- Verordnung über klinische Prüfungen von Medizinprodukten – MPKPV (MPKPV 2010)
- MDR(EU) 2017/745 (Verordnung (EU) 2017/745)
- IVDR (Verordnung (EU) 2017/746)

Die Guideline for Good Clinical Practice E6(R2) (EMA 2016) beschreibt im ersten Satz des Kap. 8 (Essential documents for the conduct of a clinical trial) Inhalt und Zweck des TMF:

> Essential documents are those documents which individually and collectively permit evaluation of the conduct of a trial and the quality of the data produced. These documents serve to demonstrate the compliance of the investigator, sponsor and monitor with the standards of Good Clinical Practice and with all applicable regulatory requirements.

Diese essenziellen Dokumente stellen den Inhalt des TMF dar und müssen fortlaufend und zeitnah in den TMF eingepflegt werden. Die Aktualität ermöglicht allen Beteiligten eine ordnungsgemäße Durchführung der klinischen Prüfung. Da viele Personen, Institutionen und Auftragsforschungsinstitute (Contract Research Organisation, CRO) an diesen Prozessen beteiligt sind, kommt dem Management des TMF eine entscheidende Rolle zu. Vor Beginn einer klinischen Prüfung sind die Struktur, die Verantwortung und Pflege der Dokumente und Daten sowie die spätere Archivierung festzulegen und zu dokumentieren. Alle Beteiligten sollten wissen, welche essenziellen Dokumente und Daten zu welchen Zeitpunkten übermittelt werden müssen. Ein aktueller Status ist entscheidend für die Qualitätssicherung des TMF. Der TMF muss die Geschichte und Entwicklung der klinischen Prüfung erzählen – sämtliche Änderungen in einer klinischen Prüfung, z. B. sog. Amendments bis hin zur Zusammensetzung von Studienpersonal und Dienstleistern, müssen im TMF durch eine vollständige Dokumentation abgebildet und somit für Dritte jederzeit nachvollziehbar sein.

Monitore, Auditoren und Inspektoren müssen anhand der im TMF gesammelten und verwalteten Dokumente und Daten die Einhaltung des Protokolls, der geltenden gesetzlichen Bestimmungen und der Prinzipien der GCP sowie die Qualität der klinischen Prüfung und die Integrität der Daten beurteilen können.

37.2 Sponsor, CRO, Prüfer – Verantwortung und Aufgaben

In klinischen Prüfungen arbeiten verschiedene Parteien zusammen, um Daten für die Beurteilung eines Medizinproduktes zu sammeln – der Sponsor mit seinen Dienstleistern und der/die Prüfer. Insbesondere Sponsor und Prüfer dürfen sich in ihrer Unabhängigkeit nicht beeinflussen; zudem muss der Schutz der personenbezogenen Daten der Patienten und Probanden sichergestellt sein. Daher sollen bestimmte Dokumente und Daten nicht beiden Parteien zugänglich sein. Zu diesem Zweck muss der Prüfer Unterlagen, die Patienten oder Probanden identifizieren könnten, eigenständig verwalten. Es muss sichergestellt sein, dass der Sponsor keinen Zugriff auf diese Dokumente hat. Hierzu wird ein sog. Prüfarztordner (Investigator Site File, ISF) angelegt.

TMF und ISF sind aber nicht tatsächlich eigenständige Akten; die Dokumente des ISF sind immer auch Teil des TMF. So werden am Ende der Studie Daten und Dokumente im TMF teilweise zusammengeführt. Entgegen der oft gebräuchlichen Ansicht ist der TMF also nicht die Akte mit den essenziellen Dokumenten des Sponsors und der ISF die mit denen des Prüfers, sondern beide zusammen bilden den Trial Master File. In der EMA-TMF-Richtlinie heißt es dazu:

> There should only be one TMF for a clinical trial, comprising the sponsor and investigator parts. In organising the TMF, it is essential to segregate some documents that are generated and/or held by the sponsor only, from those that are generated and/or held by the investigator/institution only (e.g. subject identification code list filed in the investigator TMF only and master randomisation list filed in the sponsor TMF only. (GCP IWG Guideline 2019)

Folgerichtig gibt es in elektronischen Systemen nur einen TMF mit rollenspezifischen, dem Prüfer oder dem Sponsor zugänglichen und von ihnen verwalteten Teilen. Der Sponsor kann einen Teil seiner Aufgaben und Funktionen an eine CRO delegieren. Er muss aber jederzeit uneingeschränkten Zugriff auf die Dokumente und Daten haben, um seinen Verpflichtungen nachzukommen und Kontrolle ausüben zu können. An dieser Stelle wird schnell verständlich, dass das Führen eines elektronischen TMF Vorteile bietet, bedenkt man, welche Zeit es in Anspruch nehmen kann, eine aktuelle Version eines Dokumentes auf sicherem Wege allen Prüfzentren zugänglich zu machen und den Empfang bestätigt zu bekommen. Papierbasierte Dokumente erfordern diesbezüglich einen erheblich größeren Aufwand. In elektronischen Systemen stehen die Informationen direkt allen Prüfärzten zur Verfügung. Zusätzlich ist in einem elektronischen System auch das Abrufen der Informationen dokumentiert und schafft auf beiden Seiten ein erhöhtes Maß an Sicherheit.

Alle Aufgaben zum Einrichten, der Pflege, Übergabe und Archivierung des TMF oder deren Übertragung an eine CRO müssen schriftlich vereinbart werden.

37.3   TMF-Setup und -Struktur

Wesentlich für die Struktur ist der Index des TMF. Er sollte vor Beginn der Prüfung etabliert werden, um das Einpflegen der Dokumente an richtiger Stelle zu erleichtern sowie das Wiederauffinden zu garantieren. Dies gilt auch für den ISF. Die Struktur von TMF und ISF wird meist vom Sponsor vorgegeben, damit eine Einheitlichkeit zwischen den Zentren gewährleistet ist. Die Kontrolle des ISF obliegt dem Prüfer, unterstützt vom Monitor. Der Index selbst sollte Standards folgen, damit sich auch Dritte im TMF zurechtfinden, aber er sollte auch die individuellen Dokumentationserfordernisse des spezifischen Studienprotokolls berücksichtigen. So können Sektionen eines Standards irrelevant, aber auch zusätzliche Sektionen erforderlich sein.

Ein solcher Standard ist das TMF-Referenzmodell, das sich als Referenz für die Struktur, Taxonomie und Metadaten etabliert hat. Es geht auf eine Arbeitsgruppe der Drug Information Association (DIA) zurück. Das TMF-Referenzmodell ist kein Standard im Sinne einer Norm und sollte entsprechend adaptiert werden.

Unterteilt ist es in elf Zonen:

- Trial Management
- Central Trial Documents
- Regulatory
- IRB/IEC and Other Approvals
- Site Management
- Investigational Product (IP) and Trial Supplies
- Safety Reporting
- Centralized and Local Testing
- Third Parties
- Data Management
- Statistics

Abb. 37.1 zeigt beispielhaft den TMF-Aufbau mit Unterkapiteln der Zone 1.

Das TMF-Referenzmodell kann für elektronische Systeme oder papierbasierte TMF genutzt werden und unterstützt oder erfordert keine spezielle Technologie. Der Einsatz ist nicht verpflichtend. Die Materialien zum TMF Referenzmodell werden auf der Internetseite https://tmfrefmodel.com (TMF-Referenzmodell) öffentlich zugänglich gemacht und können von jedermann für jeden Zweck ohne Einschränkung verwendet werden. Beim Setup des TMF sollte man sich, auch zusammen mit den involvierten Dienstleistern, klar darüber sein, wo welche Dokumente gelagert sind, wer welche Dokumente erstellt und wie sie im TMF zusammengeführt werden.

Dokumente und Daten sollten in den jeweiligen Sektionen chronologisch abgelegt werden, damit sie leichter auffindbar sind und der Verlauf der Entwicklung für jeden nachvollziehbar wird.

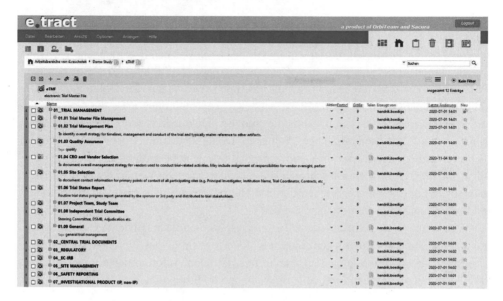

Abb. 37.1 Beispiel für den Aufbau der ersten Zone des TMF

Das Gleiche gilt natürlich auch für die relevante Korrespondenz. Der größte Teil liegt fast immer als E-Mail vor. Daher sollte auch diese in elektronischen Systemen aufgrund des Namens der Datei (generiert aus dem Betreff der E-Mail) zuordenbar sein. Hierzu bietet es sich an, in den Hauptsektionen Ordner anzulegen, um eine thematische Zuordnung zu gewährleisten. Es sollte sämtliche Korrespondenz in den TMF aufgenommen werden, die es ermöglicht, Entscheidungen und Änderungen nachzuvollziehen, ebenso die gesamte Korrespondenz mit Behörden und Ethikkommissionen oder Ausschüssen von Fachgremien und Gutachtern (z. B. Data Review Board, Steering Committee). Die Übernahme von Datenträgern mit dem gesamten E-Mailverkehr für den Zeitraum der Prüfung, wie es teilweise praktiziert wird, ist nicht akzeptabel und auch nicht im Sinne des Sponsors oder Prüfers.

Bei E-Mails muss zudem darauf geachtet werden, dass die Anhänge und der Korrespondenzstrang erhalten bleiben.

37.4 Elektronischer TMF, Papier-TMF, Hybride

Grundsätzlich wird nicht zwischen Papier- und elektronischem TMF (eTMF) oder einem Hybrid unterschieden, somit werden an papierbasierte und elektronische TMF die gleichen Anforderungen gestellt. Allerdings muss bei einem eTMF berücksichtigt werden, dass das System validiert ist, dies betrifft insbesondere die dabei ablaufenden automatisierten und teilautomatisierten Prozesse und alle Aspekte der Sicherheit.

Besondere Beachtung verlangen der rollenbasierte Benutzerzugang und, wie bei jedem elektronischen System, User Management, Support, Training und Backups der Daten. Bei einer ersten Berührung mit einem eTMF erscheint der damit verbundene Aufwand oft sehr hoch, doch vergleicht man Studien mit papierbasiertem und elektronischem TMF, wird man die Vorteile sehr schnell erkennen. Der Status der Dokumentation in den einzelnen Sektionen des TMF ist schneller kontrollierbar, z. B. die Vollständigkeit der zentrumspezifischen Dokumente und der Dokumente für Einreichungen bei Behörden und Ethikkommissionen. Fehlende Dokumente und Doppelungen können leichter identifiziert werden, post- und papierbasierte Unterschriftenrunden können entfallen, da im System elektronisch oder digital unterschrieben werden kann. Allgemein können in elektronischen Systemen durch Standardisierung von Prozessen die Qualität und Inspektionssicherheit gesteigert werden.

Auch wenn man Hybridsysteme betreibt, sollte man am Ende der Prüfung die Dokumente auf ein System konzentrieren. Es ist wichtig, ein kompaktes Archiv zu generieren, das über die lange Aufbewahrungsfrist allen Anforderungen entspricht und somit jederzeit als Informationsquelle im Rahmen von Inspektionen zugänglich ist.

37.5   eTMF-Systeme

Die einfache Speicherung der gescannten Dokumente eines Papier-TMF in einem elektronischen System stellt keinen eTMF dar, vielmehr gehören dazu auch die Prozesse, die die Integrität der Dokumente garantieren.

Ein eTMF ist aber auch Instrument des Studienmanagements. Man kann in den einzelnen Bereichen (Prüfzentrum, Ethikkommission, Behörde etc.) zeitnah nachverfolgen, ob die notwendigen essenziellen Dokumente vollständig sind und bestimmte Meilensteine erreicht wurden.

Ein eTMF-System muss, um die sichere Funktion zu garantieren, validiert sein, so wie es auch von anderen elektronischen Systemen, wie z. B. dem eCRF, gefordert ist. Die Validierungsunterlagen sollten für den Sponsor einsehbar sein. Anpassungen für eine spezielle Studie sollten mithilfe von sog. User Acceptance Tests (UAT) überprüft werden und das Produktivsystem durch den Sponsor abgenommen und freigegeben werden.

Nutzer des Systems müssen eigene rollenbasierte Konten besitzen, die durch individuelle Passwörter gesichert sind. Diese Konten müssen gesperrt und die Berechtigungen angepasst werden können. Benutzer sollten nachweislich trainiert werden, bevor sie Zugang zu einem eTMF-System erhalten.

Es muss ein sog. Audit Trail implementiert sein, in dem sämtliche Aktivitäten und Veränderungen an den Dokumenten (Hochladen, Erstellen, Kopieren, Ändern, Löschen, Freigeben, Sperren) zusammen mit Nutzer, Datum und Uhrzeit gespeichert werden.

Das System muss sicher sein, indem es nur autorisierten Benutzern zugänglich ist, regelmäßige Backups auf einem entfernten Server sicherstellt, die eine Wiederherstellung der Daten mit keinem oder nur geringem Datenverlust möglich machen, und Schadsoftware sowie Angriffe von außen abwehrt.

Für den Prüfer-TMF (ISF) ist der Prüfer verantwortlich, daher muss er Kontrolle über seine Dokumente und ständigen Zugang zu seinem Teil des eTMF haben. Meist werden zentrale Dokumente, wie z. B. das Protokoll, die Investigator Brochure (IB) etc., durch Sponsor oder CRO in den Teil des Prüfer-TMF geladen oder verlinkt. Diese Prozesse, inklusive aller Zugriffe, müssen automatisch und lückenlos im Audit Trail gespeichert sein.

In den letzten zehn Jahren haben sich verschiedene eTMF-Systeme etabliert. Die meisten basieren auf bestehenden Dokumentmanagementsystemen und implementieren neue Funktionen oder konfigurieren die Systeme, um sie optimal als eTMF nutzen zu können und die Regularien in klinischen Prüfungen zu erfüllen. Um für die eigenen Zwecke das passende System zu finden, sollen hier einige Kriterien aufgelistet werden, die zu berücksichtigen sind:

- Bereitstellung der Validierungsdokumentation durch den Anbieter
- Konformität mit geltenden Regularien
- Möglichkeit der Zusammenarbeit in verschiedenen, definierbaren Arbeitsgruppen
- adaptierbare Vorlagen der Struktur für verschiedene Studienszenarien
- anpassbare Metadaten
- elektronische/digitale Unterschriftenfunktion
- vorbereitete und anpassbare Prozesse zum Review und der Freigabe von Dokumenten
- rollenbasierte Benutzerkonten
- Prüfer-TMF (ISF)
- individuelle Dateinamenskonventionen
- anpassbare Benachrichtigungsfunktionen für die Benutzer
- systemweite Suchfunktionen in Dateinamen, Dokumentinhalten und Metadaten
- Monitoring der Vollständigkeit von Sektionen des TMF, der Einhaltung von Namenskonventionen und des Erreichens von Meilensteinen
- Implementierung der E-Mail-Korrespondenz
- umfangreicher, leicht erreichbarer Support, auch telefonisch
- kurze Setupzeiten
- Schnittstellen zu anderen Systemen
- geringer Trainingsaufwand
- Export und Archivierung

37.6   Management von Dokumenten im eTMF

Das verlässlichste Format der Speicherung von Dokumenten ist das PDF/A (Portable Document Format) zur Langzeitarchivierung (LZA). In den Normen der ISO 19005 (ISO 19005-1, ISO 19005-2, ISO 19005-3; Abschn. 37.7 Archivierung) sind das Dateiformat und der Mechanismus definiert, der das visuelle Erscheinungsbild über die Zeit hinweg bewahrt, unabhängig von den Werkzeugen und Systemen, die zur Erstellung, Speicherung oder Wiedergabe der Dateien verwendet werden. Ebenfalls ist hier der Rahmen für die Aufzeichnung des Kontexts und der Historie elektronischer Dokumente in Metadaten beschrieben.

Werden dynamische Dateien, z. B. Microsoft Excel oder SAS-Datensätze, für die Langzeitarchivierung im TMF in PDF/A-Dateien umgewandelt, so sollte die Ursprungsdatei im System der Generierung verbleiben.

Neben den Metadaten, die dem Audit Trail zugrunde liegen, können noch weitere Metadaten definiert werden, die den Inhalt oder die Eigenschaften der Dokumente beschreiben. Diese sollten konsistent im ganzen System verwendet werden.

In eTMF-Systemen sollte man sich über Namenskonventionen einigen. Diese können sich an denen orientieren, die beim Sponsor gebräuchlich sind und auch für jeden Dritten, z. B. einen Inspektor, nachvollziehbar sind. Dateinamen sollten spezifische Informationen enthalten, wie das Datum der Genehmigung oder des Eingangs, die Nummer des Prüfzentrums oder der Name des Prüfers, den Studiencode, den Dokumententitel und relevante Zusatzinformationen. Hier ein typisches Beispiel:

JJJJMMMTT-Dokumententitel-zusätzliche Information-Zentrumsnummer-Studiencode.

Der Dateiname sollte aber nicht zu lang gewählt werden, da manche Archivformate solche Namen kürzen.

Die eTMF-Systeme müssen bestimmte Funktionen bereitstellen, die die Integrität der Dokumente garantieren.

Die automatische Versionierung (Autoversioning) ermöglicht es, jede gespeicherte Änderung eines Dokumentes als eigene Version zu speichern und in den Metadaten eine eindeutige Versionsnummer zuzuordnen.

Während der Bearbeitung eines Dokuments durch einen Benutzer sollte es vor der Veränderung durch Dritte geschützt sein.

Verschiedene Versionen eines Dokumentes, z. B. ersetzte und überholte Protokollversionen, müssen im TMF erhalten bleiben, um die klinische Prüfung rekonstruieren zu können. Dies schließt Entwürfe aus. Die Prozesse, die zu neuen Versionen führen (Erstellung, Überprüfung, Abnahme, Freigabe) sollten mit diesen Dokumenten verbunden sein; in elektronischen Systemen als Metadaten.

Kopien müssen in ausreichender Qualität und vollständig sein, dabei müssen Inhalt, Struktur und Eigenschaften erhalten bleiben. Änderungen sind nur akzeptabel, wenn sie der Verbesserung der Qualität dienen. Das zu garantieren, bedarf es eines festgeschriebenen Prozesses. Kopien, die Originale irreversibel ersetzen, müssen zertifizierte Kopien sein. Eine zertifizierte Kopie (elektronisch oder Papier) muss eine exakte Kopie des Originaldokuments sein, die verifiziert wurde (z. B. durch eine datierte Unterschrift oder durch einen validierten Prozess). Bevor Originale der zertifizierten Kopien vernichtet werden, sollte in einem festgeschriebenen Verfahren die Qualität der Kopien kontrolliert werden.

37.7 Archivierung der Studienunterlagen im TMF bzw. eTMF

Die GCP-konforme Archivierung klinischer Prüfungen ist von großer Bedeutung und gesetzlich vorgeschrieben (EMA 2016). Der Sponsor ist verpflichtet, sämtliche Daten nach Abschluss oder Abbruch der Prüfung entsprechend der gesetzlichen Vorgaben aufzubewahren. Er benennt innerhalb seiner Organisation Personen, die für die Archivierung zuständig sind. Die jeweilige Archivierungsmethode muss gewährleisten, dass die Dokumente geschützt, lesbar, komplett und den dafür verantwortlichen Personen zugänglich bleiben. Auch Dokumente aus zugrunde liegenden zentralen Systemen gehören zum TMF (SOPs, Training Records, nicht prüfungsspezifische Software-validierungen) und unterliegen den zutreffenden Archivierungszeiträumen. Der Zugang zu den Archiven ist nur diesen Personen gestattet und muss entsprechend dokumentiert sein. Jeglicher Zugriff auf oder die Weitergabe von Dokumenten muss nachvollziehbar und die Rückführung der Dokumente gesichert sein.

Der Sponsor sollte auch den Prüfer über seine Verpflichtungen zur Archivierung des ISF informieren und die Bedingungen im Vertrag zwischen Sponsor und Prüfer festlegen. Der Prüfer oder dessen Institution müssen den Sponsor über jegliche Änderung der Archivierungsbedingungen am Prüfzentrum, wie z. B. Auslagerung der Dokumente in ein externes Archiv, schriftlich informieren.

Alle wesentlichen Dokumente des TMF müssen, auch für die gesamte Zeit der Archivierung nach der klinischen Prüfung, jederzeit verfügbar sein. Das ist eine nicht zu unterschätzende Herausforderung, da der TMF oft auf verschiedenen Medien (Papier, Server, bewegliche Speichermedien) gespeichert ist und bei Hybriden auch an verschiedenen Orten gelagert sein kann. Selbst die dynamische Umgebung von interaktiven Systemen muss über den gesamten Archivierungszeitraum erhalten bleiben.

Ein Archiv benötigt auch während der Archivierungsfristen Pflege. Das ist schon dem Umstand geschuldet, dass die Dokumente in ihrer Qualität erhalten werden müssen. An die Archivierung von Papierdokumenten werden nicht zu unterschätzende Anforderungen an die Umgebungsbedingungen gestellt: Temperatur, Feuchtigkeit, Licht, Ungeziefer, Brandschutz und Zugangskontrolle.

In elektronischen Systemen sind die Anforderungen nicht minder aufwendig. Der geforderte Audit Trail muss auch weiterhin erhalten bleiben und aktualisiert werden. Jedes Öffnen einer Datei muss er mit Benutzer, Datum und Uhrzeit registrieren. Bei elektronischer Speicherung muss man bedenken, dass auch solche Medien altern, nach vielen Jahren unbrauchbar oder nicht mehr nutzbar sind. Das hat zur Folge, dass Daten und Dokumente im Verlauf der Archivierungsfrist eventuell auf andere Medien übertragen werden müssen. Auch solche Prozesse bedürfen der Validierung und das Ergebnis muss eine Qualitätskontrolle durchlaufen. Hier eine Liste der gebräuchlichsten Speichermedien und deren geschätzte Haltbarkeit (Däßler 2019):

- HDD: 5 Jahre
- SSD und Flash-Speicher: 10 Jahre

- CD ± R, CD ± RW: 10–30 Jahre
- DVD ± R, DVD ± RW: 10–30 Jahre
- CD-ROM, DVD, BD: 30–50 Jahre

Das Dateiformat ist ebenfalls entscheidend, wenn Dokumente und Daten in Zukunft lesbar sein sollen. Es muss garantiert sein, dass dann eine Software verfügbar ist, die das ermöglicht. Wie in Abschn. 37.6 erwähnt, bietet sich das PDF/A-Format an. Erinnern wir uns an die Anforderungen an Dateien in einem eTMF, so müssen die Darstellung des Inhalts und die mit dem Dokument verbundenen Metadaten erhalten bleiben. Sie sollten in verschiedenen Programmen darstellbar sein, Schutzmechanismen implementiert und im besten Fall auch noch einen geringen Speicherbedarf haben. Für die Langzeitarchivierung wird dies durch das PDF/A-Format garantiert, dessen Eigenschaften und Funktionen normiert sind. Da hierzu oft Unklarheit herrscht, sind die Normen nachfolgend mit ihren grundsätzlichen standardisierten Eigenschaften gelistet:

- PDF/A-1
  - Norm ISO 19005-1:2005 (DIN ISO 19005-1)
  - Basiert auf PDF-Version 1.4
  - PDF/A-1b (basic)
    langfristig unverändertes Aussehen
    Einbettung von digitalen Signaturen
    Metadaten
  - PDF/A-1a (accessible), erweitert Level A um
    Strukturinformationen
    das Erhalten der logischen Dokumentstruktur und natürlichen Lesereihenfolge
    Unicode-Textsemantik
    Barrierefreiheit
- PDF/A-2
  - Norm ISO 19005-2:2011 (DIN ISO 19005-2)
  - Level A und Level B werden um Funktionen von PDF 1.7 (ISO 32000-1:2008 (DIN ISO 32000-1)) erweitert, z. B. transparente Elemente und Ebenen
  - Zusätzlich PDF/A-2u (Unicode)
    gesamter Text in Unicode
    vollständig durchsuchbar und extrahierbar
- PDF/A-3
  - Norm ISO 19005-3:2012 (DIN ISO 19005-3)
    wie PDF/A-2, jedoch können zusätzlich beliebige Dateitypen als Anlage eingebettet werden
    Anhänge können Textstellen, Seiten oder dem gesamten Dokument zugeordnet werden
  - Der PDF/A-3 Standard gewährleistet nicht die Verarbeitung von eingebetteten Anhängen, sie sind lediglich extrahierbar

Bei einem eTMF, der durch ein Cloud Data Center gehostet wird, kann man sicher auch in Erwägung ziehen, das System fortzuführen und die User auf die Archivare zu beschränken. Dieser Dienstleister sollte nach der ISO/IEC 27001:2015 (DIN ISO/IEC 27001) zertifiziert sein, die die Anforderungen an die IT-Sicherheit und das dazu nötige Managementsystem festlegt.

Bevor externe Dienstleister mit diesen Aufgaben betraut werden, sollten diese ein Provider Assessment durchlaufen. Letztendlich erhalten sie streng vertrauliche Information über ein Produkt, welches sich noch in der Entwicklung befindet. Normen und Gesetze zur Datensicherheit müssen dabei eingehalten werden. Die Erfüllung der ISO/IEC 27001:2015 und der EU-Datenschutzgrundverordnung (DSGVO) (Verordnung (EU) 2016/679) inklusive der Etablierung geeigneter technischer und organisatorischer Maßnahmen (TOM) sind dabei essenziell. Auch hier bleibt der Sponsor voll verantwortlich für sämtliche Prozesse rund um die Archivierung. Daher ist es essenziell, jederzeit Zugriff zu haben und über den Status des Archivs und den Ort der Lagerung informiert zu sein. Jede Änderung, z. B. der Umzug eines Archivs oder des Servers, muss dem Sponsor mitgeteilt und von ihm gegebenenfalls genehmigt werden.

Die Dokumentation ist über einen Zeitraum von mindestens zehn Jahren nach Beendigung der klinischen Prüfung mit dem betreffenden Produkt oder – falls das Produkt anschließend in Verkehr gebracht wird – mindestens zehn Jahre nach dem Inverkehrbringen des letzten Produkts aufzubewahren (Verordnung (EU) 2017/746).

Unter Umständen können nationale Vorschriften und Gesetze längere Archivierungsfristen vorschreiben. In solchen Fällen ist immer die jeweils längere Frist rechtlich bindend.

Literatur

Däßler R (2019): Datenträger und Speicherverfahren für die digitale Langzeitarchivierung. In nestor Handbuch: Neuroth H, Oßwald A, Scheffel R, Strathmann S, Huth K (Hrsg.) Eine kleine Enzyklopädie der digitalen Langzeitarchivierung. Version 2.3, Kap. 10:6-Kap. 10:22 (http://nbn-resolving.de/urn/resolver.pl?urn:nbn:de:0008-20100305200, zugegriffen am 14.10.2020)

DIN EN ISO 14155: ISO 14155:2020-07, Klinische Prüfung an Medizinprodukten an Menschen – Gute klinische Praxis

DIN ISO 19005-1: ISO 19005-1:2005-10, Dokumenten-Management – Elektronisches Dokumentendateiformat für Langzeitarchivierung – Teil 1: Verwendung von PDF 1.4 (PDF/A-1)

DIN ISO 19005-2: ISO 19005–2:2011-07, Dokumenten-Management – Elektronisches Dokumenten-Dateiformat für die Langzeitarchivierung – Teil 2: Anwendung der ISO 32000-1 (PDF/A-2)

DIN ISO 19005-3: ISO 19005-3:2012-10, Dokumenten-Management – Elektronisches Dokumenten-Dateiformat für die Langzeitarchivierung – Teil 3: Anwendung der ISO 32000-1 mit Unterstützung für eingebettete Dateien (PDF/A-3)

DIN ISO 32000-1: ISO 3200-1:2008-07, Dokumenten-Management – Portables Dokumenten Format – Teil 1: PDF 1.7

DIN ISO/IEC 27001: ISO/IEC 27001:2013-10, Informationstechnik – Sicherheitsverfahren – Informationssicherheitsmanagementsysteme – Anforderungen

EMA 2016: EMA: CMPM/ICH/135/1995 Guideline for good clinical practice, ICH topic E 6 (R2). London: European Medicines Agency (EMA) 2016

GCP IWG Guideline 2019: Good Clinical Practice Inspectors Working Group (GCP IWG), Guideline on the content, management and archiving of the clinical trial master file (paper and/ or electronic)

ISO 20916: ISO 20916:2019–05, In vitro Diagnostika – Klinische Leistungsuntersuchungen an menschlichem Untersuchungsmaterial – Gute Studienpraxis

MPG 2002: MPG:2002-08-07, Gesetz über Medizinprodukte (Medizinproduktegesetz – MPG), Medizinproduktegesetz in der Fassung der Bekanntmachung vom 7. August 2002 (BGBl. I S. 3146)

MPKPV 2010: MPKPV:2010-05-10, Verordnung über klinische Prüfungen von Medizinprodukten und zur Änderung medizinprodukterechtlicher Vorschriften (Artikel 1 Verordnung über klinische Prüfungen von Medizinprodukten (MPKPV), Medizinprodukte-Verordnung über klinische Prüfung in der Fassung der Bekanntmachung vom 13. Juli 2020 (BGBI I, S. 1692)

MPSV 2002: MPSV:2002-06-24, Verordnung über die Erfassung, Bewertung und Abwehr von Risiken bei Medizinprodukten (Medizinprodukte-Sicherheitsplanverordnung – MPSV), Medizinprodukte-Sicherheitsplanverordnung in der Fassung der Bekanntmachung vom 28. April 2020 (BGBI I, S. 960)

MPV 2001: MPV:2001-12-20, Verordnung über Medizinprodukte (Medizinprodukte-Verordnung-MPV), Medizinprodukte-Verordnung in der Fassung der Bekanntmachung vom 27. September 2016 (BGBI I, S. 2203)

TMF-Referenzmodell: https://tmfrefmodel.com zugegriffen am 14.10.2020

Verordnung (EU) 2016/679: Verordnung (EU) 2016/679:2016-04-27; DSGVO:2016-04-27, EU-Verordnung 2016/679 des Europäischen Parlaments und des Rates vom 27. April 2016 zum natürlicher Personen bei der Verarbeitung personenbezogener Daten, zum freien Datenverkehr und zur Aufhebung der Richtlinie 95/46/EG

Verordnung (EU) 2017/745: Verordnung (EU) 2017/745:2017-04-05, EU-Verordnung 2017/745 des Europäischen Parlaments und des Rates vom 5. April 2017 über Medizinprodukte, zur Änderung der Richtlinie 2001/83/EG, der Verordnung (EG) Nr. 178/2002 und der Verordnung (EG) Nr. 1223/2009 und zur Aufhebung der Richtlinien 90/385/EWG und 93/42/EWG des Rates

Verordnung (EU) 2017/746: Verordnung (EU) 2017/746:2017-04-05, IVDR, EU-Verordnung 2017/746 des Europäischen Parlaments und des Rates vom 5. April 2017 über In-vitro-Diagnostika und zur Aufhebung der Richtlinie 98/79/EG und des Beschlusses 2010/227/EU der Kommission sowie Verordnung (EU) 2017/746 Anh. XIV: Verordnung (EU) 2017/746:2017-04-05, IVDR, EU-Verordnung 2017/746 des Europäischen Parlaments und des Rates vom 5. April 2017 über In-vitro-Diagnostika, und zur Aufhebung der Richtlinie 98/79/EG und des Beschlusses 2010/227/EU der Kommission, Anh. XIV, Kap. 2, Ziff. 3

Patentschutz für diagnostische Verfahren und seine Grenzen

38

Joseph Straus

Es ist eine unbestrittene Tatsache, dass eine schnelle und genaue Diagnose eine unabdingbare Voraussetzung für eine erfolgreiche Behandlung jeder Gesundheitsstörung ist. Doch erst ein Ereignis wie der Pandemieausbruch des Covid-19-Virus rückt die zentrale Bedeutung der Diagnostik für die öffentliche Gesundheit ins Rampenlicht der Politik.[1] Während jedoch die Wirtschaftlichkeit der risikoreichen und teuren Investitionen in Forschung und Entwicklung von Therapeutika und ihre hohen Kosten für das Gesundheitssystem häufig im Mittelpunkt öffentlicher Debatten stehen, findet die wirtschaftliche Situation der Industrie, die für die Forschung und Entwicklung (F&E) von Diagnoseverfahren und die Produktion von Diagnosemitteln verantwortlich ist, wenig Beachtung.

38.1 In-Vitro-Diagnostik – wirtschaftliche und regulatorische Aspekte

Das Rückgrat der modernen Diagnostik bilden nichtinvasive Tests, die an biologischen Proben wie Blut, Urin oder Gewebe durchgeführt werden, um eine Krankheit zu diagnostizieren oder auszuschließen, und die gemeinhin als In-vitro-Diagnostik (IVD)

---

[1] Zeitungen und Fachzeitschriften sind seit dem Ausbruch der Pandemie voll von Schlagzeilen, die die außergewöhnliche Bedeutung der Diagnostik betonen. Hier nur zwei frühe Beispiele: H. Kuchler/K. Stacey und K. Manson, White House Moves to Accelerate Testing, Financial Times vom 14./15. März 2020, S. 4, und S. Berkley, COVID-19 Needs a Manhattan Project, Editorial, 2020 Science 367, 1407.

J. Straus (✉)
Max-Planck-Institute for Innovation and Competition, München, Deutschland
E-Mail: j.straus@ip.mpg.de

© Springer-Verlag GmbH Deutschland, ein Teil von Springer Nature 2023
A. M. Raem und P. Rauch (Hrsg.), *Immunoassays,*
https://doi.org/10.1007/978-3-662-62671-9_38

bezeichnet werden. IVD hat ein breites Spektrum, das von hochentwickelten Technologien, die in klinischen Laboratorien angewandt werden, bis hin zu einfachen Selbsttests wie Schwangerschaftstests und Glukoseüberwachung reicht. In der modernen Gesundheitsfürsorge geht die In-vitro-Diagnostik weit darüber hinaus, einem Arzt einfach nur mitzuteilen, ob ein Patient eine bestimmte Krankheit hat oder nicht. Sie ist heute ein integraler Bestandteil der Entscheidungsfindung entlang des gesamten Gesundheits- oder Krankheitskontinuums eines Patienten und ermöglicht es Ärzten, IVDs entlang der Wertschöpfungskette im Gesundheitswesen voll auszuschöpfen.[2]

Es sind mehr als 40.000 verschiedene IVD-Produkte auf dem Markt, die Ärzten und Patienten Informationen über eine Vielzahl von Erkrankungen liefern. Die europäische IVD-Industrie hat einen jährlichen Nettoumsatz von über 11 Mrd. Euro und ist für weniger als 1 % der gesamten Gesundheitskosten in der EU verantwortlich. Sie beschäftigt rund 75.000 Personen, mehr als 8000 oder 11 % aller Beschäftigten in der Forschung und Entwicklung. Die IVD investiert zwischen 12 und 15 % ihres Umsatzes in F&E, was sie zu einem der F&E-intensivsten Sektoren in Europa macht, vergleichbar mit der pharmazeutischen Industrie. Von den 3000 Unternehmen des IVD-Sektors sind über 95 % kleine und mittlere Unternehmen (KMU).[3]

In Europa,[4] wie auch in den USA,[5] unterliegen das „Inverkehrbringen" und die „Inbetriebnahme" jedes „In-vitro-Diagnostikums", d. h. jedes Medizinprodukts, das

[2] https://www.roche.com/about/business/diagnostics/about-diagnostics.htm (zuletzt besucht am 29.3.2020).

[3] Europäische Industrie für In-vitro-Diagnostika – Fakten und Zahlen, https://www.medtecheurope.org/resource-library/european-in-vitro-diagnostics-industry-facts-and-figures/ (zuletzt besucht am 25.3.2020). Für detaillierte Informationen über deutsche Unternehmen, die im Bereich des IVD CV Firmenverzeichnisses tätig sind: In-vitro-Diagnostik – Sie sind Ihr deutscher Partner, https://www.vdgh.de/media/file/12051.company-directory-in-vitro-diagnostics.pdf (zuletzt besucht am 29.3.2020).

[4] Richtlinie 98/79/EG des Europäischen Parlaments und des Rates vom 27. Oktober 1998 über In-vitro-Diagnostika, ABl. EU Nr. L 331/1 vom 7.12.98. Am 5. April 2017 verabschiedete die EU die Verordnung (EU) 2017/746 über In-vitro-Diagnostika und zur Aufhebung der Richtlinie 98/79/EG und des Beschlusses 2010/227/EU der Kommission (ABl. EU Nr. L117/176 vom 5.5.17), die gemäß Artikel 113 Absatz 1 am 26. Mai 2017 in Kraft trat, aber gemäß Absatz 2 dieses Artikels ab dem 26. Mai 2022 anwendbar sein wird. Darüber hinaus legt Absatz 3 des Artikels 113 fest, dass einige Artikel der Verordnung bereits vor dem 26. Mai 2022 und einige nach diesem Datum anzuwenden sind.

[5] CFR-Code of Federal Regulations Title 21 – Food and Drugs, Kapitel I, Food and Drug Administration Department of Health and Human Services, Unterkapitel H – Medical Devices, Part 809 In Vitro Diagnostics for Human Use (21 CFR 809.3). Vgl. auch A.K. Sarata/J.A. Johnson, Regulation of Clinical Tests: In-vitro-Diagnostics (IVD), Laboratory Developed Tests (LDTs) and Genetic Tests, 17. Dezember 2014, Congressional Research Service, 7–5700, www.cfs.gov. R 43, 438.

als Reagenz, Reagenzprodukt, ein Kalibriermaterial, Kontrollmaterial, Kit, Instrument, Apparat, Gerät oder System – einzeln oder in Verbindung miteinander – nach der vom Hersteller festgelegten Zweckbestimmung zur In-vitro-Untersuchung von aus dem menschlichen Körper stammenden Proben, einschließlich Blut- und Gewebespenden, verwendet wird und ausschließlich oder hauptsächlich dazu dient, Informationen zu liefern

- über angeborene Anomalien, oder
- zur Prüfung auf Unbedenklichkeit und Verträglichkeit bei den potenziellen Empfängern oder
- zur Überwachung therapeutischer Maßnahmen[6]
- über physiologische oder pathologische Zustände oder

strengen Zulassungsregeln.

Nach den Informationen, die der Autor von einem der führenden Hersteller von Diagnostika erhalten konnte, dauert eine erfolgreiche Entwicklung eines In-vitro-Diagnostikums von der Identifizierung des Markers[7] bis zur Marktzulassung und Kommerzialisierung als IVD-Produkt bis zu acht Jahre mit steigender Tendenz. Die Kosten für eine europäische Marktzulassung (CE-Kennzeichnung) belaufen sich auf rund 5 Mio. €. Die Kosten für die sogenannte 510-K-Zulassung der US Food and Drug Administration (FDA) belaufen sich auf ca. 2 Mio. € und die für die Pre-Market-Zulassung der US FDA je nach Komplexität des Falles auf 1–5 Mio. €. Seit Oktober

---

[6] Artikel 1 (2) (b) der Richtlinie 98/79/EG; Artikel 2 (1) der Verordnung 2017/746 EU hat diese Definition bis zu einem gewissen Grad erweitert. Sie lautet wie folgt:

(2) „In-vitro-Diagnostikum" ist jedes Medizinprodukt, das als Reagenz, Reagenzprodukt, Kalibrator, Kontrollmaterial, Kit, Instrument, Apparat, Gerät, Software oder System – einzeln oder in Verbindung miteinander – vom Hersteller zur In-vitro-Untersuchung von aus dem menschlichen Körper stammenden Proben, einschließlich Blut- und Gewebespenden, bestimmt ist und ausschließlich oder hauptsächlich dazu dient, Informationen zu einem oder mehreren der folgenden Punkte zu liefern

(a) über physiologische oder pathologische Prozesse oder Zustände,
(b) über kongenitale körperliche oder geistige Beeinträchtigungen,
(c) über die Prädisposition für einen bestimmten gesundheitlichen Zustand oder eine bestimmte Krankheit,
(d) zur Feststellung der Unbedenklichkeit und Verträglichkeit bei den potentiellen Empfängern,
(e) über die voraussichtliche Wirkung einer Behandlung oder voraussichtlichen Reaktionen darauf oder
(f) zur Festlegung oder Überwachung therapeutischer Maßnahmen.

Probenbehältnisse gelten als auch In-vitro-Diagnostika.

[7] Eine Tätigkeit, die oft in Zusammenarbeit mit akademischen Institutionen erfolgt und die Industrie über Technologietransfer erreicht, z. B. auf der Grundlage einer Übertragung oder Lizenz, wobei die Industrie sich um die Patentierung kümmert.

2014 verlangt auch China für die Marktzulassung, dass klinische Tests in China durchgeführt werden, deren Kosten mit denen der USA vergleichbar sind.[8]

Aus den obigen Ausführungen geht hervor, dass die In-vitro-Diagnostik-Industrie
wirklich industriell tätig und für das moderne Gesundheitssystem von entscheidender
Bedeutung ist. Ihre Verfahren und Geräte werden in diagnostischen Laboratorien
angewandt, die oft beachtliche Größe aufweisen und einen wichtigen Industriezweig
im Gesundheitswesen darstellen. Während die In-vitro-Diagnostik-Industrie Diagnoseverfahren entwickelt, in In-vitro-Diagnostikprodukte integriert und vermarktet, sind die
kommerziellen „Produkte" der Diagnostiklabors die durch den Einsatz von Diagnostik-
produkten gewonnenen Erkenntnisse. Mit anderen Worten, Daten über physiologische oder pathologische Zustände von Patienten. Die auf Biomarkern basierende
In-vitro-Diagnostik hat einen signifikanten Einfluss auf die Entwicklung sowohl von
therapeutischen als auch von diagnostischen Mitteln.[9]

Zweifellos[10] verdienen Investitionen in die Forschung und Entwicklung moderner
Diagnostika, die auch für die allgemeine Senkung der Gesundheitskosten mitverantwort-
lich sind, mindestens die gleiche Förderung, Unterstützung und Absicherung durch das
Patentsystem wie Investitionen in Forschung und Entwicklung auf anderen Gebieten der
Technik.

38.2   Patentschutz und In-Vitro-Diagnostik

Aus Gründen der Klarheit sei vorab daran erinnert, dass es sich bei Patenten um
territorial begrenzte ausschließliche Privatrechte handelt, die Erfindern und ihren Rechts-
nachfolgern zum Schutz von Erfindungen erteilt werden. Allgemein wird als Erfindung
eine Anweisung verstanden, wie ein technisches Problem mit technischen Mitteln
gelöst werden kann, seien es Produkte oder Verfahren/Prozesse. Patente verleihen dem
Inhaber das Recht, Dritten die gewerbliche Verwertung der patentierten Erfindung
ohne seine Zustimmung zu untersagen. Im Falle von Produktpatenten dürfen Dritte das
patentierte Erzeugnis nicht herstellen, anbieten, in Verkehr bringen oder gebrauchen oder
zu den genannten Zwecken einführen oder besitzen; im Falle von Verfahrenspatenten
ist es Dritten untersagt, das patentierte Verfahren anzuwenden und das direkt durch das
patentierte Verfahren erhaltene Erzeugnis anzuwenden, in Verkehr zu bringen oder zu

---

[8] Nach den Angaben von Dr. A. Poredda, Leiter Patente Mannheim, Roche Diagnostics GmbH vom
30. März 2015.

[9] Für weitere Informationen siehe J. Jakka/M. Rossbach, An Economic Perspective on Personalized
Medicine, The HUGO Journal (2013), 7:1 ff., (https://thehugojournal.springeropen.com/
track/pdf/10.1186/1877-6566-7-1?site=thehugojournal.springeropen,com. Zuletzt besucht am
27.6.2017).

[10] Mehr bei J. Jakka/M. Rossbach, ebd.

gebrauchen oder zu den genannten Zwecken einzuführen oder zu besitzen.[11] Allerdings berechtigt ein Patent „den Inhaber nicht, die Erfindung anzuwenden, sondern verleiht ihm lediglich das Recht, Dritten deren Verwendung zu industriellen und kommerziellen Zwecken zu untersagen."[12] Das Patent stellt also keine Nutzungslizenz dar! Daher erfordert jede kommerzielle Nutzung einer patentierten Erfindung die Einhaltung der gesetzlichen Bestimmungen und die Beachtung der Rechte Dritter. Um die Interessen der Patentinhaber mit den Interessen der Öffentlichkeit am Zugang zur Technologie und an deren Weiterentwicklung in Einklang zu bringen, können die Patentgesetze der Mitgliedstaaten der Welthandelsorganisation (WTO), in Übereinstimmung mit Artikel 30 des Übereinkommens über handelsbezogene Aspekte der Rechte des Geistigen Eigentums (TRIPS), begrenzte Ausnahmen von den durch ein Patent gewährten ausschließlichen Rechten vorsehen, wie z. B. die experimentelle Nutzung der patentierten Erfindung.[13] Unter den strengen Bedingungen, die in Artikel 31 des TRIPS-Übereinkommens festgelegt sind, können die WTO-Mitglieder auch die Benutzung einer patentierten Erfindung ohne Erlaubnis des Patentinhabers genehmigen, d. h. sogenannte Zwangslizenzen erteilen.[14] Schließlich sieht Artikel 27 (2) TRIPS-Übereinkommen vor, dass

---

[11] Das deutsche Patentgesetz (PatG) regelt die Wirkung des Patents in §§ 9 (a), (b), (c) –13, jedoch kann hier auf weitere Einzelheiten nicht eingegangen werden. Der Inhalt des Patentrechts, wie hier umrissen, ist für alle Mitglieder der WTO in Artikel 28 (1) (a) und (b) des 1995 in Kraft getretenen TRIPS-Übereinkommens verbindlich festgelegt.

[12] Erwägungsgrund 14 der Richtlinie 98/44/EG vom 6. Juli 1998 über den rechtlichen Schutz biotechnologischer Erfindungen (ABl. EU 1998 Nr. L 213/13 vom 30.7.98 – Biotechnologierichtlinie).

[13] Nach § 11 Nr. 2 PatG erstreckt sich die Wirkung eines Patents nicht auf Handlungen zu Versuchszwecken, die sich auf den Gegenstand der patentierten Erfindung beziehen. Der Bundesgerichtshof (BGH) und das Bundesverfassungsgericht haben klargestellt, dass ein mit dem Gegenstand der patentierten Erfindung zusammenhängender Versuch, der die Bereicherung des Wissens, d. h. die Gewinnung weiterer Forschungserkenntnisse, auch zur Gewinnung weiterer medizinischer Verwendungen eines patentierten Arzneimittels, verfolgt, auch wenn er schließlich zu gewerblichen Zwecken durchgeführt wird, keine Patentverletzung darstellt (vgl. § 11 Nr. 2 PatG). BGH-Entscheidungen vom 11. Juli 1995, GRUR 1996, 109, 112 – *Klinische Versuche*, und vom 17. April 1997, BGHZ 135, 227, 230 – *Klinische Versuche II*, sowie Bundesverfassungsgericht vom 10. Mai 2000, GRUR 2001, 43 – *Klinische Versuche*).

[14] Nach § 24 Abs. 1 PatG kann das Bundespatentgericht im Einzelfall eine nicht ausschließliche Befugnis zur gewerblichen Nutzung einer patentierten Erfindung erteilen (Zwangslizenz), sofern (1) der Lizenzsucher sich innerhalb eines angemessenen Zeitraumes erfolglos bemüht hat, vom Patentinhaber die Zustimmung zu erhalten, die Erfindung zu angemessenen geschäftsüblichen Bedingungen zu benutzen, und (2) das öffentliche Interesse die Erteilung einer Zwangslizenz gebietet. Obwohl die Erteilung einer Zwangslizenz allgemein als ein letzter Ausweg verstanden wird, hat der BGH in einer Entscheidung vom 11. Juli 2017 ein Urteil des Bundespatentgerichts bestätigt, mit dem eine Zwangslizenz für das Arzneimittel Raltegravir zur Behandlung von Säuglingen und Kindern unter 12 Jahren erteilt wurde. Im Leitsatz erklärte das Gericht *unter anderem*: „Ein öffentliches Interesse an der Erteilung einer Zwangslizenz für einen pharmazeutischen

WTO-Mitglieder Erfindungen von der Patentierbarkeit ausschließen können, „wenn die Verhinderung ihrer gewerblichen Verwertung innerhalb ihres Hoheitsgebiets zum Schutz der *öffentlichen Ordnung* oder der guten Sitten, einschließlich des Schutzes des Lebens oder der Gesundheit von Menschen, … notwendig ist, vorausgesetzt, dass ein solcher Ausschluss nicht nur deshalb vorgenommen wird, weil die Verwertung durch ihr Recht verboten ist".[15]

Vor dem Hintergrund, dass Patente ausschließliche Eigentumsrechte sind, war und ist die Erteilung von Patenten für Erfindungen im sensiblen Bereich des Gesundheitswesens ein in der Öffentlichkeit breit diskutiertes und umstrittenes Thema. Insbesondere in Fällen, in denen entweder ein dringend benötigtes neues Medikament auf den Markt kommt, das aber nur zu einem extrem hohen Preis erhältlich ist,[16] oder in denen aufgrund nationaler oder gar internationaler Dringlichkeit ein enormer Bedarf an einem Medikament besteht, werden die Durchsetzung von Patenten und die Arzneimittelpreise infrage gestellt.[17]

Während jedoch der Patentschutz für Pharmazeutika/Arzneimittel letztlich akzeptiert und zu einem im Artikel 27 (1) des TRIPS-Übereinkommens verankerten international verbindlichen Standard geworden ist, der alle WTO-Mitglieder verpflichtet, Patente für alle Erfindungen zu erteilen, unabhängig davon, ob es sich um Erzeugnisse oder Verfahren auf allen Gebieten der Technik handelt, sofern sie neu sind, auf einer erfinderischen Tätigkeit beruhen und gewerblich anwendbar sind, können die

---

Wirkstoff kann auch dann bestehen, wenn nur eine relativ kleine Gruppe von Patienten betroffen ist. Dies gilt insbesondere dann, wenn diese Gruppe einem besonders hohen Risiko ausgesetzt wäre, wenn das in Rede stehende Medikament nicht mehr verfügbar wäre." (GRUR 2017, 1017 – „*Raltegravir*").

[15] In Ausübung dieser Ermessensbefugnis erklärte die Europäische Union in Artikel 6 (2) (c) der Biotechnologie-Richtlinie „die Verwendung menschlicher Embryonen zu industriellen oder kommerziellen Zwecken" für nicht patentierbar.

[16] Ein sehr prominentes Beispiel war die Diskussion um die bahnbrechende Behandlung von Patienten, die an chronischer Hepatitis C (HCV) leiden, als die US-amerikanische FDA die Behandlung mit *Sofosbuvir* in Kombination mit *Ribavirin von* Gilead Sciences genehmigte und das Medikament auf den Markt kam (vgl. z. B. A. Hill/G. Cooke, Hepatitis C Can be Cured Globally, But at What Cost? 2014 Science 345, 141; A. Ward, Bitter Pills – The High Cost of Hepatitis Treatment is Prompting the Debate that most Alarms Industry: Whether to Curb the US Free Market in Drugs, Financial Times vom 1. August 2014, S. 5).

[17] Ein Beispiel für solche Umstände war der Fall des patentierten Anthrax-Medikaments Cipro der Firma Bayer, das von der US-amerikanischen und internationalen Presse weithin publik gemacht wurde. Hier wird nur auf K. Bradsher/E.I. Andrews, A Nation Challenged Cipro, verwiesen: U.S. Says Bayer Will Cut Costs of its Antrax Drug, New York Times vom 24. Oktober 2001, S. 7. Angesichts der begrenzter Verfügbarkeit von Impfstoffen gegen SARS-2 Covid-19 ist eine Diskussion über die Kosten der Impfstoffe und die Notwendigkeit der Erteilung von Zwangslizenzen leicht voraussehbar. Erste Anzeichen gibt es schon, seit mit den ersten Impfungen begonnen wurde.

WTO-Mitglieder gemäß Artikel 27 (3) (a) TRIPS-Übereinkommen „diagnostische, therapeutische und chirurgische Verfahren zur Behandlung von Menschen oder Tieren" von der Patentierbarkeit ausschließen. Die Regel des Artikels 27 (3) (a) des TRIPS-Übereinkommens kam unter maßgeblichem Einfluss der Europäischen Union zustande, weil nach Artikel 53 (c) (damals Artikel 52 (4)) des Europäischen Patentübereinkommens (EPÜ) und den entsprechenden nationalen Patentgesetzen der EU-Mitgliedstaaten, europäische Patente nicht erteilt werden für

> Verfahren zur chirurgischen oder therapeutischen Behandlung des menschlichen oder tierischen Körpers und Diagnostizierverfahren, die am menschlichen oder tierischen Körper vorgenommen werden.[18]

Diese Ausnahme von der Patentierbarkeit beruht auf der ethischen Überlegung, dass diejenigen, die diagnostische Verfahren als Teil der medizinischen Behandlung von Menschen oder der tierärztlichen Behandlung von Tieren durchführen, in Ausübung ihrer Tätigkeit nicht durch Patente behindert werden dürfen.[19] Nach Ansicht der Großen Beschwerdekammer des Europäischen Patentamts (GBA EPA) fällt ein Gegenstand eines Patentanspruchs, der sich auf ein am menschlichen oder tierischen Körper vorgenommenes Diagnostizierverfahren bezieht, nur dann unter das Verbot des Artikels 53 (c) EPÜ,[20] wenn der Anspruch die Merkmale umfasst, die sich beziehen auf:

> i) die Diagnose zu Heilzwecken im strengen Sinne, also die deduktive human- veterinär-medizinische Entscheidungsphase als rein geistige Tätigkeit,
> ii) die vorausgehenden Schritte, die für das Stellen dieser Diagnose konstitutiv sind, und
> iii) die spezifischen Wechselwirkungen mit dem menschlichen oder tierischen Körper, die bei der Durchführung derjenigen vorausgehenden Schritte auftreten, die technischer Natur sind.[21]

Die GBA stellte auch klar:

> Bei einem Diagnostizierverfahren gemäß Artikel 53 (c) EPÜ[22] müssen die technischen Verfahrensschritte, die für das Stellen der Diagnose zu Heilzwecken im strengen Sinne

---

[18] Der zweite Halbsatz des Artikels 53 (c) EPÜ stellt klar, dass „diese Bestimmung nicht für Erzeugnisse, insbesondere Stoffe oder Stoffgemische, zur Anwendung in einem dieser Verfahren gilt".

[19] Vgl. die Stellungnahme der Großen Beschwerdekammer des Europäischen Patentamts vom 16. Dezember 2005, Nr. 4 und Nr. 10 der Begründung (ABl. EPA 2006, 334, 348 und 359).

[20] Die GBA bezieht sich in ihrer Entscheidung auf Artikel 52 (4) EPÜ 1973, stellt aber auch klar, dass ihre Auffassung auch für Artikel 53 (c) EPÜ 2000 gilt, da die Änderungen, die sich aus der EPÜ-Revision 2000 ergaben, „rein redaktioneller Natur" waren (Nr. 10 der Begründung, ABl. EPA 2006, 359).

[21] Leitsatz Nr. 1 und Nr. 5 der Begründung (ABl. EPA 2006, 334–335, 348).

[22] Die GBA bezieht sich zwar auf Artikel 52 (4) EPÜ 1973, der aber im Ergebnis dem des Art. 53 (c) EPÜ 2000 entsprach. Siehe Fußn. 20.

konstitutiv sind und ihr vorausgehen, das Kriterium „am menschlichen oder tierischen Körper vorgenommen" erfüllen.[23]

Dieses Kriterium wird nach Ansicht der GBA erfüllt, „wenn seine Ausführung irgendeine Wechselwirkung mit dem menschlichen oder tierischen Körper impliziert, *„die zwangsläufig dessen Präsenz voraussetzt.* "[24]

Folglich fallen Verfahrensschritte technischer Art, die von einer Vorrichtung durchgeführt werden, ohne eine Wechselwirkung mit dem menschlichen oder tierischen Körper zu implizieren, wie z. B. Verfahrensschritte, die in vitro von diagnostischen Vorrichtungen wie DNA-Microarrays durchgeführt werden, nicht unter die Ausnahme des Artikel 53 (c) EPÜ und sind daher patentierbar.[25]

38.3 Umfang des Schutzes der in IVD integrierten Diagnostizierverfahren

Am 29. September 2016 hat der deutsche BGH[26] entschieden, dass sich der Schutzbereich von Patenten, die für Diagnostizierverfahren erteilt werden, nicht auf die damit gewonnenen Untersuchungsbefunde und die daraus gewonnenen Erkenntnisse erstreckt. Nach Auffassung des Gerichts handelt es sich dabei um Wiedergabe von Informationen und nicht um ein Erzeugnis, das nach § 9 Satz 2 Nr. 3 PatG Schutz genießen könnte.[27] Diese Bestimmung des PatG lautet wie folgt:

---

[23] Leitsatz Nr. 3 (ABl. EPA 2006, 335).

[24] Nr. 6.4.2 *in fine* der Begründung (ABl. EPA 2006, 357, Hervorhebung hinzugefügt).

[25] Nr. 6.4.3 der Begründung (ABl. EPA 2006, 357). In einer nicht veröffentlichten Entscheidung vom 11. September 2019 entschied die Technische Beschwerdekammer des EPA 3.3.08, dass ein Assay für die Arzneimittelentdeckung auf der Grundlage von in vitro differenzierten Zellen, konkret, Kardiomyozyten, die durch In-Vitro-Differenzierung menschlicher embryonaler Stammzellen aus parthenogenetisch aktivierten menschlichen Eizellen gewonnen werden, patentierbar ist, da Parthenoten nach der Rechtsprechung des Gerichtshofs der EU nicht unter den Begriff „menschlicher Embryo" fallen. (Einzelheiten zur Patentierung humaner embryonaler Stammzellen bei J. Straus, Patentierung und Kommerzialisierung im Bereich der Stammzellforschung, in: M. Zenke/L. Marx-Stölting/H. Schickl (Hrsg.), Stammzellforschung, Aktuelle und gesellschaftliche Entwicklungen, Nomos, Baden-Baden 2018, S. 237–276).

[26] GRUR 2017, 261 – *Rezeptortyrosinkinase II*.

[27] Der Leitsatz 2 der Entscheidung lautet: „Die Darstellung eines mittels eines patentgeschützten Verfahrens gewonnenen Untersuchungsbefunds und hieraus gewonnener Erkenntnisse stellt als Wiedergabe von Informationen kein Erzeugnis dar, das Schutz nach § 9 Satz 2 Nr. 3 PatG genießen kann." (ebd.).

... Jedem Dritten ist es verboten, ohne seine [des Patentinhabers] Zustimmung ...
   3. das durch ein Verfahren, das Gegenstand des Patent ist, unmittelbar hergestellte Erzeugnis anzubieten, in Verkehr zu bringen oder zu gebrauchen oder zu den genannten Zwecken entweder einzuführen oder zu besitzen.[28]

Nach Auffassung des BGH kann eine Datenfolge nur dann als unmittelbar durch ein patentiertes Verfahren gewonnenes Erzeugnis qualifiziert werden, „wenn sie sachlich-technische Eigenschaften aufweist, die ihr durch das Verfahren aufgeprägt worden sind, und sie daher ihrer Art nach tauglicher Gegenstand eines Sachpatents sein kann.“[29] Der BGH hob ausdrücklich hervor, dass diese Auslegung im Einklang mit seiner Entscheidung „MPEG-2-Videosignalcodierung" vom 21. August 2012 steht,[30] in der die interessierenden Leitsätze folgenden Wortlaut hatten:

a) Eine Videobilder repräsentierende Folge von Videobilddaten kann als unmittelbares Ergebnis eines Herstellungsverfahrens anzusehen sein und als solches Erzeugnisschutz nach § 9 Satz 2 Nr. 3 PatG genießen.
b) Ist eine Datenfolge als unmittelbares Verfahrenserzeugnis eines Videobildcodierverfahrens anzusehen, wird vom Erzeugnisschutz auch ein Datenträger erfasst, auf dem die erfindungsgemäß gewonnene Datenfolge gespeichert worden ist oder der eine Vervielfältigung eines solchen Datenträgers darstellt.

Zum besseren Verständnis der Auswirkungen dieses BGH-Urteils auf die IVD-Industrie sollte der Sachverhalt kurz in Erinnerung gerufen werden: Der Kläger war ein Diagnoselabor, Inhaber einer ausschließlichen Lizenz am europäischen Patent EP 0 959 132 B1 für „Nukleinsäure, die für eine Rezeptorproteinkinase codiert", des japanischen Unternehmens Takara Bio Inc., das aufgrund einer am 13. Oktober 1997 eingereichten Anmeldung erteilt wurde.[31] In der Patentanmeldung ist Schutz für alle 18 Staaten beantragt worden, die am Anmeldetag Vertragsparteien des EPÜ waren. Die Tschechische Republik ist erst 2002 dem EPÜ beigetreten, war somit nicht unter den benannten Vertragsstaaten. Da eine nationale Patentanmeldung in der Tschechischen Republik nicht eingereicht wurde, bestand dort kein Patentschutz.

---

[28] Diese Bestimmung des PatG entspricht der des Artikel 28 (1) (b) des TRIPS-Übereinkommens, womit sie zum international verpflichtenden Standard wurde. In das deutsche PatG ist sie allerdings bereits 1891 aufgenommen worden. Auch das EPÜ folgte dem deutschen Vorbild. Artikel 64 (2) bestimmt: „Ist Gegenstand des europäischen Patents ein Verfahren, so erstreckt sich der Schutz auch auf die durch das Verfahren unmittelbar hergestellten Erzeugnisse".

[29] Leitsatz 1.

[30] GRUR 2012, 1230. Kritisch dazu, D. Hoppe-Jänisch, Die Entscheidung des BGH „MPEG-2-Videosignalcodierung", Mitteilungen deutscher Patentanwälte 2013, 51 ff.

[31] Dieses Patent wurde vom BGH mit Entscheidung vom 19. Januar 2016 aufrechterhalten (GRUR 2016, 475 – Rezeptortyrosinkinase, allerdings mit etwas modifizierten Ansprüchen).

Das Patent bezieht sich auf eine Nukleinsäure, die eine neuartige Tandemver-
doppelungsmutante in der Basensequenz in der Juxtamembran aufweist und für eine
Proteinkinase eines Rezeptortyps codiert, der als Marker bei der Diagnose von Leukämie
verwendet werden kann. Die Patentansprüche beziehen sich auf eine Nukleinsäure und
ein Molekül der Tandem-Verdoppelungsmutante, die für die FMS-ähnliche Tyrosinkinase 3 (FLT3) codiert (Ansprüche 1–4), und, *unter anderem,* auf Verfahren zum Nachweis dieses Nukleinsäuremoleküls (Ansprüche 6–10) sowie auf Diagnostik-Kits zur
Durchführung dieser Verfahren (Ansprüche 11–13). Der Verfahrensanspruch 7 lautet wie
folgt:

> Verfahren zum Nachweis des Nukleinsäuremoleküls nach Anspruch 1 oder des Nuklein-
> säuremoleküls nach Anspruch 2, umfassend die Schritte:
>   a) Durchführung einer Genamplifikationsreaktion mit einer Nukleinsäureprobe von einem
> Menschen, wobei ein Nukleinsäurefragment, das Exon 11 oder Exons 11 bis 12 des FMS-
> artigen Tyrosinkinase-3 (FLT3)-Gens umfasst und eine Tandem-Verdoppelungsmutation in
> der Juxtamembran hat, amplifiziert wird, welches im FLT3-Gen gefunden werden kann;
>   b) Nachweis der Anwesenheit der Tandem-Verdoppelungsmutation in dem Nuklein-
> säurefragment aus Schritt (a).

Im Zusammenhang mit dem Anspruch 7 ist hinzuzufügen, dass nach der Beschreibung
der Erfindung das Wesentliche des Verfahrens nicht nur die beiden Schritte nach
Anspruch 7 darstellen, sondern dazu auch der den beiden vorausgehende Schritt des Her-
stellens einer Probe menschlicher Nukleinsäure gehört.[32] Es ist auch darauf hinzuweisen,
dass das beanspruchte Verfahren das Auffinden einer internen Tandem-Verdopplungsmutation des FLT3-Gens in einem Nukleinsäuremolekül ohne komplexe und teure
Maßnahmen wie das Sequenzieren ermöglicht. Falls vorhanden, wird die Mutation des
FLT3-Gens durch einen einfachen Längenvergleich der Patienten-DNA mit dem natürlichen, keine Mutationen aufweisenden FLT3-Gen aufgefunden. Eine Verlängerung der
DNA in der Patientenprobe im Vergleich zum sog. Wildtyp weist auf das Vorliegen der
internen Tandem-Verdopplungsmutation des FLT3-Gens hin.[33]

Die Beklagten führten die diagnostischen Tests, die durch einige Ansprüche des
Patents abgedeckt sind, ursprünglich in ihren Labors in Deutschland durch. Nachdem

---

[32]Tatsächlich gehörte dieser Schritt (a) in der in der Anmeldung eingereichten Fassung zu dem
beanspruchten Verfahren, wurde aber auf einen Einwand der Prüfungsabteilung gestrichen. Er sei
„auf ein Verfahren mit diagnostischem Charakter gerichtet" und nicht zulässig. Wie jetzt bekannt
ist, hat die GBA in ihrer richtungsweisenden Entscheidung über diagnostische Verfahren vom
16. Dezember 2005 diese Auslegung zurückgewiesen und ausdrücklich Angaben zugelassen, die
sich auf einen solchen Schritt eines Diagnostizierverfahrens beziehen (siehe Fußn. 23 und 24,
begleitenden Text), der die Anwesenheit des menschlichen Körpers nicht erfordert und daher
patentfähig ist.

[33][0042] der Beschreibung auf S. 7.

das Landgericht München in einer Entscheidung vom 25. April 2013 den Anspruch 7 des Patents durch diese diagnostischen Tests als verletzt erkannt, eine einstweilige Verfügung erlassen und die Beklagten zur Unterlassung, Auskunfts- und Rechnungslegung sowie Feststellung der Schadensersatzansprüche verurteilt hatte,[34] haben die Beklagten ihre Geschäftsstrategie geändert. Sie werben und bieten den durch das Patent geschützten diagnostischen Test weiterhin in Deutschland an. Sie sammeln in Deutschland die Proben von Patienten, konditionieren die Zellen und extrahieren aus den Zellen alle darin enthaltenen Nukleinsäuren in Deutschland und senden die so aufbereiteten Nukleinsäuren anschließend per Kurier in die Tschechische Republik, wo sie ein Labor eingerichtet haben. In diesem Labor wird das eigentliche, in der Bundesrepublik Deutschland patentgeschützte Diagnostizierverfahren durchgeführt und auf dessen Grundlage festgestellt, ob die gelieferten Nukleinsäuren die Tandem-Verdoppelung enthalten, die für die FLT3-Verdoppelung codiert. Das Verfahren wird von Mitarbeitern einiger Beklagter durchgeführt. Kopien der Testberichte werden an die deutschen Kunden und an das Labor der Beklagten in Deutschland versandt, wo diese Berichte in ihrem EDV-System zum Zwecke der weiteren Diagnose und Behandlung von Patienten ihrer Kunden gespeichert werden. Der nach Deutschland versandte „molekulargenetische Befund" enthält spezifische Informationen zur molekulargenetischen Untersuchung hinsichtlich des verwendeten „Verfahrens" („PCR, Fragmentanalyse"), des „Gens" („FLT3"), des verwendeten „Primers" (5R + 6R nach Kiyoi et al., Leukämie 11: 1447–1452, 1997), des „Ergebnisses", d. h. des „Mutationsstatus", der „Länge" und des „Verhältnisses" – „mutiert/Wildtyp". Diese Daten ermöglichen es Sachverständigen im Bereich der Molekularbiologie und der Medizin, das angewandte Verfahren als das Verfahren der Erfindung zu identifizieren, die in der Bundesrepublik Deutschland durch das europäische Patent geschützt ist. Der Kläger machte geltend, dass die mit dem patentierten Verfahren in der Tschechischen Republik erzielten Ergebnisse ein unmittelbares Erzeugnis des patentierten Diagnostizierverfahren im Sinne des § 9 S. 2 Nr. 3 PatG seien und seine Versendung nach Deutschland (Einfuhr) eine Verletzung des patentierten Diagnostizierverfahrens darstelle.

Der Schutz nach § 9 S. 2 Nr. 3 PatG gilt nach Auffassung des BGH nur dann, wenn das geschützte und angewandte Verfahren entweder ein Erzeugnis hervorbringt oder zu einer Veränderung der äußerlichen oder inneren Beschaffenheit eines Erzeugnisses führt und damit ein Ergebnis erzielt wird, das seinerseits prinzipiell ein taugliches Objekt eines Sachpatents sein kann. Es sei unerheblich, ob der Gegenstand eines solchen Sachpatents selbst patentfähig ist, insbesondere die Sachmerkmale den Anforderungen der Neuheit und der erfinderischen Tätigkeit genügen würden. Unter Hinweis auf die deutsche Rechtslehre betonte der BGH, dass Ergebnisse reiner Arbeitsverfahren, bei denen keine neue Sache geschaffen wird, sondern lediglich auf eine Sache

---

[34] Fall Nr. 7 O 17048/12.

eingewirkt wird, nicht von § 9 S. 2 Nr. 3 erfasst werden.[35] Das Gericht bezeichnete jedoch das Ergebnis des patentierten Verfahrens als einen biochemischen Befund, dessen Erhebung dem Fachmann Informationen vermittelt, die ihm die Erkenntnis des Fehlens oder Vorhandenseins einer bestimmten Mutation, nämlich der als Indikator für Leukämie dienenden Tandem-Verdoppelungsmutation, gestatten. Nur diese Erkenntnis sowie gegebenenfalls sie tragende Informationen werden mit den als patentverletzend angegriffenen Handlungen nach Deutschland übermittelt.[36] Nach Auffassung des Gerichts handelt es sich dabei um Wiedergabe von Informationen, die nach Artikel 52 (1) (d) EPÜ und § 1 Abs. 3 Nr. 4 PatG vom Patentschutz ausgeschlossen sind. Sie seien kein körperlicher Gegenstand, auf den sich ein Sachpatent beziehen könnte, ein solcher entstehe erst durch die Verbindung von Informationen mit einem Datenträger.[37]

Der Kläger könne sich, so der BGH, nicht auf sein Urteil *MPEG-2-Videosignalcodierung* berufen. Voraussetzung für einen Schutz von Daten als unmittelbare Verfahrenserzeugnisse sei zum einen, dass das Ergebnis des patentierten Verfahrens in einer üblichen Form wahrnehmbar gemacht und auf diese Weise wie ein körperlicher Gegenstand beliebig oft bestimmungsgemäß genutzt werden kann. Zum anderen müsse auch in diesem Fall die das Verfahrenserzeugnis verkörpernde Datenfolge ihrer Art nach als tauglicher Gegenstand eines Sachpatents in Betracht kommen. Dies sei indessen nur dann der Fall, wenn sie sachlich-technische Eigenschaften aufweist, die ihr durch das Verfahren aufgeprägt worden sind. Die Videodaten, die erfindungsgemäß zur Datenkompression in bestimmter Weise codiert waren, erfüllten diese Voraussetzung nicht wegen der codierten (Video)Information, sondern wegen dieser Datenstruktur, deshalb wegen eines technischen Merkmals grundsätzlich auch einem Sachschutz zugänglich waren.[38]

Nach dem Verständnis des BGH gewährleistet diese Differenzierung zum einen, dass der gesetzliche Ausschlusstatbestand nicht unterlaufen wird, da die Wiedergabe von Informationen dem Patentschutz nicht zugänglich ist. Zum anderen stelle sie sicher, dass von dem patentrechtlichen Schutz nur die Nutzung von Erfindungen, mithin von Lehren zum technischen Handeln, erfasst wird. Hierzu gehöre die ausschließliche Zuordnung der Anwendung von technischen Verfahren zum Berechtigten ebenso, wie die ausschließliche Zuordnung der Herstellung oder des Vertriebs von Erzeugnissen,

---

[35] Nr. 17 der Begründung, GRUR 2017, 363. Diese Auslegung entspricht im Prinzip der Auslegung von Artikel 64 (2) EPÜ durch die GBA, wonach Artikel 64 (2) EPÜ „auf ein europäisches Patent gerichtet ist, dessen beanspruchter technischer Gegenstand ein Verfahren zur Herstellung eines Erzeugnisses ist". (Entscheidung vom 11. Dezember 1989, Nr. 5.2 der Begründung, ABl. EPA 1990, 93, (105)).

[36] GRUR 2017, 263.

[37] Ebd.

[38] Nr. 21 der Begründung, GRUR 2017, 263.

deren technische Bereitstellung entweder als solche (in einem Sachpatent) unter Schutz steht oder aber sich als unmittelbares Erzeugnis eines geschützten Verfahrens darstellt. Hingegen lägen Handlungen, die keine technische Lehre nutzen, sondern lediglich Vorteile aus solchen Handlungen ziehen, als solche außerhalb des patentrechtlichen Schutzes. Sie könnten lediglich als Folge eines patentverletzenden Handelns ggf. mit einem Schadensersatzanspruch erfasst werden.[39]

Die im Streitfall übermittelte Datenfolge erfülle die dargestellten Voraussetzungen nach Meinung des BGH nicht. Sie zeichne sich nicht durch eine besondere (technische) Art der Darstellung aus und weise auch sonst keine sachlich-technischen Eigenschaften auf, die ihr durch das erfindungsgemäße Verfahren aufgeprägt worden wären, sondern sei lediglich dadurch gekennzeichnet, dass die von den Daten verkörperte Information die erfindungsgemäß gewonnene Erkenntnis enthalte. Die Übermittlung der Datenfolge ziehe damit zwar einen Vorteil aus der (außerhalb des Geltungsbereichs des Patentgesetzes stattfindenden) Nutzung des erfindungsgemäßen Verfahrens, stelle jedoch selbst keine Nutzung der technischen Lehre der Erfindung dar. Vielmehr komme es bei der Übersendung der Untersuchungsergebnisse ausschließlich auf den einem Patentschutz nicht zugänglichen Informationsgehalt an, dessen Wert sich überdies regelmäßig in der einmaligen Übermittlung für die Zwecke einer ärztlichen Diagnose erschöpfe.[40]

Der BGH lehnte es ab zu prüfen, ob ein rechtspolitisches Bedürfnis nach einem patentrechtlichen Schutz von Ergebnissen insbesondere gentechnischer Analyse- und In-vitro-Diagnoseverfahren besteht. Dies sei nicht zu entscheiden, da die bestehende gesetzliche Regelung keine Handhabe für die über § 9 S. 2 Nr. 3 PatG hinausgehende Schutzerstreckung biete.[41]

38.4 Rechtsfragen im Zusammenhang mit der BGH-Entscheidung Rezeptortyrosinkinase II und ihre Folgen

Mit der Betonung, dass sich der Schutz eines Verfahrenspatents nur dann auf das durch ein solches Verfahren gewonnene Erzeugnis erstreckt, wenn dieses Erzeugnis sachpatentfähig ist, bleibt das Rezeptortyrosinkinase-II-Urteil im Einklang mit der bisherigen Rechtsprechung des BGH. Die Entscheidung steht auch im Einklang mit der Rechtsprechung der deutschen Berufungsgerichte[42] und den diesbezüglich in der Rechtslehre

---

[39] Nr. 22 der Begründung, ebd.
[40] Nr. 24 der Begründung, ebd.
[41] Nr. 26 der Begründung, GRUR 2017, 263–264.
[42] Vgl. z. B. Oberlandesgericht Düsseldorf vom 11. November 2010, Beck RS 2011, 02.026 – *Blut/Gehirnschranke*.

vertretenen Auffassungen.[43] Wie jedoch die BGH-eigene Analyse des MPEG-2-Video-signalcodierung-Urteils ergibt, hat der Gegenstand, der für ein Sachpatent infrage kommt, einige evolutionäre Anpassungen an die technologische Entwicklung erfahren.[44]

Mit Blick auf die Entstehungsgeschichte des § 9 S. 2 Nr. 3 PatG, die bis in das Jahr 1891 zurückreicht, und seines Wortlauts sowie des Wortlauts des Artikels 64 (2) EPÜ, erscheint es zumindest irreführend, dass die deutsche Rechtsprechung und Rechts-lehre den durch diese Bestimmungen gewährten Schutz als „derivativen Erzeugnis-schutz"[45] oder „Schutz des Erzeugnisses"[46] oder, wie das Oberlandesgericht Düsseldorf, sogar als „fingierten Sachschutz" charakterisieren.[47] Abgesehen davon, dass keine der beiden Bestimmungen den Begriff „Erzeugnis" definiert, führt dieser Ansatz weg von dem eigentlichen Gegenstand, auf den sich der erweiterte Schutz bezieht, nämlich dem patentierten *Verfahren* (d. h. der patentierten Verfahrenserfindung), hin zum „Erzeugnis"/ „Ergebnis ", das es unmittelbar erzeugt. Dadurch wird nach hiesigem Verständnis der eigentliche Anknüpfungspunkt und der eigentliche Schutzgegenstand nach dem Grund-gedanken der Bestimmungen, nämlich der Schutz des patentierten Verfahrens *im Gebiet der Gültigkeit des Patents,* verfehlt.

Als der deutsche Gesetzgeber 1891 das PatG änderte und den Schutz des Verfahrens-patents auf Erzeugnisse ausdehnte, die direkt durch das patentierte Verfahren gewonnen werden, tat er dies, um die Einfuhr von chemischen Stoffen, die in Deutschland vom Patentschutz ausgeschlossen waren, zu verhindern, die in Ländern wie der Schweiz, in denen kein Patentschutz bestand, durch das patentierte Verfahren hergestellt wurden.[48]

---

[43] Cf., e. g., P. Mes, Schutz des Erzeugnisses gem. § 9 S. 2 Nr. 3 PatG, GRUR 2009, 305; L. Petri/B. Böck, Kein derivativer Erzeugnisschutz gem. § 9 Satz 2 Nr. 3 PatG für Informationen, Mitteilungen der deutschen Patentanwälte 2012, 103. Im Ergebnis auch H. Zech, Die Dematerialisierung des Patentrechts und ihre Grenzen – zugleich Besprechung von *Rezeptor-tyrosinkinase II*, GRUR 2017, 475.

[44] Vgl. auch die Entscheidung vom 11. Februar 2004, BGHZ 158, 142 – *Signalfolge*, in der eine im Internet übertragbare Datenfolge, die keinen dauerhaften Aggregatzustand aufweist, als sachpatentfähig qualifiziert wurde (zu 565–566). Zur jeweiligen Rechtsprechung und der kommentierenden Rechtslehre vgl. R. Kraßer/Ch. Ann, Patentrecht, 7. Aufl., Beck-Verlag, München 2016, § 33 Rdnrn. 165–176 (S. 812–814).

[45] Auch der BGH selbst verwendet in der Rezeptortyrosinkinase-II-Entscheidung diesen Satz (vgl. GRUR 2017, 263).

[46] Zum Beispiel Landgericht München, als erste Instanz in der Rechtssache *Rezeptortyrosinkinase,* in seiner Entscheidung vom 20. November 2014 (Fall 7 O 1316(14), unter B. III. 1. a. ec(e) (cc)) zweiter Absatz der Urteilsbegründung.

[47] Beschluss vom 11. November 2010.

[48] Cf., Bericht der XI. Commission über den derselben Vorbereitung überwiesenen Entwurf eines Gesetzes, betreffend die Abänderung des Patentgesetzes – Nr. 152 der Drucksachen, Beilage zu Patentblatt 891 No. 20, S. 5–6. Siehe auch F.K. Beier/A. Ohly, Was heißt „unmittelbares Verfahrens-erzeugnis"?, Ein Beitrag zur Auslegung des Art. 64 (2) EPÜ, GRUR Int. 1996, 973, 974; R. Kraßer/ Ch. Ann, oben Fußn. 43, § 6, Rdn. 1, S. 71–72, und § 33, Rdn. 157, S. 811, mit weiteren Hinweisen.

Es steht außer Zweifel, dass diese Erweiterung des Geltungsbereichs von Verfahrenspatenten nicht darauf abzielte, das Produkt des Verfahrens als solches zu schützen, ganz
gleich wie qualifiziert. Wäre dies beabsichtigt gewesen, wäre das Verbot des Produkt-
patentschutzes für chemische Stoffe aus dem PatG gestrichen worden, was jedoch erst
mit der Revision des PatG von 1968 erfolgte. Vielmehr war es die Absicht des Gesetz-
gebers, den Schutz patentierter Verfahrenserfindungen zu stärken und den Inhabern
von Verfahrenspatenten rechtliche Mittel an die Hand zu geben, um den Import von
Produkten, die in patentfreien Ländern mit ihren patentierten Verfahren hergestellt
wurden, erfolgreich zu bekämpfen. Der erweiterte Geltungsbereich von Verfahrenspatenten wurde und wird auch weiterhin an die *patentierte Verfahrenserfindung*
geknüpft.[49] Eine Auslegung von § 9 S. 2 Nr. 3 PatG und Artikel 64 (2) EPÜ, die ihre
Anwendung vollständig davon abhängig macht, dass das geschützte und angewandte
Verfahren in einem Erzeugnis endet oder dazu führt, dass eine äußere oder innere
Veränderung von Beschaffenheiten eines Erzeugnisses als körperlicher Gegenstand
wahrnehmbar und verwendbar ist oder nicht, die ihrer Natur nach grundsätzlich als
Gegenstand eines Sachpatents qualifiziert werden kann, verfehlt den entscheidenden
Aspekt dieses Schutzes. Entscheidend ist, welchen Beitrag die patentierte Verfahrenserfindung selbst zum technischen und wirtschaftlichen Fortschritt leistet, wie er sich
unmittelbar in ihrem Ergebnis und dem Wert dieses Ergebnisses niederschlägt. Dies ist
der eigentliche Grund, warum Verfahrenspatente erteilt werden und warum der Schutz
auf ihre unmittelbaren Ergebnisse ausgedehnt wird. Die Beantwortung der Frage, ob
die Ergebnisse von Verfahrenserfindungen patentfähig sind oder nicht, ob sie patentierbar sind oder nicht, oder ob sie etwas erzeugen (z. B. eine (Video-)Datensequenz), das
in einer üblichen Form als physischer Gegenstand wahrnehmbar gemacht wird und auf
diese Weise wie ein körperlicher Gegenstand beliebig oft bestimmungsgemäß genutzt
werden kann, also „grundsätzlich auch einem Sachschutz zugänglich" ist, kann die
Anwendung dieser Bestimmungen nicht beherrschen. Eine solche Auslegung wider-
spricht dem eigentlichen Grundgedanken des § 9 S. 2 Nr. 3 PatG und des Artikels 64 (2)
EPÜ und verweigert den Diagnostizierverfahren den erweiterten Verfahrensschutz im
Gebiet der Gültigkeit des Patents, auf das sie Anspruch haben.

Auch das Argument des BGH, dass der „biochemische Befund", der durch das
patentierte Diagnostizierverfahren des Anspruchs 7 in der Tschechischen Republik
erzeugt wurde, und die von Daten verkörperte Informationen, die diesen Befund nach

---

[49] Der BGH hat in seiner Grundsatzentscheidung *Rote Taube* vom 27. März 1969 unmissverständ-
lich klargestellt, dass sich nach § 6 Satz 2 PatG der Patentschutz für ein solches Verfahren zwar
auf das unmittelbare Erzeugnis dieses Verfahrens erstreckt, dass dies jedoch nichts an der Tatsache ändert, dass die zu patentierende Lehre in dem Verfahren besteht. (GRUR 1996, 672 (674)).
Siehe auch G. Benkard/U. Scharen, Patentgesetz, 10. Aufl., Beck-Verlag, München 2015, § 9 Rdn.
53 (zweiter Absatz), S. 494. „Die Erstreckung des Schutzes auf das unmittelbare Erzeugnis des
geschützten Verfahrens ändert jedoch nichts daran, dass die geschützte Lehre in dem Verfahren
besteht."

Deutschland übermitteln, nur eine Wiedergabe von Informationen darstellen, die gemäß Artikel 52 (1) d) EPÜ und § 1 Abs. 3 Nr. 4, PatG vom Patentschutz ausgeschlossen sind, überzeugt nicht. Zum einen sind nach Artikel 52 (3) und § 1 Abs. 3 Nr. 4 PatG die Wiedergaben von Informationen nur insoweit von der Patentierung ausgeschlossen, als für sie Schutz „als solche" beantragt oder ein Patent erteilt wird, also nicht als Gegenstand, auf den der Schutzbereich eines Verfahrenspatents erstreckt wird. Zum anderen stellt sich die Frage, wie das Hochladen und Speichern der im „molekulargenetischen Bericht" enthaltenen Daten im EDV-System der Beklagten, die es den Fachleuten der Molekularbiologie und Medizin ermöglichen, das verwendete Verfahren zu identifizieren, rechtlich qualifiziert werden soll. Der Zweck dieses Hochladens und Speicherns ist die wiederholte Verwendung der Daten für weitere Diagnosen und Behandlungen von Patienten. Auf diese Weise wird der Wert des übermittelten/eingeführten „molekulargenetischen Berichts" durch seine einmalige Mitteilung zum Zweck einer medizinischen Diagnose sicher nicht erschöpft. Die gespeicherten Daten/Informationen können, wie ein körperlicher Gegenstand, beliebig oft verwendet werden. Es erübrigt sich hinzuzufügen, dass die wiederholte Verwendung der gespeicherten Daten, die direkt durch die technische Lehre des in Deutschland gültigen Patents gewonnen werden, zusätzliche Erlöse generieren wird. Die Logik, dass in einem solchen Fall Aktivitäten vorliegen, die keine technische Lehre verwenden, sondern lediglich aus solchen Handlungen Vorteilen ziehen, die außerhalb des patentrechtlichen Schutzes liegen, ist keineswegs zwingend. Vielmehr handelt es sich um eine künstliche, primär, wenn nicht gar ausschließlich darauf abzielende Auslegung, die den Daten, den „biochemischen Befunden", dem eigentlichen unmittelbaren „Endergebnis" der in Bundesrepublik Deutschland patentierten technischen Lehre des Diagnoseverfahrens und deren Speicherung in EDV-Systemen sowie deren wiederholter Verwendung im Geltungsbereich des Patents die rechtliche Qualität eines marktfähigen Vermögensgegenstandes abspricht. Der BGH scheute offenbar davor zurück, seinen in der *MPEG-2-Videosignalcodierung* angewandten Auslegungsansatz weiterzuentwickeln, weil die übertragenen Daten nach seinem Verständnis keine technischen Merkmale aufweisen.

38.5   Abschließende Bemerkungen

Rudolf Kraßer und Christoph Ann haben im Hinblick auf die gegenwärtigen Bedürfnisse der „Informationsgesellschaft" die Frage aufgeworfen, ob der in der Rechtsprechung und Rechtslehre vertretene Ansatz noch angemessen ist und ob die Vorteile der durch ein patentiertes Verfahren erzeugten Informationen nicht einen angemessenen Schutz genießen und dem Patentinhaber gehören sollten. Sie ließen die Frage offen, auch die Frage, ob dies eine Änderung des Wortlauts der jeweiligen patentrechtlichen Bestimmungen von „Erzeugnis" in „Ergebnis" erfordern würde.[50]

---

[50] R. Kraßer/Ch. Ann, a. a. O., Fußn. 43, Randbemerkung 175, auf S. 814.

Wenn also die Auslegung des § 9 S. 2 Nr. 3 PatG und des Artikels 64 (2) EPÜ durch den BGH auf Dauer Bestand haben wird, werden Erfinder patentfähiger diagnostischer Verfahren, insbesondere auf dem Gebiet der industriellen In-vitro-Diagnostik, nur dann einen wirksamen Patentschutz genießen können, wenn sie in möglichst vielen Ländern Patente anmelden werden. Eine Perspektive, die nur den Patentpraktikern gefallen und unnötige Kosten verursachen wird, aber das Problem nicht wirklich lösen kann. Denn die weltweite Anmeldung von Patenten für diagnostische Verfahren ist kein realistisches Szenarium. Die Realität sieht allerdings so aus, dass dank der heutigen Kommunikations- und Transportmittel Proben von Patienten, die mit in-vitro-diagnostischen Geräten und Produkten untersucht werden sollen, problemlos über Nacht an praktisch jeden Ort der Welt verschickt und die dort erzeugten Daten innerhalb von Minuten elektronisch zurückgeschickt werden können.

Mit anderen Worten, wenn Patenten für diagnostische Methoden, die in IVD-Vorrichtungen implementiert sind, der Schutz nach § 9 S. 2 Nr. 3 PatG und Artikel 64 (2) EPÜ verweigert wird, steht die Tür zum Trittbrettfahren weit offen und die legitimen Interessen der Inhaber solcher Patente werden nur unzureichend gewahrt. Die Gerichte könnten dieser unbefriedigenden und unausgewogenen Situation durch eine breitere Auslegung des Begriffs „Erzeugnis", die auch den Begriff „Ergebnis" umfassen würde, abhelfen. Sie hätten dafür den nötigen Spielraum, da der Begriff „Erzeugnis" gesetzlich nicht definiert ist. Ein revolutionärer Paradigmenwechsel wäre dafür nicht erforderlich, sondern lediglich eine evolutionäre Anpassung des Begriffs „Erzeugnis" an die neuen technologischen Entwicklungen und die Bedürfnisse der „Informationsgesellschaft". Allerdings sollte auch der Gesetzgeber das Problem nicht aus dem Auge verlieren und gegebenenfalls eine Gesetzesänderung ins Auge fassen.

Lernende Laborsysteme: Wie kann künstliche Intelligenz im Labor unterstützen?

Matthieu-P. Schapranow

Die durch das Coronavirus Ende 2019 ausgelöste Pandemie bestimmt auch fast zwei Jahre danach noch unser allen Leben. Im Kampf gegen die Ausbreitung des Virus sind öffentlich zugängliche Daten für Experten genauso wichtig wie für Laien. Nur so kann ein jeder sich zuverlässig über die aktuelle Lage informieren und eigenverantwortlich Risiken einschätzen. Eine derartige Pandemiesituation ist für uns alle neu und wir müssen lernen, unter den geänderten Rahmenbedingungen ein sicheres, aber gleichzeitig möglichst normales Leben weiterzuführen. Begriffe wie 7-Tage-Inzidenz, R-Wert, mRNA-Impfungen oder PCR-Test gehören mittlerweile zum normalen Sprachgebrauch, obwohl hinter ihnen basale biologische Grundlagen stecken. Genauso wie wir als Menschen gelernt haben, uns mittels Abstand, Hygieneregeln und Mund-Nasen-Schutz an die geänderten Lebensumstände anzupassen, lernen auch neuartige Algorithmen Zusammenhänge aus großen Datenmengen. Derartige Algorithmen werden heute oftmals im Deutschen unter dem Oberbegriff Künstliche Intelligenz (KI) oder im Englischen unter Artificial Intelligence (AI) zusammengefasst. Wichtig ist dabei zu verinnerlichen, dass solche KI-Verfahren keine binären Entscheidungen treffen können, sondern Wahrscheinlichkeiten berechnen; mathematisch gesehen befinden wir uns also im Bereich der Stochastik. Das hat wichtige Implikationen für die Bewertung von Ergebnissen von lernenden Systemen, die KI-Algorithmen einsetzen. Denn ihre Ergebnisse müssen immer als statistische Wahrscheinlichkeit für bestimmte Ereignisse interpretiert werden und nicht als hundertprozentige Entscheidungen in die eine

M.-P. Schapranow (✉)
Potsdam und AG Gesundheit und Medizintechnik, Plattform Lernende Systeme, Hasso-Plattner-Institut für Digital Engineering gGmbH, Berlin, Deutschland
E-Mail: office@schappy.de

© Springer-Verlag GmbH Deutschland, ein Teil von Springer Nature 2023
A. M. Raem und P. Rauch (Hrsg.), *Immunoassays,*
https://doi.org/10.1007/978-3-662-62671-9_39

oder die andere Richtung. Auf die detaillierte Darstellung als Liste von Ereignissen E_i und dazugehörigen Wahrscheinlichkeiten Wk_i für E_i $\{(E_a, Wk_a), ..., (E_i, Wk_i), ..., (E_n, Wk_n)\}$ wird oft zugunsten einer vereinfachten Darstellung verzichtet. Es handelt sich also um ein Spektrum möglicher Entscheidungen, wobei meist zugunsten der Verständlichkeit nur das Ergebnis mit der höchsten Eintrittswahrscheinlichkeit dargestellt wird. Aus ihnen sollten keine automatisierten Handlungen abgeleitet werden, schon gar nicht, falls menschliche Akteure von diesen Entscheidungen betroffen sein könnten. So wäre beispielsweise die automatische Anpassung einer Medikation infolge einer KI-gestützten Laboruntersuchung nicht ohne Prüfung durch eine(n) Mediziner*in denkbar.

39.1 Netzwerke für den grenzübergreifenden Austausch

Das Leben in Zeiten der Globalisierung bietet fast grenzenlose Möglichkeiten. Beispielsweise können wir reisen, wann und wohin wir wollen. Auch exotischste Güter können blitzschnell über das Internet bestellt werden und treffen binnen weniger Tage in den eigenen vier Wänden ein. Aber die COVID-19-Pandemie hat eindrucksvoll gezeigt, dass sich heute auch Viren schneller denn je über den Globus fortbewegen können. Dabei helfen ihnen die unzähligen Flugverbindungen, die selbst entlegenste Winkel unseres blauen Planeten in nur wenigen Stunden mit den Metropolen verbinden. Flug-, Zug-, Schiffsverbindungen bilden zusammen mit Straßen ein weltumspannendes Transportnetzwerk.

Genauso wichtig – meist weniger sichtbar – sind die den Erdball umspannenden Datenleitungen und Kommunikationsnetzwerke. Als Rückgrat des weltumspannenden Datenverkehrs bilden sie die Grundlage für unsere moderne datengetriebene Welt. So ermöglichen sie zum Beispiel den Zugriff auf und den Austausch von Daten aus aller Welt binnen weniger Sekunden. Ohne dieses weltumspannende Datennetzwerk wären viele der komplexen Datenanalyseverfahren, die im Folgenden eine Rolle spielen, nicht denkbar, schon aus Mangel an notwendigen Daten. Heute nutzen wir die Kommunikationsnetzwerke täglich, ohne über ihre Existenz nachzudenken, zum Beispiel beim Online-Shopping, beim Lesen digitaler Nachrichtenangebote oder wenn wir auf unsere E-Mails zugreifen.

Doch wie sieht es mit KI-Systemen aus? Sie erscheinen uns geheimnisvoll und intransparent. Im Folgenden werfen wir gemeinsam ein Blick hinter die Kulissen von lernenden Systemen, KI-Algorithmen und ihren Stärken, aber auch ihren Schwächen. Es wird vermutlich nicht allzu lange dauern, bis wir den routinierten Umgang mit lernenden Systemen als genauso normal ansehen wie das Surfen im Internet. Schon bald werden wir nicht mehr darüber nachdenken, ob und wo KI-Systeme unseren Alltag unterstützen, da sie ganz selbstverständlich und transparent in künftige Softwarelösungen integriert werden. So werden beispielsweise schon heute Routenplanungen und Produktvorschläge auf Basis der Analyse unseres bisherigen Verhaltens mithilfe von KI-Verfahren optimiert. Selbst Anwendungen auf dem Smartphone werden entsprechend der Nutzungshäufigkeit und der Uhrzeit sortiert vorgeschlagen. Einerseits ist das komfortabel und kann Zeit sparen. Andererseits können diese Informationen auch zu individualisierten Nutzerprofilen kombiniert werden, die viel über unsere ganz persönlichen Gewohnheiten und unseren Lebensstil preisgeben können.

39.2 Künstliche Intelligenz: Der Traum von intelligenten Algorithmen

Der technische Fortschritt bei der Entwicklung aktueller Computerhardware, zum Beispiel leistungsfähige Grafikkarten, Prozessoren und fast unbegrenzter Arbeitsspeicher, ermöglicht heute erstmals eine Vielzahl von Anwendungsgebieten der KI in der Praxis. Dabei ist der Traum der KI gar nicht so neu, sondern hat seine Ursprünge bereits in der Mitte des 20. Jahrhunderts, als die Computerwissenschaften gerade Form annahmen. Alan Turing, ein britischer Mathematiker, definierte 1950 das „Imitation Game“-Experiment. Bei diesem in Abb. 39.1 dargestellten Experiment sollte ein menschlicher Proband entscheiden, ob er mit einem Computeralgorithmus oder einem menschlichen Gegenstück kommuniziert (Turing 1950). Dazu konnte der Proband mittels eines Terminals mit den räumlich getrennten Akteuren in Verbindung treten und ihnen Fragen stellen. Ist es dem Probanden trotz ausführlicher Befragung nicht möglich, zu unterscheiden, wer der menschliche Kommunikationspartner und wer der Computeralgorithmus ist, so kann der Algorithmus als intelligent bezeichnet werden. KI im engeren Sinne beruht also auf der

M. Schapranow, adapted from https://wsimag.com/science-and-technology/36961-no-turing-test-for-consciousness

Abb. 39.1 Prinzipieller Aufbau des Turing-Tests zum Bewerten intelligenter Algorithmen (Abb. adaptiert nach: https://wsimag.com/science-and-technology/36961-no-turing-test-for-consciousness)

Beherrschung humaner Kommunikationsfähigkeiten. Heute werden auch ausgewählte statistische Methoden und Verfahren zur KI gezählt, die zum Beispiel dabei unterstützen können, Muster in großen Datenmengen zu identifizieren. Gerade der Anwendungsfall der Mustererkennung – sowohl in relationalen Daten als auch in Bilddaten – ist ein wichtiger Bestandteil vieler KI-Verfahren, die schon heute erfolgreich im Einsatz sind.

39.3   Lernende Systeme

Softwaresysteme, die komplexe Datenanalyse mittels KI-Verfahren unterstützen, werden heute auch als lernende Systeme bezeichnet. Dabei bezieht sich der Begriff des Lernens vor allem auf die Art der Entwicklung solcher Softwaresysteme. Die Entwicklung – oder auch das Training – ist dann erfolgreich abgeschlossen, wenn ein vorher definierter Funktionsumfang erreicht wurde, der mittels Tests überprüft werden kann. Als Funktionsumfang werden oft quantitative Qualitätsmetriken genutzt, zum Beispiel die korrekte Klassifikation von min. 85 % aller Fälle. Dazu werden KI-Verfahren mit Realdaten konfrontiert, aus denen sie eine Eintrittswahrscheinlichkeit für ein bestimmtes Ereignis berechnen sollen. Genauso wie das menschliche Lernen als lebenslanger Prozess verstanden werden sollte, sind lernende Systeme keine starren Softwaresysteme, sondern müssen kontinuierlich weiterentwickelt werden, um sich ihrer sich verändernden Umgebung anzupassen. Dazu zählt auch, dass der zur Verfügung stehende Datenpool sich kontinuierlich erweitert, neue Versionen von Vorhersagemodellen erstellt werden und diese regelmäßigen Verbesserungen auch in den Produktivbetrieb integriert werden. Dadurch können lernende System kontinuierlich verbessert und aktualisiert werden. Dies führt aber auch dazu, dass bei lernenden Systemen und KI-Modellen auf eine strikte Versionierung zu achten ist, um die Reproduzierbarkeit und Prüfung der Verfahren zu gewährleisten. Nur so kann sichergestellt werden, dass selbst Jahre später dieselben Ergebnisse nachvollziehbar bestimmt werden, zum Beispiel bei eventuellen Regressansprüchen (Plattform Lernende Systeme 2020a).

Als Beispiel seien Assistenzsysteme für das autonome Führen von Kraftfahrzeugen genannt. Genauso wie jeder Fahrschüler müssen derartige Assistenzsysteme während ihrer Lernphase mit möglichst vielen unterschiedlichen Verkehrssituationen konfrontiert werden. Im Gegensatz zu Fahranfängern, bei denen jeder selbst all diese Erfahrungen auf ein Neues machen muss, kann ein lernendes Assistenzsystem auf die kollektiven Erfahrungen aller Fahrzeuge zugreifen. So kann es bei der ersten Konfrontation mit einer besonderen Verkehrsführung im Baustellenbereich zu Falscheinschätzungen durch das Assistenzsystem kommen: Sobald diese jedoch korrigiert wurden, werden alle anderen Fahrzeuge, die künftig auf dieselbe Verkehrssituation treffen, hingegen angemessen reagieren und von der Lernerfahrung eines Einzelfalls profitieren können (NTSB 2019).

39.4 Training von KI-Verfahren: Eine neue Form der Programmierung

Eines der klassischen Grundprinzipien der Datenverarbeitung ist das EVA-Prinzip. Dabei steht die Abkürzung EVA für Eingabe, Verarbeitung, Ausgabe und bezieht sich auf die prinzipiellen Prozessschritte bei jeder Datenverarbeitung. Die Entwicklung der Verarbeitungsschritte erfolgt bis heute durch explizite Programmierung erforderlicher Funktionalität unter Verwendung geeigneter Programmiersprachen und etwaiger Übersetzung in ausführbaren Programmcode. Im Rahmen dieser Programmierung werden formal alle erforderlichen Verarbeitungsschritte und Regeln definiert, um aus der erwarteten Eingabemenge die korrekte Ausgabemenge automatisiert abzuleiten. Daher wird auch heute noch in der theoretischen Informatik diese klassische Datenverarbeitung auch als endlicher, deterministischer Automat modelliert. Ein solcher deterministischer Automat, also das Computerprogramm zur Datenverarbeitung, durchläuft bei derselben Eingabemenge stets dieselben Zustände, um am Ende konsistent immer dasselbe Ergebnis zu liefern.

KI-Verfahren gehen mit einer neuartigen Art und Weise der Programmierung einher. Sie ist vergleichbar mit dem menschlichen Lernen, zum Beispiel wenn Säuglinge ihre Umgebung innerhalb der ersten Lebenstage mit jedem Tag ein wenig besser kennenlernen. Schon Alan Turing sah voraus, dass das Programmieren von KI-Verfahren vergleichbar mit dem Lernen eines Kindes sein könnte („This process could follow the normal teaching of a child", Turing 1950).

Abb. 39.2 zeigt einen Überblick über verschiedene Arten von KI-Verfahren. Je nach verwendetem KI-Verfahren ist ein als Referenz oder Goldstandard bezeichneter Datensatz erforderlich, der die erwarteten Ergebnisse bei einer bestimmten Eingabemenge definiert. Bei den sogenannten überwachten Lernverfahren sind zusätzlich zu den Trainingsdaten sogenannte „Labels" erforderlich, die das erwartete Ergebnis beschreiben. Labels sind also vergleichbar mit Situationen eines Kleinkinds, dem von den Eltern beigebracht wird, was es als „gut" und was als „nicht gut" verstehen soll. Statt für alle möglichen Eingabewerte komplex den Weg zum Ziel formal zu beschreiben, werden bei überwachten Lernverfahren Eingabewerte und erwartete Ausgabewerte dem KI-Verfahren im Zuge des Trainings vorgelegt, das daraus Regeln selbst ableitet und optimiert. Vereinfacht werden also nur Ein- und erwartete Ausgabe zugeführt und die erforderlichen Verarbeitungsschritte automatisch abgeleitet.

Darüber hinaus gibt es sogenannte nicht überwachte Lernverfahren. Im Gegensatz zu überwachten Lernverfahren wird hierbei nur die Eingabe-, aber nicht die erwartete Ausgabemenge dem KI-Verfahren bereitgestellt. So muss das eingesetzte KI-Verfahren selbst die Einteilung der Eingabemenge in eine passende Ausgabemenge vornehmen. Dies ist besonders dann sinnvoll, wenn man neue Zusammenhänge in Daten explorativ erkennen möchte, die bisher nicht bekannt sind.

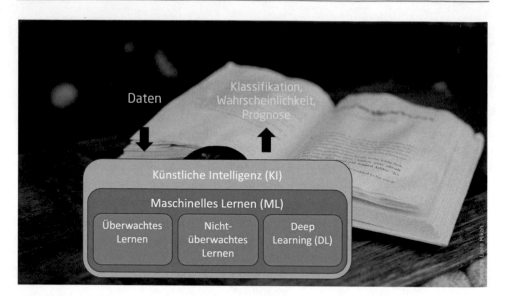

Abb. 39.2 Übersicht über verschiedene KI-Lernverfahren

Als weitere Klasse von Verfahren zeigt Abb. 39.2 noch sogenannte Deep-Learning-Verfahren. Diese KI-Verfahren haben gemein, dass sie vergleichbar mit den menschlichen Gehirn durch die Kombination der Ergebnisse verschiedener atomarer Einheiten (Neuronen) über mehrere Schichten (Layer) eine Entscheidung treffen. Derartige Algorithmen sind sehr ressourcenintensiv und erst durch neueste Computerhardware auf große Datenmengen anwendbar. Sie liefern immer wieder beeindruckende Ergebnisse, zum Beispiel bei der Erkennung von Bildinhalten. Dennoch gelten sie in ihrer Entscheidungsfindung als schwer durch Menschen zu bewerten (Yamashita et al. 2018). So kann die Zahl der gewählten Schichten und die Gewichtung der einzelnen Neuronen zu völlig neuen Ergebnissen führen. Sie werden meist nicht durch Menschen definiert, sondern durch automatische Optimierung gefunden.

39.5 Entwicklung von lernenden Systemen: Ein iterativer Prozess

Abb. 39.3 zeigt die wesentlichen Schritte für die Entwicklung von KI-Modellen. Dabei handelt es sich nicht um einen Prozess mit einem Start- und einem Endpunkt. Vielmehr muss diese Art der Entwicklung als iterativer Prozess verstanden werden, der je nach Zielsetzung und erforderlicher Güte auch wiederholt Anpassungen an bereits durchlaufene Prozessschritte erforderlich machen kann. Es ist also vergleichbar mit einem Menschen, der zwar die wichtigsten Grundlagen in seiner Schulzeit gelernt hat, aber gerade in unserer schnelllebigen Welt auf lebenslanges Lernen angewiesen ist.

Abb. 39.3 Vereinfachte Darstellung des iterativen Entwurfs- und Implementierungsprozesses für Machine-Learning-Verfahren im Bereich Digital Health

Im Folgenden wollen wir die einzelnen Schritte etwas detaillierter beleuchten, um die Komplexität der Entwicklung von KI-Verfahren besser zu verstehen.

1. Eine detaillierte **Analyse der Anforderungen** gemeinsam mit fachlichen Experten dient dazu, zu prognostizierende Endpunkte, Qualitätsmetriken und erforderliche Parameter zu identifizieren. Endpunkte sind zum Beispiel konkrete Ereignisse, wie Probenergebnis positiv oder Kontamination mit Fremdstoffen. Hierbei werden auch die erforderlichen Gütekriterien festgelegt, ab wann ein KI-Modell als funktionierend gelten soll. Beispiele für die Gütekriterien sind Precision, Recall, oder F1-Score.

2. Im Rahmen der **Datenakquise** werden erforderliche Datenquellen identifiziert, um erforderliche Daten aus bestehenden Systemen zu extrahieren, oder Akquise-Verfahren definiert, um fehlende Daten zu erheben. Handelt es sich um sensible Gesundheitsdaten oder Daten mit Personenbezug, schließt sich die Anwendung von Anonymisierungsverfahren an, um den Personenbezug zu entfernen und die Privatsphäre von Individuen zu gewährleisten.

3. Im Rahmen der **Datenvorbereitung** werden unter anderem Daten aus verschiedenen Quellen kombiniert, harmonisiert, eventuelle Duplikate entfernt oder fehlende Datenpunkte mittels Interpolation – auch als Imputation bezeichnet – ergänzt. Die Auswahl relevanter Attribute für die Prognose erfolgt mittels sogenannter Feature-Selection-Verfahren. Sie unterstützen dabei, möglichst viele der Attribute mit Einfluss auf das Prognoseergebnis in die Modellierung einfließen zu lassen und gleichzeitig die Größe der erforderlichen Eingabemenge möglichst klein zu halten, um die Komplexität

der Modelle und die Dauer für das Training zu reduzieren. Zur Qualitätssicherung der Prognoseverfahren werden die zur Verfügung stehenden Realdaten in Trainingsdaten und Testdaten aufgeteilt. Letztere dienen für das Modell als unbekannte Realdaten, die ausschließlich zur Evaluation des Modells genutzt werden. Bei der Einteilung in Trainings- und Testdaten ist auf eine repräsentative Abbildung der zu erwarteten Eingabedaten zu achten, so sind beispielsweise Geschlechterunterschiede oder Altersverteilungen so zu wählen, dass sie repräsentativ für die reale Population sind. Andernfalls kann sich hier bereits ein systematischer Fehler in das Modell einschleichen, der später zu fehlerhaften oder einseitigen Entscheidungen führt.

4. Es folgt die **Auswahl passender Vorhersagemodelle und deren Konfiguration.** Dazu zählt das Anlernen der Modelle mithilfe der im vorherigen Schritt definierten Trainingsdaten und das Erheben der Gütekriterien.

5. Es schließt sich die **Interpretation der Ergebnisse und die Bewertung der Gütekriterien** an. In diesem Schritt werden die Prognosen auf ihre qualitative Güte geprüft und Ursachen für mögliche Fehlinterpretationen analysiert. Hierzu werden die vorher definierten Testdaten verwendet, die das Modell nicht zum Training verwendet hat. So kann sichergestellt werden, dass die Modellgüte mithilfe von Daten bewertet wird, die für das Modell bisher als unbekannt gelten. Zur Bewertung der Ergebnisse zählt ebenso, ob für die Prognosen die als relevant identifizierten Attribute entsprechend durch das Modell berücksichtigt wurden oder ob möglicherweise nicht relevante Attribute übermäßig Berücksichtigung fanden. Ebenso wird geprüft, ob die erzielte Modellgüte die Anforderungen der eingangs definierten Akzeptanzkriterien erfüllt. Ist dies nicht der Fall, schließt sich eine weitere Iteration der Modellierung an. Dazu werden Modellparameter (Hyperparameter) manuell oder unter Verwendung von automatischen Optimierungsverfahren angepasst, andere Features ausgewählt oder sogar weitere Prognoseverfahren ausgewählt. Es ist auch möglich, dass zusätzliche Daten extrahiert oder erhoben werden müssen, die bisher nicht berücksichtigt wurden. Gegebenenfalls müssen sogar Akzeptanzkriterien korrigiert werden, da sie sich als nicht realisierbar herausgestellt haben.

6. Sind nach einigen Iterationen des Trainings die Akzeptanzkriterien erfolgreich erfüllt, so schließt sich das **Deployment** an. Dazu zählt neben der Vorbereitung des Modells für den produktiven Einsatz auch die Dokumentation erforderlicher Metadaten, um später Rückschlüsse auf die verwendeten Trainingsdaten und die durchgeführten Lernverfahren zu tätigen. Nur durch eine umfassende Dokumentation kann eine reproduzierbare Güte der Modelle auch im produktiven Einsatz gewährleistet werden. Im produktiven Einsatz kann es zu einer abweichenden Güte der Modelle kommen, als sie während der Entwicklung erzielt wurde. Gründe dafür können Unterschiede in den Daten sein, die für die Entwicklung bereitstanden und auf die das Modell im produktiven Einsatz erstmals trifft. Hierzu zählen zum Beispiel Unterschiede in der Repräsentativität für eine bestimmte Population, Geschlechter-, Alters- oder ethnische Gruppen. So kann ein klinisches Vorhersagemodell durchaus sehr gut in einem

Berliner Krankenhaus funktionieren, während es in einem Krankenhaus in Südafrika eher schlechte Vorhersagen trifft. Ursachen könnten sein, dass Patient*innen mit bestimmten Vorerkrankungen häufiger in dem einen Krankenhaus als in dem anderen auftreten und diese Vorerkrankungen in den Trainingsdaten ebenso über- oder unterrepräsentiert waren. Dieser Art von möglicher Verzerrung (Bias) muss man sich als Entwickler genauso bewusst sein wie als Anwender von KI-Modellen in der Praxis.

39.6   Zugang zu aktuellen Realdaten

Lernende Systeme können nur so gut sein wie die für ihre Entwicklung und kontinuierliche Verbesserung zur Verfügung stehenden Daten. Dabei sind insbesondere Realdaten von Bedeutung, da sie die Wirklichkeit am besten abbilden. Die gewählten Daten sollten möglichst repräsentativ für den betrachteten Sachverhalt und die Population sein, wobei etwaige Sonderfälle ebenso ausreichend Berücksichtigung finden sollten.

Dennoch hat der Leitspruch „Je mehr, desto besser" nicht automatisch hierbei seine Richtigkeit. Ganz im Gegenteil: Je mehr Attribute verfügbar sind, desto größer ist Gefahr, dass die relevanten Attribute ihre Bedeutung verlieren und im Rauschen der Vielzahl anderer Attribute untergehen. Dabei können sogenannte automatische Feature-Selection-Algorithmen unterstützen, die die Attribute auswählen, die den größten Einfluss auf die Ergebnismenge des KI-Verfahrens haben. So kann die zur Verfügung stehende Eingabemenge und damit die Dauer des Trainings reduziert werden, ohne dass dies starke Auswirkungen auf die Qualität der Vorhersagen hat.

Wenn die gewählten Trainingsdaten nur häufig auftretende Fälle oder einzelne Personengruppen beschreiben, kann das lernende System möglicherweise viele Sonderfälle nicht korrekt einordnen. Daher sollten auch möglichst viele Metadaten zu den verwendeten Trainingsdaten dokumentiert werden, um bei fehlerhaften Prognosen einen ersten Anhaltspunkt über die Verfügbarkeit ähnlicher Fälle in den Trainingsdaten Aufschluss zu erhalten.

Ebenso sind die Qualität und die Vollständigkeit der zur Verfügung stehenden Daten für die Qualität der KI-Modelle von Bedeutung. Gerade bei der Verwendung von longitudinalen Daten, die über einen langen Zeitraum erfasst wurden, können Lücken entstehen, zum Beispiel, weil nicht zu allen Messpunkten alle Variablen erfasst wurden. Existieren bekannte Zusammenhänge zwischen einzelnen Laborparametern, können Lücken mittels errechneter Werte gefüllt werden. Diese errechneten Werte stellen zwar keine völlig akkuraten Messwerte dar, können dem verwendeten KI-Verfahren jedoch durch Interpolation helfen, die Präzision der Vorhersagen zu verbessern.

Ein wichtiges Akzeptanzkriterium für Endnutzer von lernenden Systemen ist die Möglichkeit, Feedback zu getätigten Vorhersagen zu geben. So kann beispielsweise die Integration von Follow-up-Daten nach der eigentlichen Prognose hilfreich sein, um zu validieren, ob das Ergebnis einer durchgeführter Therapie mit der Prognose übereinstimmt oder ob eine gänzlich andere Alternative ergriffen wurde und bessere Ergebnisse lieferte. Auch die Möglichkeit, Hinweise und konkrete Anmerkungen zur Prognose zu hinterlegen, hilft bei der Weiterentwicklung von lernenden Systeme. So sollte der Zugang zu Feedback von Endanwender*innen als relevante Datenquellen für die Verbesserung von lernenden Systemen nicht ignoriert werden.

39.7   Labore: Quellen der Daten früher wie heute

Labore waren schon immer Orte des wissenschaftlichen Fortschritts. Dank ausgeklügelter Experimente wurden immer neue Erkenntnisse und Zusammenhänge im Labor belegt. Die dabei anfallenden Daten waren und sind entscheidend für den Erfolg oder Misserfolg eines Experiments. Eine systematische Erfassung und Dokumentation der Daten und der angewandten Methodik sind eng mit der Laborarbeit verzahnt: früher wie heute. Abb. 39.4 zeigt Labore im Wandel der Zeit: Trotz Automatisierung sind menschliche Expert*innen nicht wegzudenken. Aber auch im Labor ist ein hoher Grad der Automatisierung angekommen. Heute unterstützen Robotik und aktuelle Softwaresysteme in Laboren auf der ganzen Welt, egal ob es sich um Forschungs- oder Auftragslabore handelt. Dabei kommen vor allem sogenannte Laborinformationssysteme (LIMS) zum Einsatz. Sie bieten vor allem Prozessunterstützung von der Auftragsverwaltung über die Probenverwaltung entlang des gesamten Laborprozesses bis hin zur Erstellung und Verwaltung von Laborberichten und Qualitätsmanagement von Immunoassays. LIMS weisen einen vorwiegend transaktionalen Charakter auf, das heißt, es werden Daten rund um eine Probe erfasst oder geändert, analytische Fragestellungen, die Daten über mehrere Proben hinweg kombiniert auswerten, kommen hingegen eher selten vor.

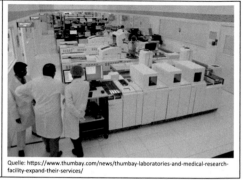

Quelle: https://medizingeschichte.charite.de/forschung/arzneimittelforschung_in_der_ddr/zeitzeugeninterviews/

Quelle: https://www.thumbay.com/news/thumbay-laboratories-and-medical-research-facility-expand-their-services/

Abb. 39.4 Labore im Wandel der Zeit – seit jeher Quelle von zahlreichen Daten. (Quellen: https://medizingeschichte.charite.de/forschung/arzneimittelforschung_in_der_ddr/zeitzeugeninterviews/ (links) und https://www.thumbay.com/news/thumbay-laboratories-and-medical-research-facility-expand-their-services/(rechts))

39.8 Lernende Systeme im Labor

Sind lernende Systeme noch reine Fiktion oder bereits im Einsatz? An vielen Stellen unterstützen sie uns bereits transparent in unserem täglichen Leben, zum Beispiel bei der Auswahl passender Navigationsrouten anhand persönlicher Reisepräferenzen oder bei der Auswahl interessensspezifischer Produktvorschläge beim Online-Shopping. Doch in welcher Form können lernende Systeme auch bei der Analyse von Labordaten unterstützen?

Gerade die Analyse von Daten über mehrere Proben hinweg hat das Potenzial, Gemeinsamkeiten oder Unterschiede frühzeitig zu erkennen, zum Beispiel um Änderungen bei der Qualität der Laborprozesse oder etwaige Fehler bei der Handhabung von Proben frühzeitig zu identifizieren und so das Qualitätsmanagement zu unterstützen. Dabei kann zum Beispiel eine Plausibilitätsprüfung von Metadaten und Probeninhalten sicherstellen, dass die Proben und Metadaten inhaltlich plausibel zusammenpassen und Vertauschungen verhindern.

So kann beispielsweise eine Untersuchung auf eine chromosomale Erbkrankheit bei einem männlichen Patienten zur Qualitätssicherung auch eine Prüfung auf Vorhandensein des Y-Chromosoms beinhalten. Regelmäßige Laboruntersuchungen von chronisch Kranken werden oft von denselben Laboranbietern getätigt. Hier kann der automatisierte Abgleich der aktuellen Daten mit den historischen Daten der/desselben Patient*in der/dem anfordernden Mediziner*in helfen, zum Beispiel aktuelle und historische Messwerte einzuordnen und bei einer langfristige Prognose über den möglichen Krankheitsverlauf zu unterstützen.

Die Coronavirus-Pandemie hat gezeigt, wie wichtig Flexibilität und Skalierbarkeit auch im Laborbetrieb sind. Neben dem eigentlichen Laborergebnis kann die Kombination mit den Metadaten wichtige Einblicke bringen. So kann beispielsweise bei einem PCR-Test neben der Erkennung einer bestimmten Coronavirus-Variante auch der Wohnort oder die Altersgruppe der betroffenen Person wichtig sein, um beispielsweise Prognosen zur Inzidenz in einer bestimmten Altersgruppe oder Region zu unterstützen. Die Kombination von aggregierten Daten aus mehreren Laboren, die keine Rückschlüsse auf Individuen zulassen, kann Infektiologen dabei unterstützen, frühzeitiger und zielgerichteter als bisher regionale Maßnahmen zur Eindämmung der Pandemie auf Grundlage konkreter Daten und Evidenz vorzuschlagen. Auch der Vergleich mit gemeldeten Fallzahlen aus anderen Regionen kann dazu beitragen, Änderungen im Infektionsgeschehen frühzeitig zu erkennen und Maßnahmen abzuleiten.

39.9 Worauf ist bei der Entwicklung von lernenden Systemen zu achten?

Diese Beispiele zeigen exemplarisch Potenziale auf, die lernende Systeme und KI-basierte Analyseverfahren im Labor mit sich bringen können. Eines haben sie jedoch alle gemeinsam: der Zugang zu und die Qualität von Realdaten ist entscheidend für die

Zuverlässigkeit der Prognosen der lernenden Systeme. Doch gerade bei der Verwendung von Realdaten müssen auch mögliche Datenschutzbedenken entsprechend berücksichtigt werden, denn schließlich handelt es sich bei Labordaten um sensible Daten mit Bezug zum Gesundheitszustand eines Individuums.

Genauso wichtig wie die Zuverlässigkeit ist die kontinuierliche Einbeziehung von künftigen Endnutzern bei der Entwicklung lernender Systeme. Dazu eignen sich etablierte Entwicklungsmethoden, wie das Design Thinking, die unterschiedliche Werkzeuge bereitstellen, um frühe Anwendungsprototypen durch regelmäßiges Feedback gemeinsam mit Endanwendern zu erproben (Ganzinger et al. 2021). Nur so entsteht eine Softwarelösung, die maßgeschneidert auf die Anforderungen der Anwender ist.

39.10 Angriffe auf lernende Systeme im Labor

Der Einsatz von lernenden Systemen im Labor verspricht großes Potenzial, insbesondere bei der Analyse von Daten über ganze Kohorten mit ähnlichen Merkmalen hinweg, wie zum Beispiel bei chronischen Erkrankungen. Historische Labordaten bilden die Grundlage für die Entwicklung und Anwendung lernender Systemen im Labor, aber gerade solche Gesundheitsdaten gelten als besonders schützenswert. Dabei müssen der Schutz der Daten und die Privatsphäre des Einzelnen im Vordergrund stehen. Trotz aller Sorgfalt und Sicherheitsvorkehrungen sind gezielte Angriffe auf lernende Systeme ebenso wenig völlig auszuschließen wie Angriffe auf andere kritische IT-Infrastrukturen. Generell sind also auch für lernende Systeme dieselben Sicherheitsmaßnahmen zu befolgen wie auch für andere IT-Infrastrukturen. Trotzdem kann ein gezielter Angriff auf ein lernendes Laborsystem möglicherweise weitreichendere Folgen haben, zum Beispiel auf die durch die/den behandelnde(n) Ärzt*in eingeleitete Behandlung aufgrund erhaltener Laborwerte. Dieses Risiko besteht aber auch bei der Anwendung klassischer LIM-Systeme ohne KI-Verfahren, sodass sich die/der behandelnde Ärzt*in auffällige Werte durch eine neuerliche Laboruntersuchung bestätigen lässt. Ebenso führen Labore schon heute dedizierte Qualitätssicherungsmaßnahmen durch, die abweichende Werte bereits vor dem Versand an die/den behandelnde(n) Ärzt*in bewerten und ggf. auf Ursachen wie Probenqualität, -menge oder Messfehler hinweisen.

39.11 Schutz von Missbrauch

Für lernende Systeme ergeben sich – aufgrund ihrer intensiven Nutzung von Daten als Entscheidungsgrundlage – neuartige Risiken (Plattform Lernende System 2020b).

Das Training lernender Systeme baut auf die Analyse von Kohortendaten auf, um möglichst darin Gruppen ähnlicher Patient*innen zu erkennen, und nicht auf die Analyse von Daten konkreter Individuen. So können und sollten für das Training durchaus anonymisierte oder pseudonymisierte Daten genutzt werden, solange sich die so abgeleiteten Daten in ihrer wesentlichen Art und Weise nicht von den ursprünglichen unterscheiden, zum Beispiel indem Daten vertauscht oder künstliches Rauschen hinzugeführt wurde.

Es können auch bewusst Angriffe auf Empfehlungen von lernenden Systemen abzielen, damit sie für bestimmte Personen oder -gruppen manipuliert werden, um diese gezielt zu schädigen. Daher sind Handlungsempfehlungen von lernenden Systemen stets durch menschliche Expert*innen zu bewerten und abschließend zu treffen. So werden beispielsweise Mediziner*innen auch künftig das letzte Wort bei Entscheidungen haben, die die Gesundheit und das Wohlbefinden von Menschen betreffen. Auch werden Mediziner*innen weiterhin in der Lage sein, sich gegen die Empfehlungen von lernenden Systemen auszusprechen und andere Optionen auszuwählen. Dann sollte dies jedoch dokumentiert werden und als wertvolles Feedback für die Entwicklung neuer Modellversionen mit einfließen.

Der Einsatz automatisierter Verfahren zur kontinuierlichen Qualitätssicherung von lernenden Systemen kann einen wertvollen Beitrag zum Schutz vor Missbrauch leisten. Betrachtet man KI-Systeme im Gesundheitswesen als Medizinprodukt, gelten für sie dieselben strikten Zulassungsbestimmungen wie zum Beispiel für medizinische Geräte oder Therapieverfahren. Mit steigender Zahl von KI-Anwendungen wird die manuelle Prüfung solcher Verfahren zum Engpass des wissenschaftlichen Fortschritts. Stattdessen bedarf es automatisierter Verfahren zur kontinuierlichen Qualitätssicherung von im Einsatz befindlichen KI-Verfahren, wie sie schon heute in Laboren üblich sind. Regelmäßige Kontrolle durch Verwendung von speziell dazu ausgewählten Pseudofällen sowie die Berücksichtigung von Feedback der Nutzer helfen dabei, die Vorhersagequalität zu überprüfen und etwaige Fehler frühzeitig zu erkennen. Dazu zählt auch eine detaillierte Charakterisierung der für das Training verwendeten Daten, um Rückschlüsse auf mögliche Über- oder Unterrepräsentation von Patientengruppen tätigen zu können.

39.12 Nachvollziehbarkeit von Prognosen lernender Systeme

Ein immer wichtiger werdender Aspekt für die Akzeptanz von lernenden Systemen im Labor ist neben der Qualität der Prognosen auch deren Nachvollziehbarkeit. Heute werden KI-Verfahren oftmals als „Black Box" wahrgenommen, deren Funktion Endnutzern wenig nachvollziehbar oder intransparent erscheint (Bitkom 2019). Dazu hat sich in den letzten Jahren ein eigener Forschungsschwerpunkt zu „Explainable AI" etabliert. Kommen regelbasierte KI-Verfahren zum Einsatz, so können die angewandten Regeln dem Nutzer Aufschluss über die Funktionsweise und die Herleitung der Prognosen geben. Kommen hingegen vielschichtige neuronale Netzwerke zum Einsatz, ist der Einfluss einzelner Faktoren auf die gemachten Prognosen selbst Experten nicht leicht ersichtlich. Daher werden zur Erklärbarkeit Algorithmen eingesetzt, die die getätigte Prognose in Einzelschritte zerlegen und so beispielsweise den Einfluss bestimmter Attribute der Eingabemenge und deren Gewichtung auf die Ergebnismenge verdeutlichen. So können Laborfachangestellte ihre fachliche Expertise nutzen, um die verwendeten Attribute und deren Einfluss auf die Ergebnisse zu bewerten.

39.13 Föderierte Lernverfahren

Verfügen Laboranbieter über mehrere Standorte oder ist eine standortübergreifende Zusammenarbeit geplant, so können föderierte Lernverfahren ein wichtigen Beitrag leisten. Föderierte Lernverfahren können dabei unterstützen, standortübergreifende Modelle auszutauschen, ohne dass Daten dazu zusammengeführt werden müssen. So kann ihr Einsatz auch zum Schutz der Daten beitragen. Ein Beispiel soll eine Möglichkeit des föderierten Lernens verdeutlichen. An Laborstandort A wird auf lokalen Trainingsdaten ein Modell V_1 trainiert, bis es die geforderten Gütekriterien erfüllt. Nun wird das Modell an den Laborstandort B gesandt, an dem Daten einer anderen Kohorte verfügbar sind. Testet man das Modell V_1 auf den Daten des Standorts B, ist die Prognosequalität schlechter als am Standort A, da das Modell einige der hiesigen Sonderfälle bisher nicht kannte. Wendet man nun das sogenannte Transfer Learning an und trainiert das Modell V_1 weiter mit den Daten vom Standort B, so erhält man eine neue Modellversion V_2. Dies könnte man nun mit allen weiteren Standorten wiederholen in der Hoffnung, dass sich die Prognosequalität durch die zusätzlichen Trainingsdaten immer weiter peu à peu verbessert. Es kann sich aber genauso gut herausstellen, dass sich das finale Modell V_n nicht gleichermaßen für alle Standorte eignet. Dann kann sich die Verwendung mehrerer spezieller Modelle als sinnvoll erweisen, zum Beispiel eines je Land, Geschlecht, Altersgruppe oder Population.

39.14 Fallbeispiel I: Lernende Systeme bei der Therapieauswahl

Das folgende Fallbeispiel soll exemplarisch die Einsatzmöglichkeiten von KI-Verfahren bei der Auswahl passender Therapien in der Onkologie aufzeigen.

Die rechtzeitige Auswahl passender Tumortherapien kann über Leben oder Tod mitentscheiden. Dabei müssen sich Onkolog*innen nicht mehr nur auf ihre Erfahrung verlassen. Dank neuester Laborverfahren und Echtzeit-Datenanalysen können genetische Untersuchungen des Tumorgewebes aus einer Biopsie bereits binnen weniger Stunden Ergebnisse liefern, die dabei helfen können, passende Therapien auszuwählen (Plattner und Schapranow 2014). Dank der Sequenzierung des vollständigen Tumorgewebes können Treibermutationen identifiziert werden, die den größten Einfluss auf das Tumorwachstum haben. Jeder Tumor ist so individuell wie die Person, die sie ihn in sich trägt. Doch welche Therapie ist nun am besten geeignet?

An dieser Stelle kann ein föderiert lernendes Medical Knowledge Cockpit – wie in Abb. 39.5 beispielhaft dargestellt – ansetzen, das Biobanken und Laborinformationssysteme

Abb. 39.5 Das Medical Knowlegde Cockpit der AnalyzeGenomes.com-Plattform kombiniert klinische Daten und Labordaten zum fiktiven Patienten E. Merk, 66 Jahre. **Links:** Die Behandlung erfolgt leitliniengetreu nach der aktuellen COPD-Leitlinie. Ähnliche Patient*innen wurden auf Basis verschiedener Gemeinsamkeiten, wie Symptome und Risiko-Score, identifiziert. **Rechts:** Zelluläre Signalwege und Details zu genetischen Tumormarkern der Gewebebiopsie werden zusammengefasst und Verknüpfungen zu den Primärquellen angezeigt

auf der ganzen Welt nach eben diesen Treibermutationen abfragt (Schapranow et al. 2015). Je mehr Übereinstimmungen es zwischen dem aktuellen Tumor und einem historischen Fall gibt, desto ähnlicher sind sich diese Fälle, und umso relevanter für die Mediziner*innen. So entsteht für Mediziner*innen eine Wissensbank onkologischer Fälle, wobei die vertraulichen Daten zu(r) Patient*in durch Pseudonymisierung geschützt bleiben. Das heißt, der Rückschluss auf eine(n) konkrete(n) Patient*in innerhalb des historischen Datenbestands ist nur bei Kenntnis des passenden Pseudonyms möglich, zum Beispiel durch die/den behandelnde(n) Ärzt*in, um selbst nach Ende der Behandlung bei neuen Erkenntnissen eine Kontaktierung zu ermöglichen. Für die Behandlung des aktuellen Falls sind für die Mediziner*innen die dokumentierten Therapieentscheidungen, Wirkstoffkombinationen, aber auch etwaige Nebenwirkungen, die Anpassungen der Therapie erforderlich machen, von Interesse. So können im Labor auf Basis der Gewebeprobe entsprechende Wirksamkeitstest mit verschiedenen Wirkstoffkombinationen in vitro durchgeführt, ohne dass die Patient*innen dadurch Nebenwirkungen erfahren. Auf Basis der Laborergebnisse können passende Therapieoptionen den behandelnden Mediziner*innen vorgeschlagen werden, die dann eine auf die/den Patient*in abgestimmte Therapie auswählen.

39.15 Fallbeispiel II: Lernende Systeme bei der Wirkstoffentwicklung

Die Zulassung neuer Wirkstoffkandidaten ist zeitaufwendig. Bis die klinischen Studien erfolgreich abgeschlossen sind, vergehen mitunter viele Jahre. Ob ein für eine Indikation bereits zugelassener Wirkstoff möglicherweise für andere Indikationen von Bedeutung ist, bleibt dabei meist außen vor.

Heute sind Zelllinien verschiedener Tumorerkrankungen samt ihrer genetischen Merkmale verfügbar. Im Labor können beispielsweise Wirksamkeitsanalysen für einzelne Wirkstoffe durchgeführt werden, um deren Einfluss auf die Tumorprogression zu ermitteln, zum Beispiel durch Bestimmung des IC_{50}-Werts. Kombiniert man die genetischen und Wirksamkeitsdaten miteinander als Trainingsbasis für ein Prognosemodell, so kann dies dabei unterstützen, Zelllinien für einen bestimmten Wirkstoff zu identifizieren oder – wie in Abb. 39.6 zu sehen – passende Wirkstoffkombinationen für die Behandlung einer/s konkreten Patient*in vorzuschlagen (Schapranow et al. 2014). Dabei sollte nicht die präzise Prognose des IC_{50}-Werts im Vordergrund stehen, sondern stattdessen eine Kategorisierung, zum Beispiel eine Zuordnung zu den RECIST-Kategorien: *complete response, partial response, stable disease* oder *progressive disease.* Für weitere Untersuchungen im Labor würde man mit den vielversprechendsten Kandidaten aus der KI-gestützten Analyse starten, um so möglicherweise weitere Indikationen für bereits zugelassene Wirkstoffe zu ermitteln. Unter Bezug auf eine bereits erteilte Zulassung des Wirkstoffs kann ggf. sogar die Zulassung für die zweite Indikation beschleunigt werden.

39.16 Fallbeispiel III: Lernende Systeme bei chronischen Erkrankungen

Patient*innen, die unter chronischen Erkrankungen leiden, wie Niereninsuffizienz, sind auf engmaschige ärztliche Überwachung angewiesen. Dazu gehören auch regelmäßige Laboruntersuchungen von kritischen Urin- und Blutbestandteilen, wie zum Beispiel

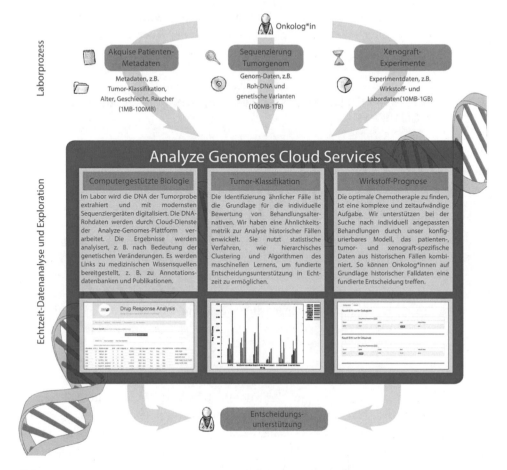

Abb. 39.6 Kombination von klinischen Patient*innendaten, genetischen Tumordaten sowie Labordaten unter Verwendung von Machine-Learning-Verfahren der AnalyzeGenomes.com-Plattform zur Identifikation von maßgeschneiderten Therapien bei Krebserkrankungen

Kreatinin oder Harnsäure. Durch die regelmäßigen Laboruntersuchungen entsteht eine patientenspezifische longitudinale Datenbank beim Labordienstleister. Neben den eigentlichen Laborergebnissen der aktuellen Untersuchung können lernende Systeme die aktuellen Werte auch im Verlauf einordnen und Prognosen über den weiteren Verlauf ableiten. Die Attribute Alter, Geschlecht, ICD können beispielsweise dazu genutzt werden, um eine Vergleichskohorte ähnlicher Fälle zu identifizieren. Der aktuelle Fall wird nun mithilfe von KI-Verfahren in die Vergleichskohorte eingeordnet und bewertet, zum Beispiel „Sie befinden sich im Top-25-%-Bereich einer Vergleichskohorte von Patient*innen mit demselben Altersjahrzehnt und demselben ICD". Ein Vergleich mit dieser Kohorte kann auch dazu genutzt werden, um aus ähnlichen Fällen den Verlauf von Laborwerten in Abhängigkeit der Krankheitsdauer oder des Alters abzuleiten. So könnte der Laborbefund auch eine Prognose enthalten, wann der Messwert möglicherweise außerhalb des Normbereichs fällt. Diese Information kann die/der behandelnde Ärzt*in dazu nutzen, rechtzeitig weitere Therapien anzuordnen oder Änderungen von negativen Lebensweisen bei der/dem Patient*in einzufordern.

39.17 Fallbeispiel IV: Lernende Systeme helfen bei der Analyse der COVID-19-Lage

Im Kampf gegen die Ausbreitung des Virus sind öffentlich zugängliche und aktuelle Daten für Experten genauso wichtig wie für Laien. Hierbei unterstützt seit Anfang 2020 eine Gruppe von Forscher*innen am Hasso-Plattner-Institut für Digital Engineering (HPI) der Universität Potsdam. Sie stellen Analysewerkzeuge – exemplarisch in Abb. 39.7 dargestellt – zur grafischen Auswertung auf der Webseite https:// we.analyzegenomes.com/ sowie täglich aktuelle Daten rund um die Coronavirus-Pandemie unter dem Hashtag #nCoVStats Interessierten aus aller Welt kostenlos zur Verfügung. Die HPI-Datenbank dient dabei auch als Grundlage für Prognosen. So kommen Verfahren des maschinellen Lernens und der künstlichen Intelligenz zum Einsatz, um beispielsweise anhand der Entwicklungen in ausgewählten Ländern die Fallzahlen für weitere Länder zu prognostizieren oder die Wirksamkeit von getroffenen Maßnahmen zu bewerten.

Zu Beginn der Pandemie waren verlässlich Angaben zu Neuinfizierten vielerorts rar. Doch mit zunehmender Kapazität und Automatisierung in Laboren kann in Deutschland eine Laborkapazität von mehr als 2,2 Mio. PCR-Tests je Woche Mitte 2021 erzielt werden (Robert-Koch-Institut 2021). Doch neben diesen potenziell mehr als zwei Millionen Datenpunkten zum Testergebnis (positiv vs. negativ) fallen ebenfalls Daten über die aktuelle Coronavirus-Variante oder zum Wohnort des Infizierten im Labor an. Ein lernendes Pandemieüberwachungssystem kann diese Daten automatisiert bewerten und mit Daten aus anderen Referenzquellen kombinieren, wie zum Beispiel der HPI-Datenbank oder den Statistiken aus anderen Laboren in derselben Region (Schapranow 2020). So könnten neben aktuellen Fallzahlen auch regionale Häufungen frühzeitig erkannt werden, um frühzeitig regionale Eindämmungsmaßnahmen zu initiieren und so einen landesweiten Lockdown zu vermeiden.

39.18 Ausblick

Die Fallbeispiele von lernenden Systemen im Labor können nur exemplarisch den Mehrwert durch den Einsatz von KI-Systemen im Labor aufzeigen. Es ist davon auszugehen, dass Labore, die künftig auf den Einsatz lernender Systeme bauen, einen Marktvorteil gegenüber Konkurrenten ohne lernende System haben werden. So werden sie zum Beispiel in der Lage sein, einen höheren Durchsatz bei höherer Qualität zu erzielen, wobei sogar komplexe übergreifende Datenanalysen möglich sein werden. Die mit dem Einsatz

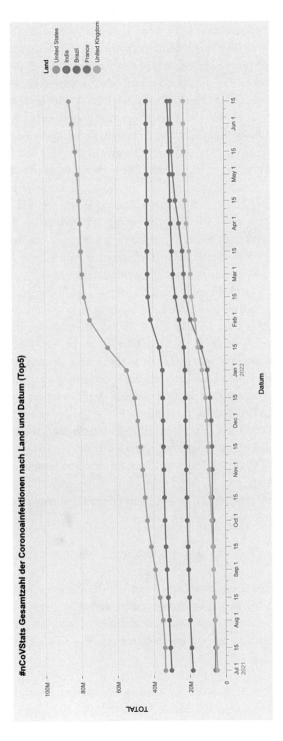

Abb. 39.7 Entwicklung der Gesamtzahl der COVID-19-Infektionen nach Land und Datum (absolut, Top-5-Nationen, Zeitraum Juli 2021 bis Juni 2022). Der Einfluss von regionalen Virusausbrüchen spiegelt sich als Stufen im Verlauf der Infektionszahlen der einzelnen Nationen wider, unter anderem im Spätsommer 2021 in den USA, zum Jahreswechsel in allen Nationen, oder im Frühling 2022 in Frankreich. Die Wirksamkeit von Eindämmungsmaßnahmen zeigt sich im Anstieg der Gesamtinfektionen, so hat sich die Zahl der Infektionen binnen eines Jahres in Indien und Brasilien weniger als verdoppelt und in Frankreich sogar verfünffacht

von KI erzielbare Effizienzsteigerung kann sich strategisch also zu einem individuellen Kundenvorteil herauskristallisieren.

Es geht beim Einsatz von KI-Verfahren aber nicht um die bloße Einführung oder Konfiguration eines neuen Softwareprodukts, sondern um ein methodisches Umdenken bei der Analyse von Labordaten, das nur gemeinsam mit KI-Experten umsetzbar ist. Labore sind seit jeher Quell von Daten und Innovationen. Sie verfügen auch heute über einen breiten Schatz an Daten, der für viele wichtige Anwendungen in Kombination mit anderen Datenquellen zum wissenschaftlichen Fortschritt beitragen kann. Als Beispiele seien hier nur die Erforschung von seltenen Erkrankungen oder das bessere Verständnis von chronischen Erkrankungen genannt. Doch dafür muss die Bereitschaft vorhanden sein, bestehende Daten besser verstehen zu wollen, indem sie mithilfe von KI-Algorithmen analysiert und sogar mit anderen Datenquellen kombiniert werden. Künftig werden also Labordaten nicht zur Belegsicherung aufbewahrt werden, sondern erhalten einen zusätzlichen wirtschaftlichen Wert. Denn der Zugang zu Realdaten aus einem bestimmten Bereich ist für die Entwicklung, Weiterentwicklung oder Erweiterung von bestehenden lernenden Systemen von großer Bedeutung. Damit können solche Daten zu einer Ware werden, sobald die explizite Einwilligung für die geplante Nutzung der Datengeber vorliegt oder eine entsprechende Anonymisierung vorgenommen wurde – vorausgesetzt, sie weisen eine erforderliche Qualität auf. Gerade für die Forschung stellen derartige hochqualitative Daten eine wichtige Grundlage dar. Um sie aufzufinden, auf sie zugreifen zu können, sie interoperabel austauschbar und wiederverwendbar zu gestalten, sollten man sich an offenen Standards für die Speicherung und den Austausch orientieren, indem man die sogenannten FAIR-Prinzipen implementiert (https://www.forschungsdaten.org/index.php/FAIR_data_principles).

Ob man als Labordienstleister künftig auf lernende Systeme zurückgreift oder auf sie bewusst verzichtet, wird auch künftig jedem Anbieter selbst überlassen bleiben. Es ist auf absehbare Zeit nicht mit normativen Vorgaben zum Einsatz von lernenden Systemen oder bestimmten KI-Algorithmen zu rechnen. Dennoch ist anzunehmen, dass sich langfristig ein einmal gewonnener Mehrwert zu einem Komfortmerkmal entwickelt, das man selbst und seine Kund*innen nicht mehr missen möchten.

Liebe Leserinnen und Leser, es liegt nun also an Ihnen selbst zu entscheiden:

a) abwarten und auf fertige KI-Lösungen hoffen, die man mit möglichst wenig Aufwand an die eigenen Laborprozesse und -anforderungen anpassen kann, oder

b) bgemeinsam mit KI-Experten konkrete Datenverarbeitungs- und -analyseschritte im eigenen Labor zu identifizieren, um sie durch den Einsatz von KI-Algorithmen zu optimieren.

Egal, wie Sie sich nach dem Lesen entscheiden werden, Sie haben bereits einen wichtig Schritt in die richtige Richtung getätigt. Sie haben sich über die Themen lernende Systeme und KI-Algorithmen informiert und durch das Lesen dieses Kapitels einen ersten Blick hinter die Kulissen dieser innovativen Technologie gewagt. In diesem Kapitel habe ich versucht, Ihnen ein profundes Technologie- und Methodenverständnis zu vermitteln, das für Sie als Grundlage dienen soll, um eine passende Wahl gut informiert und eigenständig treffen zu können.

Literatur

Bitkom: Konkrete Anwendungsfälle von KI & Big-Data in der Industrie (2019)

Ganzinger, M. et al.: Biomedical and Clinical Research Data Management in Systems Medicine. Integrative, Qualitative and Computational Approaches, Volume 3 (2021) 532–543

NTSB: Opens Public Docket for 2 Ongoing Tesla Crash Investigations (2019) https://www.ntsb.gov/news/press-releases/Pages/NR20200211.aspx

Plattform Lernende Systeme: Zertifizierung von KI-Systemen (2020a)

Plattform Lernende Systeme: KI in der Medizin und Pflege aus der Perspektive Betroffener (2020b)

Plattner, H and Schapranow, M.-P. (eds): High-Performance In-Memory Genome Data Analysis, Springer, 2014

Robert-Koch-Institut: Situationsbericht vom 14.7.2021 https://www.rki.de/DE/Content/InfAZ/N/Neuartiges_Coronavirus/Situationsberichte/Jul_2021/2021-07-14-de.pdf

Schapranow, M.-P. et al: In-Memory Technology Enables Interactive Drug Response Analysis in: Proceedings of the 16th IEEE International Conference on e-Health Networking, Applications and Services (Healthcom) (2014)

Schapranow, M.-P. et al: The Medical Knowledge Cockpit: Real-time Analysis of Big Medical Data Enabling Precision Medicine in: Proceedings of the IEEE International Conference on Bioinformatics and Biomedicine (BIBM) (2015)

Schapranow, M.-P.: #nCoVStats – Wie Data Science hilft, die Coronavirus-Pandemie zu verstehen, in: Gesundhyte.de – Das Magazin für digitale Gesundheit in Deutschland (2020)

Turing, A.M., I. – Computing Machinery and Intelligence, *Mind*, Volume LIX, Issue 236, (1950) 433–460, https://doi.org/10.1093/mind/LIX.236.433

Yamashita, R., Nishio, M., Do, R.K.G. et al. Convolutional neural networks: an overview and application in radiology. Insights Imaging 9, 611–629 (2018). https://doi.org/10.1007/s13244-018-0639-9

Stichwortverzeichnis

Mikrowell-Platte, 59
Milstein, César, 23
Miniaturisierung, 211
Mitochondrium, 340
Mittelwert, 559
Mizellenbildungskonzentration, kritische, 215
Mobinostics™-Plattform, 206
Moerner, W.E., 475
Molecular-Beacon-Sonde, 147
Monolayer
    geometrische Überlegungen, 492
    globuläre Moleküle, 490
Monozyt, 3
Morbus Crohn, 376
MRL-Wert, 574
MRPL-Wert, 574
Mullis, Kary B., 141
Multi-Immunenzymmarkierung, 328
Multi-Immunfluoreszenzmarkierung, 323, 327
Multiplex-Assay, 136
Multiplexing, 88
    PCR, 158
    Western-Blot, 184
multipotent, 416
MultiSorp, 499

N
Nachweis, klinischer, 708
Nachweisgrenze, 113, 566, 581
    von Oberflächenplasmonenresonanz, 241
NALF, 115
NALFIA, 115
Nanopartikel, 99
Nervenzelle
    Zwei-Photonen-Mikroskopie, 363
Neuron
    Zwei-Photonen-Mikroskopie, 366
Neutralisierung, 4
Newton, I., 468
Nicotinamidadenindinucleotid, 355
    Autofluoreszenz, 355
Nitrocellulose, 102, 199
non-homologous end joining, 450
Norm, harmonisierte, 643, 658
Normierung, 204
NucleoLink, 504
Nukleinsäure, zellfreie, 390
Nunc-Covalink, 499

Nutzen, klinischer
    nach IVD-VO, 654

O
Oberflächeneffekt, 522
Oberflächenfunktionalisierung bei
    Proteinarrays, 197
Oberflächenmodifikation, 100
Oberflächen-Plasmonen Resonanz, 17
Oberflächenplasmonenresonanzspektroskopie
    Anwendungen, 234
    Assayeinschränkungen, 246
    Assayformate, 242
    Injektion, 239
    Laufpuffer, 238
    Liganden, 235
    Prinzip, 232
    Probleme, 247
    Proteinnachweisgrenze, 241
    Proteinstandard, 240
    Regeneration, 239
    Sensorchip, 236
Oberflächenplasmonresonanz, 110
Oberflächenspannung, 215
Ochratoxin A, 577
Off-Axis-DHM, 370
Off-Target-Modifikation, 451
Onkologie, 389
Opsonisierung, 4
Optimierung bei ELISA, 66
Optogenetik, 365
Organisation nach EN ISO 13485, 678
Organoid, 412, 414
    Anwendungen, 426
    Differenzierung, 419
    Implantation, 430
    Tumor-, 418
Organoid-on-chip, 432
Oszillator
    optisch parametrischer, 354
Oyster-Fluorophor, 473

P
PAGE s. Gelelektrophorese, Polyacrylamid
p-Aminophenylphosphat, 206
PAM-Motiv, 449
Panning, 40